Die automatisierte Analyse des Werkes, um daraus Informationen
insbesondere über Muster, Trends und Korrelationen gemäß § 44b UrhG
(»Text und Data Mining«) zu gewinnen, ist untersagt.

Bibliografische Information der Deutschen Nationalbibliothek:
Die Deutsche Nationalbibliothek verzeichnet diese Publikation
in der Deutschen Nationalbibliografie; detaillierte bibliografische
Daten sind im Internet über www.dnb.de abrufbar.

© 2025 oekom verlag, München
oekom – Gesellschaft für ökologische Kommunikation mbH
Goethestraße 28, 80336 München
+49 89 544184 – 200
www.oekom.de

Layout und Satz: oekom verlag
Umschlaggestaltung: Laura Denke, oekom verlag
Umschlagabbildung: © Adobe Stock: alexanderuhrin
Druck: Elanders Waiblingen GmbH, Waiblingen

Alle Rechte vorbehalten
ISBN 978-3-98726-140-4
https://doi.org/10.14512/9783987264085

CHRISTOPH ANTWEILER

Menschen machen Erdgeschichte

Unsere Welt im Anthropozän

für Dario und Craig

Inhalt

Vorwort
Eine Geoanthropologin in der Zukunft wundert sich 11

Kapitel 1
Menschen machen Erdgeschichte – neue Erde
und neue Anthropologie 15

1.1 Das »Menschenzeitalter« – willkommen im Anthropozän? 18
1.2 Geowissenschaften und Anthropologie – Fragen und
Argumentationsgang 37
1.3 Planetarer Raum und tiefe Zeit – eine geosoziokulturelle Epoche ... 47
1.4 Tiefenzeit und Periodisierung – umstrittene Zeitlichkeit 63

Kapitel 2
Kulturelle Resonanz – Begriffskarriere und Historisierung 93

2.1 Eine multiple Geburt – Zeitenbruch und Populärkultur 94
2.2 Anthropozän – tatsächlich eine neue Perspektive? 129
2.3 Wendepunkte und Brüche – wann wurde der Mensch
geologisch? 145

Kapitel 3
Endzeitgeschichten – Ängste und Hoffnung 171

3.1 Alarm und Dystopie – Umweltnarrative mit
Mobilisierungspotential 174
3.2 Globus, Planet und *Gaia* – Welt-Bilder voller Resonanz 179
3.3 Erdsphären und kritische Zone – die menschliche Haut der Erde .. 190
3.4 Neues Ordnen der Welt – wirkmächtige Narrative und
moralische Visualisierung 202

3.5 Natur- und Menschenbilder – zwischen Misanthropozän
und »reifen Anthropozän« 209

Kapitel 4
Stärken und Schwächen – Kritiken des Anthropozän-Denkens 219

4.1 Brücke zwischen Fächern sowie Raum- und Zeitmaßstäben 221
4.2 Stärken der Anthropozän-Idee gegenüber verwandten
Konzepten 236
4.3 Allgemeine Einwände – Diffusität und Atlantozentrismus 242
4.4 Ahistorische Periodisierung – die »große Trennung« 249
4.5 Ideologie – Depolitisierung, Anthropozentrik und
Genderblindheit 260
4.6 Bourgeoiser Universalismus – Pauschalisierung
der Verantwortung 287
4.7 Im Neologismozän – die vielen Namen des Widerstands 295

Kapitel 5
Anthropozäne Ethnologie – *Culture Matters!* 325

5.1 In der Kontaktzone der Disziplinen – Resonanz in der Ethnologie ...327
5.2 Ethnologie – ein Profil und eine Position 334
5.3 Geerdete Ethnologie – Natur, Klimawandel und Anthropozän 344
5.4 Lokalisierung – Ethnologie als Anwältin kleiner Maßstäbe im
Anthropozän 369
5.5 *Patchy Anthropocene* – eine Programmatik im Modus der
Abgrenzung 394
5.6 Konzepte – Bedeutung, Verkörperung und
Abwägungsverfahren 419
5.7 Kultur – ethnologischer Holismus *revisited* 427
5.8 Lokal und gegenwartsbezogen – Chancen der Feldethnologie 438
5.9 Kulturwandel und Kulturrevolution – vergessene Fachbestände .. 448

Kapitel 6
Erdung in Raum und Zeit – zur Geologisierung des Sozialen 457

6.1 »Anthropogen« – Menschen *in* Natur 459

6.2 Kulturgeschichte ist grundiert in Erdgeschichte – Geosphäre als
Palimpsest 462

6.3 Anthropos *und* Prometheus – Homo *und* Anthropos 468

6.4 Umwelt und Kultur – biokulturelles Niemandsland
und Sozialtheorie 472

6.5 Jenseits von Nachhaltigkeit? – ökologische Brüche versus
holozänes Denken 484

6.6 Tiefenzeit und soziale Zeiten – Paläontologie der Gegenwart 496

6.7 Planetarität – Maßstabs-*Clashes* und zwei Seiten
menschlicher Handlungsmacht 508

Kapitel 7
Gesellschaften konstruieren und erben Nischen –
Vergangenheit trifft Zukunft 529

7.1 Kultur quert Materialität – multi-materiale Verschränkungen 530

7.2 Nischenkonstruktion – Kulturgeschichte trifft Naturgeschichte 538

7.3 Menschheit als Skalenbegriff – Postkolonialismus trifft Geologie ...548

7.4 Öko-Kosmopolitismus – lokalisierte WeltbürgerInnen? 551

7.5 Asianizing the Anthropocene – Beispiel einer Rezentrierung 563

7.6 Anthropozäne Reflexivität – für und wider eine
»anthropozäne Wende« 573

Zusammenfassung und Fazit – Wir sind das Anthropozän 585

Das Anthropozän ist anders als andere Krisen 586

Befunde 589

Für eine geerdete Anthropologie 591

Fazit in sieben Thesen 594

Glossar – ein Wörterbuch zum Anthropozän 599

Abbildungsverzeichnis 631

Tabellenverzeichnis 637

Autor und Dank 639

Orientierung im Anthropozän-Dschungel – ein Medienführer 645

Literatur 655

Index 765

Vorwort
Eine Geoanthropologin in der Zukunft wundert sich

... the current definition of »Anthropocene« is a bet on the future and, as such, its meaning and eventual formalization depend on the future development of human affairs.

Valentí Rull 2011: 56

Kein Ort der Welt ist mehr gänzlich unberührt vom Menschen. Anthropozän ist der Name dafür, dass Menschen bereits heute die Erdoberfläche so stark prägen, dass man das in ferner Zukunft noch als geologische Schicht erkennen wird. Der Einfluss des Menschen ist inzwischen nicht mehr auf lokale Eingriffe in die Natur beschränkt. Menschliche Eingriffe haben die Geosphäre radikal verändert. Naturwissenschaftler kommen zum Befund, dass menschliches Handeln spätestens seit Mitte des 20. Jahrhunderts in einer Weise Veränderungen der Erdoberfläche prägt, die in der Erdgeschichte beispiellos sind.

Innerhalb der Geschichte des Menschen hat die Ausbeutung der Natur mit der Nutzung fossiler Energie völlig neue Maßstäbe erreicht. Seit rund 200 Jahren sind die menschlichen Einflüsse auf die Erdoberfläche so stark, dass sie als eigene Naturkraft anzusehen sind. Menschliche Aktivitäten betreffen jedwede Natur auf der Erdoberfläche, sie haben weltweiten Maßstab und sind teilweise unauslöschlich – so der zentrale empirische Befund. Damit hat der Mensch das Potenzial, ungewollt Instabilitäten bis hin zu katastrophalen Veränderungen im ganzen System der Geosphäre zu erzeugen – so die Befürchtung.

Das Wortkompositum benennt diesen Bruch in der jüngeren Geschichte der Erde, genauer der Geosphäre, eben das »-zän«, das »neue, ungewöhnliche« (altgriechisch καινός, *kainos*), welches durch den Menschen (ἄνθρωπος, ánthrōpos) erzeugt wird. In der etablierten geologischen Zeitrechnung leben wir seit knapp 12.000 Jahren in der Erdepoche des Holozäns, dem jüngsten, nacheiszeitlichen relativ klimastabilen Abschnitt der Periode des Quartärs. Resultate menschlicher Aktivitäten lagern sich dauerhaft im Sediment ab. Beton wird ein ganz normaler Gesteinstyp der Geologie der Zukunft sein. Aufgrund des Ausmaßes menschlicher Eingriffe in die Erdhülle (Geosphäre) und der erdgeschichtlich gesehenen Plötzlichkeit sollte dieser neuen Phase der Geschichte der Rang einer *geologischen* Erdepoche, des Anthropozäns, zugesprochen werden – so die zentrale Idee.

Im Unterschied zu anderen geologischen Perioden, die viele Millionen Jahre dauern, hätte diese Epoche des Anthropozäns bislang nur die extrem kurze Zeitdauer nur eines Menschenlebens. Aus geologischer Sicht ist das Anthropozän nicht einfach die »Epoche des Menschen« oder das »menschliche Zeitalter«. Es ist vielmehr das neues *Erdzeitalter*, dessen jetzige *Gesteinsschichten* von Rückständen jüngster menschlicher Aktivität geprägt sind bzw., da es ja noch weiterläuft, in Zukunft sein werden. Anthropozän ist also zweierlei – einerseits eine Sache, zu der es klare geologische Befunde gibt, und andererseits eine Idee, ein Konzept. Lassen Sie uns die Bedeutung des geologischen Befundes und des dadurch ausgelösten begrifflichen Erdbebens anhand einer Zeitreise in die Zukunft verdeutlichen.

Vera ist Geoanthropologin, lebt in der Zukunft, im geologischen Zeitalter des Quintärs. Sie hat sich schon im Studium auf Paläontologie spezialisiert und als naheliegendes Nebenfach Anthropologie gewählt. Sie hat ihre jetzige Stelle als Kulturpaläontologin angetreten. Gerade ist Vera dabei, Daten zu Sedimenten aus der jüngeren Erdgeschichte auszuwerten. Sie stammen aus dem späten Quartär, nur gut zehn Millionen Jahre vor ihrer Zeit, genauer aus den 2000er-Jahren nach der damaligen christlichen Zeitrechnung. Vera weiß, in Schichten diesen Alters finden sie und Kollegen weltweit immer wieder die Leitfossilien, die das »Anthropozän« markieren, der Phase, in der die Menschheit zu einem echten Geofaktor geworden war: Plastikstücke, Betonreste und künstliche Radionuklide, wie das stabile Blei-207 am Ende der Zerfallsreihe des radioaktiven Uran 235. All das war damals für die Formung der Erdoberfläche bestimmender geworden als Erdbeben, Vulkanausbrüche und Tsunamis.

In den kulturpaläontologischen Archiven mit Resten aus den damaligen Kulturen studieren Vera und Kollegen neben Humanfossilien aber auch elektronische Dokumente und ganz selten auch erhaltene Schriftstücke, die Diskussionen aus dieser fernen Vergangenheit bezeugen. Und da kann sich Vera manchmal nur wundern. Damals hatten doch tatsächlich viele Wissenschaftler, darunter auch Geologen und Paläontologen, dagegen argumentiert, dass eine solche Epoche namens »Anthropozän« überhaupt formal in die Stratigrafie eingeführt und damit den bisherigen Erdzeitaltern gleichgestellt werden sollte.

Vera denkt: okay, damals gab es diese Effekte menschlichen Handelns ja noch nicht so lange. Es hatte in den Jahren zwischen 2000 und etwa 2020 damals noch christlicher Zeitrechnung vor allem wissenschaftliche Kontroversen darum gegeben, ab wann der menschliche Geoeinfluss wirklich stark war. Hatte das vor 70 Jahren, 700 Jahren oder 7000 Jahren eingesetzt oder gar vor noch längerer Zeit, vielleicht mit Beginn der Landwirtschaft oder den ersten Städten? Als Wissenschaftler, die in sehr langen Zeiträumen denken, hatten viele Kollegen das damals für ein kleines und vorübergehendes Ereignis in der Geschichte der Menschheit gehalten. Noch im Jahr 2024 hatte das leitende Gremium der Geologie die Formalisierung als geologische Epoche zunächst abgelehnt.

Später im Quartär hatte die Menschheit noch gerade so die Kurve gekriegt. Nach langen Verhandlungen und der formalen Anerkennung waren tatsächlich weltweit akzeptierte Vereinbarungen erreicht worden. Die menschliche Überformung der Umwelt wurde zurückgefahren. Das Anthropozän war um 2100 zu Ende gegangen und bildet seitdem die kürzeste Epoche in der geologischen Zeittafel. Aus Vorlesungen zur Fachgeschichte weiß Vera, dass es schon ab 2020 die ersten Versuche gegeben hatte, den geologischen Einfluss einzelner Gesellschaften und sogar den Umwelteffekt einzelner Menschen zu messen. Diese sogenannte biografisch-anthropozäne Methode war damals anhand eines Politikers namens Donald Trump eingeführt worden. Es hatte aber, wie die Fachhistoriker wissen, noch lange gedauert, bis sich die Methode auch bei den Erdgeschichtlern als Standardverfahren etabliert hatte. Sowohl das Konzept Anthropozän als auch die damals neuen Wissenschaften der Geoanthropologie, Kulturgeologie und Kulturpaläontologie hatten lange gebraucht, um akzeptiert zu werden. Aber

Vera sagt sich auch: Jetzt, in der nachanthropozänen Ära und mit gehörigem Zeitabstand ist es natürlich leicht, diese damalige geohistorische Schwelle, ja diesen Bruch in der Menschheitsgeschichte klar zu erkennen. Jetzt, im Postanthropozän, ja im Quintär, ist es sonnenklar, dass das Anthropozän mehr war als ein vulgärwissenschaftliches Krisen-Mem des beginnenden 21. Jahrhunderts.

Kapitel 1

Menschen machen Erdgeschichte – neue Erde und neue Anthropologie

Sind wir gute Vorfahren?

Jonas Salk 1992: 16

Wir leben in einer Welt, in der das Schicksal jedes Menschen
mit dem vieler anderer verknüpft ist und auch mit dem der Erde,
die wir zu besitzen meinen, die wir aber doch nur bewohnen.

Jedediah Purdy 2020: 7

Wir dürfen unsere Aufmerksamkeit
nicht allein auf das Klima richten.

Johan Rockström 2021: 102

Das Wort »Anthropozän« ist ein Mem, dass als Wort viele Wissenschaftsfelder als auch die Künste und die Massenmedien erreicht hat, deutlich weniger dagegen die breite Öffentlichkeit. Das Wort wird mit sehr unterschiedlichen Inhalten gefüllt, die oft wenig mit dem begrifflich geologischen Kern des Anthropozänkonzepts zu tun haben.

Krisen gab es auf dieser Welt schon viele, auch weltweite. Die gegenwärtige Generation der Kinder dieser Welt ist aber die erste globale Kohorte, die sich bewusst werden wird, dass die Welt, die sie erben wird, für menschliches und nicht menschliches Leben deutlich weniger gut bewohnbar sein wird als die ihrer Eltern. Ich gebe ein wirtschaftliches Beispiel. In Bezug auf menschengemachten Klimawandel sind die bekannten wirtschaftlichen Akteure Erdölfirmen, Energiekonzerne und Staaten. Aber auch die Versicherungsindustrie ist stark betroffen: Versicherer brauchen Klimadaten, um die Risiken einschätzen zu können, die sie versichern wollen oder eben nicht. Das gilt auch für Versicherer von Versicherungen. Kein Wunder ist es also, dass die

15

Münchener Rückversicherung *MunichRe* als größte Rückversicherung der Welt aktuellste Daten und weltweite Karten von Naturrisiken erstellen lässt. Das betrifft aber auch lokale Lebenswelten. So gab es in Florida früher etwa alle zwölf Jahre einen Wirbelsturm oder Sturmfluten. Da das aber heute fast jedes Jahr passiert, kann und will das niemand mehr versichern. Es wird bald ganze Gebiete geben, wo Bewohner ihr Haus nicht mehr gegen Schäden durch Wirbelstürme und Überflutungen versichern können, auch wenn sie das wollen. Entsprechend werden sich auch Investoren Plätze suchen, wo sie ihr Kapital risikoloser einsetzen können (Bhattacharyya & Santos 2023).

Bis in die Moderne galten Naturkatastrophen und Ressourcenknappheiten als Probleme, deren Ursachen *außerhalb* der Gesellschaft liegen. Mit dem Anthropozän wissen wir, dass elementare Bedrohungen nicht mehr ausschließlich externen Ursachen zugeschrieben werden können. Also können sie auch nicht mehr rein naturwissenschaftlich angesehen und als technologisch zu lösende Problematik angegangen werden (Niewöhner 2013: 43–45). Mit »Anthropozän« ist etwas in Raum und Zeit deutlich Umfassenderes gemeint als Klimawandel. Mit Anthropozän wird die geohistorische Phase bezeichnet, in der die Menschheit zu einem starken oder gar dominanten geologischen Faktor der Veränderung der Geosphäre unseres Planeten geworden ist. Dabei geht es um viel mehr als um die globale Erwärmung der Atmosphäre. Die Signalwörter »weltweit« und »global« laden zu unscharfem Gebrauch ein, der gerade in der Anthropozändebatte problematisch ist. Angesichts räumlich verbreiteter Umwelteffekte im Anthropozän sollten wir zwischen zwei Arten weltweiten anthropogenen Wandels unterscheiden (Smil 2019: 13–14, 207): (a) über die *ganze* Oberfläche des Planeten verteilte Einwirkungen anthropogener Phänomene – etwa Klimagase, Radionuklide und zunehmend Plastikpartikel – und (b) *ubiquitärem* menschengemachtem Umweltwandel, also Umweltdegradation, die überall da zu finden sind, wo Menschen massiert und dauerhaft leben – etwa photochemischer Smog, Bodenerosion, tote Zonen in Küstengewässern und überbordender Müll (Abb. 1.1).

Alles, was mit »Anthropo-« anfängt, klingt erst mal verlockend, außer vielleicht »-phagie«. Das Wort »Anthropozän« ist verführerisch und lädt Medienarbeiter zur Übertreibung und Wissenschaftler zum akademischen Trendsurfen ein. Oft wird das Wort einfach verwendet, um die Sorgen angesichts des Zustands der Erde zu benennen oder Folgen von technologischer Entwicklung zu kritisieren (Malhi 2017: 93, Uekötter 2021). Das Anthropozän ist aber als Problem zu wichtig und das Wort »Anthropozän« zu gehaltreich, um es als Kürzel für die Rede über Globalisierung, globale Umweltprobleme, Nachhaltigkeitsfragen oder menschengemachten Klimawandel zu benutzen oder für rein rhetorische Manöver zu missbrauchen.

Abb. 1.1   Abfallentsorgung in Mumbai, Indien, *Quelle: Foto von Maria Blechmann-Antweiler*

1.1 Das »Menschenzeitalter« – willkommen im Anthropozän?

One species transforms the planet.

Andrew Knoll 2021: 195

Wir als Spezies haben uns als gute Historiker,
aber als schlechte Futurologen erwiesen.

Robert Macfarlane 2019: 97

Das Anthropozän wird »Zeitalter des Menschen« (*age of man*), »Zeitalter der Menschheit« (*age of mankind*) oder auch »menschliches Zeitalter« (*human age*, Monastersky 2015) genannt. Warum? Das Anthropozän ist nicht nur durch einen in geologischer Sicht abrupten Klimawandel gekennzeichnet, sondern auch durch einen dramatisch hohen Verbrauch von Naturressourcen, Wasser und Düngemitteln, eine Übersäuerung der Meere und einen drastischen Rückgang der Vielfalt des Lebendigen. Hinzu kommen etwa Bodenverluste durch Erosion und Versiegelung, der Verlust großer Teile der Moore, eine rapide Umwandlung von Deltas und eine starke Zunahme von menschlichen Objekten, vor allem Plastikabfall, in den Ozeanen. Die wichtigste Besonderheit unseres Planeten ist die Existenz von Leben. Sämtliche Lebewesen überleben dadurch, dass sie der Umwelt Ressourcen entziehen. Aber nur Menschen extrahieren aus der Umwelt weiter, nachdem ihre Bedürfnisse erfüllt sind. Grundlegende Einschätzungen zur Umweltdynamik sollten deshalb auf die von Menschen verursachten Veränderungen der Biomasse und der Proportionen des Lebens auf der Erde achten (Smil 2021: 236, 2023, Headrick 2022: 3).

Der menschliche Fußabdruck ist allgegenwärtig, und er wird wegen teilweise extrem langen Verweilzeiten etwa von Plastik zumindest teilweise geologisch dauerhaft sein (Tab. 1.1). Asphaltstücke, Plastikpartikel und radioaktive Stoffe werden zu dauerhaften Bestandteilen von Gesteinsschichten. Die Vielfalt der menschengemachten Objekte (kulturelle Vielfalt, technologische Diversität) übertrifft bereits die heutige biologische Artenvielfalt (Biodiversität). Wenn sich die Produktionsverhältnisse in der Architektur nicht ändern, werden Beton und Asphalt zu Gesteinen der Zukunft (Abb.

1.2; vgl. Stumm & Lortie 2021). Schon heute gibt es den neuen gesteinstyp Plastiglomerat, ein Gemenge, das durch unkontrollierte Feuer am Strand entsteht (Abb. 1.3). Die menschliche Technosphäre wächst in die Breite aber auch vertikal. In Pudong, dem dynamischen Stadtteil Shanghais, wurden im Jahr 2011 mehr Hochhäuser von über 100 Metern Höhe errichtet als in der ganzen restlichen Welt zusammen. Menschen haben nicht nur 3900 Meter in die Tiefe gebohrt, sondern errichten neuerdings auch Gebäude von über einem Kilometer Höhe (Graham 2018: 371).

Während dieses Buch entsteht, beginnt die Masse der von Menschen produzierten Dinge (*anthropogenic mass*), die sich etwa alle 20 Jahre verdoppelt, die Masse des Lebens (*biomass*) zu übertreffen (Elhacham et al. 2020: 1). Menschen haben seit Beginn des Anthropozäns im engeren Sinn, also in den knapp 70 Jahren von 1950 bis 2015, etwa 30-mal so viel Gestein beziehungsweise Sedimente transportiert wie in den 70 Jahren davor. Bis zum Jahr 2000 wurden pro Erdbewohner 21 Tonnen Gestein und Boden bewegt.

Abb. 1.2 Auf dem Tempelhofer Feld in Berlin, *Quelle: Autor*

Abb. 1.3 Plastiglomerat vom Kamilo Beach, Hawaiʻi, USA, ausgestellt in der »One Planet« Exibition, Museon, DenHaag, Niederlande, *Quelle: Foto von Aaikevanoord; https://commons.wikimed ia.org/wiki/File:Plastiglomerate_Museon.jpg*

Das entspricht der siebenfachen Menge des natürlichen Sedimenttransports durch Flüsse ins Meer und liegt zwei Größenordnungen über der Menge des von Vulkanen in dieser Zeit weltweit ausgeworfenen Magmas (Kooke 2000, Cooper et al. 2018, Maslin 2022: 48). Die Technosphäre wiegt um fünf Größenordnungen mehr als die Masse der Menschen (*anthropomass*).

Seit 1950 wurden 99% allen Zements auf der Welt (Waters & Zalasiewicz 2018) und 99% allen synthetischen Kunststoffs der Welt produziert (Geyer et al. 2017). Durchschnittlich wird heute auf dieser Welt pro Mensch in jeder Woche mehr als sein Körpergewicht an anthropogenen Dingen, Gegenständen, Tieren etc. produziert. Die gesamte Technosphäre der Erde hat derzeit eine Masse von 30 Billionen Tonnen. Vorstellbar wird das nur, wenn man sich klarmacht, dass dies, gleichmäßig verteilt, einer Last von 50 Kilogramm auf *jedem* Quadrat*meter* der Erdoberfläche entspricht (Zalasiewicz et al. 2017: 12, 19). Das liegt fünf *Größenordnungen* über der Biomasse der Menschheit.

Indikator	Heutiger Zustand, Veränderung in Vergleichsperiode	Quelle
Menschen: Anzahl	8,2 Mrd. (Stand 2024; 1960er: 3 Mrd., 1900: um 1,5 Mrd., 1 u.Z.: 200–400 Mio., 10.000 v. h.: 1–10 Mio.)	Smil 2019: 307–331, 2021: 25, 69
Menschen: Kohlenstoff in Biomasse	25 Mt Menschen/129 Mt domestizierte Säuger/5 Mt wilde Landsäugetiere (im Jahr 2000), im Vgl. zu 10 Mt Menschen/10 Mt wilde Landsäuger/35 Mt domestizierte Säuger (im Jahr 1900)	Christian 2018: 311
Menschen: Zunahme	ca. 80 Mio./Jahr = ca. Bevölkerung Deutschlands	Smil 2021: 25–69
Menschen: Masse (*anthropomass*)	0,3 Gt, zusammen mit domestizierten Tieren 97 % der gesamten Masse terrestrischer Säuger	Smil 2013, 2019, Bar-On et al. 2018
Diversität terrestrischer Großsäuger	1/3 Drittel Menschen, 2/3 dom. Landsäuger, rund 3 % restliche Landsäuger (vs. 350 Spezies prähuman)	Barnosky 2008
Vieh	>2 Mrd. Rinder und Hausbüffel, 2- bis 4-mal Lebendgewicht Menschen, >1 Mrd. Schweine	Thomas et al. 2020: 83, Marks 2024: 235
Haushühner (*Gallus gallus*)	23,7 Mrd., Biomasse 2,5 x Wildvögel, 1/10 Lebendgewicht Menschheit, seit Mitte 20 Jh. anthropogene Morphospecies (*Gallus Gallus domesticus*)	Reichholf 2011, Bennett et al. 2018, Thomas et al. 2020: 98–99
Energieverbrauch	23–75 Gigajoule pro Kopf/Jahr, Holozän: 3–10, 90 % verbraucht seit 1950	Christian 2018: 349 Syvitsky et al. 2020
Energiekonsum	572 EJ/J (2014), 13,7 Mio. t Öl /J (2014), 6,1 Mio. t Öl /J (1973), < 100 EJ/J (1850)	Morris 2020: 128–138, Smil 2021
Kohlendioxid (CO_2)	CO_2-Level rund 420 ppm, höher als jemals in den letzten 800.000 Jahren bzw. als irgendwann im Quartär	National Research Council (1986), NASA 1988, Vossen 2017, Summerhayes 2020
Stickstoffdünger	Ausstoß reaktiven Stickstoffs höher als aus natürlichen Quellen, 70 % aus USA, Indien, China	Marks 2024: 231
Meeresspiegelanstieg	20 cm Anstieg in letzten 100 Jahren, 3 mm/ Jahr seit 2000	Summerhayes 2020

Indikator	Heutiger Zustand, Veränderung in Vergleichsperiode	Quelle
Technosphäre: menschengemachte Objekte (*anthropogenic mass*)	30 Billionen Tonnen (tT), = ca. 4000 Tonnen/Mensch Gebäude und Infrastruktur 1100 Gigatonnen = 50kg/m², 5-faches der Anthropomass	Zalasiewicz et al. 2017c: 19
Technosphäre: Plastik	8,3 Gigatonnen = mehr als die gesamte Masse aller Land- und wasserlebenden Tiere (4 Gt)	Elhacham et al. 2020: 2–3, Zalasiewicz et al. 2018
Technosphäre: potentielle Technofossilien	technofossile Vielfalt > Biodiversität	Elhacham et al. 2020
Transportierte Gesteine, Sedimente durch Rohstoffausbeutung, Bauten	seit Beginn des Anthropozäns i. e. S. bis 2015 30-mal so viel wie in den 70 Jahren davor, entspricht 3- bis 7-mal dem Sedimenttransport durch Flüsse ins Meer, 21 T/Pers.	Hooke 2000: 844–845, Bridge 2009, Price et al. 2011; Cooper et al. 2018
Staudämme	45.000 (2007), ½ aller Flüsse mit Wasserbauwerken	Duflo & Pande 2007
Künstliche Minerale, synthetische kristalline Komponenten	208 anerkannte neue Minerale, 193.000 (vs. 5000 natürliche) mineralähnliche Komponenten, >mehr als in der gesamten Erdgeschichte	Hazen et al. 2017
Menschliche Landschaftsprägung	95 % der Landfläche (unter Ausschluss von Antarktika), 5 % in abgelegenen Räumen, 1700: 5 %	Ellis & Ramankutty 2008
Anthrome	40 % der terrestrischen Landfläche genutzt, insbes. Ackerbau und Weideland	Ellis & Ramankutty 2008, Ceballos et al. 2020
Agrarland	20 % der Landmasse des Planeten genutzt	Marks 2024: 235
Entwaldung	Hälfte der gesamten Entwaldung der Menschheitsgeschichte zwischen 1945 und 1995	Williams 2006: 395–496
Artenvielfalt, Artentransport, Neobiota	Aussterberate 10.000 % der normalen Rate, < 1% der Arten, Transport schnell und über weite Distanzen	IPBES 2019, Almond et al. 2020
Aussterben von Landsäugern	Hintergrund: 1,8 E/MSY (Aussterbende Arten pro Mio. Säugerarten/Jahr), ab 1500:14,0 E/MSY, ab 1900: 28,0 E/MSY	IUCN, Wignall 2019: 19–20, Ceballos et al. 2020, Hannah 2021: 22–26
Individuen pro Art	60% Reduktion der Säuger, Vögel, Fische und Reptilien seit 1970, kleinere Individuenzahlen wegen verkleinerter Habitate	Carrington 2018, nach Thomas etal. 2020: 173

Indikator	Heutiger Zustand, Veränderung in Vergleichsperiode	Quelle
Vielfalt: Domestikate	¾ der Nahrungsquellen aus 12 Pflanzen- und 5 Tierarten	Thomas et al. 2020: 83
Geografische Verlagerung von Biota	Nordverschiebung der Planktonverbreitung 200 km/Dekade seit 50 Jahren	Thomas et al. 2020: 83
Primärproduktionskonsum/ -zerstörung	30 % der oberirdischen pflanzlichen Nettoproduktion, äquiv. 373 EJ/J.	Zalasiewicz et al. 2020

Tab. 1.1 Vielfalt der Indikatoren der neuen Erddynamik im Anthropozän

Das Anthropozän kann als gefährliche Phase gesehen werden, in der das Leben auf der Basis fossiler Brennstoffe die Geosphäre, von der menschliches Leben abhängt, in unvorhersehbarer Weise stört. Angesichts der räumlich erdweiten Wirkungen und vor allem der Dauerhaftigkeit sind massive Umweltschäden als eine Form von *verteilter Gewalt* interpretiert worden. Der ausbeuterische Umgang mit der Natur ist integraler Bestandteil heutigen Wirtschaftens. Es ist eine Gewalt, die aktuell erzeugt wird, sich aber verzögert entfaltet: langsame Gewalt. Dies verdeutlicht der Literaturkritiker Rob Nixon an der outgesourcten Schädigung von Umwelt wie auch der in Form menschlichen körperlichen Leids ausgelagerten Kosten der imperialen Lebensweise in Gesellschaften des Globalen Nordens (»slow violence«, Nixon 2011, 2016). In geologischer Zeitlichkeit gesehen ist der Wandel plötzlich, aus menschlicher Sicht erscheint er dagegen als inkrementell und graduell, etwa so, wie der Abrieb eines Fahrradreifens. Für die Verursacher bleibt die Krise deshalb weitgehend unsichtbar. Ähnlich wie strukturelle Gewalt wird sie entweder nicht als Gewalt gesehen oder aber bewusst ausgeblendet. Diese Gewalt wird zeitlich auf Menschen kommender Generationen, ja sogar auf Menschen in der fernen Zukunft und das in ungleicher Weise verteilt.

We now live more than ever in a human-created, but nontheless unintentional, »anthroposphere« ... That is a »Great Departure« from past historical patterns.

Robert Marks 2024: 246

Angesichts des Anthropozäns ist die »vergemeinschaftende Glaubwürdigkeit«, die Fortschritt, grenzenloser Konsum und vermeintlich unbegrenztes Wachstum bislang brachten, zunehmend abhanden gekommen (Niewöhner 2013: 44). Das Thema Anthropozän betrifft die menschliche Existenz – physisch wie psychisch. Es betrifft die Zukunft der Menschheit. Die Zahl der Menschen wird noch deutlich zunehmen, und schon jetzt verbraucht die Menschheit nach dem »globalen Fußabdruck« gemessen mehr als 1,5-mal so viele Ressourcen wie durch Naturprozesse ersetzt werden. Die Technologie hat sich schneller entwickelt als die Gesellschaften, und sie schließt sich heute um jeden von uns. Wie Marc Augé sagt, erschöpfen wir uns im Konsum der Geräte. Viele Menschen haben heute das Gefühl, von einer Zukunft eingesaugt zu werden, statt von der Vergangenheit bestimmt zu sein. Es geht um eine Zukunft, über die sich gesellschaftlich noch wenig Gedanken gemacht wird, die gerade im Anthropozän aber Angst macht und oft dazu führt, sie sich gar nicht vorstellen zu wollen:

> »Das große Paradox unserer Epoche ist: Wir wagen es nicht mehr, uns die Zukunft vorzustellen, obgleich uns der Fortschritt der Wissenschaft Zugang zum unendlich Großen wie auch zum unendlich Kleinen ermöglicht« (Augé 2019: 17).

Anhand der Veränderung der Atmosphäre kann man sich mögliche Zukünfte deutlich machen. Erdwissenschaftler und Historiker sehen vereinfacht zwei Zukunftsszenarien: Kollaps oder Nachhaltigkeit (Costanza et al. 2007) bzw. »Hothouse Earth« vs. »Stabilized Earth« (Steffen et al. 2018: 8252, 8258). Wir könnten einer überhitzten Atmosphäre entgegengehen, wenn die Gegenmaßnahmen so gering bleiben, dass bestimmte Schwellenwerte bald überschritten werden. Die Atmosphäre und die ganze Geosphäre würden in einen irreversiblen Pfad heraus aus der holozänen Stabilität eintreten. Extreme Pessimisten geben gegenwärtigen Institutionen und Maßnahmen keine Chance mehr und haben entweder resigniert, weil sie es einfach für zu spät halten, oder sie fordern z. B. die Abschaffung des Kapitalismus, eine ökoautoritäre Politik durch starke Nationen, eine weltpolitisch zentralisierte Macht oder eine zusätzliche »vierte Gewalt« (*future branch*), die die Interessen zukünftiger Generationen sicher stellt.

Wir könnten aber auch so intensiv kooperieren und Ungleichheit vermindern, dass wir das Erdsystem durch grundlegende gesellschaftliche Veränderungen so weit managen, dass das Klimasystem zwar bleibende anthropogene Veränderungen in Struktur und Funktion erfährt, aber insgesamt noch stabilisiert werden kann. Wir würden in einem »moderierten Anthropozän« leben, statt in einem unkontrollierten Anthropozän, in dem wir jetzt leben (Thomas et al. 2020: 171, 188). In diesem Szenario würde die Erde zwar wärmer werden, der Meeresspiegel steigen, die Vielfalt des Lebens abnehmen, *und* es würde deutliche Schutzmaßnahmen erfordern, aber die Welt bliebe immerhin bewohnbar. Auf den ersten Blick mag das naiv erscheinen. Oder es könnte eine Haltung sein, die sich zu sehr auf die ja tatsächlich ingeniösen Fähigkeiten von Menschen und Kulturen verlässt, sich neuen Umständen anzupassen.

Eine historisch langzeitliche Sicht lässt dieses optimistische Szenario aber als durchaus realistisch erscheinen. Das tatsächlich weltweite Ausmaß anthropogener Wirkungen ist jungen Datums (rund 70 Jahre), die globale Orientierung auf Wachstum als kulturellem Wert und wirtschaftlicher Praxis ist es ebenfalls (rund 200 Jahre). Auch heute leben noch nicht alle Menschen und Gemeinschaften eine konsumorientierte und ressourcenbelastende Lebensweise. Diese leben allerdings zumeist ungewollt ressourcenarm, mehrheitlich im Globalen Süden (Brand & Wissen 2017). Zusätzliche Hoffnung gerade für die Erhaltung der Biodiversität bietet die gut begründete Erwartung, dass das Bevölkerungswachstum weltweit langfristig nachlassen wird (Wilson 2016: 210). Die Bevölkerungszunahme bildet historisch allerdings nicht den Hauptmotor des Anthropozäns im umfassenden Sinn (Malm 2016: 255–257, 268). Ferner zeigen sich erste Zeichen eines ungewollten *Degrowth* im Globalen Norden dann, wenn die Wirtschaftsentwicklungen statt der schwindelerregenden exponentiellen

Zunahmen menschengemachter Effekte teilweise zu sigmoidalen Kurven abflachen.

Eine weniger imperiale Lebensweise gibt es aber durchaus, wenn auch in geringerem Umfang, auch als frei gewählte Daseinsform. Gerade die Geschichtswissenschaften und die Ethnologie haben viele Kulturen dokumentiert, die eine *eher* den tatsächlichen lokalen Umweltbedingungen angepasste Lebensweise praktizieren. Man sollte sie aber nicht als »Naturvölker« romantisieren oder als »Ökoheilige« idealisieren, wie das in populären Medien gern geschieht. Aus ethnologischer Sicht ist zwischen Aussagen zu unterscheiden, dass indigene Gemeinschaften ressourcenschonend lebten und teilweise leben – was *im Schnitt* zutrifft –, oder der etwa unter manchen Umweltschützern und in der Populärethnologie verbreiteten Aussage, dass sie es aus einer ökologischen bzw. umwelthegenden Ethik heraus tun – was in der Regel *nicht* stimmt. Auch Menschen der Frühgeschichte griffen zu eigenem Vorteil entsprechend ihrer technischen Möglichkeiten beherzt in die Umwelt ein. Eine bewusste Ökosensitivität ist kaum festzustellen. Schon Neandertaler legten vor 125.000 Jahren bewusst Brände und jagten Elefanten (Gronenborn 2024: 50–1; vgl. Krech 1999, Milton 1996: 31, 109–114). Was viele ethnologisch dokumentierte etliche Gemeinschaften aber haben, ist zumindest eine leitende kosmologische und kosmogonische Vorstellung einer *Einbettung* ihrer Lebensweise in die lokale Umwelt und ein konkretes Wissen um Anpassungsmöglichkeiten an Umweltbedrohungen (Ehrlich & Ehrlich 2022).

Aus einer historisch-langzeitlichen Sicht stellt die Zivilisation der Moderne eine Anomalie dar, ein »new anormal« (Ehrlich & Ehrlich 2022). Dies zeigen Untersuchungen aus der Globalgeschichte und der Wirtschaftsgeschichte. Nicht nur die Idee des Wachstums ist jung. Das Konzept »die Wirtschaft« als einer ökonomischen Totalität, nach deren Standard-Regierungen bewertet werden, entstand erst in den 1930er-Jahren. Die Vorstellung unbegrenzten Wachstums, die impliziert, man könne Grenzen beliebig hinausschieben bzw. die Gesetze der Entropie irgendwie umgehen, quasi die Idee des endlosen Füllhorns, kam sogar erst in den 1970er- und 1980er-Jahren im Rahmen des Finanzkapitalismus auf. Aber man kann aus Fehlern lernen. Ganze Länder, wie Bhutan, Cuba und Costa Rica versuchen heute, eine Gesellschaft zu etablieren, die nur so viel konsumiert, wie die Erde hergibt.

Wissenschaft und Technologie haben eine Doppelrolle: Einerseits haben ihre Innovationen dem Kolonialismus und Kapitalismus als Brandbeschleuniger erst ermöglicht, zu Zerstörern der Geosphäre zu werden, aber sie waren auch die Kassandra, die frühzeitig gewarnt hat (Renn 2021: 3). Heute verfügen wir, was ich besonders herausstellen möchte, über eine Menge an faktenbasierter Kenntnis zum Anthropozän. Es gibt mittlerweile ein robustes Wissen zum Thema (Horn 2020, 2024a). Außerdem haben Menschen und Kulturen tatsächlich eine enorme Fähigkeit, sich anzupassen oder gar selbst neu zu erfinden. Die wirksamsten Maßnahmen zur Verringerung des CO_2-Ausstoßes als einem Kernproblem des Anthropozäns sind nach derzeitigem Kenntnisstand wahrscheinlich die Dekarbonisierung der Baubranche, denn Beton, Sand und Zement machen mehr als 30% des CO_2-Ausstoßes aus, und eine Umstellung auf pflanzliche Ernährung. Dies impliziert eher gesellschaftliche Transformationen als nur individuelle Verhaltensänderungen, und es sind auch die gesellschaftlichen Transformationen, die (wahrscheinlich) nicht nur den Klimawandel, sondern anthropozäne Wirkungen insgesamt effizient vermindern könnten, weil sie allgemein geosphärisch schädliche Flüsse von Material und Energie vermindern (Barnosky et al. 2012, Thomas et al. 2020: 177–180). Das sind allerdings allesamt Orientierungen, die bislang die Erziehung und Politik weltweit kaum prägen, weder im Globalen Süden noch im Globalen Norden. Dieses Manko manifestiert sich etwa in Schulen und auch Museen (Isager et al. 2021)

Der Mensch erscheint im Anthropozän als eine erdsystemrelevante Größe für den Wandel der Umwelt. Menschen bilden einen zentralen »Treiber« (*driver, global agent, force*), so wie etwa Sonneneinstrahlung, Vulkanismus und natürliche Selektion (Crutzen & Stoermer 2000, Steffen et al. 2011). Menschliches Handeln verändert geophysikalische Trends und globale geochemische Stoffkreisläufe. So werden etwa durch den Einsatz von Dünger die Kreisläufe von Phosphor und Stickstoff verändert. Das gilt auch für Flora und Fauna. Aus paläobiologischer Sicht heißt das: »Menschliches Tun verändert massiv die Zusammensetzung von Lebensgemeinschaften und damit langfristig sogar den Fossilienbestand der Zukunft« (Schwägerl & Leinfelder 2014: 235). Kaum übertrieben kann man feststellen: Der Planet steht am Scheideweg, denn veränderte Austauschprozesse und Ökosysteme bedeuten gleichzeitig eine irreversible Transformation der grundlegenden Lebensbedingungen für sämtliche Lebewesen auf dem Planeten einschließlich des Menschen:

> »The significance of the Anthropocene lies not in its discovery of the first traces of our species, but in the magnitude, significance and future longeveity of the planetary system's transformation« (Thomas et al. 2020: 19).

Das Anthropozän wird selten positiv gesehen, sondern als empirisch untermauerte Warnung vor den weltweiten Folgen marktfokussierter Wirtschaft, fossilistischer Energienutzung und des ungebremsten Wachstums der Wünsche und des Konsums. Plastikpartikel finden sich heute bis in die Tiefen ozeanischer Tiefseegräben. Allein die globale Masse des produzierten Plastiks ist schon jetzt größer als das Gesamtgewicht aller Land- und Wassertiere (Zalasiewicz et al. 2016, Elhacham et al. 2020). Aus evolutionärer Sicht besteht das Erstaunliche des Anthropozäns darin, dass eine einzige Spezies die Bio- und Geosphäre extrem schnell veränderte. Als »Produktivoren«, die unsere Nahrung selbst herstellen, sind wir erfolgreicher als alle Carnivoren und Omnivoren.

Das Anthropozän erscheint als katastrophale Folge des übergroßen Erfolgs des *Homo sapiens*: Wir sind *overachiever* und das im planetaren Kontext (Oeser 1987: 52, Eriksen 2016: 17–18, 2023). Dies gilt schon körperlich: zusammen mit den von ihnen domestizierten Tieren machen Menschen 97 Prozent der gesamten Masse terrestrischer Säuger aus (Abb. 1.4). Jetzt im Jahr 2024, wo ich dies schreibe, hat die schiere Masse des von Menschen produzierten Materials die Gesamtmasse lebendiger Wesen auf diesem Planeten schon längst übertroffen.

Erdsystemwissenschaft

Diese Feststellungen kommen nicht etwa aus der feldbasierten Geologie, sondern aus der Biologie, der Ökologie und besonders aus der Erdsystemwissenschaft. Die *Earth Systems Sience* (*ESS*) entstand zwischen 1974 und 1980 (Bretherton 1985, Heymann & Dalmedico 2019). Organisatorisch handelt es sich dabei oft um Großforschung (*big science*). Das Erdsystem wird hier als sich selbst regulierendes System der Geosphäre verstanden, das durch Zusammenwirken nicht menschlicher physikalischer, chemischer

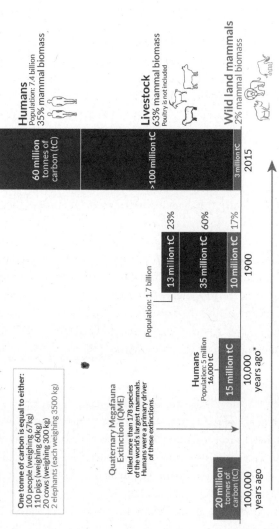

Changing distribution of the world's land mammals

Terrestrial mammals are compared in terms of biomass – tonnes of carbon.

Our World in Data

One tonne of carbon is equal to either:
100 people (weighing 67 kg)
110 pigs (weighing 60 kg)
20 cows (weighing 300 kg)
2 elephants (each weighing 3500 kg)

Quaternary Megafauna Extinction (QME)
Killed more than 178 species of the world's largest mammals. Humans were a primary driver of these extinctions.

Humans
Population: 5 million
16,000 tC

15 million tC

20 million tonnes of carbon (tC)

100,000 years ago

10,000 years ago*

Population: 1.7 billion

13 million tC 23%

35 million tC 60%

10 million tC 17%

1900

Humans
Population: 7.4 billion
35% mammal biomass

60 million tonnes of carbon (tC)

Livestock
63% mammal biomass
Poultry is not included

>100 million tC

Wild land mammals
2% mammal biomass

3 million tC

2015

85% decline in wild terrestrial mammal biomass since the rise of humans

*Estimates of long-run wild mammal biomass come with larger uncertainty. Biomass following the QEM event is estimated to be approximately 15 million tonnes.
Data sources: Barnosky (2008); Smil (2011) & Bar-On et al. (2018); Images sourced from the Noun Project.
OurWorldinData.org – Research and data to make progress against the world's largest problems.
Licensed under CC-BY by the author Hannah Ritchie.

Abb. 1.4 Veränderung der Verbreitung von Menschen und anderen Großsäugern. *Quelle: Hannah Ritchie 2021 für Our World in Data (https://en.w ikipedia.org/wiki/Extinction#/media/File:Decline-of-the-worlds-wild-mammals.png) CC_BY)*

und biologischer sowie menschlicher Kräfte, inklusive der Interaktionen und Rückwirkungen innerhalb der Sphären auf dem Planeten Erde gebildet wird (Steffen et al. 2005: 298). Das System reicht von der oberen Grenze der Atmosphäre bis in die oberste Ebene der Gesteinsschichten. Zentrale Konzepte sind Systeme, Rückkopplung, Stoffkreisläufe und Thermodynamik. Methodisch arbeitet die ESS vor allem mit Fernerkundung, großen Datenmengen und globalen Datensätzen. Die Erdsystemwissenschaftler entwickeln daraus globale Systemmodelle und Zukunfts-Szenarien, um Gegenwartstrends nachzuweisen und zukünftige Entwicklungen zu simulieren (Cook et al. 2015: 2–3, 9–10, Roscoe 2016, Toivanen et al. 2017: 185–186, Hirsbrunner 2021). Der menschliche Faktor wurde zunächst nur sekundär behandelt (Abb. 1.5)

Geologen und Geologinnen arbeiten dagegen mit Hammer und Lupe und befassen sich mit sehr lang vergangenen Zuständen und Prozessen. Sie tun das nicht mit Experimenten und kaum mit Simulation, sondern mittels Gesteinsschichten, lokalen fossilen Befunden, Rekonstruktion und Deduktion. Geologie ist eine in mehrfacher Hinsicht vielschichtige Wissenschaft (Zalasiewicz 2017), was auch als soziologisches Thema reichhaltig ist (Clark & Szerszynski 2021). Die Geologie ist eine Wissenschaft, die – wie die Ethnologie und die Ökologie – vor allem mit feldwissenschaftlicher statt laborwissenschaftlicher Evidenz arbeitet (Will 2021: 20–21, 143–201). Es ist wichtig, methodische Unterschiede zwischen Erdsystemwissenschaften und Geologie festzuhalten, denn sie sind folgenreich und werden von Kulturwissenschaftlern gern übersehen. Aus diesem Grund werde ich die für das Anthropozän relevanten geowissenschaftlichen Zeitkonzepte und Methoden der Stratigrafie in mehreren Kapiteln ansprechen.

In jedem Fall aber gilt: Im Anthropozän schreibt der Mensch Naturgeschichte. Der Mensch hinterlässt geologische Signaturen in den Sedimenten. Stratigrafisch gesehen ist die Spur des Menschen vergleichbar mit dem extraterrestrischen Mineral Iridium, das sich als Folge eines Asteroideneinschlags in Mexiko vor 66 Millionen Jahren weltweit in Gesteinen findet (Glaubrecht 2019: 693). Die Ausrufung einer erdwissenschaftlichen Epoche, deren Pate der niederländische Metereologe und Atmosphärenchemiker Paul Josef Crutzen (1933–2021, vgl. Benner et al. 2021, Müller 2021b) war, spiegelt diese tiefgreifende Transformation, diesen historischen Wen-

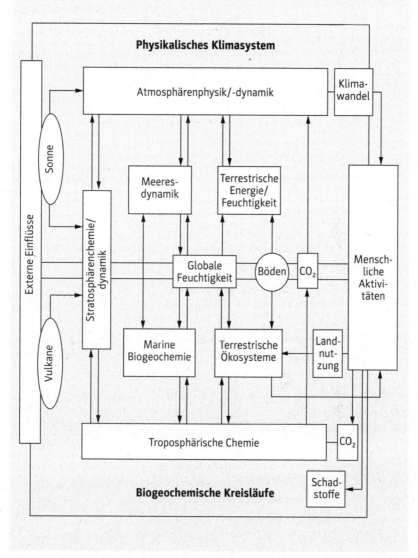

Abb. 1.5 Erdsystemmodell aus dem NASA-Bretherton –Report 1986 –menschliche Aktivitäten wurden nur am rechten Rand in einem Kasten berücksichtigt, *Quelle: Ellis 2020: 46, Abbildung 7*

depunkt oder gar Bruch, begrifflich deutlicher als der eher auf den Menschen konzentrierte Begriff Globalisierung oder der des globalen Wandels. Wir leben in einer Periode starken Wachstums der Menschheit, zunehmender Globalisierung, vor allem zunehmender Verbundenheit (*connectedness*, Krogh 2020). In der Wirtschaft wie in der Umwelt zeigt sich eine »Überhitzung« und eine sich rapide verstärkende Exploration und Extraktion von Naturressourcen (Eriksen 2014: 140, 2016). Anders als in früheren Globalisierungsschüben betrifft das Phänomen Anthropozän tatsächlich die ganze Erdoberfläche.

Demzufolge brauchen wir einen wissenschaftlichen Zugriff, der Erdgeschichte, Lebensgeschichte und menschliche Geschichte miteinander verknüpft. Statt nur über wirkkräftige Epochen, Systeme oder Kulturen zu sprechen – etwa frühe Imperien, Kolonialismus und Kapitalismus –, brauchen wir einen Begriff, der den Bezug zur Spezies *Homo sapiens* betont. Es geht » ... nicht nur um die Erde, sondern eben auch um den Menschen, seine Gesellschaft und Kultur« (Folkers 2020: 591). Hierin liegt wohl auch ein Grund für die Begeisterung, mit der das Anthropozän in den Sozial- und Kulturwissenschaften zunächst aufgenommen wurde (siehe Kap. 2.1). Innerhalb der Geistes- und Kulturwissenschaften wurde diese Einsicht am prägnantesten von Dipesh Chakrabarty, einem indischen Historiker mit postkolonialer Orientierung und einem globalen Wirkungsfeld, in einem augenzwinkernd »Klima der Geschichte« betitelten Aufsatz zum anthropogenen Klimawandel formuliert. Dort sagt er, dass der Mensch von einem biologischen *Agenten* zu einer geologischen *Macht* geworden ist, was eine integrierte »Geo-Geschichte« erfordere. Die genuin moderne Trennung zwischen Menschheitsgeschichte und Erdgeschichte werde damit obsolet (Chakrabarty 2009). Chakrabarty hat das kontinuierlich weiterentwickelt, und dies hat auch zu grundlegenden Diskussionen geführt, welche Konsequenzen des Anthropozäns für die Geisteswissenschaften eröffnet (Emmett & Lekan 2016, McAfee 2016, Dube & Skaria 2020, Domańska 2020, Chakrabarty 2018, 2020a, 2021, Will 2021: 202–229, Ingwersen & Steglich 2022:3). Eine neuere Richtung will unter dem Begriff »Anthropocene Science« mehr als die eher distanziert-objektiven Erdsystemwissenschaften explizit wertebasiert sein, stärker die Stewardship betonen und deshalb eher ausdrücklich vorschlagende als deskriptive Szenarien entwickeln (Keys et al. 2023: 2–4).

Der wissenschaftsgeschichtlich neue Begriff »Anthropozän« betrifft zunächst die Geowissenschaften, wo aufgrund der erwarteten langzeitigen lithologischen Spuren z. B. von einer neuen »Ära« oder »Epoche«gesprochen wird. Relevant ist er aber auch für historische Wissenschaften, etwa wenn seitens Globalhistorikern vom »Zeitalter des Anthropozäns« gesprochen wird, das innerhalb der Spanne eines einzigen Menschenlebens eintrat (Brooke 2014: 529–530, McNeill 2015, 2016, McNeill & Engelke 2016, Headrick 2022). Das Anthropozän verdeutlicht eine schon ältere Einsicht, dass man »die Umwelt« nicht retten kann, weil es »die Umwelt« als solche nicht gibt (Lewontin 2010). Wie auch immer man die Idee bewertet: Das Denken in der Kategorie Anthropozän hat Naturwissenschaftlerinnen demonstriert, dass Menschen nicht nur externe und »Naturprozesse« störende Größen sind, sie hat Geistes- und Sozialwissenschaftlerinnen und Historikern außerdem gezeigt, dass sie eine wichtige Rolle bei der Bewältigung der gegenwärtigen Umweltkrise spielen können (Morrison 2015: 76, Magni 2019).

> »The overlap of the two forms of study, fusing observations of processes active today and deductions from ancient strata, is a good deal of what gives the Anthropocene concept its veracity and power« (Thomas et al. 2020: 20, vgl. Thomas 2022).

Mit Vera haben wir die heutige Weltsituation durch die Brille der zukünftigen Geoanthropologin gesehen. Dieses Gedankenexperiment zeigte etliche der brennenden Fragen rund um das Anthropozän auf. Wann begann die erdgeschichtliche Phase der Dominanz des Menschen? Was bedeutet es für unser Menschenbild und unser Bild von der Natur, wenn wir menschliche Geschichte »geologisieren«? Mit der Popularisierung der Idee des Anthropozäns durch die Naturwissenschaften ist es zur Rede vom »Zeitalter der Menschen« und von der »Menschenzeit« gekommen. Warum führt man eine menschbestimmte Phase in die geologische, damit also *naturgeschichtliche* Stratigrafie, ein statt in die Kulturgeschichte?

Handelt es sich beim Anthropozän vielleicht eher nur um eine junge und besonders tiefgehend globalisierte Phase der Kulturgeschichte? Wir dokumentieren unsere materielle Kultur weltweit in topografischen Karten.

Werden wir in der Zukunft für die Dokumentation des menschlichen Einflusses geologische Karten brauchen? Wir können den globalen Wandel der Umwelt quantitativ und auch tatsächlich erdweit verfolgen, etwa durch Geödäsie und Fernerkundung (*remote sensing*) aus dem Weltraum. Unsere Zivilisation ist ständig dabei, ihre eigene Epoche historisch zu dokumentieren, und so wird sie auch *historische* Archive ihrer Effekte auf die Geosphäre hinterlassen (Finney 2013, Visconti 2014: 384). Wozu braucht es da geologische Archive und die Einführung einer *geologischen* Epoche? Reicht da nicht der Gregorianische Kalender?

Ist das Anthropozän eine Form der »Öko-Aufklärung« oder »Öko-Moderne«, also eine Form eurozentrischer Umweltgeschichte, die die moderne Gesellschaft bzw. das eigene westliche Subjekt von vormodernen Gesellschaften absetzen will, nur mit anderen Worten? Aus der Sicht der Geistes- und Kulturwissenschaften bedeutet die Idee des Anthropozäns eine »Wiederkehr des Menschen im Moment seiner vermeintlich endgültigen Verabschiedung« (Bajohr 2019: 64). Diese Verabschiedung schien spätestens mit Foucaults Diktum vom Ende des Menschen besiegelt (Foucault 1974: 462). Die Idee des Anthropozäns hebt jetzt die planetare Bedeutung des Menschen gerade zu einer Zeit hervor, in der wissenschaftliche Vertreter posthumanistischer Strömungen den Menschen abschaffen wollen (Orr et al. 2015: 162). Foucaults Diktum erweist sich jetzt als vorschnell:

> »Der Mensch verschwindet nicht einfach wie ein Gesicht im Sand, sondern bleibt gespenstisch anwesend als an den Strand gespültes Treibgut. In diesem Sinne ist die Frage nicht nur: was ist das Anthropozän?, sondern: was wird es gewesen sein« (Folkers 2020: 592)?

Wie ist das Verhältnis von Mensch zu Technik, wie das von Natur zu Kultur jetzt neu zu denken? Genuin anthropologische und philosophische Fragen stellen sich angesichts des Anthropozäns in verschärfter Form (Noller 2023: 8, vgl. Morcillo 2022, Wobser 2024). Zu diesen provokanten Fragen müssen sich die Geistes- und Kulturwissenschaften verhalten, wenn sie den Anspruch einer Humanwissenschaft, einer Anthropologie, haben. Die Einbeziehung der Kulturwissenschaften ist weit mehr als die pure Addition zu einem ohnehin breiten Strauß der Erdwissenschaften ist auch mehr als die einfache Hinzunahme einer lokalen Perspektive zum globalen Blick (Krauß 2015a: 61). Das gilt auch für die Ethnologie (im deutschen Sprachraum zunehmend »Sozial- und Kulturanthropologie« genannt, im angloamerikanischen Bereich oft einfach *anthropology*). Ein Nebeneffekt dieser gegenseitigen Öffnung könnte die Einsicht sein, dass etliche Forschungsansätze in den Geistes-, Kultur- und vor allem der Geschichtswissenschaft den Fragen und Methoden in einigen Naturwissenschaften nicht nur irgendwie ähneln, sondern eng verwandt mit ihnen sind. Die für das Thema Anthropozän besonders relevante Verwandtschaft von der Geologie als Naturgeschichte mit Ansätzen und Methoden der historischen Wissenschaften werde ich in Kap. 6.6 behandeln.

Anthropologisierung der Geologie

Die Geologie ist in herkömmlicher Sicht eine naturwissenschaftliche Disziplin, die sich in Zeitskalen jenseits des menschlichen Vorstellungsvermögens bewegt und gesellschaftliche Verhältnisse bislang kaum zur Kenntnis nehmen musste. Das gilt zumindest für die klassische Geologie, allerdings nicht für die angewandte Umweltgeologie (Hilberg 2022). Mit dem Anthropozän entdeckt die Geologie den Menschen aber ganz grundsätzlich, was wissenschaftssoziologisch interessant ist (Görg 2016: 9). Ein Beispiel mag die m.E. produktive Verunsicherung zeigen, welche die Idee des Anthropozäns für die Feldgeologie mit sich bringt. In der Legende geologischer Karten findet man oft die Einheit »künstliche Ablagerungen« (*artificial deposits*). Dabei handelt es sich z. B. um von Menschen veränderte Böden und Schutt oder frühere Müllschichten, die mittlerweile etwa durch Versiegelung mit Beton abgedeckt sind. Aus geologischer Sicht zählen aber längst nicht sämtliche künstlichen Ablagerungen als »geologisch«. Die Gebäude, die auf der kartierten Oberfläche stehen, erscheinen nicht auf diesen Karten, auch wenn sie aus »geologischen« Materialien, wie Steinen, Kalk und Sand gemacht sind (Thomas et al. 2020: 58). Da Karten grundsätzlich faktische Information mit Interpretation verbinden, stellen sich solche Fragen für Geografie und Geologie im Anthropozän in verschärfter Form.

Menschliche Spuren finden wir (in Auswahl) nur auf topografischen Karten oder Straßenkarten. Aus der Perspektive des Anthropozäns müssten sämtliche von Menschen erzeugten größeren Gegenstände und Materialien auch auf den geologischen Karten erscheinen, denn sie könnten ja eine in der Zukunft konsolidierte anthropozäne Schicht bilden. Betonierte oder etwa asphaltierte Flächen müssten nicht nur auf kultur- oder anthropogeografischen Karten erscheinen, sondern auch in physisch-geografischen Karten ... und sie müssten sogar in geologischen Karten mit dargestellt werden. Ähnliche Verunsicherungen bringen Fragen zur Zeitlichkeit, etwa danach, welche Zusammenhänge zwischen unseren Lebenszyklen und den größeren Zyklen des uns umgebenden Terrains bestehen (Bjornerud 2020, Irvine 2020: 10, Arènes 2022).

Nicht nur die Geologie ist eine vielschichtige Wissenschaft und nicht nur die Ethnologie eine an Vielfalt orientierte und dazu intern disparate Wissenschaft. Nein, die anderen Wissenschaften sind es auch. Die Reise in die Zukunft zur Geoanthropologin Vera sollte auch meine Position deutlich machen, dass ein produktive Nutzung des Anthropozän-Konzepts nur erreicht werden kann, wenn sich Geistes- und Kulturwissenschaftler für die besondere Denkweise von Geologen öffnen und andererseits Geologen und Geosystemwissenschaftler die besonderen Herangehensweisen sowohl in den Kulturwissenschaften, wie der Ethnologie, als auch den wiederum besonderen Zugang von Historikern verstehen müssen. Hinzu kommen innerhalb der Geowissenschaften deutliche Unterschiede in den zwischen der laborwissenschaftlichen Herangehensweise der Erdsystemwissenschaftler einerseits und der feldwissenschaftlichen der Geologen andererseits. Dazu soll dieses Buch eines gleichermaßen von Geologie und Erdgeschichte faszinierten Ethnologen einen Beitrag leisten.

Ein für das Thema Anthropozän zentrales Beispiel, wo ein gegenseitiges Verständnis entscheidend ist, bezieht sich auf Periodisierung. Geologen errichten ihre Stratigraphie (jedenfalls idealtypisch) aufgrund weltweit *synchroner* Zeitschnitte. Die erdgeschichtlichen Zeitalter des Devons oder des Holozäns etwa werden durch bestimmte Zeitmarker als *weltweit* gleichzeitig beginnend angesetzt. Ur- und Frühgeschichtler bzw. Archäologen, Historiker sowie Kultur- und Sozialwissenschaftler dagegen sprechen wie Geologen von »Zeitaltern«, aber, die Grenzen zwischen diesen sind zu verschiedenen Zeiten angesetzt (*diachron*). Die Steinzeit, die menschliche Geschichte oder etwa die Moderne setzen als Perioden an verschiedenen Regionen der Erde zu ganz unterschiedlichen Zeiten ein. Ich werde an mehreren Stellen zeigen, zu welchen Missverständnissen dieser Unterschied führt.

1.2 Geowissenschaften und Anthropologie – Fragen und Argumentationsgang

> The Anthropocene is real.
>
> *Julia Thomas et al. 2020: 196*

Seit dem Jahr 2000 diskutieren Geowissenschaftler, ob wir seit Mitte des 20. Jahrhunderts in einer neuen geologischen Zeit leben, dem Anthropozän, der »Menschenzeit«. Dieses Buch behandelt das Anthropozän einerseits als Sache und andererseits als ersten großen und weltweiten Diskurs des 21. Jahrhunderts. Die *Sache* besteht im geologischen Befund der weltweiten und erdgeschichtlich völlig neuen Prägung der Geosphäre durch den Menschen. Der *Diskurs* besteht in einer Vielfalt von Strömungen vor allem in den Kulturwissenschaften und der Zivilgesellschaft, die diesen Befund kontrovers interpretieren und nach Gegenmaßnahmen suchen. Wenn ich in diesem Buch ohne weitere Adjektive von »Anthropozän« spreche, meine ich jeweils die (postulierte) Epoche menschlichen Einwirkens auf die Geosphäre.

Dieses Buch aus der Feder eines Ethnologen und Geologen zeigt, dass die Geologie eine besondere, nämlich historische Naturwissenschaft ist und deshalb für eine historisch informierte Anthropologie relevant ist. Wir brauchen nicht nur eine geologisch informierte Ethnologie, sondern umgekehrt auch eine ethnologisch geschulte Geologie. Eine umfassende Geologie muss materielle menschliche Kultur als grundlegendes geologisches Phänomen mit einbeziehen. In Bezug auf die Ethnologie diskutiere ich, welche Herausforderung das Anthropozän, in zeitlicher wie in räumlicher Hinsicht ein Makrothema, für die Ethnologie als traditionell mikroorientierter Sozialwissenschaft bietet. Allgemeiner gesagt, zeigt das Buch, dass Ethnologie und Geologie anhand des Anthropozäns einander empirisch wie theoretisch befruchten können. Zusammengenommen können sie zum Verständnis der durch das Anthropozän entstandenen und drängenden Existenzfragen der Menschheit beitragen. Dieses Buch ist eine stark überarbeitete und aktualisierte Version meines inzwischen vergriffenen Buchs »Anthropologie im Anthropozän« (Antweiler 2022a).

Anthropozän als Sache und als Idee

Das Anthropozän hat quasi »zwei Leben«, wie der Umwelthistoriker und Geograf Jason W. Moore es gefasst hat. Das eine sei das naturwissenschaftliche Konzept und der Gegenstand einer erdwissenschaftlichen Debatte (»Geological Anthropocene«). Das andere Leben sei das einer Idee, die sich aus den Naturwissenschaften kommend in die Sozialwissenschaften und in den öffentlichen Raum ausgebreitet hat und grundlegende Fragen nach der Beziehung zwischen Menschen und der nicht menschlichen Welt aufwirft (»Popular Anthropocene«; Moore 2016: 80, Moore 2021a: 36). Es könnte sein, dass die Rede vom Anthropozän uns ein Vokabular bietet, welches es besser als anderen erlaubt, die gegenwärtigen Entwicklungen der Weltkultur präzise zu beschreiben, was deutlich wird, wenn man die Fakten im neuesten Weltentwicklungsbericht ernstnimmt (Conceição 2020).

Das Anthropozän wird hier einerseits hinsichtlich Fakten und Befunden zu unserem Planeten und andererseits als Modus gesellschaftlicher Weltwahrnehmung und Selbstbeschreibung untersucht. Ein breiter anthropologischer Blick auf das Anthropozän eröffnet drei grundlegende Fragen: 1. Wie ist die Menschheit als besondere Wirkkraft des Erdsystems zu erklären und zu verstehen? 2. Was bedeutet die Diagnose des Anthropozäns für Auffassungen vom Menschen, der Menschheit und damit für die Ausrichtung der Anthropologie im Sinne einer breiten Humanwissenschaft? 3. Welche Hinweise gibt uns wissenschaftliches Wissen über Menschen und Kulturen an die Hand, um Alternativen zum gegenwärtigen Trend hin zu einer weitgehend unbewohnbaren Geosphäre zu entwickeln?

Wo sind die blinden Flecken in der stark interdisziplinär geprägten Diskussion zu den faktischen Veränderungen? Ich befrage ferner die durch die Idee des Anthropozäns motivierten Narrative über die menschliche Geschichte und zur menschlichen Zukunft, welche die Diskussion derzeit dominieren. Was sind die überzeugendsten Kritiken an anthropozäner Begrifflichkeit und welches die Argumente für alternative Begriffe, etwa Kapitalozän oder Urbanozän? Dabei werde ich kritisch fragen, ob »Anthropozän« weniger eine faktenbasierte Diagnose, sondern ein de-politisierendes Programm, eine neoliberale oder neokolonialistische Ideologie ist. Eine der offenen Fragen ist, ob umfassende anthropogene Veränderungen der Erde in manchen Gesellschaften und Kulturen weniger problematisiert oder mittels anderer Konzepte, Folien oder Narrative als dem des Anthropozäns gedacht werden.

Das Buch fragt, welchen Beitrag die Ethnologie zur Erforschung und gesellschaftlichen Problematisierung des Themas leisten kann und was eine intensive Befassung mit dem Anthropozän für die Zukunft unseres Fachs bedeuten könnte. Das impliziert weitere Fragen. Was sind mögliche empirische, methodisch-analytische, interpretative und ethisch-politische Beiträge? Wie kann die Ethnologie dazu beitragen, das geowissenschaftlich fundierte und motivierte, aber zunehmend auch kulturwissenschaftlich reflektierte Thema Anthropozän fachlich zu »ethnologisieren«? Ich werde eruieren, welches Potenzial die erfahrungsnahe Methodik der Ethnologie zu einem zumeist nur im globalen oder planetaren Rahmen diskutierten Phänomen hat. Die gegenwärtige Ethnologie hat eine lokale Ausrichtung, trotz aller Migrationsstudien, Netzwerkforschungen und multi-lokaler (sic!) Feldforschung. Da ist das Thema Anthropozän eine echte Herausforderung. Der lokale Fokus der Disziplin mag auch geringen Einfluss der Ethnologie auf die öffentlichen Debatten zum Anthropozän erklären:

> »Unfortunately, ethnography tends to have very little to contribute to public debate on global processes of climate change, environmental degradation and rising inequalities. The logic of such processes is rarely grasped at the local level. Ethnography is inevitably confined to a given space, but the processes of the Anthropocene are not« (Hornborg 2020: 1).

Umgekehrt wird hier diskutiert, welche Implikationen die Anthropozän-These für die Konturierung des Gegenstands meines Fachs *als Anthropologie* hat. Welche Herausforderung bildet das in Raum und Zeit makroskalige Thema Anthropozän für eine feldmethodisch mikro-orientierte und an lokalen und gegenwärtigen Lebenswelten interessierte ethnologische Forschung? Kann die notorische Problematisierung der Natur-/Kultur-Dichotomie in Anthropozän-Debatten eine erneute Diskussion des ethnologischen Kulturkonzeptes befruchten? Wir werden auch darüber reflektieren, ob die Ethnologie zu diesem nicht nur wissenschaftlichen, sondern auch stark politisierten Thema ebenso einen normativen Beitrag leisten sollte. Der könnte etwa auf die Wertschätzung kultureller Vielfalt oder auf soziale Kohäsion der Menschheit bezogen sein. Schließlich diskutieren wir, welche Aspekte des Anthropozäns ein zukunftsorientiertes ethnologisches Curriculum der allgemeinen Ethnologie aufnehmen sollte.

Was können die Geisteswissenschaften, Kulturwissenschaften und Sozialwissenschaften hierzu beitragen? Worin liegt die Bedeutung geistes-, kultur- und sozialwissenschaftlichen Fragens für die Diskussion des Anthropozäns? Welches Sachwissen können die nicht naturwissenschaftlichen Fächer beitragen? Welches Potenzial für anthropologische Synthesen steckt im Konzept des Anthropozäns? Welche blinden Flecke existieren aus ethnologischer Sicht in der bisherigen Theoriebildung in diesem wahrhaft interdisziplinären Thema? Was kann die Ethnologie als herkömmlicherweise aus einer Mikroperspektive schauenden Wissenschaft an empirischen Befunden zum Anthropozän beitragen und welche neuen Sachbereiche sind zu erforschen?

Aus menschlich erfahrungsnaher – und deshalb notwendig anthropozentrierter – Warte gefragt: Unter welchen Bedingungen könnten wir uns als Menschen –und welche Menschen in welchen Lebensbedingungen – im Anthropozän »willkommen« fühlen? Immerhin übersetzen manche das »human age« nicht als »Zeitalter des Menschen«, sondern als »menschliches Zeitalter« (so Gesing et al. 2019: 8). Zu diesen Fragen bietet das Buch eine kritische Orientierung aufgrund des aktuellen Diskussionsstands in verschiedenen Disziplinen. Das Thema Anthropozän fordert echte statt netter Nachbarschaftspflege. Mein hauptsächlicher Blickwinkel ist der einer gegenwartsorientierten Ethnologie (Sozialanthropologie, Kulturanthropologie). Eine leitende These ist aber die, dass wir zum Verstehen des Anthropozäns eine Humanwissenschaft des ganzen Menschen und der ganzen Menschheit brauchen: Anthropologie:

»The Anthropocene has produced an existential crisis in proposing a new, and hithero unknown, figure of ›the human‹ as a planetary force. No consideration of what human being means can ignore this vision of the anthropos as the sum total of human impacts on the planet. Yet this singular figure does not erase the many other anthropos operating at multiple scales of time and space, contributing differently to the Anthropocene trajectory, and suffering its effects unequally« (Thomas et al. 2020: 196–197).

Fokus und Grenzen dieses Buchs: Geologie und Ethnologie im multidisziplinären Feld

Das Thema Anthropozän ist nur durch eine Zusammenarbeit vieler Disziplinen zu erforschen. Das Anthropozän ist geeignet, ja erfordert es, verschiedene Disziplinen und Positionen bei aller Diversität zusammenzuführen, wenn sie folgendes Motto aus einer aktuellen Zusammenarbeit einer Ideengeschichtlerin mit einem Erdsystemwissenschaftler und einem Paläobiologen ernst nehmen:

> »Evidence is crucial, whether it comes from rocks, artifacts, or archives, but the categories and concepts that organize the evidence are not inherent in the evidence itself« (Thomas et al. 2020: xiii).

Da es um Themen geht, die quer zu den Grenzen der Disziplinen verlaufen, ist dieses Buch aber bewusst nicht nach Disziplinen gegliedert, sondern thematisch aufgebaut. Der Preis dafür ist, dass ab und an einige Wiederholungen notwendig sind. So taucht das Problem der Maßstäbe (*scales*) mehrmals auf. Bei aller Relevanz interdisziplinären Herangehens werden Disziplinen weiterhin in ihren besonderen Beiträgen gebraucht. Hier werden zwei Fächer stärker berücksichtigt als andere. Zum einen spielen Prinzipien der Geologie inklusive der Paläontologie und der Evolutionsbiologie durchgehend eine Rolle, weil Anthropozän eine primär erdgeschichtliche Kategorie darstellt und Veränderungen des Menschen und anderer Lebewesen einen zentralen Gesichtspunkt darstellen. Zweitens wird die Ethnologie herangezogen, weil sie die breiteste Kultur- und Sozialwissenschaft und – als Anthropologie verstanden – die breiteste Humanwissenschaft ist.

Ein persönlicher Grund für den Fokus auf diese beiden Disziplinen liegt in meinen Interessen – aber auch begrenzten Kompetenzen – als Autor. Ich bin Ethnologe, habe aber in meinem »ersten Leben« Geologie und Paläontologie studiert. Für die verwendete Literatur bedeutet das konkret, dass ich aus der Ethnologie und den Kulturwissenschaften sowie aus Geologie und Erdwissenschaften sehr viel Orginalliteratur diskutiere, während ich mich etwa bezüglich geschichtlicher und prähistorischer bzw. archäologischer Themen teilweise auf Überblickspublikationen stütze.

Das Anthropozän lässt sich nur durch die Kombination vieler Disziplinen sowohl aus den Naturwissenschaften als auch aus den Geistes- und Kulturwissenschaften verstehen, durch »große Interdisziplinarität«. Als Autor mit begrenztem Wissen muss ich mich dennoch beschränken. Außer Ethnologie und Geologie berücksichtigt das Buch insbesondere weitere Geistes-, Kultur- und Sozialwissenschaften, vor allem die Soziologie, die Geschichtswissenschaften und die Archäologie. Beiträge aus den Wirtschaftswissenschaften, der Politikwissenschaft und den Technikwissenschaften werden dagegen nur in ihren zentralen Aussagen berücksichtigt, wobei ich auf grundlegende Literatur hinweise. Ich denke, dass wir das Phänomen des Anthropozäns, auch wenn es eine dringende Reaktion erfordert, erst einmal begreifen müssen. Dies beinhaltet, dass ich mich in diesem Buch primär mit der Bestimmung und Diagnose der Problematik des Anthropozäns befasse und weniger mit politischen oder technologischen Lösungsansätzen, wozu ich aber ebenfalls jeweils auf wichtige Forschungsliteratur verweise.

Auf spannende außerwissenschaftliche Felder, in denen die Idee des Anthropozäns vieles Neue ausgelöst hat, gehe ich begrenzt ein. Der Grund ist meine mangelnde Kompetenz und nicht etwa die Meinung, dass Werke etwa der bildenden Kunst oder fiktionaler Literatur zum Thema Anthropozän unwichtig seien. Fiktionale Literatur kann eine Schlüsselrolle bei der Schaffung kreativer Antworten auf das Anthropozän bilden (Read & Alexander 2020: 115). Sie kann radikale, aber vielleicht realistische Zukünfte entwerfen, wie in Ursula Le Guins klassischem anarchistischen und anthropologisch informierten Science-Fiction-Roman »Die Enteigneten« (1947) oder in Kim Stanley Robinsons Nah-Utopie »Das Ministerium für die Zukunft« (Robinson 2021). Romane können die Wahrnehmung, etwa von Katastrophen, durch neue Erzählungen verändern, wie Max Frischs »Der Mensch erscheint im Holozän« (Frisch 1979). Geologische Ereignisse waren und sind ein zentrales Thema in der Literatur, Kunst und Design (Streminger 2021, Ray 2024).

Zur neueren auf das Anthropozän reagierenden Literatur, Musik, visuelle Medien und darstellende gibt es intensive Forschung und Übersichtsdarstellungen. Dies gilt besonders zum weiten Feld des Ökokritizismus (*ecocriticism, environmental criticism*) zum Potenzial der globalen Umweltthematik für die Literatur, und Kunst (z. B. Dürbeck & Stobbe 2015, Falb 2015, Gibson et al. 2015, Bayer & Seel 2016, Anselm & Hoiß 2017, Bostic & Howey 2017, Clark 2019, Comos & Rosenthal 2019, Schär 2021). Diese Diskursfelder, die primär wissenschaftsextern sind, entfalten bezüglich des Anthropozäns eine große Wirkung, sowohl in der Öffentlichkeit als auch in den Wissenschaften (Lowenthal 2016, Matejovski 2016: 5). Debatten um das Anthropozän als gesellschaftliches Phänomen haben sich ab 2014 stark ausdifferenziert. Bei diesen Feldern konzentriere ich mich auf die Analyse von Metaphern und Narrativen sowie der Rolle großer Zahlen und visueller Darstellungen.

Argumentationsgang und Textform

In Kapitel 1 geht es um die existenzielle Bedeutung des Anthropozäns für die Zukunft der Menschheit. Wir leben erst seit der Länge eines Menschenlebens im Anthropozän. Wenn *Geologen* mit ihrer extrem langzeitlichen Perspektive schon jetzt eine neue Phase der Erdgeschichte ausrufen, muss uns das alarmieren. Ein sinnvoller wissenschaftlicher Zugang, der auch zu realistischen Lösungsansätzen führt, kombiniert Naturwissenschaften und einen ganzen Strauß von Humanwissenschaften. Von zentraler Bedeutung sind tiefenzeitlich erweiterte Ethnologie und eine anthropologisch informierte Geologie. Kurz: Wir brauchen eine Geoanthropologie!

Kapitel 2 stellt die faszinierende Entdeckung des Anthropozäns seit dem Jahr 2000 dar und folgt den vielfältigen Pfaden seiner rasanten Popularisierung. Ich erläutere, dass das Anthropozän nicht einfach alter Wein in neuen Schläuchen darstellt und das Anthropozän viel mehr ist als menschengemachter Klimawandel: Es geht um große Teile der Geosphäre. Das Kapitel diskutiert eine Vielfalt von Vorschlägen zum Beginn des Anthropozäns in der Geschichte des Menschen, die bis zu vielen Tausenden Jahren von heute zurückreichen. Diese historischen und archäologischen Debatten um Periodisierung beinhalten ein bislang nicht gehobenes sozial- und kulturtheoretisches Potenzial für Kulturwandelforschung und die Frage nach Hauptfaktoren langfristiger Kulturrevolution.

Kapitel 3 widmet sich den starken Metaphern und zumeist alarmierenden Erzählungen über das Anthropozän. Die Ideen zum Anthropozän stehen im Zusammenhang mit Vorstellungen über Erde, Globus und Planet, die stark durch die Raumfahrt beeinflusst wurden. Im Mittelpunkt stehen Bilder des kranken Planeten einerseits und unermesslich große Zahlen, alarmierende Kurven und drastische Diagramme andererseits. Es existiert ein breites Panorama wirkmächtiger Narrative, die gleichzeitig, und das oft implizit, politische Ideale und moralische Vorstellungen mit sich tragen. Das Kapitel zeigt, wie das Anthropozän in der Diskussion mit bestimmten Menschenbildern verknüpft wird und dass diese Metaphern ein soziales Faktum darstellen, das den gesellschaftlichen Wandel beeinflusst.

Kapitel 4 fragt nach den Stärken und Schwächen der Idee des Anthropozän-Denkens. Während die geologisch-stratigraphischen Kritiken in Kap. 1 diskutiert wurden geht es hier um Kritiken, die sich auf die soziale, ethische und politische Relevanz der Hypothese beziehen. Ein klarer Nutzen besteht darin, dass die Naturwissenschaften und Geistes- und Kulturwissenschaften anhand eines sehr konkreten Themas jetzt tatsächlich zusammenarbeiten. Ein Problem des Begriffs Anthropozän ist seine zunehmende Diffusität. Wichtige Kritiken besagen, dass die Idee des Anthropozäns die Wirkmächtigkeit des Menschen überschätze und überhaupt anthropozentrisch sei. Fundamentalere Kritiken sehen die Idee als eurozentrisch und beanstanden die Blindheit für die Vielfalt der Verursacher und auch die Ungleichheit der Opfer. Kritiker beanstanden die entpolitisierende Tendenz oder halten das Anthropozän schlicht für eine Ablenkung von den kapitalistischen Ursachen der Weltkrise. Dementsprechend wird eine Fülle von alternativen Begriffen diskutiert. Wenn wir die Wissenschaftslandschaft betrachten, sind wir heute im »Neologismozän« angelangt. Meine eigene Kritik geht dahin, dass viele Beiträge das Anthropozän fälschlicherweise auf anthropogenen Klimawandel reduzieren oder nur das Wort für die rhetorische Aufwertung bekannter Konzepte oder für andere Themen missbrauchen.

Kapitel 5 zeigt, dass die Ethnologie schon immer eine fachliche Nähe zum Thema Natur hat und sich in verschiedenster Weise mit Umwelt befasst hat. Die Ursachen des Anthropozäns können zwar von uns als Individuen nicht wahrgenommen werden, aber die Effekte werden langfristig lokal und dabei unterschiedlich erfahren. Lokal sind auch die Konzepte und Ziele von

Gegenmaßnahmen. Daran wird gezeigt, dass der lokale Zugriff und der holistische Zugang der Ethnologie ein fruchtbares Fenster zum Verständnis des Anthropozäns öffnet. In diesem Abschnitt des Buches kritisiere ich gegenwärtig dominierende Ansätze zum Anthropozän in der Ethnologie, weil sie naturwissenschaftliche Befunde meiden, die spezifische geologische Tiefenzeit ausblenden und insgesamt eher künstlerische Beiträge liefern. Das Kapitel stellt ganz unterschiedliche ethnologische Ansätze vor, und ich versuche dabei, auch Richtungen und Positionen gerecht zu werden, die ich aufgrund meiner wissenschaftlichen Annahmen (siehe Anhang) nicht vertrete, etwa *more-than-human*-Ansätze bzw. Posthumanismus.

Kapitel 6 fragt, was das Anthropozän für eine neue Wissenschaft des Menschen bedeutet. Die Idee des Anthropozäns geht deutlich über das verbreitete Konzept »anthropogen« hinaus, was durch die Klärung des Unterschieds zwischen geologischen und historischen bzw. archäologischen Periodisierungskonzepten geklärt wird. Erst durch eine Verbindung des materiell offenen Kulturbegriffs der Ethnologie mit dem Konzept der Planetarität wird die fundamentale materiale Verschränkung zwischen Mensch und Natur deutlich. Für eine Kausalerklärung transgenerationalen Wandels und besonders der anthropozänen Dynamik verbinde ich die Idee des Anthropozäns mit dem Konzept der Nischenkonstruktion aus der Evolutionsökologie. So zeigt sich ein für das Verständnis des Anthropozäns entscheidendes dreifaches Erbe: das *genetische* Erbe, das *kulturelle* Erbe und das anthropogene *geosphärische* Erbe.

Kapitel 7 führt zusammen, was die Kulturalisierung des Planeten und die Geologisierung von Kultur für Gesellschaften und für uns als Individuen bedeuten. Angesichts der vielfältigen Debatten können besonders hier nur Bausteine gegeben werden, die noch kein gedanklich bewohnbares Gebäude ergeben. Hierfür wird die kontroverse Diskussion um Maßstäbe zusammengeführt mit Konzepten eines anthropozänen Weltbürgertums. Die Leitfrage formuliere ich als eine kosmopolitisch informierte Frage der Weltökologie: *Wie können intensiv vernetzte Kulturen auf einem von Menschen stark überprägten aber begrenzten Planeten friedlich koexistieren, ohne alle gleich werden zu müssen?* Anhand Asiens zeige ich abschließend, wie eine »Provinzialisierung« und eine Lokalisierung des Anthropozäns konkret aussehen könnten.

Das Schlusskapitel fasst die wesentlichen empirischen Befunde und theoretischen Aussagen zusammen und endet mit Thesen, die zur Diskussion einladen. Ein ausführliches Glossar soll das Verständnis der Begrifflichkeit, die angesichts des Themas aus besonders vielen und verschiedenen Disziplinen schöpft, erleichtern. Als Ergänzung zur umfangreichen Bibliografie gebe ich einen Medienführer, der Leserinnen je nach ihren Bedürfnissen eine Orientierung im schier uferlosen Dschungel der Literatur und Websites gibt.

Aufgrund der Breite des Themas haben die Texte, die ich verwendet habe, sehr unterschiedliche Formen. Hier manifestiert sich auch der nach wie vor existierende – teils sogar breiter werdende – Graben zwischen Natur- und Geistes- bzw. Kultur- und Sozialwissenschaften. Gerade wenn man Gräben überbrücken will, ist es wichtig, Unterschiede fachlicher Routinen, vor allem in der Art und Weise, der konkreten Praxis, Argumente zu bauen und Evidenz zu beanspruchen, nicht zu unterschätzen. Ich habe mich für einen Kompromiss zwischen einer eher naturwissenschaftlichen Schreibe (kaum wörtliche Zitate) und einer eher geistes-bzw. kulturwissenschaftliche Schreibform (lange Fußnoten) entschieden. Der Text bringt wörtliche Zitate, wo es auf die genaue Wortwahl ankommt und andere Autoren einen Gedanken oder Zusammenhang auf konzise Weise darstellen. Ich verzichte aber auf Fußnoten, weil Fußnoten notorisch zu Abschweifungen einladen und dies bei einem Thema mit ohnehin breitem Spektrum an Aspekten gefährlich ist. Außerdem springt man als Leserin bzw. Leser dauernd nach unten. Der Preis dafür ist, dass nicht jede Verästelung eines Arguments ausgeführt wird und dort, wo ich auf weiterführende Literatur verweise, des Öfteren eine kleine Kaskade von mehreren genannt wird.

Diese Untersuchung berücksichtigt Literatur bis Oktober 2024. Dieses Buch ist eine stark überarbeitete, deutlich aktualisierte und mit vielen Abbildungen versehene Version meines Buchs »Anthropologie im Anthropozän«, das nicht mehr lieferbar ist, weil die WBG, der Verlag, inzwischen insolvent gegangen ist. Die dem Text beigegebenen zumeist eigenen Fotos sollen das Thema, welches in mancher Hinsicht kaum direkt sinnlich erfahrbar ist, visuell nahebringen.

1.3 Planetarer Raum und tiefe Zeit – eine geosoziokulturelle Epoche

> Die Veränderung der Größenordnung menschlichen Lebens ist die entscheidende Entwicklung unserer Epoche.
>
> *Marc Augé 2019: 46*

> ... es geht dem Gehirn gegen den Strich, in geologischen Zeiträumen vorauszudenken.
>
> *Robert Macfarlane 2019: 97*

Die Anthropozän-These behauptet einen geologisch gesehen *abrupten* Phasenwechsel zwischen einer Zeit, in der Menschen nur als Agent lokaler oder regionaler Umweltveränderungen wirkten, hin zu seiner Rolle als *Haupt*agent geophysischen Wandels. Mit der neuen Phase hat der Mensch das Potenzial, durch zunehmende zivilisatorische Eingriffe in die gesamte Lebenswelt durch Veränderungen des Erdsystems zu dominieren. Diese These oder besser Diagnose beruht auf Aussagen zu geophysikalischen Prozessen über sehr große geografische Räume und auch über sehr lange Zeiträume, es geht um die ganze Erdoberfläche und Tausende von Jahren bis hin zu um die 12.000 Jahre vor heute. Da Gesellschaften und Kulturen im Mittelpunkt stehen, können wir das Anthropozän als geosoziokulturelle Mega- und Makroepoche bezeichnen (Werber 2014, Bajohr 2019: 64). Die These wirft die Frage auf, ob es gelingen kann, die Menschheit als eine wirklich globale Gemeinschaft zu sehen und entsprechend zu handeln.

Die Erdgeschichte verlässt den *Slow Motion*-Modus

Im Anthropozän geht es um eine nie da gewesene Dimensionsverschiebung, die die Menschheit in ein planetares Zeitalter führt. Die zentralen Ursachen des Anthropozäns sind Wirtschaftswachstum und weltweit wachsende Konsumorientierung im Kontext von Industrialisierung und Globalisierung. Die Kategorien, mit denen wir Kapitalismus und Globalisierung beschreiben und die auch die politischen Klimawandeldebatten beherrschen, reichen für ein Verständnis des Klimawandels nicht aus. Klimawandel hat viel mit Kapitalismus zu tun, aber er ist nicht darauf reduzierbar: Die Politik des Klimawandels ist mehr als die Politik des Kapitalismus (Chakrabarty 2009: 212, 2017). Entgegen kolonialismuskritischer Kritik am Anthropozänbegriff, die in Kap. 4 gewürdigt wird, hält Chakrabarty fest, dass eine »Hermeneutik des Verdachts« gegen national und global dominante Machtformationen nicht ausreicht, um dem Klimawandel beizukommen. Umsomehr ist es für eine Analyse des Anthropozäns als planetarer Dynamik mit deutlich weiterreichenden Geoaspekten wichtig, aber nicht genug, imperiale Herrschaft, Kapitalismus und Globalisierung als Analyserahmen anzusetzen (Chakrabarty 2021: 68–92). Die Fähigkeiten des Menschen als Spezies, die »Handlungsfähigkeit« des Erdsystems und nichtmenschliche Zeitmaßstäbe gerieten sonst aus dem Blick. Diese Einsicht ist bemerkenswert und mutig, denn sie kommt von einem der wichtigsten Köpfe der kapitalismuskritischen Forschungsrichtung der *Subaltern Studies*. Um zum Beispiel das rapide Aussterben von Großsäugern zu erklären, brauchen wir *auch* die Kategorien des Lebendigen und der Spezies (Martin & Wright 1967, Chakrabarty 2018: 32–34, 2021: 35).

Der Weltenergieverbrauch war 1990 sechzehnmal so hoch wie im Jahr 1900. Im zwanzigsten Jahrhundert, der Ära des Erdöls, verbrauchte die Menschheit mehr Energie als in den rund 11.000 Jahren zwischen neolithischer und industrieller Revolution. Menschengemachte materielle Kultur ist außerordentlich energiehungrig. Mit dem Beginn der Verstädterung stieg der Verbrauch von ein paar Hundert Watt auf die derzeitige Höhe von im Mittel täglich mehr als 3000 Watt. Durch Gerätschaften und Infrastruktur verbraucht ein Mensch im weltweiten Durchschnitt das Dreißigfache unseres natürlichen Energiebedarfs (West 2019: 241). Ökologisch ist entscheidend, dass erst die industrielle Revolution es Menschen erlaubte, sich wirtschaftlich von den Begrenzungen des von Fernand Braudel als »altes biologisches Regime« bezeichneten Systems (*ancien régime*, Braudel 1981: 70–72) zu lösen. Bis dahin waren verfügbare Energie und Nährstoffe und die Menge der Nahrung, die man sammeln oder anbauen konnte, prinzipiell begrenzt.

Energietheoretisch gesehen waren Menschen bis dahin sozusagen »Säugetiere wie andere auch«, und es gab nur wenige Millionen von ihnen (West 2019: 221). Die Weltbevölkerung betrug im frühen Holozän rund 5 Millionen, um die Zeitenwende etwa 200 Millionen, um 1650 etwa 500 Millionen, um 1804 etwa 1 Milliarde, 1927 2 Milliarden, 1960 3 Milliarden, 1999 6 Milliarden – und sie wird mit Erscheinen dieses Buchs fast 8 Milliarden erreichen. Im alten Regime gab es verbreitet ein Bewusstsein für die Verbundenheit mit der Landschaft. Ab jetzt wurden mineralische Energieträger eingesetzt, vor allem Kohle und Öl, also fossile Energie, die in langen geologischen Zeiträumen entstanden ist (Malm 2016, Morris 2020: 127–179).

Bisherige Produktionssysteme lebten von regenerativen Energieformen wie der Sonne, Land, Wind, Wasser und Biomasse. Diese sind sämtlich von ihrer Materialität her begrenzt. Dementsprechend war das Wirtschaften eingeschränkt, etwa durch verfügbares Land, klimabedingte Wachstumsphasen in der Landwirtschaft oder saisonale Monsunwinde bei der Schifffahrt. Kohle hingegen ist als Energiequelle für die Dampfmaschine zwar als Rohstoff nur an manchen Orten verfügbar, aber ihre Verwendung ist ortsunabhängig (Schmelzer & Vetter 2019:49). Eine ähnliche Periodisierung nimmt aus ökofeministischer Sicht Carolyn Merchant vor, wenn sie den ersten »Tod der Natur« mit Übergang vom organischen Naturverhältnis zum mechanistischen Weltverhältnis im 17. Jahrhundert ansetzt und den »zweiten Tod der Natur« mit dem Anthropozän seit der Entwicklung der Dampfmaschine durch James Watt 1784 und den vielen dadurch möglichen Folgeinnovationen (Merchant 2020a: xvi, 2, 26–44, 2020b).

Zusammengenommen wurde damit die organisch basierte Wirtschaft seitens fossile Energie nutzender Gesellschaften weitgehend aufgegeben. Der Umwelthistoriker Robert Marks spricht mit dem Verlassen der Begrenzungen und der Rhythmen des alten Regimes spätestens mit dem Ende des 19. Jahrhunderts von der »großen Abfahrt« (»Great Departure«, Marks 2024: 21–34, 169–171, 230–236). Um die Bedeutung dieses historischen Bruchs zu markieren, lehnt sich der Begriff an zwei bekannte Formulierungen für Epochenbrüche an. Das ist zum einen die »Große Transformation« mit Beginn der Industrialisierung um 1800 (Polanyi 1944), zum anderen die »Große Divergenz«, die Auseinanderentwicklung zwischen asiatischen Großreichen, besonders China und Nordwesteuropa mit dem kohlebasierten Industriewachstum ab etwa 1750 (Pomeranz 2000).

Kohle und bald darauf Erdöl ermöglichten einen ständig verfügbaren und steigerbaren Fluss konzentrierter Energie. Außerdem wurde ab jetzt

Dünger eingesetzt (Guano), also eine externe Quelle von Nährstoffen. All das ermöglichte enorme Produktionssteigerungen, die Ausbreitung industrieller Lohnarbeit und die Expansion kapitalistischer Agrarwirtschaft. Fossile Energieträger erlaubten damit zum ersten Mal ein von Raum und Zeit abtrennbares Leben und Wirtschaften, ein Kernmerkmal der Moderne. Das ist aber nur die kurzzeitige Perspektive, denn tiefenzeitlich gesehen war die industrielle Revolution ein energetisch fundamentaler Systemwechsel. Menschliches Wirtschaften bewegte sich in einem dramatischen Übergang von einem von Sonnenenergie gespeisten *offenen* System in ein von fossilen Brennstoffen bestimmtes geschlossenes System. Es war also ein Systemwechsel in ein System, in dem die Entropie nach dem zweiten Hauptsatz der Thermodynamik immer weiter wächst. Eine externe, begrenzte, aber verlässliche und dazu konstante Energiequelle wurde abgelöst durch eine interne, nur kurzzeitig verlässliche, schwankende und zusätzlich durch eine von Marktkräften abhängige Energiequelle ersetzt (West 2019: 244).

Bis zum späten 19. Jahrhundert hatte das Verlassen des alten Umweltregimes aber noch kaum einen Einfluss auf die Atmosphäre. In Sedimenten findet sich außerdem kein klarer, scharfer und vor allem global synchroner Zeitmarker, weshalb ein Beginn des Anthropozäns aus geologischer Sicht hier nicht anzusetzen ist. Aus erdgeschichtlicher Perspektive ist die Erde Mitte des 20. Jahrhunderts in eine distinkt neue Phase ihrer etwa 4,5 Milliarden umfassenden Geschichte eingetreten. Diese schnelle Transformation ist in der bisherigen Geschichte der Geosphäre ohne Beispiel und lässt Probleme für die Fortexistenz der Menschheit schon in naher Zukunft erwarten. In extremer Form wird gesagt, dass menschliche Aktivitäten nicht nur die Geosphäre maßgeblich formen, sondern das *Funktionieren* des Erdsystems substantiell verändert haben. Hierbei ist es wichtig, festzuhalten, dass die Grenzen zwischen den großen Zeitepochen in der Geologie üblicherweise durch Faunenschnitte markiert sind, also durch synchrone und weltweite Aussterbeereignisse, bei denen eine Großzahl von Pflanzen- und Tierarten quer durch verschiedenste systematische Einheiten ausstarben.

Aus historischer Perspektive wurde die Realität des Anthropozäns mit unterschiedlicher Verve diagnostiziert, in alarmierenden Worten (z. B. Chakrabarty 2009, Morton 2013: 7), als historischer Befund (z. B. McNeill 2003,

McNeill & Engelke 2013, Marks 2024), oder auch eher optimistisch (z. B. Ackerman 2014). Der anthropogene Klimawandel ist wegen seines weltweiten Ausmaßes und seiner Plötzlichkeit derzeit das dramatische, in den Massenmedien im Fokus stehende paradigmatische Beispiel für Effekte menschlichen Handels auf die Erde. Manche gehen so weit, m. E. zu weit, das Anthropozän einen »Slogan für das Zeitalter des Klimawandels« zu nennen (Purdy 2015: 2).

Das Anthropozän ist viel umfassender als menschengemachter Klimawandel

Anthropozän ist, wie ich öfters betonen werde, aber mitnichten dasselbe wie »Klimawandel«, »globale Erwärmung«, »Umweltprobleme« oder ähnliche Begriffe für Veränderungen der Welt. Während Klimawandel für Schlagzeilen geeignet ist, eröffnet erst der Begriff Anthropozän grundlegende Fragen zum Verhältnis von Mensch und materieller Umwelt bzw. naturaler Welt. Die Idee des Anthropozäns hat Implikationen für grundlegende Konzeptionen und Kategorien, wie Natur, Kultur und Gesellschaft, sie stellt diese anhand eines konkreten Problems infrage und »destabilisiert« die Konzepte. Damit erweitert und *vervielfältigt* das Anthropozän die durch den Klimawandel aufgeworfene Frage, ob wir die Grenzen der Erde überschreiten (Clark & Szerszynski 2021: 3).

Das Anthropozän stellt ein geologisches Konzept zu einem Phänomen dar, welches viele erdweite Phänomene einbezieht und sie zeitlich in den Kontext einer geologischen Langzeitperspektive (»Tiefenzeit«) stellt, was ich ausführlich in Kap. 6.6 behandle. Die Tiefenzeit der Erde ist um Größenordnungen länger, als die Religionen oder der Alltagsverstand annehmen. Erst aus dieser Zeitperspektive kann die derzeitige, geologisch gesehen *eben rezente und abrupte,* Transformation des Planeten zutreffend charakterisiert und mittels Wissenschaft auch *sichtbar* gemacht werden. Das betrifft auch gesellschaftliche Institutionen, die darauf gegründet sind, eine Gesellschaft oder eine Population von Menschen von einem dazu externen gedachten Bereich der Natur unterscheiden, wie etwa ein »Umweltministerium«. Zusätzlich – und für manche sogar vor allem anderen – hat Anthropozän als Diagnose der Weltsituation ganz praktische Implikationen und wirft politische Fragen und letztlich Wertentscheidungen auf. Es wird nämlich immer deutlicher, dass das Fenster der Möglichkeiten, Kernindikatoren der Umweltkrise anzuhalten oder umzukehren, schnell kleiner wird (Pálsson et al. 2013: 3). Auch wenn das Anthropozän ein erdweites Problem darstellt und vielleicht das drängendste ethische Problem unserer Zeit beinhaltet, sind politische Fragen mitnichten nur welt- oder geopolitische Fragen. Das Anthropozän bringt etwa Fragen nach den Möglichkeiten einer Demokratisierung der Naturverhältnisse und nach Aktionsformen, wie zivilem Ungehorsam bis hin zu praxistheologischen Fragen, verschärft aufs Tableau (Vogt 2016, Bertelmann & Heidel 2018, Heichele 2020, Hetzel 2020, Hummel et al. 2024).

Der anthropogene Anteil am Klimawandel stand auch Pate bei der Popularisierung des Konzepts durch Paul Crutzen und den Limnologen und Kieselalgenforscher Eugene Filmore Stoermer (1934–2012). Sie proklamierten das Konzept in zwei ganz kurzen Essays (Crutzen & Stoermer 2000, Crutzen 2002, Leinfelder 2012). Die Erwärmung des Klimas aufgrund der Emissionen von Kohlendioxid und Methan wurde als das primäre Signal des Anthropozäns gesehen (Rudiak-Gould 2015: 48). Methan wird vor allem beim Einsatz von chemischem Düngemittel, in der Rinderzucht und beim Nassreisanbau produziert. Der anthropozäne Wandel betrifft nämlich eine immense Bandbreite biotischer und geophysikalischer Zusammenhänge und Prozesse, etwa den Stickstoffkreislauf, den Schwund der Artenvielfalt und die chemische Veränderung der Böden. Kurz: Nicht nur die Atmosphäre, sondern große Teile der Geosphäre sind immer mehr maßgeblich vom Menschen geprägt. Der menschengemachte Wandel der Geosphäre kann also keinesfalls auf anthropogene Klimaeffekte reduziert werden, was in der öffentlichen und auch wissenschaftlichen Debatte immer wieder vergessen wird.

Die Parallele zwischen menschengemachtem Klimawandel und Anthropozän gilt auch für den enormen Riss zwischen der Einsicht in die Dringlichkeit eines weltweit koordinierten Handelns und Diskursen mit starken Wörtern dazu einerseits und fehlender oder unwirksamer Aktion andererseits (Tsing 2005, Krauß 2015a: 60, 64, Pálsson et al. 2013: 7). Dies gilt schon für den anthropogenen Klimawandel, aber das Anthropozän ist nicht einfach ein neuer Sammelbegriff für die Summe aller geologischen Frevel, für das »Umweltproblem« schlechthin, und, wie manche meinen, auch nicht in jeglicher Hinsicht für etwas, was *per se* zu vermeiden ist (Schwägerl & Leinfelder 2014: 235).

Wir verkonsumieren die Erde

> Planetar denken heißt, die Erde als Planeten ernst nehmen, vom Erdkern bis in den interstellaren Raum, von der Nanosekunde bis zur Tiefenzeit, vom Elementarteilchen bis zur Erdmasse.
>
> *Frederic Hanusch et al. 2021: 24*

Die Formung der Erdoberfläche durch den Menschen ist in der Geomorphologie seit Langem ein etabliertes Thema, besonders die anthropogen beschleunigten Prozesse der »quasinatürlichen Oberflächenformung« (Busch et al. 2021: Kap. 23, 256–265). Es existieren umfangreiche Monografien zu geomorphologischen Wirkungen des Menschen (Rathjens 1979, Goudie & Viles 2016, Brown 2019, Busche 2021). Dessen ungeachtet ist das Anthropozän als Thema im akademischen Kanon noch kaum wirklich etabliert. Das aktuellste deutschsprachige Lehrbuch zur Geomorphologie behandelt menschliche beeinflusste Landschaften ausführlich unter dem Stichwort einer sozialökologischen Geomorphologie bzw. historischen Geomorphologie (Dikau et al. 2019: 4, 7, 10, 98, 417–435), ohne dabei aber das Anthropozän begrifflich stark zu machen. Das gilt auch für die allgemeine Geografie und nicht nur hierzulande. Die neueren englischsprachigen Collegelehrbücher der Humangeografie und auch der Physischen Geografie streifen das Thema Anthropozän allenfalls (Knox & Marston 2016: 144–152) oder bringen es gar nicht (z. B. Rubenstein 2019). Auch ein neues wissenschaftliches Überblickswerk zum Klimawandel in Deutschland (Brasseur et al. 2024) erwähnt den Begriff nur einmal auf gut 500 Seiten – trotz vieler Wechselwirkungen zwischen Klimawandel und Landschaftswandel.

Beim Anthropozän geht es um weltweiten menschengemachten Wandel. In beiden Hinsichten, Raum und Zeit, geht es um Wandlungsprozesse, die weitgehend jenseits unserer sinnlichen Erfahrungswelt liegen. Außerdem sind die Phänomene wissenschaftlich schwer zugänglich, womit viele Annahmen und Unsicherheiten verbunden sind, sodass dabei notwendigerweise viel spekuliert wird. Kritiker sehen in der Verwendung des Begriffs ein Zeichen für die zunehmende Selbstüberschätzung und Hybris des Menschen und fragen, ob der Einfluss tatsächlich räumlich so umfassend und dauerhaft ist wie oft behauptet oder eher sporadisch und aus geologischer Sicht vielleicht kurzfristig (Krämer 2016: 24–44). Demgegenüber ist der dialektische Aspekt der Diagnose des Anthropozäns zu betonen. Das Anthropozän ist im Kern gekennzeichnet durch das Paradox zwischen tiefgreifenden menschlichen Eingriffen in die Geosphäre bei gleichzeitig zunehmendem Kontrollverlust der gesellschaftlichen Naturverhältnisse (Fladvad 2021: 145). »Zwar hat sich die Menschheit die Erde ‚untertan‘ gemacht, aber sie ist immer weniger in der Lage, ihre Naturverhältnisse zu kontrollieren« (Görg 2016: 13).

Die Diagnose des Anthropozäns fordert aktuell heraus, weil es hier eben um weit mehr geht als nur um Klimawandel, nämlich z. B. um die Transformation auch der Böden und der Meere samt ihrer Lebenswelt und damit um Annahmen zum Zustand und zur Dynamik der Welt überhaupt (Sayre 2012). Dementsprechend wird auch schnell mit sehr großen Begriffen, wie »Planet« und »Menschheit« argumentiert und dazu häufig in alarmistischem Ton und mit Krankheitsmetaphern. Das führt zu einer diagnostischen Problemrahmung der Diskussion, die daneben die öffentliche Aufmerksamkeit steigert, aber auch mit überzogenen Vereinfachungen einhergeht (Matejovski 2016: 7). Eine kaum vermeidbare, wenn auch grundlegende Übertreibung, entsteht schon dadurch, dass immer wieder von der Erde oder dem Planet gesprochen wird, etwa von der »menschengemachten Erde« oder gar »Menschen-Erde« (Schwägerl & Leinfelder 2014: 234). Es werden die enormen Quantitäten betont, zum Beispiel dass der Mensch durch Bautätigkeiten und Landwirtschaft fast dreißigmal mehr Material umlagert, als es in den letzten 500 Millionen Jahren ohne sein Zutun der Fall war. Dies sind inzwischen sehr gut belegbare Fakten, wie auch, dass die Hälfte des dauerhaft verfügbaren Süßwassers inzwischen von Menschen genutzt wird (z. B. Zalasiewicz et al. 2018).

Übertreibungen finden sich in den Massenmedien, aber auch bei Proponenten wie Kritikern des Anthropozäns, etwa in Formulierungen und Titeln wie »New World« (Zalasiewicz et al. 2010), »Big World – Small Planet« (Rockström & Klum 2016) oder »Earth transformed« (Ruddiman 2014). Sie finden sich in vielen kritischen Stimmen, beispielsweise »damaged earth«

(Haraway 2016: 2, Tsing et al. 2017), »defiant Earth« (Hamilton 2017), wenn von »Humans versus Earth« (Subramanian 2019) oder vom »Krieg des Kapitalismus gegen den Planeten« (Foster et al. 2011) die Rede ist, und der Soziologe John Urry davon spricht, dass wir Menschen »den Planeten exzessiv konsumieren« (Urry 2010), der mich zu dieser Kapitelüberschrift brachte.

Crutzen und Stoermer hatten in ihrem epochemachenden Papier in *Science* zurückhaltender formuliert, »that the earth – *as we know it today* – *may* cease to exist in the future« (Crutzen und Stoermer 2000, eig. Hervorheb.). Deshalb gilt für Formulierungen in diesem Buch: »Erde« steht hier der Einfachheit halber durchgehend für die Geosphäre, also die Erdhülle, die die verschiedenen Sphären, der Luft, der Böden, des Wassers, des Eises und der Gesteine umfasst. Ich betone diese Übertreibungen, weil Kritiker mit einiger Berechtigung eingewendet haben, dass der geologisch kurzzeitige menschliche Einfluss auf die Erde angesichts der langsamen geologischen Prozesse von Proponenten des Anthropozäns notorisch übertrieben werde (Visconti 2014: 389).

Als überzogene Formulierung sehe ich auch die Rede vom »brennenden Planeten« (Hornborg 2017b), dem »zerstörten Planeten« oder Anna Lowenhaupt Tsings unter Kulturwissenschaftlern verbreiteter Rede einer Erde in »Ruinen« des Kapitalismus (Tsing 2015: 6, 205–213, Gan et al. 2017; vgl. Gonzalez-Ruibal 2018). Auch ein Ziel, »mit dem Planeten zu kooperieren« (Folke et al. 2021: 835), um eine lebenswerte Welt zu schaffen, erscheint arg überzogen. Auch in anderen an sich wichtigen neuen Ansätzen, wie der Forderung nach einem *planetary turn* in den Erd- und Lebenswissenschaften, der sich durch eine mittlerweile Planeten vergleichende Perspektive anbietet, finden sich Übertreibungen. Dies gilt m. E. auch für den Ansatz eines »planetaren sozialen Denkens«. Es ist einfach übertrieben, wenn der Soziologe Szerszynski explizit sagt, dass Menschen die Erde *als Ganze* verändern.

Wenn die Dynamik und Variabilität der Geosphäre auf allen Ebenen betont wird, ist das wichtig. Mir erscheint es aber problematisch, wenn der Planet quasi als Person erscheint, wofür sich viele zum Denken anregende Beispiele in der Belletristik finden (siehe Heise 2008, Hanusch et al. 2021: 16–24). Problematisch wird es aber, wenn in wissenschaftlichen Analysen gefragt wird, »… was die Erde befähigt, neue Dinge tun zu können« oder »… wie die Erde über die Zeit entdeckt hat, Dinge anders zu tun«, oder von

»selbst-ordnenden Tendenzen der Erde« oder »von planetarer Anamnese« gesprochen wird (Clark & Szerszynski 2021: 4, 30, 54, 84, 92 vgl. Szerszynski 2019). Das ähnelt Manuel DeLandas Rede von »nicht organischem Leben« und seiner Aussage, die Erde habe ihre eigenen Sonden zur Exploration (Delanda 1992: 161) oder Eduardo Kohns unter Ethnologen berühmter Rede vom »Wald, der denkt« (Kohn 2013). Das sind anregende Metaphern, aber als analytische Begriffe taugen sie, wie ich begründen werde, kaum. Solche blumigen Formulierungen sind vermutlich einer der Gründe, warum manche Geowissenschaftler und Biologen es vermeiden, sich mit kulturwissenschaftlichen Beiträgen zum Anthropozän zu befassen.

Abb. 1.6 Bekannter Cartoon zum Anthropozän: die Begegnung zweier Planeten, *Quelle: https: //upload.wikimedia.org/wikipedia/commons/c/ce/Cartoon-Homo_sapiens_syndrom.jpg*

Die diagnostische Rahmung und die Übertreibung durch die Rede von »der Welt« oder »dem Planeten« finden sich auch in manchen Witzen und Cartoons zum Thema, wie im Witz zur Begegnung zweier Planeten, den es in etlichen Varianten gibt à la: »Treffen sich zwei Planeten. Sagt der eine ‚Du siehst aber schlecht aus. Was hast Du denn?‘ Darauf der andere: Ja, ich hab Homo sapiens.« Darauf der erste: ‚Keine Angst. Macht nix. Hab ich auch mal gehabt. Das geht von allein wieder vorüber‘.« (Abb. 1.6) Wenn man es genau nimmt und weniger anthropozentrisch, sondern geowissenschaftlich denkt, bedeutet das Anthropozän eben »nur« eine Hautkrankheit der Erde. Da braucht es einen Dermatologen, aber keinen Chirurgen oder Spezialisten der inneren Medizin. Chronische Hautkrankheiten sind allerdings nicht nur lästig, sondern können gefährlich werden. Dies alles sind aus wissenschaftlicher Sicht Übertreibungen, aber sie selbst sind ein ernstzunehmender Teil der sozialen Realität.

Anthrome statt Biome

Menschen sind vor allem durch den Einsatz von Technologie, derart wirksam, dass es heute auf unserem Planeten kein einziges Ökosystem ohne anthropogene Komponente mehr gibt. Etwas wie den »unberührten tropischen Regenwald« gibt es auf diesem Planeten nicht mehr. Derzeit sind mehr als 75 Prozent der von Menschen bewohnbaren Fläche des Planeten als von Menschen überformte Lebensräume, als anthropogene Biome anzusehen, während um 1700 nur rund fünf Prozent genutzt waren. Aber selbst damals war schon nur weniger als die Hälfte der Landregionen ohne nachweisbaren menschlichen Einfluss. Über die Hälfte der Erdoberfläche wurde erst im Laufe der letzten Hundert Jahre zu landwirtschaftlich genutzten Gebieten, viele erst nach dem Zweiten Weltkrieg. Die gewohnten Formen, »natürliche« Lebensräume und Ökozonen abzugrenzen, passen nicht mehr, und es gibt neue hybride Lebensräume. Um die Mensch-Umwelt-Interaktion als Hauptfaktor, die realen Nutzungsbedingungen und den Grad der Transformation hervorzuheben, wurde deshalb von Biogeografen ein eigener Begriff für menschengemachte Lebensräume, anthropogene Biome eingeführt: Anthrome (*anthrome, anthropogenic biome*, Ellis & Ramankutty 2008: 445, Fuentes & Baynes-Rock 2017, Ellis et al. 2020).

Anthrome sind vom Menschen kulturell überformte (anthropogene) und technisch maßgeblich transformierte Großräume (Abb. 1.7). Diese im Deutschen auch als »Anthropozonen« bezeichneten Räume ergeben eine Alternative zur Gliederung nach klassischen Landschaftsgürteln und Geoökozonen (Glaser et al. 2010: 162). Ellis und Ramankutty unterscheiden ein Mosaik von weltweit 19 Anthromen. Innerhalb der Anthrome werden »genutzte« Landschaften, z. B. bei intensiver Landwirtschaft oder in Städten und daneben nur zwei »halbnatürliche« Landschaften, etwa besiedelte Wälder sowie naturbelassene Räume (*wildands*) unterschieden. Es sind Räume, deren Lebensgemeinschaften nicht nur von der unbelebten und belebten Umwelt, sondern von menschlicher Bevölkerung und ihrer Landnutzung abhängig sind.

Das Konzept der Anthrome macht klar, dass die Welt jetzt nicht mehr aus natürlichen Ökosystemen besteht, in die der Mensch eingreift, sondern aus von Kommerzialisierung bestimmten Großlandschaften, in die mehr oder minder veränderte natürliche Systeme eingebunden sind. Die wenigen naturnahen Gebiete decken sich weitgehend mit der Verbreitung indigener Gruppen, wie neueste Karten zeigen (LALE, Laboratory for Anthropogenic Landscape Ecology 2020). Es ist allerdings zu beachten, dass hier Maßstäbe und Erkennbarkeit menschlicher Einflüsse eine Rolle spielen. So, wie manche Landschaften, die untrainiertem Auge als »wild« (*pristine*) erscheinen, in früherer Zeit von Menschen verändert wurden, etwa die *Terra Preta*-Böden im Amazonastiefland (WinklerPrins 2014), so zeigen umgekehrt selbst große Teile der USA noch nur wenige Anzeichen einer »humanisierten« bzw. »domestizierten Landschaft«, etwa im Yosemite Nationalpark (Vale 1998, Denevan 1992, 2011, Ziegler 2019: 272)

Ob wir uns in einer anthropozänen »Natur« willkommen fühlen, die mittlerweile in großem und planetarem Maßstab eine vom Menschen überformte Natur ist, bleibt zumindest fraglich. Um das Thema Anthropozän drehen sich heute zentrale Debatten gegenwärtiger Politik und Wirtschaft, aber auch der Wissenschaft. In solchen Debatten geht es um die Ökologie der Welt, weltweite Solidarität, globales Regieren (*global governance*), weltweite Ungleichheit und Artenvielfalt (Graeber & Wengrow 2022). Die neuen Thesen zum »Zeitalter des Menschen« werfen aber auch alte Kernfragen zum Verhältnis zwischen Gesellschaften und materiellen Umwelten auf neue Weise wieder auf. Was ist Natur, was ist Kultur, was sollen wir unter »Umwelt« verstehen? Sollten wir das Anthropozän als »Zeitalter des Menschen« auffassen oder nicht besser als »Zeitalter der Menschheit« (Merchant 2020: 13, 22)?

Ausgelöst durch naturwissenschaftliche Befunde erscheinen grundlegende Fragen zur Stellung des Menschen in der Natur in neuem Licht. Anthropozän ist ein zunächst von Naturwissenschaftlern diagnostiziertes Phänomen und eröffnet damit auf empirischer Basis neue Perspektiven auf grundlegende – eben anthropologische – Fragen nach Menschheit und Menschsein. Außer Philosophie und Politik sind insbesondere die Geistes-, Kultur- und Sozialwissenschaften durch die neuen naturwissenschaftlichen Befunde und auch Deutungen herausgefordert.

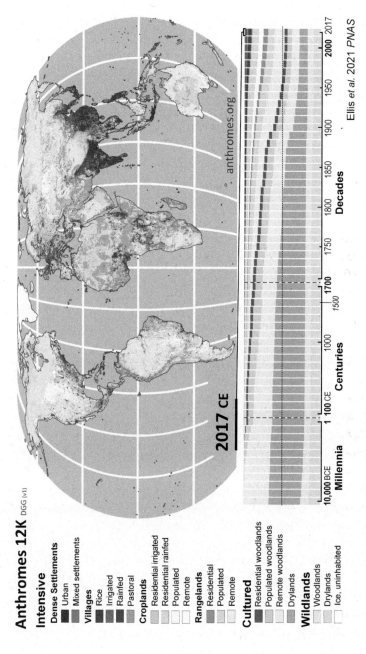

Abb. 1.7   Anthrome – vom Menschen überformte Großlebensräume im Jahr 2000 und ihre historische Entwicklung. *Quelle: https://commons.wiki media.org/wiki/File:Anthromes_map_and_timeline_(10,000_BCE_to_2017_CE).png*

Hier ergeben sich vor allem zwei Fragerichtungen, die ich beide in diesem Buch verfolgen werde. Wie sollen die Sozialwissenschaften auf den Begriff und die Sache reagieren (Adloff & Neckel 2020: 11–12)? Einerseits ist zu fragen, welche Akteure in Wissenschaft, Politik und Medien den Begriff – oder nur das Wort – aufgreifen und sich positiv oder kritisch auf ihn beziehen. Andererseits ergibt sich die noch deutlich schwierigere Frage, ob und inwieweit Anthropozän als begrifflicher Rahmen sozialwissenschaftlicher Analyse taugt, um verstehende und erklärende Theoriebildung weiterzubringen als auch empirische Forschung anzuleiten.

Die Anthropocene Working Group (AWG)

Die für das Thema zentrale Institution der Geologen ist die *Anthropocene Working Group* (*AWG*), die von 2009 bis 2024 als multidisziplinär zusammengesetzter Fachausschuss der *Subcommission on Quaternary Stratigraphy* (SQS) innerhalb der geologischen Vereinigung (IUGS). Existierte. Die AWG, die ab 2024 informell weiter besteht, besteht aus derzeit 33 Mitgliedern (Stand 6.8.2024) aus 14 Ländern, die ehrenamtlich arbeiten. durch eine zunächst empirisch recht allgemeine Studie der *Geological Society of London*, in der aber argumentiert wurde, dass es selbst auf der Basis eines »konservativen« Ansatzes ein »unmissverständliches biostratigraphisches Signal« für bleibende Auswirkungen menschlicher Zivilisation in unserer Zeit gebe (Zalasiewicz et al. 2008). Die Aufgabe der AWG war es jetzt, zu erkunden, *ob* das Anthropozän als Intervall *geologisch* untermauert werden kann. Es ging darum, Datierungsvorschläge für das Anthropozän zu prüfen, eine plausible Periodisierung zu erarbeiten und auch eigene stratigrafische Untersuchungen durchzuführen. Unter der Leitung des Paläobiologen Jan Zalasiewicz bilden stratigraphisch arbeitende Geologen die Mehrheit in der AGW. Daneben sind aber auch Experten aus Erdsystemwissenschaft, Ökologie, Archäologie, Geografie, Meereskunde, Bodenkunde und sogar Philosophie, Geschichtswissenschaft und Internationales Recht vertreten (SQS 2009, Waters et al. 2014, Zalasiewicz et al. 2021: 2, Zalasiewicz et al. 2023). Die Geistes- und Sozialwissenschaftler in der Gruppe stehen für eine für Geologen völlig neue Ursachen- und Prozessorientierung gegenüber ihrer traditionellen Ausrichtung, die stärker auf Effekte fokussiert ist. Die AWG ist damit nicht nur als wichtigste Institutionalisierung der Fragestellung wichtig, sondern stellt in ihrer disziplinären Vielfalt ein absolutes Novum für die Stratigrafie dar (Lundershausen 2018, Will 2021: 33, 107–113, 216, Zalasiewicz et al. 2023: 316f.).

Wenn man den gegenwärtig seitens der *Anthropocene Working Group* favorisierten Beginn des Anthropozäns im Jahr 1950 ansetzt, dann würde damit heute eine wohlgemerkt geologische Epoche angesetzt, die erst vor *einer menschlichen Generation* begann. Hier ist es wichtig, sich die gegenüber diesem kurzen Zeitraum viel längere *longue durée* der menschlichen Geschichte und die noch viel längere »Tiefenzeit« der planetaren Geschichte zu vergegenwärtigen (Gould 1990). Das beinhaltet die Annahme bzw. Einsicht, dass Zeit nicht *nur* sozial konstruiert ist (Gell 1992: 241), ein wichtiger Punkt, den ich in Kap. 6.6 diskutiere. Die Geschichte der Erde begann vor rund 4,54 Milliarden Jahren. *Homo sapiens* entstand vor etwa 200.000 Jahren und wurde langsam zu einem wichtigen Faktor. Seit rund 50.000 Jahren hatte der Mensch einen nachweisbaren Einfluss auf die Welt und erst seit etwa 10.000 Jahren mit den ersten dauerhaften Siedlungen einen tatsächlich großen Impakt. Mitte des 20. Jahrhunderts wurde er dann in geohistorischer Sicht urplötzlich zu einer Kraft, die den Planeten, genauer die Bio- und Geosphäre, maßgeblich formte. Einen empirisch nachweisbaren Bruch der Entwicklung bildete der weltweite Trendwechsel von Bausteinen zu Beton bei Gebäuden seit etwa 1950 und die weltweite plötzliche Zunahme von Asphalt als Straßenbelag ab 1960 (Elhacham et al 2020: 3).

Die planetare Transformation, die z. B. die Atmosphäre aus dem Bereich der geringen Schwankungen des Holozäns (nur um rund ein Grad um den Mittelwert von 14 Grad Celsius) heraustreibt, erfolgte also *innerhalb der Lebensspanne eines Menschen*. Das Anthropozän ist aber mehr als diese zu befürchtende »Heißzeit«, sondern signalisiert einen Gesamteffekt menschlicher Eingriffe auf die Geosphäre. Es benennt gleichermaßen die Veränderung der Geosphäre, genauer ein erdweites Oberflächenphänomen, und auf der lokalen Ebene ein Phänomen, das einzelne Menschen, Kollektive und ganze Gesellschaften beeinflusst und gleichzeitig von diesen beeinflusst bzw. erzeugt wird. Damit sind die Ideen, die Innovationen, die politischen Systeme und sozialen Formationen und auch diejenigen, die sich diesem zerstörerischen Wandel widersetzen, Teil des Anthropozäns (Thomas et al. 2020: vii):

»(…) to come to grips with the Anthropocene, one needs to span the enormity of geological time and its processes, and also delve into the complexities and sheer quirkyness of human behaviour and institutions on more intimate timescales – hence our plea for a multidisciplinary understanding« (Thomas et al. 2020: ix).

Die Herausgeber einer umfangreichen Enzyklopädie zum Anthropozän argumentieren in deren Vorwort, dass das Wort »Anthropozän« als rote Warnflagge an die Menschheit geeignet sei, dass es aber angesichts der katastrophalen menschlichen Wirkungen auf die Umwelt eher irrelevant wäre, ob Geologen und Stratigrafen das Anthropozän als formal legitimierte geologische Periode ausweisen. Das sei eher eine Folge des menschlichen Drangs, die Welt um uns herum in Schubladen zu stecken, um daraus Sinn zu schöpfen (DellaSala et al. 2018: 7). Das übersieht aber, dass Geologinnen ja normalerweise Zeitintervalle nur aufgrund *weltweiter, synchroner und extremer* Veränderungen, etwa bei deutlichen Faunenschnitten, ausweisen. Insofern hat eine geologische Periodengrenze eine ganz andere Relevanz als ein pur historischer Epochenwechsel. Eine solche Grenze löst auch viel umfassendere Debatten aus, wofür die satte 2280 Seiten starke Enzyklopädie (DellaSala & Goldstein 2018) selbst ein Zeichen ist.

Gesellschaftstheoretisch und kulturwissenschaftlich herausfordernd ist m.E. ein eklatanter begrifflicher Widerspruch, den Burghard Müller unter dem Motto »Von wegen Anthropozän« auf den Punkt gebracht hat. Das Anthropozän erscheint paradox als gigantischer Zwerg. Einerseits soll das Anthropozän vor so wenig Zeit wie möglich angebrochen sein, um deutlich zu zeigen, wie rapide wir Menschen die Welt rapide umgestalten. Andererseits soll es dennoch den Rang eines großen und zeitlich tiefen Erdzeitalters bekommen, »… kraft Ernennung an der Würde der großen, tiefen, unverfügbaren Zeit partizipieren« (Müller 2021b: 12). Die Kernbotschaft liegt m.E. darin, uns zu einer schnellen gesellschaftlichen Transformation zu motivieren. Angesichts der geologischen wie sozialtheoretischen Herausforderungen und vor allem angesichts des faktisch rapiden weltweiten Umweltwandels schließe ich: wir brauchen eine Geoanthropologie.

1.4 Tiefenzeit und Periodisierung – umstrittene Zeitlichkeit

> Es gibt nichts mehr ohne uns. Wir sind in allem.
>
> *Andreas Meier 2011: 49*

> Stone would call you transient, sporadic.
>
> *Jeffrey Jerome Cohen 2015: 30*

> Nichts hat den rechten Maßstab.
>
> *Bruno Latour 2017: 109*

Die in Gesteinen und Fossilien zu findende Erdgeschichte fordert unsere Vorstellungskraft heraus. Für Laien bedeutet Geologie eine Provokation. Aber selbst »geophile« Menschen und professionelle Geologen bleiben letztlich sprachlos angesichts schier unendlicher Dauer, langsamster Bewegungen und un-menschlich großen Räumen. Erdgeschichtliche Zeitlichkeit ist für Menschen sehr schwer fassbar, weil sie außerhalb unseres normalen mesokosmischen Erfahrungshorizontes liegt (Bjornerud 2020, Irvine 2020: 106–128). Durch das Anthropozän als Sache und Problem kommt es zur Begegnung inkompatibler Maßstäbe (Cohen 2015: 20). Hier stellen sich ähnliche Probleme wie beim Verständnis der Mechanismen der organischen Evolution, die neben religiösen Vorbehalten einer der Gründe der Ablehnung der modernen Evolutionstheorie sind (Kampourakis 2021: 42–69). Um die Herausforderung durch Phänomene und Zusammenhänge zu benennen, wurde schon in den 1980er-Jahren vom Journalisten John McPhee der Begriff der »Tiefenzeit« (*deep time*) eingeführt (McPhee 1981: 21, 77). Tiefenzeit bringt die über unsere menschliche Erfahrung hinausgehenden und auch durch Zahlenangaben gedanklich nur schwer in den Griff zu bekommenden langzeitlichen Dynamiken auf den Begriff und wird seitdem fruchtbar verwendet (Lyle 2016, Rossi 2019, Schulz 2020, Gamble 2021).

Ein natürlicher Reaktor in Gabun – ein Fenster zur Verschränkung von Zeiten und Räumen

Das Anthropozän verbindet geologische Realien mit *unterschiedlichen* lokalen kulturellen und politischen Realitäten. Dazu ein Beispiel anhand von Rohstoffausbeutung. Gabrielle Hecht, eine Umwelthistorikerin, analysiert am Beispiel des afrikanischen Landes Gabun die Verschränkungen vieler Zeitdimensionen und unterschiedlicher Räume im Anthropozän und beleuchtet dabei auch räumliche Vernetzungen und politische Kontexte (Hecht 2018a, 2018b). Gabun (frz. *Gabon*) ist einer der rohstoffreichsten Staaten Afrikas. Das Land hat umfangreiche Erdölreserven vor seiner Küste. Hauptexportgüter sind Rohöl und Erdölprodukte, auf die rund 82 Prozent seiner Exporteinnahmen entfallen. Das zentralafrikanische Land war von 1839 bis 1960 französische Kolonie. Auch in nachkolonialer Zeit war Gabun von Frankreich abhängig. Direkt mit Beginn der Unabhängigkeit begann Frankreich ab 1961 uranhaltiges Gestein aus dem Erdaltertum, dem Präkambrium, zu fördern. Es war die Zeit des Kalten Krieges und des atomaren Wettrüstens. Das Uran im Tagebau Oklo war für französische Atomwaffen sowie Energieproduktion in Atomkraftwerken. In Gabun brachte der Rohstoffabbau dem jungen »Entwicklungsland« und besonders den lokalen Eliten Einkünfte.

Verschiedene Zeitdimensionen und unterschiedliche Räume sowie politische Fragen kommen hier anhand eines materiellen geologischen Gutes, des uranhaltigen Gesteins, zusammen. Das Gestein war räumlich zwar in Afrika, aber seine Nutzung entstand durch einen Nexus externer politischer Motive Frankreichs in weltweitem Kontext des atomaren Aufrüstens und interner ökonomischer Interessen gabunischer Eliten. Das Gestein war im erdgeschichtlichen Altertum, im Präkambrium, über einen sich viele Millionen Jahre sich erstreckenden Prozess gebildet worden, aber seine Ausbeutung lief in wenigen Jahren der Gegenwart ab. Anders als bei der Globalisierung, geht es hier nicht nur um räumliche Kontraktion.

Der Abbau des Rohstoffs verursachte in Gabun, nicht aber in Frankreich, Abfälle und Emissionen. Damit beeinflusste eine durch globale politische Verhältnisse ausgelöste Situation die lokale Umweltsituation in Gabun. Dann entdeckten 1972 französische Rohstoffexperten, dass der Urangehalt viel niedriger als zu erwarten war. Es stellte sich heraus, dass es sich bei diesem Tagebau um einen sogenannten »natürlichen Reaktor« handelte. In ferner geologischer Vergangenheit hatte in der natürlich entstandenen Uranko nzentration zusammen mit Wasser eine nukleare Kettenreaktion eingesetzt. Bis heute fanden sind im Becken von Franceville Überreste von insgesamt 15 solcher »Naturreaktoren«. Die Reaktoren von Oklo sind heute vollständig bis weitgehend erschöpft.

Aufgrund des niedrigen Urangehaltes endete die Extraktion des tiefenzeitlich entstandenen Gesteins abrupt. Die Tage- und Untertagebaue sind geflutet, sodass nur noch der kleinste der bekannten Reaktoren in Bangombé für weitere wissenschaftliche Studien erhalten geblieben ist. Frankreich suchte sich andere Quellen für spaltfähiges Uran, womit Umweltprobleme der Uranextraktion in andere Teile der Welt getragen wurden, während sich Gabun auf den dependenten Weg zu einer maßgeblich auf Rohstoffen basierenden Wirtschaft begeben hatte. Unterschiedliche lokale Realitäten und von der Macht her asymmetrische Realitäten sind miteinander verwoben. Ein Umstand in früher geologischer Vergangenheit, nämlich Wasserkontamination, war die Ursache eines aktuellen Problems.

In Hechts Interpretation des Falls wird nicht einfach die Verflechtung von Speziellem mit Allgemeinem dargelegt. Es geht auch nicht nur um die Verquickung des Lokalen mit dem Politischen, Sozialen und Kulturellem, wie z. B. in Untersuchungen zur kulturellen Globalisierung oder zur jeweils orts- und kulturspezifischen Lokalisierung globaler Einflüsse (kulturelle Globalisierung). Hechts Ansatz stellt darüber hinaus die Verbindung zur geologischen Tiefenzeit und zum räumlich Globalen und zur Nuklearwirtschaft (Masco 2016) her. Es geht um kapitalistisch ausgerichtete Beziehungen, aber es geht eben nicht nur um materielle Güter und Wirtschaft, sondern auch um Kategorien, z. B. im Gefolge der Transformierung kolonialisierter Landschaften durch Kartografie, Vermessung, Beschreibungen und Reiseformen in den Tropen (sog. *worlding*, Spivak 1985, Tsing 2010: 49).

So erweisen sich der kategoriale Umgang und das Monitoring von Abfällen und Emissionen in Hechts durch Abfallstudien angeregter Analyse als eine erkenntnisbezogene Schlüsseltechnik in anthropozänen Problemkontexten (Hecht 2018a: 111). Die heutige Situation – in Gabun, wie in Frankreich und den späteren alternativen Uranabbaustätten – erweist sich aufgrund menschlichen Handelns als jeweils lokalisiert mit dem Boden und temporal mit der Tiefenzeit verbunden, ohne dass sich die planetare Situation dabei verflüchtigt.

Hecht nutzt das empirische Objekt des uranhaltigen Gesteins als »interskalares Objekt«, um Beziehungen zwischen verschiedenen Räumen und Zeiten aufzuzeigen (*theory of interscalarity*, Hecht 2018a: 109, 122, 131). Dabei sind die jeweiligen *Scales* historisch im Entstehen und Vergehen. In der Sicht der Historikerin Fabienne Will setzt Hechts Fallanalyse durch narrative Interpretation die Lokalisierung und Kontextualisierung über ein konkretes materiales Gut als Evidenz für Dynamiken im Anthropozän ein (Will 2021: 27). So lässt sich methodisch der räumlichen wie auch der zeitlichen Multidimensionalität des Anthropozäns in empirischen Fallanalysen beikommen. Das »interskalare Objekt« hier ist uranhaltiges Gestein. Aber auch Plastikrückstände in den Meeren, Technofossilien oder auch das Masthuhn, die in geowissenschaftlichen Analysen eher als »Sekundärmarker« dienen, können für solche Analysen eingesetzt werden (Will 2020: 170–179, z. B. Swanson et al. 2018).

Objekte können als interskalare Instrumente für anthropozäne Erzählungen genutzt werden, sei es in der Geschichtswissenschaft, in der Ethnologie oder etwa zur Bewusstseinsbildung, etwa in Ausstellungen (Mitman et al. 2018, Oliveira et al. 2020). Methodisch erscheint das als ein fruchtbarer Ansatz, der modellhaft sein könnte und etwa mit Studien der *Material Studies*, der Archäologie von *Entanglements* und Technikgeschichte zu verbinden wäre (vgl. Antweiler 2020 als ironischen Beitrag). Das Beispiel zeigt auch, wie wichtig es ist, das Anthropozän auch in nicht europäischen Räumen zu untersuchen, ein Punkt, den ich in Kap. 7 behandele. Dafür sind Rohstoffextraktion und auch Verknüpfungen durch Nukleares (*nuclearity*) ergiebige Beispiele, wie Hecht in einer weitergreifenden Untersuchung zeigt (Hecht 2018b). Architekten und Designtheoretiker werfen die Frage auf, was Archäologinnen in der Zukunft von den heutigen Gebäuden und Infrastrukturen in als Technofossilien finden werden. Es fragt sich, was etwa von der Infrastruktur an den Rändern heutiger Städte, was von Müllverbrennungsanlagen, Kläranlagen, Saatgut-Tresoren, Hühnerfarmen, Schlachthöfen, Serverparks, Flughäfen und Tunnelbauten bleiben wird (Von Borries 2024). Welche Pfadabhängigkeiten werden sich ergeben? Was wird als Erblast die gebaute Umwelt prägen – im Unterschied zum geschätzten »Kulturerbe«? Eine Zusammenarbeit mit der Archäologie kann auch ganz konkret praktischen Nutzen für heutige Entwicklung haben, etwa, wenn Kenntnisse über Netzwerke der Wasserversorgung in frühen Städten Lösungsansätze für heutige Probleme in ariden Lebensräumen ergeben (Scarborough et al. 2020).

Geologie als Naturgeschichte und geologische Grundierung von Kultur

Wenn wir einen Brief adressieren sollten, nicht an eine Person an einem Wohnort, sondern an den erdgeschichtlichen Ort der Menschheit, müsste die korrekte Adresse lauten: »Erde, anthropozäne Epoche, quartäre Periode, in der Ära des Känozoikums und des Phanerozoischen Äons« (Thomas et al. 2020: viii). Hierin steckt die geologische Aussage des Anthropozäns (Abb.

Abb. 1.8 Baustein als Kandidat für ein zukünftiges Technofossil am Strand von Kuta, Bali, Indonesien, *Quelle: Autor*

1.8). Die Daten, die bei Anthropozän-Vertretern immer wieder im Raum stehen, sind die Zahlen der Geologinnen. Die Idee des Anthropozäns begann mit dem Argument von Geowissenschaftlern, dass es gute *geologische* Gründe gibt, den Beginn der Industrialisierung und das Jahr 1800 als Epochenwende zu sehen, weil das eine »sehr gut etablierte« Grenze sei (Crutzen 2000, Crutzen und Stoermer 2002). Damit beziehen sie sich aber auch auf den *historischen* Umbruch vom Ende Alteuropas zum Beginn der Moderne.

Bemerkenswert ist aber, dass die Protagonisten dies andererseits nur mittels geologischer und paläoklimatologischer Messreihen (als Übersichten Bradley 2015, Summerhayes 2020) tun, ohne auf Begründungen einer solchen Periodisierung in den Geschichtswissenschaften, Medienwissenschaften und der historischen Soziologie, etwa bei Wehler, Kosseleck, Luhmann, Beck, Kittler oder Habermas einzugehen (Werber 2014: 242). Diese Autoren setzen den epochalen Umbruch zwischen Vormoderne und Moderne jedoch durchaus unterschiedlich an. Angesichts der vermeintlichen Statik der Erde erscheint es zunächst abwegig, Zusammenhänge zwischen der *slow motion* der Erdgeschichte und der schnellen Bewegung der Menschheit, ihrer gegenwärtigen Überhitzung, zu suchen. Tatsächlich bildet der Mensch aber innerhalb des graduellen geologischen Wandels eine Wirkmacht rapider *geologischer* Transformation. Die Gesteine der Zukunft werden den Lackmustest liefern, ob wir uns als Menschheit im Anthropozän befinden. Eine geologische Sicht auf menschliches Leben und menschliche Kulturen kann Phänomene zum Vorschein bringen, die sonst nicht in den Blick kommen. Das gilt besonders für unser Verhältnis zur materiellen Umwelt. In welchem Verhältnis steht unser kurzer und schneller biografischer Lebenszyklus zu den langsamen Zyklen der Entwicklung der Landschaft, in der wir uns bewegen (Thomas & Zalasiewicz 2020). Beim Thema Anthropozän steht der zeitliche Bruch durch den Umgang von Menschen mit der Geosphäre und Biosphäre im Mittelpunkt, der sich vor allem in den Folgen der Ressourcenextraktion manifestiert.

Die Geologie ist eine historisch orientierte Wissenschaft. Es geht um Naturgeschichte und in ihr um tiefenzeitliche Dimensionen, die erst in der zweiten Hälfte des 18. Jahrhunderts offenbar wurden. Entscheidender als die Entdeckung der langen Erd- und Lebensgeschichte (*deep time*) jedoch war deren Interpretation als geschichtlich. Von zentraler Bedeutung waren hier das Aufkommen des Sammelns und systematischen Ordnens von Funden während der Aufklärung (Rudwick 2014: 79–102). Seit ihrem Beginn ist die Geologie auch eine Wissenschaft, die nicht nur den andauernden Wandel vermeintlich statischer Dinge betont, sondern auch die Lebendigkeit ihres Gegenstands. James Hutton (1726–1796), der »Vater der Geologie«, wollte die Geologie als das Studium lebendiger Dinge sehen (Hutton 1788: 216). Irvine stellt heraus, dass Huttons Rede vom geologischen Gegenstand als »organisiertem Körper« – im Unterschied zu einer Maschine – nicht nur metaphorisch gemeint war. Hutton sah, dass die Systeme der Zirkulation zwischen pflanzlichem, tierlichem und geologischem Leben miteinander verschränkt und gegenseitig voneinander abhängig sind. Das zeigt sich auch in Abbildungen in Huttons Werken. Da sehen wir nicht nur Schichtenstapel, sondern auch den fruchtbaren Boden, von dem die Landwirtschaft abhängt, und als oberstes menschliches Leben, etwa einen Reiter. Wir hängen von der tiefen Vergangenheit ab, und wir greifen in sie ein. Beides zeigt sich am deutlichsten in der Bauwirtschaft und kann an konkreten Objekten erforscht werden, etwa Klinkersteinen. Eine reine Oberflächenbetrachtung zeigt nicht das ganze Bild menschlicher Kultur (Irvine 2020: 34, 37–38, 42–43).

Hutton hierarchisierte die Systeme und dachte sie auf ihre Nützlichkeit für den Menschen hin, als »Besitzer seiner Welt«. Er hielt die Erde für auf den Menschen perfekt passend geordnet und war damit quasi ein früher Vertreter des sogenannten »anthropischen Prinzips«. Trotz allem Anthropozentrismus liegt hier in der frühen Geologie schon ein Ansatz dafür die, scharfe Trennung zwischen lebendigen und nicht lebenden Dingen, die die Wissenschaften so überstark und im Überwachungsmodus betonen (*geontopolitics*, Povinelli 2016) aufzuweichen. Dies trifft sich mit den frühen Ansätzen der Ethnologie, die soziale Systeme als in historisch gewachsene ökologische Systeme eingebettet sehen und damit den Anthropozentrismus zähmen. Dies ist etwa bei Edward Evan Evans-Pritchard (1940: 94) und in der ökologischen Anthropologie der Fall, insbesondere der frühen Kulturökologie, die die Anpassung von Kultur an die Umwelt betonte (siehe Kap. 5.3).

Irvine sieht Huttons Konzepte als Komplement zur ethnologischen Sicht auf Zeit. Evans-Pritchard beschreibt die Einbettung der sozialen Zeit in die metereologische Struktur in kurzen Zeithorizonten und betont, dass sie den

Einfluss der Umwelt durch die strukturelle Zeit abmildern wird. Hutton liefert uns dazu ein Komplement, die tiefenzeitliche Einbettung. Sie zeigt, dass gegenwärtiges Leben an der Oberfläche als Teil eines größeren Geosystems zu verstehen ist. Hutton und Evans-Pritchard zusammenzudenken heißt allerdings auch, zu fragen, welchen Bruch das Anthropozän mit seiner kurzzeitigen Ressourcenausbeutung im Hinblick auf die immensen Zeiten der Erdgeschichte bedeutet. Kurz: Wir Menschen leben jetzt auf der Erdoberfläche, aber wir werden nicht immer an der Oberfläche bleiben (Irvine 2020: 37).

Selbst wenn man einer Formalisierung des Anthropozäns kritisch gegenübersteht, ist klar, dass die Anthropozän-Debatte die starken anthropogenen Einwirkungen auf die Geosphäre ans Licht gebracht hat. Sie reichen zumindest regional wahrscheinlich bis fast zum Beginn des Holozäns zurück (»frühes Anthropozän«). Damit erscheint es angebracht, dass sich Archäologen und besonders Ur-und Frühgeschichtler über materielle Kultur i. e. S. sich *sämtlichen* menschengemachten Veränderungen in der abotischen wie auch der belebten Umwelt widmen sollten (Schüttpelz 2016). Auch wenn das Anthropozän etwa im führenden Lehrbuch kaum erscheint (Renfrew & Bahn 2020), versuchen Archäologinnen, das Mehrebenen-Selektionsmodell zusammen mit dem Anthropozän-Konzept für die konkrete empirische Forschung nützlich zu machen (Braje & Erlandson 2013, für Beispiele McCorriston & Field 2020). Ein Beispiel einer Anwendung im Meso-Maßstab bietet Felix Riede in einer Studie zur späten Steinzeit (Spätpaläolithikum) in Süd-Skandinavien, wo er eine schwach ausgebildete Dauer-Nische bei der Domestikation von Rentieren (*Rangifer*) feststellt (Riede 2011, 2019, vgl. Riede et al. 2014, 2019).

Irvine bringt auf den Punkt, warum menschliche Kultur und ihre Geschichte in der geologischen Geschichte grundiert sind und warum eine erdgeschichtliche Zeitperspektive den Präsentismus im gegenwärtigen Umgang mit der Natur verdeutlichen kann. Erst eine tiefenzeitliche Ausweitung des Zeithorizonts zeigt, wie abstrahiert, wie entbettet, der extraktive, auf gegenwärtigen Nutzen fokussierte, Umgang mit der Umwelt, der das Anthropozän charakterisiert, ist:

»The inhumanity of geology (...) is not an inevitable by-product of the disparity of scale between human biography and deep time. Rather it is a poduct of rupture: the abstraction of humanity from the time depth of the resources and the ecosystems uoponwhich it depends. Life is hacked out from the ground where it resides« (Irvine 2020: 189).

Eine tiefenzeitlich ausgeweitete Zeitperspektive ist die von der Geologie, Paläontologie und Evolutionsbiologie herkommende »Tiefengeschichte« (*deep history*, Rudwick 2014), die auch räumlich über eine *Longue Durée*-Perspektive hinausgeht und sich heute vor allem die aDNA (*ancient DNA*) zur Klärung historischer Prozesse nutzt. Auf den Menschen bezogen ist es die Auffassung, dass die gesamte Vergangenheit des anatomisch modernen *Homo sapiens* – entgegen der Vorstellung einer »Vorgeschichte« – als geschichtlich aufzufassen ist. Dementsprechend sind die frühe Zunahme des Großhirnumfangs am Gesamtgewicht (Enzephalisation) und die späte und im geologischen Zeitrahmen plötzliche Besiedlung des Planeten zentrale Themen. Eine solche Perspektive nimmt den oft nicht weiter untersuchten *vermeintlich* flachen Teil der exponentiellen Kurvenanstiege menschengemachter Effekte (die »Hockeyschlägerkurven«) in den Blick (Stiner et al. 2011: 246). Die damit erfolgte Lösung von Schema Vorgeschichte vs. Geschichte zeigt, dass dieser Teil der menschlichen Wirkungsgeschichte gar nicht so flach war (Schmidt & Mrozowski 2013). So eröffnet eine Beachtung der relevanten Maßstäbe auch eine Sicht auf umgekehrte Verläufe, z. B. die Abnahme der Paarhufer im Neolithikum durch Kollaps vieler Jäger-Sammler-Ökonomien (Stiner et al. 2012: 246, 250–253, Gamble 2013: 2–6).

Wenn wir die Ausweitung des Zeithorizonts in die Vergangenheit noch weiterdenken, kommt die Frage auf, ob menschliche Geschichte nicht nur in die Geschichte des Planeten, die Erdgeschichte, zu integrieren ist, sondern auch in die kosmische Geschichte seit dem *Big Bang*. Dies bildet das Programm der *Big History* (Spier 2010, Shryock & Smail 2011, Christian 2011, 2018, 2020, Benjamin et al. 2020, Fagan 2020). In Zusammenarbeit mit der Geologie macht die *Big History* neue Perspektiven auf, etwa folgende: Ein winziger Teil des Universums, der tiefenzeitlich gesehen erst seit kürzester Zeit existiert, beginnt, kollektiv und kumulativ zu lernen, sich global zu vernetzen, als erste Art in knapp vier Milliarden Jahren Leben die Biosphäre global zu verändern, sich selbst (ansatzweise) zu verstehen … und sich selbst infrage zu stellen (Christian et al. 2014: 244–247, Christian 2018: 134–137, 179, 297, Wood 2020, Gamble 2021). Menschen haben versucht, ein umfassendes Verständnis von Raum und Zeit zu entwickeln, ein Motiv, das allen modernen Ursprungsnarrativen zugrunde liegt.

Homo sapiens erzeugt als eine einzelne biologische Art einen weltweiten Einfluss auf die Bio- und Geosphäre. Dies ist in den rund 4,5 Milliarden Jahren der Erdgeschichte schon einmal einer Organismengruppe gelungen: Cyanobakterien (Christian et al. 2014: 244, Dartnell 2019: 195–197). Ozeanische Blaugrünalgen haben die Atmosphäre vor über zwei Milliarden Jahren maßgeblich verändert: permanent, erdweit und synchron. Sie gewannen ihre Energie aus Photosynthese und erzeugten als Stoffwechselprodukt Sauerstoff, der die Atmosphäre aufbaute. Das anaerobe Leben wurde fast ausgelöscht, und es entstanden etwa 2500 neue Mineralformen (Cohen 2015: 35). Im Vergleich zu den Wirkungen der Blaugrünalgen ist der menschliche Einfluss auf das Erdsystem noch begrenzt. Die Cyanobakterien benötigten viele Millionen Jahre für diesen Effekt, während das Anthropozän nach derzeit dominierender Auffassung erst vor rund 70 Jahren begann. So hält die Big History auch humorvolle Einsichten bereit: David Christian bemerkt zum Haber-Bosch-Verfahren, der für das Anthropozän höchst bedeutsamen Innovation der unter hohem Energieaufwand möglichen Reduzierung von atmosphärischem Stickstoff zu Ammonium für die Herstellung von Kunstdünger lakonisch, dass Procaryonten das Problem schon vor Jahrmillionen gelöst hatten, aber Haber und Bosch die ersten Vielzeller waren, denen es gelang, atmosphärischen Stickstoff zu zu erzeugen (Christian 2018: 297).

Für eine Antwort auf das Anthropozän werden Menschen nicht auf ihre biologische Anpassung warten können, weil sie zu langsam ist. Dies müssen wir durch Kulturwandel bewältigen. Eine tiefenzeitliche *Big History*-Perspektive kann somit beides, sowohl zu einer weniger anthropozentrierten als auch zu einer stärker menschenzentrierten Einordnung des Menschen beitragen. Big History folgt extrem langen Zeiten und thematisiert dabei – die Grundfaktoren oft übertrieben pauschalisierend – verschiedenste Temporalitäten (Wood 2020), aber sie kann auch zu »kleinen großen Geschichten« beitragen. *Little Big Histories* sind detaillierte Geschichten kleiner Räume, etwa von Städten oder Flüssen, quer durch die Zeit (Meybeck 2002, Quaedackers 2020). So kann ein Fluss in Spanien von den ersten lokalen Spuren des Menschen vom unteren Paläolithikum vor über 200.000 Jahren bis zum Ende der Industrialisierung in den 1980er-Jahren in einem einheitlichen Analyserahmen untersucht werden (García-Moreno et al. 2020).

Starke Geschichten und Gegengeschichten – Lévi-Strauss revisited

Jeder Versuch, Natur- und Menschheitsgeschichte zu verbinden, steht vor dem Problem der Chronologie und vor allem der sehr unterschiedlichen Chronologien verschiedener Disziplinen (Oeser 1987: 52). Einzelne Daten gewinnen nur Bedeutung, indem sie sich auf anderen Daten beziehen lassen und auf Gegensätze beziehen. Immer jedoch geht es bei Chronologien um zweierlei: (a) die zeitliche Abfolge der Ereignisse und (b) die zeitliche Entfernung von heute. Im Spektrum von kosmischer Geschichte bis hin zur biografischen Geschichte einzelner Menschen ist die Art der Daten und der Zeitdimensionen jedoch sehr unterschiedlich, weil die »Ereignisse« so unterschiedlich lange dauern. Das reicht von Milliarden Jahren bis hin zu Stunden oder gar Sekunden. Levi-Strauss, der zuweilen als »anti-time man« gesehen wird (Gell 1992: 42) machte wichtige Bemerkungen zum Thema Periodisierung. In »Das wilde Denken« argumentierte er, dass Geschichte nie nur eine kontinuierliche bzw. aperiodische Reihe darstellt, sondern in »Geschichtsgebiete« mit eigenen Klassen von Daten zerfällt:

> »Die Geschichte ist ein diskontinuierliches Ganzes, dass aus Geschichtsgebieten besteht, von denen jedes durch eine Eigenfrequenz und eine differenzielle Kodierung des Vorher und Nachher definiert ist« (Lévi-Strauss 1973: 299).

Nach Lévi-Strauss war der französische Graf und Privathistoriker Henri Bolainvilliers (1658–1722) einer der ersten, die die verschiedenen Forschungsgebiete zu Geschichte und die diskontinuierlichen Chronologien thematisierte. Er verfasste sowohl Biografien als auch Texte zur Geschichte seines Landes. Lévi-Strauss spricht von diskontinuierlichem *Ganzen,* und daraus folgt, dass die Spezialisierungen der Wissenschaften zum Wandel, von der Kosmologie über die Geologie bis hin zur Individualgeschichte, nur ein Ergebnis methodischer Abstraktion darstellen, nicht jedoch separate Wirklichkeiten. Ein solcher Ansatz ermöglicht es, Übergänge zwischen historischen Fachzugängen herzustellen, erlaubt es aber gleichzeitig, sie analytisch auseinanderhalten.

Lévi-Strauss macht das am Beispiel der Vorgeschichte deutlich, die ja für das Anthropozän relevant ist, wenn man frühe anthropogene Veränderungen der Geosphäre im Blick hat (»frühes Anthropozän«, »langes Anthropozän«). Er sagt, dass der »Code« der Vorgeschichte nicht die Vorbereitung der Codes darstellt, die wir für moderne und neueste Geschichte verwenden und dass jeder Code auf ein Bedeutungssystem verweist, das theoretisch auf die virtuelle Ganzheit der menschlichen Geschichte anwendbar ist. In Bezug auf tiefenzeitliche Geschichtskonzepte spräche das dagegen, die menschliche Geschichte in *ein* einheitliches Schema à la *Big History* (Christian 2018) einzubeziehen. Lévi-Strauss macht dann aber eine für das Anthropozän relevante Einschränkung:

> »Die Ereignisse, die für einen Code bedeutsam sind, sind es nicht für einen anderen. Die berühmtesten Episoden der neueren und der Zeitgeschichte verlieren ihre Relevanz, wenn sie im System der Vorgeschichte kodiert werden, *abgesehen* vielleicht (aber auch darüber wissen wir nichts) von einigen *massiven* Aspekten der *im Weltmaßstab* betrachteten demografischen Entwicklung, der Erfindung der Dampfmaschine, der Elektrizität und der Atomenergie« (Lévi-Strauss 1973: 299–300, Herv. CA).

Die Überlegungen von Lévi-Strauss lassen sich auf die Naturgeschichte ausdehnen, ohne dass jedes Ereignis der Menschheitsgeschichte einer Rückführung auf evolutiven Wandel bedarf (Oeser 1978: 52–55). In einer seiner immer anregenden dichotomen Unterscheidungen hat Lévi-Strauss in anschaulicher Weise bezüglich der Erklärungstiefe zwischen »schwacher Geschichte« und »starker Geschichte« unterschieden (Lévi-Strauss 1973: 300–301). Eine schwache Geschichte ist danach eine Geschichte kurzer Zeiträume, die zeitlich detailliert und inhaltsreich ist, aber dafür ihre eigene Verständlichkeit nicht in sich selbst enthält. In einer starken Geschichte dagegen treten die Einzelheiten zeitlichen Wandels zurück, was sie notwendigerweise schematischer bzw. inhaltsärmer macht. Eine solche starke

Geschichte ist jedoch deshalb stark, weil sie viel erklären kann. In Lévi-Strauss´ Worten besteht die Wahl zwischen Geschichten, die mehr erklären und weniger lehren und Geschichten, die mehr lehren, aber weniger erklären. Je höher die Erklärungskraft, desto geringer ist ihr Inhalt: Was der Historiker an Information gewinnt, verliert er an Verständnis und *vice versa.*

Hier besteht m. E. eine Strukurähnlichkeit zur Unterscheidung zwischen proximaten und ultimaten Erklärungen synchroner Phänomene in der Evolutionsforschung (Uller & Laland 2019). Deshalb wäre das Desiderat, diese Unterscheidungen historischer Chronologie mit den vier in der Philosophie der Biologie unterschiedenen und letztlich auf Aristoteles zurückgehenden Erklärungsebenen (phylogenetisch, funktional, ontogenetisch, aktualgenetisch) zu verbinden. Ein solch umfassender historischer Ansatz hat Konsequenzen für die Tiefe und Detailliertheit von Erklärungen, die sich überlagern und gleichzeitig einschachteln, aber keine Totalgeschichte ergeben. Nach Lévi-Strauss hat jede Geschichte somit eine unbestimmte Vielzahl möglicher »Gegengeschichten« (Lévi-Strauss 1973: 301). Jede ergänzt die andere, und es gibt sich eine Hierarchie, weil die inhaltlich naheliegendste Gegengeschichte auf der jeweils nächsthöheren oder nächstniedrigen Zeitdimension ansetzt (Oeser 1987: 55). Kulturgeschichte wäre dann nicht unter Naturgeschichte subsumiert, sondern vielmehr von der Naturgeschichte *eingeschlossen.*

> »Der Rückgriff auf die Naturgeschichte zur Erklärung menschlicher Ereignisse ist daher in diesem Sinne *weder eine unverbindliche Analogie noch eine unerlaubte Reduktion,* sondern die Einführung eines allgemeineren, d. h. stärkeren Erklärungsprinzips« (Oeser 1987: 53, Herv. CA).

Lévi-Strauss geht nicht so weit wie Oeser, nämlich zu sagen, dass die Geschichte der Evolution des Lebens nach seinen Kriterien die stärkste aller Geschichten ist. Aus der Sicht der Forschung zur allgemeinen Evolution (*general evolution*) und der evolutionären Erkenntnistheorie ist die Menschheitsgeschichte nicht einfach eine Ablösung der Naturgeschichte. So, wie die Entwicklung des Alls nicht mit der Erdgeschichte endet, so endet die biotische Evolution nicht mit der Entwicklung des Menschen und diese nicht mit der Entstehung von Kultur. Mit der Evolution menschlichen Bewusstseins setzte eine neue Evolutionsform ein, aber die anderen Geschichten endeten nicht (Oeser 1987: 55). Alle diese Geschichten enden nicht mit dem Anthropozän.

Von prominenten Kritikern wird eine Fusion von menschlicher Geschichte und nicht menschlichem Wandel als Ausfluss post-naturaler Ontologie gesehen. Aus kritischer Sicht ist das Denken in anthropozänen Kategorien von Annahmen geprägt, die post-naturalistisch und post-sozial, vor allem aber post-politisch sind. Menschen domestizieren, technologisieren und kapitalisieren die Natur: Sie »humanisieren« die bislang als »natürliche« Umwelt gesehenen Sphären (Lövbrand et al. 2015: 213, Rival 2020, 2021). Demzufolge empfehlen diese Kritiker eine Radikalisierung des post-naturalen Denkens im Sinne einer grundlegenden Naturwissenschaftskritik, eine Betonung von sozialer Vielfalt und Differenz und eine ausdrückliche Wiedereinführung des Politischen in das Anthropozän-Denken (Swyngedouw 2007, Lövbrand et al. 2015: 212–216, 2020, ähnlich Lorimers »symbiopolitics« 2012, 2020).

Missverständnisse – was wird das Anthropozän gewesen sein?

Geological epochs are dated when they have passed.

Guido Visconti 2014: 382

Die Arbeitspraxis der AWG hat gezeigt, dass eine geisteswissenschaftliche Befassung mit geologischen Konzepten und auch speziell mit stratigrafischem Denken unerlässlich ist (Will 2021: 216). In manchen kritischen Arbeiten, die in Kap. 4 ausführlich besprochen werden, bestehen falsche Vorstellungen zur Geologie und Paläontologie. Danowski & Viveiros do Castro etwa schreiben: »Das Anthropozän könnte einer anderen geologischen Epoche nur nach unserem Verschwinden von der Oberfläche Platz machen« (2019: 11). Dem ist nicht so, denn erstens werden geologische Perioden nur nach ihrem Beginn bestimmt, nicht nach ihrem Ende. Zweitens *könnten* die Wirkungen des Menschen ja in Zukunft aufgrund von heute eingeleiteten Maßnahmen geringer werden, als sie derzeit sind, wie ich anhand der »Geoanthropologin« bzw. »Kulturpaläontologin« Vera am Anfang dieses Buchs optimistisch angenommen habe. Hierzu gibt es unterschiedlichste Vorschläge z. B. zu *Degrowth* oder zur Erhaltung der Biodiversität (Wilson 2016: 210, Lange et al. 2020, Saito 2023). Das wäre ja durchaus mit einer, dann eben weniger anthropogene Effekte erzeugenden, aber weiter existierenden Menschheit vereinbar. Das Ende der Menschheit, »eine Welt ohne uns« (Weisman 2007) ist keine *Voraussetzung* für das formale Ende des Anthropozäns als Phänomen. Voraussetzung aus geologischer Sicht wäre nur, dass der auf menschlichen Einfluss hinweisende *Fossilbestand* quantitativ nicht mehr *dominant* ist.

Unabhängig von der Annahme, ob es die Menschheit in ferner Zukunft noch gibt und sie so die menschengemachten Veränderungen der Geosphäre *geologisch* dokumentieren kann, ist eine Voraussetzung einer Epoche des Anthropozäns, dass die Spuren menschlicher Aktivität überhaupt dauerhaft erhalten bleiben. Kritiker der Anthropozän-These argumentieren, dass geologische Großereignisse, etwa vulkanische Katastrophen wie in historischer Zeit in Indonesien (Tambora, Krakatau, Toba), Erdbeben oder ein Asteroideneinschlag, jegliche menschliche Spuren auslöschen könnten. Die Erdgeschichte geht ja auch geologisch weiter, und in ferner Zukunft werden nur durchgreifende *und* langfristige Störungen seitens der Menschen als Spuren erhalten bleiben (Visconti 2014: 382, 384–387). Angesichts der begrenzten Eingrifftiefe in die Erde und den Unsicherheiten der Erhaltung menschlicher Spuren ist die Ausrufung des Anthropozäns vielleicht voreilig (Smil 2024: 280–284).

All diese durch reale Dynamik der gegenwärtigen Geosphäre angeregten spekulativen Überlegungen wie auch die Fragen der Datierung haben Folgen für die klassischen Erkenntnisannahmen der Humanwissenschaften. Die Befürworter des Anthropozäns würden durch ihre Fixierung auf anthropogene Effekte die geologischen Haupttreiber der Erdgeschichte ausblenden. Visconti wendet auch ein, das Konzept des Anthropozäns würde übersehen, dass natürliche Ereignisse im Erdsystem die menschliche Entwicklung beenden könnten (Visconti 2014: 382). Dies müsste ja aber nicht bedeuten, dass dies keine Spuren hinterlassen würde. Weiterhin ist eine andere pessimistische Variante möglich, die in gegenwärtigen Zukunftserzählungen aufscheint. Die Menschheit hat sich irgendwann durch anthropogene Effekte selbst abgeschafft und wird dann nur noch Geschichte sein. Statt Vera müsste eine *nicht menschliche* Geologin das Menschliche aus technofossilen Überresten rekonstruieren. Sie würde das wohl weniger aus Resten von herausragenden Monumenten menschlichen Stolzes (*World Cultural Heritage*) tun, sondern aus Plastikabfällen, Atommüll und etwa Hühnerknochen. Einen aktuell vor unseren Augen entstehenden geologischen Marker für die Periodisierung durch eine nicht menschliche Beobachtungsinstanz in der Zukunft *könnten* die Spuren der Metallbestandteile von Covid-19-Masken abgeben.

Angesichts der drohenden Katastrophe benötigen wir vielleicht einen modifizierten oder neuen Erkenntnisansatz, eine neue *episteme* (Egner & Zeil 2019, 18–19, 28–30). Statt der Kraft des Menschen und seiner Emanzipation von der Natur, die im 19. Jahrhundert als Idee dominierte, steht im 21. Jahrhundert die Wahrnehmung der großen Krise der Menschheit im Mittelpunkt (Jordheim & Wigen 2018). In einem »Prozess-Zustand« am Rande der Erdgeschichte finden wir uns quasi in einer Gerichtsverhandlun« darüber, wer oder was für die Krise verantwortlich ist (Sloterdijk 2017: 26–29). Statt mit der Foucault'schen Analytik der Endlichkeit hätten wir es im Sinne von Quentin Meillassoux mit einer Epistemologie »nach der Endlichkeit« zu tun (Folkers 2020: 591). Dieser Wahrnehmungsbruch scheint auch einer der Attraktoren für immer neue Katastrophengeschichten zu sein, nicht nur in den Wissenschaften, sondern auch in den visuellen Medien (Horn 2014). Der Mensch wäre am Ende nur noch Objekt der *Erdgeschichte* – und nicht mehr Subjekt der *Geschichte*.

Prinzipien stratigrafischer Periodisierung und »anthropozäne Schichten«

The Anthropocene Epoch is dead;
long live the Anthropocene.

Erle C. Ellis, 2024: 3

In Bezug auf das Anthropozän geht es Geologen, Paläontologen und Stratigrafen um klare physische Spuren (*signals, marker*) für anthropogene Effekte vor allem in Sedimenten. Für Erdwissenschaftler ist die bunte Tabelle der geologischen Zeit eine Art heiliger Schrift der Stratigrafie und ein Heiligtum der Geowissenschaften überhaupt. Hierin ist sind die »geologische Zeittafel« (*Geological Time Scale*, GTS) bzw. die *International Chronostratigraphic Chart (ICC)* vergleichbar mit dem Periodensystem der Chemiker und dem Stammbaum der Biologen (Glaubrecht 2019: 697). Die zeitliche Einteilung und Einordnung ist ein eigenes Ziel dieser Disziplinen (Von Engelhardt & Zimmermann 1982, Will 2021: 113–126). Dies ist wichtig, denn es unterscheidet sich von der Thematisierung menschlicher Einflüsse auf Klima und andere Geophänomene anderer Geowissenschaften, wie Geografie und Erdsystemwissenschaft. Für Vorschläge zur Formalisierung eines geologischen Zeitabschnitts muss konkrete Evidenz vorgewiesen werden, und die Art und Weise der geologischen Evidenzbildung ist in der Geologie eine besondere, die sich von anderen Wissenschaften unterscheidet (dazu detailliert Will 2021: 143–201).

Innerhalb der stratigrafischen Geologie ist zwischen Geochronologie und Chronostratigrafie zu unterscheiden (Salvador 1994, Murphy & Salvador (2000). Geochronologie ist der Bereich der geologischen Schichtenkunde (Stratigrafie), in dem erdgeschichtliche Ereignisse und Zeit abstrakt (immateriell) und hierarchisch eingeteilt werden. Dabei steht eine Epoche (*epoch*) für einen mittellangen Abschnitt von zehn Millionen Jahren der Geschichte des Planeten. Das ist ein längerer Abschnitt als ein Zeitalter (*age*) von einigen Millionen Jahren, aber weniger umfassend als eine Periode (*period*) oder gar eine Ära (*era*) von einigen Hundert Millionen Jahren und einem (*aeon*) von mindestens einer halbe Milliarde Jahren (Davies 201

6: 2). Zentral für beide Ansätze sind Methoden der relativen und absoluten Datierung, z. B. durch Isotopenmessung.

Zusammen bilden die Einheiten die (*International Chronostratigraphic Chart*), die wiederum die Basis der offiziellen Skala der geologischen Zeitrechnung (*GeologicalTime Scale, GTS*, Abb. 1.9) bildet. Sämtliche Einheiten haben eine isochrone Basis, die eine konzeptuelle Oberfläche *identischer Zeit über den ganzen Globus* repräsentiert. Hier ist der Vorschlag, eine »Epoche Anthropozän« einzuführen. Diese Zeitoberfläche wird dann in der Feldgeologie (mit verschiedenen Graden der Präzision) mit konkreten Gesteinen, Fossilien oder Spuren »korrelliert« (Zalasiewicz et al. 2021: 2). Damit sind wir bei der Chronostratigrafie, die materiell und feldgeologisch orientiert ist. Sie bildet den Bereich der Stratigrafie, in dem Zeit auf geologische Abfolgen (zumeist Gestein) angewendet wird. Dementsprechend gibt es eine zur geochronologischen Nomenklatur parallele eigene chronostratigrafische Terminologie. Der entsprechende Vorschlag für das Anthropozän ist die Einführung einer »Serie Anthropozän«, welche hierarchisch ein Niveau über der »Stufe« als der kleinsten Einheit, die im globalen Maßstab verwendbar ist, angesiedelt ist.

Eine oft übersehene Tatsache besteht darin, dass diese anthropozäne Serie *sämtliche* geologischen Ereignisse und Ablagerungen (Gesteine oder etwa Eiskerne) des Zeitraums umfassen würde, egal, ob sie menschlichen Ursprungs sind oder nicht. »Anthropozäne Schichten« würden in diesem chronostratigrafischen Rahmen gesehen also *sämtliche* Schichten umfassen, die innerhalb des genau definierten Zeitintervalls abgelagert wurden, ob sie nun (a) menschengemacht sind, wie der versiegelte Boden unter Städten, (b) teilweise »natürlich«, aber innerhalb anthropogener Kontexte, etwa Seeablagerungen hinter großen Staudämmen, natürliche Sedimentansammlungen, die nur anthropogene Spuren enthalten, wie Mikroplastik (Bancone et al. 2020) oder künstliche Radionuklide und eben auch (c) vollständig »natürliche« Sedimente bzw. andere Gesteine mit wenigen oder keinen derartigen menschlichen Spuren (Zalasiewicz et al. 2010, 2021: 4).

Dieser Unterscheidung folgend werden erdgeschichtliche Grenzen durch *Global Boundary Stratotype Sections and Point* (*GSSP*) oder durch *Global Standard Stratigraphic Ages* (*GSSA*) untermauert. GSSP (auch *Golden Spikes* genannt) sind chronostratigrafische Horizonte innerhalb einer

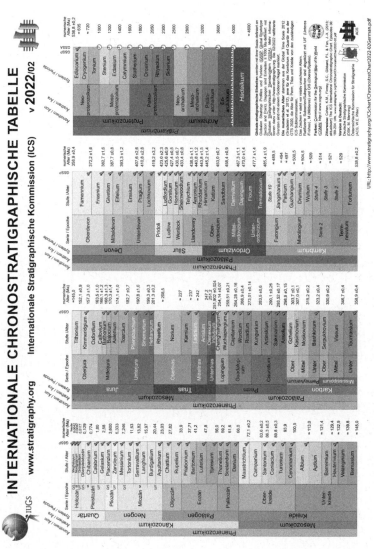

Abb. 1.9 Chronostratigraphische Tabelle der Internationalen Kommission für Stratigraphie (ICS), *Quelle: https://stratigraphy.org/ICSchart/Chrono stratChart2022-02German.pdf*

Schichtenfolge, die verbunden mit anderen Schichtenfolgen, als *globaler* Referenzpunkt dienen (Waters et al. 2018). Während *GSSA* also einfach geochronologische Horizonte darstellen, erfordern GSSP den Nachweis physischer Marker in einer spezifischen Schichtenabfolge von Sedimenten. Das kann auch etwa ubiquitäres Plastik in Eisablagerungen oder Flugasche in Seesedimenten sein (Rose 2015). Der wichtigste Kandidat sind aus Atomtests stammende Radionuklide, welche als Basis des Einsetzens des Anthropozäns angesetzt werden (Zalasiewicz et al. 2015). Daneben gibt es aber etliche weitere mögliche Marker (Abb. 1.10). Im Falle der Anerkennung wird in einer sog. Typlokalität am unteren Ende einer Schicht ein entsprechender »Fußpunkt« angebracht. Entscheidend ist hier die Markierung, um die Grenzen einer *globalen* chronostratigrafischen Einheit klar zu bestimmen. Die Anerkennung eines *GSSP* erfordert global *synchrone* (bzw. isochrone) Änderungen:

> »The synchronicity and precision of definition of both epoch and series (by GSSP) is essential to geoscientists, as the boundary then acts as a time reference surface, around which (commonly complex and diachronous) events and processes in different parts of the world can be located and ordered in time and space, so as to construct a meaningful Earth history« (Zalasiewicz et al. 2021: 4).

Nach jahrelanger Vorarbeit und systematischem Vergleich vieler Kandidaten für einen Referenzpunkt wurde 2023 der Crawford Lake im kanadischen Ontario von der AWG offiziell als »golden spike« vorgeschlagen (Waters et al. 2023). Das ist ein kleiner See über einer eingestürzten Karsthöhle, der wegen geringer Umlagerungen (sog. meromiktischer See) ein natürliches Archiv der Umweltveränderungen darstellt. Wie Kritiker monieren, sind durch Setzung einer solchen scharfen Marke diachrone Veränderungen (time-transgressive) und lokale bzw. regionale, ja auch »nur kontinentweite« Variationen ausgeschlossen (Ruddiman 2018). Eine Dokumentation gradueller Akkumulation von spezifischen menschlichen Wirkungen ist mit diesem Ansatz nicht möglich und auch nicht beabsichtigt (Edgeworth et al. 2015). Hinzu kommt, dass es bislang entgegen anderslautenden Behauptungen nur wenige tatsächlich stratigrafisch dokumentierte *spikes* gibt.

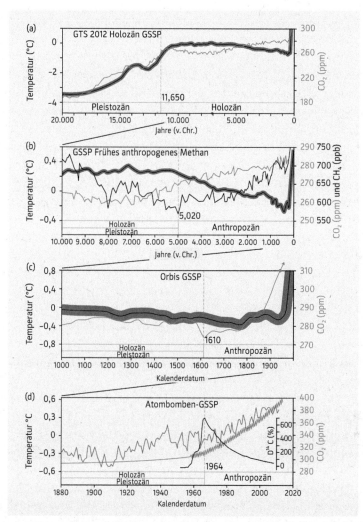

Abb. 1.10   Mögliche klimageologische Marker für den Beginn des Anthropozäns, *Quelle: Ellis 2020: 136, Abbildung 31*

Innerhalb der Geologie hat (a) die extreme Kürze des postulierten Anthropozäns als geologischem Intervall, (b) die Neuartigkeit der menschengemachten geologischen Signale (Technofossilien, wie Plastik) und (c) die Verknüpfung von geologischen Folgen mit sozialen Ursachen und auch politischen Fragen Kritik auf den Plan gerufen (Finney & Edwards 2016, Finney 2018, Rival 2021). Die bislang wenigen Spikes lassen Kritiker den Vergleich mit dem Gregorianischen Kalender machen. In diesem sind menschliche Umweltfolgen, aber auch etliche geologische Ereignisse, wie Vulkanausbrüche, durchaus verzeichnet, und so hat er, wie Finney platt feststellt, die geologische Zeitrechnung mit guten Gründen ersetzt (Finney 2018: 217). Aus dieser Warte erscheint eine *Geo*chronologie menschlicher Einflüsse auf die Geosphäre als anachronistisch.

Diese Kritik verkennt aber, dass die Periode ja nur *bis jetzt* so kurz ist und also noch lang werden könnte, in jedem Fall aber den in Umfang, Rate und Form einmaligen geophysischen Wandel durch Formalisierung markiert und so eine wichtige Einsicht der Geologie darstellt (Head 2019). Außerdem haben die jeweils rezentesten Einheiten der geologischen Zeitskala alle die kürzeste Dauer innerhalb ihres Ranges: die Ära Känozoikum mit 66 Millionen Jahren, die Periode des Quartärs mit 2,6 Millionen, und die Epoche Holozän mit 11.700 Jahren und seinen Stufen von 3465 bis 4250 Jahren Dauer (Zalasiewicz et al. 2021: 6, 2023). So wie in der gewöhnlichen geologischen Stratigrafie werden die in der Tab. 1.1 gemachten Vergleiche von Veränderungen der Geosphäre in Zeitintervallen erst durch ein chronologisch präzise gefasstes Anthropozän machbar. Erst so wird es möglich, Prognosen des Klimawandels in den planetaren Kontext früherer Raum- und Zeitmaßstäbe zu setzen.

Eine dritte Möglichkeit ist der Nachweis eines erheblichen Wandels in der Dynamik des Erdsystems. Während sich die ersten beiden Kriterien eine praktische Handhabe der Stratigrafie zur Einordnung von Schichten darstellt, zeigen die Erdsystemwissenschaften (ESS) einen geohistorischen Wandel in der Wechselwirkung der Sphären des Planeten (vgl. Anthropozän 2 im Glossar). Nur diese beziehen sich also konkret auf die langfristige Wechselwirkung von Menschen mit ihrer Umwelt (Schellnhuber 1999). Manche argumentieren, dass nur eine Bestimmung des Anthropozäns nach diesem dritten Kriterium überhaupt für kultur- und sozialwissenschaftliche Fragen, wie die Auflösung der Unterscheidung zwischen Naturgeschichte und Kulturgeschichte oder ontologische Fragen zum Menschen als »Geofaktor« relevant sei (so etwa Bauer & Ellis 2018:210).

In der kulturwissenschaftlichen Rezeption, sei sie affirmativ oder kritisch, wird oft fälschlich angenommen, dass Geowissenschaftler die Einführung des Anthropozäns einhellig befürworteten. Das ist aber eindeutig nicht der Fall, denn es gibt eine Minderheit in der AWG, die einen primär erdwissenschaftlich, archäologisch und historisch erweiterten Begriff des Anthropozäns vertritt (*diachronous anthropocene, diachronic anthropocene*). Dies ist die Summe *aller* empirisch nachweisbaren menschlichen Einflüsse des *Homo sapiens* auf die Geosphäre aller Zeiten (diachron) und auch nur regional (vgl. Anthropozän 3 im Glossar).

Festzuhalten ist, dass die oben beschriebenen Kriterien der Formalisierung ein Idealkonstrukt darstellen, dem die Stratigrafie in der geologischen Praxis nicht immer folgt, wie Eugenio Luciano neuerdings anhand detaillierter Beispiele konzise zusammengaefasst hat (Luciano 2022). Auch das erklärt, warum es so lange dauerte, bis sich die AWG zum Formalisierungsvorschlag durchgerungen hat. Bislang ist das Anthropozän nicht formalisiert worden, und es wird auch nach wie vor noch diskutiert, ob es mit dem Pleistozän (2,5 Mio. bis 11.700 v.H.) und Holozän auf eine Ebene zu stellen ist oder nicht doch eine Untergruppe des Holozäns bildet (Walker et al. 2012, Leinfelder 2018). Im Unterschied zu den Vertretern der Anthropocene Working Group, die großenteils nicht Geologinnen sind, wird das Konzept von vielen Geologen und Stratigrafen eher vorsichtig gesehen (Finney 2018: 217).

Formale Epoche und die Alternative – ein geologisches »Ereignis«

Die formale Einführung wurde im März 2024 durch die *Subcommission on Quarternary Stratigraphy* (SQS) abgelehnt (Witze 2024, Zong 2024, Anonymus 2024). Dies geschah, obwohl geäußerte fachliche Einwände (Finney 2014) nach mehrjährigen Studien detailliert entkräftet wurden (Waters et al. 2023, Zalasiewicz et al. 2024). Die offiziell gegebenen Gründe der Ablehnung sind folgende: Erstens setzen die ersten anthropogenen Auswirkungen auf die Geosphäre schon lange vor der Mitte des 20. Jahrhunderts ein. Zweitens würde eine neue Einheit in der offiziellen Geologischen Zeitskala GTS durch seine Untergrenze das Holozän beschneiden. Die würde bedeuten, dass das Anthropozän eine Zeitspanne von (bislang) weniger als einem einzigen Menschenleben umfasst, während sich die üblichen Einheiten der GTS über Tausende oder sogar Millionen von Jahren erstrecken. Drittens sind die Auswirkungen des Menschen auf globale Systeme zeitübergreifend variabel und auch räumlich unterschiedlich. Ihr Einsetzen könne nicht angemessen durch einen isochronen Horizont dargestellt werden, der ja einen einzigen Zeitpunkt widerspiegelt (IUGS 2024). Gegner der Formalisierung des Anthropozäns als Epoche betonen außerdem, dass die entscheidende anthropogene Schicht (Stratotypsequenz) im 2023 als Goldnagel vorgeschlagenen Crawford Lake im kanadischen Ontario nur 15cm dick ist (Walker et al. 2024: 2, Edgeworth et al. 2024).

Grundlegend sind viele Geologen einfach nicht davon überzeugt, dass der Einschnitt so gewaltig ist, um eine so hochrangige Einheit einer Epoche der Erdgeschichte zu rechtfertigen. Mächtige Kritiker aus der Geologie argumentieren, die Verwendung der Silbe –zän« bewirke, das Anthropozän automatisch als eine Epoche bzw. Serie zu sehen, also niedrigere Zeiteinheiten gar nicht zu erwägen. Man könnte ja schließlich eine Bezeichnung als Zeitalter mit der Endung »-ian« statt »-cene« erwägen (Gibbard & Walker 2014: 32; Walker et al. 2015, Head & Gibbard 2015: 21). Diese Gruppe argumentiert, man könne das Anthropozän eher als *kulturelles* denn als geologisches Konzept gesehen werden (Gibbard 2020, Witze 2024: 250, so schon Autin 2012 und Klein 2015).

Auf den Punkt gebracht, besagt die geologische Kritik im Kern, der Begriff (a) stimme nicht mit den üblichen Benennungspraktiken der Chronostratigraphie überein; er sei (b) inkonsistent zu anderen Epochen des Känozoikums; (c) seine Etymologie sei in mehrfacher Hinsicht fehlerhaft. Der informelle Charakter solle stilistisch hervorgehoben werden, etwa durch konsequente Anführungszeichen (»Anthropozän«, »Anthropocene«) oder durch Kleinschreibung des Begriffs im Englischen (anthropocene; Ruddiman et al 2015: 39, Rull 2018: 4, Rull 2018a). In ähnlichem Sinne hatten sich Vertreter der Deutschen Stratigrafischen Kommission (DSK) festgehalten:

> »Zum einen geht es darum, ein Anthropozän wie alle anderen Stratigrafischen Einheiten formal mit einem GSSP und Golden Spike zu etablieren. Die DSK hält das für wenig sinnvoll, auch wenn mit dem Eingang in die

Lehrbücher die Einheit wesentlich populärer werden könnte. Als informeller Begriff ist sie schon jetzt in aller Munde, sodass die Working Group [of the »Anthropocene‹ der Subcommission on Quaternary Stratigraphy der ISC] mit ihrem Vorhaben vermutlich auch von dieser öffentlichen Wirkung angetrieben wird. Man muss aber aufpassen, dass wissenschaftliche Konzepte nicht mit politischen Weltanschauungen vermischt werden. Vielleicht ist es also besser, das Anthropozän auf dem Feld der Geoethik zu platzieren, und nicht auf stratigrafischen Tabellen« (Mönnig 2016).

Christian Schwägerl, der das Konzept in Deutschland maßgeblich popularisierte und Crutzen gut kannte, berichtet, dass dieser selbst an seinem Vorschlag am wichtigsten fand, dass er intensive Debatten über das Verhältnis von Mensch und Erde auslösen könne. »Als Risiko einer formalen Anerkennung des Anthropozäns empfand er, dass die Debatte erlahmt und die Menschheit sich an ihren massiven Einfluss auf die Biosphäre und das Klima gewöhnt« (Schwägerl 2024). Auch die »siegreiche« Fraktion der Ablehnenden betont deutlich, dass all die Ablehnungsgründe nicht etwa besagen, menschliche Gesellschaften würden den Planeten nicht massiv und rapide verändern (Ellis 2024: 1–3, Walker et al. 2024: 2). So schließt auch das offizielle Statement der Internationalen Gesellschaft der Geologischen Wissenschaften, das Anthropozän solle nur informell verwendet werden, aber:

> »… the Anthropocene as a concept will continue to be widely used not only by Earth and environmental scientists, but also by social scientists, politicians and economists, as well as by the public at large. As such, it will remain an invaluable descriptor in human-environment interactions« (IUGS 2024).

In der Rückschau aus der Zukunft, so argumentieren manche, könnte sich das Anthropozän also weniger als geologische Epoche (*era*) denn als Übergangszeit, als eine Transitions-Phase oder eher als geologisches Ereignis (*event*) erweisen, so, wie es nach heutiger Erkenntnis das »große Aussterbeereignis« im Perm war (Gilbert, in Haraway et al. 2016: 540–541). Schon das Holozän als Wärmeperiode, in der wir heute leben, bildet aus rein stratigrafischem Blickwinkel keine Epoche, denn frühere Warmzeiten werden ja auch nicht als eigene Epochen ausgegliedert (Mönnig 2016, als Übersicht zum Holozän Roberts 2014).

Das Anthropozän würde sich im erdgeschichtlichen Zeitrahmen gesehen vielleicht weniger als eine Epoche erweisen, sondern als ein vergleichsweise kurzes Ereignis. Eine neuere dritte Sichtweise unter Geologen, alternativ zur Formalisierung oder aber der Nichtformalisierung, schlägt deshalb vor, das Anthropozän nicht als hochrangige formale Serie/Epoche (d. h. eine chronostratigraphische Einheit und entsprechende geochronologische Einheit) anzusehen, sondern vielmehr als ein Ereignis (*geological event*) Dies würde etwa den großen transformativen Ereignissen der Erdgeschichte, wie der »Großen Oxygenierung« vor 2,4-2,1 Mrd. Jahren entsprechen. Solche »Ereignisse« sind nicht als stratigraphische Einheiten in der geologischen Zeittafel enthalten: das Anthropozän wäre damit »nur« ein informeller nicht-stratigraphischer Begriff (Gibbard et al. 2021, Finney & Gibbard 2023, Walker et al. 2024). Aus Menschensicht erscheint das Anthropozän als eine Katastrophe, geologisch gesehen allerdings bislang nur ein Augenblick. Nur wenn es tatsächlich sehr lange dauert, würde es früheren drastischen geologischen Transformationen gleichen, etwa dem am Ende des Perms vor 252 Millionen Jahren, als 96 Prozent aller Meeresarten ausstarben, oder am Ende der Kreide vor 66 Millionen Jahren. Gegen diesen Vorschlag spricht demnach, dass diese geologischen Events allesamt sehr lange dauerten und dazu sehr unterschiedlich lang dauernde Zeitabschnitte umfassten (Waters et al. 2022, 2023, Zalasiewicz et al. 2024). Hinzu kommt, dass dieses Konzept eine vermeintliche »Einladung der Humanwissenschaften« zum Dialog (Finney & Gibbard 2023) eher verhindert (Thomas 2023).

Man kann sagen, dass die eigene Stellung des Anthropozäns eher eine anthropozentrische, genauer auf die Jetztzeit bezogene und damit präsentistische Sicht auf die Erdgeschichte zeigt … eine vielleicht allzu menschliche Sicht. Die zunächst als rein geologisch anmutende Annahme, dass der Mensch auch weiterhin geologisch wirkmächtig sein wird, müsste auch gesellschaftstheoretisch unterfüttert werden, denn die derzeitige wachstumsorientierte Lebensform kann keinen stabilen Dauerzustand darstellen (Ostheimer 2016: 38, vgl. schon Sieferle 2000, zuerst 1997: 160).

Die vorwegnehmende Rückschau mit der Geoanthropologin Vera am Anfang dieses Buchs zeigte die spekulativen Elemente im Konzept des Anthropozäns. Ohne die Perspektive einer zukünftigen Geologin können wir schließlich nicht genau wissen, was in ferner Zukunft von den menschlichen Aktivitäten übrig bleiben wird und in welcher Form (Santana 2019: 1077–1088, von Borries 2024). Was wird dauerhaft bleiben von Asphaltbelägen, Plastikflaschen, Teebeuteln, T-Shirts, Covid 19-Masken, Kugelschreibern, Aluminiumdosen und Hähnchenknochen?

Wenn wir das Gedankenexperiment machen und anders als in der Geschichte mit Vera annehmen, die Menschheit verschwände aus der Erdgeschichte, »… wie dauerhaft nähmen sich die Spuren, die wir *im Erdsystem* hinterlassen haben, aus?« (Sakkas 2021: 161, Hervorh. CA). Die notorischen Plastiktüten in den Müllstrudeln der Meere, die Versiegelung der Oberflächen und die riesigen Tagebaulöcher würden bald verschwunden sein oder sind zumindest nicht mehr einem klaren Ursprung zuzuordnen. Selbst das Plutonium aus dem Fallout mit einer 20.000-jährigen Halbwertszeit würde in 200.000 Jahren fast völlig zerfallen sein. Hart gesagt wäre all das – im globalen und erdgeschichtlichen Maßstab gesehen – etwa gegenüber der alpidischen Faltung, »ephemerer Kleinkram« (Müller 2021: 3).

All das lässt sich definitiv aber erst in ferner Zukunft beurteilen, z. B. durch die am Anfang bemühte Kulturgeologin im Quintär. Eine verfrühte Einführung könnte also Gefahr laufen, den gegenwärtigen globalen Wandel vorschnell als Trend in der langzeitigen geologischen Evolution zu deuten. Die Anthropozänthese wäre Opfer eines unbedachten Exzeptionalismus bzw. überzogenen Präsentismus. Andererseits würde eine Nichteinführung die geologisch-tiefengeschichtlich nachweisbare Erkenntnis der Wucht des nie da gewesenen (*unpredecended*) und möglicherweise unumkehrbaren anthropogenen Wandels verpassen.

Der spekulative Anteil im Argument für das Anthropozän als geologische Zeiteinheit ist nicht wegzudiskutieren. Abgesehen von allen eher methodisch-technischen Einwänden besteht der letztlich entscheidende Grund der 2024 erfolgten Ablehnung wohl darin, dass Geologen sich traditionell für die tiefe Vergangenheit zuständig fühlen, weniger für die jüngere Vergangenheit, kaum für die Gegenwart und fast gar nicht für die Zukunft. Mein (derzeitiges!) Fazit zur geologischen Einordnung ist dennoch, dass die Argumente pro einer Formalisierung *zusammen genommen* stärker sind als die Gegenargumente (vgl. Abb. 1.10 und Tab. 1.2).

Wichtig ist insbesondere der angesprochene Nachweis etlicher synchroner Zeitmarker um das Jahr 1952. Die in Geologenkreisen immer wieder geäußerten Argumente, dass eine solche Formalisierung bisherigen »gut etablierten« Praktiken zuwiderlaufe, erscheint nicht wirklich stichhaltig. In einer sorgfältigen Analyse zeigt der Wissenschaftshistoriker Eugenio Luciano, dass die bisherigen Vorgehensweisen der Stratigraphen alles andere als konsequent waren und es bis heute sind. Das zeigt sich bei der Analyse des *International Stratigraphic Guide* und seiner Anwendung (Luciano 2022q: 32–36). Begriffliche Diffusität und Uneinheitlichkeit zeigen sich in der chronostratigraphischen Literatur und Praxis sowohl in (a) der Charakterisierung, (b) der Definition als auch bei (c) der Benennung stratigraphischer Einheiten. Das sind drei Aspekte, die oft vermengt werden (etwa in Bonneuils Kritik 2015). So sind in der Geologischen Zeittafel manche Systemeinheiten nach zeitlicher Position, andere nach lithologischem Charakter und wieder andere nach geographischen Orten benannt. Manche tragen Namen früher Menschengruppen in Wales (Ordovizium, Silur). Die Konservierung historisch etablierter Benennungen und eine vom *Guide* bewusst verfolgte Linie der Toleranz und Flexibilität in Bezug auf Kriterien der Definition und Charakterisierung dominieren deutlich über die terminologische Konsistenz (Luciano 2022a: 34).

Schon die Rede von »gut etabliert« gegenüber der Einführung ist unklar und eher strategisch zu bewerten. Wenn man das Beispiel des Wortes »Anthropozän« selbst nimmt, kann »gut etabliert« erstens bedeuten, dass der Begriff populär. Bei Wikipedia gibt es (Stand 2024) in 52 Sprachen Stichwörter zum Anthropozän . Der Begriff wird, wie im folgenden Kapitel dargelegt wird, verbreitet in den Medien und etwa in den bildenden Künsten verwendet. Zweitens ist er gut etabliert, in dem er sprachlich und institutionell weit verbreitet ist. So gibt es viele Übersetzungen des Terminus, etwa anthropocène (Französisch), antropoceno (Spanisch), Anthropoceen (Niederländisch), Mannöld (Isländisch) und Антрапацэн (Russisch). Er wurde auch in nichteuropäische Sprachen übersetzt, z.B. ins Chinesische, ins Japanische und als *Antroposen* in die Bahasa Indonesia. Drittens kann »gut etabliert« heißen, dass das Wort in den Naturwissenschaften, vor allem in den Erdsystemwissenschaften und etwa den Wasserwissenschaften, in der konkreten Forschung verwendet wird (Luciano 2022: 35–3636). Letzteres

System/ Periode	Serie/ Epoche	Stufe/ Zeitalter	Beginn; Untergrenze, Golden Spike	Primärer geologischer Indikator (marker)
Quartär	*Anthropozän*	Crawfordium	1952	Plutonium 239, plus mehrere sekundäre Indikatoren »Große Beschleunigung«
	Holozän	Meghalyum	4250 BP	Paläoklimatisches Ereignis
		Nordgrippium	8236 BP	Paläoklimatisches Ereignis 8.2 ka
		Grönlandium	11.700 BP	Paläoklimatische Erwärmung
	Pleistozän	Tarantium	129.000 BP	(Obergrenze in Diskussion)
		Ionium/Chibanium	0,78 Ma	Paläoklimatischer Wandel
		Calabrium	1,8 Ma	Paläoklimatischer Wandel
		Gelasium	2,59 Ma	Paläoklimatischer Wandel

Tab. 1.2 Chronostratigraphie des Quartärs mit vorgeschlagenem Anthropozän als Serie bzw. Epoche; (BP = Jahre vor 2000, ka = Tausend Jahre)

ist eindeutig der Fall, was umso mehr für die Geistes- Sozial- und Kulturwissenschaften gilt, die in diesem Buch besonders zu Worte kommen.

Die Auswirkungen menschlichen Handelns können dazu führen, dass wir in den selbst (mit-)geschaffenen Landschaftsdynamiken gefangen sind. In der Geschichte zeigt sich das in den Antworten auf Gesteine, Böden und ganze Landschaften: Es treffen unterschiedliche Zeitlichkeiten aufeinander – die geologische Tiefenzeit und die menschliche Zeit. Typischerweise antworten Sozialsysteme damit, sich der Tiefenzeit zu öffnen oder aber zu versuchen, sie gerade auszubremsen. Irvine zeigt das am Beispiel des Umgangs mit Mooren in England (»fixing flux«, Irvine 2020: 66).

Im Anthropozän haben sich die Wissenschaften als Teil moderner Gesellschaft der Tiefenzeit teilweise geöffnet. Insofern ist es nicht nur eine fachliche und technische Frage, ob sich die Institutionen der Geologie zur Formalisierung des Anthropozäns durchringen. Nein, es ist auch eine kulturelle Frage innerhalb der Geologie (Zalasiewicz et al. 2021: 6, Will 2021: 143–201). Naturwissenschaftlich entwickelte sich das Thema im Austausch zwischen einer schnell entstehenden interdisziplinären Gemeinde der Erdwissenschaften einerseits und einer etablierten und disziplinären Community von Geologinnen andererseits. Das beinhaltet auch organisationssoziologische und wissenssoziologische Fragen innerhalb der Geowissenschaften, weil die AWG zwar eine Institution der Geologie ist, in der aber erstens auch Nicht-Geologen eine wichtige Rolle spielen und sich zweitens Minderheitenpositionen Gehör verschaffen. Abgesehen von der existenziellen anthropologischen Bedeutung des Anthropozäns als Sachverhalt kann dieser inhaltliche wie wissensbezogene Nexus als solcher einer der interessanten Gegenstände global interessierter Kultur- und Sozialwissenschaften darstellen. Damit komme ich zur kulturellen Resonanz des Anthropozäns.

Kapitel 2

Kulturelle Resonanz – Begriffskarriere und Historisierung

> Die Prophezeiung des »Weltendes« muss deshalb performativ angekündigt werden, damit sie sich nicht realisiert.
>
> *Deborah Danowski & Eduardo Viveiros de Castro 2019: 108*

> Noch nie waren mehr Menschen der Ansicht, dass die ökologische Krise global ist, und noch nie war weniger klar, was das eigentlich bedeutet.
>
> *Frank Uekötter 2020: 635*

Das Wort »Anthropozän« ist in einem breiten Kranz von Disziplinen bekannt, und es hat auch in außerwissenschaftlichen Feldern Einzug gefunden. Etliche der Ziele der weltweiten Nachhaltigkeitsagenda (*Global Sustainable Goals, SDG*) sind inhaltlich um Kernthemen des Anthropozäns herum gebaut, wie etwa die globalen Emissionen, die Schädigung von Ökosystemen und die Abhängigkeit von fossilen Energiestoffen. Die UNESCO hat ein ganzes Heft ihrer Hauszeitschrift *Courier* dem Thema gewidmet (UNESCO 2018a, 2018b). In den Massenmedien laufen Dokumentarfilme, wie »Anthropocene: the Human Epoch« (Burtynsky 2018), ein Dreiteiler von *Terra X* und sogar Spielfilme lenken das öffentliche Interesse auf das Thema.

Die Aufmerksamkeit für das Anthropozän hat zu vielen neuen Visualisierungen des Zustandes der Welt geführt (Mirzoeff 2014), was zu großen Ausstellungen angeregt hat, etwa »Second Nature« (May & Price 2024) und besonders in der bildenden Kunst Konjunktur, (Horn & Bergthaller 2019: 117–138; vgl. Beispiele im Medienführer im Anhang). Es gibt eigene Podcasts zum Thema, z. B. John Greenes »The Anthropocene reviewed« (Green 2021). Ferner hat das Anthropozän zu neuen und experimentellen Textformen geführt (als Beispiel Tsing 2015, Tsing et al 2017, Krogh 2020). Kurz: Das Anthropozän wird zunehmend zum charismatischen Mega-Konzept (Davis & Turpin 2015: 16).

2.1 Eine multiple Geburt – Zeitenbruch und Populärkultur

> In the 1990s, we had no vocabulary to discuss the emerging trends in humanity's relationship to the environment.
>
> *Lourdes Arizpe-Schlosser 2019: 288*

> Not a day goes by in the 2010s without some humanities scholars becoming quite exercised about the term Anthropocene.
>
> *Timothy Morton 2014: 1*

Der weltweit größte verlinkte Forschungsdatensatz *Dimensions* zählt am 13. Juli 2024 unter der Eingabe »anthropocene« satte 186.291 Publikationen, 633 Datensätze, 1519 Förderungen, 84 Patente und 1581 politische Dokumente, die den Begriff »Anthropozän« seit dem Jahr 2000 verwenden. Das Wort »Anthropozän« hat einen kometenhaften Aufstieg erlebt (Tab. 2.1). Eine Suchmaschine für die Chronologie der Erwähnungen in wissenschaftlichen Publikationen zeigt, dass sowohl das englische Wort »Anthropocene« und das englische Adjektiv »anthropocenic« als auch das deutsche Wort »Anthropozän« seit etwa 2010 deutlich zugenommen haben (*Ngram Viewer*, Zugriff am 13.7.2024, vgl. Krämer 2016). Es lässt sich ein sehr breites Feld von Nutzern jenseits der Wissenschaft finden, das der Geograf Noel Castree scherzhaft als Anthropo(s)cene bezeichnet (Castree 2014a, b, c).

Eine Karriere als Wort und eine Diskurskarriere, die sich klar zeigt (Matejovski 2016: 9–10), bedeutet aber nicht automatisch, dass wir auch inhaltlich eine Begriffskarriere sehen. Vielfach wird das Wort eher marketingbezogen eingesetzt (etwa Hüther et al. 2020). Oft fungiert das Wort einfach nur als Ersatz für »Umwelt« oder fungiert als reiner Show-Begriff, selbst im wissenschaftlichen Kontext. So trägt ein maßgeblicher von 36 Umweltwissenschaftlern verfasster Artikel zum Thema einer notwendigen globalen

Umweltpolitik (*earth governance*) in *Science* (Biermann et al. 2012) das Wort Anthropozän im Titel, aber im Text kommt es kein einziges Mal vor (vgl. aber Biermann 2014, Biermann & Lövbrand 2019). Ein Buch zu Umwelt- ökonomie mit »Anthropozän« im Titel nennt das Wort lediglich auf drei Seiten (Brown & Timmerman 2015, 194, 295, 375).

Auftreten	Bereiche, Disziplinen, Institutio- nalisierung	Beispiele, Medien, Autoren und neuere Quellen
19. Jh.	Begrifflich ähnliche Formulie- rung	Stoppani 1889: »nuova forca tellurica«
1980er	Wort »Anthropozän«	Stoermer (mündlich und informell)
2000	Begriff »Anthropozän«	Crutzen & Stoermer 2000
2000	Geschichtswissenschaften, Um- weltgeschichte, *global history*	Radkau 2000, McNeill 2003 (2000), vgl. Cha- krabarty 2009, Hughes 2009, McNeill & Mauldin 2015, Headrick 2022, Frankopan 2023
2004	Erdsystemwissenschaften	Steffen et al. 2004: Metaanalyse
2007	Multidisziplinärer Ansatz	Steffen et al. 2007
2008	Internationale Institutionen	*Stockholm Resilience Center* 2011
2008	Geografie	Ehlers 2008
2009	Geologie, Paläontologie und Klimawandelforschung	Rockström et al. 2009, *Anthropocene Working Group (AWC)* 2009
2010	Geistes, Kultur- und Sozialwis- senschaften	u. a. Urry 2010
2010	Soziale Medien	*Ted Talks*
ab 2010	Interdisziplinäre Anthropozän- Zeitschriften	*The Anthropocene Review, Anthropocene, An- thropocenes – Human, Inhuman, Posthuman, Environmental Humanities, Earth's Future, Elementa. Science in the Anthropocene, An- thropocene Science*
2011	Interdisziplinäre Wissenschaft	*Nature* Editorial 2011, *Philosophical Trans- actions of the Royal Society* Spezialausgabe (Williams & Zalasiewicz 2011), Konferenz »The Anthropocene. A New Epoch in Geologi- cal Time« 2011
2011	Breite Öffentlichkeit	*The Economist* Titelstory 2011, *National Geo- graphic Magazine* (Kolbert 2011)

Auftreten	Bereiche, Disziplinen, Institutionalisierung	Beispiele, Medien, Autoren und neuere Quellen
2012–14	Neue hybride Fachrichtungen	*Environmental Humanities, Integrative Humanities, Sustainability Science*
2014	Aufnahme in allg. Wörterbüchern	*Oxford English Dictionary*
2014	Rechtswissenschaften	Kersten 2014, Pottage 2019, Vidas et al. 2020
2015	Katholische Kirche	*Laudato si*, Papst Franziskus & Schellnhuber
2015– 2017	Kunstwissenschaften	Davis & Turpin 2015
2015	Erste große Ausstellung	»Willkommen im Anthropozän«, Deutsches Museum, München
2016	Geologie: informelle Annahme des Begriffs	Weltkongress der Geologie in Kapstadt
2017	Religionswissenschaften	Deane-Drummond et al. 2017, Steiner 2018
2018	Abendfüllende Filme	Baichwal et al. 2018: »Anthropocene«
2018	Spezielle Enzyklopädien	DellaSala & Goldstein 2018 (2280 Seiten!), Krogh 2020, Alexandre et al. 2020, Howe & Pandian 2020, Fourault 2020
2021	Erster Atlas zum Anthropozän	Gemenne et al. 2021
2021	Erste Museumskuratorin für Anthropozän (Nicole Heller)	*Anthropocene Center, Carnegie Museum of Natural History*, Pittsburgh
2022	Erster universitärer Lehrstuhl (Debjani Bhattacharyya)	Eidgenössische Technische Hochschule (ETH) Zürich; Prof. für »Geschichte des Anthropozäns«
2023	Gründung eines interdisziplinären Instituts für das Anthropozän	Max-Planck-Institut für Geoanthropoogie, Jena
2024	Ablehnung der Formalisierung als geologische Epoche	*International Subcommission on Quarternary Stratigraphy (SQS)*

Tab. 2.1 Karriere des Begriffs Anthropozän: Institutionalisierung in den Wissenschaften und Rezeption in Öffentlichkeit und Populärkultur

Rasante institutionelle Karriere

Wie ist das Anthropozän einzuordnen – wissenschaftstheoretisch und sozialwissenschaftlich? Bietet das Anthropozän eher eine neue Perspektive auf die Welt oder eine »unterscheidende Linse«, die unterschiedlichen Disziplinen ihre Konzepte von Natur und Menschheit neu beleuchten (Bauer & Ellis 2018: 210)? Geht es also um wirklich neue Erkenntnisse oder eher darum, etwas deutlicher zu sehen und zu benennen oder sogar um ein Wiedererkennen von etwas schon Ge-Wusstem (Horn & Bergthaller 2019:125, Mentz 2019)? Geht es in der Diskussion um das Anthropozän um bisher unbekannte Fakten, eher um einen politisch wichtigen »Aufmerksamkeitsanker« für die Menschheit oder um das Unkenntlichmachen von Verantwortung für katastrophale Umwelten? Oder haben wir es letztlich mit einem neuen Interpretationsrahmen zu tun, wie sich moderne Gesellschaft selbst beschreibt? Zur Beantwortung solcher Fragen müssen wir uns mit der Karriere der Idee und des Wortes »Anthropozän« befassen, denn diese hat sowohl mit der Entwicklung der Geosphäre als auch mit der jüngeren Geschichte menschlicher Gesellschaften zu tun.

Erdsystemwissenschaft – die Entdeckung rapiden Erdwandels

Die Erdsystemwissenschaften (*Earth System Sciences*), eine interdisziplinäre Metawissenschaft, sind ein Kind des distanzierten Blicks aus dem Weltall auf die Erde, die den Planeten als Ganzes sehen lässt. Aus der Sicht der Erdsystemwissenschaften bildet die Erde, genauer gesagt, ihre Hülle, die Geosphäre, ein komplexes und von den Ozeanen dominiertes System. Einzelne Wissenschaften, wie z. B. Biogeografie oder Landschaftsökologie (die Ozeane auslässt), werden das Problem Anthropozän notorisch unterschätzen, denn das Erdsystem ist mehr als eine Ansammlung von Ökosystemen (Hamilton 2016a: 94). Die Idee eines integrierten Systems Erde entstand in den 1960er- und 1970er-Jahren im Zusammenhang mit dem Konzept *Gaia* in der Variante von James Lovelock (Lovelock 1979, 2021; siehe Kap. 3.2). Sie bietet eine ganzheitliche, eine holistische Perspektive auf den Planeten als integriertes System. Konkret heißt das, dass etwa die Tomate, die wir essen, nicht ohne Bezug auf Böden, Gesteine, Eis, Wasser und Luft begriffen werden kann – und dies alles über Millionen von Jahren (Thomas et al. 2020: x).

Bei der Erdsystemwissenschaft handelt sich um eine Art langzeitiger und großräumlicher Erweiterung der Ökologie. Die Bezeichnung *Earth System*

Science kam ab den späten 1980er-Jahren auf, als die NASA begann, sich mit der Verringerung der Ozonschicht und allgemeiner mit Klimawandel zu befassen (National Research Council 1986: NASA, 1988, Ehlers & Krafft 2015, Lenton 2016: 1, 5). Beim Erdsystem handelt es sich um *ein* System, aber um ein sehr großes System und um ein außerordentlich komplexes System. Komplexe Systeme haben zwei Grundmerkmale, nämlich (a) emergente Eigenschaften auf Systemebene, die sich nicht schon in ihren Komponenten zeigen und (b) sog. Attraktoren, also bestimmte gut definierte Zustände. Insbesondere die neuere Biodiversitätsforschung hat Einsichten in die großräumigen *und* langfristigen Vernetzungen geliefert. Aus Sicht der Erdwissenschaften ist angesichts des vielleicht als arg umfassend anmutenden Anspruchs festzuhalten: »Eine Nummer kleiner geht es nicht« (Mulch & Zizka 2021: 18–21).

Die Erdwissenschaften konnten *schon vor dem Postulat des Anthropozäns* nachweisen, dass die Kugeloberflächen, die zusammen die Geosphäre bilden, stark miteinander interagieren: die Sphären der Luft (Atmosphäre, Stratosphäre), der Gesteine (Geosphäre i. e. S.), der Böden (Pedosphäre), des Wassers (Hydrosphäre), des Eises (Kryosphäre) und des Lebens (Biosphäre mit rund 20km Dicke). Sie sind gegenseitig füreinander konstitutive Teile des *einen* Systems Erde. Neuere Forschungen der Geologie haben aber klargemacht, dass *Teile* des Erdsystems in mancher Hinsicht voneinander weitgehend entkoppelt sind (*decoupling*), etwa die Lithosphäre von der Asthenosphäre als oberem Teil des Erdmantels.

Wie die organische Evolution zeigt auch das ganze Erdsystem verschiedene Formen von Veränderung auf unterschiedlichen Zeitrahmen: einzelne irreversible Wandelereignisse (»Revolution«), langzeitigen trendhaften bzw. gerichteten Wandel (»Evolution«) und oszillierenden Wandel, also die mehrmals die Richtung wechselnde Veränderungen innerhalb bestimmter Rahmen, wie bei Eiszeiten. Der Großteil der Evolution des Menschen geschah im Pleistozän zwischen 2,5 Millionen Jahren und ca. 11.700 Jahren v.H. Das pleistozäne Klima war eine Periode großer klimatischer Instabilität mit vielen Eiszeiten und Zwischeneiszeiten sowie trockenen und feuchten Phasen. Nach der »Variabilitäts-Selektions-Hypothese« haben heterogene Umwelten und drastische Fluktuationen der Umwelt – und nicht etwa ein spezifischer Habitattyp – den Rahmen der Evolution menschlicher Kognition entscheidend bestimmt, vor allem die menschliche Anpassungsflexibilität (Potts 2013, Meneganzin et al. 2022:2-3).

Derzeit befindet sich die Geosphäre auf einem rapiden Weg heraus aus dem vergleichsweise stabilen Pleistozän-Holozän-Übergang mit einem damaligen globalen Temperaturanstieg von acht bis elf Grad Celsius (11.700 v. h.) und dem ebenfalls relativ stabilen Holozän bzw. der Zwischenkaltzeit. Seit der Mitte des 20. Jahrhunderts bewegt sich die Geosphäre plötzlich aus dem Eiszeit-Zwischeneiszeit-Grenzzyklus des späten Quartärs heraus, ohne schon einen eigenen Attraktor herausgebildet zu haben, wie paläobiologische Untersuchungen zeigen (Zalasewicz et al. 2018: 221–222, Fig. 1).

Wie wissenschaftsgeschichtliche Untersuchungen nachweisen, geht die Einsicht in schnellen Wandel der Geosphäre selbst *nicht* auf die Anthropozän-Diskussion zurück. Schon ab Mitte der 1960er-Jahre, also immerhin 35 Jahre vor Crutzens Intervention, wurde durch die im Kontext der Raumfahrt aufkommende Erdsystemwissenschaft klar, dass die Geosphäre ein Potenzial hat, sich – in geologischen Zeitmaßstäben gesehen – extrem schnell von einem zu einem anderen Zustand zu bewegen. Dafür waren vier zentrale Einsichten wichtig, die sich zwischen 1966 und 1973 in den Geowissenschaften etablierten (Brooke 2014: 23, 25–36, vgl. Turner 2011): (a) die Bestätigung der Plattentektonik, (b) die Bedeutung extraterrestrischer Einschläge für die Erdgeschichte, (c) die Relevanz (auch) plötzlichen bzw. disruptiven Wandels in der Evolution des Lebens (*punctuated equilibria*) und vor allem (d) die Einsicht in die Existenz der Erde als eines integrierten Systems, die sich zuerst in der *Gaia*-Hypothese von James Lovelock manifestierte.

Die »alte«, eher statische Geologie wurde durch die Entdeckung der Plattentektonik kräftig dynamisiert, einen Paradigmenwechsel, den ich selbst in meinem Geologie- und Paläontologiestudium ab 1975 miterlebte. Dennoch: Der wissenschaftliche Fokus lag bei keiner der vier neuen Perspektiven auf der Menschheit. Diese Kapazität des Klimas und anderer Teilsphären der Geosphäre zum abrupten *state-shifting* geht der Existenz der Menschheit um Milliarden Jahre voraus und ist deshalb unabhängig von unserer Existenz. Keine der vier Prozesse bedarf der Präsenz des Menschen (Clark & Szerszynski 2021: 21). Die Problematik im Anthropozän ist, dass jetzt die Menschheit als *eine* Spezies die Fähigkeit hat, solche abrupten Systemwechsel der Geosphäre (höchstwahrscheinlich) zu triggern.

Diese Einsichten kulminierten 1999, ein Jahr vor Crutzens Ausrufung des Anthropozäns, in Hans Joachim Schellnhubers Zwischenfazit des International Geosphere-Biosphere-Programms (1987–2015), wo er sagte, wir erlebten eine »zweite kopernikanische Revolution«. Wir müssen uns die menschliche Exzentrizität und Exzeptionalität angesichts der Tatsache klar machen, »... dass wir kritische Grenzen auf planetarem Maßstab vielleicht irreversibel überschritten haben« (Schellnhuber 1999: C23).

Das Jahr 2000: Crutzens Intervention und McNeills historische Diagnose

Wann startete die Diskussion darüber, dass wir heute in einer geologischen Epoche leben, in der die Menschheit einen maßgeblichen Faktor des planetaren Wandels bildet? Die erste breit wirksame Verwendung war eine mehr oder minder spontane Äußerung des Atmosphärenchemikers Paul Crutzen auf einer Konferenz in Cuernavaca nahe Mexiko-City am 22. bis 25. Februar 2000 (Crutzen 2000, Crutzen & Stoermer 2002: 17). Dort diskutierte eine kleine Gruppe von zwei Dutzend Experten globale Umweltveränderungen im Holozän, dem gegenwärtigen relativ klimastabilen Abschnitt der Erdgeschichte, der vor 11.700 Jahren begann. Der Konferenzleiter Will Steffen und die Kollegen erwähnten immer wieder den Begriff Holozän, was einen von ihnen zunehmend immer ärgerlicher machte:

> »Schließlich platzte es aus ihm heraus: ›Nein! Wir sind nicht mehr im Holozän. Wir sind im ...‹, er dachte einen Moment lang nach, ... ›Anthropozän!‹ Im Saal wurde es still. Crutzen hatte offensichtlich einen Nerv getroffen. Im weiteren Verlauf der Tagung kam der Begriff immer wieder zur Sprache« (Zalasiewicz 2017: 52).

So oder so ähnlich wird der Beginn der Debatte immer wieder dargestellt. Diese Gründungserzählung wird in der Regel einfach als gegebene Tatsache hingenommen, aber man kann fragen, inwiefern diese Gründungserzählung selbst ein Narrativ darstellt oder – m. E. übertrieben – gar als Genese eines Mythos zu sehen ist (so Hoiß 2017: 25, Unmüßig 2021). Zeitzeugen haben daran erinnert, dass in Crutzens Vorschlag Ideen kulminierten, die schon seit Mitte der 1980er-Jahre diskutiert worden waren (Arizpe Schlosser 2019:

268). Crutzen, selbst weder Geologe noch Historiker, schlug vor, den Beginn des Anthropozäns mit dem ausgehenden 18. Jahrhundert anzusetzen. Er betonte aber, dass eine präzise Datierung eher zufällig wäre. Diese chronologischen Fragen zum Beginn des Anthropozäns sollten bald noch zu heftigen Diskussionen führen.

Eine Bewegung hin zu einer interdisziplinären Erdsystemwissenschaft hatte es schon seit dem Internationalen Geophysikalischen Jahr IGY 1957–1958 gegeben. Hier waren neben der Geophysik die Meteorologie, Ozeanografie und Glaziologie vertreten, während etwa die Biologie noch nicht mit einbezogen war. Die Biologie und weitere Disziplinen kamen erst etwa 30 Jahre später im Rahmen *International Geosphere-Biosphere Programme (IGBP)* des *International Council of Scientific Unions (ICSU*, heute *World Science Organization)* ab 1986 hinzu. Gefördert wurde das seit 1988 im Forschungsprogramm *Human Dimensions of Global Environmental Change* des *International Science Council (ISSC)*. Insofern ist es wichtig zu wissen, dass Crutzens Ausbruch in Cuernavaca auf eine Präsentation von Resultaten eines Projekts *PAGES (Past Global Changes)* reagierte. Dieses stand im Kontext des IGPB und die Intervention »passierte« bei der Jahrestagung des wissenschaftlichen Komitees des IGBP. Trotz des geologisch wirkenden Namens »Anthropozän« war der Kontext von Crutzens Einwurf also ein erdwissenschaftlicher und noch kaum ein evolutionsbiologischer, geologischer oder gar stratigrafischer Kontext.

In jedem Fall aber stellte Crutzens Einwurf eine Intervention im wörtlichen Sinn dar. Er hatte auf den Widerspruch reagiert, andauernd von einer Epoche zu sprechen, in der der Mensch faktisch derart umfassenden Wandel der Geosphäre erzeugt hatte, ohne dass der Mensch in der Epochenbezeichnung erwähnt wird. Während die Erdsystemwissenschaftler das Konzept zunehmend annahmen, wandelte sich bei ihnen die ältere Vorstellung eines gleichmäßigen Wandels vom Holozän zum Anthropozän zu einem Bild eines klaren und abrupten Wandels des Zustands der Erde (Zalasiewicz et al. 2021: 8).

Klimageologisch gesehen bildet das Holozän ein warmes Interglazial bzw. eine warmzeitliche Periode des gegenwärtigen, vor 2,6 Mio. Jahren begonnen Eiszeitalters des Quartär. Evolutiv gesehen entwickelte sich Menscheit in dieser in der Erdgeschichte beispiellosen langen Periode gemäßigten Klimas. Mit »Anthropozän« hatte Crutzen ein *proxy* gefunden, das mehrere grundlegende Transformationen der Geosphäre als Gesamtsystem in einer Kurzformel zusammenbrachte. Angesichts der Tatsache, dass noch um 2000 Konferenzen zum globalen Wandel stattfanden, wo menschliche Aktivitäten gar nicht erwähnt wurden, war die Hoffnung, dass mit »Anthropozän« jetzt ein Begriff da war, der Natur- und Sozialwissenschaften anhand eines Menschheitsthemas zusammenführen könnte. Im Jahr 2001 in Amsterdam fand eine maßgebliche Konferenz: statt, die »Challenges of a Changing Earth«. Lourdes Arizpe Schlosser war als Ethnologin an solchen Treffen beteiligt und erinnert sich:

> »Somehow, I felt that the veil that had separated social scientists from biophysical scientists had suddenly become more transparent« (Arizpe Schlosser 2019: 269).

Wie Crutzen im Nachgang der Konferenz schnell feststellte, hatte Eugene Stoermer, ein Limnologe und Erforscher mariner Kieselalgen, den Begriff des Anthropozäns bereits seit den frühen 1980er-Jahren informell in Vorlesungen an der University of Michigan und am Iowa Lakeside Lab verwendet. Wie eine ehemalige Studentin Stoermers sich erinnert, benutzte er den Begriff aber informell und intuitiv für menschliche Einflüsse auf die Geosphäre: »I recall Gene Stoermer using the term Anthropocene, but in such a way that it did not even seem new, or even novel.

It was another way that he expressed what he had observed for decades« (Spaulding 2020, nach Luciano 2022: 30). Das Wort »Anthropozän« geht also darauf zurück (Schelske 2013).

Die Biologen Francis Putz und Andrew Samways hatten 1998 und 1999, also ganz kurz vor Crutzens Intervention, den Begriff »Homogenozän« (auch »Homogozän«) vorgeschlagen, um die Auswirkungen des massiven weltweiten Austauschs von Tierarten seit den Entdeckungen (»kolumbischer Austausch«, Crosby 2003, 2015: 96ff, 116ff.) und der daraus folgenden Vereinheitlichung der Artenzusammensetzung zu fassen (Putz 1998, Samways 1999: 65). So wird die Biodiversität etwa durch die heute rund 10.000 durch Transporte in Balasttanks von Schiffen räumlich verlagerten Arten (Neobiota) verringert. In manchen Weltgegenden setzte dieser Prozess schon mit Beginn des 17. Jahrhunderts ein (Mann 2011: 17, 2024, Seebens et al. 2018). Aufgrund der weltweiten Verbindung aller Lebensräume leben wir aus erdgeschichtlicher Sicht quasi in einer neuen barrierearmen *Pangäa* (McKinney 2005). Das war der Urkontinent vor der Zerspaltung in einzelne Platten. Wir haben heute zwar keinen physischen Superkontinent, aber eine biotisch weitgehend vernetzte Welt des Lebens.

Andrew Refkin, ein amerikanischer Wissenschaftsjournalist hatte sogar schon 1992 in einem Buch über globale Erwärmung argumentiert, die Welt sei in ein geologisches Intervall eingetreten, das man als »Anthropocene« bezeichnen könne. Refkin war ein belesener und visionärer Wissenschaftsjournalist, Crutzen aber war als Direktor des Max-Planck-Instituts für Chemie in Mainz (1980–2000), vor allem mit seiner These berühmt geworden, ein großer Atomkrieg könne einen nuklearen Winter auslösen und alles tierische und pflanzliche Leben auslöschen. Als »Retter der Ozonschicht« und damals meistzitierter Wissenschaftler der Welt war er es, der mit seiner Reputation als Nobelpreisträger den Terminus »Anthropozän« erfolgreich popularisierte. In der »Urgeschichte« der Nachmoderne war damit eine Alternative zum Epochenbegriff »Atomzeitalter« gefunden (Schmieder 2014: 45–47)

Kurz nach der Cuernavaca-Konferenz kontaktierte Crutzen Stoermer, und sie publizierten zusammen pünktlich zur Jahrtausendwende das erste Kurzpapier im *IGPB Newsletter* (Crutzen & Stoermer 2000). Die Popularität verstärkte sich aber dann schlagartig mit einem ein-seitigen, aber m.E. alles andere als einseitigen, Artikel von Crutzen in *Nature* mit dem wirkmächtigen Titel »Geology of Mankind« (Crutzen 2002). Dort gab er das Ziel aus »… to assign the term ›Anthropocene‹ to the present, in many ways humandominated, geological epoch, supplementing the Holocene« (Crutzen 2002: 19). Das Treffen in Cuernavaca war aber *nicht* etwa eine Konferenz von Geologen, sondern von Erdsystemwissenschaftlern. Erdwissenschaftler hatten die ab ca. 1990 verfügbare Rechenkapizität von Großrechnern benutzt, um das System der Erde, insbesondere die Atmosphäre, in quantitativen Modellen darzustellen und langfristige Verläufe zu simulieren. Dabei zeigte sich zunehmend, dass die Normen des Holozäns verlassen werden – ein »Regimewechsel« im globalen Klimasystem (Abb. 2.1).

Crutzen benutzte das Konzept daraufhin in vielen wissenschaftlichen Aufsätzen, die eine hohe Wirkung hatten, wie das Buch von Benner et al.

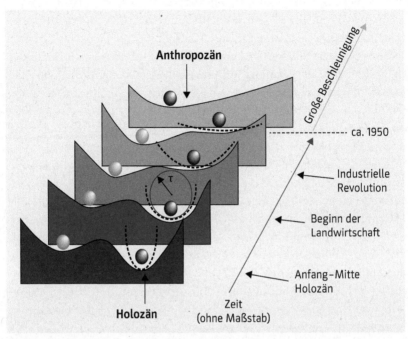

Abb. 2.1 Anthropogener Regimewechsel im Modell: Kugel und Mulde, *Quelle: Ellis 2020: 100, Abbildung 22*

und besonders die bibliometrische Analyse von Brauch zeigen (Benner 2021, Brauch 2021). Crutzen war kein Geologe, und Geologen mussten erst einmal realisieren, dass Crutzens Intervention so viel Literatur in den Erdwissenschaften (*earth sciences*) und in der Biologie hervorbrachte, dass der Begriff wohl doch keine vorübergehende Wissenschaftsmode war. Außerdem hatten Crutzen und andere Erdwissenschaftler Umweltparameter, wie neue chemische Komponenten in der Atmosphäre oder Artensterben als Indizien angeführt.

Eine weltweite Perspektive auf menschliche Umwelteffekte lag zur Jahrtausendwende in der Luft. Schon lange war bekannt, dass Menschen schon seit Langem lokale Umweltdesaster und auch teilweise regionalen Umweltwandel bewirkt hatten. Jetzt ging es aber um weltweiten Umweltwandel und die global orientierte Umweltgeschichte nahm Fahrt auf. Einige Vertreter nahmen eine sehr langzeitliche Perspektive ein und argumentierten, dass die Geschichte der menschlichen Kulturen und Zivilisationen eine Geschichte von Umweltdesastern sei. Die systemweiten und strukturellen Effekte der »makroparasitischen« Aktivität des Menschen würden mindestens 5000 Jahre zurückreichen (Chew 2000). Ebenfalls im Jahr 2000 erschien in Deutschland die große Studie »Natur und Macht« aus der Feder des deutschen Umweltgeschichtlers Joachim Radkau (Radkau 2000). Radkau stellte politische Kontexte des Umweltwandels in den Mittelpunkt und zeigte, dass auch das Bewusstsein dessen und die Besorgnis über rapide Umweltveränderungen nicht erst mit der Umweltbewegung einsetzte. Schon während der frühen Industrialisierung gab es eine starke Beunruhigung über drastische Umwelteffekte. Das gesellschaftliche Umweltbewusstsein nahm zu und es existierten praktische Bewegungen, wie das praktisch agierende Netzwerk der Hygienebewegung, die sich für gesundes öffentliches Leben einsetzte. Diese umwelthistorischen Arbeiten sahen eine sehr lange longue durée und argumentierte mit ähnlichen historischen Daten, wie später Vertreter eines »frühen Anthropozäns«.

Diese wichtigen umweltgeschichtlichen Studien argumentierten aber noch nicht mit geologischen Konzepten, Tiefenzeit und global synchronen Zeitmarkern. Diesem Schritt kam ebenfalls im Jahr 2000, aber unabhängig von Crutzen, John R. McNeill, ein Pionier ökologisch erweiterter Globalgeschichte näher. Aufgrund historischer Erkenntnisse aus einer Vielfalt von Quellen erschloss er einen dramatischen Anstieg etlicher Phänomene der globalen Umwelt um die Mitte des 20. Jahrhunderts. McNeill mutmaßte, dass ein Historiker, der am Ende des 21. Jahrhundert auf das 20. zurückblicken würde, wohl weniger die zwei Weltkriege, den Faschismus, den Kommunismus und die Frauenbewegung herausstellen würde, als vielmehr die grundlegend veränderte Beziehung des Menschen zur Umwelt (McNeill 2003: 17). McNeill arbeitete daraufhin mit Erdwissenschaftlern, wie Steffen und Crutzen zusammen. Er befasst sich bis heute dauerhaft mit stratigrafischen Fragen und wurde *als Historiker* Mitglied der AWG, wo er für die historisch korrekte Verortung geowissenschaftlichen Wissens steht (Will 2021: 222). Heute, zwanzig Jahre später, wundern sich Umwelthistoriker, die erst durch McNeill auf die globale Dimension ihres Themas hingewiesen wurden, um wie viel schneller sich McNeills Vermutung nach heutigem Wissen wahrscheinlich bewahrheiten wird (Marks 2024: xiii).

Im selben Jahr, 2000, startete Kofi Annan für die Vereinten Nationen eine mehrjährige Untersuchung der globalen Transformation der Umwelt, das »Millenium Ecosystem Assessment« (MA). Der erwähnte Wissenschaftsjournalist Revkin spielte dann eine wichtige Rolle bei der Verbreitung des Anthropozänbegriffs im englischsprachigen Raum. Revkin ist ein begabter Kommunikator zwischen Wissenschaft und Öffentlichkeit. Er betreibt einen sehr erfolgreichen Blog »Dot Earth« und wurde vom *Time Magazine* zu einem der 25 Top-Blogger gewählt. 2003 und 2013 wurde Revkin der »National Academies Communication Award« der National Academy of Sciences, der National Academy of Engineering und des Institute of Medicine verliehen. Diese Auszeichnungen belegen seine Fähigkeiten als Multiplikator bzw. kritisch gesagt, seine Fähigkeit, wissenschaftliche Erkenntnisse in publikumswirksame und massenmedial verwendbare Narrative zu verwandeln (Hoiß 2017: 25).

Eine geologische Kategorie ohne Geologen?

Schon ab dem Jahr 2001 sammelten Klimatologen und Chemiker um Will Steffen und Hans Joachim Schellnhuber Daten für eine geowissenschaftlich untermauerte Synthese quantitativer Studien über Trends des langzeitigen Wandels der Welt ab 1750. Ziel war eine Zusammenstellung und neue Interpretation von Daten, die für andere Zwecke gesammelt worden waren. In dieser Metastudie wurden zwölf erdsystemische Größen, wie Atmosphärengase, Artenvielfalt, Versauerung der Ozeane und Stickstoffmenge, und die Entwicklung von zwölf menschlichen Parametern, wie Bevölkerungszunahme, Wirtschaftswachstum, Ressourcenverbrauch, Dammbau, Düngerproduktion, Abfallaufkommen und künstliche Radionuklide im zeitlichen Längsschnitt in zwei Schautafeln nebeneinandergestellt (Steffen et al. 2004: 5–6, zuerst 2001). Im Ergebnis zeigte sich eine extrem rapide Zunahme fast aller Trends ab Mitte des 20. Jahrhunderts Die Kurven stiegen alle zunächst langsam an, um dann um 1950 herum schlagartig steil, ja z.T. exponentiell anzusteigen die J-förmigen, vom Klimatologen Michael Mann als Hockeyschlägerkurven, die seitdem legendären *hockey sticks*.

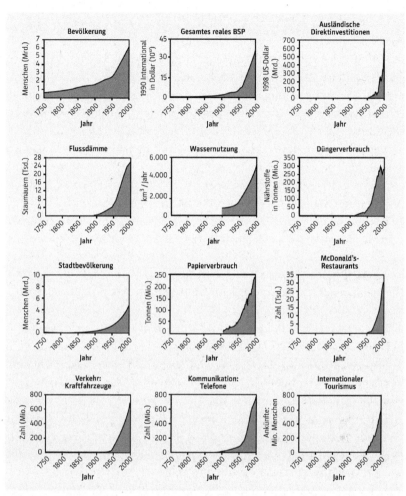

Abb. 2.2 Die »Große Beschleunigung« der Effekte menschlichen Handelns – Sozioökonomische Trends 1750–2010, *Quelle: Ellis 2000: 78, Abbildung 14.*

Interpretiert wurde dieser plötzliche und gleichzeitig drastische Anstieg vieler Parameter als ein »zweites Anthropozän« – eine zweite Phase nach dem Einsatz der kolonialen Rohstoffausbeutung inklusive der industriellen Revolution. Nachdem die CO_2-Konzentration in der Atmosphäre bis zur Mitte des 20. Jahrhunderts linear angestiegen war, nahm sie ab etwa 1950 dynamisch, rapide, großenteils exponentiell und teilweise irreversibel zu (»Keeling-Kurve«). Aufgrund der sich ansammelnden geowissenschaftlichen Daten wurde diese weltweite Trendwende zunehmend als qualitativer Sprung erkannt und dann auf einer Dahlem-Konferenz 2005 als »Große Beschleunigung« (*Great Acceleration*, Steffen et al. 2007) getauft. Die zugrunde liegenden Daten wurden in einer aktualisierten Studie von Wissenschaftlern aus dem Umfeld des IGPB in Zusammenarbeit mit Umwelthistorikern 2011 weitgehend bestätigt (Steffen et al. 2011: 4, 6–7, Steffen 2019, Abb. 2.2 und 2.3).

Die zentrale Einsicht aus diesen Daten war die, dass es sich nicht einfach um eine Vervielfachung einzelner Umwelttrends handelt. Schon 1995 hatte eine Gruppe von Umwelthistorikern aus historischen Daten einen rasanten Anstieg des weltweiten Strombedarfs und die vielfältigen *zusammenhängenden* Umweltfolgen für die Jahre zwischen 1949 und 1966 als »1950er-Syndrom« diagnostiziert, damals allerdings auf Industrieländer bezogen (Pfister et al. 1995). Der neue erdwissenschaftliche Blick zeigte jetzt noch unabweisbarer, wie eng die einst auf ganz verschiedenen Zeitskalen arbeitenden Entwicklungen in der Erdgeschichte und in der Menschheitsgeschichte miteinander verflochten sind (Haardt 2022: 127).

Der vielfache »menschliche Fußabdruck« fordert eine inhaltliche Umorientierung des Umweltdenkens und des Geschichtsdenkens ein. Es geht jetzt auch um mehr als die schiere Größenordnung menschengemachter Effekte, etwa der Tatsache, dass die Zahl der Dämme von fast Null im späten 19. Jahrhundert auf rund 25.000 angestiegen ist (Duflo & Pande 2007, Merchant 2020: 4). Es geht um eine kategoriale Veränderung, nämlich eine des *Systems* Geosphäre. Dieser systemische Sprung ruft nach einem grundlegenden neuen Nachdenken im Feld der Internationalen Politik auch über den Ort der politischen Ökonomie in ihrer Beziehung zum Erdsystem (Dryzek & Pickering 2019: 4–5, Arias-Maldonado et al. 2019, Lövbrand et al. 2020, Simangan 2020a, 2020b).

Dennoch: Anders als für Klimawissenschaftler und Erdsystemwissenschaftler zählt für Geologinnen und Geologen als Feldwissenschaftler nur das Archiv der Gesteine. Sie wollen geosphärischen Wandel anhand von Fossilien, an Strukturen von Schichten und Faziesmerkmalen und chemischen Spuren im Gestein festmachen (Thomas et al. 2020: xi, 46–48).

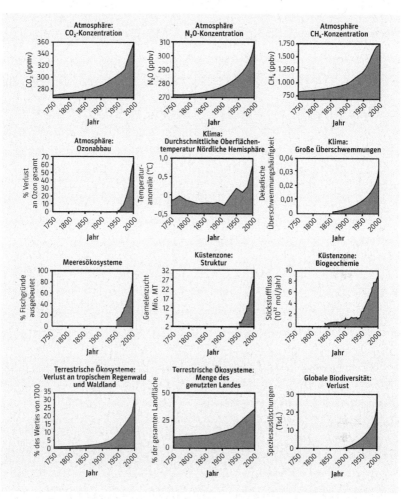

Abb. 2.3 Die »Große Beschleunigung« im Erdsystem, *Quelle: Ellis 2020: 79, Abbildung 15*

Hierbei spielen Fossilien und auch »Spurenfossilien« eine Rolle, bei denen vom Lebewesen selbst nichts erhalten ist, sondern nur ein Abdruck. Robert Macfarlane fasst das in einer schönen Formulierung: »Spurenfossilien sind durch verschwundene Gebilde verfestigter Raum, in dem Abwesenheit zum Zeichen wird« (Macfarlane 2019: 98). Das gilt auch für Technofossilien, etwa Hohlraumfüllungen als zukünftige Spuren ehemaliger Tunnels. Mittels der Gesamtheit solcher petrifizierter *Proxies* wird die Geschichte der Erde dokumentiert. Im Mittelpunkt des stratigrafischen Interesses steht weniger das historische Ereignis selbst, etwa eine Vulkaneruption oder ein Erdbeben, als die Evidenzbasis für eine Zeitengrenze im Gestein, die als Grundlage für die chronostratigrafische Zeitskala dient. Das »Gestein« kann dabei auch ein Eiskern sein, der uns durch Spuren von Kohlendioxid oder Methan einen Schnappschuss in die frühere globale Atmosphäre freigibt (Yan et al. 2019).

Planetare Grenzen statt Grenzen durch Rohstoffmangel

Die langsame Reise des Anthropozäns vom informellen Begriff zur formalen Zeitkategorie nahm erst um 2009 Fahrt auf. Maßgeblich hierfür war das Konzept der planetaren Grenzen (*planetary boundaries*) des Resilienzforschers Johan Rockström und des Klimaforschers Will Steffen. Planetare Grenzen sind Parameter, die für eine sichere Fortexistenz der Menschheit eingehalten werden müssen, einen »safe operating space for humanity« von maximalen Belastungen und Materialflüssen. Der Physiker und Klimaforscher Schellnhuber hatte die Idee schon 1999 in *Nature* aufgebracht, aber jetzt wurde sie empirisch umgesetzt (Schellnhuber 1999: C23, Rockström et al 2009, aktualisiert Steffen et al. 2015, 2018). Die 30 führenden Umweltwissenschaftler erarbeiteten eine umfassende Zusammenfassung der Zusammenhänge, die die faktische Begrenztheit der Erde aufzeigten. Die planetaren Grenzen werden hinsichtlich neun Dimensionen (z. B. Landnutzung) bewertet, welche zusammengenommen für die Stabilität bzw. Resilienz der Geo- und Biosphäre unabdingbar sind, die das Überleben von Menschen sichern. Das Team um Rockström vom Stockholmer Resilienzzentrum konnte 2023 zeigen, dass bereits heute sechs von neun Schwellenwerten überschritten sind, so dass eine Rückkehr in ein weltweites Umweltregime vor 1950 oder gar vor dem 18 Jh. nicht mehr möglich scheint (Richardson et al. 2023).

Hinter dem Begriff der planetaren Grenzen steht das Vorsichtsprinzip (»better safe than sorry«): Unsere Unsicherheit über die möglichen Folgen menschlichen Tuns darf keine Begründung für ein weiteres *business-as-usual* sein. Planetare Grenzen sind wichtig, weil sie Umweltschäden drastisch offenbaren und dabei aber auch die Möglichkeiten aufzeigen, wie wir weitere Katastrophen verhindern könn(t)en, in dem wir innerhalb des sicheren Bereichs bleiben. Das hat auch Popularisierungen des Konzepts geleitet (Rockström & Klum 2012, 2016). Das Konzept der planetaren Grenzen ist andererseits problematisch, weil es die Grenzen als unveränderlich erscheinen lässt und die Autoren explizit sagen, dass sie aus Sachgründen nicht verhandelbar seien. Das Konzept ließe sich konstruktiv dahingehend weiterdenken, wie die Grenzen durch technologische, aber auch soziale und politische Innovationen verschoben werden könnten (Dryzek & Pickering 2019: 8, vgl. Brand et al. 2023).

Begrenzte Ressourcen und »Grenzen des Wachstums« sind eher technische Begriffe für vorausgesagte Obergrenzen und sie werden seit den Arbeiten des *Club of Rome* auf den Planeten bezogen diskutiert (»limits of growth«, Meadows et al. 1972, 2020). Entgegen den Annahmen des *Club of Rome* wissen wir aber heute durch Einsichten in Dynamiken des Anthropozäns, dass das drängende Problem nicht die begrenzten Rohstoffe sind, sondern die Auswirkungen der expansiven Rohstoffnutzung auf eine *begrenzte Erde*: zentral sind also die Grenzen der Erde. Derzeit wird vielerorts angestrebt, die fossile Epoche zu verkürzen. Das geschieht aber keineswegs wegen Energierohstoffmangel oder zu hohen Kosten der Förderung und Nutzung. Horizontale Bohrverfahren und hydraulisches Fracking haben die Reserven erhöht: *Peak Oil* wird verschoben. Nein, wir müssen die fossile Ära wegen der Umwelteffekte beenden (Smil 2021: 272f.). Der von Meadows et al. vorausgesagte Rohstoffkollaps trat noch nicht ein – und eben das ist das politische Problem, weil dadurch die katastrophale Situation nicht gesehen oder verschleiert wird. Aus der Perspektive des Anthropozäns sollten mehr als 90 Prozent der Öl-, Gas- und Kohlereserven also gar nicht mehr voll genutzt werden: »Es gibt mehr verfügbare Rohstoffe, als uns lieb sein kann« (Schneidewind 2019: 128).

Das Konzept der planetaren Grenzen erinnert auf den ersten Blick an den Begriff der ökologischen Tragfähigkeit und an die Rede von begrenzten Ressourcen bzw. Grenzen des Wachstums. Ökologische Tragfähigkeit (*carrying capacity*) ist ein in der Ökologie eingeführter Begriff für die maximale Anzahl an Organismen, die ein gegebenes Ökosystem dauerhaft ernähren kann. Dies ist schon bei manchen Tieren abgängig von deren Veränderung der Landschaft durch die Tiere, etwa bei Bibern (*Castor fiber*). Vorausgesetzt ist aber, dass das System nicht grundsätzlich durch den Menschen verändert wird. Beim Menschen im Anthropozän kommt das Problem hinzu, dass die reine Bevölkerungszahl nicht allein entscheidend ist, denn der Pro-Kopf-Konsum kann und wird zunächst weiter steigen. Über viele Entwicklungen können wir nur spekulieren.

Im Kern geht es bei den planetaren Grenzen um ein ganz anderes Konzept, das nicht auf begrenzte Ressourcen fixiert ist, sondern die Kopplung zwischen menschlichen Gesellschaften und dem Erdsystem in den Blick nimmt:

> »The ›new‹ planetary boundaries are the problems caused by human action: the effects on the oceans, the atmosphere, species and soil. Humanity is still overstretching the planet, not primarily by reaching the limits of *resource availability*, but rather by approaching or even transgressing the *limits of anthropogenic disturbance absorption and ecological resilience* – what the planet can absorb« (Pálsson et al. 2013: 6, Herv. i.O.).

Ein Problem der Rede von planetaren Grenzen und Kippunkten ist, dass es – aus Unkenntnis oder mit Absicht – so gedeutet werden könnte, dass unterhalb der jeweiligen Grenzwerte kein Grund zur Besorgnis bestehe, womit die Schwellen also ausgereizt werden könnten (Haardt 2022: 137). Andere Kritiker wie Kate Raworth haben argumentiert, dass das Konzept der planetaren Grenzen konkrete menschliche Lebensweisen (*livelihoods*) und vor allem Ungleichheit nicht in den Blick nehme und damit biophysikalischen Essentialismus darstelle. Entsprechend müsse man die biophysikalischen Obergrenzen durch nicht zu unterschreitende soziale Untergrenzen ergänzen. Statt um Rockströms »sicheren Raum für menschliche Entwicklung« gehe es um einen »sicheren und gerechten Raum«, den bislang noch kein Land der Welt für seine gesamte Bevölkerung biete (»Doughnut-Modell«, Raworth 2018).

Aus der Sicht einer evolutionären Ökologie könnte man gegen die pessimistische Orientierung des Konzepts der planetaren Grenzen darüber hinausgehend einwenden, dass es im Holozän nie einen »sicheren Operationsraum« gegeben hat. Flutkatastrophen, extreme Dürren, Epidemien und etwa soziale Aufstände sowie koloniale Ausbeutung habe es seit Langem gegeben. Statt die globale Krise alarmistisch zu beschwören, müsse es jetzt vielmehr darum gehen, durch weltweite Zusammenarbeit politisch etwas für echten Fortschritt in den Mensch-Natur-Beziehungen zu tun (Ellis 2023: 5, 8). Auch wenn die Idee der planetaren Grenzen aus der Debatte zum Anthropozän entstand, wirft ein tatsächlich geologisch gedachtes Konzept des Anthropozäns m.E. noch stärker als die letztlich doch stabilitätsorientierte Idee der planetaren Grenzen die Frage auf, ob wir überhaupt wieder zu stabilen holozänen Bedingungen zurückkehren können. Bei *Google Scholar* verdoppelte sich die Zahl der Treffer beim Suchwort »anthropocene« von 12.900 im Oktober 2014 auf 28.400 im September 2016 und steht derzeit im Mai 2021 bei 241.000 Treffer (Braje 2015: 374, Arizpe Schlosser 2019: 277). Der Begriff Anthropozän hat seinen Ursprung in einer *erdwissenschaftlichen* These, die erst ab 2000 langsam zu einem *geologischen* Untersuchungsgegenstand wurde (Will 2021: 81, 93–104).

Später Auftritt der Geologen – die stratigraphische Wende

Angesichts der Herkunft des Begriffs aus den Erdsystemwissenschaften waren Geologen erst fast zehn Jahre nach Crutzens Initiative formal in die Diskussion involviert. Der erste konkrete Schritt dahin war eine Konferenz der *Geological Society* der Londoner Stratigrafischen Kommission im Mai 2006. Der erste konkrete Schritt in diese Richtung war eine Konferenz der Geological Society of the London Stratigraphic Commission im Burlington House im Mai 2006. Obwohl es sich dabei nur um ein nationales Gremium handelte, führte ihre Arbeit zu einem maßgeblichen Diskussionspapier (Zalasiewicz et al. 2008), das im nachhinein gesehen die »stratigraphische Wende« des Anthropozäns einleitete (Zalasieicz et al. 2018, Luciano 2022: 30). Demnach erschien das Anthropozän ein ernsthafter Kandidat für die Einheit der offiziellen geologischen Zeitskalasein.

Dies war der Auslöser zur schon genannten 2009 etablierten *Anthropocene Working Group* (AWG). Der Prozess der Befassung mit dem Anthropozän war zeitlich deutlich anders getaktet als es die gängige Abfolge vorsieht (Will 2021: 107–126). Üblicherweise werden die Einheiten der geologischen »Steinuhr« der Chronostratigrafie nach einer langfristigen und umfassenden Untersuchung von Gesteinsschichten gewonnen, welche bestimmte Erdzeitalter repräsentieren. Entsprechend der Herkunft aus den Erdsystemwissenschaften entstand das Konzept Anthropozän dagegen vor allem unter Berufung auf *atmosphärischen* Wandel und damit zunächst ohne klaren Bezug auf Gesteinsschichten.

So erklärt sich, dass erst augrund der zunehmenden Wahrnehmung der grundsätzlichen Grenzen der Erde in Kreisen der Politik und im Gefolge des wissenschaftlichen Erfolgs des Begriffs Anthropozän es dann, wie oben gesagt, erst 2009 zur Gründung der *Anthropocene Working Group* (*AWG*) als Teil der Unterkommission für quartäre Stratigrafie innerhalb der International Commission on Stratigraphy (*ICS*) kam. Die ICS ist als die offizielle geologische »Weltbehörde« der Stratigrafie für die Einteilung der Erdzeitalter zuständig. Die selbstgestellte Aufgabe der AWG als regelmäßig tagendem Expertengremium war es dementsprechend, Datierungsvorschläge für das Anthropozän zu prüfen, eigene stratigrafische Untersuchungen durchzuführen und eine plausible Periodisierung der jüngeren Abschnitte des »Systems« Quartär zu erarbeiten. Damit soll die derzeit 37 Wissenschaftler umfassende Gruppe, der aber auch Revkin angehört, die Vorarbeit zur formalen Anerkennung des Anthropozäns durch die höchste Autorität, die International Union of Geological Sciences (*IUGS*) als Epoche der geologischen Zeitskala erarbeiten. Die Kommission der Stratigrafen und die Internationale Kommission der Geologinnen müssen danach darüber abstimmen.

Dies ist auch wissenschaftssoziologisch interessant. Jetzt wanderte nämlich die Hauptverantwortung dafür, das Argument für das Anthropozän als Zeiteinheit der Erdgeschichte zu schmieden, von den historisch jungen Erdsystemwissenschaften zu Vertretern der älteren Disziplin, der Geologie und Paläontologie (Clark & Szerszynski 2021: 17–19, Gordon 2021: 55–71). Das ist zu beachten, denn deren stratigrafischen Kommissionen arbeiten nach strengsten Regeln und fordern quasi »forensische Beweise«. Von zentraler Bedeutung sind für Geologen zwei Aspekte, erstens, ob das Anthropozän tatsächlich als *synchrone* Einheit etabliert werden kann und zweitens, auf welchem hierarchischen Niveau das Anthropozän angesetzt werden soll: Ist es eine Epoche, ein Zeitalter oder gar eine Periode? Mit dem Ansetzen des Anthropozäns als Periode, dem weitestgehenden Vorschlag, wäre das Holozän (als jüngste Serie in der Stufe Quartär) seit Mitte des 20. Jahrhunderts beendet, wie manche vorschlagen. Das Holozän wäre dann eine extrem kurze Zwischenzeit der Erdgeschichte gewesen, die von einem Anthropozän abgelöst wird, einer Serie, die angesichts der Rate gegenwärtigen Wachstums wohl noch deutlich kürzer als das Holozän ausfallen würde.

In Schichten, die *zeitlich* das Anthropozän repräsentieren, liegen nebeneinander natürlich abgelagerte *und* anthropogene Sedimente desselben Alters, z. B. auf dem Meeresboden oder in Seen. Auch die natürlichen Anteile sind deshalb ein Teil des Anthropozäns, vor allem dann, wenn sie kleine Partikel enthalten, die an anderen Orten von Menschen erzeugt worden sind. Oft sind die natürlichen Bestandteile der Schichten, die im Anthropozän abgelagert werden, dünner als die anthropogenen Anteile. Dennoch können sie das Resultat kontinuierlicher Ablagerung sein, wie etwa auf dem Grund von Süßwasserseen. Die komplett erhaltenen und damit detailliertesten Ablagerungen des Anthropozäns, wie in der Geologie überhaupt, finden sich oft in abgelegenen Landstrichen (Waters et al. 2018, Thomas et al. 2020: 59, Renn 2023).

Während chronostratigrafische Einheiten streng synchron sein müssen, können lithostratigrafische und biostratigrafische Einheiten auch diachron sein, so wie Zeiteinheiten in der Archäologie und Geschichtswissenschaft. Die Steinzeit etwa beginnt und endet ja in verschiedenen Regionen der Welt zu deutlich unterschiedlichen Zeiten, wie auch die Grenze zwischen Vorgeschichte und Geschichte, die – jedenfalls nach dem klassischen Kriterium der schriftlichen Eigenzeugnisse – in einigen Gebieten Ozeaniens im 20. Jahrhundert liegt. Diese unterschiedlichen Herangehensweisen werden oft vergessen oder führen zu Missverständnissen. In der AWG wirken von Beginn an nicht nur Geologinnen, sondern erstmalig für eine solche Kommission auch Erdsystemwissenschaftler mit. Neu war auch die Beteiligung von Archäologen, Geschichtswissenschaftlern und, wegen der formalen Implikationen, auch eines Juristen. Für eine Arbeitsgruppe in der Internationalen Commission für Stratigrafie war das neu und dokumentiert die Einsicht in die Bedeutung des Menschen und die Notwendigkeit eines multidisziplinären Ansatzes per Institutionalisierung. Keine Zeiteinheit der Geologie ist entfernt so politisch wie das Anthropozän. Die Frage der Formalisierung des Anthropozäns bereitete eine fruchtbare Basis nicht nur für multidisziplinäre fachliche Diskussion unter den »time lords«, wie sie eine Wissenschaftsautorin treffend nennt. Es kam auch zu hitzigen Debatten bis hin zu persönlichen Kämpfen (Gordon 2021: 55–71, Leinfelder 2024, Kolbert 2024).

Der Begriff »anthropogen« (»menschen-gemacht«) deckt sich nicht umstandslos mit einer chronografischen Einheit Anthropozän in der Geologie, also einer *Zeit*einheit. Nicht *jede* anthropozäne Schicht muss ausschließlich menschengemachte Spuren enthalten und nicht jeder anthropogene Boden ist auch Anthropozän. Wenn wir etwa in London unter die Asphaltdecke sehen, finden wir im Schutt vielleicht in der Basisschicht eine römische Dachschindel, die älter als zwei tausend Jahre ist, in der Mitte Scherben mittelalterlicher Keramik und darüber eine Mischung von Betonresten und Plastikmüll aus der Nachkriegszeit. In diesem Fall wären alle diese Schichten anthropogen, und man könnte sie als Teil der »Archäosphäre« (*archaeosphre*) als der Gesamtheit menschlich veränderten Grund und Bodens sehen (siehe Kap. 3.3). Aus geologischer Perspektive, genauer aus chronostratigrafischer Sicht, würde nur deren oberste Schicht das Anthropozän darstellen (Thomas et al. 2020: 57, vgl. Oschmann 2018, Williams et al. 2020). Es ist wichtig, immer wieder festzuhalten, dass das Ziel der AGW ein chronostratigrafisches ist:

»We emphasize here that the task of the Anthropocene Working Group (AWG) is not to provide another prism through which to reinterpret human history and environmental impact, but rather to identify a practical strata and time marker as point of reference in the formal classification of geological time« (Zalasiewicz et al. 2019: 1).

Der Vorschlag, eine so kurze Phase als eigenen *geologischen* Zeitabschnitt zu benennen ist eine sehr weitgehende Idee, denn damit wird ja postuliert, dass diese Phase vergleichbar mit anderen geologischen Epochen, wie dem Pliozän oder Pleistozän ist oder eben dem Holozän – oder gar Perioden, wie dem Paläogen oder Neogen. Wegen ebendieser Kürze argumentieren viele Geologen gegen eine Formalisierung oder dafür, das Anthropozän nicht als Epoche, sondern nur als Einheit geringeren Rangs, etwa als Zeitalter oder Stadium des Holozäns, zu formalisieren. Wenige Dekaden, so ein Argument, würden in der geologischen Überlieferung nur wenige Zentimeter Sediment hinterlassen und das würde keine höchstrangige geologische Einheit rechtfertigen. Perioden wie das Mittelalter oder die »kleine Eiszeit« seien schließlich auch nicht Teil des formalen geologischen Kalenders (Wolff 2014, Walker et al. 2015). Hier lauert immer die Gefahr einer präsentistischen, zu gegenwartsbezogenen Perspektive:

> »Auch schon die Proklamation des Holozäns war eigentlich eine perspektivische Täuschung gewesen; eine verzeihliche, weil Dinge, die dicht vor unserer Nase liegen, uns in ihrer scheinbaren Größe mehr beschäftigen als das scheinbar Kleinere im Hintergrund. Ein hochgehaltener Daumen genügt, um die Sonne abzudecken. Das sagt viel über unsere Wahrnehmung und nichts über die Sonne. (…) Dem Anthropozän aber fehlt es vollends am Wichtigsten, der Dignität der Dauer« (Müller 2021a: 5,6).

Was von Nicht-Geologen zuweilen vergessen wird, ist, dass das Suffix »-zän« in der Geologie herkömmlicherweise für Einheiten vom Status einer »Epoche« reserviert ist, wie dem Eozän oder dem Oligozän, also nicht für untergeordnete Einheiten wie »Stadium« oder »subdivision« verwendet wird. Im Normalfall werden solche Zeitabschnitte in der Geologie bzw. Stratigrafie aufgrund von Leitfossilien *retrospektiv* ausgewiesen (Gebhardt 2016: 39). Während wir also im Fall des Anthropozäns den Prozess der Entstehung eines geologischen Zeitalters selbst in der Spanne eines Menschenlebens begleiten, erfolgen solche Ausrufungen einer solchen Epoche üblicherweise sehr lange Zeit *ex post*, nämlich viele Millionen Jahre *post factum*! Normalerweise handelt es sich also um retrospektive und nicht um eine zukunftsbezogene Faktenbestimmung und schon das macht das Anthropozän zu einem reflexiven Konzept (Kersten 2014: 381). In diesem Sinne bildet die Anthropozänthese eine notwendig hypothetische Bestimmung zukünftiger Entwicklungen, *Science Fiction* im wörtlichen Sinn. So stellen die heute als anthropozäne Marker herangezogenen charakteristischen Einschlüsse in Eisbohrkernen ja Leitfossilien in Umweltarchiven dar, die aber bei fortschreitender Erderwärmung bald verschwunden sein werden (Bubenzer et al 2019: 28).

Gegenüber herkömmlichen geologischen Zeitabschnitten bedeutet das Diktum des Anthropozäns eine Hypothese, genauer: eine *in der Zukunft angesiedelte Behauptung über die Vergangenheit* – eine Retrodiktion (als

Sonderform von Abduktion) über die jetzige Gegenwart. Eine Geologin im Quintär, so die Ausfolgerung der These, würde das Einsetzen der Epoche als anthropogen markierte Schicht in Sedimenten erkennen können. Sie würde z. B. sehen, dass mit der Hochindustrialisierung stratigrafisch viele Technofossilien einsetzen, während Biofossilien vieler Tierarten schlagartig aussetzen. Sie würde vielleicht auch – nach dem Aussterben des Leitfossils *Homo sapiens* – das Ende der »Menschenzeit« stratigrafisch festmachen können. Diese Besonderheit einer im Fall des Anthropozäns nicht retro-, sondern prospektiven Bestimmung heißt, dass es bei der Behandlung des Anthropozäns nicht bei einer faktischen Beschreibung bleiben kann. Damit bildet das Anthropozän ein Konzept, das inhärent reflexiv ist (Kersten 2014: 381).

Im August 2016 wurde der Name Anthropozän zunächst von der Internationalen Geologischen Gesellschaft IGS offiziell angenommen, wobei am Ende noch strittig war, wann diese Epoche begann und welcher Marker als Kriterium für ihren Beginn genommen werden sollte, der Vorschlag war das Jahr 1950 als Beginn mit der Anreicherung radioaktiver Elemente im Boden. Der vorläufig letzte Stand zur formalen Einführung des Anthropozäns in die geologische Chronostratigrafie einer neuen Epoche ist Folgender: Statt das Holozän, also die gegenwärtige Epoche, durch das Anthropozän zu ersetzen oder zumindest seine letzte Phase in Anthropozän umzutaufen, führte die Kommission im Juli 2018 nur eine genauere Unterteilung der Serie des Holozäns ein. Nach dem Grönlandium und dem Northgrippium werden die letzten 4250 Jahre nach einer Trockenperiode jetzt als Stufe unter dem Namen Meghalayum (engl. Meghalayan) abgetrennt (Leinfelder 2018, ICS 2021, IVS 2020).

Geologinnen neigen zum Denken in langen Zeiträumen, und Stratigrafen sind aus guten Gründen etwas bürokratisch bei der Benennung von Schichtstapeln. Die geologische Zeitskala ist das Rückgrat nicht nur der Stratigrafie und Paläontologie, sondern der Geologie insgesamt. Sie soll stabil sein, weltweite Vergleiche erlauben, und eine international verständliche und zwischen den Generationen verbindliche Basis bieten. Jede Revision dieses Zeitgerüstes wird nur langsam umgesetzt, weil eine breite empirische Basis gefordert wird und dies viele technische Fragen impliziert, auf die ich in Kap. 6.6 eingehe.

Ein Beispiel ist die Tatsache, dass künstliche Minerale in der Klassifikation der *International Mineralogical Asociation* formal nicht als Minerale gelten. Damit ergibt sich die Frage, ob sie dennoch als stratigrafische Marker anerkannt werden. Außerdem ist eine überwältigende Zustimmung der Geologen von über 60 Prozent auf *jeder* Ebene des Entscheidungsprozesses gefordert (Will 2021: 71). Eine solche Entscheidung kann bei Stratigraphen als»Hüter der geologischen Zeit« (Haardt 2022: 118) sehr lange dauern. Manche Grenzen zwischen Zeitabschnitten sind allerdings bis heute nicht formalisiert, so die Basis der Kreide als System und der Beginn der Kreide-Periode. Beim Holozän waren zwischen Begriffsvorschlag Charles Lyells 1833 und der Formalisierung satte 50 (1885) bzw. in der heutigen Version 102 Jahre vergangen (Bajohr 2019: 63, Jobin 2023: 786).

Einige wenige Geologen sind überhaupt gegen eine Formalisierung oder für eine Verschiebung. Sie argumentieren einerseits, dass die Schichten des Anthropozäns schlicht und einfach zu dünn seien, um eine langfristige stratigrafisch verwertbare Spur zu erzeichen. Andere sagen, dass der Höhepunkt menschlichen Einflusses auf die Geosphäre vielleicht noch nicht erreicht sei und man das Anthropozän erst formalisieren sollte, wenn sich ein glasklares Bild im Gestein ergäbe. Fundamentalistischer sind die Kritiken von Geowissenschaftlern, eine Formalisierung verbiete sich, weil es sich bei dem Phänomen eher um ein politisches Statement oder ein Phänomen der populären Kultur handle (Autin & Holbrook 2012, Finney & Edwards 2016).

Angesichts der Zurückhaltung der Geologinnen passt es, dass das Wort »anthropocene« von der Internetseite der *International Commission on Stratigraphy* nicht abrufbar ist. Kritiker können das als Zeichen sehen, »… dass es sich hier um einen politischen Begriff mit Aufmerksamkeitsbedeutung handelt« (Herrmann 2016: 50, 184, vgl. Herrmann 2014: 44–45, 49, 2015: 7). Die lange Debatte über die Formalisierung hat der akademischen Karriere des Konzepts keinerlei Abbruch getan. Dies wird auch noch nach der Entscheidung der IUIG im Jahr 2024, die Formalisierung abzulehnen, so bleiben (Leinfelder 2024). Es gibt inzwischen eine voluminöse Literatur, eigene Buchreihen, Lehrstühle und seit den 2010er-Jahren mehrere auf das Anthropozän spezialisierte Zeitschriften (vgl. Medienführer im Anhang).

Obwohl der Begriff im jetzigen Sinn schon im Jahr 2000 geprägt wurde, wurde er tatsächlich erst seit etwa 2010 umfassend in den Wissenschaften benutzt und hat sich sehr schnell verbreitet, wie Krämer anhand einer Analyse von 770 Aufsätzen des *Web of* Science zeigt (Krämer 2016). Dies betraf aber zunächst stark die Naturwissenschaften: Noch 2016 stellte Christoph Görg fest, dass sich in der Debatte zum Anthropozän außer aus den Geschichtswissenschaften nur wenige Beiträge aus den Sozial- und Kulturwissenschaften finden (Görg 2016: 11). Das war damals leicht übertrieben und hat sich inzwischen grundlegend geändert. Um das Konzept Anthropozän herum hat sich ein breites Gebiet intellektueller Debatten entwickelt. Fast jede Disziplin befasst sich zumindest am Rande mit dem Thema.

Der Begriff hat sich sehr rasch in alle Richtungen verbreitet. Diese *Anthropo-Scene* (Lorimer 2017: 117, 131, Zalasiewicz et al. 2021: 8–11) besteht allerdings vor allem in politischen Entscheidungsträgern, Künstlern, Literaten und kulturwissenschaftlichen Akademikern und kaum der breiten Öffentlichkeit. Die Verbreitung der Idee des Anthropozäns war mitnichten nur durch Erkenntnisinteressen geleitet. Wichtig waren das Aufkommen von Systemmodellen nach dem Zweiten Weltkrieg und im Kalten Krieg, verstärkt ab 1980, die Herausbildung einer interdisziplinären Wissenschaft des Klimawandels (oft kurz *Climate Science*), die Sorge über die weltweite Verbreitung von Radionukliden als Fallout von oberirdischen Atomwaffentests bis 1964 (rund 1500 an der Zahl) und die Popularisierung von Bildern des Planeten aus dem Weltraum in den 1970er-Jahren (Hamilton & Grinevald 2015, Mathews 2020: 68).

Außerakademische Inflation und Diskursgeflecht

Das außerakademische Leben des Anthropozäns ist seit etwa 2015 nicht nur expandiert, sondern geradezu gorgonenhaft verästelt. Hierbei hat die ungleiche, aber doch fast weltweite Verbreitung in den Massenmedien eine wichtige Rolle gespielt. Angesichts des von Menschen mitverursachten Klimawandels wächst das Problembewusstsein für menschliche Veränderungen des Planeten, und so verwundert es kaum, dass das Wort in aller Munde ist. Das Thema Anthropozän lässt fast niemanden kalt, weil Menschen durch Klimawandel überhaupt für globale vom Menschen mitverursachte Probleme aufmerksam geworden sind. Das Thema spricht auch deshalb emotional an, weil die Thesen zum Anthropozän oft starker Tobak sind. Das Anthropozän betrifft die Oberfläche des *ganzen* Planeten; es geht um die *ganze* Menschheit und um eine *langzeitige* Bedrohung. Der Begriff bringt ein Megaproblem auf den Punkt und deshalb stellt sich bei vielen Menschen das Gefühl einer überwältigenden Bedrohung ein, ein Merkmal apokalyptischer Haltungen.

»Längst ist aus der ursprünglichen These ein nur noch schwer überschaubares, interdisziplinäres Diskursgeflecht entstanden, in dem das Anthropozän Brückenkonzept zwischen verschiedenen Wissenschaften, Querschnittsaufgabe für Wissenschaft und Gesellschaft sowie Reflexionsbegriff für das Verhältnis von Mensch und Natur ist« (Dürbeck 2018: 11, vgl. Dürbeck 2015).

Das Konzept kommt aus den Naturwissenschaften und wurde also von außen in die Geistes- und Kulturwissenschaften hineingetragen. Die Aneignung des Begriffs Anthropozän ist aber mitnichten auf die Geistes- und Kulturwissenschaften beschränkt. Das Thema der wechselseitigen Beziehung von Mensch und Natur und das Buzzword Anthropozän haben gut zehn Jahre nach der ersten Vorstellung des Begriffs eine breite Resonanz in kreativen Bereichen erreicht (vgl. Dürbeck 2018a: 12, Dürbeck & Hüpkes 2022). Einen starken Schub bekam die Thematisierung des Anthropozäns in den Jahren 2011 und 2012. Im *National Geographic Magazine*, der verbreitetsten populärwissenschaftlichen Zeitschrift der Welt, erschien ein Aufsatz von Elizabeth Kolbert, die unter dem Titel »Hinein ins Anthropozän« das Hauptaugenmerk auf das Artensterben legte (Kolbert 2011, vgl. Kolbert 2015, 2021). Mit dieser Perspektive eröffnete UN-Generalsekretär Ban Ki-Moon den Umweltgipfel von Rio im Jahr 2012 mit einem Videofilm, der ebendiesen Titel trug und Bilder des Globus und die für die öffentliche Wahrnehmung folgenreichen 24 Grafiken zu den Effekten der weltweit rasanten wirtschaftlichen Expansion ab Mitte des 20. Jahrhunderts, der »großen Beschleunigung« in Form der berühmten »Hockeyschlägerkurven« (Rojas 2013) zeigte. Zig Keynote-Vorträge liefen und laufen unter demselben weitreichenden Titel, und noch 2018 trug ein Themenheft des UNESCO-Couriers den Titel (UNESCO 2018a). Im selben Jahr brachte der britische *The Economist* in seiner »Leaders Section« am 11.5.2011 einen Aufsatz mit dem optimistischen Titel »Welcome to the Anthropocene« (The Economist 2011). Das führende Wissenschaftsmagazin *Nature* brachte 2011 ein Editorial mit der Aussage, das Anthropozän könne …

»(...) encourage a *mindset* that will be important not only to fully understand the transformation now occurring but to *take action and control it*« (Nature 2011: 254, Herv. CA).

Insgesamt wurde ab 2010 immer mehr Menschen klar, dass das Anthropozän zu Verantwortung und Handeln aufruft, ein Aspekt, den Crutzen von Anfang an betont hatte. Anthropozän ist ein offensichtlich sehr anregendes und wirksames Catchword, was sich in der breiten Nutzung zeigt (Hoiß 2017). Auch wenn das Wort den meisten Laien nachwievor unbekannt ist, haben weltweit nicht nur Wissenschaftler, sondern auch breite Teile der Bevölkerung ein Bewusstsein davon, in einer neuen Ära zu leben (Hann 2016a: 3). Das zeigt sich seit etwa 2010 in TED-Vorträgen (TEDxTalks 2010) und der Wahrnehmung in Massenmedien, z. B. in Podcasts, wie *Generation Anthropocene* der Stanford University (Osborne et al. 2013) und Ressourcenpools für interessierte Laien wie *The Age of Humans. Living in the Anthropocene* der Smithsonian Institution (Waters 2016).

Es gibt mittlerweile nicht nur populäre Bücher und journalistische Onlinezeitschriften, wie *Anthropocene: Innovation in the Human Age*, sondern ein schillerndes Spektrum an populären Formaten, etwa Theaterinszenierungen, Romane und Comics zum Thema. Im Bereich der Künste und der Kreativwirtschaft wird der Begriff vor allem deshalb benutzt, weil er die Chance verspricht, Wandel anzustoßen (Trischler & Will 2020: 237, Will 2021: 277–288). Das Thema hat sogar schon Kochbücher hervorgebracht, die mittels des Anthropozäns versuchen, Nachhaltigkeit als Ziel in der Konsumgesellschaft und die Realität einer nach wie vor wachsenden Weltbevölkerung unter einen Hut zu bringen (Rockström 2019). Dieser oft kreativen Rezeption widmet sich schon ein eigenes literatur- und kulturwissenschaftliches Forschungsfeld (z. B. Turpin 2013).

Blake & Gilman schreiben, dass das Anthropozän es geschafft habe, die Welt des Elfenbeinturms zu verlassen, wie sonst nur wenige akademische Konzepte, etwa Existentialismus und Postmodernismus (Blake & Gilman 2024: 253). Die rasant steigende Popularität (Trischler 2013, , Brauch 2021, Zottola & de Majo 2022) sollte aber nicht darüber hinwegtäuschen, dass das Konzept vorwiegend in den zwei Bereichen, Wissenschaft und Kunst i.w.S. verbreitet ist. In die breite Öffentlichkeit hat es das Konzept noch kaum geschafft, wie quantitative Analysen des Medienwissenschaftlers Leslie Sklair gezeigt haben (Sklair 2019, 2021, vgl. Ellis et al. 2016: 193, Lorimer 2017, Toepfer 2018).

Die ausufernd breite Verwendung des Wortes »Anthropozän« ist definitiv ein Problem, auf das ich in Kap. 4 zurückkomme. Viele Autoren verwenden das Wort, um irgendwelche Inhalte rhetorisch aufzubauschen, indem sie das Wort an Sätze oder Titel anhängen à la »… im Anthropozän«, wenn sie eigentlich nur »heutzutage« oder »in der globalisierten Welt« meinen. All das sollte zu genauerer Begriffsverwendung anleiten, nicht aber zu pauschaler Abwatschung führen, etwa wenn die heutige Anthropozänliteratur als Variante spontaner Philosophien von Wissenschaftlern dargestellt wird, als »… Traktate, die Wissenschaftler nach Feierabend verfassen …« (Hoffmann 2021: 81).

Intensive Popularisierung im deutschsprachigen Raum

In deutschen Sprachraum ist das Thema Anthropozän zwar den meisten Laien noch wenig oder gar nicht bekannt, aber in den Medien durchaus präsent (z. B. Lesch & Kamphausen 2017, Hüther et al. 2020). Ein entscheidender Faktor für die frühe Popularisierung im deutschsprachigen Raum war ein Buch des Wissenschaftsjournalisten Christian Schwägerl mit dem Titel »Menschenzeit« (Schwägerl 2012, zuerst 2010). Schwägerl hatte sich schon seit 20 Jahren als Redakteur beim *Spiegel* und für andere führende Medien mit Umweltthemen befasst. Er engagierte sich dauerhaft für das Thema und veröffentlichte auch zusammen mit Wissenschaftlern, z. B. mit Paläobiologen (Williams et al. 2015). Entgegen rein apokalyptischen Aussichten betont er die Chancen bewussten menschlichen Handelns gegen die anthropozäne Dynamik. Er stellte die politischen Gestaltungsaufgaben in den Mittelpunkt und sprach von positiven Möglichkeiten eines »Biofuturismus«, bei dem Wissenschaft und Technik in den Dienst der Biosphäre gestellt werden (Schwägerl 2016). Das Buch wurde 2010 von Achim Steiner, dem Chef des UNO-Umweltprogramms, der Öffentlichkeit vorgestellt und als ein »intellektuell anspruchsvolles Buch« und »Werk eines Vaters, der seinen Kindern erklärt, was mit unserer Erde passiert« gewürdigt. Schwägerls Buch wurde daraufhin auch ins Englische übersetzt (Schwägerl 2014), und es gelang ihm, Paul Crutzen, den großen Paten des neuen Erdzeitalters, zur

Unterstützung der Popularisierung des Themas im deutschen Sprachraum zu gewinnen (Crutzen & Schwägerl 2011, Schwägerl 2016, Crutzen 2019).

Zu der Zeit, als Crutzen den Begriff 2000 in geowissenschaftlichen Kreisen bekannt machte, arbeitete Crutzen in der Abteilung Atmosphärenchemie am Max-Planck-Institut for Chemie in Mainz. Er war als Atmosphärenchemiker und als FCKW-Spezialist für seine Arbeiten zum damals hochaktuellen Problem des Ozonlochs weltbekannt (Crutzen & Brauch 2014). Crutzen hatte, schon bevor er den Begriff Anthropozän popularsierte, nicht nur bahnbrechende klimachemische Beiträge geliefert, für die er mit dem Nobelpreis ausgezeichnet wurde, sondern in den 1980er-Jahren auch für Laien zugängliche Texte zum menschengemachten Klimawandel verfasst. Crutzen schrieb diese populärwissenschaftlichen Texte zur Hochphase des Kalten Kriegs oft zusammen mit Kollegen oder Journalisten, und seine Bücher erschienen teilweise in deutscher Übersetzung (Crutzen & Graedel 1996, Crutzen et al. 2011, Crutzen 2019).

Ein dritter Grund für die starke Popularität des Anthropozänbegriffs in den deutschen Medien sind die wissenschaftlichen und auch populärwissenschaftlichen Aktivitäten des Geobiologen Reinhard Leinfelder, dem früheren Direktor des Berliner Museums für Naturkunde. Leinfelder erkannte die Bedeutung der Aufklärung der breiten Bevölkerung über das Thema, und er sah das didaktische Potenzial des Anthropozäns als eingängigemNarrativ (vgl. Hoiß 2019). Er initiierte eine Popularisierung des Themas in vielfältigen Formaten, in Aufsätzen (Leinfelder 2011, 2012, 2015, 2016, 2019, Leinfelder & Schwaderer 2020), Comics und Graphic Novels (Hamann et al. 2013, Hamann et al. 2014, Leinfelder et al. 2015) und sogar einem Kochbuch (Leinfelder et al. 2016). In einem eigenen »Anthropozäniker«-Blog bringt Leinfelder das Thema mit Texten, Grafiken und auch selbst gezeichneten Skizzen in verständlicher Form auch für junge Menschen rüber (Leinfelder 2018, 2019). Ein besonderes Mittel, das Leinfelder, oft zusammen mit Schwägerl, in seinen Publikationen immer wieder benutzt, ist der Gebrauch von Metaphern, wie dem Bild von der Erde als »Raumschiff ohne Notausgang«. Außer eigenen Grafiken und Handskizzen nutzt er auch eigene Wortschöpfungen, wie »Menschen-Erde« und »Unswelt« (statt Umwelt), die eingängig sind und zum Denken anregen. Während etwa der britische Paläobiologe Jan Zalasiewicz vom Menschen als »Raubtier« spricht, bringt Leinfelder das

Bild des Menschen als »Weltgärtner« und fordert: »Wir sollten die Erde wie eine Stiftung behandeln« (Leinfelder 2017b, 2020).

Diese Popularisierungsaktivitäten reichen auch bis in die Politik herein. Das zeigt sich vor allem in den Aktivitäten des ständigen »Wissenschaftlichen Beirats der Bundesregierung Globale Umweltveränderungen« (WBGU). Dieser einflussreiche die Politik beratende *Think tank* verfolgt das Projekt des umfassenden Umbaus von Technik, Wirtschaft und Gesellschaft, einer »Großen Transformation« (WBGU 2011a: 5). Der WBGU spricht auch von der »dritten großen Transformation«. Danach ist die erste große Transformation durch den Beginn von Landwirtschaft und Städtebildung (Neolithische Revolution) vor rund 11.000 Jahren markiert, während die zweite große Transformtion mit der Nutzung fossiler Energieträger seit Beginn des 19. Jahrhunderts einsetzt (Polanyi 1978). Die für die Geosphäre im frühen 20. Jahrhundert folgenreiche Innovation war das 1908 patentierte Haber-Bosch-Verfahren, der großindustriell einsetzbaren Gewinnung von Stickstoff aus der Luft. Als Verfahren zur Synthese von Ammoniak verbraucht der Prozess aber so viel Energie, dass er nur mit fossilen Brennstoffen umgesetzt werden kann, ein Beispiel für Mechanismen, wovon wir durch die dritte Transformation wegkommen müssen. Der WBGU propagiert dies durch Hauptgutachten und dazu Kurzzusammenfassungen, die sämtlich in Volltext als pdf zugänglich sind. Die Verbreitung der Ideen wird auch gefördert etwa durch ein Sachcomic, welches das Hauptgutachten für Laien zugänglich machen will (Hamann et al. 2013).

Auch Uwe Schneidewind, Mitglied im WBGU, im *Club of Rome*, und Präsident des Wuppertaler Instituts für Klima, Umwelt und Energie, der eine wichtige Rolle in der öffentlichen Diskussion spielt, wiederholt, dass das Anthropozän den notwendigen Zivilisationssprung markiere, die einen Weltgesellschaftsvertrag als neue »Geschäftsgrundlage« erfordere, kurz , »die im 21. Jahrhundert anstehende dritte ›große Transformation‹ der Menschheitsgeschichte« (Schneidewind 2019: 134, ähnlich schon Schellnhuber 1999). Als Begründung der Notwendigkeit und Dringlichkeit dieses fundamentalen Umbaus der Wirtschaft und Gesellschaft wird in den Publikationen, z. B. in den umfangreichen Hauptgutachten des WBGU, auf die Idee des Anthropozäns zurückgegriffen. Es fällt allerdings auf, dass wissenschaftliche Beiträge zum Anthropozän in den Hauptgutachten des

WBGU durchgehend nur sehr punktuell herangezogen werden (WBGU 2011a: 66, 2014, 2016, 2020). Auf grundlegendere kritische Stimmen zur projektierten Großen Transformation, die dies als depolitisierendes Projekt sehen, gehe ich in Kap. 4.4 und 4.5 ein.

Es erscheint zunächst als eine der Paradoxien im Diskurs um das Anthropozän, dass ein Begriff, um dessen Etablierung Naturwissenschaftler streiten, von den Kulturwissenschaften gerade in Deutschland zunächst als Faktum aufgenommen worden ist (Görg 2016: 9). Im Zentrum der frühen Suchbewegungen stand zunächst nicht der Diskurs, wie noch in der Postmoderne in den 1980er- und 1990er-Jahren, sondern materielle Abhängigkeiten: »Matter does matter«. Feuilletons und Museen hat das Zögern der Naturwissenschaftler nicht daran gehindert, das neue Zeitalter schon zu vermessen, bevor es in den Geowissenschaften anerkannt ist. Schnell widmeten sich die Geistes- und Kulturwissenschaften dann aber dem Diskurs über das Anthropozän (Klingan et al. 2015, Springer & Turpin 2015).

Das Haus der Kulturen der Welt (HKW) in Berlin startete 2013 ein großes Anthropozän-Projekt. Unter Schirmherrschaft von Crutzen und in Zusammenarbeit mit dem Max-Planck-Institut für Wissenschaftsgeschichte war es ein inter- und auch multidisziplinäres »Anthropozän-Projekt Kulturelle Grundlagenforschung mit den Mitteln der Kunst und der Wissenschaft« im Haus der Kulturen der Welt in Berlin 2013–2014 statt (Möllers 2013, Möllers et al. 2015, Haus der Kulturen der Welt 2013, 2014). Das Berliner Anthropozän-Projekt wurde im »Technosphere«-Projekt von 2015–2019 fortgesetzt und von »Anthropocene Lectures« 2017–2018 begleitet.Das HKW finanzierte auch bis 2023 die zusammen mit der Anthropocene Working Group (AWG) organisierte weltweite Suche nach Kandidaten für den *Golden Spike*. Die zentrale Idee war dabei, das als Anlaß zu nehmen, die naturwissenschaftliche, historische und kulturelle »Konstruktion« des Anthropozäns zu untersuchen und das vor allem publikumsorientiert, künstlerisch und mit experimentellen Formaten zu vermitteln (Zalasiewicz et al. 2023: 318, Rosol et al. 2023).

Diese Aktivitäten im deutschen Sprachraum haben auch zu Ausstellungen geführt. Sie kulminierten in einer großen Ausstellung im Deutschen Museum in München 2014–2016, die programmatisch im Anschluß an

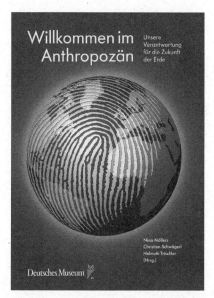

Abb. 2.4   Titel der weltweit ersten Großausstellung zum Thema 2014 (Buchumschlag), *Quelle: André Judä and Karen Schmidt, Deutsches Museum München*

den *Economist*-Aufsatz titelete »Willkommen im Anthropozän. Unsere Verantwortung für die Zukunft der Erde« (Möllers & Schwägerl 2015). Nachdem die erste Ausstellung zum Anthropozän in Naturkundemuseen 2013 in Durham in North Carolina war Oliveira et al. 2020: 335), war die Münchener Ausstellung weltweit die erste große Ausstellung zum Thema (Abb. 2.4). In dieser über mehr als ein Jahr laufenden Schau wurde die Rolle von Technologie und Infrastruktur in den Mittelpunkt gerückt (zur Kritik vgl. Jørgensen & Jørgensen 2016). Zusammen mit Fabienne Will habe ich selbst im Deutschen Museum eine kleine Fotoausstellung unter dem Titel »Wir sind das Anthropozän, Schrecken und Schönheit globalen Wandels« organisiert (Antweiler & Will 2024).

In der Forschung gab es in Deutschland in jüngerer Zeit mehrere große kultur- oder sozialwissenschaftliche Projekte, die das Anthropozän zum Thema hatten oder es zumindest stark berührten. Vorreiter waren die Aktivitäten und Publikationen des *Rachel Carson Centers*, das sich sozial- und kulturwissenschaftlich mit Umwelt im globalen Rahmen befasst und schon früh zum Anthropozän arbeitete (z. B. Trischler 2013). Ein DFG-Projekt an der Universität Vechta befasste sich 2017–2020 unter dem Titel »Narrative des Anthropozäns in Wissenschaft und Literatur. Strukturen, Themen, Poetik« mit Erzählformen zum Anthropozän aus literatur- und medienwissenschaftlicher Sicht (Dürbeck 2015, 2018a, 2018b, Dürbeck & Nesselhauf 2019, Dürbeck & Hüpkes 2021, Mauelshagen 2019, 2020, Probst 2020).

Eine Hamburger DFG-Kolleg-Forschungsgruppe untersuchte 2019–2021 »Zukünfte der Nachhaltigkeit« aus vorwiegend soziologischer Sicht und befasste sich mit der Frage, welchen Reim man sich gesellschaftstheoretisch auf das Anthropozän machen kann (Adloff & Neckel 2020, Adloff et al. 2020, Adloff & Busse 2021). Kolleginnen und Kollegen an der Universität zu Köln, meiner Alma Mater, erforschen in einem aktuellen Projekt Zusammenhänge zwischen Flora, Fauna und Menschen in der grenzüberschreitenden Landschaft im südlichen Afrika unter dem Titel »Rewilding the Anthropocene«. Ein Forschungsschwerpunkt am Max-Planck-Institut für Wissenschaftsgeschichte befasst sich seit 2017 mit »Knowledge in and of the Anthropocene« (MPI 2017). Eine neuere Initiative des MPI fördert die Einführung eines neuen Forschungsgebiets »Geoanthropologie« als einer Erde-Mensch-Wissenschaft des Anthropozäns. 2023 wurde in Jena das »Max-Planck-Institut für Geoanthropologie« gegründet. Geoanthropologie ist die Erforschung der Gesamtheit der Prozesse, der Mechanismen und naturgeschichtlichen wie kulturhistorischen Wege, die menschliche Gesellschaften ins Anthropozän führen (Renn 2021: 5, vgl. Renn 2020: 375–376). Das ähnelt teilweise einer geforderten »Geosoziologie« (Bammé 2016, Schroer 2019, 2022). Die mit dem Anthropozän befassten Sozial- und Geschichtswissenschaften werden zunehmend internationaler. So fördert das Maria Sibylla Merian Center der Universität Bielefeld die Erforschung des Anthropozäns in Lateinamerika, wozu in Zusammenarbeit mit dortigen Kollegen ein sechs-bändiges Handbuch erschien (Kaltmeier et al. 2024a).

2.2 Anthropozän – tatsächlich eine neue Perspektive?

> We are all struggling for an appropriate language to help us analyze
> the changing human and ecological condition.
>
> *Simon Nicholson & Sikina Jinnah 2016: 4*

Vielfach besteht das Missverständnis, das »Anthropozän« ein einfach beschreibender Begriff sei, etwa für das, was man früher schlicht »Umweltschäden« nannte. Dem ist mitnichten so. Anders als frühere Umweltbegriffe ist »Umwelt« in der anthropozänen Sicht der Erdsystemwissenschaften nicht mehr die lokale Lebensumwelt, sondern die gesamte Ökosphäre als Grundlage allen Lebens (Warde et al. 2018). Die Frage, als was das Anthropozän eigentlich aufzufassen ist, ist so umstritten wie unklar. Zunächst lassen sich drei Stränge unterscheiden: das geologische Konzept, das erdwissenschaftliche Konzept und die kulturwissenschaftliche Idee sowie die gerade besprochene Aneignung des Begriffs in Medien, Populärkultur, Kunst und Öffentlichkeit. In der konkreten Praxis der multipolaren Debatte zum Anthropozän sind diese Stränge aber diskursiv eng verknüpft (Trischler 2016a, 2016b, Trischler & Will 2019: 236).

Was genau gemeint ist, ist häufig diffus oder bleibt offen: Ist Anthropozän eine geologisch-stratigrafische Phase, so, wie es technisch zu sehen ist, oder bildet das Anthropozän einen weitergehenden geowissenschaftlichen Befund? Oder bildet das Anthropozän eher eine geologische Spekulation, die aus einer *angenommenen* Zukunftsentwicklung zurückblickt: also eigentlich *Science Fiction* im engeren Sinn. Das Konzept beinhaltet neben beschreibenden Komponenten vielfach auch normative Setzungen. Die folgenden zwei Äußerungen, eine aus der Geobiologie und eine aus den Literaturwissenschaften, bringen zwar keine Definition im technischen Sinn, aber sie bringen den begrifflichen Kern hinter dem Wort »Anthropozän« auf den Punkt und zeigen zugleich wichtige Schattierungen:

> »Das Anthropozän ist als Konzept zuerst eine wissenschaftliche Hypothese, die besagt, dass die vom Menschen initiierten Veränderungen sich bereits in geologisch sichtbarer Form niederschlagen und von ausreichend langfristiger Natur sind, um sie auf der Zeitskala der Erdgeschichte zu verorten« (Schwägerl & Leinfelder 2014: 234).

»Der Begriff ›Anthropozän‹ bezeichnet ein neues geologisches Zeitalter, in dem die Menschheit den dominanten geophysikalischen Einfluss auf das Erdsystem hat und daraus die Verantwortung des Menschen für die Zukunft des Planeten abgeleitet wird. Das Konzept enthält zugleich eine Aufforderung, die Stellung des Menschen zur Natur und im Kosmos neu zu bestimmen und verantwortlich mit den begrenzten natürlichen Ressourcen umzugehen« (Dürbeck 2018a: 11).

Beim Anthropozän als postuliertem Faktum geht es darum, dass die Menschheit die oberflächennahen Sphären des Planeten *substanziell* verändert, vor allem durch Auswirkungen von Technologie. Menschliches Handeln bewirkt in seiner Summe einen globalen und einen Großteil der Geosphäre durchgreifenden Wandel. Dieser ist schon jetzt so weit gediehen, dass es auf dem Planeten *kein einziges* Ökosystem ohne anthropogene Komponente gibt. Kurz: Die Menschheit ist zu einem tiefgreifenden Geo-Faktor geworden.

Anthropozän – ein Ordnungsbeitrag zum Sachverhalt und zur Idee

> Avoiding any simplifying
> conclusions is perhaps the best advice
> when studying grand transitions.
>
> *Vaclav Smil 2021: 16*

Ich wiederhole die leitende These: der in geologischen Zeiträumen gesehen beschleunigte bzw. abrupte Wandel hinterlässt Spuren in entstehenden Schichten von Sedimenten und dies rechtfertigt die Einführung eines eigenen geo-chronologischen Zeitabschnitts (»zän«, »neues« bzw »rezentes Zeitalter«). Der 2000 heiß diskutierte Vorschlag ist, den jüngsten Teil des Holozäns (»völlig neues Zeitalter«), populär das »Nacheiszeitalter«, aufgrund der akkumuliert erdsystemrelevanten Auswirkungen menschlichen Handelns als eigene Ära im System der Stratigrafie der *International Commission on Stratigraphy* (IGS) abzugrenzen. Hierbei ist zu beachten, dass die Epoche des Holozäns vor knapp 12.000 Jahren begann und damit geologisch gesehen ohnehin eine sehr kurze Phase der Erdgeschichte bildet.

Inwiefern verhalten sich die Konzepte zu den geologischen Fakten? Bildet Anthropozän eine Beschreibung der menschlichen Lebensform der Moderne, oder handelt es sich um einen offenen und gleichzeitig Probleme und Fragen bündelnden Schlüsselbegriff, wie es etwa beim Wort Resilienz der Fall ist (Bröckling 2017, Chandler 2018, 2020). Ist die Idee des Anthropozäns eine echte neue Denkfigur oder lediglich eine semantische Verschiebung (Bruns 2019: 56–58)? Bildet Anthropozän eine aufschlussreiche Metapher für Verunsicherung und Verängstigung oder auch für kreative Problemlösungen? Oder haben wir eine begrifflich verkappte autoritäre Ideologie vor uns (so etwa Baskin 2015, Haraway, in Haraway et al. 2016: 536, Bruns 2019)? Haben wir es vielleicht gar nur mit einem wirkmächtigen, inhaltlich aber eher leeren Schlagwort oder einem allzu überladenen *catch-all-term* zu tun?

Eine grobe Unterteilung der äußerst verschiedenen Auffassungsweisen lässt sich zwischen naturwissenschaftlichen und humanwissenschaftlichen Verständnissen machen (Zalasiewicz et al. 2021: 9, Fig. 3). In den Naturwissenschaften wird Anthropozän als deskriptives bzw. analytisches Konzept zur erdsystemaren Ebene verstanden, während Geistes- und Kulturwissenschaftler darunter eher einen normativen (»Was sollten wir wissen?«) oder narrativen Begriff (»Wie sind wir hierhin gelangt?«) oder eine narrativ-normative Kombination, die die Verantwortlichen benennt (»Warum sind wir hier hingelangt?«) oder aber eine Aufforderung zum Handeln (»Was müssen wir jetzt tun?«) verstehen. Die folgenden Tab. 2.2 und Tab. 2.3 zeigen die darin verborgene tatsächliche Polyvalenz von Auffassungen zu einem Wort, das starke Resonanzen erzeugt, insgesamt genommen sogar ein »begriffliches Erdbeben« (Rowan 2014: 447, Egner & Zeil 2019: 15, 28–30) hervorruft.

Anthropozän ist aufzufassen als ...	Autor/en
Erdsystem: geophysikalischer Befund eines neuen Status (»new state«, »new earth«, »transformed earth«), (Erdsystemwissenschaften)	Crutzen 2000, Chakrabarty 2009, Leinfelder 2012, Ziegler 2019: 278, Syvitsky et al. 2020, Renn 2020, Zalasiewicz et al. 2021: 6–8
Epoche: geochronologisch und archäologisch, emergente Epoche (Geologie)	Anthropocene Working Group (AWG) 2019, Dryzek & Pickering 2019: 2, Zalasiewicz et al. 2021: 1

Anthropozän ist aufzufassen als …	Autor/en
Epoche: geologisch, Holozän ist beendet (Geologie, Paläobiologie)	Zalasiewicz et al. 2021: 1
Epoche: biogeografisch, Auflösung der biotischen Besonderheit von Orten (place)	Lomolino 2020: 19
Epoche: geosoziokulturelle Phase	Bajohr 2019: 64
Ereignis (event), statt einer formalen Epoche	Gibbard et al. 2021, Finney & Gibbard 2023; dagegen Waters et al. 2022, 2023
Neue »universale« Geschichte (geohistory)	Chakrabarty 2009: 221, 2021
Kumulativer Zivilisations-Impakt auf globale Umwelt	Syvitski 2012, Syvitsky et al. 2020
Historiografische Periode, historische Materialisierung der Mensch-Umwelt-Beziehung	Bauer & Bhan 2018: 17
Problem, soziales und/oder ökologisches; mehrere Varianten: vgl. Tab. 4	Wapner 2012, Lövbrand et al. 2015, Mathews 2020: 67, 77

Tab. 2.2 Polyvalenz des Anthropozäns (1): Verständnis als neue Erdsystem-Phase, geochronologische oder historische Epoche (deskriptiv, analytisch, Anthropozän 1, Anthropozän 2 und Anthropozän 3)

Anthropozän ist aufzufassen als …	Autor/en
Erzählung, Narrativ, Narration, *master narrative* (oft apokalyptisch, z. B. der Umweltzerstörung, viele Varianten)	Masco 2010, Moore 2015a: 27, Dürbeck 2015, 2018, Hoiß 2017: 17–25
Metanarrativ	Dürbeck 2018, Haardt 2022: 158
Naturalistische Meistererzählung der Menschheit, distanziert »aus dem Nirgendwo« (*geocratic grand narrative*)	Bonneuil 2015: 20, 29, Bonneuil & Fressoz 2016: 45–96
Appell, »Weckruf«, Problemformulierung, die Verantwortung erzeugen soll, »Aufbruchslosung«, die motivieren soll	Crutzen 2002, Purdy 2020, Horn & Reitz 2020
Neue universale Geschichtsschreibung	Chakrabarty 2009: 221
Integratives Konzept für globalen Wandel	Zalasiewicz et al. 2015: 198–199 (AWG)
Sammelbegriff für globale Krisensymptome, Bündelbegriff	Horn & Reitz 2020, Goeke 2022: 88, Horn 2024a

Anthropozän ist aufzufassen als …	Autor/en
Denkrahmen, Meta-Konzept, neue Brille«	Ostheimer 2016: 34; Bornemann et al. 2019, Ellis 2018
Ereignis (*event*), statt Ding, neue menschliche Lage (*condition*) und auch politisches Ereignis	Bonneuil & Fressoz 2016: xiii, 24
Dilemma (*collective predicament*), existenzielle Krise	Magni 2019, Thomas et al. 2020: 3, 196
Kulturelles Konzept, Begriff (*designation*), kulturelle Idee, Idee als soziales Faktum, im Entstehen befindliche Idee	Kersten 2013: 40, Lövbrand et al. 2015: 212, Moore 2015a: 27, Purdy 2015: 16
Konstrukt	Kruse et al. 2011, Neckel 2020: 157
Zentrales Denksystem (der Erdwissenschaften)	Lövbrand et al. 2015
Hypothese	Egner & Zeil 2019: 16
Geo-Geschichte, *geostory* (vs. *geohistory*), Narrativität	Latour 2017, Arizpe Schlosser 2019: 267
Zeitkonzept zur Gegenwart, implizit auch zu Vergangenheit und Zukunft	Moore 2015a: 27, 41, Rabinow 2008
Schlagwort, *buzzword*, Worthülse (für unumgängliche Veränderung durch den Menschen)	Moore 2015a: 27, 41, Malhi 2017: 93, Uekötter 2020: 643, 2021, Herrmann 2014: 44–45, 2021, pers. Mitt.
Grenzobjekt (*boundary object*) sensu Star & Griesemer 1999	Lorimer 2017: 117ff.
Leerer Signifikant (»A.« bedeutet alles oder nichts)	Moore 2017: 600; Bubenzer et al. 2019: 29
Fulgurationsfigur und apotropäisches Wort	Herrmann 2015: 7
Soziale Kategorie	Moore 2015a: 27
Modus der Selbstbeschreibung (der Gesellschaft)	Werber 2019: passim, Goeke 2022
Weltformel	Lippuner et al. 2015: 5–7
Reflexionsbegriff	Dürbeck 2015: 113, Lippuner2015: 14
Prozess, der über sich selbst reflektiert	Renn & Scherer 2017, Scherer 2015, 2017
Wahrheitsanspruch als Ökoautorität	Howe 2014
Politisches Statement	Gibbard & Walker 2014, Herrmann 2014: 44–49, Finney & Edwards 2016: 8.9

Anthropozän ist aufzufassen als ...	Autor/en
Anti-Politik-Maschine (*anti-politics machine*)	Krauß 2015a: 59–60, 74
Weltbeobachtungs-und Transformationsimperativ	Goeke 2022: 101–103
Absolute Metapher einer Diskursindustrie (zur Industriepolitischen Kritik)	Metejovski 2016: 9, 14
Gegendiskurs (gegen Globalisierung)	Dibley 2012
Planetare Imagination, *imaginery*	Moore 2015a: 27, 2015b; Adloff et al. 2020
Geopolitische Imagination	Lövbrand et al. 2020, Dalby 2020
Science fiction (nicht-gewohnte Zeit und Raum)	Swanson et al. 2015: 149
Hyperobjekt	Morton 2013, Tsing et al. 2019: 190
Paradigma (*paradigm shift*), neues Denken	Baskin 2015: 9, Maslin & Lewis 2015: 108, 114, Krämer 2016, kritisch, Bauer & Bhan 2018: 4
Evolvierendes Paradigma, zu verbesserndes Paradigma	Butzer 2015, Bauer & Bhan 2018: 12
Diskursive Arena, diskursiver Raum, konzeptuelles Terrain	Gibson & Venkatesvar 2015: 6, 9, Chua & Fair 2019, Moore 2015a: 41
Wissenschaftliche Wende (*geologic turn*)	Bonneuil 2015: 19–31
Problemrahmung, Problemraum	Moore 2015a: 27, 41
Schlüsselbegriff (z. B. zur Gegenwartsdiagnose)	Werber 2019
Krisendiagnose, Krisenrhetorik	Rockström et al. 2009, Moore 2015a: 35, Matejovski 2016, Egner & Groß 2019
Schwellen- oder Grenzkonzept (*threshold concept, boundary concept*)	Bonneuil & Fressoz 2016: xiii, Clark 2015: 21, 176–178, Görg 2016: 10 Cera 2022: 129
Aushandlungszone (*trading zone*) für zentrale Fragen zur Gegenwart und Zukunft der Menschheit auf der Erde und darauf bezogene Evidenzproduktion und -sicherung	Will 2021
Brückenkonzept, Plattform für Allianzen der Wissenschaften, Querschnittsaufgabe	Dürbeck 2015: 107, Brondizio et al. 2016, Arizpe Schlosser 2019: 276
Depolitisierendes Narrativ, *mainstream story*	Lövbrand et al. 2015: 212

Anthropozän ist aufzufassen als ...	Autor/en
Ideologie, ideologisches Projekt (z. B. Durchsetzung autoritärer Politiken oder des Neoliberalismus	Baskin 2015, Visconti 2014: 382, Wilson 2016: 84–86, 95, Malm 2016, 2021b, Mathews 2020: 70; Finke 2022
Label, Ablenkung, semantische Verschiebung (z. B. Ablenkung von Ungleichheit)	Malm & Hornborg 2014, Demos 2017, Bruns 2019
Domestizierendes Konzept gegen als unheimlich empfundene Erfahrungen und Erwartungen	Taddei et al. 2022: 7
Popkulturelles Phänomen in Kulturkämpfen zur Umwelt	Autin & Holbrook 2012
Scholastische Weltsicht	Neckel 2020: 162–167
Theodizee (zum »guten Anthropozän«)	Hamilton 2015
Politischer Motivator für Handeln und Generator für die Übernahme von breiter Verantwortung bzw. für das Eintreten für Umweltgerechtigkeit	Gibson & Venkatesvar 2015: 6, Görg 2015, 2016: 10, Bauer & Bhan 2018: 6?, Clark & Szerszynski 2021: 3
Potentes Label oder Waffe (zur Erzeugung von Aufmerksamkeit, zur Umsetzung von Nachhaltigkeit)	Gibson & Venkatesvar 2015: 7, Moore 2015a: 27
Produktive Idee (vor allem gegen Dualismen, wie Natur/Kultur und Subjekt/Objekt)	Gibson & Venkatesvar 2015: 7
Augenöffner für Haltung der Offenheit und Neugier gegenüber Mitlebenden	Rose 2013
Hoffnungsanker (für einen bedrohten Planeten)	Gibson & Venkatesvar 2015: 18–19, Cunsolo & Landmann 2017, Folke et al. 2021: 851–853
Geschichtsphilosophischer Begriff zur Kennzeichnung von jetziger Epoche, Zäsur; plus Handlungsaufforderung	Schüttpelz, pers. Mitt. 2021
Palimpsest (A. als immer wieder neu zu beschreibende Folie)	Scherer 2022

Tab. 2.3 Polyvalenz des Anthropozäns (2): Verständnis als kulturelle Idee bzw. Konzept (narrativ und/oder normativ; Anthropozän 4)

Angesichts der schier uferlosen Vielfalt der Weisen, das Anthropozän zu verstehen, wurden Ordnungsvorschläge gemacht. So unterscheidet Bonneuil (2015: 18–29) ebenfalls vier Varianten, die er als »Narrative« bezeichnet (vgl. ausführlicher in 3.4): (a) das naturalistische Narrativ (menschliche Spezies als Geofaktor), (b) das post-naturale Narrativ (Entwicklung einer hybriden Techno-Natur), (c) das ökokatastrophische Narrativ (möglicher Kollaps von Zivilistation und Lebewelt) und (d) das ökomarxistische Narrativ (Anthropozän als Resultat einer Geschichte der Ungleichheit). Buhr unterscheidet ebenfalls vierfach, zwischen Phänomenlage, Konzept, Dringlichkeitsbotschaft und der Frage nach der »ontologischen Sutuation« des Menschen (Buhr 2022: 312–313).

Dibley macht eine Unterscheidung von sieben Konzeptverständnissen inerhalb einer Vielfalt von Konzeptverständnissen sieben Hauptformen: (1) Epochenname und Menschen als Geofaktor (2) Markierung eines zeitlicher Wechsels, 3) ein riskanter Zustand, der menschliche Freiheit einschränkt, 4) Auflösung der Trennung von Gesellschaft und Natur, (5) die neue enge Beziehung zwischen der Erde und den Menschen als »Erdlingen«, (6) ein neues Konzept der Erde als System und (7) die unvermeidliche Veränderung von Zukunftsvorstellungen jenseits von Fortschritt (Dibley 2012).

Diese und andere Ordnungsbeiträge (etwa Toivanen et al. 2017, Lorimer 2017) von Aspekten des bzw. Perspektiven auf das Anthropozän bringen begriffliche Ordnung, aber sie übersehen den grundlegenden Unterschied zwischen geologischen und anderen Verständnissen. Toivanen und Kollegen unterscheiden zwar zwischen vier »Zugängen«, wie sie es nennen, (a) geologischem, (b) biologischem, (c) sozialem und (d) kulturellem Anthropozän (Toivanen et al. 2017: 187–192). Auch sie vermengen dabei aber Geologie und Erdsystemwissenschaft. Um den *unterschiedlichen* Interessen, Daten und auch Methoden verschiedener Zugänge, insbesondere aber dem zwischen Geologie und Erdsystemwissenschaft gerecht zu werden und gleichzeitig nicht uferlos zu werden, schlage ich folgende vier Grundverständnisse des Wortes »Anthropozän« vor.:

(1) Ein erstes Verständnis (Anthropozän 1) ist erdwissenschaftlich geleitet und meint die erdhistorische Zäsur im Status des Systems Erde (*new state*) etwa ab der Mitte des 20. Jh., *vorwiegend* aufgrund der Effekte menschlichen Handelns als wichtigem Geofaktor.

(2) Ein zweites Verständnis (Anthropozän 2) ist geologisch geprägt, das stratigrafische Anthropozän. Hier ist die Summe der Ereignisse während der sehr kurzen und gegenwärtig andauernden geochronologischen »Epoche« gemeint. Dazu zählen *sämtliche* Ablagerungen während dieses Zeitintervalls (synchron), *unabhängig* davon, ob anthropogener, teilweise natür-

licher oder gänzlich natürlicher Genese, als geologische »Serie«. Das ist die dominante Auffassung im Unterschied zur Minderheit in der AWG.

(3) Ein drittes, zeitlich erweitertes und räumlich beschränkteres, Verständnis (Anthropozän 3), ist primär archäologisch und historisch geprägt und kann als diachrones Anthropozän bezeichnet werden. Hier ist die Summe *aller* empirisch nachweisbaren Einflüsse des *Homo sapiens* auf die Geosphäre quer durch alle Zeiten gemeint, auch wenn sie sich zunächst nur regional zeigen. Das ist die Auffassung der Minderheit und ähnelt dem Begriff der Archäosphäre.

(4) Ein viertes Verständnis (Anthropozän 4) kommt aus den Geistes-, Kultur- und Sozialwissenschaften. Das ist ein Synthesebegriff für Konsequenzen des Bruchs durch den menschengemachten Umweltwandel und umfasst auch entsprechende Reflexionen, vor allem zur Verantwortung und zum Status des Menschen zur bzw. in der Natur. Dieses Verständnis kann als Meta-Ebene zu den analytischen Ebenen von Anthropozän 1, 2 und 3 gesehen werden (vgl. Zalasiewicz et al. 2021).

Vorläufer des Konzepts – kein alter Wein in neuen Schläuchen

Die Diagnose eines menschengemachten und dauerhaften und ggf. unumkehrbaren Wandels der Erde als *einem System* unterscheidet sich grundlegend von den Vorläufern des Anthropozänkonzepts (Hamilton 2015, Hamilton & Grinevald 2015, Will 2021: 12–13). Das heißt aber nicht, dass es keine Vorläufer für Teilaspekte des Konzepts gegeben hat. Ein spiritueller Vater des Anthropozäns ist der Biologe Alfred Russel Wallace (1823–1913), der Zeitgenosse Darwins. Wallace wies in populärwissenschaftlichen Werken schon 1898 auf die »Plünderung der Erde« hin und brandmarkte das als gleichermaßen rücksichtslosen wie verantwortungslosen Umgang mit der Natur, weniger im Kampf ums Dasein, sondern im »Kampf um Wohlstand«. In einem weiteren Werk konkretisierte er das durch Beschreibungen der Rodung tropischer Wälder für Kaffeeplantagen in Südostasien (Wallace 1910, 2019, dazu Kutschera 2013).

Über den Einfluss von Menschen auf die Geosphäre wird aber schon seit Langem gesprochen, mindestens seit dem 17. Jahrhundert. Lange vor de Buffon und Hutton schrieben etwa Émile Rousseau, René Descartes und Francis

Bacon über den starken menschlichen Einfluss beim Wandel der Erde, auch wenn sie nicht das weltweite Ausmaß sahen (Grinevald 2012, Hamilton & Grinevald 2015, Dürbeck 2018b: 4). Innerhalb der Genese der Vorstellungen zum Klima, einer historisch jungen Idee, gab es ab dem späten 19. Jahrhundert einen Klimabegriff, der kulturelle Faktoren mitdachte und auch erste Überlegungen zu weltweiten Enflüssen des Menschen bedachte (Horn 2016, 2024b). Die Frage ist, in welcher Hinsicht die Fragen zum Mensch-Natur-Verhältnis wirklich neu sind. Bernd Herrmannn als scharfer Kritiker des Anthropozän-Begriffs sagt:

> »Als hätte es das gesamte abendländische Raisonnement über den Menschen und sein Verhältnis zur Natur vor der Einführung des Anthropozän-Begriffs nicht gegeben, *scheint* gleichsam plötzlich erst dieser Begriff die Gestaltungsmacht des Menschen zu Bewusstsein gebracht zu haben« (Herrmann 2016: 46, Herv. CA).

Ein Bewusstsein dafür, dass Menschen ihre Umwelt großräumig und dauerhaft verändern und dass natürliche Rohstoffe knapp werden, entwickelte sich unabhängig von Europa auch schon im 18. Jahrhundert in China und im asiatischen Teil Russlands. Dies gilt auch für die Wahrnehmung des durch Menschen verursachten Artenschwunds, etwa durch zunehmende Abholzung von Wäldern in China (Marks 2015, 2020: 116). Diese nichteuropäischen Vorläufer eines Bewusstseins für das Anthropozän wurden erst durch neue Untersuchungen aus der Globalgeschichte bekannt, die die Weltgeschichte weniger europazentriert erforschen wollen. Etliche Untersuchungen dieser Forschungsrichtung stellen die Rolle Asiens bei der Entstehung der modernen Welt heraus, was ich in Kap. 7 wieder aufnehme. Aber nicht nur begrifflich, sondern auch terminologisch hat das »Anthropozän« Vorläufer (Steffen at al. 2011, Davis 2011, Davies 2016: 43, Bonneuil & Fressoz 2016: 4, Guyot-Téphanie 2020).

Der dem Anthropozän sprachlich ähnliche Neologismus »Anthropozoikum« wurde zunächst vom Thomas Jenkyn aus Wales (1854), vom Iren Samuel Haughton (1865) verwendet. Angesichts der industriellen Revolution argumentierte besonders der italienische Geologe und Geistliche Antonio Stoppani (1824–1892, Abb. 2.5) in seinem Werk *Corso di geologia*

Abb. 2.5 Büste von Antonio Stoppani (1824–1829) in Mailand, *Quelle: Museo civico di storia na turale a Milano, Foto: Giovanni Dall'Orto*

(*era anthropozoica*, Stoppani 1873). prononciert dafür, dass der Mensch eine neue »tellurische Macht« sei, die den großen Naturgewalten gleichkäme. Der Begriff wird zuweilen noch heute verwendet, etwa vom Zoologen Hubert Markl (1986, 1998: 23) und vom Paläoklimatologen Broecker, der auch explizit von der anthropozoischen *Ära* spricht, was die Bedeutung gegenüber einer Epoche ausweitet (Broecker 1987). Die frühen Gelehrten waren zugleich Geologinnen und Theologen bzw. Geistliche. In den 1870er-Jahren kamen Begriffe auf, die dem Anthropozoikum weitgehend synonym sind, als Name für das Zeitalter des Menschen bzw. für den nacheiszeitlichen Zeitraum, den man vor Etablierung des Begriffs Holozäns durch Charles Lyell 1833 als »Rezent« bezeichnete. Ein Beispiel ist der Begriff »Psychozoikum« für die Zeit des Heraufdämmerns menschlichen Bewusstseins durch den Begründer der synthetischen Evolutionstheorie Julian Huxley. Huxley schlug auch vor, den Menschen wegen seiner einzigartigen Merkmale seines zentralen Nervensystems in den Rang eines eigenen Reichs des Lebens als »Psychozoa« zu erheben (Huxley 1966, vgl. Oeser 1987: 52, Reszitnyk 2020).

Inhaltlich dem Anthropozän ähnliche Vorläufer entstanden in den 1920er-Jahren. Der russische Geologe Alexej Petrovich Pawlow prägte 1922 den Begriff »Anthropogen« (»-gen« steht als formale Endung für eine geologische Periode) für die mit dem Auftreten des Menschen einsetzende Periode, was mehr oder weniger dem heutigen Quartär gleichkommt (Rull 2017: 1067, 2018). Zentral sind die Werke des Russen Vladimir I. Vernadskij (1863–1945), des Begründers der Biogeochemie und sein Begriff »Noosphäre«. In seinen philosophischen Schriften entwarf er ein dreiteiliges Konzept von Geosphäre, Biosphäre und Noosphäre. Die »Noosphäre«, verstand er als Sphäre menschlichen Denkens, einer weltweiten Verknüpfung von Kultur und gemeinsamen Ideen, was sich mit neueren Ansätzen zu kumulativer kultureller Evolution ausbuchstabieren lässt. Anders als jene verstand er darunter eine Erdsphäre, die aus dem Wirken vernunftfähiger Menschen entsteht und die Biosphäre nach und nach durchdringt (Vernadskij 1997). Bezüglich der Biosphäre knüpfte Vernadsky an den Begründer dieses Begriffs an, den Geologen Eduard Sueß (1831–1914), ansonsten an den Bergson-Schüler Edouard Le Roy und den Jesuitenpater und Paläontologen Pierre Teilhard de Chardin. In sowjetischer Literatur nach dem Zweiten Weltkrieg wurde sporadisch das Wort »Anthropogen« als Synonym für das Quartär verwendet (Shanster 1973, Gerasimov 1979). Dieser Begriff wurde allerdings ohne Bezug auf anthropogene Wirkungen verwendet (Thomas et al. 2020: 44).

Diese Konzepte waren im Tenor teilweise durchaus positiv, ganz im Unterschied zu den derzeitigen in der Tendenz fast durchweg apokalyptischen Narrativen zum Anthropozän. Letztere übersehen, dass im Kern des Begriffs Apokalypse als einer Offenbarung systemischer Missstände dialektisch immer auch die Hoffnung auf eine bessere Welt mitgedacht ist (Horn 2014, Fladvad 2021: 158). Statt wissenschaftlicher Vorhersagen bieten manche Apokalypsen als vorwegnehmende Rückschauen auf die heutige Umweltlage *sinnstiftende* »Geschichtsüberblicke in Futurform« (Ostheimer 2016: 46). Dies ist mittlerweile ein populäres Buchgenre geworden. Zum Klimawandel haben die Wissenschaftsgeschichtlerin Naomi Oreskes und Eric Conway mit »The Collapse of Western Civilization« einen mahnenden Blick zurück aus der Zukunft gewagt (Conway & Morris 2014b).

In der ersten Hälfte des zwanzigsten Jahrhunderts bildete sich im Gefolge verstärkter Industrialisierung ein Bewusstsein für die durch kumuliertes menschliches Handeln erzeugten Dilemmata heraus. Jetzt wurde vor allem das schiere Ausmaß der Auswirkungen menschlichen Handelns bemerkt. Ein früher Vorläufer ist der amerikanische Diplomat, Schriftsteller und Naturschützer George Perkins Marsh (1801–1882), dem »Vater des amerikanischen Naturschutzes«. Sein Werk »Man and Nature, or, Physical Geography as Modified by Human Action« (Marsh 2021, orig. 1864) begründete die Umweltgeografie als Strömung der Geografie. Dies war eine frühe und ist eine bis heute wirkende Stimme (z. B. Olwig, in Haraway et al. 2016: 550).

Die Wirkmacht des Menschen auf Ökosysteme wurde schon früh vom Geologen Robert Sherlock und vom Pflanzenökologen Tansley gesehen. Tansley kritisierte das Konzept der Sukzession bei Pflanzengesellschaften, weil dort der menschliche Einfluss nicht gesehen wurde. Er führte 1923 den Begriff »anthropogen«, den es laut Meriam-Webster schon seit ca. 1883 gibt, in die wissenschaftliche Literatur ein (Tansley 1923: 48). In einem späteren Werk machte er eine klare Vorhersage eines kommenden Anthropozäns:

> »Limited at first to the regions where civilisation originally developed, this destructive activity has spread during recent centuries, and at an increasing rate, all over the face of the globe except where human life has not yet succeeded in supporting itself. It seems likely that in less than another century none but the most inhospitable regions – some of the more extreme deserts, the high mountains and the arctic tundra – will have escaped. Even these may eventually come, partially if not completely, under the human yoke« (Tansley 1939: 128).

Nichtsdestotrotz dominierten für lange Zeit Stimmen, die Auswirkungen menschlicher Aktivität für geringfügig hielten. Edward Wilber Berry beispielsweise meinte, die vermeintlichen Behauptungen der Noosphäre-Vertreter seien ein Überbleibsel mittelalterlichen holozentrischen Denkens (Thomas et al. 2020: 45). In der von modernistischen und technologischen Ideen geprägten Nachkriegszeit wurde Umwelt dann aber wieder verengt zu einem Objekt der Naturwissenschaften (Pálsson et al. 2013: 4). Aber es gab auch damals klare Stimmen zum globalen Ausmaß des menschengemachten Wandels. In einem frühen Umweltbestseller mit dem Titel »Our Plundered Planet« schrieb der Biologe Fairfield Osborn Jr., Präsident der *New York Zoological Society* schon 1948: »It´s man´s earth now. One wonders what obligations may accompany this infinite possession« (Osborne 1948: 66).

Erst in der unmittelbaren Nachkriegszeit wurden globale Wirkungen offensichtlich. Die Aufmerksamkeit für globalen durch Menschen erzeugten Wandel verstärkte sich dann noch einmal deutlich während des Kalten Krieges zwischen den 1950er- und 1980er-Jahren. Hierfür waren Atombombentests und auch das durch Raumfahrtmissionen gewonnene Wissen um den weltweiten Wandel ausschlaggebend (Horn & Bergthaller 2019: 102). Von zentraler Bedeutung waren die in den 1960er-Jahren aufkommende Umweltbewegung und die dadurch motivierten Studien des *Club of Rome* zur zukünftigen Entwicklung der Erde und den Grenzen des Wachstums (Meadows 1972). Diese Entwicklungen kulminierten im späten 20. Jahrhundert im Internationalen Geosphäre-Biosphäre Program (*IGBP*).

In den Geowissenschaften gibt es zum Thema viele Forschungen in der Geografie, deren zentraler Gegenstand bezüglich der Lithosphäre ja – im Unterschied zur Geologie – die Erdoberfläche im engeren Sinne ist. »Man´s impact on the earth« wurde spätestens seit den 1960er-Jahren zu einem wichtigen Forschungsthema in der physischen Geografie und der Geomorphologie, aber auch der Humangeografie (Simmons 1996, Anderson et al. 2013, Goudie & Viles 2016, Goudie 2019). Seit den 1980er-Jahren häufen sich auch Arbeiten zu großflächigen bis hin zu weltweiten Auswirkungen menschlichen Handelns, zumeist unter dem genannten Schlagwort »globaler Wandel« (Glaser et al. 2014, Flitner 2014, Messner 2016).

Erfahrungen mit weltweiten Krisen und das zunehmende Bewusstsein der Rolle des Menschen in und für die Entstehung solcher Krisen führten zu Krisendiagnosen: Krise der Umwelt, Krise des Kapitalismus, Krise der Entwicklung, Krise der Rationalität, ja sogar: Krise des Menschen. Die alle diese Zeitdiagnosen durchgehende Vorstellung dachte aber in Trends, in zunehmenden Entwicklungen im zwanzigsten Jahrhundert, wie es sich auch im Begriff des globalen Wandels zeigt. Offensichtlich, nämlich visuell dokumentiert und öffentlich wahrgenommen, wurden diese menschengemachten Überprägungen und Umgestaltungen der Landoberflächenbedeckung durch Satellitenaufnahmen und Satellitenbildatlanten (z. B. Eisl et al. 2011).

Ab etwa 1995 entwickelte sich eine *Earth System Science*, die umfassend geowissenschaftlich ausgerichtet war, und in der Geografie, Geologie und Geophysik zusammenkamen. Hier wurde der Begriff des globalen Wandels stark gebraucht. Sozial- oder kulturwissenschaftliche Forschungen zum Wechselverhältnis von Gesellschaft und Umwelt wurden ab den 1960er-Jahren in und zwischen vielen Disziplinen etabliert. In der Wirtschaftswissenschaft entwickelte sich die Umweltökonomie (*Environmental Economics*) und in der Soziologie die Umweltsoziologie (*Environmental Sociology* (als Übersicht Kropp & Sonneberger 2021). Die Geisteswissenschaften begannen, ab den 1970er-Jahren verstärkt, sich Umweltthemen zu widmen. Das schlug sich ab den 1980ern in Richtungen wie Umweltgeschichte (*Environmental History, Historical Ecology* (Isenberg 2014, Haumann 2019, Kupper 2021), der Umweltphilosophie (*Environmental Philosophy,* z.B. Höfele et al. 2022), besonders die Umweltethik (Ott 2020, Widdau 2021) und den Erziehungswissenschaften (Jagodzinski 2018, Wulf 2020a, 2020b, Sippl et al. 2022, Wobser 2024). Besonders intensiv haben sich die Literaturwissenschaft und die Medienwissenschaften mit dem Thema befasst, wo sich der Ökokritizismus (*Ecocriticism*) etablierte (sioehe Kap. 3).

Archäologen und historisch ausgerichtete Ökologen und Geografen erforschten seit längerer Zeit die Rolle sozialer Bedingungen für die Herausbildung von Landschaften (Crumey 1994). In den 1980er-Jahren kam die Politische Ökologie (*Political Ecology*) auf, die als umweltbezogenes Komplement der Politischen Ökonomie verstanden werden kann. Hier wurde herausgearbeitet, dass nicht nur Individuen und Kollektive, sondern auch Institutionen und Diskurse als Wirkfaktoren für Umwelten zu berücksichtigen sind. Die politische Ökologie trug durch konstruktivistisch beeinflusste Untersuchungen maßgeblich dazu bei, Bodenerosion und allgemeiner Umweltdegradation nicht als reine Naturprozesse, sondern als durch politisch mitbedingt zu erkennen (Blaikie 1985, Fairhead & Leach 1996). Ein Komplement dazu sind kulturgeografische Studien, die zeigen, dass Naturkatastrophen in der Regel auch in ihrer Entstehung großteils soziale Katastrophen darstellen. Eine Variante des Redens über globale Umweltprozesse ist Jason Moores Konzept der *World Ecology* (Moore 2020).

Gleichzeitig entwickelten sich viele Wissenschaftsfelder, die auf Nachhaltigkeit (*sustainability*) fokussiert waren. Die vermeintlichen Gegensätze von Natur und Kultur hatten sich schon in den späten 1900er Jahren im Konzept »sozialökologischer Systeme« aufgelöst. Ab den 2000er-Jahren häuften sich Forschungen zur Widerstandsfähigkeit von Ökoysystemen und Kollektiven nach Störungen (Resilienz, Folke 2006, 2016, 2020), später auch in Ethnologie und Archäologie (Bollig 2014, Bradtmüller et al. 2017). Erst im Gefolge der Anthropozän-Diskussion kulminierten viele dieser Richtungen um 2012 in der Institutionalisierung der *Environmental Humanities*, für die sich bislang noch keine treffende deutsche Bezeichnung durchgesetzt hat (Wilke & Johnstone 2017, Bergthaller & Mortensen 2018). Auch wenn es eine ausufernde Literatur zum Anthropozän gibt (ich habe rund 4300 Aufsätze in meinem Rechner), so hat es das Thema es auch in den Sozialwissenschaften noch kaum in den Kanon der etablierten Themen geschafft. Das gilt selbst für die thematisch dem Anthropozän naheliegenden Teilgebiete der sozialwissenschaftlichen Fächer, wie die Soziologie, wo dem Konzept in der Umweltsoziologie ein »vorsichtiges Willkommen« geboten wurde (Lidskog & Waterton 2016). Als Indiz kann die Zahl der Erwähnungen in neueren umfassenden Handbücher gelten. Im *Routledge Handbook of Environmental Anthropology* kommt Anthropozän auf vierzehn Seiten im Text jeweils kurz vor (Kopnina & Shore-Ouimet 2017), im zweibändigen *Handbuch Kultursoziologie* auf zwei Seiten (Moebius et al. 2019) und im *Handbook of Environmental Sociology* (Caniglia et al. 2021) auf sechs Textseiten.

Einige Autoren beschrieben *avant la lettre* inhaltlich ein Phänomen, was dem heutigen Verständnis des Anthropozäns nahekommt. Der Biologe und Philosoph Erhard Oeser schrieb 1987 ein Buch unter dem Titel »Psychozoikum«, womit der Julian Huxleys Begriff aufnahm. Ein Kapitel heißt dort: »Das Zeitalter des Menschen als Katastrophe der Naturgeschichte« (Oeser 1987: 51). Oeser spricht von Ackerbau in Monokulturen und Viehzucht in Massenhaltung als nur einem Zweck dienend: der »Ernährung des unersättlichsten Raubtieres, das je die Erde bewohnt hat«. Oeser betont, dass der Bruch, die eigentliche Katastrophe der gesamten Naturgeschichte sich vor allem in der Veränderung der Ablaufgeschwindigkeit aller vom Menschen bestimmten Prozesse zeigt (ähnlich Rosa 2015). Während Oeser vor allem den biologischen Bruch benennt, fasst ein anderer Autor diesen Bruch im

Jahr 1988, immerhin zwölf Jahre vor Crutzen, schon in spezifisch *geologischen* Begriffen:

> »We are acting on a geological and biological *order of magnitude*. (…) the *anthropogenic shock* that is overwhelming the earth is of an order of magnitude beyond anything previously known in human historical and cultural development. As we have indicated, only those geological and biological changes of the past that have taken hundreds of millions of years for their accomplishment can be referred to as having *any comparable order of magnitude*« (Berry 1988: 206, eigene Hervorhebung)

Mein Zwischenfazit ist, dass der Begriff vorhandene Ideen bündelt aber auch wirklich neues bringt. Zum einen handelt es sich bei »Anthropozän« um einen Begriff, der die Fähigkeit hat, schon vorher vorhandene Ideen und umweltliche Denkstile kongenial zu bündeln (Goeke 2022: 97–100). Zum Anderen enthält er aber auch konzeptuell substantiell Neues: geologisch-tiefenzeitliches Denken und erdsystemische Perspektive.

2.3 Wendepunkte und Brüche – wann wurde der Mensch geologisch?

Wir führen ein Experiment durch mit dem gesamten Erdsystem, das wir noch sehr unzureichend verstehen.

Jürgen Renn 2021: 3

Der derzeitige geologische Konsensus geht dahin, den Beginn des Anthropozäns Mitte des 20. Jahrhunderts, genauer um 1950, anzusetzen. Nach der in der *Anthropocene Working Group* dominierenden Sicht ist der Beginn der Epoche des Anthropozäns in der jüngsten Vergangenheit anzusetzen, nämlich mit dem Abwurf der ersten Atombombe oder noch besser mit der stärkeren ersten Wasserstoffbombe »Ivy Mike« im Jahr 1952 (Anthropocene Workig Group 2023: 4ff., Zalasiewicz & Wing 2024; Zalasiewicz et al. 2024). Der radioaktive Fallout dieser Bomben führte zu einem weltweiten Horizont von künstlichen Radionukliden. Es gibt jedoch eine Fülle von alternativen Vorschlägen, vor allem aus Geologie, Geografie, Archäologie und den Umweltgeschichtswissenschaften oder etwa den Studien zu sozialem bzw. kulturellen Gedächtnis und generationalem Vergessen in den *memory studies* (Craps 2024, Craps et al. 2018).

Grob lassen sich Vorschläge zu einem Beginn in den letzten rund 250 Jahren von anderen unterscheiden, die bis in die Frühgeschichte der Landwirtschaft zurückgehen (»junges Anthropozän« vs. »altes Anthropozän«, Kawa 2016, Hoelle & Kawa 2021: 656–657). Wo die chronologische Grenze, also das Einsetzen dieser Periode genau anzusetzen ist, ist jedoch umstritten, und diese Frage bildete ein Hauptthema der naturwissenschaftlichen Publikationen zum Anthropozän. Die grundlegende chronologische Entscheidung besteht also darin, das Anthropozän mit dem Auftreten des Menschen und besonders mit den ersten festen Siedlungen beginnen zu lassen oder erst ab der Zeit, in der die *kumulativen* Wirkungen menschlichen Handels weltweit nachweisbar sind – Anthropisation vs. systemische Veränderung (Wallenhorst 2024a: 432).

Das kann Kritiker des Begriffs etwa aus der Umweltgeschichtswissenschaft, veranlassen, zu sagen: »Das Anthropozän beruht im Moment auf gefühlten Grenzen, nicht auf objektiven« (Robin 2013, Herrmann 2014: 49, 2016: 49). In einem Leserbrief an *Nature* geht Noel Castree so weit, zu sagen, dass eine objektive Bestimmung des Beginns des Anthropozäns prinzipiell nicht möglich sei. Dabei würden notwendigerweise spezifische Werturteile dazu, wann quantitativer Wandel in qualitative Transformation übergehe, »szientifiziert« (Castree 2017: 289). Ein Forschungsthema können jedoch die Periodisierungen selbst sein, denn hier spielen neben wissenschaftlichen Fakten auch politische Motive herein. Wenn ein später Zeitpunkt als Beginn des Anthropozäns ins Spiel gebracht wird, kann das deshalb erfolgen, um aktuell Handlungsdruck zu erzeugen (Görg 2016: 10). Wichtiger ist aber die Tatsache, dass die Frage des Beginns nicht nur die wissenschaftliche Frage der Ursprünge aufwirft, sondern auch die der Urheberschaft. Damit ergeben sich Kontroversen darüber, wer die Verantwortung für die Krise trägt. Vor diesem Hintergrund gehe ich hier die Fakten und Fragen dazu systematisch durch.

Zusätzlich gehe ich hier auf diese Vorschläge jedoch aus speziellen Gründen detailliert ein. Erstens werfen gerade in den Argumenten für verschiedene Zeiten des Beginns des Anthropozäns viele theoretisch wichtige wie empirisch offene Fragen der Anthropologie auf. Zweitens ist die Entscheidung, ab wann man historisch vom Anthropozän spricht, sehr folgenreich für die politische Bewertung der jetzigen ökologischen Lage der Welt und daraus folgend der Einschätzung unserer Möglichkeiten des Handelns. Die Bestimmung des historischen Beginns kann uns zu realistischen Imaginationen oder Visionen zur Gesellschaft in der Zukunft führen (Schroer 2017, 2020, Adloff 2020). Welche Formen nachhaltiger Kollektive entstehen heute in Reaktion auf die Einsicht anthropozäner Effekte, und welche Formen anthropozäner Gesellschaft sind realistisch vorstellbar? Drittens hat der jeweilige Ansatz zum zeitlichen Beginn des Anthropozäns erhebliche Konsequenzen für die Frage, was die Humanwissenschaften beitragen können, einem Kernthema dieses Buchs.

Spezieller ist die Frage betroffen, welche Teilgebiete der Anthropologie im breiten Sinn, etwa der amerikanischen Vier-Felder-Anthropologie für das Thema Anthropozän relevant sind. Die Annahmen zum Beginn haben Implikationen für die Ethnologie i. e. S. als Kultur- und Sozialanthropologie. Der mögliche Beitrag der Ethnologie als herkömmlicherweise gegenwartsbezogener und mikroorientierter Wissenschaft fällt je nach angenommenem Beginn des Anthropozäns unterschiedlich aus. Da macht es einen großen Unterschied, ob das Anthropozän vor 11.000 Jahren begann oder 1945, was mit dem Beginn der Ethnologie als global verbreiteter Wissenschaft korrespondieren würde. Hier ergibt sich auch die Frage, welche Sachgebiete und Methoden der Ethnologie zur Erforschung des Anthropozäns was und wie viel beitragen können.

Divergierende Fachinteressen bei der Periodisierung und notorische Missverständnisse

> The current lack of agreement on a start date and which marker to use should not detract from the Anthropocene as a concept.
>
> *Anonymus (Nature Editorial) 2024: 466*

Bei der starken Konzentration auf die Frage des Beginns dieser Phase des Anthropozäns treffen unterschiedliche Fachinteressen aufeinander, und es entstehen Missverständnisse. Zunächst wird oft vergessen, dass es in der ursprünglichen Konzeption von Crutzen und Stoermer *nicht* um die Periodisierung und gar die genaue Datierung des Beginns dieser anthropozänen Phase, sondern um die Aufmerksamkeit für die Tragweite dieses Wandels ging. Bei der Frage der Datierung treffen unterschiedliche Fachausrichtungen aufeinander. (a) Während Geologinnen die Periodisierung nach den in Ablagerungen sichtbaren Effekten ausrichten wollen, befürworten manche Archäologen den Beginn entsprechend der Ursachen globalen anthropogenen Wandels (Smith & Zeder 2013: 11). (b) Während Geologen weltweite Einflüsse ins Zentrum stellen, sind Archäologen oft eher an lokalen und regionalen Impacts des Menschen interessiert. Noch grundlegender ist die Tatsache, dass (c) Geologinnen synchrone Periodengrenzen anstreben, während archäologische und historische Perioden diachron sind: Sie beginnen und enden in verschiedenen Weltgegenden zu verschiedenen Zeiten (zur Übersicht vgl. Pare 2008). Auf dieses grundlegende Problem gehe ich in Kap. 7 ein.

Das Entscheidende der Debatte ist m. E. nicht der Beginn als solcher, sondern welche grundlegenden Fragen zum Humanum das Phänomen Anthropozän als solches und welche Fragen der erdgeschichtliche und historische Beginn dieser Phase für das Verständnis von Naturgeschichte-cum-Kulturgeschichte aufwerfen. Erstens wirft der umstrittene Beginn besonders konkret die Frage auf, ob die Idee des Anthropozäns Konzepte und Chronologien, die auf europäische Erfahrungen, Daten, Landnutzungsformen und gemäßigten Klimaten zurückgehen, unzulässig auf den ganzen Planeten verallgemeinert werden, wie es Dipesh Chakrabarty thematisierte (Chakrabarty 2012). Das gilt besonders für die unter dem Banner einer schon vom Namen her planetar ausgerichteten und primär naturwissenschaftlichen Erdsystemforschung (*Earth System Science*, bzw. *Earth-Systems Science*, Wainwright 2009). Hier ist festzuhalten, dass Westeuropa immerhin nur sieben Prozent der Landoberfläche der Erde bildet. So gesehen erscheint die Landwirtschaft etwa in England oder Irland als kleiner und wenig repräsentativer Teil der agraren Welt, quasi als eine Provinz (Morrison 2015: 79, 2018).

Die Bodenkunde, die Mitte des 19. Jahrhunderts zur akademischen Disziplin wurde, sieht Böden auch als »Archiv« der Menschheitsgeschichte, die Zeugnis über die Geschichte der Landschaft und der Menschen ablegen.

Bodenkundler finden Böden, die durch wirtschaftliche Tätigkeit dauerhaft geprägt sind. Dazu zählen sogenannte »Plaggenböden«, die klassisch in den Niederlanden, Dänemark und Norddeutschland zu finden sind. Über Generationen fügten Bauern dem von der Natur her sandigen und nährstoffarmen Boden anderswo abgestochene Gras-»Plaggen« zu, die mit Urin und Dung der Haustiere angereichert wurden, bis eine Ackerschicht entstand. »Wölbäcker« aus dem Mittelalter mit ihrer durch die zeitgenössische Pflügetechnik charakteristischen Wellenform sind, durch Verwaldung als Wüstungen geschützt, in Europa vielerorts bis heute nachweisbar (Bartz & Sperk 2015: 10). Plaggenähnliche Anthrosole finden sich in Reisanbaugebieten Südostasiens.

Der Ackerbau setzte als regional dominante Wirtschaftsweise außerhalb Europas Tausende Jahre früher ein, vor etwa 10.000 Jahren. Landwirtschaft, die die Umwelt stark und nachhaltig verändert, existiert in einigen Gebieten schon um 8000 v. h., etwa der Nassreisbau in Ostasien. Dadurch wurden in diesen Teilen der Welt ganze Großlandschaften in einem Ausmaß »domestiziert«, das modernen Monokulturen gleichkommt. Hinzu kommen in neuerer Zeit Technosole, Böden, die vor allem aus Materialien wie Beton, Glas und Ziegeln, Trümmerschutt, Hausmüll und industriellem Abfall bestehen. Demzufolge *unter*schätzen manche Klimamodelle die Veränderungen der Landbedeckung in früheren Perioden evtl. erheblich. Das gilt z. B. für die Ausweitung eines Simulationsmodells, das ursprünglich die Vegetation in Landnutzung in Europa über die letzten 3000 Jahre simulieren sollte, auf die gesamte Landfläche der Erde und den Zeitraum von 8500 Jahren v. h. bis 1850 (Kaplan et al. 2009, Kaplan et al. 2011, nach Morrison 2015: 80). Dies machte eine »tropische Korrektur« notwendig, was die Problematik zeigt, europäische Verhältnisse unbefragt als Basislinie anzunehmen.

In allgemein methodischer Hinsicht zeigt sich hier, dass postkolonialistisch motivierte Kritik durchaus auch für vermeintlich rein naturwissenschaftliche Studien konstruktiv sein kann. Sie kann z. B. dazu anleiten, Größen, wie die in der Landwirtschaftsgeografie verwendete »potenzielle natürliche Vegetation« kritisch zu überdenken. Sicherlich ist die Datierung insbesondere aus kultur- und geisteswissenschaftlicher Warte zunächst nicht die zentrale Frage. Aber die Dezentrierungsforderung zeigt schon, dass es bei der Frage nach dem Einsetzen des Anthropozäns um weit mehr geht als nur um chronologische oder stratigrafische Fragen.

»Große Beschleunigung« ab Mitte des 20. Jahrhunderts

Wie neu ist nun das »neue« Zeitalter tatsächlich; »wann wurde der Mensch geologisch« (Paál 2016: 2)? Das wachsende Interesse am Anthropozän hat zu einem breiten Spektrum an Vorschlägen geführt. Nach der derzeit dominierenden Sicht ist der Beginn der Epoche des Anthropozäns in der Mitte des 20. Jahrhunderts anzusetzen. Um die Mitte des letzten Jahrhunderts setzte ein rasantes Wachstum vieler messbarer Größen der Menschheit ein. Ein genauer Datierungsvorschlag ist das Jahr 1945, genauer der 16. Juli 1945 mit dem Test der ersten Bombe, die auf Verschmelzung von Plutonium basierte (»Trinity«, Abb. 2.6). Dies wurde als Konsens zwischen Erdwissenschaftlern und Umwelthistorikern bestimmt (Steffen et al. 2007, 2011). Die kurz darauffolgenden Abwürfe auf Hiroshima und Nagasaki (6. 8. 1945 und 9. 8. 1945) führten zu über 100.000 Toten. Mit dem radioaktiven Fallout begann die weite Verbreitung von künstlichen Radionukliden. Diese Verbreitung führte aber noch nicht zu einem tatsächlich weltweit nachweisbaren Marker, weshalb die stratigrafische Community diesen Vorschlag letztlich nicht

Abb. 2.6 »Trinity Test« – die erste Detonation einer Atombombe am 16. Juli 1945, *Quelle: http s://en.wikipedia.org/wiki/Anthropocene#/media/File:Trinity_Test_Fireball_16ms.jpg*

unterstützt. Eine derzeit diskutierte Alternative ist das Jahr 1950 mit den ersten weltweit persistenten Industriechemikalien, die in Eiskernen nachweisbar sind. In diese Zeit fällt auch die Explosion der ersten Wasserstoffbombe über dem Eniwetok-Atoll am 1. November 1952, die einen wesentlich höheren Fallout erzeugte. Im Gefolge des Kalten Krieges erfolgten über 2000 Nuklearwaffentests, davon 500 überirdisch, was zu einem weiteren heute favorisierten Vorschlag führte, dem Jahr 1964 mit dem Höhepunkt des radioaktiven und dauerhaft nachweisbaren Fallouts (Thomas et al. 2020: 64).

In dieser Zeit begann die industrielle Phase der »großen Beschleunigung« (*Great Acceleration*) mit einer enormen Bevölkerungszunahme, erhöhtem Wasserverbrauch, enormem Dammbau und starkem Anstieg der Produktion von Plastik, Aluminium und Beton. Ab 1945 bis 1950 stiegen, um hier nur einige der Parameter zu nennen, in drastischer Weise an die Bodenversiegelung durch Beton und Asphalt, die Verbreitung dauerhafter organischer Chemikalien, die Verbreitung von Mikroplastik in den Meeren und die Versauerung der Ozeane (Aragonit, Steffen et al. 2015, Zalasiewicz et al. 2008, 2015, 2017, 2019, Lewis & Maslin 2018: 222–223). Weiterhin kam es ab dieser Zeit zu einem weltweit rasanten Anstieg der Produktion und des Einsatzes von Kunstdünger, dessen Produktion fossiler Energie bedarf. Der Einsatz von synthetischem Dünger ermöglichte es, weitere Milliarden von Menschen zu ernähren. Kurz: Kunstdünger auf Stickstoffbasis wurde mittels fossiler Energie zu Nahrung (Christian 2018: 297).

Im Zentrum dieser Phase steht die drastische Abnahme der Vielfalt an Ökosystemen, Arten und Genen. Die Vielfalt des Lebens, die Biodiversität i. w. S., die hier im Mittelpunkt steht, besteht auf mehreren miteinander kausal verschränkten Ebenen. Sie hängt mit kultureller Vielfalt zusammen und ist damit letztlich ein spezifisches menschengemachtes Konstrukt, das in den 1980er-Jahren entstand und vom kürzlich verstorbenen Evolutionsbiologen Edward O. Wilson (1929–2021) propagiert wurde (Wilson 2016). Die Grundlage der Ausprägung der Vielfalt der Ökosysteme wird durch die Variation in den Erbanlagen (genetische Variation, genomische Vielfalt) und deren Produkte (Arten, Biodiversität i. e. S.) im Zusammenspiel mit der belebten und der unbelebten (abiotischen) Umwelt erzeugt.

Die Markierung um die Jahrhundertmitte beruht auf der Vielfalt dieser Daten einerseits und einer erdsystemischen Sicht auf den Planeten andererseits. Diese Periodisierung deckt sich aber auch mit davon methodisch unabhängigen deutlich früheren Arbeiten aus der Klimageschichte (Sieferle 1982, 2020, vgl. Wanner 2020 und Pfister & Wanner 2021). Hinzu kommt, dass es ab dem Zweiten Weltkrieg zu einem plötzlichen Anstieg der Weltbevölkerung und massivem Wandel von Ökosystemen kam, die eine *permanente* Auswirkung auf die Oberfläche des Planeten hatten (Carey 2016, Waters et al. 2016a). Die Überreste der weltweit verspeisten Brathähnchen (*Gallus gallus domesticus* als anthropogener Spezies) werden – neben den ubiquitären Plastikmikroteilchen – ein geologischer Indikator für zukünftige Geologen sein (Bennett et al. 2018).

Aus historischer Perspektive ist zu betonen, dass die industrielle Revolution, wie auch die neolithische Revolution, einen langsamen Start in einer kleinen Region hatte und es Zeit brauchte, bis sich globale Klimawirkungen zeigten (Brooke 2014: 479). Hier ist es noch einmal wichtig, festzuhalten, dass die Bestimmung der großen Beschleunigung als Beginn des Anthropozäns ja keine Periodisierung aus geschichtswissenschaftlicher oder archäologischer Sicht ist, sondern aus der an extrem langen Zeiträumen orientierten Geologie. Die Grundaussage schließt keineswegs die von Kritikerinnen (Görg et al. 2020: 49–51) betonte Erkenntnis aus, dass die Beschleunigung in verschiedenen Regionen der Welt unterschiedlich intensiv ist und verschiedene Ausprägungen hat.

Das zentrale Argument für den geologischen Zeitschnitt zum Ende des Zweiten Weltkriegs ist die *global* akkumulierte und dazu in nahezu *synchroner* Weise erfolgte Zunahme dieser *vielen* menschengemachten Effekte. Es macht einen großen Unterschied, ob man das Anthropozän beginnen lassen will, wann (1) die menschlichen *Fähigkeiten* zu starkem Umweltwandel entstanden, wann (2) erste Effekte auf Umwelten einsetzten oder (3) wann die *kumulativen* Effekte *weltweit* beginnen.

Ursprungsphase (alternative stratigrafische Daten)	Ereignis und ggf. wichtigste stratigrafische Marker	Quelle
Irgendwann in der Zukunft	Noch unklar	Wallenhorst 2024a: 392
1960er-Jahre, z. B.1964	Höhepunkt der Atombombentesteffekte, *Bomb Spike*, wirtschaftliches und soziales *Overheating*	Lewis & Maslin 2013, Eriksen 2016
1952	Erste thermonukleare Wasserstoffbombe (»H-Bombe«) *Ivy Mike*	Anthropocene Working Group 2023
1940er und 1950er-Jahre (1945, 1950, 1952)	Künstliche Isotope verbreitet in Sedimenten, Bäumen, Korallen etc. verursacht durch atomare Detonationen, *Trinity Test*, Plutonium 239	Zalesiewicz et al. 2010. McNeill & Engelke 2013: 208, 2016, AWG 2023
1750–1800 (1760, 1784)	Anstieg von Methan und Kohlendioxid aufgrund der industriellen Revolution, Dampfmaschine	Crutzen 2000, 2002, Tickell 2011
1712	Erste dampfbetriebene Pumpe	Lovelock 2020
1610	Flugasche aus Kohleverbrennung, *Orbis Spike*	Davis & Todd 2017
1492	Transatlantischer Austausch zwischen »Alter Welt« und »Neuer Welt«, *Columbian Exchange*	Lewis & Maslin 2015a, b, Koch et al. 2019
1000 v. h.	Weltweit verstärkte Bodenerosion	Bubenzer et al. 2019: 28
3000 bis 2000 v. h.	Organischer Abfall und anthropogene Böden als Hinweis auf menschliches Ökosystem-Engineering, Methanbudget	Certini & Scalenghe 2011, Fuller 2013, Mitchell 2013
3000 bis 500 v. h.	Anthropogene Böden (diachron, kein klarer stratigrafischer Marker)	Lewis & Maslin 2015b
5000–4000 v. h.	Methananstieg durch vermehrten Nassreisanbau und Viehzucht, Spuren in Gletscher-Eiskernen	Fuller et al. 2011 Ruddiman et al. 2020
8000–5000 v. h. (7000 v. h.)	Methan- und Kohlendioxidanstieg durch Waldrodung und Nassreisanbau, »Early Anthropocene«	Ruddiman 2003, 2013, Ruddiman et al. 2020
11.000–9000 v. h.	Sesshaftwerden, Waldrodungen, menschliche Bauten und Tierdomestikation	Smith & Zeder 2013

Tab. 2.4 Periodisierungsvorschläge zum Beginn des Anthropozäns

Industrialisierung und Kolonialisierung

Es gibt gut zehn weitere Vorschläge für eine zeitliche Grenzziehung zwischen dem Holozän und dem Anthropozän, von denen Tab. 2.4 eine Auswahl zeigt (für eine debattenchronologische Darstellung: Will 2021: 169). Der erste und klassische Vorschlag stammt von Crutzen und Stoermer und setzt den Beginn mit der Industriellen Revolution an, genauer mit dem Jahr 1800 (Crutzen 2000). Mit dieser Zeit steigen die Werte anthropogener Treibhausgase in Eiskernen sprunghaft an. Die entscheidenden Wirkgrößen sind die Erfindung der kohlebetriebenen Dampfmaschine, die schlagartig zunehmende Ausbeutung mineralischer Ressourcen, der Kohlenutzung und allgemein die Industrialisierung in Teilen Europas (Crutzen 2002, Zalasiewicz 2009). Die daraus sich ergebenden Störungen biotischer, geologischer und klimachemischer Zyklen werden zumeist mit dem massiven Einsatz von Technologie aufgrund bewusster Entscheidung des Bürgertums erklärt. Dagegen steht die These mancher Vertreter des Begriffs Technozäns, dass es sich um eine ungewollte Folge von Profitstreben und Habgier handle (Cunha 2015a). Die Krise des Anthropozäns ist aus der Sicht dieser Periodisierung vor allem als Krise des Klimas, denn die quasi »geologische« Mineralschicht« findet sich vor allem in der Atmosphäre.

Eine etwas frühere Alternative ist das späte 18. Jahrhundert mit dem Einsetzen der industriellen Nutzung fossiler Energieträger, vor allem der Kohle. Als stratigrafischer Marker wird derzeit das Jahr 1760 mit den ersten nachweisbaren Flugaschespuren aus der Kohleverbrennung diskutiert. Das war die Periode, in der der menschliche Impakt dem der anderen geologischen Faktoren gleichkam (Tickell 2011). Der Fokus hier ist der industrielle Kapitalismus. Dies deckt sich mit Periodisierungsvorschlägen, wie sie in der historischen Soziologie und etwa von Wirtschaftshistorikern lange vor dem Aufkommen des Konzepts des Anthropozäns gemacht wurden (SONA 2021). Ernest Gellner setzte den Beginn des Staatsnationalismus in dieser Phase an (Gellner 1983) und Edward Wrigley charakterisierte den damaligen Wandel Englands als den von einer »organischen Wirtschaft« hin zu einer Wachstumsökonomie (Wrigley 2016: 7–18,).

Der Wirtschaftshistoriker Karl Polanyi benannte 1944 in einem Buch zu Marktgesellschaften aus ganzheitlicher Sicht den konflikthaften Übergang von der Agrargesellschaft zur Industriegesellschaft als fundamentale »Great

Transformation« (Polanyi 1978). Große Zivilisationen mit ihrer bis dato eingebetteten Wirtschaftsweise (*embedded economy*) seien mit der Durchsetzung abstrakter kapitalistischer Prinzipien mit dem 19. Jahrhundert kollabiert. Beide Vorschläge zum Beginn des Anthropozäns, das frühe 19. und das späte 18. Jahrhundert, entsprechen der weltweiten Veränderung des Wirtschaftswachstums. Weltweit war das Wirtschaftswachstum bis zum Beginn des 19. Jahrhunderts gering: Es lag bei etwa 0,05 Prozent pro Jahr bzw. sechs Prozent pro Jahrhundert. Dieses Wachstum spiegelte die gleichmäßige Zunahme der Bevölkerung wider, es war also nicht etwa ein Wirtschaftswachstum pro Kopf.

Dauerhaftes und breites Wachstum in vielen messbaren Dimensionen, wie Wasserverbrauch, Düngerverbrauch, Urbanisierung, Transportinfrastruktur und Staudammbau, ist ein geschichtlich relativ neues Phänomen (Schmelzer & Vetter 2019: 46–47). Derart umfassendes Wachstum setzte erst mit dem 19. Jahrhundert ein und beschleunigte sich dann erst seit Mitte des 20. Jahrhunderts während der genannten »großen Transformation« dramatisch. Wenn man diese Periodisierung des Beginns des Anthropozäns im Industriezeitalter als »erstes Anthropozän« vornimmt, kann der Bruch in der Mitte des zwanzigsten Jahrhunderts mit der großen Zunahme der Emissionen als »zweites Stadium des Anthropozäns« bezeichnet werden (Steffen et al. 2007: 616, Merchant 2020: 14).

Als eine deutlich frühere Alternative des Einsetzens des Anthropozäns wurde das »lange 16. Jahrhundert« bzw. das frühe 17. Jahrhundert vorgeschlagen (Lewis & Maslin 2015a, b). Nach der Entdeckung Amerikas 1492 kam es erstmals zu neuen Produktionsbeziehungen und einem wirklich transkontinentalen Austausch zwischen »Alter Welt« und »Neuer Welt«. Dieser hatte fast weltweit enorme Veränderungen in den Ökosystemen zur Folge. Im Rahmen des »Columbian Exchange« (Crosby 2015) im 15. und 16. Jahrhundert kam es durch Schifffahrt und Handel zu einem starken Austausch von Pflanzen und Tieren, wie Kartoffeln, Tomaten, Rindern und Zuckerrohr zwischen der Neuen Welt einerseits und Europa, Afrika und Asien andererseits. Infolge dessen kam es auch zu der schon angesprochenen biotischen Homogenisierung mancher Ökosysteme und diese hinterlies Spuren in Gesteinsschichten. Dieser makro-skalige und deshalb evolutive Trajektorien verändernde Wandel lässt sich sowohl archäologisch als auch über ein CO_2-Minimum in Eisbohrkernen, dem sog. *Orbis Spike* um 1610 nachweisen (Boivin et al. 2012, Lewis & Maslin 2015b, Koch et al. 2019). Von einigen Verfechtern des Kapitalozänbegriffs, die den Beginn des Anthropozäns mit dem Frühkapitalismus ansetzen, werden diese Prozesse schärfer formuliert. In der Zeit des globalen Ausgreifens Europas im langen 16. Jahrhundert etablierten Europäer danach eine auf Gewalt beruhende Hegemonie des vorindustriellen Kapitalismus (Moore 2016, Yusoff 2018). Neuere Untersuchungen zeigen allerdings, dass die Umwelteffekte des *Columbian Exchange* in verschiedenen Gebieten der Tropen zeitlich unterschiedlich einsetzten und auch qualitativ äußerst verschieden ausfielen (Hamilton et al. 2021).

Im Gefolge der kolonialen Expansion gab es in den beiden Amerikas eine merkliche Abnahme der CO_2-Konzentration durch ungenutzte Felder und Äcker und Wiederbewaldung aufgrund der Abnahme indigener Bevölkerung von 50 bis 60 auf etwa 6 Millionen durch Krankheiten und Genozide (Lewis & Maslin 2015, 2018). Archäologen, die sich mit Artenschwund und Artenverlagerung in der Neuzeit befassen, unterstützen diesen Zeitansatz, nennen aber zuweilen die ganze Periode zwischen 1400 und den frühen 1800er-Jahren (z. B. Lightfood et al. 2013: 112). Das widerspricht zwar wiederum einem klaren geologisch synchronen Ansatz, ist aber kulturwissenschaftlich von Interesse, weil dies auch die Zeitphase der Begegnung mit nicht europäischen Kulturen und der dadurch beeinflussten Veränderung von Naturkonzepten darstellt (Arizpe Schlosser 2019: 277).

Kolonialismus-kritische Autoren kommen zu einer ähnlichen Periodisierung (Davis & Todd 2017). In der Phase des *Columbian Exchange* begann die koloniale Ausbeutung bzw. der ungleiche Tausch der mächtigen Länder mit den Regionen der globalen Bevölkerungsschwerpunkte in Asien, Afrika und Lateinamerika, der »Mehrheitswelt« (*majority world*). Davis & Todd argumentieren, dass die umweltschädigende Logik (*ecocidal logic*) des Anthropozäns ein Resultat spezifischer Entscheidungen ist, die ihre Ursache in der Kolonialisierung haben, nämlich in der gewaltsamen Vertreibung von Menschen und der machtvollen Überprägung von Landschaften (»forcing a landscape«, Davis & Todd 2017: 763–769, Baldwin & Erickson 2021). Irvine vertieft das, indem er spezifische räumliche wie zeitliche Haltung zu Boden und Land mit kolonialer Vergangenheit verknüpft. Autoren aus dem *Black feminism* sehen in den dominanten Antropozänbegriffen nicht nur eine Ausblendung der Kolonialität, sondern auch einen rassisierenden Ausschluss von Afrikanern aus dem Begriff von Menschheit, indem Schwarze der Natur zugeordnet wurden. So setzt die Geografin Kathryn Yusoff den Beginn des Anthropozäns Mitte des 15. Jahrhundert an, genauer das Jahr 1452 mit den ersten Sklaven auf portugiesischen Zuckerrohrplantagen in Madeira (Yusoff 2018: 33–35, 106, Luke 2018).

Dies ist ein Beispiel dafür, dass die Periodisierungen auch stark mit politischen Grundüberzeugungen sowie Gewichtungen bezüglich der angenommenen Verursachung und damit der heutigen Verantwortung zusammenhängen (Chua & Fair 2019: 3, 13, 19). Wie immer man es formuliert, ob als »Austausch« oder »Aufeinandertreffen« oder als »Gewaltakt«: Mit dem Ansatz von Lewis und Maslin passiert etwas Neues, denn hier wird erdgeschichtliches Wissen zum Zeugnis der weltweiten Effekte von Gewalt in der Menschheitsgeschichte. Damit erfüllt der Ansatz von Lewis und Maslin eine Brücke zwischen denjenigen natur- und sozialwissenschaftlichen Beiträgen, die die Rolle des Kolonialismus bei der Genese des Anthropozäns betonen (Folkers 2020: 594).

Frühes oder tiefes Anthropozän und die Bedeutung geschichtlicher Daten

Die Fähigkeiten des Menschen zu drastischem Umweltwandel reichen teilweise in frühe Zeiten zurück. In vormoderner Zeit gab es lokale bis regionale Umweltveränderungen durch Feuergebrauch seit mindestens 800.000 Jahren, eine Reduktion der Megafauna durch Verdrängung von Grasland und Habitatfragmentierung (mit Einfluss natürlichen Klimawandels) im späten Pleistozän seit wahrscheinlich 400.000 Jahren, starke Klimagasemission durch Landnutzung seit etwa 8000 v.H. und großflächige Entwaldungen in Teilen Chinas und im mediterranen Europa seit der Antike und stark im frühen Mittelalter (Smil 2019: 205–207).

Einer der drei von der *Anthropocene Working Group* ursprünglich gemachten Vorschläge geht deutlich weiter zurück, nämlich in die Zeit zwischen 3700 und 2000 Jahre v.H. Fassbare Spuren sind hier Landschaftsveränderungen, Habitatwandel von Tieren und erhöhte Kohlenstoffdioxidwerte aufgrund von Landnutzungswandel (Zalasiewicz et al. 2015: 198).

Abb. 2.7 Intensiver Nassreisanbau in Zentraljava, Indonesien, *Quelle: Foto von Giri Wijayanto; https://commons.wikimedia.org/wiki/File:Penggembala_Bebek.jpg licensed under the Creative Commons Attribution-Share Alike 4.0 International license.*

Einige Vorschläge betonen die starke Waldrodung und das Aufkommen von Reisbau im Osten Asiens um 5000 bis 9500 v. h. (Abb. 2.7). Die Anfänge der Reiswirtschaft sind leider viel schlechter erforscht als die des Weizenanbaus oder der Schafzucht im klassischen Gebiet der neolithischen Revolution im »fruchtbaren Halbmond«. Die tatsächlichen Anfänge liegen deshalb vielleicht noch früher (Kaube 217:·168). Besonders die technologisch entwickelten Agarwirtschaften unter dem »alten biologischen Regimes« (*biological ancient regime*), wie England und China, haben ihre Landfläche schon bis 1800 weitgehend entwaldet (Li 2009 für China, Balter 2013, Archaeoglobe Project 2019, Marks 2024: 236).

Die intensive Landwirtschaft führte zu plötzlichen Zunahmen des Kohlendioxids ab 7000 v.h. und von Methan ab 5000 v.h. Der frühe Nassreisanbau im Osten und Süden Asiens war wahrscheinlich für ca. 80% des frühen Methangehalts in der Atmosphäre verantwortlich (Fuller et al. 2011, Stephens et al. 2019). All dies schob eventuell eine kommende Abkühlung hinaus, wie der Paläoklimatologe William Ruddiman zu zeigen versuchte (Ruddiman 2003, 2010). Ruddimans These, dass die früh erhöhten Levels von CO_2 und CH_4 nur durch die Ausbreitung der Landwirtschaft zu erklären sind, wird zwar kontrovers diskutiert, weil es auch andere Faktoren gibt, welche die Kohärenz des Klimas abrupt stören können. Hinzu kommt die allgemeine Einsicht in das »punktualistische« Verhalten evolvierender Systeme (Brooke 2014: 286–287, 440–442). Sie wurde aber auch für die Zeit der europäischen Expansion untermauert: Das CO_2-Level nahm zwischen 1550 und 1650 durch die verringerte Landnutzung in Lateinamerika als Folge des tausendfachen Todes vieler indigener Menschen merklich ab (Nevle et al. 2011). Die These wird auch in Modellen getestet und ist unter den Vorschlägen zum frühen Anthropozän wohl derzeit am besten empirisch abgesichert (Thomas 2020: 52, 74).

Aus geologischer und archäologischer Sicht besteht ein Problem darin, dass menschliche Eingriffe sehr früh einsetzen (bereits im Paläolithikum), aber immer noch für ganz lange Zeit nur mit lokalen oder höchstens regionalen Spuren. Erst ab dem Neolithikum ändert sich das mit regionalen und evtl. auch schon globalen Auswirkungen (Ruddiman 2013). Ein Problem besteht darin, dass wir über die Populationsgrößen und Bevölkerungsdichten früher menschlicher Gemeinschaften nur wenig verlässlich wissen. In der Frühgeschichte des Menschen bestanden die Gruppen nach paläoanthropologischen Befunden und Modellen vermutlich etwa zwischen 150 und 200 Individuen. In der Altsteinzeit in Europa bestanden Jäger-Sammler-Gruppen nach archäologischen Daten und Modellen zumeist aus einigen Hundert bis zu wenigen Tausend Menschen (800 bis 3.300), gegen Ende des Paläolithikums, also zwischen 14.000 und 11.600 Jahren v.H., im Schnitt höchstens um 6600 (Schmidt & Zimmermann 2019, Schmidt et al. 2021). Bis zum Beginn des Holozäns lebten Menschen in einer Welt geringer Bevölkerungsdichte und kleinen Gemeinschaften.

Eine frühere vorgeschlagene Schwelle menschlicher Umweltprägung bildet das Entstehen der Landwirtschaft um 8000 Jahre v. h. (2003, Kritik bei Wanner 2016: 164), oder die Herausbildung von Städten (Smith & Zeder 2013, Lewis & Maslin 2015, 2018, Bauer & Ellis 2018: 224, West 2019: 222). Auch Umwelthistoriker, die den Begriff Anthropozän ablehnen, sehen das Einsetzen weltweiten menschlichen Einflusses auf die Geosphäre zusammenfallend mit dem Beginn der Landwirtschaft (so Herrmann 2014: 49, vgl. Sieferle 1997 sowie aus ethnologischer und archäologischer Sicht Graeber & Wengrow 2022). Diese Prozesse waren mit einer starken Entwaldung vor allem in Teilen Eurasiens verknüpft und dieser Wandel ist durch fossile Pollen und Phytholithe nachweisbar. Manche menschliche Tätigkeiten, auf die man Hinweise aus der Archäologie hat, haben aber nur begrenzt stratigrafisch verwertbare Spuren hinterlassen, so die frühe Entwicklung anthropogener Böden ab ca. 3000 v.H. (Certini & Scalenghe 2011). Aus archäologischer Sicht deckt sich das Holozän ohnehin weitgehend mit der entscheidenden Phase menschlicher Geschichte, dem signifikanten Landschaftswandel im Gefolge der Domestikation von Pflanzen und Tieren, der sog. neolithischen Revolution. Morrison bringt es auf den Punkt:

> »We must come to terms with and better understand the *anthropogenesis of the entire Holocene* before we can evaluate the novelty or significance of present-day human impacts« (Morrison 2015: 80, Herv. CA).

Heute weiß man, dass Menschen auch ohne Landwirtschaft über lange Zeiten biotische und geologische Agenten waren, vor allem durch den großflächigen Einsatz von Feuer. Feuer war das erste Instrument des Menschen, um Landschaften großflächig und dauerhaft zu verändern bzw. eine künstliche Ökonische zu schaffen (Glikson 2013, Glikson & Groves 2016, Soentgen 2021a). James Scott schlägt entsprechend vor, das Anthropozän mit dem Beginn der Feuernutzung als schwaches bzw. »dünnes« Anthropozän« (*thin anthropocene*) einsetzen zu lassen (Scott 2020: 19). Die kontrollierte Nutzung des Feuers geht zwar bis auf mindestens 800.000 Jahre v. h. zurück (Goren-Inbar et al. 2004), evtl. bis 1,7 Millionen Jahre, also lange vor *Homo sapiens*. Die Wirkungen auf lokale Landschaften gehen bis fast 100.000 Jahre zurück (Thomson et al. 2021). Ihre Effekte blieben aber im Weltmaßstab angesichts dünner Bevölkerungsanzahl bis etwa 10.000 vor heute gering, als die systematische Nutzung des Feuers in der Landwirtschaft einsetzte. Die Weltbevölkerung betrug damals rund 2 bis 4 Millionen Menschen, also weniger als ein Tausendstel der heutigen Bevölkerung. Dann aber setzte die neolithische Revolution mit der Herausbildung von ständig bewohnten Siedlungen um 12.000 v. h. ein. Staaten, die erst ab ca. 6000 v. h. in Mesopotamien entstanden, stellen für Scott den zweiten zentralen Trigger des frühen Anthropozäns dar. Feste Ansiedlung, Kulturpflanzen und Viehhaltung sind die zentralen Motoren der Landschaftsveränderung. Erst mit dem »state landscaping« durch frühe Staaten wurde aus dem dünnen Anthropozän ein »dickes« bzw. »starkes Anthropozän«, eine Entwicklung, die dann mit der Industrialisierung und Globalisierung nochmals einen Sprung erfuhr (*thickening Anthropocene*, Scott 2020: 18–19).

Neuere Positionen vor allem aus der Geografie, Archäologie, den Klimawissenschaften und der Globalgeschichte (*Global history*) sowie der *Big History* gehen historisch noch deutlich weiter zurück und sprechen vom tiefen Anthropozän (*deep anthropocene*, Stephens & Ellis 2020). Das *Archaeoglobe*-Projekt, in dem 250 prähistorische Archäologen Daten zusammentrugen, kommt zum Schluss:

> »An empirical global assessment of land use from 10,000 years before the present (yr B.P.) to 1850 CE reveals a planet largely transformed by hunter-gatherers, farmers, and pastoralists by 3000 years ago, considerably earlier than the dates in the land-use reconstructions commonly used by Earth scientists« (Archaeoglobe 2019: 1, vgl. 3, Fig. 3).

Für ein frühes Anthropozän sprechen etliche Befunde. Neuere Synthesen der verfügbaren Daten zeigen, dass abseits aller zeitlichen Unterschiede ein Großteil der Geosphäre ab etwa 3000 v. h. durch Jäger, Sammler, Bauern und Herdenhalter verändert wurde. Immerhin bewirkten Jäger-Sammler-Gesellschaften starken Wandel der Flora und Fauna: je nach Region starben 20 bis 70% der Großfauna aus (Wagreich & Draganits 2018, Wagreich et al. 2019, Stephens et al. 2019). Asiatische Regenwälder und selbst der Amazonische Regenwald, die Ikone »unberührter Natur«, stellen großteils Produkte der Wiederbewaldung nach menschlichen Eingriffen dar (Balée 2013, Hecht et al. 2014, WinklerPrins 2014). Amazonische Schwarzerdeböden (*tierra preta*) sind wahrscheinlich großteils das Resultat menschlichen Eingreifens, also Anthrosole (Glaser & Woods 2004). Für Sozialwissenschaftler und historische Ökologinnen mag das wenig überraschend sein. Wie der Geograf Nathan Sayre aber gut herausarbeitet, stellen langzeitige menschliche Einflüsse aus dem Blickwinkel der *Mainstream*-Ökologie aber eine echte Herausforderung dar. Die kombinierten Befunde der Archäologie und Paläoökologie sehen nämlich so aus (vgl. Archaeoglobe Project 2019):

>»Even 12,000 y ago, nearly three quarters of Earth's land was inhabited and therefore shaped by human societies, including more than 95 % of temperate and 90 % of tropical woodlands. Lands now characterized as ›natural‹, ›intact‹ and ›wild‹ generally exhibit long histories of use, as do protected areas and Indigenous lands, and current global patterns of vertebrate species richness and key biodiversity areas are more strongly associated with past patterns of land use than with present ones in regional landscapes now characterized as natural« (Ellis et al. 2021: 1).

Diese sich als Anthropozän manifestierenden neuen Realitäten ergeben besonders für Umweltschützer neue Fragen: Es stellt sich nämlich die Frage, welche Umwelt wir denn schützen wollen, wenn es schon lange keine Wildnis, keine *pristine nature*, mehr gibt (Reichholf 2011, Sayre 2012: 61, 63, vgl. Cronon 1995, 1996).

»The reality is that in the Anthropocene, there may simply be no room for nature, at least not nature as we've known and celebrated it – something separate from human beings – something pristine. There's no getting back to the Garden, assuming it ever existed« (Walsh 2012: 84, zit. nach Hermann 2016: 45).

All das zeigt, wie wichtig geschichtliche Fakten für das Thema sind. Die Einführung des Anthropozäns erscheint durchaus sinnvoll, *wenn* es sich nachweisen lässt, dass der Mensch maßgeblich dazu beigetragen hat, das Eiszeitalter zu beenden (Paál 2016: 2). Mit der Annahme eines sehr früh einsetzenden Anthropozäns würde vom Holozän bestenfalls eine kleine Phase übrig bleiben. Wenn das Anthropozän das gesamte (ohnehin kurze) Holozän vereinnahmen würde, würde das Anthropozän direkt auf das Pleistozän folgen. Im Endeffekt würde das Holozän in Anthropozän umbenannt. Andererseits erschiene eine Einführung des Anthropozäns als stratigrafische Einheit unnötig. Es macht aber, so meine ich, aber immer noch einen Unterschied in der inhaltlichen Gewichtung aus, ob wir diese Periode der rund letzten 12.000 Jahre als »Holozän« oder als »Anthropozän« benennen. Einige Forscher verlegen den Beginn noch weiter zurück, ins Pleistozän, und schlagen sogar das wohl menschlich verursachte Aussterben der Mammuts um 13.800 v. h. als Einschnitt vor (Doughty et al. 2010, Lewis & Maslin 2018: 25–41). Andere Autoren gehen sogar bis 50.000 Jahre vor heute zurück, der Periode eines im fossilen Befund nachweisbaren starken Artensterbens der Großsäuger (»Overkill« der Megafauna, Martin & Wright 1997, Erlandsson & Braje 2014, Braje 2015), das aber evtl. primär auf natürlichen Klimawandel und Vegetationswandel zurück geht.

Vermittelnde Vorschläge

Im Unterschied zur Industrialisierung und der weltweiten Verstrahlung waren die meisten dieser Umbrüche aber regional begrenzt und ereigneten sich außerdem etwas zeitversetzt statt weltweit *und* simultan. Etliche vermittelnde Vorschläge aus der Geschichtswissenschaft verorten die Wurzeln des weltweiten Umweltwandels irgendwann zwischen frühen komplexen Gesellschaften in Eurasien und Afrika und der frühen Neuzeit, etwa im 16. Jahrhundert (White 1967, Chew 2000, Mosley 2024). Diese Arbeiten berufen sich dabei aber nicht auf vermeintliche Spuren im Gestein, sondern arbeiten mit historischen Quellen oder prähistorischen Daten (Haardt 2022: 122–123). Diese Thesen eines sehr frühen Anthropozäns oder einer sehr tiefen Geschichte stehen diametral zu den Vorschlägen, dass der abrupte globale Geo-Wandel sehr jung war. Ohne sich stark auf Thesen zum Anthropozän zu stützen, hat der Anthropologe Thomas Hylland Eriksen eine epochale Zäsur noch näher an unsere Gegenwart gesetzt: das Ende des Kalten Krieges (Eriksen 2016). Ich werde in Kapitel 5.3 darauf zurückkommen.

Entgegen vielfacher Annahmen bei Ethnologinnen (so z. B. der Tenor in Bauer & Ellis 2018) besagt ein geologisch-stratigrafischer Zeitschnitt keineswegs, dass es vor dem Anthropozän keine Konsequenzen menschlichen Handelns für das Erdsystem gegeben habe. Eine stratigrafische Grenze ist ja keine Schwarz-Weiß-Angelegenheit, wie Geologinnen und Paläobiologen betonen (Zalasiewicz et al. 2018: 220–221). *Anthropogene* Veränderungen sind also mitnichten per se synonym mit *anthropozänem* Wandel. Aus einer geologischen, also tiefenzeitlichen, Sicht auf Zeit und Dauer würden *sämt-*

liche der vorgeschlagenen Startpunkte ja in eins fallen (Dartnell 2019, vgl. Bjornerud 2020: 129–131). Darauf habe ich mit den Erlebnissen der Kulturpaläontologin im Quintär im Vorwort angespielt. Wir sollten zwischen der Frage der formalen Einführung einer geostratigrafischen Zeiteinheit »Anthropozän« einerseits und Debatten zu »anthropozänen« Wirkungen auf die Geosphäre andererseits unterscheiden. Leider gibt das Schriftbild des Deutschen, anders im Englischen keine Möglichkeit, zwischen großgeschriebenem *Anthropocene* (*the* Anthropocene) und kleingeschriebenem *anthropocene* (*an* anthropocene) zu unterscheiden (siehe z. B. bei Zalasiewicz et a. 2017b: 219, Braje 2018: 215–216). Der drastische anthropozäne Geowandel ist auch dann wissenschaftlich wichtig und politisch relevant, wenn es nicht um die Formalisierung der Zeiteinheit geht.

Entgegen dem Tenor bei Bauer & Bhan, dass es beim Anthropozän unabhängig von natur- oder kulturwissenschaftlichem Fokus um eine chronologische bestimmte Periode gehe (»chronological designation«, Bauer & Bhan 2018: 9–10), ist festzuhalten, dass das ursprüngliche Motiv von Crutzen und Stoermer – trotz des geologischen Neologismus Anthropozän – *nicht* die Suche nach dem geohistorischen Startpunkt der Periode war. Das Anthropozän wurde entgegen der popularisierten Wahrnehmung ursprünglich *nicht* als stratigrafisches Konzept eingeführt. Der in naturwissenschaftlichen Diskussionen bis heute dominierende Fokus auf den Beginn des Anthropozäns lässt uns das leicht vergessen. Die zentrale Botschaft von Crutzen & Stoermer war es, mittels eines neuen Epochenbegriffs die Aufmerksamkeit für den abrupten menschengemachten Umweltwandel, unsere Verantwortung und die Bedeutung nachhaltigen Managements für die daraus entstehenden Probleme zu legen (Braje 2018: 215–216, Kaplan 2018: 217, Zalasiewicz et al. 2018: 221).

Unter Beteiligung von Crutzen wurde von Mainzer Kollegen vor allem aus der Ur- und Frühgeschichte ein vermittelnder Periodisierungsvorschlag gemacht: das Paläoanthropozän (Foley et al. 2013: 83, Gronenborn 2024). Dies wäre der Zeitraum begrenzter menschlicher Eingriffe in den Landschaftshaushalt in Teilräumen der Geosphäre. Das Paläoanthropozän würde demnach mit den ersten kaum merklichen Umwelteingriffen mit dem Aufkommen der Hominiden einsetzen, im Paläolithikum schon aktive Eingriffe auf lokaler Ebene zeigen, um 1750 oder 1780 erste massive Effekte zeitigen und um 1850 mit den ab dann massiven Umwandlungen seit der industriellen Revolution enden, womit das Anthropozän i. e. S. einsetzt. Dieser Vorschlag will mehreren Einsichten gerecht werden: durch die Effekte Ihrer Verhaltensneigungen prägen Menschen den Landschaftshaushalt in vielen Gebieten der Erde schon seit Längerem; sie erreichen eine neue Qualität mit der Landwirtschaft, aber erst mit der Industrialisierung und Technisierung ging dies in einen geosphärischen, *globalen* und *in geologischer* Zeitperspektive *synchronen* Wandel über.

Das Konzept des Paläoanthropozän eröffnet wichtige Einsichten: In einer logarithmischen Skala dargestellt (Foley et al. 2013: 84) zeigen sich drei etwa gleich große Bereiche der Erdgeschichte: 1. Die Phase ohne den Menschen (4,56 Milliarden Jahre bis 1 bis 3 Millionen Jahre v. h., 2. Paläoanthropozän (vom Auftreten des Menschen bzw. spätestens seit dem Neolithikum, bis 1850) und 3. das Anthropozän (beginnend mit den weltweit synchronen Wirkungen um 1850 oder später: Erst in dieser logarithmischen Darstellung wird klar, dass *sämtliche* diskutierte Zeitvorschläge zum Anthropozän i. e. S., also als weltweit synchroner Zeitschnitt, aus geologischer linearer (nicht logarithmischer) Zeitperspektive auf einen Zeitpunkt zusammenfallen! Das Paläoanthropozän ist demnach explizit nicht als synchrone geologische Epoche erdweiten Wandels verstehen, sondern als die Kumulation von Höhepunkten menschlichen Einflusses in lokalem oder regionalem Maßstab, die sich ansammeln, um dann erst in den letzten rund 200 Jahren mit dem Anthropozän in eine echte geologische Periode überzugehen, die man dann aber m. E. eigentlich »Neoanthropozän« nennen könnte.

Insgesamt zeigt das Konzept des Paläoanthropozäns auch jeweilige Relevanz von Daten aus Klimatologie, Biogeochemie, Archäologie, Paläoanthropologie und Paläoklimatologie für verschiedene Periodenabschnitte innerhalb einer breit interdisziplinären Erforschung (Foley et al. 2013: 84, ähnlich Ellis et al. 2013). Für das Anthropozän i. e. S. wären hier Klimageschichte (Cronin 2009, Brooke 2014, Mauelshagen 2012, 2013, 2019, 2023, Summerhayes 2020) und andere Wissenschaften zu ergänzen, die im vorliegenden Buch in Mittelpunkt stehen. Die Bezeichnung Paläoanthropozän sollte allerdings nicht zu Verwechslungen mit der Idee des »frühen Anthropozäns« führen. Die These des frühen Anthropozäns postuliert ja einen frühen *weltweit synchronen* Wandel etwa im Neolithikum (Ruddiman 2016a, 2016b), während das Konzept Paläoanthropozän den Beginn des Anthropozäns mit der Industrialisierung belässt, weshalb ich denke, dass die Bezeichung »Proto-Anthropozän« treffender wäre.

Festhalten möchte ich, dass keines der Konzepte eines »frühen Anthropozäns« mit den Anforderungen an eine formale geochronologische Einheit in der geologischen Zeitskala (GTS) vereinbar ist. Stattdessen rahmen sie das ganze Holozän oder einen Teil des Holozäns und möglicherweise auch Teilen des Pleistozäns ein, um die lange Geschichte des Menschen bei der Umgestaltung der globalen Umwelt anzuerkennen (Zalasiewicz et al. 2021: 13). Mit ihren *diachron* verstandenen Ursprungsbefunden des Anthropozäns sind sämtliche nicht als chronostratigrafische Marker verwendbar:

> »Seemingly *counterintuitively*, despite human modification of the planet being most clearly expressed in artificial deposits associated with the archaeosphere, no candidate GSSP is currently being investigated in such deposits, despite their richness in anthropogenic evidence (…), because of their typically *punctuated*, *patchy*, and *locally disturbed* accumulation« (Zalasiewicz et al. 2021: 4, Herv. CA).

Umgekehrt ist klar, dass ein *chronostratigrafisch* mit der Mitte des 20. Jahrhunderts angesetztes Anthropozän *per definitionem* den über Tausende von Jahren vorangehenden menschlichen Einfluss auf die Erde ausblendet, was die Minderheit in der AWG immer wieder betont (Ellis 2016). Dies bedeutet aber wiederum – entgegen häufigem Missverständnis – *nicht*, dass die geohistorisch neue anthropozäne Erddynamik (*new state*) damit analytisch von historischen Vorläufern und Kontinuitäten abgekoppelt würde. Die diachron einsetzenden menschlichen Einflüsse können in den Zeitrahmen, der präzise definierte und konsistente Vergleiche ermöglicht, integriert und analysiert werden. Die neue geosphärische Dynamik zeigt Kontinuitäten und beruht auf Pfadabhängigkeiten, die bis ins 19. Jahrhundert und teilweise viel weiter zurückreichen. Im geologisch-chronostratigrafischem Herangehen wird eine sprunghafte Veränderung (»große Beschleunigung«) innerhalb eines sich langzeitlich kontinuierlich *wandelnden* Systems als *synchrone* Zeitmarke mittels klarer Marker bzw. geologischer *signals* festgehalten (Williams et al. 2016).

Aus seiner marxistischen (!) Kritik am Kapitalozänbegriff (vgl. 4.7) heraus schlägt John Bellamy Foster folgende chronologische Abgrenzung vor. Das Anthopozän beginnt als als geologische *Epoche* Mitte des 20 Jhs. und zwar mit seinem ersten *Zeitalter*, das er »Capitalinian Age« nennt. Dieses löst das letzte Zeitalter des Holozäns ab, das Meghalayan (Foster 2022: 466–472). Das ist eine chronologische Lösung, die gleichermaßen (a) die *geologische* tiefenzeitliche Perspektive, (b) die große Beschleunigung mit Monopolkapitalismus, Plastik, Petrochemie und Radionukliden ab Mitte des 20. Jhs. und auch (c) den viel früheren weltsystemischen Ursprung des historischen Kapitalismus berücksichtigt.

Argumente für und gegen eine chronostratigrafische Festlegung

Das chronostratigrafische Vorgehen, einen Beschleunigungspunkt innerhalb eines Langzeitwandels festzuhalten, entspricht geostratigrafischer Praxis, etwa bei der Basis der Systeme des Kambriums und des Silurs in der geologischen Zeitskala. So betont die Basis des Meghalayan in der Serie des Holozäns bei 4250 Jahre v. h. einen Punkt imerhalb starken auch sozialen Wandels, der über 250 Jahre verlief (Zalasiewicz et al. 2021: 10). Die Debatte um das historische Einsetzen weltweiter menschlicher Effekte impliziert die zentralen Argumente für und gegen eine weltweit synchrone Festlegung. In der Zeitschrift *Progress in Human Geography* wurden die Argumente breit ausgetragen. Ruddiman, der sich selbst gegen jegliche Festlegung ausspricht, fasst dort konzise die Argumente dagegen zusammen (2018: 451): 1. Menschen haben die Geosphäre schon lange vor 1900 umfassend verändert. 2. Eine strenge chronostratigrafische Festlegung auf einen Beginn würde alle Veränderungen ausschließen, die »lediglich« regional oder kontinentweit waren oder deren Beginn zeitversetzt erfolgte, wie der Nassreisbau in Asien oder die Abholzung in den Prärien Nordamerikas. 3. Der klassische von der *Anthropocene Working Group* verfolgte Ansatz wird von der Mehrheit der mit jüngeren erdgeschichtlichen Phasen befassten feldorientierten Forscher faktisch nicht verfolgt. Das alles spricht für eine eher informelle und flexible Nutzung des Anthropozäns als Epochenbegriff.

Die Befürworter der formalen Festlegung in der AWG argumentieren dagegen, dass eine formale Version sich durchaus mit einem diachronen

Beginn anthropogenen Einfluss verträgt. Ihr Argument ist (ad 1), dass die Effektstärke langsam zunahm und sich damit deutlich vom rapiden Wandel im 20. Jahrhundert unterscheidet, (ad 2), dass die stratigrafische Nomenklatur durchaus vorindustrielle Marker im Holozän zulasse und (ad 3), dass die klassische Chronostratigrafie mit ihren eindeutigen Zeiteinheiten sinnvoll und unaufgebbar seien (Zalasiewicz et al. 2019: 320, 329–330, Zalasiewicz et al. 2021: 4–6). Bei aller Vielfalt der Vorschläge werden in der *Anthropocene Working Group* derzeit für das Einsetzen des *geologisch* verstandenen Anthropozäns nur zwei Zeitphasen intensiv erwogen: primär die Daten im 20. Jahrhundert (1945, 1950, 1964) und sekundär die im späten 18. Jahrhundert (Lewis & Maslin 2015).

Die Gruppe um den Archäologen Edgeworth wiederum unterstützt Ruddimans Argument. Chronostratigrafie sei für geologische Zeiträume das richtige Instrument, nicht aber für prähistorische und historische Zeiträume. Edgeworth et al. argumentieren, dass eine Aufspaltung von holozänen Schichtfolgen und kontinuierlichen Transformationsprozessen in diskrete Zeiteinheiten gerade die Besonderheiten menschlicher Auswirkungen ausblende. Die typischen chronostratigrafischen Sequenzen würden den menschlichen Impakt dementsprechend vermissen lassen (Edgeworth et al. 2015, 2019: 343, 341, 2023). Die zwei Positionen ergeben sich letztlich aus der Unterschiedlichkeit des disziplinären Zugangs, verschiedener Periodenkonzepte, synchron vs. diachron (time-transgressive) und auch der disparaten Zeitmaßstäbe.

Wenn das Anthropozän als Serie von disruptiven Ereignissen (*events*) und nicht als geologische Periode gesehen wird, kann man eine Koevolution von geologischen und menschlichen Prozessen (*earth system trends* und *socio-economic trends*) im Rahmen einer »Geschichte des ganzen Systems« zugrunde legen (Fressoz 2016:10–11, ähnlich Jasanoff 2010). Dann können darin wichtige Sprünge der Zunahme menschlicher geosphärischer Effekte festgehalten werden, etwa die Schwellen um 14.000 Jahre v.h., 3000 v.h., und dann etwa 1510, 1650, 1750, 1800, 1870, 1945, 1952 und 1964.

Ein empirisches Vorgehen in diesem Sinne bildet die bislang einzige große Synthese in Buchform, die der Umwelthistoriker John Brooke vorgelegt hat. Er verknüpft erdsystemwissenschaftliche, klimatologische, klimahistorische und weitere umwelthistorische sowie medizingeschichtliche Daten.

Brooke kommt zu folgender Periodisierung des Anthropozäns in sieben Klimaphasen von der Bronzezeit bis heute (Brooke 2014: 408, 553–558): 1. Beginn der anthropogenen Klimawirkungen in der Bronzezeit und schlagartige Zunahme des Methans im 18. Jahrhundert mit Ausbreitung der Landwirtschaft in China, 2. 1840er- bis 1850er-Jahre die »erste industrielle Revolution« mit frühen von Kohlendioxid dominierten Emissionen, 3. 1880 bis 1910, der »zweiten industriellen Revolution« mit dramatischer Steigerung von Klimagasen, 4. 1910 bis 1950 mit einer multikausal begründeten globalen Erwärmung, 5. 1950 bis 1970 mit einer leichten Abkühlung, 6. 1970 bis etwa 1995 mit einer Erwärmung trotz abkühlender Effekte durch große Vulkaneruptionen und wirtschaftlicher Depression, 7. ab 2000 mit einer leichten Verringerung der globalen Temperaturzunahme.

Forschung zu all diesen Schwellen ist wichtig und fehlt weitgehend noch. Dennoch denke ich, dass die Kernbotschaft des geologisch verstandenen Anthropozänbegriffs, also das »begriffliche Erdbeben« (Egner & Zeil 2019: 28–30), erst klar wird, wenn wir all diese Schwellen als Phasen des »Anthropozäns« sehen. Aus einer geologischen Sicht, etwa aus der Sicht von Vera, der Geologin im Quintär, fallen alle diese Daten ja zeitlich in eins. In geologischem und planetarischem Maßstab regionale Unterschiede und zeitliche Differenz verschwinden. Was bleiben wird, ist eine Reihe *strukturell ähnlicher* Ablagerungen, die auf *wenige Tausend* Jahre datiert sind und an verschiedenen Orten rund um den Globus vorkommen. Es wird offensichtlich sein, dass sie durch einen verbindenden globalen Prozess der Ausbeutung der Erde entstanden (Bsp. Lawrence et al. 2016: 1360). Erst aus dieser distanzierten tiefenzeitlichen Perspektive, die über gewöhnliche historische Zeitmaßstäbe weit hinausgeht, zeigt sich, wie plötzlich und unabsehbar Menschen derzeit die Geosphäre verändern und welche Last für die Zukunft daraus resultiert:

> » (…) the twentieth and twenty-first centuries, a period during which the overwhelming majority of human-caused carbon emissions are likely to occur, need to be placed into a long-term context that includes the past 20 millennia, when the last Ice Age ended and human civilization developed, and the next ten millennia, over which time the projected impacts of anthropogenic climate change will grow and persist« (Clark et al. 2016 (nach Meneganzin et al. 2022: 10).

Kapitel 3

Endzeitgeschichten – Ängste und Hoffnung

It´s not a matter of fact as much as a way of organizing facts
to highlight a certain importance that they carry.

Jedediah Purdy 2015: 2

Human beings participate in history both as
actors and as narrators. (...). In vernacular use, history means both
the facts of the matter and a narrative of those facts, both
»what happened« and » that which is said to have happened.

Philippe Trouillot 1995: 2

In der Diskussion um das Anthropozän kommen naturwissenschaftliche Befunde zusammen mit einem Universalnarrativ und primär negativ besetzten Sprachbildern, dystopischen Metaphern und – m. E. nachvollziehbar – alarmistischen und melodramatischen Narrativen. Es dominieren »Endgeschichten« (Sakkas 2021: 154). Wir hören vom »Klimanotstand«, von der Bedrohung unseres »natürlichen Erbes«, von der uns »von den Kindern geliehenen Welt« und von »gestohlener Zukunft«. Viele Darstellungen der Zukunft des Planeten sind in Form von Erzählungen, die etwa vom »Ende der Natur« handeln. Gleiches gilt auch für Äußerungen zur westlichen bzw. modernen Zivilisation (Abb. 3.1).

Angesichts des Anthropozäns, so manche Autoren, sei das größte Problem, sich einzugestehen, dass die moderne Zivilisation *schon jetzt tot* sei. Diese »Zivilisation« beinhaltet auch all die Leistungen und Hoffnungen der Moderne, wie Freiheit, Selbstbestimmung, Mobilität, Wissen und die Vision auf gleichen Zugang aller zu all dem. Das Anthropozän zu erkennen bedeute, einen Bruch zu akzeptieren, dass diese alte Welt tot sei, weil wir schon in einer neuen leben. Jetzt gehe es darum, damit umzugehen, darum, »zu lernen zu sterben« (Scranton 2015: 23). Kritiker monieren, dass derartige extreme Redeweisen vom unabwendbaren »Sterben« das Problem als nicht mehr ernsthaft angehbar erscheinen lassen könnten. Das zentrale Motiv, Verantwortung zu erzeugen, könnte sich in depolitisierender Weise auflösen (Purdy 2015: 4–5). Mit »Tod« ist bei Scranton aber der voraussehbare Niedergang der Zivilisation gemeint. Wenn Ökosysteme zusammenbrechen, die unsere Lebensgrundlage bilden, wird das *gegenwärtign* technoökonomischen auf Produktion und Konsum fixierte System scheitern. Und hier verweist das Argument auf die Dringlichkeit schnellen *und* fundamentalen Wandels weg vom gegenwärtig imperialen Naturverhältnis (Read & Alexander 2020: 11, 101–106).

Deutlich seltener sind Anthropozännarrative, die das Anthropozän in eine wertebasierte und gegebenenfalls auch Mut machende Erzählung oder Utopie fassen (so Leinfelder 2017a). Da die pessimistischen Erzählungen so stark dominieren, sollte nicht vergessen werden, dass wir gute Gründe brauchen, um weltweit Kulturen und Gesellschaften zur Arbeit gegen das Anthropozän zu befähigen. Die Glücksforschung hat gezeigt, wie wichtig Menschen Faktoren zur Bereicherung des Lebens jenseits von Einkommen und materiellem Wachstum nehmen. Dies könnte ein Teil eines plausiblen Narrativs für die Energiewende sein, wie der Technik- und Umweltsoziologe und Transformationsforscher Ortwin Renn sagt: »Wir brauchen Narrative, die zeigen, wie das Leben mit den nötigen Veränderungen besser werden kann« (Renn 2023: 28).

Zur narrativen Darstellungsweise kommt hinzu, dass es in Texten zum Anthropozän nur so von Metaphern wimmelt. Wir lesen von »planetarischen Leitplanken«, von einer »bedrohten Erde« und vom »überhitzten Planeten«. Ich sehe solche Metaphern und Narrative nicht nur als ethnologisch interessantes Thema, sondern als wirkmächtigen Teil sozialer Realität und hier besonders wissenschaftlicher Evidenzbildung und gesellschaftlicher Naturverhältnisse. Sprachbilder, Erzählungen und Fantasien sind kausal wichtige Einflussgrößen bis hin zur Schaffung von materiellen Realitäten:

> »While an attention to narrative may appear to abandon a commitment to material processes, I argue that such stories help constitute ecologies and socialities by bringing them into new kinds of socioecological and ecobiopolitical (earthly) relation« (Moore 2015a: 39).

Abb. 3.1   Utopie und Dystopie –Graffito an einem Kinderspielplatz in Köln, *Quelle: Autor*

3.1 Alarm und Dystopie – Umweltnarrative mit Mobilisierungspotential

> Wir leben in einer Zeit katastrophischer
> Spitzen und Kurveninversionen.
>
> *Deborah Danowski & Eduardo Viveiros de Castro 2019: 20*

> Die Anthropozän-Hypothese muss als
> Beitrag zur Selbstbeschreibung der
> Gesellschaft verstanden werden.
>
> *Niels Werber 2014: 245*

Das Anthropozän hat eine besondere Form des Erlebens erzeugt, die bei vielen Menschen vor allem angesichts des Klimawandels ein Gefühl der Hilflosigkeit hervorrufen. Am Ende des 20. Jahrhunderts erzeugt die Unsicherheit über die Zukunft der Welt ein spezifisches Gefühl der Bedrohung unserer Freiheit (Stoner & Melathopoulos 2015). Dieses Gefühl der Verengung ist nicht nur ein individuelles, sondern zeigt sich auch im Bild, dass sich Gesellschaften von sich selbst machen. Das Anthropozän bildet hier nur eine von mehreren Anlässen für katastrophale Bilder, allerdings ein besonders monströses (Ostheimer 2016: 45–50, Hinrichsen et al. 2020, Guiliani 2021: 83, 140–193).

Selbstbeschreibung von Gesellschaft

Narrative und Imaginationen zu Natur und Gesellschaft sowie zur Umwelt von Gesellschaft im Anthropozän sind zunächst einmal als Selbstbeschreibungskategorien der Welt oder der Gesellschaft angesichts rapiden Wandels zu sehen. Aus gesellschaftswissenschaftlicher Sicht ist das Anthropozän aber kein Anthropozänautomatismus. Bei aller naturbedingten Einschränkung menschlichen Handels, die das Anthropozän ja auch deutlich macht, gibt es keinen Anthropozändeterminismus. Imaginationen und Kategorisierungen bestimmen in maßgeblicher Weise mit, welche Ansprüche an Autonomie gewährt werden, welche Potenziale von Kreativität freigesetzt werden und welche Maßstäbe von Kritik als legitim angesehen werden (Adloff et al. 2020, vgl. Oppermann 2023).

Vorstellungen und Bilder zum Verhältnis von Gesellschaft zu Natur (und Kultur) und zu Menschheit haben einen erheblichen Einfluss auf gesellschaftliche Entwicklungen, politische Entscheidungen und vor allem auf Visionen, Zukunftskonzepte und damit auf langfristige *Policies*. So zeigte eine neue Inhaltsanalyse von Fachartikeln zum Anthropozän drei Imaginationen des Anthropozäns auf: Die Weltlage wird typischerweise gesehen als gefährdete Bewohnbarkeit (*endangered*), von Koexistenz abhängig (*entangled*) und auf Rohstoffausbeutung beruhend (*extractivist*, Lövrand et al. 2020: 3–5). Die in diesem Kapitel analysierten Narrative sind nicht nur als solche interessant, sondern haben auch eine eminent praktische. Solche Imaginationen sind geopolitisch relevant, weil sie konventionelle binäre Kategorien wie innen vs. außen, Nord vs. Süd und »Wir« vs. »Die« (Us/Them) angesichts einer vernetzten Welt aushebeln.

Die persönliche wie auch die öffentliche Wahrnehmung von Katastrophen bzw. Desastern betreffen vor allem plötzlich eintretende Veränderungen. Gerade industrielle Desaster werden als kurzfristig eintretende Ereignisse imaginiert (Kirsch 2018: 243). Katastrophen werden prototypisch assoziiert etwa mit der Explosion und der austretenden Giftwolke in Bhopal, der Nuklearschmelze in Chernobyl, dem Schiffsunglück der *Exxon Valdez* und dem Ölteppich im Meer vor Alaska. Angesichts der Verbreitung angstförmiger Narrative ist allerdings festzuhalten, dass viele »Ende-der-Welt-Metaphysiken« auf allgemeine Weltbilder zurückgehen, also nur in indirektem Zusammenhang mit dem physischen Ereignis der planetarischen Katastrophe stehen (Danowski & Viveiros de Castro 2019: 10).

Während das Anthropozän in individueller Wahrnehmung nicht erlebbar ist oder sich als ein Slow-motion-Prozess darstellt, bildet es aus geologischer Sicht eine erdgeschichtliche Katastrophe. Vor diesem Hintergrund sind gerade Katastrophennarrative, in denen das Anthropozän häufig erzählt wird, verschieden zu bewerten. Sie mögen zunächst übertrieben und sensationalistisch erscheinen, wenn etwa vom »Sterben des Planeten« oder dem »Tod der Arten« gesprochen wird. Aus tiefenzeitlicher Sicht bildet das Anthropozän aber tatsächlich eine Katastrophe der Geosphäre, was etwa in der *geologischen* Formulierung »sechstes Artensterben« deutlich wird. Die dystopischen Allegorien und Narrative (DeLoughrey 2019) bilden damit für die öffentliche Bewusstwerdung einer umfassenden Krise, für die politisch drängenden Richtungsentscheidungen und für die Erziehung den zentralen Ansatzpunkt.

Bilder und Narrative bestimmen nicht nur wissenschaftliches Denken, sondern haben auch praktische und politische Auswirkungen. Das zeigt sich quer durch die Geschichte, wo wir Leitvorstellungen zur Umwelt einzelner Regionen, die ausdrücklich oder implizit mit einer Anrufung notwendigen Handelns verbunden wurden. Purdy (2015) zeigt das am Beispiel Nordamerikas, und Dewey fasst vier breite Ansätze zusammen, die bis heute das Leben, die Gesetze und die Policies in Nordamerika bestimmen:

> »(...) providential (colonial period–1800s, Errand into the Wilderness/ Manifest Destiny), Romantic (1800s–1900s, transcendentalism/scenic preservation, Henry David Thoreau and John Muir), utilitarian (1900s, progressive technocratic resource management, Gifford Pinchot and Theodore Roosevelt), and ecological (postwar environmentalism, Rachel Carson, 1960s–1970s federal environmental laws)« (Dewey 2016: 1329, Herv. CA).

Diese unterschiedlichen Konstruktionen der Natur zeigten nicht nur die jeweils dominierende Wahrnehmung der Umwelt, sondern postulierten auch bestimmte menschliche Bedürfnisse und legitimierten darauf aufbauend politische Maßnahmen. Dabei blieb die Natur aber fast immer als vom Menschen getrennte Sphäre gesehen. Diese Trennung wird im Anthropozän-Konzept markant anders gesehen, aber die Bedeutung von Narrativen, Imaginationen und Metaphern ist eher noch größer als in der Umweltdiskussion (vgl. Radkau 2011, Dalby 2017, Uekötter 2020).

»Menschheit in Ruinen« – Apokalypsen und Überzeichnung

Mit dem Umweltbewusstsein und der zunehmenden Globalisierung kam in den 1970er-Jahren die Haltung auf, dass man sich als Individuum für den Planeten verantwortlich fühle. Damit wurde auch die Bedeutung des Wortes Umwelt verändert. Umwelt war jetzt nicht mehr die konkrete Umgebung von Organismen, sondern ein politisches und gesellschaftliches Feld. Jetzt war Umwelt nicht nur ein Thema politischer Verantwortung, sondern auch der individuellen Moral. Das beeinflusste das Verhalten von Konsumenten, und darauf antwortete die Industrie, vor allem in Werbung und Marketing, z. B. durch wiederverwertbare Verpackungen (Thomas et al. 2020: 179). Andererseits sind die Geschichten, die in Anthropozän-Beiträgen erzählt werden, groß, und sie werden immer größer»… und vielleicht zu schnell immer größer, sodass sie quasi Theorien von allem sein wollen«, wie die feministische Wissenschaftsphilosophin Donna Jean Haraway feststellt (Haraway, in Haraway et al. 2016: 561). Außerdem sehen wir gegenwärtig eine Mode der »Anthropozän-Fiktion (dazu Horn & Bergthaller 2019: 118), und es finden sich auch Sachbücher, etwa über Umweltprobleme oder Klimawandel, die unter dem Titel »Anthropozän« segeln, ohne auf das Konzept einzugehen. Die Verwendung von *Catch-all*-Wörtern und die dahinter stehenden Vorstellungen ist als solche aufschlussreich, weil die Diskussion um das Anthropozän und das Aufkommen eines vermeintlich omnikompetenten Wortes und damit notwendigerweise vagen Begriffs selbst eine neue soziale Tatsache bildet. Diese Tatsache lässt sich geistes- und kulturwissenschaftlich beleuchten.

In Texten zum Anthropozän wimmelt es geradezu von Wortbildern, oft finden sich sehr machtvolle Metaphern, welche bekanntermaßen ein wichtiges Mittel des Denkens sind und als symbolische Marker die Aufmerksamkeit lenken können. Im Hinblick auf die faktische Klärung der Sachverhalte werden Metaphern dann problematisch, wenn sie inhaltlich abwegig sind, wenn sie anthropomorphe Vorstellungen befördern oder wenn sie gar zur reinen Worthülse werden. Wir können uns fragen, was uns etwa Konzepte der Erdwissenschaften wie »große Beschleunigung«, »Threshold« oder »Kipppunkte« über die tatsächlichen Ursachen sagen (Pálsson et al. 2013: 7)? Aber auch Texte, die das Anthropozän als Konzept kulturwissenschaftlich untersuchen oder kritisieren, arbeiten mit Umweltnarrativen und Metaphern. Prägnante Beispiele finden sich in Texten von Haraway und ihrer Schülerin Tsing (vgl. Hoppe 2021, 2023).

In einer viel zitierten Wendung spricht Tsing davon, das wir in den Ruinen des Kapitalismus leben, wobei sie Ruinen als »für die Produktion von Vermögenswerten aufgegebene Räume« bestimmt (Tsing 2015: 6). Diese Wendung der Ruinen wird dann in anderen Publikationen aber viel allgemeiner verwendet (Tsing 2015: 40–41, 205–213, Gan et al. 2018, Tsing et al. 2020: 193). Haraway und Tsing argumentieren dafür, die Trennung zwi-

schen Menschen und anderen Lebewesen zu überwinden und sprechen demzufolge auch davon, dass nicht nur Menschen, sondern auch andere Lebewesen »auf der Flucht« sind. Deterritorialisierung und Umweltflucht sind
in dieser Perspektive Grundphänomene des Lebendigen wie des Sozialen
(Folkers 2017: 378). In der von kapitalistischen »Ruinen« geprägten erdgeschichtlichen Gegenwart werden Refugien für Flüchtlinge aller Art zur
Überlebensnotwendigkeit. Was im Anthropozän drohe, sei ein

> »(...) wiping out of most of the refugia from which diverse species assem
> blages (with or without people) can be reconstituted after major events (like
> desertification, or clear cutting, or, or ...) Right now, the earth is full of refu
> gees, human and not, without refuge« (Haraway 2016: 100).

Die derzeit dominanten Imaginationen der Zukunft sind polarisiert zwischen »Die Welt ist schon verloren« und »Wir schaffen das«. Ein verbreiteter Katastrophismus steht gegen Technoutopismus. Innerhalb alarmistischer Narrative und dystopischer Imaginationen gibt es aber mehrere Varianten (Fladvad 2021: 154–158). Einerseits gibt es die klassische Variante
eines Katastrophismus, der naturwissenschaftlich basiert ist, ohne aber den
Status Quo und das kapitalistische System anzutasten. Ein Beispiel ist die
Narration des drohenden Klimakollapses und die entsprechenden »ecologies of fear«. Von Kritikern wird dieser Ansatz als entpolitisierend und
Ausdruck eines naiven Technoutopismus bewertet. Neuerdings gibt es aber
eine weitere Form von Endzeitvorstellungen, der in den letzten Jahren im
Umfeld aktivisticher Gruppen entstand, insbesondere *Extinction Rebellion*
(*XR*; cf. Read & Alexander 2020). Auch dieser Katrophismus beruht auf naturwissenschaftlichen Befunden. aber ergänzt um die Empörung über die
mangelnde Wirkung umweltpolitischer Maßnahmen. Neu ist aber die klare Benennung der politischen Ursachen der anthropozänen Krise und das
Ziel, einen Raum für tatsächlich alternative Politik und Wirtschaft zu eröffnen Diese neue »Kollapsologie« arbeit mit Protestformen, die, etwa durch
öffentliche Trauerrituale, sog. »Die Ins«, auf die Nähe von Menschen und
Tieren aufmerksam machen will. Es geht um« Katastrophen-Vergegenwärtigung« (von Redecker 2020: 92, Monios & Wilmsmeier 2021).

3.2 Globus, Planet und *Gaia* – Welt-Bilder voller Resonanz

> In nur ein oder zwei Jahrhunderten sind wir unversehens in die Rolle von Piloten gedrängt worden, die den Planeten lenken sollen, ohne wirklich zu wissen, welche Instrumente sie im Auge behalten, welche Knöpfe sie drücken und wo sie landen sollen.
>
> *Christian 2018: 292*

Die Wahl von Bildern und Metaphern ist folgenreich, aber schon eher beschreibend wirkende Wörter transportieren bestimmte Vorstellungen und auch Wertungen. Dies zeigen Untersuchungen zur Bildpolitik des Klimawandels (Schneider 2018). Beim Thema Anthropozän betrifft das ganz zentrale Wörter, und das beginnt schon mit den Benennungen der Erde. Das Wort »Erde« ist zunächst beschreibend, während das Wort »Welt« allgemeiner und mehrdeutig ist, weil das Wort auch etwa die Lebewelt von Organismen oder die kulturelle Lebenswelt von Menschen bezeichnen kann. Angesichts der wahrscheinlich auf zehn Milliarden Menschen ansteigenden Weltbevölkerung wurde von deutschen Promotoren der Anthropozän-Idee eine entstehende »Menschen-Erde« prognostiziert, einer Erde, in der menschliche Bedürfnisse und eine menschengemachte Infrastruktur das Erdsystem dominieren (Schwägerl & Leinfelder 2014: 234). Kritiker monieren die Selbstüberschätzung, die gerade dieses von Anthropozänikern gern benutzte Wort Menschenerde mit sich bringt, worauf ich in Kap. 4.4 und 4.5 eingehe. Gleichzeitig kann das Wort Erde zu stark mit der Wahrnehmung einer Einheit (*oneness*) verbunden werden (Gibson & Venkateswar 2015: 1).

Globus und planetarisches Denken – *mondialisation* und *planétarisation*

Ein an das Wort und die Vorstellung »Erde« anknüpfender Begriff ist Mondialisierung (frz. *mondialisation*). Der Begriff stellt nicht einfach die französische Übersetzung von Globalisierung dar, sondern korrespondiert mit diesem, aber kontrastiert auch mit Globalisierung. Mondialisierung soll die Vielfalt der politischen Gebilde und Regime in den Blick rücken, die quer durch die Geschichte regionale Dominanz anstrebten, wenn auch nie eine weltweite Hegemonie erreichten (Augé 2017: 123, vgl. auch Beau & Larrère 2018). Eine Alternative zu Erde und Welt ist bei der Rede vom Globus. Bezüglich des Erdballs lenkt das Wort »Globus« den Blick auf Politik, Geschichte, menschliche Ausbreitung und Dominanz sowie ökonomische Globalisierung. Kritisch gegen den Globus-Begriff ist einzuwenden, dass er – ähnlich wie der Begriff der Menschheit – sozioökologische Ungleichheiten, wie den Zugang zu Trinkwasser ausblendet. Die wörtlich globale Perspektive neigt zu räumlich undifferenzierten Aussagen (Gebhardt 2016), und Kritiker empfehlen demgegenüber »… das Einnehmen einer generellen Ungleichheitsperspektive im und auf das Anthropozän« (Bruns 2019: 59, 2020).

Die Rede vom »Planet« weist vorgeblich weniger auf die menschenzentrierte Konstruktion der Welt, auf politische Aspekte und auf die menschliche Dominanz hin (was der Globus uns zeigt), sondern eher auf die besondere, das Leben ermöglichende, Stellung des Planeten Erde als Erdsystem im Sonnensystem (Chakrabarty 2002, Blake & Gilman 2024: 71–75, Lemke 2024). Planeten dominieren eine Orbitalregion um einen Stern. Hier kommen Natur, Größe, aber auch die Begrenztheit der Erde in den Blick. Auf Bildern des »blauen Planeten« kommt außerdem die Einsamkeit des »Heimatplaneten« besonders heraus. Es macht also einen Unterschied in der Wahrnehmung aus, ob wir von »globalem Wandel« oder »planetarem Wandel« sprechen. Während viele Wirkkräfte der Globalisierung tatsächlich nicht den ganzen Erdball betreffen, also nicht wirklich global sind, weist die Rede vom Planeten auf tatsächlich weltweite Kräfte und Assemblagen hin. Eine solche Perspektive eröffnet theoretische Perspektiven planetaren Denkens Aber sie kann auch empirische Blicke auf Beziehungen zwischen Menschen und anderen Spezies (*inter-species relations, multi-species entanglements*) und post-humane Perspektiven aufzeigen (Szerszynsky 2019, Blake & Gilman 2024: 71–101; vgl. Abb. 3.2).

Andererseits bildet »Planet«, wie »Welt«, eine globale Ikone, mit der weltweiter Wandel der Öffentlichkeit präsentiert wird und die als Symbol für Forschungsprogramme und -projekte genutzt wird. Sie prägt die inhaltliche Problemrahmung in Institutionen und die teilweise ritualisierten Globalkonferenzen, was ein fruchtbares Feld ethnologischer Studien bietet (Little, 1995, Rojas 2013, sowie Krauß 2015a: 68, vgl. bes. auch Jasonoff 2014,

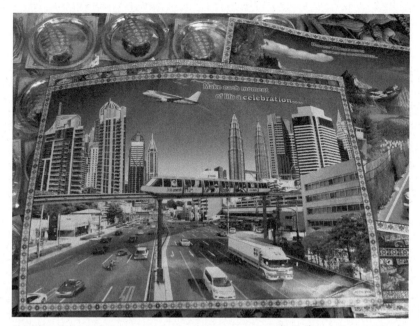

Abb. 3.2 Zukunftshoffnungen – ein populäres Poster auf einem Straßenmarkt in Dibrugarh, Assam, Nordindien, *Quelle: Autor*

2015). Der vor allem in französischen Beiträgen verwendete Begriff »Planetarisierung« (*planétarisation*) wird zum einen als eine Alternative zum Globalisierungsbegriff benutzt, wobei er auf die Grenzen politischer und technologischer Globalisierung verweist. Zusammen mit dem Begriff Mondialisierung kann Planetarisierung in seiner zweiten, ökologischen, Bedeutung analytisch wertvoll sein. Hierbei bezieht sich Planetarisierung auf die Erde als physischen Körper, der hier als Gemeingut der Menschheit und der Gesamtheit der Lebewesen bedroht ist und Fragen nach einer Weltgemeinschaft aufwirft. Diese Weltgemeinschaft besteht aus »Erdlingen«, die alle in ihrer individuellen, kollektiv kulturellen und Gattungsdimension (*générique*) zu berücksichtigen sind (Augé 2017: 26, 2019: 84, 88, vgl. Pálsson 2020).

Das Alltagswort »global« lässt wichtige Unterschiede außer Acht (Chakrabarty 2021: 71–80, Blake & Gilman 2024: 71–101). Das Globale in der

Globalisierung ist primär menschengemacht, intendiert und historisch jung. Das Globale des globalen Wandels dagegen betrifft zwar die Menschen und wird von ihnen beeinflusst, aber es beinhaltet nichtmenschliche Dinge und Lebewesen. Dieses Globale als interdependente Ganzheit war schon vor den Menschen da und wird wohl noch lange nach der Menschheit da sein. Deshalb ist folgender auf Klimawandel bezogener Vorschlag zur Wortwahl sinnvoll:

> »The human-centric *global* of globalization can remain the *globe orglobal*; the Earth-centric *global* of global climate change is better understood as the *planet* or the *Planetary*« (Blake & Gilman 2024: 73, Hervorh. i.O.)

Die Kraft der Bilder aus dem All – »blauer Planet« und »Raumschiff Erde«

Im Zeitalter visueller Medien sind Vorstellungen und Erd-Bilder eng an weltweit präsente visuelle Erfahrungen geknüpft. Wenn vom »blauen Planeten« gesprochen wird, spielt das einerseits eher nüchtern auf die Bedeutung der Ozeane mit 70 Prozent der Erdoberfläche oder allgemeiner der Abhängigkeit des Menschen von Wasser an. Viel fundamentaler ist aber der visuelle Bezug auf das Erscheinungsbild des Planeten aus dem Weltraum. Das am 24. Dezember 1968 von Bill Anders während der Apollo-8-Mission aus der Mondumlaufbahn geschossene Bild »Earthrise« mit vom Mond aus gesehenen Aufgang der Erde und das 1972 vom Geologen Harrison Schmitt aus Apollo 17 am 7.12.1972 geschossene Foto »Blue Marble« (Abb. 3.3), jetzt mit der Sicht auf den ganzen Planeten waren die meistabgedruckten Fotos des 20. Jahrhunderts (Poole 2008, Lazier 2011, LeCain 2017: 311–322). Die Fotos lösten die bis dahin ikonischen Zeit-Bilder des Zweiten Weltkriegs und des Vietnamkrieges ab. Aus dem All zeigt die blaue Murmel auf schwarzem Samt eindrücklich sowohl die Ganzheit des Planeten als auch die Einsamkeit der Erde im Weltraum durch den schwarzen Raum drumherum.

Aus symbolischer und kunstwissenschaftlicher Sicht erzeugen diese Bilder durch den Kreis im Quadrat nicht nur ein Harmoniegefühl, sondern bringen eine ganze Kaskade von Assoziationen ins Spiel, etwa Globalisierung und das vermeintliche Fehlen des Menschen. Damit können diese

Bilder ohne Übertreibung als veritable Ikone des 20. Jahrhunderts gelten (Bredekamp 2011, Glaubrecht 2019: 18). Wie qualitative Detailanalysen zeigen, ist das Entscheidende wohl die Außensicht und Fernsicht auf die Welt und damit die Menschheit, denn sie zeigt manches und verweist gleichzeitig auch auf etliches nicht sichtbare (Hoggenmüller 2016). Diese Bilder aus dem Weltraum zeigten aus einer neuen – distanzierten – Perspektive, woher wir kommen und was die Menschheit am Leben erhält. *Earthrise* zeigt aber gleichzeitig auch die Bedeutung etablierter Perspektiven. Das Foto ist ein Ergebnis einer uns gewohnten Beobachtungsperspektive, in diesem Fall einer (hier vom sich bewegenden Raumschiff Apollo) beobachtungsabhängigen Konstruktion (Goeke 2022: 100). Auf dem Mond gibt es nämlich keine mit unserem Sonnenaufgang vergleichbaren Erdaufgänge, denn er befindet sich mit der Erde in gebundener Rotation.

Abb. 3.3 »Blue Marble«, Foto von Apollo 17 vom 17.12.1972, *Quelle: https://commons.wikimed ia.org/wiki/File:The_Blue_Marble_(remastered).jpg?uselang=de*

Diese Bilder sind bis heute omnipräsent, und sie waren zusammen mit der durch sie wiederbelebten alten Metapher der »Mutter Erde« enorm wirkmächtig für die Herausbildung des Leitbilds von einer Welt, statt dem Konzept der drei Welten, wie der Geograf Dennis Cosgrove in umfassenden

Studien zeigte (Cosgrove 1994, 2001, Caputi 2020)). Darin verbergen sich allerdings durchaus unterschiedliche Leitideen (*One World* vs. *Whole Earth*, Nitzke & Pethes 2017). Die visuelle Offenbarung der Einheit des Planeten aus der Fernsicht aus dem All bildete auch die Geburtsstunde der Erdsystemwissenschaft, die das System Erde als ein sich selbst regulierendes System auffasst (*Earth System Science*, Lenton 2016: 1). Geowissenschaftler haben eine Fülle von Visualisierungen des weltweiten Umweltwandels geschaffen (De Vries & Goudsblom 2012, für Bildbeispiele Buttimer 2015).

Diese Neuorientierung der Wahrnehmung begann aber schon vor den ersten derartigen Aufnahmen. Die Geschichte des Bildes des »Blauen Planeten« begann im Umfeld der kalifornischen Gegenkultur, in der romantische und technophile Ideen aus der Kybernetik der 1960er-Jahre zusammenkamen und die sich bis zu den Konzepten des System- und Selbst-Managements im Netzwerkkapitalismus fortsetzen, die heute global wirksam sind (Diedrichsen & Franke 2013). Im Jahr 1966 hatte der futuristische Denker Steward Brand in San Francisco Buttons verteilt, auf denen stand: »Why haven´t we seen a photograf of the whole Earth yet?« Brand drängte die NASA mehrfach dazu, die Bilder öffentlich freizugeben, was schließlich auch erfolgte. Brand war damals ein Netzwerker der Gegenkultur und gab wenig später einen berühmten Mail-Order-Katalog »Whole Earth. Access to Tools« heraus, und dessen Titel schmückte das Bild der Erde (Brand 1968, vgl. Turner 2006, Buchmann & Bunz 2013). Mit dem Untertitel wollte Brand einen Zugang zu zukunftsträchtigen Werkzeugen ermöglichen, sowohl praktischen als auch konzeptuellen. Es gab dort etwa z. B. Bauanleitungen für Kuppelhäuser nach Fuller, aber auch Texte zum holistischen Weltbild. Das Buch wurde weltweit zu einem der Kultbücher der 1960er- und 1970er-Jahre.

Diese Weltraumbilder des Planeten mit ihrem erstmalig 1987 als schockartigem beschriebenen »Overview Effekt« (White 2021) waren weiterhin enorm einflussreich für das Bewusstsein einer bedrohten Umwelt oder gar gefährdeten Welt. Dies hat sich auch im weltweiten Interesse an Satellitenbildern des globalen Wandels niedergeschlagen, so etwa im Instagram-Account »Daily Overview« (Grant 2016). In dieser Sichtweise spiegeln sich gemeinsame Interessen statt eines Ringens um die Macht einzelner Nationen – ganz anders, als es im gleichzeitigen Kalten Krieg faktisch der

Fall war. So wurde ein Foto, das im Kontext des militärisch-industriellen Komplexes entstand, zur Ikone der Ökologiebewegung und Gegenkultur (Diedrichsen & Franke 2013).

Im Anthropozän-Diskurs wird gelegentlich auch der ganze Planet als »Erdinsel« gesehen (Moore 2015a: 37). Dies könnte auf die Wahrnehmung der Erde aus dem Weltraum zurückgehen. Bei »Erdinsel« haben wir es mit einem Metapherndoppel zu tun, denn »Insel« selbst ist ein Wort, an dem sehr viele Vorstellungen hängen, oft romantisierende. Inseln werden oft metonymisch als stellvertretend für den Planeten oder als pars-pro-toto-»Labor« gesehen (Antweiler 1991, Moore 2015, 2018b, 2019: 16, Chandler & Pugh 2020). Die Rede vom »blauen Planeten« oder gar »unserem blauen Planeten« (Haber 1965) betont die wichtige Rolle des Wassers, ist aber noch deutlicher anthropozentriert. Die Rede vom »Heimatplanet« (Sagan 1996, Kelley 1989, Nitzke & Pethes 2017, Christian 2018: 335) weist noch stärker darauf hin, dass die Menschheit bislang nur hier beheimatet ist, (bislang) nur hier beheimatet sein kann, und damit eine Schicksalsgemeinschaft bildet.

> »Das entstehende Bild vermittelt die Fragilität des irdischen Ökosystems. Die Wahrnehmung der Erde als verletzliche Heimat stellt dabei einen deutlichen Bruch mit der bisherigen Wahrnehmung dar« (Krause & Reitz 2020).

Was von Kommentaren zu den Weltraumbildern kaum erwähnt wird, ist die Tatsache, dass der menschliche Einfluss auf die Geosphäre auf diesen frühen Bildern kaum zu sehen ist. Selbst die Chinesische Mauer ist – entgegen der verbreiteten Ansicht – auf Aufnahmen, die den ganzen Planeten zeigen, kaum oder gar nicht zu erkennen. Umso vehementer zeigt sich der enorme menschliche Impakt bei zusammengesetzten Nachtaufnahmen des Planeten, die – je nach Wahrnehmung – die wunderschönen Lichter … oder auch die Lichtverschmutzung des Planeten zeigen. Auf solchen Fotos, wären sie vor ein paar Hundert Jahren gemacht worden, hätten wir nur komplette Schwärze gesehen. Diese heute leuchtenden Ketten von »Nachtlichtern« haben ihren Ursprung vor allem in Städten oder in Gebieten, wo Regenwald per Feuer gelichtet wird. Sie spiegeln das rasante Tempo der Urbanisierung und illustrieren das, was manche »Technozän« oder »Urbanozän« nennen (West 2019: 220).

Im Detail als auch in seinem ganzen Umfang wird der menschliche Einfluss auf die Geosphäre ansonsten erst in Aufnahmen klar, die von Raumstationen, künstlichen Satelliten, aus Flugzeugen, von hohen Standorten, und neuerdings von Drohnen gemacht werden (z. B. Dech et al. 2008, Grant 2016, Steinmetz & Revkin 2020, Grant & Dougherty 2021). Dort sehen wir menschengemachte Landschaften oft bildfüllend und bis zum Horizont. Typischerweise erscheinen dabei – zumindest für mich in ihrer Schönheit – die notorisch standardisierenden Elemente menschengetriebenen Wandels (Burtynsky et al. 2018a, Burtynsky et al. 2018b, Steinmetz & Revkin 2020, Lang & Mauch 2024). Visualität impliziert Aufmerksamkeit. Menschen wollen auch, dass ihre Aktivitäten aus der Ferne zu sehen sind. So wurde die auf dem Reißbrett geplante Stadt Dubai bewusst so ausgelegt, dass sie auf *Google Earth* schon in gewöhnlicher Auflösung zu sehen ist (Graham 2018: vii-xiv).

In diese Richtung des blauen Planeten geht auch die seit 1963 durch den Designer und Architekten Richard Buckminster Fuller und ab 1966 durch den Ökonomen Kenneth Boulding popularisierte Metapher der Erde als Raumschiff (Boulding 2006a, 2006b, Fuller 2020: 15–17, vgl. Höhler 2015). Tiefengeschichtlich gesehen sind Menschen als »Homo migrans« immer wieder ausgewichen oder weitergezogen, wenn sich die Umwelt veränderte oder übernutzt war. Angesichts der dicht besiedelten und weitgehend genutzten Erdoberfläche müssen wir uns vom Bild der »unbegrenzten Weite« verabschieden und das Bild der »abgeschlossenen Kugeloberfläche« verinnerlichen. Wenn die Erde jetzt als »geschlossene Welt der Zukunft« erscheint (Boulding 2006: 15), muss an die Stelle des erobernden Cowboys jetzt der Astronaut treten, der das kleine und fragile Raumschiff in lebensfeindlicher Umgebung steuert und intakthält (Schlaudt 2019: 79).

> »I've often heard people say: ›I wonder what it would feel like to be on board a spaceship‹, and the answer is very simple. What does it feel like? That's all we have ever experienced. We are all astronauts on a little spaceship called Earth« (Fuller 1998: 43).

Wenn Buckminster Fuller hier jeden Menschen zum Astronauten erklärt, wird schon klar, dass die Metapher des Raumschiffs schon von ihm und

Boulding verschieden und vielfältig gefüllt worden ist (Höhler & Luks 2006, 2015). Crutzen selbst und Popularisatoren, wie Schwägerl und Leinfelder, verwenden das Raumschiffbild mit der Formulierung »Raumschiff ohne Notausgang« (Crutzen et al. 2011). Damit wird besonders die Notwendigkeit eines *life support systems* in feindlicher Umwelt angesprochen, aber das kann auch als Aussage gelesen werden, dass es immer technische Lösungen gebe. Das Raumschiffbild impliziert, der Mensch könne den Planeten steuern, was nach allen heutigen Erkenntnissen zur Geosphäre und zur Biosphäre eine problematische Annahme ist (Wilson 2016: 187). Kritiker von Fullers »Bedienungsanleitung für das Raumschiff Erde« sehen in der Metapher des Raumschiffs und der Astronautenperspektive keineswegs eine Überwindung des Anthropozentrismus, sondern eine kybernetisch-technische Machtphantasie, einen planenden Gigantismus (Jansen 2023: 118ff., 132–133).

Solche Metaphern sind anregend, haben aber auch ihre Grenzen, weil sie oft mehrere Komponenten beinhalten, mehrere Konnotationen zulassen und zu Assoziationen anregen, die ursprünglich gar nicht beabsichtigt waren. Andreas Folkers diagnostiziert zur drohenden Expertokratie sarkastisch, die »Kommandobrücke« des Raumschiffs Erde sei von Klimaexperten und Erdsystemwissenschaftlern okkupiert (Folkers 2020: 598). Köhler arbeitet am Beispiel der Raumschiffmetapher gut heraus, wie widersprüchlich und implizit politisch ein solches Bild sein kann:

> »Mit der Metapher ›Raumschiff Erde‹ wird angesichts zunehmender ökologischer Risiken und knapper werdender Ressourcen auf die Verletzlichkeit des Planeten Erde und zugleich auf dessen Begrenztheit hingewiesen. Daran wird zumeist normativ der dringliche Appell geknüpft, dass *nur durch sofortiges Handeln* das Überleben der Menschheit gesichert werden könne. In der Verwendung dieser Metapher überlagern sich auf widersprüchliche Weise sowohl kollektive als auch tendenziell autoritäre *Forderungen* nach einem gesellschaftlichen Umsteuern angesichts der ökologischen Krise sowie *zugleich der Glaube* an technologischen Fortschritt und die Beherrschbarkeit der Natur« (Köhler 2015: 245, Herv. CA).

Die Erde ist im Anthropozän keine für die Ewigkeit geschaffene und robuste Entität mehr, sondern erscheint bedroht und bewahrens- und schützenswert. In dieser Sichtweise geht es nicht mehr um ein Ringen um Macht einzelner Völker – wie es im Kalten Krieg faktisch gegeben war. Die neue Sichtweise spiegelt sich auch im individuellen Empfinden, etwa in einem veränderten Identitätskonzept. In die Richtung eines planetarischen Denkens (Zerczynski 2019) geht auch die metaphorische Verwendung des Wortes »terrestrisch« beim Wissenschafts- und Techniksoziologen Bruno Latour. Latour sieht »das Terrestrische« als politischen Akteur, als ein Terrain des Lebens, welches wiedergewonnen werden müsste; um den bisherigen Mangel an »… Bodenhaftung, Realität und konsistente(r) Materialität zu überwinden« (Latour 2018: 50). Diese Verwendung des Wortes mag für Geowissenschaftler befremdlich sein, denn der Terminus »terrestrisch« ist dort für landfeste Teile der Geosphäre eingeführt, im Unterschied zu marinen Zonen, den Meeren. Latour sagt, es gebe die Menschheit als Gesamtheit nicht und plädiert dementsprechend für eine »Dekomposition« des Globalen (Latour 2014). Mit dem Begriff »das Terrestrische« will Latour dagegen die Polarität zwischen Humangeografie und physischer Geografie und vor allem den sich teilweise darauf gründenden Geopolitiken auflösen.

Das Konzept *Gaia*, das (oft vergessene) Vorläufer hat (Crutzen 2019, Hüpkes 2020a, Jansen 2023: 143–143) stammt in der gegenwärtig diskutierten Form von James Lovelock, einem Chemiker und Lynn Margulis, einer Mikrobiologin (Lovelock 1979, Margulis 2017, Lovelock 2021). Die Grundaussage dabei ist, dass die Entwicklung der Athmosphäre nicht nur durch kosmologische Rahmenbedingungen und geologische Faktoren, sondern maßgeblich durch die Entwicklung der Bakterien, Pflanzen und Tiere geformt wurde. Die These besagt im Kern, dass die Erdatmosphäre sich nur in *Koevolution* mit der Lebenswelt und der Tektonik herausbilden konnte und *vice versa*. Rückkopplungen zwischen Atmosphäre und Biosphäre haben Teile der Geosphäre erst für höhere Lebensformen bewohnbar gemacht (Habitabilität, Chakrabarty 2020: 37–41, 2021: 83–85). Anders als beim Begriff »Erde« wird der Planet hier quasi als großer autonomer Organismus gesehen, als Superorganismus, der sich selbst organisiert (zu Margulis vgl. Clarke 2020, Kerner 2024: 83–129). Hier spielt die Idee der Homöostase eine zentrale Rolle, einem bei gesunden Organismen zu findenden dynamischen Gleichgewicht. So, wie die Homöostase bei Organismen gestört sein kann und sich das durch Fieber zeigt, so kann auch die Erde »krank« werden.

Bei Margulis und Lovelock erscheint Gaia als System selbstorganisierender Einheiten mit vielen Rückkopplungsschleifen (*feedback*) und immer wieder neu entstehenden (emergenten) Eigenschaften. Im Unterschied zum Anthropozänbegriff betont *Gaia* mehr eine neue Art, den Raum zu denken, als eine andere Erfahrung der Geschichtlichkeit, eine »neue Zeit der Zeit« (Danowski & Viveiros de Castro 2019: 101). Popularisierungen der *Gaia*-Idee, aber auch ethnologische Aufsätze, legen es nahe, *Gaia* quasi als Person zu sehen, so etwa viele Formulierungen bei Danowski & Viveiros de Castro (2019: 101–120). Bei einer Konferenz zu den »Tausend Namen Gaias« kam man zum Schluss, dass der Begriff *Gaia* die autopoietische Selbstschaffung der Erde betone. Dies ähnelt der Auffassung von Gesellschaften als quasi großen Organismen, die sich selbst organisieren und Umwelten haben. *Gaia* wird von vielen als weniger eurozentrisch als die Idee des Anthropozäns eingestuft, und *Gaia* sei gegenüber dem Begriff Anthropozän »anthropologischer« (Danowski et al. 2014, Bubandt, in Haraway et al. 2016: 547). Wir werden noch klären müssen, was das »anthropologischer« hier konkret meinen kann.

Jahre vor Crutzen riefen Philosophen zu einer Geologisierung der Moral auf (z. B. Deleuze & Guattari 1992). Wenn die Erde als *Gaia* verstanden wird, zeitigt das oft die Folge, dass moralische oder politische Forderungen daran geknüpft werden. Die zeigt sich etwa in Latours metaphorischer Verwendung des Wortes *Gaia*, aber noch stärker, wenn erweiterte Gaia-Konzepte als Gegenkonzept zum Anthropozän gesehen werden und dadurch noch metaphorischer und dazu normativer werden, etwa wenn das In-der-Welt-Sein als »… auf der Welt sein und Dasien in sensiblen Zonen« gefasst wird (Sloterdijk 2023:78). Isabelle Stengers spricht von der »Einmischung« *Gaias* in die menschliche Welt bzw. einem »Eindringen« in die Sinngebung oder vom ereignishaften »Einbruch« einer Transzendenz in unsere Geschichte. *Gaia* bildet nach ihr eine »Operation« im Sinne des globalen anthropogenen Effekts, der aus dem »man« ein »wir« macht. Stengers leitet daraus das Programm einer anderen Gesellschaft und einer verlangsamten Wissenschaft ab (Stengers 2008, 2009, *ralentissement des sciences* 2013: 135).

3.3 Erdsphären und kritische Zone – die menschliche Haut der Erde

> Wir haben so viel Beton produziert, dass wir die gesamte Erdoberfläche der Erde mit einer 2 Millimeter dicken Schicht bedecken könnten.
>
> *Mark Maslin 2021: 48*

Die Rede vom »Erdsystem« (*earth system, system earth*) ist maßgeblich durch die neuen visuellen Erfahrungen durch Bilder aus dem All entstanden. Die Institutionalisierung der Erdsystemwissenschaften (*Earth System Science*) erfolgte wie eben gesagt dann Mitte der 1980er-Jahre u. a. im Gefolge des Interesses der NASA an der anthropogenen Ozonverringerung (Steffen et al. 2020: 50). Das System Erde bildet einerseits ein erdsystemwissenschaftliches Modell der Geosphäre als integriertes System. Andererseits kann der Begriff als Kernmetapher gesehen werden für die Verwobenheit (*interconnectedness*) unser aller Körper nicht nur mit der Biosphäre, sondern unserer aller Einbettung in die Geosphäre. Für die Sozialwissenschaften muss das (*pace* Hamilton 2014, 2017) kein Ende bedeuten. Es kann vielmehr als Augenöffner dienen, um ihre Konzepte und Extrapolationen von Möglichkeiten und Imaginationen des Wünschbaren zu verändern. Besonders die Form des Wandels in einem sich entwickelnden großen System (*world of becoming*) kann als produktive Irritation und Herausforderung für die Sozialwissenschaften dienen (Ingold & Pálsson 2013).

Erdsystem, Instabilität und Eingriffstiefe

Die jüngeren Erdwissenschaften haben gezeigt, dass es zur *Normalität* solcher Systeme gehört, dass es nach langen Phasen eines Gleichgewichts zu – im geologischen Zeitmaßstab – plötzlichen Wendungen und nach einer solchen Periode des Ungleichgewichts zu einer neuen Stabilität auf anderem Niveau kommen kann. Die dominanten Theorien der Sozial- und Politikwissenschaften gehen dagegen zumeist von einer stabilen oder sich nur gleichmäßig oder kurzfristig wandelnden Situation aus (Connolly 2011: 150, nach Pálsson et al. 2013: 4). Das gilt auch für die meisten Konzepte zur Resilienz, also der Fähigkeit eines Systems, Störungen zu absorbieren und ihnen bei Aufrechterhaltung der grundlegenden Struktur standzuhalten. Hier liegt ein Problem aller primär an Kontinuität orientierten Konzepte, die sich an wissenschaftliche wie gesellschaftliche Erfahrungen im Holozän orientieren (»holocene ideas«, Dryzek & Pickering 2019: 65–67, 107–108), eine Herausforderung, die in Kap. 6.5 im Kontext einer Kritik gegenwärtiger Vorstellungen zu Nachhaltigkeit diskutiert wird.

Der quasi ärztliche Befund zum derzeitigen Zustand des Planeten lautet: Die Gesundheit der Erde ist bedroht, *Gaia* hat Fieber, sie verdurstet oder gerät ins Taumeln, vor allem wenn der Arzt Menschheit nichts dagegen tut. Mit einer Zustandsbeschreibung solcher Art kommen Wegweiser und Ansprüche (dazu kritisch Werber 2014: 245). In der medizinischen Terminologie gesprochen: Mit der Diagnose wird das Medikament gleich mitgeliefert, nebst ausführlichem Beipackzettel. Dies lässt sich bei ganz verschiedenen Stimmen beobachten, etwa in den Gutachten des WBGU zur notwendigen »großen Transformation«, aber auch in den programmatischen Werken Latours. Bei Latour reicht dies bis zur Forderung nach einer Verfassung für vernetzte Wesen, letztlich einem »Parlament« für die gesamten Assemblagen des Superorganismus. Eine Alternative dazu besteht darin, für eine »Öffentlichkeit« zu argumentieren, die Dinge und Tiere mit einbezieht, die aber nur durch ein Bewusstsein für ein *gemeinsames* Problem und ein Interesse an der Vermeidung von Leiden entsteht und damit auf Menschen beschränkt ist (Bennett 2020). Diese Problematik werde ich in Kap. 4.5 zu Depolitisierung behandeln. Nicht zu vergessen ist, dass es auch dynamische Metaphern gibt, wie das der »Aufheizung« (Eriksen 2016) oder das des »langsamen Auftauens« (»the long thaw«, Archer 2009).

Neuere Postulate »planetaren Denkens« besagen: »Planetar denken heißt, die Erde als Planeten ernst nehmen, von Erdkern bis in den interstellaren Raum, von der Nanosekunde bis zur Tiefenzeit, vom Elementarteilchen bis zur Erdmasse« (Hanusch et al. 2021). Was mit der Rede von der Erde als ganzem Planeten aber leicht vergessen wird, ist die Tatsache, dass der anthropogene Wandel »nur« die äußere Haut der Erde betrifft, eben die Geosphäre bzw. die rund 20 km dicke Biosphäre. Die Biosphäre hängt mit den weiteren Hüllen der Geosphäre, also der Atmosphäre, Hydrosphäre und Lithosphäre, zusammen, aber die heutige Zivilisation hat nur auf manche dieser verknüpften Komponenten einen wirklich starken Einfluss, vor allem solche in der dünnen Biosphäre (Smil 2021: 208).

Auf die grundlegenden Eigenschaften, die das Leben auf der Erde ermöglichen, haben wir gar keinen Einfluss. Die Position der Erde in einem relativ ruhigen Teil unserer Galaxie, die enorme durch Kernfusion erzeugte Sonnenenergie, die Form, Neigung und Rotation der Erde sowie ihr exzentrischer Orbit um die Sonne (Jahreszeiten und Eiszeiten) sind sämtlich völlig jenseits menschlicher Kontrolle (Smil 2021: 208). Beim Konzept *Gaia* ist also nicht zu vergessen, dass *Gaia* im Sinne von Lovelock und Margulis *nicht* die ganze volle Kugel des Planeten meint, sondern nur die äußeren Sphären, vor allem die Biosphäre und die Atmosphäre und die im Anthropozän zusätzlich mit diesen vermengten Sphären der Kultur und Technik.

Kritische Zone und Vertikalität

Im Angesicht des Anthropozäns kann mit dem Klima- und Erdwissenschaftler Tim Lenton zwischen einem Oberflächensystem der Erde (*surface earth system*), welches die Lebensvorgänge ermöglicht, und dem viel umfangreicheren Rest der Erde (*inner earth*) unterschieden werden. Es ist diese dünne Schicht, diese extrem dünne Hülle mit ihren spezifischen, erstaunlichen und oft noch unbekannten systemischen Eigenschaften, die im Fokus der heutigen Erdsystemwissenschaft steht. Das Erdsystem reicht von der Obergrenze der Atmosphäre bis hinunter in den Boden und die obere Lithosphäre, wobei die untere Grenze unschärfer ist bzw. je nach Zeitmaßstab unterschiedlich angesetzt wird (Lenton 2016: 17, 29).

Hierzu passt das noch weiter reduzierte geowissenschaftliche Konzept der dünnen und oberflächennahen »kritischen Zone« (*critical zone*, Latour 2018: 133, Latour & Weibel 2020, Arènes 2020: 11, 15–16, 2022: 17–24, 306–324, Arènes et al. 2018, , Critical Zone 2020, Etelain 2023). Diese dünne und verletzliche Zone bildet einen Bereich dynamischen Zusammenwirkens von Atmosphäre, Hydrosphäre, Biosphäre und dem alleobersten Anteil der Lithosphäre. Sie reicht von den Baumwipfeln bis herunter zum unverwitterten Gestein bzw. zur Basis der Grundwasserleiter. Diese Grenzschicht ist durch das Leben gekennzeichnet, hoch komplex und kann bis über 30 Meter in die Tiefe reichen (von Blanckenburg 2021). In dieser Schicht hat menschliches Handeln im Unterschied zur Tiefengeologie und zur Zone darüber besonders starke zerstörerische Auswirkungen. Der Begriff der kritischen Zone ist inhaltlich anderen Sphärenbegriffen ähnlich, vor allem der

»Anthroposphäre« und dem Landschaftsbegriff »Ökosystem« bei Tansley (Richter & Billings 2015, Richter 2020). Für ein Verständnis des Anthropozäns ist es wichtig, dass der Begriff »kritische Zone« die ökologische und politische Relevanz der Böden jenseits ihrer rein agrarischen Bedeutung betont und zur Verknüpfung ökologischer mit ethnographischen Methoden einlädt (Montanarella & Panagos 2015, Arènes 2020: 2–6).

Die kritische Zone wäre aber aus der Sicht materieller Kultur wiederum sowohl nach oben als auch in die Tiefe zu erweitern. Die meisten Bilder der antropogenen Schicht sind nämlich nach wie vor zu stark vom »flachen« geografischen Alltagsdenken geprägt (Graham 2018). Das Erbe horizontalen statt vertikalen Denkens zeigt sich auch in geografischen Visualisierungen menschlichen Wirkens, etwa in den Karten des *Urban Theory Lab* der Harvard University. Menschen dringen aber in Form von Bunkern, Mienen, Verkehrstunneln und Bohrungen bis fast vier Kilometer in die Tiefe und durch Hochbauten bis zu einem Kilometer in die Höhe vor. Diese Vertikalität wird durch Drohnen, Helikopter, Flugzeuge, Fernwaffen, Satelliten und Weltraummüll erhöht: Die Atmosphäre ist nicht nur durch Abgase menschlich geprägt. Wir brauchen eine stärker vertikal informierte Humanwissenschaft, wie es sie empirisch in der GPS-orientierten Geografie ansatzweise gibt und wie sie der Philosoph Peter Sloterdijk in seinem »Sphären«-Projekt programmatisch entwickelt. Wir brauchen Wissenschaften, die den gesamten Raum zwischen Tiefseegräben und mittlerer Atmosphäre untersuchen, sämtliche Felder, in denen die *anthropisation* (Magny 2019) stattfindet. Für die Ethnologie wäre das etwa eine stärker vertikal und stärker dreidimensional dokumentierende Untersuchung materieller Kultur, auf die ich in Kap. 5.7 eingehe.

Welche Begriffe haben wir, die zugleich räumlich orientiert sind und betonen, dass das menschliche Wirken ja »nur« die Erdoberfläche betrifft und nicht den ganzen Planeten? Naheliegend sind Begrffe, die in der Wortbildung den in den Geowissenschaften unterschiedenen Sphären entsprechen. Ein früher Begriff für eine kulturell geprägte Erdhülle ist Noosphäre, womit die Sphäre des kommunikativen Austauschs vor allem von Wissen, die den Sphären der Lebenswelt und der Erde gleichgeordnet ist. Dieser Begriff des jesuitischen Philosophen Teilhard de Chardin und des russischen Geologen Vernadskij betont besonders die enorme terrestrische Gestaltungskraft durch menschliche Gesellschaften (De Chardin & Vernadskij 1922). Ehlers schlägt den Begriff Anthroposphäre vor (Ehlers 2015: 27, 29–31, Cornell et al. 2012, Steffen et al. 2020). Die Anthroposphäre wäre somit das Insgesamt der durchgreifend und dauerhaft veränderten Anteile der Geosphäre, die den»… nodalen Punkt und integrierenden Link zwischen Natur und Gesellschaft, zwischen Menschen und ihrer Umwelt« (Ehlers 2015: 29, Übers. CA) bilden.

Technosphäre und Technozän

Eine Alternative zur Anthroposphäre als Begriff ist der Vorschlag einer »Technosphäre« (*technosphere*) von Friedrich Rapp, einem Philosophen, und Peter Haff, einem Geophysiker, der der Anthropocene Working Group (AWC) angehört (Rapp 1994, Haff 2013, 2018, Klingan & Rosol 2019). Als dünne, aber dichte Hülle unseres Daseins bilde die Technosphäre ein volles Äquivalent der anderen Sphären, etwa der Hydrosphäre und stelle primär ein physisches System dar, das nicht nur Technologie i. e. S., sondern die ganze Palette von großräumlichen Extraktionssystemen über domestizierte Tiere bis hin zum Laptop auf meinem Schreibtisch umfasst. Die Technosphäre beinhaltet z. T. ganz neue Phänomene, wie etwa den Transport von Feststoffen über große Distanzen. In der bisherigen menschlichen Geschichte gab es nur kleinere Feststoffwanderungen durch Flüsse, Bodenfließen, Lawinen, Wanderdünen, Wind- und Meeresströmungen und marine Trübeströme am Kontinentalhang (*turbidity currents*) und dazu Bewegungen durch Wanderungen von Tieren. Während diese Bewegungen zumeist natürlichen Energiegradienten folgten, vor allem der Schwerkraft und Windrichtungen, kommen jetzt beabsichtigte Massenbewegungen zu spezifischen Zielen hinzu, die entlang geplanter Routen und dies mittels spezifischen menschlichen Infrastrukturen (Wege, Straßen, Eisenbahnstrecken, Pipelines) erfolgen (Wuscher et al. 2020).

Die Technosphäre umfasst fast alle menschlichen Gemeinschaften, und sie ist vielfältig und massiv. Eine Besonderheit der Technosphäre gegenüber den anderen Sphären der Geosphäre besteht darin, dass sie auf nicht erneuerbaren Energie beruht. Für das Anthropozän ist aber eine zweite Besonderheit noch wichtiger. Die Technosphäre beinhaltet viele unbeabsichtigte und kaum kontrollierbare Komponenten wie riesige Mengen von Müll und global verteiltes Mikroplastik, dass durch die globale Nutzung von Plastik in Konsumgütern entsteht (Abb. 3.4). Hinzu kommen chemische Spuren in Gewässern und Gesteinen und verschleppte Tiere, die woanders invasiv werden (Seebens et al. 2018). Ein Großteil der Abfallprodukte der Technosphäre, etwa Reaktormüll, kann von der Geo-, Bio- oder Atmosphäre nicht recycelt werden. Mancher Baumüll etwa könnte zwar irgendwie recycelt werden, verbleibt aber in der Technosphäre (Hecht 2018: 218–222).

Im Unterschied zu früheren einzelnen proto-technospärisch technisch überprägten Landschaften ist die Technosphäre nach Haff ein erdweit verbundenes System. Diese Technosphäre ist kein separat entstandenes Phänomen, sondern ein integraler Bestandteil des emergierten Erdsystems. Darin bildet es eine Sphäre, die außerhalb der Steuerung von Individuen und teilweise auch menschlicher Kollektiven operiert, wobei komplexe Innovationen, wie Flugzeuge und Massenspeicher, stark auf früheren Technologien

Abb. 3.4   Plastik als Teil der Technosphäre: ein mobiles Spielzeuggeschäft in Chiang Mai, Nord-Thailand, *Quelle: Autor*

aufbauen und mit dem Gesellschaftssystem koevolvieren. So gesehen ist die Menschheit nur teilweise Schöpfer oder Regisseur, sondern eher Bestandteil des Systems, von dessen Existenz wir abhängig sind (Haff 2013, 2018, 2019). Aus dieser Autonomie der Technosphäre resultieren dann eigene Anforderungen an menschliche Sozialsysteme. Befürworter des Konzepts, wie die Gruppe um Zalasiewicz, sehen das Konzept als ein produktives nicht anthropozentrisches (!) Prisma, durch welches das Anthropozän eine besondere Betrachtung erfahren kann und die eine streng quantitative Bemessung der Technik erlaubt (Zalasiewicz et al. 2017a, 2017b, Thomas et al. 2020: 105).

Abb. 3.5 Hochhäuser im Stadtteil Pudong in Shanghai, China , *Quelle: Autor*

Dieser vom Konzept der Technosphäre geleitete Blick führt zu bemerkenswerten Befunden. Wenn man menschlich produzierte und transportierte Materialien zusammenrechnet und gleichmäßig auf die Erdoberfläche verteilt, liegen auf jedem Quadrat*meter* im Durchschnitt rund 50 Kilogramm, ein Faktum, das hier betont sei, weil es zunächst unglaublich erscheint (Zalasiewicz et al. 2014a, 2017: 15–23). Der meistverbreitete neue Gesteinstyp in der Technosphäre ist Beton. Allein der produzierte Beton würde, gleichmäßig verteilt, die ganze Erdoberfläche mit einer zwei Millimeter dicken Schicht bedecken (Waters et al. 2016, Waters & Zalasiewicz 2018). Verständlich wird es, wenn man etwa sieht, dass in China in letzter Zeit alle drei Jahre mehr Beton verbaut wurde, als in den USA während des ganzen letzten Jahrhunderts (Smil 2019: 189; Abb. 3.5).

Abb. 3.6 In-situ-Konservierung von menschlich geprägtem Stadtboden im Schnitt; Bahnhofshalle, Archäologische Sammlung der Syntagma Metro Station, Athen, Griechenland, *Quelle: Foto: Hoverfish, 2009 CC-BY-SA 3.0 https://commons.wikimedia.org/wiki/File:Syntagma_Metro_Station.jpg*

Hier erweist sich m. E. die Fruchtbarkeit einer zunächst irritierenden geologischen Perspektive. Viele dieser Objekte werden materiell erhalten und damit zu zukünftigen Fossilien: Technofossilien, die in Zahl und Vielfalt die Biodiversität binnen kurzer geologischer Zeit übertreffen werden. Während die Vielfalt lebender Arten, die Biodiversität, abnimmt, nimmt die technofossile Diversität stark zu, was z. B. die Zahl der weltweit etwa 100 Millionen Buch-*Titel* zeigt. Die Zahl der potenziell fossilisierbaren Techno-»Arten«, die als Leitfossilien für die im Vorwort genannte Kulturpaläontologin im Quintär dienen könnten, wurde mit derzeit 130 Millionen bestimmt.

Die These, dass Menschen damit Teil einer nicht zu kontrollierenden und auf Materielles reduzierten Sphäre der Technik sind, hat aber auch Kritik hervorgerufen, z. B. von Technikhistorikern, die den Begriff des Technozäns treffender finden, weil er weniger stark auf Materialität eingeschränkt ist (Trischler & Will 2020: 238–239). Entsprechend wurden Begriffe von Technik entwickelt, die Tiere und Pflanzen einschließen und Technik als integralen Teil von Ökosystemen sehen (Jørgensen 2014). Dies lässt sich mit hier später behandelten Konzepten von Nischenbildung und ökologischem Erbe verbinden.

Die schärfste Kritik kommt aber, wie zu erwarten, aus den Reihen der Kulturwissenschaften. Wo diese an anderer Stelle eine Überschätzung des Anthropos sehen (Mathews 2020), monieren sie hier, dass der Mensch als Fokus verloren gehe, ja sie sehen sogar eine Degradierung des Menschen (etwa Szerszynski 2017). Ich würde kritisieren, dass es sich bei der menschlichen Technologie faktisch eben nicht um eine Sphäre handelt, sondern eher um ein Netzwerk, einem Netzwerk mit dichten Knoten, lockeren Verbindungen und auch etlichen Löchern geringer Konnektivität. Darüber könnte der Begriff Technosphäre auch die Koevolution von technischen, kulturellen und eben auch biotischen Systemen und anthropogene Nischenbildung ausblenden.

Archäosphäre und Humanosphäre

Durch menschliches Leben sammelt sich über die Zeit dauerhaft Material an (Abb. 3.6 und Abb. 3.7). Ein m. E. besonders für die Ethnologie anschlussfähiger Sphärenbegriff ist der der Archäosphäre (*archaeosphere*, Edgeworth 2014, 2018b: 21–24). Die Archäosphäre ist die Gesamtheit menschlich veränderten Grund und Bodens. Sie unterscheidet die *maßgeblich* anthropogen geprägten Anteile von den von Menschen unbeeinflussten Schichten darunter. Nach neueren Studien erweist sie sich als ein lebendiger und aktiver Komplex von Ablagerungen mit zahlreichen Wechselwirkungen, Einflüssen und Auswirkungen auf andere Teile ökologischer Systeme. Das Konzept errinnert an Arbeiten des österreichischen Geologen Eduard Suess, der im 19. Jh. das Wort »Biosphäre« einführte und den Boden Wiens als »Schuttdecke« untersuchte und dabei schon im Titel die Lebensweise der »bürgerlichen Gesellschaft« unterbrachte (Suess 1862). Die Archäosphäre ist zwar zum Teil vom Menschen geschaffen und wird konstant umgestaltet und erweitert; sie ist aber im Anthropozän so bedeutend und dauerhaft, dass sie als eigenständige Einheit zu sehen ist (Edgeworth 2018b: 19).

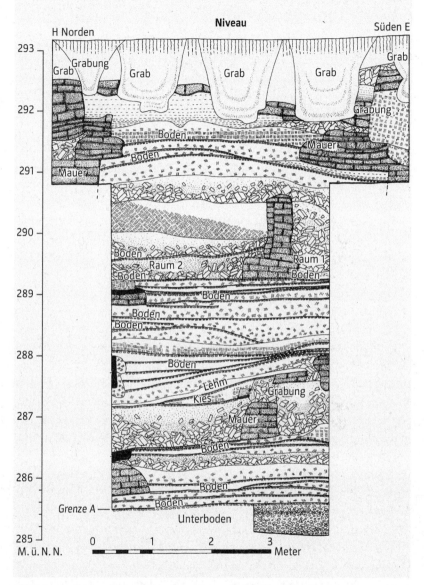

Abb. 3.7 Profil menschlicher Ablagerungen einer Siedlung in Syrien, die in einer Zeit vor etwa 11.000 bis 7.000 Jahren bewohnt wurde, *Quelle: Ellis 2020: 140, Abbildung 32*

Als solche Einheit kann die Archäosphäre m. E. als sinnvolle Ergänzung zu den Konzepten der »kritischen Zone« und der »Vertikalität« (Graham 2018) gesehen werden, auf deren ethnografische Bedeutung ich in Kap. 5.7 eingehe. Als Einheit ist die Archäosphäre horizontaler und globaler, während die kritische Zone eher ein Netzwerk des Lebendigen und die Vertikalität die Summe vernetzter Cluster in die Höhe und Tiefe der Erde bildet. Edgeworth geht – in Latour'scher Perspektive – so weit, die Archäosphäre als Ansammlung einer Vielzahl von kleinen Effekten, die sich zu einer globalen Kraft addieren, zu sehen, die in Zukunft über eine verteilte materielle Handlungsmacht verfügt (Edgeworth 2018b: 19, ähnlich Van Oyen 2018). Dies geht m. E. wegen des überzogenen Agency-Konzepts, das besagt, dass Dinge handeln könnten, zu weit.

Hier hilft vielleicht ein anderer Begriff, der die Rolle des Menschen zwar begrenzt, aber die Lebewelt mit einbezieht. Ishikawa diskutiert den aus der japanischen Diskussion asiatischer und afrikanischer Beispiele entstanden Begriff »Humanosphäre« (Ishikawa, in Haraway et al 2016: 542–543). Dieser Begriff soll die Uneinheitlichkeit des Globus betonen und menschliche Effekte berücksichtigen, aber dem Menschen weniger Gewicht beimessen. Während die Geosphäre seit rund 4,5 Millionen Jahren bestehe, und die Biosphäre rund 4 Millionen Jahre, würde die Humanosphäre seit rund 200.000 Jahren existieren. Angeregt durch die Situation in den Tropen (Lopez et al. 2013) betont er, dass diese Abfolge und die Artikulation der Sphären wichtig seien, da menschliche Gesellschaften von der Existenz der früher einsetzenden Sphären abhängig sind. Damit setzt Ishikawa die Humanosphäre viel früher an, als die frühsten Vorschläge zum Anthropozän. Bezüglich des Umfangs kommt Ishikawa einem Argument von Leinfelder nahe, der sagt, dass Anthropozän sei nichts anderes als die menschliche Wirksphäre, eine Kugelschicht entsprechend der Biosphäre und der Geosphäre (Leinfelder 2017b).

Am Begriff Humanosphäre ist die Konzentration auf den Menschen kritisiert worden. Ishikawa verbindet diese Version einer sphärischen Perspektive allerdings auch mit dem japanischen Konzept *shinra bansho*, »alle Dinge des Universums« bzw. »die gesamte Schöpfung zwischen Himmel und Erde«, von der Menschen nur einen kleinen Teil bilden. Dies erinnert eher an Konzepte von Biomasse, Netze, Verquickung, Verwicklung (*entanglement*), Rhizome, oder der malaiische Ausdruck »Körperhaar der Erde (*bulu gumi*,

Meratus), wie Tsing zutreffend feststellt (Tsing, in Haraway et al 2016: 543). Haraway schließt aus der Begegnung asiatischer und westlicher Benennungen emphatisch, diese sei nützlich für eine Kritik des in ihrer Sicht unvermeidlichen, aber »arroganten« Anthropozän-Begriffs und ein Argument für eine Perspektive des more-than-human:

> »See, I think people like us have an obligation to propose these words for naming our urgent conjuncture, and not to be dazzled and tame in the face of the proposal of these other terms that are maybe useful in ways. I think folks like us, who are really over-educated have an obligation not to let elites get away with another simplification, that I think is part of the problem with the Anthropocene in the first place« (Haraway, in Haraway et al 2016: 545, vgl. 548).

Wegen ihrer materiellen, nämlich geowissenschaftlichen, biologischen und materialkulturellen Fundierung sind aber diese Begriffe aus meiner Sicht wesentlich produktiver für Theorie und Empirie als etwa der derzeit Begriff des »more-than-human«. Dieser enorm beliebte Ansatz setzt Menschen auf eine Ebene mit anderen Lebewesen und findet sich etwa bei Abram, Haraway, Tsing und Puig de la Bellacasa sowie in manchen neuen Materialismen, die ich in Kap. 5.3 und 5.5 analysiere.

Was angesichts des starken Bezugs des Anthropozänkonzepts zur Geologie verwundert, ist die Tatsache, dass geologische Phänomene, wie Ablagerung (Sedimentation), Abtragung (Erosion, Denudation), Schichtung (Strata), Verwerfungen oder die thermische Umwandlung von Gesteinen (Metamorphose) in wissenschaftlichen Arbeiten zum Anthropozän eher selten als Metapher zur Analyse genutzt werden (Ausnahmen z. B. Horn & Bergthaller 2019 und Thomas & Zalasiewicz 2020), ganz im Unterschied zu literarischen Texten (dazu z.B. Schnyder 2020).

3.4 Neues Ordnen der Welt – wirkmächtige Narrative und moralische Visualisierung

> (...) the Anthropocene is good to think.
>
> *Lourdes Arizpe Schlosser 2019: 283*

> Seine Auswirkungen sind dem Anthropos
> nur durch die Daten, Diagramme und
> Visualisierungen der Wissenschaft darstellbar.
>
> *Hannes Bajohr 2019: 71*

Texte zum Anthropozän treten oft als Erzählung auf, sodass sie sich als Narrative untersuchen lassen. Entgegen der Verwendung als Modewort verwende ich Narrativ hier für sinnstiftende Erzählungen, die oft politisch bzw. sozial mobilisierend wirken und ein klares Muster aufweisen: Protagonisten, Ereigniskette, Plot, Ursachen, Wirkungen, Moral sowie eine spezifische Raum-und Zeitstruktur. Diese werden hier in als kollektiv wirksame Erzählungen untersucht. Narrative finden sich in der Geschichte und der Geschichtswissenschaft und besonders stark in öffentlichen Geschichten. Die Idee des Anthropozäns teilt mit anderen Historiografien, dass sie eine gegenwartsorientierte Erzählung ist. Was Anthropozän-Narrative jedoch besonders macht, ist, dass sie nicht nur auf gegenwärtige Interessen, Probleme und Sorgen bezogen, sondern auch zukunftsgeleitet sind (Trischler & Will 2020: 241):

> »Anthropozän-Narrative (...) verbinden eine *lange Geschichte der Gegenwart* mit teils impliziten, teils expliziten, in jedem Fall aber hochgradig normativen Annahmen, auch und gerade in Bezug auf die Frage, welche Rolle welchen Technologien für die Lösung in der Gegenwart identifizierter *und in die Zukunft projizierter Probleme planetarer Dimension* zugeschrieben wird« (Trischler & Will 2020: 241, Herv. CA).

Ich halte die Untersuchung der anthropozänen Narrative zum einen als solche, als Gegenstand, für kulturwissenschaftlich interessant. Die Erzählungen sind aber vor allem i. e. S. deshalb wichtig, weil sich ein großer Teil der Kritiken an der Idee des Anthropozäns auf die dominanten naturwissenschaftlich und technologisch geprägten Erzählungen zum Anthropozän bezieht, weil diese depolitisierend seien (siehe Kap. 4). Die französischen Ideengeschichtler Bonneuil & Fressoz bringen die kritische Perspektive mit Schärfe auf den Punkt, indem sie als Ziel eine zukunftsbezogene Dekonstruktion des Anthropozän-Narrativs ausgeben:

> »It means deconstructing *the* official account in its *managerial* and *non-conflictual* variants and forging new narratives for the Anthropocene and thus new imagineries. Rethinking the past to open up the future« (Bonneuil & Fressoz 2016: xiii).

Hierin steckt m. E. implizit ein dritter Grund, warum Narrative zum Anthropozän untersuchenswert sind, nämlich die verbreitete Fehlannahme, es handle sich um *ein* Narrativ. Bonneuil & Fressoz unterstreichen das dadurch, dass sie vom Anthropozän als »Ereignis« (*event*) ansehen, das ganz verschiedene Erzählungen auslöst. Bei genauerem Hinsehen gibt es mehrere Erzählformen und dazu eine Fülle spezieller Topoi, Images und Metaphern zum Anthropozän. Bonneuil skizziert und kritisiert vier Narrative des Anthropozäns. Das sind (1) die dominierende *naturalistische* Erzählung der Erdsystemwissenschaften, ein Narrativ des Menschen als einer wirkmächtigen Spezies, welches dabei aber die gesellschaftliche Dynamik ignoriere. Das zweite (2) ist das *postnaturalistische* Narrativ, welches die Grenze von Natur und Kultur auflöst bzw. das Ende der Natur ausruft. Die (3) *öko-katastrophische* Krisenerzählung sieht einen drohenden Kollaps und ruft nach einer Wende weg vom Wachstum. Das (4) *öko-marxistische* Narrativ betont die innige Verknüpfung von (»Stoffwechsel«) Umweltkrise und Kapitalismus. Das (5) *öko-feministische* Narrativ ähnelt dem ökomarxistischen im Fokus auf Ungleichheit und Macht, betont aber die Genderdimension (Bonneuil 2016: 23–29, Grusin 2017, Ebron & Tsing 2017: 683, Glabau 2017, Di Chiro 2017, Gramlich 2020,) und und erlaubt zudem auch methodisch einen Zugang über intersektionalen Environmentalismus (Angerer & Gramlich 2020, Walton 2020).

In Tab. 3.1 sind, teilweise angeregt durch Bonneuil (2016: 23–29) und Dürbeck (2018b: 7–15), die wichtigsten Charakteristika der Narrative zusammengestellt. Die Literaturwissenschaftlerin Gabriele Dürbeck unterscheidet fünf zentrale Narrative, und sie destilliert daraus ein darüber stehendes Metanarrativ (Dürbeck 2018a: 13–17, 2018b: 7–15). Von praktischer und politischer Bedeutung ist die Tatsache, dass die oben genannten Metaphern und visuellen Bilder so starke Wirkungen auf Denken und Handeln haben können. Die Narrative beinhalten ein unterschiedliches, oft starkes Potenzial zur Mobilisierung zum Handeln (Dürbeck 2021), das Dürbeck gut herausarbeitet, weshalb ich sie hier ausführlich zitiere:

> »Das *Katastrophennarrativ* stellt mit dem Bild von einer ›Welt ohne uns‹ die Opfer in den Mittelpunkt und leitet daraus die Dringlichkeit eines radikalen Umdenkens und veränderten Handelns ab. Das *Gerichtsnarrativ* benennt in seinen unterschiedlichen Ausprägungen die Verursacher oder Schuldigen (Europa seit der industriellen Revolution, den Kapitalismus, die Industrieländer seit 1950), es verweist auf die Opfer im Globalen Süden, die vom Klimawandel ungleich härter getroffen werden, und stellt die gemeinsame, aber differenzierte Verantwortung beziehungsweise die faire Lastenteilung in den Vordergrund. Das *Narrativ von der Großen Transformation* basiert auf dem Diskurs der ökologischen Modernisierung und stellt Technologie und Aufklärung als Problemlösung ins Zentrum, indem es die Verminderung der Ursachen der Umweltzerstörung und Maßnahmen der vernünftigen Anpassung an veränderte Umweltbedingungen propagiert und einen radikalen ›Kulturwandel‹ für den Umbau zu nachhaltigen Gesellschaften anmahnt. *Das (bio-)technologische Narrativ* strebt ebenfalls nach effizienten Lösungen und verbessertem Naturschutz, wobei der Plot die Bedeutung von Machtmechanismen und technologischen Eliten in den Vordergrund stellt und ein neoprometheischer Umgang mit der Natur als Objekt vertreten wird. Das *Interdependenz-Narrativ* schließlich präsentiert einen Selbsterkenntnis-Plot und die Einsicht in die wechselseitige Abhängigkeit von Mensch und Natur, damit verhält es sich reflexiv zu den anderen Anthropozän-Narrativen. Es basiert auf einem systemischen Naturbegriff mit dem Menschen als Teil eines Netzwerkes im Austausch mit anderen Arten, wobei in kritischer Perspektive die Menschheit nicht als eine abstrakte Einheit, sondern differenziert in ihren lokalen Handlungsmöglichkeiten und kreativen Spielräumen gedacht wird« (Dürbeck 2018a: 17, Herv. CA).

	Plot	Protagonist/-en	Zeit-persp.	Metaphern, Topoi, Begriffsalternativen	Mobilisierungspotenzial
Katastrophen-Narrativ	Apokalypse (pessimistisch)	Frevler, Opfer, Menschheit	Neolithikum, 1800	Kranker Planet, Erwachen, Technozän	Appell an Verantwortung, radikales Umdenken
Gerichts-Narrativ	Koloniale Unterwerfung, kapitalistische Globalisierung	Täter, Schuldige, Industrienationen, Kapitalismus	1610; 1950	Anklage, Haftbarkeit, Kapitalozän	Haftbarkeit, diff. Verantwortung, faire Lastenverteilung, Druck
Narrativ der Großen Transformation	Moderner Ausweg ist mittels Konsumwandel und *Geoengineering* tw. möglich (optimistisch)	Aufgeklärter Mensch, Technik, Fortschritt, radikaler Kulturwandel	1950	Menschenzeit, Garten Erde, Erdgärtner, Uns-Welt, Raumschiff Erde	Ethischer Auftrag, *steward-ship*, Anpassung und Mitigation, Aufklärung
(Bio-)technologisches Narrativ	Märkte und Technologie regeln es (optimistisch)	Menschheit als Prometheus, Eliten	1945 – 1950	Technozän, großartiges Anthropozän	Grüne Revolution 2.0
Interdependenz-Narrativ	Natur/Kultur mit nicht gewollten Netzwerkeffekten	Menschheit oder nomadische Mensch-Nichtmensch-Gefüge	Neolithikum	Posthumanes »Wir«, na-ture/ cultures, Tiefenzeit	Selbsterkennt-nis, *geostories*
Naturalistisches Narrativ	Die Menschheit verändert die Welt und passt sich an	Mensch als quasi-natürliche Macht	offen	Aufklärung	Vernunft, Rationalität, Wissenschaft
Post-Natur-Narrativ	Durch Selbsttechnisierung lösen wir die Probleme	Algorithmen, KI, AI	ca. 2000	Gutes Anthro-pozän, Novozän	Technophile, optimistische Menschen
Öko-katastrophisches Narrativ	Apokalypse (pessimistisch)	Frevler, Opfer, Menschheit	1800	Kranker Planet	Verantwortung, radikales Umdenken
öko-marxistisches Narrativ	Kapitalisten nutzen die Erde aus	Klassen, Eliten	ca. 1850	Fossiles Kapital, »Kapitalozän«	Klasseninteressen
Öko-feministisches Narrativ	Emanzipation	Patriarchat, Opfer männlicher Gewalt	trans-historisch	tw. (weiße) Männer (?)	Unfreiheit

Tab. 3.1 Narrative des Anthropozäns

Ein apokalyptisches Narrativ kann neben der Betonung einer Bedrohung auch in konkreten Handlungsanweisungen münden ... und tut es auch oft. Ein Beispiel sind die *Gifford Lectures* von Bruno Latour (Latour 2017). Die Wirkmächtigkeit von Narrativen und verwendeten Metriken zeigt sich exemplarisch an der Arbeit des Expertengremiums WBGU für eine nachhaltige Gesellschaft, wo Anthropozän immer wieder herangezogen wird (WBGU 2016: 33, 66, 98, 288, 2016: 283, 2020: 22, 41, 245). Hier wird eine Kombination des Narrativs Anthropozän mit dem spezifischen Konzept der planetaren Grenzen genutzt, um wissensgestützt ein *gesellschaftliches* Ziel, des sozialökologischen Umbaus der Gesellschaft, der »Großen Transformation«, zu fördern, so das Selbstverständnis. Ebendiese Verquickung normativer Ziele mit harter Wissenschaft stößt auf massive Kritik, die ich später genau beleuchten werde (Kersten 2014, Krauß 2015a: 69–70, Altvater 2013, 2017, 2018, vgl. zur Verquickung in der Klimawandelforschung Bauriedl 2015, Krauß 2015b und Storch & Krauß 2013). Bruns arbeitet heraus, wie die ursprünglich beschreibend-analytische Anthropozän-Idee sowie das Konzept planetarer Grenzen und Kipppunkte (Lenton et al. 2019) als naturwissenschaftliches Begründungsnarrativ die Transformation als ein großenteils *präskriptives* Gesellschaftsprojekt legitimieren, mittels Sachzwängen und ohne explizit auf das Politische zu verweisen, denn das Argument ist:

> »Der anthropogen verursachte globale Umweltwandel und insbesondere die bereits überschrittenen oder nahenden Kipppunkte *erfordern* das Navigieren der Mensch-Umweltverhältnisse innerhalb Planetarer Grenzen. Dieses Navigieren (das also Fragen der kollektiven Entscheidungsfindung (Governance) anspricht) verfolgt ein *Ziel* (Nachhaltigkeit)« (Bruns 2019: 56, eigene Hervorheb.).

Ein vergleichender Blick zeigt neben den vielen Unterschieden aber auch Gemeinsamkeiten der Narrative. Während Bonneuil die Unterschiede und das kritische Potenzial betont, arbeiten Lövbrandt und Co-Autoren und Dürbeck die durchgehenden Linien und das jeweilige Potenzial der jeweiligen Erzählung für eine Mobilisierung zu verändertem Denken oder Handeln heraus. Lövbrandt et al. diagnostizieren als gemeinsames Narrativ eine Kombination von drei Perspektiven: der »post-naturalen«, der »post-sozialen« und der »post-politischen« (Lövbrandt et al. 2015: 212–215). Die post-naturale Perspektive vereint Natur und Gesellschaft, statt sie einander entgegenzustellen. Die post-soziale Perspektive spricht vom Menschen oder Anthropos statt von Vielfalt und lokaler Dynamik. Die post-politische Perspektive mischt apokalyptische Rhetorik mit einer Verteidigung des Status quo. Dürbeck sieht ähnliche Gemeinsamkeiten:

> »Bei aller Unterschiedlichkeit haben die fünf Narrative jedoch eine gemeinsame Struktur, und zwar der (teilweise auch kritische) Bezug auf die Gefährdung der Welt durch die Menschheit als Plot, eine tiefenzeitliche Perspektive auf Vergangenheit und Zukunft, ein planetarischer Bezugsrahmen, eine Aufhebung der kategorialen Grenzen zwischen Natur und Kultur im Horizont des Erdsystemkonzepts und schließlich die Thematisierung der ethischen Verantwortung für die Verminderung weiterer Umweltzerstörung und das Überleben der menschlichen Zivilisation« (Dürbeck 2018a:17, vgl. 2017b: 15–17).

Görg stellt mit einiger Berechtigung fest, dass vieles an diesen Narrativen nicht neu ist. Sowohl Thesen als auch Grundannahmen und Zeitdiagnosen wurden seit vielen Jahren in Debatten um ökologische Krise und Entwicklung der Naturverhältnisse schon diskutiert (z. B. Becker et al. 2006, Wissen & Brand 2022: 265–268). Auch angesichts mehrfacher Paradoxien, z. B. apokalyptischer Szenarien bei gleichzeitiger Inaktivität, handelt es sich auf philosophischer Ebene teilweise um eine erneute Diskussion um die »Dialektik der Aufklärung« (Görg 2016: 12–13, Görg 2024). Ich halte es für umso wichtiger, die Narrative und darin spezifische Metaphern, Topoi und visuelle Bilder präzise zu untersuchen, um die Besonderheit des Anthropozäns als Idee zu verdeutlichen.

Eine Besonderheit anthropozäner Narrative ist, dass sie oft mit der Nennung großer Zahlen verbunden werden, worin sie früheren demografischen Erzählungen zur Weltbevölkerung, etwa von der »Bevölkerungsbombe« ähneln (Engle Merry 2011). Messwerte, Statistiken, drastische Beispiele und Verlaufskurven und immer wieder neue Zahlen spielen in den Veröffentlichungen eine große Rolle. Das gilt nicht nur für die beschreibende Literatur, sondern ganz stark auch für politikorientierte Texte zum Thema. In wirtschaftswissenschaftlichen Texten haben Zahlen generell einen hohen überzeugenden Stellenwert (McNeill 2017). In Texten zum Anthropozän werden geologische Zahlen und Fakten zusätzlich mit dystopischen Übertreibungen verknüpft. Rekordwerte belegen den Einfluss des Menschen, und dazu kommt oft eine katastrophische Wortwahl, etwa à la »Jeder sieht doch, wie die Polkappen schmelzen und die Ökosysteme vor die Hunde gehen«.

Wenn man das Anthropozän als Selbstbeschreibungsformel von Gesellschaft interpretiert, dienen die Zahlen dazu, *bestimmte* Selbstbeschreibungen per Evidenz gegenüber anderen zu untermauern. Das lässt die Kontingenz der jeweiligen Beschreibungsformel vergessen oder belässt sie bewusst ausgeblendet (Werber 2014: 244). Hier spielt aber auch das grundlegendere Problem der durch Geldwirtschaft geförderten Abstraktion herein, nämlich die Versuchung, verschiedenartigste Realitäten mittels Zahlen und Kurven als gleichwertig zu behandeln (Horkheimer & Adorno 2006). Die Zahlen in dominanten Erzählungen zum Anthropozän sind nicht irgendwelche, sondern es sind die Zahlen der Geologinnen. Sie sind besonders wichtig, weil das Anthropozän ja anderen Epochen der Erdgeschichte zur Seite gestellt wird. Diese anderen Perioden dauern Zehntausende von Jahren, wie das Holozän, oder viele Millionen Jahre, wie das Pleistozän.

Diese Zahlen beeindrucken als »stunning figures«, und zwar so stark, dass selbst ein konstruktivistisch ausgerichteter und ansonsten »Fakten« problematisierender Wissenschaftler wie Bruno Latour stark mit Zahlen argumentiert, so etwa in den *Gifford Lectures* von 2013 (Latour 2017, dazu Werber 2014: 241). Latour vergleicht dort die menschlich erzeugte Energie mit den Kräften der Plattentektonik. Latour spricht auch immer wieder die schiere Größe der Erde und die Massivität der Probleme an und spricht blumig von des Menschen »tellurischer« Kraft, die den Naturgewalten gleichkomme (z. B. Latour 2018: 25). Damit sind wir bei den berechtigten – wie auch den weniger berechtigten bis abwegigen – Kritiken an Konzept, Idee und Rhetorik des Anthropozäns angekommen, die in Kap. 4 systematisch analysiert werden. Dürbeck fasst konzise zusammen:

> »Das Anthropozän erscheint damit als ein Narrativ, das (a) die Menschheit
> als geophysikalische Kraft begreift, (b) eine planetarische Perspektive auf die

globale Umweltkrise wirft, (c) eine tiefenzeitliche Zeitdimension aufweist, (d) eine enge Wechselbeziehung, d. h. Nicht-Trennbarkeit von Natur und Kultur annimmt und (e) daraus eine ethische Verantwortung des Menschen für das Erdsystem ableitet« (Dürbeck 2018b: 4).

3.5 Natur- und Menschenbilder – zwischen Misanthropozän und »reifen Anthropozän«

Die spätmoderne Öffentlichkeit ist angesichts der Komplexität des Anthropozäns in einem denkbar schlechten Zustand.

Bernd Stegemann 2021: 12.

Populäre Texte zur »Menschenzeit«, aber oft auch wissenschaftliche Texte zum Anthropozän arbeiten oft mit einem alarmistischen Vokabular und vermitteln negative Ausblicke in die Zukunft – Dystopien wohin man blickt, auch in der Sprache vieler Graffiti (Abb 3.8). Schon in der Klimawandeldebatte wird seit Längerem viel von einem »klaren Bruch« in der Menschheitsgeschichte geredet, und es ist oft von »Endzeit« die Rede (Orr et al. 2015: 162). Zum Anthropozän lesen wir noch mehr dystopische Metaphern, etwa über eine »Megakrise« bis hin zu »Untergang«, »Apokalypse« und »Weltende« (Danowski & Viveiros de Castro 2019).

Alarmismus und scharfe Deadlines

Das Bewusstsein dafür, dass der Planet ökologisch existenziell bedroht ist, geht aber auf eine Phase vor dem Erkennen anthropogenen Klimawandels zurück. Es lässt sich historisch auf die Nuklearwissenschaft in den USA und die Wahrnehmung der Auswirkungen der Atombomben zurückführen (Masco 2010). Atombomben belebten den immer latent vorhandenen Katastrophismus bzw. eschatologischer Haltungen zur menschlichen Geschichte wieder. Sie machten zum ersten Mal *empirisch* klar, dass Menschen das Potenzial haben, die Geosphäre in eine Katastrophe zu stürzen. Dieses Bewusstsein für eine mögliche weltweite durch Menschen ausgelöste Katastrophe wurde dann fast gleichzeitig durch die Einsicht eines möglichen weltweiten »sechsten Aussterbeereignisses« befördert, was jede Uniformitätsannahme auch geologisch herausfordert.

In Bezug auf das Anthropozän sind Körpermetaphern und Sprachbilder aus dem Bereich Krankheit besonders häufig, wie schon in der Debatte um Klimawandel und Ressourcenverbrauch (»Fußabdruck«, »Fingerabdruck«). Die Erde »hat Durst«, ist überhitzt, sie »hat Fieber«, Gleichgewichtsstörungen oder taumelt einem »Kollaps« entgegen. Der Planet erscheint so überhitzt wie das Tempo seines Wandels (*overheating*, Eriksen 2016). Während *planetary health* zumeist die anthropozän hervorgerufenen Gesundtheitsprobleme betrifft (Traidl-Hoffmann 2020), sagen Nachhaltigkeits- und Entwicklungsforscher zunehmend, die menschliche Gesundheit müsse zusammen mit der planetarischen Gesundheit gefördert werden (Haines & Frumkin 2021, WBGU 2023). Als Hauptverursacher dieser Krankheit der Erde wird der Mensch gesehen, der als »Virus« oder auch als »Monster« erscheint. Wir Menschen bzw. die Menschheit als solche sind zum Problem geworden (Scherer 2017, 2022).

Abb. 3.8 Die brennende Erde – Graffito an einer Hauswand in Bonn, *Quelle: Autor*

Das Krankheitsbild klingt auch im »Syndromkonzept« des Wissenschaftlichen Beirats der Bundesregierung Globale Umweltveränderungen (WBGU) durch. Hiermit werden bestimmte Muster der Umweltdegradation gekennzeichnet (Glaser et al. 2010: 200–205). Hier ist das aus der Pathologie entlehnte Konzept Syndrom leitend, als Begriff für typische Konstellationen von mehreren Symptomen. Die Entwicklung der Welt droht zum Unfall zu werden, das Schlimmste kann allenfalls durch »Leitplanken« (*planetary guardrail*), also politische Ziele zur Begrenzung des Wandels, um dauerhaftes Überleben zu ermöglichen verhindert werden (Leinfelder 2012).

Summa summarum herrscht eine besondere Form der negativen Anthropologie vor, nach der das Anthropozän als »Misanthropozän« erscheint (Viveiro do Castro 2019: 296, Horn & Bergthaller 2019: 42, 124, Bajohr 2019).

Erdmanagement und »gutes Anthropozän«

Deutlich seltener finden sich positive Utopien oder nostalgische Metaphern, etwa wenn der Mensch im Anthropozän als »Gärtner« erscheint oder als »Gestalter« (*shaper*) oder als hegender Mensch, als Vormund (*steward*) oder Anwalt, z. B. für die Lebenswelt bzw. die Natur (z. B. Knauß 2018). Positiv gefärbte oder optimistisch stimmende Metaphern und Macht einfordernde Wörter häufen sich, wie die Rede von der Rolle des Menschen in einer *trusteeship* (Pielke 2014). Sie finden sich vor allem in solchen Schriften aus den Erdwissenschaften, die die Fähigkeit der Menschheit, Antworten zum Anthropozän zu finden, hoch einschätzen und etwa im Rahmen umfassenden Nachhaltigeitskonzepts fördern wollen (McPhearson et al. 2021). Sie leiten aus der anthropozänen Katastrophe eine Hoffnung auf eine gezielte »Rettung« der Erde ab und sprechen etwa im Sinne eines *ecomodernism* vom »guten Anthropozän« (*good Anthropocene*, Asafu-Adjaje et al. 2015: 1, 4) Dem technophilen und optimistischen Ökomodernismus halten Kritiker entgegen, sie sei technizistisch. Es müsse dagegen auch über die Technik (*techné*) hinausgehend positive Stimmen geben, etwa eine Poetik, die das Prinzip der kreativen Lebendigkeit betont. Dies kann gleichermaßen auf Einsichten in Allmendebedingungen in der Wirtschaftswissenschaft wie auf

Wissen zu Symbioseformen in der Biologie aufbauen (*poiesis*, *enlivenment*, Weber 2019: 10–14).

Eine tiefengeschichtliche bzw. geologisch tiefenzeitliche Perspektive bzw. eine auch räumlich weite Sicht der *Big History* könnte helfen, positive Seiten der Erfolgsgeschichte des Menschen zu sehen, aber dabei realistisch zu bleiben. Dem »schlechten Anthropozän« der enormen Ungleichheit und massiver Umweltverschmutzung steht – zumindest aus menschlicher Sicht – ein »gutes Anthropozän« gegenüber. Zum ersten Mal in der Geschichte erlangten Milliarden gewöhnlicher Menschen ein besseres Leben. So erlaubte der Einsatz von synthetischem Dünger nicht nur das erwähnte Zurückdrängen des Hungers, sondern auch die Entstehung einer weltweit breiten Mittelschicht, ein ganz neues Phänomen der Menschheitsgeschichte (Christian 2018: 317). Statt den Menschen per se als *Homo destructor* von Natur aus zu sehen, müssen wir die kulturellen und sozioökonomischen Rahmenbedingungen erforschen, die ihn besonders heute dazu machen (Bätzing 2023). Eine Mischung aus realistischer Einsicht in negative Aspekte und positive Aspekte bildet die Idee des »reifen Anthropozäns« (*mature Anthropocene*) des Astrobiologen David Greenspoon. Er sieht Chancen der Menschheit, die ja in der Evolution schon mindestens einmal kurz vor dem Aussterben stand. Als Leitbild des reifen Anthropozäns würden Merkmale einer zukünftigen Welt beschrieben, die das Beste des »guten Anthropozäns« bewahren und gleichzeitig Maßnahmen aufzeigen, die Trends zum »schlechten Anthropozän« anhalten oder vermindern (Greenspoon 2016: 222–244, Christian 2018: 333).

Manche technologieaffine Vertreter eines guten Anthropozäns halten kapitalismuskritische Richtungen für das größte Hindernis einer Entwicklung zum guten Anthropozän, so prominent die Mitbegründer des kalifornischen Thinktanks *Breakthrough Insititute* Michael Shellenberger und Ted Nordhaus (Shellenberger & Nordhaus 2011). In Richtung eines guten Anthropozäns argumentiert auch Stewart Brand, der in den 1980ern mit dem *Whole Earth Catalog* die Wahrnehmung des Planeten als einer vernetzten Welt befeuert hatte. Als Unternehmer sieht er jetzt optimistisch eine technologische Zukunft. Optimistische oder pessimistische Sichten in die Zukunft hängen sicher auch immer von der Persönlichkeit der Autoren ab. Kritiker sehen diese Vertreter wiederum als technophile Verfechter eines boomenden spätindustriellen Kapitalismus bzw. »grünen Kapitalismus«. Sie sehen sie als Propheten einer »Füllhorn-Eschatologie«, von der es auch linke, »akzelerationistische«, Varianten gibt (Danowski & Viveiros de Castro 2019: 63, 65, 143–146). Was aber bei aller Kritik zu überlegen ist, ist, ob ein moderater »Umwelthumanismus« auch politisch weiterführt als ein angstvoller Alarmismus (Shellenberger 2020: 274–279, 285).

Ideen des guten Anthropozäns werden häufig mit Ideen des Geoengineerings verbunden (*geo-engineering, climatic engineering*; Wiertz 2015a, 2015b, Preston 2019, Meiske 2021, Will 2021: 184–189). Unter Geoengineering laufen Maßnahmen des »Erdmanagements«, die mit Hilfe von Technologien oder – seltener – neuen Institutionen Prozesse des Erdsystems absichtlich und großräumlich so zu verändern suchen, dass der Umweltkrise entgegengewirkt werden kann. Das ginge auf verschiedenen Maßstabsebenen, der des Planeten, auf dem Level nationaler Energiestrategien über regionale grüne Technologien bis herunter auf die Ebene von Haushalten, (zur Kritik vgl. Baskin 2019, Jansen 2023: 156–244 und detailliert Schlemm 2023).

Trotz ihres Namens beziehen sich diese Maßnahmen jedoch in der Regel nicht auf technische Antworten auf das Anthropozän *per se*, sondern vor allem auf das Klima (Haardt 2022: 148–155). Hierzu zählen das künstliche Erzeugen von Regen durch Freisetzung von Partikeln in der Atmosphäre, das Management der Sonneneinstrahlung durch Reflektoren, die unterirdische Speicherung von Kohlendioxid oder die großflächige Nutzung von Bakterien zur Reinigung der Ozeane. Die meisten Vorschläge stellen demnach eher *geoclimatic engineering* dar als *geo-engineering*: Die geosphärische, die i. e. S. anthropozäne Dimension bleibt außen vor (Thomas et al. 2020: 181), aber des gibt Ausnahmen (etwa Kolbert 2021: 157–217). Es findet erstens kaum ein Eingehen auf die vielen beteiligten Dimensionen des Erdsystems statt. Zweitens wird dabei kaum auf die geologische Tiefenzeit eingegangen, etwa bei Entkarbonisierungstechnologien. Drittens wird zwar über Risiken durch ungeplante Folgewirkungen diskutiert, aber kaum beachtet, welche politischen Auswirkungen sich ergeben könnten. Ebendiese technologischen Ansätze stehen deshalb als »technological fixes« vor allem im Kreuzfeuer der Kritik, die sie als »technizistisch« brandmarkt (siehe Kap. 4).

Ideen zum Erdmanagement werden oft als optimistisch wahrgenommen, aber sie entspringen auch der Erkenntnis, dass individuelle Verhaltensänderungen allein kaum etwas gegen anthropozäne Trends ausrichten können. Das zentrale Argument ist die Dringlichkeit und der gesehene Ausweg ist hier ein technologischer statt eines politischen. Nicht zu vergessen ist aber, dass es auch andere Formen des Erdmanagements gibt, wie etwa die Idee großflächiger Renaturierung von Landschaften als Gegenmaßnahme zum Artensterbens oder gar die Forderung des Evolutionsbiologen Edward O. Wilson, die Hälfte der Erde zu unantastbaren Naturreservaten zu erklären (Wilson 2016). Hier ist auch die Idee einer »pleistözänen Renaturierung«. Dies wäre eine Förderung derjenigen heutigen Arten in Wildparks, die den pleistozänen Arten in ihrer ökologischen Funktion ähneln (Elefanten ersetzen Mammuts). Was diese Ideen mit den i.e.S. technologischen verbindet, ist die Vorstellung eines großflächigen Eingreifens für ein »gutes Anthropozän«.

Eine positive und gleichzeitig technologische Utopie ist auch James Lovelocks neuere Vision einer post-humanen Evolution der Menschheit. Lovelock sieht eine neues Zeitalter, das »Novozän«, eine nachanthropozäne ZukunftZukunft technologischer Innovationen, insbesondere mittels künstlicher Intelligenz, die wir nach dem Anthropozän als Menschheit beträten (Lovelock 2021). Dieser Ansatz entfernt sich stark von früheren ökologischen Arbeiten Lovelocks zum System *Gaia*, nimmt aber aus den dortigen Überlegungen zur Selbstorganisation einen Steuerungsoptimismus, der jetzt aber stärker technologisch statt organismisch basiert ist.

Angesichts der planetaren Thematik und der Tatsache, dass die Debatte von einem Atmosphärenchemiker, Paul Crutzen, losgetreten wurde, verwundert es nicht, dass viele der gebrauchten Metaphern aus den Geowissenschaften kommen, besonders aus der Geologie und der Paläontologie. Grundlegend ist die Formulierung der menschlichen Wirkmächtigkeit als »geologische Kraft« (Crutzen & Stoermer 2000). Das wirkt zunächst wie eine Metapher für die nie da gewesen Wucht menschlichen Wirkens, ist aber eine Feststellung des Faktums der quantitativ starken wie auch dauerhaften geologischen Wirkung menschlicher Aktivität. Genauer gesagt sind es aber eher geografische und geomorphologische als geologische Effekte, weil sie nur die Erdoberfläche und ihr nahe Sphären (Geosphäre), nicht aber tiefere Erdbereiche betreffen. Entgegen mancher Annahmen ist damit aber mitnichten gemeint, dass die anderen geologischen Kräfte an Bedeutung verlören (Hooke 2000, Davies 2016).

Auch die Tiefenzeit (*Deep Time*, Kap. 1.4 und 6.6) ist eine metaphorische Beschreibung der gegenüber menschlichen und historischen Maßstäben ungeheuer langen geologischen Zeitperspektive. Metaphorisch kann die geologisch untermauerte Rede von Stratigrafien, Metamorphismen und Verwerfungen nützlich sein. Mit diesen drei geologischen Begriffen können erstens verschiedene Schichten der Debatte, wie etwa Sachfeststellungen gegenüber normativen Aussagen, zweitens Veränderungen zentraler Konzepte, wie die zu Mensch und Natur, und drittens Verwerfungen, wie das Auseinanderfallen der Mikro- und Makro-Maßstäbe menschlichen Handelns, wirksam auf den Punkt gebracht werden. Die m. E. fruchtbarste Nutzung dieser geologischen Begriffe findet sich bei den Literaturwissenschaflern Horn und Bergthaller und dem Ethnologen Irvine (Horn & Bergthaller 2022: 25–58, 59–138, 139–212, Irvine 2020: 106–128).

Menschenbilder spielen besonders bei der Erklärung des menschlichen Handelns im Anthropozän herein. So nutzt Donna Haraway Hanna Arendts Gedanken zur Gedankenlosigkeit bei Eichmann, während der von ihm überwachten Deportationen (Arendt 1963: 285), um zu erklären, warum Menschen ihre Umwelt systematisch zerstören (vgl. Hoppe 2021). Im Mittelpunkt stehe wie bei Eichmann nicht Dummheit, sondern ein Mangel an Verbundenheitsbewusstsein mit der materiellen Welt und mit der Lebewelt:

»Here was someone (Eichmann) who could not be a wayfarer, could not entangle, could not track the lines of living and dying, could not cultivate response-ability, could not make present to itself what it is doing, could not live in consequences or with consequence, could not compost. Function mattered, duty mattered, but the world did not matter for Eichmann. The world does not matter in ordinary thoughtlessness. The hollowed-out spaces are all filled with assessing information, determining friends and enemies, and doing busy jobs, negativity, the hollowing out of such positivity, is missed, an astonishing abandonment of thinking. This quality was not an emotional lack, a lack of compassion, although surely that was true of Eichmann, but a deeper surrender to what I would call *immateriality, inconsequentiality, or, in Arendt's and also my idiom, thoughtlessness*« (Haraway 2016: 36, Herv. und Erg. CA).

Haraway impliziert damit allerdings, anders als Arendt selbst, dass jedermann die Fähigkeit oder Tendenz habe, Umwelten maßgeblich zu schädigen (vgl. dazu die Kritik bei Park 2020: 97f.). Viele Autoren fragen danach, was die Einsichten in die Realität des Anthropozäns für unser Menschenbild bedeutet, also inwieweit ein Konzept der menschlichen Lage der fundamental neuen Situation gerecht werden muss. Hierbei wird oft auf einen früheren Text von Hannah Arendt, nämlich ihre Gedanken zu einem veränderten Bild der *human condition* Bezug genommen (Arendt 1998, zuerst 1958, vgl. Szerszynski 2003).

Arendts zentrales Argument war, dass die Weltbindung der Menschen durch die Modernisierung verunsichert wurde und die heutige Situation durch eine Entfremdung vom gemeinsam Menschlichen wie auch von der Natur gekennzeichnet ist. Diese Gedanken kann man auf das Anthropozän beziehen. Was bedeutet das Anthropozän für Konzepte »anthropozäner Gesellschaften« in der Zukunft? Wie lässt sich die Neuartigkeit der »menschlichen Situation« im Sinne von Arendt im Anthropozän fassen, und worin besteht sie?

> »Overall, the ›naive‹ belief in human ›mastery‹ of the forces of nature must be tempered by responsibility and humility, by respect for other agents, cultural differences, and other disciplines. This is the crux of Anthropocene society, the new human condition« (Pálsson et al. 2013: 11).

So wie Steinzeitgesellschaften spezifische Mensch-Umweltverhältnisse hatten, so leben wir seit einiger Zeit faktisch in *Anthropocene societies* (Dalby 2007). Ein Argument der neueren ökofeministischen Debatte ist, dass diese fundamental neue Situation (*new human condition*) einen tiefgreifenden Wandel in Politik, Wissenschaft und Denken im Allgemeinen erfordere (Schneiderman 2016, 2017, vgl. als Science-Fiction-Klassiker Le Guin 2017, 2020). Konkret hieße das, gänzlich neue Systeme etwa der Fürsorge (*care*), z. B. eine familien-ähnliche Identifizierung mit der Menschheit und Sorge um die Bio- und Geosphäre als Ganzes bzw. Solidarität mit allen Lebensformen, »… a new mode of humanity and a new mode of belonging (Gibson-Graham 2011: 17, zit. nach Pálsson et al. 2013: 11, ähnlich Haraway 2016).

Kapitel 4

Stärken und Schwächen – Kritiken des Anthropozän-Denkens

> Der Begriff besagt: Naturverhältnisse sind heute immer auch »Herrschafts«-verhältnisse.
>
> *Michael Müller 2023:107*

> Zieht dem Anthropozän die Zähne!
>
> *Erhard Schüttpelz 2021: pers. Mitt.*

Was ist der Nutzen eines so beladenen Begriffs wie »Anthropozän« gegenüber eher beschreibenderen Termini, wie etwa dem des »globalen Wandels«, des »menschengeprägten Erdsystems« oder etwa der »Anthroposphäre«? Diese und andere vorgeschlagene Alternativen, etwa *humanized Earth system* (Rull 2016), würden die umstrittene chronostratigrafische Periodisierung weniger betonen, sondern unsere Unsicherheit über die zukünftige Entwicklung der Geosphäre klarer markieren. Der Nutzen einer Verwendung des Anthropozän-Begriffs wird quer durch die Akademie, von den Erdwissenschaften bis hin zum *Literary Criticism,* zumeist gesehen entweder als *erdsystemischer* Begriff mit fundamentaler Bedeutung für die Zukunft der Menschheit in der Geosphäre (was dem oben eingeführten Anthropozän 1 entspricht), als *geologische* Periodenbezeichnung (Anthropozän 2), als Hinweis auf die historisch schon lange andauernde Überformung der Geosphäre (Anthropozän 3) und als kultur- und naturtheoretisch sowie historisch und politisch anregendes *Konzept* und neue Form der Gesellschaftskritik (Anthropozän 4). Angesichts der Inflation der Verwendung des Wortes »Anthropozän« ist vor aller Befragung des Nutzens aus Vorsicht vorab folgende scharfe Kritik zumindest bedenkenswert:

»Aus dem Bekanntheitsgrad des Anthropozän-Begriffs ist nicht auf seine Akzeptanz in einem wissenschaftssystematischen Sinn zu schließen. (...) Anders nämlich als bei vergleichbaren Benennungen für die Erdzeitalter enthält der Begriff Anthropozän nach dem Willen seiner Hauptpropagandisten vor allem deontische Eigenschaften« (Herrmann 2016: 49).

»Stattdessen trägt der Begriffsgebrauch eher apotropäische Züge, als würde die Benennung eines Phänomens dessen nachteilige Eigenschaften einschränken, mildern oder abwenden können. Nicht von ungefähr wird er daher gern mit einem Begriff verschwistert, der ebenfalls hohe PR-Eigenschaften aufweist: mit der ›Nachhaltigkeit‹« (Herrmann 2016: 49).

Ein praktisches Potential wird etwa in einer erzieherischen Wirkung, einem gesellschaftskritischen Potenzial (z.B. Müller 2021a) oder als Wegweiser für eine verbesserte *Governance* oder gar für ein »demokratisches Anthropozän« (Purdy 2015) gesehen. Dies lässt sich als Mehrebenenansatz darstellen, wobei die Ebenen jeweils eine Nähe zu verschiedenen Disziplinen haben: die Erdsystemebene, die geologisch-stratigrafische Ebene und die »konsequenziale Metaebene« (Leinfelder 2019: 26–35, Zalasiewicz et al. 2020). So wie diese positiven Sichten ist auch die Kritik stark mit Grundwerten und normativen Ideen verbunden.

Kritiken aus der Geologie wurden im ersten Kapitel behandelt. In diesem Kapitel soll es um die geistes- und sozialwissenschaftliche Kritik am Anthropozänbegriff gehen. Die philosophische Kritik ist im Wesentlichen ein Amalgam aus geschichtsphilosophischem Katastrophismus und anthropologischem Negativismus. Zentrale philosophische Befunde sind, dass wir unsere Selbst und Weltbezüge verdinglichen, ursprüngliche Weltbezüge veruneigentlichen, einer instrumentell verengten Vernunft erliegen und uns als neuer Prometheus in eine totalitäre technikfixierte Weltlosigkeit steigern (Sakkas 2021: 153).

Hier sind bezogen auf den deutschen Sprachraum die frühe Kritische Theorie (Hannah Arendt, Günther Anders), die postmaxistische Kritik am unbegrenztem Wachstum und Kapitalismus und die Umweltbewegung seit ca. 1970 zu nennen. Angesichts des Anthropozäns erschöpfen sich die Einwände nicht in der Kritik der neuzeitlichen Moderne: sie politisieren und fundamentalisieren diese. Hinzu kommt heutzutage massenmedialer Katastrophismus und eine verbreitete Verunsicherung sowie Ängste angesichts des Klimawandels. Markus Wissen und Ulrich Brand bringen den Grundtenor vieler Kritiken an der Großerzählung des Anthropozäns auf den Punkt:

> »Das wirkmächtige Anthropozän-Narrativ begreift die ökologische Krise als eine von Menschen gemachte. Dabei vernachlässigt es die herrschaftsförmige gesellschaftliche Vermittlung des menschlichen Einwirkens auf Natur« (Wissen & Brand 2022: 263).

4.1 Brücke zwischen Fächern sowie Raum- und Zeitmaßstäben

> The Anthropocene not only challenges the dispositions of our survival, rather, it also challenges our understanding of the role of science.
>
> *Werner Krauß 2015b: 4*

> We are not always talking about the same thing, or talking about it in the same way.
>
> *Julia Thomas et al. 2020: 13*

Der Anthropozänbegriff schlägt eine Brücke zwischen geologischer und historischer Zeit (Renn 2021: 3). So kann es nicht verwundern, dass auch einige, wenn auch eher wenige, Vertreter der Sozialwissenschaften und der Humanities nicht nur das Wort, sondern explizit den geologischen Begriff verwenden (Conversi 2020: 3–4). Zu nennen sind Vertreter der Internationalen Politikwissenschaft, des Internationalen Rechts und der Geopolitik, aber auch z. B. Julia Adeney Thomas, Dipesh Chakrabarty und Jürgen Renn als Historiker, Bruno Latour als Soziologe und ich selbst als Ethnologe. Eine Kerneinsicht aus den Befunden zur Systemhaftigkeit des Anthropozäns ist, dass die Zukunft stark von gegenwärtigen Entscheidungen abhängt.

> »Das Anthropozän stellt nicht nur unsere Vorstellungen von ›der Natur‹ und ›dem Menschen‹ infrage, sondern auch die Grundlagen politischer Entscheidungen und demokratischer Prozeduren, die weder zu den geologi-

schen Zeitskalen noch zur Dringlichkeit einer Entschleunigung des Ressourcenverbrauchs passen – sie scheinen für beide Zeitskalen ungeeignet« (Görg 2016: 13).

Pfadabhängigkeit und Wissenschaft

> Our power to change our environment seems
> to be increasing much faster than our
> understanding of the effects of these changes
> or our capacity to change our economies.
>
> *David Christian et al. 2014: 285*

Pfadabhängigkeiten, vor allem eine »pathologische Pfadabhängigkeit«, welche die Feedbacks der Geosphäre nicht wahrnimmt, sind gefährlich. Das politische Hauptproblem besteht darin, dass sich durch Informationsfilter ökologisch abgekoppelte Pfadabhängigkeiten ergeben. Die Folge ist das Weiterleben »holozäner« Institutionen, die auf Kontinuität ausgerichtet sind und somit nicht auf den plötzlichen Wandel von Teilen des anthropozänen Erdsystems reagieren können. Das gilt insbesondere für internationale Institutionen (Dryzek & Pickering 2019: 22–24, 27, Candler 2018, Chandler et al. 2021). Entscheidend ist die Einsicht, dass das System Erde und menschliche Systeme zusammenhängen, es aber keinen einheitlichen Ansatz zum Verständnis gibt, auch keine einzelne umfassende Planetengeschichte. Wir werden mit konstanter Dynamik leben müssen und demzufolge auch nie eine dauerhafte politische Lösung finden, etwa im Sinne von Naomi Klein mit ihrer Forderung angesichts des Klimawandels, der »alles verändert«, die globale kapitalistische Wirtschaft abzuschaffen (Klein 2015). Eine durch das Anthropozän statt durch das Holozän informierte Sicht setzt vielmehr auf kontinuierliches globales Lernen aus Fehlern:

> »The Anthropocene is not just something bad to be lamented and avoided as far as possible. Nor is it something to be embraced, mastered, and celebrated. Rater it is *inescapable* and must be negotiated. (…) The Anthropocene is something that humanity must *continually* learn and relearn to live with. (…) The Anthropocene is now for better or worse humanity´s chronic con-

dition, a constant presence« (Dryzek & Pickering 2019: 10, ähnlich Eriksen 2018, 2023).

So, wie es viele Arten gibt, zurück auf die Ursachen des Anthropozäns zu blicken, so gibt es auch mehr als einen Weg, in die Zukunft zu blicken (Thomas et al. 2020: xi, Thomas 2022). Das Anthropozän betrifft viele Themen und auch Problemlagen in verschiedenen Maßstäben und damit multidisziplinäres Wissen. Vor allem eine explizit multidisziplinäre Perspektive, wie sie oben von einer bloß unterdisziplinären unterschieden wurde, betrachtet die Vielfalt der beteiligten Fächer als Stärke. Für Antworten auf das Anthropozän ist die Vielfalt der beteiligten Themen und auch der Maßstäbe als Stärke anzusehen. Es bedarf sowohl globalen Wissens, als auch regional orientiertem und lokalen Wissens. Eine offene Frage dabei ist, ob ein explizt nicht hierarchisch organisiertes und zwar vernetztes, aber nicht koordiniertes Wissen reicht, wie etwa Tsing (2020) und Thomas et al. (2020) meinen, oder ob wir doch ein stärker konsilientes Wissen im Sinne des Evolutionsbiologen Edward O. Wilsons brauchen, wie etwa Ellis (2020) und ich meinen. Unter den vergleichsweise wenigen Ethnologinnen, die sich schon lange mit Naturwissenschaftlern intensiv austauschen, sehen manche den Hauptnutzen des Begriffs in seinem Potenzial für eine interdisziplinäre Zusammenarbeit jenseits purer Programmatik (Arizpe Schlosser 2019: 276, vgl. Inkpen & DesRoches 2019).

Die Ideengeschichtler Bonneuil und Fressoz haben auf ein Grundproblem zur Rolle von Wissen und Wissenschaft im Anthropozän hingewiesen. Wenn das Anthropozän als naturwissenschaftlich autorisierte Katastrophenerzählung präsentiert wird, wird der Mensch quasi zum Subjekt der Erdgeschichte emporgehoben. Das kann einerseits zur Überhöhung des Menschen führen, wie die meisten kulturwissenschaftlichen Kritiker monieren (siehe Kap. 4.3). Das ist aber nur eine Gefahr. Mehr noch: dieses »geokratische Großnarrativ«, wie die Autoren es nennen (Bonneuil & Fressoz 2016: 45–96), könne den Effekt haben, die menschliche Verantwortung bzw. Schuldfähigkeit zu relativieren nach der Devise »Ohne Wissen kein Schuldiger«. Wir wissen ja erst durch Ökologie und Geosystemforschung von der Tragweite des Problems. Frühere Gesellschaften würden, so die Kritik, als gegenüber der Umweltzerstörung gleichgültig dargestellt.

Entsprechend könnten sich die Erdsystemwissenschaftler jetzt selbst als zentrale Akteure der Erdgeschichte und als Retter inszenieren.

Ein Beispiel für eine solche Logik bietet Latour, wenn er Haraways Idee der »response-ability« kybernetisch wendet (Folkers & Marquardt 2017, 2018, Folkers 2020: 597). Haraway hatte in einem ihrer vielen kreativen Sprachspiele gesagt, dass »Verantwortungs-Fähigkeit« erst eintritt, wenn Voraussetzungen erfüllt sind, die einen in die Lage versetzen, auf Probleme wirklich zu antworten, statt nur zu reagieren (Haraway 2016: 16, 36). Latour argumentiert, als Menschheit würden wir erst in dem Maß voll verantwortlich, wie wir über ein technisch ermöglichtes Feedback über die Umweltwirkungen menschlichen Handelns verfügen (Latour 2017: 29, 2018: 92–95). In Konsequenz dessen postuliert Latour zusammen mit dem Geosystemwissenschaftler Tim Lenton eine Art Erdsystem Gaia 2.0, das sich selbst mittels einer komplexen Wissensinfrastruktur »in-formiert«, reguliert *und* sich dessen »bewusst« ist (Lenton & Latour 2018).

Notwendige Multidisziplinarität vs. Interdisziplinarität

> Our best interdisciplinary moments are when
> we are most practical, as it were, being led
> by a shared curiosity about the world.
>
> *Nils Bubandt 2016: 552*

Das Anthropozän bildet eine rezente Kulmination der Effekte menschlichen Handelns, die teilweise eine lange Vorgeschichte haben, wie etwa der kontrollierte Feuergebrauch, Landwirtschaft, Stadtkultur und Plantagenwirtschaft, und andere, die demgegenüber aus geologischer Sicht extrem rezent sind, wie Globalisierung, Migration und Welttourismus. Das das Anthropozän als Phänomen nicht nur vielheitlich ist, sondern auch verschiedenste Maßstäbe enthält, »multiskalar« ist, ist es hier relevant, dass die Disziplinen auch unterschiedliche Raum- und Zeitskalen zugrunde legen. Die Vielfalt empirischer Evidenz (oben Tab. 1.1) bildet als solche ein starkes Argument für die Realität des plötzlichen Wandels der Geosphäre. Die i. e. S. kulturellen Marker – Plastikteile, Technofossilien und das Masthuhn –, die wir alle aus dem Alltagsleben kennen, sind für Geologen »Sekundärmarker«. Ihre Allgegenwart hat auch dazu beigetragen, dass sich die Geistes- und Kulturwissenschaften wie auch die Öffentlichkeit einem ursprünglich technischen und stratigrafisches Untersuchungsfeld öffneten (Will 2021: 43, 170–179).

Um das Anthropozän zu erforschen, müssen deshalb nicht nur verschiedene Geistes- und Sozialwissenschaften zusammenarbeiten, oder verschiedene Naturwissenschaften untereinander. Jetzt braucht es eine Kooperation vieler Fächer beiderseits des Grabens, etwa wenn es um sozioökologische Dynamik und Resilienz in urbanen Räumen geht (Brondizio et al. 2016, Soentgen 2021b, Münster et al. 2023). So macht das Phänomen ökologischer Neuartigkeit in komplexen Systemen, ein Grundmerkmal solcher Systeme, eine solche breite Zusammenarbeit unverzichtbar (Kueffer 2013: 27, Toivanen et al. 2017, Pries 2021). Zum Verständnis des Anthropozäns braucht es nicht nur eine interdisziplinäre, sondern eine *multidisziplinäre* Perspektive (Thomas et al. 2020: ix-x). Häufig werden die Begriffe Interdisziplinarität und Multidisziplinarität synonym verwendet, aber es bestehen Unterschiede der Kooperation und in den Zielen.

Interdisziplinäre Forschung versucht, Forschung zu synthetisieren und Ansätze zu harmonisieren. Es geht um eine koordinierte Forschung, die ein möglichst kohärentes Wissen schafft. Das von Sozialwissenschaftlerinnen zumeist abgelehnte Programm des Evolutionsbiologen Edward O. Wilson, eine wissenschaftliche Einheit einer *Consilience* anzustreben, wäre hier einzuordnen (Wilson 1998). Dieses Programm passt zu biozentrisch argumentierenden Ansätzen, wurde aber seitens der Historiker und Kultur- und Sozialwissenschaftler mehrheitlich abgelehnt, weil es letztlich dazu führe, einer Perspektive, in Wilsons Fall dem evolutionären Zugang, einen Vorrang einzuräumen (Thomas 2014).

Multidisziplinäre Forschung will dagegen Netzwerke des Wissens schaffen. Es wird stärker betont, dass die Vertreter aus ganz unterschiedlichen Disziplinen zusammenkommen, um mit *je eigener Linse* an einer Frage zu arbeiten. In multidisziplinären Ansätzen wird davon ausgegangen, dass die beteiligten Disziplinen spezifische Fragen, Theorien und Methoden verwenden. Hinzu kommen politische und ethische Aspekte, die niemals zu einer richtigen Antwort führen werden. Damit sind Spannungen zu erwarten, und es besteht anders als im *Consilience*-Ansatz nicht die Erwartung, dass die Zusammenarbeit zu einem einheitlichen Bild führt. Das Ziel ist hierbei letztlich, die Grenzen zwischen Wissenschaften aufzulösen oder sogar die Grenzen zu anderen Wissensformen zu lockern, etwa zum Wissen von Laien. Dann spricht man eher von Transdisziplinarität. Bei manchen Ansätzen, die »transdisziplinär« genannt werden, müsste man eigentlich von metadisziplinärem Arbeiten sprechen oder von einem pandisziplinären Ansatz (Davies 2011: 130–134).

Als Vorläufer ist hier Alexander von Humboldt (1769–1859) einzuordnen, der historisch vor der großen Aufspaltung der Wissenschaften wirkte. Er hatte einen disziplinenübergreifenden Blick und nahm gleichzeitig eine sowohl globale als auch lokale Sicht, wie sie für das Anthropozän angebracht ist, vorweg. Aus dieser Haltung heraus sammelte Humboldt Daten zu verschiedenartigsten Parametern und Phänomen, wie Temperatur, Luftdruck und Höhenlage, zu Steinen, Pflanzen, Tieren und Menschen. Quer durch diese Ebenen interessierten ihn Einheit, Vielfalt und Wandel. Wie die Ideengeschichtlerin Julia Thomas es ausdrückt: Er wollte beides, Daten und Geschichten (Thomas et al. 2020: 1). Humboldt sah Kulturgeschichte verknüpft mit dem naturhistorischen Wandel der Landschaft und verfolgte die Kulturgeschichte ausdrücklich historisch weit zurück. Damit rückte er den Menschen einerseits als Umgestalter in den Blick und reflektierte auch über den Mensch als Erforscher der Natur. Angeleitet durch sein Konzept des »Kosmos« sammelte Humboldt nicht nur sachlich verschiedenartigste Daten, sondern er tat das auch auf verschiedenen Maßstabsebenen von der Mikro- bis zur Makroebene (von Humboldt 2014). Damit stellt Humboldts Vorgehen einen frühen *Big Data*-Ansatz dar, wie er für das Verständnis mancher komplexer Zusammenhänge unvermeidlich ist (Grana-Behrens 2021: 3–5, 22).

Viele Stimmen sehen den besonderen Nutzen der Idee des Anthropozäns darin, unterschiedliche Fächer zusammenzuführen. Das Thema Anthropozän fordert geradezu die Zusammenarbeit der Wissenschaften, es fordert echte Multidisziplinarität statt netter Nachbarschaftspflege. Häufig wird hier von der Chance gesprochen, eine »Allianz der Wissenschaften« (Gilbert, in Haraway et al. 2016: 552, ähnlich Skinner 2021) zu bilden. Hierbei geht es nicht nur um Fakten und Daten. Wissenschaftlerinnen ganz unterschiedlicher Fächer sind gefordert, »ihre etablierten Erzählungen, Geschichten und Narrative kritisch auf den Prüfstand zu stellen und ihre theoretischen, methodischen und konzeptionellen Fundamente zu überprüfen« (Trischler 2016a: 273–274). Das besondere Potenzial besteht darin, dass es hier nicht nur um ein zeitlich und räumlich großes Phänomen geht, sondern damit zugleich weltweit relevante Problematiken der Zukunftsgestaltung der Menschheit angesprochen sind.

> »Die multipolare Debatte (…) wird auf der einen Seite im disziplinären Container geführt (…) Sie sprengt auf der anderen Seite aber mit Wucht die disziplinären Grenzziehungen und entwickelt sich in interdisziplinären und transdisziplinären Formaten« (Trischler & Will 2020: 237).

Begegnung disparater Wissenschaftskulturen und Missverständnisse

> There is more at stake in the Anthropocene than a simple addition of natural sciences and those concerned with anthropos.
>
> *Werner Krauß 2015a: 74*

Eine Besonderheit der Anthropozän-Diskussion ist, dass der Ruf nach der für das Thema notwendigen Integration der Disziplinen am lautesten aus den Naturwissenschaften kommt und zum Teil in deutlicher Weise schon vor der Lancierung des Konzepts durch Crutzen und Stoermer aufkam (Vitousek et al. 1997). Die von den Naturwissenschaften ausgehende Einladung bietet die Chance, die »zwei Kulturen« zueinanderzubringen. Ich sehe hier vor allem die Chance, eine *große Interdisziplinarität* zu etablieren, also eine Form der Kooperation, bei der die Naturwissenschaften mit geisteswissenschaftlichen Disziplinen zusammenarbeiten. Ein neueres Beispiel einer fruchtbaren Brücke von seiten der Naturwissenschaften bildet der Ansatz der »Anthropocene Science«. Das Ziel ist es, die die Erdsystemwissenschaften um stärker zukunftsorientierte Szenarien zu ergänzen. Dazu wird systematisch gefragt, wie der Raum der potentiellen gesellschaftlichen Zukunftsvisionen auf den *viel* kleineren der realisierten Visionen reduziert wird. Wie wird das Potential normalerweise über (a) Unfähigkeit der Wahrnehmung, (b) Ablehnung, hinzuschauen und (c) kulturelle Werte, die den Denkraum kanalisieren auf (d) das tatsächliche Potential (*worlding potential*) reduziert?

Du darauf aufbauend wird gefragt wie das Potential durch kreative Arbeit an realistischen Szenarien wieder erweitert werden kann (Ellis & Haff 2009; Keys et al. 2023: 3, 13)?

Diese Fragen betreffen sowohl lange Zeiträume der vergangenen Geschichte als auch die ferne Zukunft. Das Anthropozän beinhaltet einen deutlich längeren Zeitrahmen, als die in der Klimadebatte zumeist beteiligten Naturwissenschaften abdecken (Pálsson et al. 2013: 1). Die *Anthropocene Working Group* der Internationalen Geologischen Vereinigung sieht gerade in der präzisen Bestimmung des Einsetzens ein Potenzial:

> »(…) may open possibilities of *historical fields other than Earth History (geology)* to more easily engage with the emerging interdisciplinary science base of the Anthropocene« (Zalasiewicz et al. 2015: 201, eigene Hervorheb.).

Ein entscheidender Punkt der Zusammenarbeit ist das gegenseitige Verständnis zwischen unterschiedlichen Wissenschaftskulturen. Hier geht es vor allem um Ziele, Methoden, Denkstile, Belege und Evidenzformen. Will stellt den Kontrast anhand der Anthropozändebatte zwischen Geologie und Geschichtswissenschaften systematisch dar (Will 2021: 143–201, 230–276). Darüber hinaus gibt es Unterschiede im Diskussionsverhalten. So sehen sich Naturwissenschaftlerinnen eher als Beiträger komplementärer Elemente, nicht als Vertreter divergierender Perspektiven, im Unterschied zu vielen Geistes- und Kulturwissenschaftlern (Horn, pers. Mitt. 2021). Weiterhin gibt es nicht nur abweichende Terminologien, sondern auch unterschiedliche wissenschaftliche Schreibformen. So geben Geisteswissenschaftler Positionen aus der Literatur gern verbatim wieder, weil es um die spezifische Bedeutung von Wörtern geht und diese sich oft auf die spezifische Verwendung bei anderen Autoren beziehen und damit Anschlüsse herstellen. Das kommt vielen Naturwissenschaftlern seltsam vor (Thomas et al. 2020: xii). Diese Unterschiede ziehen sich auch durch die einschlägige Literatur zum Anthropozän. Längere wörtliche Zitate würden etwa in *Science* oder *Nature*, aber auch etwa in der für das Thema einschlägigen Zeitschrift *Anthropocene* oder *Earth's Future* schon den ersten Review kaum überleben, während sie etwa in *Environmental Humanities* und in kulturwissenschaftlichen Arbeiten zum Anthropozän gang und gäbe sind.

Missverständnisse entstehen insbesondere dann, wenn dieselben Wörter aus der Alltagssprache in den Wissenschaften unterschiedlich übernommen worden sind. Ein Beispiel ist das notorisch schwierige Wort »Kultur«, ein anderes »Erde«. Wenn Naturwissenschaftler von der »Erde« (*Earth*, großgeschrieben) sprechen, meinen sie zumeist den Planeten in unserem Sonnensystem. Für Geisteswissenschaftlerinnen und etwa Historiker stellt die Erde (*earth*, kleingeschrieben) dagegen eher die Landschaft und Lebenswelt von Menschen und Kollektiven dar. Wenn Geologen und Paläontologen von »Revolution« sprechen, meinen sie Veränderungen, die aus Menschensicht unendlich langsam und deshalb nicht wahrnehmbar sind, was sich von dem geschichtswissenschaftlichen Verständnis unterscheidet (Schulz 2020). Evolutionäre Katastrophen oder »Krisen der Evolution«, wie die fünf großen Faunenschnitte (»Big Five«), waren Vorgänge, die sich über Jahrmillionen hinzogen (Stanley 1989, MacLeod 2016). Dies gilt auch für die »plötzlichen« Zunahmen bestimmter Organismengruppen während sog. evolutiver Radiationen. Das älteste Umbruchs-»Ereignis« (sic!) vor rund 550 Millionen Jahren zwischen der Ediacara-Periode und dem Kambrium mit dem Beginn vielzelligen Lebens dauerte immerhin rund 30 Millionen Jahre.

Multi-skalare Institutionen und Zusammenarbeit

Für eine Umsetzung interdisziplinär gewonnen Wissens für Lösungen brauchen wir nicht nur regionenübergreifende Organisationen, sondern Institutionen auf verschiedenen Ebenen (*multiscalar institutions*, Thomas et al. 2020: 195). Die Wirtschaftswissenschaftlerin Elinor Ostrom sieht hier eine strukturelle Gemeinsamkeit hinsichtlich der Anpassungsfähigkeit zwischen evolvierenden Systemen und menschlichen Organisationen: »Institutional diversity may be as important as biological diversity for our long-term survival« (Ostrom 1999: 278). Dies gilt insbesondere dann, wenn große Lösungen nicht einfach auf kleine Räume oder Lebenswelten herunterskalierbar (*scaling down*) sind oder umgekehrt. Für Antworten auf das Anthropozän bedarf es einer Orientierung auf gemeinsame Ziele und Vereinbarungen, die freiwillig gewonnen werden und damit auf gegenseitiges Vertrauen bauen können. Sozialer Zusammenhalt ist von zentraler Bedeutung für die Anpassungsfähigkeit gerade komplexer Sozialsysteme, aber eben eine Form sozialer Kohäsion, die Vielfalt zulässt und sie als Stärke nutzt (Isendahl 2010, Antweiler et al. 2019).

Das Anthropozän hat in den letzten Jahren neben vielen programmatischen Aufrufen auch zu etlichen Netzwerken und konkreten Projekten der breiten Zusammenarbeit von Ethnologen mit anderen Wissenschaftlerinnen geführt. Hierbei fanden aber nicht nur Wissenschaftlerinnen aus verschiedenartigsten Fächern zusammen, sondern auch Künstler, Vertreter der Zivilgesellschaft sowie Umweltaktivisten. Beispiele für solche sehr breite Kollaboration ist das erwähnte Projekt des *Feral Atlas* und weitere Projekte um Anna Loewenhaupt Tsing und das *Plantionocene Project* der University of Wisconsin (Tsing et al. 2020, 2024, Moore et al. 2020). Multidisziplinär sind auch das Projekt *Rivers of the Anthropocene* der Indiana University zusammen mit der Purdue University (Kelly 2019). Ein besonders produktives Projekt ist das vor allem historisch-ökologische und archäologische Projekt *Integrated History and Future of People on Earth* mit dem schönen Akronym *IHOPE*. Dies ist inhaltlich gesehen ein historisches Projekt, welches die Verschmelzung geologischer und historischer Zeitlichkeit modellhaft ausbuchstabiert und u. a. Historiker beinhaltet, aber eben nicht von der historischen Community angestoßen wurde (Constanza et al. 2007a, 2007b, Robin 2007: 1704, Robin et al. 2013, Crumley 2019). In diese – noch seltene – Richtung geht auch die aktuelle Zusammenarbeit eines Klimatologen mit einem Gespür für Geschichte und einem klimatologisch bewanderten Historiker (Pfister & Wanner 2021).

In Europa gibt es außer den genannten deutschen Aktivitäten und Netzwerken die Gruppe *Aarhus University Research on the Anthropocene (AURA)*, das *Vienna Anthropocene Network* der Universität Wien und das seit 2016 bestehende Netzwerk *Humans and Other Living Beings EASA Network (HOLB)* der European Society of Social Antropology (https://www.easaon line.org /networks/holb). Unter dem Titel *Overheating: The Three Crises of Globalisation* befasste sich eine Forschergruppe um Eriksen mit der Erfahrung und dem Umgang von Menschengruppen mit anthropogenen Krisen (Eriksen & Stensrud 2018, Stensrud et al. 2019, Eriksen 2023). An der Universität zu Köln läuft ein Projekt zu Wasserdynamiken in anthropozän geprägten Deltas (Volatile Waters[a]Waters and the Hydrosocial Anthropocene in Major River Deltas, *DELTA*, Krause 2018). In Asien ist das *Research*

Institute for Humanity and Nature (RIHN) in Tokyo, das südkoreanische *Center for Anthropocene Studies KAIST* und das 2021 gegründete *Taiwan Anthropocene Network* zu nennen. Daneben existieren etliche weitere Projekte (Mathews 2020: 73).

Die Idee des Anthropozäns bedeutet in mehrfacher Hinsicht eine Provokation. Sie lädt dazu ein, über die in einer breiten Ökologie integrierten Fächer, etwa Biowissenschaften, Sozialwissenschaften, Kulturwissenschaften und Wirtschaftswissenschaften, noch hinauszugehen durch eine Kooperation etwa mit den Geowissenschaften und den Technikwissenschaften (Trischler & Will 2020: 240–241). Die Provokation gilt sowohl für die Geowissenschaften, als auch für die Sozialwissenschaften, aber die als provokativ empfundenen Elemente der Anthropozänthesen unterscheiden sich von Disziplin zu Disziplin (Will 2020: 79–84, 203–209). Der einladende Ruf aus den Naturwissenschaften an Historiker sowie die Geistes- und Kulturwissenschaften wird von diesen aber auch kritisch gesehen. Einige Soziologen etwa betonen, es drohe eine reduktive »Vernaturwissenschaftlichung« globaler Probleme, welche tatsächlich faktisch historisch-gesellschaftliche Ursachen hätten (Neckel 2020: 162).

Es ist eine eminent politische Frage, in welcher Form die Zusammenarbeit der Fächer erfolgen soll (Brondizio et al. 2016). Bezüglich der Sozialwissenschaften und Kulturwissenschaften und besonders des im Vergleich zu den Erdwissenschaften vergleichsweise kleinen Fachs der Ethnologie stellen sich die harten Fragen: Soll die Ethnologie (a) als sozialwissenschaftliche Addition fungieren, um Daten über lokale Auswirkungen beizubringen oder (b) eine dienende Rolle zur Popularisierung des Themas oder der gesellschaftlichen Herausforderung für politische Entscheidungsträger bzw. Vermittler von Verantwortungsgefühl an die breite Öffentlichkeit sein? Oder soll sie, was etwas deutlich Anderes – sachlich Anspruchsvolleres und gleichzeitig Politisches – (c) einen kritischen, tatsächlich reflexiven, und damit immer spannungsgeladen bleibenden Dialog zwischen den Disziplinen anleiten (Krauß 2015a: 60, 61)? Diese weitgehend offenen Fragen werden im Ethnologie-Kapitel (Kap. 5) diskutiert.

Hierzu passt, dass mancher das Aufkommen der Diskussion zum Anthropozän als Offenbarung des Scheiterns der konventionellen Naturwissenschaften sieht. In jedem Fall ist es ein Zeichen des Scheiterns der Vorstellung, man könne Formen menschlichen Lebens und die biologischen und geochemischen Kreisläufe der Erde je für sich allein untersuchen. Das Anthropozän ermöglicht es, die oft extrem kleinteilige Forschung (*molecularization*) in den Biowissenschaften und der Erdwissenschaften zu korrigieren (Rose 2013, 2015). Vielleicht, so hoffen vor allem Geistes- und Kulturwissenschaftlerinnen, lässt sich die globale Hierarchie der Wissenschaften aufbrechen.

Fruchtbare Irritationen – anthropo-sziente Öffnungen

Die Idee des Anthropozäns ist heuristisch inspirierend und fördert ökologisches Denken in ganz neuen Bereichen, eine »Allgemeine Ökologie« (Lippuner et al. 2015: 9). Die sachlich notwendige Zusammenarbeit mit Naturwissenschaftlerinnen kann aus kulturwissenschaftlicher Perspektive den konkreten Vorteil erbringen, dass eine Diskussion über konkrete Forschung und deren Resultate stattfindet, die oft fruchtbarer ist als endlose epistemische Debatten (so Bubandt, in Haraway et al. 2016: 548, 552). Die Debatte um das Anthropozän zwingt zu neuen Sichten auf vermeintlich bekannte Gegenstände. So erscheint etwa Abfall als etwas anderes als nur tote Reste oder Materie am falschen Ort. »Wildtiere«, die ohne menschliches Zutun nicht dauerhaft überleben, etwa Populationen von Elefanten oder Tigern, erscheinen als das, was sie faktisch sind: als Haustiere (Leinfelder & Schwägerl 2014: 240, vgl. »petificaton«, Cera 2020: 34–36, 2023).

Da ein Großteil der heutigen Primaten dauerhaft in anthropogen überformten Umwelten oder konkret zusammen mit Menschen leben, hat sich unter Primatologen eine eigene Ethnoprimatologie etabliert. Die Primatologie hat historisch kulturanthropologische Wurzeln und die Forschungseinheit bei diesen Affenforschern sind Menschen-Primaten-Gemeinschaften. Bei der Arbeit »unter Mitprimaten« werden Methoden eingesetzt, die teilweise der Ethnologie nahe sind (Riley 2020: 67, 76–98, Hartigan 2021, Sommer 2021).

Aus der Perspektive der Wissenschaftsforschung, insbesondere der Wissenschaftssoziologie, stellt sich die Frage, welche Grundformen der organisierten Wissenschaft sich im Gefolge des Bewusstseins des Anthropozäns ausbilden. Inwiefern kommt es nach der früheren *Little Science* und der großinstustriell orientierten und oft staatlich orchestrierten *Big Science* (1940er- bis 1970er-Jahre) sowie der technisch dominierten *Technoscience*

(1980er- bis 1990er-Jahre) zur Herausbildung einer tatsächlich inter- wie transdisziplinären *Anthroscience* (Fernandez 1984: 312, nach Filipi 2011: 8), die um das Problem nachhaltigen Lebens in sich wandelnden Umwelten kreist?

Richtung	Vertreter (Beispiele)	Leitende Theorien, Basiswissenschaften	Methoden	Anthropozän-relevante Aspekte (Auswahl)
Interdisziplinäre Katastrophenforschung (*disaster studies, collapse st.*)	Middleton 2017, Oliver-Smith et al. 2020	Systemwissenschaft, Humangeografie	Beobachtung, teilnehmende Beobachtung, Dokumentenanalyse, Simulation	Wahrnehmung, soziokulturelles *Coping* mit abruptem Wandel
Humanökologie (*human ecology*)	Herrmann et al. 2021	Naturgeschichte, Lebensansprüche	Synthese	Grundbedürfnisse, anthropozäne Effekte
Umweltgeschichte, intern./globale Umweltgeschichte	Mauch & Pfister 2009, Isendahl & Stump 2019	Ökologie, Humanökologie	Parallelisierung Dokumente mit naturwiss. Daten	Umweltkrisen in historischer Chronologie
Historische Ökologie (*historical ecology*)	Balée 2006	Globalisierungstheorie, Kolonialtheorien	Quellenanalyse (Texte, Bilder)	Politikökonomische Formung von Landschaft
Klimageschichte	Mauelshagen 2023, Pfister & Wanner 2021	Historische Theorie	Quellenanalyse (Texte, Bilder)	Histor. Dokumentation von Trends
Globalgeschichte (*global history*)	Conrad 2016, Osterhammel 2020	Weltsystemtheorie, Postkolonialismus	Dokumentenanalyse, diachroner Vergleich	Geschichte der Frontiers
Anthropologische Archäologie	Butzer et al. 2012, Barton et al. 2012, Scarborough 2018	Geschichtswissenschaften, *material culture*, Praxistheorien	Bodenfunde Rekonstruktion, Retrodiktion	Frühe lokale kulturelle Landschaftsprägung, zivilisat. Zusammenbrüche

Richtung	Vertreter (Beispiele)	Leitende Theorien, Basiswissenschaften	Methoden	Anthropozän-relevante Aspekte (Auswahl)
Globale Archäologie (*global archaeology*)	Smith 2020, Stephens & Fuller 2019	Globalisierungstheorie, Domestikation	Vergleichende Regionalanalyse, Metastudien	Frühe globale und regionale kulturelle Landschaftsprägung
Historische Anthropologie	Mauelshagen 2019,	Philosophie, Geschichtswissenschaft, Biologie	Quellenanalyse, Retrodiktion	Umweltkrisen in Bezug zum Menschsein
Philosophie	Federau 2017, Raffn-søe 2016, Welsch 2021, Rolston III 2020a, Belardinelli 2022, Cera 2024	Logik, Ethik	Analyse, Deduktion, Ausfolgerung	Umweltethik, Anthropozentrismus, Biozentrismus
Erziehungswissenschaften	Lampert & Niebert 2019, Wulf 2021	Theorien des verstehens, Kognition	Lernexperiment, Befragung Beobachtung	Erlernen von Konzepten zur Stabilität und Instabilität
Umwelt-Makrogeschichte	Diamond 2005, Headrick 2022	Ökosystemforschung	Natürliche Experimente	Transgenerationale Kanalisierungen durch Geografie
Landschaftsgeografie (*landscape geography*)	Kramer 2018, Bätzing 2020	Deutschsprachige Landschaftsdebatten	Kultur- und naturgeografische Verfahren	Politische Bezugnahmen auf Landschaft, Ländlichkeit
Mensch-Tier-Studien (*human-animal-studies, HAS*)	Wirth et al. 2016, Krebber 2019, DeMello 2021	Akteur-Netzwerk-Theorie	Interpretation, Selbstbeobachtung, Handlungs-Analyse, Beziehungsanalyse	Mensch-Tier-Beziehung, Tier-Nutzung, Haustiere Tiere als Forschungsperspektive
Science and technology-Studies (STS)	Latour 2017	Akteur-Netzwerk-Theorie	Beobachtung	Realia der Forschungssituation

Richtung	Vertreter (Beispiele)	Leitende Theorien, Basiswissenschaften	Methoden	Anthropozän-relevante Aspekte (Auswahl)
Kulturwiss. Materialwissenschaften (*material studies*)	Malafouris 2013, 2019	Praxistheorien	Objekte, Bodenfunde	Bezug Objekt – Kognition – Handlung
Komplexitätswissenschaft	Berkes 2003, Lansing 2019	Systemwissenschaft, Kybernetik, Physik	Beobachtung, Simulation	Nicht gewollte Folgen, nicht lineare Dynamik
Nachaltigkeits-Transformationsforschung	Bollig 2014, Spangenberg 2011, Renn 2021	Systemwissenschaft, Kommunikationswiss.	Simulation des ges. Umgangs mit Nichtlinearität	Resilienz, gesellschaftliches Bewusstsein
Verhaltensökologie (*behavioral ecology*)	Casimir 2021, Turner 2021, Schill et al. 2021	Evolutionsbiologie, Verhaltensforschung (Ethologie), biokulturelle *constraints*	Beobachtung, Modellierung, Experiment	Grundbedürfnisse, Nischenbildung, Universalien
Echtevolutionäre Ansätze (*truly evolutinary approach*)	Richerson & Boyd 2018, Laland 2017	kulturelle Selektion, Nischenkonstruktion, Koevolution	Diachroner Vergleich, Simulation., *reverse engineering*	Langzeitige Nischenkonstruktion

Tab. 4.1 Vielfalt der Forschungsrichtungen mit Potenzial für die anthropologische Erforschung des Anthropozäns

Eine solche Wissenschaft, so meine Hoffnung, wäre dann den Menschen kennend, »anthroposcient«, ohne anthropozentrisch zu werden. Das gilt auch für die zeitlich wie räumlich immer weiter ausgreifenden Geschichtswissenschaften. Die planetare Perspektive der Idee des Anthropozäns ist geeignet, deutlich über die »Flughöhe der Adler« (Osterhammel 2017), die die Globalgeschichte (*Global History*) einnimmt, hinauszugehen. Die planetare Sicht fordert und fördert tatsächlich das, was man als »planetares Denken« bezeichnen kann. Ein planetarer Blickwinkel beinhaltet jede Menge Herausforderungen für die Sozialwissenschaften, aber – was nicht zu vergessen ist – auch für die Geowissenschaften (Hamilton 2013, Clark & Szerszynski 2021). Die Frage ist, ob bei einer planetaren und damit notwendig distanzierten Sicht der genaue Adlerblick erhalten bleibt. Wissenschaftspolitisch macht das Anthropozän überdeutlich klar, dass es in Zeiten postfaktischer Verunsicherung einer streng wissensbasierten Ver-

ständigung über »gefühlte Wahrheiten« bedarf. Dazu können ein breiter
Strauß von Wissenschaften beitragen, wenn sie nicht nur nebeneinander
arbeiten, sondern sich gegenseitig befruchten (Tab. 4.1).

4.2 Stärken der Anthropozän-Idee gegenüber verwandten Konzepten

> Precisely because overheating processes are
> now planetary and epidemic, the conditions
> for a genuinely conversation look better
> than at any time in the past
>
> *Thomas Hylland Eriksen 2016: 156*

Schon bevor die Anthropozän-Idee in den Geowissenschaften aufkam, gab
es in den Geschichtswissenschaften eine Aufmerksamkeit für langfristigen
Umweltwandel. Der Begriff der »Umweltgeschichte« behandelt langfristigen Wandel der Umwelt, etwa den ja auch historisch dokumentierbaren
Klimawandel, und z. B. »kleine Eiszeiten« (Dukes 2011, Herrmann 2016,
Behringer 2022). Aus anthropozäner Perspektive wandelt sich aber gerade
nicht nur die Umwelt, sondern auch der Mensch selbst. Die Anthropozän-
These geht auf ganz bestimmte, grundlegende Zusammenhänge und vor allem auf weltweite und langzeitige Wechselwirkungen ein. Das Anthropozän
betrifft tendenziell unumkehrbare (irreversible) Veränderungen, deren Einsetzen historisch markiert werden kann (Haumann 2019, Renn 2021: 4–6).

Ein herausragendes Beispiel einer Form von Umweltgeschichte, die anthropogenen Wandel in den Fokus stellt, sind die Arbeiten des Umwelthis-
torikers William Cronon. Am Beispiel des amerikanischen Mittleren Westens und besonders der Stadt Chicago verbindet er Wirtschaftsgeschichte
mit Umweltgeschichte und zeigt, wie sich sozialökologische Beziehungen
im Kontext von Marktinstitutionen in langfristig veränderten Umwelten
historisch manifestieren. Dabei zeigt sich, dass weder die Stadt selbst noch
ihr Umland sich als menschlich oder natural geprägte Einheiten verstehen
lassen. Die Umweltgeschichte des Menschen lässt sich insgesamt als tendenziell unendliche Bewegung von Frontiers darstellen (Richards 2003, Osterhammel 2020: 465–564), aber frühere Vorstellungen des Fortschreitens ei-

ner kulturellen *last Frontier* gegen die Natur erscheinen als zu eng (Cronon 1991). Diese Grenzen sind vor allem *Frontiers* der Ressourcenextraktion, aber damit einhergehend auch einer weiterreichenden Kommodifizierung von Natur, die durch staatliches Recht gegen lokale Interessen befördert wird, z. B. in Südostasien (Tsing 1993, 2005, Geiger 2009, Li 2014, Kelly & Peluso 2015). Neuere prozessorientierte Forschungen betonen, dass *Frontiers* sich teilweise auch wieder auflösen (Acciaioli & Sabharwal 2017).

Die Anthropozän-Idee stellt das Mensch-Natur-Verhältnis anders als in klassischer Ökologie (Mensch-Umwelt) dar. Der Mensch ist keine von außen kommende Kraft, und Kultur ist ein normaler Bestandteil der Biosphäre. Entsprechend sind Naturkatastrophen, nicht mehr, wie früher durchweg, von außen auf Gesellschaften einwirkende Desaster. Nein, heute sind wir selbst Teil der Verursachung vieler Desaster (Bruns 2022). Die Menschheit selbst ist als geologischer Akteur Teil des Anthropozäns und rückt damit in die Natur ein, aber gleichzeitig steigt seine Abhängigkeit von der Umwelt und die unabsichtlichen und von ihm nicht kontrollierbaren Effekte seines Handelns. Krisen im Anthropozän sind eine multiple Naturkatastrophe und Sozialkatastrophe zugleich. Insofern beinhaltet das Konzept sowohl eine Zentrierung auf den Menschen (»Mensch als Geofaktor«; so schon Fischer 1915) als auch Dezentrierung (Clark 2014: 25). Damit ist Natur auch nicht mehr wirtschaftlich ignorierbar bzw. externalisierbar.

Konzeptuell ist Anthropozän als Epoche etwas anderes als das »technische Zeitalter« oder die »Zivilisationsgeschichte« der Menschheit. Ich sagte schon, dass der Anthropozän-Ansatz im Unterschied zur früheren Kulturökologie und zur Humanökologie (*human ecology*) herausstellt, dass *jedes* Ökosystem Menschen oder Effekte menschlichen Handelns als Bestandteil aufweist. Im Unterschied zu Theorien spätmoderner Globalisierung wird eine ausdrücklich *geo*biologische und *geo*historische Perspektive eingenommen. Mit dem Anthropozän kommen quasi zwei verschiedene Arten der Gegenwart zusammen. Das Jetzt der Menschheitsgeschichte ist eng mit dem langen Jetzt der geologischen und biologischen Zeit verwoben. Menschliches geoaktives Handeln verbindet die Geschichten der Erde, des Lebens und der modernen Zivilisation (Chakrabarty 2009, These 3).

In einer menschlichen Gesellschaft wirkt sich alles menschliche Tun in einem Lebensbereich auf andere Bereiche menschlichen Lebens aus. Dieses Zusammenwirken macht menschliche Kultur wesentlich aus. Das ist ein Gemeinplatz der Geistes-, Kultur- und Sozialwissenschaften. Besonders die Ethnologie hat diese Ganzheitlichkeit spätestens seit Tylor und Boas mit dem holistischen Kulturbegriff betont. All das sagen uns auch die Einsichten der Diskussion zur Postmoderne. Die Anthropozänthese erweitert diesen Holismus in dem Sinne, dass sie Zusammenhänge nicht nur in der Sphäre der Kultur (wie die Ethnologie) oder innerhalb der Natur (wie die Ökologie) benennt, sondern beides und vor allem die Zusammenhänge zwischen diesen beiden Clustern natürlicher und kultureller Phänomene. Um dies mit Wandel und Zeitmaßstäben zu verknüpfen, ist Chakrabartys These, dass das Problem nicht zusammenpassender »Temporalitäten« der fruchtbare Ansatz ist, das Anthropozän zu begreifen, von hoher Bedeutung. Wir müssen tiefenzeitliche Geschichte (*deep history*) und »aufgezeichnete Geschichte« (*recorded history*) zusammen untersuchen und entsprechend historische Quellen und Daten als auch erdgeschichtliche Spuren heranziehen.

Die Entwicklung der Menschheit folgt bestimmten Trends und Richtungen, aber historisch keinem eindeutigen Pfad. Wir können nicht von einer eindeutigen Abfolge etwa von naturnah lebenden über traditionelle hin zu modernen Gesellschaften sprechen. Dies hat auch Auswirkungen für alle Chronologien, denn die Situation späterer Perioden ersetzte nicht voll und nicht übergangslos die der vorangehenden Perioden. Die Moderne als Periode ist nicht scharf von der Zeit der Vormoderne abzugrenzen. Moderne Gesellschaften beinhalten traditionelle Elemente, und noch heute gibt es – wenn auch wenige – nicht kapitalistisch lebende und nicht voll in das globale System integrierte Gemeinschaften, etwa im Amazonastiefland, Zentralafrika und im Bergland von Myanmar in Südostasien.

Etwas Ähnliches besagt die Darwin'sche Evolutionstheorie, die für eine geschichtliche Auffassung von Evolution argumentiert: Naturgeschichte eben. Das zutreffende Bild der Evolution ist nicht das eines Pfeiles, einer Treppe oder einer Leiter (*ladder stereotype*, Greenwood 1984), sondern der vielästige Baum oder der komplex verzweigte Busch. Damit steht die moderne Evolutionstheorie nicht darwinschen Theorien einer naturwüchsigen und als notwendige Evolution gedachten Höherentwicklung (soziale Evolution) entgegen – ganz anders als die dominante öffentliche Wahrnehmung des Darwinismus. Entgegen der populären Vorstellung von Evolution befasst sich die moderne Evolutionstheorie vorwiegend mit *Mechanismen* der Evolution (Mikroevolution) und weniger mit langzeitiger Entwicklung (Makroevolution). Wenn sie dies aber tut, dann wird, anders als im Sozialevolutionismus seit dem 19. Jahrhundert, versucht (durchschnittliche) Komplexitätssteigerung in der Entwicklung der Lebewelt zu *erklären*, statt sie als notwendig anzunehmen (z. B. Makro-EvoLit). Dazu müssen Einsichten der Komplexitätswissenschaften mit einbezogen werden (z. B. Lansing & Cox 2019, Wilson 2019). Dies betrifft insbesondere die Komplexitätszunahme während der Herausbildung der Primaten, der Linie der Menschenartigen (Homini) und besonders des *Homo sapiens*.

Die Anthropozän-Forschung unterscheidet sich davon, indem in ihr die Trends der Entwicklung der natürlichen Lebewelt und die der Kulturen des Homo sapiens grundlegend miteinander verschränkt gesehen werden. Forschungen zum Anthropozän benennen eindeutig festzustellende Trends für die Phase starker menschlicher Einwirkungen. Eine der bekanntesten Grafiken in Publikationen zum Anthropozän war die genannte Zusammenstellung der deutlichen Trends in Form stark und häufig abrupt stark ansteigenden Kurven, etwa des Kohlendioxids in der Atmosphäre, der menschlichen Bevölkerung, der versiegelten Erdoberfläche, die berühmten Hockeyschlägerkurven.

Wenn wir fragen, ob Anthropozän nicht einfach ein anderes, ein akademischeres Wort für den menschengemachten Anteil am schnellen Klimawandel ist, muss man eindeutig sagen: Nein! Im Anthropozän geht es um viel mehr als um Klima, nämlich auch um Böden, Flüsse, Meere, und Organismen, einschließlich des Menschen, und die Diagnose ist eine deutlich komplexere, als es die des anthropogenen Klimawandels selbst schon ist (Thomas 2019). Das gilt eingeschränkt auch für den wohl klarsten Vorläufer der A-These, das bereits erwähnte *Gaia*-Konzept. Im Anthropozän wird der Einfluss des Menschen als besonderem Wesen und besonders effektstarken Organismus behandelt. Außerdem geht es nicht mehr »nur« um die Atmosphäre, sondern um eine durchgreifende anthropogene Veränderung der ganzen Erdoberfläche, der Geosphäre, inklusive der Weltenergiebilanz.

Aus kulturwissenschaftlicher und soziologischer Sicht ist das Anthropozän beides: sowohl ein Fakten-basiertes Realkonzept als auch eine folgenreiche Fundamentalmetapher der permanenten Krisenwahrnehmung. Anthropozän ist ein Mittel der Aufmerksamkeits-Steuerung, das Anthropozän stellt eine Weltbeobachtungsformel und einen Selbstbeschreibungs-Modus der Gesellschaft dar. Das Anthropozän kann als eine Semantik gesehen werden, die die grundlegende Dynamik einer Gesellschaft auf den Punkt bringt, ähnlich wie es Diagnosen wie etwa »Spätmoderne Gesellschaft«, »Wissensgesellschaft« oder »Risikogesellschaft« für einzelne Gesellschaften tun. Als Weltbeobachtungsformel verstanden beinhaltet das Anthropozän oft einen Weltbeobachtungs*imperativ* und damit – implizit oder explizit – oft auch eine Aufforderung zur grundlegenden Transformation von Wirtschaft und Gesellschaft; dann ist es ein Transformationsimperativ (Goeke 2022: 101–103).

Was sind Stärken des Konzepts Anthropozän gegenüber anderen Ansätzen zu Umweltwandel, die derzeitig diskutiert werden? Was unterscheidet die Anthropozän-These insbesondere von Konzepten, die ähnliche Themen adressieren? All diese Ansätze haben wichtige Erkenntnisse zutage gefördert und fruchtbare Perspektiven zum Verständnis des Anthropozäns eröffnet, aber das Konzept Anthropozän geht darüber hinaus oder ist weniger extrem. Anders als in systemtheoretischen Ansätzen zur Autopoiesis wird davon ausgegangen, dass es auch ein – vielfach besiedeltes – Außen zum System gibt. Im Unterschied zur Theorie der Weltgesellschaft (*world society*, Stichweh 2018) werden technologische Faktoren mehr betont. Anders als in der Weltsystemtheorie (*world system theory*, z. B. Wallerstein 1988, 2018, Zinkina et al. 2019) wird ein stärkerer Bio- und Geo-Bezug gemacht. Im Unterschied zur Akteur-Netzwerk-Theorie (*actor network theory*, zuletzt Latour 2018) wird mit einem konventionelleren, aber auch weniger diffusen Akteur-Konzept gearbeitet. Akteure werden als bewusst handelnde Individuen oder kollektive Akteure gesehen, während materielle Entitäten, wie etwa Gegenstände oder Infrastrukturen, »nur« als kausal bedeutsam gesehen werden. Die Theorien der Assemblage (*assemblage theory*, z. B. Ong & Collier 2005, Ogden et al. 2013, DeLanda 2016, Hastrup 2016) über eine materiell vielheitlich konfigurierte Welt stehen Anthropozänansätzen nahe und werden in ihnen genutzt, aber im Anthropozän geht es um eine deutlich makro-skaligere materielle Sicht auf die Menschenwelt.

Der oben genannte Begriff »Globaler Wandel« (Glaser 2014, Flitner 2014) wurde durch ein Denken in Begriffen weltweiten Umweltwandels vorbereitet, das Mitte der 1950er-Jahre aufkam. Im Jahr 1955 fand an der Princeton University ein berühmtes Symposium der Wenner-Gren-Stiftung zur »Rolle des Menschen als Veränderer des Gesichts der Welt« statt, und das führte zu einer umfangreichen Publikation von 1236 Seiten (Thomas 1956, Steffen at al. 2011: 844). Diese Konferenz lieferte Vorarbeiten zur Etablierung einer interdisziplinären Untersuchung der globalen Umwelt. Bis dahin hatte man zumeist unter dem Tirel »Man and his habitat« von einzelnen in ihre jeweilige Umwelt eingebetteten Gemeinschaften gesprochen. Gegen Ende der 1980er-Jahre hatten sich dann zwei deutlich verschiedene Verständnisse globalen Wandels herausgebildet. Einerseits meinte er als *anthropozentrischer* Begriff globalen Wandel durch menschliche Einflüsse im Zeitrahmen von Dekaden. Anderseits gab es ein eher *geozentrisches* Verständnis, dass die Interaktionen der verschiedenen Teilsphären der Geosphäre über viel längere Zeiträume in den Blick nimmt (Arizpe Schlosser 2019: 268–269).

Eine begriffliche Variante, die den vielfältigen Wandel betont, ist der Begriff des gegenwärtigen »menschengemachten globalen Wandels« (*anthropogenic global change*, Moore 2015a: 34). Globaler Wandel betont zwar das weltweite Ausmaß des Wandels, aber der Planet verändert sich nicht nur auf der globalen Skala, sondern auch regional, lokal und zeitlich variabel. Ein Beispiel dafür sind »Invasionen« von Tieren, die auf anthropogenen Wandel zurückgehen (Neobiota). Gerade die Lebensqualität verändert sich aufgrund globaler Eingriffe auch im lokalen und regionalen Maßstab (Kueffer 2013: 21). Die Kritik an der ausschließlich globalen Perspektive hat auch innerhalb der Erdsystemwissenschaften zur Ausarbeitung regionaler und lokaler Grenzen geführt (Dearing et al. 2014).

Das Wortkompositum benennt diesen Bruch in der jüngeren Geschichte der Erde, genauer der Geosphäre, eben das »-zän«, das »neue, ungewöhnliche« (altgriechisch καινός, *kainos*), welches durch den Menschen (ἄνθρωπος, *ánthrōpos*) erzeugt wird. Der Begriff Anthropozän stellt selbst eine »Unterbrechung« dar, eine Unterbrechung in der Kakophonie der bekannteren Krisendiagnosen, etwa der alarmistischen Rede vom »Klimakollaps« oder vom »Wärmetod der Erde« (Horn & Bergthaller 2019). Wir erreichen eine Schwelle, die durch rein kulturelle Repräsentationen schwer zu fassen ist. Im Unterschied zur Rede vom »globalen Wandel«

kennzeichnet das Wort Anthropozän aber deutlicher den Ausgang aus dem Holozän, durch den wir vielleicht schon gegangen sind. Das Anthropozän benennt diese Schwelle, es bildet auch begrifflich ein Grenzkonzept an der Schnittstelle von Wissenschaft und Politik, das eben auch bisher adäquate Konzepte herausfordert (*threshold concept*, Clark 2015, Bonneuil & Fressoz 2016: xiii, Cera 2022: 129; vgl. *boundary concept*, Görg 2016: 10, und *boundary object*, Star & Griesemer 1989).

Dies alles zusammengenommen bildet Anthropozän m. E. tatsächlich ein neues Konzept, statt bloß eine weitere Neuerung im andauernden Wandel politischer Schlagwörter oder wissenschaftlicher Moden und akademischer Begriffsakrobatik zu sein. Das schießt allerdings nicht aus, dass sich Begriffsakrobatik am Wort selbst entfaltet, was ich in Kap. 4.7 problematisiere.

4.3 Allgemeine Einwände – Diffusität und Atlantozentrismus

> In den Gesellschaftswissenschaften und damit auch in der Humangeografie brauchen wir den Begriff Anthropozän eigentlich nicht.
>
> *Hans Gebhardt 2016: 39*

> (the word Anthropocene) has been tossed into debate more frequently than it has been explained or defined.
>
> *Davies 2018: 2*

Mit dem Terminus »anthropogen« teilt der Anthropozänbegriff das Problem, als Kategorie allzu abstrakt zu sein. Fundamental ist der Einwand, das Wort »Anthropozän« als »Zeitalter des Menschen« ignoriere schon etymologisch nicht menschliche Lebewesen und würde damit das Phänomen fälschlich als ein Resultat ausschließlich menschlichen Handelns erscheinen lassen. Deshalb kann er auch zu vorschnellen Schlüssen veranlassen (Krämer 2016: 24–44, Foster 2018). Wenn es kein vom Menschen unbeeinflusstes Ökosystem mehr gibt, hält man allzu schnell alles und jedes für anthropogen. Ein Beispiel ist Dioxin (TCDD), das lange Zeit als eine Verbindung von Elementen galt, die in der Natur nicht vorkommt, also ausschließlich anthropogen sei. Das galt aber nur so lange, bis man natürlich produziertes Dioxin fand (Sayre 2012: 67).

Als Wissenschaftsjournalist kritisiert Gabór Paál zu Recht, dass die außerwissenschaftliche Popularisierung des Themas in Zeitungen, Museen und in der Kunst zur Aufweichung des Konzepts führt. »Die These, wonach wir in einem neuen Erdzeitalter leben, ist wissenschaftlich reizvoll, droht jedoch in Allgemeinplätze auszufransen« (Paál 2016: 4; vgl. Zottola & de Majo 2022). Er sieht die Gefahr, dass die Idee vom Anthropozän zu einem populärwissenschaftlichen Topos gerät, ähnlich wie der berühmte mandelbrodtsche Schmetterlingseffekt zum Klima, über den Meteorologen eher schmunzeln. Der Begriff droht zum Synonym für »das technische Zeitalter«, »die Zivilisationsgeschichte« oder gar »die großen Probleme unserer Zeit« schlechthin zu verflachen.

Aufgrund der bislang gezeigten Vielfalt der Verständnisse wird zu Recht kritisiert, dass der Begriff zunehmend unscharf wird. Das teilt er mit dem der Nachhaltigkeit. Das betrifft vor allem das Hereintragen des Konzepts in die breite Öffentlichkeit. Es besteht die Gefahr, dass durch eine unscharfe Leitmetapher und ein dramatisierendes Framing eine rationale Auseinandersetzung behindert wird. Vor allem durch dramatisierende Metaphern würden, so die Kritik, allzuleicht negative Wertungen präsupponiert und in der öffentlichen Debatte eine »Diskursdominanz«, etwa gegen die Industrie, geschaffen. Eine Hypermoralisierung macht rationales Argumentieren schwierig und neigt leicht dazu, die Komplexität der globalen Umwelt und auch die der ökologischen Argumentation übermäßig zu reduzieren (Matejovski 2016: 3, 6). Auch der Universalgelehrte James Lovelock befürchtet eine begriffliche Verflachung, und fordert genaue Bestimmung, weil sonst:

> »(…) this clear and useful term is in danger of losing resolution in the background of vague academic niceties and amorphous thought about ecological sin« (Lovelock 2014, nach Visconti 2014: 383).

Neben der zeitlichen Bestimmung bedarf es also auch einer thematischen Abgrenzung. Paál tritt darüber hinausgehend dafür ein, das wissenschaftliche Konzept strikt von ethischen Überlegungen zur Verantwortung zu trennen. Um sich für Nachhaltigkeitsfragen zu engagieren und dafür, ökologische Verantwortung zu stärken, brauche es das Konzept Anthropozän genauso wenig wie die *Gaia*-Idee. Diese Fragen wären Themen einer davon abgetrennten Geoethik (Paál 2016: 5). Aus dem Befund folge noch keine direkte Verantwortung bzw. Politik. Eine überzogene bzw. überhöhte Popularisierung schwäche die Wissenschaft. Manche Popularisatoren, allen voran Reinhold Leinfelder, sehen dagegen das erzieherische Potenzial und verknüpfen wissenschaftliche Befunde ganz bewusst mit moralischen Apellen (Leinfelder 2015, Leinfelder & Schwaderer 2020).

Trotz der Kritik an der Diffusität konzediert Paál aber, und dem schließe ich mich an, dass das Anthropozän-Konzept, die Öffentlichkeit dafür sensibilisieren kann, dass es beim menschengemachten globalen Wandel um weit mehr geht als »nur« um Klimawandel. Das wirft die Frage auf, ob wir den Begriff wissenschaftlich gesehen überhaupt brauchen. In diese Richtung geht die Kritik des Geografen Hans Gebhardt. Er wendet ein, dass der Begriff Anthropozän oft zu einem Buzzword wird, in »… einem strategischen, disziplinäre Interessen in den Blick nehmenden ›Diskursspiel‹« (Gebhardt 2016: 35, ähnlich Herrmann 2016, Bubenzer et al. 2019: 28). Ähnlich hart ist die Kritik mancher Soziologen. Zusammengenommen bedeutet das für mich, dass das Anthropozän grundlegende Fragen nach einer sinnvollen gesellschaftlichen Kommunikation zu Wissenschaft im Sinne einer *Public Understanding of Science* in verschärfter Form aufwirft (Matejovski 2016: 3).

Der Begriff ist so umstritten wie unscharf. Hinsichtlich der Schärfe der Debatten hingegen bleiben keine Wünsche offen. In einer Diskussion zu einem jüngeren Aufsatz in der Zeitschrift *Current Anthropology* (Bauer & Ellis 2018) wimmelt es von Äußerungen derart, das Entscheidende sei übersehen worden, die Interessen der Autoren nicht verstanden worden, je eigene Argumente seien vom Diskussionspartner »missverstanden« oder gar »gemieden« worden, die werten Kollegen hätten etwas »sardonisch abgewehrt« (Bauer & Ellis 2018: 223) oder hätten »sich entschieden, xyz zu ignorieren und stattdessen mit ihrer massiven Missrepräsentation fortzufahren« (Finney 2018: 219). Die Argumente dort hängen teilweise an Disziplinen, und manche sehen beim anderen die fehlgeleitete Vorstellung eines »… battlefield with the Anthropocene as a singular trophy to be fought over an won or lost« (Zalasiewicz et al. 208: 222). Die vielen gegenseitigen Vorwürfe zeigen nicht nur Missverstehen, sondern offenbaren Befürchtungen, dass jetzt die Geowissenschaftler die Arbeit der Historiker und Geisteswissenschaftler übernähmen.

Grundlegende Pro- und Contra-Stimmen zum Begriff Anthropozän finden sich quer durch die Disziplinen, wie Argumente aus der Zeit um 2015 zeigen (Tab. 4.2). Eine solche Tabelle zeigt gut, wie umstritten das Thema ist, aber sie kann die Gewichtung der Argumente nicht zeigen. Bei einem derart interdisziplinären Forschungsfeld halte ich es für sinnvoll, die Kritiken nach Argumenten zu ordnen. Meinungsunterschiede gibt es nicht nur allgemein zwischen Disziplinen, sondern auch innerhalb von Disziplinen, ja sogar zwischen den Co-Autoren eines Aufsatzes (so Bauer & Ellis 2018: 225). Auf dieser Basis kann dann die Debatte in der Ethnologie, die in dieser Tabelle gar nicht auftaucht bzw. wahrscheinlich unter Kulturwissenschaften subsumiert ist, angegangen werden. Gebhardt sagt aber auch, m. E. nicht schlüssig, der Begriff sei schlicht unnötig, weil sich Anthropozän als Phänomen mit dem Gegenstand der modernen Geografie und besonders der politischen Geografie decke:

>»In den Gesellschaftswissenschaften und damit auch in der Humangeografie brauchen wir den Begriff Anthropozän eigentlich nicht. In einer Phase des ›consuming the planet to excess‹ (Urry, 2010) sollten wir uns vielmehr um eine politische Geografie kümmern, welche raumrelevante Konflikte im Gesellschaft-Umwelt-System in einer von neoliberalem Denken und Handeln befeuerten Ökonomie kritisch reflektiert« (Gebhardt 2016: 39).

Die meisten scharfen Kritiken setzen an politischen Folgen des Denkens in Begriffen und Kategorien des Anthropozäns an. Vor allem die unkritische Übernahme der Periodisierung berge die Gefahr der Naturalisierung und der Teleologisierung (Bauer & Ellis 2018: 224). Der Wandel zu Anthropozän erscheine als unvermeidliches Resultat der Evolution des Menschen, und das würde einer inklusiven Umweltpolitik, die die Schäden auffangen will, entgegenwirken. Kritiker haben zumeist den Eindruck, dass geowissenschaftliches Herangehen die entscheidenden Ursachen für die globale Umweltkrise verdeckt, insbesondere durch das Wort »Anthropozän« selbst.

Dieser Einwand verkennt aber, dass die Geowissenschaftlerinnen, insbesondere Geologen – etwa im Unterschied zu Historikerinnen und Ethnologen – zumeist gar nicht beanspruchen, die Ursachen zu klären. Sie fragen nämlich primär nach den kumulierten Effekten oder sind, etwa in der AWG, auf die geologische Zeiteinteilung fokussiert (Will 2021: 209, 215, vgl. Kaika 2018).

Disziplin	Pro Anthropozän	Contra Anthropozän
Geologie	Konsequent, adäquat (Mensch als geologischer Faktor)	Quartärgeologie ist ausreichend, da sie anthropogene Sedimente beschreibt; Anthropozän ist zu kurz für geologische Epoche
Geografie	Integriert Human-, Wirtschafts- und Physische Geografie	Anthropopzän ist deckungsgleich mit Geografie
Archäologie	Grundlegende Berücksichtung menschlicher Artefakte	Früher Einfluss des Menschen vor 18. Jh. nicht berücksichtigt
Biologie	Realistisch und konsequent,	Menschen und Tiere greifen immer in die Erde ein
Ökologie	Gute Metapher für Biodiversitätsbedrohung	Biotische Faktoren sind längst berücksichtigt
Geschichtswissenschaft	A. integriert historische Prozesse in Natur und Kultur	Historische Daten sind geeigneter als Umsetzung in geologische Daten
Kulturwissenschaft	Kultur wird als wichtig angesehen	A. ist westlich und wenig genderkonform
Soziologie	A. integriert gesellschaftliche Prozesse; unterstreicht soziale Konstruktion	A. fehlt die Diskursivität, Streitkuklur und disruptive Wchsel bringen mehr
Politikwissenschaft	A ist politisch	A. ist zu unpolitisch
Philosophie	A. ist nicht anthropozentrisch, holistisch, Eigenwert der Natur	A ist anthropozentrisch
Religionswissenschaft	Anmaßung der Geologie	Schöpferanspruch des Menschen, fehlende Demut
Umwelt-NGOs	A ist integrativ, stärkt Verantwortlichkeit, schafft Schutzkonzepte	A. weicht den Nachhaltigkeitsbegriff auf

Tab. 4.2 Kursorisches Für und Wider des Anthropozänkonzepts in der frühen Debattenphase (verändert nach Gebhardt 2016)

Ein zentraler Einwand gegen das »Anthropozän« richtet sich gegen die homogenisierende Geste der Rede von »dem Menschen« als Geofaktor. Die Konzeption des Anthropozäns würde durch ihre Betonung der Spezies Mensch soziale, politische Ungleichheit der Verursacher wie der Opfer ausblenden bzw. »stumm schalten« (*silencing*, Troulliot 1995, ähnlich Bonneil & Fressoz 2017). Dies würde durch Wörter wie »Menschheit«, »geophysikalische Kraft« und Wendungen verfestigt, wie etwa, dass der Mensch die Natur »dominiert«. Die Autoren werben deshalb für eine explizit kritische Analyse bzw. Kommentierung des historischen Prozesses mit einer Betonung von Verflechtungen (*entanglements*) zwischen sozialen Bedingungen, Materialien, nicht menschlichem Leben sowie einem Fokus auf den Möglichkeiten, umweltrelevantes Handeln sozial zu beeinflussen. Die große Erzählung des Anthropozäns, so der Kern der Kritik, neige dazu, bestehende transformative Praktiken und Handlungsmöglichkeiten unsichtbar zu machen, dafür aber allumfassende Lösungen durch »den Menschen« nahezugelegen (Hoppe 2022: 2). Ferner würden Handlungsmöglichkeiten jenseits westlicher Innovationen gar nicht bedacht.

Der Begriff Anthropozän ist sehr vieldeutig, er wird deshalb nicht nur als »umstritten« bezeichnet, sondern als »problematisch« und gar als »zuchtlos polysem« (Swanson et al. 2015) oder auch als »verschmutzt« (Bubandt, in Haraway et al. 2016: 548). Dennoch sehen selbst manche der scharfen Kritiker aus strategischen oder auch etymologischen Gründen explizit die Notwendigkeit, den Begriff zu nutzen (etwa Haraway und Tsing, in Haraway et al. 2016: 539, 541). Dies gelte gerade angesichts des Widerspruchs, dass gerade von der Menschheit die Lösung für die ja vom Menschen selbst verursachten Probleme erwartet wird (Tsing, in Haraway et al. 2016: 541). Auch Haraway sieht zumindest den Nutzen des Wortes, propagiert sie zwei kritische Stoßrichtungen der Geistes- und Sozialwissenschaften. Einerseits sollten Konzepte des Anthropozäns durch Umbenennung etwa in *Plantationocene* oder *Chthulocene* zur produktiven Verunsicherung genutzt werden. Haraway befürwortet explizit eine Vervielfachung der Anthropozän-förmigen Begriffe. Andererseits solle eine andere inhaltliche Füllung des Terminus Anthropozän das Phänomen thematisieren. Aus wissenschaftskritischer und feministischer Sicht bestimmt sie Anthropozän als »... the necessity of tragic domination of the secular project of phallic man (Haraway, in Haraway et al. 2016: 28).

Manche argumentieren, das Konzept eröffne einen »Möglichkeitsraum« für inter- und transdisziplinäre geowissenschaftliche Forschung (Bruns 2019: 56). Andere gehen weiter und sagen, es sei so vielgestaltig und unausgegoren, dass es spielerisches Potenzial zum Denken biete (Swanson et al. 2015). Laut Haraway sollten Ethnologinnen und andere Geistes- und Sozialwissenschaftler den naturwissenschaftlichen Beiträgen »spekulatives Fabulieren« entgegensetzen. Ist damit aber schon eine echte Dekonstruktion geleistet? Hann konnte 2016 etwas feststellen, was noch heute zutrifft, nämlich dass ...

>   »(...) anthropologists are currently joining in the debates launched by natural scientists with a curious mixture of environmentalist commitment and playful imaginative reflection at multiple levels, ranging from conceptual critique to global political economy« (Hann 2016a: 18).

Eine grundlegende Kritik an der Idee des Anthropozäns besagt, dass die Vertreter der Idee immer wieder behaupten, die Grenzen zwischen Natur und Gesellschaft bzw. Kultur zu perforieren, diese aber tatsächlich zementieren (Malm & Hornborg 2014, Malm 2021b). Die Autoren führen das auf die Dominanz der Naturwissenschaften in der Diskussion zurück. Es wird argumentiert, dass die Dichotomie gerade von Klimawissenschaftlern reproduziert würde, obwohl doch gerade Naturwissenschaftler, wie z. B. Richard Lewontin, schon früh auf die Durchlässigkeit der Grenze wischen Organismus und Umwelt hingewiesen hätten (Bauer & Bhan 2018: 2). Bauer & Bahn halten der Dichotomie entgegen, dass die Ethnologie doch vielfach nachgewiesen habe, dass eine Natur-Gesellschafts-Trennung alles andere als universal ist. Hier unterscheiden Bauer & Bahn aber nicht zwischen analytischer Außensicht und Innensichten in verschiedenen Kulturen. Gegen solche Argumente, die in der Idee und Rede vom Anthropozän ein großes Potenzial sehen, stehen Kritiken derart, dass Arbeiten zum Anthropozän häufig Begriffsgetöse darstellen, die nicht theoriefähig sind:

»Soziologisch ist die Rede vom ›Anthropozän‹ bisher weitgehend eine Leerformel geblieben, deren beachtliche Wirkung indes danach verlangt, mit dem ganzen soziologischen Besteck einer Analyse der gesellschaftlichen Konstruktion der Wirklichkeit untersucht zu werden. Denn schließlich ist ja auch die Hybridisierung von Natur und Kultur ein Prozess, der durch die Wirkungen und Nebenwirkungen, durch die beabsichtigten und die unbeabsichtigten Folgen sozialen Handelns vorangetrieben wurde, sodass sich allein schon aus diesem Grund die Soziologie im Anthropozän nicht erledigt hat« (Neckel 2020: 166).

4.4 Ahistorische Periodisierung – die »große Trennung«

We are all visitors on the earth.

Carolyn Merchant 2020: xii

Um die aus den Geistes-, Kultur- und Sozialwissenschaften stammenden Kritiken (Tab. 4.3) einordnen zu können, ist es wichtig zu beachten, dass die Vertreter dieser Wissenschaften mehrheitlich ein weites Konzept des Anthropozäns nutzen, das sich vom Anthropozän als Erdsystem und als geologische Epoche deutlich unterscheidet (vgl. Anthropozän 4 mit Anthropozän 1, 2 und 3 im Glossar). Sie benutzen »Anthropozän« als Synthesebegriff für Konsequenzen des Bruchs durch den menschengemachten Umweltwandel und entsprechende Reflexionen, vor allem zur Verantwortung und zum Status des Menschen. Das Wort wird dabei extrem uneinheitlich verwendet für die Meta-Ebene zu den analytischen Ebenen. Innerhalb eines integrativen Gesamtkonzepts (»The integrative Anthropocene concept sensu lato«) kann diese Begriffsverwendung von den beiden analytischen Ebenen des Erdsystems und der Epoche als *consequential metalevel* bzw. als *the responsible anthropocene* abgesetzt werden (Zalasiewicz et al. 2021: 9, Fig. 3).

An dominierender Anthropozän-Forschung kritisierte Punkte	Autoren (Beispiel)	Kritische Einschätzung der Kritik
1 Orientierung auf Menschheit		
Sie sieht des Menschen als besonders: ist damit anthropozentrisch, universalisierend, totalisierend (Exzeptionalismus, Speziesismus)	Haraway, Tsing	(relative) Besonderheit ist naturwissenschaftlich wie philosophisch gut untermauert (vgl. Primatologie)
Menschheit als »Geofaktor« überschätzt die Handlungsmacht des Menschen (Allmacht, Hybris, *human mastery*)	Nixon, Haraway, Cera	Anthropozän betont Ohnmacht stärker als Allmacht (irreversibler Wandel, Kippunkte tw. erreicht)
Menschheits-Bezug blendet unterschiedlich starke Anteile an Ursachen aus, z.B. Kolonialismus, Wohlhabende vs. Arme; (Depolitisierung)	Todd Whyte, Moore	Teilweise zutreffend
Menschheits-Bezug blendet unterschiedliche Verantwortung aus, (Depolitisierung)	Wagner, Swyngedouw	Teilweise zutreffend
Menschheits-Bezug blendet unterschiedliche heutige und zukünftige Vulnerabilität aus	Ethnologie	Teilweise zutreffend, aber abnehmend
Menschen-Bezug blendet nichtmenschliche Lebewesen aus (bzgl. Ursachen und Folgen) (Anthropozentrismus)	Tsing	nicht notwendigerweise, vgl. naturwiss. Ökologie, Humanökologie
2 Beginn-These »Große Beschleunigung« ab Mitte 20. Jahrhundert		
Beginn-These in 1950ern blendet historische Ursachen aus: Kolonialismus und Kapitalismus	Maslin	Nein, aber geringer gewichtet, weil nur regional
Geologisch-stratigraphische Forderung synchroner Epochengrenze blendet diachrone historische Anfänge aus	Bauer, Ellis	Nur in Geochronologie ausgeschlossen, in geol. Sicht sind alle Onset-Vorschläge fast gleichzeitig
Dramatisierung, Dystopien, Endzeitorientierung verhindern positives Zukunftsdenken	Haraway	Empirisch offen; Dramatisierung spornt auch an, gibt ggf. Hoffnung
Geologische Zeitrahmung blendet menschliche Geschichte aus	Manche Historiker	Nein; Geochronologie verbindet Kultur- mit Erdgeschichte

An dominierender Anthropozän-For-schung kritisierte Punkte	Autoren (Beispiel)	Kritische Einschätzung der Kritik
Gerichtetes Zeitkonzept blendet andere Zeitvorstellungen bzw. Geschichtskonzepte aus	W. Benjamin, Ethnologie	Konzept gerichteter Zeit ist faktisch fast-universal (neben lokalen anderen Zeitkonzepten)
Dauer des A. (70 bis 12.000 Jahre) ist viel zu kurz und zu gegenwartsbezogen für eine geologische Epoche; zu aktualistisch (Präsentismus)	Mehrheit der Geologen, Finney	Als geologische Alternative bietet sich Anthropozän als geologisches »Ereignis« (event) statt Epoche an

3 Naturwissenschaftliche Basis und westliche Wissenschaft

Westlich-wissenschaftliche Basis trennt Natur von Kultur (Dualismus)	Haraway	Nein, dominante Wissenschaften sind monistisch: Mensch ist (ein spezifischer) Teil der Natur
Westlich-wissenschaftliche Basis blendet nichtwestliche Konzepte aus	Ethnologie	»Westliche« Wissenschaft ist ein polygenes globales Erkenntnissystem
Westlich-wissenschaftliche Basis zeigt Faktoren und Effekte des A. in verengender Weise (Reduktionismus)	Hulme	Trifft nicht zu z.B. für Evolutionsbiologie, Ökologie, Komplexitätswissenschaft und Ethnologie
Engführung der Lösungsansätze auf technologisch modernisierte Naturbeherrschung	Wissen & Brand	Auf US-Diskussion großenteils zutreffend
Theorien und naturwissenschaftliche Datenbasis sind auf Europa und Amerika konzentriert (Eurozentrismus)	Bergthaller Horn, Antweiler,	Nachwievor atlanto-zentrische Debatte, Theoriebildung und auch Daten
Erdystemische Orientierung blendet regionale Unterschiede der Ursachen und Folgen aus	Maslin, Ethnologie	Tw. zutreffend, regionale Variation aber schon bei Crutzen 2001
Erdsystemwissenschaft blendet Kultur- und Sozialwissenschaften aus	Pálsson	Ja, aber Sozialwissenschaften werden ansatzweise gehört
Erdsystemwissenschaft als leitende Wissenschaft blendet lokales und indigenes Wissen aus	Ethnologie	Lokales bzw. Indigenes Wissen bietet nur lokale Lösungen
Geologie als Basiswissenschaft arbeitet mit kolonialistischen und rassistischen Konzepten	Yussoff	Stimmt tw. bzgl. kolonialist. Begriffen, Kritik aber zu enggeführt auf Sprache, Terminologie

Tab. 4.3   Systematisierung der Kritiken an dominanten Anthropozän-Konzepten

Was sind die wichtigsten expliziteren Kritiken an den Postulaten der Existenz eines Anthropozäns? Hier gibt es einerseits Kritiken an Details und andererseits fundamentale Einwände. Gegen die Epochenansprüche seitens der Geowissenschaftlerinnen, die durch das Anthropozän motiviert sind, betonen manche Historiker und viele Geisteswissenschaftler, dass die Periodisierung der Menschheitsgeschichte ihre Sache sei (Hamilton et al. 2015). Gegen erdwissenschaftliche Ansprüche lässt sich auch einwenden, dass universal- und globalhistorische Periodisierungen, die ja teilweise lange Zeiträume betreffen, etwa bei Osterhammel (Osterhammel 2020), von den Geowissenschaftlerinnen bei ihren Debatten um den Beginn des Anthropozäns gar nicht herangezogen werden.

Angesichts der derzeit unter Geowissenschaftlern favorisierten These, dass das Anthropozän Mitte des 20. Jahrhunderts einsetzte, würde man erwarten, dass Debatten zum Beginn der Globalisierung à la »Globalization since 50, 500 or 5000 Years« beachtet würden (z. B. Frank & Gills 1996). Tatsächlich scheint die dominierende Plausibilisierung des »Zeitalters des Menschen« (sic!) aber noch weitgehend ohne Kenntnisse über menschliche Geschichte, Sozialordnung und Kultur auszukommen. Mit Ausnahme etwa von Erve Ellis und William McNeill sind die Proponenten des Anthropozäns gegenüber sozialwissenschaftlichen Formationsbegriffen eher gleichgültig (Schmieder 2014: 47). Werber schließt sarkastisch über diese geologisch angelegte Plausibilisierung des Anthropozäns:

> »Mit Säkularisierung, Umbau der historischen Semantik, Ausdifferenzierung von Funktionssystemen, Strukturwandel der Öffentlichkeit, der Französischen Revolution oder der Entdeckung universaler Werte, mit Kosmopolitismus oder Weltverkehr hat der Nachweis dieser für den Menschen doch offenbar so wichtigen Epoche nichts zu tun (…) Diese Sicht stützt sich auf eine geologische Epochentheorie und ihre Evidenzen, entkommt also dem unaufhörlichen sozial- und kulturwissenschaftlichen Streit um die Geschichtlichkeit der Gesellschaft« (Werber 2014: 243, 245)

Hier wird der Kontrast zwischen geowissenschaftlichem Denken in großen Räumen und langen Zeiten und einer historischen Sicht überdeutlich. Gleichzeitig wird erkennbar, dass manche Kulturwissenschaftlerinnen sich nicht klar machen, dass die Geologie eine ganz besondere Naturwissenschaft ist, nämlich eine historisch orientierte. Stattdessen verorten sie die Geologie bei den anderen Naturwissenschaften. Was etwa Werber übersieht, ist, dass die Protagonisten des Anthropozäns, die er als »Cartesianische Geologen« bezeichnet, faktisch kaum aus der Geologie selbst kommen. Sie kommen prominent aus *anderen* Geowissenschaften, wie der Klimatologie, der Erdsystemwissenschaft und der Bodenkunde. Auch die Kritik, eine Betrachtung der Umwelt aus der Perspektive der geologischen Tiefenzeit würde Kolonialismus als im planetarischen Maßstab unbedeutendes Detail erscheinen lassen (Ferdinand 2023), ist nicht begründet. Eine tiefenzeitliche Perspektive stellt eine sich historisch entwickelnde Gesense des Anthropozäns ja nicht in Frage.

Oft wird auch vergessen, dass Crutzen selbst frühzeitig den Austausch mit William McNeill suchte, der ebenfalls im Jahr 2000, aber als Historiker, auf den rapiden Einfluss des Menschen aufmerksam machte. McNeill brachte in einem ausführlichen Buch ganz anders geartete Daten als Crutzen ein, und beide publizierten dann auch zusammen, u. a. einen der zentralen Texte zum Anthropozän (McNeill et al. 2013). Was berechtigterweise zu kritisieren ist, dass nur wenige Arbeiten aus den Geowissenschaften die Kulturgeschichte explizit mit einbeziehen, aber auch das gilt nur für den Mainstream. Eine Ausnahme bilden etwa die detaillierten Arbeiten von Erle Ellis (bes. Ellis 2015) und die IHOPE-Gruppe, die explizit versucht, eine gemeinsame Sprache zu finden, die geologische, erdsystemische und humanhstorische Befunde zusammenführt (Constanza et al. 2007a, Robin 2015: 20). Das schlägt sich auch in den neuesten Einführungen und systematischen Überblicken (Ellis 2020, Thomas et al. 2020, Will 2021: 218−225) und jetzt auch etwa in der neuesten englischsprachigen Weltgeschichte (Fernández-Armesto 2019, darin bes. Christian 2019) nieder.

Hier geht es zentral darum, wie man zur Verwendung fachfremden Wissens, so wie es die AWG zulässt, steht (Will 2021: 127−138). Aus der Geologie selbst kommt der Einwand, dass das hypothetische und prospektive statt retrospektive Vorgehen aus stratigrafischer Sicht methodisch untypisch ist. Befürchtet wird, dass die Periodisierung der Erdgeschichte, das Alleinstellungsmerkmal, das *arcanum* der Stratigrafie, jetzt von den Geistes- und Kulturwissenschaften in geradezu imperialistischer Manier übernommen würde (Gibbard & Walker 2014). Finney & Edwards kritisieren dies als Geologen und bemängeln, das Anthropozän gleiche dem breiten Konzept der Renaissance, indem es mehrere Bedeutungen habe und je nach Interesse zu unterschiedlicher Periodisierung führe (Finney & Edwards 2016: 8–9). Als Historikerinnen halten Warde, Robin & Sörlin dem berechtigterweise entgegen, dass dieses kritische Argument selbst das tut, was Finney & Edwards der AWG vorwerfen, nämlich fachfremdes Wissen zu mobilisieren, um ihre These zu untermauern (Warde et al. 2017, Libby 2015: 20).

Außerdem befürchten manche Geowissenschaftler eine Politisierung der Erdwissenschaften (Finney & Edwards 2016), während andere darauf verweisen, dass wichtige Vorstellungen und Leitfrage der Geologie schon immer auch in politischer und gesellschaftlicher Weise verhandelt wurden (Warde et al. 2018). Seit der Etablierung der Geologie zu Beginn des 19. Jahrhunderts und verstärkt seit der Romantik zeigt sich beispielsweise die Literatur fasziniert von der zeitlichen Skalierung erdgeschichtlicher Prozesse, und das hat sich durch das Anthropozän verstärkt (z. B. Völker 2021).

Aus den Sozialwissenschaften kommt ebenfalls der Einwand des hypothetischen Vorgehens bei der Periodisierung. Das Anthropozän als neues Erdzeitalter sei ja noch gar nicht alt genug, um bereits eine klare stratigrafische Marke (*geologic record*) hinterlassen zu haben (Pottage 2019). Die stratigrafische Entscheidung kann eigentlich erst in ferner Zukunft getätigt werden. Deshalb wird ja auch immer wieder die Denkfigur einer »future geologist« bemüht (Yusoff 2016: 4). Im Fall dieses Buchs war das Vera unter meiner optimistischen Annahme, dass das Anthropozän enden könnte, es aber dann noch Menschen gibt, weil die Menschheit die Kurve noch gekriegt hat. Wenn man jedoch pessimistisch spekuliert, kann die Rückschau nur noch durch eine posthumanoide Geologin oder durch KI aufgrund von Technofossilien erfolgen. Meines Erachtens übersehen diese Kritiken aber, dass es auch aus *geologischer* Sicht *schon jetzt* solche Marker gibt, vor allem Plastikpartikel und Radionuklide.

Aus ethnologischem und umwelthistorischem Blickwinkel wurde die Periodisierung als solche kritisiert. Die Kritik wendet sich gegen den unbedingten Willen, eine für den ganzen Planeten gültige Zeitmarke für das Einsetzen des Anthropozäns zu finden. Eine tatsächlich diachron graduelle

Veränderung von Umwelten durch Menschen würde willkürlich und durch einen scharfen Schritt, den *anthropocene Divide,* getrennt (Bauer & Ellis 2018: 209). Einen Umschwung in den menschlichen Handlungseffekten vom nur »ökologischen Menschen« hin zu einem »voll geophysikalischen« Menschen habe es nie gegeben. Wir bräuchten eine viel »grauere Antwort« auf die Frage, ab wann Menschen zu geophysikalischen Agenten geworden sind, denn es habe sicher einen quantitativen Sprung der Geo-Wirkungen durch Menschen gegeben, aber keine qualitative Änderung (Bauer & Bhan 2018: 15).

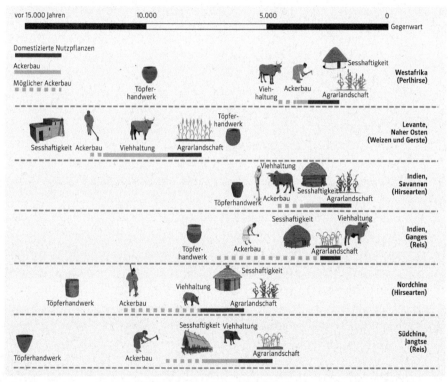

Abb. 4.1 Frühes Einsetzen der Landwirtschaft in verschiedenen Weltregionen, *Quelle: Ellis 2020: 122–123, Abbildung 27*

Die Vorstellung, der Planet sei im ausgehenden Holozän vor der Industrialisierung frei von menschlichen Einflüssen gewesen, sei ein Mythos. Die

Grenzziehung zwischen Holozän und Anthropozän würde, egal wo gezogen, eine binäre Trennung zwischen »vorher und »nachher« einführen, und sie würde außerdem die Disziplinen auseinanderdividieren. Tatsächlich, so formulieren Bauer & Ellis, wäre die Zunahme menschlicher Effekte demnach diachron verteilt statt synchron (bzw. isochron). Eine derartige Annahme würde ein Verständnis des menschlichen Beitrags zur Transformation der Funktionssysteme der Erde und die darin bestehenden komplexen Verknüpfungen (*entanglements*) behindern (Bauer & Ellis 2018: 223). Kurz: Menschen hätten Ökosysteme schon lange vor der Gegenwart auf breiter Front verändert (Bauer 2016: 409, Morrison 2015, Abb. 4.1).

Das deckt sich mit den Einwänden einiger Geologinnen: Auf verschiedenen Kontinenten haben Kulturen in den Naturhaushalt zu unterschiedlichen Zeitpunkten eingegriffen. In Amerika oder Australien sind nachweisbare Spuren später aufgetreten als in Südeuropa im Nahen Osten. Ferner hätten die Eingriffe des Menschen seit dem Ende der letzten Eiszeit langsam zugenommen, sodass eine scharfe Grenze nicht bestehe. Das ist die Epoche des Holozäns, die keiner Abgrenzung des Anthropozäns bedürfe. Diese Kritik von Bauer & Ellis ist aber unberechtigt: Sie schütten das Kind mit dem Bade aus. Zunächst übersehen sie die einfache Tatsache, dass Abgrenzungen kontinuierliche Übergänge keineswegs in Abrede stellen:

> »Ein beliebtes Beispiel eines denklogischen Abgrenzungsproblems, das den Charakter evolutiver Veränderungen diskreditiert, ist die Behauptung, dass bei einer stammesgeschichtlichen Rückführung des Menschen auf äffische Vorfahren dann ja auch der Fall eingetreten wäre, ›in dem ein letzter Affe den ersten Menschen geboren‹ haben müsste. – Es ist unmittelbar einsichtig, dass Periodisierungen innerhalb kontinuierlich variierender Merkmalskomplexe auf Verabredungen gründen, die willkürlich gesetzt werden (müssen)« (Herrmann 2016: 47).

Die Betonung frühzeitiger und auch größerer Einflüsse des Menschen auf die Umwelt ist richtig, aber Bauer & Ellis unterscheiden nicht zwischen dem anthropogenen Wandel einzelner Landschaften oder Regionen und dem *systemischen* Wandel der Geosphäre (Thomas et al. 2020: 119). Ihnen fehlt die Einsicht in das, was ein Erdsystem ist, darin, dass einzelne, auch starke, Veränderungen etwas anderes sind als eine *systemische Transformation* der Geosphäre. Sämtliche Spezies verändern die Umwelt und damit die Lebenswelt anderer Organismen. Aber nur Menschen verändern die Geosphäre systemisch *und* global *und* dauerhaft. Der derzeitige Pegel des Kohlendioxids ist so hoch, wie er in den letzten 3 Millionen Jahren nicht war. Menschen verändern seit langer Zeit die Welt, aber erst seit Kurzen grundlegend und überregional (Abb. 4.2).

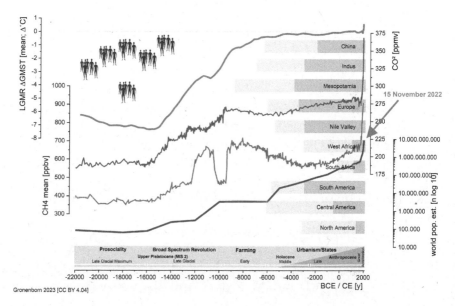

Gronenborn 2023 [CC BY 4.04]

Abb. 4.2 Wandel von Temperatur, Klimagasen und menschlicher Kultur der letzten 23.000 Jahre. Die Bevölkerungsentwicklung ist logarithmisch dargestellt., *Quelle: Gronenborn 2024: 50*

Bauer & Bhans Kritik deckt sich mit der schon bei der Diskussion um das Einsetzen angeführten Kritik, die Idee und besonders die Forschung zum Anthropozän seien eurozentrisch (Abb. 4.3). Aus postkolonialistischer Perspektive erscheint die Idee des Anthropozäns eurozentrisch in dem Sinne, dass vorhandene Modelle aus Europa – aufgrund auf Westeuropa begrenzter Erfahrungen zu gemäßigten Zonen und der dortigen Geschichte der Landnutzung – als unmarkierte Kategorien »ausgebaut werden«. Im

Abb. 4.3 Eurozentrismuskritik: Grafitto an Garage in der Kölner Innenstadt, *Quelle: Autor*

Effekt erscheinen dann andere Regionen und Varianten als Ausnahme. In der Philosophie nennt man das »Nostrozentrismus«. Ein Autor bringt diese Sicht scharf auf den Punkt: »It's not the anthropocene, it's the white supremacy scene« (Mirzoeff 2018). Die europäische Perspektive und der Fokus auf das Neue bergen die Gefahr, nicht zu sehen, dass das Anthropozän tatsächlich viel früher begann, komplexer in den Ursachen war und vielfältigere Verläufe hatte (Morrison 2015: 78–79).

Manche Kritik sieht diese Gefahr nicht etwa nur bei Naturwissenschaftlerinnen, die menschliche Sozialbeziehungen in Modellen naturalisieren würden, sondern auch und gerade bei Kulturwissenschaftlern. Diese fänden die Idee des Anthropozäns spannend und anziehend aufgrund der so stark betonten menschlichen Wirkmächtigkeit und liefen Gefahr, mit fliegenden Fahnen zu ihr zu »konvertieren« (Morrison 2015: 76). Die offensichtliche »Neuigkeit« menschlicher Wirkmächtigkeit im Anthropozän sei eben das: offensichtlich. Mit der daraus resultierenden Forderung nach »Dezentrierung« der Forschung zum Anthropozän verschränkt sich die chronologische Kritik mit der These, dass das Konzept des Anthropozäns kolonialistische Diskurse in eine postkoloniale Welt verlängert. Ich greife das in Kap. 7 mit der Frage nach einem »Asiatischen Anthropozän« wieder auf.

Hier ist allerdings festzuhalten, dass es aus der Feder von Vertretern des Anthropozäns durchaus Arbeiten gibt, die das allmähliche Einsetzen und auch die regional unterschiedlich starken Auswirkungen betonen. Das sind insbesondere Publikationen, für die sich Naturwissenschaftlerinnen und Historiker zusammengesetzt haben und die Bauer & Ellis auch nennen. Wenn Steffen et al. schreiben: »the current epoch in which humans (…) have become a global geophysical force« und das ihr Ziel sei, die »evolution of humans and our societies from hunter-gatherers to a global geophysical force« zu untersuchen (Steffen et al. 2007: 614), so sehe ich *pace* Ellis & Bauer darin kein binäres Vorher-Nachher-Denken, denn Evolution erlaubt ja graduellen Wandel, ja ist ja gerade im Kern eine Vorstellung graduellen Wandels. Es gibt in der Anthropozänforschung Studien, die vielfältige anthropogene Prägung im Holozän zeigen (z. B. Gibbard & Walker 2014).

Hinzu kommt, dass ja auch Geisteswissenschaftler und Historiker Periodisierungen vornehmen, und sie tun das auch in Bezug auf das Anthropozän. Es wurde diskutiert, ob man historisch einen Übergang (*transition*) von »biologischem« oder »ökologischem Handeln« zu »geologischem Handeln« ausmachen kann, welches erst mit der Nutzung fossiler Energie einsetzte. Chakrabarty brachte die Idee »disjunktiver« Formen menschlichen Handelns in die Diskussion (Chakrabarty 2012). Bauer & Ellis gestehen zwar die alarmierende Zunahme menschlicher Effekte mit der industriellen Revolution und verschärft seit den 1950er-Jahren zu, betonen aber mit Argumenten der Archäologie, dass Menschen ihre Umwelt schon immer verändert hätten, etwa durch Feuergebrauch und Verdrängung von Tieren. Ellis ist selbst an maßgeblichen Publikatonen zur Periodisierung beteiligt (Braje 2018: 216), aber dennoch schließt er zusammen mit Bauer:

>»Nevertheless, an anthropocene periodization that begins at these points fundamentally obfuscates qualitative similarities and historical linkages with the dynamics of human-environmental relationships in previous periods« (Bauer & Ellis 2018: 210).

Insgesamt ist hier eine gegenseitige Perspektivenübernahme zwischen Disziplinen gefordert. Aus einer kulturwissenschaftlichen Außensicht erstaunt es, dass sich ein Großteil der naturwissenschaftlichen Beiträge bislang auf die Erörterung des Beginns anthropozänen Wandels konzentriert (Dürbeck 2018a: 12, 2018b). Da das Anthropozän durch Geowissenschaftlerinnen »geschenkt« wurde (Latour 2017), beruht es auf deren epistemischen Prämissen (Bruns 2019: 55). Periodisierung und Datierung sind natürlich immer ein Kerninteresse in der Geologie und Paläontologie als *historischer* Naturwissenschaften. Die Umwelthistorikerin und Philosophin Carolyn Merchant bringt den Nutzen des Konzepts Anthropozän als Epochenkonzept schön auf den Punkt:

> »I argue that the concept of the Anthropocene goes beyond earlier concepts and periodizations such as preindustrial, colonial, industrial, mordern, and postmodern by presenting a clear and forceful characterization of the future crisis humankind faces« (Merchant 2020a: xi).

4.5 Ideologie – Depolitisierung, Anthropozentrik und Genderblindheit

> There is no common world, and yet it has to be composed, nonetheless.
>
> *Bruno Latour 2017: 12*

Ein zentraler Grund, warum wir uns aus erdwissenschaftlicher Sicht im Anthropozän befinden, ist der enorme Anstieg des Rohstoffverbrauchs und dessen Auswirkungen auf die Umwelt seit Mitte des 20. Jahrhunderts. Viele Beiträge zum Anthropozän befassen sich demzufolge mit Wirtschaft und dort besonders mit Wachstum und den für ungebremste kapitalistische Systeme typischen *runaway processes*, wie prototypisch im unkontrollierten Handel mit fiktiven Kommoditäten, der Basis der großen Finanzkrisen. Das weltweite Wachstum beruht derzeit auf der Nutzung billiger nicht erneuerbarer Energie. Das ist letztlich ein zerstörerischer Prozess, der die Umwelt dauerhaft schädigt und sich in der zunehmenden Verknappung von Rohstoffen niederschlägt. Die heutige Generation lebt auf Kosten der zukünftigen Generationen, weshalb Nachhaltigkeit und Verantwortung der Generationen zentrale Themen aller Entwicklungsdebatten sind. Ein Großteil der grundlegenden Kritiken an der Idee des Anthropozäns argumentiert aus einer gesellschaftskritischen und kapitalismuskritischen Perspektive.

Hintergrund – Kritiken an *Growthism* und Plutokratie

Im Mittelpunkt der fundamentalen Kritiken am Konzept des Anthropozäns steht eine Kritik am neoliberalistischen Denken seiner geowissenschaftlichen Hauptvertreter. Diese oft uneingestandene neoliberale Haltung gehe mit einer Entpolitisierung einher. Um die auf Wachstum und Steigerung beruhende Produktionsweise – oder eine von ihnen diagnostizierte neoliberale Grundhaltung vieler Propagierer der Idee des Anthropozäns – zu kennzeichnen, sprechen Kritiker zuweilen sarkastisch vom »Growthocene« (Malm 2016) oder davon, dass wir im »toxischen Griff« des »Wachstumsalgorithmus« stecken (Ebron & Tsing 2017: 683). Ein verbreitet entpolitisierendes Denken behandle das Anthropozän als durch Technik und Management zu beantwortendem Problem. Dadurch würden politische Debatten über grundlegende Werte, soziale Gerechtigkeit und die Bedingungen langfristigen Wohlergehens vermieden (Eriksen 2016: 131, Svampa 2020).

Kritische Sozialwissenschaftlerinnen und Umweltaktivisten sehen die Gefahr, dass die bisherigen menschlichen Eingriffe in den Naturhaushalt als Rechtfertigung gebraucht werden, um unter dem Deckmantel der »Reparatur« gezielt und mit größerem Anspruch neue Steuerungsmechanismen der Umwelt zu etablieren. Die Befürworter des Anthropozäns würden geschickt das Ende der Natur beschwören und damit eine fatalistische Haltung erzeugen, um dann den Menschen zum »Thermostat« des Planeten zu erheben (Hamilton 2012, Crist 2013, 2020; vgl. Corlett 2015, Büscher & Fletcher 2023).

Aufgrund der durchgehenden Relevanz dieses Hintergrunds der Kritiken erläutere ich zunächst kurz die grundlegende Kritik am Wachstumsdenken, die vor allem aus den Kultur- und Sozialwissenschaften kommt. Auch frühere Zivilisationen sind umweltschädigend gewachsen, aber Wirtschaftswachstum pro Kopf sowie Expansion als Leitlinie sind historisch untrennbar mit der kapitalistischen Wirtschaftsweise verknüpft. Die Akkumulation von Kapital setzte mit Wagniskapitalunternehmungen im Frühkapitalismus der Entdeckungs- bzw. Expansionsreisen und besonders mit den Handelsgesellschaften der Kolonialzeit ein, die sich zu Aktiengesellschaften entwickelten (Schmelzer & Vetter 2019: 100–110, Scheidler 2020, Marks 2024: 69–100). Eine Orientierung auf Wachstum und Marktwirtschaft kennzeichnet die Wirtschaftspolitik besonders stark seit den 1980er-Jahren mit der Durchsetzung von *Reaganomics* und *Thatcherism*. Neoliberalismus (*neoliberalism*) bildet eine Variante marktorientierter Wirtschaftsprinzipien durch freien Markt, freien Handel und Privateigentum, wofür der Staat nur den passenden Rahmen bereitstellt. Dies gilt großenteils auch für Japan seit den 1960er-Jahren und verstärkt wieder seit den 1980er-Jahren. Das zentrale Ziel des »Growthism« war die Steigerung des Bruttosozialprodukts (GDP).

Zur globalen Wachstumsorientierung nach dem Zweiten Weltkrieg gab es nur sehr wenige Gegenstimmen, allen voran Mahatma Gandhi (1869–1949). Die Wachstumsorientierung kennzeichnet den amerikanischen und weltweit verbreiteten Konsumismus, ist aber auch ein durchgängiges Merkmal von planwirtschaftlich organisierten Ökonomien, wie im sowjetischen Produktionismus mit dem Nettomaterialprodukt (NMP) als Maßstab und etwa in Vietnam seit den *Doi Moi*-Reformen ab 1986. Wachstum kennzeichnet auch den Developmentalismus der meisten nachkolonialen Ökonomien des globalen Südens. Die mit dem Wachstum der ehemaligen Entwicklungsländer einhergehende CO_2-Zunahme korrelierte nicht zufällig mit dem Aufkommen des Begriffs *Global South* (Fuhr 2021). Die Weltwirtschaft wurde im zwanzigsten Jahrhundert 14-mal größer, als sie es im Jahr 1900 war (Marks 2024: 230–231).

Diese Grundsatzkritik an Ansätzen zum Anthropozän kann sich auf eine ältere grundlegende Kritik an universalistischen Wirtschaftsmodellen berufen. Karl Polanyi hatte in seinem erwähnten maßgeblichen Werk zur »Großen Transformation« argumentiert, dass ein jedes Wirtschaftssystem substanziell in Lebenswelten eingebettet sei. Als nicht marxistischer Sozialist argumentierte Polanyi gegen sog. formalistische Ansätze der Wirtschaftstheorie, was später zur berühmten Debatte Formalismus vs. Substantivismus in der Wirtschaftsethnologie führte. Damit war der wichtigste Krtiker des Neoliberalismus *avant la lettre* (Eriksen 2016: 20, Hann

2020). Jede Form des Wirtschaftens, so das Argument, baut auf einer »menschlichen Ökonomie«, auf sozialen Bedingungen auf, z. B. den Beziehungsformen der Reziprozität und der Norm der Solidarität (Hann & Hart 2011). Die soziale Substanz ist für jede Wirtschaft so grundlegend, wie es Tönnies' Gemeinschaft(-lichkeit) für jede Gesellschaft ist. Demzufolge solle jedes Wirtschaftssystem auch normativ auf konkrete Sozialität statt auf individuelle Interessen hin orientiert sein. Polanyi lehnte Marktprinzipien nicht ab, sondern argumentierte dagegen, dass sie in auf genuin soziale Lebenssphären ausgedehnt werden. Das bedeutet eine Ablehnung einer umfassenden Kommodifizierung von Arbeit und anderen verengten Formen von ökonomistischem Mainstream (Polanyi 1978).

Ebendiese soziale Eingebettetheit auch der eigenen Wirtschaftsprinzipien habe der moderne wachstumsorientierte Kapitalismus seit dem 19. Jahrhundert aus den Augen verloren, im Kapitalismus werde die soziale Abhängigkeit des eigenen Systems vergessen. Polanyi sagte zwar den Niedergang eines solchen Kapitalismus verfrüht voraus, aber der »Erfolg« der neoliberal ausgerichteten Wirtschaften seit den 1980er-Jahren war nur auf der Basis staatlicher Stützung und – für unser Thema zentral – angesichts der Grenzen der Erde dauerhaft überhöhter Rohstoffausbeutung möglich (Schneidewind 2019; 2018).

Ein weiterer, wenn auch nicht gewollter, Effekt der auf Wachstum ausgerichteten Wirtschafts- und Entwicklungspolitik ist die vor allem seit der Jahrtausendwende zunehmende Ungleichheit zwischen Ländern oder zwischen Regionen und zwischen Schichten in einzelnen Ländern. Die Einkommensungleichheiten und noch mehr die Wohlstandsunterschiede wachsen in den letzten Jahren. Auch kommunistische Länder wie China und ehemals kommunistische wie Russland haben sich von Planwirtschaft und Kommandoökonomie großteils verabschiedet und Marktprinzipien übernommen. Die dominierenden Konzepte der Wirtschaftspolitik verfolgen einen den Einsichten in das Anthropozän zuwiderlaufenden Ansatz unbegrenzten Wachstums (Thomas et al. 2020: 139–144).

Einsichten in die Realität des Anthropozäns unterminieren leitende Annahmen gegenwärtig dominierender Wirtschaftspolitik jetzt auf einer viel breiteren empirischen Basis als bei Polanyi, räumlich breiter und zeitlich tiefer. Sie tun dies in noch viel fundamentalerer Weise als die Erkenntnis, dass der gegenwärtige Klimawandel zum großen Teil anthropogener Natur ist. Der Mainstream der Wirtschaftswissenschaften ignoriert jedoch noch weitestgehend die Einsichten des Anthropozäns, Einsichten in nur begrenzt steuerbare Realitäten unserer Geosphäre. Dies ist besonders deshalb wichtig, da die Wirtschaftswissenschaften wohl das Feld der Wissenschaft ist, welches wie kein anderes die Politik anleitet. Die leitenden Annahmen orthodoxer Wirtschaftsmodelle bestimmen in starkem Maße die Wahrnehmung von Bedrohungen, Risiken, Unsicherheit und Vulnerabilität. Sie beeinflussen die Vorstellungen über »gutes Leben« und die Zukunft von Gesellschaften. Und sie prägen Formen der Steuerung, Regelung und Regierung (*governance*). Kurz: Ökonomie ist die »Muttersprache« der Politik, die Sprache des öffentlichen Lebens und das Weltbild, dass die Gesellschaft maßgeblich formt, dabei aber die tiefgreifende Degradierung der Geosphäre und auch die tiefgreifende »Depravierung des Menschen« nicht vermeidet (Raworth 2018: 5). In der Bauwirtschaft etwa werden Materialien verwendet, über deren Fähigkeit zum Recyclen nach einem zukünftigen Abriss noch wenig bekannt ist (Abb. 4.4).

Aus der Perspektive des Anthropozäns besteht der Fehler der orthodoxen Wirtschaftsansätze in folgenden Punkten. Erstens wird angenommen, dass »Natur« eine Externalität ist, die in wirtschaftlichen Kalkulationen nicht berücksichtigt werden müsse. Dies beinhalte Inputs in die Ökonomie, wie Rohstoffe, Trinkwasser und Luft, aber auch Outputs, wie Müll und Umweltgase. Zweitens besteht die Annahme bezüglich Zeit, dass die Entwicklung gleichmäßig in die Zukunft verlaufen wird. Dementsprechend wird angenommen, dass gegenwärtiges Wachstum zukünftige Probleme beheben werde, weil sich Kosten in der Zukunft verringern würden (*discounting*). Dies lässt es angeraten sein, gegenwärtige Maßnahmen gegen Effekte des Anthropozäns hinauszuschieben. Hier besteht einer der für das Anthropozän so typischen Skalenclashes (*clashes of scales*, Eriksen 2016: 29, 131–156).

Orthodoxe Ökonomen gestehen zwar zu, dass Rohstoffe knapp werden könnten, glauben aber optimistisch an Ersatz durch Marktkräfte und Innovationen. Es wird nicht wahrgenommen, dass das Erdsystem mit dem Anthropozän nicht nur in eine Krise gerät, sondern einen echten Bruch in der Entwicklung erfährt (*rupture*, Hamilton 2016b). Drittens wird davon

Abb. 4.4   Bauwirtschaft als Anthropozäntreiber – Fassadenisolierung in Bonn, *Quelle: Autor*

ausgegangen, dass alle zentralen Größen der Wirtschaft quantifizierbar und insbesondere monetarisierbar seien. Das Kardinalbeispiel ist das Bruttosozialprodukt, in den nur Güter und Dienstleistungen Berücksichtigung finden, die marktfähig sind. Thomas et al. fassen die Kritik gut zusammen:

> »In sum mainstream economics treats ›the economy‹ as separable from the environment, does not acknowledge disruptions in the overall trajectory of growth, and believes in metrics, thereby limiting the grasp of nonquantified, nonmonetary values« (Thomas et al. 2020: 144).

Neoklassische Ansätze beziehen die natürlichen Ressourcen nicht in ihre Marktkalkulationen ein, während alternative Ansätze der Wirtschaftswissenschaft darauf bestehen, Umwelt als integralen Teil der Wirtschaft zu sehen. Auch innerhalb der dominierenden Wirtschaftswissenschaft werden die Grenzen des menschlichen Wachstums auf einem begrenzten Planeten wahrgenommen. Entscheidend hierfür waren Aurelio Peccei (1908–1984) und der Systemdynamiker Dennis Meadows am MIT und die Arbeit des *Club of Rome* ab 1968, die zukünftige Entwicklungen quantitativ modellierten (Meadows et al. 1972, 2020).

Pathologische Pfadabhängigkeit durch holozänen »Erfolg«

Die Darstellung des Neoliberalismus seitens der Kritiker übersieht allerdings die Tatsache, dass die neoliberale Position, anders als klassische liberale Ansätze, nicht vom *homo oeconomicus* ausgeht, sondern von *unvollkommenen* Märkten und *beschränkter* menschlicher Einsicht und deshalb Regeln in den Vordergrund stellt (Slobodian 2020). Angesichts der Wachstumskritik, die ich teile, ist festzuhalten, dass diese Ausrichtung auf Wachstum neben vielfacher Ungleichheit weltweit auch phänomenale Erfolge gezeigt hat. Diese werden von Kritikern zuweilen nicht wahrgenommen, und auch ich habe sie lange Zeit nicht wahrhaben wollen. Wie jedoch neuere Studien, die auf ganz unterschiedlichen historischen Daten und neuer Empirie beruhen, gleichlautend zeigen, wurden hinsichtlich der konkreten Lebensbedingungen in wichtigen Bereichen, wie Ernährung, Sicherheit gegenüber Krieg, Gewalt, Morde, Unfälle sowie Gesundheit, Lebenserwartung, Kindersterblichkeit und Bildung rasante Fortschritte erreicht (Rosling 2018, Pinker 2018, West 2019: 220, Behringer 2022). Die epochalen Transitionen in Bevölkerungswachstum, Landwirtschaft, Ernährung und Energienutzung wurden aber durch enorme Umwelteffekte erkauft, die etwa bei Behringer, Rosling und Pinker kaum beleuchtet werden (Smil 2019: 439–448, 2021: 205–243, 253–260, Tauger 2021: 50, 92).

In einer Langfristperspektive gesellschaftlicher Evolution kann festgestellt werden, dass die politischen Institutionen der Menschheit mit manchen Problemen gut zurechtgekommen sind. Im Bereich der Wirtschaft haben etliche Gemeinschaften, die von bestimmten Ressourcen abhängig sind, erfolgreich Regeln zur Übernutzung von Gemeinressourcen (*commons*) entwickelt. Durch kollektive Anstrengung wurde auf politischem Feld etwa internationale Gewalt weitgehend eingehegt, und im Entwicklungsbereich wurden einige Infektionskrankheiten durch *public health* fast ausgerottet. Das ist nicht selbstverständlich, denn etliche Wirtschaftssysteme und politische Systeme sind – teilweise nach langer

Existenz – kollabiert. Polanyi hatte den Niedergang eines entbetteten Kapitalismus verfrüht vorausgesagt. Diese positive Bilanz gilt zumindest bis zur verstärkten Durchsetzung verschärft neoliberaler Prinzipien ab etwa 2010 auch für die Abnahme der wirtschaftlichen und der Gender-Ungleichheit. Dieser Erfolg gilt aber eben nur für manche Bereiche und beruht auf politischen Institutionen, die angesichts holozäner Erfahrungen entstanden sind und nicht anthropozäner Bedingungen. Außerdem waren Staaten in jenen Bereichen erfolgreich, die ihr Kerngeschäft betrafen, etwa mit dem Wohlfahrtsstaat des ausgehenden 19. Jahrhunders als Antwort auf den Druck durch Arbeiterinteressen (Dryzek & Pickering 2019: 20–23). Langfristig gesehen hatten kapitalistische Wirtschaftssysteme und Nationalstaaten ihren größten Erfolg in der Schaffung dauerhaften Wachstums … und eben das ist jetzt das Problem. Der gegenwärtige »Erfolg« der neoliberal ausgerichteten Wirtschaften seit den 1980er-Jahren war nämlich nur auf der Basis staatlicher Stützung und – für unser Thema zentral – dauerhaft überhöhter Rohstoffausbeutung möglich. Die Kehrseite dieses Erfolgs ist der exorbitante Verbrauch von Energie und Rohstoffen, vor allem von Ressourcen, die – in menschlichen Zeitmaßstäben – nicht erneuerbar sind und was aus anthropozänischer Perspektive dramatischer ist, zu irreversiblen Schäden der Geosphäre führen.

Industrielle Interessen und Wissenschaftsskepsis

Führende Ökonomen schenkten den düsteren Voraussagen ihrer Kollegen keinen Glauben. Dies wurde durch Kritiken an der wissenschaftlichen Basis verstärkt, die besagten, dass es keinen fachlichen Konsens zu den Fragen des Klimawandels gäbe. Diese Haltungen wurden durch Netzwerke zwischen Industrie, *Think Tanks* und einzelnen Wissenschaftlerinnen instrumentell für Propaganda eingesetzt, wie wissenssoziologische Studien qualitativ wie quantitativ nachwiesen (Oreskes 2014). Der Soziologe Farrell wies mittels computerisierter Textanalyse von 40.000 Dokumenten zwischen 1993 und 2013 nach, wie führende Wirtschaftseliten mittels Lobbyismus, *Think Tanks*, Beratern und Politikern systematisch einen »alternativen« Diskurs orchestrierten (Farrell 2015, vgl. auch Mann 2021).

Ein anderer Faktor, der bei den öffentlichen Zweifeln an Fakten und damit dem Herausschieben konkreter Maßnahmen eine Rolle gespielt haben *könnte*, war die grundlegende Wissenschaftskritik des Sozialkonstruktivismus, vor allem in Form der *Science and Technology Studies (STS)*. Die Grundaussage war, dass wissenschaftliche Aussagen soziale Konstrukte sind, statt die Realität abzubilden. Wissenschaft basiere auf kulturspezifischen Annahmen, sozialen Kontexten, sprachlichen Konventionen und institutionellen, ja oft vermachteten Strukturen. Also solle man solcherart gewonnenem Wissen grundsätzlich kritisch gegenüberstehen. Aber: Die »... Kehrseite dieses kritischen Wissensbegriffs ist ein Relativismus, der genutzt werden kann, um wissenschaftliches Wissen generell infrage zu stellen« (Thiemeyer 2020: 71). Von manchen wurde daraus geschlossen, dass wissenschaftliche Aussagen keinen anderen Wert hätten als (andere) Glaubensaussagen. Und entsprechend wurden in den *Science Wars* Wissenschaftler allgemein und insbesondere Naturwissenschaftler heruntergemacht.

Bruno Latour, der Stichwortgeber der *STS*, hat zwanzig Jahre nach seinen ethnografisch-soziologischen Feldstudien zur »Wissenschaft in Aktion« im *Salk Institute for Biological Studies* in San Diego in einem Interview selbstkritisch eingestanden, er sei damals nicht gegen Wissenschaft gewesen; es habe sich einfach gut angefühlt, die Naturwissenschaftler etwas runterzumachen. Er führte das auf seinen überzogenen jugendlichen Enthusiasmus zurück (DeVries 2017). Thomas et al. argumentieren, dass diese überzogene Wissenschaftskritik aus den Kulturwissenschaften bei der Nicht-Wahrnehmung anthropozänen Wandels und der daraus resultierenden Inaktivität eine Rolle spielten:

> »These attacks on science were demaging. Unintentionally, the interests of business and politics, social constructivsts, and neoclassical economists converged to delay actions recommended by the Club of Rome and others alarmed by the evidence of environmental degradation« (Thomas et al. 2020: 147).

Ob der kritische Wissensbegriff bzw. die emanzipative Idee der Wissenschaftskritik tatsächlich eine so starke Rolle bei der Leugnung anthropogenen Klimawandels gespielt haben, wie Thomas et al. sagen, und inwieweit sie antiaufklärerische Haltung und andere »unappetitliche Verwandtschaften«, wie Verschwörungstheorien, hervorbringen (Latour 2007), müsste

m. E. erst noch empirisch geklärt werden. Thiemeyer charakterisiert die Rolle von radikaler Wissenschaftskritik in der Klimawandeldebatte in bedachterer Weise so:

> »Die Populisten und Leugner des Klimawandels sind eine *extreme Ausprägung* einer Wissenschaftsskepsis und -ignoranz, die ihre Argumente *nicht zuletzt* von einer Epistemologie erhält, die den Anspruch auf universelle Geltung von wissenschaftlichen Erkenntnissen *mit guten Gründen* infrage gestellt hat« (Thiemeyer 2020: 78, eigene Hervorheb.).

Immerhin weist mancher neuere Beitrag aus der Ethnologie auf die Gefahren eines überzogenen Sozialkonstruktivismus angesichts des Anthropozäns hin. Ein Leitmotiv vieler ethnologischer Beiträge ist die Forderung, naturwissenschaftliche Befunde oder Konzepte zu historisieren und kontextualisieren (Pálsson et al. 2013). Das sollte aber nicht so weit gehen, Grenzwerte bzw. Kipppunkte lediglich für eine »soziale Konstruktion« zu halten, wie selbst Ethnologinnen, die ganz unverdächtig sind, unbedacht naturwissenschaftlichen Modellen zu folgen, einwenden (Danowski & Viveiros de Castro 2019: 17).

Alternative Wirtschaftsformen

Es existiert aber durchaus eine Fülle von Ansätzen alternativer Formen von Wirtschaftspolitik, die hier (nach Thomas et al. 2020: 149–161) zumindest angeführt werden sollen. Hier können vereinfacht zwei grundlegende wirtschaftswissenschaftliche Ansätze unterschieden werden, die Umweltökonomie und die ökologische Ökonomik. Beide Ansätze wollen Natur in die Theorien und Modelle der Wirtschaft einführen, und beide benutzen den Terminus der »Ökosystemdienstleistungen« (*ecosystem services*), aber sie unterscheiden sich hinsichtlich der Schlüsse aus der Realität des Anthropozäns so fundamental, wie in ihren Lösungsvorschlägen.

Die Umweltökonomie (*environmental economics*) behandelt die Natur als Teilsystem des ökonomischen Systems und will sich für den Schutz der Umwelt auf Marktkräfte verlassen. Umweltökonomie ist damit eine Richtung der neoklassischen Ökonomie. Der Wert der Umwelt muss danach ökonomisch bestimmt werden, um ihn ökonomisch sichtbar zu machen und somit Wachstum bei Einhaltung nachhaltiger Entwicklung zu ermöglichen. Marktkräfte würden dafür sorgen, dass sich die Wirtschaft durch Innovationen »entmaterialisiere«. Thematisch stehen bei Umweltökonomen die CO_2-Emissionen stark im Mittelpunkt. Umweltökonomie will die Natur also in den Markt integrieren, ohne die grundlegenden Werte und politischen Ziele maßgeblich zu verändern. Eine bezüglich des Anthropozäns entscheidende Annahme dabei ist, dass die Leistungen der Natur genauso wie die Ergebnisse menschlichen Handelns als »Produkte« gesehen werden, die prinzipiell gegeneinander austauschbar sind.

Die ökologische Ökonomik (*ecological economics*) hingegen behandelt umgekehrt Wirtschaft als Subsystem der Natur und setzt zur Umwelterhaltung auf gesellschaftliche Zielsetzung und politische Entscheidungen, etwa bewusste Begrenzung des Wachstums. Vertreter der ökologischen Ökonomik beharren darauf, dass die »planetaren Grenzen« tatsächliche Limits darstellen, was sich darin zeigt, dass etliche dieser Limits schon erreicht sind. Eine Programmatik wie »grünes Wachstum« oder »nachhaltiges Wachstum« sind danach unrealistisch, weil der Planet begrenzt ist. Wo die Umweltökonomie die Natur dem Markt subsumieren will, will die ökologische Ökonomik deshalb den Markt erstens der Natur und zweitens der Politik unterordnen.

Thematisch ist die ökologische Ökonomik, etwa nach Robert Costanza, breiter orientiert, was den Ansatz für Anthropozän relevanter macht als die Umweltökonomie. Neben CO_2-Emissionen wird auch etwa Landnutzung, Wassermangel und der Kollaps ganzer Lebensräume thematisiert (Brown & Timmermann 2015, Figueroa 2017). Diese Haltung argumentiert, dass verbesserte Technologie und bewusstere Konsumentscheidungen der Individuen wichtig sind, aber nicht ausreichen und es deshalb um veränderte Werte und neue Formen der politischen Steuerung (*governance*) gehe. Das deckt sich mit einem Konsens unter vielen Kritikern der Anthropozän-Idee, aber auch führenden Vertretern (etwa Steffen et al. 2015a, 2015b). Der Ansatz ist außerhalb des ökonomischen Mainstreams angesiedelt und stark mit zivilgesellschaftlichen Programmen und Versuchen des Postwachstums bzw. *Degrowth* verbunden (Schmelzer & Vetter 2019, Kallis etal. 2020, Bruns 2020).

Es gibt aber durchaus Verbindungen und Schnittmengen. Costanza und Mitarbeiter hatten den Begriff der Ökosystemdienstleistungen in den 1990er-Jahren ursprünglich als augenöffnende Metapher zur Kritik am Marktfundamentalismus eingeführt. In der Umweltökonomik wurde der Terminus später absorbiert, aber für etwas ganz anderes verwendet (Thomas et al. 2020: 150). Während eine Ökosystemdienstleistung für die ökologische Ökonomie der Beitrag eines Umweltausschnitts für ein größeres Ökosystem ist, ist sie für Umweltökonomen der quantifizierbare Nutzen, den Menschen von einem Ökosystem haben. Daraus wurde abgeleitet, dass es der Markt sei, der die Umwelt vor Übernutzung schützen könne, nicht die Umweltschutzpolitik. Der Markt würde etwa dafür sorgen, dass der Verbrauch fossiler Rohstoffe sinke und Windkraft und Solarkraft eingeführt werden.

Aus Sicht der ökologischen Ökonomie ist folgende Einsicht im Anthropozän wichtiger denn je: Der Markt kann Güter und Dienstleistungen, die nicht substituiert werden können und für die damit kein Tauschwert besteht, nicht bewerten. Ohne tägliches Trinkwasser können wir als Menschen so wenig leben, wie die Menschheit langfristig ohne die klimaregulierende Wirkung des Phytoplanktons oder der Regenwälder existieren kann (Thomas et al. 2020: 154). Zudem können wirklich umfassende Innovationen aufgrund des finanziellen Risikos kaum von Firmen gestemmt werden. Hinzu kommt ein fundamentaler zeitlicher *mismatch* zwischen den Stoffwechseln von Markt und Natur: Der Metabolismus des Marktes und der Metabolismus des Lebens sind miteinander verquickt, aber der Stoffwechsel des Marktes ist schneller: zu schnell (Hamilton 2015: 35; vgl. schon Sieferle et al. 2011). Ökologische Ökonomen stellen heraus (a), dass Gesellschaften nicht getrennt von Natur theoretisierbar sind, (b), dass natürliche Systeme Wachstumsgrenzen haben, (c), dass wir Wohlbefinden (*wellbeing*) statt Wachstum anstreben sollten und (d), dass gesellschaftliche Gleichheit durchschnittliches Wohlbefinden steigert und (e), dass Gesellschaften, die gleichheitsorientierte Teilung (*equitable sharing*) verfolgen, weniger anthropogene Schäden verursachen (tw. nach Thomas et al. 2020: 150).

Auch wenn Anthropozän sachlich etwas sehr viel Umfassenderes ist als Klimawandel, bildet dieser das paradigmatische Beispiel und deshalb ist ein Großteil der Forschung zu Anthropozän darauf fokussiert. Dementsprechend bezieht sich Kritik erstens meistens auf anthropogenen Klimawandel, zweitens sind sie kritisch gegenüber einer alle Ebenen des Lebens durchgreifenden kapitalistischen Ausrichtung der Wirtschaft, und drittens folgen die Kritiker zumeist Idealen menschlicher Gleichheit und Gerechtigkeit. In Bezug auf politische Maßnahmen, die das Anthropozän eindämmen sollen, ist deshalb festzuhalten, dass sich der Schutz vor weiterem anthropozänem Wandel nicht mühelos mit Zielen der globalen Gleichheit verträgt. Das zeigt das Klima: Der durch Ungleichheit und Ungerechtigkeiten bedingte geringere Lebensstandard armer Länder und Regionen hält derzeit den weltweiten CO_2-Ausstoß noch in Grenzen:

> »Stellen wir uns die kontrafaktische Wirklichkeit einer ökonomisch gerechteren Welt vor, mit der gleichen Anzahl von Menschen und basierend auf der Ausbeutung von billigen fossilen Energiequellen. Eine solche Welt wäre ohne Zweifel egalitärer und gerechter, zumindest was die Verteilung von Einkommen und Wohlstand betrifft – aber die Klimakrise wäre noch schlimmer! Ironischerweise verdanken wir es den Armen, das heißt, einer ungleichmäßigen und unfairen Entwicklung, dass wir nicht noch mehr Treibhausgase in die Biosphäre bringen, als wir ohnehin schon tun« (Chakrabarty 2014: 11, Übers. Horn 2017: 17).

Eine Erfüllung der berechtigten Forderungen höheren Lebensstandards würde Trends des Anthropozäns also noch verschärfen. Dies zeigt sich schon jetzt in asiatischen Ländern, wie China, Thailand und Indonesien, in denen die konsumierende Mittelschicht sprunghaft wächst. Die Forderung nach globaler sozialer und ökologischer Gerechtigkeit ist sachlich wie auch moralisch berechtigt. Entgegen dem Pathos, mit dem Gerechtigkeit oft als Ziel vorgebracht wird, so in den Vereinten Nationen, ist sie aber kein einfach zu habendes moralisches Heilmittel gegen das Anthropozän.

Exzeptionalismus und Machbarkeitsideologie

Das »Anthropozän« spiegelt im Wort den Menschen als Spezies. Eine zentrale Kritik an der Rhetorik des Anthropozäns wendet sich gegen die extreme Betonung der Wirkkraft des Menschen. Kritiker sagen, der dominanten Großerzählung vom Menschen als größtem Zerstörer, aber auch Retter müssten unter dem Motto »undoing the Anthropocene« Gegennarrative entgegengestellt werden (Barca 2020: 18–58). Schon aus der Geologie kommt die Kritik, dass die Menschheit der Industriegesellschaften sich selbst als Verursacher einer geologischen Epoche bestimmt, obwohl die Dauerhaftigkeit der menschlichen Einflüsse auf die Erde keineswegs gesichert ist. Mit der Auffassung von Anthropozän als (geologischem) »Zeitalter des Menschen« besteht zunächst die Gefahr menschlicher Selbstüberschätzung. Es könnte in einer aufsteigenden Reihe nach dem »Zeitalter der Fische«, dem »Zeitalter der Reptilien« und dem der Säuger gesehen werden, was der in der Biologie überholten Sicht der »Großen Kette des Lebens« entspräche (Gilbert, in Haraway et al. 2016: 540, vgl. Goulds Kritik 1990). Das Argument für eine eigene Epoche ist an geologischen Messwerten orientiert und starrt dabei besonders auf die genannten »stunning figures«, aus den Naturwissenschaften, wie die eindrucksvollen »Hockeyschlägerkurven«. Aus dieser Perspektive gesehen überschätzt die Anthropozänthese durch eine auf Menschen und Kulturen und gegenwärtige Verhältnisse fokussierte Wahrnehmung die Bedeutung des Menschen. Vom Umfang her gesehen, also räumlich und geosystemisch, sind die tatsächlichen Effekte des Menschen deutlich geringer als in solch anthropozentrischer Sicht. Wir greifen schließlich kaum tief in die Lithosphäre ein.

Kritisiert wird, dass der Mensch jetzt als Titan oder Prometheus oder einer Welt erscheine, die vom *Homo Faber* selbst geschaffen, kontrollierbar (*mastery*) und auch selbst verantwortet sei. Das Vorbild ist Goethe, der von der »menschgemachten Erde« spricht, von welcher der Mensch sagen könne, sie sei »meine Erde« (Werber 2014: 243). Aus der Sicht der Kritiker bilden etwa solche Historiker ein Beispiel, die sagen, dass die Umwelten auf unserem Planeten inzwischen so stark anthropogen geformt seien, dass der Mensch mit anderen Gattungen und Arten nicht mehr verglichen werden könne. Kritiker halten das für Speziesismus bzw. Exzeptionalismus (Uhrqvist & Lövbrand 2014, Mathews 2020: 69). Prototypisch für diese Sicht seien die Konferenzberichte aus den Erdsystemwissenschaften der frühen 2000er-Jahre. Dort erscheint die Menschheit als ein (sic!) Subsystem des Erdsystems, als eine verallgemeinerte Naturkraft des globalen Wandels. Grafisch schlug sich das im Bretherton-Diagramm nieder (NASA 1988: 29–30, Pálsson 2020: 55), das ich in Kap. 7.6 bespreche. Die übertriebene Sicht menschlicher Besonderheit tritt auch als dystopisches Narrativ auf, wenn der Mensch in einer Opferrolle gesehen wird, weshalb Kersten zu einer »De-eskalierung« aufruft, um statt der beklagenswerten Spezies Mensch wieder Positives in der menschlichen Komplexität sehen zu können (Kersten 2013: 51).

Eine andere Kritik bemängelt, Anthropozän als Idee betone normativ eine Aneignung der Natur durch den Menschen statt dessen Einbindung in eine umfassende Lebenswelt. Der Ansatz fördere den Machbarkeits-Wahn (*human mastery*, Bubandt, in Haraway et al. 2016: 545, Mathews 2020). Wenn die Menschheit als Ursache globalen Wandels gesehen werde, so werde der Mensch und die vom Menschen gemachte Wissenschaft jetzt auch als Heilung gesehen. Statt einer Humanisierung forciere dieser Ansatz Hominisierung. Der Ansatz sei in modernistischem Denken gefangen, was sich in technizistischen und perfektionistischen Lösungsvorschlägen zeige.

Kritiker verbuchen vor allem Ideen des Geoengineerung und des »guten Anthropozän« als Teil einer arroganten Haltung des *technological fix*, als Vision einer euphorisierten Gestaltungsmacht. Die selbst ernannten »earth-masters« sähen eine naturverträgliche Zivilisation, die aber faktisch so technoid sei wie politisch unrealistisch (Launder & Thompson 2010, Brand 2010, Hamilton 2013, Wiertz 2015b, Meinske 2021, Dickel 2021, Neckel 2021: 161). Diese Kritik neigt aber dazu, zu übersehen, dass technologische Antworten auf das Anthropozän mitnichten nur aus kapitalistischen bzw. industriefreundlichen Kreisen kommen, sondern oft auch aus der Zivilgesellschaft (Beispiele in Thomas et al. 2020: 181–186; zu frühen Beispielen ab 1945 Jansen 2013: 207ff.). Außerdem sehen nicht alle Befürworter technischer Antworten diese als »Lösung« (*fix*), die es erlaubten, ansonsten mit *business-as-usual* weiterzumachen.

In Zusammenhang damit wird auch und gerade von Ethnologen kritisiert, dass Natur im dominanten Anthropozänverständnis begrifflich als externalisierbar verstanden würde (Moore 2019). Natur würde so als für technologische Interventionen zugänglich gedacht und damit zugänglich *gemacht*. Stattdessen, so wird auch argumentiert, sollte die Natur als »unergründlich« gesehen werden (Bauer & Bhan 2018: 6). Eine solche Konzeption von Natur macht selbstverständlich jede Zusammenarbeit mit Naturwissenschaftlern nicht gerade leicht, worauf ich in Kap. 5.5 anhand einer Kritik am Konzept des *patchy anthropocene* genauer eingehe. In eine ähnliche Kerbe schlägt Haraway, wenn sie sagt, dass das Konzept der Ökosystemdienstleistungen darin ähnelt, dass ein nutzenorientiertes Modell die Erde wie ein *Accounting-System* präsentiere, ein Werkzeug zur Kapitalisierung des Planeten. Das gehe mit einer distanzierten und globalistischen Sicht auf die Erde einher, und darin zeige sich auch die implizite geopolitische Situierung des Konzepts in der Ära nach dem Kalten Krieg und nach dem Raumfahrthype (Haraway, in Haraway et al. 2016: 538). Haraway sagt allerdings nicht, auf welche der oben vorgestellten Vorstellung der Ökosystemdienstleistungen sie abhebt: Geht es um Dienstleistungen für Ökosysteme oder nur für Menschen?

Mancher Kritiker diagnostiziert das *vermeintlich* wertneutrale, rein deskriptive, Konzept demzufolge als Ausdruck dieses spezifischen Zivilisationsmodells, nämlich einer »Machbarkeitsideologie«, die letztlich im Post- oder Transhumanismus gipfelt (Loh 2018). Ein ethnologisch analysiertes Beispiel für die hier kritisierte allzu politiknahe Verwendung des Begriffs Anthropozän bieten Formen der Politik, die Chloe Ahmann anhand der Debatten um Müllentsorgung, Gasemission und Energiewirtschaft in Baltimore, USA, als »konditionale Politik« (*subjunctive politics*) charakterisiert hat. Typisch für solche anthropozän gerahmten Politiken sei es, dass von Bedingungen geprägte Sprachregister benutzt würden, die ein zunächst breites Feld potenzieller Zukunftsentwicklungen auf wenige Alternativen reduzieren, die »machbar« erscheinen (*actionable*, Ahmann 2019: 11).

Der Gegenentwurf ist eine »neue Humanökologie«, deren Aufgabe es nach dem Theologen Jürgen Manemann, der vor allem die innerdeutsche Debatte behandelt, wäre, Gesellschaften grundlegend zu erneuern und auf kreative Strukturen hinzuarbeiten, um Grundfähigkeiten zu entwickeln, die es erlauben, trotz aller Katastrophen ein humanes Leben zu führen (Manemann 2014). Kritiker monieren, dass der Mensch bei »Anthropozänikern« als Titan, Prometheus und »Weltenbauer« erscheint. Die Vorstellung des Menschen bzw. der Menscheit als quasi globalem Subjekt laufe Gefahr, rein nutzenorientiert zu denken, und bestimmte politische Folgerungen quasi automatisch nach sich zu ziehen. Statt einer angesichts der Klimakatastrophe geforderten Hominisierung der Welt müsse es um eine tiefgreifende Humanisierung des Menschen gehen. Sie müsse Räume für andere und anderes schaffen, weil die Überbetonung der menschlichen Handlungsmacht sonst leicht in einer enthumanisierten Welt münde (Manemann 2014: 15–35, 99–107).

Mit dem Größenwahn, so eine weitergehende Kritik, erweise sich anthropozänes Denken als anthropozentrisch bzw. allgemeiner speziesistisch (Malm & Hornborg 2014, Todd 2015, LeCain 2017: 311–328, Hornborg 2017a, Bauer & Ellis 2018). Andere Kritikerinnen monieren, der Mensch erscheine als einziger Agent, wobei etwa die Rolle etwa von Bäumen bei der Kohlenstofffixierung und damit deren Wirkung auf den Glashauseffekt übersehen würden (Demos 2017, Bauer & Bhan 2018: Kap. 2). Die Problematik des Anthropozänkonzeptes besteht laut Haraway darin, dass das Anthropozän eine menschfokussierte Konstruktion (»a species act«) darstellt, dieses Konzept aber einen Zustand der Welt charakterisiert, dessen Besonderheit gerade in der systemischen Verquickung menschlicher mit nicht menschlichen Entitäten besteht: »It is not just a human species act« (Haraway, in Haraway et al. 2016: 539, ähnlich Manemann 2014).

Aus geologischer Sicht wird der Mensch jedoch eher reduziert, er wird ja »nur« zu einem unter anderen Geofaktoren. Werber meint, diese »Depotenzierung« des Menschen zu einem Akteur in einem Netz von Akteuren sei der Anthropozän-Rhetorik nicht immer anzusehen. Dort erscheine der Mensch nach den drei narzistischen Kränkungen, durch Kopernikus, Darwin und Freud, jetzt wieder obenauf, eben als Weltenbauer, der *man-made world* (Werber 2014: 243, Bajohr 2019: 66). Das gilt für manche Vertreter (z. B. Lewis & Maslin 2015 und Ellis 2020). So befürwortet Ellis explizit eine Umkehrung der Kränkungen und sieht das Anthropozän als eine »zweite Kopernikanische Revolution«, die den Menschen erneut ins Zentrum rücke, wie Schellnhuber schon bzgl. des Klimawandels feststellte (Schellnhuber 1999).

Einem übertriebenen »Exeptionalismus«, der Menschen als alleinige Akteure, die das Anthropozän erzeugen, sieht, ist also entgegenzuhalten, dass ein Großteil der anthropozänen Effekte tatsächlich auf das Zusammenwirken einer Vielfalt von Dingen, Organismen und dem Menschen als einem dieser Organismen zurückgeht. Bauer & Bhan illustrieren das am Beispiel des materiell erzeugten anthropogenen Klimawandels (»materilizing climate change«) und sprechen deshalb von »... *sociomaterial histories,* which are conjoined products of actors that fall on both sides of the human-nonhuman-divide« (Bauer & Bhan 2018: 5. Herv. i. O.).

Technizistische und makrosystemische Problemrahmung

Dementsprechend werden auch methodische Ansätze vor allem der Geo-systemwissenschaften (*Earth System Science*) und der *Global Change*-Forschung kritisiert. Neben den oben genannten monokausalen Argumentationsformen und der Fixierung auf Zahlen, Kurven und Extrema wird vor allem an den Erdwissenschaften moniert, immer nur das »große Bild« zeichnen zu wollen, das Starren auf »the big picture«. Dies zeigt sich in den verwendeten Bildern, in Maßstäben, in den Formen von Surveys, in Zertifizierungsformen und in empirischen Rahmungen. Gerade wenn daran global orientierte politische Projekte angeknüpft werden, so werden nur die leicht zu quantitativ Variablen benutzt, statt der qualitativeren sozialen oder kulturellen Variablen. Moore benennt die leitende Rahmung als eine Form von »Socioecologics«, nämlich Mensch-Umwelt-Nicht-Mensch-Beziehungen, die als gekoppelte Systeme in Erklärungen der Erdsystemdynamik und in Ansätzen der Ressourcenplanung zusammengebracht werden (Moore 2015a: 38).

Moore argumentiert, dass diese Sozioökologien jeweils besonderer Formen der Begründung in einem »ökobiopolitischen Milieu« konstruieren, welche Disziplinen zusammenbringen, aber auch auseinanderdividieren könne. Als Beispiele solcher wirksamer Problemrahmungen, die auch »anthropozänen Märkten«, etwa dem Handel mit Luxuslobstern, zuarbeiten, nennt sie zwei systemisch orientierte Ansätze, Hollings Theorie der komplexen Anpassung (*complex adaptive systems theory*, Holling 1973) und die *socioecological systems theory*, z. B. bei Fikret Berkes und Carl Folke. Moore geht allerdings nicht auf die himmelweiten Unterschiede zwischen beiden Ansätzen ein, etwa, dass Holling einen makrosystemischen Resilienzansatz verfolgt, Berkes dagegen einen auf lokales Erfahrungswissen bauenden Konservierungsansatz (Holling 2010, Berkes 2003, Berkes & Folke 2003).

Entsprechend der harschen Kritik am Technologiefokus fällt auch die Kritik an derzeit tonangebenden Vorstellungen zu Biopolitik und Biomacht aus. Sie gelten als Anthropozentrismen, nämlich als Herrschaftsanthropozentrik bzw. »biozentrische Metaphysik« (Rabinow 2008, Rabinow et al. 2008, Povinelli 2014, 2016). Einem solchen »sovereign anthropocentrism« wäre nach Moore mit einem Konzept der *Ecobiopolitics* beizukommen, wie es in der Medizinethnologie verwendet wird.

Ein solcher Ansatz widmet sich Techniken der Wissensproduktion für Optimierungen von menschlichen und Umweltprozessen. Bezogen auf das Anthropozän könnten etwa die Idee des »bewohnbaren Raums« (*habitable space*) auf verschiedenen Maßstabsebenen analysiert werden (Messeri 2016, Moore 2015a: 37, 2019: 136–142, Chakrabarty 2020b). Das könnte von Amelia Moores Region der Bahamas als »reicher Quelle der Forschung« bis hin zu grundlegenden erdsystemwissenschaftlichen Betrachtungen reichen, z. B. über die Rahmenbedingungen menschlich bewohnbarer und nicht habitabler Räume auf anderen Planeten (»Exo-Earth systen science«, Lenton 2016: 139).

Ich stimme diesen Kritiken nur eingeschränkt zu, denn Neben- und Spätfolgen und spontaner Emergenz von Wandel an Kipppunkten (*tipping points*, Barnosky et al. 2012, Lenton et al. 2019) werden nicht nur bezüglich der ungewollten Effekte menschlichen Handelns in der Vergangenheit, sondern auch für heute als Gegenmaßnahme erwogenes menschliches Eingreifen sehr kontrovers diskutiert. Beim Lesen von Beiträgen z.B. von »Anthropozänikern«, prominent Reinhold Leinfelder, findet sich die von Kritikern, wie dem Theologen Jürgen Manemann, unterstellte Haltung der Machbarkeitsideologie nicht (so auch Paál 2016: 4). Gegen Werbers Kritik an der Überhöhung des Menschen als »Macher« muss festgestellt werden, dass eine solche Haltung nicht die Mehrheit der naturwissenschaftlichen Stimmen in der Debatte wiedergibt. Auch Reinhold Leinfelder, dessen »Unswelt« diese Position für Werber auch zeigt, betont ja gerade, dass der Mensch fundamentale Änderungen bewirkt, diese aber vor allem *nicht intendiert* sind. Der Psychologe und Chemieingenieur David Kidner argumentiert, das menschliche Umweltverhalten pauschal als anthropozentrisch einzuordnen verkenne die nicht intendierten Wirkungen des Industriesystems. Statt Anthropozentrismus gelte es, den »Industrocentrism« zu bekämpfen (Kidner 2014: 477). In dieser Linie kann man auch sagen, dass der Begriff Anthropozän eben auch eine produktive Distanz zum Begriff »Mensch« eröffnet: Der Mensch im reduzierten Sinne der Aufklärung, als Mensch, der die Natur modernistisch »erobert«, industrialisiert und staatlich organisiert überprägt hat und so ungewollt das Desaster der gegenwärtigen Weltdynamik bewirkt hat (Tsing, in Haraway et al. 2016: 541).

Machbarkeitsideologie und makrosystemische Problemrahmung sind von Ethnologen und anderen Sozialwissenschaftlern schon lange vor der Diskussion des Anthropozäns kritisiert worden. Dies gilt vor allem für die Entwicklungspolitik und insbesondere Entwicklungsprojekte. Klassisch ist die Untersuchung des systematischen Scheiterns groß angelegter Entwicklungsprojekte durch den historisch interessierten Politikwissenschaftler und Ethnologen James Scott (Scott 1998). Das Scheitern etwa von staatlich konzipierten Dammbauprojekten beruht typischerweise auf einem Denken in Blaupausen und in großen Skalen. Die Annahme ist, es gebe allgemeine Lösungen, die unabhängig von lokalen Umständen verwirklicht werden könnten und in der Annahme, dass große Projekte große positive Effekte hätten. Das Problem entsteht durch eine mangelnde Passung von Projekten, die auf der Makroebene gedacht werden (»seeing like a state«), mit der lokalen ökologischen wie soziokulturellen Lebenswirklichkeit (Eriksens *mismatch*, 2016: 21).

Akteursidealismus – das Beispiel des Thinktanks WBGU

Der Anthropozän-Diskurs verlässt notorisch den ursprünglichen Pfad der Bestandsaufnahme naturwissenschaftlichen Wissens. Viele Sozialwissenschaftlerinnen argumentieren, es sei die zentrale Aufgabe der Sozialwissenschaften, ebendieses Narrativ zu dekonstruieren und zu verunsichern (»to unsettle«). Insbesondere aus der Sicht interpretativ vorgehender kritischer Ansätze gehe es darum, vor allem die Annahmen hinter dem Narrativ zu problematisieren und das Konzept dadurch für vielfältige Interpretationen zu öffnen (Lövbrand et al. 2015: 211).

Eine zentrale Kritik besagt, dass das Narrativ des Anthropozäns die Entwicklungsproblematiken unserer Welt entpolitisiere. Das Narrativ sei ein post-politisches Narrativ, nämlich eine depolitisierende Erzählung über menschliche Ressourcennutzung, planetare Grenzen, Bedrohung des Lebens und die Dringlichkeit von globalem Umweltschutz. Dies betrifft nicht nur die öffentliche Debatte, sondern gerade auch die Wissenschaften selbst. Die »Vernaturwissenschaftlichung« bringt es mit sich, die geschichtlich gewordenen und gesellschaftliche besonderen Voraussetzungen des eigenen Wissens zu vergessen, was Bourdieu in Bezug auf Akademiker allgemein als »scholastischen Irrtum« bezeichnet und den ich als eine Form von

Nostrozentrismus sehe, der unbewussten Universalisierung der eigenen Weltsicht.

Ein »normativer overstretch« (Neckel 2020: 190) in der Forschung zum Anthropozän ist als solcher eine soziale Tatsache, die soziologisch zu analysieren ist. Gerade die normative Ausrichtung bleibt in Forschungen zum Anthropozän oft implizit, was sich vor allem in der Klimaforschung zeigt. Aus soziologischer Sicht werden hier Biotope und Soziotope umstandslos in eins gesetzt. Es herrscht die Vorstellung, »... politische Systeme könnten analog zum Erdsystem prozessieren und kollektiv bindende Entscheidungen im Rahmen einer Erdsystemanalyse treffen« (Neckel 2020: 162). Kersten (2014) und Bruns (2019) verdeutlichen das am Projekt »Gesellschaftsvertrag für eine große Transformation« des WBGU.

Das Expertengremium postuliert einen aktuell vor uns liegenden tiefgehenden, aber unumgänglichen, Übergang von Wirtschaft und Gesellschaft als »Große Transformation«. Auf der Diagnose der grundlegenden Mängel des kohlenstoffbasierten Wirtschaftsmodells und der schon ablaufenden Veränderungen wird ein neuer »Gesellschaftsvertrag für eine »Große Transformation« eingefordert. Es bedürfe quasi eines modernen Leviathan, eines neuen *Contrat Social*, diesmal aber als weltweite Übereinkunft, Entwicklungsalternativen für »ein gutes Leben in den Grenzen des natürlichen Umweltraumes« anzugehen (WBGU 2011a, 2011b: 1–2, 5, 27, Biermann et al. 2012, Galaz 2014, Pattberg & Zelli 2016, Nicholson & Jinnah 2016, Schneidewind 2019, Hickman et al. 2019, Pattberg & Davis-Venn 2020).

In einem Jahr verbrennt die Welt so viel Öl, wie in 450.000 Jahren aus Algen und Plankton entstanden sind (Steininger & Klose 2020). In der Diagnose der Weltprobleme seitens des WBGU werden grundsätzlich der »fossilnukleare Metabolismus« der Industriegesellschaft und spezifisch die Defizite der Umsetzung von Maßnahmen der globalen Umweltpolitik herausgestellt und argumentiert, diese Probleme könnten durch mehr Wissen, genauere Daten und technologische Innovationen zum Erdsystem behoben werden. Der WBGU erachtet es für dringend notwendig, tief in die Organisation menschlichen Zusammenlebens einzugreifen. In der Eingriffstiefe sei diese notwendige Transformation den beiden fundamentalen weltgeschichtlichen Umbrüchen, der neolithischen Revolution und der industriellen Revolution bzw. der *Great Transformation* Polanyis vergleichbar. Konkret wird das optimale »Navigieren« innerhalb planetarer Leitplanken und die Rolle von Politik und Governance diskutiert. Grundlegend sind aber handlungsleitende Ziele, vor allem die globalen Nachhaltigkeitsziele (*Sustainable Development Goals, SDG*). Die Kritik daran sagt:

> »Angesichts einer solchen diagnostischen Rahmung, die eine tiefe Beschäftigung mit sozial- und politikwissenschaftlichen Erkenntnissen – die unter anderem auf die Ursachen der multiplen Krisen verweisen – vermissen lassen, ist noch ein Weg zu gehen, bis das Anthropozän als neue Denkfigur auch die epistemologische Basis der Erdsystemwissenschaften erreicht und transformiert« (Bruns 2019: 58).

In politikorientierten Projekten und Programmatiken wird die menschliche Verantwortung für Effekte des Anthropozäns betont. Hier verbindet sich die Machbarkeitsidee zuweilen mit einem Akteursidealismus und der Einheitsvorstellung der Menschheit. In den Gutachten des WBGU wird immer wieder die Figur des *anthropos*, des universalen Menschen auf den Plan gerufen. Politisch erscheint der Mensch dort nicht nur als Weltbürger, sondern die Menschheit betritt als politischer Akteur die Bühne, als »Weltbürgerschaft« (WBGU 2011: 8 ff.). Anders als in Positionen des klassischen Kosmopolitismus (vgl. Kap. 7), soll sie jetzt nach einem Vertragsmodell als Kollektiv Verantwortung für planetarische Risiken übernehmen, um z. B. den Klimawandel zu bewältigen (kritisch dazu Kersten 2014: 381 ff.).

Diese Idee eines globalen politischen Subjekts aber ist Wunschdenken. Die Weltgesellschaft ist keine Einheit, sondern trotz ökonomischer Globalisierung tiefgreifend wirtschaftlich ungleich, religiös gespalten und vor allem politisch fragmentiert. Aus den Befunden einer weltweiten anthropozänen Bedrohung kann nicht umstandslos auf die Herausbildung eines globalen Akteurs geschlossen werden. Die Soziologie weiß, dass sich kollektive Akteure nicht einfach als Funktion ihrer Notwendigkeit herausbilden. Die Idee einer handlungsfähigen Weltbürgerschaft, die den Planeten quasi im Auftrag der Menschheit verwaltet bzw. steuert, ist ein weltferner Akteursidealismus (Neckel 2020: 159–160).

Angesichts der Realitäten der EU oder anderer Regionalorganisationen wie der ASEAN oder den Umsetzungsproblemen der Menschenrechte wird klar, dass hier Wunschvorstellungen normativ überdehnt werden. Ein Beispiel ist das Scheitern des Web 2.0 als weltumspannender Netzkultur, von der man sich eine Herausbildung universal geteilter Werte versprach, das faktisch zu einem Kampfplatz der Gegensätze geworden ist (Kersten 2014: 388). Kritiker betonen, dass weltbürgerliche Ideen unrealistische sind und sie von den Sozial- und Humanwissenschaften als idealistische Fiktion längst verabschiedet wurden (Bajohr 2019, Bänzinger 2019, vgl. Bendell & Read 2021).

In policyorientierter Umweltforschung ist die Überzeugung verbreitet, von erdwissenschaftlichen Befunden auf die richtige Politik schließen zu können. Einen derartigen naturalistischen Fehlschluss kann man an der Argumentation des WBGU für die Notwendigkeit einer »globalen Transformation« kritisieren. Im Gutachten von 2011 (WBGU 2011, vgl. WBGU 2021) etwa wird unter dem Ziel einer gemeinsamen Entwicklung von Atmosphäre und Anthroposhäre eine Abstimmung des jeweiligen Weltsozialprodukts an die globale Durchschnittstemperatur gefordert. Dies ist zum einen in der Sache nicht realisierbar, da es in aggregierten Werten der Welthandelsorganisation der Vereinten Nationen (UNCTAD) besteht. Damit ist das Weltsozialprodukt für keine Instanz auf dieser Welt für eine Steuerung verfügbar (Neckel 2020: 159). Viel grundlegender ist aber das Problem, dass hier unter Verweis auf das Anthropozän für politische Forderungen eine naturwissenschaftliche Kategorie umstandslos in den Bereich des Gesellschaftlichen übertragen wird (Kersten 2014: 384–386). Hierzu könnte man auch anmerken, dass die Protagonisten der »großen Beschleunigung« die politische Brisanz des Anthropozäns ans Licht gebracht haben, wenn auch in eine nicht gewollte Richtung. Während die Vertreter auf die Dringlichkeit politischen Handelns verweisen wollen, lassen die aktuellen Grafiken den Schluss zu, dass die Bemühungen der ausdrücklichen Umwelt- und Nachhaltigkeitspolitik seit den 1970er-Jahren an der Beschleunigung »keinen Deut ändern konnten«. Christoph Görg bezeichnet dieses Unvermögen der Institutionen als das eigentliche Skandalon des Begriffs Anthropozän (Görg 2016: 10, 11).

Entpolitisierung und neue Geomacht

Eine Entpolitisierung der Debatten über weltweite Probleme kritisieren Kersten (2014) und Bruns am Konzept der planetaren Grenzen (*planetary boundaries*; Rockström et al. 2009, Steffen et al. 2015), und an der politischen Umsetzung in der Arbeit des WBGU. Bruns stellt fest, dass in der Argumentation des WBGU die vermeintliche Singularität des Globalen quasi zwangsläufig die Forderung nach einer »großen Transformation« nach sich ziehe (Bruns 2019: 58). Ein Beispiel für das Denken dahinter ist die Idee einer menschlichen Verantwortung für die Natur, eine daraus abgeleitete politische Steuerungs-Orientierung (*earth* stewardship, Steffen et al. 2011, Ogden et al. 2013, Collard et al. 2015, Folke et al. 2021, Keys et al. 2023). Kritikern erscheinen die Erdwissenschaftler hier selbst quasi als die guten »wissenschaftlichen Schäfer«, die sich in Fortsetzung früherer Umweltpolitik jetzt (vermeintlich) rührend um den Planeten kümmern. Tatsächlich handle es sich um eine Form von »Geomacht« (Bonneuil 2015: 23, Bonneuil & Fressoz 2016, Sprenger 2019).

Hier ist besonders die Rede vom »guten Anthropozän« (*good anthropocene*) in die Kritik geraten, eine optimistische Richtung, die positive Lösungen für eine naturverträgliche Zivilisation sucht und dafür oft technische Maßnahmen ins Auge fasst, prototypisch eine bewusste Beeinflussung der Atmosphäre. Kritik gibt es vor allem daran, dass ihre Vertreter meinen, alles lösen zu können (»solutionist science«; Asayama et al. 2019). Kritiker, die das für Ideologie halten, wie auch Vertreter, bezeichnen diesen Ansatz als Ökomodernismus (*ecomodernism*). Kritik ruft vor allem ihr naives Vertrauen in technologische Lösungen hervor, sie würden einem sog. *techno-fix* huldigen (Wilson 2016: 85, Sklair 2019). Haraway und Tsing halten solche Haltungen für den Ausfluss verengten westlichen Denkens und schlugen deshalb den Begriff »Euclidocene« vor, um diese Hybris herauszustellen (Tsing, in Haraway et al. 2016: 546). Eine tiefgehendere Kritik besagt, dass Vertreter des guten Anthropozäns weiterhin in menschlichen und technologischen Systemen denken, wohingegen man sich klarmachen müsse, dass Natur jetzt in einem faktisch sozio-ökologischen System aktiv ist (Dryzek & Pickering 2019: 10, ähnlich Fischer-Kowalski & Haberl 2017, Haberl 2019). Entgegen mancher Kritiken ist festzuhalten, dass Vertreter des »guten Anthropozäns« mitnichten nur im politisch konservativen Spektrum zu finden sind (Meyer 2016, vgl. Beiträge in Mitscherlich-Schönherr et al. 2024). Im Zentrum der vielfach kritisierten menschlichen Hybris steht eine unreflektierte und unendliche Zuversicht in technische Lösungen auch für globale Umweltprobleme. Untermauert werde dies von einer quasi-religiösen Überhöhung von Wissenschaft, welche die Aufklärung zum Mythos werden lasse (Fladvad 2021: 144, 159). Die Kritik an menschlicher Selbstüberschätzung und dem Primat der Technik kommt auch von Tiefenökologen, deren Ansichten in den meisten Publikationen zum Anthropozän kaum in Erscheinung treten. Tiefenökologie (*deep ecology*) ist eine normative, politische Philosophie, die für Natur *und* Mensch das Beste will und ein vollumfängliches globales Ökosystem anstrebt, in das sich der Mensch einfügt. Vorbedingung für eine Bearbeitung der globalen Umweltkrisen seien fundamentale Änderungen der Beziehung zwischen Mensch und Natur, wie sie etwa eine im Körper verankerte ökologische Philosophie postuliert (Abram 2015, Naess 2013, 2016). Auf der Ebene konkreter Maßnahmen denken Tiefenökologen über systematische Wiederverwilderung nach. Tiefenökologen misfällt an der Idee des Anthropozäns, dass die These oft mit der Behauptung verbunden wird, es gebe die Erde als eigenständige Wesen ohne deren Veränderung durch den Menschen nicht mehr (Rothenberg 2018). Dieser Annahme hafte eine menschliche Hybris an, die Vorstellung menschlicher Übermacht. Die Tiefenökologie hingegen geht davon aus, dass die Natur menschengemachte Schäden trotz der gegenwärtigen Aussterbewelle überdauern wird, weil sich das Leben auf der Erde über Jahrmillionen wieder erholen wird, wie bei den früheren Artensterben. Aus der Evolutionsökologie wäre dem entgegenzuhalten, dass solche Erholungen in der Erdgeschichte jeweils viele Millionen Jahre gedauert haben.

Die Ursache des entpolitisierenden Charakters des dominanten Narrativs wird seitens vieler Kritiker im Szientismus gesehen, dahingehend, dass das Anthropozän dominant mit naturwissenschaftlichen Begriffen beschrieben wird. Dementsprechend sei die Idee nicht nur ein machtvolles Überzeugungsnarrativ, sondern ein »persuasive *science* narrative of escalating human-induced environmental change« (Lövbrand et al. 2015: 212, eigene Hervorheb.). Vor allem Geografen und Ökologen haben argumentiert, dass sich die naturwissenschaftliche Engführung darin zeige, dass globaler Wandel in der *Global Change*-Forschung und von Vertretern der Anthropozänidee primär als Umweltwandel beschrieben wird statt als sozialer Wandel und so etwa Finanzstöme als Treiber des Anthropozäns außen vor blieben (Swyngedouw 2007, Castree 2014c, 2015). Eine Ausfolgerung dessen sei, dass das Anthropozän selbst nicht als soziale und kulturelle Konstruktion gesehen werde und deshalb die verschiedenen möglichen Antworten darauf ausgeblendet würden.

Die dominanten Konzepte der Erdwissenschaften, genauer des politisch wirksamen Ausschnitts dieser Ideen, werden besonders klar, wenn man sie als quasi fremde Denkwelt erlebt (Horn, pers. Mitt.). Ich selbst erlebe das immer wieder, wenn ich mit Naturwissenschaftlern zusammenarbeite (Antweiler et al. 2020): Auch selbst bin ich mir gelegentlich fremd, da ich Ethnologe bin, aber Geologie studiert habe und mich zudem auch mit Evolutionsbiologie befasse. Werner Krauß als ökologisch aktiver Ethnologe bringt das aufgrund seines Erlebnisses einer Art Kulturschocks beim Austausch mit Erdsystemwissenschaftlern schön auf den Punkt:

> »The world of so-called earth system sciences is one of symbolic power and a more-or-less open political agenda, the world is at risk, the science is settled, and it is time for political action – this is the message in a nutshell. It is a message that is accepted uniformly« (Krauß 2015a: 69).

Aus kulturwissenschaftlicher Sicht ist es auch historisch eine bestimmte soziale Situation, die etwa zwischen den Jahren 2000 und 2010 dazu geführt hat, dass die kumulierten Umwelteffekte menschlichen Handelns als »Problem« wahrgenommen und eine Problemrahmung als weltweite Krise aufkam. Dies geschah insbesondere auf Konferenzen zu globalem Wandel im Kontext der entstehenden Erdsystemwissenschaften (Uhrquist & Lövbrand 2014). Wie Vertreter der *Science and technology Studies* (STS) herausgearbeitet haben, hat die spezifische naturwissenschaftlich dominierte Problemrahmung nicht nur Folgen für die Themensetzung der weiteren Diskussion. Aus der Perspektive der Koproduktion von Wissen hat sie auch konkret materielle Folgen durch dadurch motivierte Umweltgovernance (*knowledge coproduction*). Man könnte kurz sagen: Der Status des Wissens prägt Staaten des Wissens.

Diese Kritik an der technologischen Ausrichtung von Naturwissenschaftlern schießt aber über das Ziel hinaus. Ein ernsthaftes Erwägen von Möglichkeiten des Geoengineerings, also etwa Maßnahmen künstlicher Beeinflussung der Atmosphäre (*climate engineering*) muss keineswegs mit einer Haltung einhergegen, Klimaschutz sei angesichts unaufhaltsamer Erwärmung nicht (mehr) notwendig. Paul Crutzen hatte 2006 in *Climate Change* angesichts der arg erfolglosen Klimapolitik zum ersten Mal explizit erwogen, ob man Sulfatpartikel in die Stratosphäre einbringen könnte, um die Sonnenstrahlung durch Erhöhung der Rückstrahlung (Albedo) zu mindern.

Was von Kritikern des »technokratischen Anthropozäns« oft übersehen wird (etwa von Mathews 2020: 70), ist die Tatsache, dass Crutzen das aber nur als letzte Notlösung ansah, *falls* wir den Klimawandel durch Konsumveränderungen nicht in den Griff bekommen (Crutzen 2006: 217).

Kritiker betonen allerdings, dass Crutzen schon im Aufsatz von 2002, wo er vom Management der Erde« spricht, vor allem aber mit seinem Aufsatz von 2006, vorsätzlich ein Tabu brach und aufgrund seiner Autorität zum Trailblazer nicht nur von Forschungen, sondern auch Versuchen des Klimaengineerings wurde (Jansen 2023: 157f.). Andererseits hielten diese Überlegungen Crutzen nicht davon ab, sich bis zu seinem Tod 2021 für politische Maßnahmen zur Verringerung der Treibhausgase einzusetzen: »Die Sorge um die Erdatmosphäre zieht sich ebenso durch Crutzens Leben wie der Einsatz für den Umweltschutz« (Schmitt 2021: 32).

Das Vertrackte an der Entpolitisierung ist demnach die Tatsache, dass Anthropozäniker oft Gegenmaßnahmen vorschlagen, die aufgrund der Dringlichkeit schnell zu realisieren sind, dabei aber vergessen, dass es dazu einer politischen Entscheidung bedarf. Die Feststellung einer globalen »Krise« kann ja nie nur auf Fakten, Befunden und Diagnosen bauen. Jede Therapie, um in der medizinischen Metaphorik zu bleiben, die häufig im Anthropozändiskurs bemüht wird, bedarf einer Diagnose und zusätzlich einer Setzung von Werten, nämlich was als krank vermieden werden soll und was als gesund gilt und damit anzustreben ist. Insofern können die notorisch apokalyptischen Darstellungen zum Anthropozän allzuleicht zu einer Logik der Sachzwänge führen. Entsprechend wäre eine Position der kritischen Sozialwissenschaft, gerade nicht mit schnellen Lösungen aufzuwarten:

> »We contend that critical social engagement with the Anthropocene does
> not promise any immediate solutions to contemporary environmental chal-

lenges. The research agenda advanced in this paper is more likely to unsettle the Anthropocene and to pave the way for competing understandings of the entangled relations between natural and social worlds« (Lövbrand et al. 2015: 212).

Demgegenüber kann natürlich eingewendet werden, dass eine solche Haltung selbst unpolitisch ist, weil sie im Elfenbeinturm bleibt. Eine zu starke Orientierung an Lösungen, etwa im WBGU, kann zum Problem werden, aber diese Gefahr einer an Sachzwängen geleiteten Lösungsorientierung ist m. E. ein allgemeines Problem, dass durch die enorme Wucht der Problematik des Anthropozäns nur verstärkt wird. Dieser Gefahr unterliegen mitnichten nur Propagierer der Anthropozän-Idee, sondern ebenso etwa Naturschutzprojekte (Krauß 2015a: 65) oder Initiativen, die sich der NachhaltigkeitNachhaltigkeit, der Zukunft des Planeten, der »einen Erde« bzw. der »Rettung der Erde« verschrieben haben, beispielsweise *Greenpeace* oder *Future Earth* (Future Earth 2013, kritisch dazu Jansen 2023). All das ist aber kein Einwand gegen das Konzept selbst. Das Anthropozän als Konzept ist nicht per se technizistisch oder blind für Gerechtigkeitsfragen, denn die Dringlichkeit bringt diese Fragen ja gerade zum Vorschein, wie spätestens der Hurrikan »Catrina« zeigte (Dryzek & Pickering 2019: 58–81).

4.6 Bourgeoiser Universalismus – Pauschalisierung der Verantwortung

An vielen qualitativ neuen Umweltdynamiken sind nicht alle denkbaren menschlichen und auch nicht alle nicht menschlichen Akteure beteiligt. Hier müssen verschiedene Wirkungen und außerdem verschiedene zeitliche und räumliche Ebenen unterschieden werden. Viele Kritiker wenden ein, dass die Vertreter der Anthropozänidee mit der Rede vom »Menschen« als geologischem Faktor alle Menschen des Planeten über einen Kamm scheren. Wenn die Menschheit als ein geologischer Faktor gesehen wird, werden soziale Vielfalt und kulturelle Differenzen in einer Art »post-sozialen Ontologie« auf eine monolithische Menschheit heruntergekürzt und als quasi naturwüchsig (Lövbrand et al. 2015: 213, Mann & Wainwright 2018:

x). Die anthropozentrisch gefärbte Idee des Anthropozäns, so diese Kritik, überbetone manche Akteure und blende andere gleichzeitig aus.

> »Als ein einheitlicher und unterschiedsloser planetarischer Prozess lässt sich das Anthropozän nur aus der Perspektive einer szientifischen Datenaggregation begreifen, die zwar beim Blick auf die Erde als Ganzes zu einer wissenschaftlichen Realität wird, die aber an keinem einzelnen Ort der Erde als solche zutrifft und auch nicht überall nach denselben Maßnahmen verlangt« (Neckel 2020: 163).

Ausgeblendete Ungleichheiten und Konflikte

Kritiker monieren, dass der Begriff Anthropozän mit dem rhetorischen »Wir« die Verursachung und damit Verantwortung für die menschengemachten Wirkungen pauschalisiert, »… wo Schuld und Leid höchst ungleich verteilt sind« (Macfarlane 2019: 96). Zentrale Wirkfatoren, wie die Tatsache, dass durchschnittliche Amerikaner 500-mal (!) so viel Energie verbrauchen, wie Äthiopier, bleiben da außen vor. In der Kritik gilt dies in Bezug auf sozioökonomische Ungleichheit, aber auch Gender-Unterschiede (Merchant 2020a: xiii, 145–146, 2020b).

Unter dem Begriff Anthropozän, so die zentrale Aussage, werde eine Problemrahmung vorgenommen, die Ungleichheiten wegbügle. Dies ist eine besondere Seite der Entpolitisierung. Eine depolitisierte Sicht übersieht die Ungleichheiten der Ursachen wie der Folgen zwischen arm und reich, Männern und Frauen, Globalem Norden und Globalem Süden, Stadt und Land und auch innerhalb zunehmend fragmentierter Städte (Ribot 2018, Bruns 2019: 53). Bezüglich der Verursachung des Anthropozäns würde übersehen, dass die Handlungen von Menschen im Anthropozän nicht nur auf Umwegen auf die eigene Lebenswelt zurückfallen, wie Latour in seiner früheren Idee des Anthropozäns als Komposition ausführt (*loops*, Latour 2013). Nein, im Anthropozän wirken sich die Handlungen notorisch auf das Leben von Akteuren aus, die zu *anderen* Zeiten und an *anderen* Orten leben. Dies mache das Anthropozän zum Konflikt (Kersten 2014). Kurz: Die vielfachen Ursachen, die Menschen unterschiedlich in Risiken und Reproduktionskrisen stürzen, würden, wie auch in der Klimawandeldebatte, ausgeblendet.

Den tieferen Hintergrund für diese verengte Sicht sehen viele Kritiker im undifferenzierten Denken in einer Spezies-Einheit, nämlich der ganzen Menschheit (*humanity*), die als Kollektivsingular zu einem quasi-personalen Akteur gerate. Manche Kritiker sehen das Übersehen von Ungleichheit sowohl in der Ethnologie als auch in archäologischen Arbeiten, die das Wirken von ganzen Gesellschaften als undifferenziere Akteure zeichnen. Die Konsequenz aus Kritik am Speziesismus in Konzepten zum Anthropozän ist die Forderung, »den Anthropos zu fraktionieren« (Bauer & Bhan 2018: 4–5, 7, 18).

Diese Kritik betrifft nicht nur die Folgen, sondern auch für die Erklärung der Ursachen des Anthropozäns. Bauern in Indien und Marginalsiedler im städtischen Peru tragen anders zum Klimawandel bei als Bewohner von Ländern im Wohlstand (Baskin 2015). So, wie das Anthropozän faktisch nicht synchron eingetreten sei, so sei es auch ursächlich kein Produkt koordinierten Handelns der Menschheit, sondern vielmehr heterogen, nämlich der Effekt des Handelns einzelner Menschengruppen bzw. bestimmter Gesellschaftsformen in bestimmten Regionen (Bauer & Bhan 2018, Bauer & Ellis 2018: 209). Der Humanökologe Hornborg stellt heraus, dass die Menschheit selbst während der Phase der Industrialisierung als kollektive Entität nie als klarer historischer Agent wirkte (Hornborg 2017). Wie schon bei der Klimawandeldebatte würde der ungleiche Anteil an den Ursachen und entsprechend der Gerechtigkeit und der Ziele übergeneralisiert, ausgespart oder gar bewusst verschleiert (Swyngdouw 2011, Bonneuil & Fressoz 2016, Moore 2016, Le Cain 2017). Alles menschliche Handeln ist sozial eingebettet, weshalb diesem Manko der Anthropozänforschung mit einer »sozial eingebetten Anthropozänlehre« zu begegnen sei (Lövbrand et al. 2015: 214).

Hierbei spielt eine vetrackte Naturalisierung herein: die Anthropozänidee denaturalisiert den Klimawandel als menschengemacht, gleichzeitig renaturalisiert sie ihn aber als Ergebnis inhärenter menschlicher Eigenschaften, statt ihn als pure Auswirkung ökonomischer Strukturen zu sehen. Zur Erklärung des Anthropozäns, so die Kritik, reiche stattdessen ein Verständnis des Kapitalismus aus (Malm & Hornborg 2014, ähnlich Moore 2016, Swyngedouw & Ernston 2018, Ernston & Swyngedouw 2019). Ebendieser Reduzierung des Anthropozäns auf Effekte der kapitalistischen Wirtschaftsweise und seines spezifischen Naturverhältnisses ist von anderen vehement widersprochen worden, insbesondere von einigen Historikern und Geologen, Prähistorikern und allgemein von Vertretern des »frühen Antropozäns« (Chakrabarty 2017, 2018, Lewis & Maslin 2018). Darauf gehe ich in Kap. 7.1 und 7.2 genauer ein.

Insgesamt, so diese Kritik, blende die Anthropozän-Denkweise aus, dass es im Kern um politische Fragen gehe: Welches Wissen wird produziert, wessen Bedürfnisse werden marginalisiert, und wer hat den Zugang zu Entscheidungen über Gegenmaßnahmen (Bruns 2019: 54–55)? Verschärft wird diese Kritik in dem Vorwurf, Wissenschaft werde hier zum Komplizen mächtiger politischer Akteure. Ein Beispiel dafür sei der Wissenschaftliche Beirat der Bundesregierung Globale Umweltveränderungen WBGU (Altvater 2017). Manche Kritiker reihen diese Ausblendung von Unterschieden und Ungleichheiten in andere Formen der »Stillstellung« ein, wie sie schon in etlichen Beiträgen zur Globalisierung zu finden sind (»silencing«, Trouillot 1995).

Viele Kritiker lehnen insgesamt die Berufung auf die Großkategorie der Menschheit genauso wie auf die der Erde ab, weil es nicht an Wissen, sondern an politischer Einigkeit mangele. In den Argumenten werden Menschheit und Planet dann aber doch wieder als Kategorien verwendet, wie im folgenden Fazit:

> »Aus diesen multiplen Konfliktkonstellationen gibt es keinen Ausweg, der über den Pfad der einen Menschheit aus den globalen Verwerfungen hinausführen könnte. Das zu behaupten, wäre im Zeitalter des Anthropozäns pure Ideologie. Aber auch die Erde selbst bietet uns keinen Orientierungspunkt dafür, in welcher Weise weltweite sozial-ökologische Ungleichheitskonflikte möglichst gerecht, friedfertig und ohne katastrophale Folgen *für die Menschheit und für den Planeten* ausgetragen werden *sollten*« (Neckel 2020:164, eigene Hervorheb.).

Ich stimme diesen Kritiken für die Frühphase der Debatten bis 2010 größtenteils zu. Bezüglich der Kritik an der etwa vom WBGU als nach wissenschaftlichen Befunden als politisch notwendig dargestellten Handels der »Weltbürgerschaft« teile ich die Einwände der Kritiker. Hierbei ist allerdings zu wiederholen, dass sich der WBGU nur selten explizit auf das Anthropozän beruft, sondern fast immer nur auf Klimawandel und andere ausgewählte Bereiche des globalen Wandels, wie jüngst der Landwirtschaft (WBGU 2014, WBGU 2021).

Bis in neueste Beiträge, auch der Ethnologie, hält sich die Kritik, das Anthropozän würde mit der Vorstellung einer für die gegenwärtige Krise universell verantwortlichen Menschheit Ungleichheiten jeglicher Art ausblenden oder still stellen (Hoelle & Kawa 2021: 657, Pye 2021: 16). Die seit Hornborgs Aufsatz von 2014 immer wieder kritisierte Behauptung der Menschheit als Einheit der Verursachung des Anthropozäns findet sich aber im Narrativ der Erdsystemwissenschaften nicht. Diese Kritik bildet weitgehend einen Pappkamerad, denn schon Crutzens erster Aufsatz von 2002 sagt klar, dass das Anthropozän auf die Aktivitäten von nur rund einem Viertel der Menschheit zurückgeht (Crutzen 2002). Ein Großteil ihrer jüngeren Beiträge widmet sich gerade der Vielfalt regionaler und lokaler Effekte noch stärker und auch quantitativ genauer (Ellis et al. 2020). Was hingegen zutrifft, ist die Tatsache, dass den meisten Arbeiten aus den Erdsystemwissenschaften nachwievor eine Sozialtheorie der Ursachen anthropozäner Effekte fehlt (Pye 2021: 16).

Die Behauptung, es würde notorisch undifferenziert die ganze Menschheit habhaft gemacht, entspricht ähnlichen Unterstellungen über die Klimawandelforschung, die immer wieder stereotyp vorgetragen werden, trotz aller Gegenbelege, wie der kanadische Politikwissenschaftler Ian Angus detailliert nachweist (Angus 2020: 225–231). So betonen die aktualisierten Kurven des IGBP regionale Unterschiede der Auswirkungen des Anthropozäns (Steffen et al. 2011). Sie zeigen den Klimawandel nicht als direkte malthusianische Folge des Bevölkerungswachstums, sondern als Effekt kapitalistischen Wirtschaftens. Auch neueste Kritiken gehen leider nicht auf die Antworten seitens der AWG auf Kritik (Zalasiewicz et al. 2017c) ein.

Das Anthropozänkonzept kann unterschiedliche Beiträge und Verantwortlichkeiten durchaus einbeziehen, ja globale Ungerechtigkeiten werden gerade dann weiterbestehen, wenn man nicht im Rahmen des Anthropozäns denkt und handelt. Das zeigt die aktuelle Debatte um Klimagerechtigkeit, denn dort wird mit dem Problem gerungen, wie universale und spezifische Perspektiven auf *ein* großes Problem integriert werden können (Dryzek & Pickering 2019: 60).

Kritiker übersehen hier vor allem, dass die Vertreter der Idee des Anthropozäns nicht etwa argumentieren, dass die Menschheit als Ganzes handelt. Diese sagen vielmehr, dass es die *kumulierten* Auswirkungen menschlicher Aktivitäten sind, die im Gesamteffekt zu dauerhaften Veränderungen der Geosphäre führen. Damit ist mitnichten gesagt, dass die Menschheit in irgendeiner Weise als ein einheitlicher Akteur auftritt, ein Punkt, der auch an Chakrabartys Argumentation immer wieder falsch verstanden wird. Eine Publikation immerhin aus dem zentralen Forscherkreis zum Klimawandel um Will Steffen besagt, dass heute 60 Prozent der Treibhausgase von nur einem Siebtel der Weltbevölkerung erzeugt werden, also von rund einer Milliarde von 7,6 Milliarden Menschen, wohingegen 40 Prozent auf das Konto von fünf Prozent gehen, also drei Milliarden Menschen (Steffen et. al. 2018).

In ähnlicher Weise meint das »Anthropo-« im Begriff des Anthropozäns ja *nicht*, dass »alle Menschen« die Ursache sind, sondern, dass die gemeinten globalen Veränderungen dieser Epoche ohne den Menschen nicht entstanden wären, also maßgeblich anthropogener Natur sind. Was allerdings seitens Erdwissenschaftlern und etwa Evolutionsbiologen und z.B. auch von einigen Historikern gesagt wird, ist, dass es spezifische Eigenschaften des Menschen als ganz besonderem Tier und besonders die Effekte seiner Kulturfähigkeit sind, die diese Wirkmacht erst ermöglichen. Um die anthropozäne Wirkmächtigkeit des Menschen zu verstehen, müssen wir uns also klar machen, dass Menschen Tiere sind, aber eben ganz besondere Tiere. Wir sind eine dominante Spezies, welche die Geosphäre schon seit Längerem maßgeblich verändert, in Teilen schon seit dem Beginn des Feuergebrauchs vor mindestens 800.000 Jahren (Vitousek et al. 1997, Ehrlich & Ehrlich 2008, Smil 2019: 205–209, Desmond 2024). Das lässt sich empirisch zeigen, ohne es schon irgendwie bewerten zu müssen.

Darüber hinaus wird mit der These des Anthropozäns ausgesagt, dass die Effekte des Anthropozäns die gesamte Menschheit betreffen, was nur sagt, dass sich selbst Wohlhabende dem nicht ganz entziehen können und *nicht* ausschließt, das diese Auswirkungen in Qualität und Quantität sehr unterschiedlich ausfallen. Die Kritik am monokularen Blickregime, dem *monocular gaze* einer monolithischen Menschheit als Ursache des Anthropozäns, trifft also auf die grundsätzliche Argumentation nicht zu. Bezüglich des spezifischen Konzepts der »großen Beschleunigung« ist der Einwand jedoch berechtigt. Die Schar der Mitte des 20. Jahrhunderts exponenziell ansteigenden Hockeyschlägerkurven sozialer bzw. soziotechnischer Aktivitäten werden i. d. R. ohne jede regionale Differenzierung reproduziert. Manche dieser Kritiken sind aufgenommen worden, etwa durch Berücksichtigung der Nicht-OECD-Länder. Jedoch sprechen die Publikationen aus der *Global Change*-Forschung und Erdsystemwissenschaft, nach wie vor gern generisch vom »human enterprise«, »Gender« und »Kapitalismus« tauchen kaum explizit auf (Clark & Szerszynski 2021: 36, 59–60).

Moralischer Anspruch trotz normativer Unbestimmtheit

Wenn wir von einem Multispezies-Ansatz ausgehen, sind änthropozäne Wirkungen *per definitionem* nicht mehr vollständig anthropogen. Handlungen entstehen danach nämlich aufgrund verteilter Agency (»distributed quality of action«). Dennoch, so argumentieren Bauer & Bhan, liegt die Verantwortung z. B. für anthropogenen Klimawandel beim Menschen, und zwar ausschließlich beim Menschen, wenn auch differenziert nach Lebenslage (Bauer & Bhan 2018: 6). Das berührt eine weitere Schwäche des Anthropozänkonzepts, das Thema Werte. Einerseits wird betont, dass die Menschheit eine Verantwortung habe, schnelle Lösungen zu finden. Darin wird ein grundlegender moralischer Auftrag gesehen. Und daraus werden politische Notwendigkeiten wie die »große Transformation« abgeleitet, wie etwa in den Gutachten des WBGU. Andererseits bleibt das Konzept normativ unbestimmt. Was aus der Diagnose eines Zeitalters des Menschen normativ folgt, bleibt zumeist offen (Neckel 2020: 161). Crutzen leitete schon im ersten Aufsatz aus der Fähigkeit des Menschen, die Geosphäre zu ruinieren ab, sie habe auch die Möglichkeit, sie auch zu reparieren. Aus der Schädigung der Ökosphäre leitete er später den Imperativ ab, die Bewohnbarkeit der Erdoberfläche durch technische Maßnahmen zu gewährleisten. Aber auch diese Position blieb normativ unbestimmt. Die zugrunde liegenden Werte kommen eher implizit zum Vorschein.

Das trifft auch für Gegenpostionen zu, etwa die Wachstumskritik, z. B. in Beiträgen zum Postwachstum (*Degrowth*). Das sind Programmatiken bzw. Visionen für ein fundamental anderes politisches und ökonomisches System, in dem der Material- und Energiedurchsatz in Produktion und Konsum von Gesellschaften verringert wird. Auch wenn Postwachstum kaum je definiert wird, so wird im Tenor gegen Profitorientierung und gnadenlose Zurichtung der Umwelt auf menschliche Bedürfnisse (Hominisierung) argumentiert Es geht wirtschaftlich um ein *Weniger* und gesellschaftlich um ein *Anders*. Angestrebt wird ein gegenüber dem jetzigen anderes Gesellschaftssystem, insbesondere in den Feldern gesellschaftlicher Organisation, sozialer Institutionen und Wirtschaftswachstum (Bonneuil 2015: 26–28, Schmelzer & Vetter 2019: 149). Im Kern geht es um ein Zusammenleben, das auf auf einen solidarischen Ausgleich abzielt und auch die nichtmenschlichen Wesen mit einbezieht (Konvivialität, vgl. Bätzing 2022, Wallenhorst 2024: 36–44, 2024b).

Normativ wird damit gegen eine Unterordnung nicht menschlichen Lebens unter menschliche Zwecke argumentiert. Es wird aber zumeist nicht konkret gesagt, welche Grundwerte verfolgt werden sollen. Es werden zumeist auf allgemeinen Maximen wie Verantwortung abgestellt, etwa Hans Jonas' »Prinzip der Verantwortung« (Jonas 2020) oder allgemeine Werte, wie der des Lebens oder der Lebensqualität, bemüht. Spezieller sind Ansätze, die an konkreten Umsetzungen arbeiten, etwa an einer Erreichung eines konvivialen Zusammenlebens über das Prinzip der Gabe bzw. der Reziprozität. Es fehlt eine Bestimmung der Prioritäten, und es wird nicht genau gesagt, auf welchen – notwendigerweise menschlichen – Werten eine solche Position basieren soll. Ein Widerspruch innerhalb der fundamentalen Kritiken am Anthropozänbegriff besteht in einer sehr verbreiteten, aber widersprüchlichen Doppelaussage. Einerseits erscheint der Mensch als nichts besonderes (mehr) oder ist sogar eh nichts wert. Im gleichen Atemzug erscheint der Mensch andererseits als der, der »die Erde kaputt macht«. Der menschengemachte Umweltwandel kann ihn aber nur bekümmern, wenn der Mensch etwas Wert ist, nicht obwohl, sondern weil er Prometheus ist und damit eine eigene Um-Welt hat (Sakkas 2021: 159f., vgl. Wallenhorst 2024b: 117–140).

4.7 Im Neologismozän – die vielen Namen des Widerstands

> Love it or hate it, the Anthropocene is emerging as an inescapable word for (and of) the current moment.
>
> *Donna Jean Haraway 2016: 535*

> We are all struggling for an appropriate language to help us analyze the changing human and ecological condition.
>
> *Simon Nicholson & Sikina Jinnah 2016: 4*

Wenn das Wort »Anthropozän« derart inflationär verwendet wird und als Label auf ganz verschiedene Dinge geklebt wird, stellt sich die Frage, ob es treffendere Termini gibt. Da das Wort Anthropozän von Meinungsführern und Organisationen stark promotet wird, nimmt es nicht wunder, dass es auch schon zu vielen Kritiken und vor allem dadurch motiviert auch zu alternativen Begriffen gekommen ist. Diese Begriffe können also als »verschiedene Namen des Widerstands« (Demos 2015, 2017: 85–112) gelesen werden. Manche schlagen einfach vor, statt vom Anthropozän oder vom »Menschenzeitalter« einfach vom »Zeitalter der Zerstörung« zu sprechen (González-Ruibal 2018). Ein Großteil der neuen Begriffe spiegelt die Kritik am Anthropozän-Ansatz, die Baskin konzise zusammenfasst:

> »First, it universalises and normalises a certain portion of humanity as the human of the Anthropocene. Second, it reinserts ›man‹ into nature only to re-elevate ›him‹ within and above it. Third, its use of ›instrumental reason‹ generates a largely uncritical embrace of technology. And, fourth, it legitimises certain non-democratic and technophilic approaches, including planetary management and large-scale geoengineering, as necessary responses to the ecological ›state of emergency‹« (Baskin 2015: 11).

Viele Autoren schlagen Begriffe vor, die sich sprachlich an »Anthropozän« anlehnen. Das Wort lädt zu ähnlichen Wortbildungen mit der Silbe »zän« und zur Vervielfältigung ein. Mentz listet 24 sprachliche Neuschöpfungen auf und spricht treffend vom Anthropozän als »Neologismozän« (*neolo-*

gismcene, Mentz 2019: 57–64) und ein neuer Aufsatz dokumentiert satte 91 solcher Neologismen (Chwałczyk 2020: 23–33). Eine Form der Vervielfältigung ist die kaum ins Deutsche übersetzbare Rede von *Anthropocenes* im Plural, besonders stark vertreten von der Geografin und Professorin für Inhumanität (sic!) Kathryn Yussof mit der Forderung nach »a billion black anthropocenes« ... oder gar keinem (Yusoff 2018: 87–101).

»Zieht dem Anthropozän die Zähne« – Inflation der alternativen »-zäne«

Die Vervielfältigung der »-zäne« kam vor allem in der Hochphase des Debattenstrangs um das Anthropozän als kulturelles Konzept zwischen 2013 und 2016, wie eine debattenchronologische Analyse zeigt (Will 2021: 42, 207–208). Inhaltlich gehen sie aber erstens in verschiedenste Richtungen und orientieren den Begriff zweitens – im Unterschied zum geowissenschaftlichen Begriff – an Ursachen des Anthropozäns, weniger dagegen an die kumulativen Effekte. So entsteht die Frage, ob das Anthropozän tatsächlich ein Meta- oder Masternarrativ bildet, das alle anderen Narrative der Umweltkatastrophe überwölbt (Will 2021: 207 vs. Dürbeck 2018; vgl. Testot & Wallenhorst 2023).

Der prominenteste Alternativbegriff ist »Kapitalozän« (Malm & Hornborg 2014, Moore 2014a, 2014b, 2021b, Parenti 2016, Hubatschke 2020), den ich weiter unten erläutere. Im Kontext von Digitalität und künstlicher Intelligenz ist einer der neuesten Begriffe entstanden, das vom Ideengeber der »Gaia« vorgeschlagene »Novozän«, einer dem Anthropozän vermeintlich nachfolgenden Epoche. Lovelock sieht das Anthropozän als direkte Folge der Evolution des Lebens auf der Erde. Das Novozän bildet dann eine prometheisch gedachte Epoche, die durch künstliche Intelligenz bestimmt sein werde (*novacene*, Lovelock & Appleyard 2020). Bald würden Maschinen intelligenter als wir und dazu fähig sein, direkt in Erdprozesse einzugreifen. So könnten sie die Erde (weniger den Menschen) vor Überhitzung schützen. Manchen erscheint das als ein hilfreicher Mythos (Rival 2020: 9, 12). Weniger optimistische, aber ebenfalls auf Kommunikation und Informationsverarbeitung bezogene Ideen, die hier nicht weiter behandelt werden können, leiten den aktuell aufkommenden Begriff »digitales Anthropozän«

(WBGU 2019: 8–9, Renn 2021, vgl. Boellstorff 2016: *digitocene*, vgl. Mainzer 2020).

Die Mehrheit der hier besprochenen Begriffe entspringt der Skepsis unter Sozial- und Kulturwissenschaftlern gegenüber einer undifferenzierten oder unpolitischen Vorstellung vom »Zeitalter des Menschen« (Adloff & Neckel 2020: 8). Die meisten dieser neuen Begriffe entstammen den Kulturwissenschaften und Sozialwissenschaften, viele sind aber auch in den bildenden Künsten, in visuellen Medien und der Literatur entstanden. In einem viel beachteten Buch über den »Schock« des Anthropozäns untersuchen die französischen Wissenschaftshistoriker Christophe Bonneuil und Jean-Baptiste Fressoz, wie Fragen des Umweltwandels in 250 Jahren der europäischen und nordamerikanischen Geschichte politisch aufgeladen wurden. Dabei unterscheiden sie entlang historischer Phasen nicht weniger als sieben Formen: »Thermozän«, »Thanatozän«, »Phagozän«, »Phronozän«, »Agnatozän«, »Capitalozän« und schließlich »Polemozän« (Fressoz & Bonneuil 2016).

Viele der Alternativbegriffe werden klar in kritischer Absicht verwendet, und etliche Begriffe, vor allem von Historikern, wollen die hauptsächlichen Akteure, Stoffe oder Prozesse herausstellen (Will 2020: 206). Die Prozesse liegen in der Vergangenheit, so in der Kohlenstoffökonomie (*Carbocene*, LeCain 2017), der Rolle der Verfeuerung (*Pyrocene*, Pyne 2019, 2020) und der europäischen Dominanz und eurozentrischen Verengung des Konzepts (*Anglocene*, Bonneuil & Fressoz 2016) oder in der Zukunft, wie bei *Machinocene*, *Robotocene* oder Lovelocks *Novacene*. Dieses kritische Motiv gilt auch für den Begriff des »Gynozän«, der sich gegen die männliche Prägung des Anthropozäns als »Androzän« oder »Patriarchalozän« wendet. Hier geht es um den Beitrag von Frauen für politische Arbeit gegen ungleiche Auswirkungen des Anthropozäns. Teilweise werden die hier untersuchten kritischen Gegenbegriffe auch nur auf bestimmte Bereiche oder Aspekte des Anthropozäns bezogen oder für spezifische Perspektiven darauf verwendet (Walton 2020), etwa auf Fragen der Umweltgerechtigkeit (z. B. Davis et al. 2018). So soll »Gynozän« Gegenmaßnahmen mittels einer Kombination von ökofeministischen Interventionismus mit indigen inspirierten Ideen fördern (Demos 2015), ähnlich wie der von einer venezuelanischen ökofeministischen Gruppe verwendete Begriff »Phallozän« (*faloceno*, La Danta LasCanta 2017).

»-zän« – missverstandene Geologie

Die alternativen Bezeichnungen sind von der Wortbildung her (»-zän«) in der Regel dem Anthropozän nachgebildet (Halle & Milon 2020). Das Wort Anthropozän und besonders seine Endung »-zän« laden dazu ein, damit zu spielen. Das geschieht in oft kreativer Weise, etwa wenn Entitäten, welche die Natur-/Kultur-Dichotomie »ignorieren« als *anthropo-not-seen* bezeichnet werden (De La Cadena 2010, 2015), oder wenn propagiert wird, man solle das *Anthrobscene* kritisieren bzw. das *Anthropo-ObScene* unterbrechen (Parikka 2015b, Swyngedouw & Ernston 2018). Deshalb ist es wichtig, sich die ursprüngliche Bedeutung des Wortbestandteils »-zän« in der Geologie des 19. Jahrhunderts klarzumachen.

Die heute häufig verwendete Übertragung von »Anthropozän« als »das von Menschen gemachte Neue« oder als »das menschlich Neue« (z. B. Gibbard & Walker 2014: 19, Egner & Zeil 2019: 18) trifft die geologische Bedeutung nicht präzise. Charles Lyell, auf den die Verwendung des Bestandteils »zän« (gr. *kainos*) für jüngere Gesteinsschichten zurückgeht, benannte die Zeitalter aufgrund des *Verhältnisanteils von ausgestorbenen zu noch nicht ausgestorbenen Arten* im Fossilbestand (McPhee 1980, Burchfield 1998). »Zän« bedeutet demnach also nicht einfach »neu«, sondern den *Grad der Neuheit der Fossilien.* Etymologisch ist »-zän« bzw. »-cene« eine Verballhornung des altgriechischen *kainos* (καινός, neu, gegenwärtig). Daraus wurden Wortzusammensetzungen gebildet: Eozän (von *eos*, Morgenröte, beginnend neu), um das Neue gegenüber dem vorherigen Paläozän zu markieren, Miozän (von *meion*, weniger, weniger neu), Pliozän (von *pleion*, mehr, mehr neu) und Pleistozän (von *pleistos*, am meisten, am meisten neu) und Holozän (von *holos*, vollständig, vollständig neu). Es geht also um den Anteil von Fossilien aus der jüngsten Vergangenheit in einer betrachteten Periode. Das *Mioz*än enthält *wenige* Fossilien aus der jüngsten Vergangenheit (um 15 Prozent) gegenüber dem *Plioz*än, dass *mehr* davon enthält (fast 50 Prozent) und dem *Pleistoz*än, welches *am meisten* (mehr als 90 Prozent) davon enthält. Gesteine des 1885 eingeführten *Holoz*äns schließlich enthalten fast *gänzlich* Fossilien aus der jüngsten Vergangenheit.

Mit dem »zän« in »Anthropozän« ist ein Zeitintervall gemeint, dessen *Gesteinsschichten* von Rückständen *jüngster* menschlicher Aktivität *dominiert* sind bzw., da es ja noch weiterläuft, sein werden.

Der Anteil an Neuem ist aber gegenüber dem »vollständig neuen« (Holozän) sprachlich nicht mehr steigerbar, denn »zän« bedeutet – entgegen vielfacher Annahme – eben nicht »Epoche« oder »Zeitalter«, sondern »neu«. Wenn das Holozän schon »gänzlich neue« Fossilien der jüngsten Vergangenheit enthält, ist keine Steigerung möglich. Anthropozän ist sprachlogisch gesehen das falsche Wort (Visconti 2014: 382–384). Sinnvoller wäre der Terminus »Anthropozoikum« (Markl 1980, 1998: 23, 162; dazu Thober 2019). Das wäre eine der Endung »-zoikum« (»Tierzeitalter«) entsprechende Wortbildung, die allerdings der biologischen und nicht der geologischen Terminologie entstammt und damit die Dominanz nur der belebten Natur durch den Menschen benennt. Sprachlich würde das dem deutschen »Zeitalter des Menschen« daher mehr entsprechen als »Anthropozän«.

Es beruht demnach auf einem Missverständnis, wenn scharfe Kritiker des Anthropozäns als Konzept das Wort »Anthropozän« teilweise akzeptieren, es dann aber sprachlich kritisieren und dazu sprachlich falsch deuten, nämlich als das »neue Menschliche« in Absetzung vom Holozän als das »ganz Neue« (so bei Foster et al. 2011). Auch der folgende Einwand aufgrund der Annahme, dass wir wohl gerade das Holozän unrühmlich zu Ende bringen, geht am Inhalt der Silbe »-zän« vorbei:

> »So no, not the Anthropocene. That name completely muddles the message. We don't name new epochs after the destructive force that ended the epoch that came before« (Moore 2013).

Bei den meisten der folgenden Termini wird gar kein Bezug zur obigen geologischen Bedeutung des »zän« gemacht, und es ist oft kaum auszumachen, wo neben dem Aha-Effekt der eigentliche empirische Erkenntnisgewinn oder analytische Clou besteht. Ian Angus als Ökosozialist und Herausgeber eines Projektes zur Geschichte des Sozialismus meint mit einiger Berechtigung, man könne Begriffsbildungen, wie etwa das »AnthropoObzön« (*Anthrobscene*, Parikka 2015b) nur als Witz verstehen (Angus 2020). Bei der folgenden Diskussion ist es vorab wichtig, sich klarzumachen, dass die Alternativtermini zum »Anthropozän« oft – ich sage sogar: meistens – gesellschaftlich wie politisch wichtige, aber im Kern nicht-geoanthropozäne Themen ansprechen. Sie spiegeln fast durchweg Interessen wieder, die sich nicht mit denen der Geologie und der Geowissenschaften decken, wie Zalasiewicz als führendes Mitglied der *Anthropocene Working Group* klar herausstellt:

> »These terms do not, however, ›supplant‹ the ›geological‹ Anthropocene, as they represent different concepts, from different contextual backgrounds, with social science interest on the socioeconomic drivers of change rather than on resultant Earth system behavior and its petrified and strata-bound consequences« (Zalasiewicz et al. 2018: 221).

Diese Alternativtermini können den Grundbegriff nicht ersetzen, aber sie wurden durch ihn angeregt und arbeiten sich zum Teil kreativ daran ab. Bei aller überbordendenden Vielfalt der Termini, die ich hier diskutiere, ist deshalb nicht zu vergessen, dass sie von Crutzen & Stoermers kurzem Papier zur Jahrtausendwende und besonders Crutzens *one-pager* inspiriert wurden. Dieses ein-seitige, aber m. E. alles andere als einseitige, Papier hatte eine fulminante Anstoßwirkung für die Kulturwissenschaften, was mittlerweile auch in der Wissenschaftsgeschichte gewürdigt wird (Merchant 2020a: 1–3, 16, Will 2020).

Kapitalozän

Die Kernidee hinter Kapitalozän als Gegennarrativ zum Anthropozän ist, dass wir in einer kapitalistischen Gesellschaftsformation leben und nicht einfach in »Gesellschaft«. Das Kapitalozän ist die Phase der Geschichte, die durch das kapitalistische System geprägt ist. Geschichtswissenschaftler konnten zeigen, dass die Akkumulation von Kapital zwischen den Jahren 1900 und 2008 um den Faktor 134 zunahm.

Vertreter dieser Denkschule weisen aus historisch-materialistischer Sicht darauf hin, dass das Anthropozän ein besonderes gesellschaftliches Naturverhältnis darstellt, das sich den materiellen Folgen der Ausnutzung der Natur und der Nutzung billiger menschlicher Arbeit verdankt. Die menschliche Geschichte ist im Marx'schen Materialismus vor allem eine Geschichte des Verhaltens des Menschen zur Natur (Herrmann 2016: 48):

> »Die Arbeit ist zunächst ein Prozess zwischen Mensch und Natur, ein Prozess, worin der Mensch seinen Stoffwechsel mit der Natur durch seine eigene Tat vermittelt, regelt und kontrolliert. Er tritt dem Naturstoff selbst als eine Naturmacht gegenüber« (Marx, Das Kapital, Bd. I, 3. 192).

Ausgangspunkt ist die Kritik, dass der Begriff Anthropozän den geo-globalen Wandel als Ergebnis einer anthropologischen Größe oder Kraft darstelle. Oder er reduziere die weltweite Umweltkrise auf einen Effekt von Technologie. Tatsächlich sei der globale Wandel vielmehr das Resultat einer *spezifischen* Klassen-Formation, die sich in Form von Produktionsbeziehungen schon im »langen 16. Jahrhundert« entwickelt habe, (Moore 2017: 596, 2019: 261–295). Die Ursache ist nicht das Handeln der Menschheit, sondern die Wirtschaftsweise und insbesondere das mit dem Frühkapitalismus einsetzende ausbeuterische Naturverhältnis. Moore versteht den Kapitalismus dabei weniger als sozioökonomisches System, sondern als historisch spezifische *Organisationsform der Natur*, als ein Naturverhältnis, das er als »Weltökologie« bezeichnet (*world ecology*, Moore 2016: 6). Also sollte die faktisch ungleiche Verteilung der Verantwortung für das Desaster des Anthropozäns nicht vernebelt werden (Swyngedouw & Ernston 2018, Brunnengräber 2021).

Mit dem Begriff »Kapitalozän«, zuerst von Andreas Malm 2009 in einem Seminar verwendet, soll herausgearbeitet werden, dass das Anthropozän nicht naturwüchsig ist bzw. etwas Überhistorisches darstellt. Die Begrifflichkeit des »Anthropozäns« verschleiere die historische Rolle des Kapitalismus, insbesondere die Bedeutung der Kapitalakkumulation und die Realität »fossilen Kapitals« (Malm 2016: 391). Der Begriff wird insbesondere von Autoren verwendet, die in der Tradition des Marxismus bzw. einer Kritik der dominanten politischen Ökonomie stehen (*capitalocene*, Malm & Hornborg 2014, Moore 2014a, b, 2016, Altvater 2017, 2018, Bassermann 2017₅-«). Der Begriff Kapitalozän wird aber auch in kolonialismuskritischen, rassismuskritischen und in Arbeiten, die die Anthropozänidee aus gendertheoretischer Sicht kritisieren, verwendet (Vergès 2017, Merchant 2020, Baer 2007 als Übersicht).

Einige Verfechter des Kapitalozänbegriffs setzen den Beginn des Anthropozäns mit dem Frühkapitalismus an. In der Zeit des globalen Ausgreifens Europas im »langen 16. Jahrhundert« etablierten Europäer eine Hegemonie des vorindustriellen Kapitalismus (Moore 2016). Menschen waren aufgrund von durch Experimente und Mathematik geförderter mechanistischer Wissenschaft, die sich während der naturwissenschaftlichen Revolution im 17. Jahrhundert herausbildete, fähig, die Geosphäre zu dominieren. Notwendig waren dabei die Dampfmaschine und Rohstoffexploration als innovative Technologien. Entscheidend bei der globalen Expansion waren aber die durch *sozioökonomische Beziehungen* in kapitalistischer Weise organisierte Nutzung fossilen Kapitals in Form von Kohle, Öl und Gas und die Kontrolle billiger Arbeit in Form von Sklaven, Migranten und ärmeren Schichten. Somit kann man sagen, dass das Anthropozän das Kapitalozän subsumiert, dass das Anthropozän aber dennoch vom Kapitalozän implementiert wird (Merchant 2020: 23–24).

Jason Moore als der publikationsintensivste Vertreter der Kapitalozänthese wirft Erdsystemwissenschaftlern vor, mit dem Begriffsdoppel »Mensch und Umwelt« dem »geologischen Anthropozän« umstandslos ein »populäres Anthropozän« zuzufügen. Die umstrittenen Geschichten der Moderne würden bei ihnen zu vermeintlich unpolitischen techno-demographischen Narrativen. Die zwei Säulen dieser erdsystemwissenschaftlichen Ideologie des »Age of Man« seien James Watts Dampfmaschine (1748) und die Menschheit (Bevölkerungswachstum). Er hält dagegen, dass diese Begriffe alles andere als unschuldig seien. So wie bei Thomas Malthus und später Paul R. Ehrlich würden die Geschichte der Kämpfe für eine gerechtere und demokratischere Welt ausgeblendet. »Mensch« und »Natur« würden zu einem »Operationssystem für imperial-bürgerliche Hegemonie« gemacht (Moore 2021a: 36).

Politisch wird das relevant, denn Moore sagt, dass das Begriffspaar »Mensch und Natur« zu »ruling abstractions« mutiere: zu praktischen Führern zur Reorganisation menschlicher und nichtmenschlicher Netzwerke im Dienst des Profitstrebens. Im Zusammenspiel mit westlicher Zivilisierungsmission würden diese herrschenden Abstraktionen zu einem politischen Ethos der Dominanz: Mensch *und* Natur werden zu Mensch *über* der Natur. Diese Strategie »geokultureller Dominanz« (»Prometheanism«) brachte nach Moore den modernen Rassismus und den Sexismus hervor (Moore 2021a: 37).

All dies sei gerahmt durch einen »bürgerlichen Naturalismus« und den welt-historischen Drang, Profitabilität zu erhöhen. Die fundamentalen Ungleichheiten dieser Welt würden, so Moore in seiner typisch drastischen Wortwahl, durch den »Taufbrunnen« des bürgerlichen Naturalismus gereinigt. Das sei zentral für Klimakrise und Anthropozän, weil das zentrale Mittel der Profitakkumulation die Nutzung »billiger« Quellen sei. Diese (*cheaps*) seien vor allem die Extraktion von Naturressourcen und die Ausbeutung von Arbeiterinnen und Arbeitern. Kurz: nach Moore entstand das Kapitalozän als geohistorische Ära, welche die Strategien der Dominanz, der Ausbeutung und des »Umwelt-Machens« (*environment-making*) als »Apparat« strategisch zusammen bringt:

> »*Cheapness* was a strategy of domination and accumulation that joined the ›economic‹ moments of *valorization* to an unprecedented apparatus of geocultural *devaluation*« (Moore 2021a: 37, Herv. i.O.).

Historiker sprechen sich allerdings dagegen aus, Kapital (genauso wie »Menschheit«) als Universalkategorie in das Zentrum zu stellen. Stattdessen wäre der historisch konkretisierbare »Stoffwechsel« im kapitalistischen Weltsystem der letzten 250 Jahre in den Blick zu nehmen. Damit würde die *Geschichte* des Kapitalismus mit der *Genese* des anthropozänen Erdsystems verknüpft (Bonneuil & Fressoz 2016: 222–223). Demzufolge sollte man den Beginn der Phase mit der massgeblich durch Sklaven ausgeführten Landwirtschaft statt mit der Kohlewirtschaft und Öl als fossilen Energieträgern ab Mitte des 18. Jahrhunderts ansetzen (vgl. Pomeranz 2000, Angus 2020, Zeller 2020). Damit handelt es sich um eine historisch klar zu verortende Periode der menschlichen Geschichte, »… einen historisch situierten Komplex von Metabolismen und Assemblagen« (Haraway, in Haraway et al. 2016: 555). Es sind danach die Bedingungen der kapitalistischen Produktionsweise, die den seit der neolithischen Revolution bestehenden und durch die Kolonialisierung außereuropäischer Gebiete erfolgten »metabolischen

Riss« im gesellschaftlichen und an Naturgesetze gebundenen »Stoffwechsel« ausweitete und globalisierte (Marx 1873: 192; Foster et al. 2011, Malm 2016: 177–185, Mahnkopf 2019: 13). Zentrale Säulen kapitalistischer Wirtschaft und auch ihre markanten Umweltfolgen gehen viel weiter zurück als bis in die frühindustrielle Phase, nämlich bis auf die klassische Antike oder sogar bis in die Bronzezeit (so Hann 2016b: 16).

Dem Begriff Kapitalozän ist ferner entgegenzuhalten, dass die gegenwärtigen Verursacher mitnichten nur in der ersten Welt, dem Globalen Norden, zu finden sind. Der Kapitalozänbegriff verführt dazu, nur westlichen Eliten Handlungsmacht zuzusprechen. Auch historisch gesehen haben nicht nur kapitalistisch ausgerichtete Gesellschaften irreversible großflächige Veränderungen bewirkt und menschengemachte Krisen ausgelöst. Ein Beispiel sind die dauerhaften Veränderungen der Landschaft in den nordamerikanischen Prärien in voreuropäischer Zeit, Umweltübernutzung im Römischen Reich oder der irreversible ökologische Wandel auf den Osterinseln (Lit. Debatte Diamond vs. McAnany & Yoffee 2010, Middleton 2017).

Eine reine Soziologie des Kapitalismus leidet sowohl an unzureichendem Materialismus als auch engem historischen Provinzialismus (Dubeau 2018, Danowski & Viveiros de Castro 2019: 103, 171). Aus tiefengeschichtlichem Blickwinkel, wie bei Chakrabarty, hat die Geschichte (und die Geschichtsschreibung) des Klimawandels quasi die Geschichte (und die Geschichtsschreibung) der Globalisierung abgelöst, womit eine reine Kritik am Kapitalismus Gefahr läuft, das Problem des Anthropozäns dramatisch zu unterschätzen. Mit dem Handwerkszeug des Kapitalozäns ist nicht zu erklären, warum die Mittelklassen der nicht westlichen Welt, die ehemals kolonialisiert waren, heute die »westlichen« Visionen modernisierter Zukunft, die auf Energie- und Rohstoffausbeutung aufbauen, so flächendeckend übernehmen (Chakrabarty 2021: 101).

Wie Archäologen, Universalgeschichtler und historische Soziologen einwenden, ist der Begriff des Kapitalozäns, wenn er auf die Hochphase des Kapitalismus bezogen wird, zu präsentistisch. In Bezug auf Asien passt etwa die These, der »Riss« zwischen Stadt und Land gehe auf spezifische Merkmale des modernen Kapitalismus zurück (2020), nicht zu neueren Befunden der Geschichtswissenschaft zu China (Marks 2015). Die Kernidee, dass wir im Kapitalismus und nicht einfach in »Gesellschaft« leben, ist zutreffend, aber weder sind die menschlichen kreativen Fähigkeiten auf Kapitalismus (oder Sozialismus) reduzierbar, noch ist es die weltweite Umweltkrise kulturalistisch auf den Kapitalismus (Chakrabarty 2009, aktualisiert 2021: 23–48, bes. 35, 43). Insgesamt gesehen stellt die These des Kapitalozäns eine Kategorienverwechslung dar:

> »Philosophers might call this a category mistake – capitalism is a 600-year-old social and *economic system*, while the Anthropocene is a 60-year-old *Earth System* epoch. Any serious engagement with social and natural science will conclude that capitalism existed for hundreds of years before the new geological epoch began, and that the new epoch will continue long after capitalism is a distant memory. Treating them as identical can only weaken efforts to get rid of capitalism and mitigate the harm it has caused to the Earth System, so that human society can survive – and hopefully prosper – in the Anthropocene. (In passing: If our current epoch is the Capitalocene, then surely the previous epoch should be renamed Feudalocene, preceded by the Slaveryocene, preceded by ... what? The Hunter-Gatherer-ocene? The fact that no one suggests such absurdities is instructive.« (Angus 2020: 233, im Orig.: 2015: 25).

Kapitalozän als Alternativbegriff und Gegennarrativ zu Anthropozän ist demnach mehrfach problematisch. Erstens hatte der Kapitalismus seine Ursprünge nicht Mitte des 20. Jahrhunderts, sondern im Weltsystem seit dem 15. und 16 Jahrhundert. Das Anthropozän wurde durch den spezifischen *globalen* Monopolkapitalismus ab dem Mitte des 20. Jh. erzeugt (Foster 2022: 462–464). Zweitens klingt der Begriff Kapitalozän sehr kritisch, aber er vergibt die wirklich fundamentale Kritik an menschlichen Naturverhältnissen, die der *tiefenzeitliche* Begriff des Anthropozäns transportiert. Das Hauptproblem besteht darin, dass »Kapitalozän« die Plötzlichkeit, Totalität und Irreversibilität des Menschen als *geologische* Wirkkraft ausblendet. Drittens vergisst eine solche »kapitalozentrische« (Foster 2022: 279) Sicht, dass es historisch kaum einen Weg zurück aus komplexen Gesellschaften und vor allem *industrieller* Wirtschaft geben kann. Ein planetarer zivilisatorischer Kollaps wäre ja keine Fortsetzung der Epoche des Anthropozäns, sondern deren Ende:

»There can be no conceivable industrial civilization on Earth from this time forward where humanity, if it is to continue to exist at all, is no longer the primary geological force conditioning the Earth System (Foster 2022: 463).

Die in kapitalismuskritischen Analysen hervorgehobene Rolle der Arbeit lässt sich aber auch eher konzentriert auf Energienutzung als primären Treiber des Anthropozäns analysieren (Suzman 2021). Ich sehe das Anthropozän insgesamt eher als eine Folge ubiquitärer Effizienz menschlicher Energienutzung im Allgemeinen und der im Kapitalismus sprunghaft angewachsenen Nutzung fossiler Energie im Besonderen (ähnlich Morris 2019, Angus 2020). Aus diesem Grund halte ich den bislang eher selten gebrauchten Begriff des »Pyrozäns«, des Zeitalters der Feuernutzung als Kennzeichnung des Anthropozäns für erkenntnisfördernd (Pyne 2019). Auch wenn das zu Metaphorik des Menschen als »Brandstifter« einlädt (Sloterdijk 2023: 57–79), verweist Pyrozän auf die seit langem enorm landschaftsverändernden Wirkungen des Feuergebrauchs als auch auf die Verbrennungsmaschinen als Kern industrieller Wirtschaftsweise. Industrielle Wirtschaft ist durch zumeist ungesehene, verkapselt brennende Feuer gekennzeichnet, die förmlich in die industrielle Struktur »eingebrannt« sind (Soentgen 2021a: 143–153).

Plantagozän

Die Entwicklung des Kapitalismus war eng mit dem Kolonialismus verbunden, der zu flächengroßen Veränderungen sozioökologischer Prozesse führte. Vor diesem Hintergrund und im Austausch mit der öko-marxistischen Kritik prägte Donna Haraway den inhaltlich der Kapitalozänidee ähnlichen Alternativbegriff: »Plantagenozän« (bzw. »Plantagozän«, *plantationocene*, Haraway 2016: 99–103, Haraway et al. 2015: 22). Im Mittelpunkt dieses Vorschlags steht ein landwirtschaftliches System der Ausnutzung von Arbeitern und Sklaven in monokultureller exportorientierter Landwirtschaft, das es seit der Kolonialzeit und bis heute gibt.

Haraway bestimmt das Plantagozän als die verheerende Umwandlung verschiedener Lebewesen von durch Menschen bewirtschafteten Farmen, Weiden und Wäldern in extraktive und geschlossene Plantagen, welche auf Sklavenarbeit und anderen Formen ausgebeuteter, entfremdeter und in der

Regel räumlich transportierter Arbeit beruhen (Haraway 2015: 162). Das Ziel dieser Bewirtschaftungsform ist eine massenhafte Produktion billiger Exportprodukte. Ökologisch gesehen wird hier, wie bei Ishikawas »Humanosphäre« die weltweite Vereinfachung der Landschaft, die Entleerung der Böden und der Anbau von Monokulturen betont. Die zentralen Dimensionen, mit denen die Planatage als Landschaftsmodell die Welt prägt (*worldmaking*) sind nach Haraway Reduktion der Artenvielfalt, Replizierbarkeit und Anpassbarkeit an große Maßstäbe (*scalability*).

Die Plantage bildet eine imperiale, extern orientierte Bewirtschaftung der Natur, die auf dem Ferntransport von Pflanzen, Tieren und Arbeitskräften beruht, die, – aus ihren jeweiligen Kontexten herausgerissen – in einer fremden Umwelt leben und arbeiten (Tsing 2015: 40–44, Tsing et al. 2024: 42–44). Das System impliziert eine abstrakte Beziehung zwischen Besitzer und Investitionsgebiet, es macht Pflanzen zu investiven Ressourcen und beinhaltet eine Entfremdung der Menschen vom lokalen Ökosystem. Abstrahiert geht es um Unterwerfung, Ausbeutung und Zurichtung der Natur als auch von Menschen (Folkers 2022: 3). Letzteres wird in noch schärferer Weise mit dem Begriff »Negrozän« auf den Punkt gebracht (Ferdinand 2022: 50, 58–6). Neuere ethnologische und umweltgeographische Forschungen zu heutigen Plantagen, etwa zur Palmölökonomie, zeigen allerdings, dass Plantagen komplexer, mitnichten isoliert und als System nicht stabil sind:

> »People and Plants are not quite exterminated; land is not quite emptied; labor is not quite isolated; and plantations are welcomed and opposed by different social forces and nonhuman associates that render them fragile on multiple fronts« (Li & Semedi 2021:23, cf. Pye 2021).

Das Konzept Plantagozäns ist ein Gegenentwurf zum Anthropozänkonzept, das hier vor allem als eurozentrisch gesehen wird. Aus einer Perspektive des Plantationozäns macht die Standardisierung der Natur durch rationalisierte Agrarproduktion, die gleichermaßen eine Ausbeutung der Umwelt wie der menschlichen Arbeitskraft inklusive Rassismus die Plantage aus (The Plantationocene Series 2021, Chao et al. 2023, Tsing et al. 2024: 43–44). Untersuchungen etwa zur Zuckerrohrplantagen betonen die kolonialen Beziehungen zwischen Menschen und nicht menschlichen Wesen (Tsing 2015: 40, S.

Moore et al. 2021). Ethnohistorische Studien haben schon Mitte der 1980er Jahre anhand der Zuckerwirtschaft translokale, regionale bis hin zu globalen Wirkungen dieser neuen Naturverhältnisse dokumentiert (Mintz 2020). Ein Beispiel für durch das Plantationozän angeregte Studien sind bodenarchäologische Untersuchungen und damit kombinierte Kunstaktionen zur »Erinnerung des Bodens«. Bodenfunde machen Sklaverei auf einer Plantage in Maryland offenbar, die in den bislang zugänglichen historischen Archiven fehlten und damit als Erinnerungsanker, etwa auf Postkarten, ausgeblendet blieben (Martens & Robertson 2021).

Das Konzept macht deutlich, dass Menschen schon vor den Umweltkatastrophen der Gegenwart für die Entwicklung des Anthropozäns zahlen mussten (Folkers 2020: 594). Eine solche Periodisierung passt damit zur These von Autoren, die den Begriff des Anthropozäns entkolonialisieren wollen (Davis & Todd 2017, Yusoff 2018, Driscoll 2020, Taddei et al. 2022). Wenn man nämlich den Beginn des Anthropozäns mit der Kolonialisierung der beiden Amerikas ansetzt, betont man die gewaltsame Enteignung und Marginalisierung von Kulturen (bis hin zu Genoziden) und deren anthropogene Auswirkungen auf Ökosysteme. Das hat auch Implikationen für die Ethnologie, denn dieser Ansatz würde bedeuten, die kumulativen Effekte kapitalistischen Wirtschaftens herauszuarbeiten und indigene Stimmen und Quellen dazu stärker zu nutzen (z. B. Whyte 2017, 2018).

Wie Anna Tsing es formuliert: Die Logik der Plantage ist eine andere als die der Allmende (Tsing, in Haraway et al. 2016). Diese Verlagerungen lebender Substanz, von Pflanzen, Tieren, Mikroben und Menschen bildeten die Grundlage extraktiver Ökonomien (Lewis & Maslin 2015: 171 ff., Lewis & Maslin 2018). Als frühes Beispiel von Ursachen anthropozänen Wandels gehen Plantagen dem Kapitalismus historisch voraus und setzen damit den Beginn dieser Ära früher an als den industriellen Kapitalismus. Außerdem erscheint der Begriff beschreibender und weniger ideologisch oder normativ belastet als der des Kapitalismus (Tsing, in Haraway et al. 2016: 556–557). Das angeführte Beispiel der Sklavenarbeit auf der Plantage macht aber schon klar, dass der Bezug zu *weltweiten* und dazu *isochronen* Effekten bestenfalls locker ist.

Aus historischer Sicht ist zu überlegen, ob es nicht eher das imperiale Ausgreifen von Herrschaft war, was das Anthropozän historisch maßgeblich anschob. Diese imperialen flächendeckenden Ausgriffe sind historisch vorkolonial, wie Amitav Ghosh anhand des Klimawandels argumentiert:

> »I differ with those who identify capitalism as the principal fault line on the landscape of climate change. It seems to me that this landscape is riven by two interconnected but equally important rifts, each of which follows a trajectory of its own: these are capitalism *and empire* (the latter being understood as an aspiration to dominance on the part of the *most important structures* of the world's most powerful states). In short, even if capitalism were to be magically transformed tomorrow, the imperatives of political and military dominance would remain a significant obstacle to progress on mitigatory action.« (Ghosh 2017, hier aus dem Orig. 2016: 146, eigene Hervorheb., vgl. dazu Thomas et al. 2016).

Bei allen Unterschieden wollen beide Begriffe, Kapitalozän wie auch Plantagozän, die spezifische Rolle des Menschen im Gewebe des Lebens und ihre Effekte in Form dauerhafter Umweltdegradierung herausarbeiten. Dafür betonen beide die notorische Verknüpfung des Kapitalismus mit einer Assemblage aus ausgenutzten Menschen einerseits und einer vernutzten und nicht menschlichen Natur andererseits (Hoelle & Kawa 2021: 658). Beide Alternativbegriffe passen am ehesten zu einem erweiterten primär erdwissenschaftlich, archäologisch und historisch orientierten Anthropozänbegriff, der sich deutlich vom geologischen als auch vom erdwissenschaftlichen Anthropozänverständnis unterscheidet. Er meint die Summe aller empirisch nachweisbaren Einflüsse des *Homo sapiens* auf die Geosphäre zu irgendwelchen Zeiten (diachron) und ggf. auch nur in regionaler Breite (vgl. Anthropozän 3 im Glossar vs. Anthropozän 1 und Anthropozän 2).

Weltökologie

Eine Variante des Redens über vom Menschen erzeugten globale Umweltwandel ist Jason Moores Konzept der »Weltökologie« (*world ecology*, Moore 2015a, 2019). Hier erscheint das Wort »Welt« zunächst so unbelegt wie das Wort »Erde«. Die deutsche Übersetzung kann verwirren, weil es bei Moore ja um Umweltbeziehungen als Phänomen geht, nicht etwa um eine globale Wissenschaft der Ökologie. »Umwelt« beinhaltet bei Moore nicht nur Farmen, Felder, und Tiere, sondern auch Klasse, imperiale Strukturen und das globalisierende Patriarchat. In ihrer wechselseitigen Verschränkung werden spezifische Umwelten gesellschaftlich erschaffen (»environment-making«, Moore 2021a: 37). Der Begriff lehnt sich an die Vorstellung eines weltsystemischen Kapitalismus (Bonneuil 2015: 28) und die Theorie eines »Weltsystems« (*world system theory*) im Sinn von Immanuel Wallerstein (Wallerstein 1988, 2018) an. Moore erweitert das jedoch stark, er umschreibt Weltökologie neuerdings als »… einen Dialog, der das Ziel hat, den Kapitalismus als eine Ökologie von Produktion, Reproduktion und Macht in einem Netz des Lebens zu beschreiben« (Moore 2020).

Als Sache bedeutet *World Ecology* nach Moore *oikeios*, die Gesamtheit der vielfältigen – »kulturellen«, soziopolitischen und ökonomischen wie auch der »natürlichen« – Bedingungen der Erzeugung von Leben, von Arten und Umwelten im Weltkontext, konkret im weltkapitalistischen Rahmen. Das geht in die Richtung von *Oikos* als »Haushalt des Lebens«(Pálsson et al. 2013:11). Nach Moore wird das Kapitalozän bald beendet sein, nämlich dann, wenn die umweltschädlichen Effekte der Nutzung vermeintlich billiger Ressourcen den Kapitalismus selbst in den Ruin treiben (Moore 2016: 79). Innerhalb der *World Ecology* ordnet Moore das, was andere Anthropozän nennen, als »Kapitalozän« (*capitalocene*, s. o.) ein.

Moore folgt der These Rosa Luxemburgs, dass der Kapitalismus nur so lange funktioniert, wie es ein Außen gibt, das sich in Besitz nehmen lässt: andere Länder, Kolonien, Sklaven, und Frauen zur Haus- und Sorgearbeit und »billige« Natur«: billige Arbeit, billige Nahrung, billige Energie und billige Rohstoffe (Moore 2019, 2020, 2021a). »Billig« sind diese Ressourcen nur aufgrund der für moderne marktwirtschaftlich organisierten Gesellschaften typischen Fähigkeit, deren Gewinnung und die Folgekosten für die Umweltkosten zu externalisieren, wie Karl William Kapp 1963 in einer klassischen Studie feststellte (Kapp 1988). Moore ergänzt das neuerdings um drei weitere Kategorien des »billigen Geldes«, der »billigen Hilfe« und der »billigen Leben« (»cheaps«, Patel & Moore 2019). Diese Begriffe bleiben allerdings eher unanalytisch (vgl. Uekötters Kritik 2019: 803).

Die stärkste Gegenkritik zur kapitalismuskritischen und dekolonialen Anamnese, wie der Kapitalozän- und der Plantagozän-These besteht in empirischen Daten. Nach dem empirisch am besten untermauerten Befund setzt das Anthropozän mit der »Großen Beschleunigung« ein, dem rasanten Anstieg der menschlichen Umwelteffekte seit dem zweiten Weltkrieg. Diese Datierung legt nahe, dass Herrschaftsstrukturen, wie Kolonialismus, Imperialismus, Kapitalismus, Rassismus und Sexismus mitnichten die einzigen wichtigen Treiber des Anthropozäns sind. Das Modell der fossilen Industrialisierung wurde im Kampf gegen Kololonialismus, Imperialismus oder auch in kommunistischen Ländern und in Ländern des globalen Südens übernommen (Mauelshagen 2023: 96). Die Befreiung von kolonialer Dominierung und die Entproletarisierung, also »… auch Momente gesellschaftlicher Emanzipation und Fortschritte bei der Erkämpfung materialisierter Freiheit (haben) zur planetarischen Malaise der Gegenwart beigetragen …«(Folkers 2024: 8, Erg. CA).

Chthuluzän

Donna Haraway führte, obwohl auch sie selbst den Terminus Anthropozän immer wieder benutzt, als Gegenbegriff den schillernden Begriff »Chthuluzän« ein (*chthulucene*, Haraway 2015: 160, 2018). Bei Haraway meint der Begriff »kollektiv produzierende Systeme, die nicht selbstbestimmte räumliche oder zeitliche Grenzen haben« (Haraway 2016: 37, 2020: 103). Der Begriff soll aufzeigen, dass der Mensch die Welt nicht mehr allein im Griff hat. Gleichzeitig soll er post-heroisch, anti-apokalyptisch bzw. anti-zynisch wirken. Statt dem Untergang sollten wir uns dem »Weiterbestehen« (*ongoingness*) widmen. Kurz: es ist nicht zu spät; trotz der rapiden globalen Umweltkrise gibt es noch Zukünfte: es tut sich noch etwas und es ist noch etwas zu tun. (Hoppe 2022: 7–10, 12, 2023).

Haraway benutzt den Wortbestandteil, der an das vom Schriftsteller Howard Phillips Lovecraft 1928 in »The Call of Cthulu« erdachte Monsterwesen erinnert, das alles Leben auf Erden beenden kann. Haraways inhaltlicher Bezug ist dagegen die Verwendung in altgriechischen Quellen, die das Wesen als wenger patriarchal-monströs zeigt. Es ist nach einer Spinne (*Pimoa cthulhu*) benannt, wobei das altgriechische Wort khthonios (χθ΄ονιος), auf eine enge Verbindung zum Boden und den chtonischen Kräften der Erde verweist. Demzufolge schreibt Haraway den Namen der Spinne und das Wort auch anders als Lovecraft nämlich mit zusätzlichem »h« (Hoppe 2022: 9, 13).

Abb. 4.5 Krake an einer Moscheewand am Strand in Djerba, Tunesien, *Quelle: Craig Antweiler*

Menschen sind Teil eines dicht verwobenen Netzes allen Lebens. Haraway stellt dafür die engen »verwandtschaftlichen« Beziehungen zwischen Menschen und anderen Lebewesen in den Mittelpunkt. Sie meint damit nicht etwa biologisch-evolutionäre Verwandtschaft, sondern eine breite (nicht unbedingt gewollte) Relationalität von Lebewesen, eine Verknüpftheit von »Gefährt*innenspezies«.

Ob Menschen oder Mikroben, sie sind in ihrer Allverbundenheit Verwandte, womit sie als »Mitbewohner« (*cohabiters*, Haraway 1991: 181) anzusehen seien. Das passende Bild der heutigen Welt sei das eines Komposthaufens, wo Neues aus der Vergärung des Alten entsteht. Damit hebt sie u.a. feministisch motiviert bezüglich des Anthropozäns die Bedeutung der Alltagsebene hervor. In typisch harawayscher Diktion sagt sie über Menschen: »We are not posthuman, we are compost. We are not homo, we are humus« (Haraway 2020: 100, vgl. Hoppe 2022, 2023). Anders als das Anthropozän meint Chthuluzän weniger ein Zeitalter, als einen besonderen Modus des Denkens und des In-der-Welt-Seins sowie des Geschichten-Erzählens und eine Perspektive auf für die Zukunft bedeutsame Transformation (Hoppe 2022: 2, 10).

> »Mit dem Begriff des Chthuluzäns hebt Haraway den auf Zukünfte verweisenden Aspekt der *gestaltenden Neuverknüpfung* hervor, was (…) auch bereits deutlich macht, dass es sich beim Chthuluzän eher um eine Sammlung von Geschichten denn eine abgeschlossene Gegenwartsdiagnose handelt« (Hoppe 2023: 140; Hervorhebung und Auslassung CA).

Als Form des politischen Aktivismus fordert Haraway dementsprechend, wir sollten uns »verwandt machen« mit nichtmenschlichen Wesen (*making kin as oddkin*). Wie schon Margulis spricht sie von sympoietischen Bündnissen zwischen miteinander materiell verknüpften Lebewesen. Dafür könnten uns die miteinander verwobenen Wesen in altgriechischen Mythen zu »tentakulärem« Denken anregen, um Möglichkeitsräume für bessere Verwandtschaften zu erkunden (Haraway 2016: 2, 2018: 10–14, 47–84; vgl. Wittmann 2021). Der Krake steht dafür als Symbol (Abb. 4.5). Haraway hat damit ein breites Interesse an den Wechselbeziehungen zwischen Menschen und anderen Lebewesen wiederbelebt, was zumeist unter David Abrams Idee des

»more-than-human« firmiert, insbesondere im Kreis um Donna Haraway und Anna Lowenhaupt Tsing und bei manchen Vertretern »neuer Materialismen« (Abram 2015, Hoppe & Lemke 2021: 123–140, 158, 171, zur Kritik z.B. Böhme 2020, Steiner et al. 2022).

Haraway lehnt den Begriff Anthropozän wie auch den Begriff »Kapitalozän« als Zeitalter im Sinne einer durch Menschen segmentierten Zeit an manchen Stellen ganz ab, weil Menschen die Geschichte nicht allein machen (2016: 35, 2018: 47–48). An an anderen Stellen erklärt sie ihn als strategischen Begriff für nützlich (Haraway, in Haraway et al. 2016, Haraway 2020). Haraway spricht sich für ein Spiel mit einer Fülle von Neologismen aus. So erstaunt es nicht, dass sie außer den genannten »Chthuluzän« und »Plantagozän« nicht nur weiterhin »Anthropozän« benutzt, sondern im Vorbeigehen auch »Kapitalozän« verwendet. Haraways Ideen bilden zusammengenommen aber ein Konzept, das eine bestimmte Dimension des Anthropozäns herausstellt, nämlich interspezifische Beziehungen und Verbindungen zwischen Bios und Geos. Sie folgt damit symbiontischen Konzepten der neueren alternativen Biologie mit ihren ökozentrierten Konzepten, wie Margulis' makroskopischem *Gaia* oder dem eher mikroskopischen *holobiont* als letztlich kollektivem Gesamtorganismus (Gilbert 2017, vgl. Belardinelli 2022: 25–28, Kerner 2024: 176f.). Beide Konzepte könnten m. E aber noch stärker naturwissenschaftlich fundiert werden, um einen wirklich analytischen Zugang zum Thema des Anthropozäns zu erleichtern.

Haraway sagt, *chthulucene* würde sich Datierungen widersetzen und »nach Myriaden Namen fragen«. Eben darin sehe ich ein Problem dieses Terminus – wie vieler anderer alternativer »-zän«-Begriffe – für ein Verständnis des Anthropozäns. Trotz der Verwendung der Endung »-zän« versucht Haraway in keiner Weise, den Beginn des Chthuluzäns im Sinne des -zän als Periode irgendwie geologisch oder historisch zu verorten. Haraway befasst sich so wenig mit geologischen Phänomenen und Zeitbegriffen, wie sie es mit historischen Prozessen tut. Damit entfernt sich ihre Position stark von der konzeptionellen Herausforderung, welche die geologische Rahmung der Anthropozänidee für die Kulturwissenschaften bedeutet. Ein zusätzliches Problem ergibt sich hinsichtlich der Verursachung des Anthropozäns und damit auch der Frage der Verantwortung. Wenn Menschen laut Haraway und Morton schon als Individuen nicht abgrenzbar sind und alle Lebewesen »verwandtschaftlich« verbunden sind, ergibt sich die Frage, wie kausale Verursacher überhaupt zu ermitteln sind.

Als Ausfolgerung daraus ist die Frage, auf welcherart kollektive Hoffnungen zur Verhinderung menschlicher Effekte bauen können, wer die Akteure sein sollen, die Gegenmaßnahmen einleiten oder an die Forderungen zu stellen sind: »… die Adressaten aller Handlungsforderungen sind nun einmal nicht Quallen, Korallen oder Delfine, sondern Menschen« (Bajohr 2019: 69). Hier zeigt sich ein zentrales Problem aller posthumanistischen Antworten auf das Anthropozän, nämlich, wie ontologische Fragen und ethische Fragen zusammenzubringen sind. Eine flache Ontologie, wie im speziellen Ansatz von Latour, birgt die Gefahr, Verantwortlichkeiten zu vernebeln, weil mit der Annahme nicht menschlicher Dinge als Akteure bzw. »Agenten« (Aktanten) nicht nur die Unterscheidung Natur vs. Kultur, sondern auch die zwischen Subjekt und Objekt aufgelöst wird (Ribot 2018: 219, Angus 2020).

Technozän und geosoziale Formationen

Erst die umfassende Technisierung aller Lebensbereiche hat die Tiefe des Eindringens des Menschen in die Umwelt ermöglicht. Entsprechend sind technikhistorische Prozesse für die Debatten um das Menschenzeitalter und die Datierung von hoher Bedeutung (Trischler & Will 2020: 236). Das gilt insbesondere für das Anthropozän in der Version des Ansatzes ab dem Zweiten Weltkrieg. Alf Hornborg, ein Humanökologe und Ethnologe, schlägt statt Anthropozän den Terminus »Technozän« (*technocene*) vor, der in mancher Hinsicht als Verfeinerung des Kapitalozänbegriffs zu sehen ist (Hornborg 2014, 2015, Cunha 2015a, Moore 2020). Es sind Wirtschaftsformen, Lebensweisen und Technologien, die die ökologischen Krisen der Gegenwart bewirken. Der Begriff stellt den Zusammenhang mit Technologisierung von Wirtschaft in den Mittelpunkt, vor allem die soziale und kulturelle Genese von Technik (Abb. 4.6). Das entspricht dem Blick der neueren Technikgeschichte (z. B. Trischler & Will 2017, 2019). Der Bezug zur Wirtschaft ist bei Hornborg eher konstruktivistisch als materialistisch gefasst und damit nicht so eng wie bei Moore und anderen Befürwortern des Begriffs Kapitalozän. Die Gesellschaft bzw. das Soziale bleibt in der konkreten Praxis ein eigener

Bereich gegenüber der Natur, sodass sich konkrete politische und ethische Fragen der Verantwortung stellen. Dementsprechend bezieht Hornborg als Ökologe das Anthropozän anders als Moore nicht ausschließlich auf kapitalistische Wirtschaftsformen.

Abb. 4.6 Technische Infrastruktur im Flughafen Soekarno-Hatta, Indonesien, *Quelle: Autor*

Der Hauptgrund für den historisch so plötzlichen wie drastischen Wandel wird weniger in bewusster Politik der Eliten in der Industrialisierung gesehen, sondern in der Objektivierung und Fetischisierung von Technik, entsprechend einer Form von Entfremdung (Malm & Hornborg 2014, Cunha 2015b: 263). Der Begriff Technozän beansprucht, die Dichotomie von Gesellschaft und Natur zu verunsichern und somit ein weniger eurozentrisch enggeführtes, ein »nach-kartesianisches« Denken zu befördern (Hornborg 2017). Der Begriff stellt die zentrale Bedeutung menschlicher Technologie und die Gefahr einer quasi Unterwerfung des Menschen unter ein Regime der Artefakte für den weltweiten Wandel richtigerweise in den Mittelpunkt, aber er ist nur auf eine Dimension des Anthropozäns bezogen.

Abb. 4.7 Flächenstarke Urbanisierung in Guyaquil, Ecuador, *Quelle: Craig Antweiler*

Der Begriff Technozän ist kürzlich um den Begriff *Anthropobcene* (»Anthrobszön«) ergänzt worden. Er weist auf die »obszönen« Folgen menschlichen Handelns hin. Parikka fasst das so, dass der Begriff den Müll digitalen Lebens umfasst (Parikka 2015a, 2015b, Swyngedouw & Ernstson 2018, vgl. Holm & Taffel 2016). Parikka argumentiert, dass Laptops, Tablets, Smartphones und E-Reader uns eine umweltfreundlichere Welt versprachen, die nicht auf Papier und Entwaldung angewiesen ist. Als tatsächliches Ergebnis sieht er aber unser Leben in allgegenwärtiger Digitalität, ein ödes Land, in dem Medien niemals sterben. Damit interpretiert er die individuellen Konsumwünsche von Menschen und die Bedarfe korporater Akteure als quasi geophysikalische Kraft. In den Sedimenten giftiger Abfälle, die wir als unser geologisches Erbe zurücklassen werden, werden Überreste technischer Medien verbleiben. Parikka sieht die materielle Seite der Erde als wesentlich für die Existenz von Medien und führt die Vorstellung einer »alternativen Tiefenzeit« der Medien ein. Ich selbst denke, so wie Angus (2020: 231), dass Vorschläge wie das »Anthrobszön«, anregend sein können, aber eher als Scherze zu verstehen sind. Im Technozän produzieren Menschen nicht nur Bauwerke und Müll. Gleichzeitig schaffen wir durch Rohstoffabbau und durch Baumaßnahmen, etwa Tunelbauten, auch weltweit enorme Hohlräume, die manchmal einstürzen (*sinkholes*, Bridge 2009). Im Rahmen der in der Kunst und den Medien besonders beliebten Wortspiel hat das zum Wortspiel »Hohlozän« angeregt (Siegler 2024: 59).

Urbanozän – Städte als Seismographen und Treiber des Wandels

Städte, besonders Megalopolen, liefern die Basis der meisten apokalyptischen Narrative zum Anthropozän (Brosius & Gerhard 2020). Städte sind ein wesentlicher Treiber eines Umweltwandels, der nicht nachhaltig ist (Abb. 4.7). Städte erzeugen etwa 70% der CO_2-Emissionen. Als verdichtete Siedlungsräume können sie langfristig nur dadurch existieren, dass sie großtechnische Infrastrukturen errichten und sich Naturgüter aus dem Umland oder imperial angeeigneten Räumen einverleiben, etwa Baustoffe oder Erdgas. Manche städtische Stoffwechselprozesse, etwa die Wasser- und Energieversorung, verschwinden typischerweise im Untergrund. So werden Aneignung und Kommodifizierung der Natur unsichtbar. Hinzu kommen die in Städten besonders notorischen Ungleichheiten bei der Ver- und Entsorgung der Bewohner. Diese Ungleichheiten werden kaschiert und zugleich wird der Umweltverbrauch für Bevölkerungsgruppen standardisiert (Kropp 2024: 323f.).

Städtische Lebensformen werden weltweit zunehmend normal, selbst in formal ländlichen Gebieten. In Städten manifestieren sich einige der stärksten anthropogenen Umweltprobleme und -effekte auf der Ebene des Alltagslebens (zur Übersicht Antweiler 2018, Wakefield 2022). Der Planet wird von Städten dominiert, und damit ist das Schicksal der Geosphäre das Schicksal der Städte ... und die können von Menschen transformiert werden. Kurz: die Welt wird Stadt und das das macht »Urbanozän«, so wie »Technozän«, zu einem m. E. ein sehr ernstzunehmenden Begriff (*urbanocene*, auch *urbicene*, daneben *astycene*, *metropocene*, Heise 2015, Chwałczyk 2020). Der Begriff Urbanozän kann auch schön verdeutlichen, dass Anthropozän nicht einfach auf Klimawandel zu reduzieren ist.

Die meisten Autoren verstehen Urbanozän als Begriff, der Ähnliches meint, wie Technozän. Beide Begriffe betreffen ein zentrales Problem für die Transformation von Städen. Es dauert sehr lange und es ist sehr aufwändig, versiegelte Flächen, asphaltierte Straßen und Tunnelsysteme rückzubauen. Wegen ihrer Materialität und ihres Umfangs sind technische Infastrukturen, wie etwa Versorgungssysteme allgemein widerständig, hartnäckig gegenüber Veränderungen (*obduracy*, Hommels 2005: 329–341). Über die schiere materielle Hartnäckigkeit hinaus kanalisieren Infrastrukturen das Denken, sie stabilisieren soziale Umwelt durch Verknüpfungen technologischer mit sozialen Strukturen und sie perpetuieren politische Strukturen. Infrastrukturen, etwa eine weitgehende Versiegelung durch Asphalt, machen Städte damit unflexibel gegenüber einer angestrebten Transformation des Verkehrssystems.

Künstliche Sedimente in Städten sind nur ein Teil der Nebenprodukte von Industrialisierung, Bauwirtschaft, Rohstoffgewinnung, Krieg und Landwirtschaft. Insbesondere küstennahe Städte erweisen das Anthropozän als multiples Problem. Ein Hauptproblem dieser Städte wie etwa Shanghai und Shenzen sind zunehmende Überschwemmungen. So senken sich etwa küstennahe Stadtviertel der indonesischen Hafenstadt Semarang bis zu 15 Zentimeter pro Jahr. Das Wasser drückt in die Stadt, die regelrecht ins Meer

»kippt«. Manche Wohngebiete und Industrieanlagen werden täglich geflutet, einige Straßenzüge sind teilweise bereits dauerhaft überflutet. Der wichtigste Faktor ist oft nicht etwa der Meeresspiegelanstieg wegen Klimaerwärmung, sondern ein Absinken aufgrund Bodenkompaktierung durch Grundwasserentnahme und durch das schiere Gewicht der Gebäude.

Das Urbanozän lässt sich ferner nicht nur in Form der Ausbreitung der Städte fassen, sondern auch in der Vertikalität, einem Phänomen, dem sich die Sozialwissenschaften erst langsam öffnen (Graham 2018). Hier liegt ein mögliches Forschungsfeld, wo sich Stadtarchäologie und Stadtethnologie befruchten können, was ich in Kap. 5.3 anspreche. Für manche Autoren bildet das Urbanozän einen Schritt heraus aus dem Anthropozän, so für Geoffrey West, der das Anthropozän für schon beendet hält. Er lässt das Anthropozän mit der Steigerung der menschlichen Stoffwechselrate vor mehreren Jahrtausenden einsetzen – was andere »frühes Anthropozän« nennen – und mit Beginn des exponentiellen Aufstiegs der Städte, die den Planeten heute dominieren, enden (West 2019: 220–222, 268). Der Begriff Urbanozän kann nicht nur die städtische Genese von Kernproblemen betonen, sondern auch die Einsicht transportieren, dass die Lösungen etlicher Probleme des Anthropozäns urbane Lösungen sein werden (Sommer et al. 2022, bspw. für Jakarta Simarmata et al. 2021).

Übertriebene Fixierung auf Benennung und Spezifität des »-zän«

Mein Fazit ist, dass die vorgeschlagenen Alternativbegriffe als soziale Tatsache ein interessantes Forschungsfeld für Sozial- und Kuturwissenschaftler sein könnten. Sie eröffnen ein Fenster in die vielen Weisen, wie der Begriff aufgefasst wird. Sie bieten ein reichhaltiges Repertoire der Formen, in denen der Begriff des Anthropozäns vor allem von Kritikern rezipiert wird. Jedoch sehe ich durchgehende Probleme der alternativen Termini und auch der Diskussion darüber. Anthropozän ist mitnichten alter Wein in neuen Schläuchen, denn dahinter stehen Annahmen oder Einsichten, die sich von bekannten wichtigen Einsichten unterscheiden oder diese maßgeblich ergänzen. Schlüsselbegriffe, wie derzeit etwa »Resilienz« verdichten den Zeitgeist oder die Erfahrungssignatur einer Periode. Sie sollen mehr als nur eine Tür öffnen, und dazu bedarf es einer gewissen Unschärfe. Schlüsselbegriffe sind selten rein beschreibend, denn ihr Anspruch ist gleichermaßen diagnostisch wie transformativ auf Herausforderungen gerichtet (Bröckling 2017). Die hier besprochenen Alternativbegriffe bringen durchgehend das Problem mit sich, dass sie nahelegen, nur eine Ursache zu sehen, wo es tatsächlich viele Ursachen sind. Ich schließe mich nach der Durchsicht der Alternativbegriffe, die den Wortbestandteil »-zän« verwenden Leinfelder an:

> »Die v. a. aus den Kultur- oder Sozialwissenschaften vorgeschlagenen möglichen Alternativbegriffe wie Kapitalozän, Pyrozän, Plastozän oder Homogenozän fokussieren zwar ebenfalls auf wichtige Ursachen oder Befunde, sind aber als Narrativ-Überschrift nicht umfassend genug« (Leinfelder 2017b: 11–25).

Einerseits wissen viele Kritiker offensichtlich nicht, was der Begriff Anthropozän in der Geologie und Paläontologie *sprachlich* besagt. Entgegen manchen Erläuterungen in oben behandelten populärwissenschaftlichen Texten (z. B. Schwägerl 2012) bedeutet »Anthropozän« aus geologischer Sicht mitnichten das neue »Zeitalter des Menschen« oder »die Epoche des Menschen«. Das »-zän« in Anthropozän bedeutet nicht einfach »neu«, sondern den *Grad der Neuheit der Fossilien*. Fast alle der alternativen Benennungen gehen aber gar nicht auf den geologischen Kern des Konzepts, auf weltweit synchrone Grenzen und auf Fossilien ein. Damit wird das Potenzial der Spezifität der Silbe »-zän« aufgelöst. Inhaltlich benötigen die meisten kritischen Konzepte zum menschengemachten Wandel das Wort nicht, sie missbrauchen es eher. »Vielleicht sollten wir aber lieber auf jeden weiteren ‚Zän' verzichten und anerkennen, dass wir niemals Herr im eigenen Hause waren und sind« (Schüttpelz 2020).

Ich sehe insgesamt eine unproduktive Konzentration auf Benennungsdebatten. Dies gilt umso mehr für ein Phänomen, welches Existenzfragen für die Menschheit und für die Biosphäre aufwirft. Ian Angus stellt sein gleichartiges Befremden dar, indem er sagt, dass ihn solche Debatten immer an Douglas Adams' »Per Anhalter durch die Galaxis« erinnern. Dort wird auf einem prähistorischen Planeten ein Unternehmensberatungsausschuss kritisiert, weil der es nicht schafft, das Rad zu erfinden. Auf diesen Einwand antwortet der Ausschussvorsitzende: »Na schön … wenn Sie so wahnsinnig klug sind, sagen Sie uns doch, welche Farbe es haben soll« (Adams, Übers. nach Angus 2020: 231).

Zusammengenommen ist die zentrale Ausfolgerung der meisten Kritiken die Forderung nach einer »Sozialisierung« des Anthropozäns (Lövbrand et al. 2015: 213, Clark & Szerszynski 2021: 38–41). Das Komplement, nämlich eine »Geologisierung des Sozialen«, die Forderung nach einem notwendigen geosozialen Denken (Clark & Guunaratnam 2016), die ich in Kap. 6 und 7 analysiere, erscheint in den ja primär geistes-, kultur- und sozialwissenschaftlichen Kritiken deutlich weniger. Sie befürchten eher eine Aneigung ihrer Themen seitens der Naturwissenschaftler. Das spiegelt sicherlich Marginalisierungsängste und eine Konkurrenz um Definitionsmacht, kurz: »anthropozänes Kräftemessen« (Will 2021: 215). Die politische Bedeutung des Begriffs Anthropozän sehe ich darin, dass er offen genug ist, um unterschiedliche Schwerpunkte in der Diagnose der kumulierten Auswirkungen menschlichen Handelns zu bündeln. Der Begriff fragt einerseits nach Effekten etwa auf Klima, Böden, Meere und biologische Vielfalt und nach den systemischen Wechselwirkungen zwischen diesen Effekten. Andererseits ermöglicht der Begriff es mittels der starken Silbe »Anthropo-« als quasi einer Währung, die Aufmerksamkeit auf ein Problem der gesamten Menschheit zu lenken. In diesem Doppelcharakter ähnelt er anderen wirkmächtigen Begriffen, wie aktuell dem Schlagwort »Internationale Gemeinschaft« (dazu detailliert Lindhof 2019). Trotz aller Unzulänglichkeit konfrontiert uns der Begriff mit erschreckenden Fakten, er zeigt gleichermaßen die Folgenschwere unseres Tuns und auch die Grenzen des möglichen Einflusses auf langfristige Prozesse auf, und er offenbart die Verwobenheit des Menschen mit der belebten und auch der unbelebten Welt (Macfarlane 2019: 96).

Ich spreche hier von »Alternativbegriffen« und »Gegenerzählungen«, aber es sind eben zumeist nicht einfach alternative Wörter für die gleiche Sache, sondern unterschiedliche *Begriffe*, also verschiedene Wörter für verschiedene Dinge, Phänomene und Perspektiven. Vor allem treffen hier zwei stark unterschiedliche Zeitmaßstäbe aufeinander. Keiner hat das so klar herausgearbeitet, wie Zoltán Boldizsár Simon. Wenn man den Anthropozän- mit dem Kapitalozänbegriff vergleicht, zeigt sich folgendes. Vertreter des Anthropozäns betonen heraus typischerweise die beispiellose Neuigkeit (*unprecedented*) aus *geologischer* Zeitperspektive und leiten daraus die Dringlichkeit präventiver Handlungen ab. Proponenten des Kapitalozänbegriffs dagegen betonen *historische* Kontinuität der Ungleichheit und daraus folgt ihr Ruf nach sozialer Gerechtigkeit. Dieser Imperativ sozialer Gerechtigkeit hat eine gewünschte Zukunft im Auge und ruft nach proaktiver Handlung. Der Anthropozänbegriff dagegen befürchtet den ungewollten Kollaps in der Zukunft und leitet daraus die Forderung nach präventiver und damit *reaktive* Handlung ab. Beide Perspektiven könn(t)en sich ergänzen, aber sie haben unterschiedliche Zeitperspektiven und auch verschiedene Konzepte des Wandels: das Konzept des (geologisch) beispiellosen Wandels steht dem des prozessualen historischen Wandels der (westlichen) Moderne gegenüber (Simon 2017: 241–242).

Dies sind m.E. wichtige Einsichten, aber Simon sieht nicht, dass die Geologie eine (erd-) historisch orientierte Wissenschaft ist, die plötzlichen Wandel als Normalfall kennt. Es ist überstark formuliert, wenn er die Konzepte Anthropozän und Kapitalozän für total inkompatibel hält. Er setzt den Kapitalozän- und den Technozän-Begriff zu undifferenziert in Eins und geht nicht auf die Vielfalt historischer und archäologischen Ansätze ein. Vor allem erscheint es arg übertrieben oder defensiv, wenn Simon erklärt, die Nutzung modernen historischen Denkens zum Verständnis des Anthropozäns sei »… ein unhaltbares, widersprüchliches und selbstzerstörerisches Unternehmen« (Simon 2017: 239).

Was die vielen hier besprochenen alternativen Begriffe mit der Ethnologie verbindet, ist die durchgehende Polarisierung zwischen der Annahme oder Zurückweisung universalen Denkens. Chakrabarty als Historiker, der den Begriff Anthropozän beibehält, arbeitet daran, universales Denken über die *universale* Geschichte des Lebens mit der postkolonialen Skepsis gegen alles Universale zu verbinden und dieses Dilemma auszuhalten (Chakrabarty 2009: 219–220). Die meisten der kulturwissenschaftlichen oder sozialwissenschaftlichen Autoren der alternativen »zäne« dagegen schlagen sich auf die eine oder andere Seite (Simon 2017: 240). Während die weit überwiegende Zahl, wie etwa Proponenten des Technozäns und Kapitalozäns, so wie der Mainstream der Ethnologie, partikularistisch orientiert sind, argumentieren einige wenige für eine universalistische Perspektive.

Solche universalistischen Konzepte behandeln weniger die Ursachen der gegenwärtigen Megakrise in der *Vergangenheit*, sondern eröffnen eine normative Sicht auf mögliche *Zukünfte*. Ein Beispiel ist der Alternativbegriff »Cosmopolocene« (Delanty & Mota 2017). Bei solchen alternativen Begriffen handelt es sich aber nicht etwa um komplett gegenteilige Ideen: die Konzepte können einander ergänzen. Während retrospektive Perspektiven, etwa im Begriff Kapitalozän, die historisch gewordene Ungleichheit als Ursache des gegenwärtigen Krise betonen, arbeitet das Kosmopolozän daran, wie eben diese Ungleichheit in der Zukunft überwunden werden könnte. Im Kosmopolozän wird also die apokalyptische Zukunftssicht der Naturwissenschaften abgelehnt, aber die alarmistische Sicht des Kapitalozäns hinsichtlich der Vergangenheit beibehalten. Hinzu kommt der Entwurf einer Utopie anzustrebender Zukunft (Simon 2017: 240–241). Ich schließe: wir brauchen beides – universalistische, wie auch relativierende und lokalisierende – Zugänge und es braucht vergleichende Forschung. Wenn der Mensch zum geologischen Akteur wird, brauchen wir Geschichtswissenschaften (Bhattacharyya & Santos 2023) und Humanwissenschaften, z.B. die Ethnologie.

Kapitel 5

Anthropozäne Ethnologie –
Culture Matters!

Anthropology is the most humanistic of the sciences
and the most scientific of the humanities.

Alfred L. Kroeber 2003: 144 (1956)

But if we are going to come to terms with the deep histories
of global transformations, we need to (...)
listen to the other half of the globe, the tribalists out there
and right here, talking back.

Jeremy Adelman 2017: 5

Ethnologinnen und Ethnologen sind es gewohnt, ihre Umgebung genau unter die Lupe zu nehmen. Das Fach befasst sich herkömmlicherweise mit räumlich kleinen und kulturell eingegrenzten Einheiten und zeitlich mit kurzen Phasen im Bereich einer Generation. Ethnologisches Forschen setzt am Alltag an, an den Erfahrungen und Handlungen im sozialen Mikroraum des Erlebens und Handelns von Menschen. Für ein Verständnis des Umgangs mit anthropozänen Bedrohungen im Alltag ist ein Verständnis von Kultur als Praxis hilfreich. Praxis verankert soziales Handeln in materieller Umwelt, im sozialen Raum, verbindet Verhalten mit gesellschaftlichen und kulturellen Normen und richtet den Blick sowohl auf Routine und Normalität als auch kulturell Neues und Kreativität der Akteure (Abb. 5.1). Ein Beispiel dafür ist die aktuelle Außendämmung von Altbauten: über Technologie hinaus verbindet sie Alltag beispielsweise mit sozialer Lage und gesellschaftlicher Transformation (Niewöhner 2013: 47–49). Aus ihrer Tradition heraus ist die Ethnologie eine auf lokal begrenzte Lebensweisen konzentrierte Wissenschaft. Als eine »mikroskopische« Kultur- und Sozialwissenschaft ist sie gleichermaßen für das Verstehen und Erklären menschlicher Lebensformen wichtig, wie sie als wissenschaftliche Basis für *realistische* Appelle an verändertes Handeln erforderlich ist. Die Ethnologie hat aber auch eine breitere anthropologische Dimension. Als Anthropologen befassen wir uns mit der Rolle des Menschen in Umwelten, und wir untersuchen, wie Menschen in wissenschaftlichen und politischen Debatten über Entwicklung und zukünftige Umwelten konzipiert werden (Hoelle & Kawa 2021: 655, Johnson et al. 2022). Insofern sind die vergleichsweise begrenzten Erfahrungen der Ethnologie in der Zusammenarbeit mit Naturwissenschaftlern relevant (Schareika 2006, Casimir 2021).

Abb. 5.1 »Anthropologie« als Namensgeber eines globalen Modeunternehmens, Schaufenster in Manhattan, New York City, *Quelle: Autor*

5.1 In der Kontaktzone der Disziplinen – Resonanz in der Ethnologie

> In anthropology – a discipline driven by fads to be chewed up, spat out, and replaced by the next »turn«– the danger is that invocation of the Anthropocene becomes almost a cliché.
>
> *Richard Irvine 2020: 11*

Es sind verschiedene Reaktionen der Ethnologie auf das Thema Anthropozän denkbar. Fest steht: das Stichwort erregt Aufmerksamkeit im Fach. Die Einladung des weltberühmten Wissensforschers Bruno Latour als Vertreter eines anderen Fachs zur Keynote auf dem Jahrestreffen der *American Anthropolgial Association* 2014, die unter dem Thema »Producing Anthropology« lief, war wohl das deutlichste Zeichen vonseiten des Fachs und seiner mächtigsten Organisation, sich mit dem Thema Anthropozän ernsthaft auseinanderzusetzen. Latour sieht die Ethnologie als eine der »niederen« Wissenschaften, als eine »erdnahe« Wissenschaft, wie die Bodenkunde und die Ökologie.

Latour hatte sich schon zehn Jahre vor dieser Adresse an die Ethnologinnen verwundert gefragt, wie es möglich ist, dass wir als Menschen gleichzeitig schon so lange ein Teil der Naturgeschichte sein konnten, aber so spät gemerkt haben, was passiert ist. Jetzt warf Latour einen positiven Blick auf den Begriff des Anthropozäns, wobei er den Hauptnutzen in seiner »Narrativität« sah, in der Kraft des Anthropozänbegriffs, eine »Geostory« zu erzählen, eine Geschichte, die nicht einfach eine Addition zur physischen Erdgeschichte ist (2017: 10). In seiner Lecture sprach Latour vom Anthropozän als einem vielleicht unverdienten »Geschenk«, einem Geschenk, das sich aber auch als giftig erweisen könnte, wenn die Ethnologie es nicht produktiv annimmt. Latour stellte die im Anthropozän liegende Anforderung an die derzeit vielfach prekäre Ethnologie drastisch heraus:

> »What an amazing gift! Sure it might be poisonous. But how silly it would be not to try to peek through the wrapping to take a glimpse of what is in store. Consider the situation: here is a battered scholarly discipline, always uncertain of its scientific status, constantly plagued by successive and violent ›turns‹ (the ›ontological turn‹ being only the more recent), a field which

always finds itself dragged into the middle of harsh political conflicts, a discipline that runs the constant risk of being absorbed by neighboring specialties and voted out of existence by deans and administrators impatient of its methods and ideologies, a discipline that accepts being crushed under the weight of all the violence and domination suffered by the many populations it has decided to champion – a lost cause among all the lost causes, okay, you see the picture, and it is to this same discipline, which a few years ago, an amazing present was offered: pushed from behind by the vast extent of ecological mutations and dragged ahead by philosophers, historians, artists and activists, a sizeable group of natural scientists are describing the quandary of our time in terms that exactly match the standards, vices and virtues of that very discipline. Yes, what a gift! It is really embarrassing, especially if it is not deserved!« (Latour 2017: 35).

Zwischen Schlagwort und radikaler Fachkritik

In einem Überblick der Kernkonzepte der Ethnologie schreiben Lavenda & Schultz: »Few anthropologists would challenge the vast scientific consensus supporting the view that, as a conseqence of human acivities, we are living in the Anthropocene …« (Lavenda & Schultz 2020: 7). Das lässt allerdings offen, ob sie damit nur ein anderes Wort akzeptieren für das, was man gemeinhin als globalen Wandel bezeichnet. Es könnte etwa sein, und das legt die Platzierung bei Lavenda & Schultz nahe, dass die meisten damit einfach des Themenfeld der Umweltethnologie (*environmental anthropology*) meinen und damit Kollegen ansprechen, die es gewohnt sind, mit anderen, die sich mit Umwelt und globalen Problemen befassen, zusammenzuarbeiten. In Kap. 2 wurde aber festgestellt, dass im Kern des Begriffs des Anthropozäns eine spezifische *geologisch* untermauerte Annahme steckt.

Eine Reaktion der Disziplin kann es sein, das Wort Anthropozän tatsächlich nur als Schlagwort zu benutzen, um unter dem Label andere Themen oder spezielle Teilaspekte abzuhandeln. In vielen Debatten fällt auf, dass die Wendung »… im Anthropozän« verwendet wird, um irgendeinem Argument rhetorische Kraft zu verleihen, was treffend als »Anthropocene for show« benannt wurde (Malhi 2017: 93, Dryzek & Pickering 2019:13, 49–50). So benutzt etwa ein (sehr guter) Übersichtsaufsatz zur Katastrophenethnologie das Wort »Anthropozän« im Titel … und dann nie wieder; selbst das Wort »Klima« kommt nur sechsmal vor, und »global« taucht nur zweimal im Text auf (Barrios 2017). Ein reines Labeling verschiedenster Themen mit dem Wort »Anthropozän« ist eine allenfalls wissenschaftspolitisch denkbare und selbst dort nicht dauerhaft fruchtbare Strategie, denn die Halbwertszeit von Schlagwörtern ist zumeist kurz.

Wenn wir die in Kap. 4 diskutierten Kritiken vor allem aus den Sozialwissenschaften ernst nehmen, könnte eine zweite Haltung darin bestehen, dass die Ethnologie ausdrücklich Distanz zum Konzept Anthropozän wahrt und sich vor allem in Form von begleitender Kritik betätigt. Hier haben sich Ethnologinnen stark engagiert, was in Kap. 4.2 bis 4.4 schon deutlich wurde. Das Thema ist aber m. E. zu folgenreich, um es bei der Kritik des Konzepts, einer pauschalen Kritik am wachstumsfixierten Kapitalismus oder einer spezifischen Kritik am extraktiven Rohstoffumgang zu belassen. All dies können auch andere Fächer. Edgeworth stellt als Archäologe heraus, dass die Ethnologie zur Frage des Anthropozäns mehr als nur Kritik – so wichtig diese ist – beitragen kann:

> »The evolving and still fluid debate on the Anthropocene is too important for anthropologists to situate themselves outside of it. A more positive approach (…) would be to recognize that anthropological methods and perspectives – together with those of the natural sciences – are crucial to the collaborative multi-disciplinary task of reformulating the Anthropocene (…) In such a project, moving beyond critique, anthropologists surely have a vital role to play« (Edgeworth 2018a: 759).

Die fachliche Relevanz des Anthropozäns wird in der Ethnologie sehr unterschiedlich aufgefasst. Manche Ethnologen argumentieren, dass das Anthropozän, zumindest in Form der Umweltdesaster im Kontext anthropogenen Klimawandels, zu einem »erneuerten Projekt der Kulturkritik« in Gefolge der traditionellen *anthropology as cultural critique* der 1980er-Jahre führen könnte. In einem der meistgelesenen ethnologischen Beiträge der letzten Jahre argumentiert Cecil Ryan Jobson, aufgrund der existenziellen Klimakrise müsse man sowohl ethnografische Distanz wie auch Sentimentalität beenden und von der Annahme eines kohärenten menschlichen Subjekts wegkommen, um einen »radikalen Humanismus« zu schaffen.

Der Aufsatz, der die Forschungsbeiträge der Ethnologie im Jahre 2019 kritisch beleuchten soll, gerät angesichts der Klimakrise zu einem durch und durch programmatischen und dramatisch geschriebenen Text. Die Waldbrände 2018 in Kalifornien – zeitgleich mit der zentralen Konferenz – müssten das Fach, das ohnehin seit Langem in einer epistemischen Krise stecke, wachrütteln: ja die Ethnologie »brennen lassen«: »To let anthropology burn permits us to imagine a future for the discipline unmoored from its classical objects and referents« (Jobson 2020: 261). Die drastische Sprache des Textes steht in starkem Gegensatz etwa zum entsprechenden Jahresüberblick zur anthropologischen Archäologie, einem Aufsatz, der ebenfalls Probleme der Kategorisierung sehr kritisch diskutiert, dies aber deutllich sachlicher tut (Kosiba 2019). Die Ängste vor dem Anthropozän in Form des Klimawandels manifestieren sich bei Jobson in umfassender Fachkritik und auch in einer gewaltmetaphorischen Wortwahl (vgl. Hornborg 2017b, Malm 2021a). Während das Anthropozän hier als grundlegendes Motiv fungiert, um das Fach insgesamt zu überdenken, erwähnt einer der meistgelesenen Theorieaufsätze der Ethnologie der letzten Jahre (Ortner 2018) das Thema Anthropozän mit keinem Wort.

Fachlicher Anspruch und klassische Themen

Viele der Themen, die durch das Anthropozän hervorgebracht wurden, werden schon seit Langem in der Ethnologie bearbeitet, wie Bruno Latour in seinem Vortrag vor der AAA 2014 sagte (vgl. Pandian 2019). Er benannte drei Problematiken hoher Relevanz im Anthropozän, erstens die menschliche Handlungsfähigkeit, zweitens die Verbindung von physischer und kultureller Anthropologie und drittens die Gemeinsamkeiten und Unterschiede in den »Weisen, die Erde zu bewohnen« (Latour 2017: 7). Ähnlich, wenn auch aus anderer theoretischer Perspektive, betont Marc Augé jüngst, dass die traditionellen Gegenstände der empirischen Ethnologie zu sozialen Beziehungen im Kontext, nämlich Abstammung, Verwandtschaft, Verbundenheit der Generationen und Residenz sämtlich durch globalen menschengemachten Umweltwandel von bedeutenden Veränderungen erfasst wurden (Augé 2019: 66–68). Sie seien gleichzeitig für ein Verstehen des Anthropozäns relevant. Vor allem durch ihre erweiterten Kontexte seien diese Themen sogar ergiebiger denn je, wobei der Gegenstand der Ethnologie nicht verschwinde, sich aber verschiebe.

Dennoch stellte Paul Stoller vor gut zehn Jahren mit einiger Berechtigung fest, dass die Ethnologie bislang keine *aktive* Antwort auf die Herausforderungen des Anthropozäns, die er vor allem in der Politik des Anthropozäns sieht, hervorgebracht habe (Stoller 2014). Als Ethnologe kann man sich wundern, dass das Fach bei der Formulierung des Konzepts gar keine Rolle spielte, obwohl es doch um Folgen menschlicher Aktivität geht. Dies geht aber nicht nur Ethnologinnen so. Aus einer Außensicht ist es etwa auch erstaunlich, dass die Archäologie in den kanonischen Aufsätzen, in denen das Thema formuliert wurde, nicht herangezogen wurde. Die Hauptakteure der Debatten im ersten Jahrzehnt des 21. Jahrhunderts waren Klimawissenschaftler, Geophysiker und Erdsystemwissenschaftler, die sich für großräumliche geophysikalische Wirkungen interessierten. Regionaler und lokaler Umweltwandel, den Archäologen dokumentieren, der aber keinen Effekt auf die gesamte Geosphäre hat, wurde lange Zeit ausgeblendet (Bauer & Ellis 2018), wobei die Beiträge von Ruddiman zum frühen Anthropozän hier die Ausnahme bilden. Clive Hamilton hat daraus für Archäologen und Ökologen den klaren, meines Erachtens voreiligen, Schluss zur Debatte gezogen: »butt out« (Hamilton 2014).

Demgegenüber wird seitens der Ethnologie zuweilen ein recht pauschaler Anspruch erhoben, derart, dass die Anthropologie als Wissenschaft, welche die Erfahrungsdimension von Mensch-Umwelt-Beziehungen betont, bei einem solchen Anthro-Thema doch selbstverständlich relevant sei. Manche Vertreter sagen sogar, dass die Anthropologie »mit all ihren Subdisziplinen« ideal für das Thema und für kritische wissenschaftliche »Interventionen« sei (Bauer & Bhan 2018: 7). Offen bleibt hier, ob die Teilgebiete der breiten Anthropologie im US-amerikanischen Sinn gemeint sind, also Kulturanthropologie, Linguistische Anthropologie, Archäologische Anthropologie und Physische Anthropologie, oder nur die Archäologie (wie bei Bauer & Bhan 2018). Wenn »nur« die einzelnen Teilgebiete der Ethnologie bzw. Kulturanthropologie gemeint sind, ginge es also nicht nur um die thematisch einschlägigen Gebiete der Umweltethnologie und

Klimaethnologie und Politischen Ethnologie, sondern auch etwa um Wirtschaftsethnologie, Sozialethnologie und Religionsethnologie.

Konturierung, Disparität und Prekarität des Fachs

Für einen substanziellen und konstruktiven Beitrag zum Thema ist entscheidend, wie die Ethnologie fachlich ausgestaltet ist sowie, ob und wie sie sich in der Öffentlichkeit präsentiert. Von zentraler Bedeutung bei einem derart öffentlich relevanten Thema wie dem Anthropozän ist es, wie sich die Disziplin gesellschaftlich positioniert, wie sie ihr Profil öffentlich darstellt und inwieweit sich das Fach in politische Prozesse einbringt. Hierbei ergibt sich die Frage, welchen Beitrag die Ethnologie im breiten Konzert der Wissenschaften leisten kann und will.

Die Ethnologie könnte ihre Beiträge als Disziplin leisten oder eher als integrierender Teil vieler Disziplinen in einem viele Maßstäbe umfassenden Feld. Sie könnte eine kleinere Begleitwissenschaft sein, die hegemoniale und universalistisch ausgerichtete Wissensformen kritisch untersucht (»minor science«, Marcus & Pisarro 2008). Sie könnte aber umgekehrt auch als »Anthropologie ohne Grenzen« ausgebaut werden, wie es im Rahmen der Klimawandelforschung mutig postuliert wurde (*cross-scale*, Crate 2011: 183, Kelman & West 2009: 130). Dies sind nur einige der denkbaren Positionen und Formen der Zusammenarbeit mit Naturwissenschaftlern (dazu Schareika 2006, Skinner 2021).

Die jüngste Debatte zur Benennung des Mehrnamenfachs im deutschsprachigen Raum war äußerst kontrovers und hat klargemacht, wie unterschiedlich die thematische und methodische Ausrichtung sein kann (dokumentiert in Antweiler et al. 2020). Eine entscheidende Frage bezüglich des Anthropozäns ist, wie sich die Ethnologie selbst inhaltlich in Bezug auf die Zukunft konturiert. Sie könnte etwa profiliert werden (a) als Ethnienwissenschaft, (b) als Forschung zu Fremden, (c) als methodisch mikroorientierter Teil der Sozialwissenschaften, (d) als ein Teil einer breiten Humanwissenschaft, wie ich es vertrete oder (e) als eine moralische Instanz für Minderheiten und Vielfalt, wie es – in meiner Wahrnehmung – die derzeit dominate Strömung ist. Angesichts der thematischen Breite des Themas Anthropozän kann man nach einer »Ethnologie der Zukunft« suchen und nach Grundorientierungen und nach der Zukunftsausrichtung als Methode fragen (Bryant

& Knight 2019: 192–200). Dies wirft auch institutionelle Fragen auf: Wird die Ethnologie in der Zukunft eine Disziplin bleiben oder zu einer Art Interdisziplin werden?

Abb. 5.2 Selfiemania am Arabischen Golf in der Megalopole Mumbai, Maharashtra, Indien, *Quelle: Autor*

Dieses Kapitel betrifft die Ethnologie, deren Ausrichtungen so vielfältig sind wie ihr Gegenstand Abb. 5.2). Das Fach hat zusätzlich ein Doppelgesicht (angeregt durch Sprenger, mündl. 2021): Einerseits ist die Ethnologie eine Disziplin mit eigenen wissenschaftlichen Wahrheitskriterien, die frei von eigengesellschaftlichen Normen und Werten und auch unabhängig von solchen Vorgaben seitens der untersuchten Gemeinschaften sein sollen. Andererseits gibt es eine zivilgesellschaftliche Seite des Fachs, die sich typischerweise in der Solidarität mit Minderheiten jeglicher Art zeigt: mit Armen, Ausgegrenzten, mit besonders Verletzlichen und wenig mächtigen Menschen. Da die Ethnologie meine Disziplin ist, ist dieses Kapitel sicherlich stärker als andere durch eigene Haltungen geprägt, und diese möchte ich hier kurz offenlegen.

5.2 Ethnologie – ein Profil und eine Position

Le thème du respect de différances culturelles tend à ignorer et à faire ignorer d'une part, les differences individuelles à l'interieur des cultures et d'autre part, l'existence de l'espèce humaine, du genre humain, au-delà des cultures.

Marc Augé 2017: 89

Ein großer Teil der Ethnologinnen sind der Ansicht, dass die Debatte um das Anthropozän die Ethnologie in neue Richtungen bewegen wird und uns herausfordert, erneut über den Gegenstand des Fachs zu reflektieren und über das Leben derer, mit und über die wir forschen (Moore 2016, Tsing et al. 2019: 187, Augé 2019).

Die klassische Ethnografie als Hauptprodukt der Disziplin war eine Dorfstudie über das Leben einer lokalen Gemeinschaft in Form eines Buchs. Bis heute untersuchen Ethnologinnen primär kleine Kollektive oder aber kleine bzw. überschaubare Ausschnitte von großen Gesellschaften. Moderne Ethnografien beschreiben typischerweise lokale Anteile komplexerer Gesellschaften oder Ausschnitte von Netzwerken, etwa ein Teilnetzwerk politischer Aktivisten innerhalb der Beteiligten einer sozialen Bewegung. Die lokale Grundausrichtung schließt nicht aus, dass sich Ethnologinnen auch immer wieder mit größeren Einheiten, wie ganzen Nationen, Regionen oder mit der ganzen kulturellen Welt, der Weltkultur, befassen. Dies gilt besonders für Ethnologinnen, die sich nicht nur im Fach, sondern auch in den fächerübergreifenden Regionalwissenschaften (*Area Studies*) oder der Globalgeschichte bewegen, wie klassisch etwa Werke von Ruth Benedict zu Japan, Leslie White zur Weltkultur und Eric Wolf zur Geschichte des Globalen Südens.

Maßstäbe und Einheiten

Die Mikroausrichtung der Ethnologie hängt stark mit ihrer erfahrungsnahen Methodik zusammen. Das klassische Verfahren ist die sog. Feldforschung. Dabei wird ein soziales Feld – daher die Bezeichnung – in erfahrungsnaher Weise von einem Forscher, der länger mit den untersuchten Menschen zusammenlebt, untersucht. Dies wird nur von wenigen anderen Wissenschaften geleistet, und das unterscheidet die Ethnologie von den meisten Forschungen der großen Sozialwissenschaft. Ausnahmen bilden der ethnografische Ast der Soziologie (*Ethnography*), der moderne Mainstream der Europäischen Ethnologie (früher Volkskunde) mit dem Alltagsbegriff und manche Geografen, etwa Jonathan Rigg, der das ähnlich unter dem Begriff des *everyday* fasst (Rigg 2007: 1–23). So, wie der räumliche Umfang ethnologischer Studien begrenzt ist, so ist es auch der zeitliche Rahmen. Ethnologen befassen sich meistens mit der gegenwärtigen Situation und aktuellen Prozessen in menschlichen Gruppen. Der Wandel wird meistens nur bis in die jüngere Geschichte zurückverfolgt.

> »Ist die Anthropologie also, um Sartre noch einmal aufzugreifen, ein Humanismus? Ja, weil sie sich bemüht, die Übereinstimmung der von verschiedenen Kulturen der Welt gestellten Fragen zu betonen, ohne sich von ihren jeweiligen Antworten zu entfremden, weil sie die Spannung zwischen den Zwängen des sozialen Sinns und dem Anspruch individueller Freiheit deutlich macht, weil sie die Grenze zwischen den Kulturen und die Grenzen zwischen Individuen als Schwellen und nicht als Barrieren auffasst, weil sie ihrer doppelten Berufung als in der Weltgeschichte engagierte theoretische und angewandte Disziplin folgt, ist die Anthropologie ein Humanismus« (Augé 2019: 90).

Ethnologie als erfahrungsnahe Kulturanthropologie

Wenn interkulturelle Positionen der Ethnologie gewonnen werden sollen, muss erst eine Bestimmung dessen erfolgen, worin der Kern der allgemeinen Ethnologie bestehen soll. In der internationalen und auch der deutschsprachigen Diskussion gibt es dazu eine Fülle von Positionen, aber wenig echten Konsens. Um mein Verständnis der Ethnologie deutlich zu machen, gebe ich jetzt zunächst eine primäre Bestimmung und begründe diese. Dann sage ich, wie Ethnologie sekundär bestimmt werden kann, um aus diesen Bestimmungen schließlich explizit abzuleiten, wie ich die Ethnologie – in Absetzung von einigen derzeit verbreiteten Positionen – ausdrücklich nicht bestimmen würde. Wie könnte der Kern der Ethnologie charakterisiert sein, wie sollte sich die Ethnologie bestimmen?

1. Ethnologie als Wissenschaft, also nicht primär als »Perspektive«, »Sichtweise« oder Methode. Als Wissenschaft wäre sie über den inhaltlichen Fokus, also primär über ihren Gegenstand Kultur zu bestimmen. Das umfasst erstens Kultur als Kulturfähigkeit und vor allem existenzielle Angewiesenheit auf Kultur (Kulturabhängigkeit, Kulturbedürftigkeit) des Menschen und zweitens als jeweilig besondere Daseinsform von und in Menschengruppen (sozietäre Kultur). Als Wissenschaft ist Ethnologie eine Profession, die erlernt werden muss, auch wenn es sich bei den Ethnologinnen um *native anthropologists* handelt. Sie sollte ihre Berechtigung weniger aus Identität, sondern aus Gelehrsamkeit ableiten. Als Wissenschaft sollte sie »Autorität« suchen, statt sie zu vermeiden, aber diese Autorität muss methodisch begründet und transparent dargelegt werden.

2. Ethnologie als generalisierende und vergleichende Kulturanthropologie, also als integrierter Teil der Anthropologie als der Wissenschaft vom »ganzen Menschen«. Ethnologie bzw. Kulturanthropologie sollte im Rahmen der anderen anthropologischen Disziplinen verortet sein. Sie muss Teil einer Allgemeinen Anthropologie sein, die nicht auf eine reine Kulturwissenschaft begrenzt sein kann. Sie sollte nicht isoliert sein, wie hierzulande, oder sich, wie es gegenwärtig in den USA definitiv der Trend ist und sich hierzulande abzeichnet, von den anderen anthropologischen Disziplinen lösen und sich an die Literaturwissenschaft, die Literaturkritik oder die *Performance Studies* binden. Kultur, Vergleich und Verallgemeinerung sollten im Zentrum stehen, so, wie es früher in der US-amerikanischen Ethnologie dominierte und in den letzten Jahren wieder stärker in der britischen Ethnologie der Fall ist. Wir brauchen nicht ein Weniger an umfassenden Ansätzen (*meta-narratives*), wie so häufig gefordert, sondern ein Mehr. Dies bedeutet keine pauschale Ablehnung postmoderner Ethnologie, denn diese hat wichtige Einsichten geliefert (Repräsentationsprobleme, multiple Vielfalt von Identität, Konstruktivismus, historisches Zitieren). Wohl aber ist der extreme Kulturrelativismus vieler postmoderner Ethnologinnen abzulehnen. Die von postmodernen Ethnologinnen und Ethnologen aufgeworfenen Themen schließen es nicht aus, sie explizit wissenschaftlich anzugehen. Ich plädiere also für eine explizite Suche nach Verallgemeinerungen und

Mustern und auch quantitativen Aussagen, wende mich aber gegen deren totalisierende Nutzung. Stattdessen geht es um kritische und sorgfältige Interpretation von Verallgemeinerungen.

3. Ethnologie, die auf Kultur als Lebensweise- bzw. Lebensform (*way of life*) fokussiert. Der holistische Kulturbegriff mit seiner Annahme einer Kohärenz von Denken und von Handeln ist zentral. Aber das darf nicht zur Annahme einer Einheitlichkeit führen, denn intra- und interkulturelle Vielfalt sind ein Grundmerkmal aller menschlichen Gemeinschaften. Kultur beinhaltet ferner nicht nur Ideelles, wie Symbole, Kognition und Bedeutungen, sondern auch materielle Produkte, wie Töpfe und Kulturlandschaften. Kultur ist in keiner Weise reduzierbar, weder auf Materielles, noch auf Ideelles, Kultur ist materiell hybride. Trotz Hunderten vorgeschlagener Begriffsbestimmungen bleiben als fundamentale Merkmale der hohe Stellenwert nicht genetischer Informationsweitergabe und die Anpassungs- und Orientierungsleistung von Kultur für das Handeln von Menschen. Innerhalb der anthropologischen Disziplinen sollte es die Aufgabe besonders der Ethnologie sein, Wissen darüber zu konstruieren, wie Handlungen im Kontext der Untersuchten beschrieben und aus wissenschaftlicher Sicht als kohärent verstanden werden können. Eine Konzentration auf kulturelles Wissen (*knowledge*) ermöglicht, das Starren auf Differenz zu vermindern, weil Wissen zwischen Menschen verschiedener Kultur inhärent transitiv ist und bei Wissensbeständen selbstverständlicher als bei Kultur angenommen wird, da sie nicht nur zwischen, sondern auch innerhalb von Menschengruppen ungleich verteilt sind. In der neueren Diskussion um indigenes Wissen (*indigenous knowledge, local knowledge*) wird dieses Wissen nichtsdestotrotz oft übertrieben als einheitlich, ganzheitlich, umweltangepasst präsentiert oder als »ganz anderes« Wissen vorgestellt.

Kritik anderer gängiger Bestimmungen des Fachs

In der Literatur sind noch etliche weitere Bestimmungen der Ethnologie verbreitet. Viele davon treffen zwar bestimmte Charakteristika der Ethnologie, eignen sich aber aus meiner Sicht nicht zur Bestimmung des Fachkerns. Demnach sollten diese Merkmale nur in zweiter Linie herangezogen werden, wenn das Fach charakterisiert wird.

Erstens sehe ich die Ethnologie nur nachgeordnet als Studium von »Kulturen«, »Ethnien« oder *shared values and ideas*, auch wenn das der traditionelle Fokus der Ethnologie ist. Ethnologie sollte weniger auf Gesellschaften (»Kulturen«) als solche fokussiert sein, sondern auf spezifische Wege, das Gleiche zu tun bzw. auf unterschiedliche Arten, die gleichen Probleme zu lösen. Eine Bestimmung von Ethnologie als Untersuchung von Kulturen läuft immer Gefahr, diese als intern einheitlich und abgegrenzt zu verstehen und fälschlicherweise anzunehmen, Kultur sei unter den Personen geteilt (*shared*). Diese Essenzialisierung führt leicht dazu, Menschen nur als »Exemplare« von Kulturen zu sehen und sie damit zu entpersonalisieren. Das ist gerade in Zeiten extremer Identitätspolitik, wo Identität ein fruchtbarer Boden für politische Manöver ist und Kultur im Zweifelsfall als Differenz charakterisiert wird, gefährlich und passiert uns Ethnologinnen ohnehin selbst oft.

Zweitens sehe ich die Ethnologie nur in zweiter Linie als Wissenschaft des kulturell Fremden schlechthin. Wenn Ethnologie über das Fremde bestimmt wird, sollte aber das Fremde *und* das Eigene in ihrem Zusammenhang begriffen werden, weil Fremdes immer rational ist. Fremdheit ist keine Eigenschaft von Kulturen, sondern ihrer Beziehung. Das Fremde als solches sollte nicht der Gegenstand sein, weil das gegen Vergleiche als Methode und gegen die Einsicht der Einheit des Menschen spricht. Insbesondere sollte die Ethnologie nicht über das Fremde als das »ganz Andere« bestimmt werden. Sonst werden erkenntnishinderliche Dichotomien zementiert, die sogar politisch sehr gefährlich werden können, weil sie ungewollt die Einheit der Menschheit infrage stellen. Glorifizierende, mystifizierende, aber eben auch abwertende »Kulturrassismen« sind ohnehin verbreitet, und sie können ethnologisches Gedankengut oder auch nur ethnologische Termini allzu leicht für sich vereinnahmen.

Drittens ist eine epistemische Bestimmung des Fachs logisch nachgeordnet gegenüber der thematischen und theoretischen Bestimmung. Dies wäre eine Fachbestimmung über ihr spezielles Erkenntnisproblem (fremde Kultur) und praktisches Umgangsproblem (interkultureller Umgang) sowie ihre allgemeine Haltung als Antwort darauf (Kulturrelativismus). Der ethnologische Kulturrelativismus ist mit seiner Achtung anderer Kulturen als Grundhaltung wichtig für eine praktisch engagierte Ethnologie. Ein konsequenter Kulturrelativismus jedoch ist gleichermaßen für die Forschung hinderlich, z. B. weil Kulturen dann als Monolithen gedacht werden und damit keine Vergleiche möglich sind. Viertens halte ich auch eine Fachbestimmung über die Methodik bzw. über die Methoden (Verfahren) für zweitrangig. Methoden sind Mittel für Ziele, egal ob es sich um wissenschaftliche oder lebensbezogene Absichten handelt. Wenn Ethnologie über die Methodik definiert wird, dann sollte dies nicht nur durch die stationäre Feldforschung markiert sein, sondern auch der in Deutschland vernachlässigte interkulturelle Vergleich als zweite methodische Säule mit genannt werden. Wenn die Feldforschung in den Mittelpunkt gestellt wird, dann muss man genau sagen, was gemeint ist: Teilnahme, Perspektivenübernahme, zweite Sozialisation zusammenhängendes soziales »Feld«, weil auch Geografen, Soziologen und Historiker »Feldforschung« betreiben. Als Methode ist Feldforschung aber zu vielfältig und zu schillernd, um eine ganze Wissenschaft darin zu fundieren.

Als Konsequenz der bisherigen Überlegungen sollte Ethnologie nicht oder zumindest nicht im Kern in den folgenden Weisen, von denen einige derzeit besonders *en vogue* sind, bestimmt werden:

- In postmodernistischer Weise als reine Darstellungsweise von Fremdem, Anderem, als Austausch von Redeweisen oder Lesweisen der Welt, als Lob der »Kakophonie«, als »Diskurs der Vielfalt« bzw. als Lieferant von »Alternativen zu uns« (statt »für uns«, im Sinn von Clifford Geertz (1992) oder auch als reine »Evokation«, Literaturkritik oder Kunst. Das alles können Künstler, Literaturkritiker oder Romanciers (beispielsweise Gabriel Garcia-Marquez, Salman Rushdie und John Irving) im Zweifelsfall besser als Ethnologen. Außerdem beinhalten diese Ziele etliche innere Widersprüche, z. B. kann ein Evozieren nicht ohne jegliche Repräsentation auskommen. Ethnologie kann außerdem keine Kulturkritik sein, wenn sie nicht ausdrücklich sagt, was sie kritisiert und wofür sie sich einsetzt. Die »Kritik«, die in den Werken der *Anthropology as a Cultural Critique* geäußert wird, wendet sich meist an Akademiker anderer Fächer oder an westliche Intellektuelle. Sie bleibt oft feuilletonistisch, selbstbezogen nach innen ausgerichtet, narzisstisch und diffus. Diese genannten Richtungen können als »politisch korrekte« postmoderne Ethnologie bzw. als »moralische Modelle« kritisiert werden. Aber auch seitens anderer Richtungen kritischer Ethnologie und von Vertretern Humanistischer Anthropologie wird bemängelt, dass sich die Texte der postmodernistischen Ethnologie und ethnologischen Kulturkritik meist auf andere Texte und wenig auf das tatsächliche Leben oder Erleben realer Menschen beziehen. Klassische Themen der Ethnologie werden auch deshalb von anderen behandelt. Die Information der Öffentlichkeit zu anderen Gesellschaften wird fast nur von Journalisten, die oft auf lange Landeskenntnis bauen, gebildet, kaum dagegen von Ethnologinnen. Außerdem beziehen sich die postmodernistischen Autoren auf Texte, die für das Fach kanonisch sind und hegemonial wirken, kaum dagegen auf Texte, in denen Ethnologie popularisiert und damit gesellschaftlich wirksam wurde. Hier wäre eine Auseinandersetzung mit älteren Texten z. B. von Margaret Mead und Ruth Fulton Benedict oder mit neueren, wie von Carlos Castaneda, Michael Harner oder Nigel Barley wichtiger als mit klassischen Monografien. Auf dem Weg ins universitäre Establishment haben die Kritiker ihre Kritik domestiziert. In vielerlei Hinsicht haben postmoderne Ansätze die Ethnologie theoretisch und empirisch bereichert, in *dieser* Hinsicht aber hat die postmoderne Ethnologie in die Irre geführt.

- Als Wissenschaft, die auf die Innen- oder Eigensicht der Akteure (*emic view*) begrenzt ist, denn die Unterscheidung zwischen emisch und etisch ist zwar analytisch nützlich, aber in konkreten Kontexten haben wir immer gemischte Phänomene vorliegen. Menschen leben heute kaum irgendwo noch in exklusiven Identitätswelten. In Situationen gemischter, diffuser und sich wandelnder Identitäten bei Untersuchten wie auch den Untersuchenden wird die Trennung zwischen *emic* und *etic* so problematisch wie zwischen Selbst und »Anderen«. Ethnologie sollte dialogischer sein, die Stimmen der Untersuchten wiedergeben, aber es ist eine Illusion, dass sie im Sinne einer indigenen Ethnologie von den Untersuchten selbst gemacht werden könnte, es sei denn, es handelt sich dabei um ausgebildete Ethnologinnen. Ethnologie ist eine Profession mit besonderen Konzepten, Methoden und Validitätskriterien und keine Hobbywissenschaft.

- Als Studium abgegrenzter, kleiner und/oder kulturell einheitlicher Ethnien oder als Untersuchung »des Lokalen« oder nur des »lokalen Wissens« (*local knowledge, indigenous knowledge*). Sämtliche Menschengruppen wurden historisch von anderen beeinflusst und sind, meist schon seit Langem, mit anderen Gruppen vernetzt. Oft sind sie intern vielfältig und kulturell gebrochen. Wenn das übersehen wird, besteht die Gefahr künstlicher »Ethnisierung«. Kleine Gemeinschaften können weniger als je zuvor als exemplarische Beispiele (*synecdoche*) für größere kulturelle Einheiten gelten. Der Begriff der »Gesellschaft« ist selbst heute mehr und mehr umstritten, da immer die Gefahr der Verdinglichung lauert. Hierzu hat die postmoderne Diskussion eine ernstzunehmende Kritik gebracht. Der Begriff des Lokalen wiederum ist populär wie nie zuvor, aber in vielerlei Hinsicht problematisch. Ungewollt, aber nicht zufällig, ist impliziert, dass lokale Gemeinschaften die am wenigsten entwickelten seien.

- Als Geistes- (versus Natur-) oder als Sozialwissenschaft als qualitative bzw. interpretative Wissenschaft, weil zwischen quantitativ und qualitativ kein fundamentaler Unterschied besteht und weil eine interpretative Herangehensweise keine Besonderheit der Ethnologie innerhalb der Sozialwissenschaften ist.
- Über ihre Fachgeschichte bzw. ihre teils sehr problematische koloniale Rolle, weil das rein rückwärtsgerichtet ist, weil hier auch Zufälle in der Wissenschaftsgeschichte eine Rolle spielen, und auch weil vieles ungeklärt ist, weil es unter Ethnologen auch viele Antikolonialisten gab, und schließlich, weil Wissenschaftshistoriker für diese Fragen kompetenter und distanzierter sind, da sie kein schlechtes Gewissen haben.
- Über Abgrenzungslinien zu anderen Fächern, z. B. nicht durch Betonung der Unterschiede zur Soziologie, weil sonst Territorialkämpfe fortdauern und weil die Wirklichkeit nicht nach den historisch gewachsenen und meist nicht systematisch angelegten Fachgrenzen geordnet ist.
- Als »Geisteswissenschaft« (versus »Naturwissenschaft«), erstens, weil diese Trennung als solche überholt ist, zweitens, weil der Mensch nicht nur geistig, sondern auch ein Lebewesen mit einem Körper ist, und drittens, weil auch Sozialität, sogar sehr komplexe, nicht auf den Menschen beschränkt ist und auch in den sog. Naturwissenschaften (Biologie: Verhaltensforschung, Soziobiologie) erforscht wird.
- Als »Kulturwissenschaft«, ohne den *sehr besonderen* ethnologischen Kulturbegriff zu erläutern, weil Ethnologie sonst (auch als praxisorientiertes

Projekt) in anderen sog. Kulturwissenschaften, die mit »Kultur« meist etwas völlig anderes meinen, untergeht. Es gibt mittlerweile zu viele Kulturwissenschaften, als dass »Kultur« noch eine symbolische Ressource sein könnte.

- Als »moralische Wissenschaft«, denn eine Ethnologie als »moralisches Modell« übersieht die Komplexität der Ursachen, tendiert damit zum Schwarz-Weiß-Denken (»gut« und »böse«), sie glaubt damit allzu leicht, dass gute Absichten zu guten Resultaten führen. In ihrer Abkehr von Objektivität tendiert sie dazu, sich nicht zu wandeln. Die gegenwärtig verbreitete Form moralischer Ethnologie, die tendenziell das ganze Fach als moralisches bzw. humanitäres Unternehmen sieht (vgl. Beiträge in Fassin 2012), nimmt an, dass es vorwiegend legitimatorische Mystifizierungen und nicht materielle Beziehungen und Ungleichheiten seien, die Unterdrückung bewerkstelligen. Außerdem sagt sie nicht, ob es auch »gute« Macht gibt, und tendiert stark dazu, sich in ein globalistisches Moralprojekt einzufügen (vgl. Kritik bei Kapferer & Gold 2018).

Was bedeutet das für den möglichen Beitrag der Ethnologie zum Anthropozän als Problem und Diskurs? Was sind ihre Stärken? Unter Nutzung der in Kap. 5.2 dargelegten Gegenstandsbestimmung inklusive ihrer methodischen Besonderheiten der Ethnologie, sehe ich folgende Stärken:

Relevante Ethnologie –Stärken der Ethnologie im globalen Kontext *(stark verändert nach Antweiler 2019b: 5)*

Gegenstand
- Gesellschaften, Gruppen und Netzwerke auf der ganzen Welt, also nicht nur »fremde Kulturen«
- Kulturelle Besonderheiten und weltweite kulturelle Vielfalt, aber auch Vielfalt innerhalb von Gesellschaften (intrakulturelle Vielfalt)
- Alltagsfragen, die für Menschen weltweit relevant sind

Theorie

* Kultur umfassend als Daseinsgestaltung aufgefasst, holistisch, aber nicht totalisierend
* Betonung der systemischen Verknüpfungen, z. B. zwischen Religion und Wirtschaft

Perspektiven

* Kulturrelativistisch, nicht wertend
* Nicht ethnozentrisch
* Nicht eurozentrisch bzw. nostrozentrisch
* Wissenschaftlich distanzierte Außensicht und Innensicht(en)

Methodik

* Erstens durch Feldforschung als lokalem und dabei erfahrungsnahem Zugang
* Zweitens mittels breitem Kulturvergleich: Unterschiede zwischen Gesellschaften, aber auch Gemeinsamkeiten bis hin zu weltweiten Mustern (Universalien)
* Moderne Großgesellschaften als auch andere Gemeinschaften: *WEIRD* und *non-WEIRD*
* Ethik
* Betonung auf Besonderheiten der Verantwortung in der Forschung über und mit Menschen
* Notorische Asymmetrien in der Forschungssituation berücksichtigend

Bezug Forscherin zum Gegenstand

* Inter- bzw. fremdkulturelle Eigenerfahrung über längeren Zeitraum
* Intensive Lokalkenntnisse und Kompetenz in lokaler Sprache

Fazit

• Ethnologie forscht über und mit Menschen

• Die besondere Stärke der Ethnologie ist die Untersuchung allgemein für Menschen wichtiger und global relevanter Themen anhand intensiver Detailstudien: »large issues in small places«

5.3 Geerdete Ethnologie – Natur, Klimawandel und Anthropozän

> How can anthropology contribute to an understanding of climate change if the object of investigation defies human perception?
>
> *Andrew Bauer & Mona Bhan 2018: 8*

So wie die Geologie anthropologisiert werden muss, so sollte sich die Ethnologie erden. Wie ist das Anthropozän kulturtheoretisch zu denken? Was kann die Ethnologie bzw. die Kulturanthropologie zum Thema in Theorie und Empirie beitragen? Wie könnte eine »Anthropocene Anthropology« (Moore 2016) aussehen? Die Anthropologie teilt die ersten zwei Silben mit dem Wort Anthropozän, aber sie braucht Hilfe dazu, wie sie sich zu einem Konzept und zu einer Sache verhalten soll, die in starkem Maß einen interdisziplinären Zugriff implizieren (Bubandt, in Haraway et al. 2016: 538). Ethnologinnen sehen das Fach zwar oft als inhärent interdisziplinär, jedoch umfasst diese Interdisziplinarität in der Regel nur Disziplinen aus den Sozialwissenschaften und Geisteswissenschaften (*humanities*), eher selten umfasst sie auch die Naturwissenschaften (*sciences*).

Wenn man davon ausgeht, dass anthropozäne Effekte in der Akkumulation der Aktivitäten von je spezifisch eingebundenen lokal handelnden Akteuren (*place-based actors*, Bauer & Bhan 2018: 13) bestehen, müsste die Ethnologie doch einschlägig sein. Ferner ist die Ethnologie immer stark davon ausgegangen, dass menschliche Gemeinschaften in die natürliche Umwelt eingebettet sind. Das reicht von dem früheren Begriff der »Naturvölker« bis hin in die moderne Medizinethnologie, Migrationsforschung und Umweltethnologie.

»Considering that the Anthropocene is at root a chronological designation about human activities and their relationships to the global environment, one might expect that anthropology would have had input into its formulation« (Bauer & Ellis 2018: 211).

Die bisherigen ethnologischen (und auch weitere kulturwissenschaftlichen) Beiträge werden nur von recht wenigen Naturwissenschaftlern wahrgenommen, was auf den ersten Blick mit der stark quantitativen Orientierung zusammenhängen mag (Hann 2016a: 19). Die Ethnologie muss sich kritisch fragen, woran diese fehlende Wahrnehmung liegt, denn es gibt markante Ausnahmen von Naturwissenschaftlern, die für Kulturwissenschaften sehr offen sind, etwa der Umweltwissenschaftler Erle Ellis, der 2009 bis 2023 Mitglied der AWG war.

Disparate ethnologische Grundpositionen zu Natur

In der aktuellen ethnologischen Diskussion gibt es quer durch eine Vielfalt von Ansätzen vereinfacht gesagt zwei grundlegend unterschiedliche Sichtweisen auf Natur. Diese Grundhaltungen prägen dann auch die ethnologische Debatte zum Thema Anthropozän (Thomas et al. 2020: 95). Eine traditionelle Sicht geht davon aus, dass menschliche Gemeinschaften aus der Interaktion von Kultur und Natur hervorgehen. Philippe Descola hat es so formuliert, dass alle menschlichen Gesellschaften »Kompromisse« zwischen Natur und Kultur darstellen (Descola 2014, 2015). Aufgabe der Ethnologinnen sei es, die jeweiligen Formen dieses Kompromisses zu erforschen. Damit wird also ein zumindest analytischer Unterschied zwischen Natur und Kultur gemacht. Kritiker nennen diese Sicht anthropozentrisch, ich nenne diese Sicht eine biozentrische anthropologische Perspektive.

Die Problematik bei dieser Position entsteht vor allem dadurch, dass beide Begriffe, Natur wie Kultur, (a) im Alltag wie in den Wissenschaften benutzt werden, (b) sowohl deskriptiv als auch wertend gebraucht werden und (c) das Wort »Kultur« – zumindest in der dominierenden Wissenschaftssprache, im Englischen – eines der semantisch komplexesten Wörter ist, dass in seiner Polysemie nur noch von »Natur« als allerkomplexestem Wort übertroffen wird (Eagleton 2000: 1). Dies ist als solches ein fruchtbares Forschungsfeld, vor allem weil diese Wörter so wirkungsvoll sind. Arizpe

Schlosser etwa analysiert und illustriert das ausgiebig und vielstimmig am Beispiel des Umgangs mit dem Wort »Kultur« auf Basis von Dokumenten und langjähriger teilnehmender Beobachtung bei interationalen Konferenzen zu Entwicklung, Nachhaltigkeit und Anthropozän (Arizpe Schlosser 2019). So wie Natur erlaubt »Kultur« eine Fülle von Bezügen, als hyperreferenzieller Begriff ist er offen für diverseste politische Nutzung und Vernutzung (Kuper 2003, Antweiler 2018).

Neuere Ansätze gehen dagegen davon aus, dass der Dualismus zwischen Natur und Kultur (*naturalism*, Descola 2014, 2015) aufzulösen ist. Dies beruft sich auf eine in sich vielfältige Richtung in Philosophie, Medien- und Kulturwissenschaften, die heute als »Neuer Materialismus« firmiert (Hoppe & Lemke 2021). Hier werden die engen Vernetzungen von Kultur und nicht menschlicher Umwelt betont. Einige Vertreter eines »non-human turn« bzw. des »more-than-human« (bzw. other-than-human, Lien & Pálsson 2019) treten dafür ein, die Humanwissenschaften grundlegend zu »dezentrieren«, um sich mit und für das Nichtmenschliche zu engagieren. Das impliziert etwa, dass Gewalt gegen Menschen und »Nichtmenschen« nicht auseinanderzudividieren sind.

Gesellschaften sind danach Teile komplexerer Netzwerke (oder »Kosmologien«). Die derzeit wichtigsten Vertreter dieses Ansatzes im Allgemeinen sind Donna Jean Haraway, Bruno Latour und in der Ethnologie Eduardo Viveiros de Castro und tw. Philippe Descola. In der ethnologischen Anthropozändiskussion ist es vor allem Anna Lowenhaupt Tsing. In manchen Varianten wird Menschheit explizit als nicht mit *Homo sapiens* synonym gesehen (Hoelle & Kawa 2021: 659). Statt einem naturwissenschaftlichen und damit materialistisch-monistischen Konzept bzw. biologischen Konzept werden nichtwestliche Modelle zur Theoretisierung im Rahmen einer sog. relationalen oder »flachen« Ontologie genutzt. Dies führt dazu, ethische und emische Sichtweisen zu vermengen.

In diesem Rahmen vertreten viele Ethnologinnen hier im Grunde genommen eine monistische Position, die aber die Natur nicht einfach theoretisch entsorgen will. Sie will stattdessen die Bedeutung des Menschen als Akteur relativieren bzw. angesichts anderer »Akteure« minimieren, weshalb diese Richtung auch als »Posthumanismus« bezeichnet wird (Loh 2018). Unter »nicht menschlich« fasst etwa Richard Grusin »Tiere, Affektivität, Körper, organische und geophysikalische Systeme, Materialität und Technologien« (Grusin 2017: vii). Angesichts der Problematik des Anthropozäns stellt sich hier die Frage, ob eine derart disparate Konzeption tatsächlich zu der vielfach angemahnten Koproduktion sozial- oder kulturwissenschaftlichem Wissen zusammen mit naturwissenschaftlichen Erkenntnissen beitragen kann (Arizpe Schlosser 2019: 285).

Die Fiktionen der »Anderen« sind ein bevorzugtes Forschungsobjekt der Ethnologie. Mythen, Erzählungen und einzelne Narrative werden akribisch analysiert. Außerdem können fiktive Darstellungen von Sachverhalten erhellende Einblicke geben oder für Problematiken sensibilisieren, etwa durch Verfremdung (Ethnofiktion, Augé 2019: 78–79). Zuweilen werden die Fiktionen, Vorstellungen bzw. Weltbilder anderer aber mit der distanzierten

Abb. 5.3 Lateinamerikanische Welt- und Umweltkonzepte an einem Kölner Spielplatz , *Quelle: Autor*

Analyse verwechselt. Ebendies beobachte ich bei Schriften zu zur »ontologischen Wende« (*Ontological Turn*). Dort werden die Weltbilder Indigener zuweilen so präsentiert, dass sie entweder als Vorbilder für ökologisch sinnvolles Handeln im Anthropozän oder gar als Alternative zur sog. »westlichen« Wissenschaft gesehen werden (Kohn 2013, Holbraad & Pedersen 2017; vgl. die Kritik bei Bessire & Bond 2014).

Dies zeigt sich teilweise in neueren Debatten zum Pluriversum (*pluriverse*). Mit diesem *umbrella term* wird in Anlehnung an Konzeptionen der Zapatista eine »Welt der vielen Welten«, eine Kompilation von Konzepten, Weltbildern und Praktiken aus der ganzen Welt bezeichnet, die auf Vielfalt statt modernistischem Universalismus setzt (Escobar 2018, De la Cadena & Blaser 2018, Canaparo 2021). Hier werden besonders Weltbilder aus Lateinamerika herangezogen, die mittlerweile teilweise global rezipiert werden (Abb. 5.3). Das aktivistische Projekt des Pluriversums bzw. der »multiplen (einen) Welt« zielt auf eine durch experimentelle Alternativen geförderte Veränderung der menschlichen Zivilisation hin zu Vielfalt und einer an sozioökologischer Umweltgerechtigkeit ausgerichteten Entwicklungskonzeption (Blaser & De la Cadena 2018, Kothari et al. 2019: xvii, Omura et al. 2019). Dies führt dann zuweilen aber zu überzogenen Aussagen, derart, dass die Einsicht in die weltweite Umweltkrise nur für westliche Gesellschaften neu sei. Indigene Gemeinschaften etwa in den Amerikas hätten das schon seit 500 Jahren realisiert und in ihren Dystopien bzw. ihrer *science (fiction)* verarbeitet (Hoelle & Kawa 2021: 660, Whyte 2018: 228–234).

Demgegenüber ist festzustellen, dass der Erfahrungshintergrund dieser apokalyptischen Perspektiven lokaler oder allenfalls regionaler Natur ist. Was bei dieser in meiner Sicht okzidentalisierenden Sicht auf westliche Wissenschaft unbeachtet bleibt, ist, dass es ja auch in sog. westlichen Wissenschaften in vorkolonialer Zeit Traditionen relationaler Ontologien gab und bis heute gibt (Clark & Szerszynski 2021: 165). Viele Arbeiten kranken daran, sich auf eine vermeintlich richtige Seite schlagen zu wollen (vgl. Ellen 2021: 3–5). Hierzu habe ich grundsätzliche Bedenken, wie sie Marc Augé bezüglich der Ethnologie allgemein formuliert:

> »Es ging sogar so weit, dass Ethnologen, von den Fiktionen anderer verführt,
> mehr zu deren Vorsängern wurden und, indem sie mit der auferlegten Di-

stanz der Ethnologinnenrolle brachen, sich schlicht in mehr oder minder gelehrte Gewährsleute verwandelten, die im Namen der Kultur sprachen, die zu studieren sie aufgebrochen waren« (Augé 2019: 78).

Eine dritte Sicht ist eine dezidiert monistische Sicht, die die Besonderheit des Menschen betont, dabei aber deutlich materialistisch geprägt ist. Allgemein steht für diese Position, bei allen Unterschieden im Detail, etwa der Entwicklungspsychologe Michael Tomasello, der Entomologe und Evolutionsbiologe Edward O. Wilson und der Primatologe Carel van Schaik. In der Anthropozändebatte wird sie vor allem von Dipesh Chakrabarty, dem Umwelthistoriker John McNeill und – in einigen seiner vielen Beiträge – vom Umweltgeograph Erle Christopher Ellis vertreten. Kritiker sehen darin eine Epistemologie, die sich »… durch Einheitlichkeit, Äußerlichkeit, Unbeseeltheit und Undiskutierbarkeit auszeichnet« (Danowski & Viveiros de Castro 2019: 170, vgl. Weber 2019). Unter Ethnologinnen wird diese Richtung von vergleichsweise wenigen Kollegen vertreten, prominent am ehesten von Thomas Hylland Eriksen. Ich selbst neige zu ebendieser Position, mit einer evolutionären Betonung, was ich im folgenden Kapitel erläutere.

Insgesamt lässt sich fachkritisch fragen, warum ethnologische Beiträge zum Thema notorisch gegen einen Dualismus zwischen Kultur und Natur argumentieren, dann aber dennoch unter dem Banner »flache Ontologie« an einem letztlich idealistischen Monismus kleben, der den Dualismus, wenn auch subkutan, beibehält. Auf den Punkt gebracht ist die Frage: Wie lässt sich die genuin geologische Kategorie »sozialisieren«, und wie lassen sich Soziologie und Ethnologie geologisieren (Delanty & Mota 2017, Clark & Szerszynski 2021: 38–41,46–49, Leggewie & Hanusch 2020, Hanusch et al. 2021)? Wie könnte eine disziplinenübergreifende Synthese einer »Geoanthropologie« (Barker & Barker 1988, Renn 2020: 375–376, Antweiler 2024a, 2024b) aussehen?

Hinter diesen unterschiedlichen Perspektiven auf Natur und Mensch stehen verschiedene Sichtweisen dessen an, was Ethnologie überhaupt ausmacht. Sie implizieren Visionen dazu, wie sich die Ethnologie zukünftig entwickeln könnte oder sollte. Die derzeit häufigsten Beiträge der Ethnologie bilden erstens mehr oder minder harte Kritiken am Begriff Anthropozän und zweitens ethnografische Fallstudien über lokale Auswirkungen oder lokale Wahrnehmungen und Umgangsweisen mit anthropozänen Effekten. Das Anthropozän, so werde ich öfters feststellen, fordert die Ethnologie in vielfacher Hinsicht heraus. Was beispielsweise bedeuten ökologische Beziehungen zwischen weit voneinander entfernten Gemeinschaften und zwischen *mehreren* Spezies für den Gegenstand und die Methoden der Ethnologie?

Natur und Umwelt in der Ethnologie – Wegmarken einer langen Geschichte

Die Ethnologie hat eine historisch gewachsene Nähe zu Umweltthemen und dennoch auch ein distanziertes Verhältnis zur Natur. Im Unterschied zur Soziologie, die sich mit modernen Gesellschaften befasst, hatte die frühe Ethnologie in der Arbeitsteilung der Human- und Sozialwissenschaften eine Nähe zum Thema Natur. Dies lag daran, dass die Ethnologie ab etwa der Mitte des 19. Jahrhunderts als »Völkerkunde« institutionalisiert wurde, als Kunde der sog. »Naturvölker«, Menschengruppen, die sich durch eine vermeintlich besondere Nähe zur natürlichen Umwelt auszeichnen. Andererseits gibt es gerade in der frühen Ethnologie des frühen 20. Jahrhunderts auch eine Tendenz, Natur als Thema und die Biologie zu meiden. Das wird oft mit Alfred Kroebers Konzept des »Superorganischen« verbunden. Tatsächlich stellte Kroeber die biotische Basis von Kultur und auch Universalien nicht in Abrede, sondern wollte Kultur nur aus methodischen Gründen zunächst autonom behandeln (Kroeber 1917, Jackson 2010: 134–140, vgl. Halvaks 2021: 247).

Auch auf sozialtheoretischem Feld gibt es einen deutlichen Bezug zur Umwelt durch Émile Durckheim als einer der Gründerfiguren der Ethnologie und Soziologie. Durckheim thematisierte die Beziehung zwischen der Kultur als »Mikrokosmos« und der Natur als »Makrokosmos«. Mittels einer spezifischen Annahme dergestalt, dass Kulturen soziale Kategorien auf die Umwelt projizieren, argumentierte er, dass diese Beziehung das Fundament menschlichen Denkens wie auch kultureller Sozialorganisation bilde, welches in Religion kodifiziert sei. Diese Themen wurden von schulenbildenden Ethnologen, vor allem im Funktionalismus, aufgenommen und insbesondere von Edward Evan Evans-Pritchard in ethnografischen Arbeiten zu Umweltnutzung und metereologischer oder »ökologischer Zeit« angewendet (Evans-Pritchard 1940).

Die Kombination von Umweltforschung mit Anthropologie als Wissenschaft über menschliche Daseinsgestaltung war etymologisch etwa gleichzeitig in der ersten Verwendung des Wortes »Ökologie« bei dem deutschen Zoologen Ernst Haeckel angelegt. In seiner »Generellen Morphologie der Organismen« von 1886 (Haeckel 1988) stellte er Bedeutung von *oikos* als Haushalt, Wohnstadt und Familie heraus. Im Zentrum der Humanökologie wie der Ethnologie stehen Verbindungen zwischen menschlichen Systemen und ihren Umwelten (*coupled human and natural systems*, Orr et al. 2015: 156–157; bahnbrechend Greenwood & Stini 1977). Ökologie und Ethnologie ähneln sich auch in den Maßstäben der Untersuchung. Ähnlich wie die Ethnologie auf soziale Prozesse, Gruppen und Netzwerke konzentriert ist, so befasst sich die Ökologie innerhalb der Lebenswissenschaften mehrheitlich mit Lebensgemeinschaften und Ökosystemen auf der Meso- und Mikroebene.

Vor diesem Hintergrund erstaunt es kaum, dass die Ethnologie im Vergleich zu anderen Humanwissenschaften die Ethnologie Mensch-Umwelt-Beziehungen bzw. Kultur-Umwelt-Beziehungen in ihrer Fachgeschichte vergleichsweise früh thematisierte (Pálsson et al. 2013: 5). Eine der wenigen Synthesen zum Thema führt schon eine Vielfalt von Themen, Ansätzen und Methoden unter dem Oberbegriff der »Ökologischen Anthropologie« an (*ecological anthropology*, Orlove 1980). Ich gebe im Folgenden nur einige Wegmarken an. Seit den 1950er-Jahren befasste sich die Kulturökologie (*Cultural Ecology*) mit dem Wechselverhältnis heutiger menschlicher Lebensweisen mit der natürlichen Umwelt (McNetting 1977). Hier wurden aber auch ältere Ansätze der Erforschung langfristigen Kulturwandels (*cultural evolution*) und auch der Archäologie mit einbezogen (Steward 1955). Ansätze einer breiteren Umweltethnologie kamen schon in den 1960er-Jahren auf (Vayda & McCay 1975, Ellen 1982).

Seit den 1980er-Jahren sind sehr viele Richtungen und zusätzlich viele Kollaborationen mit etlichen anderen Fächern hinzugekommen, die »gekoppelte menschliche und natürliche Systeme« thematisierten und vor allem auch politische Aspekte und überlokale Beziehungen zum Gegenstand machten. Dies zeigen die sechs spezielleren Forschungsübersichten zu ökologischen Themen in der Ethnologie, die in den *Annual Reviews of Anthropology* zwischen 1991 und 2012 erschienen sind, zu Ökologie von Materialien, zu Verhaltensökologie, zu Indigenen und Umweltpolitik, zur historischen Ökologie, zu komplexen Anpassungssystemen und zu Klima und Kultur. Der nächste wirklich breite Überblick zur Ethnologie der Umwelt, der erst 35 Jahre nach Orloves Synthese erschien, zeigt diese enorme Breite und signalisiert das durch den seit längerem gebrauchten Überbegriff der »Umweltanthropologie« bzw. »Umweltethnologie« (*environmental anthropology*, Orr et al. 2015, Bollig & Krause 2023, Eitel & Wergin 2025).

Spezielle umweltbezogene Richtungen ab den 1980ern war zum einen die Ethnoökologie *(ethnoecology)*, die sich besonders mit lokalem Umweltwissen befasste, stark von der Kognitionsethnologie beeinflusst war (z. B. Conklin 1955) und teilweise kulturdeterministisch argumentierte. Eine zweite Richtung war die historische Kulturökologie *(historical ecology*, z. B. Ballée 2003, Beiträge in Descola & Pálsson 1996), die herausstellte, wie lange vermeintliche Naturlandschaften oft schon menschlich geprägt sind. Auf beide Richtungen gehe ich in Kap. 5.3 ein.

Ab Mitte der 1990er-Jahre wurde viel über den Naturbegriff diskutiert und gefragt, welchen Beitrag die Ethnologie als theoretische Wissenschaft zum Thema Umwelt beitragen könnte, vor allem durch ethnologische Kulturtheorie und Kulturrelativismus. Hierbei entstanden wichtige Kritiken etwa zu Ökosystemmodellen, in denen Kultur notorisch ausgeblendet wurde, zum Teil von Ethnologinnen selbst (Milton 1996: 55–59). In diesem Umfeld wurde auch der neuzeitliche *environmantalism* als Diskurs, Ideologie oder politisches Programm vergleichend untersucht. Daraus ergaben sich empirische Untersuchungen, die manche in verschiedenen Richtungen des Ökologismus verbreitet Annahmen zur Umweltorientierung indigener Gruppen als Mythos entlarvten (z. B. Ellen 1981, 1999, Milton 1996, vgl. Milton 2002). Diese explizit kulturtheoretische Diskussion ist leider etwas abgeebbt, wobei einige der Themen, wenn auch nicht dieser Theorien, innerhalb neuerer Ansätze der *multispecies*-Ethnologie wieder aufkamen.

In den 2000er-Jahren etablierte sich eine stärker politisch engagierte kritische Richtung *(critical ecological anthropology)*, auf die ich unten eingehe. Der Tenor vieler neuerer Beiträge der Umweltethnologie ist eine Betroffenheit aus der Einsicht in die umfassenden und teilweise radikalen

Auswirkungen menschlicher Aktivität auf Ökosysteme und vor allem der Eindruck, dass diese unumkehrbar und schädlich für alle sein könnten. Orr und Co-Autoren bezeichnen das als Pathos, das an die Tragödien von Sophokles erinnere. Wo noch vor Kurzem das »Ende der Geschichte« aufgrund des Erfolgs demokratischer Regime gefeiert wurde, erscheint die menschliche Geschichte jetzt aufgrund des Umweltimpakts kurz vor ihrem Ende, wobei die geologische Hauptspur das durch den Menschen ausgelöste massenhafte Aussterben von Lebewesen ist. Aufgrund dieses Bruchs in der Wahrnehmung und der rapiden Zunahme an Wissen über Mensch-Umwelt-Beziehungen befassten Ethnologinnen sich fortan mehr mit den Materie- und Energieströmen zwischen Gesellschaften und ihrer Umwelt, mit den Beziehungen zwischen Individuen und ihren Kollektiven bei der Nutzung von Naturressourcen und mit der persönlichen Erfahrung dieser Ströme und Interaktionen (Orr et al. 2015: 155, Haenn & Wilk 2016, vgl. Lockyer & Veteto 2013).

Ethnologinnen haben sich also schon seit Längerem mit den Wechselbeziehungen zwischen Kulturen und ihren natürlichen Umwelten befasst. In Deutschland etwa gab es schon in den 1980ern ein großes DFG-Projekt zu Mensch und Umwelt, wo Mensch-Umwelt-Beziehungen exemplarisch anhand von Neuguinea untersucht wurden (Schiefenhövel et al. 1983). Hier waren etliche Ethnologinnen maßgeblich beteiligt, die mit Linguisten und Naturwissenschaftlern verschiedener Couleur zusammenarbeiteten. Ethnologen haben das Anthropozänkonzept aus dieser Warte heraus aufgenommen (Orr et al. 2015, Bauer & Ellis 2018: 209). Dies gilt, wiewohl deutlich geringer, auch für langzeitige Mensch-Umwelt-Beziehungen und für räumlich ausgreifende Prozesse bis hin zum globalen Wandel der Umwelt. In neueren Überblickswerken der Umweltethnologie taucht das Thema Anthropozän mehrfach auf (z. B. Kopnina & Shoreman-Ouimet 2017).

Angesichts dieser Themen und dieser Sorge um die Umwelt ist es nachvollziehbar, dass sich die Ethnologie auf das für sie zunächst fremde Thema Anthropozän, das im Jahr 2000 aufkam, mit geringerer Verzögerung eingelassen hat als auf das in den 1990er-Jahren für das Fach »neue« Thema Globalisierung. Dies geschah in sehr verschiedener Weise, aber es lassen sich einige Konturen bzw. ethnologische Diskurse unterscheiden. Mit welchen Themen des globalen Umweltwandels haben sich Ethnologinnen vor allem befasst, bevor das Konzept des Anthropozäns aufkam (Moore 2015a: 34–35, Orr et al. 2015: 155–162)? Das historisch früheste Thema war Umweltdegradation, die z. B. von John Bodley in vielen Publikationen untersucht wurde (Bodley 2016, zuerst 1983). Hierbei stand die Einbettung lokaler Gemeinschaften in weltweite Umweltveränderungen im Mittelpunkt. Weiterhin stand die lokalspezifische Wahrnehmung der Veränderungen seitens der örtlichen Bevölkerung als natürlich oder als künstlich im Mittelpunkt. Hier lässt sich auch eine jüngere Richtung einordnen, die seit 2015 als »Ethnologie der Nachhaltigkeit« firmiert (Brightman & Lewis 2017). Diese Richtung antwortet kritisch auf Entwicklungsvorhaben und befasst sich auch kritisch mit dem Begriff der Entwicklung. Damit konvergiert sie mit kritischen Richtungen der Ethnologie der Entwicklung (als Übersichten Gardner & Lewis 2015, Antweiler 2019).

Das zweite große Thema war der weltweite Verlust der Artenvielfalt, der im Gefolge der *Rio Convention on Biological Diversity* 1992 zu vielen ethnologischen Studien geführt hat. In ethnologischen Studien wurde das Thema Biodiversität seit den 1980er-Jahren insbesondere im Zusammenhang mit lokalem bzw. indigenem Wissen untersucht. Hier wurde ein besonderes Augenmerk auf die soziale Konstruktion des lokalen Wissens als Begriff mit politischen, wirtschaftlichen und rechtlichen Implikationen, z. B. als Motor des Selbstbewusstseins indigener Gemeinschaften oder als rechtliche Kategorie zur Umsetzung von Eigentums- und Wissensansprüchen gelegt (Nazarea 1999, als Übersicht Antweiler 1998).

Bei aller Gefahr der Romantisierung indigener Menschen quasi als Öko-heiliger, die vor allem in der globalisierten Populärkultur zu finden ist, bleibt dennoch ein empirisch belegbarer Befund festzuhalten, der für eine Reaktion auf das Anthropozän wichtig werden kann. Wie von Nicht-Ethnologen oft betont wird, sehen sich Mitglieder indigener Gemeinschaften oft nicht nur als Schützer der Natur, sondern als »Hüter einer Welt, die größer und älter ist als sie selbst« (Christian 2018: 330). Leider gibt es aber nur wenige belastbare ethnologische Daten über die Verbreitung solcher tatsächlich globalökologischer Orientierungen. Indigene Erfahrungen sind aber nicht nur für nachhaltigkeitsorientierte Werte relevant, für die sie oft bemüht werden. Sie können auch konkret nützliches Wissen etwa für Konservierung von Biodiversität, bereithalten.

Eine besondere Richtung, die den Artenschwund in den Blick nimmt, firmiert als »Ethnologie des Aussterbens« (Sodikoff 2012). Hier geht es vor allem darum, wie die Verringerung der Artenvielfalt wahrgenommen wird und wie Vorstellungen zu Ökozid sozial konstruiert werden. Aussterben (*extinction*) bzw. der Wortbestandteil »-zid« wird hier aber als allgemeines Analysekonzept genutzt: Es geht nicht nur um das Aussterben von anderen Arten, sondern auch von Sprachen, nicht westlichen Wissenssystemen und Denkweisen: Ökozid und Ethnozid werden auf mehreren Ebenen zusammengeführt. Die »sechste Aussterbekrise« der Arten ist damit nur ein exemplarisches Beispiel für die Auswirkungen des Menschen als *apex predator*. Dies könnte zusammengeführt werden mit ethnoprimatologischen Forschungen, die den menschlichen Nexus, in dem ein Großteil heutiger Großaffen existiert, untersuchen. Regional vergleichende neuere Untersuchungen zeigen etwa, dass die Vielfalt der Verhaltensweisen bei Primaten desto geringer ist, je enger sie mit Menschen zusammenleben.

Diese ethnologischen Ansätze, die Politik und Umwelt zusammenführten, passen gut zu zwei eminent interdisziplinären Forschungsfeldern, den *Science and Technology Studies* (*STS*) und der politischen Ökologie (*political ecology*). Insbesondere in der politischen Ökologie stehen nämlich die Akteure mit ihren unterschiedlichen Interessen und ihrer notorisch ungleichen Macht im Mittelpunkt (Lit.). Gerade diese Konvergenzen lassen aber die Frage aufkommen: »But what about specifically anthropological engagements with the Anthropocene?« (Moore 2015a: 34). Ein Hauptaugenmerk dieser Forschungen lag bei der Vielfalt der Akteure, die außer den Wissenschaftlern bei der Erzeugung von Wissen zum Klimawandel beteiligt sind, etwa Journalisten, Wissenschaftsmanager, Verwaltungsangestellte, Politiker und Umweltaktivisten im Globalen Norden und Globalen Süden sowie Führer marginalisierter Gruppen indigener Bewegungen. Durch die Kombination von politischer Ökologie mit Forschungen zur Ontologie und zu Mehrspeziesbeziehungen ist es auch zu neuen Konzepten gekommen. Ein Beispiel ist das Konzept der »pluralen Ökologien« (*plural ecologies*, Sprenger & Großmann 2018: xii). Der Begriff steht für kulturelle Umweltsettings, in denen vermeintlich inkompatible Konzepte und Beziehungen nebeneinander in dem Sinn koexistieren, dass verschiedene Personen, etwa in einer ländlichen Gemeinschaft, unterschiedliche Haltungen zur Natur haben bzw. verschiedene Umweltpraktiken vollziehen. So können in Gebieten Südostasiens etwa animistische oder naturhegende Vorstellungen in ein und derselben Gemeinschaft zusammen mit nutzungs-, effizienz- oder wachstumsorientierten Umweltkonzepten vorkommen. Dabei kommt es zu Parallelen, aber auch zu Spannungen, Aushandlungen und teilweise oder zeitweise zu Hegemonien.

Sowohl in der politischen Ökologie als auch in der STS ist der Aspekt von Wissenszugang, Wissenskontrolle und allgemeiner von Machtunterschieden zentral. Im Gefolge dessen entstand eine erneute Aufmerksamkeit für nicht westliche Konzepte zu Tieren, Pflanzen, Umwelt und … Menschen. Lokale Konzepte des Umgangs mit der Natur wurden untersucht und teilweise als Modell für nachhaltigen Umgang mit der Umwelt thematisiert. Insbesondere zum lateinamerikanischen Konzept des »Guten Lebens« (*buon vivir*) gibt es viele Forschungsbeiträge, die auch außerhalb des Fachs auf starkes Interesse gestoßen sind.

Ein Beispiel eines Konfliktfeldes, wo unterschiedliche Konzepte verschiedener Akteure aufeinandertreffen als auch Machtunterschiede bedeutsam sind, ist das Phänomen invasiver Arten und dort besonders die Strategien zur Begrenzung oder Auslöschung gebietsfremder Arten. Hier treffen nicht nur Interessen verschiedener *stakeholder* aufeinander, sondern auch Konzepte zu Lebewesen und zu Raum, die als Konfliktressource genutzt werden, etwa zu »schützenswerten« Arten oder zu »bedrohten Räumen«, die – als soziale Tatsachen – ethnologisch befragt werden (z. B. West et al. 2006). Weitere Felder derartiger umweltbezogener Konfliktlagen, wo Sprache Macht bedeutet, wo Begriffe also konkrete Folgen haben, sind Karbonhandel, Waldbewirtschaftung und Palmölwirtschaft.

Ein spezifisches Forschungsfeld, das für Fragestellungen des Anthropozäns relevant ist, ist die interdisziplinäre Erforschung von Katastrophen, die über katastrophale Wetterereignisse wie Katrina hinausgehen (*disaster studies*, Oliver-Smith et al. 2020). Hierbei werden die Auswirkungen, Wahrnehmungen und Reaktionen auf Vulkanausbrüche, Erdbeben, *Tsunamis* und etwa Überschwemmungen untersucht. Dieses Forschungsgebiet könnte m. E. in mehrfacher Weise paradigmatisch für eine Ethnologie des Anthropozäns sein, denn solche Desaster stellen anthropozäne Phänomene im Kleinformat dar und rufen die Frage nach Natur und Kultur exemplarisch auf. Die Ursachen von Naturkatastrophen sind auf den ersten Blick klar geologischer bzw. geophysikalischer Natur. Sozial- und kulturwissenschaftliche Untersuchungen der Hazardforschung und zu Vulnerabilität zeigen aber, dass die sog. Naturkatastrophen sich notorisch als kulturell mitbedingt erweisen.

Dies gilt vor allem für die Form der Auswirkungen und, teilweise aber auch für die kulturelle geprägte Genese, etwa der Verletzlichkeit bestimmter Menschengruppen bei Lawinenunglücken, Erdrutschen und Flachbeben. Kurz: Naturkatastrophen sind auch Sozialkatastrophen (Felgentreff & Glade 2008, Niewöhner 2013). Diese Einsicht der Katastrophenforschung (*hazard research*) trifft sich mit den erwähnten Einsichten der politischen Ökologie und auch der historischen Ökologie, die den anthropogenen Charakter und die politökonomische Formung vieler bis dato als Naturlandschaften verstandener Räume aufzeigte. Weiterhin passt hierzu die prähistorische und historische Erforschung von Zusammenbrüchen komplexer Gesellschaften, etwa aufgrund von indigener Übernutzung der Naturressourcen oder aber aufgrund kolonialer Strukturen und exogener Einwirkungen, wie sie z. B. zu den Osterinseln kontrovers diskutiert werden (Tainter 1988, McAnany & Yoffee 2010 vs. Diamond 2005).

Ein weiteres Feld mit engen Bezügen ist die Anthropologie der Moral (*moral anthropology*), in dem Sinn, dass sie sich vor allem mit moralischen Spannungen und Debatten befasst, die über lokale Gemeinschaften hinaus bedeutsam sind, wie internationale Entwicklung, globale Gesundheit, soziale Gerechtigkeit, Menschenrechte und Sicherheit. All diese Themen beinhalten Interessenunterschiede und kontroverse Positionen. Viele sahen schon immer einen moralischen Auftrag, etwa im Engagement gegen Unterdrückung und der Ablehnung der Zusammenarbeit mit Militärs. Gerade im globalen Kontext können sich Ethnologinnen dem nicht entziehen, und das Thema Anthropozän ruft wie kein anderes nach einer Zusammenarbeit verschiedenster Akteure (Tsing 2005). Ein Beispiel möglicher methodischer Zugänge zu solchen Themen ist es, die Herausbildung und Wirkung von Expertentum zu global populären Konzepten, etwa geopolitischen Szenarien (z.B. Hannerz 2016) und naturwissenschaftlichen Modellen (z.B. Roscoe 2016) explizit zum Thema ethnologischer Untersuchung zu machen.

Flexibilität und Neuigkeit – Enter Gregory Bateson

Neben den großen Ansätzen der Befassung mit bestimmten Themen oder Aspekten der Umweltbeziehungen von Menschengruppen gibt es theoretische Ansätze, die im heutigen Mainstream der Ethnologie weitgehend vergessen sind. Hier sind zum einen neoevolutionistische Konzepte zu nennen, wie das des Kulturkerns (*cultural core*) von Julian Haynes Steward und Leslie Whites Einsichten zu Verhältnis von Energieverbrauch und kultureller Komplexität (White 1945). Darauf gehe ich in Kapitel 5.9 ein. Ein für das Thema Anthropozän mindestens genauso wichtiger Denker ist der große Ethnologe und Kybernetiker Gregory Bateson (1904–1980). Bateson war ein genuin ökologisch denkender Wissenschaftler, wohl der Ethnologe, der die Beziehung von Menschen und Gesellschaften zu ihrer Umwelt als Erster grundlegend und auch auf allen Ebenen (psychisch, sozial, ökonomisch, politisch) bedacht hat.

Bateson war von der in den 1970er-Jahren dynamischen Kybernetik, der Wissenschaft zur Regelung und Steuerung von Systemen, stark beeinflusst. Er dachte im Kern ökologisch, indem er Systeme, Beziehungen und Prozesse in den Mittelpunkt stellte. Hierbei entdeckte er anhand von ganz verschiedenen Beispielen grundlegende Prozesse komplexer und dynamischer Systeme. So zeigte er, dass sich gegenseitig fördernde Wachstumsprozesse zum Kollaps von Systemen führen können, wenn nicht eine dritte Instanz einschreitet und die Beziehung ändert. Bateson beschrieb das als »Schismogenese«, etwa anhand des Rüstungswettlaufs USA vs. UdSSR im Kalten Krieg und bei interethnischen Prozessen der Ethnisierung und zunehmender Dissimilation (Bateson 1985: 99–113). Allgemein können solche Prozesse als »Ausreißer-Prozesse« (*runaway process*) bezeichnet werden (Eriksen 2016: 21–23, 27, 131). Sie sind für das Verstehen des Anthropozäns wichtig, denn sie sind typisch für anthropogene Wirkungen, wo das Zusammenkommen zunächst unproblematischer Wachstumsprozesse zu solchen Ausreißer-Prozessen führt.

Neben der Vernetzung biologischer Systeme um Gleichgewichte betonte Bateson die Brüche, die grundsätzliche Anfälligkeit komplexer Ökosysteme für Störungen. Bei stark menschlich überprägten Systemen können sich »metapatterns« und selbstzerstörerische Rückwirkungen ergeben (Bateson 1985). Der zentrale Schluss daraus ist, dass kulturelle Anpassung an Umwelten niemals eine Fixierung auf ein Muster bedeuten kann. Anpassung kann gerade darin bestehen, sich an fluktuierende Umwelten anzupassen, statt sich an eine bestimmte Dynamik zu einer bestimmten Zeit anzupassen. Es bedarf einer systemisch eingebauten Flexibilität. Dies trifft in einer anthropozänen Welt noch mehr zu: Wir brauchen Flexibilität, »… to get out oft he groves of fatal destiny in which our civilization is now caught« (Bateson 1985 (1972:74).

Eine zentrale neuere Einsicht ist, dass komplexe Systeme sich aufgrund kleiner Ursachen schnell ändern können bzw. dass reale Systeme das Potenzial haben, zwischen verschiedenen Grundmodi zu wechseln. Im Anthropozän betrifft das dann große Systeme wie etwa Teile der Geosphäre (Clark & Szerszynski 2021: 47). In der Ökologie spricht man heute von »fundamentaler Neuheit« in Ökosystemen (Kueffer 2013, vgl. Van der Leeuw 2019). Nicht intendierte Wirkungen menschlichen Handelns werden erst spät wahrgenommen. Das klassische kulturökologische Beispiel hierfür bildet eine Untersuchung zum Schweinezyklus der Maring in Neuguinea (Rappaport 1968). In einem zunächst im Gleichgewicht befindlichen Zyklus kann es dazu kommen, dass die Zahl der Schweine, des wirtschaftlich wie auch symbolisch wichtigsten Tieres der beschriebenen Gesellschaft, plötzlich ein Niveau erreicht, wo die Schweine die Felder, die Grundlagen der Landwirtschaft, zerstören. In solchen Systemdynamiken fehlt ein Begrenzungsmechanismus, quasi ein Thermostat, der die Überhitzung des Systems bremst. Eriksen hält das Anthropozän insgesamt für ein Beispiel der Zunahme nicht gewollter Wirkungen aufgrund solcher Ausreißer-Prozesse und benennt das Phänomen metaphorisch als »Überhitzung« (*overheating*, Eriksen 2016: 22, 152–153, 2018), womit nicht die konkrete atmosphärische Erwärmung gemeint ist, zu der ich jetzt komme.

Klimawandelethnologie der 2000er-Jahre

Ein drittes und zentrales Thema der Umweltethnologie ist anthropogener Klimawandel, der die Aufmerksamkeit seit den 2000er-Jahren noch stärker auf sich gezogen hat als der Artenschwund und Umweltdegradation und auch Naturkatastrophen (Dove 2014). Dies hat im ersten Jahrzehnt des 21. Jahrhunderts relativ früh zur Forderung einer eigenen Subdisziplin, der Ethnologie des Klimawandels, geführt (Crate 2008, Hastrup 2016, Baer & Singer

2018). Dies wird meistens mit einem Ruf nach aktivem Einsatz der Ethnologie verbunden, der insbesondere darin besteht, lokale Folgen des Klimawandels zu dokumentieren und die Sichtweisen der Bevölkerung vor Ort sichtbar zu machen. Dadurch können konzeptionelle Lakunen und auch Datenlücken in den dominanten, von Makromaßstäben und quantitativen Aspekten der Forschung geschlossen werden (Moore 2015a: 35). Innerhalb der gegenwärtigen Umweltethnologie spielen Richtungen, welche die Klimaethnologie als kritische und auch angewandte Ethnologie auffassen, eine dominante Rolle, was sich in Konferenzen und Sammelbänden zeigt. Diese Forschungsansätze firmieren als *anthropology of climate change, climate ethnography* bzw. explizit als kritische Umweltethnologie (*critical environmental anthropology* (Strauss & Orlove 2003, Crumley 2007, ähnlich Bauer & Bhan 2018).

Eines der neueren Themen ist die Untersuchung von Gemeinschaften, die besonders verletzlich bzw. anfällig für Folgen des Klimawandels sind. In solchen Klimaethnografien wurden politische Fragen deutlich, die über die lokale Lebenswelt hinausreichen. Das hat in Zusammenspiel mit den weltweit aufkommenden Klimadiskursen und globalen Institutionen seit den 2000er-Jahren zu einem vierten Thema geführt, nämlich den politischen Entscheidungsstrukturen. In Studien, etwa zu »Politics of global warming«, stehen die zentralen Akteure der Macht, wie Regierungen und Institutionen. Darin werden besonders die Zentren der Wissenschaft zum Klimawandel, in denen die dominanten Konzepte ausgedacht und umgesetzt werden, mit kritischem Auge untersucht (z. B. Lahsen 2005, Worster 2008). Hier wird der zentrale Beitrag des Fachs in verknüpften Detailstudien gesehen, z. B. »critical, collaborative, and multisited climate ethnography« (Crate 2011, Gibson & Venkatesvar 2015).

Der anthropogene Wandel des Klimas ist zwar nur ein Bereich anthropozänen Wandels, aber ein wichtiger, und die Ethnologie zu Klimawandel ist auch theoretisch für die Ethnologie des Anthropozäns relevant. Eine inhaltliche Brücke zwischen der Ethnologie des Klimawandels und der Anthropozänforschung bauen m. E. Bauer & Bahn durch ihre Überlegung, dass das Klima selbst als Assemblage im Sinne von Deleuze & Guattari in der Verwendung von DeLanda gesehen werden kann. Beim Klima spielen kausal nämlich ganz unterschiedliche Faktoren verschiedenartigster Materialität eine Rolle, die miteinander agieren und deren jeweilige Wirkkraft voneinander abhängt. Klima entsteht aus der Interaktion von verschiedenen Materialien, physikochemischen Prozessen, Energiewandlungen, gegenständlichen Dingen und Organismen einschließlich des Menschen. Diese Wirkkräfte bestehen dazu auch noch auf unterschiedlichster Maßstabsebene, sie reichen der Gravitationswirkung auf die Parameter der Erdumlaufbahn im Makrobereich bis hin zur Atmungsaktivität von Bakterien auf der Mikroebene (Bauer & Bhan 2018: 3–4).

Wenn Bauer & Bhan das Klima als Assemblage und als »dynamischen Organismus« fassen und es auch wegen des Umfangs und der mitgedachten Zeitlichkeit als lebendig ansehen, wirkt das auf den ersten Blick ähnlich wie der Begriff *Gaia*. Bauer & Bhan halten *Gaia* für eine treffendere Charakterisierung von Klima als die durch den Begriff Hyperobjekt. Hyperobjekte im Sinn des Literaturkritikers Timothy Morton (Morton 2003: 1, 2009) sind *gargantuan* Objects, die nicht nur eine auf Menschen bezogen extreme Verteiltheit in Zeit und Raum beinhalten, sondern auch eine durchgehende Logik bzw. Ordnung aufweisen. Diese ist beim Klima eben nicht gegeben. Ich würde zu Bedenken geben, dass *Gaia* im Sinne von Lovelock & Margulis auf die Koevolution von Luftbestandteilen und Organismen fokussiert und damit ein zwar nicht räumlich, sehr wohl aber sachlich deutlich begrenzterer Begriff ist.

Der Assemblagebegriff wird meistens zur Untersuchung von Mikrobeziehungen verwendet, etwa zwischen verschiedenen Materialien auf einer Müllkippe oder in einer Werkstatt eines Handwerkers. Da die Atmosphäre, in der sich das Klima abspielt, ja nur eine Sphäre von mehreren anthropozänisch relevanten Erdsphären darstellt, könnte man – Bauer & Bhans Argument weiterdenkend – die anthropozän geprägten *Anteile* der Geosphäre in diesem Sinn als *geodynamische Makroassemblage* verstehen, was noch über die Idee einer »globalen Assemblage« als transnationaler Konstellation (Ogden et al. 2013: 342) hinausgehen würde.

Bei solchen Begrifflichkeiten ist aber immer zu fragen, worin der wissenschaftliche Mehrwert besteht, etwa gegenüber der in der naturwissenschaftlichen Geografie und Ökologie entwickelten beschreibenden Terminologie für entsprechende Prozesse. Ein vergleichbares Beispiel, wo sich eine solche Frage stellt, ist der in programmatischen Texten weidlich genutzte Begriff der »scapes« nach Appadurai, der jetzt teilweise durch den der Assemblage abgelöst wird (Orr et al. 2015: 161). Der Begriff der *Scapes* ist m. E. anregend, aber auch nicht mehr. Er ist theoretisch deutlich weniger fruchtbar und vor allem weniger empirisch umsetzbar als der des Netzwerks (Antweiler 2020).

Richtung	Vertreter	Leitende Theorien, Wissenschaften	Methode	Anthropozän-relevante Aspekte
Ethnologische Klimawandelforschung (*anthropology of climate change*)	Crate & Nuttall 2016, Barnes & Dove 2015, Dietzsch 2017	Verschiedene; Klima-Kulturen	Beobachtung, Teilnahme, Kritik	Anthropogener Klimawandel als paradigmatischer Bereich des Anthropozäns
Erforschung von Umweltdegradation; Abfallethnologie	Tsing 2015, Bodley 2016, Resinick 2021	Weltsystemtheorie, Kapitalismus	Ethnografie, Vergleich	Bodenversiegelung, Artenschwund, Müll, Assemblagen
Ethnologie von Desastern (*disaster anthropology*)	Fortun 2001, Barrios 2017	Historische Genese von Krisen	Ethnografie, Vergleich, teiln. Beobachtung	Wahrnehmuung, Vulnerabilität, Coping, Politisierung
Kulturökologie (*cultural ecology, ecological anthropology*)	Steward 1955, Netting 1977	Neoevolutionismus, Anpassung, Kulturkern	Kulturvergleich, Langzeit-Feldforschung	Infrastruktur, Technofossilien
Politische Ökologie (*political ecology, new ecology*)	Leach 1970, Blaikie 1985, Scoones 1999, Maffi 2001	Marxismus, postkoloniale Theorie, Dependenztheorie, Arena	Akteursanalyse, Diskursanalyse. Intersektionale Analyse	Interessengruppen, Diskurse zum Anthropozän, Landschaftsschutz
Ressourcenextraktion	D'Angelo, & Pijpers (2022)	Extraktivismus	Feldforschung und Dokumente	Interessen, politischer Kontext
Systemische Kulturökologie (*systemic anthropology*)	Vayda 1983, 2008, 2013, Walters & Vayda 2018, Lansing & Cox 2019	Regelung, Rückkopplung, Komplexitätstheorien, Kopplung, Nischenkonstruktion	Quantitative Modellierung, Simulation, progressive Kontextualisierung	Mikro-, Meso-, Makro-Relationen, Nicht lineare Dynamik

Richtung	Vertreter	Leitende Theorien, Wissenschaften	Methode	Anthropozän- relevante Aspekte
Ethnobiologie, (*ethnobiology, ethnoscience*)	Frake 1962, Werner 1972, Medin 2000, Ellen 1982, 1999, 2021	Strukturalismus, Kognitionswissenschaft, Laien als Wissenschaftler, Logik, Ethnotheorien	Domänenanalyse, Triadentests, Analyse von Taxonomien und kausalem Denken	Lokales Umweltwissen, Artenschutz, Universalien in Naturkonzepten
Angewandte Ethnologie: Krisen	Rappaport 1973 (*anthropology of trouble*)	Systemtheorie	Vergleich, Beobachtung	Krise auch zur Theoriegenerierung
Ethnologisch-ökologische Kulturtheorie	Milton 1996	Strukturalismus	Theorieanalyse und Theoriekonstruktion	*Environmentalism* als Ideologie oder polit. Programm
Erforschung alternativer Ontologien	Descola 2015, Kohn 2013, 2015, Viveiros de Castro 2019	Philosophie, Poststrukturalismus, Metapherntheorie	Ethnografie, Kritik am Exzeptionalismus und Eurozentrik	Indigene Weltmodelle, Endzeitkonzepte, Zukunftskonzepte
Multi-species Ethnologie (*animal studies, more-than-human studies*)	Haraway 2016, Tsing et al. 2020, Bubandt 2018, 2019	Cyber Studies, Literaturwissenschaft, *Science-and-Technology Studies*	Theorie, Metaphernbildung, Kapitalismuskritik	Arteninteraktion, Interaktion mit materiellen Objekten
Phänomenologie der Umweltinteraktion	Ingold 1980, 2011b, Vetlesen 2020	Philosophie, Phänomenologie, *Embodiment*	Ethnografie, Landschaftsmorphologie	Wahrnehmung und Erleben von Wandel
Kulturevolutionsforschung (*cultural evolution, social evolution*)	Steward 1955, Sahlins & Service 1960, White 1949, Hodder 2020	Energie, Physik, Entropie, *constraints*	Diachroner Vergleich, natürliche Experimente	Energienutzung, Kulturkern

Tab. 5.1 Richtungen der Umweltethnologie und weitere anthropologische Ansätze und ihr Potenzial für die Anthropozänforschung

Über die Umweltethnologie und die Ethnologie des Klimawandels (Tab. 5.1) hinaus finden sich in verschiedenen Teilgebieten der Ethnologie Arbeiten, die thematisch oder konzeptuell zum Anthropozän passen, ohne das Wort zu verwenden, da sie teilweise lang vor der »Entdeckung« des Anthropozäns entstanden. Beispiele sind die historisch-ethnologischen Arbeiten von Sydney Mintz zu transnationalen Wirtschaftsbeziehungen und ihren dauerhaften Effekten auf lokale Ökosysteme (Mintz 1985) und die unten besprochenen Werke von Erik Wolf zum Einfluss nicht westlicher Gesellschaften auf die globale Geschichte der Welt (Wolf 1982).

Aktuelle Rezeption und Positionen zum Anthropozän

In der internationalen Ethnologie wurde das Konzept ab ca. 2010 stark rezipiert. Die einwöchige Jahrestagung der *American Anthropological Association* (AAA) im Jahr 2014 wartete täglich mit mehreren miteinander konkurrierenden Panels zum Thema auf, und der Wissenschaftforscher Bruno Latour hielt einen viel beachteten Plenumsvortrag (Latour 2017). Im Unterschied zum Klimawandel hat es das Anthropozän in Einführungswerke, Lehrbücher und Nachschlagewerke der Ethnologie aber, wie auch in der Soziologie, bis auf Erwähnungen noch fast gar nicht geschafft (als Ausnahme z. B. & Robbins & Dowty 2019, 2021, Palmer 2020). Das gilt selbst etwa für umfangreiche Nachschlagewerke zur Globalisierung bzw. Globalität (z. B. Kreff et al. 2011, Niederberger & Schink 2011, Kühnhardt & Meyer 2017).

Bis heute steht das Thema Anthropozän in der Ethnologie im Schatten der enger gefassten Befassung mit menschengemachtem Klimawandel. In einem Übersichtsaufsatz zu ethnologischen Arbeiten zum Klimawandel taucht das Wort Anthropozän nicht auf (Crate 2009). Zehn Jahre später hat sich das etwas gewandelt. Jetzt firmiert das Anthropozän im Inhalt und auch in Untertiteln von ethnologischen Büchern zum Klimawandel (Bauer & Bhan 2018). Dennoch wird das Anthropozän im Rahmen von Umweltthemen eher in anderen Diskussionen thematisiert, vor allem zu Mensch-Tier-Beziehungen (*multispecies anthropology*) und nicht westlichen Konzepten zur Welt und Umwelt sowie dem darauf fußenden *Ontological Turn* (Viveiros de Castro 2012, Pickering 2017, Tsing 2019b, Grana-Behrens i.V.: 10–17). Dies gilt selbst für neuere ethnologische Übersichten zum Anthropozän (z. B. Mathews 2018). Auf diese Debatten gehe ich in Kap. 5.3 und 5.5 im Detail ein.

Das Anthropozän ist definitiv in der Ethnologie angekommen. Das Thema gehört aber dennoch noch nicht zum etablierten Kanon, und oft wird eher das Wort rezipiert, statt den begrifflichen Kern zu beforschen. Es gibt eine enorme Menge von Aufsätzen aus der Ethnologie zum Thema und viele Kapitel in Sammelbänden zur Ethnologie des Klimas, der Nachhaltigkeit oder in Beiträgen zur Erforschung des »more-than-human«. Der intensiven Beschäftigung mit Mensch-Umwelt-Beziehungen entsprechend betonen die ersten Sätze eines neueren Handbuchs zur Umweltethnologie die Nähe des Fachs zum Thema Anthropozän:

> »As so many of us are all too aware, we have entered the Anthropocene, marked by the large and active imprint that humans have made on the global environment. Environmental social sciences, and environmental anthropology in particular, have long focused on the interaction between human societies, cultures, and complex environments – both in physical and symbolic terms« (Kopnina & Shoreman-Ouimet 2017: 3).

Anders als anthropogener Klimawandel ist das Thema Anthropozän noch nicht im Kanon der Ausbildung angelangt (Tab. 5.2). Das Thema Anthropozän wird nach wie vor zumeist entweder in Kapiteln zur Globalisierung oder zur Umwelt gestreift oder *en passant* unter dem Stichwort »anthropogenic« auf weniger als einer Seite abgehandelt. Selbst in Registern von Einführungswerken taucht das Thema Anthropozän bis ca. 2015 selten auf. Das gilt auch für Sammelbände zu Theorien und selbst für Sammelbände zur praxisorientierten bzw. zur engagierten Ethnologie oder zur *Public Anthropology* oder zur Entwicklungsethnologie. Die meisten auch der neuen Enzyklopädien der Ethnologie und Anthropologie beinhalten noch kein Stichwort zum Thema, anders als die online verfügbare *Open Encyclopedia of Anthropology* (Chua & Fair 2019). Die neueren englischsprachigen Handbücher der Ethnologie erwähnen das Anthropozän gar nicht (Fardon et al. 2012, Carrier & Gewerz 2013) und auch das jüngst erschienene Handbuch behandelt das Thema nur kursorisch an fünf Stellen und ansonsten als Unteraspekt eines anderen Themas, der Rechtsethnologie (Pedersen & Cliggett 2021: 358–361).

Beginn etwa	Erstes bzw. frühes Aufteten	Beispiele
2012	Konferenzen	sich häufende Erwähnungen
2014	Institutionen, Tagungsschwerpunkt	*American Anthropological Association:* AAA Meeting 2014, Latour 2017 (2014)
2018	Einführungen, Lehrbücher	Brown et al. 2020 (orig. 2018), Ingold 2019: 11
2019	Sonderheft Zeitschrift	*Current Anthropology* 2019
2019	Lemma in Online-Nachschlagewerken	*Open Encyclopedia of Anthropology;* *Oxford Research Encyclopedias. Anthropology*
2020	Lehrbücher: umfassende Berücksichtigung	Bodley 2020: 406–417, Palmer 2020, Kottak 2020
2020	Theorieüberblicke	Lavenda & Schultz 2020: 197–201
2024	Kapitel in umweltethnologischen Lehrbüchern und Handbüchern	Bollig & Krause 2023: 79–94; Eitel & Wergin 2025: in Vorb.

Tab. 5.2 Wegmarken der Rezeption des Begriffs Anthropozän in der Ethnologie

Die ersten US-College-Lehrbücher, die dem Thema mehr als ein paar Zeilen widmen, erschienen 2020 (Bodley 2020: 406–417, Palmer 2020, Kottak 2021). Im deutschen Sprachraum gibt es viel Interesse, aber noch wenige explizit ethnologische Veröffentlichungen zum Thema. In etablierten deutschen Einführungsbüchern und Lehrwerken findet das Anthropozän noch kaum statt. Eine Kölner Masterarbeit von 2016 war ein Vorreiter (Krämer 2016), und die Tagung der Deutschen Gesellschaft für Sozial- und Kulturanthropologie stellte ihre Tagung 2021 unter das Thema (DGSKA 2021).

Die möglichen Beiträge der Anthropologie zum Anthropozän richten sich stark (a) danach, wie tief historisch das Anthropozän angesetzt wird und (b) danach, ob Ethnologie eng als gegenwartsbezogen, auf lokale Gemeinschaften fokussiert und auf Feldforschung orientiert aufgefasst wird oder aber als Teil einer breiten Anthropologie als Wissenschaft vom Menschen (*science of man*, Hann 2016a: 2). Wenn man das Anthropozän erst mit der Atombombe 1945 beginnen lässt, sind viele Beiträge denkbar – und dazu gibt es auch schon viele Ansätze. Wenn man dagegen ein frühes Anthropozän annimmt, sind die Beiträge der gegenwärtig dominierenden Themen und Theorien der Ethnologie eher begrenzt. Diese Begrenzung beträfe aber nur die Sache des Anthropozäns als geologisches Phänomen, nicht dagegen

Ansatz	Leitbegriffe, Theorien	Methodik	Normative bzw. ethische Implikationen	Beispiel
Empirisches Forschen in direkt vom Anthropozän betroffenen Regionen und Lebenswelten	Lokalität, lokales Wissen, Indigenität, Vulnerabilität, Heterogenität,	Ethnografie, Feldforschung, kollaborative Forschung, Inselethnografie	Advocacy für lokal Betroffene	Rudiak-Gould 2012, Lazrus 2012, Tsing et al. 2022
Kritische Analyse des Konzepts als Problemraum	Postkoloniale Theorie, Machtkritik, Dekonstruktion, Narrative, Imagologie, truth claims, anthropocene spaces	Diskursanalyse, Bildanalyse, Modellierungs-Kritik, Dichotomie-Kritik, Verfremdung des Bekannten	Empowerment lokaler Konzepte	Moore 2015a, Haraway et al. 2016
Konstruktive zukunftsorientierte Umdeutung	Nicht dualistische Natur-Kultur-Theorien, nicht westliche Natur- und Kulturkonzepte, Konvivialität, Livability	transgression: multi-species ethnography, kollaborative Projekte, experimentelle Konstruktion, neue Darstellungsformen	Solidarität mit nicht menschlichen Lebewesen, Erweiterung des Alternativen-Spektrums	Tsing et al. 2019, Jobson 2020, Bryant & Knight 2019
Repolitisierung des Konzepts	Politische Ökonomie, Politische Ökologie, Marxismus, Ungleichheit, Weltsystemtheorie, Kolonialtheorie, »Produktion der Natur«	Ungleichheits-Analyse, Historisierung, Kapitalismus-Analyse, Interessenanalyse (stakeholder), Rohstoffextraktion	Verantwortung der Mächtigen betonen, Solidarität mit prekären Menschen und vulnerablen Kollektiven, Teleologiekritik;	Tsing et al. 2019
Institutionalisierung des Anthropozän-Denkens	Kulturtheorie, Internationale Transaktionen, Ethnologie der Entwicklung	Institutionenanalyse, Ethnologisierung des Diskurses	Ziel: weltweites Nachhaltigkeitsbewusstsein und Kosmopolitismus ermöglichen	Arizpe Schlosser 2019

Tab. 5.3 Umgangsweisen der Ethnologie mit dem Thema Anthropozän (eigene Systematisierung, angeregt durch Chua & Fair 2019: 4–12)

das Konzept als heutige *soziale* Tatsache. Welche Herangehensweisen lassen sich in der Ethnologie zum Thema Anthropozän finden? Ich versuche, angeregt durch Chua & Fair (2019: 4–12) eine Systematisierung, indem ich nach den Leitbegriffen und leitenden Theorien, nach der empirischen Methodik und nach den normativen bzw. ethischen Implikationen frage (Tab. 5.3).

Amelia Moore skizziert die Vision einer *Anthropocene Anthropology*, am ehesten zu übersetzen als »Anthropozänethnologie«. Sie hat damit ein offenes Befassen und mit der Idee des Anthropozäns im Auge, also nicht etwa eine neue Subdisziplin. Moore sieht das als vor allem kritisches Engagement mit dem Thema und befürwortet ein ethnologisches Bewusstsein »des« Anthropozäns statt ein unreflektiertes Akzeptieren und Arbeiten »im« Anthropozän (Moore 2015a: 27–28, 36–40). Im Kern steht die Untersuchung von Ideen, Konzepten und Modellen, vor allem Vorstellungen zur Charakterisierung von Leben, von Wandel und über »die Umwelt«.

Als Ethnologinnen können wir klären, wie sich diese durch die Vorstellungen zum Anthropozän geprägten Ideen über daraus folgende Handlungen im Alltagsleben von Menschengruppen, wo immer auf der Welt sie leben, konkret manifestieren. Dazu können neben den oben angeführten Bereichen der Umweltethnologie auch weitere Teilgebiete der Ethnologie beitragen. Ein Beispiel ist die Tourismusethnologie, wo insbesondere Inseln das Thema von der Problemlage her das Phänomen konkretisieren als auch der Inseltourismus selbst durch das Anthropozän motiviert ist. Hier kommen spezifische Vorstellungen zum Anthropozän mit wissenschaftlichen Insitutionen, politischen Interessen und normativen Ideen zur Umwelterziehung zusammen, wie Moore in einer Monografie zu den Bahamas vorführt (Moore 2019, vgl. Beispiele in Gren & Huijbens 2015).

5.4 Lokalisierung – Ethnologie als Anwältin kleiner Maßstäbe im Anthropozän

> Smaller scales do not simply vanish as larger ones·emerge.
>
> *Mary Stiner et al. 2011: 247*

> (...) analysis of local contexts can have global significance.
>
> *Stuart Kirsch 2018: 136*

Der Umgang der Wissenschaften mit dem Anthropozän ist unterschiedlich. Die geschichtswissenschaftliche Evidenzpraxis ist durch erzählerischen Zugang, durch Narrativierung, gekennzeichnet (Will 2020: 225). Der ethnologische Zugang ist durch Lokalisierung und Kontextualisierung geprägt, was aufgrund der Feldforschungsorientierung und des holistischen Kulturkonzepts naheliegt. Die Beiträge, die die Ethnologie liefern kann, ergänzen sich gut mit umwelthistorischen Zugängen, denn:

> »Nature and history are increasingly becoming intertwined. We need the history of nature in order to write history. We need the big drama and the Earht sciences of the siences. And we can't leave these stories to scientists alone, because their stories lack details of the human« (Sörlin 2018: 23).

Die Forschungen zum Erdsystem, zu komplexen Systemen sowie die Erkenntnisse der *Big History*-Forschung haben gleichermaßen gezeigt, dass komplexe adaptive Systeme nur in sehr spezifischen Umwelten überleben können. Dazu müssen sie in der Lage sein, neben universellen Bedingungen und Regeln auch lokale Informationen zu lesen und zu entschlüsseln (Christian 2018: 91). Das lässt sich gut mit einer Gegenstandsauffassung der Ethnologie verknüpfen, die Thomas Hylland Eriksen m. E. wunderbar auf den Punkt gebracht hat: Ethnologinnen erforschen »large issues in small places« (Eriksen 1996, 2015).

> »Anthropologists are also concerned with accounting for the interrelationships between different aspects of human existence, and usually investigate

Abb. 5.4   Bauarbeiterin in Ahmedabad, Gujarat, Nordindien, *Quelle: Autor*

these interrelationships taking as their point of departure a detailed study of local life in a particular society or a more or less clearly delineated social environment. One may therefore say that anthropology asks large questions, while at the same time it draws its most important insights from small places« (Eriksen 2015: 3).

Ich lese darin einerseits die Befassung mit tiefgreifenden Problemen und Fragen der Menschheit, also mit anthropologischen Fragen in breitem Sinn. Der methodische Zugang der Ethnologie erfolgt dabei durch Untersuchung lokaler Lebensformen aufgrund detaillierter ethnografischer Fallstudien (Abb. 5.4).

Lokale gegenwartsbezogene Perspektive und Zeitkontinuität

Die Ethnologie verschafft einen empirischen Zugang dazu, wie Menschen Umweltphänomene wahrnehmen und Umweltwandel und damit Umweltgeschichte und Umweltwissen produzieren (Reuter 2010a, 2010b, 2015, Bauer & Bhan 2018: 7, Beispiele in Hornidge & Antweiler 2012). Der explizite Zugang zu anthropozänen Phänomenen über lokale Fallstudien macht die Ethnologie unter den Sozialwissenschaften einzigartig:

> »(…) the starting place for anthropologists is almost always a richly detailed ethnographic case study, whereas other social scientists are likely to begin with a formal model and look for ways to test it« (Orr et al. 2015: 156).

Insgesamt gesehen verlangt das Anthropozän aber nach Delokalisierung, nach einer Dezentrierung von lokalen Sichten und anthropozentrierten Kosmogonien: »Die Ideologie des Orts, des Ankerpunkts von Sinn und Beziehung, geht durch die Dezentrierung, die uns die Wahrheiten der Makrophysik aufzwingen, zuschanden« (Augé 2019: 231). Voltaire empfahl dagegen, wir müssen unseren Garten bestellen, also im Maßstab unserer eigenen Geschichte verbleiben. Der Beitrag, den die Ethnologie als »Anwältin« der lokalen Perspektive leisten kann, ist vor allem deshalb wichtig, weil die Versuchung der umstandslosen Heraufskalierung (*scaling up*) vor allem dann droht, wenn Lösungen für große Probleme gesucht werden, und das Anthropozän bildet ein Megamakroproblem.

Trotz aller weltweiten Wirkung gibt es aber Gemeinschaften, die nicht grundlegend mit der restlichen Welt ökologisch eng vernetzt sind. Analytisch lassen sich Gruppen, die in lokalen Umwelten wirtschaften von anderen, der industrialisierten Mehrheit, unterscheiden, die durch Nutzung externer Ressourcen in das globale technologische System eingebunden sind (»ecosystem people« vs. »biosphere people«, Dasmann 1976: 304). Vor allem aber werden Effekte des Anthropozäns lokal erfahren und erlebt (vgl. Beispiele in Hoffmann et al. 2022). Neben der De-Lokalisierung brauchen wir, so ein Tenor kultur- und sozialwissenschaftlicher Beiträge, dringend eine Lokalisierung, quasi, um die dominant makroorientierte Forschung zum Anthropozän zu zähmen, zu domestizieren:

»(…) there are serious discrepancies between the dominant processes of theorizing planetary multiplicity, and the multiplicity or alterity of which social thinkers speak – and which speaks for itself« (Clark & Szerczynsky 2020: 53).

Diese Diskrepanz zeigt sich etwa in der Forschung zum globalen Wandel. In den Dokumenten des *Intergovernmental Panel on Climate Change* (*IPCC*) etwa wird die Atmosphäre notwendigerweise systematisch globalisiert (IPCC 2021). In Bezug auf den Klimawandel fragt Sheila Jasanoff: »… will scientist's impersonal knowledge of the climate be synchronized with the mundane rhythms of lived lives and the specifities of human experience?« (Jasanoff 2010: 238). Die in internationalen Gremien und Institutionen dominierende Rahmung sieht den Klimawandel ausschließlich als Risiko für die globale Atmosphäre und schließt damit Klimawandel als *langfristigen* Wandel des Wetters an *einzelnen* Lokalitäten aus.

Global agierende Institutionen sind schon lange ein wichtiges Thema entwicklungs- und organisationsethnologischer und dabei oft kritischer Studien (z. B. Arizpe Schosser 2019). Eine verengte Makrosicht ist aber, anders als das von vielen Kritikern gerade aus der Ethnologie nahegelegt wird (etwa Tsing et al. 2019), kein Privileg von Naturwissenschaftlern oder neoliberalen Wirtschaftsdenkern. So wie manche Vertreter der *Earth Sciences* gern bei der Makrosicht verharren, so verlieren auch manche Umweltaktivisten, die nur die ganze Welt oder Lebewelt und die Zukunft im Blick haben, die Lebenswirklichkeit lokaler Gemeinschaften hier und jetzt aus dem Auge (Eriksen 2016: 137).

Außer der Gegenwartsorientierung, die die Ethnologie von der Geologie trennt, beinhaltet die klassische Ethnologie eine Voreingenommenheit in Bezug auf Zeit, die sie mit der klassischen Geologie und der Evolutionsforschung teilt: die Betonung von Kontinuität. Hier besteht eine Spannung zum Konzept des Anthropozäns, was ja eine Zäsur oder Rupur betont. Auch wenn die Grundannahme in der modernen Ethnologie ist, dass es der Normalfall ist, dass Kulturen sich verändern, so wurde der Wandel als kontinuierlich angesehen. Diese Kontinuität besteht etwa in gleichmäßigen Rhythmen wie den Jahreszyklus der Landwirtschaft und dem Ritualkalender, was auch die prototypische Dauer der Feldforschung von einem Jahr vorgab. Andere Kontinuität implizierende Rhythmen sind der biografische Lebensverlauf der Personen und die Abfolge der Generationen. Das Denken in Kontinuitäten gehört quasi zur »Tiefenstruktur« anthropologischer Theoriebildung. Das zeigt sich in den klassischen Titeln von Monografien à la »Tradition und Wandel der X«. Im Mittelpunkt des Fachs standen bis vor Kurzem *persistente* Formen von Handeln und Bedeutung. Die Voraussetzung für die Betonung von Dauerhaftigkeit war ein Zeitkonzept, in dem regelmäßige Rhythmen ein Medium bieten, wo sich Kontinuität entfaltet (Robbins 2007: 9, 13).

Das Kontinuitätskonzept hängt stark mit dem traditionellen sozialwissenschaftlichen Dualismus von nicht modernen vs. modernen Kulturen zusammen. In der Ethnologie wird das durch die Vorstellung »geschichtsloser« Völker bzw. »Völker der ewigen Wiederkehr« perpetuiert. Im 20. Jahrhundert wurde Kontinuität in der Theorie durch den ethnologischen und soziologischen Funktionalismus betont, der sich vor allem für die Bedingungen der Persistenz von Gesellschaft interessierte. Brüche bzw. plötzliche Veränderungen werden somit leicht übersehen oder als Ausnahme gesehen. In der modernen Ethnologie spielt abrupter Wandel, etwa durch abrupt einsetzende globale Wirtschaftseffekte, Naturkatastrophen, Konflikte oder Kriege eine wichtige Rolle, was sich auch in theoretischen Konzepten wie etwa dem der Vulnerabilität niederschlägt.

Die Herausforderung – large issues in large places?

Wie lassen sich die Skalen geologischer Relevanz mit den sozial und kulturell relevanten und für Individuen wichtigen Maßstäben verknüpfen – »connecting the Earth system with tonight's avocado salad« (Thomas et al. 2020: 7)? Die herausfordernde allgemeine Frage, ob Skalen überhaupt einheitlich kalibrierbar sind (*nested scales*), diskutiere ich in Kap. 6.7. Die Herausforderung der Ethnologie besteht darin, dass die Ethnologie nicht nur lokalisierte – wenn auch teilweise multi-lokale – Gemeinschaften oder Netzwerke untersucht, sondern dazu die Erfahrungen und Erlebnisse der untersuchten Menschen in den Mittelpunkt rückt.

Hier stellt sich bezüglich Erfahrbarkeit die Herausforderung, dass manche erdweite Folgen menschlichen Handelns *prinzipiell* nicht vom Menschen wahrgenommen werden können und zusätzlich deren Komplexität exorbitant ist. Das gilt nicht nur für langfristige Effekte, wie etwa dem Klimawandel oder dem Artensterben. Für die Wahrnehmung etlicher derzeitiger bzw. rezenter Parameter des Anthropozäns benötigen wir z. B. weltweit messende Satelliten, Technologien des *remote sensing*, Sensoren an abgelegenen Orten und Rechner, die das Ganze digital bearbeiten bzw. visuell aufbereiten (Jasanoff 2004b). Wenn Menschen jetzt Erdgeschichte »machen«, sind sie metaphorisch gesprochen neue Autoren des Buchs der Natur, genauer gesagt Co-Autoren. Wir Menschen verlieren aber durch die Abhängigkeiten von Messtechnologien unsere Rolle als souveräne Interpretinnen dieses Buchs. Infolgedessen benötigen wir also neue wissenschaftliche Strukturen bzw. Wissensinfrastrukturen (Edwards 2015, Folkers 2020: 592, Renn 2020).

Auf der Ebene menschlicher Erfahrung zeigt sich das Anthropozän vor allem in Krisen der Reproduktion (Eriksen 2016: 27). Menschen erfahren in zentralen Aspekten ihrer Lebensgestaltung bzw. ihrer Lebenswelten Brüche, die durch einen *beschleunigten*, ihnen von *außen* aufgedrückten Wandel erzeugt sind. So haben sie etwa Probleme, ihre Kinder gesund zu halten und mit einem zukunftsfähigen Wissen auszustatten. Menschen erfahren Störungen ihrer ökonomischen Autonomie und ihres Selbstbestimmungsrechts, sie erleben eine zunehmende eine eigene Anfälligkeit, und sie entwickeln ein zunehmendes Bewusstsein für Risiken. Die lässt sich gut mit einer Perspektive verbinden, wie sie exemplarisch in amerindischen Gemeinschaften zu finden ist, wo Vergangenheit und dynamische Stabilisierung statt Beschleunigung von Wandel in den Blick rücken:

> »Die indigene Praxis legt Nachdruck auf die *regulierte Produktion von Verwandlungen*, die fähig sind, die ›ethnografische Gegenwart‹ zu *reproduzieren* (…) und verhindert damit ihre regressive und chaotische Proliferation« (Danowski & Viveiros de Castro 2019: 86)

In der sozialen Realität, die durch Interaktion unter Menschen, zwischen Gemeinschaften und Netzwerken entsteht, äußern sich diese Krisen lokal in unterschiedlicher Weise. Hier ist das Konzept der Vulnerabilität (*vulnerability*) wichtig: Gesellschaftliche Zustände sind nicht einfach durch Armut, sondern durch Anfälligkeit, Unsicherheit und Schutzlosigkeit in extern bestimmten lokalen Welten geprägt. Tourismus ist ein Beispiel, wo Vulnerabilität mit der für das Anthropozän typischen Energienutzung mit externen Entscheidungen zusammenkommt und in einer dauerhaften lokalen Abhängigkeit bzw. Autonomieverlust enden kann. Ein Fall ist Griechenland während der Wirtschafts- und Flüchtlingskrisen 2008 bis 2009 und 2015 (Eriksen 2016: 69). Wie schon bei wirtschaftlicher Globalisierung, so fallen die lokalen Antworten auf diese anthropozänen Reproduktionskrisen entsprechend unterschiedlich aus: Anpassung, Protest oder Versuche der Meidung oder Abschottung. Solche anthropozän bedingten Krisen der Reproduktion und die Reaktionen darauf müssen wir also auf der lokalen Ebene betrachten.

Ein großer Teil der anthropozänen Wirkungen sind aber räumlich verteilt und auch zeitlich ausgedehnt. Sie stellen, je nach Deutung, eine weitverteilte Assemblage oder ein Hyperobjekt dar. Morton hat das am Beispiel von Klimaveränderungen gezeigt. Sie sind für Menschen eben nur begrenzt sinnlich erfahrbar, weil sie nicht lokale und umfassende (*enveloping*) Qualitäten aufweisen (Morton 2013, Bsp. in Vince 2016). Massive Veränderungen der Geosphäre, wie die Verbreitung von Radionukliden oder die Ausbreitung von Plastikpartikeln in den Ozeanen, können schon aufgrund ihrer Verteiltheit nicht direkt sinnlich wahrgenommen werden (Bauer & Bhan 2018: 8). Die offensichtlichste Herausforderung der Ethnologie betrifft also die Maßstäbe:

»The Anthropocene is a planetary-scale phenomenon, whereas the methods of anthropologists and systems ecologists are suited to studies of local, community-scale processes« (Orr et al. 2015: 156).

Selbst lokale Auswirkungen menschengemachten weltweiten Umweltwandels sind teilweise nicht direkt wahrnehmbar, sondern nur mittels Messinstrumente. Sie können als globales Faktum nur durch Zusammenarbeit von Menschen weltweit festgestellt werden, bedürfen der Daten, Diagramme und Visualisierungen (Bajohr 2019: 71, Hüpkes 2019). Das gilt besonders für Geowandel, der zwar nach geologischem Zeitverständnis rapide, nach menschlichen Zeitmaßstäben aber langsam abläuft (Morton 2011). Die Forschung zum Klimawandel hat gezeigt, dass der quantitative Umfang des Anthropozäns nur mittels einer Datensammlung kolossalen Umfangs und dem Einsatz von Computermodellen überhaupt greifbar ist. Der anthropogene Wandel des Planeten ist definitiv eine *large issue*, das gilt für den Raum, einem Großteil der Geosphäre und die Zeit, nämlich große Abschnitte des Holozäns. Außerdem beruht der anthropozäne Wandel auf einer großen Vielzahl und Vielfalt von nicht menschlichen Beiträgen, die »kollektiv Umweltgeschichten auf verschiedenen Raum- und Zeitmaßstäben produzieren« (Bauer & Bhan 2018: 7).

Insbesondere der Historiker Chakrabarty hat herausgearbietet, dass dies nicht nur die Frage aufwirft, wer die Subjekte und wer die Objekte des Handelns sind, wer als sozialer Akteur aufzufassen ist, sondern eben auch, welche neuartigen Vorstellungen von Geschichte, welche historischen Imaginationen, gebildet werden (Chakrabarty 2009, 2012, 2020). Die zentrale Herausforderung der Ethnologie durch das Phänomen des Anthropozäns besteht demnach in einer Kombination von verschiedenen Maßstäben in Raum und Zeit einerseits und einer Faktorenvielfalt der anthropogenen Ursachen und Wirkungen andererseits. Wie schon beim Thema Globalisierung, so ist die ethnografisch basierte, lokale Settings von Kultur untersuchende Ethnologie durch großräumliche und langzeitige und dazu materiell vielfältige Phänomene gefordert. Hornborg bringt es auf den Punkt:

> »What could anthropology contribute to human survival and sustainability in the Anthropocene? Most anthropologists are preoccupied with understanding local experiences rather than global processes. The *sine qua non* of their research is ethnography« (Hornborg 2020:1).

Das impliziert eine erneute Reflexion von ontologischen Annahmen (Kulturbegriff, Holismus), epistemischen Annahmen (Verstehen, Immersion) und sich daraus ergebenden Fragen des methodischen Vorgehens (Feldforschung, Kulturvergleich). Eriksens Diktum erweiternd könnten wir sagen, es geht jetzt nicht mehr nur um large (cultural) issues in small places geht, sondern auch um große anthropische Fragen in übermenschlich großen Räumen und über lange Zeiten. Eben hierzu gibt es aber auch ganz andere Haltungen:

»By abandoning the universal liberal subject as a stable foil for a renewed project of cultural critique, the field of anthropology cannot presume a coherent human subject as its point of departure but must adopt a radical humanism as its political horizon« (Jobson 2020: 259).

Wie in Kap. 5.3 dargestellt, hat die neuere Ethnologie eine Fülle von Beiträgen zum Umgang mit anthropogenem Klimawandel geliefert. Deutlich weniger Studien behandeln andere anthropogene Auswirkungen, wie die Veränderung der Böden und der Küsten, die für das Anthropozän aber von zentraler Bedeutung sind. Das zeigt sich auch darin, dass in ethnologischen Texten, die sich explizit mit dem Anthropozän befassen, die deutlich überwiegende Anzahl der Beispiele anthropogenen Klimawandel betreffen (z. B. Gibson & Venkatesvar 2015: 10–11, Bauer & Bhan 2018). Ebenso widmen sich nur wenige Studien den *sozialen und kulturellen* Vorbedingungen für die Emergenz anthropozänisch wirkender Sozialsysteme in der Geschichte der Menschheit (Hann 2016a: 19). Beides verweist auf Forschungslücken im Bereich von Konzeptualisierung sowie Sozial- und Kulturtheorie dazu.

Chua & Fair argumentieren, dass das klassische ethnologische Herangehen, nämlich die kritische Entgegensetzung des Fremden gegen das Eigene, das Bekannte und Familiäre, und klassische Verfahren, wie die teilnehmende Beobachtung kleiner Lebenswelten, gut geeignet sind, um diesem multidisziplinären Feld empirische Tiefe und auch Nuancierung zu geben (Chua & Fair 2019: 2). Hier kann die distanzierte Außensicht (*etic view*) und die Binnenperspective (*emic view*) eingebracht werden. Klar ist aber, dass dieses Makrothema für die nach wie vor partikular orientierte Ethnologie empirisch herausfordernd ist und außerdem wichtige politische und ethische Implikationen bereithält. Ethnologinnen müssen sich auf einmal nicht nur mit materieller Kultur und neuartiger Kunst, sondern auch noch mit Steinen, Mikroplastik und Kleinstlebewesen befassen. Das deckt sich aber, wie ich es sehe, mit dem holistischen Kulturbegriff: Kulturen brauchen materielle Träger. Auch wenn Bedeutungen und Sinn sprachlich geformt werden, gesellschaftliche Verhältnisse von Diskursen geprägt sind und es virtuelle Realität gibt, so kommt keiner dieser Prozesse ohne materielles Substrat aus, etwa Nahrungsmittel, Erze und Computer, so, wie es auch aus der Perspektive der »gesellschaftlichen Naturverhältnisse« folgt (Becker et al. 2006,

Abb. 5.5 Wohlstandskonsum – Blister-Verpackung für Genussmittel, *Quelle: Autor*

Görg 2003a, 2003b, 2019: 172, Brand 2018). Hinzu kommen als Gegenstand und Akteure der Forschung noch politische Akteure, und Ethnologinnen müssen sich auch noch mit fremden Wesen, wie Naturwissenschaftlern auseinandersetzen.

Anthropozäner Alltag und Lebensumwelten

Ein zentraler Beitrag des Fachs liegt in der lokalen Brille der Ethnologie (Abb. 5.5). Was bedeutet der anthropozäne Wandel für jeweilige lokale Lebenswelten? Und umgekehrt: Was bewirken kumulierte Effekte lokaler Lebensweisen und ihrer durch Globalisierung bedingten Transformation für größere räumliche Einheiten und längere Zeiträume? Viele dieser Auswirkungen menschlicher Aktivität sind kaum quantifizierbar, wodurch qualitative Daten wichtig werden. Für Ethnologen sind lokales Leben und lokales Wissen als Kausalursachen des Erlebens und Handelns primär relevant (Horn & Bergthaller 2019:111).

Da ethnologisches Forschen an den Alltagserfahrungen und Handlungen im sozialen Mikroraum des Erlebens und Handelns ansetzt, kann sie gleichermaßen für Erklärungen wichtig sein, wie für Appelle an verändertes Handeln, die realistisch, weil sozial in den betroffenen lokalen Gemeinschaften oder Netzwerken fundiert sind. Damit können ethnologische Perspektiven auch einen zentralen Denkfehler der Moderne, nämlich den Blaupausen- Universalismus im Sinne von »one size fits« kritisch untersuchen. Pierre Bourdieu hat in seinem ersten Buch am Beispiel kabylischer Bauern in Algerien gezeigt, dass Akteure, wenn ihre *Agency* unterhalb eines bestimmten Minimums fällt, schlicht nicht in der Lage sind, Anbauformen zu praktizieren, die ihre eigenen Ressourcen schonen und damit zukunftssichernd wären (Bourdieu 2000: 87–103).

Eva Horn macht die Problematik eines abstrakten ökologischen Universalismus, seiner dekontextualisierten Gleichheitsideen und quantitativen Messlatten schön am Beispiel des »ökologischen Fußabdrucks« im ländlichen Sulawesi in Indonesien klar:

> »Womöglich ist es schlicht widersinnig, einen Reisbauern auf Sulawesi und eine Studentin aus Stuttgart als gemeinsame ›Menschheit‹ zu adressieren oder ihren ökologischen Fußabdruck zu berechnen, der im Fall des Reisbauern aufgrund des Methanausstoßes von Reisfeldern überraschend hoch, im Fall der ungleich wohlhabenderen, radfahrenden und bio-vegan essenden Studentin erstaunlich niedrig ausfallen dürfte. Womöglich sollte man stattdessen den Reisbauern, seine Werkzeuge, die vom Klima abhängige Wasserwirtschaft des Dorfes, die Schulden seiner Familie, den Gesundheitszustand seines Wasserbüffels, den Schneckenbefall im Reisfeld, sein Saatgut, die Anzahl und Zukunftsperspektiven seiner Kinder und die Geografie Sulawesis als eine spezifische Nachhaltigkeitsproblematik verstehen, das Rad der Studentin, ihren aufgeklärten ökologischen Lebensstil, ihre Studienwahl, die deutsche Klimapolitik, das robuste Sozialsystem und ihre daher vermutlich überschaubare Kinderzahl als eine andere« (Horn 2017: 16).

Der methodische Gewinn gerade durch den Beitrag der Ethnologie könnte darin liegen, Makroansätze, die top-down von großen Raum- und Zeiteinheiten ausgehen, durch Ansätze zu ergänzen, die empirisch von kleineren Räumen und kurzen Zeitspannen ausgehen. Ethnologinnen sehen hier die Chance, durch Bottom-up-Forschung lokale Interessen zu berücksichtigen und lokales bzw. tradiertes Wissen für Lösungen einzubringen und beide Wissensformen miteinander zu integrieren (Gibson & Venkateswar 2015: 10–11). Das kann örtlich begrenzte Ausschnitte umfassen, etwa Landschaftsteile und ortsbasierte Klimaerzählungen (Krauß 2020: 5–6, Bremer et al. 2021) oder auch mittelgroße bis sehr große Einheiten, etwa Deltas (Krause 2018, Bollig & Krause 2023: 110–127).

Rund 12 % der Weltbevölkerung lebt in Flussdeltas der Welt. Deltas sind oft fruchtbar und deshalb wird hier intensive Landwirtschaft betrieben. Viele Megastädte liegen im Bereich von Deltas, z.B. Kolkata (Calcutta). Allein im bengalischen Delta von Ganges und Brahmaputra in Indien und Bangladesh leben rund 50 Millionen Menschen. Viele dieser Menschen z.B. in den Sundurbans haben über Generationen Überflutungen erfahren und verfügen dadurch über ein überliefertes Wissen darüber, wo Überflutung und wo Trockenheit droht. Sie denken Wasser und Land zusammen statt sie wie der postkoloniale Staat im Recht und im Management zu trennen. So wissen sie, welche Gebiete dieses extrem dynamischen Lebensraums eher bewohnbar sind gegenüber anderen, wo eher nur Götter sicher wohnen können. Was bedeutet der Umweltwandel für die Menschen und wie gehen sie damit um? Welche Dynamiken kennen sie nicht? Welche Umsiedlungen sind notwendig und mit welchen menschlichen Kosten werden sie verbunden sein? Welche kolonialzeitlichen Betondämme können zurückgebaut und durch grüne Dämme und Mangroven ersetzt werden? Gibt es zumindest begrenzt verallgemeinerbare Lösungen (Bhattacharyya 2018, Bhattacharyya & Santos 2023, als lebendige Erzählung vgl. Ghosh 2005)? Damit laden Deltas zur Zusammenarbeit etwa von Erdsystemwissenschaftlern, Geologen, Umwelthistorikerinnen, Wirtschaftswissenschaftlern mit Ethnologinnen ein.

Aus der Erfahrung der Klimawandelforschung wissen wir, dass rein global orientierte Forschung angeleitet durch Modelle globalen Maßstabs notorisch dazu neigt, ebendiese lokale und regionale Ebene auszublenden. Tsing stellt sarkastisch fest: »… the scale is global because the models are global«, was aber, wie noch deutlich werden wird, als Kritik zu kurz greift, genauer: zu klein greift. Als Ethnologinnen betonen wir, dass das Anthropozän, noch umfassender als der Klimawandel, die ganze Menschheit betrifft, sich aber in lokalen Lebenswelten manifestiert:

> »The view from anthropology suggests that global environmental problems still happen locally in the Anthropocene, and that it is from here that we have to compose our research agendas *and the idea of a common world to be taken care of*« (Krauß 2015a: 61, eigene Hervorheb.).

Zwischen dem »sicheren Operationsraum für die Menschheit« der Erdsystemwissenschaften, der quasi aus der Weltraumperspektive schaut, und der langfristigen Lebbarkeit (Viabilität) auf lokaler Ebene klafft eine große konzeptuelle wie empirische Lücke (Pálsson et al. 2013:7). Damit einher geht die Tatsache, dass die auf großskalige Modelle bauenden international organisierten Entscheidungen zu globaler Klimawandelpolitik die Möglichkeiten lokalen Entscheidens einschränken. Dies zeigt sich gerade in solchen Gebieten, in denen die Bevölkerung wegen anthropozäner Wirkungen, vor allem durch Meeresspiegelanstieg, besonders vulnerabel ist (Lazrus 2012). Eben dazu können Ethnologinnen Lokalstudien zu beitragen, etwa zu den pazifischen Inseln Tuvalu, Kiribati und den Marshallinseln und im Indischen Ozean in der Inselwelt der Malediven. Diese besonders stark betroffenen Bewohner haben es oft aufgrund von Armut, Infrastrukturmängeln und geografischer Lage besonders schwierig, sich dem Wandel anzupassen (Crate & Nuttall 2016, Hastrup 2016, Beiträge Hornidge & Antweiler 2012).

Bauer & Bhan machen die Relevanz von Lokalstudien am Beispiel der Phänomene Klima und Wetter klar, wie auch ein mikroskopischer Forschungsansatz zu makroskopischen Phänomenen beitragen kann (Bauer & Bhan 2018: 18–19). Mit Wetter bezeichnet man üblicherweise den lokalen Zustand oder die örtliche Dynamik der Atmosphäre über einen kurzen Zeitraum von wenigen Tagen. Klima dagegen bezieht sich auf langfristige Muster des Wetters in einer gegebenen Region, etwa über Wochen und Monate. Damit ist Klimawandel *per definitionem* individuell nicht wahrnehmbar. Das gilt auch allgemeiner für die akkumulierten Auswirkungen menschlichen Handelns, die räumlich verstreut und zeitlich gespreizt sind. Chakrabarty sagt, dass wir Menschen uns als Spezies nicht erfahren können, dass es keine Phänomenologie der Spezies *Homo sapiens* geben könne (Chakrabarty 2009:220, ähnlich Morton 2013: 5).

Der zentrale Gegenstand des Anthropozäns ist sinnlich kaum zugänglich, und unsere Gehirne sind evolutiv nicht so gestaltet, dass uns die Einsicht in den Wandel leicht fällt (Marshall 2014). Damit ist es nicht zu erwarten, dass man allein auf der Basis von Fakten und Klimanarrativen auf Unterstützung für politische Maßnahmen gegen globale Erwärmung bauen kann. Dies haben auch die Erfahrungen mit Covid-19 gezeigt, der als Virus nicht sichtbar und nur individuell direkt erfahrbar ist. Bei Covid-19 ist die Ursache wie beim anthropozänen Wandel nicht sichtbar, aber die Folgen sind anders als etwa bei Klimawirkungen direkt bei sich selbst oder anderen Menschen erfahrbar. Insofern ist Covid-19 nicht das Anthropozän (vs. Schüttpelz 2022)

Insofern sollte auch eine Ethnologie des Anthropozäns die Erfahrung des Wetters in den Mittelpunkt rücken, satt immer nur vom großräumlichen oder gobalen Klima oder anderen weltweiten Dynamiken zu sprechen. Ein ethnografischer Fokus auf Wetter erlaubt es, erfahrbare Phänomene, die anthropozäne Wirkungen darstellen, in ihrer Wirkung im Alltag zu erforschen. Während *globaler* Klimawandel von Menschen nicht direkt erfahrbar ist, so ist es Klimawandel sehr wohl (Bauer & Bhan 2018: 19). Wetter ist mehr als nur ein schwacher Abglanz des Klimas, wenn wir Klima als die Summe – oder den Querschnitt – aller Wetter über eine bestimmte Periode, sei es für eine Lokalität, Region oder den Planeten sehen. Wetter wird konkret erfahren und ist von exstenzieller Bedeutung.

In vielen Menschengruppen wird langfristige Wetterveränderung durchaus wahrgenommen. Bauern nehmen frühere Pflanztermine wahr, Eltern lamentieren, dass man im Urlaub nicht mehr mit den Kindern fischen gehen kann, Forstbeamte überlegen, wie sie noch eine ganzjährige Jagdsaison organisieren können. Für eine lokale Gemeinschaft von Menschen und die dort lebenden anderen Organismen ist globaler Klimawandel damit *in seinen Konsequenzen* fundamental lokal (Beispiele in Vince 2016). Klimawandel demnach ist alles andere als »posthuman«, sondern über seine materiellen Effekte zumindest teilweise lokal wahrnehmbar, etwa dadurch, dass traditionell etablierte Praktiken der Landbestellung nicht mehr funktionieren (Bauer & Bhan 2018: 21). Klimawirkungen zeigen sich in Form lokaler Wirkungen auf ökologisch spezifisch situierte Kollektive. Wir brauchen Erkenntnisse über örtliche Dynamiken und ortsbasierte Wahrnehmungen, Dialoge und lokales Wissen. Bauer & Bahn sprechen ebendort von Klima als »broadly distributed material assemblage that transcends human perception«, deren Konstituenten aber erfahrbar sind. Kurz: Klima ist auch als kulturell zu verstehen (Krauß 2015a).

Die Argumentation wurde hier in Bezug auf die Effektseite von Klimawandel, die Senken der Kreisläufe, gezeigt, aber dasselbe gilt für die Seite der Faktoren, der lokalen Quellen als Beiträge zur akkumulierten Erwärmung. Was hier am Beispiel Wetter in Bezug zu Klima argumentiert wurde, gilt analog für die Lokalisierug anthropozäner Phänomene allgemein. Auch deren Entstehung ist eingebettet in lokale und zumindest teilweise wahrnehmbare Aktionen und Assemblages.

Hinsichtlich der Auswirkungen gilt das alles besonders für Auswirkungen des Anthropozäns jenseits des Klimas, also für »materiellere« und dauerhafte Effekte, etwa die zunehmende Versiegelung der Böden durch Straßen und Bauten. Hier könnte die an Lokales und an gegenwärtigen Lebensformen orientierte Ethnologie mit methodisch mit den am ganz anderen Ende des Spektrums der Zeit- und Raummaßstäbe orientierten Geschichtswissenschaftlern der »Big History« zusammenarbeiten. Methodisch könnten geowissenschaftlich und tiefenzeitlich informierte Feldforschung mit *Big Historians* kooperieren, die zunehmend »Little big histories« schreiben, also extrem tiefenzeitliche Geschichten *von Lokalitäten* zu erforschen (Quaedackers 2020). Ein Beispiel ist die Analyse der Entwicklung des Flusses Asurias in Nordspanien, von den ersten lokalen Spuren des Menschen vom unteren Paläolithikum vor über 200.000 Jahren bis zum Ende der Industrialisierung in den 1980er-Jahren. Hier stellen das Klima und Elemente wie Kohlenstoff und Gold eine tiefenzeitliche Kontinuität her (García-Moreno et al. 2020).

Anthropozäne Räume, Orte, Nicht-Orte und der *eine* Welt-Ort

Ein ethnologischer Nutzen des Konzepts des Anthropozäns liegt auch oder sogar vor allem darin, einen iterativen Prozess der Begriffsbildung zu anthropogenem Wandel zu etablieren. Amelia Moore hat eine Anthropozän-bewusste Anthropologie (»Anthropocene-aware anthropology«,

Moore 2015a) im Sinn, die in *einem* Argument vielfältige Formen über den besonderen Charakter der gegenwärtigen Welt amalgamiert. Durch Zyklen »positiven Feedbacks« würden Ideen über planetaren Wandel entstehen und so neue Allianzen zwischen verschiedenen Disziplinen und einer Fülle weiterer Partner inspirieren. Dies sei geeignet, produktive Rahmenbedingungen der Forschung zu schaffen, um planetaren Wandel in »anthropozänen Räumen« (*anthropocene spaces*), etwa den Bahamas zu erforschen.

> »I see the Anthropocene as the most recent iteration of the positive feedback cycle producing ideas about planetary change: the more researchers and policy-makers promote anthropogenesis as a global issue with political stakes and the more transnational action takes place in its name, the more we will see shifts in understandings of global transformation, sociality, ecology, and landscape (or marinescape) formations on multiple levels. These will in turn inspire new alliances and materializations« (Moore 2015a: 36).

In diesen anthropozänen Räumen seien die politischen Gegenstände skalierbar, im Falle des Inselraums der Bahamas zwischen der Insel selbst, der Insel als Nation, der Karibik als Kulturregion bis hin zum ganzen Planeten als »fragiler Erdinsel« (Moore 2015a: 37). Sie hebt die Vielfalt der beteiligten Substanzformen (*materialities*) hervor, und deshalb solle eine solche Anthropozän-bewusste Anthropologie auch die »politics and poetics« materieller Maßnahmen beinhalten (Moore 2015a: 36–37, ähnlich Jobson 2020: 262). Damit spielt Moore auf die Repräsentationsdebatte in der Ethnologie an, die stark wissenschaftskritische Züge hatte. In ihrer Argumentation fällt ein charakteristisches Merkmal vieler neuer Texte aus der Ethnologie zum Anthropozän auf, nämlich, dass die Bezüge zu Geologie oder Biowissenschaften marginal sind. Ich frage mich, ob Moores Version oder Vision einer *anthropocene anthropology* nicht eher als »Anthropozän-Ethnologie« denn als »Anthropozän-Anthropologie« zu übersetzen wäre.

Auch in Bezug auf kleinere Raumausschnitte, also konkrete Orte des Lebens, wirft das Anthropozän neue Fragen auf, weil sich die Möglichkeit abzeichnet, den Planeten als Welt-Ort zu sehen. Marc Augé unterschied 1994 anhand von stadtethnologischen Untersuchungen und am Beispiel von

Transportmitteln zwischen »Orten« und »Nicht-Orten« (*non-lieux*, Augé 2014). Orte sind danach Räume, an denen sich soziale Organisation und der sozialer Zusammenhalt ablesen lassen, weil sich soziale Beziehungen wie auch ihre historische Gewordenheit geografisch in dauerhaften Symbolen niederschlagen. An Nicht-Orten dagegen, beispielsweise Supermärkten, Flughäfen oder anderen Verkehrsräumen, fehlen symbolisierte Verortungen, Verhalten anleitende Hinweise und lesbare soziale Beziehungen in einem gegebenen Raum.

Im Zeitalter der Globalisierung stellen die Orte nach Augé die Texte dar und die Nicht-Orte die Kontexte, in dem aber jeder Ort steht. So hat etwa jede Weltstadt mit ihren Ungleichheiten die fragmentierte Stadt-Welt als Kontext. Aufgrund der Erweiterung des Blickmaßstabs im Zeitalter des Anthropozäns ergeben sich jetzt auch jenseits der Urbanisierung, der Kommunikation und des Internets ganz neue Räume der Begegnung oder des Denkens, denn die Nicht-Orte bilden künftig den Kontext jedes möglichen Orts. Das Konzept der Nicht-Orte kann für das Anthropozän nützlich sein, denn der Konsum ist der zentrale Motor anthropozäner Effekte. Das gemeinsame Merkmal der verschiedenen Nicht-Orte ist Konsum, dem sich Individuen kaum entziehen können oder wollen, ob als Reiseverkehr, in der Kommunikation oder am Handy (Augé 2019: 32–34, 46).

Die nie da gewesene Dimensionsverschiebung in einem planetaren Zeitalter zeigt sich ikonenhaft am Vorhaben des Weltraumtourismus: Das Ziel ist hier nicht der unverbaute Blick auf die Berge oder das Meer, sondern auf die ganze Erde selbst. Ein solcher konkret planetarer Blick macht eine Weltgesellschaft vorstellbar. Augé fragt, ob die Welt aus der Sicht dieser Touristen als Ort oder als Nicht-Ort erscheinen wird. Die begüterten Touristen werden sich als Reisende an einem Nicht-Ort wähnen, aber der Planet selbst könnte als Welt-Ort erscheinen. Angesichts der Ungleichheiten kommt danach gleich die Frage auf, wie diese begüterten Touristen wohl für die Ausgeschlossenen erscheinen werden (Augé 2019: 33).

Das Weltall bzw. andere Planeten erscheinen als Heimat wenig einladend, wenn auch zumindest etwa mittels *terraforming* denkbar (Marsiske 2005, Messeri 2016). Aufgrund der wahrnehmbaren Prägnanz und Ganzheit der Erde beim Blick aus dem All kombiniert mit dem krisenhaften Bewusstsein des Anthropozäns könnte die Erde aber auch als »Heimatplanet«

erscheinen. So *könnte* die Einheit der Menschheit als Realität wahrgenommen werden, als Ergebnis der Evolution und als Problem, und das könnte politisch betont werden metaphorisch als »Heimat Mensch« (Antweiler 2009). Die von Augé gut illustrierte Spannung zwischen dem anthropologisch gut begründbaren Bedarf an Orten (Augé 2020: 45–49) und der angesichts des Anthropozäns offensichtlich notwendigen neuen nicht-örtlichen Kontextualisierung verfolge ich in Kap. 7.

Feldforschung jenseits des reinen Menschenbezugs

Die erhöhte Vielfalt der Objekte und Subjekte ermöglicht neue methodische Ansätze der empirischen Forschung. So, wie die Richtung der Ethnologie als Kulturkritik seit Mitte der 1980er zu experimentellen Foren ethnologischer Darstellung geführt hat (Marcus & Fischer 1999), so legt die Realität des Anthropozäns experimentelle Ansätze der Feldforschung nahe (z.B. Tsing et al. 2024). Gibson & Venkateswar stellen heraus, dass aus dem Ernstnehmen der vielfältigen Verstrickung von Menschen auch andere »Subjekte« zu Teilnehmern werden, z. B. Pferde oder Elemente der Kulturlandschaft (Candea 2010: 4).

> »Although traditionally focused on human societies, many anthropologists now approach fieldwork as a site that is full of dynamic relationships, pathologies, and interactions that move beyond the concept of the human altogether, to examine the multifarious composition of life forms that make up our world« (Gibson & Venkateswar 2015: 6).

Wenn die ehemaligen Feldsettings sich jetzt als permeable ökologische Archive herausstellen, dann bedeutet das für das Fach nichts weniger als eine »epistemische Krise« (Jobson 2020: 261). Jobson verdeutlicht das anhand der Debatten und eigener Erlebnisse während und nach dem *AAA*-Meeting in San José 2018, als dort starke Waldbrände wüteten. Mit der Auflösung kleiner und klar begrenzter Feldeinheiten und dem förmlichen Wegschmelzen der akademischen Distanz zum Forschungsgegenstand werden auch die klaren Kollektive, mit denen man sich solidarisch fühlt, unsicher, und es stellt sich die Frage, welchen Teil der Kultur man als Ethnologe kritisiert:

»In lieu of a facile resolution to this epistemological crisis, anthropologists were called to dwell with the contradictions of San Jose to dismantle a comforting register of ethnographic sentimentalism and cultural critique. To let anthropology burn permits us to imagine a future for the discipline unmoored from its classical objects and referents« (Jobson 2020: 261).

Der kämpferische Ausdruck, ja das Gewaltvokabular ist aus aktivistischer Absicht und angesichts der extremen Erfahrungen heraus erklärbar, wie auch in manchen neueren Beiträgen zur Umweltkrise (Tsing 2019c, Malm 2021a). Die starke Sprache lässt aber leicht übersehen, dass hier zuweilen alter Wein in neue Schläuche gegossen wird. Wenn Jobson etwa die »permeablen ökologischen Archive« jetzt in Anlehnung an Tsing et al. 2019a als »permeable patches« den »hermetic fieldsites« gegenüberstellt (Jobson 2020: 263), so vergisst das die seit Jahren geführten Debatten um Alternativen zu lokalisierter Feldforschung, z. B. in der Stadtethnologie oder zu *multi-sited ethnography* in der ethnologischen Migrationsforschung und der translokalen Klimaforschung (z. B. Beiträge in Coleman & Hellermann 2011).

Im Hinblick auf die angesichts des Anthropozäns wichtige Kooperation mit Naturwissenschaften ist festzuhalten, dass es in der Biologie seit dem 19. Jahrhundert feldforschungsbasierte Richtungen gibt. Hier sind nicht nur die *per se* naturalistische Ökologie und die Evolutionsforschung zu nennen. Feldbasiert ist auch die für die Biodiversitätsforschung zentrale Forschung zur biologischen Systematik (Taxonomie. Deren Arbeit ist typischerweise erfahrungsnah und beinhaltet körperliche Erlebnisse – exemplarisch bei Exkursionen und Expeditionen. Anders als biologische Laborarbeit zeigen solche Arbeitsweisen eine starke Verwandschaft zu ethnographischer Forschung. In postkolonialen Regionen spielen bei diesen naturbiologischen Forschungen materiell heterogene Settings, »fremde Natur« und der Umgang mit unterschiedlichsten Personen und Gruppen herein und all dies lädt zur Zusammenarbeit mit der Ethnologie ein (Bogusz 2022: 13–19 am Beispiel taxonomischer Forschungen in Papua-Neuguinea, vgl. West 2016).

Dies leitet über zu einem anderen Argument für die Relevanz der Ethnologie: die traditionell starke Befassung mit Vielfalt und auch Ungleichheit Abb. 5.6). Die Sozialwissenschaften insgesamt können (a) die unterschiedlichen Auswirkungen menschlichen Handels im globalen System und (b) die sozial ungleich verteilten Effekte auf menschliche und nicht menschliche Kollektive verdeutlichen (Pálsson et al. 2013:7). Ethnologen können anthropozäne Effekte auf einzelne Gesellschaften oder Gemeinschaften bezeugen, und sie können erzählen, wie einzelne Gemeinschaften in spezifischen soziokulturellen Settings und geografischen Kontexten mit solchen Effekten umgehen: »bear witness and contribute stories« (Gibson & Venkatesvar 2015: 6). Die Ethnologie hat den Vorteil, die gesamte Bandbreite menschlicher Kollektive im Blick zu haben, also inklusive der Mehrheitswelt (*majority world*) Asiens, Afrikas und Lateinamerikas statt nur *WEIRD* people (*Western, Educated, Industrial, Rich, Democratic*, Henrich et al. 2011). Aus der vergleichenden ethnologischen, sozialpsychologischen und soziologischen Perspektive scheinen die westlich geprägten Sozialsysteme als ganz besondere und vor allem als besonders folgenreiche (Henrich 2020, vgl. Stichweh 2018).

Im Anthropozän geht es aber um viel mehr und um *vielgestaltigere* Vielfalt. Hier können Ethnologinnen ihre Stärke in der Beachtung von Nuancen einbringen (Gibson & Venkateswar 2015: 9). Neben der kulturellen Diversität kommt die Vielfalt in Biosphäre und der Geosphäre hinzu. Hier kann die Ethnologie Wissen zur Differenzierung der Auswirkungen menschlichen Handelns (Leggewie & Hanusch 2020: N4) beitragen. Mit ihrem Blick auf Vielfalt und Veränderlichkeit sowie ihrer Aufmerksamkeit für Relationen und Details können Ethnologinnen und Ethnologen dazu beitragen, ausgeblendete Aspekte und übersehene Menschen sichtbar zu machen, also zu einer »Soziologie des Abwesenden« und damit auch zu einer Entfaltung von Möglichkeiten, einer »Soziologie der Emergenz« (Escobar 2016: 15) zuzuarbeiten. In diesem Sinn ist zu fragen, ob die Ethnologie bezüglich des Anthropozäns untersuchen kann, inwieweit sich die moderne Gesellschaft mittels der Idee des Anthropozäns selbst beschreibt (Werber 2014).

Ein zentraler Punkt, der in fast allen Stimmen zu den Stärken, die die Ethnologie zum Thema betragen kann, genannt wird, bildet die Ensicht in die Vielfalt der Beziehungen zwischen Menschen und anderen Dingen, Le-

Abb. 5.6 Privates Hochhaus des reichsten Inders mit 600 Bediensteten, unweit von Dhara-vi, der größten Armensiedlung der Welt in Mumbai, Indien, *Quelle: Foto von Maria Blechmann-Antweiler*

bewesen oder der gesamten Umwelt. Dies ist eigentlich das Thema der Ökologie. In der neueren Ethnologie spiegelt sich diese inhaltliche Vielfalt in einer Fülle von Wörtern oder Umschreibungen, insbesondere in programmatischen ethnologischen Texten. Als Beispiel nehme ich einen Text zweier neuseeländischer Ethnologinnen, Gibson und Venkatsvar, die sich in früheren Arbeiten mit durch Pferde assistierter Therapie, politischer Ökologie und Indigenität befasst haben. Dort ist die Rede von »Verbundenheit« (*connectedness*), »unauflöslichen Verbindungen« (*inextrable links*), »vielgestaltigen Assoziationen« (*multifarious associations*) und Relationalität, also einem Geflecht von komplexen Beziehungen (*relationality*). Aus einem Sinn für unsere allseitige Verbundenheit (*sense of connection*) gesehen erscheint die Umwelt als »unsere Umgebung« (*our surroundings*). Betont wird die gegenseitige Abhängigkeit der Arten (*species interdependence*). In dieser Sicht erscheinen die bislang weithend ausgeblendeten anderen Lebewesen nicht einfach als Organismen, sondern als »Erd-Andere« (*earth-others*). Haraway folgend »bewohnen« sie die Welt zusammen mit den Menschen (*coinhabit, cohabiters, companions*) (Tsing 2010: 192, Tsing 2012b, Gibson & Venkatsvar 2015: 11, 12, 14, 15, Tsing et al. 2019: 187).

Dies alles sei geeignet, um die Abtrennung, den »Riss« bzw. die Abspaltung des Menschen von der Natur und die Störung ökologischer Systeme zu bekämpfen. Die Autoren fassen ihre Forschungshaltung mit ihrer durchgehenden Trope der »Entanglements«. Dem Dichter D. H. Lawrence folgend beschwören sie eine »metaphor of connectedness and implicit oneness with the world« (Gibson & Venkatesvar 2015: 5). Sie meinen mit *entanglement* nicht die in der Globalisierungsforschung gemeinte Verstrickung zwischen verschiedenen Gesellschaften (Randeria 2009) oder Verquickungen von Gegenständen und menschlichem Handeln (Hodder 2012), sondern das, was Karen Barad als spezifische materielle Beziehungen in der ablaufenden Differenzierung der Welt nennt (Barad 2010: 265) und was sie »verkörperte Verstrickung« nennen. Sie schreiben, es sei die Aufgabe von Ethnologinnen, sich der Realität vielartlicher Gemeinschaften (*multispecies communities*) zu stellen und »von einem Ort der besetzten Konnektivität aus zu schreiben« (Gibson & Venkatesvar 2015: 18).

Andere Autoren sagen, Ethnologinnen sollten Narrative aus dem »Inneren des Anthropozäns« schreiben, Ziel sei ein »Schreiben aus dem Ort besetzter Konnektivität« (Gibson & Venkatesvar 2015: 18). Dies wäre ein Mittel gegen die Haltung, mit einer rein äußerlichen Objektivität auf anthropozäne Siutuatioen und Dynamiken zu blicken, anders gesagt, ein objektivistisches Blickregime (*gaze*) zu vermeiden (Rose 2013). Gibson & Venkatesvar sehen den zentralen Beitrag der Ethnologie zur Erforschung des Anthropozäns in »kritischem Engagement«. Wenn man Texte wie den von Gibson & Venkatesvar im Sinn eines *close reading* mehrfach und genau liest und die von den Autoren propagierte kritische Haltung darauf bezieht, wird der starke normative Unterton überdeutlich. Die Wortwahl lässt zudem streckenweise eine romantisierende Haltung durchscheinen, eine Haltung, die man auch als »ethnologischen Sentimentalismus« bezeichnen kann (Jobson 2020: 259, vgl. Kommentare: American Anthropologist 2019).

Multiskalare Nachhaltigkeit statt neuer Lokalismus

Der Titel dieses Kapitels 5.4 war mit einem Fragezeichen versehen. Zum einen hat die Ethnologie zwar eine definitive Stärke beim lokalen Zugriff auf konkrete Lebensrealitäten, sie muss sich aber deshalb nicht auf lokale Beiträge beschränken. Hinzu kommt aber ein weiteres Argument aus der vergleichenden Sicht auf die Maßstäbe menschlicher Gemeinschaften und Gesellschaften. Wenn wir menschliche Gesellschaften quer durch die Geschichte und im rezenten Kulturvergleich nebeneinanderstellen, ergeben sich systematische Zusammenhänge zwischen dem Umfang von Kollektiven (Bevölkerung, Fläche, Komplexität) und ihren typischen systemischen Problemen. Das wirft gleichzeitig die empirische Frage auf, auf welcher Ebene die maßstabsorientiert bestangepassten Lösungen zu finden sind, die eine Eindämmung des Anthropozäns ermöglichen könnten (Tab. 5.4). In einer von politischer wie wirtschaftlicher Ungleichheit geprägten Welt ist die zentrale Frage hier, auf welcher Ebene soziale Macht und daran geknüpftes Wachstum am besten begrenzt werden kann im Sinne des Pareto-Optimums bzw. des *Summum Bonum* (Bodley 2020: xii, 35, 414, 437).

Ein grundsätzlicher Befund ist, dass viele soziale Probleme mit der Größe der Einheiten (Bevölkerung, Fläche, Komplexität) zunehmen. Gesellschaften, die wirtschaftlich wachsen und territorial expandieren, kommen typischerweise in Probleme. Die hinsichtlich der Nachhaltigkeit erfolgreichsten Länder der Welt sind Kleinstaaten mit weniger als 10 Millionen Einwoh-

Ziele	Organisation, Institution	Populationsgröße (in Personen)	Autoren
Lokaler Kosmopolitismus, Entwicklung »moralischer Gespräche«	Kleingruppe	2–5	Appiah 2007, 2008
Reproduktion (Erhaltung, humanization)	Haushalt (erweiterte Familie, Verwandtschaft)	5–25	Kohr 1977
Kollektive Identität, Stabilität, sozialer Zusammenhalt, soziale Intelligenz	Mittelgroße Kollektive (*Dunbar's number*)	150	Dunbar 1993
Sozialbilität (Gemeinschaft)	Dorf (»clubs«)	500	Dobyns et al. 1971, nach Bodley, Scott 2020
Wohlstand (Reichtum, Zeitautonomie)	Stadt (Märkte, Fabriken)	5000	Kohr 1977
Sicherheit (Gerechtigkeit, Frieden, Verteidigung)	Großstadt (Gerichte, Rathäuser, Waffenkammern)	10.000–20.000, bis max. 15 Mio.	Kohr 1977
Expressive Kultur	Metropole, Staat, Theater, Kirchen, Museen, Universitäten	100.000, bis max. 15 Mio.	Kohr 1977
Machtbegrenzung, Nachhaltigkeit	Kleinstaaten	max. 10 Mio.	Bodley 2016: 302–303
Anthropozän begrenzen, Vielfalt erhalten, Kosmopolitismus	Planetare Gesellschaft	ca. 9 Mrd.	Appiah 2007, 2008

Tab. 5.4 Gesellschaftlicher Maßstab und das Summum Bonum (stark verändert nach Bodley 2020: 440)

nern, etwa manche Staaten des *Nordic Council and Nordic Council of Ministers* (*NORDEN*) und Mikronationen, oder es sind kleine Inselstaaten, wie Cuba und Dominica in der Karibik (Bodley 2020: 441–446, 456–465). Auf der Ebene von Projekten sind mittelgroße, aber langzeitige Entwicklungsprojekte erfolgreich, wie das berühmte *Vicos*-Projekt eines geplanten und dabei ethnologisch begleiteten Kulturwandels und andere community-based Projekte (Seithel 2000, Bsp. Wergin 2018).

Das wirft die allgemeine Frage auf, ob kleinere sozioökonomische Einheiten, vor allem Einheiten unterhalb von Nationalstaaten tendenziell humanere Lebenssituationen wahrscheinlich machen, also Lebensweisen, die abgesicherter, gesünder und umweltfreundlicher sind (Bodley 2020: 456–460, Scott 2020). Hier stellt sich aber immer die Frage – gerade bei Umweltforschern und Ethnologinnen –, ob hier nicht auch Romantisierungen hereinspielen. Historisch gab es durchaus auch größere Machtgebilde, die nicht von starker wirtschaftlicher Ungleichheit und politischer Hierarchie geprägt waren (Parzinger 2019). Wenn sich diese Befunde von Bodley festgestellten Beziehungen bestätigen lassen, würde das eine allgemeine Orientierung nach dem Subsidiaritätsprinzip nahelegen: Größere Einheiten bzw. höhere Organisationsebenen sind erst dann einzurichten, wenn kleinere Einheiten bzw. tiefere Ebenen ein Problem nicht lösen können.

Hier stellt sich aber durch das Anthropozän ein grundlegendes politisches Problem. Zwar sind etwa zwei Drittel aller politisch unabhängigen Länder Kleinstaaten, aber diese machen nur knapp ein Prozent der Weltbevölkerung aus. Sie mögen über lange Zeit praktische und nachhaltige Problemlösungen entwickelt haben, aber ihnen stehen die großen Nationen, mächtigen Entscheidungsträger und das eine Prozent der extrem Reichsten gegenüber. Die ungelöste Grundfrage im Anthropozän als einem Problem, das die ganze Menschheit betrifft, wie eine Kooperation und Koordination kleiner Einheiten dazu führen könnte, das Anthropozän als weltweites Problem in den Griff zu bekommen. Dies betrifft politische Fragen, die ich mangels Kompetenz hier nicht weiter verfolge, aber das wirft auch die Frage nach gemeinsamen, also kulturübergreifenden, Normen und Werten auf, die ich in Kap. 7.4 zum Thema Kosmopolitismus behandle.

Ich habe diese Aspekte hier angerissen, weil Ethnologinnen sich fragen können, auf welchen Ebenen ihr primär lokaler Zugang für die Bearbeitung auch großsystemischer Fragen des Anthropozäns als Megamakroepoche hilfreich sein kann. Hier ist die Bandbreite ethnologischer Expertise zu betonen. Ethnologie ist die Wissenschaft, die sämtliche Gesellschaften der Welt im Blick hat. Ein breiter Kulturvergleich kann durch *belegte* Beispiele konkreter Umsetzung auf realistische Lösungen für anthropozäne Probleme hindeuten. Das wäre eine Aufgabe einer angewandten oder praktischen Ethnologie, die statt begrenzter Anwendungen globale Menschheitsprobleme bzw. Schattenseiten des Fortschritts ins Zentrum rückt (Bodley 2015, Antweiler 2019).

Eine Zusammenarbeit zwischen Ethnologen, Primatologen und Historikern könnte sich auf empirischer kulturvergleichender und diachron-historischer Grundlage der Frage widmen, welche menschlichen Probleme nur durch soziale Kooperation gelöst werden können, welche Wertebasis soziale Kohäsion fördert und welche Gegenkräfte, wie nicht kooperatives Verhalten oder Trittbrettfahrertum zu erwarten sind (Antweiler et al. 2020, Pries 2021). Neben einzelnen ethnografischen Beschreibungen nachhaltiger Kulturen kann auch eine Typenbildung unterschiedlicher Systemmodelle nützlich sein, etwa Eric Wolfs Einteilung in verwandtschaftsbasierte, tributäre und kapitalistische Produktionssysteme (bzw. »Ökonomien«, Wolf 1982) oder John Bodleys Dreiteilung in tribale, imperiale und kommerzielle »Welten«. Der ökologische und der materielle Fußabdruck unterscheiden sich nämlich zwischen den ersten beiden und den kapitalistischen Formen extrem, und darin bildet sich die »große Beschleunigung« ab. Einem Landverbrauch von 1 Hektar und 1 bis 4 Tonnen Materialumsatz/Kopf und 1–4 Prozent der weltweiten Biokapazität in der tribalen Welt stehen in der imperialen Welt 2,2 Hektar Landverbrauch und 10 Tonnen Material/Kopf und 122 Prozent der Biokapazität in der kommerziellen Welt gegenüber (Bodley 2020: 414, Fischer-Kowalski & Haberl 1993, 2017).

5.5 *Patchy Anthropocene* – eine Programmatik im Modus der Abgrenzung

> Dem Anthropozän fehlt die Debatte über »den Anthropos«, genauer: über die gesellschaftliche Dynamik, die der great acceleration zugrunde liegt.
>
> *Christoph Görg 2016: 11*

Anna Lowenhaupt Tsing, neben Donna Haraway eine der zentralen Figuren, um nicht zu sagen Stars, in den ethnologischen Debatten zum Anthropozän, hat zusammen mit Andrew Mathews und Nils Bubandt unter dem Titel *Patchy Anthropocene* eine ethnologische Programmatik zum Anthropozän entworfen (Tsing et al. 2019). Die drei Autoren gaben 2019 eine Sondernummer des führenden Fachorgans *Current Anthropology*, heraus (Rutherford

2019). Sie widmeten sich dem Thema 60 Jahre nach einem berühmten Symposium der Wenner-Gren-Stiftung zur »Rolle des Menschen als Veränderer des Gesichts der Welt«, das 1955 an der Princeton University stattfand und zu einer Publikation von 1236 Seiten Umfang führte (Thomas 1956). Diese Konferenz lieferte Vorarbeiten zur Etablierung einer interdisziplinären Untersuchung der globalen Umwelt. Bis dahin hatte man sich zumeist unter dem Titel »Man and his habitat« von einzelnen in ihre jeweilige Umwelt eingebetteten Gemeinschaften oder Gesellschaften (Arizpe Schlosser 2019: 268) befasst.

In ihrer programmatischen Einleitung wird jetzt aber in Reaktion auf das Anthropozän eine Umorientierung des Fachs eingefordert (»reetooling«, Tsing et al. 2019: 186). Eine quasi Entdisziplinierung der Ethnologie wird bei Tsing et al. explizit in Bezug auf das Anthropozän entwickelt, anders bei anderen aktuellen Forderungen einer Neuaufstellung der Ethnologie, die enger an derzeitigen Umweltdesastern, Folgen aktueller kapitalistischer Wirtschaft und autoritärer Politik orientiert sind (so etwa Jobson 2020). Ich stelle den Ansatz von Tsing und Co-Autoren hier zunächst dar und werde ihn erst im darauffolgenden Abschnitt dahingehend kritisch kommentieren, dass dies eine sehr selektive Lesweise der Sache, der globalen Problematik und auch des Begriffs Anthropozän darstellt.

»Lückenhaftes Anthropozän« und ein *Retooling* der Ethnologie

Die Autoren beginnen mit der Feststellung, dass das Anthropozän eine räumliche und auch eine zeitliche Analyse erfordere. Statt das Anthropozän als Konzept zu feiern oder es abzulehnen, gehe es darum, sich darin kritisch und neugierig zu engagieren. Diese Forderung geht bei Tsing et al. mit einer Kritik an der gegenwärtig nach wie vor stark dekonstruktivistisch und partikularistisch orientierten Ethnologie einher:

> »In the face of the challenges of the Anthropocene, anthropology must dare to be *more than the voice of parochial alterity*, dare to allow anthropological stories of the ›otherwise‹ into *concrete transdisciplinary conversations* about planetary structures that ›change everything‹ (…). We need to *reclaim, in a new register, anthropology's heritage of daring to make big claims* about hu-

mans and about the worlds that humans humans coinhabit with others *instead of being content to deconstruct* such claims. But we have to make such claims with all the circumspection that also is the trademark of anthropology« (Tsing et al. 2019: 187, eigene Hervorheb.).

Tsing und Kollegen geben zu Bedenken, dass Dekonstruktion und Kritik modernistischer bzw. universalistischer Ansätze sehr wichtig sind, aber angesichts der Realitäten des Anthropozäns als Beitrag des Fachs nicht ausreichen. Genau so wenig reichen, so argumentieren sie, lokalspezifisch begrenzte Studien besonderer Lebenswelten à la »hier-wo-ich-meine-Feldforschung-gemacht-habe ist alles ganz anders«. Tsing et al. setzen sich auch von der stark auf Bedeutungen und Symbole konzentrierten Ethnologie ab und betonen, dass die »Gewebe«, in denen Menschen verstrickt sind, weit über die Signifikationen in Geertz'schen Bedeutungsgeweben (Geertz 1977:5) hinausgehen. In den anthropozänen Vernetzungen (*entanglements)* von Lebewesen sind viele Webende außer den »Bedeutungen webenden« Menschen beteiligt.

Tsing und die Mitautoren grenzen sich auch sonst vielfach ab, nämlich vom Transhumanismus, vom grünen Kapitalismus und von ökomodernistischen Konzepten eines »guten Anthropozäns«. Vorstellungen des »guten Anthropozäns« oder gar »großen Anthropozäns« charakterisieren sie mit Buck-Morss (2002) und Hamilton (2015) als Träume von einer großen, universalen und skalierbaren Welt, die uns erst in diese katastrophale Lage gebracht haben. Sämtliche genannten Richtungen betrachten sie als »hoffnungsvolle Politiken technologischer Transzendenz« (Tsing et al. 2019: 192).

Worin besteht dagegen ihre eigene Programmatik für eine Ethnologie des Anthropozäns? Unter dem »lückenhaften« bzw. »fleckigen Anthropozän« (*patchy anthropocene*) verstehen die Autoren die Thematisierung der materiell ungleichen Bedingungen, unter denen Menschen und andere Lebewesen in Landschaften leben, die zunehmend von Industrie geprägt sind (Tsing et al. 2019: 186, Tsing 2024: 35–47). Die Begriffe Lücke, lückenhaft (*patch, patchy*) entnehmen die Autoren einer Richtung der Landschaftsökologie, in der Landschaften als inhärent heterogene Gebilde gesehen werden, die durch Flecken in jeglichem Maßstab gekennzeichnet sind. Den Hinter-

Abb. 5.7 Mehr als menschliche Umwelt in Zülpich bei Köln, Deutschland, *Quelle: Foto von Maria Blechmann-Antweiler*

grund bildet Tsings Interesse an einer Konzeption des Kapitalismus, die ohne Fortschrittsannahme auskommt. Tsing hatte früher argumentiert, dass ein Kapitalismus ohne Wachstum denkbar wäre, in dem eine Konzentration des Wohlstands möglich ist: auf ungeplanten Flecken wird Wert produziert, den sich das Kapital aneignen könne (Tsing 2015: 5).

Der zentrale Forschungsgegenstand im Ansatz des *patchy anthropocene* sollen die Verknüpfungen von Menschen mit anderen Lebewesen sein, den »more-than-human relations«, »more-than-human space« (Abb. 5.7). In Bezug auf Wandel gehe es um eine Geschichte der Beziehungen zwischen vielen Arten: »more-than-human histories« oder auch »multi-species history« (Tsing et al. 2019: 186, vgl. Tsing 2015 »holobiont«, Haraway 2016). Die Autoren verstehen den Begriff des *patchy anthropocene* als konzeptuelles Werkzeug zur Untersuchung von Landschaftsstrukturen, die durch vielfache Ungleichheit geprägt sind. Tsing et al. untersuchen diese Prozesse anhand von »Landschaftsstrukturen« (*landscape structures*), verstanden als historisch emergierende Muster menschlicher und nicht menschlicher Assemblagen.

Als Beispiele solcher morphologischer Landschaftsstrukturen nennen sie einen Wald, eine Plantage, auch eine Stadt oder etwa eine Region der Intensivierung der Landwirtschaft, wie sie etwa Clifford Geertz anhand Javas beschrieb (Geertz 1963). Tsing et al. propagieren eine allseitige Literalität für Landschaften. Eine verstärkte *landscape literacy* könne es Ethnologinnen ermöglichen, Landschaften auch wieder selbst zu sehen. Zumindest implizit setzen sich die Autoren damit vom späteren Geertz'schen Ziel des Verstehens der emischen Perspektive ab, in dem sie Beobachtungen stark herausstellen. Denn sie sagen, eine Landschaftsliteralität könne Ethnologinnen aus ihrem Gefangensein in Konzepten und Kosmologien ihrer Gesprächspartner befreien und sie dazu bringen, ihren eigenen Beobachtungen wieder mehr Beachtung zu schenken (Tsing et al. 2019: 188).

Besondere Aufmerksamkeit soll erstens industriell verursachter Vereinfachung von Umweltverhältnissen, gelten wie etwa in Monokulturen, (*modular simplifications*; Abb. 5.8). Ein zweiter Fokus soll auf durch industrie-förmiges Handeln ausgelösten, unkontrollierten Ausbreitung, etwa von Krankheiten, gelten (*feral proliferations*). Anthropozäne Flecken sind Orte, die intersektionale Ungleichheiten *unter Menschen* erkennen lassen, denn bei aller Betonung der vielartlichen Beziehungen soll eine anthropozäne Ethnologie im Sinne der Autoren auf Menschen(-gruppen) fokussiert sein (Tsing et al. 2019: 188). Das Argument ist hier, dass menschliche Not und Ungleichheit quer durch die Geschichte *anhand nicht menschlicher Agency* als Reaktion auf menschliches Handeln ausgebildet wurde. Die anthropozänen Flecken entstehen innerhalb der Beziehung zwischen Vereinfachungen und Proliferationen.

Das Paradebeispiel für industriell verursachte Vereinfachung von Umweltverhältnissen (*modular simplifications*) und ihnen entsprechende ungezähmte Ausbreitung (*feral proliferations*) bilden Plantagen als vereinfachte bzw. standardisierte Landschaften (vgl. Tsing 2019a). Als Form industrieller Landwirtschaft verbinden tropische Plantagen eine drastische und dauerhafte Veränderung der Umwelt mit bestimmten Arbeitsformen, wie Zwangsarbeit und Sklaverei, um Weltmarktprodukte herzustellen. Sie kombinieren Regime menschlicher Existenz mit der Bestimmung nichtmenschlichen Le-

Abb. 5.8 Vereinfachung der Landschaft – Palmöl-Monokultur in Malaysia, Südostasien, *Quelle:*
Craig Antweiler

bens, was die Autoren zusammengenommen als *regimentation* bezeichnen (Tsing et al. 2019: 189). Die Vereinfachung der Umwelt ermöglicht die Ausbreitung tropischer Pflanzenkrankheiten als Proliferation. Historisch sind Plantagen mit der kolonialen Unterwerfung und spezifisch kolonialen Formen der Arbeitsorganisation verbunden. Indigene Gemeinschaften und lokale Ökosysteme wurden verdrängt, um die Landschaften so umzuwandeln, dass die Rinder geschützt sind und kontrolliert werden können, was allerdings nicht immer gelang (Ficek 2019).

Die modularen Vereinfachungen der Umwelt (*modular simplifications*) bestehen darin, dass die Anzahl der Kulturpflanzen in Plantagen reduziert wird, um eine Verdichtung der Individuen der gewollten Arten zu gewährleisten. Im Extremfall wird die Zahl der kultivierten Pflanzen auf Plantagen auf eine Nutzpflanzenkultur reduziert (Monokultur, *monocrops*). Das Ziel ist es, all das zu eliminieren, was für die Reproduktion des Wirtschaftsprodukts nicht nötig ist, und das betrifft Pflanzen wie auch Tiere. Die Modularität besteht, in Anlehnung an Appel (Appel 2012), darin, dass die Arbeit in modularer Weise zeitlich diszipliniert und räumlich konturiert wird und dabei Begriffe wie Effizienz und Risiko leitend sind. Das beinhaltet Arbeitsnormen, Zeitkonzepte, Entfremdung und Zwangsarbeit. Ganz ähnliche Strukturen der Vereinfachung finden sich in der Tierproduktion, etwa in der Uniformierung der Haltung und Ernährung bei der Massenhaltung von Hühnern.

Im Gefolge von Umweltvereinfachung in großem Maßstab kommt es leicht zur »wilden« bzw. »ungezähmten« Zunahme (*feral proliferation*) von Organismen, z. B. von in Brutstationen gezüchteten Lachsen gegenüber Wildlachsen an der US-amerikanischen Pazifikküste. Solche Umweltvereinfachungen ermöglichen die Ausbreitung von Krankheiten, z. B. des Kaffeerosts (*Hemeileia vastatrix*). Dieser Kaffeeschädling, ein Pilz, wächst auf Kaffeepflanzenblättern und vermindert die Produktivität der Pflanzen. Er entstand zunächst in Plantagen in Ostafrika, verbreitete sich wahrscheinlich durch hohe Winde in der Stratosphäre über den Atlantik und findet sich jetzt in den meisten Plantagen Amerikas. Der Pilz hat eine Affinität speziell zu solchem industrieförmigen Monokultur-Kaffeeanbau, bei dem die Pflanzen schattenlos wachsen. Dort breitete sich der Pilz dann auch in Kleinpflanzungen (*smallholder*) aus und trotz der dortigen Mischung mit schattenspendenden und damit den Wind reduzierenden Pflanzen ab 2012 schlagartig in ganzen Landschaften (Perfecto et al. 2019: 234). In ähnlicher Weise entstehen in Hühnerfarmen Viren, die sich dann auch auf Menschen ausbreiten. Das »Wilde« der *feral proliferations* bezieht sich hier nicht nur auf Lebensformen, sondern auch beispielsweise auf Pestizide, Toxine, oder entweichende Giftstofffe in industriellen Infrastrukturen und radioaktiv verseuchte Landschaften (Tsing et al. 2024).

Mit Strukturen meinen Tsing et al. »phänomenologische Marker erhöhter Feldsensibilität«, Formen der Welt, die unseren Blick anziehen, die nach Aufmerksamkeit rufen und auf längere Geschichte verweisen. Metaphorisch gleichen diese Strukturen der Morphologie von Bäumen, die die Wachstumsgeschichte offenbaren. Anders als der Strukturalismus meinen die Autoren mit Struktur also keine binären Denkstrukturen, und anders als Radcliffe-Brown (1940) unterscheiden sie nicht zwischen Struktur und Wandel. Die Autoren verwenden auch den Begriff System, wollen diesen aber deutlich von den Systemen der Erdwissenschaften absetzen. Sie propagieren deshalb einen offenen Systembegriff, der System als »Gedankenexperimente mit dem Ziel, Strukturen zu verstehen«, auffasst.

Modelle und Kosmologien

Dieser breite Systembegriff kann ganz verschiedene Systemverständnisse beinhalten, und die Autoren unterstützen einen Ansatz, den Viveiros de Castro (2019) in demselben Heft als »ontologische Anarchie« markiert. Tsing et al. unterscheiden drei Modelle, (a) ökologische Modelle, die vor allem aus den Erdwissenschaften kommen, vor allem Erdsystemmodelle und Klimamodelle, (b) nicht säkulare Kosmologien, also religiöse Vorstellungen, prototypisch in Konzepten über Geister in Animismen und (c) Konzepte politischer Ökonomie, wofür die Grüne Revolution das Paradebeispiel darstellt (Tsing et al. 2019: 190–193). Tsing et al. benennen diese Konzepte als Formen des Systemdenkens (*kinds of system-thinking*), sprechen aber auch von »kinds of system-building«. Alle drei sind Formen, die Welt systemisch zu denken, aber eben auch Handlungsweisen, welche die konkret materielle Welt in systemischer Form konstruieren. Es sind – mit Geertz gesprochen – auch »Modelle für« Handlungen, nicht nur »Modelle von« etwas (Viveiros de Castro 2019). Tsing et al. halten die vergleichende Analyse von Formen von Systemdenken (*kinds of system-thinking*) für einen zentralen Beitrag der Ethnologie zum Anthropozän:

> »We argue that a key contribution that anthropologists can make to Anthropocene studies is to juxtapose these alternate kinds of systems-thinking – thus opening attention to multiple ways of gaining traction on observations of landscape structure« (Tsing et al. 2019: 189).

Ein Beispiel ökologischer Modelle sind die Modelle des Erdsystems, die auf einer massiven Aggregierung von Daten basieren. Es handelt sich laut Tsing et al. um Modelle, die die planetarische Totalität der ganzen Welt modellieren sollen und damit sowohl Vielfalt und auch andere Sichtweisen ausblenden. Das gelte auch für totalisierende Modelle kleineren Maßstabs, etwa Modelle von Hydrologen zu Flussdeltas. Hier werde die Heterogenität von Landschaften vereinfacht und lokale Erfahrungen ausgespart bzw. stillgestellt. In diese Kategorie der ökologischen Modelle gehören nach Tsing et al. auch Vorstellungen zu Tragfähigkeit (*carrying capicity*), und sie halten solche Modelle für Beispiele von Hyperobjekten (*hyperobjects,* Morton 2013). Hyperobjekte im Sinn von Timothy Morton sind Phänomene, die wegen ihrer Verteiltheit für Menschen nicht direkt erfahrbar sind, wie etwa Kima und Klimawandel im Unterschied zu Wetter. Nach Tsing et al. werden diese Hyperobjekte aber seitens der Wissenschaft oder von Institutionen so *gestaltet*, dass sie messbar sind und so Zukunftsentwicklungen modelliert werden können.

Die zweite Form von Denk- und Handlungsmodellen sind nicht säkulare Kosmologien, einfach gesagt religiöse Vorstellungen. Nach Viveiros de Castro ähneln sie den ökologischen Modellen darin, dass etwa Geister ebenfalls Entwicklungen und Resultate antizipieren (*models of*) und die Welt mit einer bestimmten Absicht verändern wollen und damit normativ sind (*models for,* Viveiros de Castro 2019: 296, 300). Tsing et al. sehen die Geologie als eine Form von Kosmologie, als imaginative Extrapolationen, in denen Beobachtungen zu Landschaften mit Vorstellungen der Tiefenzeit amalgamiert werden. Darin zeigen sich auch die romantischen Wurzeln der Geologie als Wissenschaft (Tsing et al. 2019: 191, Khan 2019). In ähnlicher Weise sieht Szerzynski das Konzept »Risiko« in der Erdwissenschaft, das er als Vermengung einer weltlichen Kategorie, Risiko, mit quasireligiösen Untertönen interpretiert (Szerzynski 2017, 2019).

Tsing und Kollegen sehen damit ein Potenzial darin, das Vorstellungen von Geistern (*ghosts, spirits*), Monstern und Ähnlichem die Voraussagen aus ökologischen Systemmodellen verunsichern oder aushebeln können (»to unpredict«). Geister können nämlich typischerweise die Systeme, aus denen sie entstehen, auch verlassen. Die »Unheimlichkeit« des Anthropozäns könne die aus modellgemachten Realitäten erwachsene Weltsicht durch eine neue Wahrhaftigkeit (*verisimilitude*) ergänzen. Das passt zum Projekt von Tsing und weiteren Autoren, »Lebenskünste« zu entwerfen, die auf das Anthropozän antworten und Geister, sowie neben Tieren weitere »Andere«, etwa Bäume, zu thematisieren (Tsing et al. 2017; vgl. Waterton & Saul 2020: »arboreal others«). Es biete die Chance, aus der »Versklavung« rationalistischen und reduktiven Denkens und der *models for*-Analysen zu entfliehen. Felix Lussem bezieht Tsings Monster auf die gegenwärtige Pandemie:

> »Mit Tsing et al. kann man SARS-CoV-2 folglich als Monster des Anthropozäns verstehen, welches die modernen Fantasien des endlosen Wachstums – die auf der Trennung des Menschen von seiner Umwelt, auf der technischen Transzendierung der Natur basieren – durch seine allzu riskante Nähe zum Menschen durchkreuzt und die materiellen Netzwerke kapitalistischer Zirkulation ausbremst. Monster sind in dieser Perspektive also Figuren, die irreduzibel ihre Anwesenheit demonstrieren und sicher geglaubte Grenzen übertreten – so, wie das Virus die Immunschranke der Menschen durchbricht und ihren zellulären Stoffwechsel zur eigenen monströsen Vervielfältigung kapert« (Lussem 2020).

Für Tsing et al. sind nicht säkulare Vorstellungen (»Kosmologien«) von zentraler Bedeutung, eben weil sie die Hoffnung auf ein »unruly nonsecular Anthropocene« eröffnen, einem Modell, das dem dominierenden Konzept eines vereinten und homogenen Anthropozän entgegengesetzt werden kann (schon Tsing 2012b, ähnlich Szerszynski 2017, Daston 2021). Die Autoren sehen das auch als eine Möglichkeit für die Ethnologie, wieder »nach Hause« zu kommen, nämlich zurück zu der Welt der unsichtbaren Wesen, der Unvorhersehbarkeit und des Zweifels (Tsing et al. 2019: 191–192, 194):

> »Ontological anarchy is therefore not exterior to systems thinking. It is the ghost that stirs within and between systems. In this sense, anthropologists need to take natural science models as seriously as spirits« (Tsing et al. 2019: S. 191).

Tsing et al. haben damit eine differenzierte Position zum *Ontological Turn.* Sie befürworten eine »kritische Beschreibung« von anthropozänen Ungleichheiten, statt sich mit, wie sie es nennen, »philosophies of the anthropocene« befassen zu wollen. Sie stellen sich damit sowohl gegen die Geertz'sche Tradition der emisch orientierten Ethnologie als auch – aber nur teilweise – gegen Ansätze im Sinn des *Ontological Turn.* So wenden sie sich gegen eine Projektion radikaler Alterität auf idealisierte ethnografische Andere, nutzen aber Erkenntnisse aus ontologischen Studien etwa zu Geistern als eines der drei von ihnen unterschiedenen Systemmodellen bzw. »Gedankenspielen«, wie sie sie auch nennen.

Die dritte Form von systemischem Denken bilden für Tsing et al. »politische Ökonomien«. Sie meinen damit Umweltmodelle, die von Vorstellungen der wirtschaftswissenschaftlichen Ökonomie geleitet sind. Ein Fall bildet die Intensivierung der tropischen Landwirtschaft in Form der »Grünen Revolution« (*green revolution*). Dieses Programm baut auf Vorstellungen der Rationalität, Effizienz und Risiko auf, um die Erträge vor allem im Nassreisbau in Süd-, Südost- und Ostasien zu erhöhen. Damit einher gehen aber, so ist kritisch zu sagen, spezifische Sollvorstellungen sozialer Organisation, z. B. das Konzept der Familie als Einheit der landwirtschaftlichen Produktion, der Farm als Produktionseinheit. Innerhalb der bekannten Vielfalt der Formen von Familie bedeutet das eine Modularisierung und eine normativ gefärbte Setzung, die im »charismatischen Paket« der Grünen Revolution undiskutiert mitgehen (Tsing et al. 2019: 192).

Die Autoren argumentieren, dass damit auch lokale Wissensformen ausgeblendet werden, etwa die Kenntnisse von Kleinbauern. Eine spezifische Kosmologie, nämlich die anthropozäne Ontologie der einen Welt, würde durch einen Alleinanspruch die Vielfalt der Wissensformen einebnen, was

Law drastisch als »Epistemizid« charakterisierte (Law 2015). Tsing et al. schließen, dass »… an anthropology of a patchy Anthropocene requires attention to a diversity of modes of knowing as well as modes of living« (Tsing et al. 2019: 192). Die Autoren schließen aus ihren Überlegungen in programmatischer Weise und für sie charakteristischer Wortwahl auf die Notwendigkeit einer erneuerten Ethnologie:

> »To describe a patchy Anthropocene that is politically made, ecologically remade, and uncannily unreal, we need both observations and thought experiments. This is bold research on planetary conditions of livability that addresses the challenges of the Anthropocene by retooling anthropology's critical attention to specificity, context, and difference« (Tsing et al. 2019: 196).

Ein außerakademisches Projekt in wissenschaftlichem Gewand?

Nach der Darlegung der Argumentation dieses wichtigen Beitrags werde ich den Aufsatz von Tsing et al. jetzt kritisch beleuchten. In Themenstellung und Darstellungsweise ist der Beitrag ein exemplarisches Beispiel für etliche neuere Beiträge der Ethnologie zum Anthropozän. Ich habe den Text ausgewählt, weil er explizit programmatisch angelegt ist und zwei der Autoren, Tsing und Bubandt, zu den aktivsten und am stärksten rezipierten Ethnologen zum Thema Anthropozän gehören. Der Aufsatz ist relativ neu und leitet eine Sondernummer von *Current Anthropology* ein, der führenden anthropologischen Zeitschrift, die aber anders als sonst in *Current Anthropology*, in den Supplement-Nummern keine Diskussionsbeiträge zum Aufsatz bringt. Ich untersuche den Aufsatz als wissenschaftlichen Beitrag, nicht als künstlerischen Beitrag.

Da ich den Aufsatz von Tsing und Co-Autoren hier stark kritisieren werde, möchte ich vorab betonen, dass ich andere Arbeiten der Autoren, gerade die Studien von Anna Lowenhaupt Tsing – trotz ihrer oft überbordend mäandrierenden Prosa – sehr schätze. Das gilt vor allem für ihre Studien zur menschengemachten, durch global organisierte Ressourcenfrontiers angetriebenen, teilweise chaotischen Transformation tropischer Landschaften und Lebensgrundlagen auf Kalimantan in Indonesien aus der Warte der betroffenen Menschen (z. B. Tsing 1993, 2005). Weiterhin sind ihre innovativen neueren Arbeiten zum Kultur-Natur-Nexus und Kulturbegegnungen am Beispiel der globalen Lieferketten des *Matsutake*-Pilzes nennen (Tsing 2010b, 2015, 2020, Choy et al. 2009, Matsutake Worlds Research Group 2009). Auch die beiden anderen Autoren Nils Bubandt aus der Aarhus-Arbeitsgruppe (*AURA*) und Mathews haben wichtige Beiträge geliefert, Bubandt etwa über nicht-weltliche Umweltkonzepte (Bubandt 2018, 2019), Mathews mit einem Überblick zum Thema Anthropozän in den angesehenen *Annual Reviews of Anthropology* (Mathews 2020).

Der hier analysierte Aufsatz von Tsing et al. steht im Kontext von Projekten zu Lebenskünsten auf einem »zerstörten Planeten im mehr-als-menschlichen Anthropozän« (Tsing et al. 2017, Tsing 2020). Hierzu gehört auch der »Feral Atlas«, ein Projekt der *digital humanities* zur wissenschaftlichen und künstlerischen Darstellung von Mensch-Tier-Beziehungen und zur Etablierug breiter Zusammenarbeit zwischen Ethnologinnen, anderen Wissenschaftlern, Künstlern und z. B. Architekten. Dort waren die Beiträger eingeladen, insbesondere anhand von industrialisierten Großinfrastrukturen, wie Dämmen oder Ölplattformen »… to explore the ecological worlds created when nonhuman entities become tangled up with human infrastructure projects« (Tsing et al. 2020, 2024: 249–256).

Der Aufsatz von Tsing et al. leitet ein Sonderheft ein und beansprucht *Patchy Anthropocene* als einen neuen Zugang zum Thema. Die Autoren gehen allerdings auf andere neuere und ebenfalls programmatische Ansätze aus dem eigenen Fach der Ethnologie gar nicht ein, namentlich auf die Arbeiten von Nathan Sayre (2012), Gísli Pálsson et al. (2016), Hanna Gibson und Sita Venkatesvar (Gibson & Venkatesvar 2015). Noch erstaunlicher ist es, dass Arbeiten von Kollegen, die explizit Landschaftskonzepte verwenden, nicht vorkommen, obwohl sie auf Englisch publiziert und leicht zugänglich sind. Ich denke etwa die Studien von Werner Krauß (z. B. 2015) zur Dingpolitik und durch Naturparkkonzepte getriebenen Lokalisierung von Klimapolitik an der deutschen Nordseeküste oder den konzeptuellen Ansatz von Amelia Moore, die mit den »anthropocene spaces« ebenfalls ein Raumkonzept vorlegte (Moore 2016, vgl. hier Kap. 4.2 und 5.2).

Landschaften und Patchyness – verpasste Anschlüsse

Tsing et al. betonen in ihrem Aufsatz, wie wichtig ihnen Landschaften sind (Tsing et al. 2019: 187–189). In ihrer ausgiebigen Argumentation gehen sie aber dann auf die lange und bis heute intensive empirische Erforschung von Landschaften außerhalb der Ethnologie und – was vor allem verwundert – auf die lange Diskussion oder gar den heutigen Diskussionsstand zu Landschaftsbegriffen nicht ein. Es findet sich keine einzige Literaturstelle zu Landschaftsgeografie (*landscape geography*), zur Archäologie von Landschaften (*landscape archaeology*) oder etwa zur Umweltpsychologie zu Landschaften als Teil der Umweltpsychologie (*environmental psychology, landscape psychology*). Das interdisziplinäre Forschungsfeld der *Landscape StudiesStudies* (Benediktsson & Lund 2010, Küster 2012, Liebenath et al. 2012, Krauß 2019, Howard et al. 2019), wo ja auch Ethnologinnen beteiligt sind, findet hier nicht statt.

Das Konzept der Patches will Heterogenität in jeder Hinsicht betonen, aber es bleibt arg offen. Auch in einem neuen »Feldführer zum fleckigen Anthropozän« betonen Tsing und ihre Koautorinnen nochmals, dass diese patches jeglichen Maßstab haben können, vom kleinen Fleck auf einem Blatt bis hin zum Schwarzen Meer oder einem ganzen Ozean. Patches können demnach menschengemacht sein, wie eine Einkaufsmall, oder auch menschlich beeinflusst, aber nicht gewollt, wie der riesige Plastikstrudel im Pazifik. Die Flecken können Gebiete sein oder auch verbindende Korridore (Tsing et al. 2024: 15, 35).

Zu diesen Fragen böte sich ein Austausch mit denjenigen Kulturgeografen, Landschaftsökologen und Vertretern einer umfassenden »Landschaftswissenschaft« (Küster 2012) an, die davon ausgehen, dass die »Erfindung« von Landschaft die wohl folgenreichste Entdeckung der Menschheit war und man wegen der engen Verzahnung von Natur und Kultur in jeder Landschaft nicht zwischen Natur- und Kulturlandschaften unterscheiden sollte (Küster 2012: 38, 307). Demnach haben Menschen auch nicht zu einem bestimmten Zeitpunkt angefangen, die »Natur zu zerstören«. Gerade in Bezug auf Landschaft wirft das Anthropozän ethnologische Fragen zu räumlichen und zeitlichen Aspekten der Beziehungen zu Land auf, die von Tsing et al. nicht einmal erwähnt werden und zu denen diachrone Modelle existieren (z. B. Stoffle et al. 2003). Ein zentraler Aspekt ist der für Menschen »normale« Präsentismus im Umgang mit Landschaft. Hierbei sind geologische Zeitlichkeit und kulturelle Zeitlichkeit in oft disparater Weise verquickt (Crumley et al. 2017, Irvine 2020; vgl. Kühne 2018). Dies verfolge ich in Kap. 6.6. Das Plädoyer von Tsing und Co-Autoren für eine *landscape literacy* mit der Aufforderung an die Ethnologinnen, wieder mehr ihren eigenen Beobachtungen einzubringen, wirkt wie eine Absage an die Vertreter flacher bzw. alternativer Ontologien, widerspricht jedoch anderen Ausführungen im Aufsatz und auch anderen Beiträgen in der von den Autoren herausgegebenen Sondernummer. Erstaunlich ist, dass die gesamte Forschung zur Lesbarkeit von Landschaften für Akteure überhaupt nicht wahrgenommen wird. Hierzu gibt es viele Studien in der Umweltpsychologie, Umweltsoziologie, Anthropogeografie und den *Design Studies*. Tsing und Co-Autoren arbeiten vor allem mit dem Begriff Landschaftsstruktur (*landscape structure*) und füllen das Wort »structures« in ungewöhnlicher Weise, nämlich im oben erläuterten phänomenologischen Sinn als sinnlich erfahrbare Formen der Welt. Sie setzen dies vom in ihrer Sicht szientistischen Strukturbegriff von Radcliffe-Brown ab, allerdings ohne sich auf irgendwelche phänomenologisch geprägte ethnologische Literatur, etwa von Ingold oder Jackson, zu beziehen.

Zentral und für den Aufsatz ebenfalls titelgebend ist die Idee der Fleckenhaftigkeit (*patchyness*) von Landschaften. Sie nehmen den Begriff aus der Landschaftsökologie (*landscape ecology*), wo Flecken als Einheiten verschiedenen Maßstabs in Landschaften verstanden würden, wobei Landschaften als Einheiten von Heterogenität verstanden würden. Tsing et al. sagen, dass sie den Begriff *patch* abwandeln (inwiefern?) und betonen, dass *patches* Landschaftsstrukturen aufzeigen, also morphologische Muster des Arrangements von Menschen und nicht menschlichen Wesen, wobei die genannten Plantagen ein Beispiel darstellen (Tsing et al. 2019: 188, Tsing et al. 2024: 15, 35–46). Offen bleibt, ob zu den nicht menschlichen Wesen hier auch die abiotischen Komponenten, wie Skelette oder Bodenminerale, gehören.

Für den ihnen zentralen Begriff der *patchiness* greifen die Autoren auf nur zwei ältere Publikationen zurück, ohne irgendwie auf diese einzugehen (White & Pickett 1985, Wu & Loucks 1995). Tsing et al. befassen sich nicht mit dem spezifischen Rahmen dieser Texte, nämlich Naturkatastrophen im ersten Fall und ökologische Dynamik im zweiten Fall. Tsing und Co-Autoren befassen sich nicht mit den anderen Beiträgen des Sammelbandes, zu dem der erste Text die Einleitung bildet. Beide Texte enthalten genaue Definitionen und Typologien zur Dynamik von Landschaftsflecken, auf die Tsing et al. gar nicht eingehen, obwohl ihr Text sehr vieles mehrmals wiederholt, sodass Platz dafür gewesen wäre. *Patchyness* ist ein etabliertes Forschungsfeld der Ökologie, besonders der *Community Ecology* (Mittelbach & McGill 2019: 250–264, Begon & Townsend 2020: 339–349, 599–602), was aber außen vor bleibt. Die gesamte Forschung zu ökologischer Vielfalt und Dynamik von Landschaften in der Erforschung von Landschaften und auch im Forschungsfeld Resilienz wird von Tsing und Mitautoren nicht einmal erwähnt.

Der Modellbegriff wird gar nicht geklärt, entsprechende Debatten in Wissenschaftsphilosophie, Wissenschaftstheorie und etwa Technikwissenschaftem werden nicht genutzt. Der Begriff der Vereinfachung (*simplification*) wird an Plantagen und anderen Beispielen konkretisiert und auch begrifflich hinlänglich erläutert, auch wenn dazu vorhandene Studien zu Plantagenarbeit nicht genutzt werden (McKittricks Einwand schon 2013 zu Haraway) und keinerlei Bezug zu konzeptueller Literatur zu Monokulturen oder Monostrukturen gemacht wird. Den Terminus »modular« benutzen die Autoren dann aber 21-mal, ohne dass klar ist, was dieser Modularitätsbegriff, den sie von Appel (2012) übernehmen, genau meint. Zu beiden Begriffen hätten sich auch wunderbar konzeptuelle Bezüge zu kulturwissenschaftlichen Studien zu Formen standardisierender Vereinfachung in Wirtschaft und Management, etwa zur McDonaldisierung im Sinn von George Ritzer, ergeben (Ritzer 2021: 33–49).

Eigenlegitimation und Defensive gegen Naturwissenschaft

Während Haraway in ihren Publikationen des Öfteren naturwissenschaftliches Gedankengut heranzieht, so wird die Naturwissenschaft bei Tsing et al. fast nur noch kritisiert, ohne wahrgenommen zu werden. Solche Quellen etwa aus der Ökologie, Erdsystemwissenschaften und Geologie, werden in dem Aufsatz fast gar nicht herangezogen. Wenn, dann werden ganz wenige ältere Titel genannt statt diskutiert (z. B. Rockström et al. 2009), obwohl sich das Feld extrem stark entwickelt. Trotz aller Betonung der Bedeutung von

Interdisziplinarität und der Litanei eines »beyond xy« erscheinen die Naturwissenschaften als manichäisch von kulturwissenschaftlichen Ansätzen getrennt. Die naturwissenschaftliche Debatte ist aber weit heterogener als gemeinhin wahrgenommen wird (Görg 2016: 10). Aus dieser Haltung entstehen auch Widersprüche im Argument. Tsing et al. referieren z. B. Swansons Argument im selben Heft, dass Ethnologen, die Vorurteile gegen quantitative Analysen hätten, Zahlen ernst nehmen sollten. Tsing et al. sehen das aber nicht etwa als Aufforderung, sich selbst naturwissenschaftlichen Fragen oder gar Befunden zu öffnen. Stattdessen reduzieren sie die Nutzung von Zahlen auf deren Bedeutung für die Kritik von Modellen etwa zur Tragfähigkeit in Ökosystemen (Tsing et al. 2019: 191).

Die Naturwissenschaften, prototypisch die Erdsystemwissenschaften, bilden für die Autoren nur eines unter vielen Form von Wissens- oder Glaubenssystemen (ähnlich Watson-Verran & Turnbull 2016). Zur Geologie wird lediglich auf ihre romantische Seite in ihrer Entstehungszeit hingewiesen, ansonsten erscheint sie als eine Kosmologie unter anderen wie etwa dem Animismus (Tsing et al. 2019: 191). Zur oben genannten Verliebtheit in die Sprache passt inhaltlich die durchgehende Feier des Ungeordneten, allen Ungezähmten, des Anarchischen und des Unheimlichen, weshalb die Wörter wie *uncanny, unruly* und *anarchic* den Text prägen (schon in Tsing 2012b). Trotz der Feier von »ontologischer Anarchie« werden Diskussionen zu Wissenschaft und Animismus im Rahmen des sog. *ontological turns* nur beiläufig durch mehrere pauschale Verweise auf Viveiros de Castro (2004a, 2004b) erwähnt. Tsing et al. Text erscheint als virtuose Verwirklichung des von Haraway geforderten krakenartig-tentakulären Denkens ode zumindest Schreibens. .

Tsing et al. bieten einige interessante Ideen, aber der Text atmet eine stark defensive Haltung gegenüber den Naturwissenschaften. Tsing et al. plädieren am Anfang ihres Texts für konkrete transdisziplinäre Gespräche über »planetare Strukturen, die alles ändern« und sie betonen, Ethnologinnen sollten auf Besonderheiten und Vielfalt achten, ohne dabei »gläubig« zu werden (*parochial*, Tsing et al. 2019: 186). Dessen ungeachtet scheinen mir die Autoren aber selbst eine Kirche begründen zu wollen. Die Betonung der mehr-als-organischen-Wesen wirkt wie eine aktualisierte Version von Kroebers Konzept des »Superorganischen« (vgl. Danowski & Viveiros de

Castro 2019: 84), die aber ganz anders, nämlich als wissenschaftspragmatische Scheidung, zu verstehen ist (vgl. Jackson 2010: 137–144).

Current Anthropology ist eine Zeitschrift, die sich ausdrücklich der gesamten Breite der Anthropologie widmet. Die Autoren argumentieren, dass heute die Begriffe »Mensch« (*man*), »Erde« (*earth*) und »Wandel« (*change*) anders als in der Phase der großen ethnologischen Entwürfe der 1950er-Jahre keine zufriedenstellenden Begriffe mehr seien (Tsing et al. 2019: 194–195). Die Erdsystemwissenschaften werden durchgehend kritisiert und (m. E. historisch richtig) als Kind des Kalten Kriegs und der US-amerikanischen Hegemonie in klimabezogenen Technologien eingeordnet. Aber inhaltlich werden Erdwissenschaftler von den Autoren gar nicht wirklich wahrgenommen, sondern auf technophile Modellbildner reduziert, was sie nur teilweise sind, und per *Othering* abgewatscht.

Die Wissenschafts- und Umwelthistorikerin Fabienne Will sagt, dass Tsing weniger radikal als Haraway vorgehe. Ihr gehe es »*... nicht primär* um den Ausschluss von Wissen und Denkansätzen fachfremder Disziplinen und die Annahme einer Gegenposition zur Debatte und das Anthropozän als geologisches Konzept« (Will 2020: 245, eigene Hervorheb.). Im hier besprochenen programmatischen Aufsatz verfolgen Tsing und Mitautoren jedoch eine Mission gegen die vermeintlich alles schluckenden universalistisch-westlichen Erdsystemwissenschaften. Im ganzen Beitrag widmen sie sich den anthropozänen Makrodimensionen von Zeit und Raum gar nicht, sondern feiern das Kleine und das vielfältig Fleckige. Sie scheinen eine Übersetzung, eine Brücke, zwischen verschiedenen Disziplinen zu wollen, haben aber keinen Sinn dafür, dass die Geologie eine besondere Naturwissenschaft ist, nämlich eine weitgehend nicht experimentelle Wissenschaft der Naturgeschichte. So kennen Tsing et al. den Unterschied zwischen geologischen Arbeitsweisen, Zeitkonzepten und Modellvorstellungen und den Modellen und Simulationsverfahren der Erdwissenschaft nicht. Hier zeigt sich eine Gefahr, die Will so formuliert:

> »Translation birgt jedoch auch die Gefahr, das Anthropozän ohne eine fundierte Auseinandersetzung mit dem Konzept zu nutzen, weil die Signifikanz des eigenen Beitrags vermeintlich steigt (...)« (Will 2020: 205).

Wenn ich den Text einmal bewusst nicht als Ethnologe, sondern als Geowissenschaftler lese, stelle ich fest: »Kein Anschluss unter dieser Nummer«. In diesem Aufsatz zum Anthropozän mit einem Literaturverzeichnis von immerhin 94 Titeln werden drei erdsystemwissenschaftliche Titel und keine einzige geologische Arbeit angeführt. Als Ethnologe überrascht mich in den Beiträgen von Tsing die begrenzte Zahl derselben immer wieder angeführten Autoren, was an ein Zitierkartell grenzt (so auch in Tsing et al. 2024). Bei dem Thema verwundert es, dass Tsing und Mitautoren zwar den Systembegriff stark machen, aber in keinem Wort auf die letzte Synthese zum Thema Umweltethnologie von Orr, Lansing & Dove (2015) eingehen, in der die Kollegen explizit systemische Perspektiven stark machen und an vielen Facetten diskutieren.

Wenn ich mir als Leser des Aufsatzes Vertreterinnen der anderen Anthropologien vorstelle, etwa aus der archäologischen Anthropologie oder der Physischen Anthropologie, immerhin Teil der umfassenden *Four-Field*-Anthropologie, fällt mir deren vollständiges Fehlen bei Tsing et al. auf. Ich frage mich, wie mittels einer Beschwörung »ontologischer Anarchie«, ohne klar bestimmte Konzepte und mit expliziter Ablehnung jeglicher Verallgemeinerung ein Gespräch mit analytisch orientierten Fächern entstehen soll – oder auch nur eine Konversation (sic!):

> »As anthropologists come into conversation with Earth systems modelers, then, it seems important to hang on to our capacity to remember what Viveiros de Castro calls ›ontological anarchy‹. Models can coexist with other modes of systems-thinking, including cosmological alternatives« (Tsing et al. 2019: 191).

Selbstverpflichtung auf Unschärfe und ausufernde Analogien

Durch opake Wortbildungen kombiniert mit einer m. E. überzogenen Kritik kommt es zu Unschärfen und Widersprüchen. Einerseits fordern Tsing und Co-Autoren, wie oben zitiert, eine Wiederbefassung der Ethnologie mit großen Fragen »We need to reclaim, in a new register, anthropology's heritage of daring to make big claims about humans and about the worlds that humans humans coinhabit with others ...« (Tsing et al. 2019: 187). Gleichzeitig heben sie nur dekonstruktivistische Theorierichtungen der Ethnologie bzw. Kulturanthropologie seit dem Zweiten Weltkrieg positiv hervor und lassen an generalisierenden Ansätzen kein gutes Haar, sie werden pauschal als hegemonial und »universalistisch« abgestempelt, als »world-engulfing ›big anthropology‹« (Tsing et al. 2019: 193–195).

In diesen Argumenten spielt auch Wunschdenken herein, was immer wieder zu Übertreibungen führt, etwa wenn gesagt wird, dass die Vertreter des Globalen Nordens seit den 1990ern in der Ethnologie »zu einem unter vielen globalen Playern reduziert« worden wären, sogar in der Theorieproduktion. Das entspricht mitnichten dem tatsächlichen Bild in Publikationen und den tatsächlichen Machtverhältnissen in Institutionen, sondern eher Wunschdenken. Die mexikanische, brasilianische und indische Ethnologie sind mittlerweile vielleicht im Weltvergleich wichtiger als die deutsche, aber als Generalbefund ist auch das eher Wunschdenken. Eine solche These kann sicher nicht aus dem von Tsing et al. dazu pauschal angeführten Sammelband zu *World Anthropology* abgeleitet werden (Ribeiro & Escobar 2006). In ihrer Generalabrechnung mit der neueren Ethnologie sind Tsing et al. ähnlich extrem wie etwa Jobsons Totalkritik der Ethnologie aufgrund des Verhaltens der Kollegen angesichts von Waldbränden in der Nähe einer großen Anthropologie-Konferenz 2019 (Jobson 2020), jedoch weit weg von der Differenziertheit einer fundamentalen Kategorienkritik, wie sie etwa bei Marilyn Strathern zu finden ist (Strathern 2020: Kap. 2).

Bei einigen Begriffen bei Tsing und Mitautoren fragt sich, ob es nicht nur neue Wörter für bekannte Phänomene sind. Ein Beispiel sind die modularen Vereinfachungen (*modular simplifications*). Angeregt durch sein Interesse für die epistemische Krise der Ethnologie angesichts des Anthropozäns wendet Jobson das Konzept der modularen Vereinfachungen von Tsing et al. auf die Ethnologie als organisierte Disziplin an, eine originelle Idee. Er verweist auf Tsing et al., die sagen, dass der Ansatz des *patchy anthropocene* zu einer größeren Beachtung der »wilden Proliferation von Ethnologien jenseits des etablierten Kanons und der kuratierten Wege der ethnologischen Wissensproduktion« einlade (Tsing et al. 2019: 189). Jobson befürwortet für die Ethnologie einen »Decolonial turn 2.0«, weil:

»(...) our own modular simplifications – disciplinary associations, academic departments, tenure and promotion committees, and peer-reviewed journals – need to be dispensed or significantly revised in favor of new measures and values of intellectual work« (Jobson 2020: 263).

Ich frage mich, wo der Mehrwert dieser Begrifflichkeit etwa gegenüber Konzeptualisierungen der Wissenschaftsforschung oder Wissenssoziologie ist, beispielsweise bei Knorr-Cetina, Woolgar oder Latour. Der Text von Tsing et al. wartet neben Formulierungen wie der, dass die nicht etablierten Ethnologien sich »wild verbreiten« sollten, auch mit vielen schwärmerischen Aussagen auf: Geister, so die Autoren, würden sich nicht um Grenzen kümmern, seien diese räumlich, konzeptuell oder körperlich (Tsing et al. 2019: 191). Manche Formulierung passt m. E. eher in einen künstlerischen Text als in ein führendes wissenschaftliches Journal der Anthropologie:

»As Ficek shows, sometimes cattle destroyed the ecological relations that were meant to nurture them. Sometimes *feral cattle supported rebellious human subjects* as they spread beyond and before advancing empires« (Tsing et al. 2019: 189, eigene Hervorheb.).
»Models enable a kind of literary imagination, a sensing of new socialcollectives and relations, even as they may silence attention to landscape structures« (Tsing et al. 2019: 190).
»The modular and the feral are messily entangled in landscape structures« (Tsing et al. 2019: 190).
»In the uncanny valleys of the Anthropocene, spirits, ghosts, and monsters of many kinds proliferate (Bubandt 2018)« (Tsing et al. 2019: 191).

Ohne dass dies explizit als Ziel ausgewiesen wird, scheint der Aufsatz eher außerwissenschaftliche Ansprüche zu haben, was sich auch mit Tsings Projekt »Arts of living on a damaged Planet« (Tsing et al. 2017) deckt. Der entsprechende Band dazu bietet viele künstlerische Beiträge und fällt durch kreative Besonderheiten auf, indem er z. B. zum Umdrehen des Buchs einlädt und sogar je nach Leserichtung verschiedene Untertitel trägt, in denen einmal die Geister, das andere Mal die Monster des Anthropozäns angerufen werden. Zu solchen auch künstlerisch motivierten Ansätzen gehört m. E.

auch der Aufruf, innnerhalb sog. »realistischer Genres«, wie der Ethnografie und dem Journalismus, »(…) die übernatürliche Wesen nicht als ›Glaube‹ (zu) re-exkludieren« (Mathews 2020: 71). Ein Beispiel ist eine Studie zur Landwirtschaft Taiwans, in der Geister und Pflanzen und Tiere Haraway folgend als »odd kin«, erscheinen und gleichberechtigt neben Reisbauern als Akteure auftreten und als Beispiel nicht vereinfachter Landkultur analysiert werden (Tsai 2019: 343).

Wie etliche neuere Beiträge ist der Aufsatz von Tsing und Co-Autoren stark von Jargon geprägt und glänzt mit Wortspielen (Tab. 5.5).

Als Beispiele für Jargon sehe ich Schöpfungen wie »to unpredict« bzw. »unprediction« sowie »epsistemicide«, »co-species toleration« und »co-species collaboration« und »para-sites« (Tsing et al. 2019: 191–193). Die Autoren sprechen bzgl. der Verknüpfung von Menschen mit anderen Lebewesen fast gebetsmühlenhaft von »more-than-human-relations«, ohne etwa inhaltlich ganz ähnlich Konzepte, wie »coupled human and natural systems« (Orr et al. 2015: 156–157) auch nur zu erwähnen. Weiterhin werden damit Unterschiede in der Ausbeutung und Entfremdung von Menschen und Nichtmenschen eingeebnet, wie schon anderweitig kritisiert wurde (Davis et al. 2019). Die Autoren nutzen ihre Bindestrich-Wortschöpfung und ihre Liebe zu Wortspielen lieber wissenschaftspolitisch, um in Absetzung von dem früheren Band der Wenner-Gren-Stiftung zum Thema (Thomas 1956) flugs eine »more-than-American anthropology« zu fordern (Tsing et al. 2019: 194–195).

Pascal Goeke kritisiert an Tsings Matsutake-Buch (Tsing 2015) den manipulativen Gebrauch von Personalpronomen wie »wir« und »uns« und moniert »… eine ganz eigene totalisierende Beobachtung« (Goeke 2022: 90). Ähnliches zeigt sich in diesem Aufsatz. Um zu zeigen, dass dieser Aufsatz nicht nur in seiner extrem selektiven Leseweise des Phänomens, sondern auch in sprachlicher Hinsicht keine Ausnahme innerhalb der Publikationen zu Mehrspeziesethnologie und besonders der einflussreichen Gruppe um Anna Tsing ist, habe ich einen Aufsatz aus der Feder des Zweitautors, Mathews daraufhin untersucht (Mathews 2020). Er firmiert als Überblick und ist im führenden Jahrbuch *Annual Reviews of Anthropology* (*ARA*) erschienen. Dennoch ist er in Teilen von ebendieser Programmatik geprägt, und dort stehen Sätze, wie »… sandy soils become social through histories of mining that produce collapses« (Mathews 2020: 73). Eine solche Sprache steht in starkem Kontrast zu Texten zu ähnlichen Themen aus der Feder von eher naturwissenschaftlich ausgerichteten Ethnologinnen, wie der Überblick zur Klimaethnologie in derselben Ausgabe der *ARA* zeigt (O'Reilly et al. 2020).

Terminus bzw. sprachliche Wendung	Etwaige Bedeutung	Quelle
to undo	vermeiden, verunmöglichen	Mathews 2020: 70
to unpredict, unprediction	voraussagen, verunsichern, Unsicherheit und nicht gewollte Handlungsfolgen betonen	Tsing et al. 2019: 191–193, Mathews 2020: 70
speculative technologies	Technologien, über deren Folgen Unsicherheit besteht, z. B. CO_2-Speicherung	Mathews 2020: 70
more-than-human	Menschen im Nexus mit anderen Lebenwesen (und z. T. Dingen)	Tsing et al. 2018: 13 Stellen; Mathews 2020: 6 Stellen
para-sites	Situationen bzw. Settings, wo sich verschiedene Wesen und Dinge begegnen	Tsing et al. 2019: 191–193
epistemicide	Verlust kulturspezifischen bzw. lokalen Wissens	Tsing et al. 2019: 191–193
temporalities	Zeitebenen, Mikro-, Meso-, Makro-Rahmen	Mathews 2020: 71
alienation	Entfremdung als Trennung von Lebewesen von ihren Lebensprozessen	Tsing 2015: 290
anthropo-not-seen	Entitäten, welche die Natur-/Kultur-Dichotomie »ignorieren«	Mathews 2020: 70
Anthro-unseen	ausgeblendete Entitäten, weil sie die Natur/Kultur-Dichotomie »ignorieren«	Mathews 2020: 72
unfolding ontological unruliness	sich herausbildende Verquickung von Menschen mit anderen Lebewesen und Dingen	Mathews 2020: 77, vgl. Tsing 2012
Anthropocene ethnografies	Ethnografien anthropozäner Dynamik *oder* Anthropozän-theoretisch orientierte Ethnografien (?)	Mathews 2020: 74–76
analytics	Ansatz, methodisch, theoretisch oder beides, wie *approach*	Mathews 2020: 75

Terminus bzw. sprachliche Wendung	Etwaige Bedeutung	Quelle
noticing	das aufmerksame Beobachten, im Unterschied zu Analyse	Tsing 2015: 17–25, Tsing et al. 2018: 188–189, Mathews 2020: 75
regimentation	Zusammenhang von menschlichem und nicht menschl. Leben, bspw. Plantagen	Tsing et al. 2018: 189
cosmopolitical registers	unklar: weltbürgerliche Politikformen oder diesbezügliche Sprachformen	Mathews 2020: 77

Tab. 5.5   Beispiele für Jargon und Neologismen in programmatischen Texten zum Anthropozän

Eine Inhaltsanalyse neuerer Studien von Haraway würde zu einem ähnlichen Resultat führen, wobei ich vorab feststellen möchte, dass dieses Spiel mit Sprache von vielen ganz anders bewertet wird, nämlich positiv (Hoppe 2021).

Wie kann man diese Form von Texten erklären? Hier kann ich nur Vermutungen anstellen. Ein künstlerischer Anspruch erklärt vielleicht die starke Verwendung von vielen Wörtern in ungewöhnlicher Bedeutung, den hohen Anteil von Modevokabeln und kryptische Formulierungen. Ein eher realistisch ausgerichteter Kollege beschreibt solche Texte als voll rhetorischen Charme, der mit metaphorischen »Exzessen« einhergehe (Pina-Cabral 2017: 5). Eine andere Erklärung ist einfacher, erscheint mir aber auch wahrscheinlicher: Diese stark jargonbeladene Sprache ist inhaltlich und gleichzeitig ästhetisch motiviert, sie bildet einen Reflex gegenüber der als technizistisch empfunden Sprache (und auch den Zahlen und Grafiken) der Erdsystemwissenschaften. Die Erklärung der Autoren wäre dagegen wohl, dass eine neue Realität, eben das Anthropozän, auch eine neue Sprache benötige:

> »From the feral and unexpected encounters between bovines and humans in Panama, as from those between marabou storks and salvagers in Uganda, the illegitimate hope of a kind of co-species collaboration in ruins emerges for which we do not have a language« (Tsing et al. 2020: 193).

Marilyn Stratherns neuere Publikationen (Strathern 2020) machen für mich besonders deutlich, welchen Gewinn an Anregung und produktiver Verunsicherung, aber auch welche Verluste undefinierte Wörter und die Vervielfältigung offener Metaphern im begrifflichen Verständnis des Anthropozäns bringen. Die beiden Zitate aus einer Rezension von Tatjana Thelen bringen diese Spannung auf den Punkt:

>»Statt lediglich auf die Überwindung menschzentrierter Ansätze in den Sozialwissenschaften zu pochen – Strathern zitiert hier Autor*innen des Neo- und Postmaterialismus, der Multispecies Ethnography sowie der sogenannten ontologischen Wende –, bedürfe es einer radikaleren Reflexion des konzeptuellen Inventars politischer Kritik. (…) Grundlegender als die bisher ausführlich diskutierten Dichotomien von Natur vs. Kultur, Körper vs. Bewusstsein, Mensch vs. Tier erscheint Strathern der (wissenschaftlich wie umgangssprachlich *diffus positiv konnotierte*) Begriff der Relation. (…) Im *gezielten Unterlaufen wissenschaftlicher >Klarheit<* und Konvention bietet Strathern letztlich keine Lösung der aufgedeckten epistemologischen Probleme. Zugleich ist es diese *Selbstverpflichtung auf Unschärfe und ausufernde Analogie*, mit der sie immer wieder neue Denkanstöße gibt und Herausforderungen an die allzu häufig epistemologisch naiv agierenden Sozialwissenschaften formuliert« (Thelen 2021: 4, eigene Hervorheb.).

Die Vorgehensweise von Tsing et al. offenbart m. E. ein Beispiel dafür, dass inter- und transdisziplinäre Arrangements zu Öffnungen gegenüber der Evidenz anderer Disziplinen führen. Das ist zu begrüßen, aber diese Öffnungen ziehen wiederum Schließungsprozesse nach sich (Wenninger et al. 2019, bzgl. Anthropozän Will 2021: 25). Narrative Praktiken, wie Lokalisierung, Gegensatzbildung und bei Tsing et al. besonders Translation, Verflechtung, und Entgrenzung, erzeugen selbst neue Ein- und Ausschließungen. Tsing und Mitautoren öffnen sich stark gegenüber künstlerischen Zugängen, emotionalen Argumenten und kreativen Schreibformen. Das führt aber dazu, dass sie geowissenschaftliche Wörter benutzen, in der Sachdimension geowissenschaftliche Argumente aber weitestgehend ausgeschlossen bleiben.

Inwieweit das auch in der Sozialdimension der Evidenzbildung zur selektiven Ein- und Ausschließung von Personen als Wissensproduzenten führt, müsste man erst klären. Hier wären Mechanismen des akademischen Markts zu untersuchen: Aufmerksamkeitsökonomie, Neologismen und Zitierzirkel. Selbst wohlgesonnene Kenner von Positionen des neuen Materialismus stellen eine häufig »überzogene Innovationsrhetorik«, die historische Traditionslinien und Entstehungsbedingungen ausblendet, um theoretische Originalität zu beanspruchen (Hoppe & Lemke 2021: 163, ähnlich Ellen 2021).

Tsing et al. arbeiten mit einer Narrativierung in Form einer Übersetzung des Anthropozänbegriffs und etwa des Landschaftsbegriffs, in der Lokalisierung (in Zeit und Raum) und Differenzierung (über Themenfelder) prominent sind. Mit der Evidenzpraxis der Verflechtung und Übersetzung wird hier fachfremdes Wissen, etwa der Systemwissenschaft, mobilisiert, um den Stellenwert der eigenen Disziplin zu untermauern. Das entspricht der paradox anmutenden Mobilisierung geowissenschaftlichen Wissens, vor allem geologischer Zeiteinteilung, als argumentative Ressource bei Haraway, obwohl ihr Argument für das *Chthulucene* entgrenzend ist (Will 2020: 253). Als *umbrella concept* lässt sich das Anthropozän gut benutzen ... oder auch missbrauchen, wie m. E. bei Tsing und Co-Autoren. Wenn das oberflächlich und aufgrund eines Legitimierungsmotivs geschieht, lauert die Gefahr, fachfremdes Wissen auszuschließen, hier der naturwissenschaftlichen Konzeptionen und Einsichten.

5.6 Konzepte – Bedeutung, Verkörperung und Abwägungsverfahren

Alf Hornborg weist auf einen weiteren zentralen Beitrag der Ethnologie zur Anthropozänforschung hin, nämlich die Untersuchung von Bedeutungen (Hornborg 2020a: 2, 2020b). Das ist der Ansatz, der unter dem Label »interpretative Ethnologie« oder »semiotischer Ansatz« seit Clifford Geertz große Teile der Ethnologie dominiert. Zunächst könnte man denken, dass hieraus kaum ein substanzieller Beitrag zum Verständnis oder gar zur Erklärung anthropozänen Wandels kommen könne, wo das Anthropozän ja vor allem durch Materialflüsse bestimmt ist. Hornborg argumentiert aber, dass die materiellen Ströme ja auf wirtschaftliches Markthandeln und den Einsatz von Technologie zurückgehen.

Dieses wirtschaftliche Handeln beruht in starkem Maß auf spezifischen Werten und Normen. Entgegen dem Selbstverständnis der dominanten Strömungen in den Wirtschaftswissenschaften als materialbezogener Forschung sind die Kernkonzepte stark bedeutungsgeladen. Es geht im Kern um Geld als Symbol bzw. Zeichen von Geld (*money signs*) und die Annahme, dass alles und jedes prinzipiell gegen alles andere getauscht werden kann. Die ökonomische Analyse ist mithin eine Analyse von Zeichen auf der Basis »kultürlicher« Konzepte von Geld und ebensolcher Annahmen etwa zu »Nutzen«, »Bevorzugung« und »Zahlungswille«:

> »It is ironic that we tend to think of economists and economic concerns as ›materialist‹, when, on the contrary, mainstream economics, ever since Victorian times, has been couched in a highly *idealistic* focus on human desires and subjectivities. (…) We need to realize how peculiar the cultural idea is that anything can be exchanged for anything else – whether fresh resources for resources already dissipated, or local produce for products transported halfway around the world.« (Hornborg 2020: 2, Hervh. i. O.).

Die moderne Wirtschaftswissenschaft hat damit genau so viel mit Werten und Symbolen zu tun wie etwa mit Industrieökologie und Materialflussanalyse, nach Hornborg sogar mehr. Dementsprechend fällt es Ökonomen wie Ethnologinnen gleichermaßen schwer, Konzepte wie das des sozialen Stoffwechsels (*social metabolism*) zu denken. Andererseits kann man argumentieren, dass die Ethnologie zu einem Umdenken der – ihr in den idealistischen Axiomen – verwandten neoklassischen Ökonomie beitragen kann. Schon Marcus & Fisher hatten die Behandlung materieller Prozesse als Kernpunkt ihres inzwischen schon klassischen Projekts der »Anthropology as a Cultural Critique« (Marcus & Fisher 1999: 141 ff.) gesehen.

Ein zentraler Beitrag der Ethnologie ist die Beschreibung, Analyse und ggf. Kritik von Einheiten, Grenzwerten usw., die in der naturwissenschaftlichen Forschung zum Anthropozän verwendet werden. Hier kann die Ethnologie ihren vergleichenden und kritischen Ansatz auf einen Teil der »eigenen« (»westlichen«) Kultur anwenden. Pálsson et al. sehen hier die zentrale

Rolle der Sozialwissenschaften in quasi auto-soziologischer Forschung mit politischen Implikationen:

>One step would be to massively research the roots of the social measurements of success, the roles and functions of reward systems, to investigate and critique their methodologies and tacit and explicit assumptions, and to analyze their implementation politics (…) our work should be guided by the possibility of social sciences and humanities research as the intellectual input for a New Political Economics that can discard the most dysfunctional elements of the present« (Pálsson et al. 2013: 10).

Damit ist eine weitere Stärke der Ethnologie angesprochen, die sie aber mit anderen Feldern der *Cultural Studies* teilt, nämlich die kritische Sicht auf Konzepte, Termini und Narrative. Sie kann die immer wieder angemahnte »mikrosoziale Reflexion« (Leggewie & Hanusch 2020: N4) zum Thema Anthropozän bereichern. Zum Klimawandeldiskurs gibt es hierzu Untersuchungen zu Sprache, z. B. »ökologische Schulden«, zu verwendeten Metriken und zu naturwissenschaftlichen Visualisierungen (z. B. Schneider 2018). Schließlich könnten Ethnologinnen zusammen mit Geistes- und Sozialwissenschaftlern und Erkenntnissen zu sozialen Bewegungen im globalen Süden beitragen, die als Reaktion auf das Erleben des Anthropozäns entstehen. Hierzu gibt es bislang viele Arbeiten zu umweltbezogenen Bewegungen.

Umweltkognition und indigene Allegorien

In der Ethnologie gibt es keinen Begriff, der das individuelle und kollektive Wissen, die Wahrnehmung und die Erfahrung mit der natürlichen Umwelt umfasst (Orr et al. 2015: 157). Es gibt nur Begriffe, die unterschiedliche Ausschnitte oder Facetten umweltbezogener Kognition oder phänomenologischer Erfahrung bezeichnen, wie traditionelles Wissen, lokales Wissen, *folk biology, ethnoscience* und *cognized environment* und *symbolic ecology* (Schareika 2004, Antweiler 2008, 2015 als Bsp). In der Kulturökologie wird die Bedeutung von Wissen für die Anpassung von Gemeinschaften an ihre Umwelt herausgestellt (Steward 1955, Netting 1977). Dieser Aspekt gewinnt angesichts von Klimawandel und der Forderung, der Mensch solle

Stewardship, also verantwortliche Steuerung, übernehmen, neue Bedeutung (Orr et al. 2015: 158).

Insbesondere in kognitionsethnologisch basierter Forschung wurde gezeigt, dass es oft detaillierte und in Beobachtungen fundierte Vorstellungen zur Natur und zu Lebewesen gibt (Werner 1972, Orr et al. 2015: 158). Solche Vorstellungen wurden insbesondere im Bereich der Klassifikation von Umwelteinheiten, Prozessen und Wahrnehmungen gemacht. Klassisch sind hier Studien zur indigenen Einteilung der Flora und Fauna (Berlin 1992). Neuere Arbeiten zeigten, dass taxonomische Vorstellungen, in denen mehrere Arten von Lebewesen als zusammengehörig konzipiert werden, zu bestimmten deduktiven Schlüssen über funktionale Ähnlichkeiten unter den Lebewesen »anleiten« (Atran & Medin 2008, nach Orr et al. 158). Solche Umweltkognition ist in der Regel stark mit Kausalitätsvorstellungen sowie mit religiösen Konzepten und kulturellen Werten verknüpft (für Bsp. Bennardo 2019). Taxonomische Information ist damit nicht nur eine Ordnung der Umwelt bzw. Welt, sondern eine Wiese, Landschaften »handhabbar« zu machen (»actionable«, Orr et al. 2015: 158). Neuere Studien untersuchten die unterschiedliche Verteilung von Umweltwissen in Gemeinschaften oder Netzwerken. Eine gewisse Schwäche der Forschungen zur Umweltkognition bis heute ist der Mangel an Forschung zur Veränderung des lokalen Wissens durch Ereignisse und in transgenerationalem Rahmen. Transgenerationale Lernvorgänge anhand von Umwelterfahrungen konnte z. B. Roy Ellen in Indonesien nachweisen (Ellen 1999).

Seit den 1980er-Jahren wurde der wissenschaftsförmige Charakter dieser Vorstellungen erkannt, was sich in Begriffen wie *Ethnoscience*, *Folk Science* und *Folk Biology* niederschlug. Menschen haben eine »empirisch-objektive Orientierung« (Rudolph 1973), die sich gerade anhand von Erfahrungen mit ihrer materiellen Umwelt herausbilden kann (Atran 1998, Antweiler 2007). Diese Studien fanden auch universale Vorstellungen zu Natur, Lebewesen und Umwelt (Frake 1962, Atran 1998, Medin 2000, Atran & Medin 2008). Vor allem im Bereich des Umweltwissens scheint es mehr kognitive Universalien zu geben als in anderen Feldern der Kultur, was naheliegt, da sich die menschliche Psyche in bestimmten Umwelten entwickelt (Evolutionspsychologie). Diese Forschungen können in Dialog mit theoretisch ganz anders informierten eher religionsethnologischen Studien zu anthropozänen Allegorien (DeLoughrey 2019) gebracht werden.

Ein Thema, zu dem die Ethnologie viel beitragen könnte, ist das des persönlichen oder auch kollektiven Erlebens lokaler Effekte des Anthropozäns. Wie schlägt sich das Anthropozän nicht nur in Kognition, in Konzepten und Klassifikationen nieder, sondern in körperlichen Erlebnissen und nicht sprachlichen Formen? Hier könnte man auf eine Ethnologie, die an individuellen, aber kulturell eingebetteten, Erlebnissen und Emotionen interessiert ist, aufbauen und universelle wie lokalspezfische Affekte studieren (Antweiler 2017, Röttger-Rössler & Slaby 2018, Röttger-Rössler 2020). Das gilt etwa für tiefen Kummer wegen des Verlusts gewohnter Umwelten oder für Schuldgefühle angesichts des als »Ökozid« erlebten menschengemachten dauerhaften Umweltwandels. Zu negativen und positiven Gefühlsreaktionen auf Klimawandel und psychischen Druck durch schnelle Veränderungen der Erde gibt es erste empirische Forschungsansätze (Cunsolo & Landman 2017). Neben »Earth Emotions«, wie »Umweltangst« und »Ökophobie« wird eine spezielle Emotion als »Solastalgie« (*solastalgia*) gefasst, einer Art Heimweh, während man zu Hause ist. Ähnlich wie bei der Nostalgie wird angesichts der starken Veränderung oder Zerstörung des eigenen Lebensraums ein Gefühl des Verlustes erlebt (Albrecht 2019, zum Anthropozän 70–72). Angesichts anthropogener Wandels ist vor allem ein Gefühlsnexus bedeutsam, der als »schuldbeladene Trauer« bezeichnet werden kann (»guilty grieving«; Craps 2023). Während wir zu all diesen menschlichen Reaktionen auf drastische Umweltveränderungen immer mehr wissen, sind die Wahrnehmungen und die ggf. angstvollen Erlebnisse dazu bei Tieren noch kaum erforscht (Soentgen 2018).

Zu gelebten Erfahrungen mit der natürlichen Umwelt gibt es eine Anzahl von Studien von Tim Ingold, der das Thema aus phänomenologischer Sicht angeht. Menschen handeln in Landschaften, sie bewegen sich körperlich in diesen Landschaften, und diese Landschaften enthalten Spuren und auch Objekte materieller Kultur, etwa menschliche Bauten (Ingold 2011, 2011b). Ingold untersuchte ethnografisch Verhaltensweisen und vor allem sinnliches Erleben und Körpererfahrungen z. B. bei der Jagd in arktischen Umwelten und bei Menschen, die als pastorale Herdenhalter leben und mit ihren Tieren und mit Elementen der Landschaft interagieren und diese gleichzeitig teilweise hervorbringen. Er argumentiert, dass Kultur individuell wie auch im kollektiv insbesondere durch Umwelterfahrungen entsteht (»sentient ecology«). Diese Erfahrungen mit der Umwelt entstammen der gelebten Interaktion mit der materialen Umgebung und manifestieren sich großteils in nicht sprachlicher Form. Mit diesem Untersuchungsansatz wird der Alltagserfahrung eine wichtigere Rolle zugesprochen als in eher auf Sprache und nicht säkularen Aspekten von Kultur ausgerichteten Ethnologie. Insofern wäre es eine durch das Anthropozän nahegelegte Fragestellung, wie Menschen verschiedener Kulturen die zunehmend asphaltierte oder betonierte Umwelt nicht nur konzeptualiseren, sondern sich in ihr bewegen und mit ihr sie erlebend gestaltend umgehen.

Abb. 5.9 Ausdruck multipler Ontologien? – Graffiti am Barbarossaplatz in Köln , *Quelle: Autor*

»Ontologien«

Viele ethnologische Studien zum Mensch-Natur-Verhältnis knüpfen weniger an Symbole oder Kognition an, sondern beziehen sich auf das Weltbild der untersuchten Kulturen, an sog. lokale oder indigene »Kosmologien« bzw. »Ontologien« (Abb. 5.9). Diese Gedanken werden angesichts des Anthropzäns auch von Naturphilosophen aufgenommen (z. B. Vetlesen 2020, Beiträge in Kirchhoff et al. 2020). In der Ethnologie betrifft das die meisten Ansätze der »Anthropologie der Ontologie« (auch »Anthropologie der Ontologien«, *multiple ontologies apprach*). Hier lassen sich nach Grana-Behrens (i. V.). vier ethnologische Ansätze unterscheiden: die »symmetrische Anthropologie« (Bruno Latour), die »monistische Anthropologie« (z. B. Philippe Descola), eine »Anthropologie jenseits des Menschen« bzw. eine »Anthropologie des Lebens« (»anthropology of life«, Eduardo Kohn) und die »Artefakt-orientierte Anthropologie« .Viele dieser Ansätze sind von den *Science and Technology Studies* (*STS*) und Strömungen des Posthumanismus beeinflusst.

Wenn man diese zum Phänomen oder Problem des Anthropozäns in Beziehung bringen will, ergibt sich ein Problem. Diese Ansätze verfolgen weitgehend eine Haltung, die andere »Ontologien« bzw. »Kosmologien« dem sog. westlichen Weltbild diametral entgegenstellen, weshalb sie auch unter *alternative ontologies* firmieren. In den Arbeiten, die sich entgegen der Benennung tatsächlich zumeist eher mit Epistemik als Ontik befassen, wird das lokale Erkenntnis- bzw. Wissenssystem dabei zuweilen nicht distanziert dargestellt, sondern als der universalen Wissenschaft überlegen bewertet, als Alternative zur technozentrierten Wissenschaft »des Westens«, die desaströse Umwelteffekte hervorruft.

Diese Annahmen machen eine Zusammenarbeit mit den Naturwissenschaften, die über kollegiale Duldung hinausgeht, schwierig, weil die genannten Annahmen notwendigerweise mit ontischen und epistemischen Annahmen einhergehen, die mit materialistischen Annahmen der Naturwissenschaften kaum zu verbinden sind. Sie widersprechen aber auch historisch-materialistischen, marxistischen und auch herkömmlichen ethnologischen Kulturkonzepten. Damit geraten Naturwissenschaften aus dem Blick, z. B. die Evolutionsbiologie und Humanökologie, also gerade Felder, die für das Anthropozän von zentraler Bedeutung sind (Belardinelli 2022). Das hatte ich schon in Kap. 5.5 zu den Arbeiten von Tsing et al. konstatiert. Eduardo Kohn verfolgt den speziellen Ansatz einer *Anthropology of Life* (Kohn 2013, vgl. Grana-Behrens 2024). Wenn er heterogenen Assemblagen im Regenwald am oberen Amazonas in Ecuador folgt, nutzt er zwar Konzepte aus den Naturwissenschaften. Aber es sind gerade nicht Ideen aus der evolutionären Ökologie oder der Ökologie komplexer Systeme, etwa von Lansing, sondern solche, die für empirische Forschung schwer umsetzbar sind, wie Deacons »Biosemiotik«.

Ein ähnlicher Graben besteht zwischen der biologischen Tierverhaltensforschung (Ethologie) und den von der Akteur-Netzwerktheorie (Actor network Theory (*ANT*) inspirierten *Human-Animal-Studies* (Wirth et al. 2016, Krebber 2019). Eine noch größere Disparität besteht zwischen biologischer Evolutionsökologie einerseits und der Multiarten-Ethnografie (*Multispecies Ethnography*, Kirksey 2015, Ameli 2021) andererseits. Obwohl beide Felder eigentlich ähnliche Themen untersuchen, etwa die Co-Konstruktion von Landschaften, unterscheidet sich die Begrifflichkeit und die leitenden ontischen Prämissen wie epistemischen Annahmen der Multispezies-Ethnografie himmelweit etwa von Ansätzen aus der Ethnoprimatologie und der Kulturprimatologie, die die Interaktionsbeziehungen zwischen Menschen und anderen Primaten verhaltenswissenschaftlich (ethologisch) untersuchen (z. B. Fuentes 2006, Fuentes & Baynes-Rock 2017, Riley 2020). Erst langsam entwickelt sich eine *ethologisch* informierte Ethnographie (Hartigan 2021: 850–853).

Anthropologisch interessierte Primatologen schreiben Sätze folgender Art glücklicherweise nur selten: »… multispecies *entanglements* become central aspects of anthropogenic eco*logies*« (Malone et al. 2008: 8, nach Gibson & Venkateswar 2015: 14, eigene Hervorheb.). Eine solche diffuse und alles pluralisierende Sprache ist für ein Forschungsprogramm, das empirisch vorgehen will, zu unklar und macht deshalb eine Operationalisierung von Forschungsfragen kaum möglich. Wenn die Autoren mutig schließen, dass »Ethnologen einfach ihre Horizonte erweitern« (Gibson & Venkatesvar 2015: 9), dann muss geklärt werden, wass denn dieses Kontinuum der Anthropologie ausmacht, z. B. bezogen auf die Ethnologie i.e.S. oder auf die Bandbreite des Vierfelderansatzes (*four field-approch*) der nordamerikanischen Anthropologie. Angesichts der disparaten Wissenskulturen dieser Forschungsansätze ist es zumindest vorschnell oder arg optimistisch, wenn Gibson & Venkateswar herkömmmliche ökologische und »ontologische« Forschungsfelder als einander ergänzend darstellen:

»Yet both trajectories of research and those based on more radical new ontological considerations cannot easily be separated, particularly because within
the discursive space of the Anthropocene they complement one another. Indeed, they reside within a continuum of anthropological work that illumi-
nates how worlds are made, reshaped, and understood« (Gibson & Venkatesvar 2015: 9).

Fruchtbar dagegen wäre ein Anschluss ethnologischer Forschung zur
kulturanthropologisch orientierten Primatologie. Ethnoprimatologen untersuchen Interaktionen zwischen Menschen und anderen Primaten, die
wechselseitige, ko-evolutive Entwicklung und Formung ihrer jeweiligen
Umwelten. Im Mittelpunkt stehen Umwelten, in denen sich Menschen und
andere Primaten dauerhaft Lebensräume teilen und deshalb z. B. ko-evolutive Krankengeschichten aufweisen (Riley 2020: 84–88). Dafür wenden die
Forscherinnen auch bezüglich der nichtmenschlichen Primaten zum Teil
ethnologienahe Beobachtungsverfahren an. Sie verwenden präzise Methoden der nicht teilnehmenden Beobachtung oder auch stark partizipative
Verfahren. Das gilt insbesondere für die Erforschung kultureller Kompetenzen bei nichtmenschlichen Primaten in der sog. Kulturprimatologie,
wo solche Untersuchungen Laborstudien ergänzen. Kulturprimatologen
und Ethnoprimatologen untersuchen hier eine gemeinsame Nische nichtmenschlicher und menschlicher Primaten (*hominoid niche,* Malone 2022:
160–180).

5.7 Kultur – ethnologischer Holismus *revisited*

Auch wenn sich in der anthropologischen Literatur weit über Hundert Definitionen finden, geht es fast bei allen um Innovation und die nicht genetische Weitergabe von Information zwischen den Generationen (Tradierung)
im Kontext sozialer Gemeinschaften. Eine Auffassung von Kultur, die für
das Anthropozän besonders hilfreich ist, ist es, Kultur als quasi experimentelle Methode sowie als Mechanismus zum *Abwägen zwischen ererbtem und
neu geschaffenem Wissen* aufzufassen (Arizpe Schlosser 2029: 280). Die Aufgabe von Ethnologinnen ist es dann, genau dieses Interface zu erkunden. In
Bezug auf globale Umwelt wäre es die Aufgabe der Ethnologie, Erfahrungen

zu sichern, die das Abwägen und die Wahl verschiedenster Handlungen erlauben, um einen Übergang hin zur weniger imperialen Naturverhältnissen zu fördern. Hier kann keine tiefe Diskussion der Rolle von Kulturtheorie für Umweltfragen geführt werden (bahnbrechend Milton 1996), sondern nur auf einige speziell für das Problem Anthropozän relevante Aspekte eingegangen werden.

Kulturbegriff – janusköpfige Rezeption in globalen Umweltinstitutionen

Ein Ansatz, wie das Anthropozän für die Ethnologie fruchtbar gemacht werden kann und *vice versa*, ist eine Analyse des Gebrauchs des Kulturbegriffs in institutionalisierten Debatten zu globalem Wandel. Denn dort hat er kausale Effekte auf anthropozänisch folgenreiche Entscheidungen. Diesen Ansatz verfolgt die mexikanische Ethnologin Lourdes Arizpe Schlosser. Sie hatte schon früher in Entwicklungsdebatten verfolgt, wie der Kulturbegriff in internationalen Dokumenten zu globalem Wandel bis 1990 verwendet wurde (Arizpe 1996). In einer neueren Untersuchung erweitert sie das mit einer Untersuchung zur Verwendung und Wirkung des Begriffs Anthropozän in internationalen Debatten. Hierbei zeigt sich, dass Kultur seit dem Zweiten Weltkrieg international wichtiger wurde als viele andere Begriffe und dass dies auf die Anziehungskraft des Begriffs als »dreamcatcher« und gleichzeitig als »golden account« der jeweils eigenen zivilisatorischen Errungenschaften diente (Arizpe Schlosser 2019: 1).

Arizpe Schlosser kommt zum interessanten Befund, das Anthropozän als Begriff in einer parallelen Entwicklung zeitgleich mit dem weltweiten Erfolg des erweiterten Kulturbegriffs aufkam, sowohl in Wissenschaft als auch in der Öffentlichkeit (Arizpe Schlosser 2019). Solche Studien zur Begriffsentwicklung eröffnen auch interessante Fragen für die Wissenschaftsgeschichte. Haraway z. B. fragt, warum das Konzept des Anthropozäns gerade dann aufkam, als in den Biowissenschaften Konzepte der Autopoiese, Symbiogenese und Endosymbiose populär wurden (Haraway 2016: 61).

Wissenschaftsanthropologische Studien sind auch methodisch weiterführend. Arizpe Schlosser wertet nicht nur Konferenzdokumente aus, sondern auch informelle Gespräche und Erfahrungen bei der beobachtenden Teilnahme an vielen solcher Konferenzen. Als Basis nutzte sie dafür ihre langjährige Erfahrung in internationalen Institutionen, vor allem ihre Position als Präsidentin der *International Union of Anthropological and Ethnological Sciences* (*IUAES*) und als Mitglied des Exekutivausschusses des *International Social Science Council* (*ISSC*), wo sie im Programm zu »Human Dimensions« selbst teilnahm. Unter anderem werden Dokumente, eigene Aufzeichnungen und teilnehmende Beobachtungen bei über 40 internationalen Konferenzen über einen Zeitraum von 1990 bis 2016 genutzt. Zusammengenommen geht das über einen rein organisationsethnologischen Zugriff oder eine Ethnologie der Public Policy deutlich hinaus: Hier wird der heuristische Zugang über eine »Ethnografie von Transaktionen« mit Elementen der *multi-sited ethnography* und der Autoethnografie kombiniert. In einer solchen Studie wird es auch möglich, die Rolle der Ethnologin als Co-Produzentin von international wirksamem Wissen zu Nachhaltigkeit und hier auch zum Anthropozän zu verdeutlichen (Arizpe Schlosser 2019: 3–5, 271–272, für ein Bsp. Antweiler 2021b aus einem EU-Projekt).

Kultur – Anpassungsmodus und Innovation

Die eben angesprochene Nutzung von Kultur als Modus zur politischen Organisation bzw. *Governance* von Nationen, ethnischen Gemeinschaften und etwa religiösen Gruppen auf der oft umkämpften mikro- und meso-skaligen Ebene bezeichnet Arizpe Schlosser als »laoculture« (Arizpe Schlosser 2019: 3, 259–261, 311). Im Folgenden geht es um das, was sie »ontoculture« nennt, die Form, wie wir zu Menschen werden und unsere einzigartigen Fähigkeiten entwickeln, wobei Kreativität gewisse Freiheiten gegenüber organismischen Begrenzungen erzeugt. Schon evolutionsbiologisch gesehen ist Kultur beim Menschen als Organismen die »wired for culture« sind, das Mittel der Anpassung (Pagel 2012, Henrich 2016, Laland & Chiu 2020, Sterelny 2021). Menschen können als Individuen nur unter Nutzung sozial weitergegebener Information überleben. Damit gibt es keine Menschen, die Kultur nicht, noch nicht oder nicht mehr haben. Auch für Kollektive von *Homines sapientes* sind manche nicht genetisch weitergegebenen Informationen überlebensnotwendig.

In der Ethnologie steht Kultur zumeist für die Lebensweise eines Kollektivs, das sich von der Lebensform anderer (nationaler, religiöser, sprachlicher, räumlicher) Kollektive unterscheidet. Mit Marc Augé kann Kultur verstanden werden als »… eine relativ kohärente Gesamtheit von Repräsentation und Prinzipien, die die Organisation der Beziehungen zwischen Individuen in einer Gemeinschaft leiten, die sich auf diese Weise als Gesellschaft konstituiert« (Augé 2019: 62). Zentral sind die Beziehungen des Selbst zum anderen, also soziale Beziehungen, wobei ich stärker als Augé den materiellen Kontext betone. Der englische Alltagsausdruck »way of life« trifft das recht genau. Personen lernen Kultur von anderen Personen (Sozialisation, Enkulturation), und sie übernehmen in der Regel mehr von Sozialpartnern als sie selbst innovieren. Zentral ist die jeweilige Daseins*gestaltung*: Menschen formen Vorgefundenes um (Rudolph 1973). Das passt zum Marx'schen Ansatz des »gesellschaftlichen Stoffwechsels« und der »Naturverhältnisse«, wo die zentrale Aussage ist, dass erst die Gestaltung der gesellschaftlichen Naturverhältnisse durch historisch je spezifische Organisationsformen die Differenz zu anderen Tieren ausmacht (Görg 2019: 172).

Im Mittelpunkt von Ethnologie wie Archäologie stehen durch Tradierung geformte dauerhafte und daraus folgende kollektive Gewohnheiten im Handeln, Erleben und in der materiellen Kultur. Dies kann unter dem Begriff Standardisierungen gefasst werden (Hansen 2011: 7). Wenn es auf absichtsvolles Handeln und seine Effekte reduziert werden soll, kann Kultur als die Summe der Effekte von Innovationen definiert werden (Rudolph & Tschohl 1977: 13). Dies können neue Innovationen sein oder frühere Innovationen, die tradiert wurden. Ein solches Kulturverständnis ist explizit abzuheben vom bürgerlich-normativen Kulturbegriff, der bestimmte Lebensweisen als wertvoll heraushebt und anderen Menschen, Kollektiven oder Phasen der Geschichte Kultur abspricht.

Holismus – Kultur quert Substanzkategorien

Prototypisch für ein weites Verständnis ist die für die Theoriebildung wohl folgenreichste aller Definitionen, die von Edward Tylor (der dabei Kultur und Zivilisation gleichsetzt): »Culture or Civilization taken in its widest ethnographic sense is that complex whole which includes knowledge, belief, art, morals, law, custom, and any other capabilities and habits acquired by man as a member *of society*« (Tylor 2005, 1, eigene Hervorheb.). Tylors Be-

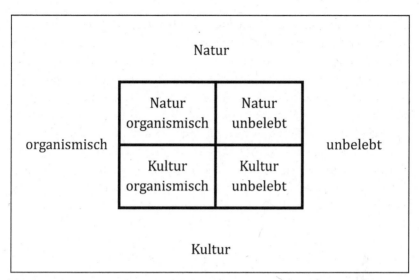

Abb. 5.10   Kultur quert materielle Substanzklassen

griffsbestimmung beinhaltet das Insgesamt der Lebensweise von Menschen: Es handelt sich um eine holistische (von engl. »whole«) bzw. totalisierende Definition. Damit ist impliziert, dass Kultur in keiner Weise physisch reduzierbar ist, weder auf Materielles (Gegenstände, Werkzeuge, Schrift) noch auf Psychisches (Gedanken, Emotionen) oder Soziales (Beziehungen, Netzwerke). Kultur ist vom Menschen Gemachtes, also Artefakte i. w. S. Neben Artefakten i. e. S. gibt es Sozio-fakte und Menti-fakte. Kurz gesagt: Kultur ist materiell hybride (Abb. 5.10). Dieser holistische Kulturbegriff deckt sich aber nicht mit allen ethnologischen Kulturbegriffen.

Ein engeres Verständnis zeigt der semiotische bzw. symbolische und Sinn-orientierte Kulturbegriff (Geertz 1992). Dieser interpretative Begriff versteht Kultur als Bedeutungsdimension gesellschaftlichen Lebens. Kollektive Sinnsysteme artikulieren sich in sozial verbindlichem Weltverständnis, kulturellem Wissen und Symbolen. Sowohl seitens der Akteure als auch methodisch seitens der Wissenschaft geht es um Sinnverstehen. Auch das dominante Kulturverständnis der nordamerikanischen *Cultural Anthropology* ist deutlich enger als der Tylorsche Begriff. Kultur wird hier als Kognition oder als kulturelles Wissen bestimmt (Kultur als Kognition, Kultur als Wissen). Damit sind handlungsleitende Weltbilder bzw. kollektive Repräsentationen gemeint, wie Kosmologien, Kosmogonien, Klassifikationen und Routinewissen. Üblicherweise wird er sogar auf einen noch engeren Bereich reduziert, nämlich auf das in einem Kollektiv von allen Individuen geteilte Wissen, Weltbild oder Symbolik (*culture as shared knowledge*).

Während in der Ethnologie Kultur zumeist umfassend gemeint ist und das Soziale einen Teilbereich neben anderen (etwa Religion und Wirtschaft) darstellt, ist es in der Soziologie meist umgekehrt. Dort wird Kultur als eines unter mehreren Teilsystemen des Systems Gesellschaft gefasst. Parsons etwa sieht Kultur als Bereich der Produktion und Verbreitung von Ideen, aber die neuere Kultursoziologie sieht sich als eher als Perspektive der Allgemeinen Soziologie (Moebius et al. 2019). Sie stellt ebenfalls die ideellen Aspekte (Wissensordnungen in Diskursen, Habitus und Lebensstilen) in den Mittelpunkt, betont aber im Sinne eines *cultural turn*, dass Kultur eine sämtliche Bereiche der Gesellschaft durchwirkende Dimension ist.

Bei der Betonung eines ganzheitlichen Kulturbegriffs im politischen Kontext darf es nie um die bloße Betonung von Zusammenhängen gehen. Nein: Es geht darum, die systemischen Verknüpfungen verschiedener Elemente und Dimensionen in einem sozialen System zu zeigen, das jetzt ein geosoziales und geokulturelles System ist. Insbesondere im politischen Kontext können Ethnologinnen – lokal oder überlokal – mittels ihres holistischen Kulturbegriffs zur Lösung eines der größten Probleme bei der Arbeit gegen das Anthropozän beitragen: dem sektoralen politischen Handeln.

Die in Kap. 3 beschriebenen Metaphern sind aufschlussreich als Manifestation des Denkens und Fühlens zur anthropozänen Krise. Sie können als soziale Tatsache betrachtet werden, und sie haben Wirkungen, die sich letztlich auch in der außerpsychischen Welt zeigen. Die Metaphern, insbesondere die Alarmistischen, haben aber auch eine problematische Seite, besonders dann, wenn wir gesellschaftliche Lösungen für das Anthropozän als Problem suchen. Sie lassen nämlich das Anthropozän leicht als amorphe Gefahr erscheinen. Was wir aber aus sozialtheoretischer Sicht brauchen, sind Lösungen, die der Komplexität heutiger funktional differenzierter Gesellschaften gerecht werden. Das impliziert, einzusehen, dass die verschiedenen

Instanzen der Gesellschaft (Wirtschaft, Politik, Medien, Wissenschaft) nach verschiedenen Erfolgsbedingungen funktionieren.

Für realistische Lösungen muss außerdem klar sein, dass die tatsächlichen Funktionen und die Erwartungen an diese Systeme notorisch divergieren, wie spätestens die Klimawandeldebatte verdeutlicht hat. Jede Hoffnung auf eine schnelle Lösung »aus einem Guss« verkennt die soziale Komplexität (Nassehi 2020: 908). Im Anthropozän sind außer naturwissenschaftlichem Wissen mehr denn je Kultur- und Sozialtheorie und daraus abgeleitete Empirie vor allem gefragt, um Kooperationsprobleme anzugehen. Nur so können wir erkennen, wo Zielkonflikte bestehen und wo die Schnittstellen etwa zwischen kulturellen Milieus, Institutionen und Organisationen liegen, an denen Lösungen ansetzen können (Blok & Bruun Jensen 2019). Ein aktuelles Beispiel für einen solchen Ansatz ist die Verhandlung über eine gemeinsame CO_2-Bepreisung. Angesichts der ansonsten durch Trittbrettfahrertum oder Ausstieg festgefahrenen Klimagipfel scheint sich das als Lösung herauszukristallisieren, um bei Klimawandelverhandlungen echte Zusammenarbeit zu erreichen (Ockenfels 2020: 907). Um solche Lösungsansätze systematisch aufzuspüren, bietet sich eine Wiederbelebung systemischer bzw. holistischer Kulturkonzepte und entsprechender empirischer Methoden an, die dafür aber mit soziologischer Gesellschaftstheorie zu verknüpfen wären.

Kultur ist fundamental kollektiv – soziales Lernen und Enkulturation

Tylor betont mit seiner Definition aber noch einen zweiten Aspekt, nämlich die fundamentale Sozialität beim Erwerb einer jeweiligen Kultur. Individuen erwerben Kultur im Kontext sozialer Beziehungen, also als Mitglieder von Kollektiven. Anders als das oft gelesen wurde, schreibt Tylor aber »as a member of society«, also nicht etwa »as a member of *a* society«. Das ist ein großer Unterschied, etwa so groß wie der zwischen der Aussage »Alle Menschen sprechen eine spezifische Sprache« und der Aussage »Alle Menschen haben Sprachfähigkeit« (Klass 2003: 14, 24). Der Unterschied verweist auf zwei Ebenen von Universalien, einerseits biotische Universalien, die für alle (gesunden) Individuen gelten (und Artmerkmale darstellen) und andererseits »kulturelle Universalien«, die in allen Kulturen zu finden sind, aber nicht bei allen Personen (pankulturelle Muster, Antweiler 2018: 97–155).

Weil kulturelle Inhalte durch nicht genetische Kommunikation weitergegeben werden, müssen Menschen Mitglieder von Sozialverbänden sein,
um in die Kultur hineinzuwachsen (Sozialisation, Enkulturation). Dies ist
eine universale Tatsache. Genauer gesagt: Zum Erwerb (irgendeiner) Kultur müssen Menschen in (irgendeinem) Sozialverband leben. Auch wenn
wir als Personen manchmal allein sind, gilt: Menschen leben prinzipiell in
Ansammlungen von mehreren Menschen. Es sind Gruppen oder Gruppie-
rungen, innerhalb derer und mit denen man sein Leben verbringt. Trotz
aller persönlichen Unterschiede sind Menschen verbunden durch geteilte
(*shared*) Muster des Handelns und Denkens (Standardisierungen), die in
einem jeweiligen Kollektiv gelten. Formal gesehen handelt es sich um Kollektive, inhaltlich gesehen bilden diese Kollektive durch *dauerhaft durchschnittliches Gleichhandeln* Kulturen. Kultur und Kollektiv hängen also »untrennbar« zusammen, aber sie sind analytisch trennbar in den Form-Aspekt
(kollektiv) und den Inhalts-Aspekt (Kultur).

Diese Träger sind Kollektive und damit Menschen und ihre Produkte.
Biologisch gesehen brauchen Menschen andere Menschen zum Überleben.
Dies gilt besonders nach der Geburt, wo das Individuum zur Versorgung auf
andere angewiesen ist. Diese anderen müssen aber nicht Vater oder Mutter
sein, sondern es können irgendwelche anderen Menschen sein. Menschliche Individuen gehören typischerweise verschiedenen Kollektiven an. Diese
Mehrfachmitgliedschaft ist in modernen (großen und komplexen) Gesellschaften besonders stark ausgebildet. Diese von Hansen als Polykollektivität (Hansen 2009, 120) bezeichnete Eigenschaft ist aber ein Grundmerkmal
menschlicher Gesellschaften. Sie kommt prinzipiell auch in kleineren und
einfacher strukturierten Kulturen regelmäßig vor. Die Normalität (bzw. Sa-
lienz oder Virulenz) von Polykollektivität ist eines der Merkmale, in denen
sich Kollektive menschlicher Primaten von Kollektiven anderer Primaten
unterscheiden.

Neuere Arbeiten zur Geschichte der Ethnologie zeigen, dass zentra-
le Merkmale des »totalistischen« Konzepts bei Tylor noch fehlten. Dies
sind vor allem die historische Dimension, die systemische Integration der
Kulturaspekte in einem Kollektiv und der Aspekt kultureller Grenzen.
Dies leisteten erst Franz Boas und seine Schülerinnen (u. a. Ruth Benedict,
Margaret Mead). Sie betonten die Besonderheiten jeweiliger Lebensweisen

(Partikularismus) und sprachen nicht nur von Kultur, sondern explizit von Kulturen im Plural (Vann 2013: 34, 40). Kultur ist, was Menschen in Gruppen aus dem Vorgefundenen machen: die Summe der *Artefakte* im weiten Sinn. Sie ist kontingent in dem Sinne, dass sie nach unserem Wissen lokal anders sein könnte, was u. a. dadurch empirisch gezeigt werden kann, dass sie woanders tatsächlich anders ist. Die Dokumentation kultureller Vielfalt, vor allem jenseits der *WEIRD*-Gesellschaften, ist von zentraler Bedeutung für die Humanwissenschaften. Wenn wir die Zahl der Sprachen als einfachen Indikator nehmen, gibt es rund 7000 Kulturen! Nur die ganze Bandbreite zeigt die Vielfalt des Menschenmöglichen. Dafür sind auch extreme Einzelfälle von Bedeutung, denn: »Was wirklich ist, ist auch möglich.«

Die angeführten klassischen Ansätze der ethnologischen Kulturtheorie des 19. und 20. Jahrhundert ließen zwei Aspekte unterbelichtet: (a) die Unterschiede innerhalb von Kollektiven (intra-kulturelle Diversität) und damit Individualität sowie (b) die Rolle von Materialität, sei es als gegenständliche Kultur oder in Form materieller Umwelt (Natur). Beides zusammen führt dazu, einen Motor kulturellen Wandels zu übersehen: Menschen lernen nicht nur von anderen Menschen, sondern auch durch *individuellen* Umgang mit Gegenständen. In Sozialverbänden wird außerdem von materiellen Gegenständen ihrer Vorgänger gelernt. Die Betonung von Vielfalt und Wechselwirkungen ist auch deshalb wichtig, da die Funktionssysteme der Wirtschaft und Politik ganz unterschiedlich auf die »große Beschleunigung« reagieren.

»The anthropos should be taken to include domesticated animals and plants as well as people in all their differentiated and unequal heterogeneity, along with other entangled entities and forces held to be part of broader assemblages producing climate change and other transformations« (Edgeworth 2018a: 759).

Materielle Kultur und Vertikalität – geosoziale Formationen und Stadtethnologie

Das Anthropozän wird oft mit der horizontalen Ausbreitung der Städte in Verbindung gebracht. Städte sind aber auch durch Vertikalität gekennzeichnet (Graham 2018). Ein Effekt der naturalisierenden Alltagswahrnehmung des Bodens, auf dem wir leben, ist, ihn als inhärent *horizontales* Phänomen zu sehen. So kommt die menschengemachte Vertikalität, die nicht nur bis in die Höhe von 1 Kilometer reicht (*Kingdom Tower*, Jiddah, 1008m), sondern mit der *Tautona Mine* in Südafrika auch bis in maximal 3900 Metern in die Tiefe, nicht in den Blick. Insbesondere Städte sind Hauptorte einer Geologie des Jetzt bzw. des »Geologie-Machens« (Ellsworth & Kruse 2013, Irvine 2021). Das zeigt sich etwa, wenn man die Gesamtheit weltweiter Untergrundbahnen in den Blick nimmt. Hier kommt Anthroturbation, das menschliche Aufwühlen des Bodens etwa durch Bergbau und Bohrungen, ähnlich dem Graben durch andere Organismen im Boden (Bioturbation) zusammen mit menschlichen Objekten, wie Rohre und Tunnelbauten (Archäosphäre) und dem oberen Teil der tieferen Schichten, der »Tiefengeologie« (*deep geology*). Somit können Untergrundbahnen als dauerhafter Proxy für Bevölkerungswachstum und Energieverbrauch quantitativ dargestellt und analysiert werden (Williams et al. 2020: 437, Fig. 20.3). Diese Vertikalität zeigt sich vor allem in Städten und insbesondere dann, wenn man miteinbezieht, woher sich Städte versorgen und wohin Stadtbewohner ihre Produkte entsorgen, also den ganzen urbanen Stoffwechsel:

> »Von 10.000 Metern unter dem Meer bis zu 35.000 Kilometern im Orbit über der Erdoberfläche hat die Infrastruktur, die das urbane Leben unterstützt, unvorstellbare Ausmaße unter der Erde, im Wasser und im Weltraum erreicht« (Bélanger 2021, Übers. CA).

Das ruft nach einem »vertikalen Urbanismus« (Harris 2016), und hier liegt ein mögliches Feld zukünftiger Zusammenarbeit zwischen Stadtethnologie, Ethnologie materieller Kultur und Stadtarchäologie. Besonders in alten Städten reicht der menschliche Fußabdruck auf ganzer Breite in die Tiefe, da sie de facto auf *künstlichem* Grund von erheblicher Mächtigkeit stehen (Redman et al. 2004, Graham 2018: 282–284, Goudie 2019: 187–231). Klassisch sind die Tells, Siedlungshügel durch wiederholte Besiedlung, z. B. im Nahen Osten (Edgeworth 2014). Aber auch heutige Bürger der Stadt New York leben auf mindestens acht, in Manchester auf zehn und in Rom auf rund 15 Metern menschengemachter Geologie. Die metaphorische Machtkonzentration, die »City on the Hill«, manifestiert sich auch faktisch oft in künstlich erhöhter Lage. Durch Gruben, Gräben, Keller, Verfüllungen, Fundamente, Tunnel und sonstige subterane Verkehrsinfrastruktur entstehen ungewöhnlich vielfältige Strukturen. Die komplexen Stratigrafien sind gerade in alten und kontinuierlich besiedelten Städten ein Thema, wo die Stadtarchäologie anthropozäne Themen bearbeiten kann (Price 2011, Denizen 2013: 40, Edgeworth 2014).

Als Stadt mit kalten Wintern erzeugt New York jedes Jahr durch Zusammenräumen von Tonnen von dreckigem und salzigem Schnee nebst Reifenresten, Bremsbelägen und Auspuffrohren eine Art städtischen Gletscher. Im Sommer erscheinen diese Ablagerungen dann als abtauende »Endmoräne« (MilNeil 2013). Angesichts des Umfangs ist abzusehen, dass die konstanten Materialflüsse Auswirkungen über geologische Zeiträume haben werden. Die Geologie der Stadt ist schon lange intensiv anthropogen geprägt, und man kann dabei heute zusehen. So ist es nur konsequent, dass das amerikanisch »Smudge Studio« einen »Feldführer zur Geoarchitektur New York« herausbrachte (Kruse & Ellsworth 2011). Neben den Ablagerungen ist der Eingriff in vorhandene Schichten in Städten durch Abbau vorhandenen Gesteins und Umlagerung extrem intensiv. Durch Abtragung von Hügeln und Verfüllung von Hohlräumen und Tälern wird die Landschaft flach gemacht. Mexiko-City wurde auf einem See nahe der aztekischen Hauptstadt Tenochtitlan errichtet und sank im 20. Jahrhundert um zehn Meter. Chicago wurde im 19. Jahrhundert auf einem künstlich erhöhten Niveau über Sümpfen errichtet. Das heute notorisch flache Manhattan wurde auf Land errichtet, dass die damaligen Lenni-Lenape-Indianer *Mannahatta*, »die Insel der vielen Hügel«, nannten (Sanderson 2013).

Die Beispiele von urbaner Vertikalität zeigen, wie frühere Kulturen den materiellen Untergrund geprägt haben, auf dem Menschen heute leben. Für eine Ethnologie des Anthropozäns relevanter ist aber, dass wir heute ethnologisch verfolgen können, wie geologische Schichten in Städten *in situ* entstehen. Wir produzieren Assemblagen aus alten Straßenbahngleisen,

Heizungsrohren, Strom- und Telefonkabeln, vergessenen Gasnetzwerken, Asche sowie petrochemischen Resten, und Knochen enthalten ungenutzte Rohstoffe. Diese »überwinternden Infrastrukturen« werden in einigen Städten schon jetzt als »Mine« genutzt (Wallsten 2015). Sie könnten bedeutsam werden, denn von allen jemals gewonnenen Metallen ist bislang nur die Hälfte genutzt worden. Im Anthropozän sind menschliche Gesellschaften nicht nur im soziologischen Sinn »geosoziale Formationen«.

Die Ablagerungen im Rahmen urbaner Vertikalität können *im wörtlichen Sinn* als geosoziale Formationen aufgefasst werden und damit einen auf das Anthropozän bezogenen Fokus der *Material Culture Studies* bilden. Methodisch bedeutet das, dass wir stärker vertikal informierte Ethnografien (»3-D- ethnographies«, Harris 2016: 608–612) brauchen. So können auf Vertikalität fokussierte Landschaftsarchitekten etwa das extrem komplexe Netzwerk von Fußgängerwegen im heutigen Hong Kong oder Toronto zeigen (Bélanger 2007). Methodisch gesehen kann die Ethnologie hier viele Beiträge leisten, von einer dreidimensionalen architekturethnologischen Dokumentation über bürgerorientierte kognitive Karten bis hin zu Methoden einer kritischen Kartierung (*Countermapping*; Radjawali et al. 2017). Ethnologische Forschungsthemen einer anthropozän informierten dreidimensionalen Stadtethnologie können von der in Infrastruktur verkörperten Macht, dem urbanen stark von Vertikalität geprägten Machtvokabular bis hin zu theoretischen Zusammenhängen zwischen anthropogener Vertikalität und kulturellen Antworten vor Ort reichen.

5.8 Lokal und gegenwartsbezogen – Chancen der Feldethnologie

Our present is a disinterested present. It draws on resources long in formation paying its debts into the future fossil record.

Richard Irvine 2020: 106

Mit ihrem lokalen und gegenwartsbezogenen Ansatz könnte die Ethnologie eine Chance bieten, das Anthropozän zu einem mehrdeutigen, aber dennoch tatsächlich fruchtbaren Fachbegriff, einem »Grenzobjekt« *boundary object*) zu machen. Grenzobjekte reagieren darauf, dass es Gegenstände gibt, die nicht vollständig in die sozialen und wissenschaftlichen Welten der beteiligten Akteure eingebürgert sind und routinemäßige Klassifikationen kollidieren (Star & Griesemer 1989: 297). Grenzobjekte sollen plastisch genug sein, um im lokalen Kontext anwendbar zu sein und robust genug, um verschiedenste Akteure, etwa Geistes- und Kulturwissenschaftler, zusammenzubringen (Star & Griesemer 1989: 393).

Wenn die Ethnologie zum einen an lokalen Lebenswelten interessiert, zweitens als gegenwartsorientierte Forschung und zum Dritten methodisch als auf erfahrungsnahe Vorgehensweisen orientiert aufgefasst wird, ergibt das Phänomen Anthropozän jedoch auch ein Problem, positiv gewendet, eine dreifache Herausforderung. So wie schon bei anthropogenem Klimawandel, so sind die meisten anthropozänen Auswirkungen menschlichen Handels (1) großräumig, (2) aus menschlicher Warte langzeitig und (3) in individueller Erfahrung im Alltag schwer erfahrbar:

>»Much of the biological and chemical traces of existence left by humans are difficult to comprehend as a day-to-day concern and thus only an intangible and vague worry for many« (Gibson & Venkateswar 2015: 7).

Lokalismus

Die Mehrzahl der anthropogenen Effekte, wie Klimawandel, Bodenversauerung, und Artensterben, sind für Akteure in ihrer lokalen Lebenswelt kaum sinnlich erfahrbar. Etliche der Auswirkungen sind nur mit Messgeräten festzustellen, die lokal oft nicht vorhanden oder zugänglich sind. Um Veränderungen in langfristigem oder gar geologischem Zeitmaßstab nachzuweisen, bedarf es langer Messreihen oder mathematischer Modellierung, die in vielen Lokalitäten nicht zugänglich sind.

Außerdem gehen viele der Effekte über die Grenzen der lokalen Lebenswelt räumlich stark hinaus, es sind klassische *transboundary* Phänomene. Alle diese Probleme können definitiv nicht als lokale Phänomene aufgefasst werden (Wapner 2012). Auch die Effekte eigenen Handelns sind nur begrenzt direkt erfahrbar. Dies gilt besonders für Wirkungen eigener Aktivität in Regionen außerhalb des eigenen Wohngebietes, des eigenen Schweifgebietes (bei Nomaden), der eigenen Pendlerwege oder Migrationsrouten.

Hierüber kann allenfalls mittels Massenmedien eine indirekte Erfahrung gewonnen werden. Hier reibt sich der ethnologische Zugang per Feldforschung zu lokalen Lebenswelten, der Betonung lokaler Kontexte und kulturspezifischer Einbettung mit den andererseits gerade von Ethnologinnen betonten differenzierten lokalen Wirkungen menschlichen Handelns:

> »(...) we cannot develop prescriptions that hold true across contexts, i. e., we cannot decontextualize or disembed. We will be working out methods and strategies for achieving the committed life within our contexts and amongst those who are near to us« (Rose 2013: 5).

Globale Wirkungen im engeren Sinn weltweiter Effekte, wie die globale Erwärmung sind *per definitionem auch* lokal und können durchaus lokal wahrgenommen werden. Menschen in lokalisierten Gemeinschaften an Küsten oder auf Inseln in Südostasien etwa nehmen die Veränderungen des Meeresspiegels durchaus wahr, oft in krisenhafter Form (Hornidge & Antweiler 2012). Menschen im Mekongdelta in Vietnam erfahren die Auswirkungen der Abholzung im fernen Himalaja in ihrem Alltag in Form von Wasserstandsänderungen, einem über die Jahre veränderten Abflussregime oder Versandung. Es bedarf jedoch Informationen aus nicht lokalen Quellen, um diese Auswirkungen als Effekt der Handlungen anderer Menschen bzw. anderer Politikregime im Himalaja, z. B. Abholzung in den Quellgebieten des Mekong, zu sehen bzw. zu interpretieren. Dabei spielt Interpretation eine große Rolle, denn die lokal wahrgenommenen Auswirkungen könnten *teilweise* auch auf großräumlicheren Klimawandel im Himalaja oder indirekt auf nicht menschlichen Klimawandel im Himalaja zurückgehen, der die Gletscher schmelzen lässt.

Vor allem die Wahrnehmung lokaler Effekte *als Teil eines globalen Wandels* erfordert ein Wissen über die Wirkungen an anderen Orten auf dem Planeten. Solches Wissen ist nur indirekt, also nicht auf eigenen Erfahrungen basiert, zu erreichen, durch Massenmedien, Blogs oder etwa durch persönliche Kontakte im Internet, z. B. Kontakten innerhalb der eigenen Diaspora. Eine gewisse, aber nur begrenzte Abhilfe bilden hier multilokale Feldforschungen (*multi-local fieldwork*). Dadurch können Vernetzungen und Verstrickungen (*entanglement*) offengelegt werden, aber maximal zwischen einer Auswahl weniger lokaler Settings.

Eine von der Ethnologie belieferte lokale Ausrichtung birgt natürlich immer die Gefahr, lokalistisch verengt zu werden. So halten etwa manche Kritiker Studien zu anthropogenem Klimawandel, die notorisch örtliche Auswirkungen, lokale Anpassungspotenziale oder die Vulnerabilität lokaler Gemeinschaften herausstellen, entgegen, dass sie die größeren politökonomischen Treiber klimatischen Wandels unterbelichten (Cameron 2012, zit. nach Orr et al. 2015: 161). Ethnologen erforschen soziale Beziehungen in Gruppen und Netzwerken, die so klein sind, dass sie durch jeweils einzelne Personen erforscht werden können. Dort betten Ethnologinnen diese Beziehungen in Kontexte ein, und diese Kontexte sind seit der Globalisierung verbreitet weltweiter Natur, was zur Feldforschung an mehreren Orten geführt hat (*multi-sited ethnography*). Im Anthropozän sind die Kontexte – zumindest potenziell – immer und überall global. Mit der Verschiebung der Kontexte und der Erweiterung der Maßstäbe der Akteure verschiebt sich der Gegenstand der Ethnologie.

So gehören die zu bestimmenden sozialen Beziehungen in sozialen Netzwerken selbst dem Umgebungskontext an und definieren diesen selbst mit, inklusive der sozialen Einbettung der Ethnologinnen selbst (Augé 2019: 67). Ein aktuelles anwendungsorientiertes Beispiel ist die transdisziplinäre Nutzung von Wissen zu lokalen Narrativen im Zusammenspiel mit Narrationstheorie, um Auswirkungen anthropogenen Klimawandels im Küstenmanagement in einer kombinierten Entwicklungsanstrengung praktisch zu begegnen:

> »Local narratives represent these changes, expand the problem definition of climate change and express the multiple entanglements of weather, climate and society (…) Narratives of change serve as a localization device and as starting point for the co-development of climate services for action. Collaborations between science and humanities on the one hand, and between researchers and local actors onthe other are an open-ended process« (Krauß 2020: 1).

Die Ethnologie kann bei aller Begrenzung viel zum Thema Anthropozän beitragen. Eines der grundlegenden Probleme im Anthropozän besteht in der Distanzierung von materialer Rohstoffgenese, Produktion, Transport und Konsumption. Diese Trennung besteht in vielen räumlichen als auch mehreren zeitlichen Ebenen. Weltweit, aber mehrheitlich auch in lokaler Wirtschaft, verbrauchen Menschen in kurzer Zeit Ressourcen, deren Genese Jahrmillionen Jahren erforderte. In menschlichem Zeitrahmen sind sie nicht erneuerbar. In räumlicher Hinsicht können vor allem Menschen oder Gesellschaften, die im Wohlstand leben, auch die materiellen Effekte ihrer Lebensweise zeitlich und räumlich aus ihrer Wahrnehmung abtrennen à la »Aus den Augen, aus dem Sinn«. Müll wird unsichtbar gemacht oder exportiert, eine Option, die ärmere Menschen nicht haben.

Der Konsum von Waren und Dienstleistungen wird sowohl von der Rohstoffgenese, von der wirtschaftlichen Produktion als auch von der Entsorgung abgetrennt. Ebendiese Abtrennungen und Verlagerungen können ethnografisch, etwa durch historisch orientierte ethnologische Forschung (IrvineIrvine 2020: 94) und durch multilokale Forschungen dokumentiert und analysiert werden. Die im Anthropozän besonders problematische Verengung der Perspektiven, die Reduktion von Raum und Zeit, leitet über zur Gegenwartsorientierung, sowohl der Akteure als auch der Ethnologie als Disziplin.

Präsentismus – the »presentist present«

Gegen das Versprechen vom großen Beitrag der Ethnologie zum Thema Anthropozän gibt es auch zeitbezogene Einwände. Christopher Hann benennt die zeitliche Gegenwartsorientierung bzw. synchrone statt diachrone Ausrichtung des Fachs. Sie ist vor allem dann ein Problem, wenn die Ethnologie als streng gegenwartsorientierte Wissenschaft aufgefasst wird. Ethnologinnen können lokale Fallstudien liefern, aber die lokalen Fälle können nicht umstandslos als universelle Mikro-Kosmen gelten. Dieses Skalierungsproblem gilt auch bezüglich der durch Ethnologie repräsentierten Zeitausschnitte und theoretisierten Perioden (Hann 2016a: 14):

> »It is far from obvious how, if at all, research into geological time can be advanced by such ethnographic methods. Ever since Bronislaw Malinowski and

Franz Boas distanced themselves from 19th century evolutionism, the main currents of anthropology (at least in the Anglophone world) have swirled in the directions of synchronic (or at best ›processual‹) microsociology and cultural studies« (Hann 2016a: 1, 2).

Die Ethnologie selbst hat ein problematisches Verhältnis zur Gegenwart, was sich in der Wendung des »ethnografischen Präsens« manifestiert. Dieser synchrone Bias kann als pragmatische Einschränkung gesehen werden: Ethnologinnen erforschen Menschen, mit denen sie sprechen können. Dies kann als »analytischer Präsentismus« bezeichnet werden, als Zeitperspektive der ethnologischen Beschreibung und Analyse. Ethnologen untersuchen Lebensformen als Interaktionen von Elementen der Gegenwart, Ethnologinnen machen üblicherweise keine Zeitreisen: »To observe human action is to observe things as they are done« (Irvine 2020: 81). Die Ethnologie privilegiert das Hier und Jetzt: Als Schnappschuss einer längeren Geschichte wird die gegenwärtige Kultur herausdestilliert.

Der ethnografische Präsens kann als vage Formulierung kritisiert werden, die es erlaubt, längerfristigen sozialen Wandel und Geschichte auszublenden, wie von Vertetern der historischen Ethnologie und Wissenschaftsgeschichte eingewandt wird. Aus geologischer, tiefenzeitlicher, Perspektive bedeutet der ethnografische eine anthropozentrische Abstraktion: einen gegenwartsbezogenen Chrono-zentrismus. Eingeschränkt gilt dies auch für die wenigen Ethnologen, die sich, wie etwa Erik Wolf, mit längeren Zeiträumen der Geschichte befasst haben. Die großen Ansätze, die »Modernität« ausgehend von kulturellem Wandel, der vom Nordatlantik im 16. bis 19. Jahrhundert ausging, bestimmen, bleiben partiell und europazentriert:

›»When it comes to historical periodization, however, ethnography is obviously insufficient and proposals privileging the last half century, or just the last quarter of a century, seem inadequate« (Hann 2016a: 1).

Die Ethnologie kann bezüglich des Anthropozäns gerade zu räumlichen und zeitlichen Aspekten der Beziehung von Menschen und Kulturen zum Land Beiträge liefern. Gerade in Bezug auf Landschaft wirft das Anthropozän Fragen auf, die mit ethnologischer Methodik zugänglich sind. Ein zentraler

Aspekt ist der für Menschen »normale« Präsentismus in der Zeitperspektive (*short termism*) des Umgangs von Menschen mit der Landschaft, in der sie leben. Hierbei werden geologische Zeitlichkeit und kulturelle Zeitlichkeit in oft disparater Weise miteinander verschränkt (Irvine 2020, Yusoff 2013, 2015). Obwohl gegenwärtige Lebensformen, insbesondere die Landwirtschaft, kausal auf geologisch-tiefenzeitlich bedingten Gegebenheiten aufruhen, sind die Menschen, die darin leben, üblicherweise in einem jetztzeitigen Denken und Erleben verhaftet.

Irvine zeigt das anhand von Mooren in England, die schon seit langer Zeit faktisch sehr im Fluss sind, was auf geomorphologische Dynamik wie auch auf früheres »ökologisches Engineering« des Menschen zurückgeht. Der heutige ökonomische Druck und die gegenwärtig zunehmende Vulnerabilität führen aber jetzt zu Bestrebungen, eine scharfe Grenze zwischen trockenen und feuchten Gebieten zu etablieren. Das derzeitige Gleichgewicht zwischen Land und Wasser wird als räumlich fixiert gesehen und die Grenze durch Überwachung und Management gesichert. Die heutige landwirtschaftliche Nutzung ebenso wie im Beispiel Englands Umweltschutzmaßahmen und etwa grüne Stadtentwicklung beruhen – trotz gegenläufiger Interessen – auf dem allseits geteilten Denken einer Fixierung von Wandel.

Der Präsentismus reduziert die Tiefe der Zeithorizonte in dramatischer Weise: die langzeitigen Effekte von Umweltveränderungen werden zunehmend »undenkbar« (*temporal lock-in, fixing flux*, Irvine 2020: 66–69). Ein derartiger Präsentismus unter Menschen, deren Lebensweisen Ethnologinnen untersuchen, stellt ein soziales Faktum dar, das für die Problematik des Anthropozäns zentral ist. Als solches kann es ethnologisch oder soziologisch als Zeitorientierung in Kulturen beschrieben werden. In anthropozäner Hinsicht ist es besonders wichtig, dass eine heute festzustellende Gegenwartsorientierung nicht einfach »festgestellt«, sondern selbst historisiert wird. Wir müssen fragen: »What does it mean to map out geological chronology as a common home?« (Irvine 2020: 106, vgl. 91–93).

Auch klassische Feldforschung aufgrund gegenwärtiger Forschung in lokalen Settings kann quasi zu Geschichten des lokalen Präsentismus beitragen, in dem analysiert wird, wie sich die Menschen selbst in größeren räumlichen und tieferen zeitlichen Rahmen einordnen. Ich könnte mir etwa eine systematische kognitionsethnologische Studie zu lokalen Konzepten der Landschaftsgeschichte vorstellen. Oder es könnten etwa Referenzen auf eine vorgestellte Vergangenheit oder nostalgische Bilder der Zukunft analysiert werden (Irvine 2020: 92). Einen besonderen Beitrag könnten ethnologische Langzeitfeldforschungen oder Wiederholungsstudien an einem Ort bieten.

Ein Beispiel für wiederholte Forschung an ein und demselben Ort ist Chris Hanns Studie einer Siedlung in der ungarischen Tiefebene. Er dokumentiert, wie soziale Transformationen, die durch das Anthropozän bewirkt werden, im ländlichen Rahmen im Zusammenspiel mit staatlicher geförderter Beschleunigung (»sozialistischer Zivilisierungsprozess«) in den 1960er-bis 1980er-Jahren erlebt, imaginiert und auch lebenspraktisch verarbeitet werden (Hann 2016a: 6–14). Die generationsübergreifenden Veränderungen etwa in Ungarn sind nur im Kontext längeren vorsozialistischen Einwanderung in die Region der Karpaten, ja weitergehend sogar von »Tausenden Jahren sozialer Evolution Eurasiens« richtig zu erklären. Die vielfach überhitzte Globalisierung im 21. Jahrhundert ist eine Konsequenz früherer historischer Prozesse: »This is a pan-Eurasian story which begins in the late Bronze Age« (Hann 2016a: 19, vgl. Hann 2015). Hann nimmt Eriksens Wendung der »Überhitzung« auf und betont, dass sie lokalräumlich ungleichmäßig erfolgt und zeitversetzt sein kann:

> » (…) even in places where the term itself remains unfamiliar, the familiar method of ethnographic research can shed light on uneven processes of acceleration *and deceleration*, overheating *and cooling*, taking place in the world today« (Hann 2016a: 18, eigene Hervorheb.).

Ein Beispiel für langzeitige regionale Prozesse, die letztlich in extrem großräumlichen Auswirkungen kulminierten, bildet eine archäologisch dokumentierte Gruppe der Jamnaja, auch als Grubengrab-»Kultur« bekannt. Zwischen dem späten 4. bis nach der Mitte des 3. Jahrtausends v. u. Z. lebten diese Menschen als Ackerbauern und Viehzüchter in den pontischen Steppen Zentraleurasiens, des heutigen Südrusslands (Anthony 2007: 121–122, 412–457). Sie sprachen eine Vorform der indoeuropäischen Sprachen und prägten damit die Sprachen derjenigen Zivilisationen, die später die Welt beherrschen sollten. Diese Nomaden bewegten sich auf

Pferden und mit Wagen und überprägten durch die Kombination von Pferden, Pferdewagen, Transport von Materialien, kultureller Diffusion und eigener Ausbreitung als Population dauerhaft die Flora und Fauna dieser Steppengebiete. Die Verknüpfung von Kultur und Umwelt war so intensiv, dass dadurch große Teile Eurasiens zu einem regionalen Interaktionssystem und transkontinentalen Kommunikationskorridor wurden. Das bildete zwar noch kein Anthropozän, in einer »planetaren« Leseweise aber bildeten die dynamischen Yamnaya zusammen mit anderen bronzezeitlichen Kulturen ein »Erdereignis«, welches spätere Mobilitätsrevolutionen vorprägte (Clark & Szerszynski 2021: 123–126, 132–133).

Eine tiefenzeitlich informierte Ethnologie kann den Beitrag indigener Gesellschaften zur Menschheitsgeschichte stärker berücksichtigen als etablierte Zivilisationsgeschichten oder teleologisch orientierte Evolutionserzählungen (Scott 2020, Graeber & Wengrow 2022). Sie würde eine Archäologie bereichern, die sich in explizit langzeitlicher Perspektive wieder mit gerichtetem Wandel, materiell fassbaren Verschränkungen (*entanglements*) mit der Umwelt und den dabei notorischen sich selbst verstärkenden Prozessen und Irreversibilitäten befasst (Hodder 2020: 389–396, 404–408). Eine solche Ethnologie steht Fachprogrammatiken entgegen, die die Ethnologie auf die heutige Welt oder auf gegenwärtigen Problemlagen eingrenzen wollen. Sie verträgt sich z. B. nicht mit dem Programm einer Ethnologie des Gegenwärtigen, wie sie Paul Rabinow (1944–2021) vorschlug (*anthropology of the contemporary*, Rabinow 2007). Rabinow argumentiert, dass manche Phänomene sich nicht als Kontinuum der Vergangenheit verstehen lassen, weil sich durch eine Vielfalt von Elementen, die in einer Assemblage zusammenkommen, emergente Phänomene ergeben. Man könne solche Phänomene also nur realräumlich und realzeitlich während ihrer Entstehung erforschen. Ein historisierender Zugang würde Gefahr laufen, uns von den relevanten Praktiken des Alltags abzulenken. Eine Anthropologie des Kontemporären sollte demzufolge kleinmaßstäblich im kurzen Zeithorizont operieren (Rabinow 2007: 4–7).

Gegen Rabinow würde ich einwenden, dass eine Untersuchung des gegenwärtigen Emergierens eines Phänomens keineswegs eine Klärung der historischen Genese ausschließt. Vielmehr sollte sie durch sie fundiert sein, um zu wissen, woraus sich ein Phänomen emergiert. Das wäre das Modell, nach dem eine evolutionäre Erklärung emergierender Komplexität vorgehen würde, z. B. durch eine schrittweise Nachkonstruktion der Genese eines evolvierten Systems zurück bis zu frühesten Ursachen (*reverse engineering*, Driscoll 2015, Queloz 2021). In Bezug auf Denkweisen im Anthropozän ginge es, wie Irvine berechtigterweise sagt, gerade darum, die durch Präsentismus bedingte zeitliche Distanzierung von Vergangenheit wie Zukunft als soziales Faktum zu analysieren, statt sie durch Einengung des ethnologischen Zugangs zu replizieren. Gerade die Bedingungen der gegenwartsfokussierten Gegenwart (*presentist present*) erfordern eine Historisierung (Irvine 2020: 98). Wenn sich heutiges Verhalten als verzögerte Wirkung in der fernen Zukunft auswirkt, als »langsame Gewalt« (Nixon 2011), dann brauchen wir eine Analyse ihrer gegenwärtigen Ursachen, aber auch ein Verständnis der Dauer, Störung, Erholung und Neukonsolidierung von Geo- und Biosystemen, kurz: der Zeitlichkeit von Natur. Dieses Verständnis erfordert eine umwelthistorische Perspektive kombiniert mit einem erdhistorischen Zugriff:

> »Die Faszination einer Tiefengeschichte liegt darin, dass sie die vielen Kontingenzen aufdeckt, die zusammenkommen mussten, um beispielsweise die industrielle Revolution, die letzte maximale Gletscherausdehnung oder die Qin-Dynastie hervorzubringen« (Scott 2020: 19).

Eine zentrale Einsicht durch die tiefengeschichtliche Perspektive angeleiteten Maßstabsbetrachtungen ist die, dass kleinmaßstäbliche Systeme und Prozesse angesichts aufkommender großmaßstäblicher Phänomene nicht einfach verschwinden. Angesichts der Bedeutung dieser reflektierten Sicht auf Maßstäbe komme ich dazu in Kap. 6.7 und 7.3 zurück.

5.9 Kulturwandel und Kulturrevolution – vergessene Fachbestände

> ... we remain an overwhelmingly fossil-fueled civilization that has been recently running vigorously *into* fossil carbion rather than moving *away* from it
>
> *Vaclav Smil 2021: 273, Herv. i.O.*

Die Zeit nach dem Zweiten Weltkrieg war eine Hochphase der Kulturwandelstudien in der Ethnologie (*culture change studies*). Ebendies ist die Phase, wo der Beginn des Anthropozäns nach derzeit führender Meinung angesetzt wird. Im Zentrum des Interesses stand dabei schneller, beschleunigter und plötzlicher Wandel. Häufig wurde das in Situationen kulturellen Kontakts (*culture contact*) zwischen einander bis dahin fremden Gesellschaften erforscht. Diese Gesellschaften waren typischerweise nicht nur einander fremd, sondern politisch und wirtschaftlich unterschiedlich mächtig. Prototypisch sind Studien zum sog. Erstkontakt im Pazifik.

Anpassung und Sozialität als Basis anthropozäner Handlungseffekte

Ein zentrales Thema war dabei die Anpassung seitens des weniger mächtigen Partners an die Strukturen des mächtigeren Partners (Akkulturation, Assimilation). Erst später kam die Einsicht auf, dass die Gesellschaften im Kontakt sich gegenseitig beeinflussen (*transculturation*). Ein weiterer Fokus von Kulturwandelstudien waren Studien zur Migration von Bauern, die in Städte wanderten und sich dort dem urbanen Leben anpassten. Ein klassisches Beispiel sind Arbeiten von Paul Stirling seit den späten 1940er-Jahren zu bäuerlichen Städtern in Anatolien (Stirling 1965, vgl. Hann 1994). Dies waren Lokalstudien, aber sie zeigten einen derartigen Wandel in der Wirtschaft, Politik, Religion und im Denken, der in der Gleichzeitigkeit auf einen Epochenbruch hindeutete.

Aus der Perspektive von Forschungen zu beschleunigtem Kulturwandel macht Thomas Hylland Eriksen einen gegenwartsnäheren Wendepunkt der planetaren Geschichte aus als die oft angegebenen Jahre 1945 und 1964 – nämlich das Ende des Kalten Krieges. Mit Beginn der 1990er-Jahre wurde die Globalisierung schlagartig räumlich umfassender und deutlich dynamischer. Das Weltbruttosozialprodukt nahm sprunghaft zu, die weltweite

Mobilität und das Artensterben ebenfalls. Es handelt sich um eine Beschleunigung des Wandels auf mehreren Maßstabsebenen (*multiscalar accelerating change*, Eriksen 2016: viii, 131–156). So beobachten wir in einer historischen Phase gleichzeitig Märkte, die »überhitzt« sind und eine Explosion von Identitätspolitik. Eriksen spricht von einer Phase verstärkter »Aufheizung« des Planeten (*overheating*, Eriksen 2016: 22, 152f.). Innerhalb und zwischen diesen Skalen kommt es zu Spannungen und Konflikten. Entscheidend ist dabei, dass verschiedene Prozesse, die einmal funktional waren, zusammenkommen und dadurch zu nicht gewollten Seiteneffekten und *runaway*-Prozessen führen, die teilweise ubiquitär sind.

Die Ethnologie könnte zu den sozialen Bedingungen anthropozäner Gesellschaften auch in der Geschichte beitragen. Ein bislang noch kaum versuchter Beitrag der Ethnologie kann es sein, die für anthropozäne Effekte kausal relevanten lokalen Lebensweisen und sozialen Beziehungen zu erforschen. Hier könnte an eine im deutschen Sprachraum unbeachtet gebliebene Tradition der Kulturökologie angeknüpft weren, die explizit Ursachen suchende »Event Ecology« (Vayda 2008, 2013, Walters et al. 2008, Walters & Vayda 2018). Ausgehend von pragmatistischer Philosophie wird hier versucht, vorschnelle Ursachenannahmen für ein Phänomen zu vermeiden. Das ist angesichts der vielen denkbaren Auslöser anthropozäner Effekte sinnvoll. Methodisch geht man hierbei von einem Ereignis bzw. Effekt aus und schließt schrittweise auf mögliche Ursachen statt umgekehrt. Zeitlich wird dabei rückwärts vorgegangen und räumlich nach innen oder schrittweise nach außen von Mikro- zu Meso- und Makrokontexten geschlossen (progessive Kontextualisierung). In Bezug auf historische Erklärungen ähnelt das Verfahren der Event Ecology dem Vorgehen beim *reverse engineering* in der Evolutionsforschung.

Worin bestehen die sozialen Voraussetzungen, die besonderen Sozialbeziehungen, und welches sind die psychischen Ursachen (»subjective« factors, Hann 2016: 3), die anthropozäne Transformation möglich machen? Diese Fragen erfordern nicht nur ein Verständnis von Mensch-Umwelt-Beziehungen auf der Mikro-Ebene, sondern auch einen Makro-Zugang. Ich denke, dass die Ethnologie einen wichtigen Beitrag leisten kann, der bei den zumeist rezipierten obigen Autoren gar nicht thematisiert wird.

Dafür wäre die Nutzung eines Diskussionsstandes wichtig, der heute zumindest außerhalb der US-amerikanischen Ethnologie nicht mehr zu den Standardreferenzen heutiger Ethnologinnen gehört, nämlich Werken der vergleichenden historischen Anthropologie (Hann 2016a: 1–3) und Studien zur Kulturevolution (Antweiler 1990, 2008). Die Frage, was die sozialen und kulturellen Vorbedingungen der Entstehung anthropozäner Gesellschaften sind, erfordert es, über die derzeit im Fach stark dominierende Betonung synchroner oder zeitgeschichtlicher Studien sowie der Fokussierung auf lokale Besonderheiten, kulturelle Einzigartigkeit und Vielfalt (Diversität, Pluralität, Differenz, *differance*) hinauszugehen.

»Ever since Bronislaw Malinowski and Franz Boas distanced themselves from 19th century evolutionism, the main currents of anthropology (at least in the Anglophone world) have swirled in the directions of synchronic (or at best ›processual‹) microsociology and cultural studies. To the extent that these schools have emphasized the diversity of humanity and carved it up into ›societies‹ and/or ›cultures‹, *the emergence of the Anthropocene arguably sounds the death knell of the discipline*, since Anthropocene advocates tend to argue that the previous bases of sociocultural difference are everywhere eroding before our eyes« (Hann 2016a: 2, eigene Hervorheb.).

Mit anderen Worten, wir müssen die fast ausschließliche Konzentration auf heutigen Formen von Gesellschaft, auf kleine Sozialeinheiten und den methodischen Fokus auf ethnografische Verfahren zwar nicht überwinden, aber ergänzen. Wenn wir als Ethnologen die sozialen Vorbedingungen anthropozäner Wirkungen verstehen wollen und den holistischen Ansatz nutzen wollen, können wir, so Hann, Autoren ins Spiel bringen, die sich *als Ethnologinnen* mit langfristigem Wandel befassen, wie etwa Goody (Hann 2016a:1) oder David Graeber (z.B. Graeber & Wengrow 2022).

Eine Vorbedingung dafür ist, sich klarzumachen, dass sich die heutige Ethnologie im Fokus mit gegenwärtigen Sozialformen befasst, die von der Moderne bedroht sind, während ihre zentrale sozialtheoretische Basis ein Kind der europäischen Moderne ist. Marx, Weber, Durckheim, Giddens, Habermas und Foucault– bei all ihren Unterschieden und auch das Konzept der multiplen Moderne (Eisenstadt 2002) – nehmen die westliche Moderne als *template* (Hann 2016a: 5, 14). In manchen neueren Positionen wird argumentiert, das Anthropozän sei als epochaler Wandel symptomatisch für die epistemische Dauerkrise der Ethnologie. Wenn dann noch der »Niedergang des Westens als intellektuelles und politisches Projekt« diagnostiziert, ja zum Teil gefeiert wird (Jobson 2020: 260), sollte man sich klar sein, dass damit das Fach zur Disposition stehen würde.

Jack Goody und wenige andere Autoren haben sich mit der Herausbildung von Landwirtschaft und Städten befasst und dort die neuen Formen der Wirtschaft, neue Formen politischer Gemeinwesen (*polities*) und den damit verbundenen kosmologischen Vorstellungen untersucht (Goody 2010). Hier kann eine historisch informierte Ethnologie an die These eines frühen Anthropozäns anknüpfen, die von manchen Geologinnen und Archäologen in letzter Zeit postuliert wurden (Ruddiman 2011, 2016a, 2016b, Lewis & Maslin 2018). Eine zentrale Frage ist ja, auf welchen kulturellen Voraussetzungen die Gesellschaften beruhten, die durch ihre Wirtschaftsweise als erste regional weite oder gar weltweite Wirkungen auf die Geosphäre hatten. Eric Wolf setzt den Beginn seiner Weltbeziehungsgeschichte mit dem Aufkommen der europäischen Überseegebiete an (Wolf 1982), so wie auch die Weltsystemtheorie Wallersteins. Aus der Warte einer historisch ausgerichteten Kulturökologie ist der zeitliche Rahmen weiter zu spannen, denn aus umweltwissenschaftlicher Sicht kann das menschliche Ökosystem weitgehend mit dem gleichgesetzt werden, was wir »Kultur« nennen (Herrmann 2019: 28–38):

> »Die Entstehung einer differenzierten menschlichen Kultur ist als Folge von Aneignungs- und Ausbeutungsstrategien natürlicher Ressourcen zu sehen, aus der eine Weltaneignung entspringt, die von den Ideen zu deren Umsetzung fortschreitet und in diesem Prozess ihre eigenen Bedeutungssysteme hervorbringt« (Herrmann et al. 2021: 39–40).
>
> »Die ,neolithischen Revolutionen' markieren mit der Sesshaftwerdung von Menschen und der perspektivischen Erfindung der Tierwirtschaft den Anfang des Agro-Urban-Industriellen Komplexes und damit des heute prekären Zustands des globalen Ökosystems« (Herrmann et al. 2021: 41).

Evolutionismus *revisited* – Kulturevolution und gerichteter Wandel

Das Anthropozän impliziert eine erneute Nutzung und Reflexion vorzeitig begrabener Theorien zur sozialen und kulturellen Komplexitätssteigerung in generationsübergreifender Sicht, z. B. im Sozialevolutionismus. Gerichteter Wandel (Kulturevolution, Soziale Evolution) ist ja für das Thema Anthropozän zentral. Gerichteter Wandel stand bei Darwin – entgegen verbreiteter Meinung – nicht im Mittelpunkt der Theoriebildung. Hierfür, etwa für die Herausbildung von ultrasozialen Gemeinschaften und Staaten, brauchen wir auch Komplexitätstheorien (Lansing & Cox 2019, Thurner et al. 2018: 224–312). Für langfristigen und gerichteten Wandel *im Makrobereich der Umwelt*, namentlich den geohistorischen Wandel im Anthropozän, bedarf es m. E. einer Kombination von Evolutionstheorie, Komplexitätstheorie, Sozialtheorie und Kulturtheorie (Chakrabarty 2018, Ellis 2015: 290–300, Ellis 2020: 107–145). Unter den Einzeltheorien bildet ein echt-evolutionärer Ansatz in Form der in Kap. 7.2 besprochenen neueren komplexen Synthese der m. E. fruchtbarste Theorieansatz (Zeder 2018).

Ich bin heute mehr als je zuvor der Ansicht, dass die zentralen Fragen, die der klassische Evolutionismus aufwarf – wenn auch unzureichend beantwortete – nach wie vor einer Klärung bedürfen: Warum entwickelte sich auf der Makroebene die Mehrheit menschlicher Gesellschaften in bestimmte Richtungen, warum bilden sich auf der lokalen Ebene einzelner Kollektive langzeitige Trends heraus? Hier bestehen fruchtbare Ansätze im ethnologischen Kulturevolutionismus, etwa zur *general evolution* und *multilinear evolution* (White 1949, Steward 1955, Sahlins & servivece 1960, Morris 2020: 35). Wie erklären wir allgemeiner die zwar nicht notwendigerweise, aber eben typischerweise doch durchschnittliche zunehmende Komplexität in Trajektorien von Kulturen? Das sind zentrale Fragen, die zu beleuchten sind, um zu verstehen, was es Menschen ermöglicht hat, anthropozäne Effekte zu erzeugen. Was sind die *Ermöglichungsbedingungen* anthropzän effektiver Gesellschaften?

Gerichteter Langzeitwandel ist ein Problemfeld, welches insbesondere seit dem Neoevolutionismus einen fruchtbaren Austausch von Ethnologinnen mit Archäologen und Historikerinnen erlaubt (Adams 1978, Antweiler 1990, 2012, Turchin et al. 2018, Morris 2020, Tang 2020). Es geht um mehrere Ebenen der Gerichtetheit (*general directionality* und *specific directionality*, Hodder 2018: 16, 126). Archäologen stellt sich die Frage, wie sich die Zunahme von menschlich veränderten Materialien, die Zunahme des materiellen Wachstums der Objektorientierung und die Zunahme der Verwobenheit von Menschen und Kulturen mit materiellen Dingen erklären lässt. Auch auf der Mikroebene stellt sich die Richtungsfrage, nämlich nach der spezifischen Pfadabhängigkeit zwischen aufeinanderfolgenden Artefakt-Innovationen, die einander kumulativ voraussetzen. Ein gutes Beispiel für die Nutzung kulturevolutionistischer Wissensbestände für das Verständnis des Anthropozäns ist James Scotts Lesung der Kulturrevolution »Gegen den Strich« (Scott 2020). Scott interessiert sich für ein zentrales Thema kulturevolutionistischer Ethnologie seit dem 19. Jahrhundert, nämlich wie sich komplexe Gesellschaften herausgebildet haben. Er befasst sich kritisch mit gerichtetem Wandel, Typen von Gesellschaften und sucht die zentralen Markscheiden langfristiger menschlicher Geschichte, wie z. B. die neoloithische Revolution und Staatsbildung.

Hierfür könnten Ethnologen einen Anschluss an neuere Konzepte kultureller Evolution als biokulturelle Ko-Evolution herstellen. Dazu bieten sich besonders Einsichten in Wissensökonomien als jeweiliger gesellschaftlicher Gesamtheit der wissensbezogenen Institutionen und Prozesse sowie wissenshistorische Erkenntnisse zur Evolution des Wissens an (»epistemische Evolution«, Renn 2020: 377–407, 2021: 4). Die heutige Wissensabhängigkeit zur Lösung von Weltproblemen wurde durch Covid-19 als dem wohl globalsten Ereignis der bisherigen Menschheitsgeschichte offensichtlich. Das Anthropozän bietet die Möglichkeit, ja die Notwendigkeit, Wissensökonomie zusammenbringen mit den bisherigen Folgen der schrittweisen historischen Erweiterung menschlichen Wissens, also einer Geschichte der Wissensökonomien:

>»Ohne sesshafte Landwirtschaft und Viehzucht wären die frühen Hochkulturen nicht denkbar gewesen, ohne diese Hochkulturen hätte es wohl keine moderne Wissenschaft gegeben, und ohne die wissenschaftliche Revolution der Neuzeit wären wohl auch weder Kolonialismus noch industrielle Revolution möglich geworden. In dieser langfristigen Co-Entwicklung zeigt sich, wie sich unser Wissen und damit unsere Gestaltungsmacht erhöht und zu-

gleich die damit verbundenen, nicht beabsichtigten oder bewusst in Kauf genommenen Konsequenzen, potenziert haben« (Renn 2021: 3).

Die klassischen Ansätze des ethnologischen Kulturevolutionismus (nebst der Kritiken) lassen sich sehr gut mit dem davon weitgehend unabhängigen Ansatz der Tiefengeschichte (siehe Kap. 2.4) verknüpfen. Durch Beachtung der Phänomene des *Upscaling* und *Downscaling* erscheint die langzeitige Geschichte als Abfolge von solchen J-Kurven, die metaphorisch gesagt auf den Schultern früherer J-Kurven stehen (Stiner et al. 2011: 247). Die weltweite Bevölkerungszunahme etwa, die im Anthropozän kulminierte, baute historisch maßgeblich auf politische Innovationen und Traditionen auf, so bei der Organisation von Informationsflüssen und der Stadtbildung. Eine solche Tiefenperspektive zeigt, dass die menschliche Geschichte von etlichen plötzlichen Sprüngen in Bevölkerungszahl, Energiefluss, Effizienz, Komplexität politischer Organisation und Konnektivitätsgrad »punktiert« ist.

So kann die Optik der Tiefengeschichte als »Architektur der Gegenwart«, Fragen des klassischen Kulturevolutionismus zu gerichtetem Kulturwandel, die bis heute nicht beantwortet sind, wieder aufnehmen. So können dessen spekulative Annahmen in empirische Fragestellungen umgeformt werden und auf konkreter Datenbasis auch korrigiert werden. Ein Beispiel ist die Fähigkeit, Materie und Energie aus der Umwelt zu extrahieren, etwa durch den enorm folgenreichen Feuergebrauch (Glikson 2013, Soentgen 2021a). Dabei zeigt sich etwa, dass die Höhe von Maßstabssprüngen (*scalar leaps*) nicht entscheidend für deren langzeitige Effekte relativ zu späteren Sprüngen ist (Stiner et al. 2012: 259–264). In Bezug auf skalare Sprünge in den politischen Machtgebilden (*polities*) der Menschheitsgeschichte etwa war der Sprung von Gemeinschaften der Größe von einigen Dutzend bis 100 Personen zu Gesellschaften von Tausenden nicht weniger wichtig als der von Millionen zu Hunderten von Millionen. Ebenso hatte der historische Sprung bei der Extraktion von Biomasse pro Flächeneinheit von 0,1 Prozent zu 1 Prozent nicht weniger revolutionäre Auswirkungen als der von 10 Prozent zum heutigen Level von über 90 Prozent. Entsprechendes gilt für die Fähigkeit, Energieflüsse in komplexen ressourcenabhängigen Gesellschaften sozial zu organisieren (White 1945, Adams 1978, Turchin et al. 2018).

Die vermeintlich radikalen Transformationen der Moderne bauen auf verschachtelten Hierarchien (*nested hierarchies*) auf, sie beinhalteten sowohl Neuerungen als auch Modifikationen vorhandener Formen und Muster (Stiner et al. 2011: 246–247, Turner 2021: 100–122). Wenn neuere großmaßstäbliche Einheiten hinzukommen, bleiben die kleineren dennoch relevant und schaffen Kontinuitäten. Auch in der heute globalisierten Welt leben wir weiterhin in Familien, Clans, Patron-Klient-Netzen und anderen kleinen Gebilden, die von der politischen Anthropologie weltweit beschrieben wurden und auch in der Evolutionsbiologie im Mittelpunkt stehen (»Dunbars number«, Dunbar 1993). Menschen erleben die anthropogene Überformten ihrer Lebenswelt und reagieren in Familien, kleinen Gruppen und Netzen – offline wie auch online.

Mittels einer Perspektive, die explizit verschachtelte Maßstäbe, *Upscaling* und *Downscaling* in den Fokus rückt, können wir den »teleskopischen« Modellen der Ontogenie, des Aufstiegs und Niedergangs andere Imaginationen der Geschichte und andere theoretische Rahmungen zur Seite stellen. Wo die herkömmlichen Modelle den Moment des Beginns (»Geburt«, »Ursprung«, »Entwicklung«) und kontinuierliche Verläufe privilegieren, geht es jetzt, metaphorisch gesprochen, mehr um den komplexen Prozess des emergenten Werdens (»becoming«, Stiner et al 2011: 269). Im Fokus stehen verschachtelte Maßstäbe und geschichtliche Verläufe der Expansion und Kontraktion von Skalen der Sozialität inklusive sprunghaften systemischen Wandels.

Zusammengenommen eröffnet eine tiefengeschichtliche Sicht der Ethnologie die Chance, weitgehend vergessene Forschungen des klassischen Evolutionismus wiederzubeleben durch neuere langzeitliche Perspektiven sowohl einer globalistisch als auch evolutionsbiologisch und geologisch informierten Geschichtswissenschaft (*global history*, *deep history*). Damit wäre auch wieder ein Anschluss an die klassische ethnologische Kulturwandelforschung (*cultural change studies*) und auch an die Archäologie zu gewinnen, der seit dem Neoevolutionismus in der amerikanischen Kulturanthropologie streckenweise und in der Ethnologie in Europa fast ganz abgerissen ist:

»Movement across scales of analysis can help us to navigate this complex terrain of human adaptation: specifically, it can help us to draw the lines between natural and cultural change that so effectively thwart deep historical analysis« (Stiner et al. 2011: 266).

Kapitel 6

Erdung in Raum und Zeit – zur Geologisierung des Sozialen

Der Mensch lebt in und mit der Natur.

Oliver Haardt, 2022:109

All social formations are »geosocial formations«.

Nigel Clark & Kathryn Yussof 2017

Für eine Gesellschaftstheorie im Anthropozän stellt sich (...) die Frage, ob und in welcher Weise das Erdsystem in die Analyse aufzunehmen ist.

Frank Adloff & Sighard Neckel 2020: 10

Die derzeitige Nutzung geologischer sowie paläontologischer Befunde und Denkweisen in den Humanwissenschaften ist nicht ohne Vorbild. Geologisches Denken prägte besonders die Konzeptionen der Weltgeschichte und Zeitkonzepte zwischen Aufklärung und aufkeimender Moderne. Wie eine neuere wissenschaftshistorische Studie zur Entstehung der Geschichtswissenschaften zeigt, spielte die Geologie bei der Entstehung und Entwicklung des modernen historischen Denkens eine konstitutive Rolle. Gründerväter der Geschichtswissenschaft und der Geschichtsphilosophie, etwa Leibniz, Schlözer und von Müller, daneben Voltaire, Herder und Meiners, hatten sich mit geologischen Schriften auseinandergesetzt. Sie nutzten geologische Begriffe und deren Bedeutung, besonders »Tiefenzeit« und das Konzept der »Revolutionen der Natur« für die Entwicklung eines historischen Revolutionsbegriffs (Schulz 2020: 31–51, 184–251, 281–298).

Das Konzept Anthropozän ist potenziell revolutionär, nämlich darin, dass es die Frage aufwirft, inwiefern etablierte Grenzen, besonders die für die Moderne konstitutive Grenze zwischen Natur und Kultur aufzuweichen sind (Trischler & Will 2020: 237). Wenn sich die Sphären vermengen und menschliche Gesellschaften Teil einer großen Assemblage aus ganz verschiedenartigen Komponenten sind, wenn Natur in hoher Geschwindigkeit *anthroposized* wird (Crutzen & Schwägerl 2011), dann ist sie nicht mehr auf Distanz zu halten:

> »In a defiant act against the very idea of dualisms, we embrace the paradox the concept of the Anthropocene offers, namely that while reinforcing and reflecting the self-appointed dominant place humans arrogate, there is potential to break down divisions prevalent since the Enlightenment« (Gibson & Venkatesvar 2015: 9).

Der Begriff des Anthropozäns selbst verweist darauf, dass unter der Idee dahinter nichts weniger als anthropologische Grundlagen zu verhandeln sind. In der Philosophie hat die weltweite Umweltverschmutzung schon vor dem Aufkommen des Anthropozänthese zu Diskussionen geführt, ob wir Verantwortung für Teile der Natur oder die ganze »nichtmenschliche« Natur übernehmen sollen. Michel Serres schlug vor, quasi einen »natürlichen Vertrag« zwischen den Hütern der Erde, des Menschen und der Dinge mit der Natur zu machen (*contrat naturel*, Serres 2015: 57–59). Damit forderte er schon früh nach einer Revision des Kulturbegriffs angesichts von Umweltdesastern.

Wir Menschen leben heute nicht mehr in kleinen Welten auf einem großen Planeten, sondern sind große Akteure auf einem kleinen Planeten (Rockstöm 2021: 103). Aber wir müssen den Blick auch umkehren: die Erde und ihre Geologie spielen nachwievor eine Hauptrolle in der Geschichte der Menschheit, z. B. in Form von Erdbeben, Vulkanausbrüchen und Plattentektonik,. Die Erde hat uns mit erschaffen (Dartnell 2019, Headrick 2022, Haardt 2022). Lange Dürren und Stürme machten die amerikanischen Geat Plains in den 1930er Jahren zum kaum mehr bewirtschaftbaren »Dust Bowl« und verstärkten die Weltwirtschaftskrise. Das Erdbeben in San Francisco 1906 stürzte die Versicherungsbranche weltweit in eine Krise. Umweltgeschichtichtler konnten zeigen, dass der Vulkanausbruch des Tambora in Indonesien 1815 maßgeblich zum Versiegen der ersten langen Welle der Innovation beitrug.

»Man muss die historische Entwicklung der Mensch-Natur-Beziehung sowohl auf einer menschlichen als auch auf einer geologischen Zeitskala betrachten, sprich: untersuchen, wie sich die kulturelle Wirklichkeit des Menschen und die planetarische Wirklichkeit der Erde zueinander entwickelt haben« (Haardt 2022: 115).

6.1 »Anthropogen« – Menschen *in* Natur

Wir leben in und mit der Natur.

Oliver Haardt 2022: 109

Die Umwelt verändert sich rascher als die Gesellschaft, die nächste Zukunft erweist sich nicht nur als zunehmend unvorhersehbar, sondern vielleicht als unmöglich.

Danowski & Viveiros de Castro 2019: 101

Diese Herausforderungen durch die im Anthropozän forcierte Torpedierung des Natur/Kultur-Gegensatzes lassen sich am Begriff »anthropogen« gut verdeutlichen. Als beschreibender Terminus steht »Anthropogen« für menschengemachte Veränderungen in der natürlichen Umwelt. z.B. durch Landwirtschaft. Die »Kulturlandschaften« schafft (Abb. 6.1). In der Geografie und den Erdwissenschaften wird das zumeist auf Landschaften bezogen. Im herkömmlichen Verständnis wird der »menschengemachte« Wandel als Gegenpol zu unberührter Natur verstanden, die als zeitlos und im zyklischen Gleichgewicht aufgefasst wird (Sayre 2012: 57). Spätestens die Erkenntnis der kausalen Rolle des Menschen beim Klimawandel hat aber klargemacht, dass es schwierig ist, mit einer solchen Dichotomie empirisch zu arbeiten. Wie archäologische, ethnohistorische und ethnologische Untersuchungen etwa zum Umgang mit Feuer zeigen, handeln menschliche Kollektive *mittels* der Erde: (»… speaking and acting through the Earth«, Clark & Szerszynski 2021: 55).

Der Ausdruck »anthropogen« wurde zum ersten Mal als *anthropogenic* in den 1920er-Jahren von Tansley (1923: 48) in seiner »Practical Plant Ecology« verwendet. Er stand für ökologische Faktoren jenseits von Klima und Boden und entstand als Antwort auf das Problem, ökologischen Wandel bei

Abb. 6.1 Intensive Landwirtschaft bei Zülpich nahe Köln, *Quelle: Autor*

Pflanzen zu verstehen. Clements hatte kurz zuvor das Konzept der ökologischen Sukzession in die Pflanzensoziologie eingeführt. Danach bestimmen Klima und Böden die zeitliche Abfolge in Pflanzengesellschaften bis hin zu einer stabilen sog. Klimaxgesellschaft. Tansley insistierte, dass solche Sukzessionen oft nur zu verstehen sind, wenn man den menschlichen Einfluss mit einbezieht, weil dadurch Sukzessionsprozesse angehalten werden und Klimaxstadien verkürzt werden (*anthropogenic climaxes*). Heute ist die Einsicht, dass es in Kulturlandschaften etwas den Klimaxstadien Vergleichbares nicht gibt: Hier muss die Landschaft durch permanente Arbeit und Pflege stabil gehalten werden, was sie von Natur aus nicht ist (Bätzing 2020: 39, Bätzing 2023).

Hierbei spielte es eine Rolle, dass Clements über nordamerikanischen Landschaften arbeitete, die als ursprünglich galten, während Tansley englische Landschaften untersuchte, die offensichtlich stark von menschlicher Aktivität überprägt waren (Hall 2005). Carl Sauer unterstützte als historisch ausgerichteter Kulturgeograf Tansleys Kritik an der mangelnden Berücksichtigung des Menschen in Beschreibungen von Ökosystemen. Er stellte heraus, dass Menschen schon seit Jahrtausenden die Umwelt stark prägen und beschrieb das menschliche Wirken mit drastischen Worten:

> »The second great agent of disturbance (neben dem Klima) has been man, an aggressive animal of perilous social habits, insufficiently appreciated as an *ecologic force* and as *modifier of the course of evolution*« (Sauer 1950: 18, Erg. und Herv. CA).

Die im Ausdruck »anthropogen« enthaltene dualistische Konzeption geht aber mindestens bis auf die Vorsokratiker zurück. Wie Glacken (1967, nach Sayre: 2012: 58) zeigte, stecken drei verbundene Ideen darin: (a) Menschen formen die Umwelt, (b) die Umwelt beeinflusst den Menschen, und (c) Umwelt und Mensch bzw. Kultur passen zueinander (*matching*). Sie sind angepasst in einer Weise, die auf Harmonie ausgerichtet ist bzw. auf einen göttlichen Plan hindeutet. Die idealisierenden Vorstellungen einer unberührten Natur (*pristine nature*) als Gegenpol der menschlichen Zivilisation verschärften sich in der Zeit der frühen industriellen Revolution durch Erfahrungen mit der Dichte und der Umweltverschmutzug in den Städten z. B. in England. Diese Vorstellungen waren besonders bei den bürgerlichen Eliten, die sich auf ihre Landhäuser zurückzogen, verbreitet (Williams 1980).

Sayre arbeitet heraus, dass heutige Debatten das damalige dualistische Konzept fortschreiben, auch wenn die Schlussfolgerungen oft anders sind. Das Klima, die Böden und der Mensch werden (a) als distinkte Einheiten gesehen, auch wenn sie als interagierend gesehen werden. Die Natur wird (b) als statisch bzw. zyklisch angesehen. Der Mensch (c) erscheint als Faktor des Wandels, und (d) Menschen, die keinen solchen Effekt auf ihre Umwelt haben oder hatten, gelten als von Tieren nicht unterscheidbar. Selbst die heutige Kritik an Annahmen, dass indigene Gruppen harmonisch in und mit ihren Umwelten lebten, denkt oft noch in diesem Schema (Sayre 2012: 60).

»The conceptual scaffolding put in place to define the anthropogenic some 80 years ago has proved remarkably tenacious. Many scholars have criticized the human-nature dichotomy embedded in the concept, but even in so doing, they have had to employ it and, seemingly, to grant it continued de facto conceptual purchase« (Sayre 2012: 61–62).

In den Naturwissenschaften wurde es aber schon vor dem Aufkommen des Begriffs Anthropozän deutlich, dass die meisten Aspekte des Funktionierens der Ökosysteme der Welt nicht mehr ohne Berücksichtigung des starken, ja *oft dominanten* Einflusses der Menschheit zu verstehen sind, wie ein früher Aufsatz in *Science* im Titel überdeutlich machte: »Human domination of Earth's ecosystems« (Vitousek et al. 1997: 494). Angesichts der Umweltkrisen bricht die vermeintliche Harmonie zusammen, und die zwei Pole Natur und Kultur verschmelzen zu etwas, das mit dem üblichen begrifflichen Handwerkszeug kaum zu fassen ist. Tansleys vermeintliche unberührte Wüsten, Gebirge, Tundren und Ozeane bilden mittlerweile das »Anthropogenic«, wie Sayre es nennt (Sayre 2012: 62). Während im Terminus »anthropogen« ein Gegensatz zwischen Natur und Kultur aufgemacht wurde, beinhaltet der Begriff Anthropozän z. B. ausdrücklich auch das menschengemachte Klima und anthropogene Böden.

6.2 Kulturgeschichte ist grundiert in Erdgeschichte – Geosphäre als Palimpsest

The human cannot be divorced from the planet that supports it, and so our existence needs to be understood in relation to the deep time of earth history.

Richard Irvine 2020: 15

In sozialkonstruktivistischer Sicht wird gängigerweise gesagt, dass Menschen und Gesellschaften als Akteure ihre Lebenswelt »konstruieren«. Diese Konstruktion betrifft nicht nur Bedeutungen und Wissen, wie der Mainstream des geistes- und kulturwissenschaftlichen Sozialkonstruktivismus immer wieder betont, sondern Menschen schaffen auch Phänomene der Natur bzw. der Geosphäre. Natur ist nicht mehr konstruktionsfrei zu haben, so wenig, wie Kultur naturfrei denkbar ist. Damit werden Konzeptionen einer der Kultur bzw. Gesellschaft externen Umwelt, also einer Umwelt ohne menschliche Akteure, unterlaufen (Latour 2014: 6, 2018: passim). Das bedeutet, der in den Natur- und Technikwissenschaften nach wie vor dominanten Problemrahmung, in der die Natur als Objekt gesehen wird, zu widersprechen, insofern, als dort postuliert wird, es solle politisch auf die Natur reagiert werden, die damit als der Gesellschaft äußerlich erscheint (Wapner 2014: 38, Bauer & Bhan 2018: 3).

Indem Menschen sich Rohstoffe zugänglich machen, sie extrahieren und zu Arbeitsprozessen nutzen, werden geologische Kräfte und Eigenschaften zu einem Teil von uns. Wir müssen uns demnach klarmachen, dass wir nicht nur fähig sind, als geomorphische Akteure zu wirken, wie Crutzen & Stoermers klassisches Argument besagt. Nein, wir sind außerdem auch geologische Subjekte, denn wir haben manches mit den geologischen Kräften dadurch gemein, dass wir sie nutzen und qua Nutzung inkorporieren (Yusoff 2013: 781). Die ist ein allgemeines Merkmal lebendiger Systeme, das beim Menschen aber größere Dimensionen und schnellere Dynamik annimmt.

Die explizit naturwissenschaftlich ausgerichtete Anthropozänforschung (Anthropocene *science*) ist oben dahingehend kritisiert worden, dass sie die sozialen Konsequenzen und teilweise traumatischen Folgen etwa der Nutzung der Kohle oder der Extraktion von Rohstoffen ausblende. Konventionelle historische Darstellungen neigen außerdem dazu, die industrielle Revolution auf bestimmte Personen und Zeiten zu beziehen. Analysen aus den Erdwissenschaften sind großmaßstäblicher, aber auf den historischen Wechsel von Sonnenenergienutzung auf den Gebrauch fossiler Energieträger und zudem auf die Gegenwart oder nahe Vergangenheit konzentriert. Aus geosozialer Perspektive sind die konventionellen Darstellungen nicht zu naturwissenschaftlich, sondern *nicht geologisch genug*. Hier zeigt sich wieder der Unterschied zwischen der Geologie mit ihrer konkreten Feldorientierung und zugleich tiefengeschichtlichen Sicht einerseits und den global orientierten und den – aus geologischer Sicht! – gegenwartsbezogenen Erdsystemwissenschaften andererseits, zwei Perspektiven, die voneinander lernen können (Clark & Szerszynski 2021: 24, 64–65, vgl. Davies 2016: 69–111).

Nicht nur die sozialen Ungleichheiten müssen stärker betont werden, sondern auch die Konsequenzen, die der Umgang von Menschen mit Georessourcen für die Dynamik der geologischen Kräfte hatte. Kurz: Die

Analyse muss nicht nur politisch sensibler werden, sondern sie muss auch geologischer werden. Wenn menschliche Aktivitäten sich jetzt so weitgehend mit biotischen und auch nicht organischen Prozessen vermischen, haben wir es i. e. S. mit sozio-ökologischen Systemen zu tun (Folke 2006: 287 ff.). Wenn wir es mit sozio-*planetarischen* Kopplungen im großen Maßstab zu tun haben, können wir nicht mehr von einer vom Menschen abgetrennten »nicht menschlichen« Natur sprechen, die jenseits menschlichen Zugriffs (*agency*) ist. Sämtliche menschlichen Kollektive sind im Anthropozän als *geo-soziale Formationen* aufzufassen (Clark & Yusoff 2017, Clark & Szerszynski 2021: 28, 48).

Ein Beispiel bildet Jane Bennetts Analyse der wechselseitigen Wirkungen von Metallen, Hitzekontrolle und Metallarbeitern und der Herausbildung des »Metallurgischen«, die an einer spezifischen geologischen Ressource, dem Eisenerz, hängt (Bennett 2020). Metallische Legierungen sind aus dieser Perspektive nicht nur Amalgame verschiedener Metalle, sondern aus geologischen und menschlichen Kräften entstandene Legierungen. Wenn wir aus kultur- und sozialwissenschaftlicher Sicht das »Anthropozän sozialisieren« wollen, dann rufen die Erkenntnisse zu extraktiver Umweltnutzung, zur Dynamik komplexer Systeme und nicht linearer Dynamik dazu auf, umgekehrt »das Soziale zu geologisieren«, wie manche Soziologen oder Geografen fordern. Dies lässt sich noch stärker theoretisch fundieren, wenn die Theoretisierung des Anthropozäns durch die eben diskutierten ethnologischen Kulturtheorien informiert ist, durch Kulturkonzepte, die Kultur explizit *nicht* auf spezifische Materialitäten reduzieren. Angesichts des Anthropozäns können wir damit nach der *Anthropogenese* sozialer Formationen fragen (Yusoff 2016).

Zentrale Ideen des vermeintlich überkommenen dualen Natur-vs.-Kultur-Konzeptes hielten und halten sich auch in nicht religiösen Bereichen. Ein aktuelles Beispiel ist die im Bereich der ökologischen Kritik und auch in der Bevölkerung seit den 1970er-Jahren verbreitete Vorstellung vermeintlich unberührter Gebiete der Wildnis in ländlichen Räumen, denen im Gegensatz zu Städten ein höherer ökologischer Wert beigemessen wird. Ein Beispiel aus dem Bereich der Sozialwissenschaften bildet der ethnologische und soziologische Funktionalismus: Dort wurde mit der Analogierelation gearbeitet, die besagt, das Verhältnis von Organ zu Überleben des Organismus verhalte sich wie die Relation soziales Subsystem zum Funktionieren der Gesellschaft (Bruck 1985). Diese Denkweise geht ja davon aus, dass Organismen und Gesellschaften *grundsätzlich unterschiedliche* Dinge sind, zwischen denen jedoch eine *spezifische* Ähnlichkeit besteht. Kein Wunder ist es da, dass es völlig offen ist, welche Konsequenzen das Anthropozän für die Wissenschaften zur Umwelt und für die Umweltpolitik hat:

»Curiously, almost everyone asserts that the nature-humans distinction is fundamentally flawed and must be transcended, but even saying so seems to make doing so more difficult. For ecologists and environmentalists, the politics of the anthropogenic are fraught with both practical and ideological complications« (Sayre 2012: 58).

Manche sagen, die Idee des Anthropozäns würde den großen Graben zwischen Natur und Gesellschaft auflösen oder sprechen gar vom Ende der Natur (»after nature«, »post-nature«, Wapner 2012, Morton 2013, Lorimer 2015, Purdy 2015: 3). Schon lange vor dem Anthropozändiskurs titelte der Umweltjournalist Bill McKibben in dem ersten Sachbuchbestseller zur Klimakatastrophe vom »Ende der Natur«. Die zweite Natur oder kommodifizierte Natur habe die erste prähumane Natur subsumiert, und McKibben benennt die drastisch veränderte Erde mittlerweile mit einem Kunstbegriff als »EEarth« (McKibben 1989, 2010). Andere wenden ein, dass das »Denken jenseits von Natur« nicht erst seit der gegenwärtigen Ausbreitung von Konsumismus und Kapitalismus möglich sei, sondern historisch weit älter ist (Bauer & Bhan 2018: 13, vs. Morton).

Wieder andere argumentieren all dem entgegenlaufend, dass das Anthropozän aufgrund der einzigartigen menschlichen Wirkmacht gerade den Unterschied zwischen Menschen und der (restlichen) Natur betone. Menschen wären mittlerweile zur »dominierenden unter den großen Kräften der Natur« geworden bzw. sie hätten die Natur als dominante Umweltkraft auf der Erde »ersetzt« (Crutzen 2002, Steffen et al. 2007: 614, Ruddiman et al. 2015: 38). Eine andere Formulierung besagt, der Mensch sei vom Faktor der *regionalen ökologischen bzw. biologischen* Geschichte zum Faktor einer *geophysikalischen* Geschichte geworden, die das Klima und das Leben auf dem Planeten dadurch verändert, dass menschliches Handeln das Erdsystem insgesamt modifiziert. Kritiker sehen das wiederum als Ausweis einer überkommenen Vorstellung derart, dass es jemals ein dem Menschen äußerliches Erdsystem gegegeben habe (Bauer & Bhan 2018: 5, Bauer & Ellis 2018: 215). Die Kritik übersieht allerdings, dass Steffen und Ruddiman ja nicht sagen, dass die Natur als Faktor durch den Menschen ersetzt worden sei, sondern nur als die geophysikalische Hauptkraft, als die dominante Kraft.

Lange war es das eherne Monopol der Geistes- und Sozialwissenschaften, die *Conditio Humana* zu bestimmen (Leggewie & Hanusch 2020: N4). Dies wurde epochal durch Darwin herausgefordert und jetzt verschärft durch Richtungen wie Politische Ökologie, Biosoziologie und eben die Thesen zum Anthropozän. Wie die Metaphern und Narrative uns gezeigt haben, wird das Anthropozän sehr häufig als Tragödie wahrgenommen, insbesondere wenn der Verlust der Vielfalt des Lebens im Blick ist (z. B. Wilson 2016). Die Diagnose des Anthropozäns beinhaltet bei genauerem Hinsehen aber eine zweifache Botschaft, eben weil es auch die etablierte Einteilung der Wissenschaften grundlegend infrage stellt. Es impliziert die Möglichkeit einer neuen Wissenschaft und einer radikal veränderten Politik ... inmitten einer ruinösen Dynamik. In quasi schizophrener Weise eröffnet diese Tragödie auch ein Versprechen, nämlich eines Neuanfangs der Wissenschaften vom Menschen:

> »For in the Anthropocene, nature is no longer what conventional science imagined it to be. And if the notion of a pure nature-*an-Sich* has died in the Anthropocene and been replaced by natural worlds that are inextricable from the worlds of humans, then humans themselves can no longer be what classical anthropology and human sciences thought they were« (Haraway et al. 2016: 535, Hervorheb. i.O.).

Wenn argumentiert wird, dass Menschen in maßgeblicher Weise globalen und die Geosphäre durchgreifenden Wandel erzeugen (*geofactor, driver*), steht der Nexus zweier Großkategorien im Raum: der Zusammenhang zwischen der Erde und der Menschheit. Die gängige Rede und Denkweise benennt das als Mensch-Umwelt-Verhältnis, wobei der Mensch als kulturell und die Umwelt als natürlich gilt. Anthropozän versteht das Mensch-Natur-Verhältnis anders, als dies in der klassischen Ökologie gesehen wurde, nämlich als viel tiefgreifender als fundamental. Der Kontext, in dem wir heute leben, ist global das Resultat menschlichen Handelns, und dies hat zu Wörtern wie »biosozial« (Ingold & Pálsson 2013) oder »biokulturell« Anlass gegeben. Sie sind als Wörter nach wie vor dualistisch, aber signalisieren die Bedeutung von Kulturtheorie und Sozialtheorie für das Begreifen anthropozänen Wandels. Das, was gängigerweise als »Umwelt« (bzw. das »Ökologische« als Phänomen, *the ecology of...*) benannt wird, ist nicht mehr als etwas anderes als das Soziale, sondern auch selbst sozial durchwirkt. Leinfelder und Schwägerl sprechen deshalb von menschlicher »*Uns*welt« statt von »Umwelt« (Leinfelder 2012), was inhaltlich an den Begriff der »Mitwelt« erinnert:

> »Kern des Konzepts ist die Einsicht, dass Menschen nicht von einer fremden, durch sie gestörten Umwelt isoliert und umgeben sind, sondern dass sie gerade heute immer mehr Teil dieser Umwelt werden, die damit vielleicht besser Unswelt genannt werden könnte« (Schwägerl & Leinfelder 2014: 237).

Das durch die Rede vom Anthropozän betonte Desaster kann ein Geschenk für die Wissenschaften vom und besonders für die Ethnologie sein, weil das Thema grundlegende Fragen aufwirft, und das anhand konkreter und aktueller Probleme. Es könnte sich sogar auch als »giftiges Geschenk« (Latour 2014: 15, 2017) erweisen, nämlich dann, wenn es zur Auflösung der Kategorie des Menschen führt oder – vielleicht noch gefährlicher – ihn umgekehrt zum Fetisch macht. In einem programmatischen Aufsatz fassen Gísli Pálsson und elf Ko-Autorinnen die Ziele und Herausforderungen der Geistes- und Sozialwissenschaften hinsichtlich des Bildes vom Menschen angesichts des Anthropozäns so zusammen:

> »The larger conceptual task remains to reframe Anthropos for the modern context. This will mean reorganizing our own house in a radical sense, expanding our tools and visions beyond ›business-as-usual‹ – a task that has just begun in several fields of scholarship.« (Pálsson et al. 2013: 4).
> »We suggest that it is essential to *fundamentally rethink* the environment-humanity relationship. To characterize the Anthropocene by means of quantitative data is one thing, to describe and understand how it perceives human

interaction, culture, institutions and societies – indeed, the meaning of being human – is truly another and a major challenge for the scholarly, literary,
artistic, practitioner, and policy communities« (Pálsson et al. 2013: 10, eigene
«Hervorheb.).

Der Zusammenbruch einer einfachen Differenz zwischen Mensch und
Natur gibt aber noch kein eindeutiges Leitschema vor. Er kann als Ermäch-
tigung des Menschen gelesen werden oder aber als dessen Entfernung aus
dem Zentrum des Geschehens (Dezentrierung, Clark 2019). Entsprechend
gibt es völlig auseinandergehende Konsequenzen, die im Deutungskampf
um eine diskursive Wiederherstellung des Menschen daraus gezogen werden. Sie bewegen sich zwischen den extremen Polen des Neohumanismus,
der den Menschen begrifflich fassen will, einerseits und des Posthumanismus, der den Menschen konzeptuell verabschiedet, andererseits (Bajohr
2019: 64).

6.3 Anthropos *und* Prometheus – Homo *und* Anthropos

> Anthropology is less the study of culture as an object
> of understanding, than the culture or cultivation
> of humanity as a method of change.
>
> *Anand Pandian 2019: 11*

Die Diskussionen zum Anthropozän verunsichern notorisch Vorstellungen
zum Menschen und zur Menschheit. Mit dem Namen »Anthropozän« setzt
die Idee des Anthropozäns konstitutiv einen *Anthropos* voraus, wenn die
Menschheit bzw. »der Mensch« als Akteur im planetaren Maßstab gezeich-
net wird. Als technisches Subjekt nimmt der Anthropos im Anthropozän
eine Scharnierfunktion ein. Er verbindet den Menschen als kulturelles Subjekt mit dem Menschen als geologischem Akteur (Trischler & Will 2020:
240). Im Kern geht es um zwei Dinge, um eine »… Relationierung menschlicher Existenz im Universum und der Relativierung der anthropozentrischen
Sichtweise« (Hanusch et al. 2021):

»The anthropos should be taken to include domesticated animals and plants as well as people in all their differentiated and unequal heterogeneity, along with other entangled entities and forces held to be part of broader assemblages producing climate change and other transformations« (Edgeworth 2018a: 759).

Das kann eine Relativierung oder Dezentrierung des Menschen bedeuten oder auch – eben durch die Relationierung – eine Rezentrierung: eine erneute Betonung der Sonderstellung des Menschen, wie sie in Spielarten des Neohumanismus zu finden ist. Für Vertreter einer technokratisch orientierten Spielart geht es darum, die Realität des Anthropozäns anzuerkennen, den Herausforderungen der Menschheit optimistisch und proaktiv zu begegnen, etwa durch künstliche Beeinflussung des Klimas. Es geht darum, im Anthropozän Chancen zu sehen, um es zu einem »guten Anthropozän« zu machen. Diese Haltung firmiert als Ökomodernismus und für dessen Vertreter, wie auch für einige andere ist eine Umkehrung der modernen Dezentrierung von Nöten (z. B. Asafu-Adjaye et al. 2015, Lewis & Maslin 2015, Ellis 2020). Die pessimistische Variante des Neohumanismus hält nicht nur eine Umkehr für unmöglich, sondern sieht die Situation als völlig ausweglos. Was jetzt noch als Aufgabe der Menschheit bleibe, sei es, eine humane Form des Sterbens zu lernen. Dafür brauche man eine Vision dessen, was wir als Menschheit sind und sein wollen und dazu bedürfe es der Geistes- und Kulturwissenschaften (Scranton 2015).

Eine mittlere Variante des Neohumanismus argumentiert dahingehend, dass die Sonderstellung des Menschen durch das Anthropozän erwiesen sei, und setzt damit auf einen »neuen Anthropozentrismus«. Dies ist kein speziesistischer und an Eigeninteressen fokussierter Anthropozentrismus, und er ist auch nicht technokratisch orientiert. Er setzt dagegen auf eine Menschenzentrierung, die die menschliche Freiheit als sinngebend und seine Wirkmächtigkeit als Pflicht zur Verantwortung sieht (Hamilton 2017: 36–75). Diese Verantwortungsbegründung erinnert an Hans Jonas' Prinzip der Verantwortung (Bajohr 2019: 68), mit dem wichtigen Unterschied, dass dieser jeden Anthropozentrismus ablehnt. Der dem neuen Anthropozentrismus entsprechende wichtigste praktische Ansatz ist für Hamilton eine weltweite Veränderung der Konsumgewohnheiten. Für diesen »neuen Anthropozentrismus« oder angesichts der Zerstörungskraft des Menschen »negativen« teleologischen Anthropozentrismus war der frühere Anthropozentrismus nicht zentrisch genug.

Diese drei neohumanistischen Positionen, die den Menschen wieder in den Mittelpunkt rücken, widersprechen dem Mainstream in den Geistes- und Kulturwissenschaften, einem Antihumanismus mit einer Absage an irgendwelche Wesensbestimmungen dessen, was den Menschen ausmacht. Nachdem der Mensch als sinnvolle Kategorie spätestens mit Foucaults »Tod des Menschen« erledigt schien, kommt der Mensch bzw. die Menschheit mit dem Anthropozän mit Wucht wieder in die Debatten zurück. Hannes Bajohr spricht treffend von der »Wiederkehr des Menschen im Moment seiner vermeintlich endgültigen Verabschiedung« (Bajohr 2019: 64, 2020: Untertitel).

Diese explizite Ausbürgerung des Menschen aus den Kulturwissenschaften und der Philosophie – mit Ausnahme der Philosophischen Anthropologie – geht mindestens bis auf Foucaults These vom Tod jeden Subjekts zurück, insbesondere sein Diktum vom Ende des Menschen als Zentralfigur des Erkennens in den neueren Humanwissenschaften. Man könne, so formulierte er griffig, »sehr wohl wetten, daß der Mensch verschwinden wird wie am Meeresufer ein Gesicht im Sand« (Foucault 1974: 462). In der Konsequenz kann diese Verabschiedung aber verschieden ausfallen – als Bestimmung per Negation oder als Negation der Bestimmung (Bajohr 2019: 72). Sie kann als Minimalanthropologie, als negativer Wesensbestimmung aufgrund der Zerstörungskraft des Menschen erfolgen, etwa bei Günther Anders, wo sie als Zukunftslosigkeit im Gefolge der Atombombe beschrieben wird (Anders 1982). Oder aber quasi als Absage an jede Bestimmung einer Kernhumanität, als Veto gegen jede Anthropologie in Form einer Ablehnung jeglicher Wesensbestimmung, so etwa bei Ulrich Sonnemann als Kritik an jeglichen Totaltheorien (Sonnemann 2011).

Diese beiden Positionen zeigen sich in der neueren Diskussion als Synthese in Form im kritischen Posthumanismus und einer neuen Negativen Anthropologie, die beide den vermeintlich universalen Menschen entlarven. Timothy Morton argumentiert für eine philosophische und dabei vorsichtig realistische Antwort auf das Anthropozän, weil man sich der Realität anthropozäner Wirkungen stellen müsse (Morton 2017). So gebe es schlagende Beweise für den menschengemachten Anteil am Klimawandel und eine solch klare Evidenz mache jede konsequent konstruktivistische und antihumanische Argumentation obsolet. Im Bild des Strandes von Foucault gesehen kehrt der Mensch auf einer tieferen Ebene unter dem Sand zurück ... der Klimawandel wird nicht durch Quallen oder Delfine verursacht, sondern durch Menschen. Man kann vom Menschen als solchem sprechen, nämlich als durch seine Zerstörungsmacht bestimmte Spezies. Auch Colebrook als Kulturtheoretikerin betont das unbestreitbare Faktum des Menschen via seiner Effekte (Colebrook 2017).

Morton befürwortet dann jedoch eine Neudefinition des Menschen, die bei ihm aber unter dem expliziten Titel *Humankind* stark erweitert wird, indem sie erstens nicht menschliche Arten und zweitens die Erde selbst einbezieht. Morton will damit dem Marxismus seine anthropozentrische Fixierung auf menschliche Arbeit und Besitz austreiben. Eine planetare Spezies-Einheit mit vielen »Erdlingen« ist für Morton damit auch die Einheit, in der eine marxistische und auf eine ausgeweitete Solidarität setzende Politik zu verorten sei, ein »linker Holismus« (Morton 2017: 1, 18–27). Das Konzept Menschheit in einer post-anthropozänen Sicht umfasst dann alle Tiere und sämtliche Dinge. Damit wird der Menschheitsbegriff im »weird essentialism« (Morton 2017) und im »implosiven« Holismus (Colebrook 2017) im Sinne einer flachen Ontologie zu einer Reduktionsgröße. Dies wird als Gegenkonzept zu auf Besitz, Eigentum, Grenzziehung und Sesshaftigkeit bezogene Menschheitsbegriffe gesehen, zusammengenommen die »neolithische Ontologie« (Bajohr 2019: 69). Damit schnurrt der Begriff aber, so wendet Bajohr berechtigt ein, quasi auf den Personenbegriff zusammen, wie streckenweise in der Tierethik (Bajohr 2019: 69).

Insgesamt nähern sich diese Positionen einem Anthropozentrismus, der aber auf ein weiter gefasstes, eben nicht nur auf den Menschen bezogenes, Zentrum sieht, als frühere Anthropozentrismen es taten. Das entspricht weitgehend dem in der Umweltethik diskutierten Biozentrismus, der Lebewesen als moralische Objekte sieht oder sogar dem Ökozentrismus und Holismus, die Ökosysteme oder gar die ganze Natur als moralisches Objekt sehen (Widdau 2021: 105–122). Dennoch sind in politischer Hinsicht die Adressaten Menschen. Im Unterschied zu diesen Positionen und dem

Posthumanismus á la Braidotti hält die neuere Negative Anthropologie in der Philosophie die Bestimmung dagegen stärker in der Schwebe:

>»Systematisch bezeichnet Negative Anthropologie einen Ansatz, der es ablehnt, den Menschen über ihm wesentlich zukommende Merkmale zu definieren, *ihn aber dennoch zum Zentrum seines Interesses macht.* Das unterscheidet ihn vom kritischen Posthumanismus, denn wo dieser sich den Menschen ganz vom Leibe halten will, hält ihn die Negative Anthropologie noch als Variable fest, die sich zwar nicht auflösen, aber auch nicht aus der Gleichung herausstreichen lässt« (Bajohr 2019: 72–73, eigene Hervorheb., vgl. Dries 2018, Bajohr & Edinger 2021).

6.4 Umwelt und Kultur – biokulturelles Niemandsland und Sozialtheorie

> Die wichtigste epistemologische Tatsache unserer Gegenwart für das gemeinsame Schicksal der Menschheit ist die Wiederentdeckung des Kontinuums Natur-Kultur.
>
> *Marina Garcés 2019: 116*

Im Anthropozän ist Natur in der Wahrnehmung der Menschen gewissermaßen in die Kultur kollabiert. Menschengemachte Dinge und belebte Natur sind verquickt (Abb. 6.2). Während Natur früher eher eine bedrohende Kraft darstellte, so wird sie seit der Mitte des 20. Jahrhundert als fragil und schwach angesehen. Sie gilt jetzt selbst als durch den Menschen bedroht und schützenswert. Es wird nach Naturschutz gerufen, der Mensch solle sich aus einer wahrgenommenen Verantwortung heraus um die Natur kümmern. Der entscheidende historische Marker für diesen Umschwung in der Wahrnehmung der Natur war, nach vielen Vorläufern, Rachel Carsons folgenreiches Sachbuch »Silent Spring« von 1962, in dem sie ausgehend von den Auswirkungen des DDT auf Insekten und Vögel die globale Umweltschädigung thematisierte (Carson 2019, vgl. Kerner 2024: 15–81).

Abb. 6.2   Verquickung von Natur und Kultur an einem Zaun in Bonn, *Quelle: Autor*

Im Angesicht des Anthropozäns wird in deutlich weitergehenden Vorschlägen postuliert, die nicht menschlichen Bestandteile der Umwelt als Mitgefährten wahrzunehmen, wie in Haraways Konzept der *Companionship*. Enger gefasst, aber vergleichbar sind biozentrische oder pathozentrische Ideen, nicht menschlichen Wesen, etwa höhere Primaten, bei denen man Leidensfähigkeit annehmen kann, grundlegende Rechte einzuräumen, so, wie es z. B. die Giordano-Bruno-Stiftung fordert. Auf der anderen Seite wird die Natur gerade im Anthropozän wieder als Kraft wahrgenommen, die zurückschlägt. Vor allem im Kontext anthropogenen Klimawandels, werden Ereignisse wie Trockenheit oder Überflutung, die Teile des Planeten unbewohnbar machen, als Antwort der Natur gesehen, die dabei oft personalisiert wird (Eriksen 2016: 17).

Die Ökologie, und darin besonders die Human-Ökologie und die Kulturökologie, haben das Verhältnis als *Mensch-Umwelt*-Beziehung (Humanökologie, z. B. Odum & Reichholf 1980) oder als *Kultur-Umwelt*-Beziehung (Kulturökologie, z. B. Moran 2010, 2016) gesehen. Im ersten Fall geht es primär um Beziehungen zwischen Menschen als Lebewesen zu ihrer natürlichen oder menschlichen Umwelt (Glaeser 1996). Welche physiologischen Anpassungen zeigt etwa der Körper von Personen, die dauerhaft industrielle Arbeit leisten? Im zweiten Fall stehen Beziehungen zwischen menschlichen Kollektiven, wie Kulturen, Ethnien, Gesellschaften, und ihrer jeweiligen natürlichen Umwelt im Mittelpunkt. Wie passen sich etwa menschliche Gruppen im Hochhimalaja kulturell an ihre kalte Hochgebirgsumwelt an? In diesen Modellen bilden Menschen als Individuen oder Kollektive einen zusätzlichen externen Faktor, der die ansonsten zum System gehörenden internen Faktoren ergänzt. Die Annahme dabei ist, dass es diesen Faktor oft gibt, er aber manchmal fehlt und oft schwach ist, also nur einen »menschlichen Einfluss« auf das System darstellt. Der Vorstellung des Anthropozäns deutlich näher kommt das Konzept der Sozialökologie (Glaser et al. 2012, Fischer-Kowalski & Haberl 2017).

Röckström et al. führten den Begriff der planetaren Grenzen ein (*planetary boundaries*, Rockström et al. 2009, Steffen et al. 2015). Dies sind Parameter, die eine sichere Fortexistenz der Menschheit ermöglichen, einen »safe operating space for humanity«. Die planetaren Grenzen werden hinsichtlich neun Dimensionen (z. B. Landnutzung) bewertet, welche zusammengenommen für die Stabilität der Geo- und Biosphäre unabdingbar sind. Dies erinnert auf den ersten Blick an den Begriff begrenzter Ressourcen, was auf den Planeten bezogen seit dem *Club of Rome* diskutiert wird (Meadows et al. 1972, 2020). Im Kern ist es aber ein ganz anderes Konzept, dass die Kopplung zwischen menschlichen Gesellschaften und dem Erdsystem in den Blick rückt. Viel stärker als in all diesen Konzepten fordert die Idee des Anthropozäns, bei *jeder* Beschreibung des Status unseres Planeten Menschen, Kulturen und Gesellschaften prominent zu berücksichtigen. Gerade zur ungleichen Verteilung von Umweltdegradierung in arme Länder (Abb. 6.3) und arme Regionen wohlhabender Länder können die Sozialwissenschaften viel sagen. Das ist mehr als die ungleichen Nebeneffekte von Umweltstress, sondern »eine politische Geografie der Billigkeit und Gerechtigkeit« (Pálsson et al. 2013: 7).

Abb. 6.3   Straßenbau als geomorphologischer Faktor im Baliem-Tal, Neuguinea, *Quelle: Craig Antweiler*

Sind jetzt alle Gesellschaften Naturvölker? – ökologische Nexus und *Biophilia*

Die Geosphäre besteht aus hybriden Systemen, die Menschen mit Gesellschaft und Umwelt verknüpfen. Das Ozonloch etwa war ein hybrides Objekt, weil es durch natürliche Kräfte und kulturelle Faktoren entstanden ist (Bodley 2012: 5, 66–69). In der anthropozänen Welt haben wir uns die Natur angeeignet aber dadurch auch verloren. Kulturen folgen weitgehend einem technologischen Paradigma, wo wir ein Verfügungswissen *über die Natur* ausgebildet haben, aber das Orientierungswissen *in der Natur* verloren gegangen scheint (Mittelstraß 1992).

Ein Anker für solches Orientierungswissen könnte die menschliche Nähe zur Welt der Organismen sein. Unter »Biophilie« wird allgemein ein menschliches Bedürfnis nach einer engen Verbindung mit der natürlichen Umwelt, insbesondere mit Pflanzen und Tieren, verstanden. Wilson führte das Konzept vor allem anhand persönlicher Erlebnisse ein und definierte Biophilie als »… the inner tendency to focus on life and lifelike processes« (Wilson 1984: 1, Wilson 1992: 426–429, Gardner & Stern 1995: 183–192, ähnlich schon Dubos 1968: 39–42). Die Vertreter der These nehmen an, dass Biophilie eine genetisch bedingte Zuneigung zu Belebtem darstelle (»inclination to affiliate with life«, Kellert 1993: 21). Häufig wurde daraus eine Neigung zum Naturschutz abgeleitet und Biophilie so als Hilfe zur Förderung bewussteren Handelns zur Erhaltung der Biodiversität gesehen. Manche Literaturwissenschaftler gehen zum Teil weiter und sehen nicht nur bei Geologen eine Geophilie, eine Zuneigung zu Steinen, allgemeiner eine Tendenz von Materie, sich mit anderer Materie zu affiliieren, konkreter als Zuneigung zu Materie, unabhängig davon, ob sie belebt ist oder nicht (Cohen 2015: 19, 27–66).

Kritiker der Biophilia-Hypothese setzen besonders hier an. Die Metaphorik von Biophilie und Biodiversität transportiere implizit moralische Ansichten. Das Konzept beinhalte einen naturalistischen Fehlschluss (vgl. Moore 1993), verwechsle also Genese und normative Geltung. Das Konzept sei ein säkularisierter Tröstungsanspruch für nicht religiöse Menschen, die Verantwortung für die Schöpfung verspüren (Potthast 1999: 163f.). Vor allem aber ist zu bemerken, dass es kaum empirische Belege für Biophilie gibt. Die Biophilie-These ist bislang eher eine hermeneutische Auslegung des Mensch-

Natur-Verständnisses als harte Evolutionsbiologie. Die tatsächlich bislang nachgewiesenen Umweltpräferenzen sind viel spezifischer: Die Vorliebe für offenes, übersichtliches Gelände, Nähe zu Flüssen bzw. Quellen etc., und sie bedürfen nicht der Biophilie-These (Potthast 1999: 165, vgl. Milton 2002).

Jede Diskussion um das Anthropozän betrifft sowohl den Begriff der Natur als auch den Kulturbegriff. Sie betrifft den Dualismus zwischen Natur und Kultur und auch die dahinter stehenden Bewertungen, z. B. die Polarisierung von guter Natur und böser Kultur bzw. schlechtem Menschen. Wir leben in einer irdischen Epoche, in der wir gewissermaßen nur uns selbst gegenüberstehen. Mit dem Anthropozän hat der Mensch die »… Natur als das Andere seiner Selbst verloren« (Schiemann 2020: 250). Viele Diskutanten sehen den wichtigsten Beitrag der Idee des Anthropozäns darin, dass mit der Einsicht, der Mensch sei keine von außen kommende Kraft und Kultur würde als ein normaler Bestandteil der Biosphäre sichtbar werden, ein Wirtschaftssystem überwunden werden kann, das Natur ignoriert oder aber externalisiert.

Selbst wenn man nur abendländische Literatur heranzieht, findet man sehr unterschiedliche Naturbegriffe und eine Unzahl von Kulturbegriffen. Ein durchgehendes Merkmal aber ist die Bestimmung von Natur als Verhältnis, als Relation zu einem Anderen. Zumeist wird Natur in Bezug auf Kultur und *vice versa* bestimmt, seltener in Relation zum Sozialen. Natur ist eine Hälfte eines Begriffspaars, wobei dies als Polarität, als Dualität, oder als (einander ausschließende) Dichotomie gedacht wird (*naturalism*, Descola 2015). Festzuhalten ist, dass die klare Trennung zwischen Natur und Kultur historisch jung ist und nur in manchen Gesellschaften in Raum und Zeit vertreten wird:

> »(…) (die) Idee, bei der Natur halte es sich um eine universale Wirklichkeit, die sich nicht von unserem sozialen und moralischen Handeln beeinflussen lässt, (ist) eine relativ rezente Idee im westlichen Denken (…) (und ist) (…) allenfalls eine Vorstellung (…), die nur für eine begrenzte Zahl von Gesellschaften spezifisch ist, und dies auch nur (…) für eine relativ eingeschränkte Zeitperiode« (Platenkamp 1999: 6, Erg. CA).

Die im Gefolge der Entdeckung des Anthropozäns aufgekommenen Erd-systemwissenschaften (*Earth-System-Sciences*) und die umweltbezogenen Geistes- und Sozialwissenschaften (*environmental humanities*) wollen diese Polarisierung auflösen. Wenn der Mensch zum konstitutiven Element sozio-ökologischer Systeme wird, ist er nicht mehr externe Größe, so wie in der herkömmlichen Ökologie und Geomorphologie. Er wird quasi aus den Kultur- und Geisteswissenschaften in eine umfassende Erdsystemwissenschaft hineingeholt (Bruns 2019: 56).

Jenseits der Dualismen?

Als prominente Vertreterin posthumanistischer Richtungen prägte Haraway schon früh den Begriff »NatureCulture« (Haraway 2003: 2), um die Untrennbarkeit von Natur und Kultur aufgrund ihrer kausal engen Verwobenheit auf den Begriff zu bringen. Idealtypisch ist das für sie die kaum auflösbare Relation zwischen Menschen und Haushunden, die als domestizierte Tiere als Teil des Menschen selbst aufzufassen sind. Haraway will das mit dem Begriff einer *sympoiesis* der Selbststeuerung (*Autopoiesis*) entgegensetzen. »NatureCulture« beinhaltet aber auch Beziehungen von Menschen zu Mikroben, Bakterien und die genetische wie die ökotischen Ebenen der Verbindung. Kirksey meint Ähnliches, wenn er von »emergent ecologies« spricht (Kirksey 2015, vgl. Kirksey & Helmreich 2010).

Die Vokabeln, die in den häufig programmatischen Schriften benutzt werden, unterstreichen aber die fundamental dualistische Sicht: Natur und Kultur sollen »verbunden«, »gekoppelt« oder »verlinkt« werden. Vielfach wird nach alternativen Begriffen gesucht, die den Dualismus überwinden. Manche Begriffe wollen irritieren, etwa dadurch, dass der typografische Abstand zwischen den zwei Wortbestandteilen fehlt und es keinen Bindestrich gibt, etwa in »NaturenKulturen« (Latour 2015, Gesing et al. 2019: 7). Sprachlich bleiben die Vorschläge aber notorisch binär, wie z. B. »biosozial«, das spanische *socioambental* oder das von mir verwendete Wort »biokulturell« (Beispiele in Tab. 6.1). Ein neuer unkonventioneller Versuch, sich aus dem notorisch binären Rahmen zu befreien, stellt der Vierwörterbegriff »MenschenTiereNaturenKulturen« (Ameli 2021: 7, 69–77). Das ist aber sprachlich allzu unbequem; außerdem schreibt dieser Terminus die Trennungen ja fort, nur eben in vervielfältigter Weise.

Begriff		Verwendungsfelder und
Deutsch	Englisch, Spanisch	Bsp. von Autoren
Mensch-Umwelt-Beziehung	*Human-Environmental-Relatons, Human-Environment Systems*	Verbreitet in Institutionen und interdisziplinär, z. B. in *Environmental Humanities*
Mensch-Umwelt-System, sozial-ökologische Systeme	*Man-environment-system, Socio-ecological system*	In Institutionen und in den Erdsystemwissenschaften
Biosozial	*Bio-social*	Ingold & Pálsson 2013
Biokulturell	*Bio-cultural*	Evolutionsbiologie, in Ethnologie selten: Greenwood & Stini 1977
Biogeschichte	*Bio-history*	Harper et al. 2016
Geokulturell	*Geo-cultural*	Latour 2017
Geohistorie, »Geschichte geologisieren«	*Geo-history*	Chakrabarty 2002
Materielle Kultur bzw. materialisierte Kultur	*Material Culture*	Verbreitet in Ethnologie
Cyborg	*Cyborg*	Haraway 1994
Hybride Netzwerke	*Hybrid networks*	Latour 2015
Geosozial, »den Planet sozialisieren«	*Geo-social*	Latour 2015
NaturenKulturen	*NatureCultures,Multiple nature-cultures Natureculture borderlands*	Haraway 2003: 2, Kirkey & Helmreich 2010, Gesing et al. 2019, Fenske & Peselmann 2020
MenschenTiereNaturenKulturen	–	Ameli 2021: 7, 69–77
SozioNaturen	*Socio-natures, socionatures*	Castree 2017 a
Sozioökologische Transitionen	*Socioecological Transitions* span.: *socioambiental*	Fischer-Kowalski & Haberl 2017, Danowski & Viveiros de Castro 2019
Soziomaterielle Geschichte/n	*Sociomaterial histories*	Bauer & Bhan 2018: 5, Maassen et al. 2018

Begriff		Verwendungsfelder und
Deutsch	Englisch, Spanisch	Bsp. von Autoren
Sozialstoffwechselhaft	*sociometabolic*	Fischer-Kowalski et al. 2016, Haberl et al. 2019
Soziokulturelle Evolution	*Sociocultural Evolution*	Soziologie, Archäologie, z. B.Trigger 1998, Blute 2010, Turner 2021
Kosmopolis (statt Kultur vs. Umwelt)	*Cosmopolis*	Danowski & Viveiros de Castro 2019: 88
RessourcenKulturen	*Resourcecultures*	Scholz et al. 2017, Knopf 2017
Natur/Kultur-Trennung Querendes	*Anthropo-not-seen*	La Cadena 2015
Gesellschaftliche Naturverhältnisse	*Societal nature-relations*	Görg, Becker & Jahn 2006, Pye 2020
Erweiterter Phänotyp	*Extended Phenotype*	Dawkins 2016 (1999)

Tab. 6.1 Dualistische Benennungen für verknüpfte Phänomene von Natur und Kultur

Das Anthropozän ist dadurch gekennzeichnet, dass es zunehmend Netzwerke gibt, die aus verschiedenen Handlungsträgern bestehen. Das Soziale ist nicht mehr nur auf Menschen bezogen. Es gibt nicht nur die »soziale Frage« der Ungleichheit, sondern die »geosoziale Frage« (Latour). Außerdem erfasst die Technisierung zunehmend auch die Körper von Lebewesen einschließlich der Körper von Menschen, wie der Posthumanismus betont. Der planetare Wandel ist langfristig und umfasst *Geos*, *Bios* und menschliche *Techne*. Deshalb befördert die Anthropozändiskussion mehr als bisherige Debatten oder Diskurse die Suche nach ausdrücklich nicht dualistischen Begriffen. Dahinter stehen theoretische Überlegungen, aber auch konkrete geowissenschaftliche empirische Befunde. So scheinen manche vulkanischen Eruptionen in der Arktis und in Island auf durch menschliche Aktivitäten bewirkten Gletscherrückzug zurückzuführen sein (Pagli & Sigmundsson 2008). In Bezug auf den Planeten haben sich synthetische Ansätze fest etabliert und schon institutionalisiert. Die Geowissenschaften oder Erdsystemwissenschaften (*Earth System Science)* haben sich neben die klassischen Geologie, Geophysik und Geografie gestellt. Die Probleme der späten Moderne sind durch rasantes Bevölkerungswachstum, expandierende Rohstoffextraktion, das Artensterben und den Kollaps mancher Ökosysteme markiert.

Auf diese Befunde bzw. Diagnosen antworten manche mit einem konzeptionellen Zooming Out. »Our world of concern has been vastly expanded« (Pálsson et al. 2013: 99). Innnerhalb der sozialwissenschaftlichen Ansätze zum Anthropozän vertritt vor allem Latour eine Position gegen den oben kritisierten Akteursidealismus, welcher die Menscheit als handelnden Akteur sieht. In seiner Kritik an der modernen Unterscheidung von Mensch und Natur stellt er die Verknüpfungen zwischen Menschen und nicht menschlichen Akteuren (Aktanten) heraus. Diese Verquickung einer Vielheit von Akteuren, Menschen, Tieren, Pflanzen und Dingen miteinander und letztlich das gesamte Ökosystem machen den hybriden Charakter dessen aus, was Latour in einer seiner vielen Wortschöpfungen als »postnatürliches Kompositum« bezeichnet und mit dem Einheitsbegriff »Gaia« benennt (Latour 2013, 2018).

Latour, Haraway und andere posthumanistisch orientierte Autoren wollen die Unterscheidung zwischen handelndem Menschen und einer vermeintlich passiven Natur auflösen. Sie schreiben der Natur eine Handlungsträgerschaft zu wie dem Menschen und ebnen damit ganz bewusst ontische Unterschiede zwischen Handeln bzw. Intentionalität und Verhalten, zwischen Subjekt und Objekt und auch zwischen Leben und Nichtlebendigem ein. Zur Überwindung von Polarisierungen arbeitet Latour neuerdings mit dem Begriff des »Terrestrischen« (»atterrir«, 2018), das allerdings dann doch spezifisch auf Menschen bezogen wird, anders als ältere Ansätze wie das des Rhizoms (Ingold 2011, Ingold & Pálsson 2013). Hinzu kommt, dass im »Durcheinander der Natur« (Latour 2013: 19) bzw. im »Multiversum« nicht nur die Unterscheidung zwischen menschlichen und nicht menschlichen Akteuren, etwa Tieren, Pflanzen und Pilzen (Sheldrake 2020), eingeebnet wird, sondern auch die Differenz zwischen Akteuren und Artefakten.

All diese Ansätze werfen eminent herausfordernde Fragen auf, die Pálsson et al. so auf den Punkt bringen: »Could we benefit from applying the same theoretical frameworks to both the nano-world of bodies, cells, and genes and the giga-world of the globe?« (2013: 9). Aus meiner Sicht bleibt bei allen Unterschieden im Detail – etwa zwischen Haraway, Tsing und Latour offen, wie man mit diesen Begrifflichkeiten sozialtheoretisch arbeiten soll, welche Theorie der Gesellschaft daraus zu formen ist und vor allem, wie man diesen Ansatz zur empirischen Untersuchung von Menschen und Kollektiven im Anthropozän nutzen kann. Wie lässt sich »kompositionistisches Denken« theoriefähig machen, ohne eine metaphorische Flucht zu *Gaia* anzutreten? Wie schon an Haraways und Tsings Arbeiten ausführlich dargelegt, geht mit der Arbeit bzw. dem Spiel mit frei flottierenden Begriffen, die Gefahr einer Verarmung der sozialwissenschaftlichen Analyse einher.

Hinzu kommt eine drohende ethische Überlastung durch das Einfordern einer vollumfänglichen Verantwortlichkeit für jegliche lebendige Natur. Wenn Verantwortung auf die ganze Natur bezogen wird und diese damit völlig vom Menschen *abhängig* erscheint, landen wir bei dem, was der italienische Philosoph Agostino Cera als »Petification« kritisiert. Dies ist eine Verhaustierung der Natur, die aus einer vermeintlich absoluten (also nicht nur totalen, wie bei Hans Jonas) Verantwortung des Menschen für die Natur resultiert, einer Vollverantwortlichkeit (*omni*-responsibility). Damit gehe einher, die Natur zu verdinglichen, das Andersartige der Animalität der Tiere gegenüber dem besonderen Tier Mensch verschwinden zu lassen und – wenn auch ungewollt – bei einem planetarischem Management bzw. umfassendem Geoengineering zu landen (Cera 2020: 34–35, 2022, 2023). Die Harawaysche Einebnung, die ja eigentlich monistisch *eine* Natur konzipiert, führt, wenn mit einer Zuschreibung einer Absolutverantwortlichkeit kombiniert, zu einem praktisch-politischen Ansatz des Erdmanagements, der von Haraway nicht gewollt sein kann.

Einige wenige Kulturwissenschaftler und Soziologen arbeiten mit Latours Theorie empirisch, zum Beispiel zur Vergesellschaftung von CO_2 (Laux 2020: 130–143). Vor allem die differenzierungstheoretische Erweiterung seines klassischen Modernemodells, die Latour in seinem gesellschaftstheoretischen Hauptwerk »Existenzweisen« (Latour 2016) gemacht hat, lädt zu Analysen ein. Er suspendiert dort den Begriff »Gesellschaft« zugunsten des »Kollektivs« und unterscheidet 15 besondere Existenzweisen, die spezifische Weltverhältnisse bei modernen Kollektiven hervorbringen. Außerdem führt er eine Fülle von Abkürzungen ein, um die Vielfalt der Vernetzungen darzustellen (Latour 2018). Auch hier besteht das Problem aber wieder in einer überbordenden Theoriesprache, die

Anschlüsse an etablierte sozialwissenschaftliche oder kulturtheoretische Ansätze erschwert und in seinem letzten eher programmatischen Werk, dem »terrestrischen Manifest (Latour 2018) teilweise wiederum durch neue Begriffe ersetzt wird. Die Mehrheit zumindest der Soziologen scheint gründlich ernüchtert, zumindest angesichts der wenigen konkreten Auskünfte in analytischer wie normativer Hinsicht zum Phänomen des Anthropozäns. Mancher hält vor allem Latours vollmundige Verabschiedung der Moderne für verfrüht und die »Flucht zur Gaia« für kaum mehr als eine Leerformel:

> »Wie aber will man etwas Substanzielles zur soziologischen Analyse der globalen ökologischen Verwerfungen und Konflikte beitragen, wenn das eigene Urteilsvermögen sich in der metaphorischen Rede von ›Sphären‹, ›Schleifen‹, ›Kreisläufen‹ und sogenannten ›Loops‹ erschöpft? Hier rächt sich der Verlust von ordnungsstiftenden Kategorien in einer Auffassung vom Anthropozän, die meint, das analytische Unterscheidungsvermögen der Sozialtheorie in hybride Komposita überführen zu können, um sich schließlich in obskure Einheitsbegriffe wie ›Gaia‹ zu flüchten« (Neckel 2020: 166).

Aus ökonomischer und materialistischer Sicht besteht das Problem, dass die konkreten Ursachen der extremen Naturveränderung, etwa die kapitalistisch getriebene Extraktion von Naturressourcen als Ursachen nur unzureichend benannt werden können, wie vor allem Hornborg einwendet (Hornborg 2017, vgl. Kersten 2014: 393 ff., 397 ff.). Latour argumentiert im »terrestrischen Manifest«, dass die fortschreitende Erwärmung der Erdatmosphäre auf ein Komplott globaler Eliten zurückgehe (Latotor 2018: 25–30). Das kommt einer Verschwörungstheorie nahe, wie Kritiker berechtigterweise einwenden (Neckel 2020: 166)

Marxistische und andere materialistische Ansätze gestehen demgegenüber zwar zu, dass kein einfacher Gegensatz zwischen Mensch und Natur besteht, halten jedoch die Unterscheidung zwischen dem Menschen als Naturwesen, der aber eben ein besonderer Teil der Natur ist, und der restlichen Natur aufrecht (z.B. Foster & Angus 2016). Außerdem machen sie eine andere analytische Unterscheidung, als die zwischen Mensch und Natur, nämlich die zwischen *Gesellschaft* und Natur. Diese analytische Unterscheidung ist aber wichtig für das neomarxistische Argument, dass der Kapitalismus auf einem besonderen, nämlich extraktiven Naturverhältnis basiert. Grundlage des Kapitalismus ist demnach ein Naturverhältnis, in dem Natur als etwas Äußeres erscheint, als aus der ökonomischen Bilanz Externalisierbares, kurz: als billiger Rohstoff.

Kapitalistische Gesellschaften haben ein besonderes Naturverhältnis (Görg 2003a, 2003b). Insbesondere die heutige Variante des globalisierten Kapitalismus kann sich nur mittels der Natur reproduzieren, der Ausbeutung der Rohstoffe wie auch der Körper der Menschen. Natur wird damit entwertet, ebenso wie Arbeit, Geld, Nahrung, Energie, Pflege, und eben auch Lebewesen. Aufgrund der inhärenten Naturbezogenheit bestehen neomarxistische Ansätze deshalb darauf, dass der Kapitalismus die Natur nicht als Nebeneffekt tiefgehend verändert, sondern dies *notwendigerweise* tut (Altvater 2018, Patel & Moore 2018, Moore 2020: 9–13, 51).

6.5 Jenseits von Nachhaltigkeit? – ökologische Brüche versus holozänes Denken

> We cannot rewind ecosystems back to a state untouched by humans.
>
> *John Dryzek & Jonathan Pickering 2019: 9*

> Humans have evolved culturally and perhaps genetically to be unsustainable. We exibit a deep and consistent pattern of short-term resource exploitation behaviours and institutions.
>
> *Peter Richerson et al. 2023: 1*

Nachhaltigkeit bezieht sich auf zukünftige Probleme und dauerhaft gesicherte Chancen von Menschen und anderen Lebewesen. Es geht um zukunftsfähiges heutiges Handeln, und das Thema gewinnt angesichts des Anthropozäns eine eminente Bedeutung. Dies bildet auch eines der stärksten Argumente für eine Ausrufung des Anthropozäns als einer neuen geologischen Epoche (z. B. Mittelstaedt 2020: 137–140, Jørgensen et al. 2023). Die Debatte um Nachhaltigkeit, die in heutiger Form Mitte des 20. Jahrhunderts im Kontext des globalen Umweltbewusstseins und den Umweltkonferenzen der UN ab 1972 entstand, weist etliche strukturelle

Parallelen zur Anthropozändebatte auf. Die Nähe zwischen »Nachhaltigkeit« und »Anthropozän« besteht nicht nur thematisch in der Behandlung der Beziehung gegenwärtiger Dynamik zur Zukunft, sondern auch debattensystematisch. Beide können nämlich positiv als *container terms* gesehen werden, die einen produktiven Umgang mit vielen Bedeutungen ermöglichen, oder aber negativ als *catch-all-term* oder *buzzword* (Will 2020: 259).

Die für Nachhaltigkeitsdenken zentrale Idee der Kontinuität bzw. Dauerhaftigkeit und auch das kontinuierliche Zeitkonzept der klassischen Ethnologie (siehe Kap. 5.4) passen zur Vorstellung gleichmäßigen und langsamen Wandels in der *klassischen* Geologie, Paläontologie und Evolutionsforschung, welches dort als Gradualismus bezeichnet wird. In der Geologie geht dies bis auf Hutton und Lyell zurück, die herausarbeiteten, dass die in der Vergangenheit abgelaufenen Prozesse, wie Erosion und Hebung, derselben Art gewesen seien, wie sie auch heutzutage (rezent) zu beobachten sind. Dies gelte sowohl für Gesetzlichkeiten wie auch für die Rate des Wandels. Dieses Prinzip läuft in der Geologie und Paläontologie als Aktualismus bzw. Uniformitätsprinzip (*uniformitarianism*, Henningsen 2009, Bjornerud 2020: 78–79, 120–122, 134–135).

Diesem Prinzip wurde in der Geologie die Vorstellung abrupten Wandels, des Katastrophismus, dichotom entgegengesetzt. Bei diesen immer wieder als polare Positionen diskutierten Haltungen sollte man aber nicht übersehen, dass es im Katastrophismus schon im 19. Jahrhundert verschiedenste geologische wie theologische Varianten gab (Irvine 2020: 163, Sepkoski 2021). Aus geologischer Sicht, müsste es angesichts des Anthropozäns einerseits darum gehen, die Uniformität des geologischen Wandels wieder zu betonen; gleichzeitig abrupte Phasen des Wandels aber als »normal« zu erwarten, sowohl ohne als auch mit menschlichem Einfluss.

Kontinuität und fundamentale ökologische Neuigkeit

In den Geo- und Biowissenschaften gibt es bis heute anhaltende Diskussionen darüber, inwiefern die Grundannahme kontinuierlichen Wandels, also Evolution statt Revolution die Bedeutung plötzlichen Wandels unterschätzt. Eine Position, die abrupten geologischen und biologischen Wandel für normal hält, wird dort als Punktualismus bezeichnet (Gould 1990, Turner 2011:

37–57). Der kam verstärkt in den 1980er-Jahren auf, als in der Paläontologie klar wurde, dass Katastrophen, wie z. B. Faunenschnitte, also Artensterben quer durch viele systematische Kategorien der Pflanzen und Tiere, in der Erdgeschichte immer wieder auftraten, etwa die fünf großen Aussterbeereignisse (Raupp 1992, Raupp & Sepkoski 1982, MacLeod 2016). Heute weiß man, dass diese großen Katastrophen nicht nur Unterbrechungen der Erd- und Lebensgeschichte waren, sondern eine transformative Rolle für die weitere Entwicklung der Biosphäre und der Geosphäre spielten. Diese Einsicht läuft unter dem Begriff des »Neokatastrophismus«, einer Perspektive, die die Tiefenzeit selbst als eminent historisch ausweist (Irvine 2020: 162, Sepkoski 2021).

Was bedeutet Anthropozän für Vorstellungen und Ideale der Nachhaltigkeit? Die Befunde zum Anthropozän implizieren eine Revision oder Radikalisierung des an der Balance orientierten Nachhaltigkeits-Konzepts. Das Ziel der Nachhaltigkeit kommt aus der Forstwirtschaft und wurde später im Entwicklungskontext ausgearbeitet und dann allgemein popularisiert. Heute ist es ein extrem viel gebrauchtes Wort mit unterschiedlichen Bedeutungen. Im Kern geht es aber immer um den Ge- und Verbrauch von natürlichen Ressourcen und um die Berücksichtigung von Interessen zukünftiger Generationen des Menschen, also immer auch um normative Fragen. In diesem Rahmen spielen Wissenschaftler eine wichtige Rolle, deren normative Problematik etwa in der deutschen Klimawandelforschung deutlich wurde (Krauß 2015a: 61–62).

Nachhaltiges Wirtschaften besteht darin, die Lebensform der gegenwärtigen Gesellschaft so zu gestalten, dass Menschen kommender Generationen, also unseren Kindern und Enkeln, die Lebenschancen gesichert sind. Es geht um die Sicherung gleicher Chancen, wie sie Menschen der jetzigen Generation haben und damit (a) um die nahe Zukunft, (b) um kontrollierte bzw. geplante Kontinuität der heutigen Zustände und (c) primär um Interessen von Menschen bzw. Kollektiven. Die Idee der Nachhaltigkeit besagt im Kern, dass der Mensch der Natur nur das entnimmt, was er braucht, das zurückgibt, was recycled werden kann und nicht nachwachsende Ressourcen so weit wie möglich in der Erde belässt, insbesondere fossile Brennstoffe (Merchant 2020: 145). Ziel derzeitiger nachhaltiger Lösungen ist eine Balancierung der Interessen quasi eine »Erbfolge des Wohlstands«. Die normative

Leitlinie ist das Gebot, gegenwärtige Bedürfnisse nicht auf Kosten der Bedürfnisse von Menschen in der Zukunft zu befriedigen.

Unter den vielen Vorstellungen zur Nachhaltigkeit lassen sich derzeit zwei grobe Richtungen unterscheiden. Die klassische Konzeption seit dem Brundtland-Bericht ist »nachhaltige Entwicklung«, ein Konzept, das an Entwicklung und Wachstum gekoppelt und makroorientiert ist. Das Konzept der »nachhaltigen Lebensgrundlagen« (*sustainable livelihood*) setzt dagegen auf lokale Situationen, Grundbedürfnisse, wirtschaftliche Absicherung und Lösungen, wie lokal nachhaltige Anbauformen, Bioregionalismus und indigene Umweltkonzepte (Merchant 2005).

Trotz aller Unterschiede beinhalten Nachhaltigkeitsideen durchgehend die Vorstellung, dass die Menschheit den globalen nicht gewollten Wandel durch bestimmte Maßnahmen oder durch Rahmenbedingungen, z. B. Marktleitlinien, »in den Griff bekommen« kann (vgl. Eriksen & Schober 2016). Schon diese Formulierung zeigt die allgemeine Vorstellung menschlicher bewusster Handlungsmacht, die dahintersteht. Diese Vorstellungen bilden den Kern des Entwicklungsparadigmas und vieler anderer modernistischer Konzepte. Das zeigen etwa die globalen Nachhaltigkeitsziele, die *(global) Sustainable Development Goals (SDG)*. Die Diagnose des Anthropozäns geht aber in eine andere Richtung:

> »The complex and somewhat chaotic implications of anthropogenic environmental change undermine our capacity to respond along the lines of the modernist ›management‹ of the past, emphasizing human mastery and control« (Pálsson et al. 2013: 9).

Die Befunde zum Anthropozän implizieren eine Revision oder Radikalisierung des Nachhaltigkeits-Konzepts, das auf Stabilität oder Balance ausgerichtet ist und zudem nicht wirklich konsequent umgesetzt wird (Blühdorn et al. 2020). Bezüglich langzeitig stabiler Systeme können wir aus früheren Umweltkatastrophen und Kipppunkten von Ökosystemen (Fagan & Durrani 2022, Frankopan 2023) etwas darüber lernen, wo die Achillesfersen im Erdsystem tatsächlich liegen (Haller 2007, Jahn et al. 2016, SONA 2021, Block 2018, 2021, Bubenzer et al. 2019: 26, Wendt 2021). Wenn es aber im Anthropozän zu einem abrupten und dazu systemischen

Wandel gekommen ist, können wir nicht sicher sein, dass diese Lektionen aus vergangenen Transformationen einfach analog für die Zukunft gelten, wie Hauptvertreter der Anthropozänidee feststellen:

> »In summary, we conclude that Earth is currently operating in a *no-analogue state*. In terms of key environmental parameters, the Earth System has recently moved well outside the range of natural variability exhibited over at least the last half million years« (Crutzen & Steffen 2003: 253).

Ähnliches gilt für das schon mehrfach genannte Konzept der Resilienz. Resilienz wird zumeist als die Fähigkeit eines Systems verstanden, Störungen zu absorbieren und ihnen bei Aufrechterhaltung der grundlegenden Struktur standzuhalten. Das kann Systeme ohne Menschen oder mit Menschen betreffen (Folke 2016: 256, *social resilience*, Edwards 2020, Resnick 2021). Wie regeneriert sich ein Reisfeld nach einer Insektenplage, wie reagiert ein tropischer Regenwald auf Abholzung oder Feuer, wie regeneriert sich eine Inselökonomie im Pazifik nach einem Taifun, einem Tsunami oder einem Vulkanausbruch? Dahinter steht die Idee einer Kontinuität eines Ökosystems, und es geht um die Rückkehr zu einem Gleichgewicht, wenn auch einem dynamischen Gleichgewicht. Dies ziehen die Einsichten der Komplexitätswissenschaften in nicht lineare Prozesse seit Prigogine und Stengers.

Die Komplexität der Phänomene hat auch Konsequenzen für die Rolle der Naturwissenschaften und für die öffentliche Verbreitung wissenschaftlicher Erkenntnisse im Zeitalter sozialer Medien (Renn 2019). Bei der Kernenergie sind die Experten uneins über die nicht technischen Folgen des Einsatzes einer innovativen Technologie, was seit den 1960er-Jahren als »Expertendilemma« bekannt ist. Im Anthropozän dagegen gibt es eine neue Problematik in der Sache durch nicht lineare Dynamiken, das oft nur noch mit Stochastik fassbar ist, was anhand des Klimawandels deutlich wurde:

> »Neu ist jetzt, dass man dort, wo man traditionelle exakte Naturwissenschaft vermutet hat, Spielräume für Interpretationen findet und Pluralität der Meinungen sieht« (O. Renn 2021: 26).

Angesichts des Anthropozäns gibt es keine klaren und damit anzustreben-
den Gleichgewichtszustände. Politisch ist hier eher eine anthropozäne Konstruktion neuer *Dynamik*, eine Anpassungsfähigkeit oder Transformabilität
(*transformative resilience*), statt eine holozäne »Erhaltung« gefordert (Dryzek & Pickering 2019: 37–39). Jede Form echter Resilienz ist abhängig von
unserem Wissen über die Rolle des Menschen in der Geosphäre, denn:

> »Menschen handeln im Anthropozän nicht vor dem Hintergrund einer un-
> veränderbaren Natur, sondern sind tief mit ihrer Struktur verwoben und
> prägen sowohl ihre unmittelbare wie ihre ferne Zukunft« (J. Renn 2021: 2).

Double Bind im Anthropozän – umkämpfter »Naturschutz«

Wenn wir aber annehmen, dass sich die Geosphäre in Zeithorizonten des
Erdsystems ohnehin gerichtet verändert und sich das ganze Erdsystem im
Anthropozän umso stärker und abrupter verändert, kann der konservative
i. S. von konservierende Kern der Nachhaltigkeitsidee kaum aufrecht erhal-
ten werden. Nachhaltigkeit kann also nicht mehr unbedacht als *per se* wün-
schenswerte Leitidee gelten. Also beinhaltet Nachhaltigkeit als Konzept und
Leitlinie Probleme, Paradoxien und wahrscheinlich auch kaum auflösbare
Zielkonflikte: Dilemmata (Haller 2007, Benson & Craig 2017, Adloff & Neckel 2020: 12, Adloff et al. 2020, SONA 2021). Das gilt auch für die politische
Dimension z. B. von Indigenität. Die in den 1980ern stark aufgekommene
Idee der Nachhaltigkeit ist ein grundlegend normatives Konzept, das zukünftigen Menschen gleiche Chancen wie uns heutigen sichern soll. Im Angesicht des Anthropozäns kann die Idee der Nachhaltigkeit – einhergehend
mit Ideen, Grenzen, Verletzlichkeit, Entrechtung und Verknüpfung (*entanglement*) – auch dazu führen, etwa die Freiheit indigener Gemeinschaften
zu beschränken (Chandler & Reid 2019).

Nachhaltigkeit im Anthropozän ist damit ein gutes Beispiel für Situationen des Double Bind. Gregory Bateson, dessen wichtige Idee zu Ausrei-
ßerprozessen (Schismogenese) oben erläutert wurde, trug diesen Begriff bei,
der gerade in Bezug auf Nachhaltigkeit hilfreich ist: die »Doppelbotschaft«
(*double bind*). Als Double Bind bezeichnet man eine in sich widersprüchli-
che Botschaft, die dem Zuhörer keine Wahl lässt und auch sozial disfunk-
tional ist, etwa: »Sei spontan!« Bateson beschrieb das anhand individuel-

ler psychischer Prozesse in pathologischen Familienbeziehungen und als eine Ursache von Schizophrenie. Eine Doppelbindung kann aber auch für menschliche Kollektive oder gar die Menschheit bestehen: »Wachse grün!« Wie Erikson treffend bemerkt, befinden wir uns heute weltweit im *double bind*, einerseits zu wissen, dass das gegenwärtige neoliberal untermauerte und durch nicht erneuerbare Energie gefütterte Wachstum in der Menschheitsgeschichte schon faktisch einen »Ausreißerprozess« (*runaway process*) darstellt und andererseits, Nachhaltigkeit anzustreben.

Eine *double bind* ist nicht einfach ein Dilemma. Ein Dilemma, wie das zwischen klassenorientierter Politik, die materielle Verbesserungen anstrebt, und grüner Politik, die de facto einen reduzierten materiellen Lebensstandard anstrebt, ist im Prinzip mittels Prinzipien der Gleichheit und sozialen Gerechtigkeit zu lösen. Zwischen Wachstum und Nachhaltigkeit dagegen besteht ein fundamentaler Widerspruch. Als Ziel oder Vision kombiniert bedeutet das eine Doppelbotschaft. Dabei wissen wir nicht, ob wir uns – in evolutiven Allegorien gesprochen – zum Pfau entwickeln, dessen übertrieben gewachsener Schweif selektiv funktional oder zumindest harmlos ist, oder – wahrscheinlicher – zum irischen Elch, der wegen übergroßer Geweihe ausstarb. Eriksen sagt klar, dass er solche Allegorien für hilfreicher hält als »Geschichten über langfristige globale Nachhaltigkeit« (Eriksen 2016: 7, 22–24, 152). Nachhaltigkeitskonzepte sind historisch stark von Vorstellungen einer unberührten Natur geprägt.

> »Die Suche nach einer unberührten Natur bildete seit jeher den Hauptmotor für Entdeckungs- und Forschungsreisen wie auch für Abenteuer- und Selbsterfahrungsurlaube. (…) Auf Reisen wird nicht nur Natur aufgesucht, sondern sie wird durch diese Reisen auch konstruiert und in gewissem Maße überhaupt erst hervorgebracht« (Hupke 2020: 6).

Ein »Naturschutz« ist angesichts des Befunds, dass wir uns ja schon jetzt im Anthropozän befinden, aber kaum mehr denkbar. Wir können Ökosysteme nicht zu solchen Systemen zurückentwickeln, wo es keine menschlichen Einflüsse gibt. Ein Beispiel bildet Feuer, das einen wichtigen förderlichen Faktor für Artenvielfalt in Ökosystemen darstellt. Andererseits verändern Menschen ihre Landschaften wohl schon seit annähernd 100.000 Jahren mittels Feuer. Im Anthropozän verändern sich die Feuerwirkungen wegen Interaktionen mit anthropogenen Treibern, wie Landnutzung und invasiven Arten. So erfordert ein effektiver Schutz der Biodiversität heute, natürliche Feuerregimes mit gezielten menschlichen Aktivitäten zu verbinden (Kelly et al. 2020: 1, 7–9). Die Vorstellung einer möglichen Rückkehr zu einer historischen Ausgangssituation bzw. einer stabilen *baseline* ist unrealistisch, und damit werden alle Konzepte der »Erhaltung« systematisch herausgefordert. Simple Vorstellungen eines Greenings der modernen Welt nehmen diese Tatsachen nicht ernst, wenn sie eine langsame Anpassung anpeilen. Damit sind auch die Kultur- und Sozialwissenschaften gefragt (Shoreman-Ouimet & Kopnina 2016). Heutige Naturschützer sind sich darüber klar, dass sie Landschaften schützen, die schon lange anthropogen überformt oder zumindest beeinflusst und damit allenfalls »naturnah« sind (Baur 2021). Dennoch zeigen viele Ideen zu Erhaltung, (*conservation, preservation, restoration*) nach wie vor ein »holozänes Denken« (Dryzek & Pickering 2019: 9), statt wirklich einen konvivialen und damit nichtdualistischen Naturschutz (Büscher & Fletcher 2023) anzustreben.

In der Summe erscheint eine »anthropozäne Nachhaltigkeit« als *contradictio in adjecto*, denn eine Grundeinsicht zum Anthropozän ist ja gerade die der Plötzlichkeit und Irreversibilität menschlicher Wirkungen (Hernes 2012). Eine sinnvolle Anpassung an aktuelle Veränderungen kann eine Fehlanpassung in der Zukunft bedeuten. Entgegen der Kontinuität betont die Idee des Anthropozäns Brüche innerhalb zeitlicher Veränderungen und fundamentale ökologische Neuartigkeit innerhalb ökologischer Systeme (*ecological novelty*, Kueffer 2013: 23). Die menschlichen Ursachen solcher plötzlichen Umbrüche wurden vor allem von Glaziologen dokumentiert. Trotz der Erfahrung solcher plötzlichen Veränderungen schwindet die kulturelle Idee der reinen Natur nicht.

In der Idee der Nachhaltigkeit und von ihr beeinflusster Konzepte der Naturerhaltung (*conservation*) stecken weitere zentrale Spannungen (Ziegler 2019: 273–274, Büscher & Fletcher 2023). Die Idee der Nachhaltigkeit tendiert dazu, »… Natur als exogene Größe zu betrachten, die um der Menschheit willen nicht restlos vernutzt werden darf, um ihr auch weiterhin einen Zugriff auf natürliche Ressourcen zu erlauben.« (Adloff & Neckel 2020: 12–13). Die Einsicht in Anthropozän als Sache bedeutet aber, dass es jetzt nicht nur um Nachhaltigkeit, sondern um Habitabilität geht, also um dauerhafte Grundlagen der »Lebbarkeit«. Diese Bewohnbarkeit auf der Erde betrifft jetzt nicht mehr ausschließlich menschliche Interessenlagen (Chakrabarty 2021: 83). Demnach ist es beispielsweise eine offene Frage, ob Artenvielfalt aus menschlichen Interessen heraus gefördert werden soll, wie eine Nachhaltigkeitsidee nahelegen würde, oder aus einem »Interesse« spezifischer Konfigurationen von Menschen und anderen Lebewesen (»more-than-human«) oder eines ganzen Bioms oder gar der Natur insgesamt. Was wir in jedem Fall brauchen, ist eine echte Geoanthropologie, denn:

> »Wir leben nicht in einer stabilen Umwelt, die lediglich als Bühne und Ressource für unsere Handlungen dient, wir gehören zu einer Dynamik, in welcher der Mensch und die nicht menschliche Welt gleichermaßen eine Rolle spielen« (Renn 2021: 2).

In der aktuellen politischen Diskussion geht es beispielsweise konkret darum, ob einem Ökosystem nicht nur ein ethischer, sondern sogar ein rechtlicher Status zuzusprechen ist (Adloff & Busse 2021). Eine nachhaltigkeits-orientierte Position ist notwendigerweise anthropozentrisch, die Habitabilitäts-Idee dagegen biozentrisch, aber auch sie benötigt Menschen, um einen Eigenwert der Natur anzumelden. Angesichts verarmter Floren und Faunen und der Durchsetzung mit invasiven Arten betonen manche Naturschützer, dass wir schon jetzt durch Wachstum und Konsum auf einem derartig »gezähmten« Planeten leben, dass Wildnis fast ganz verschwunden sei zugunsten ganz »neuartiger Ökosysteme« (Crist 2013, 2020). Das erscheint übertrieben und zeigt ein Beharren auf der Unterscheidung von einer unberührten Natur. Extrem erscheint es mir aber vor allem, daraus umstandslos zu schließen, Artenvielfalt als Ziel sei schon jetzt eine verlorene Sache (vgl. Thomas 2017). Auch die damit oft verbundene These, dass die Interessen des Menschen im herkömmlichen Naturschutz unzureichend berücksichtigt werde (*new conservation*), trifft schlichtweg nicht zu (Wilson 2016: 84–85, 93). All dies sind evtl. Folgen einer Verunsicherung, die interessanterweise wiederum mit einer Krankheitsmetapher beschrieben wurde, nämlich als »ökologisches Angstsyndrom« (*ecological anxiety disorder*, Robbins & Moore 2013).

Nachhaltigkeitskonzepte, die annehmen, verbesserte Technologien und verändertes Umweltbewusstsein würden die materiellen Kreisläufe verbessern, blenden den systemisch disruptiven Charakter und zeitlich diskontinuierlichen Verlauf solcher Phänomene aus (Pálsson et al. 2013: 8). Sie unterschätzen die Bedeutung von globalen Machtverhältnissen genauso wie die Wirkkraft grundlegender Verhaltensneigungen des Menschen, wie Kurzzeitorientierung und meso-skalige Wahrnehmung (Morrison & Morrison 1992) sowie auch kultureller Wertorientierungen (z. B. Wohlstand als Norm). Damit ist das klassische Ziel von Nachhaltigkeit auch aus diesem Grund nicht mehr streng haltbar.

Allerorts aufgesetzte Nachhaltigkeitskonzepte müssen anerkennen, dass vieles im Universum *un*abhängig von menschlichen Einflussmöglichkeiten geschieht (Leggewie & Hanusch 2020: N4, Hanusch et al. 2021). Ein realistisches Nah-Ziel könnte sein, dass Enkel gleich viele Chancen bzw. Optionen haben, aber *qualitativ* andere. Die Rede von »zukünftigen nachhaltigen Anthropozängesellschaften« (etwa bei Pálsson et al. 2013: 10) kann sich demnach m. E. nur auf die fernere Zukunft beziehen. In einer noch weiter radikalisierten Form würde ein verändertes Nachhaltigkeitskonzept bedeuten, die Zukunft offen zu halten für experimentelle andere Gefüge, statt Kontinuität und kontrollierte »Bewirtschaftung« anzustreben (Horn 2020).

Ein konkreter, optimistischer, aber umstrittener Vorschlag der Umweltjournalistin Emma Marris ist, statt »unberührter Natur«, die es ohnehin kaum mehr gebe, »neuartige Ökosysteme«, also anthropogen beeinflusste Räume gemischter Halbwildnis zu entwickeln und zu erhalten: ruderale Formationen bzw. »wilde Gärten« (»rambunctious garden«, Marris 2013, Stoetzer 2018). Dieser heiter stimmenden Vision ist allerdings im Sinne des Präventionsprinzips entgegenzuhalten, dass wir derzeit noch wenig über mögliche irreversible Systemwirkungen etwa durch invasive Arten wissen. Mit derzeitigen Methoden kann kaum eine Voraussage etwa über die langfristige Entwicklung der Artenvielfalt in solchen hybriden Systemen gemacht werden (Wilson 2016: 88, 95, 100, 117).

Konfligierende Zeithorizonte

Eine weitere Spannung zwischen Nachhaltigkeitszielen und einem durch das Anthropozän nahegelegten Wert der Habitabilität entsteht durch die unterschiedlichen Zeithorizonte bzw. verschiedenen Zeitlichkeiten (Adloff & Neckel 2020: 13). Während Nachhaltigkeit als Entwicklungsziel die nächste oder die kommende Generation (von Menschen) im Blick hat, legt eine anthropozänisch informierte Position nahe, viel längere Zeiträume, nämlich eine auch in die ferne Zukunft gedachte Zeit anzusetzen, quasi eine extrem lange *longue durée* (Silva et al. 2022). Im Sinne der langen Zeitperspektive ginge es nicht nur um Enkel-kompatible Lösungen, sondern auch um die Interessen der »Kinder der Kindeskinder«. Anthropozän betont langfristige Geschichte der Natur, Evolution als »Naturgeschichte«. Ein langzeitliche Perspektive auf Nachhaltigkeit wird auch durch archäologische Vergleiche langfristigen Landschaftswandels nahegelegt, die zeigen, dass menschliche Gemeinschaften Störungen umso leicher absorbieren und überstehen können, wenn sie diese öfter erfahren haben (Riris et al. 2024: 838–840).

Die Bedeutung des Nachdenkens über solche ferne Zukunft und die Folgen jetzigen Entscheidens für sie ist ja spätestens durch den anthropogenen Klimawandel klar geworden. Je unterschiedlich gewählte Zeithorizonte werfen weitreichende ethische und theologische Fragen bezüglich der Verantwortlichen für die Verursachung als auch nach dem Kreis der von Effekten betroffenen auf (Ott 2016, 2019). Grundlegend zeigt sich hier wieder das Auseinanderfallen zwischen einer menschzentrierten, auf kurze Zeiten und kleine Räume bezogenen, Sicht und einer bio- und geozentrischen Perspektive, die lange Zeitlichkeiten und große Georäume bzw. Lebenssysteme in den Blick nimmt. Der Klimawandel hat zudem aufgezeigt, dass es für eine Konzeption ferner Zukünfte auch eines konkreten Wissens um die Tiefenzeit der Vergangenheit bedarf, weil man ohne dieses Wissen gar keine langzeitigen Trends ausmachen kann. Daran geknüpft ist auch die problematische Tatsache, dass der Wandel solcher Systeme kaum geplant werden kann.

Schließlich hat der Klimawandel auch aufgezeigt, dass eine normative Beanspruchung ferner Zukünfte dazu führen kann, dass Einsprüche in der Gegenwart durch Verweis auf höhere Ziele delegitimiert werden (Adloff & Neckel 2020: 13). Dies ist m. E. ein prinzipielles Politikproblem, das also nicht erst im Anthropozän auftritt. Als Südostasienwissenschaftler denke ich an die geradezu klassischen Argumentationen der Regierung Singapurs, dass demokratische Rechte, etwa volle Pressefreiheit, gegenwärtig zurückgestellt werden müssten, um eine sichere ökonomische Zukunft des immer prekären Inselstaats zu sichern. Angesichts des anthropogenen Klimawandels und verschärft im umfassenderen Anthropozän wird diese Gefahr jetzt aber makroskalig relevant. Mit dem Argument von »Interessen« kann in viel größerem räumlichen Raummaßstab und auch gesellschaftlichen Maßstab – und für eine viel längere Zeitlichkeit – argumentiert werden. Das reicht bis hin zu einer kosmopolitischem Ebene: Kosmopolitik. Ein aktuelles Beispiel ist wohl die Entscheidung zur abrupten Änderung der deutschen Atomenergiepolitik unter Angela Merkel mit dem Argument der Zukunftsgefahren.

Diese Überlegungen decken sich mit Konzepten zur grundlegenden Bedeutung von Technologie in gegenwärtigen und verstärkt in zukünftigen Gesellschaften. Hier sind Konzepte zur »Risikogesellschaft« (Beck 1994) und Ideen zu transhumanen Gesellschaften einschlägig. Anthropozäne Gesellschaften könnten viel mehr als heute grundlegend solcherart Gesellschaften sein, für die disruptiver Wandel in fundamentaler Weise »normal« ist. Menschen werden in Gesellschaften leben, für die bewusste Eingriffe in die Geosphäre mit Langzeitfolgen und auch in die Lebewelt – einschließlich der menschlichen Körper – Normalität bedeutet.

> »It is now time for us to *articulate the culture of emerging Anthropocene societies* by drawing upon natural scientists, humanities scholars, and social scientists, emphasizing the new fusion of the natural and the ideational. In regard to the transition to fully Anthropocene societies, adapted to the new human condition, how can the contemporary syndromes of anxiety, drift, and self-delusion be transformed into a more positive task of building a culture of sustainability?« (Pálsson et al. 2013: 8, eigene Hervorheb.).

Damit geht es um normative Fragen, aber auch um die anthropologische Frage, was menschliche Bedürfnisse sind und wie sie für jeweils spezifisch situierte Menschen und Gemeinschaften befriedigt werden können, eine in der klassischen Ethnologie diskutierte Frage (Malinowski 2006), die leider in der postmodernen anthropologischen Ethnologie lange in den Hintergrund getreten ist. Eine sinnvolle Alternative zum Nachhaltigkeitsbegriff, die zentrale Inhalte aufrechterhält, aber realistisch bleibt, ist das oben erläuterte Konzept der Reproduktion. Reproduktion kann verstanden werden als Fähigkeit einer Person, eines Systems, oder eines sozialen Feldes, weiter zu existieren, ohne sich dabei ständig an *exogenen* Wandel anpassen zu müssen. Als Organismen reproduzieren sich Menschen biologisch und sozial. Soziale Systeme müssen die Träger körperlich und ihre sozialen Arrangements transgenerational reproduzieren. Auf der Erfahrungsebene von Menschen zeigen sich die zentralen Probleme des Anthropozäns als Reproduktionsprobleme von Kulturen. Aus ihrer langjährigen Erfahrung u. a. als hohe UNESCO-Beamtin und Präsidentin des internationalen Ethnologenverbandes IUACN schließt Lourdes Arizpe Schlosser:

> »(…) what I see happening at present in the development oft the concept of the Anthropocene: a lack of political and ethical ideas that self-organizing groups could latch on to« (Arizpe Schlosser 2019: 286).

Ein zentrales Problem ist das Fehlen einer klaren Ausrichtung internationaler Politik und Führung etwa im Sinne von Konzepten des *Degrowth* (Schmelzer & Vetter 2019). Dies hat zur Folge, dass es an durchschlagend plausiblen Ideen und Werten fehlt, an denen sich lokale Initiativen orientieren könnten.

6.6 Tiefenzeit und soziale Zeiten – Paläontologie der Gegenwart

> Geschichte zu haben ist kein Privileg des Menschen.
>
> *Edward O. Wilson 2016: 169*

> The last thing a fish would ever notice would be water.
>
> *Ralph Linton zugeschrieben*

Im gesellschaftlichen Umgang mit dem Anthropozän treffen gegensätzliche Zeitskalen aufeinander. Mit der Titelformulierung »Geology of Mankind« (Crutzen 2002) setzte Crutzen von Beginn an eine Auseinandersetzung mit auf den ersten Blick inkompatiblen Zeitlichkeitsvorstellungen auf die Tagesordnung (Will 2021: 34). Diese Problematik wurde allgemein besonders von Reinhart Koselleck auf die historische Agenda gesetzt (Kosseleck 2013). Im

Angesicht des Anthropozäns werden einerseits Folgen menschlichen Wirkens in erdgeschichtlichen Zeitdimensionen diskutiert. Andererseits wird dringliches Handeln angesichts existenziell bedeutsamer Probleme heraufbeschworen. Wenn die planetarischen Grenzen nicht überschritten werden sollen, ist morgen schon heute. Die Tagesaktualität politischer und ökonomischer Interessen trifft auf langfristig sozialökologische Folgen und geologische Zeittiefen, welche die menschheitsgeschichtlichen Zeitskalen um mehrere Zehnerpotenzen übertreffen. Das wurde schon durch die oberflächlich tagesaktuell erscheinenden Debatten um radioaktiven Müll, »Endlagerung« und »Ewigkeitslasten« deutlich, einem Problem, das in Debatten um das Anthropozän kaum erwähnt wird (Görg 2016: 12, vgl. Brunngräber 2015, 2021).

Die weitaus meisten Menschen auf der Welt erleben die Erde unter sich als weitgehend statisch. Während sich sonst fast alles im Leben konstant verändert, so erscheint das Gestein unter uns als stabil, als »der Boden, auf dem wir stehen«. Plötzliche Ereignisse, wie Erdrutsche, Erdbeben, ein Vulkanausbruch, ein Wirbelsturm oder ein Tsunami werden leicht bemerkt. Solche Ereignisse gehören in manchen Weltgegenden wie etwa Indonesien oder in den Philippinen zur normalen Erfahrung von Menschen, die ihre Lebensweise daraufhin langfristig zu Cultures of Disaster (Krüger et al. 2012) entwickelt haben, die Risiken durch lokales Wissen minimieren. Im Gegensatz zu solchen »Naturkatastrophen« laufen erdgeschichtliche Krisen wegen des präsentistischen Alltagszeitmaßstabs aus menschlicher Sicht unendlich langsam. Sie erscheinen Menschen nicht als Desaster, weil sie für Menschen ohne Messgeräte kaum wahrnehmbar sind. Aus geologischer Sicht aber ist auch das ruhige Terrain, auf dem wir leben, im Gegensatz zum Diktum, dass die Natur keine Sprünge mache, alles andere als statisch (Ghosh 2017: 32–34, Gordon 2021).

Die postkoloniale Theoretikerin Gayatri Chakravorty Spivak bemerkte, dass es eine »Planetarität« gebe, die für menschliche Zeitvorstellungen schlicht unzugänglich sei (Spivak 2003: 88). Ich meine jedoch, dass wir uns diese aber wissensbasiert vergegenwärtigen können und auch müssen, denn das Anthropozän hat die Verschränkungen der Zeitebenen schlagartig auf den Punkt gebracht. Die Humanökologen Andreas Malm und Alf Hornborg forderten angesichts des Anthropozäns nach einer Vertiefung der

Sozialgeschichte (Malm & Hornborg 2014: 66). In diesem Kapitel zeige ich, dass sich eine tiefenzeitliche Perspektive durchaus mit dem ethnologischen ortsbasierten und erfahrungsnahen Fokus verträgt (vgl. für die Soziologie Clark & Szerszynski 2021: 53). Ich argumentiere, dass »Tiefenzeit« nicht bloß abstraktes Konzept darstellt, sondern Teil der phänomenalen Welt ist, die sich auf der Ebene des Alltags auswirkt, nicht nur bei der Rohstoffextraktion. Das Anthropozän als Sachverhalt erfordert, kurze und lange Zeitmaßstäbe von Krisen zusammenzuführen und anders als andere frühere Zeitdiagnosen oder Gesellschaftsdiagnosen, wie Moderne, Postmoderne, Spätmoderne, Übermoderne oder Multioptionsgesellschaft, ermöglicht der Anthropozänbegriff mit seiner planetaren Langzeitperspektive genau dies:

> »Durch den Anthropozänbegriff war mit einem Male eine Brücke zwischen geologischer und historischer Zeit geschlagen. Es wurde deutlich, dass die Zeitskala der Menschheitsgeschichte untrennbar mit der geologischen Zeitskala verknüpft ist« (Renn 2021: 3).
>
> »Das Anthropozän verlangt von uns eine Retrospektive der gegenwärtigen Situation, eine Art ›Paläontologie der Gegenwart‹, in der wir selbst zu Sediment geworden sind (…)« (Macfarlane 2019: 97, vgl. Mitchell 2012: 325).

Planetare Transformation, individuelle Biografien und fehlende Epochenbegriffe für die Zukunft

> It requires a different sense of time to adequately perceive the impact of slow-motion disasters as they are happening.
>
> *Stuart Kirsch 2014: 28*

Die Transformation des Planeten im Anthropozän und auch das neue Bild der eminenten menschlichen Rolle darin stellen nicht nur die gemeinsame Verantwortung, sondern auch unsere eigene Verortung als Person in der Zeit infrage (Augé 2019: 50). Wir leben erstens durchschnittlich deutlich länger als bisherige Menschen, und das lässt uns die derzeitige Beschleunigung der Geschichte deutlicher wahrnehmen. Hinzu kommt zweitens, dass dadurch mehrere Generationen länger zusammenleben. Die verlängerte Lebenszeit wird bald zu einer systematischen Gleichzeitigkeit von vier Generationen führen. Wenn Ethnologinnen immer gesagt haben, dass die Beziehungen zwischen alternierenden Generationen, Großeltern und Enkeln entspannter als zwischen Eltern und Kindern sind, werden sich jetzt andere Formen der Verbundenheit erkunden lassen (Augé 2019: 56),

Mit diesen Folgen der Verlängerung der Lebensdauer wird die allseits beschleunigte Veränderung des Planeten für alle biografisch greifbarer. Das zeigt sich derzeit weltweit in Konfrontationen oder auch im Auseinanderleben der Generationen. Durch schnelle Technologieveränderungen wächst, wie Augé betont, die objektive Verbundenheit *innerhalb* einer Generation, weil sie als Kohorte mit denselben Technologien sozialisiert wurde. Ein klares Beispiel sind die Erfahrungen im Umgang mit elektronischen Geräten und Medien. Wie Margaret Mead angesichts rapidem Kulturwandel *avant la lettre* hervorhob, können und müssen Großeltern jetzt von Enkeln und Eltern von Kindern lernen, was die klassische vertikale Sozialisationsrichtung und eine horizontale ergänzt. Der rapide Wandel bringt damit aber auch das Problem einer Jugend ohne Vorbild (Mead 1971). Insofern halte ich den Begriff der »Beschleunigung« nicht nur für das Erdsystem (*Great Acceleration*), sondern auch in Bezug auf die erfahrungsnahe Ebene des Alltags für ethnologisch hilfreich, um die umweltbezogenen Steigerungslogiken spätmoderner Gesellschaften zu erfassen (Eriksen 2016: 10–15, vgl. Rosa 2021: 181–200).

Unter Studenten der Geologie und Paläontologie ist es bekannt, dass man vereinfachende Hilfsmittel braucht, um sich die Länge geologischer Zeiten irgendwie zu verdeutlichen. Nicht nur in populärwissenschaftlichen Schriften finden wir Darstellungen, wo die gesamte Geschichte des Planeten als ein Tag dargestellt wird und der Mensch bekanntermaßen erst einige Sekunden vor Mitternacht erscheint. Jedem Studenten der Geologie und auch gestandenen Praktikern bleibt aber immer wieder klar, dass das nur ein pragmatisches Hilfsmittel ist, welches das Wahrnehmungsproblem nicht wirklich löst (Gould 1990). Geologinnen erfahren diese Herausforderung konkret, indem sie in Aufschlüssen arbeiten. Wenn sie durch Landschaften gehen oder fahren, interessieren sie sich für diese Stellen, wo man direkt in die Erdgeschichte hineinsehen kann. McPhee verdeutlicht das anhand von Geologen, die an Straßenbauprojekten für Interstate Highways in den USA arbeiten. Ein zentrales Argument einer durch geologische Tiefenzeit informierten Ethnologie ist die Einsicht, dass die materiellen Lebensbedingungen von Menschengruppen das Produkt einer tiefenzeitlich langen Entwicklung sind.

Wir arbeiten mit Epochenbegriffen und Abkürzungen für die Vergangenheit, wie »v. h.« (vor heute, BP, *before present*) und MYA (*million years ago*), haben aber keine dementsprechenden Begriffe für die geologische Zukunft. Noch spricht niemand von »nach der Gegenwart« (*after present*, AP) oder »in Millionen Jahren«, (Macfarlane 2019: 97). Die Rhythmen der geologischen Zeit und die der sozialen Zeit erscheinen zunächst als unabhängig voneinander. Erst die Befunde zum Anthropozän haben klargemacht, dass hier nicht nur Zusammenhänge bestehen, sondern dass es auch zu Spannungen zwischen unserer kurzzeitigen Alltagsorientierung und den unsagbar langen Zeiträumen der physischen Prozesse kommen kann, auf denen die Gegenwart ruht. Wie Umwelthistoriker betonen, wurden mit der »Great Departure«, dem Heraustreten aus der organischen Wirtschaft des »alten biologischen Regimes« (Braudel 1981) nicht nur die bis dato existierenden natürlichen Grenzen in Form lokal verfügbarer Energie überschritten.

Nein, mit der Schaffung der Anthroposphäre wurden auch die natürlichen Rhythmen drastisch verändert. Statt der Nutzung regelmäßig lokal anfallenden Holzes als Energieträger wurden jetzt Energieträger, die in der geologischen Vergangenheit entstanden. Wo bis dahin Tierurin als Dung fungierte und Böden schnell an Phosphor ausgelaugt waren – und es in armen Gebieten der Welt bis heute sind – und wo externe Phosphorquellen (Guano) nur begrenzt verfügbar waren, wurde mit dem Anthropozän synthetischer Dünger eingesetzt (Marks 2024: 172ff.). Wegen dieser erst jetzt im Anthropozän erfahrenen Zeit-Spannungen ist es wichtig, sich mit gesellschaftlichen Zeithorizonten zu befassen. Aus ethnologischer Sicht geht es darum, den gelebten Alltag innerhalb der Tiefenzeit anzusetzen, anstatt ihn davon zu abstrahieren (Irvine 2020: 1, 18, 174).

»(…) if we concive of earth processes as effectively static, too gradual to be relevant to human inquiry, then this evades the changes instigated through human *geological* agency – changes that can only be fully understood as *transformational mark in* deep time« (Irvine 2020: 11, eigene Hervorheb.).

In der Ethnologie ist Zeit ein wenig bearbeitetes, aber dennoch klassisches Thema, vor allem in der Religionsethnologie, der Kunstethnologie und der Wirtschaftsethnologie. Ethnologinnen haben sowohl untersucht, wie Zeit aufgefasst wird als auch, wie in der Zeit gehandelt wird. So wurde untersucht, um welche Rhythmen herum das Alltagsleben organisiert ist, wie Zeit in Kulturen aufgefasst (Arbeitszeit, Freizeit) und gemessen wird (z. B. Kalender). Insbesondere wurde untersucht, welche Vorstellungen es über die Richtung der Zeit, aus der Vergangenheit über die Gegenwart und in die Zukunft gibt (lineare, zyklische, oszillierende Zeit). Weitergehend wurde die Frage gestellt, inwieweit lokale Zeitkonzepte durch die jeweilige Sprache vorgeformt sind und inwiefern sie durch soziale Umstände bestimmt sind (Whorf 1963, Evans-Pritchard 1939, Gell 1992, Munn 1992).

Während diese Untersuchungen sich vor allem mit Konzepten, Symbolen und Weltbildern zu Zeit befassten, gibt es auch quantitative Studien zur Nutzung der Zeit. In wirtschaftethnologischen, kulturökologischen und evolutionsökologischen Studien wurde außerdem untersucht, wie viel Zeit Menschen im Alltag für welche Aktivitäten nutzen (*time-allocation-studies*). Ein wichtiger Befund ist hier, dass die Selbstauffassung der Zeitverwendung sich oft deutlich von der Zeitallokation nach quantitativen Daten unterscheidet.

Eine für die ethnologische Zeitforschung zentrale und m. E. für das Verständnis des Umgangs von Menschen mit dem Anthropozän hilfreiche Unterscheidung führte Evans-Pritchard bei seiner klassischen Untersuchung von Zeitkonzepten der Nuer. In einem Vorläufer der *multi-species-anthropology* stellte er ökologisch Zeit und strukturelle Zeit bei diesen Herdenhaltern im Sudan dar. Die ökologische Zeit ist das Zeitregime, was durch Interaktionen der Menschen mit den domestizierten Tieren, mit Wasser und der sonstigen natürlichen Umwelt gekennzeichnet ist, hier z. B. die in Form der Dynamik der Landoberfläche. Hier kommen verschiedene Rhythmen zusammen, physikalische (Regen, Saisonalität), biologische (Gräser, Fische) und soziale, nämlich der Melkzyklus im Tagesverlauf und die Siedlungsverlagerung zwischen Dorf und Feldlagern im Jahresgang. Diese Rhythmen beziehen sich weniger auf Zeitbezüge zu externen Zeitrahmen, sondern auf miteinander verknüpfte Aktivitäten, und sie werden auch symbolisch verknüpft (Evans-Pritchard 1940: 36, 59, 66, 72, 95 f.).

Strukturelle Zeit im Sinne von Evans-Pritchard ist dagegen die Zeit, die angibt, wann ein Ereignis in Relation zu einem anderen stattfand, etwa die Initiation in eine Alterskategorie. Diese Zeit wird oft benutzt, wenn es um soziale Distanz, vor allem zu Menschen anderer Teilgruppen, Clans, Lineages oder Ethnien geht. Während die ökologische Zeit stark mit Materialien und materiellen Flüssen zu tun hat, ist die strukturelle Zeit abstrakter. Bei ihr spielen kulturelle Werte, Modelle und Verhaltenserwartungen die zentrale Rolle, im Fall der Nuer z. B. Normen und Ideale zu Altersgruppen und Verwandtschaftsgruppen. Strukturelle Zeit erscheint auf den ersten Blick als gerichtet bzw. kumulativ, aber sie bewegt sich in kulturell vorgegebenen Strukturen. So wird die strukturelle Zeit durch die Annahme der Akteure, dass der Zeitabstand zwischen Beginn der Welt bis zur Gegenwart unveränderbar ist, statisch (Evans-Pritchard 1940: 95, 105–108).

Weniger wurde bislang die speziellere und für das Thema Anthropozän zentrale Frage untersucht, inwieweit die Zeittiefe (*time depth*) erfahren und konzeptualisiert wird und inwiefern diese das Handeln beeinflusst (Shryock et al. 2011). Was gilt in einer untersuchten Gemeinschaft als »sehr lange zurück in der Vergangenheit liegend« und was nicht? Was ist »ferne Zukunft« in Bezug auf Vererbung von Landbesitz, und was ist es bezüglich Risiken in der Landwirtschaft? Welche Zeitregister werden benutzt, und wo liegen die jeweiligen Zeithorizonte bei der Verfolgung kurzfristiger, beispielsweise wirtschaftlicher Ziele, bei Lebensläufen, bei genealogischen Themen und bis hin zu Zeitregistern, in denen Landschaftswandel konzeptualisiert wird.

Wer denkt tiefenzeitlich oder kontrolliert tiefenzeitliche Prozesse, und wie werden die Grenzen zwischen Zeitregistern kulturell hergestellt? Das Erkennen der Bedeutung von Tiefenzeit ist zwar geologisch sachlich begründet, aber die Rede von der *deep time* ist alles andere als unpolitisch, so, wie das bei der Globalisierung von Zeitkonzepten immer der Fall ist, wie insbesondere globalhistorische Untersuchungen zur Moderne und multiplen Modernen gezeigt haben (Conrad 2016). Die Geografin und Professorin für *In*humanität (!) Kathryn Yusoff stellt fest, dass »(the) grammar of geology is foundational to establishing the extractive economies of subjective life and the earth under colonialism and slavery« (Yusoff 2015). Verallgemeinert können wir fragen: »Whose time is deep time?« (Irvine 2020: 5). Geschichtlich musste sich die Vorstellung einer geologischen Tiefenzeit im England des 18.

und 19. Jahrhunderts erst durchsetzen, wobei es nicht nur um Befunde und Deutungen, sondern auch um Institutionen und Macht ging, wie wissenschaftsgeschichtliche Studien etwa zu James Hutton (1726–1796) und Adam Sedgwick (1785–1873) aufzeigen (Rudwick 2005, Hüpkes 2020b, Gamble 2021).

Hier geht es also weniger um fremde bzw. nicht westliche Zeitkonzepte, sondern um den kulturellen Umgang mit Zeittiefe (Panoff 1996: 161, nach Irvine 2020: 3). Dazu kann nach der jeweiligen Rhetorik, nach dem Ressourcenumgang und nach der Beziehung der Akteure zu dem Land unter ihren Füßen gefragt werden. Ein zentrales Thema bezüglich Anthropozän ist, in welchem Verhältnis die menschlichen Rhythmen (soziale Zeit, kulturelle Zeit) zu Rhythmen in der nicht menschlichen Sphäre stehen. Hier geht es nicht nur um die Rhythmen der Haustiere und domestizierten Pflanzen, sondern auch um klimatische Rhythmen und z. B. Erosionsraten. Besteht da eine Harmonie der Schwingungen, oder gibt es notorisch auftretende Reibungen, z. B. Asynchronien? Weiterhin ist zu thematisieren, inwiefern sich Menschen gedanklich gerade von solchen Dynamiken entfernen oder sie auch sozial leugnen. Irvine sagt dazu programmatisch: »The task for anthropology, I argue, is to analyse the conditions of this extraction from deep time and not to replicate it« (*disjuncture*, Irvine 2020: 5).

In Bezug auf Anthropozän ist das Interessante bei den Nuern, dass die ökologische Zeit nicht allein durch soziale Vorgaben à la Durkheim bestimmt ist. Durkheim argumentierte ja, dass die Welt nur über sozial gewordene Kategorien zugänglich ist und damit jegliche Kategorien des Zeitverständnisses ausschließlich sozial erzeugt seien (Gell 1992: 4). Evans-Pritchard weist am exemplarischen Fall der Nuer nach, dass Zeitkategorien durch Interaktionen entstehen, die nicht ausschließlich menschliche Sozialität darstellen. Elemente der Umwelt, wie Tiere und Landschaft spielen bei den Zeitkonzepten stark mit herein. Schon bei Durckheim selbst finden sich aber Hinweise auf die Spannung zwischen ökologischer Determination und sozial konstruierten Kategorien von Zeit (Irvine 2020: 25). Bezüglich der Tiefenzeit ist festzuhalten, dass die Umweltzeit bei den Nuern in die strukturelle Zeit mit einbezogen wird, mit dem Effekt, dass die Umwelt in Langzeitperspektive eher emisch als statisch angesehen wird. Die Nuer sehen zwar zyklische Rhythmen, aber nur der Jahresverlauf hat eine Richtung. Ansonsten werden die Veränderungen der Natur emisch als Wandel innerhalb einer gleichbleibenden abstrakten Struktur konzipiert (Irvine 2020: 23).

Ein tiefenzeitliches Bewusstsein in den Kulturwissenschaften würde bedeuten, dass Zeit nicht nur in Bezug auf Menschen gedacht wird (Ellsworth & Kruse 2013: 24). Eine gleichermaßen durch die Sache wie den Begriff des Anthropozäns informierte Ethnologie müsste davon ausgehen, dass Tiefenzeit eine Realität darstellt, die zunächst unabhängig von menschlicher Existenz ist. Menschen sind existenziell in langzeitliche Flüsse von Materie und Energie eingebunden. Damit ist die Existenz der tiefen Zeit unabhängig von den jeweiligen kulturellen Repräsentationen (Gell 1992: 55, 141, Bloch 2012, Irvine 2020: 106). Die tiefenzeitliche Verstrickung von menschlichen Lebensweisen begrenzt die Bandbreite möglicher kulturspezifischer Zeitkonzepte. Es sind zwar grundsätzlich viele Zeitkonzepte denkbar, aber es werden nur diejenigen dauerhaft sein, die im realen materiellen Rahmen auch viabel sind.

Eine solche Naturalisierung der Tiefenzeit bedeutet aber mitnichten, dass soziale und kulturelle Faktoren keine Rolle für die heutigen Effekte tiefenzeitlich angelegter Prozesse spielen. Analytisch sollten wir unterscheiden zwischen der Ebene des Bewusstseins von Zeit, vor allem in Begriffen von Vergangenheit, Gegenwart und Zukunft (»A-Series«, Gell 1992) und der Ebene der menschlichen Existenz in der Zeit von früher nach später (»B-Series«). Kulturspezifisches Zeitbewusstsein ist vor allem für die Einteilung der Zeit und weiterhin für alle Arten zeitbezogener sozialer Grenzen von Bedeutung (*demarcations*, Irvine 2020: 107).

Der soziopolitische Rahmen der Demarkierung von Zeitgrenzen beginnt schon damit, dass es historisch ja spezifische Umstände waren, die im England des 19. Jahrhunderts dazu führten, sich mit ihr zu befassen und sie auch als soziales und politisches Problem zu erkennen. In diesem Kontext wurde die Geologie institutionalisiert, geologische Chronologien eingeführt und ganz praktisch geologische Kartierungen etabliert. Für Sozialsysteme und Kulturen, die deutlich anders gelagert (sic!) sind als der regionale Entstehungskontext des Begriffs in England, kann das wie eine Oktroyierung erscheinen. Auf diesen Aspekt würden Studien zur Politisierung von Zeit in der Frühphase der Globalisierung hinweisen, besonders in Form der Kalenderzeit (Postill 2002, Ogle 2013). Welche Rolle hat die Entdeckung der Tiefenzeit bei der Ausbreitung des Industrialismus und des Imperialismus gespielt? Wenn eine Dekolonisierung des Anthropozäns gefordert wird (Todd 2015, Davis & Todd 2017, Taddei et al. 2022), kann man konsequent weitergehen und fragen, inwiefern die geologische Zeitskala als solche kolonial konstituiert wurde. Mit Irvine können wir kritisch fragen: »Is the export of geological chronology another dimension of this (general) incorporation into ›global time‹?« (Irvine 2020: 107; eigene Ergänzung).

Ein Konzept, das grundsätzlich vielfache Zeitrahmen einbezieht, sie aber analytisch unterscheidet, kann verhindern, das bestimmten heutigen Gesellschaften eine eigene Zeit zugewiesen wird. Mit einer solchen hierarchisierenden Operation würden sie aus dem Gesamtstrom menschlicher Geschichte ausgegliedert. Die Verbesonderung bzw. »Veränderung« anderer Kulturen (*othering*) als »zeitlos«, »geschichtslos« oder »vorzeitlich« ist ein klassisches Problem der sozialevolutionistisch basierten Ethnologie seit dem 19. Jahrhundert. Ihnen wird damit die Gleichzeitigkeit abgesprochen (*coevalness*, Fabian 2014: 37–70). Gleichermaßen ist es aber auch eine Tradition der Ethnologie, wie anderer Kultur- und Sozialwissenschaften, menschliche Kulturen überhaupt aus der geologischen Zeit »herauszudenken«. Wie Irvine plausibel argumentiert, bildet es aus tiefenzeitlicher Perspektive ebenfalls ein hierarchisches Vorgehen, Gesellschaften *außerhalb der geologischen Zeit* zu platzieren (Irving 2020: 126).

Politische Geologie – die »lange Gegenwart«

Die Tiefenzeit geht auch in die Zukunft weiter und kann zum Ruf nach einer »politischen Geologie« (Bobbette & Donovan 2018, Bobette 2023 am Bsp. Javas, Bauer 2023: 463) führen. Tiefenzeit wird zumeist als Zeit der Vergangenheit thematisiert. Im »Angesicht des Anthropozäns« (Angus 2020) ist es aber von zentraler Bedeutung, tiefenzeitlich in die Zukunft zu blicken, und das weiter als nur bis zur nächsten Generation. Die Akkumulation menschlicher Aktivität führt z. B. dazu, dass große Teile der Erdoberfläche versiegelt werden: Sie werden mit Asphalt oder Beton bedeckt (Højrup & Swanson 2018). Aus geomorphologischer Sicht ist der ständige Wandel der Erdoberfläche der Normalfall.

Menschen *verlangsamen* die Landschaftsentwicklung, weil der natürliche Fluss von Materie, etwa durch Erosion, flächenhafte Abtragung (Denundation) oder Sedimentation, durch Asphaltierung oder Betonierung eingeschränkt wird (Zalasiewicz et al. 2014b). Geologisch gesehen stellt Betonierung eine Intervention dar, die die Landschaft fixiert, während Anthroturbation, die die Bioturbation bei Weitem übertrifft, sie dynamisiert. Aus tiefenzeitlicher Perspektive wird die kurze biografische Zeit in einer besonderen Form des Präsentismus dadurch auf die planetare Geschichte der Geosphäre »inflationiert«. Die gegenwärtige Situation wird dadurch quasi erdgeschichtlich »fest-«gestellt (Irvine 2020: 139). Offen bleibt allerdings, für wie lange sie so perpetuiert wird.

Damit ist es aus ethnologischer Sicht von Interesse, wie die Tiefe der Zeit – oder wie tief die Zeit – sozial und kulturell wahrgenommen wird und vor allem, in welcher Zeittiefe die eigene Umwelt wahrgenommen wird. Was wir brauchen, ist die Untersuchung der *Beziehung* zwischen verschiedenen *gleichzeitig* existierenden materialen Zeitlichkeiten *und* Zeitperspektiven. Aus ethnologischer Sicht ist es gerade interessant, dass nicht nur Menschen in westlichen Kulturen eine tiefenzeitliche Perspektive üblicherweise ausblenden oder sich ihr sogar explizit verschließen oder widersetzen. Auch Menschen in anderen Lebenslagen können sich ihr widersetzen, teilweise aus ganz konkreten lokalen Hintergründen. Eine kurzzeitorientierte Haltung kann sogar eine Methode sein, sich vor einem als westlich oder kolonialistisch empfundenen Konzept der *deep time*, das ja aus England kommt, zu distanzieren.

Dies betrifft Rohstoffextraktion im heutigen Globalen Süden bzw. in postkolonialen Settings. Europäische Siedler brachten die Geologie ins Land und damit tiefenzeitliche Konzepte, und sie importierten Methoden geologischer Kartierung, auf denen die Rohstoffextraktion aufbaut. Die Rohstoffextraktion lässt sich als »mineral presentism« interpretieren. Die geologische Zeit wird sozusagen »in Vertrag genommen«, indem die tiefenzeitlich erzeugten Rohstoffe quasi als Dienstleitung für die Nutzung im flachen Zeithorizont der Gegenwart verwendet werden (Irvine 2020: 128).

Bei der heutigen Rohstoffausbeutung in Teilen des Globalen Südens sind deshalb heute verschiedene Zeitkonzepte miteinander verwoben, wie Povinelli am Beipiel Australien zeigt (Povinelli 2016). Der Import der Tiefenzeit reibt sich mit kulturspezifischen Konzepten zu Materialität und Zeit sowie speziell mit teilweise ebenfalls tiefenzeitlichen Konzepten. Elizabeth Povinelli fasst das konkret am Beispiel der Aktualisierung von Fossilien seitens indigener Australier an einem Beispiel:

> »A fossil, a bone, a set of living now recently deceased people – for my old friends, all are in the same time and same space of signifying material mutuality« (Povinelli 2016: 69).

Eine Privilegierung der Tiefenzeit würde darauf bestehen, die »Fossilien« als Teil der Vergangenheit zu sehen. Dies aber würde sie für die Aboriginees aus ihrem Handlungsfeld herausnehmen. Damit ergeben sich Fragen, inwieweit Aboriginees in diesem Prozess der Rohstoffextraktion nicht nur strukturell und räumlich, sondern auch konzeptuell verdrängt prinzipiell werden. Die Zeitverschränkungen und möglichen Zeitkonflikte in diesem lokalen Fall der Rohstoffextraktion können hier quasi als ein Mikrokosmos der globalen Rohstoffextraktion stehen, einem zentralen Marker des Anthropozäns als solchem.

All das ruft nach einer neuen, im wörtlichen Sinne vertieften, Wahrnehmung der Zeitlichkeiten in *field settings* in der Ethnologie. Feldforschungsorte können nämlich als Manifestation der Prozesse aufgefasst werden, die sich über lange geologische Zeiten herausgebildet haben, wobei das kulturelle Leben eben *einen Teil* dieser Prozesse darstellt. Damit kann einem überzogenen Präsentismus in der Ethnologie begegnet werden, der – anders als die Archäologie – dazu neigt, die langzeitliche Gewordenheit der materiellen Umweltbasis von Handlungen zu unterschätzen. Die (materialistische) These der geologischen Grundierung menschlicher Kulturen in der Tiefenzeit beinhaltet also keineswegs, dass soziale und kulturelle Bedingungen zu vernachlässigen wären. Aber sie bedeutet, die Durkheim'sche Privilegierung der sozialen Konstruktion einzuschränken, vor allem die These, dass Zeit ausschließlich oder primär durch kollektive Zeitrepräsentation erzeugt wird.

> »It is in recognising these entangled, contested, and often distorted relationships between the biographical and the geological, *rather than attempting to*

transcend them, that we might come to an understanding of what it means to be coeval in deep time« (Irvine 2020: 128, eigene Hervorheb.).

6.7 Planetarität – Maßstabs-*Clashes* und zwei Seiten menschlicher Handlungsmacht

It is a world of our making, but not of our choice.

George Monbiot, 2014

Wenn wir die Erde materiell, epistemologisch und ethisch als Planeten anerkennen und menschliches (Zusammen-)Leben durch ihn erklären, hat dies Konsequenzen für die Art und Weise, wie wir Gesellschaft allgemein denken.

Claus Leggewie & Frederic Hanusch 2020: N4

Menschen lebten bis vor Kurzem im »Normal« von jagenden und sammelnden tendenziell egalitären und eher ortsfesten Kleingruppen. Diese Lebensweise in kleinen Gemeinschaften über fast die ganze bisherige Geschichte der Menschheit formte unsere Genome und Kulturen. Das Leben als Kleingruppen-Herdentier formte unsere psychischen Fähigkeiten und kognitiven wie emotiven Begrenzungen. Wir sind Nachfahren von Lebewesen, die evolutionär als meso-skalig orientierte Wesen erfolgreich waren. Menschen sind auf lokale Welten, rezente Wahrnehmung und proximate Ursachenerkundung gepolt. Menschen können schnelle Veränderungen bei mittelgroßen Objekten in unserer nahen Umgebung gut wahrnehmen und wir denken in kurzen Zeiträumen (Jamieson 2014; *cognitive myopia*, Weber 2017).

Das Anthropozän konfrontiert uns dagegen mit langzeitigem Wandel, vernetzten Trends und räumlich weit bis global verteilten Objekten. Viele Phäomene erweisen sich als für Individuen schwer wahrnehmbare, nicht intuitiv zu fassende und damit quasi schlecht zu denkende »Hyperobjekte« (Morton 2013: 1). Das Problem ist, dass es um kaum vorstellbare Phänomene geht und wir über Zusammenhänge nachdenken müssen, »... die nicht – oder nicht widerspruchsfrei Gegenstand unserer Erfahrung sind

(Horn 2016: 87, Hartung 2021: 18, Hübner 2022). Uns fällt es schwer, die Auswirkungen unseres Handelns auf weit entfernt lebende Menschen oder Menschen späterer Generationen zu realisieren (Meneganzin et al. 2020:12-14). Diese individuellen Einschränkungen und viele weitere soziale und politische Begrenzungen auf kollektiver Ebene verhindern ein wirksames Handeln, wie sich besonders bei der Ignoranz und Inaktivität angesichts des Klimawandels zeigt (Jamieson 2014: 61–104). Überspitzt gesagt mündet all das – trotz aller Einzelaktivitäten – in einer gesellschaftlichen Leugnung des Anthropozäns.

In frühen Gesellschaften verfügten alle Mitglieder über annähernd dieselben nichtgenetischen Informationen. Evolutionär gesehen leben Menschen seit *sehr* kurzer Zeit im schon genannten »Abnormal« einer stark bevölkerten Welt mit globaler Kommunikation und überlokaler Migration. Wir leben in »ultrasozialen« Großgesellschaften mit starker Ungleichheit und kultureller Vielfalt. Und wir alle leben auf einer weltweit vom Menschen und seinen Technologien rasant veränderten Erdoberfläche. Anders als Stürme und Erdbeben sehen wir viele Prozesse der Zerstörung und Desintegration nicht. Artenschwund und Klimawandel sind geologisch plötzliche und rasante, in menschlichen Zeitmaßstäben aber schleichende Katastrophen, »Katastrophen ohne Ereignis« (Horn & Reitz 2020). Heute brauchen wir technologische Hilfen, um zentrale Aspekte des menschengemachten Wandels wahrzunehmen, etwa die Zunahme der Klimagase. Es besteht ein Missverhältnis zwischen evolutionär gewordenen psychischen Tendenzen und den Herausforderungen der aktuellen Situation (»mismatch«; Ehrlich & Ehrlich 2022: 778–780; vgl. Ehrlich & Ehrlich 2008).

Der Ethnologe Thomas Hylland Eriksen stellt fest, dass angesichts des Anthropozäns das Zusammenfallen von Skalen (*clash of scales*, Eriksen 2016: 132) kulturell relevanter ist als der Huntington'sche Zusammenprall der Kulturen (*clash of cultures*). Die Aufmerksamkeit für verschiedene, vor allem große Maßstäbe in Raum und Zeit kommen vor allem aus der Geologie, der Paläontologie, der Evolutionsforschung und den Richtungen der *Deep History* und *Big History*. Worin liegt der Gewinn daraus, Geschichte und Erdgeschichte nicht länger zu unterscheiden, Weltgeschichte in Erdgeschichte aufgehen zu lassen, wie Chakrabarty nahelegt (Bänzinger 2019)? Welche

Orientierung kann eine Erdgeschichte als Wissenschaft des Planeten bringen, welche zusätzliche Erkenntnis bietet historisches Wissen, wenn es sich als Wissen zur Geschichte des Erdsystems versteht? Diese Fragen stellen sich, denn es fehlt ja nicht an Wissen zu Umweltschäden, sondern an verbindenden Konzepten und am gemeinsamen politischen Willen zur Entscheidung über die daraus zu ziehenden Konsequenzen (Neckel 2020: 165)?

Maßstäbe sind für das Thema zentral. Eine Nichtbeachtung kann zu voreiligen Schlüssen verleiten, wozu ich ein Beispiel anhand von Kulturlandschaften gebe. In einer Makrosicht ist die Welt von Anthromen geprägt (Ellis & Ramankutty 2015, Ellis et al. 2020); auf der kleineren Maßstabsebene sieht es aber anders aus. So könnte man annehmen, dass die Landwirtschaft weltweit zu einer erheblichen Abnahme der landschaftlichen Vielfalt führt, weil nahezu sämtliche Flächen mit Vegetation irgendwie landwirtschaftlich genutzt werden. In weiten Teilen der Erde werden Naturlandschaften vor allem durch Waldrodung, Entwässerung, Bewässerung und Terassierung in Kulturlandschaften quantitativ und qualitativ umgewandelt, was zu verminderter Diversität des Lebens wie der Kulturen führt (Maffi 2001, Blackbourn 2007, Bätzing 2020: 37, 198, Bätzing 2023). Dies führt aber nicht einfach zu einer Einebnung der Unterschiede. Zunächst sperren sich manche Gebiete, wie Teile der Gebirge, Vulkane, Karstflächen und Moore gegen fast jede Nutzung und bleiben deshalb als Elemente in der Kulturlandschaft erhalten. Vor allem aber spiegelt die Vielfalt der Nutzungsformen der Kulturlandschaft das Mosaik der Naturlandschaft:

»Die zahllosen naturräumlichen Unterschiede zwischen feuchteren und trockeneren, steileren und flacheren, tief- und flachgründigen, sonnenexponierten und schattigen Standorten werden meist nicht eingeebnet, weil der damit verbundene Arbeitsaufwand zu groß wäre. Stattdessen werden diese Flächen jeweils unterschiedlich genutzt, sodass Kulturlandschaften aus einem Mosaik verschiedenster Nutzungsformen bestehen« (Bätzing 2020: 37).

Maßstäbe, Skalierungen und »battlefields of knowledge«

Verschiedene Maßstäbe führen zu unterschiedlichen Perspektiven. Während der letzten zwischeneiszeitlichen Phase vor etwa 125.000 Jahren war die Atmosphäre etwas wärmer als heute, und der Meeresspiegel lag etwa fünf Meter über dem heutigen. Aus geologischer Sicht ist das ein vergleichsweise geringer Wert, wenn man bedenkt, dass der Meeresspiegel weltweit in der letzten Eiszeit um rund 160 Meter höher war als heute. Wenn der Meeresspiegel aus menschlicher Sicht langsam, aber aus geologischer Sicht plötzlich um fünf Meter höher ist als heute, hat das massive Konsequenzen für menschliche Gemeinschaften, vor allem für Küsten und Deltas (Edgworth 2018). Wie jeder Blick auf eine Bevölkerungskarte der Welt zeigt, lebt die Menschheit zum großen Teil im fruchtbaren, tief liegenden Flachland und an Küsten.

Am deutlichsten wird das auf den wunderschönen Kompositaufnahmen der Welt bei Nacht, wo die Städte der Welt aufleuchten. Dies ist das Resultat der menschlichen Antwort auf die langsame Anpassung der Küsten an das bislang vergleichsweise stabile Klima im Holozän. In den nächsten ein oder zwei Jahrhunderten werden viele große Städte mit Überflutung zu kämpfen haben, etliche schon heute, Miami (Wakefield 2025). Das zeigt sich heute besonders in großen Küstenmetropolen, die neben dem steigenden meeresspiegel gleichzeitig noch mit einer Landabsenkung durch Baulast und Abpumpen von Grundwasser zu kämpfen haben, Das klarste Beispiel ist wohl Jakarta, die indonesische Hauptstadt auf der Insel Java, die vor allem durch ihre kombinierten anthropogen bedingten Umweltprobleme zutreffenderweise als »Stadt des Anthropozäns« gilt (Chandler 2017). Sie wird als Hauptstadt seit 2024 schrittweise in die Provinz Kalimantan auf Borneo, also auf eine andere Insel, verlegt werden. Anthropologisch entscheidend ist hier, wie das Anthropozän von Menschen lokal wahrgenommen und beantwortet wird, zumeist in Form von Krisen der Reproduktion (z. B. Simarmata et al. 2020 für Jakarta).

Das Artensterben, eines der klarsten Signale des Anthropozäns, ist ein Beispiel für die Problematik der für Menschen schwer fassbaren Raum- und Zeitmaßstäbe des Anthropozäns. Wenn ein befürchtetes derzeitiges oder baldiges Aussterben vieler Arten als »Sechstes Massenaussterben (*Sixth Great Extinction*, Kolbert 2009, vgl. Martin & Wright 1967, Barnosky et al. 2012) bezeichnet wird, reiht man es damit in die großen Faunenschnitte der gesamten Erdgeschichte ein. Bei diesen erdgeschichtlichen Krisen starben nicht etwa nur 75 bis 95 Prozent der Arten, sondern ein Großteil aller Tier- und

Pflanzenfamilien aus. Die bisherigen fünf Einschnitte stellen damit Höhepunkte des Aussterbens vor den üblichen Aussterberaten (*background rates*) dar (Wignall 2019: 19–20). Erst mit einer geohistorischen Einordnung erschließt sich die Einsicht, dass diese Aussterbekrisen etwas ganz anderes darstellen als eine Veränderung der Umwelt, die einige Spezies aussterben lässt. Zu solchen erdsystemischen Effekten sind nur wenige einzelne Spezies fähig. In erdgeschichtlicher Perspektive sind es nur die Menschen … und die bereits genannten Cyanobakterien. Edward O. Wilson, der Nestor der Biodiversitätsforschung, betont, dass das gegenwärtige Artensterben vor allem die Großfauna trifft, und er benannte das Anthropozän sarkastisch als »Eremozän«, oder »Eremozoikum«, die Periode, in der der Mensch vereinsamt (Wilson 2016: 27). Die Bezeichnung »sechstes Artensterben« macht die drastischen Effekte des Menschen in der Biosphäre deutlich, aber sie kann auch dazu verleiten, das heutige Artensterben als einen weiteren »natürlichen« Faunenschnitt aufzufassen, und damit zu meinen, dass sich die Lebewelt danach schon wieder erholen würde. Dabei würde vergessen, dass das derzeitige Artensterben aus menschlicher Sicht langsam verläuft, in geologischen Zeiträumen gedacht aber, anders als die fünf vorangegangenen Defaunationen, alles andere als eine *slow-motion catastrophe* ist (Sepkoski 2020: 227, 298–301, Hannah 2021: 193–194;).

Der derzeit erfolgende tatsächlich katastrophale Artenschwund bei großen terrestrischen Wirbeltieren mit kleinen Populationen sollte allerdings nicht dazu führen, das Artensterben insgesamt zu übertreiben. Bei den bisherigen sechs Aussterbeereignissen brachen auch viele Planktonpopulationen und damit die ozeanische Nahrungskette zusammen, und das Aussterben betraf fast das ganze Spektrum der Lebensräume. Alle diese Merkmale der fünf großen Massensterbeereignisse zeigt die jetzige Biodiversitätskrise (noch) nicht. Die Aussterberaten sind geringer, und es gibt etwa noch keine Aussterbekrise bei marinen Wirbellosen und in der Tiefsee (Wignall 2020: 18–19). In beschreibender Hinsicht lassen sich nicht nur bezüglich des Biodiversitätsschwundes verschiedene Ebenen von Maßstäben unterscheiden, die sämtlich vom Sandkorn bis zum ganzen Planeten zu finden sind (Eriksen 2016: 28–29) und allesamt politökologische Spannungen implizieren (dazu Marston et al. 2005, Jessop et al. 2008).

Auf einer ersten (1) Ebene geht es um den physischen Umfang eines menschlichen Kollektivs und seiner Infrastruktur. Hier lassen sich etwa kleine Gesellschaften von bevölkerungsreichen Gesellschaften und räumlich ausgedehnte von kleinen Sozietäten unterscheiden. Es lassen sich räumlich lokale, regionale und globale Einheiten und Prozesse unterscheiden sowie zeitlich kurz-, mittel- und langzeitige Entwicklungen. Bei Überlegungen zum Anthropozän und der Rolle von Menschen für den langfristigen Wandel der Geosphäre geht es oft um eine Kombination von Bevölkerungszahl oder räumlichem Umfang und sozialer oder kultureller Komplexität, etwa bei der Rolle kolonialer Imperien für Artentransporte im frühen Anthropozän.

Deshalb können wir (2) einen sozialen Maßstab bzw. Komplexitätsmaßstab unterscheiden. Tendenziell sind bevölkerungsreiche Gesellschaften komplexer als Gesellschaften mit kleiner Bevölkerung, etwa in der Anzahl der Berufe oder der Statuspositionen. Eine räumlich oder demografisch größere Gesellschaft erfordert wegen der größeren Zahl von Akteuren mehr Integration und Koordination. Das wird im klassischen Gegensatz von »Gemeinschaft« und »Gesellschaft« mitgedacht und ist ein zentrales Thema neoevolutionistischer Theorie. Bevölkerungsmäßig gleich große Kollektive können aber unterschiedlich komplex sein.

Auf einer dritten Ebene ist gerade beim Thema des Anthropozäns (3) der Zeitmaßstab relevant. Bezüglich der Vergangenheit und der Zukunft wird hier zum einen von geologisch langen Zeiträumen, der Tiefenzeit gesprochen. Als Menschen haben wir aber eine tages- und eine lebensbiografische Zeitrahmung, auch wenn der Horizont der Zukunft immer präsent ist. Ebenso sind die politische und die wirtschaftliche Welt eher kurzzeitorientiert. Hier gibt es aber auch deutliche Ausnahmen, wie etwa die staatliche Investition in Infrastruktur, die Entwicklung eines Medikaments, das Investment in eine Rohstoffmine oder auch der Rahmen von Umweltbewegungen, die sich für Nachhaltigkeit einsetzen. Solche langzeitigen Prozesse sind in ökonomischen Konzepten schwer abzubilden.

Viertens (4) geht es um die gedankliche Repräsentation der drei Maßstäbe. Nehmen die einzelnen Akteure ihre Gemeinschaft, Gesellschaft oder ihre sozialen Netzwerke als klein oder groß, als einfach oder als komplex, als autonom oder als abhängig wahr? Wie ist das kulturelle allgemeine, also überindividuell geteilte Bild (*emic view*) des eigenen Kollektivs? Das Bild der sozialen Maßstäbe kann von den realen Maßstäben abweichen. Eine Gesellschaft kann als weniger vernetzt mit größeren Systemen wahrgenommen oder dargestellt werden, als sie es tatsächlich ist. Ein klares Beispiel ist die durch *Small World Studies* nachgewiesene starke Vernetzung von Akteuren und damit hohe gegenseitige Erreichbarkeit weltweit, die von fast allen Befragten deutlich unterschätzt wird. Andererseits kann in Gemeinschaften, die wenig Arbeitsteilung praktizieren und nur in kleine Netzwerke eingebettet sind, dennoch ein Bewusstsein über frühere Vernetzung und lange Geschichte und heutige Globalität verbreitet sein, wie Fredrik Barth nachwies (Eriksen 2015).

In Bezug auf das Anthropozän spielen unterschiedliche Vorstellungen zu Größe, Einheit und Vielfalt der Erde und der Menschheit eine Rolle, vor allem wenn es um Maßnahmen geht. Wird die Menschheit nur als die Summe der einzelnen Menschen wahrgenommen oder als Einheit? Auch die Wahrnehmung der Zeit ist sowohl für das Erkennen, die Diagnose des Anthropozäns als auch für politische Antworten von zentraler Bedeutung. Was ist der zeitliche Horizont, den man sich zurück in die Vergangenheit oder vorwärts in die Zukunft vorstellt, wenn Entscheidungen gefällt werden? Das alles hat politische Implikationen.

Die Bedeutung gedanklicher Vorstellungen zu Maßstäben im Anthropozän zeigt sich darin, dass bei Lösungsvorschlägen zur Krise des Anthropozäns typischerweise Hoch- oder Herunterskalierungen eingefordert werden. Meist wird gleichzeitig ein *scaling up* und ein *scaling down* vorgeschlagen, nach dem Motto »Act localy, think globally« (Eriksen 2016: 29, Szerszynski 2021: 74–76, 85–87). Die physikalischen oder physiologischen Möglichkeiten, bestimmte Lösungen herauf- oder herunterzuskalieren, werden dabei oft falsch eingeschätzt, weil sie unanschaulich sind (West 2019, Sommer et al. 2021 und Jon 2021: 8–32 am Bsp. von Städten). Wir sollen oder wollen an die ganze Welt, an die ganze Menschheit und Zukünfte lange nach unserem Tod denken und weltweite politische Koordination anstreben. Andererseits wollen oder sollen wir sozial und räumlich herunterskalieren: lokal produzieren, regional konsumieren, Posttourismus: »small is beautiful«. Zwischen diesen Maßstabsebenen kommt es im Anthropozän notorisch zu Spannungen, Friktionen und Clashes (*clash of scales*, Eriksen 2016: 29, 131–156).

Diese Probleme verschärfen Dilemmata, die schon in der Globalisierungsdebatte im Zentrum standen. Großräumliche und langzeitige Phänomene werden typischerweise standardisiert, während die lokale Ebene spezifisch, ja oft einzigartig ist. Forderungen der Befürworter nach Heraufskalieren stehen den Forderungen der Globalisierungskritiker nach Herunterskalierung gegenüber. Innerhalb der Debatten um Globalisierung wurde das besonders bei der Frage nach der Relevanz von lokalem Wissen für Entwicklung deutlich (Antweiler 1998). Vertreter verschiedener Formen und Regime von Wissen, einerseits lokalen, z. B. indigenen Wissens, und andererseits globalen, externem bzw. universalen Wissens, kämpfen um Berücksichtigung.

Auch in Debatten zum Anthropozän trifft lokales und damit kontextstarkes Erfahrungswissen auf abstraktes und damit skalierbares »Expertenwissen«. Auch innerhalb dieser Pole gibt es Spannungen zwischen verschiedenen Richtungen, z. B. zwischen naturwissenschaftlichem und kulturwissenschaftlichem Wissen. In den »battlefields of knowledge« (Long & Long 1992) werden Wissensregime unterschiedlichen Maßstabs eingesetzt, um Ansprüche zu untermauern oder bestimmte Politiken zu legitimieren. Im Anthropozän sind diese Maßstabskonflikte viel umfassender und stärker ausgeprägt als in Entwicklungs- und Globalisierungsfragen. Hier steckt eine der theoretischen Herausforderungen, nämlich die Dynamik des Anthropozäns von Globalisierungsprozessen *analytisch* zu unterscheiden, obwohl sie mit diesen eng verknüpft ist.

Maßstäbe eröffnen auch einen Ansatz zur Herausbildung eines Einheitsbewusstseins der Menschheit, und hierbei können universal psychisch wirksame Metaphern wie etwa »Heimat« von Bedeutung sein. Aus der Sicht der Evolutionsbiologie und der Tiefengeschichte ist »Verwandtschaft« wohl die Metapher mit dem größten Mobilisierungspotenzial, obwohl es ja eigentlich ein Konzept für kleine Sozialeinheiten ist, bzw. eines, das in nicht modernen Gesellschaften zentral ist. Entgegen früheren Modellen sozialer Evolution ersetzen großmaßstäbliche Einheiten historisch aber nicht die früheren kleineren, sondern ergänzen sie. So ist die kulturelle Erfindung von »Verwandtschaft« (*kinship*) und »Familie« als Konzept nicht etwa nur in kleinen Sozialsystemen oder im kleinen Rahmen relevant. Nein, sie ist auch in komplexen Großgesellschaften von zentraler Bedeutung, z. B. zur Motivierung zu nationaler Loyalität.

Verwandtschaft findet sich als konzeptuelle Domäne in allen heutigen und in sämtlichen historisch bekannten menschlichen Gesellschaften. Kinship funktioniert als motivierende und Solidarität erzeugende Idee. Verwandtschaft ist eine auch ökologisch folgenreiche Idee, was sich historisch in ihrer Rolle bei der Herausbildung großer politischer Gebilde gezeigt hat. In der Erforschung der Geschichte von Diskursen manifestiert sie sich als »genealogisches« Herangehen. Kinship ist ein Konzept, das Resonanz und soziale Kohäsion fördert (Antweiler 2021a). Das besondere anthropozäne Potenzial des Konzepts liegt darin, dass Verwandtschaft herunter- oder hochskaliert werden kann. Das Konzept der Verwandtschaft (*kinship*) erlaubt es, nicht menschliche Akteure in Überlegungen zu Recht und Gerechtigkeit einzubeziehen, wie in Haraways Aufforderung, Menschen sollten sich mit Tieren verwandt machen bzw. »Verwandte machen« (Haraway 2016, Wolfstone 2019, Mattheis 2022, *making kin*, vgl. 4.7). »Verwandtschaft« erlaubt aber auch metaphorische Weiterungen, die Haraway nicht anspricht, die aber für eine Reaktion auf das Anthropozän vielleicht noch wichtiger sind (*deep kinship*, Trautmann et al. 2011: 160–162). Auf verschiedensten Ebenen können wir durch Geschenke, Teilen, Heirat und Gastfreundschaft enge Verbindungen schaffen: »kinshippen«. Auch räumlich erlaubt Verwandtschaft Erweiterungen, die über das Viertel, die Region und die Nation bis hin zu Vorstellungen einer »Menschheitsfamilie« gehen (*scalar play*, Stiner et al. 2011: 253, 267–268). Das dahinterstehende Leitmodell muss ja nicht die bürgerliche Familie sein.

Planetarität in Raum und Zeit

Die Idee des Anthropozäns betont mit der Geosphäre einen großen Raum, aber es bildet vor allem ein auf Zeit und Zeitkonzepte, wie etwa Zeiträume (sic!) bezogene Idee. Als Epochenbegriff ist das Anthropozän eine tiefenzeitliche Alternative zu den Begriffen, wie der Moderne, der späten Moderne, der Nachmoderne, der Postmoderne und der Multiplen Moderne. Alle diese sind primär Periodenbegriffe, auch wenn sie zum Teil darüber hinausgehen, insbesondere das Konzept Postmoderne, das gerade das Denken in Epochen unterläuft. Bruno Latour sieht das Anthropozän vor allem als Alternative zur Rede von Moderne als Epochenbegriff und Modernität als Charakterisierung von Gesellschaften; er stellt das Anthropozän als *quasi*-stratigrafischen Marker augenzwinkernd an die Seite der *golden spikes* der Stratigrafie:

> »(...) what makes the Anthropocene a clearly detectable golden spike way beyond the boundary of stratigraphy is that it is the most decisive philosophical, religious, anthropological and, as we shall see, political concept yet produced as an alternative to the very notions of ›modern‹ and ›modernity‹« (Latour 2013: 77).

In der Anthropozänidee sind geologische Zeithorizonte und historische Zeitdimensionen miteinander verbunden. Beide Temporalitäten, die geologische (»vertikale«) und die historische (»horizontale«) Zeitlichkeit kommen zusammen. Wegen der gegenüber historischen und auch prähistorischen Zeitmaßstäben deutlich verlängerten zeitlichen Tiefe wird hier oft von »Tiefenzeit« gesprochen. Historisch war die Tiefenzeit eine Entdeckung der Geologie im 19. Jahrhundert (Gould 1990: 13–38).

Es war die Entdeckung und vor allem richtige Interpretation von Fossilien, aufgrund derer Gelehrte, wie Nicolas Steno (1638–1686), Robert Hooke (1635–1703), Georges-Louis Leclerc Compte de Buffon, James Hutton und Giovanni Arduino (1714–1795), die biblische kurze Zeitrechnung der Erdgeschichte von 6000 Jahren verwarfen. Diese zentralen Figuren bei der Entdeckung der geologischen Tiefenzeit waren Naturphilosophen, die physische, physiologische und philosophische Fragen gleichmaßen untersuchten, was auch noch für Darwin und Alexander von Humboldt gilt. Der oben angesprochene Graben zwischen den Naturwissenschaften und anderen Wissenschaften exisitiert ja erst seit dem 19. Jahrhundert. Das Studium der Tiefenzeit wurde erst mit der Herausbildung Geologie, Paläontologie und der Etablierung der Darwin'schen Evolutionstheorie wissenschaftlich etabliert (Gould 1990: 15, Davies 2016: 15–40).

Das Anthropozän hat die Frage aufgeworfen, ob geologische Zeitmaßstäbe und andere Zeitordnungen unter einen Hut zu bringen sind. Das klassische Maßstabskonzept geht davon aus, dass sich ein einheitlicher Maßstab von der Mikroebene duchgehend bis zur Makroebene machen lässt: Sekunde, Minute, Stunde, Tag, Woche usw. Kleine Abschnitte sind Untereinheiten größerer Einheiten, was quasi nach dem Prinzip der chinesischen Schachtel, der Matroschka-Puppe oder auch dem Windows-Prinzip, funktioniert (*nested scales*, Thomas et al. 2020: 8). Dies ist das Konzept der konsistenten proportionalen Äquivalenz, das auch von der Kosmologie und den Erdwissenschaften nahegelegt wird. Die geologische Zeitskala (*Geological Time Scale, GTS*) ist ein solcher Maßstab, ein pragmatischer Weg, um die geologische Zeit in kleinere Einheiten zu unterteilen. Auch wenn die Einheiten auf einer jeweiligen Ebene, also etwa Epochen, verschieden lang sind und auch unterschiedlich starke Umbrüche repräsentieren, so sind Epochen beispielsweise innerhalb des Quartärs, in dem wir leben, vergleichbar mit Epochen als Untereinheiten im Devon-Zeitalter.

Ein solcher, gemeinsamer Standard der Proportionalität soll es ermöglichen, zwischen ganz verschiedenen Schnitten der phänomenalen Welt zu vermitteln und dafür auch unterschiedliche informale wie formale Messinstrumente zu verwenden. Dieses Maßstabskonzept eignet sich dazu, Vergleiche anzustellen sowie Muster und Zusammenhänge zu finden. Es erlaubt, kausale Beziehungen aufzuspüren und Synthesen zu eruieren. In der geologischen Stratigrafie werden die Schichten mittels verschiedener Phänomene voneinander unterschieden, etwa Leitfossilien, magnetische oder chemische Spuren, physikalische Marker in Eiskernen oder anderen »proxy data«. Die Datierungsmethoden sind die relative Zeitbestimmung, etwa mittels stratigrafischer Lagerung oder Baumringdatierung oder aber absolute Datierungsverfahren, z. B. mittels der Radiokarbonmethode. Die Probleme, die sich dabei stellen, ähneln denen, die Historiker bei Periodisierung haben.

Die Vertreter der Idee des Anthropozäns gehen zumeist automatisch davon aus, dass ein solches, einheitliches Maßstabskonzept für das Anthropozän sinnvoll ist. Schwägerl betont, das Anthropozän verbinde kurzzeitige, ja ephemere, Prozesse umstandslos mit dem langzeitigen geologischen Wandel in einem integrierten Zeitschema. So überwinde das Anthropozän nicht nur den Dualismus Natur und Menschheit und verbinde alle Disziplinen, sondern auch die Zeitmaßstäbe, was er im Begriff »neurogeologisch« dingfest macht (Schwägerl 2013: 30). Bezüglich des historischen Wandels haben sich Konzepte entwickelt, die die Einheit geschichtlichen Wandels betonen, etwa die »Geohistorie« (Chakrabarty 2012, 2018, 2019), ein Ansatz, der die Naturgeschichte und Kulturgeschichte verknüpft.

Manche gehen im angepeilten Syntheseumfang und der zeitlichen Reichweite noch darüber hinaus. Die weitreichendste Umsetzung dieses Maßstabkonzepts findet man in Konzepten der *Big History*. Dort wird der zeitliche Maßstab von Hier-und-Jetzt bis in kosmische Dimensionen des *Big Bang* durchgehalten. Der Ansatz der *Big History* und der *Deep History* verbinden die menschliche Geschichte nicht nur mit der Ur- und Frühgeschichte, sondern mit der Erdgeschichte und schreiben sie weiter zurück bis in die kosmische Geschichte (Christian 2018, Shryock et al. 2012, Spier 2000). In Zeitskalen im Internet kann man ganz nach Belieben zeitliche Daten auf der Makroebene finden oder auf jeder Ebene auf Mikroebenen gehen und dort Details ansehen oder wieder auf die Makroebenen zoomen (*Big History Project*).

Tsing dagegen wendet ein, dass eine solche Zeitskala, bei ihr als *precision-nested-scaling*, bezeichnet (Tsing 2012a, Tsing et al. 2024: 54–58), für das Anthropozän nicht sinnvoll sei. Es ist kaum möglich, einen gemeinsamen Maßstab zu entwickeln, wenn es etwa um ethische Werte, um Kunst, Mode oder um Rituale geht. Solche Phänomene »sträuben« sich dagegen, innerhalb einer Zeitskala einbezogen zu werden. Dies gilt auch räumlich. Lokale Lebenswelten können nicht umstandslos massenproduziert werden (Eriksen 2016: 151). Wenn man das versucht, endet dies notwendigerweise in einer Vereinfachung bis zur Unkenntlichkeit oder darin, dass die vermeintliche Universalierung von unten bzw. innen vereitelt wird (Lokalisierung, Glokalisierung). Tsing bringt damit ein aus der Philosophie des Wissens bekanntes Argument. Sie argumentiert, dass man besser ein Archipel aufeinander bezogener, aber nicht konsistenter Formeln für Objekte, Erfahrungen, Bedeutungen und materielle Effekte menschlichen Handelns entwickeln sollte. Das impliziert ein Arbeiten inerhalb unterschiedlicher Rahmen, wo jeder dieser Rahmen nicht nur unterschiedliche Quantitäten, sondern auch *inkommensurable* Unterschiede des Typus mitbringen. Das passt zu Tsings Konzept der Reibung zwischen maßstäblich wie qualitativ verschiedenen Erfahrungen, Werten und Perspektiven (*friction*, Tsing 2005, deutsch 2015). Das Arbeiten mit weitläufigen Maßstäben (*sprawling scales*) eröffnet die Möglichkeit, dass das Bild der Realität, das sich aus einem Zeitrahmen ergibt, ein anderes ist, als die Wirklichkeit, die sich aus anderen Zeitmaßstäben ergibt. Thomas et al. fassen das in einem schönen Bild so: »It's like opening up a russian doll to find a tiny golden frag iside who spits a helikopter in our faces« (Thomas et al. 2020: 9).

Ethnologinnen haben schon außerhalb der Anthropozändiskussion ähnliche Argumente gebracht. Die prominenteste Position ist hier wohl Marilyn Strathern, die immer wieder argumentiert, dass Phänomene, die in der Ethnologie unter einem Begriff diskutiert werden, nicht als ein Phänomen anzusehen sind, sondern als eine Familie von nur teilweise ähnlichen Phänomenen. Das bekannteste Beispiel ist Initiation, wo sich massive Unterschiede zeigen (Strathern 1991). Zuletzt hat das Strathern im oben erwähnten Buch am Phänomen von Beziehungen verdeutlicht (Strathern 2020). Ähnliche Überlegungen finden sich im Konzept der Familienähnlichkeit (*family resemblence*) nach Wittgenstein, wo ähnliche Phänomene, wie prototypisch Spiele, gleiche Eigenschaften zeigen, aber kein einziges Mitglied sämtliche Eigenschaften. Vergleichbare Ansätze finden sich auch in empirischen Arbeiten, typischerweise vor allem in Arbeiten aus der Medizinethnologie und aus der Medizin selbst, wo unter »Syndrom« Familien ähnlicher Symptome zusammengefasst werden.

Ich erachte Maßstäbe als Hilfsmittel, als Methode, um Muster in der Vielfalt zu sehen und Ordnung zu schaffen. Maßstäbe eröffnen bestimmte Fragen und verschließen andere, verschiedene Maßstäbe eröffnen unterschiedlich Qualitäten. Maßstäbe sind heuristische Werkzeuge und folgen pragmatischen Einschränkungen und sind ständig zu überarbeiten, und es sollte der Maßstab immer wieder gewechselt werden. Eine frühe Publikation, die anhand von Fotos von einer Veranda in Manhattan ausgehend schrittweise in den Kosmos und zurückzoomte, zeigt, welchen augenöffnenden Effekt ein Maßstabswechsel haben kann (Morrison & Morrison 1992). Tsing schüttet aber m. E. das Kind mit dem Bade aus, wenn sie verschachtelte Skalen als für Fragen des Anthropozäns pauschal nicht hilfreich abtut. Die Argumentation scheint mir stark vom Motiv einer geistes-und kulturwissenschaftlichen Abgrenzung von den Geowissenschaften oder allgemeiner den Naturwissenschaften geleitet zu sein (vgl. Kap. 5.5).

Wie Thomas et al. herausstellen, ist das Zusammenprallen unterschiedlicher Maßstäbe ein zentrales Hindernis multidisziplinärer Forschung (Thomas et al. 2020: 11). Mit dem Bezug, den die Autoren dann aber auf Stratherns Initiationsbeispiel machen, wird die Frage der Zeitmaßstäbe allzu schnell in eins gesetzt mit der Problematik ethnologischer Kategorienbildung bzw. jeglicher Bildung allgemeiner Begriffe. Die Tatsache, dass größere Maßstäbe den Blick für kleine Welten ausblenden, ist trivial. Aus anthropozäner Sicht und für die Ethnologie ist es dagegen weniger trivial, dass umgekehrt kleine Maßstäbe größere Zusammenhänge ausblenden. Es geht auch um mehr als nur um Maßstäbe, nämlich um Kausalität und Pfadabhängigkeit.

Das Anthropozän betrifft maßgeblich Fragen des Lebens und Überlebens und das auf unterschiedlichsten Raum- und Zeitebenen. Die Wahl jeweiliger Maßstäbe impliziert erkenntnisbezogene, aber auch politische und ethische Konsequenzen, wie an Beispielen aus Afrika besonders deutlich wird (Hecht 2018). Schon abseits ethischer und politische Setzungen hängt die Bedrohlichkeit extrem von dem gewählten Zeitmaßstab ab. Aus erdgeschichtlicher Sicht mag das Anthropozän kaum eine Bedrohung sein, weil *Homo sapiens* ja wie jede Spezies irgendwann aussterben wird, so, wie unser Planet in spätestens fünf Milliarden Jahren in einer sich aufblähenden Sonne verschwinden wird. Wenn es aber um die nächsten tausend Jahre geht, sieht das ganz anders aus. Die Menschheit wird auf gegenüber heutigen Räumen eingeschränkten Flächen mehrheitlich in kühleren Regionen leben und wahrscheinlich unter massiver Umweltverschmutzung und umweltbedingten Konflikten leiden.

Aufgrund der gegenwärtigen Trends wird die geografische Nische in den nächsten 50 Jahren, also bis 2070, sich stärker verändern, als sie es in den letzten 8000 Jahren tat. Eine extrem dystopische Prognose gibt der Menschheit eine 50-zu-50-prozentige Chance, bis zum Jahr 2100 zu überleben (Rees, 2003, nach Thomas et al. 2020: 12). Das wäre in 80 Jahren. Nach *business-as-usual*-Szenarien aus der Risikoforschung könnte es so weit kommen, dass 3,5 Milliarden Menschen in für sie nicht zuträglich warmen Gebieten leben müssen. Nicht nur die Menschheit, sondern auch solche Ungleichheiten werden jetzt durch die geologische Sicht auf die menschliche Geschichte offenbar.

Das Anthropozän fordert Historiker, z. B. Technikgeschichtler heraus, die herkömmlichen linearen Temporalitäten durch nicht lineare Zeitkonzepte zu ergänzen und zusätzlich Geschichte auf der vertikalen Zeitebene zu verorten, also im geologischen Zeitmaßstab. Auch innerhalb einer herkömmlichen Maßstabsvorstellung ergibt sich nämlich das Problem der Skalierbarkeit (West 2000).

Geologie des Haushalts und geologische *Agency*

Stratigrafen, Geologinnen und Evolutionsbiologen befassen sich neben langsamem kontinuierlichem Wandel gerade auch mit diskontinuierlichem Wandel, abruptem Wandel und planetaren Krisen. Krisen in der Geschichte des Lebens sind eines der zentralen Forschungsgebiete der Paläontologie und der biologischen Evolutionsforschung. Die neuere Technikgeschichte fordert entsprechend, dass Technikhistoriker ebenfalls »Schichtenmodelle historischer Temporalität« (Trischler & Will 2020: 240) konzipieren.

Das Anthropozän ist gleichzeitig ein Periodenkonzept und sekundär eine Raumvorstellung. Zeitlich ist eine geologisch-stratigrafische verlängerte Sicht auf eine auf die Gegenwart zugehende *Longue duree*. Diese Zeitvorstellung ist nicht nur naturhistorisch oder zivilisationsgeschichtlich relevant, sondern hat auch unmittelbare Folge für Fragen der Bewertung. Ansprüche bezüglich Grenzen und Begrenzungen sind immer zu kontextualisieren und zu historisieren. So können z. B. Handlungen, die heute als positiv gelten, etwa weil sie Arbeitsplätze und Wachstum fördern, in anthropozäner Langzeitperspektive plötzlich als Problem erscheinen. Was kurzzeitig nur umstritten ist, erscheint langfristig als kriminell, als Mord oder Selbstmord. Nixon benannte das Beispiel der desaströsen Auswirkungen des ungebremsten Wachstums auf den globalen als »langsame Gewalt« (Nixon 2011, Folkers 2021).

In Reaktion auf Chakrabartys Forderung, Umweltwandel und Tiefenzeit in globalem Maßstab gerecht zu werden, gibt es auch eine Suche nach Darstellungsmöglichkeiten. Mathews benennt als positive Beispiele, wie man sich gewandt quer durch Zeit- und Raumskalen menschlicher Geschichte und Naturgeschichte bewegen könne, den Makrohistoriker Fernand Braudel, John McPhee, einen Science-Fiction-Autor und den Ethnologen Evan Evans-Pritchard (Mathews 2020: 71). Ich habe bisher vor allem herausgestellt, welche Fragen eine kulturelle-cum-planetare Perspektive für kulturelle gesellschaftliche und ökologische Themen aufwerfen. Ist es etwa denkbar, dass Menschen » ... in ihrem Denken, Fühlen und Handeln in der Lage sein könnten, vom Humanen abzusehen, um sich stattdessen als eine planetarische Kraft neben anderen zu verstehen« (Neckel 2020: 165).

Die im Anthropozän bewusst werdenden Probleme um den Planeten können aber auch die Geologie selbst konzeptuell beleben. In einem tiefgehenden »planetaren sozialen Denken« kann unser Planet jetzt in einem breiteren Feld von Zeitmaßstäben, Zukunftsvisionen und Trajektorien gedacht werden, als das bislang in der Geologie üblich war. Die Krisenhaftigkeit des Anthropozäns wirft die Frage auf, inwieweit plötzliche Veränderungen zur Normalität der Geosphäre gehören. Der Gradualismus und das Prinzip des Aktualismus der Geologie werden anhand einer sozial und kulturell erzeugten Katastrophe erneut und verschärft infrage gestellt.

Ein Konzept der »planetaren Vielfältigkeit« (*planetary multiplicity*, Clark & Szerszynski 2021: 3, 8) würde analog zu kultureller Vielfalt fragen, welche Kapazitäten die Erde – auf allen Maßstabsebenen – hat, anders zu werden, als sie ist, sich selbst zu differenzieren. Ein Ansatz, der die Wechselbeziehungen zwischen Mensch und Geosphäre voll in den Blick nimmt, kombiniert planetare Multiplizität mit der irdischen Vielfalt (*earthly multitudes*, Clark & Szerszynski 2021: 9). Irdische Vielfalt besteht in den vielfältigen Weisen, mit denen menschliche Kollektive auf diese planetare Vielfältigkeit antworten, also wie der Planet – genauer natürlich nur seine Oberfläche – imaginiert, was über ihn gewusst und wie mit ihm umgegangen wird. Dabei müssen sich Menschen mit der spezifischen Materialität der Erde auseinandersetzen, ja sie müssen, metaphorisch gesagt, wie die Erde, dynamisch »denken« (Yusofff 2013: 780, Clark & Szerszynski 2021: 10), und Menschen wie Kulturen verwenden dazu ihre Erfahrungen mit der Erde:

> »Viewed both as a species and as a heterogenous ensemble of lineages and collectives, humankind has a vast amount of experience of living with and through the *dynamism* of the earth« (Clark & Szerszynski 2021: 10, eigene Hervorheb.).

Der Umgang von Menschen ist in dieser – distanzierten – Sicht nicht nur als Prägung der Erde oder als Einschreibung menschlichen Handelns in Landschaften aufzufassen, sondern als aktives Zusammenwirken menschlicher und geologischer Kräfte aus verschiedenen Orten der Geosphäre, wobei Menschen sich und die Landschaft produzieren. Geologische *Agency* ist nicht einfach die Manifestation menschlicher Handlungsmacht, sondern eine Co-Produktion von Effekten zusammen mit geologischen Kräften. Die Autoren fassen das gut in einer ihrer die Erde weniger personalisierenden Formulierungen:

> »(...) modes of human creativity voiced through the materials of the earth and forms of planetary generativity embodied in the medium of human activity« (Clark & Szerszynski 2021: 74).

Bezogen auf die Erfahrungsdimensionen des Alltags brauchen wir quasi eine haushaltliche Geologie (*domestic geology*: 66–71). Clark & Szerszynski exerzieren das am Beispiel des Bügeleisens, wobei auch die Geologie-bezogenen Aspekte von Gender und sozialer Ungleichheit exemplarisch deutlich werden (Clark & Szerszynski 2021: 55–74). Braudel verdeutlicht ähnliche Verknüpfungen am Beispiel des Webstuhls (Braudel 1981: 337). Damit muss das häufig aus den kritischen Sozialwissenschaften kommende Postulat, das Anthropozän zu »sozialisieren« (z. B. Malm 2016) durch eine dazu komplementäre Forderung nach einer »Geologisierung des Sozialen« (Clark & Szerszynski 2021: 11, 46–49, 54) ergänzt werden. Eine solche Geologisierung ist politisch relevant. Sie fordert auf verschiedene handlungsrelevante Temporalitäten aufeinander zu beziehen:

> »Während wir verzweifelt eine nachhaltige Kultur (*culture of long-termism*) aufbauen müssen, sind wir in einer Situation, die sofortiges Handeln erfordert, in de uns also alles zu einem Handeln auf kurze Sicht (*short-termism*) treibt. Darin liegt das Paradox« (Read & Alexander 2020: 120).

Handlungsmacht vs. Handlungseffekte – zwei Seiten menschlicher *Agency*

Eine zentrale Herausforderung für Ethnologie und die Humanwissenschaften als Anthropologie i. w. S. betrifft Agency und damit den Handlungsbegriff. Im Anthropozän kommt es zu einem Auseinanderfallen von Handlungen und ihren Auswirkungen (Horn & Bergthaller 2019: 99). Die Handlungen sind lokale und folgen zumeist einer Absicht. Ihre Folgen sind aber oft ganz woanders, und meist sind die Effekte an vielen Orten und wir wissen nicht, inwieweit Ursachen und kulturelle Folgen auch über große Distanzen verknüpft sind (*telecoupling*), etwa bei der Biodiversität (Carrasco et al. 2017, Lui et al. 2018). Außerdem sind die Folgen großteils nicht intendiert (»Tragödie« i. e. S., Horn & Bergthaller 2022: 106). Diese Disjunktion von Aktion und Effekt (Horn & Bergthaller 2022: 99) ist ethnologisch relevant und könnte einen Fokus der Forschung bilden.

Oft wird pauschal von Agency gesprochen oder etwa von Problemen, die die menschliche Agency überschreiten würden. Demgegenüber sollten unbedingt zwei Formen von Handlungsmacht unterschieden werden: Handelt es sich um (a) Handlungsmacht als absichtsvolle Aktion, um intentionales Verhalten oder um (b) Wirkmacht durch nicht intentionales Verhalten oder nicht gewollte Nebenwirkungen durch akkumulierte Effekte intentionaler Handlungen (Horn & Bergthaller 2019: 100 ff., 105, 222). Die erste Form von Agency hängt mit der Vorstellung von Kultur als »zweiter Natur« zusammen. Kultur hat einem materialistischen Menschenbild folgend eine optimierende Funktion. Sie soll Unwägbarkeiten, die aus der ersten Natur herrühren, bändigen, Risiken kompensieren, allgemein die Kontingenz des Lebens minimieren, wenn nicht aufheben. Gerade in heutigen Gesellschaften ist das Ziel letztlich ein Höchstmaß an Kontrolle der ersten Natur vor allem durch Wissen und Technologie:

> »Der Zufall genetischer Herkunft soll durch eine gezielte Auswahl des Genmaterials ausgeschaltet, das Risiko von Erkrankung durch ebendiese Vorauswahl und gezielte Diagnose gemindert, der Prozess der Alterung gestoppt und selbst der unvorhersehbare Tod, die größte Kränkung aus Sicht des modernen Menschen, soll beherrschbar werden«. (Hartung 2021: 15).

Mit zunehmend künstlicher, technologisch optimierter Natur käme es letztlich zu einer Abkopplung von der ersten Natur. Diese Einebnung der Differenz der beiden Naturen muss aber eine Illusion bleiben, denn grundlegende Lebensumstände sind immer noch nicht von Menschen steuerbar bzw. kontrollierbar, etwa Erdbeben, Vulkanismus und erdsystemische Hauptdimensionen des Klimas, wie die Neigung der Erdachse gegenüber der Umlaufbahn um die Sonne. Anders als transhumanistische Visionen vorsehen, sind wir als Organismen unaufhebbar von der ersten Natur abhängig.

In Risikogesellschaften, ja besonders im Anthropozän, ist demgegenüber aber gerade darüber hinaus vieles *nicht mehr* kontrollierbar, vor allem nicht-gewollte Effekte der Handlungen von Menschen. Dieses zweite Gesicht von Agency, die zunehmend ausufernde Wirkmächtigkeit des Menschen stellt die Annahme der Souveränität individueller und kollektiver Akteure auf den Prüfstand. Gesellschaften können das System beeinflussen, aber nicht steuern. Der Mensch tritt als unangefochtener Prinzipal zurück, die Natur tritt »in Aktion«: »Menschen haben tief in den Planeten eingegriffen und sind selbst zu einer geologischen Macht geworden, aber sie finden keinen Weg aus der von ihnen verursachten Zerstörung der Umwelt« (Leggewie & Hanusch 2020: N4). Die Autorengrupe um Gísli Pálsson fast das Problem im Anschluss an Conolly so:

> »After all, there are good grounds for speaking of *distributive agency*, which emphasizes that the Anthropocene is not the result of *Homo sapiens* acting in isolation, but is only made possible through a diverse network of technological, cultural, organic, and geological entities« (Pálsson et al. 2013: 7, Herv. i. O.).

Unter den vielen Akteuren rund um das Anthropozän ist es sinnvoll, mit Dryzek »formative Akteure« von anderweitigen Akteuren zu unterscheiden und entsprechend ihre *formative agency* zu untersuchen (Dryzek & Pickering 2019: 105). Als formative Akteure können Personen gelten, die bestimmen, welche grundlegenden Prinzipien für die Diagnose eines Falls oder Lösung eines Problems angewendet werden. Solche formativen Akteure wirken bei kleinen Fällen, etwa der Einrichtung einer kleinen Schleuse, oder aber bei großen Fragen, wie dem Umgang mit dem Begriff »globale Gerechtigkeit«. Sie geben die Form vor, wie etwa Nachhaltigkeit, Gerechtigkeit oder ähnliche allgemeine Konzepte in der Praxis verstanden werden sollen. Die Hauptfunktion formativer Akteure besteht darin, Bedeutungen anzubieten oder politisch zu etablieren. Davon sind andere Akteure zu unterscheiden, welche die Prinzipien anwenden.

Ein für das Anthropozän relevantes Beispiel sind die zentralen Akteure im Feld der Biodiversität und dem darauf bezogenen Konzept der Ökosystemdienstleistungen (Dryzek & Pickering 2019: 106–109). Formative Akteure gibt es auch unter Wissenschaftlern, bezüglich des Anthropozäns sind es besonders Naturwissenschaftler. Hier kann man analytisch zwischen denen unterscheiden, die sich als »politikrelevant« verstehen und anderen, die »politikmachend« sein wollen. Die ersteren verstehen sich als Experten und die zweiten eher als Politikberater (»mapmakers« vs. »navigators«, Edenhofer & Kowarsch 2015, nach Dryzek & Pickering 2019: 121). Beide Arten von Akteuren bilden eine wichtige Größe in der menschlichen Formung von Ökonischen.

Kapitel 7

Gesellschaften konstruieren und erben Nischen – Vergangenheit trifft Zukunft

If we consider ourselves and our societies as integral parts of the Earth system, and we take serious the new properties that humans bring to the Earth system, then this requires a new kind of Earth system science.

Tim Lenton 2016: 123

... we remain an overwhelmingly fossil-fueled civilization that has been recently running vigorously *into* fossil carbon rather than moving *away* from it.

Smil 2021: 273, Herv. i.O.

Menschen verändern ihre Umwelt derzeit aktiv und dauerhaft. Die Umweltveränderungen in einer Generation werden zum Teil permanent und bilden in der nächsten Generation t+1 eine Grundlage der vermeintlich »natürlichen« Lebensbedingungen. Evolutionsbiologisch gesehen bestimmen sie sogar die Bedingungen der natürlichen (sic!) Selektion mit. Das ist der Kern der Theorie der Nischenkonstruktion, der für Menschen im Unterschied zu anderen Tieren von fundamentaler Bedeutung für langfristigen Wandel ist (*human niche construction*, Laland et al. 2000, Laland 2020). Angesichts derzeitiger kommerzieller Interessen und Dynamiken wird es etwa eine schnelle Dekarbonisierung nicht geben (Smil 2021: 289). Somit werden nachfolgende Generationen – neben genetischen und kulturellem Erbe – Umweltbedingungen vorfinden, die *maßgeblich* von ihren Vorfahren, also der Lebensweiseder jetzt lebenden Menschen geprägt wurden: Umweltbedingungen als anthropozänes Nischenerbe (*niche inheritance*, Meneganzin et al. 2022: 10).

Solche Nischenkonstruktion hatte in der Geschichte der Menschheit sehr vielgestaltige Effeke, auf Menschen wie auf andere Organismen und auch die unbelebte Welt. Breite anthropogene Veränderungen etwa der

Biodiversität bezeugen archäologisch die Expansion des Menschen im späten Pleistozän, die neolithische Ausbreitung der Landwirtschaft, die Ära der Kolonisierung von Inseln im Mittelmeer und im Pazifik sowie die Entstehung früher urbanisierter Gesellschaften und kommerzieller Netzwerke (Boivin et al. 2016: 6389–6393). Wie neuere biologische und archäologische Daten zeigen, gehen evolutive Langzeitwirkungen menschlichen Verhaltens über Artensterben hinaus. Ein zentraler Grund ist, dass Menschen durch ihre Subsistenztätigkeiten Regulatoren in Nahrungspyramiden sind und die Abnahme von *keystone species* bewirken. Menschliches Handeln, wie Habitatveränderung, selektiver Erntedruck, Jagd, Verlagerung von Organismen, Domestikation, genetische Veränderung selektiv auf die Morphologie von Pflanzen und Tieren wirkt und wirkte. Das zeigt sich etwa in Form von Körpergrößenabnahme, Wandel der Flügelform, veränderten Proportionen der Extremitäten. Größenzunahme von Samen, Reduktion der Horngröße und veränderter Wachstumsrate. Archäologische Forschung zeigt, dass solche Effekte wahrscheinlich bis 50.000 Jahre v.H. zurückgehen. Die Verquickung des Menschen (als *hyperkeystone species*) mit der nichtmenschlichen Lebewelt hat eine tiefe Geschichte (Palumbi 2001, Wilkinson 2005, Sullivan et al. 2017: bes. Fig. 2, Fig. 4). Der Nischenansatz lässt sich mit weiteren Ansätzen zu materieller Kultur und zu dreifachem »Erbe« zu einem Modell verknüpfen, das naturale wie kulturale Faktoren der Genese des Anthropozäns wie der Effekte des Anthropozäns ansatzweise verstehbar macht.

7.1 Kultur quert Materialität – multi-materiale Verschränkungen

> The earth has grown a nervous system: and it's us.
>
> *Daniel C. Dennett, 2004*

In der Welt hängt vieles mit vielem zusammen. Besonders klar hat uns diesen Sachverhalt die Ökologie seit Ernst Haeckel vor Augen geführt. Die gewöhnliche Darstellung eines ökologischen Systems, prototypisch eines Korallenriffs oder eines Regenwalds, zeigt verschiedenste Organismen in vielfältigen stofflichen und energetischen Zusammenhängen miteinander und in Wechselwirkung mit der unbelebten Umwelt. Wie später die Theorien der Selbstorganisation (zur Übersicht Scheidler 2021) und auch die Ethnologie aufzeigten, können zumindest komplexe Phänomene nicht auf eine einzige Ursache zurückgeführt werden, sondern erfordern Erklärungen über ihre historische Genese. In der Biologie und besonders der Genetik wird von Phänomen gesprochen, die mehrfach verursacht sind (Multikausalität, Polygenie) und von Phänomenen, die selbst als Faktor mehrere andere Phänomene beeinflussen (Pleiotropie).

Materialität und Praxis

Materialität, Sozialität und Praxis bilden schon bei nicht menschlichen Primaten einen Nexus. Da es hier aber um Menschen geht, ist hier eine weitere Differenzierung angesagt. Zunächst ist zu unterscheiden zwischen materiellen Gütern und organismischen Kulturbestandteilen. Dies ist eine Unterscheidung *innerhalb* der in Texten zur materiellen Kultur als »Dinge als Substanz (in der Natur)« benannten Kategorie, die von konzeptbasierten »Dingen als materieller Kultur« getrennt werden (Hahn 2014: 10). Wenn materielle Kultur die Gegenstände meint, die in die Lebenswelt der Menschen einbezogen werden, also als »… die Summe aller Gegenstände verstanden (wird), die in einer Gesellschaft genutzt werden oder bedeutungsvoll sind« (Hahn 2014: 18), dann gehören domestizierte Tiere als auch anthropogen überformte Landschaftselemente dazu. Lebewesen haben aber deutlich andere Eigenschaften und Existenzerfordernisse als materielle Gegenstände bzw. die abiotische Natur. Bei Lebewesen sind Anpassung, Reproduktion, Generationalität und Domestizierbarkeit zu berücksichtigen. Lebewesen haben *nicht hintergehbare* Eigenschaften, die sich von unhintergehbaren Eigenschaften anderer materieller Dinge unterscheiden. Materialität ist also mehr als Dinge (siehe Abb. 7.1).

Anthroökologie – vielfache Materialität und begrenzte *Agency*

> To take care of the Earth, humans must recognise that we are both a part of the animal kingdom and its dominant power.
>
> *Hugh Desmond 2024*

Dem oben erläuterten bezüglich Substanz offenen Kulturbegriff entsprechend sind z. B. Kulturpflanzen als Bestandteile von Kultur anzusehen. Während die Baumblätter vor einem Gebäude in Abb. 7.1 oberflächlich betrachtet als Illustration des Gegensatzes von Natur und Kultur erscheinen, kann das Bild tatsächlich als Beispiel von unterschiedlichen Formen *kultürlicher* Materialität gesehen werden. Als Teil der belebten Natur unterscheiden sie sich aber in ihren Eigenschaften, etwa ihrer Generationalität,

Abb. 7.1   Materiell verschiedene Manifestation von Kultur im Agnesviertel in Köln – Gebäude und Alleebaum als Kulturpflanze, *Quelle: Autor*

stark von anderen Kulturbestandteilen, wie Gebäuden, die ebenfalls einen Eigensinn haben, etwa durch Gewicht und Statik.

Abb. 7.2 Dreifache kulturelle Vererbung in Ferrara, Italien: Architektur als materielle Kultur, Palmen als Kulturpflanzen und teil-anthropogene Atmosphäre als Umwelterbe, *Quelle: Autor*

Diese analytische Unterscheidung *innerhalb* von materialer Substanz ist deshalb von Bedeutung, weil es die Agency der Akteure beeinflusst, z. B. durch unterschiedliche Prägbarkeit (*malleability*) der Materialien. Unbelebte Materialien ermöglichen andere, vielfach weniger eingeschränkte, Handlungen als belebte Kulturgüter. Das Spektrum des *enablements* ist stärker eingeschränkt (*constraints*, Tab. 7.1 und Abb. 7.2). Innerhalb belebter Wesen gibt es weitere für menschliche Nutzung zentrale – und dabei nicht kontingente – Unterschiede, etwa bei Nutztieren. Schweine etwa stellen bei ähnlicher Nahrung auch ähnliche Ansprüche an Entstehung und Herkunft ihrer Nahrung wie Menschen: kohlehydratreich und eiweißhaltiges Futter. Rinder hingegen brauchen Grasland, das sie beweiden können. Sie sind damit deutlich nomadischer als die eher ortsgebunden lebenden Schwei-

ne. Rindfleisch »frisst ... Fläche, bevor es selbst gegessen werden kann«
(Reichholf 2011: 83).

	Form der Manifestation und Verkörperung von Kultur	Implikationen für Handlungsmacht (*agency*)	Implikationen für Transmission und Transfer	Epistemische Implikationen vfür Archäologie
K1	Kultur manifestiert im Gehirn einer Person: nicht sprachliche Gedanken	Maximale Freiheit, da keine materiellen *constraints*	Nicht möglich	Nur introspektiv zugänglich, Vergessen
K2	Kultur verkörpert im Sprechhandeln: *parole*	Wortschatz bildungsbezogen stark differierend, nur für co-präsente Sozialpartner erfahrbar	Limitiert auf Sprechergemeinschaft, Missverständnisse, Zufallswandel	Oft kurzzeitig und daher nicht überliefert
K3	Kultur verkörpert in Verhalten und Handeln: z. B. Körpersprache, Routinen, Rituale, Performance	Eingeschränkt durch Basisbedürfnisse, Viabilität, beobachtbar für Sozialpartner	Zum Teil auch für Sprachfremde verständlich, Fehldeutungen	Oft kurzzeitig und nicht überliefert, Intentionalität (Handeln) kaum fassbar
K4	Kultur manifestiert in materiellen unbelebten Dingen: z. B. Gegenstände, Monumente, Musik, Kunst (Artefakte i. e. S.)	Begrenzt durch physikalische und chemische Bedingungen	Materialabhängig, mehr oder minder dauerhaft, *potential transgenerational*	Zentrale Datenbasis, aber Selektionsgrad der Überlieferung unklar
K5	Kultur manifestiert in materiellen Spuren: z. B. Arbeitsspuren auf Artefakten	Begrenzt durch physikalische und chemische Bedingungen	Weitergabe nur wenn bewusst, bemerkt	Oft gut zugänglich, aber präziser Praxisbezug unklar
K6	Kultur manifestiert in außerkörperlichen Speichermedien: Schrift, IT	Kapazität tendenziell unbegrenzt, Zugriff durch mehrere Nutzer, Zugriff durch Wissen oder Instrumente begrenzt	Unterschiedliche Dauerhaftigkeit je nach Medium, Verfall	Nur in historisch jungen oder sogar nur in gegenwartsnahen Phasen
K7	Kultur verkörpert in Organismen: z. B. Haustiere, genetisch veränderte Lebewesen, im Ego selbst	Eingeschränkt durch Basisbedürfnisse, Viabilität	Eingeschränkt durch Generationalität	Differentielle Überlieferung (Ramentation, Fossilisierung)

Form der Manifestation und Verkörperung von Kultur	Implikationen für Handlungsmacht (*agency*)	Implikationen für Transmission und Transfer	Epistemische Implikationen vfür Archäologie
K8	Kultur verkörpert im menschlichen Organismus, z. B. Organreaktion auf Ernährung	Eingeschränkt durch Basisbedürfnisse und Viabilität	Eingeschränkt durch Generationalität	Extrem selektiv überliefert
K9	Kultur verkörpert im *eigenen* Organismus: z. B. individueller Stress	Eingeschränkt durch Basisbedürfnisse und Viabilität,	Eingeschränkt durch Generationalität, kaum weitergegeben	Tw. introspektiv erfahrbar, tw. Beobachtbar
K10	Kultur manifestiert in künstlichen Materialien im oder am eigenen Organismus: Bsp. Tätowierung, Skarifizierung, Herzschrittmacher	Eingeschränkt durch Basisbedürfnisse, durch Viabilität	Eingeschränkt durch Generationalität, erweitert durch technische Innovationen	Tw. nur in historisch gegenwartsnahen Phasen
K11	Kultur manifestiert in Assemblagen, z. B. an Stränden oder in Müllhalden	Je Materialitäts-Assemblage unterschiedlich eingeschränkt	Unterschiedlich eingeschränkt nach Lebensdauer, Zyklen	Zuordnung zum Entstehungsort der Einzelteile ggf. schwierig
K12	Kultur manifestiert und verkörpert in Landschaften: z. B. anthropogen veränderte Biome	Angesichts der Größe stark eingeschränkt, verschieden je nach ökosystemischer Dynamik	Eingeschränkt durch Generationalität und geophysikalische Umstände	Tendenziell dauerhaft, bis hin zu Anthromen

Tab. 7.1 Implikationen unterschiedlicher Verkörperung von Kultur für Agency, Transmission und Transfer (verändert nach Antweiler 2021b: 12)

Wegen ihrer verschieden gearteten Materialität unterscheiden Kulturaspekte sich auch hinsichtlich ihrer Nutzbarkeit als kulturelle Ressource. Ein einfaches Beispiel: Wissen kann als einzige Ressource – im Unterschied zu Land, Rohstoffen und Arbeit – intra-sozial geteilt (*shared*), intra-sozial vererbt (Transmission) und an andere Sozialverbände weitergegeben werden (Transfer) oder sich räumlich ausbreiten (Diffusion), ohne dabei in der Ursprungsperson oder -gemeinschaft verloren zu gehen.

Auch die Erneuerbarkeit von Ressourcen hängt eng an ihrer materiellen Verfasstheit. Schließlich hängt die Möglichkeit und Wahrscheinlichkeit der Weitergabe an andere Gemeinschaften, der Transfer und die räumliche Diffusion von Kultur, stark von der Materialität ab. Gerade der Kulturtransfer ist aber ein entscheidender Motor von kultureller Evolution. Die tatsächliche Erfindung von Werkzeugen ist selten und an viele Vorbedingungen geknüpft, wofür das Rad-mit-Achse ein Beispiel ist (Hodder 2018: 12–13, 61–63, Fig. 1.5). Kulturelle Software kann sich ggf. leichter und schneller verbreiten als Hardware. Bei Technologien werden vielfach kulturelle Ideen übernommen (*stimulus diffusion*), ohne dass den Nehmern die genaue materiale Basis bekannt ist, wie z. B. beim Porzellan. Schließlich ist der Aufforderungscharakter oder die Affordanz etwa von Gebrauchsgegenständen, Werkzeugen oder Gebäuden kontingent zu kulturspezifischem Wissen. Diese multiple Charaktere von materiellen Phänomenen lassen es sinnvoll erscheinen, Formen der Manifestation und/oder Verkörperung i. S. von *Embodiment* einer jeweiligen Kultur einer Gemeinschaft analytisch zu unterscheiden. unterscheiden.

Die Mechanismen kultureller Weitergabe sind bei Primaten erheblich vielfältiger als bei anderen Lebewesen. Zur genetischen Vererbung kommt nicht genetisches Erbe durch Eltern, Verwandte, Nichtverwandte und Peers. Beim Menschen kommt aber außer der zentralen Weitergabe kultureller Inhalte durch sprachliche Kommunikation noch die Weitergabe durch außerkörperliche Kultur in Form von Gegenständen und bei manchen Kulturen Schrift und weitere außerkörperliche Informationsträger hinzu. Einige andere Primaten gebrauchen zwar auch Werkzeuge (*tool using*) und stellen sie sogar her (*tool making*), aber diese Gegenstände selbst spielen wegen der fehlenden Fähigkeit zur Instruktion für die Weitergabe zwischen den Generationen nach heutigem Kenntnisstand kaum eine Rolle.

Die jeweilige Materialität beeinflusst auch stark eine wahrscheinlich einzigartige Eigenschaft des Menschen: der Fähigkeit zur Akkumulation von Kultur (*cumulative culture*). Diese Fähigkeit ist zentral für die Erklärung von sozialer Evolution im Sinne von Komplexitätssteigerung und/oder Anpassung (Antweiler 1990, Hodder 2018, 43, Zeder 2018, Haidle & Jaudt 2020). Die Möglichkeit, Innovationen und Lösungen als kulturelle Errungenschaften zu konservieren und darauf aufzubauen (*ratchet effect*, Tomasello 2006. Abb. 7.3) unterscheidet sich je nach der Materialitätsform außerkörperlicher Kultur. Um die Transmissionsfähigkeit von *Chaînes opératoires* (Haidle 2012, 108–110) oder Hodders *entanglements* biotischer, sozialer und materialer Dinge (Hodder 2011, 2018, 42, 110–112) und ihren Bezug zu Zielen genau zu verstehen, bräuchten wir eigentlich eine genaue Klassifikation der Möglichkeiten der Wissensakkumulation für jeden Gegenstandstyp. Das betrifft das ganze Kontinuum der Wagenheber-Effekte – zwischen den Polen des tatsächlichen mechanischen Wagenhebers und etwa dem wissenschaftlichen Fortschritt durch das Aufsteigen »on the shoulders of giants«. Die potenzielle intrakulturelle Vielfalt der Material-formen und ihrer jeweiligen Transmissionsformen gilt es zu differenzieren. Auch innerhalb von einzelnen Kulturgemeinschaften werden *verschiedene* Gegenstände mit *unterschiedlichen* Transmissionsweisen tradiert. Hierzu könnte man die von Jordan (2015) herausgearbeiteten multiplen Traditionen materieller Kultur heranziehen.

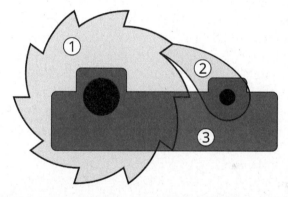

Abb. 7.3 »Ratsche«, bestehend aus Sperrrad (1), Sperrklinke (2) und Lager (3) als Beispiel des Wagenhebereffekts (ratchet effect) , *Quelle: nach Schorsch in https://commons.w ikimedia.org/wiki/File:Ratchet_Drawing.svg*

7.2 Nischenkonstruktion – Kulturgeschichte trifft Naturgeschichte

> Wir werden uns nicht los, aber wir werden auch die Welt nicht los, sooft wir uns von ihr lossagen.
>
> *Ulrich von Loyen 2019: 159*

Eine Soziologisierung oder Kulturalisierung des Anthropozäns hat auch Folgen für das Studium langfristiger Verläufe der Menschheitsgeschichte. Daran geknüpft ist die Frage, ob die Unterscheidung zwischen Naturgeschichte (*res naturae*) und Menschheitsgeschichte (*res humanae*) i. e. S. sinnvoll ist, oder ob es einer erneuerten, und breiteren, Universalgeschichte bedarf. Diese »negative Universalgeschichte« bei Chakrabarty, in der der Mensch nur eine von vielen Spezies darstellt, lässt sich so interpretieren: »Die Prophezeiung des ›Weltendes‹ muss deshalb performativ angekündigt werden, damit sie sich *nicht* realisiert« (Danowski & Viveiros de Castro 2019: 108). Chakrabarty argumentiert, das postkoloniale Historiker und die Geisteswissenschaften mit den Einsichten in das Anthropozän sich nicht mehr auf die kulturellen Aspekte menschlichen Lebens kaprizieren können. Er geht stellenweise so weit, zu argumentieren, dass die Weltgeschichte in Erdgeschichte aufgeht. Erstens müssen Menschen als eine planetarische Kraft *unter anderen* gesehen werden, aber ohne dass Menschen dabei zentrale Akteure mit Macht und damit Verantwortung sind. Zweitens können Menschen nicht frei von den Wirkungen planetarer Realitäten leben, auch nicht die Wohlhabenden, weil selbst sie als Privilegierte für den Fall tatsächlich weltweiter Störungen keine Rettungsboote hätten (Chakrabarty 2009: 221, vgl. dagegen Jobson 2020: 260).

»Kräfte« der Geschichte – »Treiber« des Wandels

Im Anthropozän geht es noch stärker als bei anderen Themen der Geschichte des Menschen um eine Verquickung verschiedener Ursachen, für die es im Deutschen kaum ein Vokabular gibt. Die »Kräfte der Geschichte« beinhalten verschiedenste Weisen, wie die Vergangenheit die Zustände und Dynamiken in der Gegenwart kausal prägt. Unter solchen Ursachen sind einerseits Handlungen aufgrund menschlicher Absichten, also Gründe und Zwecke (*forces*). In Bezug auf Anthropozän ist das z. B. der Effekt einer Baumaßnahme, etwa der beabsichtigten Asphaltierung einer großen Fläche. Andererseits finden wir auch nicht willentliche, etwa strukturell geprägte, kausale Zusammenhänge, also Ursachen (*forcings*, Baucom 2020). Für Klimawandel sind dies etwa die Rolle von CO_2 als Klimagas für die Erwärmung der Atmosphäre, die Ursachen des Monsuns oder Ereignisse, wie die Ausbrüche der Vulkane Tambora 1815 und Krakatau 1983 in Indonesien für die weltweite Veränderung der Atmosphäre.

Im Holozän beeinflussten Menschen die Geosphäre zunächst unmaßgeblich, sie waren weder *forces* noch *forcings*, sondern Zuschauer der Entwicklung. Der Klimagang im Holozän etwa wurde durch drei Merkmale des Umlaufs der Erde um die Sonne bestimmt: die Ekliptik, die Neigung der Erdachse und die Schwankungen um diese Achse. Die für Menschen günstige holozäne Erwärmung resultierte aus dem aus Menschensicht zufälligen Zusammenfallen von astronomischen Umständen, welches die Sonnenstrahlung erhöhte um dann vor etwa 12.000 Jahren zu einer bis vor Kurzem relativ stabilen Situation zu führen. Im Anthropozän haben wir ein neues Phänomen, das aus einem komplexen Zusammenwirken von systemischen Treibern und menschlichen Kräften auf verschiedenen Maßstabsebenen resultiert (Thomas et al. 2020: 14):

Aus humanwissenschaftlicher Sicht besteht die Herausforderung darin, beide Formen der Verursachung zusammenzudenken. Vertretern der Erdwissenschaften fällt das relativ leicht, weil sie primär an der Beschreibung von Systemdynamik interessiert sind. Unter dem Label »Treiber« (*drivers*) subsumieren sie deshalb umstandslos sowohl Vulkanausbrüche und Stellung der Erdachse als auch die Folgen menschlicher Bautätigkeit oder Landwirtschaft. Das zeigt sich etwa in Veröffentlichungen der amerikanischen Klimabehörde NOAA oder auch des deutschen WBGU. Dort wird dann zwar zwischen »natürlichen« und »menschlichen« Treibern unterschieden, aber die weitergehende Ursachenfrage der menschlichen Treiber, nach dem Warum (sich machtvolle Kräfte entwickelten), dem Wer (davon profitierte) und dem Wie (man aus der Situation kommen könnte) bleibt jedenfalls unter dem Begriff »Treiber« offen.

Der Anthropos selbst ist ein kumulatives Produkt der ganzen evolutionären Geschichte des Planeten und der demgegenüber blutjungen politischen, wirtschaftlichen und gesellschaftlichen Veränderungen. Bei allen daran beteiligten »Treibern« gibt es nicht beabsichtigte Wirkungen. Der genannte Effekt der Blaugrünalgen bei der Bildung und Stabilisierung der Erdatmosphäre, dem »großen Sauerstoffereignis« vor rund 2,1 bis 2,4 Milliarden Jahren, war nicht gewollt, weil diese Bakterien keine Absichten haben können. Ebenso waren die Klimaeffekte der Landnahme und Domestikation durch frühe Zivilisationen nicht intendiert. Schließlich sind viele Effekte des heutigen Industriekapitalismus und der Konsumkultur auf die Geosphäre unbeabsichtigt. Das Vertrackte am Anthropozän ist, dass wir es leider oft mit *nicht intendierten Effekten intentionalen Handelns* zu tun bekommen (McNeill 2003).

Diese Einsicht steckt hinter Chakrabartys Programm, Erdgeschichte und menschliche Geschichte zusammenzubringen. Nicht beabsichtige Wirkungen sind in den Sozialwissenschaften ein klassisches, gleichwohl aber zu wenig erforschtes Phänomen. Es macht aber in jedem Fall einen großen Unterschied, ob Akteure dabei beteiligt sind, die (a) Absichten haben *können* und (b) diese nicht gewollten Wirkungen intendiert erforschen *können* und (c) diese Effekte absichtsvoll verhindern *wollen*. Wenn es nicht nur um Beschreibung und Analyse geht, sondern um beabsichtigten Wandel bzw. gewollte gesellschaftliche Transformation, wird die Spannung zwischen beabsichtigten und unbeabsichtigten »Treibern« unauflöslich (Thomas et al. 2020: 14). Auf der Ebene gesellschaftlicher Erfahrung und vor allem individuellen Erlebens ist die Unterscheidung aber von zentraler Bedeutung, weil Menschen sich daran orientieren, was sie an der Welt verändern können, kurz: an Kultur.

Debatten zum Anthropozän, dem in Zeit und Raum größten Mega- oder Makrothema der Humanwissenschaften, zeigen so, wie fruchtbar es sein kann, Naturgeschichte und Kulturgeschichte aus materialistischer Perspektive zusammenzubringen, statt sie in Wissenschafts-»Kulturen« auseinanderzudividieren. Kolonialismus ist demnach nicht nur ein bedeutender Teil der Geschichte der meisten Länder, sondern durch die grundlegende Prägung der Textur ganzer Regionen *auch der Naturgeschichte* (Reichholf 2011, Leggewie & Hanusch 2020: N4).

Nischenkonstruktion – unser dreifaches Erbe und lokales Wissen

Wie fruchtbar das Modell multipler Vererbung für die Erhellung von Makrofragen menschlicher Evolution und Geschichte ist, erweist sich, wenn Naturgeschichte und Kulturgeschichte zusammengedacht werden. Es zeigt sich, dass im Längsschnitt die Bedeutung des genetischen Erbes abnimmt und die der sozialen Nischenkonstruktion zunimmt, was zu erwarten ist. Erstaunlich ist aber, dass das Ausmaß materiellen Erbes neuerdings abnimmt und die Transformation der Ökosysteme pro Kopf sogar abnimmt. Dies sind selbstverständlich nur ganz grobe Aussagen, die zwar teilweise auf harten geologischen Daten beruhen, aber im Einzelnen zu spezifizieren sind.

Empirische und theoretische Erkenntnisse zur organischen Evolution können für ein Verständnis des Anthropozäns nützlich sein. Für empirische Befunde ist das ja offensichtlich, denn die ganze Idee des Anthropozäns beruft sich ja auf evolutionären Wandel der Erde und des Lebens und auf die Wissenschaft der Fossilien: Paläontologie. Aber auch theoretische Ideen aus der Evolutionsbiologie können nützlich sein. Ein Beispiel aus der Evolutionsökologie und Paläontologie sind Tretmühlen in Ökosystemen, die in Anlehnung an Lewis Caroll als *Red Queen*-Phänomen bezeichnet werden (Van Valen 1973). Wenn sich deine Wettbewerber verbessern oder auch nur verändern, oder sich die Umwelt ändert, musst du dich verbessern bzw. anpassen, um auch nur mithalten zu können. Van Valen leitete das aus einer Auswertung von Kontinuität und Aussterberaten von fossilen Arten ab.

Eine lange Phase der Angepasstheit bedeutet demnach noch nicht auch eine höhere Wahrscheinlichkeit der Weiterexistenz. Als evolutives Prinzip gilt das gleichermaßen für Arten, wie für Ökosysteme und für akademische Hierarchien. Im Anthropozän sind solche Tretmühlen syndromatisch, sie sind zugleich Voraussetzung, integraler Bestandteil und Resultat der Ausreißprozesse (*run-away effects*), die die überhitzte Welt des Anthropozäns ausmachen (Eriksen 2016: 23).

Der Archäologe Ian Hodder fordert ein Modell menschlicher Geschichte, das die Vielfalt evolutionärer Domänen anerkennt, sich der Spannungen zwischen ihnen bewusst ist und eine Theorie von den Realitäten und Konjunktionen von Interdependenzen baut (Hodder 2020). Für ihn ist die menschliche Evolution eine » … Co-Kreation von Dingen, die biotisch und materiell und geistig und chemisch und institutionell sind« (Hodder 2018: 130). Dafür hält er die *Extended Evolutionary Synthesis* für wichtig, aber nicht ausreichend, vor allem, weil sie der Heterogenität der durch Dinge vermittelten Beziehungen nicht gerecht würde. Obwohl Hodder manche neuere Ansätze kurz erwähnt, unterschätzt er m. E. die Erkenntnisse der heutigen interdisziplinären Forschung zu kultureller Evolution erheblich.

Ein materialistischer und dabei echt evolutionärer, also nicht typologischer, Ansatz öffnet aufgrund des ihm inhärenten Populationsdenkens die Augen für die Variabilität von Artefakten und ihre Rolle in Praxisgemeinschaften (*communities of practice*), die von einem idealistisch-typologischen Ansatz ausgeblendet wird (Riede et al. 2019). In der heutigen Evolutionsbiologie beinhaltet der darwinsche Ansatz *deutlich* mehr als das klassische Modell Charles Darwins ... und er ist alles andere als sozialdarwinistisch. Er umfasst (1) Darwins Modell (Variation + Vererbung + Selektion), (2) seit den 1970er-Jahren erweitert in der sog. »Modernen Synthese« (Darwins Modell + Mutation + Populationsgenetik + Artbildung, Speziation) und dazu (3) seit den 1990ern wiederum erweitert als sog. »ausgeweitete Synthese« (*Extended Synthesis*), nämlich all das erweitert um Mehrebenen-Selektion und Epigenetik bzw. *EvoDevo* (Pigliucci & Müller 2010, Jablonka & Lamb 2020, Lange 2020: 229–258, Belardinelli 2022: 19–22). Diese Erweiterungen des darwinschen Ansatzes werfen die Frage auf, ob das Modell Darwins eine besondere Variante eines allgemeinen Evolutionsprinzips darstellt (sog. generelle Evolution, Toepfer 2013, Danchin 2013).

Ein m. E. besonders fruchtbarer Ansatz ist die Theorie der zweifachen Vererbung von Peter Richerson und Robert Boyd (*dual-inheritance-theory*, Richerson/Boyd 2005). Die Autoren gehen von zwei getrennten Systemen generationsübergreifender Übertragung von Information aus, der genetischen und der nicht genetischen »Vererbung«. Im Unterschied zu ähnlichen Ansätzen unter dem Label »Ko-evolution« betonen sie, dass sich beide Vererbungsmodi deutlich unterscheiden, aber oft kausal miteinander verschränkt sind (Pagel 2012: 6, Lewens 2015, Boivin et al. 2016). Solche Ansätze liefern eine mechanistische, aber multifaktoriell argumentierende Theorie der Mechanismen geschichtlichen Wandels. Sie sind m. E. besonders geeignet, tiefgreifende Mechanismen langfristigen gesellschaftlichen Wandels analytisch zu unterscheiden und eine methodisch geleitete Interpretation empirischer Fälle anthropozänen Wandels zu leisten.

Bei mehrfacher »Vererbung« können namentlich materielle Gegenstände und ihre jeweiligen Eigenschaften eine große Rolle spielen. Dieses Modell könnte deshalb zur detaillierten Ausarbeitung eines agentiellen Realismus im Sinne von Karen Barad beitragen (Hoppe & Lemke 2021: 59–79). Was bislang noch selten ist, ist die systematische Einbeziehung materieller Kultur und der Umwelt, der abiotischen, der biotischen und vor allem der anthropogen überformten Umwelt in ein Modell multilinearer Transmission (für eine Ausnahme: Jordan 2015, Herrmann 2019). Ein Schritt wäre es, die in den Operationsketten oder *tanglegrams* verknüpften materiellen Einheiten (etwa bei Hodder 2018, 86–90,109) daraufhin zu befragen, welche Formen gerichteten Lernens und selektiver Weitergabe sie jeweils erzwingen (*constraints*), nahelegen (*affordance*) oder ermöglichen (*enablement*).

Faktoren sozialer Evolution nach dem Ansatz der »zweifachen Vererbung« *(leicht modifiziert nach Richerson & Boyd 2005: 69)*

1 Zufall
1.1 Kulturelle Mutation: individuell, zum Beispiel durch falsches Erinnern
1.2 Kulturelle Drift: statistische Anomalien in kleinen Populationen

2 Richtunggebende Kräfte (*decision-making forces*)
2.1 Geführte Variation (*guided variation*): Veränderungen während des Lernens
2.2 Schiefe Transmission (*biased transmission*)
2.2.1 Inhaltliche Präferenz (*direct bias*), zum Beispiel durch Algorithmus, Kosten-Nutzen-Abwägung oder Lernneigung
2.2.2 Häufigkeitsabhängige Neigung (*frequency-dependant bias*), nach Üblichkeit eines Kulturmusters oder nach Seltenheit
2.2.3 Modell-basierte Neigung (*indirect bias*): Imitation von erfolgreichen Individuen oder Individuen, die einer Person selbst ähnlich sind

Darüber hinaus könnte das Modell des zweifachen Vererbungssystems durch Bezug auf neuere Forschungen aus der kognitiven Evolutionsforschung erweitert werden, um die spezifisch menschliche Form sozialen Lernens zu verdeutlichen. Cecelia Heyes argumentiert, dass kulturelles Lernen eine Sonderform sozialen Lernens mittels ganz spezifischer Denkwerkzeuge (*cognitive gadgets*, Heyes 2018: 80, 219–222) ist. Dies sind vor allem selektives soziales Lernen, Imitation, *mindreading*, Instruktion und Sprache. Damit ist kulturelles Lernen – entgegen dem Verständnis bei Tomasello als auch bei cultural evolutionists, wie Henrich – nicht nur eine raffinierte Form des sozialen Lernens, also des Lernens mit der Hilfe von Sozialpartnern.

Einfach gesagt, besteht die menschliche besondere kognitive Fähigkeit nach Heyes weniger in den ererbten intelligenten Hirnen der Individuen als in der in sozialen Interaktionen geteilten Smartness. Die kognitiven Werkzeuge entstehen vor allem während der Kindheit in einer förmlich kulturgesättigten Umwelt. Sie sind ein Resultat kultureller Anpassung und funktional entscheidend für die transgenerationale Weitergabe von Kultur. Was bei Heyes hingegen unterbelichtet bleibt, ist die Erkenntnis, dass manche der kulturellen Lernmechanismen auf biotisch gegebenen emotionalen Neigungen aufbauen und so die Kopiergenauigkeit sichern. Das wurde in kulturvergleichenden ethnologischen Untersuchungen zur emotionalen Normensozialisation nahegelegt (Quinn 2005, für Beispiele Antweiler 2019, Antweiler et al. 2019). Für die Archäologie des Anthropozäns ist relevant, wenn auch bei Heyes nicht thematisiert, dass etliche dieser kognitiven Gadgets über die Vermittlung *gegenständlicher* Kultur funktionieren. Ein Beispiel sind einander imitierende Kinder, die, über ein buntes Band verknüpft, ihrer Leiterin folgen. In menschlichen Kulturen ist Intelligenz, außer im Kopf, zweifach außerkörperlich: sowohl in *spezifischen* sozialen Interaktionen als auch Wissen enthaltenden Artefakten inklusive ganzer Landschaften.

Das Modell der zweifachen Vererbung war für die Forschung extrem produktiv und hat zu vielen empirischen Studien, theoretischen Arbeiten und Verlaufssimulationen kulturellen Wandels geführt (Boyd 2018: 9–63). Eine gewisse Leerstelle bildet jedoch die genaue Analyse der menschlich veränderten Umwelt. Neuere Ansätze in der Forschung zu Mechanismen kultureller Evolution (*cultural evolution*) um Peter Richerson und Robert Boyd versuchen jedoch verstärkt, die Rolle meschlichen absichtlichen Handels als »agentive processes« stärker in ihren Modellen ökosystemischen Wandels und angesichts des Anthropozäns besonders im Hinblick auf Nachhaltigkeit zu berücksichtigen (Richerson et al. 2023: 26–7). Zu diesen Wirkkräften gibt es eine lange Tradition in der Ethnologie, weil der ethnologische Kulturbegriff ja als Summe menschlicher Umweltveränderungen gesehen werden kann. In der frühen Kulturökologie wurde aber auch herausgearbeitet, dass der Umwelt für materielle Kultur aber auch andere Kulturbereiche eine starke kausale Rolle zukommt. Das wurde in der Kulturökologie und bezüglich langzeitigem Wandel im Neoevolutionismus betont (multilineare Evolution). Die meisten kulturökologischen Arbeiten waren eher empirisch ausgerichtet und stellten Anpassungsprozesse in den Mittelpunkt. Die Koevolution von Gesellschaften und abiotischer und biotischer Umwelt wurde in konkretisierten Modellen erst in jüngerer Zeit thematisiert (Orr et al. 2015).

Nischenkonstruktions-Wissen als Ressource im Anthropozän

Ein weiteres Argument für die kausale Bedeutung der Umwelt für langfristigen Wandel kam aus der Evolutionsbiologie. Im Jahr 2000 veröffentlichte Richard Lewontin, ein Kritiker eng darwinischer Konzepte ein Buch mit dem auf die DNA-Struktur anspielenden Titel »Die Dreifachhelix«, das mit zehnjähriger Verspätung ins Deutsche übersetzt wurde (Lewontin 2010). Das Argument ist, dass das genetische Erbe um ein Verständnis der innerorganismischen Umwelt, in der die Gene wirken ergänzt werden muss. Für unseren Zusammenhang noch wichtiger ist aber Lewontins Betonung der Weitergabe der Umweltsituation als eigenständiger Instanz der Vererbung.

Wenn man nun Boyd und Richersons Modell der zweifachen Vererbung mit Lewontins Betonung der Umwelt zusammendenkt, lassen sich drei Vererbungsmodi unterscheiden: genetische Vererbung (*genetic inheritance*), kulturelle Vererbung (*cultural inheritance*) und Umweltvererbung (*environmental inheritance*). Damit haben wir das Modell eines dreifachen Erbes, der kulturellen Nischenkonstruktion (*human niche construction*) von John Odling-Smee (Odling-Smee 1988, Odling-Smee et al. 2003, Lange 2020, 203–227). Die Besonderheit des Modells ist es, dass die anthropogene Nischenkonstruktion in Form aktiver Umweltbeeinflussung in einer Generation t zu Umwelten führt, die in der nächsten Generation t+1 die Bedingungen der natürlichen (sic!) Selektion mitbestimmen (Abb. 7.4). Das klassische Beispiel aus der Tierwelt sind Biber, die durch Dammbauten ihr Ökosystem *maßgeblich und dauerhaft* verändern und damit die Selektion ihrer nachkommenden Generationen und die vieler anderer Lebewesen prägen. Ihre Evolution erfolgt somit in der von ihren Vorgängern mitgestalteten Umwelt.

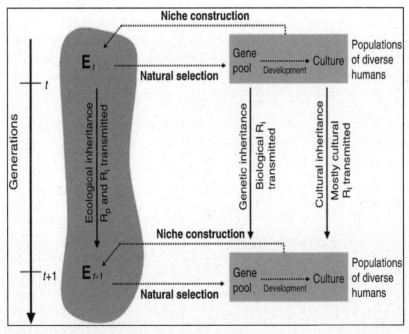

Abb. 7.4 Menschliche Nischenkonstruktion im Modell des »dreifachen Erbes« , *Quelle: Riede 2019: 340, nach Laland et al. 2000*

Wenn menschliches Handeln die Umweltbedingungen für die nächste Generation maßgeblich formt, verkörpern jeweilige Umwelten die Strukturen früherer menschlicher sozialer Strukturen. Das Modell des dreifachen Erbes und der Nischenkonstruktion könnte für angewandte Maßnahmen gegen anthropozäne Umwelteffekte nützlich sein, wenn wir es mit Forschungen zu lokalem Wissen verknüpfen (Boivin & Crowther 2021). Wir können nicht einfach zur evolutionären Normalität von egalitären Kleingruppen zurückkehren, aber einiges von den Anpassungsweisen früherer Gesellschaften an Umweltturbulenzen lernen (Ehrlich & Ehrlich 2022: 778, zu Klimaanpassung vgl. Fagan & Durrani 2022). Bezüglich des Artenschwundes, einem der Kernprobleme des Anthropozäns, kann indigenes Wissen hilfreich sein, weil der derzeitig rapide Landschaftswandel nicht etwa natürliche Umwelten verändert, sondern solche, die schon seit Langem kulturell geprägte Ökonischen darstellen. Das haben regional vergleichende Studien der neueren Paläoökologie, Archäologie und Landschaftsgeschichte nachgewiesen

> »With rare exceptions, current biodiversity losses are caused not by human conversion or degradation of untouched ecosystems, but rather by the appropriation, colonization, and intensification of use in lands *inhabited and used by prior societies.* Global land use history confirms that empowering the environmental stewardship of Indigenous peoples and local communities will be critical to conserving biodiversity across the planet« (Ellis et al. 2021: 1, eigene Hervorheb.).

Das Modell der Nischenkonstruktion ist m. E. auch in theoretischer Hinsicht und in besonders vielfältiger Weise anschlussfähig. Es erlaubt eine Brücke zu Sozialtheorien, weil im Kern des Nischenbegriffs entgegen vielfacher Wahrnehmung – ja gerade *nicht* eine räumliche Nische, sondern eine funktionale Rolle im Ökosystem gemeint ist. Damit ist eine Ökonische einer sozialen Rolle oder einem Beruf vergleichbar. Mit der Betonung der multiplen Konstruktion der Nische bietet sich ein Anschluss an (nicht extreme) Ansätze des Sozialkonstruktivismus an. Ein weiterer Vorteil besteht darin, dass das Modell Systeme im Makro-, Meso- und Mikrobereich untersuchen lässt. Der Umweltaspekt spielte im Modell von Boyd & Richerson noch keine zentrale Rolle, aber auch dieser Ansatz ist, befruchtet von

Nischenmodellen, besonders von der Arbeitsgruppe um Joseph Henrich weiterentwickelt worden.

Dies beinhaltet methodisch Feldforschungen, Laboruntersuchungen als auch mathematische Modellierungen (Chudeck, Muthukrishna & Henrich 2017, Creanza et al. 2017). Von zentraler Bedeutung bezüglich anthropozäner Wirkungen sind Langzeitfeldforschungen (Lansing & Fox 2011, Orr et al. 2015, 157). Hinzu kommen auch Experimente, die etwa Zusammenhänge zwischen Populationsgröße und sozialer Konnektivität einerseits und der Komplexität des materiellen Repertoires andererseits zeigen (Muthukrishna et al. 2014). Die präzise Unterscheidung der Mechanismen der kulturellen Weitergabe erlauben es auch, die Einflüsse von Kultur auf die genetische Evolution (*culture-driven genetic evolution*, Henrich 2016: 59–60) genauer zu fassen. Der dauerhafte Gebrauch von Artefakten, etwa Werkzeugen und Waffen, hat anatomische Veränderungen in den Händen zur Folge, führt zu neuen kortikalen Verbindungen im Gehirn und verändert Fähigkeiten der funktionalen Koordination. Auf der Verhaltensebene erhöht sich die Geschicklichkeit, z. B. Fertigkeit zum Werfen, während sich die Körperkraft vermindert. Die Verschränkung neurokultureller Forschung mit der Analyse von Gegenständen zeigt die Bedeutung von materieller Kultur für *kulturgetriebene* genetische Evolution.

7.3 Menschheit als Skalenbegriff – Postkolonialismus trifft Geologie

Wenn es langfristig ums Überleben angesichts anthropozäner Schäden geht, bedarf es, wie Dipesh Chakrabarty argumentiert, eines Menschheitsbegriffs, der – gegen etwa Malm, Holmberg, Swyngenouw und die Verfechter des Kapitalozän-Begriffs – gerade explizit *nicht* differenzierend ist (Chakrabarty 2012, 2017). Auch ich befürworte eine starke und auch inhaltliche Füllung des Begriffs Menschheit. Innerhalb der Anthropozändiskussion wird das von ansonsten so verschiedenen Theoretikern wie Chakrabarty und dem Literaturwissenschaftler Timothy Morton (»Humankind«, 2017) vertreten. Ungeachtet aller betonten Unterschiede, z. B. vehement von Malm & Hornborg, vor allem der Macht und Wirkkraft verschiedener Kategorien von Gemeinschaften, gibt es eine Einheit der Menschheit. Angesichts weltweiter Wirkungen bildet die Menschheit eine Effekt-Gemeinschaft.

Immanuel Kant sprach angesichts der Grenzen der Geosphäre vom Besuchsrecht, das allen Menschen zusteht, »(…) sich zur Gesellschaft anzubieten, vermöge des Rechts des ›gemeinschaftlichen Besitzes der Oberfläche der Erde, auf der als Kugeloberfläche sie sich nicht ins Unendliche zerstreuen können‹« (Kant 1796: 358). Das Neue im Anthropozän besteht darin, dass Gast und Gastgeber jetzt systemisch verbunden sind, anstatt einander gegenüberzustehen (Leggewie & Hanusch 2020: N4). Diese Einheit hängt an der »Organismus-haftigkeit« des Menschen und seiner Abhängigkeit von anderen Lebewesen. Chakrabarty fasst das als für lebendige Wesen notwendige »Grenzbedingungen«. Das ähnelt dem alten ethnologischen Konzept der Grundbedürfnisse bei Malinowski (Malinowski 1944). Diese Grenzbedingungen betreffen alle Menschen auf diesem Planeten. In dieser Hinsicht bildet die Summe aller Menschen trotz aller politischen Fragmentierung, ungleichen Lebenslagen und differierenden Anliegen eine Interessengemeinschaft (Antweiler 2019, *pace* Latour 2014 und Bauriedl 2015).

Damit ruft die Realität des Anthropozäns auf der ethischen und politischen Ebene nach einer Solidarität, die über das Eintreten für die Interessen von Armen, Ausgebeuteten, Unterprivilegierten oder Abgehängten hinausgeht. Chakrabarty fordert deshalb eine Solidarität unter Menschen als solchen (Chakrabarty 2012, 2017). Dies schließt nicht aus, auf einer zweiten Ebene zu differenzieren. Chakrabarty unterscheidet drei Ebenen des Menschseins in der Menschheit: (a) Menschen als Träger von Rechten, insbesondere Menschenrechten, (b) Menschen kategorial differenziert nach den postkolonialen Kriterien Klasse, Gender, Fähigkeit und *race*, und schließlich – hier zentral – (c) Menschen als Kollektivgröße, die erst durch die weltweiten Effekte menschlichen Handelns relevant wird. Die Makroskaligkeit hängt eben nicht nur an Modellvorgaben, wie Tsing sagt: »The scale is global because the models are global« (in Haraway et al. 2016: 313.

Diese drei Menschen-Aspekte hängen zusammen, können aber nicht aufeinander reduziert werden (Werber 2019: 71). Während in der dritten Ebene die entscheidende neue Herausforderung des Anthropozäns durch das Subjekt Mensch als Kollektiv abgebildet ist, so werden in den anderen beiden Ebenen die Lektionen des Humanismus der postkolonialistischen Ansätze und des naturorientierten Marxismus relevant. Durch die dritte, anthropozäne Ebene werden sie aber überwölbt. Es liegt eine differenzierende, aber die Gesamtheit der Menschheit betonende Konzeption vor. Weil der Anthropos in dieser Konzeption als Skalierungsbegriff gefasst wird, ist sie besonders hilfreich, wie Werber herausarbeitet. Sie bringt zum einen emergente Qualitäten und Probleme ans Licht, die über die bloße Summe von Personen oder die Akkumulation ihrer Verhaltenseffekte hinausgehen. Der Ansatz geht zum anderen über die Merkmale bzw. Konstitutionsbedingungen des Menschen, die die philosophische Anthropologie untersucht, denn er enthält menschheitsgeschichtlich Neues.

Bajohr arbeitet heraus, warum die Skalenunterschiede, bei ihm »Skalensprünge«, so wichtig sind (Bajohr 2019:71): Erstens kann der Mensch in der Tiefenzeit nicht mehr aus der Geschichte weggedacht werden. Zweitens hat die Menschheit nur eine sehr beschränkte Fähigkeit, den anthropozänen Wirkungen als Kollektiv durch Maßnahmen zu begegnen. Drittens können die Individuen sich als Teile des Ganzen dieses Ganze kaum vorstellen. Chakrabarty betont, dass es uns als Personen schwerfällt, sich als Speziesmitglied wahrzunehmen. Hier bietet sich eine Kontinuität zu den Beschreibungskategorien der Naturwissenschaften an, und, noch wichtiger, eine Nutzung des Speziesbegriffs als Desideratum zukünftiger Orientierungsnarrative an:

> »›Spezies‹ ist vielleicht der Platzhaltername für eine werdende, neue ›Universalgeschichte‹ der Menschen, die im Augenblick jener Gefahr aufblitzt, die der Klimawandel darstellt« (Chakrabarty, i. d. Übers. von Bajohr 2019: 71).

Wenn die Gemeinsamkeit zwischen Menschen angesichts des Anthropozäns gegenüber den Unterschieden vorgeordnet ist (Chakrabarty 2015: 143–147) bietet es sich an, Ideen des Anthropozäns und eine planetozentrische Perspektive mit philosophischen Konzepten zu verbinden. Zu denken ist etwa an transhistorische »anthropologische Konstanten«, z. B. die allgemeinmenschliche Fähigkeit zur Reflexion und Dezentrierung als Kern einer philosophisch gewendeten Soziologie (Chernilo 2017, 2020: 69, Beiträge in Bajohr 2020). Ferner kann der dreifach differenzierte Ansatz zum Menschenbild an Erkenntnisse zu biotischen Universalien anknüpfen, also Merkmalen, die alle menschlichen Individuen miteinander teilen und die auf einer primatologischen Basis aufruhen, z. B. Kooperationsfähigkeit (van Schaik 2016: 315–373, Henrich 2016). Zu ergänzen ist, dass Chakrabartys Konzeption auch mit Befunden zu universalen Charakteristika, die alle menschlichen Kollektive auszeichnen (pankulturelle Universalien, Antweiler 2018) zu verbinden ist. All diese möglichen Verbindungen betreffen den Status des Anthropozäns als Konzept. Sie implizieren ethische Fragen und politische Debatten zum Vorgehen gegen anthropozäne Effekte. Beide Debatten sollten geführt, jedoch anders als *stellenweise* bei Chakrabarty, auseinandergehalten werden (Chernilo 2020: 57).

7.4 Öko-Kosmopolitismus – lokalisierte WeltbürgerInnen?

> Collective, binding decisions are how people can give the world a shape that we intend.
>
> *Jedediah Purdy 2015: 17*

> Nur wenn wir alle uns sowohl auf der persönlichen Ebene wie im Weltmaßstab gegenseitig als »Erdlinge« erkennen, kann eine neue übergreifende Solidarität erwachsen.
>
> *Marc Augé 2019: Umschlagklappe*

Heute begegnen die meisten Menschen an einem normalen Tag mehr fremden Menschen, als die meisten prähistorischen Menschen in ihrem ganzen Leben. Das Anthropozän macht klar, dass wir trotz aller Vielfalt bald einen weltweiten Konsens über Linderungsmaßnahmen erreichen sollten, wenn die Menschheit sich nicht selbst in die Krise bringen will. Was »wir« jetzt brauchen, ist ein intensives Interesse an allen Ansätzen, Menschen zusammenzubringen, um eine weiter geteilte gegenseitige Identifizierung und Solidarität zu schaffen und entsprechende politische und institutionelle Ressourcen zu mobilisieren (Purdy 2015: 271).

Wir alle sind Bewohner dieser Welt, aber längst nicht alle auch Bürger dieser Welt. In diesem Kapitel skizziere ich Bausteine eines Kosmopolitismus als wertebasierter weltbürgerlicher Haltung in einer kulturell vielfältigen und vernetzten Welt (Appiah 2008, Antweiler 2012a: 61–81, 2012b, 2019). Politische Formen einer Organisation des Weltbürgertums (WBGU 2014, Schulz 2015) bzw. politischer Kosmopolitismus (auch »Kosmopolitik«, Arizpe-Schlosser 2019) und spekulative, epistemisch und ethisch-ästhetisch geprägte, Entwürfe, wie Isabelle Stengers' »Kosmopolitik« werden nur angerissen.

Planetarische Politik und depolitisiertes »neues Weltbürgertum«

Die Veränderungen der Größenordnungen und der Geschwindigkeiten des Lebens bilden die entscheidende Signatur unserer Zeit. Durch die Entdeckung dieser wahrhaft globalen Problematik lässt das Anthropozän nach Marc Augé drei zentrale Prioritäten in den Fokus treten: Individuum, Kultur und Gattung (*générique*). Als Individuen leben wir nach wie vor in den konkreten Zeitschichten und Raumausschnitten, aber angesichts der Verknüpfung unseres Lebens mit der Geosphäre sollten wir uns, ja müssen wir vielleicht, nach Möglichkeiten fragen, wie eine Weltgesellschaft aussehen könnte. Ab dem geohistorischen Moment, wo *jeder* Kontext global wird, können wir »(…) fragen, ob die Epoche, in der wir leben, nicht am Ende der Vorgeschichte der Menschheit als Weltgesellschaft gleichkommt (…)« (Augé 2019: 9, vgl. 29, 88, Augé 2017: 26).

Zur Eindämmung des Anthropozäns bedarf es globaler Zusammenarbeit und weltweiter Koordination. Das kosmopolitische Ideal einer erdumspannenden Vergesellschaftung (*planétarisation*) wäre das einer »(…) Weltgesellschaft, deren rechtlich und faktisch gleiche Bürger sich den Raum im Interesse des gemeinsamen Nutzens teilen« (Augé 2019: 14). Seit Immanuel Kants klassischen Thesen zum Weltbürgertum in seinen »Ideen für eine universale Geschichte in weltbürgerlicher Absicht« haben sich weltweite Beziehungen auf mehreren Maßstabsebenen verändert, wie der Ethnologe Michael Fischer feststellt (Fischer 2009: 253–254).

Auf der Makroebene spielen Nationalstaaten eine zunehmend geringere Rolle bei der Problemlösung, teilweise auch nationaler Probleme als früher. Auf der Mikroebene haben sich sog. neue soziale Bewegungen in stark mediatisierte und volatile Netzwerke gewandelt. Auf der mittleren Ebene wird der Mainstream der dominanten politischen Ideen durch Kunst, Musik Literatur und Film infrage gestellt. Darunter sind Ideen, die im Sinne einer kosmopolitischen Orientierung positiv erscheinen, aber auch Gegenkräfte wie religiöser Fundamentalismus oder extremer Nationalismus. Fischer leitet aus seiner Diagnose programmatisch drei zeitliche und auch räumliche Beziehungen ab, die »als differenzielle gegenseitige Kritiken« interagieren müssten, um gegenseitige Sensibilisierung zu schaffen. Humanistisch ausgerichtete Werke der Literatur, Film, Musik und Philosophie, »soziale Anthropologien« des Lebens mit Vielfalt und Alterität in verschiedenen kulturellen Erfahrungswelten und technowissenschaftliche Wissen und Infrastrukturen, die Flexibilität, Kreativität und Freiheit ermöglichen oder einschränken (Fischer 2009: 270).

Die Realitäten der Globalisierung und des Anthropozäns aber lassen das Ideal einer erdweiten Vergesellschaftung zunächst als Utopie erscheinen. In einer dreiklassig fragmentierten Welt stehen sich (a) schlecht bezahlte Arbeiter, marginalisierte Staaten und Kulturen und ausgeschlossene, (b) mehr oder weniger begüterte Konsumenten und (c) mächtige Staaten und Firmen gegenüber (Augé 2019: 14). Andererseits ist die Welt nachweislich in vielerlei Hinsicht gleicher geworden, zumindest bis in die 1990er-Jahre (Rosling 2018, Pinker 2017). Hinzu kommt, dass es, ganz anders als zu Kants Zeiten, eine Fülle transnationaler Institutionen, wie die Vereinten Nationen, die WTO und die Organisation islamischer Länder sowie regionaler Organisationen, wie die EU, oder die ASEAN gibt (Arizpe Schlosser 2019: 283). Augé setzt auf das Pferd weltweiten Wissens, denn das ist die einzige Ressource, die unendlich oft teilbar ist, ohne aufgebraucht zu werden.

Die Idee des Weltbürgertums wird zuweilen auch schon explizit in Bezug auf das Anthropozän konzipiert. Ein Problem des Weltbürgertums, wie er etwa im WBGU bemüht wird, besteht jedoch, wenn die erdweite Dimensionierung umstandslos auf die Sozialwelt übertragen wird. Sozialmechanisch als auch von der politischen Zielfindung her funktionieren Soziotope anders als Biotope. Politisch erscheint der Mensch dort nicht nur als Weltbürger, sondern die Menschheit betritt als politischer Akteur die Bühne, als »Weltbürgerschaft« (WBGU 2011: 8 ff.). Anders als in Positionen des klassischen Kosmopolitismus (vgl. Kap. 7.4), soll sie jetzt nach einem Vertragsmodell als Kollektiv Verantwortung für planetarische Risiken übernehmen, um z. B. den Klimawandel zu bewältigen (Kersten 2014: 381 ff.). Kersten (2014: 381 ff.) und Neckel (2020: 162–163) kritisieren einen solchen Skalensprung im Kontext der »Vernaturwissenschaftlichung« und sehen ihn als Ausfluss eines scholastischen Irrtums im Sinn von Bourdieu, also einer Haltung, der sich die Wissenschaftler gar nicht bewusst sind.

Bauriedl kennzeichnet die Programmatik des WBGU scharf als »eurozentrische Weltbürgerbewegung« (Bauriedl 2015). Ich stelle in diesem Kapitel die Frage, wie eine nicht eurozentrische, sondern kosmopolitische Bewegung zum Umgang mit dem Anthropozän aussehen könnte. Wie kann ein nicht eurozentrisches und umweltbewusstes Konzept aussehen, das zwar die globalen Effekte, aber eben auch die regionalen und lokalen Auswirkungen und die ebensolchen Antworten in den Blick nimmt? Auf welche anthropologischen Grundlagen könnte sie bauen? Wie können vernetzte Kulturen auf begrenztem Planeten koexistieren, ohne alle gleich werden zu müssen? (Antweiler 2019).

Planet statt Globus – für einen realistischen Kosmopolitismus

Angesichts des Anthropozäns können wir fragen, wie ein Ökokosmopolitismus aussehen könnte (Heise 2015b), und dazu brauchen wir Wissen über kosmopolitische Denktraditionen. Seit Kurzem werden universalistische Ideen im Rahmen einer wiederbelebten Diskussion um Weltbürgertum neu überdacht. Kosmopolitische Ideen finden sich quer durch die Geschichte bei so verschiedenen Denkern und Traditionen wie den Stoikern, Kant, Rabindranath Tagore, Sri Aurobindo, Martha Nussbaum, Thomas Pogge, Amartya Sen und Ananta Kumar Giri. Sie eint die zentrale Aussage, dass alle Menschen zu einer Welt gehören. Kosmopolitismus (bzw. Kosmopolitanismus) ist im Kern eine Orientierung, der Wille und die Offenheit, sich mit dem Anderen, mit divergierenden kulturellen Erfahrungen auseinanderzusetzen und zu allererst eine Suche nach Kontrast statt nach Uniformität (Kleingeld & Brown 2009).

Quer durch die Geschichte der durchaus unterschiedlichen Konzepte des Kosmopolitismus lassen sich zwei zentrale Argumente finden: (a) Nicht nur das menschliche Leben als solches hat einen Eigenwert, sondern auch das jeweils einzelne menschliche Leben. Das impliziert, dass wir uns für die Lebenspraxis und die Überzeugungen interessieren müssen, die dem Leben der Einzelnen Bedeutung verleihen. (b) Als Menschen haben wir Pflichten gegenüber anderen Menschen auch jenseits der Mitglieder unserer Blutsverwandtschaft, Ethnie oder Nation (Bartelson 2009: 209). Kosmopolitismus als Haltung fordert, dass Menschen sich aus der engen Innensicht ihrer Kultur oder Nation befreien und sich als Bürger der Welt sehen. Das Commitment gilt der Welt. Die kulturellen Unterschiede werden freiwillig zurückgestellt. Das impliziert, dass ethnische und nationale Loyalitäten nicht gegen die Verpflichtungen gegenüber fremden Menschen ausgespielt werden dürfen. Insofern passt Kosmopolitismus gut zur Ethnologie, einer Wissenschaft, die die Begegnung mit Fremden auf Augenhöhe zur Profession gemacht hat (Kahn 2003: 409–412).

Die Ethnologin Pnina Werbner konzipiert Kosmopolitismus (*cosmopolitanism*) als Gegenbegriff zu Globalisierung, als ethischen Horizont und zukunftsorientierten »asprational outlook«. Anstelle von freiem Fluss von Kapital und der Ausbreitung primär westlicher Konzepte bedeute ein erneuerter Kosmopolitismus die Betonung von Empathie, Toleranz und Respekt anderer Kulturen und Werte (Werbner 2008: 2). Wenn ein moderner Kosmopolitismus Menschen anderer Kultur einschließen will, darf er nicht elitär sein, wie es kosmopolitistische Positionen oft waren, indem sie nur zumeist westlichen Eliten die weite Welt öffneten. Die entwurzelte und weltmännische (sic!) Haltung wird schnell elitär und androzentrisch. Mit der kulturellen Entwurzelung und mobilen Lebensweise bleibt dann auch die Verantwortung für lokale Belange leicht auf der Strecke, so, wie mit der Konsumorientierung das emanzipatorische Ziel vergessen wird (Rapport & Stade 2007: 230 ff.). Hierin kann der elitäre Kosmopolitismus durch die ethnologische Nahperspektive und die Verantwortung für lokale Lebenswelten korrigiert werden.

> »Ein kritischer Kosmopolitismus verbindet ein Ethos der Unabhängigkeit auf der Makroebene mit einem wachen Bewusstsein für die unaufhebbaren Besonderheiten von Orten, Charakteren, historischen Entwicklungswegen und schicksalhaften Ereignissen« (Rabinow 2004: 64).

Postkolonialistisch argumentierende Vertreter eines neuen Kosmopolitismus monieren, dass der koloniale Kontext, in dem sich kosmopolitische Ideen großteils entwickelten, als auch die unterschiedlichen Erfahrungen verschiedener Kulturen in westlichen Kosmopolitismuskonzepten außen vor blieben (Giri 2006). Es ist dazu allerdings festzuhalten, dass kosmopolitische Kultur z. B. im Beckschen Kosmopolitismus als transnationale, pluralistische und offene Kultur gesehen wird, in der die Vielfalt nicht in einer Einheit aufgeht. Auch Hannerz hebt das neuerdings stärker hervor und spricht vom »doppeltem Kosmopolitismus« (Hannerz 2010: 89, 2016: 170–186).

Menschheit als Interessengemeinschaft?

Eine zentrale Einsicht der Diskussionen um das Anthropozän ist die, dass das Fenster der Möglichkeiten, Kernindikatoren der Umweltkrise anzuhalten oder umzukehren, schnell kleiner wird. Wir brauchen eine Perspektive, die längerfristig denkt, als die umweltbezogenen Naturwissenschaften das tun. Damit werden die Sozialwissenschaften und geschichtsorientierten Geisteswissenschaften, die in den ersten zehn Jahren kaum eine Rolle in der Diskussion um das Anthropozän spielten, gebraucht. Viele Vertreter fühlen sich entsprechend gefordert. Eine Leitfrage könnte so formuliert werden: Inwiefern erzeugt das »Mehr« und »Größer« aller Wirkungen menschlichen Handelns auch qualitativ besondere kulturelle Phänomene und soziale Probleme? Die Menschheit ist eine Effekt- und trotz aller Fragmentierung auch eine Interessengemeinschaft. So, wie wir nach den Ermöglichungsbedingungen anthropozäner Effekte fragen, können wir zukunftsorientiert nach den Ermöglichungsbedingungen der Verhinderung schlimmerer Entwicklung suchen.

Die meisten kosmopolitischen Positionen gehen über eine allgemeine Haltung der Offenheit gegenüber Fremdem, so zentral diese ist, hinaus. Heutiger Kosmopolitismus beinhaltet Verantwortung und die Anerkennung globaler Involvierung (*global belonging*). Ein anspruchsvoller humanistisch verstandener Kosmopolitismus besagt, dass es möglich ist, sich mit der ganzen Menschheit zu identifizieren, auch wenn diese vielfach fragmentiert ist. Es ist die These, dass die Menschheit als moralische Gemeinschaft aufgefasst werden kann. Nach den Erfahrungen mit globalen Kriegen und

Umweltkrisen steht heute der Tatbestand im Mittelpunkt, dass alle Menschen »Bürger« der einen (gefährdeten) Welt sind. Dementsprechend kann man nach dem kleinsten gemeinsamen Nenner bzw. einem globalen Ethos suchen.

In den letzten Jahren häufen sich Projekte zur visuellen Präsentation der weltweiten Lebensformen der Menschheit, die Vielfalt nicht gegen Einheit ausspielen (bahnbrechend Ommer 2000). Schon vor über 20 Jahren erlaubte ein von der UNESCO gefördertes *GeoSphere Project* Einblick in Daten und Fragebogenantworten von 30 »zufällig ausgewählten« Familien aus der ganzen Welt. Solche Publikationsprojekte sind sehr zu begrüßen, bergen aber auch Fallstricke, wie sich etwa in adamistischen Projekten der »Weltfamilie« (*Family of Man*) zeigen (Antweiler 2012a: 65–68).

Viele heutige Vertreter des Kosmopolitismus meinen, dass eine Ethik der reinen pluralen Koexistenz angesichts der globalen Verflechtungen und der weltweiten Auswirkungen menschlichen Handelns überholt ist und gefährlich werden kann. Beck beschreibt nicht nur die Industriegesellschaften, sondern die ganze Welt als »Weltrisikogesellschaft«. Dies erzeuge einen »kosmopolitischen Blick«, und der sei vor allem skeptisch, selbstkritisch und illusionslos (Beck 2004: 7–25, 151 ff.). So unterschiedlich diese Ansätze sind, so vereint sie eines: Die Menschheit erscheint als globale Interessengemeinschaft.

Eine bescheidene Variante des Kosmopolitismus sucht zwar auch universale Normen und Werte, betont aber mit Appiah, dass zumindest auf der Ebene der Alltagsbegegnungen schon weniger reicht, um die Menschheit voranzubringen (Antweiler 2012b). Die kosmopolitische Neugier auf andere Völker braucht nicht in jeder Begegnung die Suche nach allen Menschen oder Kulturen gemeinsamen Charakteristika, denn es gibt näher liegende Anknüpfungspunkte, nämlich menschliche Grundthemen und Basisprobleme, denen sich alle Kulturen stellen müssen. Ein solcher Weg zum Weltbürgertum ist realistischer und eher dagegen gefeit, unbedingt Universales finden zu müssen und damit in die Falle des Wunschdenkens oder der nostrifizierenden Gleichmache zu tappen. Andererseits ist er konkreter als der Ansatz, nach abstrakten Prinzipien der Gerechtigkeit und Fairness zu suchen, die unabhängig von Vorstellungen des Guten sind.

Universalität plus Unterschied – Appiahs partialer Kosmopolitismus

Kwame Anthony Appiah hat über die letzten Jahre ein Konzept eines Kosmopolitismus entwickelt, der die Vorbehalte wie sie gegen solche Projekte vorgebracht werden, ernst nimmt, sich aber dem damit oft einhergehenden absoluten Relativismus ausdrücklich entgegenstellt. Appiah ist ein amerikanischer Philosoph, der sich auf Moralphilosophie und Praktische Philosophie spezialisiert hat. In einer Familie eines traditionellen Herrschers in Ghana aufgewachsen und in seiner Erziehung stark britisch geprägt, hat er sich inspiriert auch von afrikanischer Philosophie und interkulturellen Konzeptionen von Philosophie hin zu einem spezifischen Kosmopolitismus bewegt. Als Kind mehrerer Welten hat Appiah ein Konzept eines nicht exklusiv westlichen Weltbürgertums vorgelegt, von dem ein inklusiver Humanismus lernen kann.

Ein Kosmopolitismus dieser Art argumentiert gegen die relativistische Annahme des unvermeidlichen Dissenses in Wertfragen bzw. der Annahme der Sprachlosigkeit zwischen Kulturen. Wie auch Beck konzipiert Appiah Weltbürgertum nicht als Gegensatz von Provinzialität. Er schlägt die Schaffung einer globalen Identität vor (*global identity*), aber es ist ein Konzept, das von Globalität und Globalismus abzugrenzen ist. Wie in der »globalen Identität« bei Amartya Sen soll diese weltbürgerliche Identität erworben werden können, ohne Loyalität zu anderen Einheiten aufgeben zu müssen: *cultures count* (Sen 2010). Appiah spricht vom »kosmopolitischen Patriotismus« und »verwurzeltem Kosmopolitismus«. Trotz ihrer Unterschiede nimmt Appiah, wie Sen und Nussbaum, es ernst, dass die Menschheit heute unter der Bedingung planetarer Interdependenz lebt. Diese Konzepte sind insofern »postglobal«, als sie weniger auf Zentralität und Homogenisierung oder Heterogenität fokussiert sind. Deshalb sehe ich sie als Versuche, das Planetarische als differenzenübergreifend in den Blick zu nehmen, statt am Bild des Globus mit der damit einhergehenden Betonung von Identität und Differenz zu haften. Paul Gilroy spricht von einem »planetarischen Humanismus« (Gilroy 2004: 76–78, ähnlich Spivak 2008 am Beispiel Asiens).

Appiahs Ansatz enthält viele Ideen, die für die Konzipierung eines inklusiven Humanismus nützlich sind. Manches hört sich zunächst überzogen, naiv oder arg idealistisch an. Tatsächlich vertritt Appiah aber ein sehr vorsichtiges Konzept, und er ist sich der vielen Tretminen im Feld interkultureller Begegnung bewusst. Es geht ihm um den Teil der Interessen und Standpunkte, den *jeder* Mensch einnehmen sollte. Entscheidend für mich ist: Appiahs Weltbürgertum mäßigt die Achtung kultureller Unterschiede durch die Achtung des Menschen. Ein ausschließliches Abgrenzen von kulturellen Gemeinschaften gegen andere ist in der global vernetzten Welt keine Option, und sie war es auch kaum jemals in der Geschichte.

Die universelle Sorge um andere und Achtung vor legitimen Unterschieden können miteinander kollidieren, einer der Gründe, warum Kosmopolitismus eine Herausforderung ist, statt einfache Lösungen anzubieten. Die hier vorgestellte Variante des Kosmopolitismus will kulturelle Unterschiede nicht klein machen oder gar wegdiskutieren. Ansätze, die von der ganzen Menschheit reden, laufen immer Gefahr, totalitär zu werden. Appiahs Ansatz unterscheidet sich deutlich von der eisigen Unparteilichkeit hartgesottener Kosmopoliten und der Intoleranz von letztlich antikosmopolitischen Universalisten neofundamentalistischen Schlages. Zentral ist der Glaube an eine universelle Wahrheit, es ist ein fallibilistischer Ansatz darin, noch nicht zu glauben, schon zu wissen, was diese Wahrheit ist. Er unterscheidet sich aber eben auch von der parteilichen Haltung von Kulturalisten und Ethnisierern. Dieses Konzept des Weltbürgertums ist als »partialer Kosmopolitismus« zu verstehen (Appiah 2007: 13 ff., 174 f.).

Appiah geht von der Normalität interkulturellen Umgangs aus. Die zunehmende Vernetzung macht die Menschheit zunehmend zu einer Art »globalem Stamm«, in dem Menschen und Kulturen mehr denn je in Berührung kommen, etwas übereinander erfahren können und sich gegenseitig beeinflussen. Die möglichen Fernwirkungen eigenen Handelns implizieren Verpflichtungen gegenüber Menschen und Kulturen außerhalb der eigenen Lebenswelt. Appiahs Kosmopolitismus ist deutlich moderater und weniger programmatisch als Ulrich Becks »kosmopolitische Empathie«. Appiah geht davon aus, dass Identitätsbildung notwendigerweise mit Abgrenzung einhergeht. Damit ist er, wie ich zeigen werde, theoretisch besser abgesichert und vor allem empirisch besser informiert als etliche andere Ansätze. Die Herausforderung besteht darin, unser während der Evolution des Menschen und bis fast heute über Jahrtausende des Lebens in kleinen lokalen Gruppen geformtes Denken und Fühlen mit Institutionen und

Ideen auszustatten, die ein Zusammenleben auf dem vernetzten Globus erlauben (Appiah 2007: 10 f.). Ein Ziel ist es, im interkulturellen Umgang der kulturellen Andersartigkeit (Alterität) nicht mit Ehrfurcht und Erhabenheit zu begegnen und sich auch nicht von ihr verwirren zu lassen. Mit Appiah halte ich es für zentral, kulturenübergreifende Gespräche zu fördern und auch konkrete Formen des Zusammenlebens zu entwickeln, in denen Geselligkeit zwischen Menschen disparater Lebensweise möglich wird (»Bräuche für das Zusammenleben«).

Appiah ist deshalb m. E. gleichermaßen vorsichtig wie realistisch, wenn er sagt: »Kosmopoliten gehen davon aus, dass es im Wortschatz der *wertenden* Sprache aller Kulturen *ausreichende Überschneidungen* gibt, um den *Beginn* eines Gesprächs zu ermöglichen« (Appiah 2007: 82, eigene Hervorheb.). Am Beispiel des Buchs Levitikus stellt Appiah die Mischung spezifischer mit universell anerkannten Werten klar, die wir so oft finden. Eine Ablehnung der dortigen spezifischen Verbote (Sex zwischen Männern) und Tabus (Kontakt mit menstruierenden Frauen) müssen niemanden davon abhalten, die dort ebenfalls zu findenden Werte und Tugenden universaler Art wie Freundlichkeit und Empathie zu unterstützen und Grausamkeit als Laster zu brandmarken.

Realistische Ethik und ein entlasteter Humanismus

Jede sinnvolle Ethik muss die Bedingungen ihrer eigenen Realisierbarkeit bedenken. Die mögliche Verwirklichung hängt vor allem davon ab, ob eine solche Ethik von verlässlichem Wissen über Menschen, ihr Handeln und über das Funktionieren menschlicher Kollektive ausgeht. Eine kosmopolitische Ethik, die nicht bei Mutmaßungen stehen bleiben oder dem Wunschdenken anheimfallen will, braucht eine empirisch unterfütterte Anthropologie. Es ist unrealistisch, faktisch weltweit geteilte gemeinsame Werte zu erhoffen. Da es schon innerhalb jeder menschlichen Gemeinschaft oder Gesellschaft unterschiedliche Haltungen gibt, müssen wir Meinungsverschiedenheiten bei der Konzeption eines jeden Kosmopolitismus einplanen. Auch ein universales Regelwerk wird schwer zu bauen sein. Selbst wenn man sich auf allgemeine Regeln einigte, würde man sich über die Anwendung bzw. Umsetzung der Regeln streiten müssen. Selbst wenn man die Werte teilt und auch über deren Anwendungsfälle übereinstimmt, kann man verschiedene

Werte unterschiedlich gewichten (Appiah 2007: 32, 90). Wir können mit Meinungsverschiedenheiten, etwa über Werte, leben. Um einander zu verstehen, braucht man nicht einer Meinung zu sein (Appiah 2007: 30 ff., 105). Kosmopolitisches Engagement in Form eines moralischen Gesprächs rechnet mit Meinungsunterschieden. Das menschliche Universale bleibt in den Unterschieden erhalten. Ein Kosmopolitismus kann demnach, wie Appiah es schlagwortartig beschreibt, als »Universalität plus Unterschied« gedacht werden.

Welche Konsequenzen haben die Überlegungen von Appiah für einen nicht eurozentrischen Humanismus? Sie entlasten uns erstens von übertriebenen Forderungen an interkulturelles Verstehen und überzogenen Hoffnungen auf geteilte Werte. Im interkulturellen Umgang muss man sich nicht gleich verstehen oder einander gar mögen. Im Gespräch reicht es, sich aufeinander einzulassen, das Wichtige am Gespräch ist es, sich in realen Situationen einander zu präsentieren und aneinander zu gewöhnen. Es gibt kaum oder keine substanziellen und präzise formulierbaren gemeinsamen Werte, aber wir brauchen sie auch nicht. Meinungsunterschiede müssen nicht beigelegt bzw. gelöst werden. Es reicht, wenn wir zu geteilten Handlungsentscheidungen kommen. Es ist weder notwendig, feste Prinzipien zu etablieren, noch ist es nötig, sich auf einen Satz gemeinsamer universeller Werte zu einigen.

Ausgehandelte Universalien und ethischer Globalismus

Die stärksten Konflikte treten nicht zwischen Angehörigen von Kulturen mit völlig konträrer Lebensweise auf. Sie entstehen unter Menschen, die vieles kulturell miteinander teilen, aber sich um die Bedeutung oder Gewichtung bestimmter Werte streiten (Appiah 2007: 109). Ein dauerhafter *modus vivendi* zwischen Angehörigen verschiedener Kulturen wird gerade dann leichter zu schaffen sein, wenn wir auf derartige explizite Festlegungen und Wertbegründungen verzichten. Historische und aktuelle Beispiele zeigen das, etwa das Osmanische Reich oder das heutige Indonesien.

Werte oder Praktiken können auf unterschiedliche Weise universalisiert werden (Kocka 2002: 124). Der erste Weg ist schlicht Oktroyierung: Universalisierung wird durch Macht, Druck und Manipulation erreicht. Zweitens verbreiten sich Werte und Praktiken einfach durch Nachahmung, was einen Kernprozess kultureller Globalisierung ausmacht. Die dritte Form ist eine Weiterung dieser Anpassung, eine Universalisierung durch »Aushandlung« (*negotiation*). Dabei wird eine Idee oder Praktik während ihrer räumlichen Expansion und kulturellen Ausbreitung nicht nur modifiziert, sondern substanziell verändert. Wenn Ideen in eine betrachtete Kultur inkorporiert werden, wird dabei ausgewählt, betont, vermindert, neu interpretiert, und sie werden allgemein in einem oft umkämpften Prozess angepasst. Wenn solch ein Prozess viele oder alle Kulturen erfasst, können verhandelte Universalien entwickelt werden (*negotiated universals*, Kocka 2002: 124, Riedel 2002: 277, Jullien 2008: 182). Programmatisch genommen steht das Konzept »verhandelter Universalien« für die Haltung, dass weltweit geteilte Werte anzustreben sind, diese aber nicht überzustülpen sind:

> »›Negotiated universals‹ stands for a view that still takes universals to be important, but does not want to impose the universals of one culture on other cultures. Rather, a deliberative process among cultures is envisaged to result in a set of values each culture can subscribe to for his own reasons« (Riedel 2002: 277).

Ausgehandelte Universalien bilden nicht etwa universalisierte westliche Werte mit uniformen Begründungen, sondern verhandelte gemeinsame Orientierungen, denen sich Gemeinschaften bzw. Kulturen *aus unterschiedlichen Motiven und mit verschiedenen Begründungen* anschließen können. Eine inklusive Antwort auf das Anthropozän darf nicht auf abendländische bzw. atlantische Erfahrungen und Absichten beschränkt sein. Er muss die Vielfalt der Kulturen ernst nehmen. Eine inklusive Antwort auf Weltprobleme, die nicht eurozentrisch beschränkt sein soll, muss das universalistische und das kosmopolitische Projekt zusammendenken (Vertovec & Cohen 2002: 6–14).

7.5 Asianizing the Anthropocene – Beispiel einer Rezentrierung

Presenting a neutralized view of humans without critical and political insights makes the scientism of the Anthropocene narrative a Eurocentric colonial discourse.

Shingo Yoneyama 2021: 261

Further research could focus more specifically on non-western cultures and the origins and meanings of the Anthropocene for places such as Asia, Africa, Australia, central and Latin America, and Antarctic.

Carolyn Merchant 2020: 25

Asien ist aus mehreren Gründen für das Anthropozän relevant. Asiatische Länder, vor allem China, bilden schon jetzt einen zentralen Punkt der Weltwirtschaft und in naher Zukunft wahrscheinlich auch der Politik. Heute leben rund zwei Drittel der Menschheit in Asien. In einem im Weltmaßstab kleinen Gebiet, das Ostasien, Südasien und Südostasien umfasst, leben derzeit ebensoviele Menschen wie im Rest der Welt. Allein in Indien leben etwa so viele Menschen wie in allen afrikanischen Ländern zusammen und etwa so viele Menschen wie in beiden Amerikas. Über weite Strecken der Geschichte bildete das südliche und östliche Asien den Bevölkerungsschwerpunkt der Welt. Weiterhin sind die frühesten intensiven und auch langzeitigen Landschaftsveränderungen in Asien zu verzeichnen, weshalb besonders Fälle aus Asien auf ein frühes Anthropozän hinweisen. Andererseits haben ökospirituelle Natur-Kultur-Verständnisse in Asien besonders lange Tradition, wie auch in Lateinamerika, die Relevanz für die Biodiversität haben (Bsp. in Kaltmeier et al. 2024b). All das müsste Erfahrungen und Stimmen aus Asien ein besonderes Gewicht für adäquate Umgangsformen mit dem Anthropozän hinsichtlich Vulnerablilität und resilienter Strategien verleihen (Will 2021: 267. Abb. 7.5, Abb. 7.6, und Abb. 7.7).

Korrektur von Eurozentrismen der Anthropozändebatte

Sowohl das Konzept als auch die meisten bekannten Daten zum Anthropozän stammen bislang aus dem atlantischen Großraum. In mancher Hinsicht bestehen aber deutliche Unterschiede zwischen Europa und etwa Asien, die

Abb. 7.5 Asien im Zentrum der Welt, Gemälde an einem Kindergarten in der Kölner Innenstadt, *Quelle: Autor*

berücksichtigt werden müssen. Corlett zeigt das anhand der Artenvielfalt in Südostasien (Corlett 2013: 1). Erstens ist die Biodiversität deutlich höher als in Europa. Zweitens ist die Gefährdung der Arten in tropischen Wäldern wegen der durch Artenvielfalt kleinen Habitate und angesichts des starken Kontrasts zwischen primären und anthropogenen Wäldern besonders groß. Drittens bedeutet die besonders schnelle Transformation der Umwelt für kleine Populationen eine hohe Aussterbegefahr. Viertens nimmt die Geschwindigkeit dieses Umweltwandels anders als in Europa nicht ab. Schließlich ist die Umwelt in Südostasien deutlich weniger gut erforscht als in Europa, was Maßnahmen der Konservierung erschwert. All das führt dazu, mit einer zunehmend flickenteppichartigen tropischen Umwelt umgehen zu müssen.

Die Idee des Anthropozäns stammt aus dem euro-amerikanischen Raum, und der Periodisierungsvorschlag beruht stark auf europäischen und amerikanischen Daten. Das entspricht den Europa-lastigen Chronologien in der Archäologie und Geschichte. Hier hat die Befassung mit dem Anthropozän aber zu Veränderungen der Perspektive beigetragen (z. B. Ishikawa & Soda 2020). Solche Probleme wurden zunächst durch Wirtschaftshistoriker, Kolonialgeschichtler und vergleichende Soziologen behandelt und bekamen durch die Entstehung der Umweltgeschichte im Gefolge der weltweiten Umweltverschmutzung ab den 1970er-Jahren neue Impulse (Dukes 2011, Marks 2024: 7). Die Geschichtswissenschaften sehen vor der Herausforderung, dass verschiedene Dimensionen von Räumlichkeit in Verbindung mit den im Anthropozän zusammenlaufenden Temporalitäten stehen und dies lokale Auseinandersetzungen mit dem Phänomen Anthropozän zeitigt. Dies ruft nach einer »Transformation skalarer Mittel und Vorstellungen« (Will 2020: 261): das Planetare ist über dessen Verräumlichung mit dem Globalen, Nationalen und dem Lokalen analytisch zu verknüpfen (z. B. Otter et al. 2018 für Großbrittannien). In der lokalen Aneignung des Anthropozäns, im *Placing*, kommen historische wie ethnologische Aufgaben zusammen.

Die Erkenntnisse zum Anthropozän in Asien (z.B. Simangan 2019) haben wesentlich zu einem allgemeinen Trend in der Universalgeschichte und der Globalen Geschichte (*Global History*) beigetragen, Europa nicht mehr unbefragt als das Zentrum zu sehen. Die Erforschung und Darstellung der Geschichte sei zu dezentrieren. Führende Historiker hatten diese neue Ausrichtung befördert, zuvorderst Kenneth Pomeranz (2000), Jack Goldstone (2002), John Hobson (2004), Andre Gunder Frank (2016) und Robert B. Marks (2024). Die meisten dieser Arbeiten der sog. »California School« erforschten komplexe Gesellschaften im südlichen und östlichen Asien. Die zentrale Frage betrifft den »Aufstieg des Westens«, die weltweite Durchsetzung westlicher Gesellschaften ab dem späten 18. Jahrhundert, obwohl Gesellschaften in Teilen Asiens bis dahin großteils deutlich weiter entwickelt gewesen waren.

Etliche der wichtigen Beiträger hatten persönliche Bezüge zu Asien, so etwa Dipesh Chakrabarty und Prasaran Parthasarathi. Es häuften sich Befunde, dass etliche asiatische Gesellschaften über eben die Merkmale verfügten, die bislang als spezifisch europäisch gegolten hatten, etwa Märkte, Institutionen, Rationalität, Wissenschaft. Dies eröffnete erneut die klassische Frage nach dem Sonderweg Europas, nach der »Lücke« bzw. der »großen Divergenz« (Pomeranz 2000) zwischen Asien und Europa. Wie konnte es geschehen, dass am Beginn des 20. Jahrhunderts fast die ganze Welt von Europa beherrscht oder dominiert war? Neuere Befunde deuten darauf hin, dass der Aufstieg Europas weniger auf grundlegende kulturelle Orientierungen oder nur auf europäische Kolonialherrschaft zurückzuführen ist, sondern auf spezifische Umweltkonstellationen und kontingente Entscheidungen. Eine bekannte Hypothese zum Aufstieg Englands gegenüber China ist etwa, dass China im 19. Jahrhundert weder über Kolonien noch über nennenswerte Mengen leicht abbaubarer Kohle verfügte und so Arbeit und Kapital zur Landnutzung einsetzen musste, während England Ressourcen der Neuen Welt nutzen konnte und dazu über ausreichend Kohle verfügte, um die Dampfmaschinen dauerhaft zu betreiben (Pomeranz 2000). Andere Autoren betonen dagegen stärker die Rolle staatlicher Politik oder von Institutionen (Vries 2001, Parthasarathi 2011).

So zeigt sich etwa, dass Asien der zentrale Motor war, der den globalen Handel zwischen etwa 1000 und 1800 antrieb. Asien, insbesondere China und Indien, bildeten die wirtschaftliche Maschine, die den Austausch von Ideen, neuen Anbausorten und Gütern maßgeblich in Gang brachte (Lo & Yeung 2019, Anderson 2019). Seit etwa 1000 stimulierte das Wachstum der Bevölkerung und der Wirtschaft in China weite Teile Eurasiens. Zwischen 1400 und 1800 waren politische Macht, ökonomische Innovation und soziale Stabilität im südlichen und östlichen Asien konzentriert. Um 1400 lebte nur etwa ein Prozent der Menschheit in großen Städten. Unter den 25 gößten Städten waren aber damals nur fünf in Europa. Der Reichtum der Welt war dort konzentriert, und besonders in China und Indien entstand eine enorme Nachfrage nach Silber. Westeuropäische Kolonialmächte setzten lateinamerikanisches Silber ein, um an die weltweit begehrten asiatischen Waren, besonders Textilien und Porzellan zu gelangen (Goldstone 2002, Marks 2024: 12, 24–25). In Asien beförderte dies Austausch und Kommerzialisierung. Erst im 19. Jahrhundert gelang es westeuropäischen Unternehmern, die Importe aus Asien durch eigene Industrieproduktion zu ersetzen. Angesichts fehlender Arbeitskräfte und mangelnder Energie führten sie zunehmend Maschinen ein. In dieser de- bzw. rezentrierten Perspektive erscheint die Industrialisierung Europas somit quasi als nachholende Entwicklung (Frank 2016).

In Bezug auf das Anthropozän scheint sich hier auf den ersten Blick ein Widerspruch zu ergeben. Einerseits werden die wesentlichen Ursachen des Anthropozäns auf die Entstehung des modernen Kapitalismus in Europa zurückgeführt, andererseits werden nicht eurozentrische Erklärungen angemahnt. So argumentiert etwa der Historiker Mark Driscoll, dass der Ursprung des Anthropozäns im raubtierhaften Verhalten (»predatory behaviour«) während des europäischen Imperialismus mit der historisch erstmaligen Assemblage von Rohstoffextraktion, Handel, Krieg, ökologischer Zerstörung heraus entstand. Er arbeitet anhand von China die Verquickung verschiedenster Faktoren und Akteure heraus und bezeichnet das Gesamtphänomen dann dennoch scharf als »climate caucasianism« (Driscoll 2020).

Die verschiedenen Einschätzungen sind vor dem Hintergrund der in den 1980ern aufgekommenen Kritik am Eurozentrismus (bzw. *Occicentrism*) in den Geschichtswissenschaften zu sehen. Kritisiert wurde der Eurozentrismus als Ideologie, als Meisternarrativ, als im Anspruch universales, faktisch aber eingeschränktes theoretisches Erklärungsmodell oder als Mythos, the »colonizer's model of the world« (Blaut 1993). In Bezug auf das Anthropozän ist hierbei zu bedenken, dass man durch asiatische Beispiele und durch historischen Vergleich auf *andere Erklärungsfaktoren* kommen kann, als das in bisherigen, fast nur auf Daten aus und Erfahrungen in Europas basierten Deutungen der Fall ist:

> »How can there be non-Eurocentric explanation of a world that has European features? In short, we can find that by broadening the story line to include parts of the world that have thus far been excluded or overlooked – we can begin and end the story elsewhere« (Marks 2024: 11).

Da das Anthropozän maßgeblich durch Wirtschaftswachstum und Industrialisierung in Gang kam, ist somit in vielerlei Hinsicht ein Blick auf Eurasien angesagt. Diese Sichtweise, die Weltgeschichte stärker aus asienwissenschaftlicher Perspektive zu schreiben, ist mittlerweile auch in Globalgeschichten einzelner Perioden (z. B. Osterhammel 2020), und in Gesamtdarstellungen der Weltgeschichte, so in die von Akira Irye und

Jürgen Osterhammel herausgegebene Reihe »A History of the World/ Geschichte der Welt« eingegangen, sowie in Übersichtswerke und amerikanische College-Lehrwerke zur Weltgeschichte oder Globalgeschichte (etwa Fernández-Armesto 2019, Lockard 2020, , Adelman et al. 2020, Marks 2024). Ein Fokus auf Asien ist neuerdings auch in populärwissenschaftliche Globalgeschichten eingegangen (z. B. Frankopan 2019, 2023, Testot 2021).

Wie wird die Idee des Anthropozäns außerhalb des euroatlantischen Raums diskutiert? Man könnte denken, das Anthropozän sei in aller Munde … tatsächlich allerdings ist es nur in fast aller Munde, denn in manchen Weltregionen taucht das Wort bislang kaum in öffentlichen Debatten oder in den Wissenschaften auf. Unter den von mir in diesem Buch zitierten Autoren kommen zwar einige aus dem Globalen Süden, aber vergleichsweise wenige. Also stellt sich die Frage, inwieweit das Thema Anthropozän im Globalen Süden akademisch diskutiert wird und ob das Thema die breite Öffentlichkeit interessiert. Der postkolonialistisch ortientierte Theoretiker Achille Mbembe hielt bezüglich Afrika fest:

»(…) [t]his kind of rethinking, to be sure, has been under way for some time now. The problem is that we seem to have entirely avoided it in Africa in spite of the existence of a rich archive in this regard« (Mbembe 2015).

Ein Überblick zum Thema stellt das auch für Lateinamerika fest:

»The Anthropocene has not, as yet, become an analytic concept that is widespread in published work by scholars from the Global South (…), with the prominent exceptions of Eduardo Viveiros de Castro and Deborah Danowski in Brazil (Danowski & Viveiros de Castro 2016). A recent review of engagement with the Anthropocene by anthropologists and political ecologists in Latin America, for example, finds that they are as yet more concerned with socioenvironmental conflicts around natural resources, territory, environmental justice, and non-Western ontologies (Garcia Acosta 2017, Ulloa 2017)« (Mathews 2020: 68).

Das im Zitat genannte Werk von Eduardo Viveiros de Castro and Deborah Danowski, das für Debatten um neue Ontologien wichtig ist, behandelt Vorstellungen zum Weltende bei Indigenen und spezifische Formen des amerindischen Perspektivismus. Die Autoren setzen das Anthropozän vor allem mit Krise und dystopischen Narrativen in Beziehung (Danowski & Viveiros de Castro 2019: 11, 22, 24, 80, 101), gehen aber in ihrem teilweise arg kryptisch formulierten Buch auf das Anthropozän nur en passant ein.

Abb. 7.6 Universität Mahidol in Bangkok, Thailand, *Quelle: Autor*

An vielen Universitäten Ostasiens und Südostasiens wird die Problematik globalen Wandels und die daraus erwachsenen Probleme intensiv diskutiert, etwa in Taiwan und in Thailand (Abb. 7.6; vgl. Horn & Bergthaller 2019: 217–221, Spangenberg 2020, Antweiler 2020, Jobin et al. 2021). Dabei wird der Begriff »Anthropozän« aber oft nct verwendet. Angesichts der Tatsache, dass die Region für das Anthropozän faktisch von größter Bedeutung ist (Klimawandel, Böden, Ressourcenextraktion), erstaunt die geringe Resonanz. Das erstaunt vor allem bezüglich Asiens angesichts der Ballung der Anthrome in Asien, wo fast zwei Drittel der Menschheit lebt (Abb. 7.7). Warum werden die Idee des Anthropozäns und auch die empirischen Befunde zum Anthropozän in einigen Regionen Asiens, z. B. in Südostasien, im Unterschied zu fast allen westlichen Ländern öffentlich wie wissenschaftlich so wenig und wenn doch, dann in anderen Facetten diskutiert (Ghosh 2017: Kap. 3, Dove 2019, Bergthaller 2020)? Es ist auch wissenschaftsgeschichtlich angesichts der Tatsache erstaunlich, dass starke anthropogene Umweltveränderungen gerade in Südostasien schon früh von Europäern berichtet wurden, etwa von den Brüdern Sarasin über Zentral-Sulawesi in Indonesien (Schär 2016).

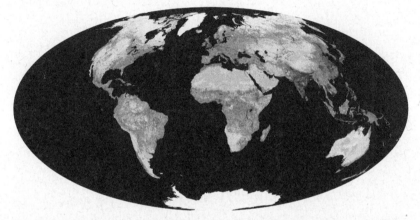

Abb. 7.7 Konzentration der Weltbevölkerung und der Anthrome im südlichen und östlichen Asien, *Quelle: https://commons.wikimedia.org/wiki/Category:Anthromes*

Die zögernde Haltung gegenüber dem Begriff »Anthropozän« könnte daran liegen, dass »Natur« als explizites Alltagsthema und Konzept, das ethnografisch dokumentiert wurde, teilweise erst in den späten 1970er-Jahren aufgrund grundlegender Umweltveränderungen langsam aufkam, etwa in Taiwan und China (Weller 2006: 1–10). Oder liegt das geringe Interesse am Anthropozän daran, dass Anthropozän als »westliches Konzept« wahrgenommen wird, wie es bei Politikern und anderen Entscheidungsträgern zu sein scheint? Es lassen sich weitere Vermutungen anstellen. Die Verwendung anderer Begriffe in Asien, wie etwa »Global Change«, kann als Kritik am Anthropozänkonzept gesehen werden (cf. Malm & Hornberg 2014, Baskin 2015). Mark Hudson fragt, ob das geringe Interesse in Asien – wie auch die fehlende Auseinandersetzung seitens des Globalen Nordens mit dem Anthropozän in Asien – daran liegen könnte, dass das Anthropozän einfach als ein weiterer Prozess der Verwestlichung Asiens gesehen werde (Hudson 2014: 944, ähnlich Yoneyama 2021).

Die mangelnde Berücksichtigung Asiens bei der Ursachensuche hängt in der Geschichtswissenschaft u. a. damit zusammen, dass dortige Bevölkerungen lange als im Einklang mit der Natur lebend wahrgenommen wurden. Da die Freiheit von Zwängen der Natur als Definiens moderner Geschichtlichkeit gesehen wurde, erschienen manche Gesellschaften in Asien als geschichtslos (Thomas 2017), so wie die »Naturvölker« in der überkommenen Ethnologie. Der Grund mangelnden Interesses in Asien selbst mag aber auch in – der Naturthese diametral entgegenstehenden – historischen Fakten bestehen, nämlich darin, dass Gesellschaften im monsunalen Asien historisch besonders lange und intensive Erfahrungen mit einer Landwirtschaft haben, die die Umwelt besonders stark anthropogen überformt. Dies trifft insbesondere auf die Nassreiswirtschaft und hier ganz besonders auf den Terrassenfeldbau zu (Fuller et al. 2013, Corlett 2014, Morrison 2018).

Diese Hypothesen müssten aufgrund publizierter Dokumente und grauer Literatur entwickelt, differenziert und getestet werden. Einen theoretischen Hintergrund liefert der Ansatz einer Provinzialisierung des Wissens (*provincializing Europe*, Chakrabarty 2008, 2012). Vor allem Historiker haben sich diesen Fragen intensiv zugewendet (Beiträge in Austin 2014, Hudson 2016), aber es gibt dazu auch vielversprechende Ansätze, etwa in den *Asian Studies* als Regionalstudien (*Area Studies*), den Geschichtswissenschaften, der Ethnologie und den *Environmental Humanities* (Ammarell 2014, Philip 2014, Thornber 2014). Solche Forschungen existieren auch anhand von Lateinamerika und Afrika (Howe 2014, 2015, Issberner & Lena 2017, Hecht 2018).

Die bislang stärkste asiatische Resonanz auf das Anthropozän ist in Japan festzustellen. In Japan gibt es eine lebendige Diskussion zu alternativen Erzählungen globalen Wandels. Shingo Yoneyama etwa beschreibt Filme und Kunstwerke, die im Gefolge der Minimatavergiftungen und der Fukushima-Katastrophe aufkamen, als »neuen Animismus« (Yoneyama 2019, 2021, vgl. Hudson 2019). Mark Hudson diskutiert Formen eines japanischen Ökonationalismus, die im Gefolge der Anthropozän-Debatten in neuer Form erscheinen. Dies betrifft stark Imaginationen und Konzepte von Natur. Er fragt etwa, inwiefern der *Fujisan*, der heilige Berg Japans, der selten klar zu sehen, aber dafür tausendfach kulturell repräsentiert ist, angesichts des Anthropozäns nicht mehr als reine abgetrennte Natur diskutiert werden kann, sondern ein schönes Beispiel für das ist, was Tim Morton als »Unterschiedsvervielfachung« bezeichnet (*difference multiplication*, Morton 2010):«This virus-like existence means that Fuji is a wonderfully appropriate metaphor for Nature in the Anthropocene and a way to think about shared not exclusive histories« (Hudson 2021: 37).

Abb. 7.8   Arbeiterinnen sortieren Plastikhüllen in Bangadesh, *Quelle: Pixabay*

Historisch gewachsene Engführungen unseres Wissens aufgrund vorwiegend westlicher Evidenz (*WEIRD*) können durch nichteuropäische bzw. nichtatlantische Erfahrungen erweitert und durch neue Perspektiven kritisch beleuchtet werden. Dies gilt auch für die grundlegenden Daten und Analysen etwa zum Klimawandel. So sind in den naturwissenschaftlichen Analysen z.B. der Berichte des Weltklimarates (IPCC), des politisch relevanten Goldstandards der Klimawissenschaften, Wissenschaftlerinnen und Forscher der Mehrheitswelt unterrepräsentiert (Caretta & Maharaj 2024). Eine diachrone Regionalisierung des Anthropozäns bzw. »lokale Aneignung des Planetaren« im nicht westlichen Raum kann kontextualisierte Fall- und Regionalstudien anregen (Will 2020: 259–276). So konnte etwa der regionalwissenschaftlich orientierte Umwelthistoriker Peter Boomgaard zeigen, dass Waldrodungen in Südostasien vor allem Folge von Bevölkerungswachstum und weniger durch Industrialisierung bedingt waren (Boomgaard 2017: 193). Damit setzt er das Anthropozän in Südostasien bei der Mitte des 20. Jahrhunderts an, was dem neueren geowissenschaftlichen Konsens entspricht.

7.6 Anthropozäne Reflexivität – für und wider eine »anthropozäne Wende«

> Die Menschen sind jedenfalls zu einer planetaren Kraft geworden, haben aber noch keine planetare Vernunft entwickelt.
>
> *Jürgen Renn 2021: 3*

> Globally, societies are facing major upheaval and change, and the social sciences are fundamental to the analysis of these issues, as well as the development of strategies for addressing them.
>
> *Lene Pedersen & Lisa Cliggett 2021*

Für die Geistes- und Kulturwissenschaften ist von zentraler Bedeutung, welchen Beitrag ihre zentralen Konzepte von Gesellschaft und Kultur für die breitere Debatte bringen und umgekehrt, welche Veränderungen an den Konzepten selbst angebracht sind. In Bezug auf Kultur ist Arizpe Schlossers Beobachtung, dass der Begriff Anthropozän etwa zur gleichen Zeit in Wissenschaft wie auch Gesellschaft populär wurde, wie der erweiterte Kulturbegriff, nicht nur wissenschaftsgeschichtlich interessant. Schon in den 1940er-Jahren wurde das Wort »Kultur« im internationalen öffentlichen Raum immer wichtiger und verdrängte zunehmend Wörter wie »Rasse«, »Menschheit« und »Zivilisation«, was sich anhand von Googles *n-Grams* zeigen lässt. Dahinter stand der Kollaps des deutschen Kulturbegriffs durch seine Verbindung mit »Rasse« im Nationalsozialismus, das Aufkommen des ethnologischen Kulturbegriffs und die zunehmende Politisierung von

Kultur im Kontext der Globalisierung sowie eine Phase besonders starken Bevölkerungsanstiegs (Arizpe Schlosser 2019: 7, 27–48).

Geht's auch eine Nummer kleiner? – Enter *Humanities*

Der weltweite Siegeszug des Wortes »Kultur« und inhaltlich eines erweiterten Kulturbegriffs ab etwa 1950 deckt sich zeitlich mit dem Aufkommen der Einsicht im Rahmen des Anthropozändiskurses, dass es eine »große Beschleunigung« (*Great Acceleration*) gebe. »Kultur« wurde zunehmend als geeignet empfunden, viele Sachverhalte und Problemlagen einzubeziehen, so gab es einen gleichzeitigen Aufstieg der Vorläufer des Anthropozänbegriffs (Arizpe Schlosser 2019: 273, 277, 281–282). Die Weltbevölkerung nahm zwischen 1950 und 1970 um 46 Prozent zu, und die Umwelteffekte kapitalistischer und sozialistischer Wirtschaft zeigten sich aufgrund ungleichen ökologischen Austauschs vor allem im Globalen Süden. Aus diesem Grund sollten diese Entwicklungen und die Entwicklung der Geosphäre verknüpft geschrieben werden. (Bonneuil & Fressoz 2016: 252).

Gesellschaftstheoretisch ist es noch weitgehend unklar, was es bedeutet, dass wir uns im Anthropozän befinden, falls wir uns darin befinden. Für eine Aufnahme zumindest der Lebewelt in die soziologische Analyse spricht, dass die Bewohnbarkeit des Planeten überall von anderen Organismen abhängt, die dasselbe Habitat beleben. Erst durch die Mitwirkung von anderen Organismen werden die Bedingungen des Habitats eines betrachteten Organismus geschaffen, also auch die Rahmenbedingungen, die Habitabilität gewähren, also einen Lebensraum für den Menschen bewohnbar machen. Auf der Makroebene gilt das für die biotische Genese der Erdatmosphäre, das zentrale Argument der *Gaia*-Idee (Latour 2017), was auch für Sozial- und Kulturwissenschaften einen fundamental ökosystemischen Ansatz nahelegt. Dennoch

> »(...) stellt sich die Frage, ob der vielfach angemahnte Paradigmenwechsel nicht auch reflexive Kosten hat, wenn holistische Konzepte der Soziologie, die beabsichtigen, das biophysische Erdsystem mit zu umfassen, den Gewinn einer Neuvermessung soziologischer Begriffsapparate mit dem Verlust analytischer Unterscheidungsfähigkeit zu verrechnen haben« (Neckel 2020: 157).

Ökosystemdenken und das neuere Resilienz-Denken sind wichtig, aber zu beschränkt. Sozialwissenschaftler gehen heute mehrheitlich davon aus, dass Systemgrenzen nicht (nur) in den Phänomenen selbst liegen, sondern in den Wissenschaften heuristische Hilfsmittel sind und grundsätzlich als Resultat sozialer Konstruktion zu sehen sind (Pálsson et al. 2013: 7). Somit ist zu fragen, inwiefern das Soziale bzw. Kulturelle geologisiert werden muss und als Komplement, wie sich Kultur und Gesellschaft in planetares Denken überführen lässt (Adloff & Neckel 2020: 11, Szerzynsky 2020, Hanusch et al. 2021). Bhaskar und Koautoren fordern angesichts der im Anthropozän verstrickten Probleme nach einer Meta-Theorie der »Metakrise«, um ein »Blühen« des Planeten zu erhalten (Hedlund & Esbjörn-Hargens 2023). Werber hingegen kommt angesichts der mangelnden Berücksichtigung geistes- und sozialwissenschaftlicher Daten und Perspektiven bei den Anthropozänikern à la Leinfelder und der Latour'schen Rede, dass der Mensch keine Alternative zu unserer Erde hat, zu einem äußerst pessimistischen Fazit zum Potenzial der Sozialwissenschaften, hier der Soziologie, in diesen Debatten: einem Nein-Sagen zu *Gaia* und dem Konzept Anthropozän:

> »Angesichts der moralischen Verve der Anthropozän-Befürworter, die übrigens die Daten eines ausdifferenzierten Wissenschaftssystems unreflektiert voraussetzen, bleibt für eine Soziologie, die in Gaia einen Entdifferenzierungstraum und in einem ›globalen Ethos‹ nicht mehr als eine kontingente, nicht justiziable Norm sehen kann, nicht aber die Rettung der Erde, nur die Seite des Bösen, der Widersacher« (Werber 2014: 246).

Das Anthropozän fordert die Sozialwissenschaften heraus, zentrale Begriffe zu überdenken. Es stellt sich die Frage, wie weit sich die Sozialwissenschaften, wie die Ethnologie und die Soziologie, nicht nur den Naturwissenschaften allgemein, sondern insbesondere der Erdsystemanalyse öffnen sollten oder gar müssen. Adloff & Neckel verdeutlichen das an einem zentralen sozialwissenschaftlichen Begriff: Struktur (Adloff & Neckel 2020: 10). In der Soziologie versteht man unter Struktur üblicherweise dauerhafte Sets von Regeln und Ressourcen menschlicher Praktiken. Schon die verschiedenen Praxistheorien und Theorien zu Materialität haben verdeutlicht, dass Sozialstruktur auch mit materieller Infrastruktur zusammenhängt, etwa dadurch, dass manche Objekte bestimmtes Handeln nahelegen (Niewöhner 2013, Schatzki 2016, DeLanda 2016). Historiker haben vielfach gezeigt, dass bestimmte bauliche Arrangements sozialen Status oder Gendernormen verstetigen.

Angesichts des Anthropozäns wird aber klar, dass nicht nur Gesellschaftliches und die Natur aufeinander einwirken, sondern soziale Strukturen auch mit Strukturen des Erdsystems zusammenhängen. Also stellt sich die Frage, ob und inwieweit biophysikalische Existenzbedingungen mit zur Strukturbeschreibung einer Gesellschaft gehören sollten (Elder-Vass 2017, nach Adloff & Neckel 2020: 10). Wir sollten dementsprechend nicht mehr von sozialen Formationen oder sozioökonomischen Formationen, wie im Marxismus, sprechen, sondern von »geosozialen Formationen« (Clark & Yusoff 2017).

Krisen erfordern Maßnahmen, und diese müssen in Gesellschaften ausgehandelt und legitimiert werden. Hier spielen bei Umweltkrisen und Epidemien naheliegenderweise Naturwissenschaftler eine große Rolle. Es geht um Abwägungen und Entscheidungen über Werte und Wertehierarchien. Wenn es um die Verhältnismäßigkeit von Maßnahmen geht, sind vor allem Politikwissenschaftler gefragt, weil sie sich mit öffentlichen Entscheidungen befassen. Aber auch Ökonomen sind von Bedeutung, weil sie grundlegende Dilemmata und universelle Probleme modellieren können, etwa Allmende- und Trittbrettfahrerprobleme. Darüber hinaus sind aber auch Sozialwissenschaftler i. e. S. gefragt, denn Soziologen, Ethnologinnen und Sozialpsychologen kennen sich mit Entscheidungs- und Abwägungsverfahren aus (Renn 2021: 26).

Sozial- und Kulturwissenschaften – heraus aus der Marginalisierung!

Bevor das Konzept Anthropozän aufkam, gab es nur ein geringes Bewusstsein dafür, dass der Mensch eine wichtige Rolle in der *planetaren* Entwicklung spielt. Das lässt sich deutlich an den dominanten Konzepten der Wissenschaftsförderung zum Thema Mensch-Umwelt-Beziehungen zeigen. Die bis in die 1990er-Jahre in den Naturwissenschaften dominanten Konzepte erachteten menschliche Aktivitäten als marginal. Die Sozialwissenschaften waren bis dahin bei den Geldgebern marginal. Auch sozial- und kulturwissenschaftliche Geldgeber finanzierten kaum Forschung zu globalem Wandel. Das im ersten Kapitel dargestellte berühmte »Bretherton-Diagramm« (Abb. 1.5), welches das Erdsystem darstellt, fasste sie in einem *einzigen* nicht weiter spezifizierten Kästchen zusammen (NASA 1988: 29–30, Pálsson 2020: 55). In späteren Varianten des Diagramms werden die naturwissenschaftlichen Einheiten deutlich feiner untergliedert, die menschlichen Aktivitäten bleiben weiterhin im Diagramm undifferenziert und werden dann in einem separaten Diagramm entfaltet (Cornell et al. 2012: 9, 12 Fig. 1.3, Fig. 1.4).

Deutlich anders war dann schon das Diagramm des *International Human Dimensions Programme on Global Environmental Change* gut 20 Jahre später (IHDP 2010). Hier wurden die Sozialwissenschaften den Naturwissenschaften gleichberechtigt zur Seite gestellt, allerdings in krass dualistischer Weise. Außerdem taucht »Umwelt« nur bei Naturwissenschaften auf, und die Wechselbeziehungen im Kreis »Social Sciences« bleiben arg schemenhaft. In dieser sterilen Polarisierung wird nicht erwogen, dass die Kultur- und Sozialwissenschaften auch zur begrifflichen Klärung naturwissenschaftlicher Forschung, etwa zum Umweltkonzept, beitragen könnten oder gar eine verantwortungsorientierte Meta-Perspektive zur Mensch-Umwelt-Forschung bilden (Pálsson et al. 2013:6, vgl. dort Fig. 2). Es hat rund 15 Jahre gedauert, bis dem menschlichen Einfluss in der neuesten Variante des Bretherton-Diagramms mit einem *gleich großen* Kasten unter der Überschrift »Anthroposphere« volles Gewicht beigemessen wurde (Abb. 7.9). Diesen Kasten gilt es analytisch zu entfalten, und dazu braucht es den vollen Einsatz der gesamten Humanwissenschaften (vgl. Donges et al. 2017).

»The grand challenge for ESS is to achieve a deep integration of biophysical processes and human dynamics to build a truly unified understanding of the Earth System« (Steffen et al. 2020: 54).

Hierzu tragen seit etwa 2012 die Environmental Humanities und neuere noch integrativere Ansätze, wie die *Integrative Humanities* (Sörlin & Wynn (2016) und auch spezielle Ausformungen wie *Energy Humanities* (Szeman & Boyer 2017) bei. Die Sozial- und Geisteswissenschaften können vielfache Beiträge leisten. Ein m. E. zentraler Beitrag ist die Bearbeitung des Themas gerichteten Wandels:

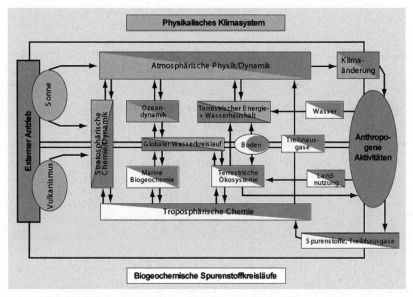

Abb. 7.9 Aktualisiertes Konzept des Erdsystems mit gegenüber dem Bretherton-Diagramm (Abb. 1.5) deutlich erweiterter Anthroposphäre, *Quelle: Noreiks, MPI)*

»To remedy the lack of understanding of the Anthropocene, it is essential to enhance and intensify the social sciences and humanities' work on how *directionality* could be articulated, democratically anchored, and implemented in the search for new technologies, medical knowledge, economic paradigms, and forms of social organization« (Pálsson et al. 2013: 10, 11).

Das hört sich ähnlich an, wie Fragestellungen der kritischen Entwicklungsforschung. Im Unterschied zum Entwicklungsbegriff, der gewünschte und geplante Verbesserung meint, müssen im Anthropozän jedoch viel stärker langfristige und nicht gewollte, aber tatsächlich bewirkte Richtungen des Wandels thematisiert werden. Dafür sind Geistes-, Kultur- und Sozialwissenschaften gefragt und sie werden auch häufiger gefragt. Wir sollten allerdings nicht zu optimistisch sein. In der immerhin interdisziplinären *Anthropocene Working Group* beispielsweise sind unter 37 Wissenschaftlern nur drei, die auf langfristigen gesellschaftlichen Wandel spezialisiert sind.

Für eine Wissenschaft vom ganzen Menschen –
Turns und *Returns*

Manche Kultur- oder Sozialwissenschaftler haben eine anthropozäne Wende, einen »Anthropocene turn« oder »anthropocenic turn« ausgerufen (z. B. Bonneuil 2015, Arias-Maldonado 2016, Dürbeck & Hüpkes 2020). Ein solcher *Turn* wäre ein programmatisch gemeinter Umschwung aufgrund des Anthropozäns sowohl in wissenschaftlichen Ansätzen als auch in der Politik. Das Wort wäre entsprechend dem *linguistic turn* und dem *cultural turn* sowie etlichen weiteren *Turns*, wie etwa der derzeit dominierenden ontologischen Wende in der Ethnologie, gebildet (Rheinberger 2021). Außer dem anthropozänen Turn wurden schon früh andere für die anthropozäne Thematik relevante Wenden vorgeschlagen, so einen *material turn* (Coole & Frost 2010), einen *environmental turn* (Sörlin 2014, Castree 2015: 301), einen *geological turn* (Yusoff 2013: 779, Bonneuil 2015: 19–31) und neuerdings einen *planetary turn* (Chakrabarty 2009; Clark & Szerszynski 2021: 27–32, 77–99).

Die Forderung nach einer Umwelt-Wende hat sich in der Institutionalisierung der *Environmental Humanities* als disziplinenübergreifendem Ansatz in der angloamerikanischen Akademie niedergeschlagen. In diese Richtung planetaren Denkens gehen auch Vorschläge à la »Beyond the Anthropocene«, nämlich die äußere Welt jenseits der Atmosphäre, aber auch die im Erdinneren, zu berücksichtigen, etwa in Form ihrer Repräsentationen im menschlichen Denken: »We argue for keeping ›Anthropocene‹ connected to its spatial absences and physical others, including those that are non-anthropos in the extreme (Olson & Messeri 2015: 28, vgl. Messeri 2016).

Eine anthropozäne Wende würde die enorme Bedeutung und Dringlichkeit eines Denkens in planetaren Dimensionen signalisieren und wäre deshalb zu begrüßen. Im Wort »Turn« liegt aber schon mein Bedenken gegen eine solche Programmatik. Die Turns werden vor allem in den Geistes- und Kulturwissenschaften als Ordnungsform für Theoriedebatten genutzt (Bachmann-Medick 2013). Während die Soziologie eher dauerhaft Paradigmen diskutiert, wie Struktur, Funktion und Evolution, halten die Turns in den Geistes- und Kulturwissenschaften, vor allem in den *Cultural Studies*, zumeist nur so lange, bis der nächste *Turn* kommt. In den schnell getakteten Aufmerksamkeitszyklen der Geistes- und Kulturwissenschaften wird der *linguistic turn* vom *cultural turn*, und der vom *material turn* oder *practice turn* und dieser vom *relational* und vom *animal turn* abgelöst.

Das ständige Umwenden liegt ja schon in der Metapher der Wende, denn diese muss zwar kein U-Turn sein, aber zumindest eine Abkehr von der etablierten Richtung. Falls man einen jeweils neuen Turn nur als zusätzliche Perspektive sähe, bräuchte man den Begriff *Turn* nicht. Wenn eine Ausrichtung erst seit dem letzten Turn besteht, bildet der erneute Turn eine Abkehr von der Richtung, in die sich das letzte Mal gewendet wurde. In der Anthropozänliteratur wird gelegentlich schon von »Post-Anthropozän« (Ferrando 2016, Fremaux 2017, 2019) gesprochen, womit insbesondere nicht anthropozentrische Perspektiven und nachhaltige Lösungen gemeint sind, welche anthropozäne Effekte vermindern sollen.

Ein Problem neu aufkommender Turns ist, dass sie zuweilen früher mühsam gewonnene Befunde oder Erkenntnisse allzuschnell vergessen lassen (Laidlaw & Haywood 2013). Das gilt dann selbst für Einsichten, die erst durch frühere Turns einmal erreicht wurden. Ein allgemeines Beispiel sind Einsichten in die Wirkmacht von Sprache, die im *linguistic turn* gewonnen wurden … um dann in anderen Turns vergessen zu werden. In derzeit populären Varianten des ontologischen Turns in den Kulturwissenschaften und der Ethnologie werden die Einsichten aus dem *material turn* in materiale politökonomische und politökologische Kontexte von Weltbildern wieder vergessen (Kleinod et al. 2022 am Beispiel des Animismus in Südostasien). Ein Beispiel einer Ausrichtung, die m. E. für eine angemessene weltkulturelle Antwort auf das Anthropozän höchst relevant wäre, aber schon wieder fast vergessen scheint, bildet Kosmopolitismus. Noch vor wenigen Jahren wurde in der Ethnologie ein »kosmopolitischer Turn« diskutiert (Rapport & Stade 2007), doch jetzt hört man – jedenfalls in der Ethnologie – leider nur noch wenig von dieer in Kap. 7.4 kurz dargelegten weltbürgerlich orientierten Theorieströmung.

Auch ist festzustellen, dass viele der mit neuen Begriffen des *more-than-human* diskutierten Verschränkungen zwischen Organismen und der abiotischen Umwelt längst in der biologischen Ökologie und auch der ethnologischen Kulturökologie diskutiert werden, jetzt jedoch nicht (mehr) wahrgenommen werden. Eine Variante, die diesem Vorbehalt weniger ausgesetzt ist, besteht darin, einen existierenden Turn zu pluralisieren (Eitel & Meurer 2021) oder zu modifizieren, statt einen neuen auszurufen. So schlägt Tsing vor, den *ontological turn* zum *multispecies ontological turn* zu erweitern (Tsing 2019b). Ein anderer für das Anthropozän relevanter Vorschlag ist ein *decolonial turn 2.0* der Ethnologie als ökologisch informierter Aktualisierung der dekolonialen Wende in den 1990er-Jahren (Todd 2018, Bendik-Keymer 2020, Jobson 2020, Simpson 2020).

Das Anthropozän ist m. E. als Sache zu wichtig, das damit ausgedrückte Problem ist zu relevant und das Wort Anthropozän zu gehaltreich, um es bei einem Turn zu belassen. Angesichts des Anthropozäns kann es auch nicht darum gehen, einfach ein »anthropozänes Mainstreaming« in Forschung und Institutionen auszurufen, weil das zur Routinisierung einlädt. Was wir eher brauchen, ist das, was man »ökologische Reflexivität« nennen könnte (Pickering 2018, Dryzek & Pickering 2019: 34–35, 56, 79). Anthropozäne Reflexivität würde eine breite Anthropologie stärker einbeziehen (Wulf 2020a, 2020b). Was wir brauchen, ist – einfach gesagt, aber schwer getan – (a) gleichermaßen Befunde zur Geosphäre als dynamischem Erdsystem *und* unser Wissen zum Funktionieren komplexer Kulturen und Gesellschaften einzubeziehen, (b) kulturelle Kernwerte wie Nachhaltigkeit und ökologische Gerechtigkeit frontal und permanent zu diskutieren und (c) eine gesellschaftliche Fähigkeit zu entwickeln, frühe Warnsignale der Geosphäre aktiv zu suchen, wahrzunehmen und zu beantworten.

Wenn man die Paläoanthropologie, die Archäologie (Ur- und Frühgeschichte) und die Kulturanthropologie (Ethnologie, Sozialanthropologie) zusammennimmt, kann die Anthropologie das Verständnis der Menschheit im Erdsystem in dreifacher Weise bereichern (Thomas et al. 2020: 113, ähnlich Stiner et al. 2011). Erstens zeigen die verschiedenen Maßstäbe in diesen Richtungen unser aller Einbettung in geologische und ökologische Systeme. Zweitens betonen alle drei Richtungen schon immer den physischen Rahmen menschlichen Existierens. Drittens wird das Interesse an spezifischen Lebenswelten (»Kulturen«) ausbalanciert durch das Interesse an universalen menschlichen Gemeinsamkeiten (»Kultur«). Paläoanthropologen erforschen die Entwicklung aller Spezies der Gattung Homo, seit sie vor rund 2,8 Millionen Jahren entstand. Sie bringen eine tiefenzeitliche Perspektive ein, die zur Geologie vermittelt. Archäologen untersuchen

Abb. 7.10   Abfallsortierung in einem Hindu-Tempel in Mumbai, Indien, *Quelle: Autor*

Orte menschlicher Siedlung und dokumentieren die frühe geschichtliche Ausbreitung menschlicher Gesellschaften in unterschiedlichsten Umwelten. Ethnologen erforschen die je spezifischen Systeme heutiger Gemeinschaften in ihrer weltweiten Vielfalt in Bezug auf das Anthropozän:.

»Der Ethnologie kommt in diesem Zusammenhang eine besondere Rolle zu – und zwar weder die der Welterklärerin, noch die der Moralisierenden, auch nicht nur diejenige, welche unermüdlich auf Diversität und Kontextualität hinweist und ganz bestimmt nicht die, die «Fremdes«, »Anderes«, gar »Exotisches« inszeniert und Nachhaltigkeit in romantisierend-nostalgischer Weise auf asiatische oder indigene Denk- und Wirtschaftsweisen projiziert oder fundamentale ontologische Differenzen identifiziert (…) Dabei geht es vielleicht nicht unmittelbar und unbedingt um ganz Großes, sondern auch und vor allem um die alltägliche Praxis, das konkrete Tun, Denken und

Empfinden sowie auch um strukturelle und institutionelle Einbindungen«
(Schlehe 2021: 13).

Die Ethnologie kann Erfahrungen gegenwärtiger Menschen mit einbringen,
die *direkt* in deren Lebenskontext erhoben sind (Abb. 7.10). In allen drei
Anthropologien spielen materielle Dinge eine zentrale Rolle, welche mit
spezifischen Methoden erhoben und ausgewertet werden. Diese Dinge sind
einerseits Naturobjekte bzw. die biophysische Umwelt und andererseits kulturelle Dinge (Artefakte). Aber auch eine breite Anthropologie reicht nicht,
um das Anthropozän zu verstehen: Dazu bedarf es auch der Geowissenschaften.

Zusammenfassung und Fazit – Wir sind das Anthropozän

Ich frage ... was es heißt und bewirkt,
wenn sich die Gegenwart mit Hilfe eines
geo-historischen Konzepts beschreibt.

Andreas Folkers 2024: 3

Die industriell-wachstumsbasierte
Gesellschaft ist am Ende.

Rupert Read & Samuel Alexander 2000: 77

Menschen stellen aus geologischer Langzeitsicht seit Kurzem eine bedeutende Naturgewalt dar. Das ist die Kernaussage der Anthropozändebatte. Wir Menschen verändern die Geosphäre umfassend, dauerhaft und teilweise irreversibel. Für diesen Prozess, der weit über den anthropogenen Klimawandel hinausgeht, führte Atmosphärenchemiker Paul Crutzen im Jahr 2000 den Begriff »Anthropozän« ein. Der Begriff machte daraufhin eine atemberaubende Karriere quer durch die Wissenschaften, aber auch in Massenmedien, Literatur und bildender Kunst. Die zentralen Fragen dieses Buchs waren diese: Was ist das Anthropozän? Wie ist es am treffendsten zu benennen? Wann setzte es historisch ein? Und was bedeutet es für die Zukunft? Diese Fragen könnte man paradox klingend, aber präzise, so auf den Punkt bringen (Folkers 2020: 592): *Was ist das Anthropozän, und wie wird es gewesen sein?*

Die empirische Basis für den erdgeschichtlich wirkenden – nämlich das Holozän als Nacheiszeit ablösenden – Begriff waren zunächst nicht etwa geologische, sondern erdsystemische, vor allem klimatologische Befunde. Geologen befassten sich erst ab 2009 intensiv mit dem Konzept. Sie konnten bislang keine Einigkeit erlangen, ob das Anthropozän als formale Epoche in der Zeittabelle der Erdgeschichte eingeführt werden soll. Trotz des Nachweises etlicher globaler, dauerhafter und dazu zeitgleicher Spuren menschlichen Handelns wurde die Formalisierung von der Internationalen

Stratigraphischen Kommission 2024 abgelehnt. Nichtsdestotrotz hat das Anthropozän als Konzept eine außerordentliche wissenschaftliche wie gesellschaftliche Bedeutung für ein Verstehen und den Umgang mit dem abrupten menschengemachten planetaren Umweltwandel.

In diesem Buch wurde der Frage nachgegangen, was das Anthropozän für die beteiligten Wissenschaften bedeutet. Der Begriff Anthropozän konfrontiert uns mit erschreckenden Fakten, er zeigt gleichermaßen die Folgenschwere unseres Tuns und auch die Grenzen des möglichen Einflusses auf langfristige Prozesse. Wir sind jetzt mit der Tatsache konfrontiert, dass morgen schon heute ist. Das Anthropozän macht die Bedeutung von Wissen für das Überleben und gleichzeitig die Grenzen unseres Wissens deutlich. Was können und was könnten die Geistes-, Kultur- und Sozialwissenschaften zu diesem aus den Naturwissenschaften kommendem Thema beitragen? Was kann die Ethnologie im Konzert der vielen Wissenschaften dadurch beisteuern, dass sie großräumliche und tiefenzeitliche Konzepte aus Geologie als einer naturhistorischen Wissenschaft und aus den Erdwissenschaften reflektiert? Wie können umgekehrt die Geowissenschaften kulturalisiert werden und damit den Menschen als Faktor der Geosphäre ernst nehmen?

Das Anthropozän ist anders als andere Krisen

Im geologisch-chronostratigrafischen Herangehen wird eine sprunghafte Veränderung (»große Beschleunigung«) innerhalb eines sich langzeitlich kontinuierlich *wandelnden* Erdsystems als *synchrone* Zeitmarke mittels klarer Marker bzw. geologischer *signals* festgehalten. Entgegen häufiger Missverständnisse bedeutet das *nicht*, dass die geohistorisch neue anthropozäne Erddynamik (*new state*) damit analytisch von historischen Vorläufern und Kontinuitäten abgekoppelt würde. Die neue geosphärische Dynamik zeigt Kontinuitäten und beruht auf Pfadabhängigkeiten, die bis zurück ins 19. Jahrhundert und teilweise viel weiter zurückreichen. Die diachron einsetzenden menschlichen Einflüsse können in einen präzisen Zeitrahmen, der weltweite konsistente Vergleiche ermöglicht, integriert und analysiert werden.

Das Anthropozän ist mehr als nur eine weitere unter den vielen Krisen des 20. und 21. Jahrhunderts. Dieses Buch ist ein Kind der durch Covid-19 veränderten Lebensumstände (mehr Zeit zum Schreiben durch weniger Transporte), aber ich habe ganz bewusst kaum Bezüge zur Coronakrise hergestellt. Ich wollte der reflexhaften Versuchung widerstehen, zwischen Anthropozän und Pandemie eine einfache Verbindung zu konstruieren. Aber Covid-19, die weltumspannendste Problematik, die es historisch je gab, zeigt sowohl, wie prekär Wachstum werden kann und welche Bedeutung menschlich geteiltes Wissen für Lösungen hat. Die tatsächlich globale Pandemie wurde durch anthropozäne Dynamiken, wie die weltweite wirtschaftsgetriebene Mobilität, gefördert, sie hat Wachstum stellenweise abrupt gestoppt, aber gleichzeitig ergibt sich durch Covid-19 eine internationale Zusammenarbeit und eine globale Verbreitung von Wissen über Ursachen, Risiken und Gegenmaßnahmen gegen globale Gefahren.

Das Gewahrwerden des menschengemachten Klimawandels und auch die Erlebnisse während der Covid-19-Pandemie werfen die Frage auf, wie auf globale Krisen schnell und weltweit reagiert werden kann. Das Anthropozän bringt noch viel stärker als schon die Klimakrise Menschen zusammen, eröffnet neue politische Agenden und erweitert den Rahmen des Denkbaren und vielleicht auch des Machbaren (Chakrabarty 2021, Clark & SzerszynskiSzerszynski 2021: 1, 3).

Trotz mancher Ähnlichkeiten unterscheiden sich Covid-19-Krise einerseits und Klimakrise andererseits und insbesondere die Krise des Anthropozäns deutlich voneinander. Das Anthropozän offenbart die langfristige Verwobenheit des Menschen mit der belebten und auch der unbelebten Welt, die durch die Covid-19-Pandemie in kurzfristiger Weise schlaglichtartig verdeutlicht wurde. Ansonsten gibt es aber fundamentale Unterschiede, wie sie sich schon beim Thema Klimawandel gezeigt haben (Renn 2021: 26). Das Anthropozän ist erstens anders als Covid-19 für den Einzelnen nicht als unmittelbare Bedrohung zu erkennen. Anders als bei Covid-19 fühlen sich Menschen viel weniger direkt bedroht, und sind daher zweitens weniger bereit, Maßnahmen zu akzeptieren, die ihre Freiheit einschränken. Drittens führen ergriffene Maßnahmen gegen Pandemien, wenn wir über Tagesaktualität hinausblicken, in der Regel relativ rasch zum Erfolg, bei einem Lockdown nach einigen Wochen. Wenn wir dagegen als Maßnahme gegen anthropozäne Trends heute den gesamten menschengemachten CO_2-Ausstoß auf Null bringen würden, würde die jetzige Konzentration noch rund 75 Jahre als Treibhausgas weiterwirken. Während man über erfolgreiche Maßnahmen gegen Pandemien schnell Rückmeldungen geben kann, wird es über Maßnahmen gegen das Anthropozän immer Streit über die »Schuldigen« und darüber geben, was wie viel bringt und ob Maßnahmen ausreichen.

Die Covid-19-Krise stellt eine kurzfristige Ausnahmesituation dar, quasi als akute Krankheit, wo man mit schneller Genese rechnet und deshalb die Therapie (weitgehend) akzeptiert. Die Klimakrise ist gegenüber einer solchen kairologischen (von gr. *kairos*) eine chronologische Krise (von gr. *chronos*), eine Langzeitkrise (Nassehi 2020: 908). Das Anthropozän ist nach dieser Unterscheidung eine sehr langzeitige »chronologische«, eigentlich chronische Krise. Wir Menschen gehen mit ihr um wie mit einer chronischen Krankheit, nämlich, indem wir uns mit ihr arrangieren. Die eigentlich notwendige schnelle Reaktion wird konstant hinausgeschoben. Lösungen für kairologische Krisen hängen nicht ausschließlich an politischem Willen, wie Kritiker des Kapitalismus zuweilen annehmen, oder an technologischen Möglichkeiten, wie Vertreter des guten Anthropozäns annehmen. Für den produktiven Umgang mit einem solchen komplexen Problem muss die Komplexität der Gesellschaft selbst in Anspruch genommen werden (Nassehi 2020: 909). Wenn wir die politischen Verhältnisse als Hauptgrund des Anthropozäns sehen und das Anthropozän eine weltweite Bedrohung darstellt, ruft das klassischerweise nach der Abschaffung solcher Verhältnisse. Wenn sich aber die Folgen bisheriger Herrschaftsstrukturen dauerhafte Spuren in der Erdgeschichte hinterlassen, werden sie auch dann noch von erdgeschichtlicher Bedeutung sein, wenn sie sozialgeschichtlich schon beendet sein werden (Folkers 2020: 599).

Ich fasse Kernaussagen dieses Buchs zusammen, wobei ich zunächst Befunde nenne, danach weitergehende Schlüsse ableite und schließlich in Thesen Positionen beziehe:

Befunde

> Even without a formal geological definition,
> the idea of a major planetary transition dated to
> the mid-twentieth century remains useful
> across many disciplines.
>
> *Jan Zalasiewicz et al. 2024: 980*

Das Konzept des Anthropozäns entstand zunächst als These in den Erdsystemwissenschaften und wurde erst später zu einem Gegenstand der Geologie. Das Anthropozän wird als Sache und Problem nur verständlich, wenn geologische Konzepte der Tiefenzeit klar werden. Innerhalb der Geowissenschaften ist der Ansatz der Geologie mit ihrer konkreten Feldorientierung und zugleich tiefengeschichtlichen Sicht zu unterscheiden von den global orientierten und – aus geologischer Sicht! – gegenwartsbezogenen Erdsystemwissenschaften.

Auch wenn anthropogener Klimawandel den paradigmatischen Fall des Anthropozäns darstellt, so ist Anthropozän *nicht* mit Klimawandel gleichzusetzen. Im Anthropozän geht es um gleich mehrere zusammenhängende Folgen menschlichen Handelns in der Geosphäre. Die zentrale wissenschaftliche Frage beim Anthropozän ist, wie die Menschheit als kausale Wirkkraft im Erdsystem zu verstehen ist und wie Menschen über ihre eigene Rolle darin reflektieren. Während die Geowissenschaften sich vorwiegend dem Anthropozän als kumulativem Effekt widmen, kann der ethnologische Hauptbeitrag – wie auch der historische – auf Ursachen orientiert sein: Welche sozialen sowie kulturellen Strukturen und Prozesse erzeugen typischerweise anthropozäne Wirkungen?

Das größte Provokationspotenzial für Geistes- und Kulturwissenschaftlerinnen besteht im Wort »Anthropozän«. Das Wort ist in den Geistes- und Kulturwissenschaften dennoch deutlich präsenter als in den Lebenswissenschaften und den Geowissenschaften, wenn auch begrifflich ausgefasert. In den Geo- und Biowissenschaften wird Anthropozän begrifflich zwar nicht einheitlich, aber deutlich enger verstanden als in den Kulturwissenschaften. Die Debatte über den Beginn des Anthropozäns eröffnet viel mehr Fragen, als nur die der Datierung. Sie eröffnet Fragen zur kausalen Rolle des Menschen in der Geosphäre.

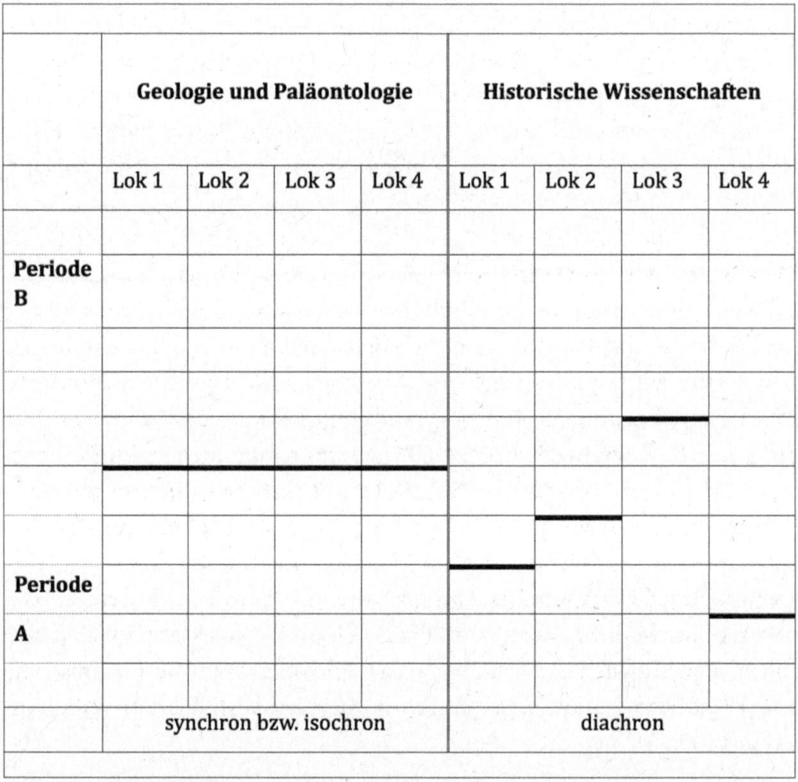

Geologie und Paläontologie				Historische Wissenschaften			
Lok 1	Lok 2	Lok 3	Lok 4	Lok 1	Lok 2	Lok 3	Lok 4

Periode B

Periode A

| synchron bzw. isochron | | | | diachron | | | |

Abb. 8.1 Unterschiedliche Periodisierungsprinzipien – synchrone Grenzen in der Geologie und diachrone Grenzen in den historischen Wissenschaften (Lok = Lokalität), *Quelle: Autor*

Ein zentrales methodisches Problem der Diskussion um Anthropozän als Epoche – und ein Grund notorischer Missverständnisse – besteht in der Diskrepanz zwischen synchronen Grenzen zwischen Zeiteinheiten der Geologie und Paläontologie einerseits und diachronen Epochengrenzen in der Archäologie, der historischen Anthropologie und den Geschichtswissenschaften andererseits (Abb. 8.1). Die wichtige chronologische Entscheidung besteht hier darin, wann man das Anthropozän beginnen lassen will: (a), dann, wenn die menschlichen *Fähigkeiten* zum massiven Umweltwandel (irgendwo) entstehen (so die historische und archäologische Argumentation); oder erst viel später, nämlich (b), ab der Zeit, wenn die *kumulierten* Wirkungen menschlichen Handels *weltweit* nachweisbar sind (so die mehrheitliche Sicht in der Geologie). In jedem Fall sollte die Quartärgeologie permanente Wirkungen menschlichen Handelns voll in ihren Gegenstand mit einbeziehen, z. B. Technofossilien standardmäßig in geologischen Karten darstellen.

Die 2024 erfolgte Ablehnung des Anthropozäns als formale geologische Epoche wirft die Frage nach einer sinnvollen Bezeichnung wieder auf. Aufgrund der geologisch gesehen bislang sehr kurzen Dauer des Anthropozäns können wir nicht wissen, ob sich menschliche Spuren tatsächlich zu einem weltweit synchronen *und dazu geologisch dauerhaften* Leithorizont verdichten werden. Andererseits sind die Auswirkungen des Menschen auf die Lebewelt und insbesondere die Verminderung biologischer Vielfalt schon jetzt eindeutig dokumentierbar und das Aussterben von Arten ist irreversibel. Deshalb sollten wir den Begriff *Anthropozoikum* noch einmal diskutieren Da er auf paläontologische Zeitbegriffe rekurriert, beinhaltet »Anthropozoikum« so wie Anthropozän eine tiefenzeitliche Sicht. Er ist aber in der Endung »zoikum« (statt »zän«) weniger auf präzise globale zeitliche Korrelation fixiert und gleichzeitig nicht nur anthropozentrisch, sondern auch biozentrisch orientiert. Anthropozoikum passt aus existentieller, psychischer und ethischer Sicht gut zum Menschen: Wir Menschen sind Organismen, sind selbst Tiere … und deshalb stehen uns Tiere und Pflanzen näher als Steine.

Für eine geerdete Anthropologie

Wir müssen Rationalität wohl noch einmal neu bestimmen und die Mühen einer neuen Aufklärung auf uns nehmen.

Peter Finke 2022: 22

Das Anthropozän benennt einen anthropogenen Bruch in der Dynamik der Geosphäre, der gleichzeitig eine weltweite soziokulturelle Krise anzeigt. Das Anthropozän als Problem ist zu wichtig, und das Wort »Anthropozän« zu gehaltreich, um es als Kürzel für die Rede über Globalisierung, globale Umweltprobleme, Nachhaltigkeitsfragen oder menschengemachten Klimawandel zu benutzen oder für rein rhetorische Manöver zu missbrauchen. Das Anthropozän ist als Phänomen etwas anderes als Globalisierung oder Globalität. Auch als Konzept bildet das Anthropozän eine andere Vorstellung als die Theorien zur Globalisierung und zur Globalgeschichte, denn das Anthropozän impliziert wesentlich größere Raum- und längere Zeitmaßstäbe.

Der synthetische und weite Begriff des Anthropozäns in den Geistes-, Kultur- und Sozialwissenschaften bildet eine wichtige Ergänzung zu den erdsystemwissenschaftlichen und geologischen Anthropozänbegriffen. Er ist aber nicht als Ersatz zu sehen. Die unterschiedlichen Formen von wissenschaftlicher Evidenz in der Anthropozändiskussion sind wichtig, und die Debatte um alternative Termini ist als soziales und kulturelles Faktum relevant. Analytisch gesehen ist sie aber wenig ergiebig, weil dabei kaum präzise definiert wird und Sprachspiele dominieren.

Wenn der holistische Kulturbegriff der Ethnologie konsequent ausbuchstabiert wird, kann er einen zentralen Beitrag zum Verständnis des Anthropozäns leisten. Die Unterscheidung zwischen Natur und Kultur wird angesichts des Anthropozäns schwieriger; sie ist aber als analytisches Werkzeug weiterhin sinnvoll. Aus einer moderat kulturmaterialistischen Sicht ist eine verfeinerte und anthropozänisch informierte Natur-Kultur-Unterscheidung produktiver als ein unklarer Monismus wie er in der Rede vom »more-than-human« dominiert.

Die geistes-, sozial- und kulturwissenschaftlichen Kritiken naturwissenschaftlicher Anthropozänkonzepte sind politisch relevant und auch wissenschaftlich wichtig. Ernst zu nehmende Alternativkonzepte sind vor allem Kapitalozän und Technozän. Die Kritiken von Nicht-Naturwissenschaftlern erbringen auch für die Geowissenschaften fruchtbare Fragestellungen. Dagegen ist die notorische Kritik seitens der Sozialwissenschaften, das Konzept des Anthropozäns negiere per se sozioökonomische Unterschiede, schlicht ein Pappkamerad. Das Thema ist existentiell zu wichtig und anthropologisch zu reichhaltig, um das Wort als Modebegriff zu missbrauchen oder terminologische Sandburgen zu bauen, die alsbald zusammenfallen.

Mit ihrem Fokus auf gegenwärtige und lokale – wenn auch vernetzte – Lebensformen ist die Ethnologie angesichts des Anthropozäns als zeitlich wie räumlichem Megamakrophänomen herausgefordert. Der zentrale Beitrag der Ethnologie liegt in der Klärung der durch den *Nexus* von tiefenzeitlicher Dynamik und rezenter menschlicher Wirkmacht bewirkten geosphärischen Effekte in lokalen Lebenswelten mittels eines erfahrungsnahen

Zugangs. Dies beinhaltet die lokalen und teilweise kulturspezifischen Wahrnehmungen und Erzählungen zum Anthropozän, auch, weil sie auch kausal wichtig für angepasste Lösungen sind. Ein Desiderat der Ethnologie sind Ansätze, stratigrafische Kontexte zu verstehen und aus ethnologischer Sicht lokalisierend und kontextualisierend zu ergänzen. Hier könnte die Ethnologie stärker mit Historikerinnen und Archäologinnen kooperieren. Die angewandt-ethnologische Frage ist, welche Hinweise uns das Wissen über Menschen und Kulturen an die Hand gibt, um Alternativen zum gegenwärtigen Trend hin zu einer unbewohnbaren Geosphäre zu entwickeln.

Abb. 8.2   Protest gegen fossile Wirtschaft in Parma, Italien, 2024, *Quelle: Autor*

Eine durch das Anthropozän statt durch das Holozän informierte Sicht setzt nicht auf dauerhafte Lösungen, sondern auf Anpassung durch kontinuierliches globales Lernen aus Fehlern. Gesellschaftspolitisch macht das Anthropozän überdeutlich klar, dass es in Zeiten postfaktischer Verunsicherung einer streng wissensbasierten Verständigung über »gefühlte Wahrheiten« bedarf. In den historischen Wissenschaften spricht manches dafür, das Anthropozän als Epoche zu fixieren, wenn auch evtl. unter anderer Bezeichnung. Als Periode sollte das Anthropozän in die Chronologien von naturhistorisch informierten Kultur-, Sozial- und Geschichtswissenschaften eingeführt werden. Der Begriff »Anthropozän« erscheint mir geeignet, um in unseren Schulen und im öffentlichen Raum ein Bewusstsein der Dringlichkeit von Gegenmaßnahmen zu etablieren. Insbesondere legt er wissenschaftlich basiert nahe, sich bald von der fossilen Wirtschaft zu lösen, was aber politisch zu entscheiden ist (Abb. 8.2)

Fazit in sieben Thesen

1. *Der Begriff »Anthropozän« benennt eine globale Multi-Krise. Es geht um viel mehr als um menschengemachten Klimawandel.*

   »Anthropozän« benennt eine neue Ära der Erdgeschichte, nicht etwa nur der menschlichen Geschichte. Anthropozän bezeichnet eine nie dagewesene Dynamik in der Geschichte der Erde und des Lebens. Das Anthropozän ist beides: sowohl eine auf Fakten basierte Hypothese als auch eine folgenreiche Fundamentalmetapher der Krisenwahrnehmung. Das geowissenschaftliche Realkonzept besteht zum einen aus einem tiefenzeitlichen Epochenbegriff der Geologie und zum anderen auf einem stärker gegenwartsorientierten Erdsystembegriff der Erdsystemwissenschaften. Die Vielfalt und auch Vielstimmigkeit der Verwendung des Begriffs zeugen von einem enorm hohen Potenzial für Diskurse, Analysen und als heuristisches Instrument zur erneuten Bearbeitung anthropologischer Grundfragen. Das Anthropozän fordert in vielfältiger Weise heraus: Es lässt etablierte disziplinäre und vor allem kategoriale Grenzen unscharf werden, aber die Debatte führt auch zu neuen Grenzsetzungen.

2. *Angesichts des Anthropozäns ist disziplinäre Analyse genauso nötig wie interdisziplinäre Synthese.*

   Ein tatsächliches interdisziplinäres Verstehen gerade eines so komplexen Phänomens wie es das Anthropozän darstellt, braucht klare Definitionen, einen analytischen Theoriezugriff und eine trotz kritischer Haltung eine offene Haltung gegenüber den Naturwissenschaften. Jeder geistes-, sozial- und kulturwissenschaftlicher Zugang zum Anthropozän als hochkomplexer Problematik sollte geowissenschaftliche

Konzepte und Befunde zum Erdsystem ernstnehmen. Auf der anderen Seite brauchen Geologie und Biologie eine gewisse »Sozialisierung« und »Humanisierung«. Die Unterscheidungen zwischen Natur, Umwelt, Kultur und Gesellschaft sollten ständig problematisiert werden, jedoch ohne sie als analytisches Mittel aufzugeben. Die derzeit gerade in den Kulturwissenschaften gängige Rede vom »Mehr-als-Menschlichen« will Dualismen meiden und in synthetischer Sicht Verschränkungen menschlichen Handelns mit der Natur und Verantwortung für die Natur betonen. Das sind wichtige Gesichtspunkte, aber es drohen überbordende Sprachspiele und eine normative Überfrachtung. Beides erschwert den Austausch zwischen Wissenschaften.

3. *Der Begriff Anthropozän ist zu wichtig, um als Buzzword für jeglichen Umweltwandel oder irgendwelche Krisen missbraucht zu werden.*
»Anthropozän« ist wie kein anderer Begriff geeignet, um die Aufmerksamkeit auf die weltweiten, langzeitigen und weitgehend ungewollten Wirkungen akkumulierten menschlichen Handelns auf die Geosphäre zu lenken. . Die Menschheit besitzt gleichzeitig enorme Handlungsmacht, aber auch Ohnmacht (Kontrollverlust). Der Begriff Anthropozän bringt das Paradox tiefgreifender menschlicher Eingriffe in die Geosphäre bei gleichzeitig zunehmendem Kontrollverlust auf den Punkt. Er warnt vor unbedachter Zurichtung der Erdoberfläche durch Menschen und erzeugt Handlungsdruck in Politik und Gesellschaft. Um diese spezifische tiefenzeitliche Perspektive nicht zu verlieren, sollte das Wort »Anthropozän« mit Bedacht verwendet werden, anders als das oft in kapitalismuskritischer Literatur oder in den Massenmedien der Fall ist.

4. *Ein holistischer Kulturbegriff kann gesellschaftliche Naturverhältnisse erschließen.*
Für ein Verstehen und eine politische Antwort auf das Anthropozän ist eine Sicht von Kultur und Gesellschaft erforderlich, die ausdrücklich systemische Beziehungen untersucht. Zum Anthropozän als »Menschenzeit« passt ein Kulturbegriff, der Kultur als Summe des von Menschen Gemachten sieht, unabhängig davon, wie sich diese materiell manifestiert. Die Ethnologie ist diejenige Kulturwissenschaft, die einen solchen Kulturbegriff in den Mittelpunkt stellt. Er ist holistisch und stellt dazu psychische, wie soziale und politische sowie auch materielle Ar-

tefakte in den Mittelpunkt. Methodisch stellt die Ethnologie dabei die erfahrungsnahen Dimensionen des Lebens durch Feldforschungen heraus. Eben dieser ethnologische Kulturbegriff und dieser methodische Zugriff auf lokale Lebenswelten können dazu beitragen, die Einsichten der Geologie und der Erdsystemwissenschaften zu anthropologisieren. In Hinsicht kauf Lösungsansätze kann die Ethnologie zu lokalen Problemklärungen und situativ angepassten Maßnahmen beitragen.

5. *Wir brauchen eine geerdete Wissenschaft vom Menschen.*
Das Anthropozän benennt eine durch unsere gegenwärtige Lebensweise verschärfte Zukunftsproblematik kultureller Evolution. Wir bedürfen zukunftsorientierte und dabei realistische Natur- und Menschenbilder. Für die Humanwissenschaften sehe ich im Konzept Anthropozän das Potential, anhand einer drängenden Menschheitsproblematik eine tatsächlich *umfassende* Humanwissenschaft zu etablieren, eine »Anthropologie des ganzen Menschen«. Ein wissenschaftliches Verständnis des Anthropozäns erfordert nämlich auch Wissen über die evolutive Genese der menschlichen Kulturfähigkeit, Erkenntnisse zu Mechanismen kultureller Evolution und Fakten zu langfristigem Wandel komplexer Sozialsysteme. Für ein umfassendes Verständnis des Anthropozäns brauchen wir im Kern eine breite Anthropologie, welche die Humanwissenschaften, aber auch Lebenswissenschaften, Erdwissenschaften und etwa Komplexitätsforschung beinhaltet. Das Anthropozän ruft nach einer geobiologisch informierten Humanwissenschaft: Geo-Anthropologie.

6. *Das Konzept Nachhaltigkeit ist enorm wichtig, aber zu kurz gedacht.*
Der wichtigste Gewinn des Denkens in Kategorien des Anthropozäns ist die langzeitliche Perspektive auf die Erdoberfläche als System. Dafür ist die geologische Langzeit-Perspektive von der »Tiefzeit« bis in die ferne Zukunft zentral. Dieser tiefzeitliche Blick ermöglicht ein Erkennen der langen geobiologischen Genese der Lebensgrundlagen des Menschen und anderer Lebewesen. Eine Langzeitperspektive könnte uns vom Kurzzeitdenken in Gesellschaft, Politik und auch in den Wissenschaften befreien. Es öffnet den Blick in die fernere planetare Zukunft, beides Aspekte, die beim Blick auf Globalisierung unterbelichtet bleiben.

7. *Das Anthropozän bildet eine besondere Gesellschaftskritik.*
Erkenntnisse zum Anthropozän implizieren Fragen nach den proble-

matischen Auswirkungen konsumorientierten Lebens und extraktiven Wirtschaftens. Die Einsichten in die weltweite Umweltkrise führen fast automatisch zur Kritik an der Wachstumsorientierung gegenwärtiger Lebensweisen, Wirtschaftsformen und der dominierenden politischen Ausrichtung. Auch wenn historische und kausale Zusammenhänge bestehen ist das Anthropozän nicht einfach gleichzusetzen mit anthropogenem Klimawandel, jeglichen Umweltkrisen, jeglichen Weltproblemen, der Krise des Kapitalismus, Ungleichheit und postkolonialen oder patriarchalen Strukturen. Die Idee des Anthropozäns hebt herkömmliche Kritik an Gesellschaft und Kultur nicht auf, gibt ihr aber einen tieferen Rahmen, der nicht einfach nur global und ökologisch ist, sondern auch tiefenzeitlich und geerdet.

Glossar – ein Wörterbuch zum Anthropozän

Vorbemerkung

Hier erläutere ich, in welcher Bedeutung technische Termini in diesem Buch verstanden werden. In der ausufernden Literatur zum Anthropozän gibt es zu vielen Termini anderslautende Definitionen, und das gilt selbst für vermeintlich einfache Wörter. So wird »Geosphäre« als Gesamtheit der Kugeloberflächen der Luft, der Gesteine, der Böden, des Wassers, des Eises und des Lebens verstanden, während sie in manchen Werken auf die Erdoberfläche beschränkt wird. Im Deutschen eingeführte Wörter (wie »Tiefenökologie«) erscheinen hier in deutschsprachiger Form und in Klammern die englische Variante). Termini, die üblicherweise auch in deutschsprachigen Texten in englischer Form verwendet werden (wie z. B. *deep history, geoengineering*) oder schwer ins Deutsche übersetzbar sind (wie *agency* oder *worlding*), sind in der englischsprachigen Form und *kursiviert* einsortiert. Nicht einbezogen sind mit »-zän« endende Alternativtermini zu »Anthropozän«. Pfeile (→) verweisen auf ähnliche Begriffe oder Gegenbegriffe in diesem Glossar. Das soll zu einem Begriffsnetz zum Anthropozän beitragen, das die konzeptuellen Zusammenhänge betont.

Abduktion (*abduction*): Schließen von beobachteten Effekten bzw. Verläufen auf vermutete Ursachen, bei historischen Fragen speziell als → Retrodiktion, vgl. → *Reverse Engineering:*

Agency: die Fähigkeit bzw. Möglichkeit von Individuen oder korporaten Akteuren, im eigenen Interesse zu handeln, siehe die angesichts des Anthropozäns wichtige Unterscheidung von → Handlungsmacht (*agency 1*) und → Handlungseffekt (*agency 2*)

Akteur-Netzwerk-Theorie (*acteur network theory*, *ANT*): Ansatz, der die Verschränkung menschlicher Akteure mit nicht menschlichen Handlungselementen (Aktanten) betont

Aktualismus (Aktualitätsprinzip, Uniformitätsprinzip, Gleichförmigkeitsprinzip, *uniformitarianism*): Prinzip der Geologie, für die Vergangenheit dieselben Wirkkräfte anzunehmen, wie heute, »die Natur macht keine Sprünge« (*steady state*), gegen Annahme unbekannter Wirkkräfte und gegen → Katastrophentheorien

Aktuopaläontologie (*actualistic paleontology*): Forschungen innerhalb der Aktuogeologie zu heutiger Einbettung toter Lebewesen in Sedimente, ihrem Zerfall, der Bildung von Spuren, der Umlagerung und Erhaltung (Biostratinomie) und damit zur gegenwärtigen Bildung möglicher geologischer Urkunden der Zukunft, → Aktualismus, → Technofossilien

Amerindische Kosmologie (amerinidisches Denken, *amerindian perspectivism*): indigene kosmologische Vorstellung, dass es den Menschen schon vor der (restlichen) Welt gegeben habe und damit den primordialen Boden der Welt bzw. den humanoiden Urzustand aller Wesen bilden

Animismus: Weltbild, nach dem Lebendiges und Empfindungsfähigkeit auch außerhalb des Organismischen, Sozialität auch zwischen Menschen und Tieren und Personen auch jenseits von Menschen existieren, und es damit auch moralische Beziehungen zwischen Menschen und Tieren gibt, z. B. in der → amerindischen Kosmologie

Anthrom (*anthrome*, *anthropogenic biome*, *anthroecosystems*; anthropogenes Biom), dt. auch Anthropozone oder »domestiziertes Land«: vom Menschen durch Landnutzung überformter (→ anthropogen) und technisch maßgeblich transformierter Großraum der Natur, es werden rund 18–25 AnthromeAnthrome unterschieden → anthropogene Form

Anthropisches Prinzip: quasiteleologisches Prinzip, dass die Existenzbedingungen des beobachtenden Menschen mit der Beobachtung des Universums vereinbar sein müssten. Die faktische Entwicklung habe die Evolution des Menschen ermöglicht (schwache Variante) bzw. das Universum sei kosmologisch auf den Menschen hin ausgerichtet (starke, oft theologische und umstrittene Variante)

Anthropocene Science: gesellschaftlich engagierte Forschung zu den Bedingungen des menschlichen Lebens im Rahmen des menschlich geprägten Erdsystems, im Unterschied zu methodisch ähnlichen → Erdsystemwissenschaften explizit Werte-basiert und auf Szenarien und Vorschläge zur verantwortlichen Steuerung (→ Stewardship) zum Wohlergehen von Menschen konzentriert

Anthropocene Working Group, AWG offiziell *Working Group on the »Anthropocene«*): offiziell von 2009 bis 2024 bestehendes multidisziplinär zusammengesetztes Gremium der *Subcommission on Quaternary Stratigraphy* der → International Commission on Stratigraphy (ICS) mit der Aufgabe, Datierungsvorschläge für das Anthropozän zu prüfen, eine plausible Periodisierung zu erarbeiten und eigene → stratigrafische Untersuchungen durchzuführen

Anthropogen (*anthropogenic*): vom Menschen verursacht, hergestellt bzw. beeinflusst, hier bes. menschengemachte Veränderungen in der natürlichen Umwelt, zumeist auf Landschaften bezogen, früher oft als Gegensatz zu unberührter im Gleichgewicht befindlicher Umwelt gesehen, dagegen → Anthrom

Anthropogene Form: Relieform in Landschaft, die vom Menschen geschaffen wurde (z. B. Ackerterrassen, Wurten) oder als Nebeneffekt menschlicher Tätigkeit entstanden ist, beispielsweise durch Erosion (Ackerberge, Runsen), a. F. können als sog. quasinatürliche Formen ausgebildet sein → Anthrom

Anthropogener Metabolismus: materieller und energetischer Fluss menschlicher Gesellschaften bzw. der Menschheit

Anthropogeografie (Humangeografie, auch Kulturgeografie, Geografie des Menschen): Teilbereich der Geografie, der sich mit der Raumwirksamkeit des Menschen bzw. mit → Kulturlandschaften befasst

Anthropologie (*anthropology*): umfassende Wissenschaft vom »ganzen Menschen«, umfasst biotische und kulturelle Gegenstände

Anthropologie der Ontologie (Anthropologie der Ontologien, *multiple ontologies* approach): Sammelbezeichnung für vor allem ethnologische Ansätze zum Mensch-Natur-Verhältnis: symmetrische Anthropologie (Latour), monistische **Anthropologie** (z. B. Descola), Anthropologie jenseits des Menschen (z. B. Kohn) und Artefakt-orientierte Anthropologie (*material studies*), → Ontological turn

Anthroposphäre (*human habitat*, auch Anthrosphäre, auch → Technosphäre): die vom Menschen dauerhaft beeinflussten Anteile der → Geosphäre und → Biosphäre, vgl. → Anthrosole → Anthrome

Anthropozän 1, erdwissenschaftliches A. (*Anthropocene, anthropocène*): erdhistorische Zäsur im Status des Systems Erde (*new state*) etwa Mitte des 20. Jh., aber andere Daten in Diskussion (→ Geochronologie), *vorwiegend* aufgrund der Effekte menschlichen Handelns als dominierendem Geofaktor → Erdsystemwissenschaft

Anthropozän 2, geologisches A. (stratigrafisches Anthropozän): Summe der Ereignisse während der sehr kurzen und gegenwärtig andauernden geochronologischen »Epoche«, seit Mitte des 20. Jh., aber andere Daten in Diskussion (→ Geochronologie) und *sämtlicher* Ablagerungen während dieses Zeitintervalls (synchron), *unabhängig* davon, ob anthropogener, teilweise natürlicher oder gänzlich natürlicher Genese, als geologische »Serie« (→ Chronostratigrafie), dominante Auffassung in der → *Anthropocene Working Group* im Unterschied zur Minderheit → Anthropozän 3

Anthropozän 3, erweitertes A., primär erdwissenschaftlich, archäologisch und historisch (*diachronous anthropocene, diachronic anthropocene, anthro-*

pogenic): Summe *aller* empirisch nachweisbaren Einflüsse des *Homo sapiens* (→ anthropogen) auf die Geosphäre aller Zeiten (diachron) und auch nur regional, Auffassung der Minderheit in der → *Anthropocene Working Group;* → Archäosphäre

Anthropozän 4, geistes-, kultur- und sozialwissenschaftliches A. (*consequential metalevel, the responsible anthropocene*): Synthesebegriff für Konsequenzen des Bruchs durch den menschengemachten Umweltwandel und entsprechende Reflexionen, vor allem zu Verantwortung und Status des Menschen, extrem uneinheitlich verwendet für die Meta-Ebene zu den analytischen Ebenen → Anthropozän 1, 2, und 3

Anthropozentrismus: Sicht des Menschen als Mittelpunkt der Welt, was ihn zum Maßstab der natürlichen Ordnung macht; als moralischer A. die Position, dass nur oder vor allem Menschen moralische Objekte sind, gegen den → Biozentrismus; A. ist meist verbunden mit der Suche nach dem Unterschied zwischen Mensch und (anderen) Tieren (anthropologische Differenz, → Speziesismus), statt humandezentriert zu denken → Biozentrismus, → Holismus

Anthrosole (*anthrosols*): durch wirtschaftliche Tätigkeit dauerhaft geprägte Böden mit sehr starker oder vollständiger Veränderung der ursprünglichen Eigenschaften, z. B. durch Bodenbearbeitung, Zufuhr von Material (z. B. Bodenabraum, Plaggen oder Hausmüll) oder Bewässerung → Technosole

Anthroturbation (*anthroturbation, human bioturbation*): anthropogenes Aufwühlen des Bodens, durch Bergbau, Bohrungen, Rohre, Tunnelbauten, Deponien und Atomtests, ähnlich dem Graben durch andere Organismen im Boden, der Bioturbation

Anthrozoologie: Forschungsfeld zu menschlich beeinflussten Tieren → Domestizierung

Archäosphäre (*archaeosphere*): Summe des signifikant → anthropogen veränderten Grund und Bodens unabhängig von der Zeit, ähnlich dem Anthropozän 3, vgl. dagegen → Anthropozän 2

Archiv (*memory*): im Unterschied zu konkreten Archiven das Insgesamt in der Umwelt aufzufindender (natürlicher und gesellschaftlicher) Zeugen des Klimas und früherer menschlicher Aktivität, z. B. in Form von Artefaktresten, Spuren, Böden oder Organismen, für die Dokumentation menschengemachter Veränderungen i. w. S. auch die Sammlungen von Naturkundemuseen

Area Studies (Regionalwissenschaften, *transarea studies*): interdisziplinäre Forschungsfelder, die sich mit Geschichte und Gegenwart von Kulturregionen (*areas, cultural realms*) befassen, die größer als ein Land oder ein Sprachraum aber kleiner als ein Kontinent sind

Arten, invasive (*invasive species, non-native species, neobiota*): bezogen auf jetziges Habitat gebietsfremder Organismen, die in langer Zeitperspektive in anderen Weltregionen existierten

Assemblage (*assemblage*): Verknüpfung von materiell heterogenen Dingen, z. B. Papier, Plastik, Pflanzenreste, Tierkadaver und menschliche Exkremente auf Müllhalden oder in hybriden, anthropogen überformten Landschaften

Big History: Ansatz der Geschichtswissenschaft, der die Geschichte der Menschheit nicht nur um die Vorgeschichte ergänzt, sondern in die Erdgeschichte und kosmische Geschichte bis zurück zum Big Bang zurückgeht, gegen → Präsentismus (vgl. → *Deep History*)

Biodiversität (biologische Vielfalt, *biodiversity, biological diversity*): Vielfalt der Gene (genomische Variation), der Arten (Artenreichtum, Biodiversität i. e. S.), der systematischen Einheiten (taxonomische Vielfalt) und der Ökosysteme

Biological old regime (*biological ancien regime*): weltweit bis ins 19. Jh. dominantes grundlegend begrenzte Wirtschaftsweise auf der Grundlage erneuerbarer Ressourcen: Landwirtschaft auf Basis von Sonnenenergie, Bäume als Treibstoffquelle und Recycling, dementsprechend Umweltwandel primär durch Landwirtschaft

Biophilie (*biophilia*, Naturliebe): unbewusste Neigung von Menschen, die Nähe bzw. enge Verbindung zu Pflanzen, Tieren und natürlichen Stimuli zu suchen, zumeist als genetisch bedingte Neigung angenommen, spezieller die Vorliebe für biotische Vielfalt → Biodiversität

Biosphäre: die Gesamtheit des Lebens, genauer die organismisch belebten Anteile der äußeren Kugelhülle der Erde, der → Geosphäre → kritische Zone

Biozentrismus (teleologischer): ethische Position, dass alle Lebewesen aufgrund Lebendigkeit und Zweckstrebens moralische Objekte sind, eingeschränkter als → Biozentrismus und → Anthropozentrismus

Chronostratigrafie (*chronostratigraphy*): Bereich der geologischen Schichtenkunde (Stratigrafie), in dem Zeit materiell auf geologische Abfolgen (zumeist Gestein) angewendet wird, hier die »Serie Anthropozän«, im Unterschied zur abstrakten »Epoche Anthropozän« → Geochronologie

Columbian Exchange: Austausch von Pflanzen, Tieren und Krankheiten zwischen Europa und Amerikas im Gefolge der Entdeckungsreisen

Deep History (Tiefengeschichte): Ansatz der Geschichtswissenschaft, dass die gesamte menschliche Vergangenheit geschichtlich ist, gegen das dualistische Konzept Vorgeschichte/Geschichte; als Grundlage dient statt der Schrift die Evolution des anatomisch modernen Menschen und z. B. die der DNS; gegen → Präsentismus, vgl. → *Longue durée* → *Big History* → Tiefenzeit

Dekolonialisierung (*decolonization, decolonialization*): soziale Bewegung und Praxis, die historische und bis heute fortwirkende neo- und postkoloniale Machtverhältnisse (»Kolonialität«) analysiert und ihnen entgegenwirken will; nicht zu verwechseln mit D. als Entkolonialisierung bzw. Erreichen der Unabhängigkeit

Developmentalismus (*developmentalism*): kritischer Begriff für Vorstellungen eines gerichteten gesellschaftlichen und wirtschaftlichen Langzeitwandels, die von einer unbefragten Fortschrittsannahme ausgehen

Disparität: räumliche Verteilungsunterschiede, räumliche → Ungleichheit

Diversität (Vielfalt, Heterogenität): horizontale Vielfalt von Kulturen (kulturelle D.) , im Unterschied zu vertikaler → Ungleichheit; oder Vielfalt des Lebens → Biodiversität

Domino-Effekt: kaskadenartige Abfolge, wobei das Umkippen eines Teilsystems das Kippen weiterer Teilsysteme verursacht, siehe → Kipppunkt

Domestikation: Zähmung und Züchtung von Haustieren und Kulturpflanzen, gehegte Reproduktion von Pflanzen oder Tieren, durch ihre eigens bereitgestellte oder überwachte Ernährung und durch ihren Schutz vor Schädigungen

Domestizierung: soziale Überprägung der Natur als Teil der Modernisierung

Domestiziertes Land: von Menschen dominierte Landschaftsräume, die aus natürlichen Biomen wie Primärwäldern, Savannen und Graslandschaften hervorgehen, → Anthrom

Dystopie: Vorstellungen einer negativen Zukunft (s. a. → Utopie)

Ecocriticism (Ökokritizismus): literatur- und kulturwissenschaftliche Richtungen der Untersuchung der Beziehungen zwischen Mensch und Umwelt und deren Transformationen in Texten und anderen Medien

Entanglement: beziehungsstarke Formen der Verbundenheit von Etwas bzw. der Einbettung in geteilte Praktiken, Welten und Sinnzusammenhänge; im Anthropozänkontext die Verknüpfung zwischen Menschen, anderen Lebewesen und unbelebten Dingen → Holismus; in anderen Kontexten Verstrickungen, z. B. zwischen kolonisierten und kolonialisierenden Gesellschaften

Entprovinzialisierung (*deprovincializing*): programmatische Rücknahme der Überbetonung europäischer Regionen und deren historische Prägung außereuropäischer Regionen, gegen den → Eurozentrismus

Environmentality: Gesamtheit der Effekte des Regierens in Bezug auf Umwelt, lokaler Umwelregulation (z. B. von Wäldern) und umweltbewusster Haltungen

Epoche (*epoch*): geologisch-stratigrafische Zeiteinheit, die größere Veränderungen als ein Zeitalter (*age*) und kleinere als eine Periode (*period*) markiert

Erdgeschichte: Geschichte der Entwicklung des Planeten und das entsprechende Fachgebiet der → Geologie und der → Paläontologie

Erdsystem (*earth system*): geschlossenes, sich selbst regulierendes System der Geosphäre durch Zusammenwirken nicht menschlicher physikalischer, chemischer und biologischer sowie menschlicher Kräfte, inklusive der Interaktionen und Rückwirkungen innerhalb der → Sphären auf dem Planeten Erde

Erdsystemwissenschaft/en (*earth system science/s, ESS*): Forschungsrichtung zum → Erdsystem, die sich multidisziplinär und mit großen Datenmengen mit den vielen Faktoren des gegenwärtigen globalen Wandels befasst und Szenarien erarbeitet, im Gegensatz zur → Geologie, die sich vorwiegend mit Gesteinen und der Erdgeschichte befasst

Ereignis, geologisches (*geological event*): tiefenzeitlich gesehen einschneidende Veränderungen wie Faunenwechsel, massenhaftes Artensterben und plötzliche Störungen der Geosphäre

Ergodik (Ergodizität, *ergodicity, location-for-time substitution*): in der Geomorphologie Prinzip, dass Beobachtungen zum Durchschnitt vieler Dinge zu einem Zeitpunkt im Raum äquivalent sind zur Beobachtung individueller Dinge über die Zeit, kurz: räumliche Verteilung ist ein Surrogat zeitlicher Sequenz, Zeitdurchschnitte sind ersetzbar durch Raumdurchschnitte

Essenzialismus: wesenhafte Bestimmung einer Entität, z. B. »des Menschen«,»der Frau« oder einer Kultur oder Religion, z. B. »des Islam«

Ethnografie (1): beschreibender Ast der Ethnologie, im Gegensatz zur theorieorientierten oder vergleichenden → Ethnologie

Ethnografie (2): ethnologische Monographie, ein Buch über eine ethnische Gruppe oder ein (zumeist) lokalisiertes Thema

Ethnografie (3) (*ethnography*): ein Ansatz der qualitativen Soziologie, besonders im englischsprachigen Raum

Ethnologie, auch Sozialanthropologie, Kulturanthropologie (*cultural anthropology, social anthropology*), im deutschsprachigen Raum jetzt oft »Sozial- und Kulturanthropologie«: Erforschung gegenwärtiger menschlicher Lebensformen (→ Kultur, Kulturen) weltweit mittels erfahrungsnaher und vergleichender Methodik, heute teilweise ähnlich der → Europäischen Ethnologie

Ethnoprimatologie (*ethnoprimatology*): Untersuchung des dauerhaften Zusammenlebens von Menschen mit nicht menschlichen Primaten in für diese mittlerweile »normalen« anthropogen geprägten Umwelten, zu unterscheiden von → Kulturprimatologie

Ethnozentrismus (*ethnocentrism, sociocentrism*): enggeführte Sicht der Welt aus der Perspektive einer Wir-Gruppe, i.d.R. verbunden mit Hochwertung der eigenen und Abwertung anderer Gemeinschaften, zu unterscheiden von → Eurozentrismus

Europäische Ethnologie (empirische Kulturwissenschaft, Kulturanthropologie, Volkskunde, *folklore studies*): gegenwartsbezogene Erforschung menschlicher Lebensformen vor allem in der eigenen Gesellschaft (→ Kultur, Kulturen), heute in Gegenstand, Theorie und Methode teilweise ähnlich zur → Ethnologie

Eurozentrismus: enggeführte Sicht europäischer Zustände, Dynamiken, Normen und Werte als »normal«, »natürlich« bzw. »erstrebenswert«, zu unterscheiden von → Ethnozentrismus, vgl. → Nostrozentrismus

Event Ecology (*abductive causal eventism*): ein aus der pragmatistischen Philosophie angeleitetes Prinzip, von einem Ereignis bzw. Effekt methodisch auf mögliche Ursachen zu schließen; zeitlich rückwärts und räumlich nach innen oder schrittweise nach außen von Mikro- zu Meso- und Makrokontexten (progressive Kontextualisierung), ähnlich dem → Ereignis, geologisches; → *Reverse engineering*

Evidenz: das »Wie« wissenschaftlicher Erkenntnis in Form sozial ausgehandeltem, als »einleuchtend« befundenem und damit als legitim abgesichertem Wissen; mit daran geknüpften je nach Kontext spezifischen Evidenzpraktiken, in den Erdsystemwissenschaften z.B. die Evidenzpraktik der Stabilisierung

Exaption (*exaption*): Funktionswandel von phänotypischen Merkmalen von nicht adaptiven bzw. neutralen Merkmalen hin zu späterer adaptiver Funktion aufgrund Wandel des Gesamtsystems

Extraktivismus (*extractivism*): eine auf Abbau, Nutzung und Export großer Mengen natürlicher Ressourcen, beruhende Wirtschaftsweise, verstanden als im kolonialen, neokolonialen oder postkolonialem Rahmen

Exzeptionalismus (*exceptionalism*): Sicht des Menschen als einzigartig, als ontologische Ausnahme, oft in Zusammenhang mit der Trennung von → Kultur 1, 2, 3 gegenüber Natur, die prometheisch zu erobern ist, eine einem biozentrischen bzw. evolutonären Weltbild widersprechende Sicht; Sonderform des → Speziesismus

Flache Ontologie (*flat ontology*): Wirklichkeitskonzepte, die im Unterschied zu hierarchischen Konzepten keinen privilegierten Status irgendwelcher Entitäten annehmen → Ontologische Wende → Animismus

Faunenschnitt (*faunal cut*) : plötzliches Aussterben von vielen Arten in der Evolution, ein zentrales Kriterium für Abgrenzung zwischen geologischen Epochen

Formalismus (*formalism*): Ansatz der Wirtschaftstheorie, die universale Prinzipien des Wirtschaftens betont, insbesondere individuelle Interessen und begrenzte Ressourcen, dagegen → Substantivismus

Frontier: in der Geschichte räumlich oder systemisch voranschreitende Grenze zwischen »Zivilisation« und »Natur«, z. B. eine expandierende Grenze der Rohstoffextraktion

Gaia: Koevolution von Atmosphäre und Biosphäre der Erde in einem System, das eine → Homöostase ausbildet

Geoanthropologie (*geoanthropology*): junge Bezeichnung für die Erforschung der Gesamtheit der Prozesse, der Mechanismen und natur- wie kulturhistorischen Trajektorien, die menschliche Gesellschaften ins Anthropozän führen

Geochronologie (*geochronology*): Bereich der geologischen Schichtenkunde (Stratigrafie), in dem erdgeschichtliche Zeit abstrakt und hierarchisch eingeteilt wird, ähnlich wie in Chronologie der Geschichtswissenschaft, hier die »Epoche Anthropozän«, im Unterschied zur materiell orientierten »Serie Anthropozän« → Chronostratigrafie

Geoengineering (*climate engineering, geo-climate engineering*): Erdmanagement durch absichtsvolles Eingreifen ins Erdsystem, zumeist in Form vorsätzlicher und großräumlicher Veränderung des Klimas, z. B. durch Abscheidung von Kohlenstoff aus Industrieemissionen und dessen Speicherung in unterirdischen Lagerstätten (CCS, CDR) oder Sonnenstrahlungsmanagement (SRM)

Geoethik (1): eine den wissenschaftlichen Erkenntnissen zum Anthropozän korespondierende bzw. dadurch nahegelegte Ethik

Geoethik (2): Ethik unter Geowissenschaftlern bzw. in den Geowissenschaften

Geofaktor: Sachverhalte, die das Wirkungsgefüge von Landschaft bilden, wozu Relief, Klima, Gestein, Boden, Wasserhaushalt, Vegetation und Zeit gehören; neben natürlichen Geofaktoren werden zunehmend auch vom Menschen geschaffene Faktoren dazu gezählt

Geohistorie: die Geschichte der Beeinflussung der Geosphäre durch den Menschen, im Unterschied zur → Erdgeschichte

Geologische Zeit (*geological time*): die messbaren in der Zeittiefe deutlich über → *longue durée* hinausgehenden Zeiträume, deren Unbegreiflichkeit als → Tiefenzeit bezeichnet wird

Geologische Zeitskala (*Geological Time Scale, GTS*): offizielle Zeitstruktur der Erdgeschichte, die lückenlos und hierarchisch gegliedert ist → *International Chronostratigraphic Chart (ICC)*, → geologische Zeit, → Tiefenzeit

Geologie: Wissenschaft der Gesteine und der Erdgeschichte in langen geologischen Zeiträumen → Tiefenzeit, im Gegensatz zu → Erdsystemwissenschaft/-en

Geomorphologie: Wissenschaft der Oberflächengestalt der Erde

Geosphäre: obere Schicht der Erde, Kugelhülle, bestehend aus mehreren → Sphären

Globale Nachhaltigkeitsziele (*global sustainable development goals, SDG*): 17 Ziele, die für die Welt dauerhaften Wohlstand, Gleichheit und gleichzeitig Ressourcenschonung erreichen sollen

Globaler Norden (*Global North*): wohlhabendere und die Weltwirtschaft dominierende Länder oder Landesteile → Globaler Süden

Globaler Süden (*Global South*): ärmere und im Rahmen der Globalisierung marginalisierte Länder und Regionen → Globaler Norden, *Southern Theory*

Globalgeschichte: Geschichte weltweiter Zusammenhänge, Kontakte, Austausche, Transfers

Globalisierung (*globalization*, Mondialisierung): weltweite räumliche und strukturelle Ausbreitung von Phänomenen und Vernetzung sowie das Bewusstsein dieser Prozesse bzw. der Einheit der Welt, der Menschheit, des Planeten → Kosmopolitismus

Golden Spike (*signature*, goldener Nagel, Goldnagel): informelle Bezeichnung für *Global Boundary Stratotype Sections and Point* (*GSSP*), eine (tatsächlich bronzene) Platte, die als Marker in einem geologischen Typusprofil angebracht wird, und so eine weltweite zeitgleiche (isochrone) Zeitgrenze als eindeutige stratigrafische Bestimmung des Beginns einer geologischen Zeiteinheit angibt → Geochronologie, → Chronostratigrafie

Good Anthropocene (Gutes Anthropozän, auch Großes Anthropozän): eine optimistische Denkrichtung, die hoffnungsvoll Lösungen für eine naturverträgliche Zivilisation sucht und dafür in erster Linie technische Maßnahmen ins Auge fasst, prototypisch eine bewusste Beeinflussung der Atmosphäre → Technosphäre → Geoengineering

Gradualismus (*gradualism*): Annahme in Paläobiologie und Evolutionsbiologie, dass Evolution normalerweise gleichmäßig abläuft, → Aktualismus, dagegen Punktualismus, Saltationismus bzw. Neokatastrophimismus → Katastrophentheorien

Great Transformation: nach Polanyi der konflikthafte Übergang von der Agrargesellschaft zur Industriegesellschaft im 19. Jahrhundert, zu unterscheiden vom normativen Projekt → Große Transformation

Große Beschleunigung (*great acceleration*): Phase der Hochindustrialisierung seit etwa 1950 mit exponentiell ansteigenden sozioökonomischen Trends sozio-ökonomischer Entwicklungen sowie Veränderungen im planetaren Erdsystem

Große Transformation (auch »dritte große Transormation«): normative Programmatik bzw. Projekt eines durchgreifenden gesellschaftlichen Umbruchs mittels des Umbaus von Technik, Wirtschaft und Gesellschaft im Kontext der Vielfachkrisen des 20 Jh. hin zu einer in Naturkreisläufe eingebetteten Gesellschaft, spezieller mit solidarischen Beziehungen zur nicht menschlichen Lebewelt als sozial-ökologische Transformation → WBGU → *Great Transformation*

Habitabilität (*habilitability*): dauerhafte Bewohnberkeit der Erde bzw. bestimmter Biome oder Habitate für jegliche Lebewesen, qualitativ im Unterschied zur anthropo-zentrierten → Nachhaltigkeit

Handlungsmacht (*agency 1*): Dispositionsfreiheit, Möglichkeiten des Handelns angesichts einschränkender Bedingungen (*constraints*)

Handlungseffekt (*agency* 2): menschliche Wirkmacht durch nicht intentionales Verhalten, nicht gewollte oder nicht beherrschbare Nebenwirkungen von akkumulierten beabsichtigten Handlungen

Holismus (in der Ethnologie): eine Sicht der Bestandteile von → Kultur als Teile eines umfassenden Systems

Holismus (in der Umweltethik): Position, dass alles in der → Natur moralisches Objekt ist; dagegen → Anthropozentrismus und → Biozentrismus

Holobiont (Metaorganismus): großer Organismus, z.B. der des Menschen, verstanden als Gesamtlebewesen, als Kollektiv bzw. Symbiose verschiedener Organismen, z.B. im Immunsystem oder in Form bakterieller Mikrobiota im menschlichen Darm → Assemblage

Holozän (*holocene*): bis heute reichende geologische relativ temperaturstabile Warmzeit der letzten rund 11.700 Jahre, volkstümlich auch »Nacheiszeit«, → Pleistozän

Homöostase (*homoiostasis*): Fließgleichgewicht, dynamisches Gleichgewicht im zeitlichen Wandel, im Organismus, übertragen auf größere Systeme → *Gaia*

Human-Animal Studies: Forschungsrichtung zum Mensch-Tier-Verhältnis, in der Tiere als Lebewesen mit eigener Handlungs- und Wirkungsmacht betrachtet werden → *agency* → *Multispeziesethnografie*

Hybris (*hubris, human mastery*): menschliche Selbstüberschätzung, bzgl. Anthropozän eine unreflektierte und unendliche Zuversicht in technische Lösungen für globale Umweltprobleme, untermauert von einer quasi-religiösen Überhöhung von Wissenschaft

Hyperobjekt (*hyperobject*): Objekt, das wegen weiter räumlicher Verteiltheit nicht direkt erfahrbar, aber so gestaltet ist, dass es messbar ist und so Zukunftsentwicklungen modelliert werden können; → Quasiobjekt

Infrastruktur (*infrastructure*): großflächige und ökosystemisch folgenreiche Landschaftsveränderungen, z. B. Dämme und Offshore-Ölbohrstationen, im Unterschied zum herkömmlichen und zum marxistischen Verständnis von I.

Innovation (Neuerung): sozial akzeptierte Erfindung

Interdisziplinarität: Zusammenarbeit verschiedener wissenschaftlicher Fächer, gelegentlich synonym Multidisziplinarität, zu unterscheiden von → Transdisziplinarität

Intergovernmental Panel on Climate Change (*IPCC*, Zwischenstaatlicher Ausschuss für Klimaänderungen, informell auch: Weltklimarat): Institution zur Zusammenfassung des Stands der Forschung zum Klimawandel als Grundlage für wissenschaftsbasierte, aber politisch zu fällende Entscheidungen

Intergovernmental Science-Policy Platform on Biodiversity and Ecosystem Services (*IPBES*; informell »Weltbiodiversitätsrat«): 2012 gegründetes zwischenstaatliches Gremium der Vereinten Nationen zur Versorgung der internationalen Gemeinschaft mit politisch relevanten wissenschaftlichen Erkenntnissen für biologische Vielfalt *und* langfristiges menschliches Wohlergehen → IPCC

International Chronostratigraphic Chart, *ICC* (Internationale chronostratigrafische Skala): hierarchische Struktur der Erdgeschichte in der → Chronostratigrafie, welche die Basis der offiziellen geologischen Zeitrechnung bildet → Geologische Zeitskala

International Commission on Stratigraphy (*ICS*): Unterkommission der → *International Union of Geological Sciences*, ein für die Einteilung der Erdzeitalter zuständiges Beratungsgremium der Geological Society of London → *Anthropocene Working Group*

International Geosphere-Biosphere Programme (*IGPB*): internationales Forschungsprogramm zum Globalen Wandel (Global Change) von 1986 bis 2015

International Union of Geological Sciences (*IUGS*): Internationale Vereinigung geologischer Wissenschaften mit Sitz in London, zuständig für die geologische Zeitskala, → *International Chronostratigraphic Chart* deren stratigrafische Unterkommission ist die → *International Commission on Stratigraphy* (*ICS*); → *International Subcommission on Quarternary Stratigraphy* (*SQS*)

International Subcommission on Quarternary Stratigraphy (*SQS*): konstituierendes Organ der → *International Commission on Quarternary Stratigraphy* (*ICS*), der größten wissenschaftlichen Organisation innerhalb der → *International Union of Geological Sciences* (*IUGS*).

Just-so story (*conjecture*): kritischer Begriff für spekulative Kausalbegründungen und spekulative, nicht testbare, Ursprungs- oder Abfolgennarrative besonders in den Evolutionswissenschaften

Katastrophentheorien (*catastrophism, neo-catastrophism, punctualism*): mehrere Theorien in der Geologie und Evolutionsforschung, die Katastrophen als grundlegenden Faktor der Evolution ansehen, gegen → Gradualismus

Kipppunkt (*tipping point*): plötzlicher Umschwung bzw. krisenhafter Bruch in der zeitlichen Entwicklung eines komplexen Systems nach einer langen Latenzperiode durch Überschreitung von Grenz- und Schwellenwerten → planetare Grenzen

Klima: langzeitiger Zustand der bodennahen Atmosphäre, im Unterschied zu → Wetter

Koevolution (*co-evolution*): wechselseitige Anpassung mehrer stark interagierender Arten über längere Zeiträume in der Stammesgeschichte

Konnektivität: Grad der Verbundenheit von Elementen in einem Netzwerk, z. B. zwischen Menschen in einem sozialen Netzwerk oder zwischen Menschen und anderen Primaten in einem Ökosystem → Entanglement

Konvivialität (*conviviality*): Orientierung auf ein Zusammenleben, das einen solidarischen Ausgleich der Partner anstrebt und dabei auch die nichtmenschliche Lebewesen mit einbezieht; → Tiefenökologie

Kosmopolitismus (*cosmopolitanism*): Idee bzw. Programm eines kulturenübergreifenden Weltbürgertums

Kritische Zone (*earth's critical zone, zone critique*): die dünne, vom Leben geprägte, verletzliche und hoch komplexe Grenzschicht, in der menschliches Verhalten besonders starke Auswirkungen hat und die vom Baumwipfel bis zum unverwitterten Gestein reicht → Anthropogen

Kultur 1 (*Culture*): Daseinsgestaltung des Menschen aufgrund nicht genetisch (tradigenetisch) weitergegebener Informationen, die Menge der Effekte menschlicher → Innovationen

Kultur 2 (*culture, a culture*) eine Kultur: Lebensweise (*way of life*) eines menschlichen Wir-Kollektivs, z. B. einer → Ethnie

Kultur 3 (*human culture*) menschliche Kultur: Gesamtheit menschlicher Kulturen in Zeit und Raum

Kulturfähigkeit (*capacity for culture*): kombinierte Fähigkeiten zur Sprache, Antizipation, Werkzeugherstellung, Annahme von Absichten anderer (*theory of mind*) und emotionaler Einfühlung (Empathie) → Evolution der Kulturfähigkeit

Kulturkern (*cultural core*): zentraler sozioökonomischer Bereich einer Kultur, der andere Bereiche prägt

Kulturlandschaft: Ökosysteme, die vor allem durch Waldrodung, Entwässerung, Bewässerung, Terrassierung und Gebäude qualitativ wie quantitativ geprägt sind und als mosaikartige Gefüge kleinräumig vernetzt sind

Kulturprimatologie (*cultural primatology*): Untersuchung kultureller Traditionen unter nicht menschlichen Primaten, zu unterscheiden von → Ethnoprimatologie

Leitfossil (*marker*): Fossilien, die eine bestimmte geologische Schicht zeitlich charakterisieren → Stratigrafie → *Golden Spike*

Longue durée (*La longue durée*): Geschichte langfristiger Prozesse statt einer Chronologie laufender Ereignisse; zeitlich stark erweitert in Konzepten der → Tiefenzeit, der → *Deep History* und der → *Big History*

Mehrheitswelt (*majority world*): Gesamtheit der Bevölkerungsschwerpunkte der Welt in Asien, Afrika und Lateinamerika, entspricht in etwa dem früheren Begriff »Trikont« für diese drei Kontinente, als Alternative zu Begriffen wie »Dritte Welt« oder »developing world« oder »Globaler Süden«, vgl. dagegen → *WEIRD*

Modell, kulturelles (*cultural model*): schematische Repräsentation der Welt, die Bedeutung gibt und Handeln anleitet und in einem Kollektiv (→ Kultur 2) weitgehend geteilt wird

More-than-human (*beyond-the-human, other-than-human*): Vernetzung von Menschen als Organismen, ihrer Kultur mit anderen Lebewesen bzw. auch unbelebten Dingen → *Multi-species ethnography* → *Human-Animal Studies*

Multispeziesethnografie (*multispecies ethnography, interspecies ethnography*): ethnologische Ansätze, welche den Austausch und das Zusammenwirken von Menschen und anderen Lebewesen (und z. T. auch dinglichen Phänomenen) als kulturtheoretisch und entsprechend für Ethnografien für grundlegend halten → *Human-Animal Studies*

Nachhaltigkeit (*sustainability*): Ge- und Verbrauch von natürlichen Ressourcen unter Berücksichtigung von Interessen zukünftiger Generationen des Menschen, vgl. dagegen → Habitabilität und → Viabilität: → *sustainable livelihood*

Narrativ (*narrative*, »*story*«): kollektive, sinnstiftende und politisch bzw. sozial mobilisierende Erzählung mit Protagonisten, Ereigniskette, Plot, Ursachen, Wirkungen, Moral sowie einer spezifischen Raum-und Zeitstruktur

Natürliches Experiment (Quasiexperiment): Methode, in der Wirklichkeit abgelaufene Ereignisse und Verläufe, die als Variationsfeld einem kontrollierten Experiment ähneln, im Nachhinein auszuwerten

Natur: sämtliche nicht vom Menschen gemachte Teile der Welt; ein Teil der Natur ist die menschliche → Umwelt

Naturverhältnis: soziopolitisch gestaltete Interaktionen zwischen Gesellschaften und Natur, die als vor allem als Herrschaftsverhältnis konstitutiv für ebendiese Gesellschaften und ihre Geschichte sind

Negative Anthropologie: die bewusste Verabschiedung von der Möglichkeit, »den« Menschen zu charakterisieren, gegen → Essenzialismus

Neoliberalismus (*neoliberalism*): eine Variante marktorientierter Wirtschaftsprinzipien durch freien Markt, freien Handel und Privateigentum, wofür der Staat nur den passenden Rahmen bereitstellt

Neolithische Revolution (*agricultural revolution, transition*): Übergang von mobiler Lebensweise zu festen Siedlungen und etwas später von sammlerisch-jägerischer Wirtschaft zu Ackerbau, Domestikation und Vorratshaltung ab etwa 11.000 v. h. im heutigen Irak, 9500 v. h. in China, 5500 v. h. in Mexiko und 4500 v. h. im östlichen Nordamerika

Nischen-Konstruktion (*niche construction, human niche construction*): Prozess, in dem Umweltveränderungen durch eine Generation t zum Teil permanent werden und so für die nächste Generation t+1 eine Grundlage der vermeintlich »natürlichen« Lebensbedingungen bilden → Ökonische

Nostrozentrismus: unzulässige Verallgemeinerung von eigenen Erfahrungen und Weltsichten auf andere Kulturen oder Zeiten, übertriebene Universalisierung bzw. Verabsolutierung, die das eigene als »unmarkiert« darstellt, ähnlich → Eurozentrismus

Ökologischer Fußabdruck (*ecological footprint*): die biologisch produktive Fläche auf der Erde, die notwendig ist, um den Lebensstil und Lebensstandard eines Menschen unter den heutigen Produktionsbedingungen dauerhaft zu ermöglichen; ein zentraler Indikator für → Nachhaltigkeit

Ökologischer Imperialismus, Umweltimperialismus (*ecological imperialism*): von externen Mächten erfolgte Handlungen bzw. auferlegte Maßnahmen mit negativen Auswirkungen auf die Lebenswelt, z. B. durch eingeschleppte Krankheiten und mitgebrachte Tier- und Pflanzenarten, neuerdings auch benutzt für die imperiale Aneignung von Umweltgütern oder von außen aufgedrückte Umweltregulation

Ökologische Neuigkeit (*ecological novelty*): fundamentale Neuartigkeit in ökologischen Systemen

Ökomodernismus (*ecomodernism, eco-pragmatism, neo-environmentalism*): Denkrichtung, die technologische Lösungen für anthropozäne Effekte setzt und auf positive Entwicklung (→ »gutes Anthropozän«) ausgerichtet ist → *Geoengineering* → *Terraforming*

Ökonische (*econiche*): funktionale Stellung einer Art in einem Biotop aufgrund der Interaktion zwischen Spezies und Biotop, also aufgrund wechselseitiger Beziehungen statt räumlicher Verhältnisse

Ökosystemdienstleistungen (*ecosystem services*, Ökosystemleistungen, Naturkapital): quantifizierbarer Beitrag eines Umweltausschnitts für ein größeres Ökosystem *oder* für Menschen

Ökozid: metaphorische, dem Freitod (Suizid) nachgebildete Bezeichnung für großflächige Schädigung von Ökosystemen, flapsig auch »ökologisches Harakiri«

Ontologische Wende (*Ontological Turn*): Erkenntnisnutzung nicht westlicher Weltbilder, z. B. des sog. Perspektivismus amerindischer Gesellschaften, insbes. zum Mensch-Kultur-Umwelt-Nexus, teilweise als Alternative zu »westlichen« Natur-Kultur-Konzepten propagiert → Animismus → *more-than-human,* → *Pluriverse*

Quasi-Objekt: Gegenstände, die Mischformen von Natur und Gesellschaft darstellen, oft in materiell verteilter, schwer greifbarer Form, z.b. Ozon in der Atmosphäre; → Hyperobjekt

Paläontologie: Wissenschaft vergangenen Lebens, Kunde der Fossilien tierischen (Paläozoologie) und pflanzlichen Ursprungs (Paläobotanik)

Palimpsest: mehrfache Überschreibung früherer, teilweise noch vorhandener, Schriften in einem Dokument durch weitere Schrift → Pfadabhängigkeit

Panarchie (*panarchy*), auch »Skalenproblem«: hierarchisch strukturierte komplexe Systeme, bei denen zwischen den Hierarchieebenen funktionale Interaktionen und wechselseitige Beeinflussungen wirksam werden

Perspektivismus: vor allem in amazonischen Gesellschaften verbreitetes Weltbild, nach dem es verschiedene Realitäten gibt, statt nur verschiedene Sichten auf eine Realität

Pfadabhängigkeit (*path dependency, historical hang-over, legacy*): frühere Ereignisse, Verläufe bzw. Entscheidungen, die durch Rückkopplungen gegenwärtig kanalisierend bzw. verfestigend wirken und damit flexible Anpassung beschränken

Planetare Grenzen (*planetary limits, planetary thresholds*): erdsystemische Grenzen von Belastungen und Materialflüssen, die nicht überschritten werden sollten, um menschliches Leben dauerhaft zu sichern → Planetare Leitplanken*Planetary health*: Thematisierung des i.d.R. negativen Einflusses der raumgreifenden Lebensweise des Menschen auf die menschliche Gesundheit, vor allem durch Umweltverschmutzung, Artenverlust und den anthropogenen Klimawandel; metaphorisch auch für die Probleme der »kranken« Erde

Pleiotropie: eine Ursache hat viele Wirkungen, → Polygenese

Pleistozän: erste Periode des Quartärs, 2,7 Mio. Jahre v.h., abgelöst um 11.700 Jahre v. h. vom → Holozän

Pluriverse (Pluriversum, *pluriversality, multiverse, multinaturalism, earthly multitudes*): Sicht des Menschseins wie auch der Natur als inhärent vielheitlich und damit auf keine Weise auf irgendeine Einheit reduzierbar; gegen eine universalistische »Eine-Welt«-Perspektive und gegen generalisierende Aussagen gerichtet

Plurale Ökologien (*plural ecologies*): Nebeneinander von verschiedenen Umgangsweisen mit der Umwelt in einem Kollektiv, z. B. extraktive Nutzungsorientierung *neben* hegender Einstellung, auch für pluralistische wissenschaftliche Konzeptionen dazu

Polygenese: eine Wirkung entsteht durch mehrere Ursachen, Syndrom, → Syndrome globalen Wandels → Pleiotropie

Politics of Scale: Veränderungen gesellschaftlicher Machtverhältnisse im Globalisierungsprozess durch Wandel im Verhältnis der Räume von Regulation

Posthumanismus (in Varianten auch Ökozentrismus, *new animism, politics of nature,* → *more-than-human*): wissenschaftliche und weltanschauliche Richtung, die die Grenzen menschlichen Handelns und Erkennens betont und die Essenz des Menschseins überwinden will, gegen → Anthropozentrismus und allgemein gegen jeglichen Exzeptionalismus; → Speziesismus → Transhumanismus

Postwachstum (*degrowth*): Programmatik und gesellschaftliche Vision einer anderen Wirtschaft, aus einer Kritik an der gesellschaftlichen Dominanz oder gar Hegemonie des Zieles Wirtschaftswachstum

Präsentismus (*presentism, short termism*): überzogene Konzentration auf gegenwartsnahe Zeiträume, eine Form des Chronozentrismus

Provinzialisierung (*provincializing*): eine Historisierung von Europa als unbefragtem Prototyp in Sozialtheorie und in Kulturvergleichen, die eine Selbstreflexion und Kritik unbedachter universaler Kategorien ermöglichen soll, nicht mit → Kulturrelativismus zu verwechseln

Proxy (*marker*): indirekter Hinweis zur Bestimmung eines weltweiten Perioden-Übergangs, Schicht (primärer Marker) bzw. hier des Einsetzens anthropozäner Effekte durch Technofossilien (sekundärer Marker)

Quartär: die vor ca. 2,59 Millionen Jahren beginnende erdgeschichtliche Periode als letzte Phase der Erdneuzeit (innerhalb der Ära des Känozoikums)

Quasi-Objekt: Gegenstände, die als Hybride aus Natur und Gesellschaft entstehen, oft in einer materiell verteilten, schwer fassbaren Form, z. B. Ozon in der Atmosphäre; → Hyperobjekt

Ratchet effect (Sperrklinkeneffekt): kumulative Kulturevolution beim Menschen durch präzise kulturelle Weitergabe und darauf bauende Fortentwicklung nach dem Prinzip des amerikanischen Wagenhebers.

Red QueenDynamics (Rote-Königin-Dynamik, Tretmühlensyndrom): die in Konkurrenzbeziehuntgen ständig notwendige Veränderung, meist verbesserte Leistung und Anpassung, nur um mithalten zu können, wenn sich gleichzeitig Wettbewerber verändern bzw. verbessern oder sich die Umwelt ändert

Resilienz (*resilience*): Fähigkeit eines Systems, Störungen zu absorbieren und ihnen bei Aufrechterhaltung der grundlegenden Struktur standzuhalten bzw. zu einem Gleichgewicht zurückzukehren

Retrodiktion (*retrodiction, postdiction*): auch Retrognose, Nachhersage, nachträgliche Erklärung, Aussagen über (unbekannte) Sachverhalte oder Prozesse in der Vergangenheit (Antezedenzien), die man aus späteren Zuständen, Ereignissen oder Verläufen herleitet, also eine vergangenheitsgerichtete post-faktische Spekulation, die einer Diagnose ähnelt, eine Variante von → Abduktion → *Reverse engineering*

Reverse engineering (*back engineering, backwards engineering*): eine schrittweise Nachkonstruktion der historischen Genese eines evolvierten Systems zurück bis zu frühesten Ursachen → Retrodiktion

Science and Technology Studies (*STS*): sozial- und kulturwissenschaftliche Studien zur realweltlichen Herausbildung wissenschaftlicher Erkenntnisse

Sechstes Artensterben, Sechstes Massenaussterben (*Sixth Extinction, Sixth Mass Extinction*): Bezeichnung des heutigen menschgemachten Artensterbens in Anlehnung an die fünf großen Aussterbeereignisse in der Geschichte des Lebens

Senke (*sink*): Räume, die mehr von einem Soff aufnehmen als sie selbst abgeben, in Ökosystemen der Ort des Verbleibs von Substanzen, z. B. tropische Regenwälder sowie temperate und boreale Wälder als Kohlenstoffsenken

Shifting-Baseline-Syndrome (generationale Umweltamnesie): eine faktisch anhaltende Verschlechterung der als »normal« empfundenen Umweltbedingungen mit jeder nachfolgenden Generation aufgrund mangelnder Erfahrung und/oder Erinnerung und/oder Kenntnis des früheren Zustands und somit eine allmähliche Veränderung der gesellschaftlich akzeptierten

Normen: ein gesellschaftliches Vergessen grundlegender Veränderungen der Umwelt

Skalierung (*upscaling, downscaling*): Ausweitung bzw. Vergrößerung (oder Verkleinerung) einer Maßnahme im Raum oder systemischem Umfang, ohne den Input qualitativ zu verändern oder zu verbessern zu müssen → Skalierbarkeit

Skalierbarkeit (*scalability*): Veränderung von Systemeigenschaften aufgrund von Größenveränderung in Raum, Zeit und Umfang → Skalierung

Solastalgie (*solastalgia*): Gefühl des Verlustes angesichts der starken Veränderung oder Zerstörung des eigenen Lebensraums, eine Art Heimwehgefühl, während man zu Hause ist, ähnlich der Nostalgie

Sozialer Stoffwechsel (*social metabolism*): Verquickung sozialen und wertebasierten Handelns mit Naturressourcen, → Naturverhältnis

Southern Theory: eine gleichermaßen erkenntnisorientierte Haltung wie ein politisches Projekt, Beiträge aus dem → Globalen Süden als wichtige Erkenntnisquelle für die kultur- und sozialwissenschaftliche Theorieproduktion zu sehen

Speziesismus (*speciesism*): Diskriminierung aufgrund von Artzugehörigkeit, i. d. R. mit einer Betonung der Besonderheit bzw. Einzigartigkeit des Menschen gegenüber anderen Spezies (*human exceptionalism*) → Anthropozentrismus

Sphären (in den Geowissenschaften): interagierende Kugeloberflächen der Luft (Atmosphäre, bzw. Teile derer, z.B. Stratosphäre), Gesteine (Lithosphäre), der Böden (Pedosphäre), des Wassers (Hydrosphäre), des Eises (Kryosphäre) und des Lebens (Biosphäre), zusammengenommen die → Geosphäre → Erdsystem → Anthroposphäre

Stewardship (Steuerungs-Orientierung): aus katastrophischen Veränderungen abgeleitete ökologische Verantwortung zur aktiven Steuerung zukünftiger Umweltdynamik

Stratigrafie: Schichtenkunde, Teil der Geologie, der sich mit Schichtabfolgen in Gesteinen, deren Korrelation und deren relativer Datierung mittels → Leitfossilien sowie Methoden der absoluten Altersbestimmung befasst

Substantivismus (*substantivism*): Ansatz der Wirtschaftstheorie, der faktisch wie normativ die soziale und damit auch kulturspezifische Basis jeden Wirtschaftens betont, dagegen → Formalismus

Sukzession: durch Klima und Böden bestimmte gerichtete Abfolge von Besiedlung und Aussterben in Pflanzengesellschaften bis hin zu einer stabilen sog. Klimaxgesellschaft

Superorganismus: eine ältere Interpretation von Lebensgemeinschaften als Organismus eng miteinander verbundener Arten mit gemeinsamer Evolutionsgeschichte

Sustainable livelihood: Konzept, das auf lokale Lebensverhältnisse, Grundbedürfnisse, wirtschaftliche Absicherung und Lösungen wie lokal nachhaltige Anbauformen, Bioregionalismus und indigene Umweltkonzepte setzt, gegen nachhaltige Entwicklung

Syndrome globalen Wandels (*global syndromes*): charakteristische Fehlentwicklungen oder Degradationsmuster von Ökosystemen, die sich in vielen Regionen dieser Welt identifizieren lassen und unerwünscht sind; sie entstehen durch typische Konstellationen von natürlichen und/oder zivilisatorischen Effekten: ein Beispiel ist das »Raubbausyndrom« oder das »Grüne-Revolution-Syndrom«, eingeführt vom deutschen → WBGU

Technosphäre: Gesamtheit der materiellen Kultur in der Geosphäre

Technosole: Böden, die vor allem aus Materialien wie Beton, Glas, Ziegeln, Trümmerschutt, Plastik, Hausmüll und industriellem Abfall bestehen → Anthrosole

Telecoupling: Verknüpfung von menschlichen und natürlichen Phänomenen über sehr große Distanzen durch Flüsse von Materie, Menschen, anderen Organismen oder Information

Terraforming: Ausweitung menschlicher Besiedlung durch Schaffung lebensfreundlicher Strukturen auf anderen Planeten → Ökomodernismus

Tiefenökologie (*deep ecology*): eine normative, politische Philosophie, die für Natur *und* Mensch das Beste will und ein vollumfängliches globales Ökosystem anstrebt, in das sich der Mensch einfügt; → Konvivialismus

Tiefenzeit (*deep time*): i.e.S. die menschlich nicht qualitativ wahrnehmbare bzw. begreifbare Zeit, im Unterschied zur → geologischen Zeit; i.w.S. eine geologische und evolutionäre Langzeitperspektive auf Vergangenheit und Zukunft, die in der Zeittiefe deutlich über → *longue durée* hinausgeht, gegen → Präsentismus, vgl. → *Deep History* → *Big History*

Tradition (*tradition*): generationsübergreifend persistenter Verhaltens- bzw. Handlungsunterschied zwischen Populationen einer Art

Tragfähigkeit (*carrying capacity*): maximale Anzahl an Organismen, die ein gegebenes Ökosystem dauerhaft ernähren kann

Transdisziplinarität: Zusammenarbeit verschiedener Fächer (→ Interdisziplinarität) plus Einbeziehung gesellschaftlichen Wissens und von nicht akademischen Akteuren in die Gestaltung von Forschung und Lehre

Transformation: gesellschafts-, umwelt- und raumwissenschaftlicher Leitbegriff für umfassende und gerichtete Veränderungen von Gesellschaft und Lebenswelt, zumeist für angestrebten Systemwandel → Große Transformation

Transhumanismus: wissenschaftliche und weltanschauliche Richtung die den Menschen durch technologische Transformation modifizieren, weiterentwickeln und verbessern will → Posthumanismus

Ultrasozialität (*ultrasociality*): soziales Leben in bevökerungsreichen bis extrem extrem Gesellschaften, deren Mitglieder sich fast alle nicht persönlich kennen

Umwelt (*environment*): existentiell relevanter Teil der ein Lebewesen umgebenden → Natur und Rahmen der Anpassung

Umweltgeschichte (*environmental history*): Bereich der Geschichtswissenschaft, der sich mit Wirkungen der Natur auf Menschen (→ Umwelt), mit menschengemachter Umwelt und mit Umweltverständnissen und naturbezogenen Praktiken befasst

United Nations Environmental Programme (*UNEP*): Umweltunterorganisation der Vereinten Nationen zur Versorgung der internationalen Gemeinschaft mit wissenschaftlichen Erkenntnissen → IPBES

Ungleichheit (*inequality*): Unterschiede zwischen oben und unten, zwischen mächtigeren und wohlhabenderen und weniger mächtigen und ärmeren Menschen oder Kollektiven, im Unterschied zu horizontalen Unterschieden → Diversität → Vielfalt

Universalien 1, Bio-Universalien (*human universals*): Gemeinsamkeiten aller gesunden Menschen, dagegen → Universalien 2

Universalien 2, Kultur-Universalien, pankulturelle Merkmale (*cultural universals, human universals, pancultural patterns*): Gemeinsamkeiten aller menschlichen Kollektive, kausal teilweise basierend auf → Universalien 1, aber analytisch zu unterscheiden

Vertracktes Problem (*wicked problem*): Problematik, für die es kein gesichertes Rezept zur Lösung gibt, oft als Symptom anderer Probleme

Viabilität (*viability*): langfristige Lebbarkeit aufgrund einer humanes Leben ermöglichenden Wirtschaft und Umwelt, vgl. → Nachhaltigkeit und → Habitabilität

Vielfalt (*diversity, heterogeneity*): Verschiedenartigkeit zwischen Arten, Genen und Ökosystemen (→ Biodiversität) und Kulturen und innerhalb von Kulturen, horizontaler Unterschied, um Unterschied zu → Ungleichheit

Vulnerabilität (*vulnerability*, Verwundbarkeit, Verletzbarkeit): gesellschaftlicher Zustand, der durch Anfälligkeit, Unsicherheit und Schutzlosigkeit geprägt ist

WBGU, Wissenschaftlicher Beirat der Bundesregierung Globale Umweltveränderungen: ständiges Beratungsgremium der Bundesregierung zu Umwelt und Nachhaltigkeit

WEIRD (Akronym für *Western, Educated, Industrial, Rich, Democratic*): kritischer – und ironisch mit dem englischen Word *weird* (fremd, seltsam) spielender – Ausdruck für vermeintlich generelles Wissen in Sozialwissenschaften und Psychologie, das faktisch fast ausschließlich auf atlantozentrischen Daten beruht, dagegen → Mehrheitswelt

Weltgesellschaftstheorie (*theory of world society*): Theorie, die besagt, dass es aufgrund weltweiter Vernetzung heute nur noch ein kommunikatives Großkollektiv auf der Welt gibt, das kein gesellschaftliches Außen mehr hat → Weltsystemtheorie → Weltkultur

Weltkultur (*world culture*): die Kulturen der Welt durchgreifendes System kultureller Ideen und Standardisierungen sowie weltumspannender Aktivitäten, wie Sportereignissen, vgl. dagegen → Weltgesellschaftstheorie und → Weltsystemtheorie

Weltsystemtheorie (*world-system theory, theory of the world system*): Theorie, die besagt, dass es seit Jahrhunderten nur noch ein einziges Wirtschaftssystem auf der Welt gibt, im Unterschied zur → Weltgesellschaft

Wissensökonomie (*knowledge economy*): Gesamtheit der wissensbezogenen Institutionen und Prozesse einer oder mehrerer Gesellschaften

Worlding (*colonized space*): Transformierung kolonialisierter Landschaften durch Kartografie, Vermessung, Beschreibungen und Reiseformen, insbesondere in den Tropen Asiens; auch allgemeiner und programmatisch für die postkoloniale Herstellung von Differenz durch Aufeinandertreffen unterschiedlicher kultureller Konzepte

Abbildungsverzeichnis

Abb. 1.1: Abfallentsorgung in Mumbai, Indien, Quelle: Foto von Maria Blechmann-Antweiler.

Abb. 1.2: Auf dem Tempelhofer Feld in Berlin, Quelle: Autor.

Abb. 1.3: Plastiglomerat vom Kamilo Beach, Hawai'i, USA, ausgestellt im »One Planet« Exibition, Museon, DenHaag, Niederlande, Quelle: Aaikevanoord; https://commons.wikimedia.org/wiki/File:Plastiglomerate_Museon.jpg.

Abb. 1.4: Veränderung der Verbreitung von Menschen und anderen Großsäugern, Quelle: Hannah Ritchie 2021 für Our World in Data https://en.wikipedia.org/wiki/Extinction#/media/File:Decline-of-the-worlds-wild-mammals.png; CC_BY.

Abb. 1.5: Erdsystemmodell aus dem NASA-Bretherton –Report 1986 –menschliche Aktivitäten wurde nur am rechten Rand in einem Kasten berücksichtigt, Quelle: Ellis 2020: 46, Abbildung 7.

Abb. 1.6: Bekannter Cartoon zum Anthropozän: die Begegnung zweier Planeten, Quelle: https://upload.wikimedia.org/wikipedia/commons/c/ce/Cartoon-Homo_sapiens_syndrom.jpg.

Abb. 1.7: Anthrome – vom Menschen überformte Großlebensräume im Jahr 2000 und ihre historische Entwicklung, Quelle: https://commons.wikimedia.org/wiki/File:Anthromes_map_and_timeline_(10,000_BCE_to_2017_CE).png.

Abb. 1.8: Baustein als Kandidat für ein zukünftiges Technofossil am Strand von Kuta, Bali, Indonesien, Quelle: Autor.

Abb. 1.9: Chronostratigraphische Tabelle der Internationalen Kommission für Stratigraphie (ICS), Quelle: https://stratigraphy.org/ICSchart/ChronostratChart2022-02German.pdf.

Abb. 1.10 Mögliche klimageologische Marker für den Beginn des Anthropozäns, Quelle: Ellis 2020: 136, Abbildung 31.

Abb. 2.1: Anthropogener Regimewechsel im Modell: Kugel und Mulde, Quelle: Ellis 2020: 100, Abbildung 22.

Abb. 2.2: Die »Große Beschleunigung« der Effekte menschlichen Handelns – Sozioökonomische Trends 1750–2010, Quelle: Ellis 2000: 78, Abbildung 14.

Abb. 2.3: Die »Große Beschleunigung« im Erdsystem, Quelle: Ellis 2020: 79, Abbildung 15.

Abb. 2.4: Titel der weltweit ersten Großausstellung zum Thema 2014 (Buchumschlag), Quelle: André Judä and Karen Schmidt, Deutsches Museum München.

Abb. 2.5: Büste von Antonio Stoppani (1824–1829) in Mailand, Quelle: Museo civico di storia naturale a Milano, Foto: Giovanni Dall'Orto.

Abb. 2.6: »Trinity Test« – die erste Detonation einer Atombombe am 16. Juli 1945, Quelle: https://en.wikipedia.org/wiki/Anthropocene#/media/File:Trinity_Test_Fireball_16ms.jpg.

Abb. 2.7: Intensiver Nassreisanbau in Zentraljava, Indonesien, Quelle: Foto von Giri Wijayanto; https://commons.wikimedia.org/wiki/File:Penggembala_Bebek.jpg, licensed under the Creative Commons Attribution-Share Alike 4.0 International license.

Abb. 3.1: Utopie und Dystopie –Graffito an einem Kinderspielplatz in Köln, Quelle: Autor.

Abb. 3.2: Zukunftshoffnungen –ein populäres Poster auf einem Straßenmarkt in Dibrugarh, Assam, Nordindien, Quelle: Autor.

Abb. 3.3: »Blue Marble«, Foto von Apollo 17 vom 17.12.1972, Quelle: https://common s.wikimedia.org/wiki/File:The_Blue_Marble_(remastered).jpg?uselang=de.

Abb. 3.4: Plastik als Teil der Technosphäre: ein mobiles Spielzeuggeschäft in Chiang Mai, Nord-Thailand, Quelle: Autor.

Abb. 3.5: Hochhäuser im Stadtteil Pudong in Shanghai, China, Quelle: Autor.

Abb. 3.6: In-situ-Konservierung von menschlich Stadtboden im Schnitt; Bahnhofshalle, Archäologische Sammlung der Syntagma Metro Station, Athen, Griechenland, Quelle: Foto: Hoverfish, 2009 CC-BY-SA 3.0. https://commons.wikimedia.org/wiki/File:Synta gma_Metro_Station.jpg.

Abb. 3.7: Profil menschlicher Ablagerungen einer Siedlung in Syrien, die in einer Zeit vor etwa 11.000 bis 7.000 Jahren bewohnt wurde, Quelle: Ellis 2020: 140, Abbildung 32.

Abb. 3.8: Die brennende Erde – Graffito an einer Hauswand in Bonn, Quelle: Autor.

Abb. 4.1: Frühes Einsetzen der Landwirtschaft in verschiedenen Weltregionen, Quelle: Ellis 2020: 122–123, Abbildung 27.

Abb. 4.2: Wandel von Temperatur, Klimagasen und menschlicher Kultur der letzten 23.000 Jahre. Die Bevölkerungsentwicklung ist logarithmisch dargestellt, Quelle: Gronenborn 2024: 50.

Abb. 4.3: Eurozentrismuskritik: Grafitto an Garage in der Kölner Innenstadt, Quelle: Autor.

Abb. 4.4: Bauwirtschaft als Anthropozäntreiber – Fassadenisolierung in Bonn, Quelle: Autor.

Abb. 4.5: Krake an einer Moscheewand am Strand in Djerba, Tunesien, Quelle: Craig Antweiler.

Abb. 4.6: Technische Infrastruktur im Flughafen Soekarno-Hatta, Indonseien, Quelle: Autor.

Abb. 4.7: Flächenstarke Urbanisierung in Guyaquil, Ecuador, Quelle: Craig Antweiler.

Abb. 5.1: »Anthropologie« als Namensgeber eines globalen Modeunternehmens, Schaufenster in Manhattan, New York City, Quelle: Autor.

Abb. 5.2: Selfiemania am Arabischen Golf in der Megalopole Mumbai, Maharashtra, Indien, Quelle: Autor.

Abb. 5.3: Lateinamerikanische Welt- und Umweltkonzepte an einem Kölner Spielplatz, Quelle: Autor.

Abb. 5.4: Bauarbeiterin in Ahmedabad, Gujarat, Nord-Indien, Quelle: Autor.

Abb. 5.5: Wohlstandskonsum – Blister-Verpackung für Genussmittel, Quelle: Autor.

Abb. 5.6: Privates Hochhaus des reichsten Inders mit 600 Bediensteten, unweit von Dharavi, der größten Armensiedlung der Welt in Mumbai, Indien, Quelle: Maria-Blechmann-Antweiler.

Abb. 5.7: Mehr-als-menschliche Umwelt in Zülpich bei Köln, Deutschland, Quelle: Foto von Maria Blechmann-Antweiler.

Abb. 5.8: Vereinfachung der Landschaft – Palmöl-Monokultur in Malaysia, Südostasien, Quelle: Craig Antweiler.

Abb. 5.9: Ausdruck multipler Ontologien? – Graffiti am Barbarossaplatz in Köln, Quelle: Autor.

Abb. 5.10: Kultur quert materielle Substanzklassen, Quelle: Autor.

Abb. 6.1: Intensive Landwirtschaft bei Zülpich nahe Köln, Quelle: Autor.

Abb. 6.2: Verquickung von Natur und Kultur an einem Zaun in Bonn, Quelle: Autor.

Abb. 6.3: Straßenbau als geomorphologischer Faktor im Baliem-Tal, Neu-Guinea, Quelle: Craig Antweiler.

Abb. 7.1: Materiell verschiedene Manifestation von Kultur im Agnesviertel in Köln – Gebäude und Alleebaum als Kulturpflanze, Quelle: Autor.

Abb. 7.2: Kultur in materiell unterschiedlicher Manifestationen (K4 und K7) am Bonner Schloss, für Erklärung der Kategorien K1 bis K12 vgl. Tab. 16, Quelle: Autor.

Abb. 7.3: Dreifache kulturelle Vererbung in Ferrara, Italien: Architektur als materielle Kultur, Palmen als Kulturpflanzen und teil-anthropogene Atmosphäre als Umwelterbe, Quelle: Autor.

Abb. 7.4: Menschliche Nischenkonstruktion im Modell des »dreifachen Erbes«, Quelle: Riede 2019: 340, nach Laland et al. 2000.

Abb. 7.5: Asien im Zentrum der Welt, Gemälde an einem Kindergarten in der Kölner Innenstadt, Quelle: Autor.

Abb. 7.6: Universität Mahidol in Bangkok, Thailand, Quelle: Autor.

Abb. 7.7: Konzentration der Weltbevölkerung und der Anthrome im südlichen und östlichen Asien, Quelle: https://commons.wikimedia.org/wiki/Category:Anthromes.

Abb. 7.8: Arbeiterinnen sortieren Plastikhüllen in Bangadesh, Quelle: Pixabay.

Abb. 7.9: Aktualisiertes Konzept des Erdsystems mit gegenüber dem ursprünglichen Bretherton-Diagramm (Abb. 1.5) deutlich erweiterter Anthroposphäre, Quelle: Noreiks, MPI.

Abb. 7.10: Abfallsortierung in einem Hindu-Tempel in Mumbai, Indien, Quelle: Autor.

Abb. 8.1: Unterschiedliche Periodisierungsprinzipien – synchrone Grenzen in der Geologie und diachrone Grenzen in den historischen Wissenschaften (Lok = Lokalität), Quelle: Autor.

Abb. 8.2: Protest gegen fossile Wirtschaft in Parma, Italien, 2024, Quelle: Autor.

Abb. 8.3: Albrecht Dürer »Das große Rasenstück«, 1503, Wien: Albertina, Quelle: http s://de.wikipedia.org/wiki/Das_gro%C3%9Fe_Rasenst%C3%BCck#/media/Datei:Albre cht_D%C3%BCrer_-_The_Large_Piece_of_Turf,_1503_-_Google_Art_Project.jpg.

Abb. 8.4: Jason deCaires Taylor: Unterwasserkunstwerk »Vicissitudes«, Grenada, Quelle: Foto von Jennifer Roording, https://commons.wikimedia.org/wiki/File:Jason_deCai res_Taylor_Viccisitudes_Grenada.jpg.

Abb. 8.5: Anthropozän quer durch die Wissenschaften – eine kleine Basisbibliothek, Quelle: Autor.

Tabellenverzeichnis

Quellen: sämtlich Autor, außer wenn anders genannt

Tab. 1.1: Vielfalt der Indikatoren der neuen Erddynamik im Anthropozän

Tab. 1.2: Chronostratigraphie des Quartärs mit vorgeschlagenem Anthropozän als Serie bzw. Epoche; (BP = Jahre vor 2000, ka = Tausend Jahre)

Tab. 2.1: Karriere des Begriffs Anthropozän: Institutionalisierung in den Wissenschaften und Rezeption in Öffentlichkeit und Populärkultur

Tab. 2.2: Polyvalenz des Anthropozäns (1): Verständnis als neue Erdsystem-Phase, geochronologische oder historische Epoche (deskriptiv, analytisch, Anthropozän 1, Anthropozän 2 und Anthropozän 3)

Tab. 2.3: Polyvalenz des Anthropozäns (2): Verständnis als kulturelle Idee bzw. Konzept

Tab. 2.4: Periodisierungsvorschläge zum Beginn des Anthropozäns

Tab. 3.1: Narrative des Anthropozäns

Tab. 4.1: Vielfalt der Forschungsrichtungen mit Potenzial für die anthropologische Erforschung des Anthropozäns

Tab. 4.2: Kursorisches Für und Wider des Anthropozänkonzepts in der frühen Debattenphase (angeregt durch Gebhardt 2016)

Tab. 4.3: Systematisierung der Kritiken an dominanten Anthropozän-Konzepten

Tab. 5.1: Richtungen der Umweltethnologie und weitere anthropologische Ansätze und ihr Potenzial für die Anthropozänforschung

Tab. 5.2: Wegmarken der Rezeption des Begriffs Anthropozän in der Ethnologie

Tab. 5.3: Umgangsweisen der Ethnologie mit dem Thema Anthropozän (eigene Systematisierung, angeregt durch Chua & Fair 2019: 4–12)

Tab. 5.4: Gesellschaftlicher Maßstab und das Summum Bonum (stark verändert nach Bodley 2020: 440)

Tab. 5.5: Beispiele für Jargon und Neologismen in programmatischen Texten zum Anthropozän

Tab. 6.1: Dualistische Benennungen für verknüpfte Phänomene von Natur und Kultur

Tab. 7.1: Implikationen unterschiedlicher Verkörperung von Kultur für Agency, Transmission und Transfer (verändert nach Antweiler 2021b: 12)

Autor und Dank

Beim Stand der Kohlendioxid-Weltkonzentration von 308 ppm wurde ich geboren und das Buch wurde zwischen dem Stand von ca. 420 ppm und 426 ppm CO_2 geschrieben. Nach derzeit dominierender geologischer Fassung entspricht die Phase des Anthropozäns bis dato damit grob meinen bisherigen Lebensdaten (*1956). Wissenschaft wird von Menschen gemacht, und das impliziert Prägungen und Biases. Deshalb lege ich hier einige persönliche Hintergründe offen. Einen durchgehenden Bezug zum Thema sehe ich vor allem darin, dass ich Ethnologe bin und dazu seit Kindestagen ein starkes quasi englisches Faible für Naturgeschichte habe. So fesselten mich schon früh Karten, Atlanten und Weltraumbilder der Erde. Auf Flohmärkten halte ich bis heute Ausschau nach alten Schulwandkarten und Globen.

> »Seit ich als Kind in Rhein und Mosel schwimmen ging, dachte ich in diesem blauen Schwebezustand immer wieder an den Schlamm, den Schlick und die im Fluss gelösten Mineralien. Wenn man sein ganzes Leben am Rhein verbringt, so fragte ich mich, hat man dann mit dem Wasser den ganzen Fluss von den Bergen in sich aufgenommen? Trägt man als Uferbewohner die Geologie des Stroms im eigenen Leib? Wurden die Mineralien zum Baumaterial des eigenen Körpers?« (Balmes 2021: 263).

Dieses Zitat aus einem Buch von Hans Jürgen Balmes bringt eine solche Haltung zu Natur gut heraus. Seit der Kindheit am Niederrhein und in Oberfranken habe ich mich für Natur und Landschaften interessiert. Als Zehnjähriger interessierte ich mich stark für Kunst. Da faszinierten mich besonders die detailverliebten Bilder von Albrecht Dürer, neben den großen Porträts vor allem die Landschafts- und Naturgemälde. Stundenlang »durchsuchte« ich Bilder, wie »Das große Rasenstück« von 1503, das eine Wiese aus der Froschperspektive zeigt, sodass sie wie ein ganzer Wald wirkt (Abb. 8.2). Damals war mir noch nicht klar, wie genial Dürer die den vermeintlich natürlichen Rasen auf diesem Bild durch Anordnung ganzer Pflanzen künstlerisch gestaltet hat.

In meinem Elternhaus gab es Tausende von Büchern quer durch alle Sparten. Meine Mutter war Kunstbibliothekarin und mein Vater geisteswissenschaftlich interessierter Pharmakologe und Toxikologe. Er befasste sich in der Forschung mit Lungenkrankheiten und war in den 1970er Jahren an Kontroversen um Smog und SO_2 beteiligt. Schon damals hörte ich deshalb immer wieder von »ppm-Werten«. Die Mensch-Umwelt-Thematik faszinierte mich besonders seit den Befunden des *Club of Rome* (Meadows et al. 1972), aber vor allem durch das Buch *Der ökologische Kontext* von John McHale, das ich kurz vor meinem Abitur las (McHale 1974: bes. 51–144). McHale stellte den Menschen in den Kontext der Biosphäre – und das als Soziologe. Das Buch war auch durch seine vielen Zahlen, Tabellen und Grafiken faszinierend, obwohl der Band bei Suhrkamp erschien, damals eher bekannt für theorielastige Bücher mit endlosen Textwüsten.

Mein Interesse an der Verschränkung von Naturgeschichte und Kulturgeschichte führte dann dazu, dass ich zunächst ein Diplomstudium der Geologie-Paläontologie absolviert habe, aber schon dann nebenbei Ethnologieseminare besuchte und später Ethnologie studierte. Während meines Geologie-Studiums ab 1975 habe ich mich im Rahmen von Paläontologie und in meinem Nebenfach Biologie viel mit Evolution befasst. Im Ethnologie-Studium hat sich das schließlich zu einem Interesse an langfristigem Kulturwandel (kulturelle Evolution, soziale Evolution) entwickelt. Hier habe ich mich vorwiegend für Ansätze interessiert, die teleologische Stufenmodelle und Fortschrittstheorien des klassischen Evolutionismus als – trotz ihres Namens – nicht-darwinisch kritisieren (bahnbrechend: Greenwood 1984). Neuere, auf verallgemeinerten darwinistischen Prinzipien aufbauende Modelle thematisieren eher Mechanismen der Mikroevolution als gerichtete Verläufe der Makroevolution und firmieren unter der Bezeichnung »echtevolutionistische Modelle« (*darwinian models, truly evolutionary models*). Ich wurde in Köln mit einer ethnologischen Arbeit zur Kritik des Sozialevolutionismus und zu Mechanismen transgenerationalen Kulturwandels promoviert (Antweiler 1988).

Abb. 8.3 Albrecht Dürer »Das große Rasenstück«, 1503, Wien: Albertina, *Quelle: https://de.wik ipedia.org/wiki/Das_gro%C3%9Fe_Rasenst%C3%BCck#/media/Datei:Albrecht_D%C3%BCrer_-_The_L arge_Piece_of_Turf,_1503_-_Google_Art_Project.jpg*

Mein regionales Interesse gilt besonders Menschen und Gesellschaften in Asien. Seit vielen Asien-Reisen im Studium habe ich ein besonderes Faible für tropische Lebenswelten. Während meines Ethnologiestudiums habe ich mich vorwiegend mit Südasien, insbesondere mit Indien und Nepal und später mit Südostasien befasst. Der Wechsel zu Südostasien war von letztlich romantisierenden Vorstellungen geprägt. Nach wie vor habe ich Bilder neblig dampfender Reisfelder im Kopf, auch wenn ich oft genug gesehen habe, dass im Reisfeld in Südostasien heute typischerweise ein Betonhaus steht. Da meine Frau, die Mathematikerin ist, seit Jahren über die Kultur des Saris arbeitet, war ich in den letzten zehn Jahren nicht nur fast jedes Jahr in Südostasien, sondern auch jedes Jahr für rund einen Monat in Indien. In der Südostasienwissenschaft, wo ich heute tätig bin, befassen wir uns in meiner Abteilung am IOA in Bonn mit Themen der politischen Ökologie in Südostasien. Daher kommt mein Interesse für die Frage, welche Bedeutung das Anthropozän im südlichen und östlichen Asien hat und in welcher Weise es dort erfahren und diskutiert wird.

Für hilfreiche Hinweise und Reaktionen auf Entwürfe danke ich Personen aus unterschiedlichsten Zusammenhängen und Disziplinen. Von manchen erhielt ich detaillierte inhaltliche Tipps, von anderen kleine, aber wichtige Hinweise auf Kollegen und Literatur und von anderen wiederum die Aussage, »Anthropozän« sei nur ein billiges Schlagwort. Zunächst danke ich meiner Frau Maria, meinen Söhnen Dario und Craig für viele Debatten zu Natur und Kultur zu Hause und auf vielen Reisen und auch für unsere ständigen gegenseitigen »Faktenchecks«. Mein Dank geht an die Ethnologinnen und Ethnologen Dorle Dacklé, Daniel Grana-Behrens, Chris Hann, Michaela Haug, Olaf Kaltmeier, Karl-Heinz Kohl, Anna Kalina Krämer, Werner Krauß, Karoline Noack, Jan Oberg, Anette Rein, Thomas Reuter, Nikolaus Schareika, Judith Schlehe, Michael Schönhuth, Peter Schröder, Guido Sprenger und Svenja Völkel. Ich danke dem ethnologisch versierten Medienwissenschaftler Erhard Schüttpelz für den Austausch. In der Geologie geht mein Dank an meine Freunde und Kommilitonen im Geologiestudium, Ulrich Milatz und Günter Wahlefeld.

Aus den historischen Wissenschaften erhielt ich Hinweise von den Umwelthistorikern Bernd Herrmann, Christof Mauch und Fabienne Will sowie dem Wissenschaftsgeschichtler Jürgen Renn und dem Welthistoriker

Patrick Manning. Ich danke den Archäologen Detlef Gronenborn, Tobias Kienlin, Leonie Koch, Tilman Lenssen-Erz, Christian Mader, Christopher Pare und Andreas Zimmermann für Diskussionen und Hinweise. Mein Dank gilt ebenso dem Chemiker und Philosophen Jens Soentgen und dem Psychiater Peter Mehne. Hilfreich waren auch Hinweise der Primatologen Andrea Höing und Volker Sommer. Mir halfen außerdem die Wissenssoziologin Anna-Katharina Hornidge und der Soziologe Andreas Folkers. Ferner bekam ich Tipps von den Philosophen Matthias Herrgen, Florian Wobser und Christian Thies. Aus den Literaturwissenschaften geht mein Dank an Hans Bergthaller, Eva Horn, Rudy Simek und Herbert Uerlings. Unter den Südostasienwissenschaftlerinnen in meiner Abteilung in Bonn danke ich Berthold Damshäuser, Jessica Riffel, Kristina Großmann und Frank Seemann. Mein Dank geht an die Stiftung Apfelbaum für langjährige Förderung meiner Projekte und auch dieses Buchs.

Ich habe sehr viele, recht unterschiedliche und auch einander widersprechende Vorschläge bekommen, was gerade bei dieser jungen und vielgestaltigen Thematik kein Wunder ist. Umso mehr gilt hier, was immer gilt: Sämtliche Rechte an den sicherlich zahlreichen Lücken und anderen Unzulänglichkeiten verbleiben allein beim Autor.

Im Anthropozän geht es um unsere Zukunft. Deshalb schließe mit einer vielleicht unrealistischen, aber dennoch hoffnungsvollen Variante des bekannten Anthropozänwitzes, die ich kürzlich ein einem Kinderbuch fand: »Treffen sich zwei Planeten. Fragt der eine: ›Du siehst wunderbar aus. Wie machst Du das bloß?‹ Strahlt der andere: ›Ja, weißt du, ich habe Erdlinge. Und die tun mir richtig gut‹« (Laibl & Jegelka 2023: 23).

Orientierung im Anthropozän-Dschungel – ein Medienführer

Angesichts der mittlerweile überbordenden Literatur und der umfangreichen Bibliografie dieses Buchs gebe ich hier einige Hinweise zur Orientierung im Literaturdschungel. Es sind Bücher und Websites, die ich stark empfehlen kann und mit wenigen Ausnahmen solche, die leicht erreichbar sind. Bei Büchern sind es mehrheitlich Paperbacks und, falls vorliegend, ist die deutschsprachige Ausgabe genannt. Ich gebe jeweils nur Autoren, Haupttitel und Erscheinungsjahr an; die vollständigen Angaben finden sich im Literaturverzeichnis.

Wenn jemand nur ein deutschsprachiges Buch zur Einführung ins Thema lesen will, empfehle ich *Anthropozän* von Erle Ellis (2020). Das Buch ist eine informative Synthese, verständlich geschrieben und stammt aus der Feder eines Geowissenschaftlers, der besonders offen für kulturwissenschaftliche Fragen und Befunde ist. Wenn Sie zwei deutschsprachige Bücher lesen wollen und sich besonders für kulturelle Aspekte interessieren, »müssen« Sie dazu das Buch *Anthropozän zur Einführung* von zwei Kulturwissenschaftlern lesen (Horn & Bergthaller 2022, zuerst 2020). Das ist zugleich eine sehr klare, aber auch anspruchsvolle, Einführung und einer der wenigen explizit kulturwissenschaftlichen Überblickswerke. Die Autoren schaffen es, auch schwierige Gedankengänge kulturtheoretischer Argumentation klar und ohne Jargon zu fassen.

Für Leser, die sich über den prekären Zustand der heutigen Welt, genauer der menschlich stark beeinflussten Geosphäre informieren wollen, empfehle ich ein kompaktes Buch aus der Feder des Erdsystemwissenschaftlers Mark Maslin mit dem markanten Titel *Erste Hilfe für die Erde. Die Fakten* (2022). Für ein Verständnis des Anthropozäns ist geographisches und historisches Wissen sowie besonders erdgeschichtliches Wissen wichtig. Ein gut zugängliches und hochinformatives Buch zu menschengemachtem Umweltwandel quer durch die Geschichte bietet der Umwelthistoriker Daniel

Headrick mit *Macht euch die Erde untertan* (2022). Das ergänzt sich gut mit *Homo Destruktor* aus der Feder des deutschen Geografen Werner Bätzing (2023). Zur Erdgeschichte hat Christian Grataloup zusammen mit einem großen Team einen Atlas der Erdgeschichte geschaffen, der den Einfluss des Menschen auf die Erde nicht nur erwähnt, sondern in sechs von neun Kapiteln grundlegend würdigt und mit thematischen Karten in der Tradition französischer Kartographie dokumentiert (Grataloup 2024).

Für alle, die einen philosophisch informierten Überblick über die kurze Ideengeschichte des Anthropozäns und die lange Geschichte seiner Vorläufer quer durch verschiedenste Disziplinen, aber auch in Kunst und Literatur, suchen, ist der kurze Band von Carolyn Merchant *The Anthropocene and the Humanities* (2020) sehr geeignet. Merchant geht besonders auf kulturwissenschaftlich relevante Themen sein. Ian Angus gibt in *Im Angesicht des Anthropozäns* (2019) eine ausgewogen kritische Sicht auf das Konzept aus einer engagiert sozialistischen Perspektive. Anders als viele Kritiker schüttet er das Kind aber nicht mit dem Bade aus. Angus diskutiert auch die Alternativbegriffe in kritischer Weise und er kritisiert aus seiner materialistischen Perspektive die Verengungen derzeit dominanter kulturwissenschaftlicher Ansätze. Die bisher genannten Publikationen zusammengenommen wäre mein Vorschlag für die Kerntexte eines Bachelor-Kurses.

Wenn Sie sich intensiver wissenschaftlich mit dem Thema befassen wollen und zunächst nur einen oder zwei Aufsätze lesen wollen, dann empfehle ich als Start einen Überblick (Zalasiewicz et al. 2021). Dieser extrem gehaltvolle und dichte Beitrag widmet sich den unterschiedlichen Vorstellungen zum Anthropozän zwischen Erdwissenschaft, Geologie und vielen anderen Wissenschaften, bereinigt viele Missverständnisse und bietet die zentralen empirischen Befunde auch in Grafiken. Er wurde in Zusammenarbeit von 27 Wissenschaftlern verschiedenster Provenienz verfasst und ist frei im Netz verfügbar. Turner (2023) gibt einen forschungsorientierten Überblick vor allem der naturwissenschaftlichen Fragen und Befunde anhand von 101 Fragen und Antworten inklusive sehr guten Grafiken und Hinweisen auf die Originalliteratur. Für einen sehr aktuellen Überblick im geisteswissenschaftlichen Feld inklusive der eher philosophischen Aspekte empfehle ich ergänzend das im Internet frei verfügbare ausführliche Stichwort in der *Encyclopedia of Science* von Perrin Selcer (2021).

Was sind anspruchsvolle Überblicke in Buchform? Simon Lewis & Mark Maslin bieten in *The Human Planet* (2018) einen breiten und dabei höchst informativen Überblick, der die naturwissenschaftlichen Aspekte gebührend berücksichtigt, aber offen für sozialwissenschaftliche Aspekte ist. Den mit Abstand besten aktuellen englischsprachigen Überblick bietet das ausdrücklich disziplinen-übergreifende Buch *The Anthropocene* aus der Feder der Historikerin Julia Thomas, des Biologen Mark Williams und des Paläobiologen Jan Zalasiewicz (2020, dt. 2025). Der sehr informative Text ist auf aktuellem Forschungsstand und verknüpft tatsächlich naturwissenschaftliche und geistes- und kulturwissenschaftliche Befunde und Perspektiven.

Das Überblicksbuch, welches auf den geologischen Kern der Anthropozänthese am deutlichsten eingeht, hat Jeremy Davies mit *The Birth of the Anthropocene* (2016) geschrieben. Dies lässt sich gut vertiefen mit dem auch stilistisch überzeugenden Buch *Zeitbewusstheit* der Geologin Marcia Bjornerud (2020). In erdorientiertes Denken führen in einfacher Weise und mit vielen Illustrationen Hanusch et al. in *Planetar denken* (2021) ein, während Clark & Szerszynskis *Planetary Social Thought* (2020) deutlich schwierigere Kost ist. Zusammengenommen würden die bis hierhin genannten Texte meinen Tipp für die Kernliteratur eines Master-Kurses bilden.

Wenn sie tief in die geowissenschaftlichen wie kulturwissenschaftlichen Argumentationsweisen der verschiedenen Disziplinen einsteigen wollen, ist das grandiose Buch *Evidenz für das Anthropozän* der Historikerin Fabienne Will (2021) die richtige Wahl. Die Autorin kombiniert Dokumentenanalyse, Interviews mit wichtigen Akteuren der Debatte und eigene teilnehmende Beobachtungen und analysiert dies alles im Detail. Wer die naturwissenschaftliche Basis vertiefen und etwas über den aktuellen erdwissenschaftlichen Erkenntnisstand detailliert erfahren möchte, ist mit *The Anthropocene as a Geological Time Unit* (Zalasiewicz et al. 2020) breit und auch tiefgehend informiert.

Die Diskussionen außerhalb der Naturwissenschaften lassen sich am besten in Aufsätzen und in Sammelbänden verfolgen. Die ersten deutschsprachigen Sammelbände waren Renn & Scherers *Das Anthropozän* (2015), und Haber et al. *Die Welt im Anthropozän. Erkundungen im Spannungsfeld zwischen Ökologie und Humanität* (2016), die neben geowissenschaftlichen

Beiträgen auch welche zu Kunst und etwa Philosophie enthalten. Deutlich philosophischer sind die Beiträge im von Hannes Bajohr herausgegebenen Band (2019), eher soziologisch die Aufsätze in Adloff & Neckel (2019) und Laux & Henkel (2018). Breiter ist der fachliche Rahmen im von Stascha Rohmer und Georg Toepfer herausgegebenen *Anthropozän – Klimawandel – Biodiversität* (2021).

Unter den englischsprachigen Sammelwerken sticht der von der Historikerin Julia Adenay Thomas herausgegebene stark interdisziplinäre Band durch Qualität und Aktualität heraus (2022). Weiterhin empfehle ich *The Anthropocene and the Global Environmental Crisis* (Hamilton et al. 2015). Seit den 2010er-Jahren existieren spezielle Zeitschriften, wie *Anthropocene* (seit 2013), *The Anthropocene Review* (seit 2014), *Anthropocenes – Human, Inhuman, Posthuman* (seit 2020) und *Anthropocene Science* (seit 2022). Seit 2012 gibt es mit *Environmental Humanities* eine breit kulturwissenschaftlich orientierte Zeitschrift zum Umweltwandel und zwei interdisziplinäre und komplett frei zugängliche Zeitschriften, *Earth's Future* (seit 2019) und *Elementa: Science of the Anthropocene* (seit 2021). Über neue vorwiegend naturwissenschaftliche Erkenntnisse informiert seit 2023 der von der Zeitschrift Nature herausgegebene *Nature Briefing Anthropocene* (go.nature.com/3parhth).

Die französische Forschung (etwa Beau & Larrère 2018) wird in der deutsch- und englischsprachigen Diskussion wenig wahrgenommen. Ausnahmen sind übersetzte Werke von Bruno Latour und das eminent wichtige Buch *The Shock of the Anthropocene* der Historiker Christophe Bonneuil und Jean-Baptiste Fressoz (Bonneuil & Fressoz 2016). Einen guten Einstieg bietet der kompakte Überblick *L'anthropocène* aus der Feder des Geologen Michel Magni in der Reihe *Que-sais-je?* (Magny 2021). Wer tiefer in die französische Diskussion, die sich oft weit vom ursprünglichen Konzept entfernt, einsteigen möchte, ist mit dem *Dictionnaire critique de l'anthropocène*, einer umfangreichen, aber preiswerten, Enzyklopädie, bestens beraten (Alexandre et al. 2021), sowie mit einer jetzt in Deutsch vorliegenden theoretischen Abhandlung (Wallenhorst 2024b). Anregend sind die informativen wie meinungsstarken Bände aus der Feder des Umweltwissenschaftlers Nathanaël Wallenhorst (Wallenhorst 2019, 2020). In der Tradition französischer thematischer Kartografie haben französische Kollegen mit dem

Atlas de l'anthropocène das erste Kartenwerk zum Anthropozän vorgelegt (Gemenne et al. 2021).

Wer einen leichten, aber anregenden, ethnologischen Einstieg in globale Probleme sucht, dem bietet Marc Augés *Die Zukunft der Erdbewohner* (2019) einen guten und konzisen Start. Das Buch ordnet das Anthropozän in die gegenwärtigen Probleme der Menschheit ein und regt dazu an, eine eigene Position zu entwickeln. Wer etwas tiefer in die Ethnologie des Anthropozäns einsteigen möchte, lese Thomas Hylland Eriksens *Overheating* (Eriksen 2016), das Klimawandel und Anthropozän gut zusammenbringt und auch zu ethnografischen Fallstudien führt. Wenn Sie eine aktuelle ethnologische Fallstudie suchen, empfehle ich Amelia Moores *Destination Anthropocene* (2020). Wer sich mit der Relevanz des ethnologischen Kulturbegriffs und anderer Kulturkonzepte für das Anthropozän und auch für internationale Maßnahmen gegen das Anthropozän interessiert, ist mit Lourdes Arizpe Schlossers *Culture, International Transactions and the Anthropocene* (Arizpe Schosser 2019) bestens bedient. Für ethnologische Weiterungen des Konzepts auch in künstlerische Richtungen bietet Anna Tsing in *Arts of Living on a Damaged Planet* (Tsing et al. 2017) viele auch visuelle Anregungen. Das beste und im mehrfachen Sinne tiefgehendste ethnologische Buch zum Anthropozän ist m. E. Richard Irvines *An Anthropology of Deep Time* (2020).

In Bezug auf Popularisierung im deutschsprachigen Raum hat sich der Verlag oekom mit etlichen populärwissenschaftlichen Titeln zum Anthropozän verdient gemacht (z. B. Held & Vogt 2016, Crist 2020, oekom 2021). Hier gibt es auch eine Buchreihe »Bibliothek der Nachhaltigkeit: Wiederentdeckungen für das Anthropozän«, in der klassische Texte in deutscher Übersetzung erscheinen (z. B. Crutzen 2019). In der deutschsprachigen akademischen Publikationslandschaft ist das Thema zwar präsent, aber eher in Nischen. Besonders der Verlag Matthes & Seitz in Berlin hat sich um die vielfachen thematischen Bezüge des Anthropozäns gekümmert. Dort erschienen neben dem genannten frühen und maßgeblichen Sammelband (Renn & Scherer 2015) mehrere zentrale Theorietexte und kritische Beiträge in deutscher Übersetzung (Wark 2017, Morton 2017, Tsing, 2019, Moore 2019, Augé 2019, Danowski & Viveiros de Castro 2019, Bennett 2020, Bjornerud 2020) und neuerdings Tsings für die ethnologische Diskussion wichtigen

Klassiker »Friction« von 2005 zu globalen ökologischen Verflechtungen in deutscher Übersetzung (Tsing 2025).

Insbesondere Jugendlichen, aber auch allen allgemein Interessierten empfehle ich den »Anthropozäniker«-Blog von Reinhold Leinfelder, der das Thema mit Texten, Grafiken und auch selbst gezeichneten Skizzen in verständlicher Form erläutert (Leinfelder 2018, 2020). Das wird gut ergänzt durch das Anthropozän-Kochbuch (Leinfelder et al. 2016) und die Graphic Novel-Anthologien von Alexandra Hamann und Co-Autoren (2013, 2014). Die oft fremdartigen Begriffe der Debatten um das Anthropozän werden auf einer Website *Der Anthropozän-Wortschatz* der Bundeszentrale für politische Bildung erläutert (Springer 2019). Die Smithsonian Institution in Washington bietet eine informative englischsprachige Website *The Age of Humans. Living in the Anthropocene.*

Wenn kleinere Kinder Sie nach dem Anthropozän fragen, erzählen Sie ihnen den bekannten Witz der sich begegnenden Planeten und warten auf ihre Fragen. Für Kinder zwischen etwa acht und zehn Jahren ist das geschickt betitelte Buch *WErde wieder wunderbar. 9 Wünsche für das Anthropozän* (Laibl & Jegelka 2022) sehr gut geeignet. Kurztexte und Illustrationen informieren und motivieren zum Denken und Handeln für eine hoffnungsvolle Zukunft. Eine aktuelle Ergänzung derselben Autorinnen ist *Unsere wunderbare Werkstatt der Zukünfte: 99 Ideen fürs Anthropozän* (Laibl & Jegelka 2023), das zu Denk- und anderen Experimenten anregt.

Gut für Laien zugänglich ist das populärwissenschaftliche Buch »Die Erde nach uns. Der Mensch als Fossil der fernen Zukunft«. Hier gibt Jan Zalasiewicz' als bezüglich des Anthropozäns führender Paläontologe eine Mischung aus geowissenschaftlich informierter Vorhersage und Spekulation in die Zukunft (Zalasiewicz 2009). Zalasiewicz schrieb auch eine sehr anschauliche und extrem gut bebilderte Einführung in die Geologie (2023).

Wie kann man sich visuell dem Anthropozän nähern? Zunächst gibt es zunehmend Ausstellungen in naturwissenschaftlichen Museen oder Kunstausstellungen. Aufschlussreich ist auch ein Blick in *Google Earth*, wo man nicht nur fast jeden Ort des Planeten nah und fern sehen kann, sondern neuerdings auch der Wandel der Erdoberfläche an irgendeinem Ort in einer Zeitreise über 37 Jahre verfolgt werden kann (*Google Earth Engine* 2021). Der führende Fotograf zum Thema ist Edward Burtynsky. Seine Bilder der

Veränderung der Erde zeigen das beängstigende Ausmaß des Wandels, aber auch die frappierende Schönheit anthropogener Landschaften. Burtynsky und sein Team betreiben das *The Anthropocene Project*, aus dem Bildbände entstanden sind (Burtynsky et al. 2018a, 2020, Burtynsky et al. 2020). Dazu gehört auch ein abendfüllender Dokumentarfilm *Die Epoche des Menschen* (Baichwal et al. 2018). Es gibt zwar viele Fotobände zum schnellen Wandel der Welt nach der Devise »Früher – Heute« bzw. »Vorher – Nachher« (z.B. Grant & Dougherty 2021), aber noch kaum Bildbände explizit zum Anthropozän (etwa Steinmetz & Revkin 2020). Hierzu empfehle ich wärmstens *Wie der Mensch die Erde verändert. Die Verwandlung der Welt*, für den sich ein Fotograf und ein Umwelthistoriker zusammengetan haben (Lang & Mauch 2024).

Einige Künstler sind aus meiner Sicht besonders an- und aufregend in der Umsetzung anthropozäner Themen. Zum einen ist es Jason de Caires Taylor. Er thematisiert globalen Umweltwandel mit Skulpturen und Installationen unter Wasser. Taylor baute »Unterwassermuseen« in der Nähe von Korallenriffen z.B. in der Karibik, Nordafrika und im Indischem Ozean (Abb. 8.4 für weitere Beispiele vgl. DeCaires Taylor et al. 2014). Diese Skulpturen nach vor Ort lebenden Menschen weisen nicht nur auf Korallenbleiche hin, sondern rücken das Anthropozän als Problematik des Mensch-Natur-Verhältnisses eindrücklich in den Blick. Eines dieser

Abb. 8.4   Jason deCaires Taylor: Unterwasserkunstwerk »Vicissitudes«, Grenada, *Quelle Photo: Jennifer Roording, 2019 https://commons.wikimedia.org/wiki/File:Jason_deCaires_Taylor_Viccisitudes_Grenada.jpg*

Werke ist »Anthropocene« betitelt und stellt einen langsam von Korallen überbewachsenen VW unter Wasser dar (https://www.underwatersculptur e.com/).

Abb. 8.5 Anthropozän quer durch die Wissenschaften – eine kleine Basisbibliothek, *Quelle: Autor*

Künstlerisch anregend sind auch die Projekte des isländisch-dänischen Künstlers Ólafur Eliasson, etwa die riesige Sonne in der *Tate Modern* (»The Wheather Project«, 2003, mit Unilever) oder die »mobilen Erwartungen« in Zusammenarbeit mit BMW (Eliasson 2007) oder seine 2021 umgesetzte Verwandlung der Fondation Bayeler bei Basel in einen Tag und Nacht geöffneten Natur-cum-Kultur-Nexus *Life* (https://www.fondationbeyeler.ch/ olafur-eliasson-life). Eine informative wie ästhetisch bestechende Synthese von künstlerisch-spekulativen Ansätzen mit detaillierter Kartierung bieten die Werke von Alexandra Arènes (Ait-Touati et al. 2022, Arènes 2020, 2022).

Literarisch finde ich die Werke von Amitav Ghosh, einem Romancier mit ethnologischer Ausbildung, besonders anregend. Empfehlen kann ich seinen Roman *Hunger der Gezeiten*, der im dauerhaft krisengeschüttelten Lebensraum der Sundurbans im Ganges-Brahmaputra-Delta in Südasien spielt (Ghosh 2005) und daneben seine sprachlich bestechenden Sachbücher *Die große Verblendung* (Ghosh 2017) und *Der Fluch der Muskatnuss. Gleichnis für einen Planeten in Aufruhr* (Ghosh 2023).

Literatur

Sämtliche elektronischen Quellen wurden am 8.10.2024 überprüft.

AAA (American Anthropological Association) 2014: *Statement on Humanity and Climate Change.* (http://practicinganthropology.org/docs/01-29-15_AAA_CCS.pdf)

Abram, David (2015): *Im Bann der sinnlichen Natur. Die Kunst der Wahrnehmung und die mehr-als-menschliche Welt.* Klein Jasedow: Thinkoya (orig. »The Spell of the Sensuous. Perception and Language in a More-Than-Human World«, New York: Pantheon, 1996).

Acciaioli, Greg & Akal Sabharwal (2017): Frontierization and Defrontierization: Reconceptualizing Frontier Frames in Indonesia and India. In: Jaime Tejada & Bradley Tatar (eds.): *Transnational Frontiers of Asia and Latin America since 1800.* London: Routledge: 431–346.

Ackerman, Diane (2014): *The Human Age. The World Shaped by Us.* New York, N.Y.: Norton.

Adams, Richard Newbold (1978): Man, Energy, and Anthropology. *American Anthropologist* 80: 297–309.

Adelman, Jeremy (2017): What Is Global History Now? (https://aeon.co/essays/is-global-history-still-possible-or-has-it-had-its-moment).

Adelman, Jeremy, Elizabeth Pollard, Clifford Rosenberg & Robert Tignor (³2020): *Worlds Together, Worlds Apart. A History of the World from the Beginnings of Humankind to the Present.* New York: W. W. Norton.

Adloff, Frank (2020): »It's the End of the World as We Know It«: Sozialtheorie, symbiotische Praktiken und Imaginationen im Anthropozän. In: Frank Adloff & Sighard Neckel (Hg.): *Gesellschaftstheorie im Anthropozän.* Frankfurt/New York: Campus: 95–121.

Adloff Frank & Tanja Busse (Hg.) (2021): *Welche Rechte braucht die Natur? Wege aus dem Artensterben.* Frankfurt am Main: Campus (Zukünfte der Nachhaltigkeit, 3).

Adloff, Frank & Sighard Neckel (Hg.) (2020): *Gesellschaftstheorie im Anthropozän.* Frankfurt & New York: Campus (Zukünfte der Nachhaltigkeit, 1).

Adloff, Frank, Benno Fladvad, Martina Hasenfratz & Sighard Neckel (Hg.) (2020): *Imaginationen von Nachhaltigkeit. Katastrophe. Krise. Normalisierung.* Frankfurt & New York: Campus (Zukünfte der Nachhaltigkeit, 2).

Ahmann, Chloe (2019): Waste to Energy: Garbage Prospects and Subjunctive Politics in Late-Industrial Baltimore. *American Ethnologist* 46 (3): 328–342.

Ait-Touati, Frederique, Alexandra Arènes & Axelle Gregoire (2022): *Terra Forma. A Book of Speculative Maps.* Cambridge, Mass. & London: The MIT Press.

Albrecht, Glenn A. (2019): *Earth Emotions. New Words for a New World.* New Haven, Conn.: Cornell University Press.

Alexandre, Frédéric, Fabrice Argounès, Rémi Bénos, David Blanchon et al. (comitee de pilotage (2020): *Dictionnaire critique de l'anthropocène.* Paris: CNRS Éditions.

Almond, Rosamunde E. A., Monique Grooten & Tanya Petersen (eds.) (2020): *Living Planet Report 2020. Bending the Curve of Biodiversity Loss.* Gland: Worldwide Fund for Nature (WWF).

Altvater, Elmar (2013): Wachstum, Globalisierung, Anthropozän. Steigerungsformen einer zerstörerischen Wirtschaftsweise. *Emanzipation* 3(1): 71–88.

Altvater, Elmar (2017): Der Kapitalismus schreibt Erdgeschichte. *Luxemburg. Gesellschaftsanalyse und linke Praxis* 2/3 (Marx´te nochmal?!): 108–117 (https://www.zeitschrift-luxemburg.de/lux/wp-co ntent/uploads/2018/01/Luxemburg_2017_2-3_Marx200.pdf).

Altvater, Elmar (2018): Beschleunigung und Expansion im Erdzeitalter des Kapitals. In: Rüdiger Dannemann, Henry W. Pickford & Hans-Ernst Schiller (Hg.): *Der aufrechte Gang im windschiefen Kapitalismus. Modelle kritischen Denkens.* Berlin: Springer: 227–241.

Ameli, Katharina (2021): *Multispezies-Ethnographie. Zur Methodik einer ganzheitlichen Erforschung von Mensch, Tier, Natur und Kultur.* Bielefeld: Transcript (Kultur und soziale Praxis).

American Anthropologist (2019): Commentaries on »The Case for Letting Anthropology Burn«. https: //www.americananthropologist.org/online-content/blog-post-title-three-e323d.

Ammarell, Gene (2014): Whither Southeast Asia in the Anthropocene? Comments on the Papers from the 2014 Roundtable JAS at AAS: Asian Studies and Human Engagement with the Environment. *The Journal of Asian Studies* 73(4): 1005–1007.

Anders, Günther (2018): *Die Weltfremdheit des Menschen. Schriften zur Anthropologie.* Hg. v. Christian Dries. München: C. H. Beck (zuerst 1982).

Anderson, David E., Andrew S. Goudie, Adrian G. Parker ([2]2013): *Global Environments through the Quaternary. Exploring Evironmental Change.* Oxford etc.: Oxford University Press.

Anderson, Eugene N. (2019): *The East Asian World-System. Climate and Dynastic Change.* Cham: Springer Nature (World-Systems Evolution and Global Futures).

Angerer, Marie-Luise Angerer & Naomie Gramlich (Hg.) (2020): *Feministisches Spekulieren. Genealogien, Narrationen, Zeitlichkeiten.* Berlin: Kulturverlag Kadmos.

Angus, Ian (2020): *Im Angesicht des Anthropozäns. Klima und Gesellschaft in der Krise.* Münster: Unrast Verlag (orig. »Facing the Anthropocene. Fossil Capitalism and the Crisis of the Earth System«, New York: Monthly Review Press, 2016).

Anonymus (2024): Are we in the Anthropocene yet? *Nature* 627: 466.

Anselm, Sabine & Christian Hoiß (Hg.) (2017): *Crossmediales Erzählen vom Anthropozän. Literarische Spuren in einem neuen Zeitalter.* München: oekom.

Anthony, David W. (2007): *The Horse, the Wheel, and Language. How Bronze-Age Riders from the Eurasian Steppes Shaped the Modern World.* Princeton, N.J.: Princeton University Press.

Anthropocene Working Group AWG (2019): Results of Binding Vote by AWG Released 21st May 2019. http://quaternary.stratigraphy.org/working-groups/anthropocene/

Anthropocene Working Group AWG (2023): Executive Summary. The Anthropocene Epoch and Crawfordian Age: proposals by the Anthropocene Working Group. Submitted to the ICS Subcommission on Quaternary Stratigraphy on October 31st, 2023. (https://eartharxiv.org/repository/view/6853/

Antweiler, Christoph (1988): *Kulturevolution als transgenerationaler Wandel. Probleme des neueren Evolutionismus und Lösungsansätze dargestellt unter besonderer Berücksichtigung der angloamerikanischen Diskussion um sogenannte kulturelle Selektion*. Berlin: Dietrich Reimer Verlag (Kölner Ethnologische Studien, 13).

Antweiler, Christoph (1990): Das eine und die vielen Gesichter kultureller Evolution. Eine Orientierung zum begrifflichen Handwerkszeug des Neoevolutionismus. *Anthropos* 85(4-6): 383–405.

Antweiler, Christoph (1991): On Natural Experiments in Social Evolution: The Case of Oceania«. In: Christoph Antweiler & Richard N. Adams (eds.): *Social Reproduction, Cultural Selection, and the Evolution of Social Evolution*, Leiden: E.J. Brill: 158–171.

Antweiler, Christoph (2007): Wissenschaft quer durch die Kulturen. Wissenschaft und lokales Wissen als Formen universaler Rationalität. In: Hamid Reza Yousefi, Klaus Fischer, Rudolf Lüthe & Peter Gerdsen (Hg.): *Wege zur Wissenschaft. Eine interkulturelle Perspektive. Grundlagen, Differenzen, Interdisziplinäre Dimensionen*. Nordhausen: Verlag Traugott Bautz: 67–94.

Antweiler, Christoph (2008): Evolutionstheorien in den Sozial- und Kulturwissenschaften. Zusammenhangs- und Analogiemodelle. In: Christoph Antweiler, Nicole Thies & Christoph Lammers (Hg.): *Die unerschöpfte Theorie. Evolution und Kreationismus in den Wissenschaften*. Aschaffenburg: Alibri Verlag: 115–141.

Antweiler, Christoph (2009): *Heimat Mensch. Was uns alle verbindet*. Hamburg: Murmann Verlag.

Antweiler, Christoph (2012a): *Inclusive Humanism. Anthropological Basics for a Realistic Cosmopolitanism*. Göttingen: V+R Unipress & Taipeh: National Taiwan University Press (Reflections on (In) Humanity, 4).

Antweiler, Christoph (2012b): Neuer Kosmopolitismus. Appiah weiter denken im Anthropozän. *FIPH-Journal* (Forschungsinstitut für Philosophie Hannover): 26–27.

Antweiler, Christoph (2017): Zur Universalität von Emotionen. Befunde und Kritik kulturvergleichender Ansätze. In: Tobias Kienlin & Leonie C. Koch (Hg.): *Emotionen – Perspektiven auf Innen und Außen*. Bonn: Verlag Dr. Rudolf Habelt: 125–147 (Universitätsforschungen zur Prähistorischen Archäologie, 305, Kölner Beiträge zu Archäologie und Kulturwissenschaften, Cologne Contributions to Archaeology and Cultural Studies 2).

Antweiler, Christoph (2018): Urbanization and Urban Environments. In: Hilary Callan (general ed.): *The International Encyclopedia of Anthropology*. London etc: Wiley-Blackwell: 1–10 (DOI: 10.1002/9781118924396.wbiea1585).

Antweiler, Christoph (2019a): Ethnologie braucht die Praxis. Der Beitrag der angewandten Ethnologie für die akademische Ethnologie. In: Sabine Klocke-Daffa (Hg.): *Angewandte Ethnologie – Perspektiven einer anwendungsorientierten Wissenschaft*. Wiesbaden: Springer-Verlag: 99–116.

Antweiler, Christoph (2019b): Kosmopolitismus – Weltbürgertum im Anthropozän jenseits von Wunschdenken. In: Gerd Jüttemann (Hg.): *Menschliche Höherentwicklung. Das Zusammenspiel von Soziogenese und Psychogenese.* Lengerich: Pabst Science Publishers (Psychogenese der Menschheit, 7): 109–120.

Antweiler, Christoph (2020): Southeast Asia as a Litmus Test for Grounded Area Studies. *International Quarterly of Asian Studies* 51 (3–4): 67–86 (https://crossasia-journals.ub.uni-heidelberg.de/index.php/iqas/article/view/13426).

Antweiler, Christoph (2021a): Soziale Kohäsion. Mechanismen sozialen Zusammenhalts und Beispiele aus Asien. In: Ulrike Niklas, Heinz Werner Wessler, Peter Wyzlic & Stefan Zimmer (Hg.): »*Das alles hier*«. *Festschrift für Konrad Klaus zum 65. Geburtstag.* Heidelberg: X-Asia Books: 1–21.

Antweiler, Christoph (2021b): Transdisziplinarität als ko-produktives Scheitern? Autoethnographische Reflexionen zu einem Projekt in Thailand. *Zeitschrift für Ethnologie* 145(1): 131–151.

Antweiler, Christoph (2022a): *Anthropologie im Anthropozän. Theoriebausteine für das 21. Jahrhundert.* Darmstadt: WBG (WBG Academic).

Antweiler, Christoph (2022b): Ethnologie im Anthropozän. Eine postulierte Megamakroepoche und ein lokal orientiertes wie gegenwartsbezogenes Fach. In: Roland Hardenberg, Josephus Platenkamp & Thomas Widlok (Hg.): *Ethnologie als angewandte Wissenschaft. Das Zusammenspiel von Theorie und Praxis* (Studien zur Kulturkunde, 136) Berlin: Dietrich Reimer Verlag: 361–383.

Antweiler, Christoph (2023): Akteure, Akten und Aktanten in einer Übersetzungswerkstatt. Eine Büro-Ethnographie mit Ausblicken auf die Material Culture Studies. In: Timo Duile, Ariani Nangoy & Christoph Antweiler (Hg.): *Übersetzung als kulturelle Begegnung. Eine Festschrift für Berthold Damshäuser.* Berlin: Regiospectra: 13–30.

Antweiler, Christoph (2024a): Nischenkonstruktion im Anthropozän. Elemente einer geoanthropologischen Synthese. In: Manfred Hammerl, Sascha Schwarz & Kai P. Willführ (Hg.): *Evolutionäre Sozialwissenschaften. Ein Rundgang.* Berlin: Springer VS: 15–37.

Antweiler, Christoph (2024b): »Anthropozän – ein begriffliches Erdbeben. Grundlagen, Begriffsvarianten und gesellschaftliche Relevanz«. In: Florian Wobser (Hg.): *Anthropozän: Interdisziplinäre Perspektiven und philosophische Bildung.* Frankfurt am Main: Campus Verlag: 21–43.

Antweiler, Christoph & Fabienne Will (2024): *Wir sind das Anthropozän. Schrecken und Schönheit globalen Wandels* (Foto-Ausstellung). München: Deutsches Museum. (22.4.-16.6. 2024).

Antweiler, Christoph, Michi Knecht, Ehler Voss & Martin Zillinger (Hg.) (2019): *What's in a Name? Die Kontroverse um die Umbenennung der Deutschen Gesellschaft für Völkerkunde.* Bonn, Bremen, Köln, Siegen: boasblogs (Boasblogs Papers, 1). https://boasblogs.org/wp-content/uploads/2019/12/boasblogs-papers-1-2.pdf

Appel, Hannah (2012): Offshore Work: Oil, Modularity, and the How of Capitalism in Equatorial Guinea. *American Ethnologist* 39(4): 692–709.

Appadurai, Arjun (2013): *The Future as Cultural Fact. Essays on the Global Condition.* London: Verso.

Appiah, Kwame Anthony (2007): *Der Kosmopolit. Philosophie des Weltbürgertums.* München: Verlag C. H. Beck (orig. »Cosmopolitanism. Ethics in a World of Strangers«, New York & London: Norton, 2006).

Appiah, Kwame Anthony (2008): *Ethische Experimente. Übungen zum guten Leben,* München: Verlag C. H. Beck (orig. »Experiments in Ethics. Mary Flexner Lectures«, Harvard University Press, 2008).

ArchaeoglobeProject (2019): Earth's Early Transformation through Land Use. *Science* 365 (6456), 897–902

Archer, David (2009): *The Long Thaw. How Humans Are Changing the Next 100,000 Years of Earth's Climate*. Princeton etc.: Princeton University Press (Princeton Science Library).

Arendt, Hannah (1963): *Eichmann in Jerusalem*. New York: The Viking Press.

Arendt, Hannah (1998): *The Human Condition*, Chicago: The University of Chicago Press. (zuerst 1958).

Arènes, Alexandra (2000): Inside the Critical Zone. *GeoHumanities*: 1–17 (Monsoon Assemblages Forum: Practices and Curations).

Arènes, Alexandra (2022): *Design at the time of the Anthropocene: Reporting from the Critical Zone*. Ph.D. Thesis, Manchester, School of Environment, Education and Development (SEED), Department of Architecture.

Arènes, Alexandra, Bruno Latour & Jérôme Gaillardet (2018): Giving Depth to the Surface – an Exercise in the Gaia-graphy of Critical Zones. *Anthropocene Review* 5: 120–135.

Arias-Maldonado, Manuel (2016): The Anthropocenic Turn: Theorizing Sustainability in a Postnatural Age. *Sustainability* 8,´(10): 1–17, doi:10.3390/su8010010.

Arias-Maldonado, Manuel & Zev Matthew Trachtenberg (eds.) (2019): *Rethinking the Environment for the Anthropocene. Political Theory and Socionatural Relations in the New Geological Epoch*. Milton Park & New York: Routledge.

Arizpe-Schlosser, Lourdes (2019): *Culture, International Transactions and the Anthropocene*. Berlin etc.: Springer (The Anthropocene: Politik –Economics –Society – Science, 17).

Arizpe, Lourdes (ed.) (1996): *The Cultural Dimensions of Global Change*. Paris: United Nations Publising (Culture and Development Series).

Asafu-Adjaye, John, Linus Blomquist, Stewart Brand, Barry Brook, Ruth DeFries, Erle Ellis, Christopher Foreman, David Keith, Martin Lewis, Mark Lynas, Ted Nordhaus, Roger Pielke, Rachel Pritzker, Joyashree Roy, Mark Sagoff, Michael Shellenberger, Robert Stone & Peter Taege (2015): *An Ecomodernist Manifesto*. www.ecomodernism.org/manifesto-english/

Asayama, Shinichiro, Masahiro Sugiyama, Atsushi Ishii & Takanobu Kosugi (2019): Beyond Solutionist Science for the Anthropocene: To Navigate the Contentious Atmosphere of Solar Geoengineering. *The Anthropocene Review* 6 (1–2): 19–37.

Atran, Scott (1998): Folk Biology and the Anthropology of Science. Cognitive Universals and Cultural Particulars. *Behavioral and Brain Sciences* 21: 547–609.

Atran, Scott & Douglas L. Medin (2008): *The Native Mind and the Cultural Construction of Nature*. Cambridge, Mass. & London: The MIT Press (A Bradford Book) (Life and Mind: Philosophical Issues in Biology and Psychology).

Augé, Marc (⁴2014): *Orte und Nicht-Orte. Vorüberlegungen zu einer Ethnologie der Einsamkeit*. München: C.H. Beck (Neuausgabe, dt. zuerst Frankfurt am Main: S. Fischer Verlag, 1994, orig.: »Non-Lieux. Introduction à une anthropologie de la surmodernité«, Paris, Éditions du Seuil, 1992, Collection La Librairie du XXe siècle).

Augé, Marc (2017): *L´Avenir des Terriens. Fin de la préhistoire de l´humanité comme société planétaire.* Paris: Albin Michel (orig. »L´utopia possible«, Turin: Codice Editioni, 2017).

Augé, Marc (2019): *Die Zukunft der Erdbewohner. Ein Manifest.* Berlin: Matthes & Seitz (orig. »L´Avenir des Terriens. Fin de la préhistoire de l´humanité comme société planétaire«, Paris: Albin Michel, siehe 2017).

Austin, Gareth (ed.) (2017): *Economic Development and Environmental History in the Anthropocene: Perspectives on Asia and Africa.* London etc.: Bloomsbury Academic.

Autin, Whitney J. & John M. Holbrook (2012): Is the Anthropocene an Issue of Stratigraphy or Pop Culture? *GSA Today* 22(7):60–61.

Bachmann-Medick, Doris ([7]2016): *Cultural Turns. New Orientations in the Study of Culture.* Berlin: de Gruyter (orig. »Cultural Turns. Neuorientierungen in den Kulturwissenschaften«, Reinbek bei Hamburg: Rowohlt Taschenbuch Verlag, Rowohlts Enzyklopädie).

Bänzinger, Peter Paul (2019): Weltgeschichte oder Anthropozän? Die ökologische Frage zwischen Dualismen und Verschwörungstheorie. In. *Geschichte der Gegenwart.* (https://geschichtedergege nwart.ch/weltgeschichte-oder-anthropozaen-die-oekologische-frage-zwischen-dualismen-und-v erschwoerungstheorie/9.

Baer, Hans A. (2017): Anthropocene or Capitalocene? Two Political Ecological Perspectives. Human Ecology 45: 433–435.

Baer, Hans A. & Merrill Singer (eds.) ([2]2018): *The Anthropology of Climate Change. An Integrated Critical Perspective.* London etc.: Routledge.

Bätzing, Werner (2020): *Landleben. Geschichte und Zukunft einer gefährdeten Lebensform.* München: C.H. Beck.

Bätzing, Werner (2023): *Homo Destructor. Eine Mensch-Umwelt-Geschichte.* München. C. H. Beck.

Baichwal, Jennifer, Nicholas de Pencier & Edward Burtynsky (Regie) (2018): *Die Epoche des Menschen.* Film. 132 Min. (orig. »Anthropocene. The Human Epoch«, 87 Min., Mongrel Media; https://theant hropocene.org/film/).

Bajohr, Hannes (2019): Keine Quallen. Anthropozän und negative Anthropologie. *Merkur* 849 (5):63–74 (https://www.merkur-zeitschrift.de/2019/05/02/keine-quallen-anthropozaen-und-negative-an thropologie/#enref-12523-38).

Bajohr, Hannes (Hg.) 2020: *Der Anthropos im Anthropozän. Die Wiederkehr des Menschen im Moment seiner vermeintlich endgültigen Verabschiedung.* Berlin: Walter de Gruyter.

Bajohr, Hannes & Sebastian Edinger (Hg.) (2021): *Negative Anthropologie. Ideengeschichte und Systematik einer unausgeschöpften Denkfigur.* Berlin: Walter de Gruyter (Philosophische Anthropologi e, 12).

Baldwin, Andrew & Bruce Erickson (2021): Introduction: Whiteness, coloniality, and the Anthropocene. *Environment and Planning D: Society and Space* 38(1): 3–11. (https://www.semanticscholar.org/pa per/Introduction%3A-Whiteness%2C-coloniality%2C-and-the-Baldwin-Erickson/9d3ee6ed7e70 20c4c1daa6a6854e8c6b39fe9cd8

Balée, William (2006): The Research Program of Historical Ecology. *Annual Review of Anthropology* 35:75–98.

Balée, William (2013): *Cultural Forests of the Amazon. A Historical Ecology of People and Their Landscapes.* Tuscaloosa, Al.: University of Alabama Press.

Ballestero, Andrea (2019). The Underground as Infrastructure? Water, Figure/Ground Reversals, and Dissolution in Sardinal. In: Kregg Hetherington (ed.): *Infrastructure, Environment, and Life in the Anthropocene.* New York, USA: Duke University Press, 17–44.

Balmes, Hans Jürgen (2021): *Der Rhein. Biographie eines Flusses.* Frankfurt am Main: S. Fischer.

Balter, Michael (2013): Archaeologists Say the ›Anthropocene‹ Is Here – But It Began Long Ago. *Science* 340:261–262.

Bammé, Arno (2016): *Geosoziologie. Gesellschaft neu denken.* Weimar bei Marburg: Metropolis-Verlag für Ökonomie, Gesellschaft und Politik.

Bancone, C. E. P., Turner, S. D., Ivar do Sul, J. A., & Rose, N. L. (2020): The Palaeoecology of Microplastic Accumulation. *Frontiers in Environmental Science* 8: 574008.

Barad, Karen (2010): Quantum Entanglements and Hauntological Relations of Inheritance: Dis/continuities, SpaceTime Enfoldings, and Justice-to-Come. *Derrida Today* 3(2): 240–268.

Barca, Stefania (2020): *Forces of Reproduction. Notes for a Counter-Hegemonic Anthropocene.* Cambridge etc.: Cambridge University Press (Cambridge Elements. Elements in Environmental Humanities).

Barker J. P. & J. M. Barker (1988): Geoanthropology. In: *General Geology. Encyclopedia of Earth Science.* Boston: Springer (https://doi.org/10.1007/0-387-30844-X_34).

Barnes, Jessica & Michael R. Dove (eds.) (2015): *Climate Cultures. Anthropological Perspectives on Climate Change.* New Haven, Conn.: Yale University Press.

Barnosky, Anthony D. (2008): Megafauna Tradeoff as a Driver of Quarternary and Future Extinctions. *Proceedings of the National Academy of Sciences of the United States of America* 105: 11543–48.

Barnosky, Anthony D., Elizabeth A. Hadly, Jordi Bascompte, Eric L. Berlow, James H. Brown, Mikael Fortelius, Wayne M. Getz, John Harte, Alan Hastings, Pablo A. Marquet, Neo D. Martinez, Arne Mooers, Peter Roopnarine, Geerat Vermeij, John W. Williams, Rosemary Gillespie, Justin Kitzes, Charles Marshall, Nicholas Matzke, David P. Mindell, Eloy Revilla & Adam B. Smith (2012): Approaching a State Shift in Earth´s Biosphere. *Nature* 486: 52–58.

Bar-On, Y. M., R. Phillips & R. Milo (2018): The Biomass Distribution On Earth. *Proceedings of the National Academy of Sciences* 115(25): 6506.

Barrios, R.oberto E. (2017): What Does Catastrophe Reveal for Whom? The Anthropology of Crises and Disasters at the Onset of the Anthropocene. *Annual Review of Anthropology* 46: 151–166.

Bartelson, Jens (2009): *Visions of World Community.* Cambridge: Cambridge University Press.

Barton, C. Michael, Isaac I.T. Ullah, Sean M. Bergin, Helena Mitasovac & Hessam Sarjoughian (2012): Looking for the Future in the Past: Long-Term Change in Socioecological Systems. *Ecological Modeling* 241:42–53.

Bartz, Dietmar & Carolin Sperk (2015): Die Archive des Anthropozän. In: Christine Chemnitz & Jes Weigelt (Ltg.): *Bodenatlas. Daten und Fakten über Acker, Land und Erde*. Berlin: Heinrich-Böll-Stiftung: 10–11.

Baskin, Jeremy (2015): Paradigm Dressed as Epoch: The Ideology of the Anthropocene. *Environmental Values* 24(1): 9–29.

Baskin, Jeremy (2019): *Geoengineering, the Anthropocene and the End of Nature*. Cham: Palgrave Macmillan.

Bassermann, Markus (2017): *Marxistisches Framework des Anthropozän. Ansätze zur Erfassung und Erklärung: Mit uns die Sintflut?* München: Grin Publishing.

Bateson, Gregory (1985): *Ökologie des Geistes. Anthropologische, psychologische, biologische und epistemologische Perspektiven*. Berlin: Suhrkamp (orig:»Steps to an Ecology of Mind: Collected Essays in Anthropology, Psychiatry, Evolution, and Epistemology«, Chicago: The University of Chicago Press, 1972).

Baucom, Ian (2020): *History 4° Celsius: Search for a Method in the Age of the Anthropocene*. Durham & London: Duke University Press (Theory in Forms).

Bauer, Andrew (2023): Critical Geoarchaeology: From Depositional Processes to the Sociopolitics of Earthen Life. Annual Review of Anthropology 52: 455–471.

Bauer, Andrew M. & Mona Bhan (2018): *Climate Without Nature. A Critical Anthropology of the Anthropocene*. Cambridge: Cambridge University Press.

Bauer, Andrew M. & Erle C. Ellis (2018): The Anthropocene Divide. Obscuring Understanding of Social-Environmental Change. *Current Anthropology* 59(2): 209–227.

Baur, Bruno (2021): *Naturschutzbiologie*.Bern:Haupt Verlag.

Bauriedl, Sybille (Hg. (2015): *Wörterbuch Klimadebatte*. Bielefeld: Transcript.

Bayer, Anja & Daniela Seel (Hg.) (2016): *»all dies hier, Majestät, ist deins«: Lyrik im Anthropozän. Anthologie*. Berlin: kookbooks.

Beau, Rémi & Catherine Larrère (dir.) (2022): *Penser l'Anthropocène*. Paris: Les Presses Science Po.

Beck, Ulrich 2004: *Der kosmopolitische Blick oder: Krieg ist Frieden*. Frankfurt am Main: Suhrkamp Verlag (Edition Zweite Moderne).

Beck, Ulrich, Scott Lash & Anthony Giddens (1994): *Reflexive Modernization*. Cambridge: Polity Press.

Becker, Egon, Diana Hummel & Thomas Jahn (2011): Societal Relations to Nature as a Common Frame of Reference for Integrated Environmental Research. In: Matthias Groß (Hg.): *Handbuch Umweltsoziologie*. Wiesbaden: VS Verlag für Sozialwissenschaften, 75–96.

Becker, Egon, Thomas Jahn & Diana Hummel (2006): Naturverhältnisse. In: Egon Becker & Thomas Jahn (Hg.): *Soziale Ökologie. Grundzüge einer Wissenschaft von den gesellschaftlichen Naturverhältnissen*. Frankfurt am Main: Campus Verlag: 174–197.

Begon, Michael & Colin R. Townsend (⁵2021): *Ecology. From Individuals to Ecosystems*. Hoboken, NY. & Chichester: John Wiley & Sons.

Behringer, Wolfgang ([6]2022): *Kulturgeschichte des Klimas. Von der Eiszeit bis zur globalen Erwärmung.* München: C.H. Beck.

Bélanger, Pierre (2007): Underground Landscape: The Urbanism and Infrastructure of Toronto's Downtown Pedestrian Network. *Tunnelling and Underground Space Technology* 22: 272–292.

Bélanger, Pierre (2021): Airport Landscape. Altitudes of Urbanization. Harvard University Graduate School of Design (https://www.gsd.harvard.edu/exhibition/airport-landscape-altitudes-of-urbani zation/).

Belardinelli, Sofia (2022): The Human-Nature Relationship in the Anthropocene: A Science-based Philosophical Perspective. *Azimuth*, October: 19–33.

Bendell, Jem & Rupert J. Read (eds.) (2021): *Deep Adaptation. Navigating the Realities of Climate Chaos.* Cambridge & Medford: Polity Press.

Bendik-Keymer, Jeremy David (2020): *Involving Anthroponomy in the Anthropocene: On Decoloniality.* London etc.: Routledge (Routledge Research in the Anthropocene).

Benediktsson, Karl & Katrin Anna Lund (eds.) (2010): *Conversations with Landscape.* Farnham & Burlington: Ashgate (Anthropological Studies of Creativity and Perception).

Benjamin, Craig, Esther Quaedakers & David Baker (eds.) (2020): *The Routledge Handbook of Big History.* Oxon: Taylor & Francis (Routledge Companions).

Benjamin, Walter (1982): *Das Pasasagen-Werk.* Frankfurt am Main: Suhrkamp Verlag.

Bennardo, Giovanni (ed.): 2019: *Cultural Models of Nature. Primary Food Producers and Climate Change.* London & New York: Routledge (Routledge Studies in Anthropology, 52).

Benner, Susanne, Gregor Lax Paul J.Crutzen, Ulrich Pöschl, Jos Lelieveld & Hans Günter Brauch (eds.) (2021): *Paul J.Crutzen and the Anthropocene: A New Epoch in Earth'sHistory.* Cham: Springer Nature TheAnthropocene:Politik – Economics – Society – Science.

Bennett, Carys E., Richard Thomas, Mark Williams, Jan Zalasiewicz, Matt Edgeworth, Holly Miller, Ben Coles, Alison Foster, Emily J. Burton & Upenyu Marume (2018): The Broiler Chicken as a Signal of a Human Reconfigured Biosphere. *Royal Society Open Science* 5: 180325: 1–11 (https://royalsociet ypublishing.org/doi/pdf/10.1098/rsos.180325).

Bennett, Jane (2024): *Lebhafte Materie. Eine politische Ökologie der Dinge.* Berlin: Matthes & Seitz (zuerst 2020, orig. »Vibrant Matter. A Political Ecology of Things«, Durham, NC.: Duke University Press, 2010, John Hope Franklin Center Books).

Benson, Melinda Harm & Robin Kundis Craig (2017): *The End of Sustainability. Resilience and the Future of Environmental Governance in the Anthropocene.* University Press of Kansas (Environment and Society).

Bergthaller Hannes (2020): Thoughts on Asia and the Anthropocene. In: Gabriele Dürbeck & Phillip Hüpkes (eds.): *The Anthropocenic Turn. The Interplay Between Disciplinary and Interdisciplinary Responses to a New Age.* New York: Routledge (Routledge Interdisciplinary Perspectives on Literature, 117): 77–90.

Bergthaller, Hannes & Peter Mortensen (eds.) (2018): *Framing the Environmental Humanities.* Leiden: E. J. Brill.

Berkes, Fikret (2003): Rethinking Community-based Conservation. *Conservation Biology* 18: 621–30.

Berkes, Fikret, J. F. Colding & Carl Folke (eds.) (2003): *Navigating Nature's Dynamics. Building Resilience for Complexity and Change*. Cambridge: Cambridge University Press.

Berlin, Brent (1992): *Ethnobiological Classification. Principles of Categorization of Plants and Animals in Traditional Societies*. Princeton, NJ: Princeton University Press.

Berry, Thomas (1998): *The Dream of the Earth*. San Francisco: Sierra Club Books.

Bertelmann, Brigitte & Klaus Heidel (Hg.) (2018): *Leben im Anthropozän. Christliche Perspektiven für eine Kultur der Nachhaltigkeit*. München: oekom Verlag.

Bessire, Lucas & David Bond (2014): Ontological Anthropology and the Deferral of Critique. *American Ethnologist* 41(3): 444–456.

Bhattacharyya, Debjani (2018): *Empire and Ecology in the Bengal Delta. The Making of Calcutta*. Cambridge etc.: Cambridge University Press (Studies in Environment and History).

Bhattacharyya, Debjani & Maria J. Santos (2023): »Wir verändern unseren Planeten nachhaltig« (Interview mit Thomas Gull & Stefan Stöcklin). Zürich: ETH (https://www.news.uzh.ch/de/articles/news/2023/anthropozaen.html).

Biermann, Frank (2014): *Earth System Governance. World Politics in the Anthropocene*. Cambridge, Mass. & London: The MIT Press.

Biermann, Frank, K. Abbott, S. Andresen, K. Bäckstrand, S. Bernstein, M. M. Betsill, H. Bulkeley, B. Cashore, J. Clapp, C. Folke, A. Gupta, J. Gupta, P. M. Haas, A. Jordan, N. Kanie, T. Kluvánková-Oravská, L. Lebel, D. Liverman, J. Meadowcroft, R. B. Mitchell, P. Newell, S. Oberthür, L. Olsson, Philipp Pattberg, R. Sánchez-Rodríguez, H. Schroeder, A. Underdal, S. Camargo Vieira, C. Vogel, O. R. Young, A. Brock, R. Zondervan (2012): Navigating the Anthropocene: Improving Earth System Governance. *Science* 335: 1306–1307.

Biermann, Frank & Eva Lövbrand (eds.) (2019): *Anthropocene Encouters. New Directions in Green Political Thinking*. Cambridge etc.: Cambridge University Press (Earth System Governance).

Bird, Rebecca Bliege (2015): Disturbance, Complexity, Scale: New Approaches to the Study of Human–Environment Interactions. *Annual Review of Anthropology* 44: 241–257.

Bjornerud, Marcia ([2]2020): *Zeitbewusstheit. Geologisches Denken und wie es helfen könnte, die Welt zu retten*. Berlin: Matthes & Seitz (orig. »Timefulness. How Thinking Like a Geologist Can Help Save the World«, Princeton & Oxford: Princeton University Press, 2018).

Blackbourn, David (2007): *Die Eroberung der Natur. Eine Geschichte der deutschen Landschaft*. München: Deutsche Verlags-Anstalt (orig. »The Conquest of Nature. Water, Landscape and the Making of Modern Germany«, London: Jonathan Cape, 2006).

Blaikie, Piers M. (1985): *The Political Economy of Soil Erosion in Developing Countries*. New York: Longman.

Blake, Jonathan S. & Nils Gilman (2024): *Children of a Modest Star. Planetary Thinking for an Age of Crises*. Stanford, Cal.: Stanford University Press.

Blaser, Mario & Marisol De La Cadena (2018): Pluriverse. A Proposal for a World of Many Worlds. In Marisol De La Cadena, & Mario Blaser (eds.): *A World of Many Worlds*. Durham, NC: Duke University Press.: 1–21.

Blaut, James M(orris) (1993): *The Colonizer's Model of the World. Geographic Diffusionism and Eurocentric History*. New York & London: The Guilford Press.

Bloch, Maurice (2012): *Anthropology and the Cognitive Challenge*. Cambridge: Cambridge Univesity Press.

Block, Katharina (2018): Was würde Helmuth Plessner wohl zu einer Anthropozänikerin sagen? Ein kleiner Essay zu einer großen Verantwortung. In: Hennning Laux & Anna Henkel (Hg.): *Die Erde, der Mensch und das Soziale. Zur Transformation gesellschaftlicher Naturverhältnisse im Anthropozän*. Bielefeld: Transcript: 51–64.

Block, Katharina (2021): Sozialtheorie im Anthropozän. In: SONA – Netzwerk Soziologie der Nachhaltigkeit (Hg.): *Soziologie der Nachhaltigkeit*. Bielefeld: Transcript (Soziologie der Nachhaltigkeit, 1): 203–229.

Blok, Anders & Caspar Bruun Jensen (2019): The Anthropocene event in social theory: On ways of problematizing nonhuman materiality differently. *The Sociological Review* 67(6): 1195–1211.

Blühdorn, Ingolfur, Felix Butzlaff, Michael Deflorian, Daniel Hausknost & Mirijam Mock ([2]2020): *Nachhaltige Nicht-Nachhaltigkeit. Warum die ökologische Transformation der Gesellschaft nicht stattfindet*. Bielefeld: Transcript (x -Texte).

Blute, Marion (2010): *Darwinian Sociocultural Evolution. Solutions to Dilemmas in Cultural and Social Theory*. Cambridge etc.: Cambridge University Press.

Bobbette, Adam (2023): *The Pulse of the Earth. Political Geology in Java*. Durham & London: Duke University Press.

Bobbette, Adam & Rebekka Donovan (eds.) (2018): *Political Geology. Active Stratigraphies and the Making of Life*. Cham: Palgrave Macmillan.

Bodley, John H. ([6]2012): *Anthropology and Contemporary Human Problems*. Lanham, Mad. etc.: Altamira Press.

Bodley, John H. ([6]2016): *Victims of Progress*. Lanham etc.: Rowman & Littlefield.

Bodley, John H. ([7]2020): *Cultural Anthropology. Tribes, States, and the Global System*. Lanham, Mad. Etc.: Rowman & Littlefield.

Böhme, Hartmut (2020): Über den Menschen, der kein Tier sein will, und den Menschen auf Verwandtensuche. *Paragrana. Internationale Zeitschrift für Historische Anthropologie* 29(1): 97–113.

Boellstorff, Tom (2016): For Whom the Ontology Turns. Theorizing the Digital Real. *Current Anthropology* 57(4): 387–398.

Bogusz, Tanja (2022): Fieldwork in the Anthropocene: On the Possibilities of Analogical Thinking between Nature and Society. *Science & Technology Studies* 36(2): 3–25 (doi: 10.23987/sts.111538).

Boivin, Nicole (2008): *Material Cultures, Material Minds. The Impact of Things on Human Thought, Society, and Evolution*. Cambridge etc: Cambridge University Press.

Boivin, Nicole & Alison Crowther (2021): Mobilizing the Past to Shape a Better Anthropocene. Nature Ecology & Evolution 5: 273–284.

Boivin, Nicole, Melinda A. Zeder, Dorian Q. Fuller, Alison Crowther, Greger Larson, Jon M. Erlandson, Tim Denham & Michael D. Petraglia (2016): Ecological Consequences of Human Niche Construction: Examining Long-Term Anthropogenic Shaping of Global Species Distributions. *Proceedings of the National Academy of Sciences* 113 (236): 6388–6396.

Bollig, Michael (2014): Resilience – Analytical Tool, Bridging Concept or Development Goal? Anthropological Perspectives on the Use of a Border Object. *Zeitschrift Für Ethnologie* 139(2): 253–279.

Bollig, Michael & Franz Krause (2023): *Environmental Anthropology. Current Issues and Fields of Engagement*. Bern: Haupt Verlag.

Bonneuil, Christophe (2015): The Geological Turn. Narratives of the Anthropocene. In: Clive Hamilton, Chrstophe Bonneuil & François Gemenne (eds.): *The Anthropocene and the Global Environmental Crisis: Rethinking Modernity*. London: Routledge: 15–31.

Bonneuil, Christophe & Jean-Baptiste Fressoz (2016): *The Shock of the Anthropocene. The Earth, History, and Us*. London & New York: Verso. (orig. frz. »L'Événement Anthropocène. La Terre, l'histoire et nous«. Paris: Points [1] 2013, [2] 2016) (Points histoire).

Boomgard, Peter (2017): The Forests of Southeast Asia. Forest Transition Theory, and the Anthropocene, 1500–2000. In: Austin, Gareth (ed.) (2017): *Economic Development and Environmental History in the Anthropocene. Perspectives on Asia and Africa*. London etc.: Bloomsbury Academic: 179–197.

Bornemann, Basil, Katharina Glaab & Lena Partzsch (2019): Politikwissenschaftliches Interpretieren des Anthropozäns – Zur Bedeutung interpretativer Politikforschung im Umgang mit Objektivität, Normativität und Performativität von Meta-Konzepten. *Zeitschrift für Politikwissenschaft* 29: 325–344.

Bostic, Heidi & Meghan Howey (2017): To address the Anthropocene, engage the liberal arts. *Anthropocene* 18:105–110.

Boulding, Kenneth E. (2006a): Die Ökonomik des zukünftigen Raumschiffs Erde. In: Sabine Höhler, & Fred Luks (Hg.): *Beam us up, Boulding! 40 Jahre »Raumschiff Erde«*. O.O.: Vereinigung für Ökologische Ökonomie (Beiträge & Berichte, 7): 9–21 (orig. »The Economics of Coming Spaceship Earth«, in: Henry Jarrett (ed.): *Environmental Quality in a Growing Economy. Essays from the Sixth RFF Forum on Environmental Quality*. Baltimore, Mad.: Resources for the Future/Johns Hopkins University Press: 3–14.)

Boulding, Kenneth E. (2006b): Zweiter Besuch auf dem Raumschiff Erde. In: Sabine Höhler, & Fred Luks (Hg.): *Beam Us Up, Boulding! 40 Jahre »Raumschiff Erde«*. O.O.: Vereinigung für Ökologische Ökonomie (Beiträge & Berichte, 7): 22–24 (orig. »Spaceship Earth Revisited«, in: Herman E. Daly, Kenneth N. Townsend, (eds.): *Valuing the Earth. Economics, Ecology, Ethics*. Cambridge, Mass. & London: The MIT Press: 311–313).

Bourdieu, Pierre (2000): *Die zwei Gesichter der Arbeit. Interdependenzen von Zeit- und Wirtschaftsstrukturen am Beispiel einer Ethnologie der algerischen Übergangsgesellschaft*. Konstanz: UVK Verlagsgesellschaft (Édition Discours, 25) (orig. »Algérie 60. Structures économiques et structures temporelles«, Paris: Les Éditions de Minuit, 1977, Reihe Les Sens Commun, tw. zuerst als »Travail et Travailliers en Algérie«, Paris, 1963).

Boyd, Robert (2018): *A Different Kind of Animal. How Culture Transformed Our Species*. Princeton, N.J.: Princeton University Press (The University Center for Human Values Series).

Bradley, Raymond S. (^{3}2015): Paleoclimatology. Reconstructing Climates of the Quaternary. Oxford etc. Academic Press.

Bradtmöller, Marcel, Sonja Grimm & Julien Riel-Salvatore (2017): Resilience Theory in Archaeological Practice: An Annotated Review. *Quaternary International* 466: 3–16.

Braje, Todd J. & Jon M. Erlandson (2013): Human Acceleration of Animal and Plant Extinctions: A Late Pleistocene, Holocene, and Anthropocene Continuum. Anthropocene. http://dx.doi.org/10.1016/j.ancene.2013.08.003

Braje, Todd J. (2015): Earth Systems, Human Agency, and the Anthropocene: Planet Earth in the Human Age. *Journal of Archaeological Research* 23: 369–396.

Braje, Todd J. (2018): Comment on Bauer & Ellis 2018. *Current Anthropology* 59(2): 215–216.

Braje, Todd, Thomas P. Leppard, Scott M. Fitzpatrick & Jon M. Erlandsson (2017): Archaeology, historical ecology and anthropogenic island ecosystems. *Environmental Conservation*. i:10.1017/S0376892917000261.

Brand, Karl-Werner (2018): Zum historischen Wandel gesellschaftlicher Naturverhältnisse in der kapitalistischen Moderne. In: Henning Laux & Anna Henkel (Hg.): *Die Erde, der Mensch und das Soziale. Zur Transformation gesellschaftlicher Naturverhältnisse im Anthropozän*. Transcript: Bielefeld: 91–122.

Brand, Ulrich & Markus Wissen (2017): *Imperiale Lebensweise. Zur Ausbeutung von Mensch und Natur in Zeiten des globalen Kapitalismus*. München: oekom Verlag.

Brand, Ulrich/Muraca, B./Pineault, É./Sahakian, M./Schaffartzik, A./Novy, A./Streissler, C./Haberl, H./Asara, V./Dietz, K./Lang, M./Kothari, A./Smith, T./Spash, C./Brad, A./Pichler, M./Plank, C./Velegrakis, G./Jahn, T./Carter, A./Huan, Q./Kallis, G./Alier, J.M./Riva, G./Satgar, V./Mantovani, E.T./Williams, M./Wissen, M. & Görg, G. (2023): Planetary Boundaries. In: Nathanael Wallenhorst & Christoph Wulf (eds.): *Handbook of the Anthropocene. Humans between Heritage and Future*. Cham: Springer: 91–97.

Brand, Stewart (1968): *Whole Earth Catalog. Access to Tools*. o.O.: Portola Institute.

Brand, Stewart (2010): Whole *Earth Discipline. Why Dense Cities, Nuclear Power, Transgenic Crops, Restored Wildlands, Radical Science, and Geoengineering are Necessary*. New York: Penguin Books.

Brasseur, Guy P.,Daniela Jacob & Susanne Schuck-Zöller (Hg.) (^{2}2024): *Klimawandel in Deutschland. Entwicklung, Folgen, Risiken und Perspektiven*. Berlin etc.: Springer Spektrum.

Braudel, Fernand (1981): *Civilisation and Capitalism. 15th to 18th Centuries. Vol. 1: The Structures of Everyday Life*. New York, N.Y.: Harper & Row.

Bredekamp, Horst (2011): Blue Marble. Der blaue Planet. In: Christoph Markschies, Ingeborg Reichle, Jochen Brüning & Peter Deuflhard (Hg.) u. Mitarbeit von Steffen Siegel & Achim Spelten: *Atlas der Weltbilder*. Berlin: Akademie-Verlag (Interdisziplinäre Arbeitsgruppen, Forschungsberichte, 25): 366–375.

Bremer, Scott, Werner Krauß & Diana Wildschut (eds.) (2021): How Narratives of Change Influence Local Climate Risk Governance. *Climate Risk Management*. (https://www.sciencedirect.com /journal/climate-risk-management/special-issue/10MD6WT077N).

Bretherton, F. P. (1985): Earth System Science and Remote Sensing. *Proceedings of the IEEE*, 71(6): 1118–1127.

Bridge, Gavin (2009): Material Worlds: Natural Resources, Resource Geography and the Material Economy. *Geography Compass* 3(3): 1217–1244.

Brightman, Marc & Jerome Lewis (eds.) (2017): *The Anthropology of Sustainability. Beyond Development and Progress*. New York, N.Y.: Palgrave Macmillan (Palgrave Studies in Anthropology of Sustainability).

Bröckling, Ulrich (2017): *Resilienz. Über einen Schlüsselbegriff des 21. Jahrhunderts*. https://soziopolis. de/daten/kalenderblaetter/beobachten/kultur/artikel/resilienz/

Broecker, Wallace S. (1987): Unpleasant Surprises in the Greenhouse. *Nature* 328 (9 July) 123–6.

Brondizio, Eduardo S., Karen O'Brien, Xuemei Bai, Frank Biermann, Will Steffen, Frans Berkhout, Christophe Cudennec, Maria Carmen Lemos, Alexander Wolfe, Jose Palma-Oliveira, Chen-Tung Arthur Chen (2016): Re-conceptualizing the Anthropocene: A Call for Collaboration. *Global Environmental Change* 39: 318–327.

Brooke, John L. (2014): *Climate Change and the Course of Global History. A Rough Journey*. Cambridge etc.: Cambridge University Press (Studies in Environment and History).

Brosius, Christiane & Ulrike Gerhard (2020): *Natur in den Städten. Das apokalyptische Narrativ*. Nachdenken: Nord–Süd: 89–97. https://heiup.uni-heidelberg.de/journals/index.php/rupertocarola/arti cle/view/23573/17303

Brown, Antony G., Stephen Tooth, Joanna E. Bullard, David S. G. Thomas, Richard C. Chiverrell, Andrew J. Plater, Julian Murton, Varyl R. Thorndycraft, Paolo Tarolli, James Rose, John Wainwright, Peter Downs & Rolf Aalto (2016): The Geomorphology of the Anthropocene: *Emergence, Status and Implications. Earth Surface Processes and Landforms*. 42: 71–90.

Brown, Peter G. & Peter Timmerman (eds.) (2015): *Ecological Economics for the Anthropocene*. New York: Columbia University Press.

Brown, Nina, Thomas McIlwraith & Laura Tubelle de González (eds.) (22020): *Perspectives. An Open Invitation to Cultural Anthropology*. Arlington, Virg.: American Anthropological Association.

Bruck, Andreas (1985): *Funktionalität beim Menschen. Ein konstruktiv-systematischer Überblick*. Frankfurt am Main etc.: Peter Lang (Europäische Hochschulschriften, Reihe XXII, Soziologie, 112).

Brunnengräber, Achim (²2019): *Ewigkeitslasten. Die »Endlagerung« radioaktiver Abfälle als soziales, politisches und wissenschaftliches Projekt – eine Einführung*. Bonn: Bundeszentrale für politische Bildung.

Brunnengräber, Achim (2021): Das Kapitalozän ist das eigentliche Problem. *Politische Ökologie* 39(167): 51–57.

Bruns, Antje (2019): Das Anthropozän und die große Transformation – Perspektiven für eine kritische raumwissenschaftliche Governance- und Transformationsforschung. In: Milad Abassiharofteh,

Jessica Baier, Angelina Göb, Insa Thimm, Andreas Eberth, Falco Knaps, Vilja Larjosto & Fabiana Zebner (Hg.): *Räumliche Transformation. Prozesse, Konzepte, Forschungsdesigns.* Hannover: Akademie für Raumfirschung und Landesplanung. (Forschungsberichte der ARL, 10): 53–64.

Bruns, Antje (2020): Provincializing Degrowth. Alternativen zu Entwicklung und der Globale Süden. In: Bastian Lange, Martina Hülz , Benedikt Schmid & Christian Schulz (Hg.) (2020): *Postwachstumsgeographien. Raumbezüge diverser und alternativer Ökonomien.* Bielefeld: Transcript (Sozial- und Kulturgeographie, 38): 242–256.

Bryant, Rebbecca & Daniel M. Knight (2019): *The Anthropology of the Future.* Cambridge etc.: Cambridge University Press (New Departures in Anthropology).

Bubandt, Nils Ole (2018): Anthropocene Uncanny: Nonsecular Approaches to Environmental Change. In: Ders. (ed.): *Non-secular Anthropocene: Spirits, Specters and Other Nonhumans in a Time of Environmental Change.* Aarhus: Aarhus University Research on the Anthropocene (AURA): (More-than-Human Working Papers, 3): 2–15.

Bubandt, Nils Ole (2019): Of Wildmen and White Men: Cryptozoology and Inappropriate/d Monsters at the Cusp of the Anthropocene. *Journal of the Royal Anthropological Institute* 25(2):223-240.

Bubenzer, Olaf, Hans Gebhardt & Frank Keppler (2021): Das Zeitalter des Anthropozäns. Der Mensch als geologische Kraft. *Ruperto Carola* 15:25–33.

Buchmann, Sabeth & Mercedes Bunz (2013): *Whole Earth. Kalifornien und das Verschwinden des Außen.* Berlin: Sternberg Press.

Buck-Morss, Susan (2002): *Dreamworld and Catastrophe. The Passing of Mass Utopia in East and West.* Cambridge, MA: MIT Press.

Büscher, Bram & Robert Fletcher (2023): *Die Naturschutzrevolution. Radikale Ideen zur Überwindung des Anthropozäns* (Passagen Thema) (orig. »The Conservation Revolution. Radical Ideas for Saving Nature Beyond the Anthropocene«, London & New York: Verso, 2020).

Buhr, Lorina (2022):Gesellschaft, Natur und Erde: Elemente für eine politische Theorie im Anthropozän. Eine Literatursichtung. *Zeitschrift für politische Theorie* 13(1-2): 311–326.

Burchfield, Joe D. (1998): The Age of the Earth and the Invention of Geological Time. In: Derek J. Blundell & Andrew C. Scott (eds.): *Lyell. The Past is the Key to the Present.* London: 137–143.

Burgess, Seth (2019): Deciphering Mass Extinction Triggers. Science 363(6429): 815–816.

Burtynsky, Edward, Jennifer Baichwal & Nicholas de Pencier: (2018): *Anthropocene.* Toronto: Art Gallery of Ontario & Goose Lane Editions.

Burtynsky, Edward, Jennifer Baichwal & Nicholas de Pencier (2020): *Anthropocene.* Wien: Steidl.

Busche, Detlef, Jürgen Kempf & Ingrid Stengel ([2]2021): *Landschaftsformen der Erde. Bildatlas der Geomorphologie.* Darmstadt: WBG.

Buttimer, Anne (2015): Diverse Perspectives on Society and Environment. In: Frauke Kraas, Dietrich Soyez, Carsten Butsch, Franziska Krachten, & Holger Kretschmer (eds.): *IGC Cologne 2012. Down to Earth. Documenting the 32rd International Geographical Congress in Cologne 26–30August 2012.* Cologne: 41–52 (Kölner Geographische Arbeiten, 95).

Butzer, Karl W. & Georgina H. Endfield (2012): Critical Perspectives on Historical Collapse. *Proceedings of the National Academy of Sciences* 109: 3628–3631.

Canaparo, (2021): El mundo de atrás. *Efecto antropoceno y especulación en los ámbitos periféricos.* Frankfurt am Main: Peter Lang Verlag.

Candea, Matei (2010): »I Fell in Love With Carlos the Meerkat: Engagement and Detachment in Human–Animal Relations.« *American Ethnologist* 37(2): 241–258.

Caniglia, Beth Schaefer, Andrew Jorgenson, Stephanie A. Malin, Lori Peek, David N. Pellow & Xiaorui Huang (eds.) 2021: *Handbook of Environmental Sociology.* Cham: Springer Nature (Handbooks of Sociology and Social Research).

Caputi, Jane (2020): *Call Your »mutha«. A Deliberately Dirty-Minded Manifesto for the Earth Mother in the Anthropocene.* Oxford etc.: Oxford University Press (Heretical Thought).

Caretta, Martina & Shobna Maharaj (2024): Diversity in IPCC author's composition does not equate to inclusion. Diversity in IPCC author's composition does not equate to inclusion, *Nature Climate Change* 14: 1013–1014.

Carey, John (2016): Core Concept: Are We in the Anthropocene? *Proceedings of the National Academy of Sciences* 113(5): 3908–3909.

Carrasco, L. Roman, Joleen Chan, Francesca L. McGrath & Le T. P. Nghiem (2017): Biodiversity Conservation in a Telecoupled World. Ecology and Society 22(3): Art. 24. (https://www.ecologyandsociety.org/vol22/iss3/art24/)

Carrier, James G. & Deborah Gewertz (eds.) 2013: *Handbook of Sociocultural Anthropology.* London etc.: Bloomsbury.

Carrithers Michael, L. J. Bracken & S. Emery (2011) Can a species be a person? A trope and its entanglements in the anthropocene era. *Current Anthropology* 52(5): 661–685.

Carson, Rachel (⁵2019): *Der stumme Frühling.* München: C. H. Beck (orig. »Silent Spring«, Houghton Mifflin,1962).

Casimir, Michael (2003): *Flocks and Food. Biocultural Aspects of Foodways.* Berlin: Reimer Verlag.

Casimir, Michael (2021): Mobility and Territoriality. Social and Spatial Boundaries Among Foragers, Fishers, Pastoralists and Peripatetics. Oxford & New York: Berghahn (Explorations in Anthropology).

Castree, Noel (2014a): The Anthropocene and Geography I: The Back Story. *Geography Compass* 8(7): 436–449.

Castree, Noel (2014b): The Anthropocene and Geography II: The Back Story. *Geography Compass* 8(7): 450–463.

Castree, Noel (2014c): The Anthropocene and Geography III: The Back Story. *Geography Compass* 8(7): 464–476.

Castree, Noel (2015): Anthropocene and the Environmental Humanities: Extending the Conversation. *Environmental Humanities* 5:233-260.

Castree, Noel (2017): Anthropocene: Its Stratigraphic Basis. *Nature* 541: 289.

Ceballos, Gerardo, Paul E. Ehrlich & Peter H. Raven (2020): Vertebrates on the Brink as Indicators of Biological Annihilation and the Sixth Mass Extinction. *Proceedings of the National Academy of Sciences* 117:13596-13602.

Cera, Agostino (2020): O Antropoceno ou o »fim« do Imprativo responsabilidade. The Anthropocene or the »End« of the Imperative Responsibiolty. Pensando – Revista de Filosofia 11(24):31-43.

Cera, Agostino (2022): The Stratigraphic Fallacy or the Anthropocene as an Epistemic Question. In: *Acta Philosophica Fennica* 97: 129-152.

Cera, Agostino (2023): *A Philosophical Journey into the Anthropocene. Discovering Terra Incognita.* Lanham etc.: Lexington Books.

Certini, Giacomo & Riccardo Scalenghe (2011): Anthropogenic Soils Are the Golden Spikes for the Anthropocene. *The Holocene.* ttps://journals.sagepub.com/doi/10.1177/0959683611408454.

Chakrabarty, Dipesh ([2]2008): *Provincializing Europe. Postcolonial Thought and Historical Difference.* Princeton: Princeton University Press ([1]2000).

Chakrabarty, Dipesh (2009): The Climate of History: Four Theses. *Critical Inquiry* 35 Winter: 197-222.

Chakrabarty, Dipesh (2012): Postcolonial Studies and the Challenge of Climate Change. *New Literary History* 43(1): 1-18.

Chakrabarty, Dipesh (2014) Climate and Capital. On Conjoined Histories. *Critical Inquiry* 35(2): 197-222.

Chakrabarty, Dipesh (2017): The Politics of Climate Change Is More Than the Politics of Capitalism. *Theory, Culture & Society* 34(2-3): 25-37.

Chakrabarty, Dipesh (2018): Anthropocene Time. *History and Theory* 57 (1): 5-32.

Chakrabarty, Dipesh (2019): The Planet: An Emergent Humanist Category. *Critical Inquiry* 46 (1): 1-31.

Chakrabarty, Dipesh (2020a): Die Zukunft der Geisteswissenschaften im Zeitalter des Menschen: Eine Notiz. In: Hannes Bajohr (Hg.): *Der Anthropos im Anthropozän. Die Wiederkehr des Menschen im Moment seiner vermeintlich endgültigen Verabschiedung.* Berlin: Walter de Gruyter: 233-237.

Chakrabarty, Dipesh (2020b): Der Planet als neue humanistische Kategorie. In: Frank Adloff & Sighard Neckel (Hg.): *Gesellschaftstheorie im Anthropozän.* Frankfurt a.M./New York: Campus: 23-53.

Chakrabarty, Dipesh (2021): The Climate of History in a Planetary Earth. Chicago & London: The University of Chicago Press (dt. «Das Klima der Geschichte im planetarischen Zeitalter«. Berlin: Suhrkamp, 2022).

Chandler, David (2017): Securing the Anthropocene? International Policy Experiments in Digital Hacktivism: A Case Study of Jakarta. *Security Dialogue* 48(2): 113-130.

Chandler, David (2018): *Ontopolitics in the Anthropocene. An Introduction to Mapping, Sensing and Hacking.* London etc: Routledge (Critical Issues in Global Politics, 9).

Chandler, David (2020): *Resilience in the Anthropocene. Governance and Politics at the End of the World.* New York: Routledge (Routledge Research in the Anthropocene).

Chandler, David, Franziska Müller & Detlef Rothe (eds.) (2021): *International Relations in the Anthropocene. New Agendas, New Agencies and New Approaches.* London etc.: Palgrave Macmillan.

Chandler, David & Jonathan Pugh (2020): Islands of Relationality and Resilience: The Shifting Stakes of the Anthropocene. *Area: Journal of the Royal Geographical Society* 52 (1): 65–72. https://doi.org/10 .1111/area.12459

Chandler, David & Julian Reid (2019): *Becoming Indigenous. Governing Imaginaries in the Anthropocene*. Rowman & Littlefield.

Chao, Sophie, Wendy Wolford, Andrew Ofstehage, Shalmali Guttal, Euclides Gonçalves & Fernanda Ayala (2023): The Plantationocene as Analytical Concept: a Forum for Dialogue and Reflection. *The Journal of Peasant Studies* 1–23 (https://doi.org/10.1080/03066150.2023.2228212).

Chernilo, Daniel (2017): *Debating Humanity. Towards a Philosophical Sociology*. Cambridge: Cambridge University Press.

Chernilo, Daniel (2020): Die Frage nach dem Menschen in der Anthropozändebatte. In Bajohr (Hg.): 55–76.

Chew, Sing C. (2000): *World Ecological Degradation. Accumulation, Urbanization, and Deforestation, 3000 B.C. – A.D. 2000*. Walnut Creek, Cal. Altamira Press.

Choy, Timothy K., Lieba Faier, Michael J. Hathaway, Miyako Inoue, Shiho Satsuka & Anna Tsing. (2009): A New Form of Collaboration in Cultural Anthropology: Matsutake Worlds. *American Ethnologist* 36 (2): 380–403.

Christian, David ([2]2011): *Maps of Time. An Introduction to Big History*. Berkeley: University of California Press. (California World History Library, 2).

Christian, David (2018): *Big History. Die Geschichte der Welt – vom Urknall bis zur Zukunft der Menschheit*. München: Carl Hanser Verlag (orig. »Origin Story. A History of Everything«, New York: Little, Brown & Company, 2018).

Christian, David (2019): The Anthropocene Epoch. The Background to Two Transformative Centuries. In: Felipe Fernández-Armesto(ed.): *The Oxford Illustrated History of the World*. Oxford: Oxford University Press: 339–373.

Christian, David (2020): What is Big History? In: Craig Benjamin, Esther Quaedakers and David Baker (eds.): *The Routledge Companion to Big History*. Milton Park & New York: Routledge (Routledge Companions): 16–34.

Christian, David, Cynthia Stokes Brown & Craig Benjamin (2014): *Big History. Between Nothing and Everything*. New York McGraw-Hill Education.

Chua, Liana & Hannah Fair (2019): Anthropocene. In: Felix Stein, Sian Lazar, Matei Candea, Hildegard Diemberger, Joel Robbins, Andrew Sanchez & Rupert Stasch (eds.): *The Open Encyclopedia of Anthropology* (https://www.anthro encyclopedia.com/entry/anthropocene).

Chudeck, M. Muthukrishna & Joseph Henrich (2016): Cultural Evolution. In: David Buss (ed.): *The Handbook of Evolutionary Psychology*. New York, NY: Wiley & Sons: 749–769.

Chwałczyk, Franciszek (2020): Around the Anthropocene in Eighty Names–Considering the Urbanocene Proposition. *Sustainability* 12, 4458, doi:10.3390/su12114458

Clark, Nigel & Yasmin Gunaratnam (2017): Earthing the Anthropos? From ›Socializing the Anthropocene‹ to Geologizing the Social. *European Journal of Social Theory* 20(1): 146–163.

Clark, Nigel & Bronislaw Szerszynski (2021): *Planetary Social Thought. The Anthropocene Challenge to the Social Sciences*. London etc.: Polity Press.

Clark P. U, J. D. Shakun, S. A. Marcott et al. (2016): Consequences of Twenty-first-century Policy for Multimillennial Climate and Sea-level Change. *Nature Climate Change* 6: 360–369.

Clark, Timothy (2015): *Ecocriticism at the Edge. The Anthropocene as a Threshold Concept*. London & New York: Bloomsbury Academic.

Clark, Timothy (2019): *The Value of Ecocriticism*. Cambridge etc.: Cambridge University Press.

Clark, Timothy & Kathryn Yusoff (2017): Geosocial Formations in the Anthropocene. *Theory, Culture and Society* 34(2-3): 3–23.

Clarke, Bruce (2020): *Gaian Systems. Lynn Margulis, Neocybernetics, and the End of the Anthropocene*. Minneapolis: University of Minnesota Press.

Cohen, Jeffrey Jerome (2015): *Stone. An Ecology of the Inhuman*. Minneapolis & London: University of Minnesota Press.

Colebrook, Claire (2017): We Have Always Been Post-Anthropocene. The Anthropocene: The Anthropocene Counterfactual. In: Richard Grusin (ed.): *Anthropocene Feminism*. Minneapolis & London: University of Minnesota Press: 1–20 (Center for 21st Cenrtury Studies).

Coleman, Simon & P. Hellerman (eds.) (2011): *Multi-sited Ethnography. Problems and Possibilities in the Translocation of Research Methods*. London & New York: Routledge.

Collard, Rosemary-Claire, Jessica Dempsey & Juanita Sundberg (2015): A Manifesto for Abundant Futures. *Annals of the Association of American Geographers* 105(2): 322–330.

Comos, Gina & Caroline Rosenthal (eds.) (2019): *Anglophone Literature and Culture in the Anthropocene*. Newcastle upon Tyne: Cambridge Scholars Publishing.

Conceição, Pedro (lead author) et al. (2020): *The next Frontier. Human Development and the Anthropocene. Human Development Report* 2020. New York: United Nations Development Programme.

Conklin, Harold (1955): Hanunóo color categories. *Southwestern Journal of Anthropology* 11(4):339-44.

Connolly, William E. (2011): *A World of Becoming*. Durham, N.C.: Duke University Press.

Conrad, Sebastian (2016): *What is Global History?* Princeton, N.J.: Princeton University Press.

Coole, Diana & Samantha Frost (eds.) (2010): *New Materialisms. Ontology, Agency, and Politics*. Durham & London: Duke University Press.

Costanza, Robert, Lisa Graumlich, Will Steffen, Carole Crumley, John Dearing, Kathy Hibbard, Rik Leemans, Charles Redman & David Schimel (2007a): Sustainability or Collapse: What Can We Learn from Integrating the History of Humans and the Rest of Nature? *Ambio A Journal of the Human Environment* 36(7): 522–527.

Constanza, Robert, Lisa J. Graumlich & Will Steffen (eds.) (2007b): *Sustainability or Collapse? An Integrated History and Future of People on Earth*. Cambridge, Mass. & London: The MIT Press (Dahlem Workshop Reports).

Conversi, Daniele (2020): The Ultimate Challenge: Nationalism and Climate Change. *Nationalities Papers* 48(4): 625–636. (doi:10.1017/nps.2020.18).

Cook, Brian, Lauren Rickards & Ian D. Rutherfurd (2015): Geographies of the Anthropocene. *Geographical Research* 53(3): 231–243.

Cooper, Anthony H., Teresa J. Brown, Simon J. Price, Jonathan R. Ford & Colin N. Waters (2018): Humans Are the Most Significant Global Geomorphological Driving Force of the 21st Century. *Anthropocene Review* 5(3): 222–229.

Corlett, Richard T. (2013): Becoming Europe: Southeast Asia in the Anthropocene. *Elementa: Science of the Anthropocene* 1: 000016 (doi: 10.12952/journal.elementa.000016).

Corlett, Richard T. (²2014): *The Ecology of Tropical East Asia*. Oxford: Oxford University Press.

Corlett, Richard T. (2015a): Becoming Europe. Southeast Asia in the Anthropocene. *Elementa. Science of the Anthropocene* 1: Art. 16 (doi:10.12952/journal.elementa.000016.)

Corlett, Richard T. (2015b): The Anthropocene Concept in Ecology and Conservation. *Trends in Ecology & Evolution* 30(1): 36–41.

Cornell, Sarah Elizabeth, Catherine J. Downy, Evan D. G. Fraser & Emily Boyd (2012): Earth System Science and Society: A Focus on the Anthroposphere. In: Sarah E. Cornell, I. Colin Prentice, Joanna I. House & Catherine J. Downy (eds.): *Understanding the Earth System. Global Change Science for Application*. Cambridge: Cambridge University Press: 1–38.

Cosgrove, Denis (1994): Contested Global Visions: One-World, Whole-Earth, and the Apollo Space Photographs. *Annals of the Association of American Geographers* 84(2): 270–294.

Cosgrove, Denis (2001): *Apollo´s Eye. Anthropocene Cartographic Genealogy of Earth in the Western Imagination*. Baltimore: Johns Hopkins University Press.

Craps, Stef (2023): Guilty Grieving in an Age of Ecocide. *Parallax* 29(3): 323–342.

Craps, Stef (2024): Lost Words and Lost Worlds: Combatting Environmental Generational Amnesia. *Memory Studies Review* (2024) 1–20 (doi:10.1163/29498902-20240001).

Craps, Stef, Rick Crownshaw, Jennifer Wenzel, Rosanne Kennedy, Claire Colebrook, Vin Nardizzi (2018): Memory studies and the Anthropocene: A roundtable. *Memory Studies* 11(4) 498–515.

Crate, Susan A. (2009): Gone the Bull of Winter? Contemplating Climate Change's Cultural Implications in Northeastern Siberia, Russia. In: Susan A. Crate & Mark Nuttall (eds.): *Anthropology and Climate Change: From Encounters to Actions*. Walnut Creek, Cal: Left Coast Press: 139–152.

Crate, Susan A. (2011): Climate and Culture: Anthropology in the Era of Contemporary Climate Change. *Annual Review of Anthropology* 40: 175–194.

Crate, Susan A. & Mark Nuttall (eds.) (²2016): *Anthropology and Climate Change. From Actions to Transformations*. New York & London: Routledge.

Creanza, Nicole, O. Kolodny, Markus Feldman (2017): Cultural Evolutionary Theory: How Culture Evolves and Why it Matters. *Proceedings of the National Academy of Sciences* 114: 7782–7789.

Crist, Eileen (2013): On the Poverty of Our Nomenclature. *Environmental Humanities* 3(1): 129–147.

Crist, Eileen (2020): *Schöpfung ohne Krone. Warum wir uns zurückziehen müssen, um die Artenvielfalt zu bewahren*. München: oekom (orig. »Abundant Earth: Toward an Ecological Civilization«., Chicago: The University of Chicago Press, 2019).

Critical Zones. Observatories for Earthly Politics. Karlsruhe: Center for Art and Media (ZKM) Https://zkm.de/en/exhibition/2020/05/critical-zones.

Crivellari, Fabio, Bernhard Kleeberg & Tilman Walter 2005: Urmensch und Wissenschaftskultur: Einleitung. In: Bernhard Kleeberg, Tilman Walter & Fabio Crivellari (Hg.): *Urmensch und Wissenschaften. Eine Bestandsaufnahme.* Darmstadt: Wissenschaftliche Buchgesellschaft:7-24.

Cronin, Thomas M. (2009): *Paleoclimates. Understanding Climate Change Past and Present.* New York: Columbia University Press.

Cronon, William (1991): *Nature's Metropolis. Chicago and the Great West.* New York & London: W. W. Norton.

Cronon, William (1996): The Trouble With Wilderness: Or, Getting Back to the Wrong Nature. *Environmental History* 1(1):7-28.

Cronon, William (ed.) (1995): *Uncommon Ground: Rethinking the Human Place in Nature.* New York: W. W. Norton & Co.

Crosby, Alfred W. ([2]2003): *The Columbian Exchange. Biological and Cultural Consequences of 1492.* Westport, Conn. & London: Praeger ([1]1972) (Contributions in American Studies, 2).

Crosby, Alfred W. (2015): *Ecological Imperialism: The Biological Expansion of Europe, 900-1900. New Edition.* Cambridge etc.: Cambridge University Press (Studies in Environment and History) (Canto Classics Edition).

Crumley, Carole L. (ed.) (1994): *Historical Ecology. Cultural Knowledge and Changing Landscapes.* Santa Fe, N.M.: School of American Research Press.

Crumley, Carole L. (2007): Historical Ecology: Integrated Thinking at Multiple Temporal and Spatial Scales. In: Alf Hornborg & Carole Crumley (eds.): *The World System and the Earth System. Global Socio-Environmental Change and Sustainability Since the Neolithic.* Walnut Creek, Cal.: Left Coast Press: 15-28.

Crumley, Carole L. (2019): New Paths into the Anthropocene. In: Christian Isendahl & Daryl Stump (eds.): *Oxford Handbook of Historical Ecology and Applied Archaeology.* Oxford: Oxford University Press: 6-20.

Crumley, Carole L., Jan C. A. Kolen, Maurice de Kleijn & Niels van Manen (2017): Studying Long-term Changes in Cultural Landscapes: Outlines of a Research Framework and Protocol : Research Framework and Protocol. *Landscape Research*, DOI: 10.1080/01426397.2017.1386292

Crutzen, Paul J. (2000): Anthropocene. The Geology of Humanity. *Global Change Magazine* 78. Stockholm.

Crutzen, Paul J. (2006): Albedo Enhancement by Stratospheric Sulfur Injections: A Contribution to Resolve a Policy Dilemma? *Climate Change,* 77 (3-4): 211-220.

Crutzen Paul J. (2006): Albedo enhancement by stratospheric sulfur injections: A contribution to resolve a policy dilemma? An Editorial Essay. *Climatic Change* 77(3-4): 211-219.

Crutzen, Paul J.(2019): Eine kritische Analyse der Gaia-Hypothese als Modell für die Wechselwirkung zwischen Klima und Biosphäre. In: Ders. *Das Anthropozän. Schlüsseltexte des Nobelpreisträgers für das neue Erdzeitalter.* München: oekom Verlag: 175-204; zuerst in *Gaia* 11(2): 96-103, 2002.

Crutzen, Paul J. (Michael Müller, Hg.) (2019): *Das Anthropozän. Schlüsseltexte des Nobelpreisträgers für das neue Erdzeitalter*. München: oekom Verlag (Bibliothek der Nachhaltigkeit: Wiederentdeckungen für das Anthropozän).

Crutzen, Paul J. (2002): Geology of Mankind. *Nature* 415:23.

Crutzen Paul J. & Hans Günter Brauch (eds.) (2014): *Paul J. Crutzen. A Pioneer on Atmospheric Chemistry and Climate Change in the Anthropocene*. Cham: Springer (Springer Briefs on Pioneers in Science and Practice, 50).

Crutzen, Paul J. & Thomas E. Graedel (1996): *Atmosphäre im Wandel. Die empfindliche Lufthülle unseres Planeten*. Heidelberg: Sprektrum Akademischer Verlag (orig. in umgekehrter Autorenreihung: Thomas E. Graedel & Paul J. Crutzen:»Atmosphere, Climate, and Change«, New York: W. H. Freeman, 1996 (Scientific American Library, 1996).

Crutzen, Paul J., Mike Davies, Michael D. Mastrandrea, Stephen H. Schneider & Peter Sloterdijk (2011): *Das Raumschiff Erde hat keinen Notausgang*. Berlin: Suhrkamp Verlag (edition unseld).

Crutzen Paul J. & Christian Schwägerl (2011): Living in the Anthropocene. Toward a New Global Ethos. *Yale Environment* 360, 24. Januar (e360.yale.edu/features/living_in_the_anthropocene_toward_a_new_global_ethos/2363.).

Crutzen Paul J. & Will Steffen (2003): How Long Have We Been in the Anthropocene Era? An Editorial Comment. *Climate Change* 61:251–57.

Crutzen, Paul J. & Eugene F. Stoermer (2000): The »Anthropocene«. IGBP Global Change Newsletter (41):17–18.

Cunha, Daniel (2015a): The Anthropocene as Fetishism. *Mediations* 28: 65–77.

Cunha, Daniel (2015b): The Geology of the Ruling Class? *The Anthropocene Review* 2(3): 262–266.

Cunsolo, Ashlee & Karen Landman (2017): Introduction: To Mourn beyond the Human. In: Dies. (eds.): *Mourning Nature. Hope at the Heart of Ecological Loss and Grief*. Montreal & Kingston: McGill-Queen's University Press: 3–26.

Dalby, Simon (2007): Ecological Intervention and Anthropocene Ethics. *Ethics & International Affairs* 21 (3) (http://216.70.70.40/?p=1131).

Dalby, Simon (2017): Environment: From Determinism to the Anthropocene. In: John Agnew, Virginie Mamadouh, Anna J. Secor & Joanne Sharp (eds.): *The Wiley Blackwell Companion to Political Geography* (Hoboken, N.J. & Chichester, West Sussex: Wiley Blackwell (Wiley Blackwell Companions to Geography): 451–461 (orig. 2015).

Dalby, Simon (2020): Anthropocene Geopolitics. Globalization, Security, Sustainability. Ottawa: University of Ottawa Press (Politics and Public Policy).

D'Angelo, Lorenzo & Robert Jan Pijpers (2022): The Anthropology of Resource Extraction. New York: Routledge (Routledge Studies of the Extractive Industries and Sustainable Development).

Danchin, Étienne (2013): Avatars of Information. Towards an Inclusive Evolutionary Synthesis. Trends in Ecology & Evolution 28:351-358.

Danowski, Déborah & Eduardo Batalha Viveiros de Castro (2019): *In welcher Welt leben? Ein Versuch über die Angst vor dem Ende*. Berlin: Matthes & Seitz (orig. brasil. Port.: »Há mundo por vir? Ensaio

Sobre os medos e os fins«, 2014/2015, auch engl. »The Ends of the World«, Cambridge: Polity Press, 2017).

Danowski, Déborah, Eduardo Viveiros de Castro & Bruno Latour (2014): Position Paper: The Thousand Names of Gaia. From the Anthropocene to the Age of the Earth. https://thethousandnamesofgaia. files.wordpress.com/2014/07/positionpaper-ingl-para-site.pdf (Accessed 23.11.2020).

Dartnell, Lewis (2019): *Ursprünge. Wie der Erde uns erschaffen hat.* Berlin: Hanser Berlin (orig. «Origins. How the Earth Made Us«, London: The Bodley Head, 2018).

Daston, Lorraine (2021): *Unruly Nature.* New Haven, Cambridge, Mass. & London: The MIT Press. (Untimely Meditations, 17, orig. »Gegen die Natur«, Berlin: Matthes & Seitz, Fröhliche Wissenschaft, 141).

Davies, Jeremy (2016): *The Birth of the Anthropocene.* Oakland, Cal.: The University of California Press.

Davis, Heather & Zoe Todd (2017): On the Importance of a Date, or Decolonizing the Anthropocene. *ACME: An International E-Journal for Critical Geographies* 16(4): 761–80.

Davis, Heather & Etienne Turpin (eds.) (2015): *Art in the Anthropocene. Encounters Among Aesthetics, Politics, Environments and Epistemologies.* London: Open Humanities Press (Critical Climate Change).

Davis, Janae, Alex Moulton, Levi Van Sant & Brian Williams (2019): Anthropocene, Capitalocene,… Plantationocene?: A Manifesto for Ecological Justice in an Age of Global Crises. *Geography Compass* (13): 1–15.

Davis, Robert V. (2011): Inventing the Present: Historical Roots of the Anthropocene. *Earth Sciences History* 30(1): 63–84.

Dawkins, Richard (2016): *The Extended Phenotype. The Long Reach of the Gene.* Oxford: Oxford Uiversity Press (Oxford Landmark Science, orig. 1999).

Deane-Drummond, Celia, Sigurd Bergmann & Markus Vogt (eds.) (2017): *Religion in the Anthropocene.* Eugene, Or.: Cascade Books.

Dearing, J., Wanga, R., Zhang, K., James, G., Dyke, J.G., Haberl, H., Hossain, M.S., Langdon, P.G., Lenton, T.M., Raworth, K., Brown, S., Carstensen, J., Cole, M.J., Cornell, S.E., Dawson, T.P., Doncasterm, P., Eigenbrodm, F., Florke, M., Jeffers, E., Mackay, A.W., Nykvist, B., Poppy, G.M., (2014): Safe and Just Operating Spaces for Regional Social-ecological Systems. *Global Environmental Change* 28, 227–238.

DeCaires Taylor, Jason, Carlo McCormick & Helen Scales (2014): *The Underwater Museum. The submerged Sculptures of Jason deCaires Taylor.* San Francisco: Chronicle Books.

Dech, Stefan, Rüdiger Glaser & Robert Meisner (2008): *Globaler Wandel. Die Erde aus dem All.* München: Frederking & Thaler.

De La Cadena, Marisol & Mario Blaser (eds.) (2018): *A World of Many Worlds.* Durham, NC: Duke University Press.

De La Cadena, Marisol (2015): *Earth Beings. Ecologies of Practice Across Andean Worlds.* Durham, N.C.: Duke University Press (Lewis Henry Morgan Lectures).

DellaSala, Dominick A. & Michael I. Goldstein (chief. eds.) (2018): *Encyclopedia of the Anthropocene.* Dordrecht etc.: Elsevier.

DellaSala, Dominick A., Michael I. Goldstein, S. A. Elias, B. Jennings, T. E. Lacer, Jr., P. Mineau & S. Pyare (2018): The Anthropocene: How the Great Acceleration Is Transforming the Planet at Unprecedented Levels. In: Dominick,DellaSala, A. & Michael I. Goldstein (chief. eds.) (2018): *Encyclopedia of the Anthropocene*. Dordrecht etc.: Elsevier: 1–7.

Delanda, Manuel (1992): Nonorganic Life. In: Jonathan Crary & Sanford Kwinter (eds.): *Incorporations*. New York: Zone: 129–167 (Zone, 6).

DeLanda, Manuel (2016): *Assemblage Theory*. Edinburg: Edinburg University Press (Speculative Realism).

Delanty, Gerard & Aurea Mota (2017): Governing the Anthropocene: Agency, Governance, Knowledge. *European Journal of Social Theory* 20: S. 9–38.

Deleuze, Gilles & Félix Guattari (1992): *Tausend Plateaus*. Berlin: Merve Verlag (orig. »Capitalisme et schizophrenie 2: Mille plateaux«, Paris: Minuit, 1980).

DellaSala, Dominick A. & Michael I. Goldstein (eds.): (2018): *Encyclopedia of the Anthropocene*. Dordrecht etc.: Elsevier Publications.

DeLoughrey, Elizabeth (ed.) (2019): Allegories of the Anthropocene. Durham, N.C & London: Duke University Press.

DeMello, Margo ([2]2021): *Animals and Society. An Introduction to Human-Animal Studies*. New York: Columbia University Press.

Demos, T. J. (2015): *Anthropocene, Capitalocene, Gynocene. The Many Names of Resistance*. https://www.fotomuseum.ch/de/2015/06/12/anthropocene-capitalocene-gynocene-the-many-names-of-resistance/

Demos, T. J. (2017): *Against the Anthropocene. Visual Culture and Environment Today*. Berlin: Sternberg.

Denevan, W.M. (1992): The Pristine Myth. The Landscape of the Americas in 1492. *Annals of the Association of American Geographers* 82: 369–358.

Denizen, Seth (2013): Three Holes: In the Geologic Present. In: Etienne Turpin (ed.): Architecture in the Anthropocene. Encounters Among Design, Deep Time, Science and Philosophy. Ann Arbor: Open Humanities Press: 25–42.

Dennett, Daniel C. (2004): *Freedom Evolves*. New York: Viking.

De Pina-Cabral, João (2017): *World. An Anthropological Examination*. Chicago, Ill.: HAU Books (The Malinowski Monographs Series, 1).

Desmond, Hugh (2024): Dominion. To take care of the Earth, humans must recognise that we are both a part of the animal kingdom and its dominant power. Aeon. (https://aeon.co/essays/human-dominance-is-a-fact-not-a-debate).

Descola, Philippe (2014): *Die Ökologie der Anderen. Die Anthropologie und die Frage der Natur*. Berlin: Matthes & Seitz (Batterien) (orig. »The Ecology of Others«, Chicago: Prickly-Paradigm Press, 2013).

Descola, Philippe (2015): *Jenseits von Natur und Kultur*. Frankfurt am Main: Suhrkamp (orig. »Par-delà nature et culture«, Paris: Gallimard, 2005).

Descola, Philippe & Gísli Pálsson (1996): Introduction. In: Dies. (eds.): *Nature and Society. Anthropological Perspectives*. London & New York: Routledge: 1–22.

Descola, Philippe & Gísli Pálsson (eds.) (1996): *Nature and Society. Anthropological Perspectives*. London & New York: Routledge (European Association of Social Anthropologists Series).

DeVries, Jop (2017): Bruno Latour, a Veteran of the ›Science Wars‹ Has a New Mission. https://www.sci encemag.org/news/2017/10/bruno-latour-veteran-science-wars-has-new-mission.

De Vries, Bert & Johan Goudsblom (eds.) (2012): *Mappae Mundi. Humans and Their Habitats in a Long-Term Socio-Ecological Perspective.* *Myths, Maps, and Models*. Amsterdam: Amsterdam University Press.

DGSKA (Deutsche Gesellschaft für Sozial- und Kulturanthropologie): 2021 GAA Conference 2021, 27 to 30 September 2021 at the University of Bremen »Worlds. Zones. Atmospheres. Seismographies of the Anthropocene«.

Dewey, Scott Hamilton (2016): Review zu Purdy 2015. *The American Historical Review* __ :1329-1330.

Diamond, Jared (2005): *Collapse. How Societies Choose to Fail or Succeed*. New York: Viking.

Dibley, Ben (2012): ›The Shape of Things to Come‹: Seven Theses on the Anthropocene and Attachment. *Australian Humanities Review* 52: 139–153).

Dickel, Sascha (2021): Der »Technological Fix«. Zur Kritik einer kritischen Semantik. In: SONA – Netzwerk Soziologie der Nachhaltigkeit (Hg.): *Soziologie der Nachhaltigkeit*. Bielefeld: Transcript (Soziologie der Nachhaltigkeit, 1): 271–284.

Di Chiro Giovanna (2017): Welcome to the White (M) Anthropocene? A feminist-environmentalist critique. In: Sherilyn MacGregor (ed.): *Routledge Handbook of Gender and Environment*. New York: Routledge: 427–504 (Routledge Environment and Sustainability Handbooks).

Diederichsen, Diedrich & Anselm Franke (Hg.) (2013): *The Whole Earth. Kalifornien und das Verschwinden des Außen*. Berlin: Sternberg Press.

Dietzsch, Ina (2017): Klimawandel. Kulturanthropologische Perspektiven darauf, wie ein abstrakter Begriff erfahrbar gemacht wird. *Schweizerisches Archiv für Volkskunde/Archives Suisses des Traditions Populaires* 113(1): 21–39.

Dikau, Richard, Katharina Eibisch, Jana Eichel, Karoline Meßenzehl & Manuela Schlummer-Held (2019): Geomorphologie. Berlin: Springer Spektrum.

Domańska, Ewa (2020): History, Anthropogenic Soil, and Unbecoming Human. In: Sarab Dube, Sanjay Seth & Ajay Skaria (eds.): Dipesh Chakrabarty and the Global South. Subaltern Studies, *Postcolonial Perspectives, and the Anthropocene*. London & New York: Routledge (Postcolonial Politics): 201–214.

Donges, Jonathan F., Ricarda Winkelmann, Wolfgang Lucht, Sarah E Cornell, James G Dyke, Johan Rockström, Jobst Heitzig & Hans Joachim Schellnhuber (2017): Closing the Loop: Reconnecting Human Dynamics to Earth System Science. *The Anthropocene Review* 4(2): 151–157.

Doughty, C.E., A. Wolf & C.B. Field (2010): Biophysical Feedbacks Between the Pleistocene Megafauna Extinction and Climate: The First Human-Induced Global Warming? *Geophysical Research Letters* 37: L15703.

Dove, Michael R. (2019): Plants, Politics, and the Imagination Over the Past 500 Years in the Indo-Malay Region. *Current Anthropology* 60(suppl. 20): S309–S320.

Dove, Michael R. (ed.) (2014): *The Anthropology of Climate Change. A Historical Reader*. Malden, Mass.: Wiley- Blackwell.

Dries, Christian (2018): Von der Weltfremdheit zur Antiquiertheit des Menschen. Günther Anders' negative Anthropologie. In: Günther Anders: *Die Weltfremdheit des Menschen. Schriften zur Anthropologie*. Hg. v. Christian Dries. München: C. H. Beck: 437–533.

Driscoll, Catherine (2015): Neither Adaptive Thinking nor Reverse Engineering: Methods in the Evolutionary Social Sciences. *Biology and Philosophy* 30(1): 59–75.

Driscoll, Mark W. (2020): *The Whites Are Enemies of Heaven. Climate Caucasianism and Asian Ecological Protection*. Durham, N.C.: Duke University Press.

Dryzek, John S. & Andrew Pickering (2019): *The Politics of the Anthropocene*. Oxford etc.: Oxford University Press.

Dube, Saurabh, Sanjay Seth & Ajay Skaria (eds.)(2020): *Dipesh Chakrabarty and the Global South. Subaltern Studies, Postcolonial Perspectives, and the Anthropocene*. London & New York: Routledge (Postcolonial Politics).

Dubeau, Mathieu (2018): Reclaiming Species-Being: Toward an Interspecies Historical Materialism. *Rethinking Marxism* 30(2):186–207.

Dubos, René (1968): *So Human an Animal*. New York: Scribner.

Dürbeck, Gabriele (2015): Das Anthropozän in geistes- und kulturwissenschaftlicher Perspektive. In: Dies. & Urte Stobbe (Hg.): *Ecocriticism. Eine Einführung*, Köln: Böhlau: 107–119.

Dürbeck, Gabriele (2018a): Das Anthropozän erzählen: Fünf Narrative. *Aus Politik und Zeitgeschichte* 21–23/11-17.

Dürbeck, Gabriele (2018b): Narrative des Anthropozän –Systematisierung eines interdisziplinären Diskurses. *Kulturwissenschaftliche Zeitschrift* 2(1): 1–20.

Dürbeck, Gabriele (2021): Ansichtssache. Narrative und ihr Mobilisierungspotential. *Politische Ökologie* 39(167): 31–38.

Dürbeck Gabriele & Philip Hüpkes (eds.) (2020): *The Anthropocenic Turn. Interplay Between Disciplinary and Interdisciplinary Responses to a New Age*. London & New York: Routledge (Routledge Interdisciplinary Perspectives on Literature, 117).

Dürbeck, Gabriele & Philip Hüpkes (eds.) (2022): *Narratives of Scale in the Anthropocene. Imagining Human Responsibility in an Age of Scalar Complexity*. London & New York: Routledge (Routledge Interdisciplinary Perspectives on Literature, 139).

Dürbeck, Gabriele & Jonas Nesselhauf (Hg.) (2019): *Repräsentationsweisen des Anthropozän in Literatur und Medien. Representations of the Anthropocene in Literature and Media*. Berlin etc.: Peter Lang (Studies in Literature, Culture, and the Environment, 5).

Dürbeck, Gabriele & Urte Stobbe (Hg.): *Ecocriticism. Eine Einführung*, Köln: Böhlau (Böhlau Studienbücher).

Duflo, Esther & Rohini Pande (2007): Dams. *Quarterly Journal of Economics* 122(2): 601–646.

Dukes, Paul (2011): *Minutes to Midnight. History and the Anthropocene Era from 1763*. London & New York: Anthem Press.

Dunbar, Robin I. M. (1993): Coevolution of Neocortical Size, Group Size and Language in Humans. *Behavioral and Brain Sciences* 16(4): 681–735.

Eagleton, Terry (2000): *The Idea of Culture.* Oxford: Blackwell.

Ebron, Paulla & Anna Lowenhaupt Tsing (2017): Feminism and the Anthropocene: Assessing the Field Through Recent Books. *Feminist Studies* 43: 658–83.

Edgeworth, Matt (2014): *The Relationship Between Archaeological Stratigraphy and Artificial Ground and Its Significance in the Anthropocene.* London: Geological Society. Special Publications 395(1): 91–108.

Edgeworth, Matt (2018a): Review of ›Climate Without Nature: A Critical Anthropology of the Anthropocene‹ by Andrew Bauer & Mona Bhan. *American Antiquity* 83(4): 758–759.

Edgeworth, Matt (2018b): More Than Just a Record: Active Ecological Effects of Archaeological Strata. In: Marcos Andre Torres de Souza & Diogo Menezes Costa (eds.): Historical Archaeology and Environment. Cham, Switzerland: Springer: 19–40.

Edgeworth, Matt (2018c): *River Deltas* in the Context of the Anthropocene Debate. In Franz Krause (ed.): *Delta Methods. Reflections on researching hydrosocial lifeworlds.* Cologne University of Cologne (Cologne Working Papers in Cultural and Social Anthropology No. 7 Special issue): 22–27.

Edgeworth, Matt (2021): Transgressing Time: Archaeological Evidence in/of the Anthropocene. *Annual Review of. Anthropology* 50: 93–108.

Edgeworth, Matt, Dan deB. Richter, Colin Waters, Peter Haff, Cath Neal & Simon James Price (2015): Diachronous Beginnings of the Anthropocene: The Lower Bounding Surface of Anthropogenic Deposits. *The Anthropocene Review* 2:33-58.

Edgeworth, Matt, Erle C. Ellis, Philip Gibbard, Cath Neal & Michael Ellis (2019): The Chronostratigraphic Method is Unsuitable for Determining the Start of the Anthropocene. *Progress in Physical Geography: Earth and Environment* 43(3): 334–344.

Edgeworth, Matthew, Andrew M. Bauer, Erle C. Ellis , Stanley C. Finney, Jacqueline L. Gill, Philip L. Gibbard , Mark Maslin, Dorothy J. Merritts & Michael J. C. Walker (2024): The Anthropocene Is More Than a Time Interval. *Earth's Future* 12 (https://doi.org/10.1029/2024EF004831).

Edwards, Paul N. (2015): Wissenschaftsinfrastrukturen für das Anthroppzän. In Jürgen Renn & Bernd Scherer (Hg.): *Das Anthropozän. Zum Stand der Dinge.* Berlin: Matthes & Seitz: 242–255.

Eggert, Manfred K. H. (2012): Cultural Anthropology, Archaeology and Sociocultural Evolution: Exploring Submerged Territory. In: Tobias L. Kienlin & Andreas Zimmermann (eds.): *Beyond Elites. Alternatives to Hierarchical Systems in Modelling Social Formations.* Bonn: Habelt, 91–104 (Universitätsforschungen zur Prähistorischen Archäologie, 215).

Egner, Heike & Horst Peter Groß (Hg.) (2019): *Das Anthropozän. Interdisziplinäre Perspektiven auf eine Krisendiagnostik.* München & Wien: Profil Verag (Klagenfurter Interdisziplinäres Kolleg).

Egner, Heike & Moremi Zeil (2019): Das Anthropozän – ein begriffliches Erdbeben (nicht nur für die Geographie). In: Heike Egner & Horst Peter Groß (Hg.) (2019): *Das Anthropozän. Interdisziplinäre Perspektiven auf eine Krisendiagnostik.* München & Wien: Profil Verag (Klagenfurter Interdisziplinäres Kolleg): 15–32.

Ehlers, Eckart (2008): *Das Anthropozän. Die Erde im Zeitalter des Menschen*. Darmstadt: WBG Wissenschaftliche Buchgesellschaft.

Ehlers, Eckart (2015): Down to Earth – Geography in the Anthropocene. In: Frauke Kraas, Dietrich Soyez, Carsten Butsch, Franziska Krachten, & Holger Kretschmer (eds.): *IGC Cologne 2012. Down to Earth. Documenting the 32nd International Geographical Congress in Cologne 26–30 August 2012*. Cologne: 26–32 (Kölner Geographische Arbeiten, 95).

Ehlers, Eckart & Thomas Krafft (eds.) (2010): *Earth System Science in the Anthropocene. Emerging Issues and Problems*. Berlin & Heidelberg: Springer.

Ehrlich, Paul R. & Anne H. Ehrlich (2008): *The Dominant Animal. Human Evolution and the Environment*. Washington, D.C. etc: Island Pres/ Shearwater Books.

Ehrlich, Paul R. & Anne H. Ehrlich (2022): Returning to »Normal«? Evolutionary Roots of the Human Prospect. *BioScience* 72(8): 778–788.

Eisenstadt, Shmuel Noah (2002): *Multiple Modernities*. New Brunswick, NJ: Transaction Publishers.

Eisl, Markus, Judith Grubinger-Preiner, Gerald Mansberger, Paul Schreilechner & Sonja Staudenherz (2011): *Human Footprint. Satellitenbilder dokumentieren menschliches Handeln*. Salzburg: Ecovision.

Eitel, Kathrin & Michaela Meurer (2021): Introduction. Exploring Multifarious Worlds and the Political Within the Ontological Turn(s). In: Michaela Meurer & Kathrin Eitel (eds.): *Ecological Ontologies. Approaching Human-Environmental Engagements*. Berliner Blätter 84: 3–19.

Eitel, Kathrin & Carsten Wergin (Hg.) (2025, im Druck): *Handbuch Umweltethnologie*. Berlin: Springer VS.

Elhacham, Emily, Liad Ben-Uri, Jonathan Grozovski, Yinon M. Bar-On & Ron Milo (2020): Global Human-Made Mass Exceeds All Living Biomass. Nature 588: 442–444.

Ellen, Roy (1982): *Environment, Subsistence and System. The Ecology of Small-Scale Social Formations*. New York: Cambridge University Press.

Ellen, Roy (1999): Models of Subsistence and Ethnobiological Knowledge: Between Extraction and Cultivation in Southeast Asia. In: Scott Atran (ed.): *Folk Biology*. Boston: The MIT Press: 91–117.

Ellen, Roy (2021): Introduction: Nature Beyond the ›Ontological Turn‹. In: Ders.: *Nature Wars. Essays around a Contested Concept*. New York, Oxford: Berghahn.: 1-27 (Environmental Anthropology a nd Ethnobiology, 27).

Eliasson, Ólafur (2007): *Your Mobile Expectations. BMW H2R Project. Exhibition Booklet*. Berlin: Studio Olafur Eliasson.

Ellis, Erle C. (2015): Ecology in an Anthropogenic Biosphere. Ecological *Monographs* 85: 287–331.

Ellis, Erle C. (2020): *Anthropozän: Das Zeitalter des Menschen – eine Einführung*. Bonn: oekom Verlag (orig. »Anthropocene. A Very Short Introduction«. Oxford: Oxford University Press, 2018) (Very Short Introductions).

Ellis, Erle C. (2023): The Anthropocene Condition: Evolving Through Socio-Ecological Transformations. *Philosophical Transactions of the Royal Society B* 379(1893) (https://doi.org/10.1098/rstb.2022.025 5).

Ellis, Erle C. (2024): The Anthropocene is not an Epoch – but the Age of Humans is most definitely underway. *The Conservation* (https://anthroecology.org/wp-content/uploads/2024/03/ellis_2024b.pdf).

Ellis, Erle C. & Peter K. Haff (2009): Earth Science in the Anthropocene: New Epoch, New Paradigm, New Possibilities. *Eos. Transactions American Geophysical Union* 90(49): 473.

Ellis, Erle C., Arthur H.W. Beusen & Kees Klein Goldewijk (2020): Anthropogenic Biomes: 10,000 BCE to 2015 CE. Land 9(129): 1–19 (doi:10.3390/land9050129).

Ellis, Erle C., Jed O. Kaplan, Dorian Q. Fuller, Steve Vavrus, Kees Klein Goldewijk & Peter H. Verburg. (2013): Used Planet: A Global History. *Proceedings of the National Academy of Sciences* 110, no. 20: 7978–7985.

Ellis, Erle C., Mark Maslin, Nicole Boivin & Andrew Bauer (2016): Involve Social Scientists in Defining the Anthropocene. *Nature* 540:192–193.

Ellis, Erle C., Nicolas Gauthier, Kees Klein Goldewijk, Rebecca Bliege Bird, Nicole Boivin, Sandra Díazi , Dorian Q. Fuller, Jacquelyn L. Gilll, Jed O. Kaplan, Naomi Kingston, Harvey Locke, Crystal N. H. McMichael, Darren Ranco, Torben C. Rick, M. Rebecca Shaw, Lucas Stephens, Jens-Christian Svenning & James E. M. Watson (2021): People Have Shaped Most of Terrestrial Nature for at Least 12,000 years. *Proceedings of the National Academy of Sciences* 118(17): 1–8. (https://www.pnas.org/content/pnas/118/17/e2023483118.full.pdf)

Ellis, Erle C., Nicholas R. Magliocca, Chris J. Stevens & Dorian Q. Fuller (2016): Evolving the Anthropocene: Linking Multi-Level Selection With Long-Term Social–Ecological Change. Sustainability Science 13:119–128.

Ellis, Erle C. & Navin Ramankutty (2008): Putting People in the Map: Anthropogenic Biomes of the World. Frontiers in Ecology and the Environment 6: 439–447.

Ellsworth, Elizabeth & Jamie Kruse (eds.) (2013): *Making the Geologic Now. Responses to Material Conditions of Contemporary Life.* New York: Punktum.

Emmett, Robert & Thomas Lekan (eds.) (2016): *Whose Anthropocene? Revisiting Dipesh Chakrabarty's »Four Theses«.* Munich: Rachel Carson Center for Environment and Society (RCC Perspectives, Transformations in Environment and Society, 2).

Engle Merry, Sally (2011): Measuring the World: Indicators, Human Rights, and Global Governance. *Current Anthropology* 52(S3): S83-S95.

Eriksen, Thomas Hylland ([2]2014): *Globalization. The Key Concepts.* London etc. Bloomsbury (The Key Concepts Series).

Eriksen, Thomas Hylland ([5]2023): *Small Places, Large Issues: An Introduction to Social and Cultural Anthropology.* London, East Haven, Conn.: Pluto Press (Anthropology, Culture and Society) ([1]1996).

Eriksen, Thomas Hylland (2016): *Overheating: An Anthropology of Accelerated Change.* London & New York: Pluto Press.

Eriksen, Thomas Hylland (2018): *Cooling down the Overheated Anthropocene. Lessons from Anthropology and Cultural History.* 2018 Gutorm Gjessing Lecture, Oslo: Department of Social Anthropology, University of Oslo (Museum of Cultural History, University of Oslo Working Paper 1).

Eriksen, Thomas Hylland (2023): What is it about the Anthropocene that Anthropologists Should Be Mindful Of? In: Ursula Münster, Thomas Hylland Eriksen, Sara Asu Schroer (eds.) (2023): *Responding to the Anthropocene. Perspectives from Twelve Academic Disciplines*. Oslo Scandinavian Academic Press: 109–132.

Eriksen, Thomas Hylland & Elizabeth Schober (2016): Economies of Growth or Ecologies of Survival? *Ethnos* 83 (3): 415–422.

Eriksen, Thomas Hylland & Astrid B. Stensrud (2018): *Climate Capitalism and Communities. An Anthropology of Environmental Overheating*. London & New York: Pluto Press.

Erlandson, Jon M. & Todd J. Braje (2013): Archeology and the Anthropocene. *Anthropocene*. file:///C:/Users/cAntweiler/Downloads/Archaeology_and_the_Anthropocene%20(2).pdf.

Ernstson, Henrik & Erik Swyngedouw (eds.) (2019): *Urban political ecology in the Anthropo-obscene*. London: Routledge.

Escobar, Arturo (2016): Thinking-Feeling With the Earth. Territorial Struggles and the Ontological Dimension of the Epistemologies of the South. *AIBR, Revista de Antropología Iberoamericana* 11(1): 11–32.

Escobar, Arturo (2018): *Designs for the Pluriverse. Radical Interdependence, Autonomy, and the Making of Worlds*. Durham, NC.: Duke University Press (New Ecologies for the Twenty-first Century).

Etelain, Jeanne (2023): Critical Zone. In: Nathanaël Wallenhorst & Christoph Wulf (eds.): *Handbook of the Anthropocene. Humans between Heritage and Future*. Berlin etc.: Springer: 1611–1615.

Evans-Pritchard, Edward Evan (1940): *The Nuer. A Description of the Modes of Livelihood and Political Institutions of a Nilotic People*. Oxford: Clarendon Press.

Fabian, Johannes (2014): *Time and the Other. How Anthropology Makes its Object*. New York: Columbia University Press (reprint, orig. 1983).

Fagan, Brian (2020): Big History and Archaeology. Archaeology is Big History. In: Craig Benjamin, Esther Quaedackers and David Baker (eds.): *The Routledge Companion to Big History. Milton Park & New York: Routledge* (Routledge Companions): 156–169.

Fagan, Brian & Nadia Durrani (2022): *Klima. Mensch. Geschichte. Für die Zukunft von unseren Vorfahren lernen*. Stuttgart: Kosmos (orig.»Climate Chaos. Lessons on Survival from our Ancestors«, New York: Public Affairs, Hachette Group, Perseus Books, 2021).

Fairhead James & Melissa Leach (1996): *Misreading the African Landscape. Society and Ecology in a Forest-Savanna Mosaic*. Cambridge, UK: Cambridge Univ. Press.

Falb, Daniel (2015): *Anthropozän. Dichtung in der Gegenwartsgeologie* Berlin: Verlagshaus Berlin (Edition Poeticon).

Fardon, Richard, Olivia Harris, Trevor H. J. Marchand, Mark Nuttall, Cris Shore, Veronica Strang & Richard A. Wilson (eds.) (2012): *The Sage Handbook of Social Anthropology: 2 Volumes*. Los Angeles: Sage Publications.

Farrell, Justin (2015): Corporate Funding and Ideological Polarisation About Climate Change. *Proceedings of the National Academy of Sciences* 113(1): 201509433.

Fassin, Didier (ed.) (2012): *A Companion to Moral Anthropology.* Malden, Mass. etc.: Wiley-Blackwell (Blackwell Companions to Anthropology, 20).

Federau, Alexander (2017): *Pour une philosophie de l'anthropocène.* Paris: Presses Universitaires de France (Écologie en questions).

Felgentreff, Carsten & Thomas Glade (Hg.) (2008): *Naturrisiken und Sozialkatastrophen.* Heidelberg: Spektrum Akademischer Verlag.

Fenske, Michaela & Arnika Peselmann (Hg.) (2020): *Wasser, Luft und Erde. Gemeinsames Werden in NaturenKulturen.* Würzburg: Königshausen und Neumann (Beiträge zur Europäischen Ethnologie/Volkskunde).

Ferdinand, Malcolm (2022): *Decolonial Ecology. Thinking Ecology from the Carribean World.* London: John Wiley & Sons (frz. Orig. »Une écologie décoloniale. Penser l'écologie depuis le monde caribéen«, Paris: Seuil.

Fernández-Armesto, Felipe (ed.) (2019): *The Oxford Illustrated History of the World.* Oxford: Oxford University Press.

Ferrando, Francesca (2016): The Party of the Anthropocene: Post-humanism, Environmentalism and the Post-anthropocentric Paradigm Shift. *Relations. Post-Anthropo-centrism* 4(2): 159–173.

Ficek, Rosa E. (2019): Cattle, Capital, Colonization: Tracking Creatures of the Anthropocene in and out of Human Projects. *Current Anthropology* 60(suppl. 20):S260–S271.

Figueroa, Adolfo (2017): *Economics of the Anthropocene Age.* New York: Palgrave Macmillan.

Filipi, Ângela Marques (2011): Through the Looking-Glass: a Critical Review of Sociology and Medicine towards the Diagnosis of ADHD. *Configurações. Revista de sociologia* 8 (Cultura, Tecnologia e Identidade): 83–86.

Finke, Peter L. W. (2022): *Mut zum Gaiazän. Das Anthropozän hat versagt.* München: oekom Verlag.

Finney, Stanley C. (2018): Comment on Bauer & Ellis 2018. *Current Anthropology* 59(2): 216–217.

Finney, Stanley C. & Lucy E. Edwards (2016): The »Anthropocene« Epoch: Scientific Decision or Political Statement? *Geological Society of America Today* 26(2): 4–10.

Finney, Stanley C. (2014): The Anthropocene as a ratified unit in the ICS International Chronostratigraphic Chart: fundamental issues that must be addressed by the Task Group. In: Colin N. Waters, jan A. Zalasiewicz, M. Williams Erle & A.M. Snelling (eds.): *A Stratigraphical Basis for the Anthropocene.* London: Geological Society (Special Publications, 395): 23–28.

Finney, Stanley C. & Philipp L. Gibbard (2023): The Humanities are invited to the Anthropocene Event but not to the Anthropocene Series/Epoch: a response to Chvostek (2023). *Journal of Quarternary Science* 38(4): 461–462.

Fischer, Ernst (1915): Der Mensch als geologischer Faktor. *Zeitschrift der Deutschen Geologischen Gesellschaft* 67: 106–148.

Fischer, Michael (2009): *Anthropological Futures.* Durham, NC.: Duke University Press.

Fischer-Kowalski, Marina & Helmut Haberl (1993): Metabolism and Colonization: Modes of Production and the Physical Exchange between Societies and Nature. *Innovation: The European Journal of Social Science Research* 6: 415–442.

Fischer-Kowalski, Marina & Helmut Haberl (eds.) (2017): *Socioecological Transitions and Global Change. Trajectories of Social Metabolism and Land Use*: Cheltenham: Edward Elgar.

Fischer-Kowalski, Marina, Fridolin Krausmann & Irene Pallua (2014): A sociometabolic reading of the Anthropocene: Modes of subsistence, population size and human impact on Earth. *The Anthropocene Review* 1(1) 8–33.

Fladvad, Benno (2021): Von Technoutopien und Endzeitszenarien: Zur Bedeutung der Dialektik der Aufklärung für eine kritisch-emanzipatorische Humangeographie im Anthropozän. *Geographische Zeitschrift* 109(2-3):144–163.

Flitner, Michael (2014): Global Change. In: Julia Lossau, Tim Freytag & Roland Lippuner (Hg.): *Schlüsselbegriffe der Kultur- und Sozialgeographie*. Stuttgart: Verlag Eugen Ulmer: 81–93.

Foley, Robert (1987): *Another Unique Species. Patterns in Human Evolutionary Ecology*. Essex, England: Longman.

Foley, Stephen F., Detlef Gronenborn, Meinrat O. Andreae, Joachim W. Kadereit, Jan Esper, Denis Scholz, Ulrich Pöschl, Dorrit E. Jacob, Bernd R. Schöne, Rainer Schreg, Andreas Vött, David Jordan, Jos Lelieveld, Christine G. Weller, Kurt W. Alt, Sabine Gaudzinski-Windheuser, Kai-Christian Bruhn, Holger Tost, Frank Sirocko & Paul J. Crutzen (2014): The Palaeoanthropocene. The Beginnings of Anthropogenic Environmental Change. *Anthropocene* 3: 83–88.

Folke, Carl (2006) Resilience: The Emergence of a Perspective for Social–Ecological Systems Analyses. *Global Environmental Change* 16: 253–67.

Folke, Carl (2016): Resilience. *Ecology and Society* 21(4): 44. https://doi.org/10.5751/ES-09088-210444.

Folke, Carl , Stephen Polasky, Johan Rockström, Victor Galaz, Frances Westley, Michèle Lamont, Marten Scheffer, Henrik Österblom, Stephen R. Carpenter, F. Stuart Chapin III, Karen C. Seto, Elke U. Weber, Beatrice I. Crona, Gretchen C. Daily, Partha Dasgupta, Owen Gaffney, Line J. Gordon, Holger Hoff, Simon A. Levin, Jane Lubchenco, Will Steffen & Brian H. Walker (2021): Our Future in the Anthropocene Biosphere. *Ambio. A Journal of the Human Environment* 50: 834–896.

Folkers, Andreas (2017): Politik des Lebens jenseits seiner selbst. Für eine ökologische Lebenssoziologie mit Deleuze und Guattari. *Soziale Welt* 68: 365 – 384.

Folkers, Andreas (2020): Was ist das Anthropozän und was wird es gewesen sein? Ein kritischer Überblick über neue Literatur zum kontemporären Erdzeitalter. *N.T.M. Zeitschrift für Geschichte der Wissenschaften, Technik und Medizin* 28(4): 589–604.

Folkers, Andreas (2024): Anthropozän. In: Marco Sonnberger, Alena Bleicher & Matthias Groß (Hg.): *Handbuch Umweltsoziologie*. 2. Auflage. Berlin: Springer VS: 657–669.

Folkers, Andreas & Nadine Marquardt (2017): Die Kosmopolitik des Ereignisses. Gaia, das Anthropozän und die Welt ohne uns. In: Corinna Bath, Hanna Meißner, Stephan Trinkaus & Susanne Völker (Hg.): *Verantwortung und Un/Verfügbarkeit. Impulse und Zugänge eines (neo)materialistischen Feminismus*. Reihe der DGS-Sektion Frauen und Geschlechterforschung, Münster.

Folkers, Andreas & Nadine Marquardt (2018): Die Verschränkung von Umwelt und Wohnwelt. Grüne smart homes aus der Perspektive der pluralen Sphärologie. *Geographica Helvetica* 73: 79–93.

Fortun, Kim (2001): *Advocacy After Bhopal. Environmentalism, Disaster, New World Orders*. Chicago: University of Chicago Press.

Fortun, Kim, James Adams, Tim Schütz, Scott Gabriel Knowles (2021): Knowledge infrastructure and research agendas for quotidian Anthropocenes: Critical localism with planetary scope. *The Anthropocene Review* 8(2): 169–182 (Special Issue: The Mississippi Papers).

Foster, J. (2018): Let's not talk about the Anthropocene. *Analecta Hermeneutica* 10: 1–22.

Foster, John Bellamy (2020): *The Return of Nature. Socialism and Ecology.* New York, N.Y.: Monthly Review Press.

Foster, John Bellamy (2022): *Capitalism in the Anthropocene. Ecological Ruin or Ecological Revolution.* New York, N.Y.: Monthly Review Press.

Foster, John Bellamy, Brett Clark & Richard York (2011): *Der ökologische Bruch. Der Krieg des Kapitals gegen den Planeten.* Wien: Laika (Laika Theorie 6, orig. »The Ecological Rift. Capitalism's War on the Earth«, New York: Monthly Review Press, 2010).

Foster, John Bellamy & Brett Clark (2020): *The Robbery of Nature. Capitalism and the Ecological Rift.* New York, N.Y.: Monthly Review Press.

Foster, John Bellamy & Ian Angus (2016): Marxism in the Anthropocene: Dialectical Rifts on the Left. *International Critical Thought* 6(3): 393–421.

Foucault, Michel (1974): *Die Ordnung der Dinge. Eine Archäologie der Humanwissenschaften.* Frankfurt am Main: Suhrkamp. (orig. »Les mots et les choses«, Paris: Éditions Gallimard, 1966).

Fourault, Véronique (2020): Antropocène. En Géographie francaise. In: Frédéric Alexandre, Fabrice Argounès, Rémi Bénos & David Blanchon (2020): *Dictionnaire critique de l'anthropocène-* Paris: CNRS Éditions.

Frake, Charles Oliver (1962): The Ethnographic Study of Cognitive Systems. In: Thomas Gladwin, & W. C. Sturtevant (eds.): *Anthropology and Human Behavior.* Washington, D.C.: Soc. Wash. 72–93.

Frank, Andre Gunder (2016): *ReOrient. Globalgeschichte im Asiatischen Zeitalter.* Wien: Promedia (Edition Weltgeschichte) (1998): (orig.: »Re-Orient. Global Econonmy in the Asian Age«, Berkeley: The University of California Press, 1998).

Frank, Andre Gunder und Barry K. Gills (eds.) (^{2}1996): *The World System. Five Hundred Years or Five Thousand?* London & New York: Routledge.

Frankopan, Peter (2023): *Zwischen Himmel und Erde. Klima – eine Menschheitsgeschichte.* Berlin: Rowohlt (orig. «The Earth Transformed. An Untold History«, London: Bloomsbury, 2023).

Fremaux, Anne (2017): *Towards a Critical Theory of the Anthropocene and a Life-affirming Politics. A Post-Anthropocentric, Post-Growth, Post-(neo)Liberal Green Republican Analysis.*n Ph.D-Thesis, Belfast: Queen's University, School of History, Anthropology, Philosophy and Politics.

Fremaux, Anne (2019): For a Post-Anthropocentric Socio-Nature Relationship in the Anthropocene afte r the Anthropocene: In: Dies. (ed.): *After the Anthropocene. Green Republicanism in a Post-Capitalist World.* Palgrave Macmillan (Environmental Politics and Theory): 119–163.

Frisch, Max (1979): *Der Mensch erscheint im Holozän. Eine Erzählung.* Frankfurt am Main: Suhrkamp.

Fuentes, Agustín (2006): Human-Nonhuman Primate Interconnections and Their Relevance to Anthropology. *Ecological and Environmental Anthropology* (University of Georgia): 1.

Fuentes, Agustín & Marcus Baynes-Rock (2017): Anthropogenic Landscapes, Human Action and the Process of Co-Construction With Other Species: Making Anthromes in the Anthropocene. *Land* 2017, 6, 15, doi:10.3390/land6010015

Fuhr, Harald (2021): The Rise of the Global South and the Rise in Carbon Emissions. *Third World Quarterly* 42(11): 2724–2746.

Fuller, Dorian Q., Jacob van Etten, Katie Manning, Christina Kobo Castillo, Eleanor Kingwell-Banham, Alison Weisskopf, Ling Qin, Yo-Ichiro Sato & Robert J. Hijmans (2011): The Contribution of Rice Agriculture and Livestock Pastoralism to Prehistoric Methane Levels: An Archaeological Assessment. *The Holocene* 21: 743–759 (https://doi.org/10.1177/0959683611398052).

Fuller, Richard Buckminster (1998): *Bedienungsanleitung für das Raumschiff Erde und andere Schriften.* Amsterdam/Dresden: Verlag der Kunst (zuerst Reinbek bei Hamburg, Rowohlt, 1973).

Fuller, Richard Buckminster (2020): *Operating Manual for Spaceship Earth.* Zürich: Lars Müller Publishers (orig. New York: E. P. Dutton & Co., 1963).

Future Earth (2013): *Future Earth Initial Science Report.* Paris: International Council of Science.

Galaz, Victor (2014): *Global Environmental Governance, Technology and Politics. The Anthropocene Gap.* Cheltenham & Northhampton, Mass.: Edward Elgar.

Gamble, Clive (2013): *Settling the Earth. The Archaeology of Deep Human History.* Cambridge etc.: Cambridge University Press.

Gamble, Clive (2021): *Making Deep History. Zeal, Perseverance, and the Time Revolution of 1859.* Oxford: Oxford University Press.

Gan, Elaine, Anna Tsing & Daniel Sullivan (2018): Using Natural History in the Study of Industrial Ruins. *Journal of Ethnobiology* 38(1): 39–54.

Gan, Elaine, Anna Lowenhaupt Tsing, Heather Swanson & Nils Bubandt (2017): Haunted Landscapes of the Anthropocene. In: Anna Lowenhaupt Tsing, Heather Swanson, Elaine Gan & Nils Bubandt (eds.) (2017): *Arts of Living on a Damaged Planet. Ghosts of the Anthropocene. Monsters of the Anthropocene.* Minneapolis: University of Minnesota Press: G1-G14.

Garcés, Marina (2019): *Neue radikale Aufklärung.* Wien: Verlag Turia + Kant, Wien, 2019 (Orig. span. »Nova il·lustració radicale«, Barcelona, 2017).

García-Moreno, Olga, Diego Álvarez-Laó, Miguel Arbizu, Eduardo Dopico, Eva García-Vázquez, Jo aquín García Sansegundo, Montserrat Jiménez-Sánchez, Laura Miralles, Ícaro Obeso, Ángel R odríguez-Rey, Marco de la Rasilla Vives, Luis Vicente Sánchez Fernández, Luis Rodríguez Tere nte, Luigi Toffolatti, Pablo Turrero (2020): The Little Big History of the Nalón River, Asturias, Spain. In: Craig Benjamin, Esther Quaedackers and David Baker (eds.): *The Routledge Companion to Big History.* Milton Park & New York: Routledge (Routledge Companions): 300–319.

Gardner, Katy & David Lewis (2015): *Anthropology and Development. Challenges for the Twenty-First Century.* London, Chicago, Ill: Pluto Press (Anthropology, Culture and Society).

Geertz, Clifford (1963): *Agricultural Involution. The Process of Ecological Change in Indonesia.* Berkeley: University of California Press.

Geertz, Clifford (1977): Religion as a Cultural System. In: Ders.: *The Interpretation of Cultures: Selected Essays.* New York: Basic Books: 87–125.

Geertz, Clifford James (1992): Kulturbegriff und Menschenbild. In: Habermas, Rebekka & Nils Minkmar (Hg.): *Das Schwein des Häuptlings. Sechs Aufsätze zur Historischen Anthropologie.* Berlin: Verlag Klaus Wagenbach: 56–82 (Wagenbachs Taschenbuch, 212).

Gebhard, Hans (2016): Das »Anthropozän« – zur Konjunktur eines Begriffs. In: Michael Wink & Joachim Funke (Hg.): *Heidelberger Jahrbücher* 1: 28–42. (http://dx.doi.org/10.17885/ heiup.hdjbo.23557).

Geiger, Danilo (2009): *Turner in the Tropics: The Frontier Concept Revisited.* Luzern: Universität, Ph.-D. Dissertation.

Geiger, Danilo (ed.) (2008): Frontier Encounters: Indigenous Communities and Settlers in Asia and Latin America. Geneva: IWGIA (Iwgia Document, 120).

Gellner, Ernest (1983): *Nations and Nationalism.* Oxford: Blackwell.

Gell, Alfred (1992): *The Anthropology of Time. Cultural Costructions of Temporal Maps and Images.* Oxford: Berg.

Gemenne, François & Aleksandar Rankovic, Thomas Ansart, Benoît Martin, Patrice Mitrano, Antoine Rio & Atelier de Cartographie de Sciences Po ([2]2021): *Atlas de l'anthropocène. Deuxième édition actualisée et augmentée.* Paris: Presses de Siences Po.

Gerasimov, Innokenti P. (1979): Anthropogene and its major problem. *Boreas* 8: 23–30.

Gertenbach, Lars (2019): Postkonstruktivismus in der Kultursoziologie. In: Stephan Moebius et al. (Hg.): *Handbuch Kultursoziologie, Band 2: Theorien – Methoden – Felder.* Wiesbaden: Springer VS: 53–76.

Gesing, Friderike, Katrin Amelang, Michael Flitner & Michi Knecht (2019): NaturenKulturen-Forschung. Eine Einleitung. In: Dies (Hg.): *NaturenKulturen.* Bielefeld: transcript: 7–50.

Ghosh, Amitav (2005): *Hunger der Gezeiten.* München: Karl Blessing Verlag (orig. »The Hungry Tide«, London: Harper Collins, 2005).

Ghosh, Amitav (2017): *Die Große Verblendung. Der Klimawandel als das Undenkbare.* München: Karl Blessing Verlag (orig. »The Great Derangement: Climate Change and the Unthinkable«, Chicago: Chicago University Press, 2016 (Berlin Family Lectures) und Gurgaon: Penguin Books India.

Ghosh, Amitav (2023): *Der Fluch der Muskatnuss. Gleichnis für einen Planeten in Aufruhr.* Berlin: Matthes & Seitz (orig. »The Nutmeg´s Curse. Parables for a Planet in Crisis«, Chicago: The University of Chicago Press, 2021).

Gibbard, Philipp L. & Mike J. C. Walker (2014): The Term »Anthropocene« in the Context of Formal Geological Classification. In: Colin Waters, Jan Zalasiewicz , M. Williams , M. Ellis & A. Snelling (eds.): A stratigraphic basis for the Anthropocene. London: Geological Society, Special Publications. doi:10.1144/SP39529-37.

Gibbard, Philipp L., Andrew M. Bauer, Matthew Edgeworth, William F. Ruddiman, Jacquelyn L. Gill, Dorothy J. Merritts, Stanley C. Finney, Lucy E. Edwards, Michael J. C. Walker, Mark Maslin & Erle

C. Ellis (2021): A practical solution: the Anthropocene is a Geological Event, not a formal Epoch. *Episodes* 45(4): 349–357.

Gibson, Katherine, Deborah Bird Rose, Ruth Fincher (eds.) (2015): *Manifesto for Living in the Anthropocene*. Brooklyn, NY: Punctum Books.

Gibson, Hannah & Sita Venkateswar (2015): Anthropological Engagement with the Anthropocene. A Critical Review. *Environment and Society: Advances in Research* 6: 5–27 (doi:10.3167/ares.2015.060102).

Gilroy, Paul (2004): *After Empire. Melancholia or Convivial Culture?* Abingdon: Routledge, auch New York: Columbia University Press.

Giri, Ananta Kumar (2006): *Cosmopolitism*. Vortrag, Universität Trier, Zentrum für Ostasien- und Pazifikstudien (ZOPS), 27.6.2006, Mitschrift CA.

Gilbert, Scott F. (2017): Holobiont by Birth. Multilineage Individuals as the Concretion of Cooperative Processes. In: Anna Lowenhaupt Tsing et al. (eds.): *Arts of Living on a Damaged Planet. Ghosts and Monsters of the Anthropocene.* Minneapolis: University of Minnesota Press: 73–89.

Glabau, Danya (2017): Feminists Write the Anthropocene: Three Tales of Possibility in Late Capitalism. *Journal of Cultural Economy* 10(6): 541–548.

Glaeser, Bernhard (1996): Humanökologie: Der sozialwissenschaftliche Ansatz. *Naturwissenschaften.* 83(4): 145–152.

Glaser, Bruno & Willliam I. Woods (2004): *Amazonian Dark Earths. Explorations in Space and Time.* Berlin & Heidelberg: Springer.

Glaser, Marion, Gesche Krause, Beate M. W. Ratter & Marion Welp (eds.) (2012): *Human-Nature Interactions in the Anthropocene.* New York: Routledge (Routledge Studies in Environment, Culture, and Society, 1).

Glaser, Rüdiger (2017): *Physische Geographie kompakt.* Berlin: Springer (zuerst Heidelberg: Spektrum Akademischer Verlag, 2010).

Glaser, Rüdiger, u. Mitarb. von Elke Schliermann-Kraus (2014): *Global Change. Das neue Gesicht der Erde.* Darmstadt: Primus, WBG Wissenschaftliche Buchgesellschaft.

Glaubrecht, Matthias (2019): *Das Ende der Evolution. Der Mensch und die Vernichtung der Arten.* München: C. Bertelsmann.

Glikson, Andrew Y. (2013): Fire and Human Evolution: The Deep-Time Blueprints of the Anthropocene. *Anthropocene* 3: 89–92.

Glikson, Andrew Y. & Colin Groves (2016): *Climate, Fire and Human Evolution. The Deep Time Dimensions of the Anthropocene.* Cham: Springer (Modern Approaches in Solid Earth Sciences, 10).

Goeke, Pascal (2022): Anthropozän. Von einer Beobachtungskategorie zur kategorialen Weltbeobachtungsformel. *Geographische Zeitschrift* 110(2): 88–07.

Görg, Christoph (2003a): *Regulation der Naturverhältnisse.* Münster: Westfälisches Dampfboot.

Görg, Christoph (2003b): Gesellschaftstheorie und Naturverhältnisse. Von den Grenzen der Regulationstheorie. In: Ulrich Brand & Werner Raza (eds.): *Fit für den Postfordismus? Theoretisch-Politische Perspektiven des Regulationsansatzes.* Münster: Westfälisches Dampfboot 175–194.

Görg, Christoph (2015): Anthropozän. In: Sybille Bauriedl (Hg.): *Wörterbuch Klimadebatte*. Bielefeld: Transcript: 29–36 (Edition Kulturwissenschaft).

Görg, Christoph (2016): Zwischen Tagesgeschäft und Erdgeschichte: Die unterschiedlichen Zeitskalen in der Debatte um das Anthropozän. *Gaia* 25(1): 9–13.

Görg, Christoph (2019): Naturverhältnisse. In: Claudia von Braunmühl, Heide Gerstenberger, Ralf Ptak & Christa Wichterich (Hg.): *ABC der globalen (Un)Ordnung. Von »Anthropozän« bis »Zivilgesellschaft«*. Hamburg: Verlag VSA: 172–173.

Görg, Christoph, Christina Plank, Dominik Wiedenhofer, Andreas Mayer, Melanie Pichler, Anke Schaffartzik & Fridolin Krausmann (2020): Scrutinizing the Great Acceleration: The Anthropocene and its Analytic Challenges for Social-ecological Transformations. *The Anthropocene Review* 7(1) 42–61.

Goldstone, Jack A. (2002): Efflorescence and Economic Growth in World History: Rethinking the »Rise of the West« and the Industrial Revolution. *Journal of World History* 13(2, Fall): 323–398.

González-Ruibal, Alfredo (2018): Beyond the Anthropocene: Defining the Age of Destruction. *Norwegian Archaeological Review* 51: 10–21.

Goody, Jack (2010): *The Eurasian Miracle*. Cambridge: Polity Press.

Google Earth Engine (2021): engine.google.com/timelapse.

Gordon, Helen (2021): *Notes from Deep Time. A Journey Through Our Past and Future Worlds*. London: Profile Books.

Goren-Inbar, Naama, Nira Alperson, Mordechai E. Kislev, Orit Simchoni, Yoel Melamed, Adi Ben-Nun & Ella Werker (2004): Evidence of Hominin Control of Fire at Gesher Benot Ya'aqov, Israel. *Science* 304(5671): 725–727.

Goudie, Andrew S. ([8]2019): *Human Impact on the Natural Environment. Past, Present, and Future*. London & New York: Blackwell.

Goudie, Andrew S. & Heather A. Viles (2016): *Geomorphology in the Anthropocene*. Cambridge: Cambridge University Press.

Gould, Stephen Jay (1990): *Die Entdeckung der Tiefenzeit. Zeitpfeil und Zeitzyklus in der Geschichte unserer Erde*. Stuttgart: Carl Hanser Verlag (orig. »Time's Arrow. Time's Cycle. Myth and Metaphor in the Discovery of Geological Time«, Cambridge, Mass.: Harvard University, 1987).

Graeber, David & David Wengrow (2022): *Anfänge. Eine neue Geschichte der Menschheit*. Stuttgart: Klett-Cotta (orig. »The Dawn of Everything. A New History of Humanity«. New York: Farrar, Straus & Giroux, 2021).

Graham, Stephen (2018): *Vertical. The City from Satellites to Bunkers*. London & New York: Verso.

Gramlich, Naomie (2020): Feministisches Spekulieren. Einigen Pfaden folgen. In: Marie-Luise Angerer & Naomie Gramlich (Hg.): *Feministisches Spekulieren. Genealogien, Narrationen, Zeitlichkeiten*. Berlin: Kulturverlag Kadmos: 9–31.

Grana-Behrens, Daniel (2021): »Big Data« and Alexander von Humboldt's Approach to Science. *German Life and Letters* __: 1–22.

Grana-Behrens, Daniel (i.V.): *Anthropologie der Natur. Beziehung von Dingen als Weltverständnis– Zur Kritik an der ontologischen Wende.*

Grant, Benjamin (2016): *Overview. Faszinierende Bilder unserer Erde aus dem All.* München: Dorling Kindersley & Digitalglobe (orig. »Overview. A New Perspective of Earth«, Preface Publishing, 2016).

Grant, Benjamin & Timothy Dougherty (2021): *Unsere Erde vorher und nachher.* Köln: Dumont (orig. »Timelapse. How We Change the Earth«, San Francisco: Ten Speed Press, 2020).

Grataloup, Christian, unter Mitarbeit von Charlotte Becquart-Rousset, Léna Hespel und Héloïse Kolebka (2024): *Die Geschichte der Erde. Ein Atlas.* München: C.H. Beck (orig. »Atlas historique de la Terre et de son usage par les humains«. Paris: Les Arènes & Croque Futur, Paris, 2022).

Green, John (2021): *Und wie hat Ihnen das Anthropozän bis jetzt gefallen? Notizen zum Leben auf der Erde.* München: Carl Hanser Verlag (orig. »The Anthropocene Reviewed«, London: Dutton, 2021).

Greenspoon, David (2016): *Earth in Human Hands. Shaping Our Planet´s Future.* New York: N.Y. & Boston: Grand Central Publishing.

Greenwood, Davydd J. (1984): *The Taming of Evolution. The Persistence of Nonevolutionary Views in the Study of Humans.* Ithaca, N.J. and London.

Greenwood, Davydd J. & William A. Stini (1977): *Nature, Culture, and Human History. A Bio-Cultural Introduction to Anthropology.* New York: Harper & Row, Publishers.

Gren, Martin & Edward Huijbens (eds.) (2015): *Tourism and the Anthropocene.* London etc.: Routledge.

Grinevald, Jacques (2012): *Le concept d'Anthropocène et son contexte historique et scientifique.* Séminaire du 11 mai 2012. Paris: Institut Momentum (L´ Anthropocène et ses issues).

Gronenborn, Detlef (2024): Das Anthropozän (Kommentar). *Archäologie in Deutschland* (2): 50–51.

Grusin, Richard A. (2017): *Anthropocene Feminism.* Minneapolis & London: University of Minnesota Press (Center for 21st Century Studies).

Guiliani, Gaia (ed.) 2021: Monsters, Catastrophes and the Anthropocene. A Postcolonial Critique. Mil ton Park, Abingdon & New York: Routledge (Routledge Environmental Humanities).

Guyot-Téphanie, Josselin (2020): Antropocène. Histoire de Concept. In: Alexandre, Frédéric, Fabrice Argounès, Rémi Bénos & David Blanchon (dir.) *Dictionnaire critique de l'anthropocène.* Paris: CNRS Éditions.

Haardt, Oliver F. R. (2022): *Industrielle Revolution 2.0. Eine historische Navigationshilfe.* Darmstadt: WBG (Wissenschaftliche Buchgesellschaft).

Haber, Heinz (1965): *Unser blauer Planet.* München: Deutsche Verlags-Anstalt.

Haber, Wolfgang, Martin Held & Markus Vogt (Hg.) (2016): *Die Welt im Anthropozän. Erkundungen im Spannungsfeld zwischen Ökologie und Humanität.* München: oekom.

Haberl, Helmut, Dominik Wiedenhofer, Stefan Pauliuk, Fridolin Krausmann, Daniel B. Müller & Mar ina Fischer-Kowalski (2019): Contributions of Sociometabolic Research to Sustainability Science. *Nature and Sustainability* 2: 173–184.

Haeckel, Ernst (1886): *Generelle Morphologie der Organismen.* Berlin: Walter de Gruyter.

Haenn, Nora & Richard Wilk (eds.) (2006): *The Environment in Anthropology. A Reader in Ecology, Culture, and Sustainable Living*. New York: New York University Press.

Haff, Peter K. (2013): Technology as a Geological Phenomenon: Implications for Human Well-Being. In: Waters, C. N., Zalasiewicz, J. A., Williams, M., Ellis, M. A. & Snelling, A. M. (eds): A *Stratigraphical Basis for the Anthropocene* (Geological Society, London, Special Publications, 395). http://dx.doi.org/10.1144/SP395.4

Haff, Peter K. (2018): Breaking the Anthropocene Illusion, in: *Being Human in the Anthropocene*. blog, 2018. https://perma.cc/Z4CT-V7L9.

Haff, Peter K. (2019): The Technosphere and Its Relation to the Anthropocene. In: Jan Zalasiewicz et al. (eds.): *The Anthropocene as a Geological Time Unit. A Guide to the Scientific Evidence and Current Debate*. Cambridge: Cambridge University Press: 138–143.

Hahn, Hans Peter (²2014): *Materielle Kultur. Eine Einführung*. Berlin: Dietrich Reimer Verlag (Ethnologische Paperbacks).

Haidle, Miriam (2012): *How to Think Tools? A Comparison of Cognitive Aspects in Tool Behaviour of Animals and During Human Evolution*. Habilitationsschrift, Universität Tübingen (Cognitive Aspects in Tool Behaviour 1)(urn:nbn:de:bsz:21-opus-60146).

Haidle, Miriam & Oliver Schlaudt (2019): Where Does Cumulative Culture Begin? A Plea for a SociologicallyInformed Perspective. *Biological Theory* (https://doi.org/10.1007/s13752-020-00351-w).

Haines, Andy & Howard Frumkin (2021): *Planetary Health. Safeguarding Human Health and the Environment in the Anthropocene*. Cambridge: Cambridge University Press.

Hall, M. (2005): *Earth Repair. A Transatlantic History of Environmental Restoration*. Charlottesville, Virg.: University of Virginia Press.

Halle, Clemence & Anne-Sophie Milon (2020): The Infinity of the Anthropocene: A (Hi)story With a Thousand Names. In: Bruno Latour & Peter Weibel (eds.): *Critical Zones: The Science and Politics of Landing on Earth*. Karlsruhe & Cambridge, Mass: ZKM Center for Art and Media & MIT Press: 44–49.

Haller, Tobias (2007): Is There a Culture of Sustainability? What Social and Cultural Anthropology Has to Offer 15 Years after Rio. In P. Burger & R. Kaufmann-Hayoz (Hg.): *15 Jahre nach Rio – Der sdiskurs in den Geistes- und Sozialwissenschaften: Perspektiven – Leistungen – Defizite*. Bern: Schweizerische Akademie der Geistes- und Sozialwissenschaften SAGW: 329–356.

Haller, Tobias (2019): The Different Meanings of Land in the Age of Neoliberalism: Theoretical Reflections on Commons and Resilience Grabbing from a Social Anthropological Perspective. *Land* 8 (https://boris.unibe.ch/141094/1/land-08-00104-v2.pdf).

Halvaksz, Jamon Alex (2021): Environmental Anthropology. In: Lene Pedersen & Lisa Cligett (eds.): *The Sage Handbook of Cultural Anthropology*. London: Sage Publications: 245–260.

Hamann, Alexandra, Claudia Zea-Schmid & Reinhold Leinfelder (Hg.) (2013): *Die große Transformation. Klima – Kriegen wir die Kurve?* Berlin: Verlag Jacoby & Stuart.

Hamann, Alexandra, Reinhold Leinfelder, Helmuth Trischler, Henning Wagenbreth (Hg.) (2014): *Anthropozän: 30 Meilensteine auf dem Weg in ein neues Erdzeitalter – Eine Comic-Anthologie*. München: Deutsches Museum.

Hamilton, Clive (2013): *Earthmasters. The Dawn of the Age of Climate Engineering.* Sydney etc.: Yale University Press.

Hamilton, Clive (2014): Ecologists Butt Out: You Are Not Entitled to Redefine the Anthropocene. https://clivehamilton.com/ecologists-butt-out-you-are-not-entitled-to-redefine-the-anthropocene/.

Hamilton, Clive (2015): The Theodicy of the »Good Anthropocene.« *Environmental Humanities* 7:233–238.

Hamilton, Clive (2016a): Define the Anthropocene in Terms of the Whole Earth. *Nature News* 536 (7616): 251.

Hamilton, Clive (2016b): The Anthropocene as Rupture. *The Anthropocene Review* 3(2): 93–106.

Hamilton, Clive (2017): *Defiant Earth. The Fate of Humans in the Anthropocene.* Cambridge & Malden, Mass: Polity Press.

Hamilton, Clive & Jacques Grinevald (2015): Was the Anthropocene Anticipated? *The Anthropocene Review* 2: 59–72.

Hamilton, Clive, Christophe Bonneuil & François Gemenne (eds.) (2015): *The Anthropocene and the Global Environmental Crisis. Rethinking Modernity in a New Epoch.* London & New York: Routledge (Routledge Environmental Humanities).

Hamilton, Rebecca, Jesse Wolfhagen, Noel Amano, Nicole Boivin, David Max Findley, José Iriarte, Jed O. Kaplan & Janelle Stevenson & Patrick Roberts (2021): Non-uniform tropical forest responses to the ›Columbian Exchange‹ in the Neotropics and Asia-Pacific. *Nature, Ecology and Evolution.* https://doi.org/10.1038/s41559-021-01474-4.

Hann, Chris (ed.) (1994): *When History Accelerates: Essays on Rapid Social Change, Complexity and Creativity.* London: Athlone Press.

Hann, Chris (2015): Backwardness Revisited: Time, Space and Civilization in Rural Eastern Europe. *Comparative Studies in Society and History* 57(4): 881–911.

Hann, Chris (2016a): The Anthropocene and Anthropology: Micro and Macro Perspectives. *European Journal of Social Theory.* DOI: 10.1177/1368431016649362).

Hann, Chris (2016b): A Concept of Eurasia. *Current Anthropology* 57(1): 1–27.

Hann, Chris & Keith Hart (2011): *Economic Anthropology. History, Ethnography, Critique.* Cambridge & Malden, Mass.: Polity Press.

Hannah, Michael (2021): *Extinctions. Living and Dying in the Margin of Error.* Cambridge etc.: Cambridge University Press.

Hannerz, Ulf (2010): *Anthropologys World. Life in a Twenty-First-century Discipline*, London/New York: Pluto Press (Anthropology, Culture and Society).

Hannerz, Ulf (2016): *Writing Future Worlds. An Anthropologist Explores Global Scenarios.* Basingstoke: Palgrave Macmillan (Palgrave Studies in Literary Anthropology).

Hansen, Klaus P. (⁴2011): *Kultur und Kulturwissenschaft. Eine Einführung.* Tübingen und Basel: A. Francke Verlag.

Hanusch, Frederic, Claus Leggewie & Erik Meyer (2021): *Planetar denken. Ein Einstieg.* Bielefeld: Transcript (X-Texte zu Kultur und Gesellschaft).

Haraway, Donna J. (1991): *Simians, Cyborgs, and Women: The Reinvention of Nature.* New York: Routledge.

Haraway, Donna J. (2003): *The Companion Species Manifesto. Dogs, People, and Significant Otherness. Vol 1.* Chicago: Prickly Paradigm Press.

Haraway, Donna J. (2015): Anthropocene, Capitalocene, Plantationocene, Chthulucene: Making Kin. *Environmental Humanities* 6: 159–165.

Haraway, Donna J. (2016): *Staying With the Trouble. Making Kin in the Chthulucene.* Durham, N.C.: Duke University Press (dt.»Unruhig bleiben. Die Verwandtschaft der Arten im Chthuluzän«, Frankfurt am Main & New York: Campus Verlag, 2018).

Haraway, Donna J. (2020): Chthulucene. In: Krogh, Marianne (ed.): *Connectedness. An Incomplete Encyclopedia of Anthropocene.* Copenhagen: Strandberg Publishing: 100–103.

Haraway, Donna, Noboru Ishikawa, Scott F. Gilbert, Kenneth Olwig, Anna L. Tsing & Nils Ole Buband t (2016): Anthropologists Are Talking – About the Anthropocene. *Ethnos. Journal of Anthropology* 81(3): 535–564. DOI: 10.1080/00141844.2015.1105838.

Harper, Kyle, Lynn K. Nyhart, Joanna Radin, Julia A. Thomas, Russell H. Tuttle & Jonathan Lyon (2016): Bio-History in the Anthropocene: Interdisciplinary Study on the Past and Present of Human Life. *Chicago Journal of History* 7: 5–19.

Hartigan Jr., John (2021): Knowing Animals: Multispecies Ethnography and the Scope of Anthropology. *American Anthropologist* 123(4): 846–860.

Hartung, Gerald (2022): Willkommen im Anthropozän. Ein Menschenbild für das neue Erdzeitalter. *Die politische Meinung* 66(571): 14–18.

Harris, Andrew (2016): Vertical Urbanisms. Opening Up Geographes of the Three-Dimensional City. *Progress in Human Geography* 39(5): 601–620.

Hastrup, Kirsten (2016): Climate Knowledge. Assemblage, Anticipation, Action. In: Susan A. Crate & Mark Nuttall (eds.): *Anthropology and Climate Change. From Actions to Transformations.* New York: Routledge: 35–57.

Haumann, Sebastian (2019): Zwischen »Nachhaltigkeit« und »Anthropozän«. Neue Tendenzen in der Umweltgeschichte. Neue Politische Literatur 64: 295–326.

Haus der Kulturen der Welt (2013): The Anthropocene Curriculum. (https://www.anthropocene-curriculum.org/about).

Haus der Kulturen der Welt (2014): *The Anthropocene Project. Kulturelle Grundlagenforschung mit den Mitteln der Kunst und der Wissenschaft* 2013/2014: (http://www.hkw.de/de/programm/projekte/2014/anthropozaen/anthropozaen_2013_2014.php).

Hazen, Robert M., Edward S. Grew, Marcus J. Origlieri & Robert T. Downs (2017): On the Mineralogy of the »Anthropocene Epoch«. *American Mineralogist* 102(3): 595–611 (Outlooks in Earth and Planetary Materials).

Head, Martin J. (2019): Formal Subdivision of the Quaternary System/Period: Present Status and Future Directions. *Quaternary International* 500: 32–51.

Head, Martin J. & Philip Gibbard (2015): Formal subdivision of the quaternary system/period: past, present, and future. *Quaternary International* 383:4–35.

Headrick, Daniel R. (2022): *Macht euch die Erde untertan. Die Umweltgeschichte des Anthropozäns.* Wiesbaden: WBG (engl. Orig.»Humans versus Nature. A Global Environmental History«, New York: Oxford University Press, 2021).

Hecht, Gabrielle (2018): Interscalar Vehicles for an African Anthropocene: On Waste, Temporality, and Violence. *Cultural Anthropology* 33(1): 109–141.

Hedlund, Nicholas & Sean Esbjörn-Hargens (eds.) (2023): *Big Picture Perspectives on Planetary Flourishing. Metatheory for the Anthropocene 1.* London & New York: Routledge (Routledge Studies in Critical Realism, 1).

Heichele, Thomas (Hg.) (2020): *Mensch – Natur – Technik. Philosophie für das Anthropozän.* Münster: Aschendorff Verlag (Studien zur systematischen Theologie, Ethik und Philosophie, 19).

Heise, Ursula K. (2008): *Sense of Place and Sense of Planet.* Oxford: Oxford University Press.

Heise, Ursula K. (2015a): Posthumanismus. Den Menschen neu denken. In: Nina Möllers, Christian Schwägerl & Helmuth Trischler (Hg.): *Willkommen im Anthropozän. Unsere Verantwortung für die Zukunft der Erde.* München: Deutsches Museum Verlag: 38–42.

Heise, Ursula K. (2015b): Ökokosmopolitismus. In Gabriele Dürbeck & Urte Stobbe (Hg.): *Ecocriticism. Eine Einführung,* Köln: Böhlau: 121–32.

Henningsen, Dierk (2009): Aktualismus in den Geowissenschaften – die Gegenwart als Schlüssel zur Vergangenheit. *Naturwissenschaftliche Rundschau* 62(5): 229–232.

Henrich, Joseph (2016): *Secret of Our Success. How Culture is Driving Human Evolution, Domesticating Our Species, and Making Us Smarter.* Princeton & Oxford: Princeton University Press.

Henrich, Joseph (2020): *The WEIRDest People in the World. How the West Became Psychologically Peculiar and Particularly Prosperous.* New York: Macmillan.

Henrich, Joseph, Steven Heine & Aram Norenzayan (2010): The Weirdest People in the World. *Behavioral and Brain Sciences* 33: 61–135.

Hernes, Gudmund (2012): *Hot Topic–Cold Comfort: Climate Change and Attitude Change.* Oslo: Nordforsk Press.

Herrmann, Bernd (2014): Einige umwelthistorische Kalenderblätter und Kalendergeschichten. In: Manfred Jakubowski-Tiessen& Jana Sprenger (Hg.): *Natur und Gesellschaft. Perspektiven der interdisziplinären Umweltgeschichte.* Göttingen: Universitätsverlag Göttingen: 7–58.

Herrmann, Bernd (2015): Sind Umweltkrisen Krisen der Natur oder Krisen der Kultur? Zur Einführung. In: Ders. (Hg.): *Sind Umweltkrisen Krisen der Natur oder der Kultur?* Berlin: Springer: 1–10.

Herrmann, Bernd (^{2}2016): *Umweltgeschichte. Eine Einführung in Grundbegriffe.* Berlin & Heidelberg: Springer Spektrum.

Herrmann, Bernd (2019): *Das menschliche Ökosystem. Ein humanökologisch-erkenntnistheoretischer Essay.* Wiesbaden: Springer Spektrum (Essentials).

Herrmann, Bernd, Bernhard Glaeser & Thomas Potthast (2021) *Humanökologie*. Springer Spektrum, Wiesbaden (Essentials).

Hetzel, Andreas, Eva Schürmann & Harald Schwaetzer (Hg.) (2020): *Widerstand und ziviler Ungehorsam im Anthropozän*. Frankfurt: Fromann-Holzboog (*Allgemeine Zeitschrift für Philosophie*: Heft 45.2).

Heyes, Cecilia (2018): *Cognitive Gadgets. The Cultural Evolution of Thinking*. Cambridge, Mass & London: The belknap Press of Harvard University Press.

Heymann, Matthias & Rebekka Dahan Dalmedico (2019): Epistemology and Politics in Earth System Modeling: Historical Perspectives. *Journal of Advances in Modeling Earth Systems*, 11: 1139–1152.

Hickmann, Thomas, Lena Partzsch, Philipp Pattberg & Sabine Weiland (eds.) (2019): *The Anthropocene Debate and Political Science*. London etc: Routledge (Routledge Research in Global Environmental Governance).

Hinrichsen, Jan, Reinhard Johler & Sandro Ratt (Hg.) (2020): *Katastrophen/Kultur: Beiträge zu einer interdisziplinären Begriffswerkstatt*. Tübingen: Tübinger Vereinigung für Volkskunde (Studien und Materialien des Ludwig-Uhland-Instituts der Universität Tübingen, 5).

Hilberg, Sylke ([2]2022): *Umweltgeologie. Eine Einführung in Grundlagen und Praxis*. Berlin: Springer Spektrum.

Hirsbrunner, Simon David (2021): *A New Science for Future. Climate Impact Modeling and the Quest for Digital Openness*. Bielefeld: Transcript Verlag (Locating Media).

Hobson, John M. (2004): *The Eastern Origins of Western Civilization*. Cambridge: Cambridge University Press.

Hockings, Kimberley J., Matthew R. McLennan, Susana Carvalho, Marc Ancrenaz, Rene´ Bobe, Richard W. Byrne, Robin I.M. Dunbar, Tetsuro Matsuzawa, William C. McGrew, Elizabeth A. Williamson, Michael L. Wilson, Bernard Wood, Richard W. Wrangham, and Catherine M. Hill1(2015): Apes in the Anthropocene: Flexibility and Survival. *Trends in Ecology & Evolution* 30(4): 215–222.

Hodder, Ian (2012): *Entangled. An Archaeology of the Relationships Between Humans and Things*. Oxford: Wiley-Blackwell.

Hodder, Ian (2018): *Where Are We Heading? The Evolution of Humans and Things*. New Haven, Conn.: Yale University Press.

Hodder, Ian (2020): The Paradox of the Longterm: Human Evolution and Entanglement. *The Journal of the Royal Anthropological Institute* 26: 389–411.

Höfele, Philipp, Oliver Müller & Lore Hühn (2022): Introduction: The role of nature in the Anthropocene – Defining and reacting to a new geological epoch. *The Anthropocene Review* 9(2): 129–138.

Höhler, Sabine (2015): *Spaceship Earth in the Environmental Age, 1960–1990*. London & New York: (Routledge History and Philosophy of Technoscience, 4).

Höhler, Sabine & Fred Luks (2006): Kenneth Bouldings »Raumschiff Erde« – 40 Jahre danach. In: Dies (Hg.): *Beam Us Up, Boulding! 40 Jahre »Raumschiff Erde«*. O.O.: Vereinigung für Ökologische Ökonomie (Beiträge & Berichte, 7): 5–8.

Höhler, Sabine & Fred Luks (Hg.) (2006): *Beam Us Up, Boulding! 40 Jahre »Raumschiff Erde«*. O.O.: Vereinigung für Ökologische Ökonomie (Beiträge & Berichte, 7).

Hoelle, Jeffrey & Nicholas C. Kawa (2021): Placing the Anthropos in the Anthropocene. *Annals of the American Association of Geographers* 111(3): 655–662.

Hörl, Erich (2013): Tausend Ökologien. Der Prozess der Kybernetisierung und die Allgemeine Ökologie. In: Diedrich Diederichsen & Anselm Franke (Hg.): *The Whole Earth. Kalifornien und das Verschwinden des Außen.* Berlin: Sternberg Press: 121–130.

Hoffmann, Christoph (2020): Spontane Wissenschaftsphilosophien und Philosophie der Wissenschaftler. *Merkur* 74(859): 80–87.

Hoffman, Susanna M., Thomas Hylland Eriksen & Paulo Mendes (eds.) (2022): *Cooling Down. Local Responses to Global Climate Change.* Oxford & New York: Berghahn.

Hoggenmüller, Sebastian W. (2016): Die Welt im (Außen-)Blick. Überlegungen zu einer ästhetischen Re|Konstruktionsanalyse am Beispiel der Weltraumfotografie »Blue Marble«. *Zeitschrift für Qualitative Forschung* 17(1-2): 11–40.

Hoiß, Christian (2017): Anthropozän. Spuren einer Narration. In: Anselm, Sabine & Christian Hoiß (Hg.) : *Crossmediales Erzählen vom Anthropozän. Literarische Spuren in einem neuen Zeitalter.* München: oekom: 13–37.

Hoiß, Christian (2019): *Deutschunterricht im Anthropozän. Didaktische Konzepte einer Bildung für nachhaltige Entwicklung.* Dissertation, München: LMU, Fakultät für Sprach- und Literaturwissenschaften, (https://edoc.ub.uni-muenchen.de/24608/).

Højrup, Mathilde & Heather Anne Swanson (2018): The Making of Unstable Ground: The Anthropogenic Geologies of Søby, Denmark. *Journal of Ethnobiology* 38(1): 24–38.

Holbraad, Martin & Morten Axel Pedersen (2017): *The Ontological Turn. An Anthropological Exposition.* Cambridge etc.: Cambridge Unuiversity Press (New Departures in Anthropology).

Holling, C. S. (1973). Resilience and Stability of Ecological Systems, Annual Review of Ecology and Systematics, 4/1, 1–23, https://doi.org/10.1146/annurev.es.04.110173.000245

Holling, Crawford Stanley & L. H. Gunderson (eds.) (2010): *Foundations of Ecological Resilience.* Washington, D.C.: Island Press.

Hollis, Martin (1997): The Limits of Irrationality. In: Bryan R. Wilson (ed.): *Rationality.* London: Blackwell und Oxford & New York: Harper & Row: 214–220 (Key Concepts in the Social Sciences).

Holm, Nicholas & Sy Taffel (eds.) (2016): *Ecological Entanglements in the Anthropocene.* ___: Lexington Books (Ecocritical Theory and Practice).

Hommels, Anique (2005): Studying Obduracy in the City: Toward a Productive Fusion between Technology Studies and Urban Studies. *Science Technology and Human Values* 30(3): 323–351.

Hooke, Roger Le B. (2000): On the History of Humans as Geomorphic Agents. *Geology* 28(9): 843–846.

Hoppe, Katharina (2021): *Die Kraft der Revision. Epistemologie, Politik und Ethik bei Donna Haraway.* Frankfurt & New York: Campus.

Hoppe, Katharina (2022): Das Anthropozän kompostieren: Speziesübergreifende Verwandtschaft und sozial-ökologische Transformation. *INSERT. Artistic Practices as Cultural Inquiries, 2: senseABILI-*

TIES – auf der Suche nach einem anderen Erzählen im Anthropozändiskurs (https://insert.art/ausg aben/senseabilities/das-anthropozaen-kompostieren, DOI: https://doi.org/10.5281/zenodo.67723 11).

Hoppe, Katharina (2023): Chthuluzän – Gegenwartsdiagnose. jenseits der Großtheorie. Unruhig bleiben von Donna Haraway. In: Sina Farzin und Henning Laux (Hg.), *Soziologische Gegenwartsdiagnosen 3*. Wiesbaden: Springer VS: 139–154.

Hoppe, Katharina & Thomas Lemke (2021): *Neue Materialismen zur Einführung*. Hamburg: Junius Verlag (Junius Einführungen).

Horkheimer, Max & Theodor W. Adorno (2006): *Dialektik der Aufklärung: philosophische Fragmente*. Frankfurt am Main: Fischer Verlag.

Horn, Eva (2014): *Die Zukunft als Katastrophe*. Frankfurt am Main: S. Fischer Verlag.

Horn, Eva (2016): Klimatologie um 1800. Zur Genealogie des Anthropozäns. *Zeitschrift für Kulturwissenschaften 1*: 87–202.

Horn, Eva (2017): Jenseits der Kindeskinder. Nachhaltigkeit im Anthropozän. *Merkur* 71 (814): 5–17.

Horn, Eva, im Gespräch mit Michael Reitz (2020): *Folgen einer Epoche. Der Mensch erscheint im Anthropozän*. Deutschlandfunk. (https://www.deutschlandfunk.de/der-mensch-erscheint-im-anthropoz aen-folgen-einer-neuen-100.html).

Horn, Eva (2024a): Anthropozän. In: Ulrich Bröckling, Susanne Krasmann & Thomas Lemke (Hg.): *Glossar der Gegenwart 2.0*. Berlin: Suhrkamp: 70–79.

Horn, Eva (2024b): *Klima. Eine Wahrnehmungsgeschichte*. Frankfurt am Main. S. Fischer Verlag.

Horn, Eva & Hannes Bergthaller (³2022): *Anthropozän zur Einführung*. Hamburg: Junius (Junius Einführungen) (auch engl.»The Anthropocene. Key Issues for the Humanities«, London & New York: Routledge, Earthscan, 2020).

Hornborg, Alf (2014): Technology as Fetish. Marx, Latour, and the Cultural Foundatons of Global Capitalism. *Theory, Culture & Society* 31(4), 119–140.

Hornborg, Alf (2015): The Political Ecology of the Technocene: Uncovering Ecologically Unequal Exchange in the World-System. In: Clive Hamilton, Christophe Bonneuil & François Gemenne (eds.): *The Anthropocene and the Global Environmental Crisis: Rethinking Modernity in a New Epoch*. London: 57–69.

Hornborg, Alf (2017a): Artifacts Have Consequences, Not Agency: Toward a Critical Theory of Global Environmental History. *European Journal of Social Theory* 20: 95–110.

Hornborg, Alf (2017b): Dithering While the planet Burns: Anthropologists' Approaches to the Anthropocene. *Reviews in Anthropology* 46(2-3): 61–77.

Hornborg, Alf (2020a): Anthropology in the Anthropocene, Guest Editorial. *Anthropology Today* 36(2): 1–2.

Hornborg, Alf (2020b): Anthropocene, The. In: Hilary Callan (ed.): *The International Encyclopedia of Anthropology*. London etc: Wiley-Blackwell: 1–10. https://doi.org/10.1002/9781118924396.wbiea2
386

Hornidge, Anna-Katharina & Christoph Antweiler (eds.) (2012): *Environmental Uncertainty and Local Knowledge. Southeast Asia as a Laboratory of Global Change.* Bielefeld: Transcript (Global Studies).

Howard, Peter, Ian Thompson Emma Waterton & Mick Atha (eds.) ([2]2019): *The Routledge Companion to Landscape Studies.* London & New York: Routledge (Routledge Campanions).

Howe, Cymene (2014): Anthropocene Ecoauthority: The Winds of Oaxaca. *Anthropological Quarterly* 87: 381–404.

Howe, Cymene (2015): Latin America in the Anthropocene: Energy Transitions and Climate Change Mitigations. *The Journal of Latin Amnerican and Caribbean Anthropology* 2082): 231–241.

Howe, Cymene & Anand Pandian (eds.) (2020): *Anthropocene Unseen. A Lexicon.* Brooklyn, N.Y.: Punctum Press. https://culanth.org/fieldsights/series/lexicon-for-an-anthropocene-yet-unseen.

Hubatschke, Christoph (2020): Anthropozän/Kapitalozän/Chthulucene. In: *diebresche*, 24. 9. 2020. www w.diebresche.org/anthropozaenkapitalozaen-chthulucene/

Hübner, Andreas (2022): »Schwellenwerte«: Das Anthropozän erfahren. In: Jörg van Norden & Lale Yildirim (Hg.): *Historische Erfahrung.* Frankfurt: Wochenschau Verlag: 265–278 (Geschichtsdidaktik theoretisch, 1).

Hüpkes, Philip (2019): »Anthropocenic Earth Mediality«. On Scaling and Deep Time in the Anthropocene. In: Gina Comos & Caroline Rosenthal (eds.): *Anglophone Literature and Culture in the Anthropocene.* Newcastle upon Tyne: Cambridge Scholars Publishing: 196–213.

Hüpkes, Philipp (2020a): Gaia. In: *Grundbegriffe des Anthropozän. Ein interdisziplinäres Lexikon des DFG-Forschungsprojekts »Narrative des Anthropozän in Wissenschaft und Literatur«* (www.uni-v echta.de/anthropozaen).

Hüpkes, Philipp (2020b): Tiefenzeit. In: *Grundbegriffe des Anthropozän. Ein interdisziplinäres Lexikon des DFG-Forschungsprojekts »Narrative des Anthropozän in Wissenschaft und Literatur«* (www.un i-vechta.de/anthropozaen).

Hüther, Gerald, Harald Lesch & Abraham Maslow (2020): *Bewusstsein, Liebe & Kreativität. Human- und Kulturpotenziale im Anthropozän.* Berlin & Pommritz: Pikok-Verlag.

Hudson, Mark J. (2014): Placing Asia in the Anthropocene: Histories, Vulnerabilities, Responses. *The Journal of Asian Studies* 73(4): 941–962.

Hudson, Mark J. (2019): Review of S. Yoneyama, Animism in Contemporary Japan: Voices for the Anthropocene from Post-Fukushima Japan. *Anthropological Notebooks* 25: 189–192.

Hudson, Mark J. (2021): *Conjuring Up Prehistory. Landscape and the Archaic in Japanese Nationalism.* Oxford: Archaeopress.

Hughes, J Donald ([2]2009): An Environmental History of the World. Humankind´s Changing Role in the Community of Life. Milton Park & New York: Routledge.

Hummel, Diana, Thomas Jahn, Johanna Kramm & Immanuel Stieß ([2]2024): Gesellschaftliche Naturverhältnisse – Grundbegriff und Denkraum für die Gestaltung von sozialökologischen Transformationen: In: Marco Sonnberger, Alena Bleicher & Matthias Groß (Hg.): *Handbuch Umweltsoziologie.* Wiesbaden: Springer VS: 15–29.

Hupke, Klaus-Dieter (²2020): *Naturschutz. Eine kritische Einführung.* Berlin & Heidelberg: Springer Spektrum.

Hurston, Zora Neale (1942): *Dust Tracks on a Road. An Autobiography.* Philadelphia: J. B. Lippincott.

Huxley, Julian (1966): Die Zukunft des Menschen – Aspekte der Evolution. In: Robert Jungk & Hans Josef Mundt (Hg.): *Das umstrittene Experiment: Der Mensch. Elemente einer biologischen Revolution.* München: Verlag Kurt Desch (orig. »The Future of Man. Evolutionary Aspects«).

IGS (International Commission on Stratigraphy) (2020): *Chronostratigraphic Diagram* (www.stratigraphy.org/index.php/ics-chart-timescale).

IHDP (2010): *International Human Dimensions Programme on Global Environmental Change.* Bonn: United Nations University. https://www.researchgate.net/profile/Carole_Crumley/publication/257588246/figure/fig3/AS:661747459452930@1534784297893/Beyond-the-Bretherton-diagram.png .

Ingold, Tim (2011a): *Being Alive. Essays on Movement, Knowledge and Description.* London: Routledge.

Ingold Tim (2011b): *Redrawing Anthropology. Materials, Movements, Lines.* Aldershot, UK: Ashgate.

Ingold, Tim (2019): *Anthropologie – Was sie bedeutet und warum sie wichtig ist.* Wuppertal: Peter Hammer Verlag (Edition Trickster) (orig. »Anthropology. Why it Matters«, Cambridge & Madford, Mass.: Polity Press, 2018, Why it Matters Series).

Ingold, Tim & Gísli Pálsson (eds.) (2013): *Biosocial Becomings. Integrating Social and Biological Anthropology.* Cambridge: Cambridge University Press.

Inkpen, S. Andrew & C. Tyler DesRoches (2019): Revamping the Image of Science for the Anthropocene. *Philosophical Theoretical and Practical Biology* 11(3): 1–7.

Ingwersen, Moritz & Sina Steglich (2022): Neue Zeitichkeiten und das Anthropozän. *Sciendo.* Sonderheft 5: 1–11; Open Access.

IPBES (2019): Summary for Policymakers of the IPBES Global Assessment Report Biodiversity and Ecosystem Services. Bonn: Intergovernmental Science-Policy Platform on Biodiversity and Ecosystem Services (https://ipbes.net/sites/default/files/inline/files/ipbes_global_assessment_report_summary_for_policymakers.pdf).

IPCC (Masson-Delmotte, V., P. Zhai, A. Pirani, S.L. Connors, C. Péan, S. Berger, N. Caud, Y. Chen, L. Goldfarb, M.I. Gomis, M. Huang, K. Leitzell, E. Lonnoy, J.B.R. Matthews, T.K. Maycock, T. Waterfield, O. Yelekçi, R. Yu, and B. Zhou, eds.) (2021): *Climate Change 2021: The Physical Science Basis. Contribution of Working Group I to the Sixth Assessment Report of the Intergovernmental Panel on Climate Change* []. Cambridge: Cambridge University Press.

Irvine, Richard D. G. (2020): *An Anthropology of Deep Time. Geological Temporality and Social Life.* Cambridge etc.: Cambridge University Press (New Departures in Anthropology).

Isager, Lotte, Line Vestergaard Knudsen, Ida Theilade (2021): A New Keyword in the Museum: Exhibiting the Anthropocene. *Museum & Society* 19(1) 88–107.

Isenberg, Andrew C. (2014): *The Oxford Handbook of Environmental History.* Oxford & New York: Oxford University Press.

Isendahl, Christian (2010): The Anthropocene Forces us to Reconsider Adaptationist Models of human-environment interactions. *Environmental Science & Technology* 16: 6007.

Isendahl, Christian & Daryl Stump (eds.) (2019): Conclusion: Anthropocentric Historical Ecology, Applied Archaeology, and the Future of a Usable Past. In: Dies. (eds.): *Oxford Handbook of Historical Ecology and Applied Archaeology*. Oxford: Oxford University Press: 581–598.

Ishikawa, Noboru & Ryoji Soda (eds.) (2020): *Anthropogenic Tropical Forests. Human–Nature Interfaces on the Plantation Frontier*. Singapore: Springer Nature (Advances in Asian Human-Environmental Research).

Issberner, Liz-Rejane & Philippe Léna (eds.) (2017): *Brazil in the Anthropocene. Conflicts between Predatory Development and Environmental Policies*. Milton Park & New York: Routledge (Routledge Environmental Humanities).

IUGS, International Union of Geological Sciences (2024): The Anthropocene. https://www.iugs.org/_files/ugd/f1fc07_ebe2e2b94c35491c8efe570cd2c5a1bf.pdf?index=true&trk=public_post_comment-text.

Jablonka, Eva & Marion Lamb (2020): *Inheritance Systems and the Extended Synthesis*. Cambridge: Cambridge University Press.

Jackson, Jr., John P. (2010): Definitional Argument in Evolutionary Psychology and Cultural Anthropology. *Science in Context* 23(1): 121–150.

Jagodzinski, Jan (ed.) (2018): *Interrogating the Anthropocene. Ecology, Aesthetics, Pedagogy, and the Future in Question*. London etc: Palgrave Macmillan. (Palgrave Srudies in Educational Futures).

Jahn, Thomas, Diana Hummel & Engelbert Schramm (2016): *Sustainable Science in the Anthropocene*. Frankfurt am Main: Institut für sozial-ökologische Forschung (ISOE) (ISOE-Diskussionspapiere, 49).

Jamieson, Dale (2014): *Reasons in a Dark Time. Why the Struggle against Climat Change Failed, and What it Means for our Future*. Oxford: Oxford University Press.

Jansen, Markus (2023): *Mensch oder Erde. Ökologische Aufklärungen*. Marburg: Büchner Verlag.

Jasanoff, Sheila (2004a): The Idiom of Co-Production. In: Dies. (ed.): *States of Knowledge. The Co-Production of Science and Social Order*. London & New York: Routledge: __-__.

Jasanoff, Sheila (2004b): Heaven and Earth. The Politics of Environmental Images. In: Sheila Jasanoff & Marybeth Long Martello (eds.): *Earthly Politics. Local and Global in Environmental Governance*. Cambridge: MIT Press: 31–52.

Jasanoff, Sheila (2010): A New Climate for Society. *Theory Culture and Society* 27(2–3): 233–253.

Jessop, Bob, Neil Brenner & Martin Jones (2008): Theorizing Sociospatial Relations. *Environment and Planning D: Society and Space* 26(3): 389–401.

Jobin, Paul, Ming-sho Ho & Hsin-Huang Michael Hsiao (eds.) (2021): *Environmental Movements and Politics of the Asian Anthropocene*. Singapore: ISEAS – Yusof Ishak Institute.

Jobson, Ryan Cecil (2020): The Case for Letting Anthropology Burn: Sociocultural Anthropology in 2019. *American Anthropologist* 122(2): 260–271.

Johnson, Rebekka, Chris Hebdon, Paul Burow, Deepti Chatti & Michael Dove (2022): Anthropocene. In: *Oxford Research Encyclopedias. Anthropology*, https://doi.org/10.1093/acrefore/9780190854584.013.295.

Jon, Inhi (2021): *Cities in the Anthropocene. New Ecology and Urban Politics.* London: Pluto Press.

Jonas, Hans (2020): *Das Prinzip Verantwortung. Versuch einer Ethik für die technologische Zivilisation.* Berlin: Suhrkamp (zuerst 1979).

Jordan, Peter (2015): *Technology as Human Social Tradition. Cultural Transmission among Hunter-Gatherers.* Berkeley, Cal.: University of California Press (Origins of Human Behavior and Culture, 7).

Jordan-Bychkov, Terry G. , Mona Domosh & Lester Rowtree ([9]2003): *The Human Mosaic. A Thematic Introduction to Cultural Geography.* New York: W. H. Freeman.

Jordheim, Helge & Einar Wigen (2018): Conceptual Synchronization. From Progress to Crisis. *Millennium. Journal of International Studies* 46(3): 421–439.

Jørgensen, Dolly (2014): Not by Human Hands: Five Technological Tenets for Environmental History in the Anthropocene. *Environment and History* 20(4): 20th Anniversary Issue: 479–489.

Jørgensen, Finn Arne & Dolly Jørgensen (2016): The Anthropocene as a History of Technology (Exhibit Review). *Technology and Culture* 57(1): 231–237.

Jørgensen, Peter Søgaard, Vanessa P. Weinberger & Timothy M. Waring (2023): Evolution and sustainability: gathering the strands for an Anthropocene synthesis. *Philosophical Transactions Royal Society B* 379: 20220251. (https://doi.org/10.1098/rstb.2022.0251).

Jullien, François (2008): *De luniversel, de luniforme, du commun et du dialogue entre les cultures.* Paris: Éditions Fayard.

Kahn, Joel S. (2003): Anthropology as Cosmopolitan Practice. *Anthropological Theory* 3(4): 403–415.

Kaika, Maria (2018): Between the Frog and the Eagle: Claiming a ›Scholarship of Presence‹ for the Anthropocene. *European Planning Studies* 26(9): 1714–1727.

Kallis, Giorgios, Susan D. Paulson, Giacomo D´Alisa & Federico Demaria (2020): *The Case for Degrowth.* London: Polity Press (The Case For Series).

Kaltmeier Olaf, Eleonora Rohland, Gerardo Cham & Susana Herrera Lima (2024a): *Handbook of the Anthropocene in Latin America* (6 Vols.). Bielefeld: Transcript.

Kaltmeier, Olaf, Eleonora Rohland, Gerardo Cham, Susana Herrera Lima, Antoine Acker, León Enrique Ávila Romero, Juan Arturo Camacho Becerra, Virginia García Acosta, Anthony Goebel McDermott, Ricardo Gutiérrez, Regina Horta Duarte, Cecilia Ibarra, María Fernanda López Sandoval, Sofía Mendoza Bohne, José Augusto Pádua, Elissa Rashkin, Heidi V. Scott, Javier Taks, Helge Wendt & Adrián Gustavo Zarrilli (2024b): The Anthropocene as Multiple Crisis. Latin American Perspectives on Biodiversity. In: Olaf Kaltmeier, Antoine Acker, León Enrique Ávila Romero & Regina Horta Duarte (eds.): *Biodiversity – Handbook of the Anthropocene in Latin America II.* Bielefeld: Transcript: 15–46.

Kampourakis, Kostas (2021): *Understanding Evolution.* Cambridge etc.: Cambridge University Press. (Understanding Life Series).

Kant, Immanuel ([2]1796): *Zum ewigen Frieden Ein philosophischer Entwurf. Neue vermehrte Auflage.* Königsberg: Friedrich Nicolovius.

Kapferer, Bruce & Marina Gold (2016): Introduction: Reconceptualizing the Discipline. In: *Moral Anhropology. A Critique.* New York & Oxford: Berghahn (Critical Interventions. A Forum for Social Analysis, 16): 1–24.

Kaplan, Jed O. (2018): The Importance of a Reference Frame (Kommentar zu Bauer & Ellis 2018). *Current Anthropology* 59(2): 217–218.

Kaplan, Jed O., Kristen M. Krumhardt & Niklaus Zimmermann (2009): The Prehistoric and Preindustrial Deforestation of Europe. *Quaternary Science Reviews* 28 (27–28):3016–3034.

Kaplan, Jed O., Kristen M. Krumhardt, Erle C. Ellis, William F. Ruddiman, Carsten Lemmen, & Kees Klein Goldewijk (2011): Holocene Carbon Emissions as a Result of Anthropogenic Land Cover Change. *The Holocene* 21(5): 775–791.

Kapp, Karl William (1988): *Soziale Kosten der Marktwirtschaft. Das klassische Werk der Umwelt-Ökonomie.* Frankfurt am Main: Fischer Verlag (orig.»Social Costs of Business Enterprise«, 1963).

Kaube, Jürgen (2017): *Die Anfänge von Allem.* Berlin: Rowohlt Berlin Verlag.

Kawa, Nicholas C. (2016): *Amazonia in the Anthropocene. People, Soils, Plants, Forests.* Austin: University of Texas Press.

Kellert, Stephen R. 1993: Introduction. In: Stephen R. Kellert & Edward Osborne Wilson (eds.): *The Biophilia Hypothesis.* Washington, D.C.: Island Press & Shearwater Books:20–27.

Kelley, Kevin W. (Hg.) (1989): *Der Heimatplanet.* Frankfurt am Main: Zweitausendeins (Orig.»The Home Planet«, New York: Addison-Wesley & Moskau: Mir, 1988).

Kelly, Jason M. (2019): Anthropocenes – A Fractured Picture. In Jason M. Kelly, Philip V. Scarpino, Helen Berry, James Syvitski & Michel Meybeck (eds.): *Rivers of the Anthropocene.* Berkeley: University of California Press.

Kelly, Luke T., Katherine M. Giljohann , Andrea Duane, Núria Aquilué, Sally Archibald, Enric Batllori, Andrew F. Bennett , Stephen T. Buckland, Quim Canelles, Michael F. Clarke, Marie-Josée Fortin, Virgilio Hermoso, Sergi Herrando, Robert E. Keane, Frank K. Lake, Michael A. McCarthy , Alejandra Morán-Ordóñez , Catherine L. Parr, Juli G. Pausas, Trent D. Penman, Adrián Regos, Libby Rumpff , Julianna L. Santos, Annabel L. Smith, Alexandra D. Syphard , Morgan W. Tingley & Lluís Brotons (2020): Fire and Biodiversity in the Anthropocene. *Science* 370: 1–10.

Kelly, Alice B. & Nancy Lee Peluso (2015): Frontiers of Commodification. *Society & Natural Resources* 28: 473–495.

Kerner, Charlotte (2024): *We are Volcanoes. Die Öko-Visionärinnen Rachel Carson, Lynn Margulis, Donna Haraway.* Neu-Isenburg: Westend Verlag.

Kersten, Jens (2013): The Enjoyment of Complexity: A New Political Anthropology for the Anthropocene? In: Helmuth Trischler (ed.): *Anthropocene: Envisioning the Future of the Age of Humans*, (RCC Perspectives 2013(3): 39–55.

Kersten, Jens (2014): *Das Anthropozän-Konzept. Kontrakt – Komposition – Konflikt.* Baden-Baden: Nomos.

Keys, P. W, L. Badia & R. Warrier (2023): The Future in Anthropocene Science. *Earth´s Future* 12: 1–13.

Khan, Naveeda (2019): At Play With the Giants: Between the Patchy Anthropocene and Romantic Geology. *Current Anthropology* 60(suppl. 20): S333-S341.

Kidner, David W. (2014): Why »Anthropocentrism« is not Anthropocentric. *Dialectical Anthropology* 38(4): 465–480.

Kirchhoff, Thomas, Nicole C. Karafyllis, Dirk Evers, Brigitte Gerald Hartung, Jürgen Hübner, Kristian Köchy, Ulrich Krohs, Thomas Potthast, Otto Schäfer, Gregor Schiemann, Magnus Schlette, Reinhard Schulz & Frank F. Vogelsang (Hg.) (²2020): *Naturphilosophie. Ein Lehr – und Studienbuch.* Tübingen: Mohr Siebeck.

Kirksey, S. Eben (2015): *Emergent Ecologies.* Durham, N.C.: Duke University Press.

Kirksey, S. Eben & Stefan Helmreich (2010): The Emergence of Multispecies Ethnography. *Cultural Anthropology* 25(4): 545–576.

Kirsch, Stuart (2014): *Mining Capitalism. The Relationships Between Corporations and Their Critics.* Berkeley, Cal.: The University of California Press.

Kirsch, Stuart (2018): *Engaged Anthropology. Politics beyond the Text.* Berkeley: University of California Press.

Klass, Morton (2003): *Mind over Mind. The Anthropology and Psychology of Spirit Possession.* Lanham, Mad. etc.: Rowman & Littlefield Publishers.

Klein, George Defries (2015): The »Anthropocene«: what is its geological utility? (Answer: It has none!) *International Union of Geological Sciences* 38(3): 218–218.

Klein, Naomi (2015): *Die Entscheidung. Kapitalismus vs. Klima.* Frankfurt am Main: S. Fischer Verlag. (orig. »This Changes Everything. Capitalism vs. Climate«, New York: Simon & Schuster, 2014)

Kleingeld, Pauline & Eric Brown (2009): Cosmopolitanism. In: Edwin N. Zalta (ed.): *The Stanford Encyclopedia of Philosophy* (http://plato.stanford.edu/archives/sum2009/3ntries/cosmpolitanism).

Kleinod, Michael, Timo Duile & Christoph Antweiler (2022): Outwitting the Spirits? Political-Ecological Implications of Southeast Asian Animism. *Berlin Journal of Critical Theory* 6(1): 127–174.

Klingan, Katrin & Christoph Rosol (Hg.) (2019): *Technosphäre.* Berlin: Matthes & Seitz (Bibliothek 100 Jahre Moderne, 12).

Klingan, Katrin, Ashkan Sepahvand, Christoph Rosol & Bernd M. Scherer (eds.) (2015): *Textures of the Anthropocene, Grain, Vapour, Ray.* 4 Vols. Cambridge, Mass. & London: The MIT Press.

Knauß, Stefan (2018): Conceptualizing Human Stewardship in the Anthropocene: The Rights of Nature in Ecuador, New Zealand and India. *Journal of Agricultural and Environmental Ethics* 31: 703–722.

Knopf, Thomas (2017): *Ressourcennutzung und Umweltverhalten prähistorischer Bauern. Eine Analyse archäologischer und ethnographischer Untersuchungen.* Tübingen: Universität Tübingen (RessourcenKulturen, 3).

Knoll, Andrew H. (2021): *A Brief History of the Earth. Four Billion Years in Eight Chapters.* New York: N.Y.: Custom House.

Knox, Paul L. & Sallie A. Marston (⁷2016): *Human Geography. Places and Regions in Global Context.* Boston etc.: Pearson.

Koch, Alexander, Chris Brierley, Mark M. Maslin & Simon L. Lewis (2019): Earth System Impacts of the European Arrival and Great Dying in the Americas after 1492. *Quarternary Science Reviews* 207: 13–36.

Kocka, Jürgen (2002): Multiple Modernities and Negotiated Universals. In: Dominic Sachsenmaier, & Jens Riedel, with Shmuel Noah Eisenstadt (eds.): *Reflections on Multiple Modernities. European, Chinese and Other Interpretations*. Leiden: Brill Academic: 119–128.

Köhler, Bettina (2015): Raumschiff Erde. In: Sybille Bauriedl (Hg.): *Wörterbuch Klimadebatte*. Bielefeld: Transcript: 245–252 (Edition Kulturwissenschaft).

Kohn, Eduardo (2013): *How Forests Think. Toward an Anthropology Beyond the Human*. Berkeley, Cal. Etc.: University of California Press.

Kohn, Eduardo (2015): Anthropology of Ontologies. *Annual Review of Anthropology* 44: 311–327.

Kohr, Leopold (1957): *The Breakdown of Nations*. New York: Dutton.

Kolbert, Elizabeth (2011): Enter the Anthropocene. Age of Man. *National Geographic Magazine*. 219(3): 60–85.

Kolbert, Elizabeth (2015): *Das sechste Sterben. Wie der Mensch Naturgeschichte schreibt*. Berlin: Suhrkamp (orig.»The sixth extinction: an unnatural history«, London: Bloomsbury, New York: Holt, 2014).

Kolbert, Elizabeth (2021): Wir Klimawandler. Wie der Mensch die Natur der Zukunft erschafft. Berlin : Suhrkamp (orig.»Under a White Sky. The Nature of the Future«, New York: Crown, 2021).

Kolbert, Elizabeth (2024): The »Epic Row« Over a New Epoch. *The New Yorker*, 20. April 2024 (https://www.newyorker.com/news/the-weekend-essay/the-epic-row-over-a-new-epoch).

Kopnina, Helen & Eleanor Shoreman-Oumet (eds.) (2017): *Routlege Handbook of Environmental Anthropology*. London & New York: Routledge & Earthscan (Routledge International Handbooks).

Kosiba, Steve (2019): New Digs: Networks, Assemblages, and the Dissolution of Binary Categories in Anthropological Archaeology. *American Anthropologist* 121(2): 147–163.

Kosseleck, Reinhart (1989): *Vergangene Zukunft. Zur Semantik geschichtlicher Zeiten*. Frankfurt am Main: Suhrkamp.

Kosseleck, Reinhart (⁶2013): *Zeitschichten. Studien zur Historik*. Frankfurt am Main: Suhrkamp.

Kothari, Ashish, Ariel Salleh, Arturo Escobar & Federico Demaria (eds.) (2019): *Pluriverse. A Post-Development Dictionary*. New Delhi: Tulika Books & Authorsupfront.

Kottak, Conrad Phillip (¹⁹2021): *Anthropology. The Exploration of Human Diversity*. Boston, Mass.etc.: McGraw-Hill.

Krämer, Anna Kalina (2016): *Das »Anthropozän« als Wendepunkt zu einem neuen wissenschaftlichen Bewusstsein? Eine Untersuchung aus ethnologischer Perspektive zur Bedeutung und Verwendung des Konzeptes*. Köln: (Kölner ethnologische Beiträge, 45).

Kramer, Caroline (federf. Hg.): (2018): *Landschaftsforschung 50 Jahre nach Kiel – Bestandsaufnahme und Perspektiven*. Leipzig: Selbstverlag Akademie für Landeskunde e.V. (Berichte. Geographie und Landeskunde 92(3-4).

Krause, Franz (ed.) (2018): *Delta Methods. Reflections on Researching Hydrosocial Lifeworlds*. Cologne: University of Cologne (Kölner Arbeitspapiere zur Ethnologie /Cologne Working Papers in Cultural and Social Anthropology, KAE, 7, Special issue).

Krause, Karen & Andreas Reitz (2020): Die Bedeutung der Raumfahrt für das Konzept der Identität einer allumfassenden Menschheit. In: Gerd Jüttemann (Hg.): *Psychologie der Geschichte*. _____ Pabst Science Publishers: 228–234.

Krauß, Werner (2015a): Anthropology in the Anthropocene: Sustainable Development, Climate Change and Interdisciplinary Research. In: Heike Greschke & Julia Tischler (eds.): *Grounding Global Climate Change. Contributions from the Social and Cultural Sciences*. Dordrecht: Springer Scienece and Busines Media: 59–76.

Krauß, Werner (2015b): Klimawissenschaften. In: Sybille Bauriedl (Hg.): *Wörterbuch Klimadebatte*. Bielefeld: Transcript: 201–208 (Edition Kulturwissenschaft).

Krauß, Werner ([2]2019): Postenvironmental Landscapes. In: Howard, Peter, Ian Thompson, Emma Waterton & Mick Atha (eds.): *The Routledge Companion to Landscape Studies*. London & New York: Routledge (Routledge Campanions).

Krauß, Werner (2020): Narratives of Change and the Co-Development of Climate Services for Action. Climate Risk Management 28: 100217.

Krauß, Werner & Scott Bremer (2020): The Role of Place-Based Narratives of Change in Climate Risk Governance. *Climate Risk Management* 28: 1–7 (https://doi.org/10.1016/j.crm.2020.100221).

Krebber, André (2019): Human-Animal Studies. Tiere als Forschungsperspektive. In: Elke Diehl & Jens Tuider (Hg.): *Haben Tiere Rechte? Aspekte und Dimensionen der Mensch-Tier-Beziehung*. Bonn: Bundeszentrale für politische Bildung (Schriftenreihe, 10450): 310–322.

Krech, Shepard (1999): *The Ecological Indian. Myth and History*. New York: W.W. Norton.

Kreff, Fernand, Eva-Maria Knoll & Andre Gingrich (Hg.) (2011): *Lexikon der Globalisierung*. Bielefeld: Transcript Verlag.

Kroeber, Alfred Louis (1917): The Superorganic. *American Anthropologist* 19(2): 163–213.

Kroeber, Alfred Louis (2003): *Anthropology. Race, Language, Culture, Psychology, Prehistory*. New York: Crown (1948, 1956).

Krogh, Marianne (ed.) (2020): *Connectedness. An Incomplete Encyclopedia of the Anthropocene*. Copenhagen: Strandberg Publishing.

Kropp, Cordula (2024): StadtNaturen: Urbane Assemblagen und ihre Transformation. In: Marco Sonnberger, Alena Bleicher & Matthias Groß (Hg.): *Handbuch Umweltsoziologie*. Berlin: Springer: 319–332.

Kropp, Cordula & Marco Sonneberger (2021): *Umweltsoziologie*. Baden-Baden: Nomos (Studienkurs Soziologie).

Krüger, Fred, Greg Bankoff, Terry Cannon, Benedikt Orlowski & E. Lisa F. Schipper (eds.) (2012): *Cultures and Disasters. Understanding Cultural Framings in Disaster Risk Reduction*. London etc.: Routledge.

Kruse, Jamie & Elizabeth Ellsworth (2011): *Geologic City. A Field Guide to the Geoarchitecture of New York*. New York: Smudge Studio.

Kueffer, Christoph (2013): Ökologische Neuartigkeit: die Ökologie des Anthropozäns. *ZiF-Mitteilungen* 1/2013: 21–30.

Kühnhardt, Ludger & Tilman Meyer (Hg.) (2017): *Bonner Enzyklopädie der Globalität. 2 Bände.* Wiesbaden: Springer VS.

Kühne, Olaf (2018): Die Landschaften 1, 2 und 3 und ihr Wandel. Perspektiven für die Landschaftsforschung in der Geographie – 50 Jahre nach Kiel. In: Caroline Kramer (federf. Hg.): *Landschaftsforschung 50 Jahre nach Kiel – Bestandsaufnahme und Perspektiven.* Leipzig: Selbsrtvberalg Akademie für Landeskunde e.V. (Berichte. Geographie und Landeskunde 92(3-4): 217-231.

Küster, Hansjörg (2012): *Die Entdeckung der Landschaft. Einführung in eine neue Wissenschaft.* München: C. H .Beck (Beck′sche Reihe, 6061).

Kuper, Adam (2003): *Culture. An Anthropological Account.* Cambridge, Mass.: Harvard University Press.

Kupper, Patrick (2021): *Umweltgeschichte.* Göttingen: Vandenhoeck & Ruprecht (Einführungen in die Geschichtswissenschaft, 3).

Kutschera, Ulrich (2013): The Age of Man: A Father Figure. *Science* 340: 1287.

Laboratory for Anthropogenic Landscape Ecology (2020): https://ecotope.org/anthromes/

La Danta Las Canta (2017): *El Faloceno: Redefinir el Antropoceno desde una mirada ecofeminista.* Grupo Ecofeminista de Investigación y Acción. http://ladantalascanta.blogspot.com/2017/07/articulo-el-faloceno-redefinir-el.html

Lahsen, Myanna (2005): Seductive Simulations? Uncertainty Distribution around Climate Models. *Social Studies of Science* 35: 895-922.

Laibl, Melanie (Text) & Corinna Jegelka (Illustration) (2022): *Werde wieder wunderbar. 9 Wünsche für das Anthropozän.* Wien: Edition Nilpferd.

Laibl, Melanie (Text) & Corinna Jegelka (Illustration) (2023): Unsere wunderbare Werkstatt der Zukünfte: 99 Ideen fürs Anthropozän. Wien: Edition Nilpferd.

Laidlaw, James & Paolo Heywood (2013): One More Turn and You're There. In: *Anthropology of This Century* 7, o.S. http://aotcpress.com/articles/turn.

Laland, Kevin (2017): *Darwin's Unfinished Symphony. How Culture Made the Human.* Princeton & Oxford: Princton University Press.

Laland, Kevin & Lynn Chiu (2020): Evolution's Engineers. *Aeon* (https://aeon.co/es says/organisms-are-not-passive-recipients-of-evolutionary-forces?utm_source=Aeo n+Newsletter&utm_campaign=476fb16283).

Laland, Kevin, John Odling-Smee & Marcus Feldman (2000): Niche Construction, Biological Evolution, and Cultural Change. *Behavioural and Brain Sciences* 23: 131-175.

LALE, Laboratory for Anthropogenic Landscape Ecology (2020): (https://ecotope.org/)

Lampert Irene & Kai Niebert (2019): Den globalen Wandel verstehen: Vorstellungen zur Stabilität und Instabilität der Erdsysteme. *Zeitschrift für Didaktik der Biologie (ZDB) –Biologie Lehren und Lernen* 23: 39-58.

Lang, Bernhard & Christof Mauch (2024): *Wie der Mensch die Erde verändert. Die Verwandlung der Welt.* München: Frederking & Thaler.

Lange, Bastian, Martina Hülz , Benedikt Schmid & Christian Schulz (Hg.) (2020): *Postwachstumsgeographien. Raumbezüge diverser und alternativer Ökonomien.* Bielefeld: Transcript (Sozial- und Kulturgeographie, 38).

Lange, Axel (2020): *Evolutionstheorie im Wandel. Ist Darwin überholt?* Berlin: Springer.

Lansing, J. Stephen & Murray P. Cox (2019): Islands of Order. A Guide to Complexity Modeling for the Social Sciences. Princeton & Oxford: Princeton University Press (Princeton Studies in Complexity).

Lansing, Stephen J. & Katherine Fox (2011): Niche Construction on Bali: The Gods of the Countryside. *Philosophical Transactions of the Royal Soceity* B 366: 927–34.

Latour, Bruno (2007): *Elemente der Kritik. Vom Krieg um Fakten zu Dingen von Belang.* Zürich: Diaphanes (TransPositionen) (orig. »Why Has Critique Run Out of Steam? From Matters of Fact to Matters of Concern«, *Critical Inquiry* 30, 2, 2004).

Latour, Bruno (2013): Versuch eines ‚Kompositionistischen Manifests'. *Zeitschrift für Theoretische Soziologie* 2: 8–30 (orig. 2010 als »An Attempt to a ›Compositionist Manifesto‹, New Library History 41(3): 471–490).

Latour, Bruno (2014): Agency at the Time of the Anthropocene. *New Literary History* 45(1): 1–18.

Latour, Bruno (2015): Telling Friends from Foes in the Time of the Anthropocene. In: Clive Hamilton, François Gemenne & Christophe Bonneuil (eds.): *The Anthropocene and the Global Environmental Crisis. Rethinking Modernity in a New Epoch.* London & New York: Routledge (Routledge Environmental Humanities): 145–155.

Latour, Bruno (2016): *Existenzweisen. Eine Anthropologie der Modernen.* Berlin: Suhrkamp. (orig. »Enquêtes sur les modes d'existence. Une anthropologie des Modernes«, Paris: Éditions La Decouverte, 2012).

Latour, Bruno (2017): Anthropology at the Time of the Anthropocene: A Personal View of What Is to Be Studied. In: Marc Brightman & Jerome Lewis (eds.): *The Anthropology of Sustainability. Beyond Development and Progress.* New York, N.Y.: Palgrave Macmillan (Palgrave Studies in Anthropology of Sustainability): 35–49 (Distinguished lecture at the 113th American Anthropological Association Annual Meeting, Washington, D.C., December 2014).

Latour, Bruno (2017): *Kampf um Gaia. Acht Vorträge über das neue Klimaregime.* Berlin: Suhrkamp (orig. frz. »Face à Gaïa. Huite conférences sur le Nouveau Regime Climatique«, Paris: Éditions La Decouverte, 2015, Les empêcheurs de penser en rond).

Latour, Bruno (2018): *Das terrestrische Manifest.* Berlin: Suhrkamp. (original »Où atterrir? Comment s´orienter en politique«, Paris: La Découverte, 2017).

Latour, Bruno & Peter Weibel (eds.) (2020): *Critical Zones. The Science and Politics of Landing on Earth.* Karlsruhe & Cambridge, Mass: ZKM Center for Art and Media & MIT Press: 44–49.

Launder, Brian & J. Michael T. Thompson (eds.) (2010): *Geo-Engineering Climate Change. Environmental Necessity or Pandora's Box?* Cambridge: Cambridge University Press.

Laux, Henning & Anna Henkel (Hg.) (2018): *Die Erde, der Mensch und das Soziale. Zur Transformation gesellschaftlicher Naturverhältnisse im Anthropozän.* Bielefeld: Transcript (Reihe Sozialtheorie).

Laux, Henning (2020): Grundrisse einer Theorie der CO2-Verhältnisse. In: Frank Adloff, & Sighard Neckel (Hg.) (2020): *Gesellschaftstheorie im Anthropozän*. Frankfurt & New York: Campus (Zukünfte der Nachhaltigkeit, 1): 123–155.

Lavenda, Robert H. & Emily A. Schultz (^{7}2020): *Core Concepts in Cultural Anthropology*. Oxford etc.: Oxford University Press.

Law, John (2015): What's Wrong With a One-World World? *Distinktion: Journal of Social Theory* 16(1): 126–139.

Lawrence, Susan, Peter Davies & Jodi Turnbull (2016): The Archaeology of Anthropocene Rivers: Water Management and Landscape Change in ›Gold Rush‹ Australia. *Antiquity* 90 (353): 1348–1362.

Lazier, Benjamin (2011): Earthrise, or, the Globalization of the World Picture. *American Historical Review* 116: 602–630.

Lazrus, H.eather (2012): Sea Change: Island Communities and Climate Change. *Annual Review of Anthropology* 41: 285–301.

Leach, Edmund R. (1970): *Political Systems of Highland Burma. A Study of Kachin Social Structure*. London: G. Bell (orig. London: Athlone Press, 1954).

LeCain, Timothy James (2015): Against the Anthropocene. A Neo-Materialist Perspective. *International Journal for History, Culture and Modernity* 3(1): 1–28.

LeCain, Timothy J.ames(2017): *The Matter of History. How Things Create the Past*. Cambridge: Cambridge University Press (Studies in Environment and History).

Leggewie, Claus & Frederic Hanusch (2020): Einstieg ins planetare Denken. *Frankfurter Allgemeine Zeitung* vom 5.8.2020, S. N4.

Le Guin, Ursula K. (2017): *Freie Geister*. Roman. (Neuübersetzung). Frankfuurt am Main: Fscher TOR Verlag (orig. »The Dispossessed«, New York, 1947, dt. Früher als »Planet der Habennichtse« und »Die Enteigneten«).

Le Guin, Ursula K. (2020): Die Tragetaschentheorie der Fiktion. In: Marie-Luise Angerer & Naomie Gramlich (Hg.): *Feministisches Spekulieren. Genealogien, Narrationen, Zeitlichkeiten*. Berlin: Kulturverlag Kadmos: 33–40 (orig.: »The Carrier Bag Theory of Fiction«, in: *Dancing at the Edge of Time*).

Leibenath, Markus, Stefan Heiland, Heiderose Kilper, Sabine Tzschaschel (Hg.) (2012): *Wie werden Landschaften gemacht? Sozialwissenschaftliche Perspektiven auf die Konstituierung von Kulturlandschaften*. Bielefeld: Transcript.

Leinfelder, Reinhold (2011): *Das Anthropozän – von der Umwelt zur Unwelt*. scilogs.spektrum.de/der-anthropozaeniker/umwelt-unswelt-anthropozaen/;.

Leinfelder, Reinhold (2012): Paul Joseph Crutzen: The ‚Anthropocene‘. In: Claus Leggewie, Darius Zifonun, Anne-Katrin Lang, Marcel Siepmann & Johanna Hoppen (Hg.): *Schlüsselwerke der Kulturwissenschaften*. Bielefeld: Transcript: 257–260.

Leinfelder, Reinhold (2015a): Welcome to the Anthropocene! Keynote by R. Leinfelder. Conference: Transformation Festival at Copernicus Science Center, Warszawa, 4. 9.2015. https://www.researchgate.net/publication/283345525_Welcome_to_the_Anthropocene_Keynote_by_R_Leinfelder.

Leinfelder, Reinhold (2015b): ‚Die Zukunft war früher auch besser' – Neue Herausforderungen für die Wissenschaft und ihre Kommunikation. In: Nina Möllers, Christian Schwägerl & Helmuth Trischler (Hg.): *Willkommen im Anthropozän. Unsere Verantwortung für die Zukunft der Erde.* München: Deutsches Museum Verlag: 97–102.

Leinfelder, Reinhold (2017a): Das Anthropozän verständlich und spannend erzählen – Ein neues Narrativ für die globalen Herausforderungen? https://scilogs.spektrum.de/der-anthropozaeniker/narrative/.

Leinfelder, Reinhold (2017b): »Die Erde wie eine Stiftung behandeln« – Ressourcenschutz und Rohstoffeffizienz im Anthropozän. In: DWA-BW (ed.): *Tagungsband 2017, Im Dialog: Phosphor-Rückgewinnung: 3. Kongress Phosphor – Ein kritischer Rohstoff mit Zukunft:* Stuttgart: 11–25.

Leinfelder Reinhold (2018): Meghalayan oder Anthropozän? In welcher erdgeschichtlichen Zeit leben wir denn nun? *Der Anthropozäniker* vom 20. Juli 2018 (scilogs.spektrum.de/deranthropozaeniker/meghalayan-oder-anthropozaen).

Leinfelder, Reinhold (2018): Nachhaltigkeitsbildung im Anthropozän – Herausforderungen und Anregungen. In: LernortLabor – Bundesverband der Schülerlabore e.V. (Hg): *MINT-Nachhaltigkeitsbildung in Schülerlaboren – Lernen für die Gestaltung einer zukunftsfähigen Gesellschaft:* 130–141.

Leinfelder, Reinhold (2019): Das Anthropozän. Die Erde in unserer Hand. In: Elke Schwinger (Hg.) : *Das Anthropozän im Diskurs der Fachdisziplinen.* Marburg: Metropolis-Verlag: 23–46.

Leinfelder, Reinhold (2024): Anthropozän – Anatomie eines Falls. *SciLogs. Der Anthropozäniker.* (https://scilogs.spektrum.de/der-anthropozaeniker/anatomie-eines-falls/).

Leinfelder, Reinhold, Alexandra Hamann und Jens Kirstein (2015): Wissenschaftliche Sachcomics. Multimodale Bildsprache, partizipative Wissensgenerierung und raumzeitliche Gestaltungsmöglichkeiten. In: Horst Bredekamp & Wolfgang Schäffner (Hg.): *Haare hören – Strukturen wissen – Räume agieren. Berichte aus dem Interdisziplinären Labor Bild Wissen Gestaltung.* Bielefeld: Transcript: 45–59.

Leinfelder, Reinhold, Alexandra Hamann, Jens Kirstein & Marc Schleunitz (Hg.) (2016): *Die Anthropozän-Küche. Matooke, Bienenstich und eine Prise Phosphor – in zehn Speisen um die Welt.* Berlin: Springer.

Leinfelder, Reinhold & S. Schwaderer (2020): »Wir sollten die Erde wie eine Stiftung behandeln«. In: Stiftung Nantesbuch (Hg.): *Notizen aus dem Anthropozän.* München: Stiftung Nantesbuch: 70–77.

Lemke, Thomas (2024): Planetar. In: Ulrich Bröckling, Susanne Krasmann & Thomas Lemke (Hg.): *Glossar der Gegenwart 2.0.* Berlin: Suhrkamp: 269–279.

Lenton, Tim (2018): *Earth System Science.* Oxford: Oxford University Press (Very Short Introductions).

Lenton, Timothy M. & Bruno Latour (2018): Gaia 2.0. Science 361: 1066–1068.

Lenton, Timothy M., Johan Rockstrom, Owen Gaffney, Stefan Rahmstorf, Katherine Richardson, Will Steffen & Hans Joachim Schellnhuber (2019): Climate Tipping Points – Too Risky to Bet Against. *Nature* 575_ 593–596.

Lesch, Harald & Klaus Kamphausen ([6]2017): Die Menschheit *schafft sich ab. Die Erde im Griff des Anthropozän.* München: Knaur.

Lévi-Strauss, Claude (1973): *Das wilde Denken*. Frankfurt am Main: Suhrkamp (zuerst 1968, orig. »La Pensée Sauvage«, Paris, Librairie Plon, 1962).

Lewis, Simon L. & Mark A. Maslin (2015a): Defining the Anthropocene. *Nature* 519: 171–80.

Lewis, Simon L. & Mark A. Maslin (2015b): Geological Evidence for the Anthropocene. *Science* 349: 246–247.

Lewis, Simon L. & Mark A. Maslin (2018): *The Human Planet. How We Created the Anthropocene*. New Haven & London: Yale University Press (also London: Pelican Books).

Lewis, Sophie (2017): Cthulhu Plays No Role For Me. *Viewpoint Magazine*, 08.05.2017, (https://www.vi ewpointmag.com/2017/05/08/cthulhu-plays-no-role-for-me/ (Zugriff: 1.03.2024).

Lewontin, Richard (2010): *Die Dreifachhelix. Gen, Organismus und Umwelt*. Berlin: Springer (orig. »The Triple Helix. Gene, Organism, and Environment«, New Haven, Conn.: Harvard University Press, 2000).

Li, Tania Murray (2014): *Land's End: Capitalist Relations on an Indigenous Frontier*. Durham, N.C.: Duke University Press.

Li, Tania Murray & Pujo Semedi (2021): *Plantation Life. Corporate Occupation in Indonesia's Oil Palm Zone*. Durham & London: Duke University Press.

Li, Xiaoqiang, John Dodson, Jie Zhou & Xinying Zhou (2009): Increases of Population and Expansion of Rice Agriculture in Asia, and Anthropogenic Methane Emissions Since 5000 BP. *Quaternary International* 202: 41–50.

Lidskog, Rolf & Claire Waterton (2016): Anthropocene – a cautious welcome from environmental sociology? *Environmental Sociology*, 2(4): 395–406.

Lien, Marianne Elisabeth & Gísli Pálsson (2019): Ethnography Beyond the Human: The ›Other-than-Human‹ in Ethnographic Work. *Ethnos* 86(3): 1–20.

Lightfoot, Kent G., Lee M. Panich, Tsim D. Schneider & Sara L. Gonzalez (2013): European Colonialism and the Anthropocene: A view from the Pacific Coast of North America. *Anthropocene* 4: 101–115.

Lindhof, Matthias (2019): *Internationale Gemeinschaft. Zur politischen Bedeutung eines wirkmächtigen Begriffs*. Wiesbaden: Nomos (Rekonstruktive Weltpolitikforschung, 2).

Lippuner, Roland, Johannes Wirths & Pascal Goeke (2015): Das Anthropozän: eine epistemische Herausforderung für die spätmoderne Sozialgeographie.)http://www.raumnachrichten.de/diskussion en/1988-roland-lippuner-johannes-wirths-und-pascal-goeke-das-anthropozaen).

Little, Paul (1995): Ritual, Power and Ethnography at the Rio Earth Summit. *Critique of Anthropology*. 15(3), 265–288.

Liu, J., Dou, Y., Batistella, M., Challies, E., Connor, T., Friis, C., et al. (2018): Spillover systems in a telecoupled Anthropocene: Typology, methods, and governance for global sustainability. *Current Opinion in Environmental Sustainability* 33: 58–69.

Lo, Kwai-Cheung & Jessica Yeung (eds.) (2019): *Chinese Shock of the Anthropocene: Image, Music and Text in the Age of Climate Change*. Singapore: Palgrave Macmillan.

Lockard, Craig A. ([4]2020): *Societies, Networks, and Transitions. A Global History*. Stamford, Ct.: Cengage Learning.

Lockyer, Joshua & James R. Veteto (2013): *Environmental Anthropology Engaging Ecotopia. Bioregionalism, Permaculture, and Ecovillages.* New York & Oxford: Berghahn (Environmental Anthropology and Ethnobiology, 17).

Lövbrand, Eva, Silke Beck, Jason Chilvers, Tim Forsyth, Johan Hedrén, Mike Hulme, Rolf Lidskog & Eleftheria Vasileiadou (2015): Who Speaks for the Future of Earth? How Critical Social Science Can Extend the Conversation on the Anthropocene. *Global Environmental Change* 32 (Suppl. C): 211–218.

Lövbrand, Eva, Malin Mobjörk & Rickard Söder (2020): The Anthropocene and the Geo-Political Imagination: Re-writing Earth as Political Space. *Earth System Governance* 4: 1–8. (https://www.science direct.com/science/article/pii/S2589811620300100?via%3Dihub).

Loh, Janina (2018): *Trans- und Posthumanismus zur Einführung.* Hamburg: Junius (Junius Einführungen).

Lomolino, Mark V. (2020): *Biogeography. A Very Short Introduction.* Oxford: Oxford University Press (Very Short Introductions).

Long, Norman & Ann Long (eds.) (1992): *Battlefields of Knowledge. The Interlock of Theory and Practice in Social Research and Development.* London & New York: Routledge.

Lopez, Mario, et al. (2013). The Focus: Sustainable Humanosphere Studies. *The Newsletter* 66, Winter International Institute for Asian Studies (ICAS), pp. 23–34. http://www.iias.nl/the-newsletter/news letter-66-winter-2013

Lorimer, Jamie (2012): Multinatural Geographies for the Anthropocene. *Progress in Human Geography* 36(5): 593–612.

Lorimer, Jamie (2015): *Wildlife in the Anthropocene. Conservation After Nature.* Minnesota University Press.

Lorimer, Jamie (2017): The Anthropo-Scene: A Guide for the Perplexed. *Social Studies of Science* 47(1): 117–42.

Lorimer, Jamie (2020): *The Probiotic Planet. Using Life to Manage Life.* Minneapolis & London: University of Minnesota Press (Posthumanities, 59).

Lovelock, James (1979): *Gaia. A New Look at Life on Earth.* Oxford etc.: Oxford University Press.

Lovelock, James (2021): *Das Gaia-Prinzip. Die Biographie unseres Planeten.* München: oekom Verlag (Bibliothek der Nachhaltigkeit: Wiederentdeckungen für das Anthropozän, orig.: »The Ages of Gaia. A Biography of Our Living Earth«, Oxford: Oxford University Press, 1988).

Lovelock, James, mit Bryan Appleyard (2020): *Novozän. Das kommende Zeitalter der Hyperintelligenz.* München: C.H. Beck (orig. »Novacene. The Coming Age of Hyperintelligence«, London: Allen Lane, 2018).

Lowenthal, David (2016): Origins of the Anthropocene Awareness. *Anthropocene Review* 2(1): 1–12.

Luciano, Eugenio (2022a): Is ›Anthropocene‹ a Suitable Chronostratigraphic Term? *Anthropocene Science* 1: 29–41.

Luciano, Eugenio (2022b): The shape of Anthropocene: The early contribution of the water science. *The Anthropocene Review* 10(3): -1-18 (https://doi.org/10.1177/205301962211401).

Luke, Timothy W. (2018): Tracing race, ethnicity, and civilization in the Anthropocene. *Environment and Planning D: Society and Space* 38(1):129-146.

Lundershausen, Johannes (2018): The Anthropocene Working Group and its (Inter-)Disciplinarity. *Sustainability: Science, Practice and Policy* 14(1): 31–45.

Lussem, Felix (2020): Monströs oder gespenstisch? Fragen von Schuld, Verantwortung und Solidarität in Zeiten der Corona-Pandemie (#WitnessingCorona).https://www.medizinethnologie.net/monstroes-oder-gespenstisch/

Lyle, Paul (2016): *The Abyss of Time. A Study in Geological Time and Earth´s History*. Edinburgh: Dunedin Academic Press.

Maasen, Sabine, Barbara Sutter & Laura Trachte (2018): Was bio bedeutet. Soziomaterielle Konfigurationen von TechnoNatures. In: Bernhard Gill, Franziska Torma & Karin Zachmann (Hg.): *Mit Biofakten leben. Sprache und Materialität von Pflanzen und Lebensmitteln*, Baden-Baden: Nomos: 177–198.

Macfarlane, Robert (2019): *Im Unterland. Eine Entdeckungsreise in die Welt unter der Erde*. München: Penguin Verlag (orig. »Underland. A Deep Time Journey«, London: Hamish Hamilton, Penguin).

MacLeod, Norman (2016): *Arten sterben. Wendepunkte der Evolution*. Darmstadt: Theis – Wissenschaftliche Buchgesellschaft (orig. »The Geat Extinctions«, London: Natural History Museum, 2013).

Maffi, Liisa (2001): *On Biocultural Diversity. Linking Language, Knowledge and the Environment*. Berkeley, Cal.: University of California Press.

Magni, Michel (2019): *Au racines de l´Anthropocène. Une crise écologique reflet d´une crise de l´homme*. Lormont: le Bord de l´Eau.

Magni, Michel (2021): *L´anthropocène*. Paris: Que sais-je?/Humensis (Que sais-je?).

Mahnkopf, Birgit (2019): Anthropozän. In: Claudia von Braunmühl, Heide Gerstenberger, Ralf Ptak & Christa Wichterich (Hg.): *ABC der globalen (Un)Ordnung. Von »Anthropozän« bis »Zivilgesellschaft«*. Hamburg: Verlag VSA: 12–13.

Mainzer, Klaus (2020): Vom Anthropozän zur Künstlichen Intelligenz. Herausforderungen von Mensch und Natur durch Technik im 21. Jahrhundert. In: Thomas Heichele (Hg.): *Mensch – Natur – Technik. Philosophie für das Anthropozän*. Münster: Aschendorff Verlag (Studien zur systematischen Theologie, Ethik und Philosophie, 19): 155–168.

Malafouris, Lambros (2013): *How Things Shape the Mind. A Theory of Material Engagement*. Cambridge, Mass.: The MIT Press.

Malafouris, Lambros (2019): Mind and Material Engagement. *Phenomenology and the Cognitive Sciences* 18: 1–17.

Malhi, Yadvinder (2017). The Concept of the Anthropocene. *Annual Review of Environment and Resources* 42:25.1–25.28.

Malinowski, Bronislaw Kaspar ([2]2006): *Eine wissenschaftliche Theorie der Kultur. Und andere Aufsätze*. Frankfurt am Main: Suhrkamp (orig. »A Scientific Theory of Culture and Other Essays«, Chapel Hill, N.C.: The University of North Carolina Press, 1944).

Malm, Andreas (2016): *Fossil Capital. The Rise of Steam Power and the Roots of Global Warming*. London: Verso Books.

Malm, Andreas (2021a): *Wie man eine Pipeline in die Luft jagt. Kämpfen lernen in einer Welt in Flammen*. Berlin: Matthes & Seitz (orig. »How to Blow Up a Pipeline. Learning to Fight in a World on Fire«, London: Verso, 2021).

Malm, Andreas (2021b): *Der Fortschritt dieses Sturms. Natur und Gesellschaft in einer sich erwärmenden Welt*. Berlin: Matthes & Seitz (orig. »The Progress of this Strom. Nature and Society in a Warming World«, London & New York: Verso Books, 2018).

Malm, Andreas & Alf Hornborg (2014): The Geology of Mankind? A Critique of the Anthropocene Narrative. *The Anthropocene Review* 1(1): 62–69.

Malone, Nicholas (2022): *The Dialectical Primatologist. The Past, Present and Future of Life in the Hominoid Niche*. London & New York: Routledge (New Biological Anthropology).

Malone, Nicholas & Kathryn Ovenden (2017): Natureculture. In: Agustín Fuentes (ed.): *The International Encyclopedia of Primatology*. London: John Wiley & Sons DOI: 10.1002/9781119179313.wbprim0135.

Manemann, Jürgen (2014): *Kritik des Anthropozäns. Plädoyer für eine neue Humanökologie*. Bielefeld: Transcript (X-Texte zu Kultur und Gesellschaft).

Mann, Geoff & Joel Wainwright (2018): *Climate Leviathan. A Political Theory of Our Planetary Future*. London & New Yor: Verso.

Mann, Charles. C. (2011): 1493. Uncovering the New World Columbus Created. New York: Alfred A. Knopf (dt. »*Kolumbus' Erbe. Wie Menschen, Tiere, Pflanzen die Ozeane überquerten und die Welt von heute schufen*«, Reinbek bei Hamburg: Rowohlt Verlag, 2013).

Mann, Charles C. (2024): The Dawn of the Homogenocene. Orion. *Nature and Culture* (https://orionmagazine.org/article/the-dawn-of-the-homogenocene/).

Mann, Michael (2021): *Propagandaschlacht ums Klima. Wie wir die Anstifter klimapolitischer Untätigkeit besiegen*. Elangen: Solare Zukunft (orig. »The New Climate War. The Fight to Take Back Our Planet«, New York, N.Y.: Hachette Book Group, 2021).

Manning, Patrick (2020a): *Methods for Human History. Studying Social, Cultural, and Biological Evolution*. Palgrave Macmillan.

Manning, Patrick (2020b): A *History of Humanity. The Evolution of the Human System*. Cambridge etc.: Cambridge University Press.

Marcus, George E. & Michael M. J. Fischer (eds.) (^{2}1999): *Anthropology as Cultural Critique. An Experimental Moment in the Human Sciences*. Chicago: The University of Chicago Press (^{1}1986).

Marcus, George E. & Marcelo Pisarro (2008): The End(s) of Ethnography: Social/Cultural Anthropology's Signature form of Producing Knowledge in Transition. *Cultural Anthropology* 23(1):1–14.

Margulis, Lynn (2017): *Der symbiotische Planet oder Wie die Evolution wirklich verlief*. Frankfurt am Main: Westend Verlag (orig: »Symbiotic Planet«, London: Weidenfeld & Nicolson, 1998).

Markl, Hubert (1986): *Natur als Kulturaufgabe. Über die Beziehung des Menschen zur lebendigen Natur*. München. Deutsche Verlags-Anstalt.

Markl, Hubert (1998): *Homo Sapiens. Zur fortwirkenden Naturgeschichte des Menschen*. Münster. Gerda Henkel Vorlesung).

Marks, Robert B. (2015): *China. An Environmental History*. Lanham, Mad. etc.: Rowman & Littlefield.

Marks, Robert B. (^{5}2024): *The Origins of the Modern World. A Global and Environmental Narrative from the Fifteenth to the Twenty-First Century*. Lanham etc.: Rowman & Littlefield.

Marris, Emma (2013): *Rambunctious Garden. Saving Nature in a Post-Wild World*. New York, N.Y.: Bloomsbury.

Marsh, George Perkins (2021): *Man and Nature: Or, Physical Geography as Modified by Human Action*. Dover Publications (Dover Thrift Editions, orig. New York: Charles Schreibner, 1864).

Marshall, George (2014): *Don't Even Think About It. Why Our Brains Are Wired to Ignore Climate Change*. London etc.: Bloomsbury.

Marsiske, Hans-Artur (2005): *Heimat Weltall. Wohin soll die Raumfahrt führen?* Frankfurt am Main: Suhrkamp.

Marston, Sallie A., John Paul Jones III & Keith Woodward (2005): Human Geography Without Scale. *Transactions of the Institute of British Geographers* 30(4): 416–432.

Martens, R. L. & Bii Robertson (2021): *How the Soil Remembers Plantation Slavery*. https://edgeeffects.n et/soil-memory-plantationocene/.

Martin, Paul S. & Herbert Edgar Wright (eds.) (1967): *Pleistocene Extinctions. The Search for a Cause*. New Haven, Conn.: Yale University Press.

Marx, Karl (1867): *Das Kapital. Kritik der politischen Ökonomie. Band. I*, Der Produktionsprocess des Kapitals . Hamburg: Verlag Otto Meißner.

Masco, James (2010): Bad Weather: On Planetary Crisis. *Social Studies of Science* 40(1): 7–40.

Masco James (2006): *The Nuclear Borderlands. The Manhattan Project in Post-Cold War New Mexico*. Princeton: Princeton University Press.

Maslin, Mark A. (2018a): The Anthropocene. In: Noel Castree, Mike Hulme & James D. Proctor (eds.): *Companion to Environmental Studies*. Abingdon & New York: Routledge: 144–150.

Maslin, Mark A. (2018b): *The Cradle of Humanity. How the Changing Landscape of Africa Made Us So Smart*. Oxford: Oxford University Press.

Maslin, Mark (2021): *How to Save Our Planet. The Facts*. London etc.: Penguin Life. (dt. Erste *Hilfe für die Erde, Die Fakten*. Stuttgart: Kosmos Verlag, 2022).

Maß, Sandra (2024): *Zukünftige Vergangenheiten. Geschichte schreiben im Anthropozän*: Göttingen: Wallstein (Historische Geisteswissenschaften. Frankfurter Vorträge).

Mattheis, Nikolas (2022): Making Kin, not Babies? Towards Childist Kinship in the »Anthropocene«. *Childhood* 29(4): 512–528.

Mauch, Christof & Christian Pfister (eds.) (2009): *Natural Disasters, Cultural Responses. Case Studies Toward a Global Environmental History*. Lanham etc.: Lexington Books (International Environmental History. Publications of the German Historical Institute).

Mauelshagen Franz (2012): ›Anthropozän‹. Plädoyer für eine Klimageschichte des 19. und 20. Jahrhunderts. Zeithistorische Forschungen 9: 131–137 (http://www.zeithistorische-forschungen.de/1-201 2/id=4596).

Mauelshagen, Franz (2013) Ungewissheit in der Soziosphäre: Risiko und Versicherung im Klimawandel. In: Roderich von Detten, Fenn Faber & Martin Bemmann (Hg.): *Unberechenbare Umwelt.* Wiesbaden: Springer: 253–269.

Mauelshagen Franz (2019): Anthropozän. In: Staatslexikon online (https://www.staatslexikon-online.d e/Lexikon/Anthropoz%C3%A4n).

Mauelshagen, Franz (2020): The Dirty Metaphysics of Fossil Freedom. In: Gabriele Dürbeck & Philip Hüpkes (eds.): *The Anthropocenic Turn. Interplay Between Disciplinary and Interdisciplinary Responses to a New Age.* London & New York: Routledge (Routledge Interdisciplinary Perspectives on Literature).

Mauelshagen, Franz (2023): *Geschichte des Klimas. Von der Steinzeit bis zur Gegenwart.* München: C.H. Beck (Beck'sche Reihe).

Matejovski, Dirk (2016): *Anthropozän und Apokalypse. Zum Verhältnis von Ökologie, Theoriedesign und kommunikativer Hegemonie.* Düsseldorf: Chemie-Stiftung Sozialpartner-Akademie (CSSA Discussion Paper 2016/3).

Mathews, Andrew S. (2018): Landscapes and Throughscapes in Italian Forest Worlds: Thinking Dramatically About the Anthropocene. *Cultural Anthropology* 33(3):386–414.

Mathews, Andrew S. (2020): Anthropology and the Anthropocene: Criticisms, Experiments, and Collaborations. *Annual Review of Anthropology* 49:67–82.

Matsutake Worlds Research Group (2009): A New Form of Collaboration in Cultural Anthropology. *American Ethnologist* 36(2): 380–403.

May, Jessica & Marshall Price (eds.) (2024): *Second Nature. Photography in the Age of the Anthropocene.* Milano: Rizzoli Electa.

Mbembe, Achille (2015): Decolonizing Knowledge and the Question of the Archive. Vortrag, University of Witwatersand, 22 April 2015.

McAfee, Kathleen (2016): The Politics of Nature in the Anthropocene. In: Robert Emmett & Thomas Lekan (eds.): *Whose Anthropocene? Revisiting Dipesh Chakrabarty's »Four Theses«.* Munich: Rachel Carson Center for Environment and Society (RCC Perspectives, Transformations in Environment and Society, 2): 65–72.

McAnany P. A. & Norman Yoffee (2010): *Questioning Collapse. Human Resilience, Ecological Vulnerability, and the Aftermath of Empire.* New York: Cambridge University Press.

McCorriston, Joy & Julie Field (2020): *Anthropocene. A New Introduction to World Prehis*tory. London: Thames & Hudson (auch als »World Prehistory and the Anthropocene. An Introduction to Human History«, Thames & Hudson, 2019).

McHale, John (1974): *Der ökologische Kontext.* Frankfurt am Main: Suhrkamp (orig. »The Ecological Context«, London: George Braziller, 1970).

McKibben, Bill (1989): *The End of Nature.* New York: Anchor.

McKibben, Bill (2010): *Eearth. Making a Life on a Tough New Planet*. New York: Times Books.

McKinney Michael L. (2005): New Pangea: Homogenizing the Future Biosphere. *Proceedings of the California Academy of Sciences* 56, Supplement I, (11): 119–129.

McKittrick, Katherine (2013): Plantation Futures. *Small Axe: Caribbean Journal of Criticism* 17(3, # 42): 1–15.

McNeill, Desmond (2017): Safety in Numbers: Why Everyone Listens to Economists. In: Thomas Hylland Eriksen & Elisabeth Schober (eds.): *Knowledge and Power in an Overheated World*. Oslo: Department of Social Anthropology University of Oslo: 126–140. (https://www.sv.uio.no/sai/english/research/projects/overheating/news/2017/knowledge-and-power-in-an-overheated-world.pdf).

McNeill, John R. (2003): *Blue Planet. Die Geschichte der Umwelt im 20. Jahrhundert*. Frankfurt am Main & New York: Campus Verlag (orig. »Something New Under the Sun: An Environmental History of the Twentieth-Century World«, New York & London: W.W. Norton, 2000, Global Century Series).

McNeill, John R. (2015): Global Environmental History: The First 150,000 Years. In: John R. McNeill & Erin Stewart Mauldin (eds.): *A Companion to Global Environmental History*. Blackwell Companions to World History): 3–17.

McNeill, John R. (2016): Introductory Remarks: The Anthropocene and the Eighteenth Century. *Eighteenth-Century Studies* 49(2):117-28.

McNeill, John R. (2019): The Industrial Revolution and the Anthropocene in: Jan Zalasiewicz, Colin Waters, Mark Williams & Colin P. Summerhayes (eds.) (2019): *The Anthropocene as a Geological Time Unit: A Guide to the Scientific Evidence and Current Debate*. Cambridge etc.: Cambridge University Press: 250–254.

McNeill, John R. & Erin Steward Mauldin (eds.) (2015): A *Companion to Global Environmental History*. Chichester & Malden, Mass.: Wiley-Blackwell (Wiley Blackwell Companions to World History).

McNeill, John R. & Peter Engelke (2013): Mensch und Umwelt im Zeitalter des Anthropozän. In: Akira Irye (Hg.): *Geschichte der Welt. 1945 bis heute – Die globalisierte Welt*. München: C. H. Beck & Cambridge, Mass. & London: The Belknap Press of Harvard University Press (Geschichte der Welt. A History of the World): 356–534.

McNeill, John R. & Peter Engelke (2016): *Great Acceleration. An Environmental History of the Anthropocene Since 1945*. Cambridge, Mass.: The Belknap Press of Harvard University Press.

McNetting, Robert (1977): *Cultural Ecology*. Reading, Mass.: Cummings Publishing Company.

McPhearson, Timon, Christopher M. Raymond, Natalie Gulsrud, Christian Albert, Neil Coles, Nora Fagerholm, Michiru Nagatsu, Anton Stahl Olafsson, Niko Soininen & Kati Vierikko (2021): Radical changes are needed for transformations to a good Anthropocene. *Urban Sustainability* 1(1): 1–13.

McPhee, John (1981): *Basin and Range*. New York: Farrar, Straus and Giroux (Annals of the Former World, 1).

Mead, Margaret (1971): *Der Konflikt der Generationen. Jugend ohne Vorbild*. Olten: Walter Verlag (orig, »Culture and Commitment. The New Relationships Between the Generations in the 1970s«, New York: N.Y.: Columbia University Press).

Meadows, Dennis H., Donella L. Meadows, J. Randers & W.W, Behrens III (1972): *The Limits to Growth: A Report for the Club of Rome's Project on the Predicament of Mankind*. London: Earth Island Press.

Meadows, Donella L., Jørgen Randers & Dennis H. Meadows ([6]2020): *Grenzen des Wachstums – Das 30-Jahre-Update: Signal zum Kurswechsel*. Stuttgart: Hirzel (orig.»Limits to Growth: The 30-Year Update«, London etc.: Chelsea Green Publishing, 2012).

Meier, Andreas (2011): Natur war gestern. *Die Zeit* Nr. 13 vom 24.3.2011: 49.

Meiske, Martin (2021): *Die Geburt des Geoengineerings. Großbauprojekte in der Frühphase des Anthropozäns*. München: Wallstein (Deutsches Museum. Abhandlungen und Berichte, N.F. 34).

Mentz, Steve (2019): *Break Up the Anthropocene*. Minneapolis: University of Minnesota Press (Forerunners: Ideas First).

Merchant, Carolyn (2020a): *Anthropocene and the Humanities. From Climate Change to a New Age of Sustainability*. New Haven & London: Yale University Press.

Merchant, Carolyn ([3]2020b): *Der Tod der Natur. Ökologie, Frauen und neuzeitliche Naturwissenschaft*. München: oekom (orig.»The Death of Nature. Women, Ecology, and the Scientific Revolution«, San Francisco: Harper Collins, Fourtieth Anniversary Edition, 2020 zuerst 1990).

Messeri, Lisa (2016): *Placing Outer Space. An Earthly Ethnography of Other Worlds*. Durham, NC.: Duke University Press (Experimental Futures: Technologocal Lives, Scientific Arts, Anthropological Voices).

Messner, Dirk ([2]2016): Globaler Wandel – Herausforderung an unsere Lernfähigkeit. In: Jörg-Robert Schreiber, Hannes Siege (Zus.-stellung und Bearb.): *Orientierungsrahmen für den Lernbereich Globale Entwicklung im Rahmen einer Bildung für nachhaltige Entwicklung*. Bonn: Engagement Global und Cornelsen Verlag: 22.

Meybeck, Michel (2002): Riverine quality at the Anthropocene: Propositions for global space and time analysis, illustrated by the Seine River. *Aquatic Sciences* 64: 376–393.

Meyer, Alexandra (2022): Das Anthropozän: Perspektiven aus der Kultur- und Sozialanthropologie und ein Fallbeispiel aus der hohen Arktis. In: Carmen Sippl, Erwin Rauscher & Martin Scheuch (Hg.): *Das Anthropozän lernen und lehren*. Innsbruck & Wien: Studienverlag: 97–105 (Pädagogik für Niederösterreich, 9).

Meyer, Diethard E. (2022): *Geofaktor Mensch. Eingriffe in die Umwelt und ihre Folgen*. Berlin: Springer Spektrum.

Meyer, William B. (2016): *The Progressive Environmental Prometheans: Left-Wing Heralds of a »Good Anthropocene«*. o.O. (Basingstoke): Palgrave Macmillan.

Middleton, Guy D. (2017): The Show Must Go On: Collapse, Resilience, and Transformation in 21st-Century Archaeology. *Reviews in Anthropology* 46(2-3): 78–105, DOI: 10.1080/00938157.2017.1343025

MilNeil, Christian (2013): Inner-City Glaciers. In: Ellsworth, Elizabeth & Jamie Kruse (eds.): *Making the Geologic Now. Responses to Material Conditions of Contemporary Life*. New York: Punktum: 79–81.

Milton, Kay (1996): *Environmentalism and Cultural Theory. Exploring the Role of Anthropology in Environmental Discourse*. London & New York: Routledge (Environment and Society).

Milton, Kay (2002): *Loving Nature. Towards an Ecology of Emotion*. London & New York: Routledge.

Mintz, Sydney (2020): *Die süße Macht. Kulturgeschichte des Zuckers*, Frankfurt am Main & New York: Campus (Campus Bibliothek) (orig. »The Sweetness of Power. The Place of Sugar in Modern History«, London: 1985).

Mirzoeff, Nicholas (2014): Visualising the Anthropocene. *Public Culture* 26(2): 213–232.

Mirzoeff, Nicholas (2018): It's not the anthropocene, it's the white supremacy scene; or, The geological color line. In: Richard Grusin (ed.): *After Extinction*. Minneapolis: University of Minnesota Press: 123–149.

Mitchell, Logan et al. (2013): Constraints on the Late Holocene Anhropogenic Contribution to the Atmospheric Methane Budget. *Science* 342: 946–966.

Mitchell, W. J. T. (²2012): *Das Leben der Bilder. Eine Theorie der visuellen Kultur*. München: C.H. Beck (orig. »What do Pictures want? The Lives and Loves of Images«, Chicago: Chicago University Press, 2005).

Mitman, Gregg, Marco Armiero & Robert S. Emmett (eds.) (2018): *Future Remains. A Cabinet of Curiosities for the Anthropocene* (Emersion: Emergent Village resources for communities of faith). Chicago. Ill.: The University of Chicago Press.

Mitscherlich-Schönherr, Olivia Mara-Daria Cojocaru & Michael Reder (Hg.) (2024): *Kann das Anthropozän gelingen? Krisen und Transformationen der menschlichen Naturverhältnisse im interdisziplinären Dialog*. Berlin & Boston: De Gruyter (Grenzgänge. Studien in philosophischer Anthropologie, 4).

Mittelbach, Gary G. & Brian J. McGill (²2019): *Community Ecology*. Oxford: Oxford University Press.

Mittelstaedt, Werner (2020): *Anthropozän und Nachhaltigkeit. Denkanstöße zur Klimakrise und für ein zukunftsfähiges Handeln*. Berlin etc.: Peter Lang Verlag.

Mittelstraß, Jürgen (1992): *Leonardo-Welt. Über Wissenschaft, Forschung und Verantwortung*. Frankfurt am Main: Suhrkamp Verlag.

Moebius, Stephan, Frithjof Nungesser & Katharina Scherke (Hg.) (2019): *Handbuch Kultursoziologie. Bd. 1: Band 1: Begriffe – Kontexte – Perspektiven – Autor_innen; Band 2: Theorien – Methoden – Felder*. Wiesbaden: Springer VS.

Möllers, Nina (2013) Cur(at)ing the Planet– How to Exhibit the Anthropocene and Why. In: Hellmuth Trischler (ed.): Anthropocene. Envisioning the Future of the Age of Humans. Munich: Rachel Carson Center for Environment and Society (RCC Perspectives, 3): 57–65.

Möllers, Nina, Christian Schwägerl & Helmuth Trischler (Hg.) (2015): *Willkommen im Anthropozän. Unsere Verantwortung für die Zukunft der Erde*. München: Deutsches Museum Verlag und Rachel Carson Center.

Mönnig, E. (2016): Anthropozän. Meinungen »Zur Anthropozän-Debatte«, 2 Seiten. (http://www.stra tigraphie.de/ergebnisse/Texte/Ergebnisse_1_4_pdf5.pdf).

Monastersky, Richard (2015): Anthropozän: Zeitalter des Menschen. *Spektrum der Wissenschaft*. http s://www.spektrum.de/news/zeitalter-des-menschen/1341897, zuerst als «Anthropocene: The Human Age«, *Nature* 519(7542): 144–147, https://www.nature.com/news/anthropocene-the-human-age-1.17085).

Monbiot, George (2014): *Destroyer of Worlds* (http://www.monbiot.com/2014/03/24/destroyer-of -wor lds/).

Monios, Jason & Gordon Wilmsmeier (2021): Deep adaptation and collapsology. In: Francisco J. Carrillo & Günter Koch (Hg.): *Knowledge for the anthropocene. A multidisciplinary approach*, Cheltenham: Edward Elgar: 145–156.

Montanarella, Luca & Panao Panagos (2015): Policy Relevance of Critical Zone Science. *Land Use Policy* 49: 86–91.

Moore, Amelia (2015a): Anthropocene Anthropology: Reconceptualizing Contemporary Global Change. *Journal of the Royal Anthropological Institute* 22(1): 27–46.

Moore, Amelia (2015b): Islands of Difference: Design, Urbanism, and Sustainable Tourism in the Anthropocene Caribbean. *Journal of Latin American and Caribbean Anthropology* 20: 513–32.

Moore, Amelia (2019): *Destination Anthropocene. Science and Tourism in the Bahamas*. Berkeley, Cal.: University of California Press (Critical Environments: Nature, Science, and Politics, 7).

Moore, Kathleen Dean (2013): Anthropocene is the Wrong Word. In *Earth Island J* https://www.earthis land.org/journal/index.php/magazine/entry/anthropocene_is_the_wrong_word/.

Moore, Jason W. (2014a): *The Capitalocene, Part I: On the Nature and Origins of Our Ecological Crisis* (unpublished paper). Fernand Braudel Center, Binghamton University.

Moore, Jason W. (2014b): *The Capitalocene, Part II: Abstract Social Nature and the Limits to Capital* (unpublished paper). Fernand Braudel Center, Binghamton University.

Moore, Jason W. (2019): *Kapitalismus im Lebensnetz. Ökologie und die Akkumulation des Kapitals*. Berlin: Matthes & Seitz (orig. »Capitalism in the Web of Life. Ecology and the Accumulation of Capital«, London: Verso, 2015).

Moore, Jason W. (2020): »Die Macht des einen Prozents gerät unter Druck«. Interview mit Raul Zelik. *WOZ: Die Wochenzeitung* Nr. 23 vom 4.6.2020. https://jasonwmoore.com/wp-content/uploads/2 021/04/Moore-Die-Macht-des-einen-Prozents-gerat-unter-Druck-WOZ-June-2020.pdf

Moore, Jason W. (2021a): Unthinking the Anthropocene: Man and Nature in the Capitalocene. *Global Dialogue* 11(3): 36–37.

Moore, Jason W. (2021b): Opiates of the Environmentalists? Anthropocene Illusions, Planetary Management & the Capitalocene Alternative. *Abstrakt* (http://www.abstraktdergi.net/opiates-of-the-envir onmentalists-anthropocene-illusions-planetary-management-the-capitalocene-alternative/).

Moore, Jason W. (ed.) (2016): *Anthropocene or Capitalocene? Nature, History, and the Crisis of Capitalism*. Oakland, Cal.: PM Press, Kairos (http://arena-attachments.s3 .amazonaws.com/772469).

Moore, Sophie Sapp, Monique Alewaert, Pablo F. Gómez, & Gregg Mittman (2021): Plantation Legacies (https://edgeeffects.net/plantation-legacies-plantationocene/).

Moran, Emilio F. (³2008): *Human Adaptability. An Introduction to Ecolocgical Anthropology*. Boulder, Col.: Westview Press.

Moran, Emilio F. (2010): *Environmental Social Science. Human – Environment Interactions and Sustainability*. Malden: Wiley-Blackwell.

Moran, Emilio F. (^{2}2016): *People and Nature. An Introduction to Human Ecological Relations.* Malden, Mass.: Blackwell Publishing.

Morcillo, Jesús Muñoz (2022): *Anthropozän? Die ökologische Frage und der Mensch, der sie stellt.* Baden-Baden: Tectum Verlag.

Morris, Ian (2020): *Beute, Ernte, Öl. Wie Energiequellen Gesellschaften formen.* München: Deutsche Verlags-Anstalt (orig. » Foragers, Farmers, and Fossil Fuels. How Human Values Evolve«, New York & Oxford: Princeton University Press, 2015).

Morrison, Kathleen D. (2015): Provincializing the Anthropocene. *Seminar. A Journal of Germanic Studies* 673:75-80.

Morrison, Kathleen D. (2018): Provincializing the Anthropocene: Eurocentrism in the Earth System. In Gunnel Cederlöf & Maheesh Rangarjan (eds.): *At Nature´s Edge. The Global Present and the Long-Term History.* New Delhi: Oxford University Press.

Morrison, Philipp & Phylis Morrison (1992). *Zehn Hoch. Dimensionen zwischen Quarks und Galaxien.* Heidelberg: Spekrum Akademischer Verlag. (1994 bei Zweitausendeins)

Morton, Timothy (2009): *Ecology Without Nature. Rethinking Environmental Aesthetics.* Cambridge, Mass: Harvard Univ. Press.

Morton, Timothy (2013): *Hyperobjects. Philosophy and Ecology after the End of the World.* Minneapolis: University of Minnesota Press (Posthumanities, 27).

Morton, Timothy (2014): How I Learned to Stop Worrying and Love the Term »Anthropocene«. *Cambridge Journal of Postcolonial Literary Inquiry* 2:257-264.

Morton, Timothy (2017): *Humankind. Solidarity with Nonhuman People.* London: Verso.

Mosley, Stephen (^{2}2024): *The Environment and World History.* Abingdon: Routledge (Themes in World History).

MPI Max-Planck-Institut für Wissenschaftsgeschichte (2017): IV. IV. *Anthropocene Formations.* https://www.mpiwg-berlin.mpg.de/project/knowledge-anthropocene

Müller, Burghard (2021): Von wegen Anthropozän. *Merkur* 75(865): 5–16.

Müller, Michael (2021a): Gesellschaftskritisches Denken wiederbeleben. Anthropozän und kritische Theorie. *Politische Ökologie* 39(167): 73–80.

Müller, Michael (2021b): Das Anthropozän oder: Wie wir die Erde verkonsumieren. Das Erbe des Jahrhundertwissenschaftlers Paul J. Crutzen. *Blätter für deutsche und internationale Politik* 3/2021: 107–112.

Müller, Michael, Jörg Sommer & Pierre L. Ibisch (Red.) (2022): *Das Zeitalter der Städte: Die entscheidende Kraft im Anthropozän.* Stuttgart: S. Hirzel Verlag (Jahrbuch Ökologie 2022).

Müller-Mahn, Detlev, Jonathan Everts & Christiane Stephan (2018): Riskscapes Revisited – Exploring the Relationship between Risk, Space and Practice. *Erdkunde* 72(3): 197–213.

Münster, Ursula, Thomas Hylland Eriksen, Sara Asu Schroer (eds.) (2023): *Responding to the Anthropocene. Perspectives from Twelve Academic Disciplines.* Oslo Scandinavian Academic Press.

Mulch, Andreas & George Zizka (2021) Erdsystemforschung. Eine Nummer kleiner geht es nicht!. *Senckenberg Natur – Forschung – Museum* 151(1-3): 18–21.

Munn, Nancy D. (1992): The Cultural Anthropology of Time: A Critical Essay. *Annual Review of Anthropology* 21: 93–123.

Murphy, Michael A. & Amos Salvador (2000): International subcommission on stratigraphic classification of IUGS International Commission on Stratigraphy: international stratigraphic guide – an abridged version. *GeoArabia* 5(2): 231–266.

Muthukrishna, Michael (2024): *A Theory of Everyone.*

Muthukrishna, Michael, Ben W. Shulman, Vlad Vasilescu &Joseph Henrich (2014): Sociality Influences Cultural Complexity. *Proceedings of the Royal Society B* 281: 1–8.

Naess, Arne (Hg. David Rothenberg) (2013): *Die Zukunft in unseren Händen. Eine tiefenökologische Philosophie.* Stuttgart: Edition Trickster im Peter Hammer.

Naess, Arne (2016): *Ecology of Wisdom. Writings by Arne Naess.* Ed. by Alan Drengson & Bill Devall. London: Penguin (Penguin Modern Classics).

Nassehi, Armin (2020): Komplexitätsprobleme. Klimawandel aus soziologischer Perspektive. *Forschung & Lehre* (11): 908–909.

National Research Council (1986): *Earth System Science: Overview. A Program for Global Change.* Washington, D.C.: The National Aeronautics Corporation.(https://doi.org/10.17226/19210).

National Research Council (1988): *Earth System Science: A Closer View.* Washington, D.C.: The National Aeronautics Corporation (https://doi.org/10.17226/19088).

Nazarea, Virginia D. (ed.) (1999): *Ethnoecology. Situated Knowledge/Located Lives.* Tuscon: University of Arizona Press.

Neckel, Sighard (2020): Scholastische Irrtümer? Rückfragen an das Anthropozän. In: Frank Adloff, & Sighard Neckel (Hg.) (2020): *Gesellschaftstheorie im Anthropozän.* Frankfurt & New York: Campus (Zukünfte der, 1): 157–168.

Neimanis, Astrida, Cecilia Åsberg and Johan Hedrén (2015): Four Problems, Four Directions for Environmental Humanities: Toward Critical Posthumanities for the Anthropocene. *Ethics and the Environment* 20(1): 67–97.

Nevle, Richard J., Dennis K. Bird, William F. Ruddiman & Richard A. Dull (2011): Neotropical Human-Landscape Interactions, Fire, and Atmospheric CO2 During European Conquest. *The Holocene* (Special Issue):1–12.

Niedenzu, Heinz-Jürgen (2012): *Soziogenese der Normativität. Zur Emergenz eines neuen Modus der Sozialorganisation.* Weilerswist: Velbrück.

Niewöhner, Jörg (2013): Natur und Kultur im Anthropozän – eine sozialanthropologische Perspektive auf gesellschaftliche Transformation. *Humboldt-Universitäts-Gesellschaft. Jahresgabe* 2012/2013: 43–49.

Nicholson, Simon & Sikina Jinnah (2016): Living on a New Earth. In: Dies. (eds.): *New Earth Politics. Essays from the Anthropocene.* Cambridge, Mass. & London: The MIT Press: 1–16.

Niederberger, Andreas & Philipp Schink (Hg.) (2011): *Globalisierung. Ein interdisziplinäres Handbuch*. Stuttgart & Weimer: Verlag J. B. Metzler.

Nitzke, Solvejg & Nicolas Pethes (2017): Visions of the »Blue Marble«. Technology, Philosophy, Fiction. In: Dies. (eds.): *Imagining Earth. Concepts of Wholeness in Cultural Constructions of Our Home Planet*. Bielefeld: Transcript: 7–23.

Nixon, Rob (2011): *Slow Violence and the Environmentalism of the Poor*. Cambridge, Mass.: Harvard University Press.

Nixon, Rob (2014): The Anthropocene: The Promise and Pitfalls of an Epochal Idea. *Edgeeffects* (https://edgeeffects.net/anthropocene-promise-and-pitfalls/).

Nixon, Rob (2016): The Anthropocene and Environmental Justice. In: Jennifer Newell, Libby Robin & Kirsten Wehner (eds.): *Curating the Future. Museums, Communities and Climate Change*. Abingdon: Routledge & Earthscan: 23–31.

Noller, Jörg (2023): *Ethik des Anthropozäns. Überlegungen zur dritten Natur*. Basel: Schwabe Verlag (Schwabe Reflexe, 79).

Ockenfels, Axel (2020): Größtes Kooperationsproblem der Menschheitsgeschichte. Was hilft und was nicht im Kampf gegen den Klimawandel? *Forschung & Lehre* (11): 906–907.

Odling-Smee, John (1988): Niche-Constructing Phenotypes. In: H. C. Plotkin (ed.): *The Role of Behavior in Evolution*. Cambridge: The MIT Press: 73–132.

Odling-Smee, John, Kevin Laland & Marcus Feldman (2003): *Niche Construction. The Neglected Process in Evolution*. Princeton, N.J.: Princeton University Press.

Odum, Eugene P. & Josef H. Reichholf (1980): *Ökologie. Die Brücke zwischen Natur- und Sozialwissenschaften*. München: BLV.

oekom e.V. – Verein für ökologische Kommunikation (Hg.) (2021): *Menschengemacht. Streifzüge durch das Anthropozän«*. München: oekom Verlag (= Politische Ökologie 39,167).

Oeser, Erhard (1987): *Psychozoikum. Evolution und Mechansmus der menschlichen Erkenntnisfähigkeit*. Berlin & Hamburg: Verlag Paul Parey (Reihe Biologie und Evolution interdisziplinär).

Ogden, Laura, Nik Heynen, Ulrich Oslender, Page West, Karim-Aly Kassam & Paul Robbins (2013): Global Assemblages, Resilience, and Earth Stewardship in the Anthropocene. *Frontiers in Ecology and the Environment* 11(7): 341–347.

Ogle, Vanessa (2013): Whose Time Is It? The Pluralization of Time and the Global Condition, 1870s -1940s. *American Historical Review* 118(5): 1376–1402.

Oguz, Zeynep (2020): Geological Anthropology. Theorizing the Contemporary. *Fieldsights*, September 22. (https://www.academia.edu/44165760/Introduction_Geological_Anthropology).

Oliveira, Gil, Eric Dorfman, Nicolas Kramar, Chase D. Mendenhall & Nicole E. Heller (2020): The Anthropocene in Natural History Museums: A Productive Lens of Engagement. *The Curator. The Museum Journal* 63(3): 333–351.

Oliver-Smith, Anthony & Susanna A. Hoffmann (eds.) ([2]2020): *The Angry Earth. Disaster in Anthropological Perspective*. Milton Park & New York: Routledge.

Olson, Valerie & Lisa Messeri (2015): Beyond the Anthropocene: Un-Earthing an Epoch. *Environment and Society* 6: 28–47.

Ommer, Uwe (2000): *1000 Families. Das Familienalbum des Planeten Erde. The Family Album of Planet Earth. L'album de famille de la planète Terre.* Köln: Taschen Verlag.

Omura, Keiichi, Grant Jun Otsuki, Shiho Satsuka & Atsuro Morita (eds.) (2019): *The World Multiple. The Quotidian Politics of Knowing and Generating Entangled Worlds.* London & New York: Routledge (Routledge Advances in Sociology).

Ong, Aihwah & Stephen J. Collier (eds.) (2005): *Global Assemblages. Technology, Politics, and Ethics as Anthropological Problems.* Malden, Mass.: Blackwell Publishers.

Oppermann, Serpil (2023): *Ecologies of a Storied Planet in the Anthropocene.* Morgantown: West Virginia University Press (Salvaging the Anthropocene).

O'Reilly, Jessica, Cindy Isenhour, Pamela McElwee & Ben Orlove (2020): Climate Change: Expanding Anthropological Possibilities. *Annual Review of Anthropology* 49: 13–29.

Oreskes, Naomi & Erik M. Conway (2014a): *Die Machiavellis der Wissenschaft. Das Netzwerk des Leugnens.* München: Wiley-VCH (Erlebnis Wissenschaft) (orig. »Merchants of Doubt. How a Handful of Scientists Obscured the Truth on Issues from Tobacco Smoke to Global Warming«, New York: Bloomsbury Press, 2010).

Oreskes, Naomi & Erik M. Conway (2014b): *The Collapse of Western Civilization. A View from the Future.* New York: Columbia University Press.

Orlove, Benjamin S. (1980): Ecological Anthropology. In: *Annual Review of Anthropology* 9:235-273.

Orr, Yancey, J. Stephen Lansing & Michael R. Dove (2015): Environmental Anthropology: Systemic Perspectives. *Annual Review of Anthropology* 44: 153–168.

Ortner, Sherry B. (2018): Dark Anthropology and Its Others, Theory Since the Eighties. *Hau: Journal of Ethnographic Theory* 6(1): 47–73.

Osborn, Henry Fairfield Jr. (1948): *Our Plundered Planet.* London: Faber & Faber. (dt. *Unsere ausgeplünderte Erde,* Zürich: Pan-Verlag, 1950).

Osborne, Mike, M. Traer & L. Chang (2013): *Generation Anthropocene: Stories About Planetary Change.* online: http://www.stanford.edu/group/anthropocene/cgi-bin/wordpress/, Zugang 5.2.2021).

Oschmann, Wolfgang (2018*): Leben der Vorzeit Grundlagen der Allgemeinen und Speziellen Paläontologie.* Bern: Haupt Verlag.

Osterhammel, Jürgen (2017): *Die Flughöhe der Adler. Historische Essays zur globalen Gegenwart.* München Verlag C.H. Beck.

Osterhammel, Jürgen ([6]2020): *Die Verwandlung der Welt. Eine Geschichte des 19. Jahrhunderts.* München: Verlag C.H. Beck (Historische Bibliothek der Gerda Henkel Stiftung).

Ostheimer, Jochen (2016): Die Renaissance der Geisteswissenschaften in der Ära des Menschen – die Rolle der angewandten Ethik im Anthropozän-Diskurs. In: Matthias Maring (Hg): *Zur Zukunft der Bereichsethiken – Herausforderungen durch die Ökonomisierung der Welt.* Schriftenreihe des Zentrums für Technik- und Wirtschaftsethik am Karlsruher Institut für Technologie. Karlsruhe: KIT Scientific Publishing.

Ostrom, Elinor (1999): Revisiting the Commons: Local Lessons, Global Challenges. *Science* 284: 278–282.

Ott, Konrad (2016): Verantwortung im Anthropozän und Konzepte von Nachhaltigkeit. In: Markus Patenge, Roman Beck & Markus Luber (Hg.): *Schöpfung bewahren – Theologie und Kirche als Impulsgeber für eine nachhaltige Entwicklung*. Regensburg: Verlag Friedrich Pustet Verlag: 64–104 (Weltkirche und Mission, 7).

Ott, Konrad (2019): Praktische Diskurse im Anthropozän und die Hierarchie der Gründe. In: Michelle Borelli, Francesca Caputo & Reinhard Hesse (Hg.): *Topologik Sonderheft: Karl-Otto Apel – Leben und Denken*. Cleto: Luigi Pellegrini Editore: 205–225.

Ott, Konrad (2020): Umweltethik. In: Thomas Kirchhoff (Hg.): *Online Encyclopedia Philosophy of Nature / Online Lexikon Naturphilosophie*. ISSN 2629–8821. (https://doi.org/10.11588/oepn.2020.0.6 8742).

Otter, Chris, Alison Bashford, John L. Brooke, Fredrik Albritton Jonsson & Jason M. Kelly (2018): In Roundtable: The Anthropocene in British History. *Journal of British Studies* 57(3): 568–596.

Paál, Gábor (2016): Meinung: Das Anthropozän muss wissenschaftlich bleiben. *Spektrum der Wissenschaft* 20: 6–10. (http://www.spektrum.de/news/meinung-das-anthropozaen-muss-wissenschaftli ch-bleiben/1347395).

Pagel, Mark (2012): *Wired for Culture. Origins of the Human Social Mind*. New York & London: W. W. Norton & Co.

Pagli, Carolina & Freysteinn Sigmundsson (2008): Will Present Day Glacier Retreat Increase Volcanic Activity? Stress Induced by Recent Glacier Retreat and Its Effect on Magmatism at the Vatnajö¨kull Ice Cap, Iceland. *Geophysical Research Letters* 35: 1–5.

Palmer, Christian T. ([2]2020): Culture and Sustainability: Environmental Anthropology in the Anthropocee. In: Nina Brown, Thomas McIlwraith & Laura Tubelle de González (eds.): *Perspectives. An Open Invitation to Cultural Anthropology*. Arlington, Virg.: American Anthropological Association: 357–381.

Pálsson, Gísli (2020): *The Human Age. How We Created the Anthropocene Epoch and Caused the Climate Crisis*. London: Welbeck.

Pálsson, Gísli, Bronislaw Szerszynski, Sverker Sörlin, John Marks, Bernard Avrile, Carole Crumley, Heide Hackmann, Poul Holm, John Ingram, Mercedes Pardo Buendía, Rifka Weehuizen (2013): Reconceptualizing the ›Anthropos‹ in the Anthropocene: Integrating the Social Sciences and Humanities in Global Environmental Change Research. *Environmental Science and Policy* 28: 3–13.

Palumbi, S. R. (2001): Humans as World's Greatest Evolutionary Force. *Science* 293: 1786–1790.

Panakhyo, Maria & Stacy McGrath (2000): Ecological Anthropology. In: *Anthropological Theories: A Guide Prepared by Students for Students* (University of Alabama).https://anthropology.ua.edu/th eory/ecological-anthropology/

Pandian, Anand (2019): *A Possible Anthropology. Methods for Uneasy Times*. Durham: Duke University Press.

Pare, Christopher (2008): Archaeological Periods and Their Purpose. In: A. Lehoerff (dir.): *Construire le temps. Histoire et méthodes des chronologies et calendriers des derniers millénaires avant notre ère en*

Europe occidentale. Actes du XXXe colloque international de Halma-Ipel, UMR 8164 (CNRS, Lille 3, MCC), 7–9 décembre 2006, Lille. Glux-en-Glenne: Bibracte: 69–84 (Bibracte, 16).

Park, Sung-Joon (2020): Thinking -With the Favourite Reads in the Anthropology of Global Health and Environmental Health. *Curare. Zeitschrift für Medizinethnologie. Journal of Medical Anthropology* 42(1-2): 96–100.

Parenti, Christian (2016): Environment-Making in the Capitalocene. Political Ecology of the State. In: Jason W. Moore (ed.): *Anthropocene or Capitalocene? Nature, History, and the Crisis of Capitalism.* Oakland, Cal.: PM Press, Kairos: 166–184.

Pattberg, Philipp & Michael Davis-Venn (2020): Dating the Anthropocene. In: Gabriele Dürbeck & Phillip Hüpkes (eds.): *The Anthropocenic Turn. The Interplay Between Disciplinary and Interdisciplinary Responses to a New Age.* New York: Routledge (Routledge Interdisciplinary Perspectives on Literature): 130–149.

Parikka, Jussi (2015a): *A Geology of Media.* Minneapolis & London: University of Minnesota Press (Electronic Mediations, 46).

Parikka, Jussi (2015b): *The Anthrobscene.* Minneapolis: University of Minnesota Press (Forerunners: Ideas First).

Parthasarathi, Prassanan (2011): *Why Europe Grew Rich and Asia Did Not. Global Economic Divergence, 1600–1850.* Cambridge etc.: Cambridge University Press.

Parzinger, Hermann (2019): »Die Mühlen der Zivilisation«: Ganz früher war alles besser. Rezension zu Scott 2019. *Die Zeit* Nr. 32 vom 1. August 2019 (https://www.zeit.de/2019/32/die-muehlen-der-zivilisation-james-c-scott/komplettansicht).

Patel, Raj (Rajeev Charles) & Jason W. Moore (2018): *Entwertung. Eine Geschichte der Welt in sieben billigen Dingen.* Berlin: Rowohlt (orig. »A History of the World in Seven Cheap Things«, Oakland, Cal.: University of California Press, 2017).

Pattberg, Philipp & Fariborz Zelli (eds.) (2016): *Environmental Politics and Governance in the Anthropocene. Institutions and Legitimacy in a Complex World.* London & New York: Routledge (Routledge Research in Global Environmental Governance).

Pedersen, Lene & Lisa Cliggett (eds.) 2021: *The Sage Handbook of Cultural Anthropology.* London etc.: Sage Publications (Sage Handbook of the Social Sciences).

Perfecto, Ivette, M., Estelí Jiménez-Soto & John Vandermeer (2019): Coffee Landscapes Shaping the Anthropocene: Forced Simplification on a Complex Agroecological Landscape. *Current Anthropology* 60(suppl. 20): S236–S250.

Pfister, Christian (Hg.) (1995): *Das 1950er-Syndrom. Der Weg in die Konsumgesellschaft.* Bern: Paul Haupt (Publikation der Akademischen Kommission der Universität Bern, o.N.).

Pfister, Christian & Heinz Wanner (2021): *Klima und Gesellschaft in Europa. Die letzten tausend Jahre.* Bern: Paul Haupt Verlag.

Philip, Kavita (2014): Doing Interdisciplinary Asian Studies in the Age of the Anthropocene. *The Journal of Asian Studies* 73(4): 975–987.

Pickering, Andrew (2017): The Ontological Turn: Taking Different Worlds Seriously. *Social Analysis: The International Journal of Anthropology* 61(2):134–150.

Pielke, Jr., Roger A. (2014): *The Rightful Place of Science. Disasters and Climate Change.* Tempe, Ar.: Consortium for Science, Policy & Outcomes, Arizona State University.

Pigliucci, Massimo & Gerd B. & Müller (eds.) (2010): *Evolution. The Extended Synthesis.* Cambridge, Mass. & London: The MIT Press.

Pinker, Steven (2018): *Aufklärung jetzt. Für Vernunft, Wissenschaft, Humanismus und Fortschritt. Eine Verteidigung.* Frankfurt: S. Fischer Verlag (orig.»Enlightenment Now. The Case for Reason, Science, Humanism, and Progress«, New York: Viking, 2018).

Platenkamp, Josephus D. M. (1999): Natur als Gegenbild der Gesellschaft. Einige Betrachtungen zu einer paradoxen Idee. In: Ruth-Elisabeth Mohrmann (Hg.): *Argument Natur – Was ist natürlich?* Münster: Lit Verlag (Worte – Werke – Utopien. Thesen und Texte Münsterscher Gelehrter, 7):5-16.

Polanyi, Karl (1978): *The Great Transformation. Politische und ökonomische Ursprünge von gesellschaften und Wirtschaftssystemen.* Frankfurt am Main: Suhrkamp. (Orig. »The Great Transformation. The Political and Economic Origins of our Times«, Boston, Mass.: Beacon, 1944).

Pomeranz, Kenneth (2000): The Great Divergence. China, Europe, and the Making of the Modern World Economy. Princeton & Oxford: Princeton University Press (Princeton Economic History of the Western World).

Poole, Robert (2008): *Earthrise. How Man First Saw the Earth.* New Haven: Yale University Press.

Postill, John (2002): Clock and Calendar Time: A Missing Anthropological Problem. *Time and Society* 11(2-3): 251–270.2002

Potts, R. (2013): Hominin Evolution in Settings of Strong Environmental Variability. *Quarternary Science Review* 73: 1–13.

Pottage, Alain (2019): Holocene Jurisprudence. *Journal of Human Rights and the Environment* 10: 153-175.

Potthast, Ulrich (1999): *Die Evolution und der Naturschutz. Zum Verhältnis von Evolutionsbiologie, Ökologie und Naturethik.* Frankfurt am Main: Campus Verlag (Campus Forschung).

Povinelli, Elizabeth A. (2014): The Four Figures of the Anthropocene. *Anthem,* 25 April.

Povinelli, Elizabeth A. (2016): *Geontologies. A Requiem to Late Liberalism.* Durham & London: Duke University Press (http://societyandspace.com/2014/05/02/elizabeth-povinelli-the-four-figures-of-the-anthropocene) .

Preston, Christopher J. (2019): *Sind wir noch zu retten? Wie wir mit neuen Technologien die Natur verändern können.* Heidelberg: Springer Spektrum (engl. Orig.: »The Synthetic Age. Outdesigniing Evolution, Resurrecting Species, and Reorganizing Our World«, Cambridge, Mass.: The MIT Press).

Price, Simon J., Jonathan R. Ford, Anthony H. Cooper & Catherine Neal (2011): Humans As Major Geological and Geomorphological Agents in the Anthropocene: The Significance of Artificial Ground in Great Britain. *Philosophical Transactions of the Royal Society A: Mathematical, Physical and Engineering Sciences* 369(1938): 1056–1084.

Pries, Ludger (2021): *Verstehende Kooperation. Herausforderungen für Soziologie und Evolutionsforschung im Anthropozän.* Frankfurt & New York: Campus.

Probst, Simon (2020): Geologische Poetik. In: *Grundbegriffe des Anthropozän. Ein interdisziplinäres Lexikon des DFG-Forschungsprojekts »Narrative des Anthropozän in Wissenschaft und Literatur.* Vechta: Universität Vechta: 1–6. (https://voado.uni-vecha.de/bitstream/handle/21.11106/297/Pro bst_Simon_GeologischePoetik_2020_korr.pdf?sequence=2&isAllowed=y).

Puig de la Bellacasa, Maria (2017): *Matters of Care. Speculative Ethics in More than Human Worlds.* Minneapolis: University of Minnesota Press (Posthumanities, 41).

Purdy, Jedediah (2015): *After Nature. A Politics for the Anthropocene.* Cambridge, Mass.: Harvard University Press.

Purdy, Jedediah (2020): *Die Welt und wir. Politik im Anthropozän.* Berlin: Suhrkamp (edition suhrkamp). (orig.: »This Land Is Our Land. The Struggle for a New Commonwealth«, Princeton: Princeton University Press, 2019).

Putz, Francis E. (1998): Halt the homogeocene: a frightening future filled with too few species. *The Palmetto* 18:7–10.

Pye, Oliver (2021): *Labour, Nature, and Development. The Social Relations of Palm Oil in Southeast Asia.* Unveröff. Habilitationsschrift. Bonn: Universität Bonn, Philosophische Fakultät.

Pyne, Stephen J. (²2019): *Fire. A Brief History.* Seattle & London: University of Washington Press.

Pyne, Stephen J. (2020): From Pleistocene to Pyrocene: Fire Replaces Ice. *Earth´s Future.* (https://agupu bs.onlinelibrary.wiley.com/doi/10.1029/2020EF001722).

Quaedackers, Esther (2020): A Case for Little Big Histories. In: Craig Benjamin, Esther Quaedackers and David Baker (eds.): *The Routledge Companion to Big History.* Milton Park & New York: Routledge (Routledge Companions): 279–299.

Queloz, Matthieu (2021): *The Practical Origins of Ideas Genealogy as Conceptual Reverse-Engineering.* Oxford etc.: Oxford University Press.

Quinn, Naomi (2005): Universals of Child Rearing. *Anthropological Theory* 5(4): 477–516.

Rabinow, Paul (2004): *Anthropologie der Vernunft. Studien zu Wissenschaft und Lebensführung.* Frankfurt am Main: Suhrkamp Verlag (orig. »Essays in the Anthropology of Reason«, Princeton, N.J.: Princeton University Press, 1996).

Rabinow, Paul M. (2008): *Marking Time. On the Anthropology of the Contemporary.* Princeton: University Press.

Rabinow, Paul M. & George E. Marcus, with James Faubion & Tobias Rees (2008): *Designs for an Anthropology of the Contemporary.* Durham, N.C.: Duke University Press (John Hope Franklin Center Book).

Radkau, Joachim (2000): *Natur und Macht. Eine Weltgeschichte der Umwelt.* München: C. H. Beck.

Radkau, Joachim (2011): *Die Ära der Ökologie: Eine Weltgeschichte.* München: C. H. Beck.

Radcliffe-Brown, Alfred Reginald (1940): On Social Structure. *Journal of the Royal Anthropological Institute of Great Britain and Ireland* 70(1): 1–12.

Raffnsøe, Sverre (2016): *Philosophy of the Anthropocene. The Human Turn.* Basingstoke: Palgrave Macmillan (Palgrave Pivot).

Radjawali, Irendra, Oliver Pye & Michael Flitner (2017): Recognition through reconnaissance? Using drones for counter-mapping in Indonesia. *The Journal of Peasant Studies* 44(4): 817–833.

Randeria, Shalini (1999): Jenseits von Soziologie und soziokultureller Anthropologie: zur Verortung der nichtwestlichen Welt in einer zukünftigen Sozialtheorie. *Soziale Welt* 50 (4): 373–382.

Rapp, Friedrich (1994): *Die Dynamik der modernen Welt. Eine Einführung in die Technikphilosophie.* Hamburg: Junius.

Rappaport, Roy A. (1968): *Pigs for the Ancestors. Ritual in the Ecology of a New Guinea People.* New Haven, Conn: Yale University Press.

Rappaport, Roy A. (1993): Distinguished Lecture in General Anthropology: The Anthropology of Trouble. In: *American Anthropologist* 95: 295–303.

Rapport, Nigel J. & Ronald Stade (2007): A Cosmopolitan Turn – or Return? (Debate Section). *Social Anthropology* 15(2):223-235.

Rathjens, Carl (1979): *Die Formung der Erdoberfläche unter dem Einfluß des Menschen. Grundzüge der Anthropogenetischen Geomorphologie.* Tübingen: B.G. Teubner (Teubner Studienbücher der Geographie).

Raup, David M. (1992): Krisen der Vielfalt in erdgeschichtlicher Vergangenheit. In: Edward O. Wilson (Hg.): *Ende der biologischen Vielfalt. Der Verlust an Arten, Genen und Lebensräumen und die Chancen für eine Umkehr,* Heidelberg: Spekrum Akademischer Verlag: 69–75.

Raup, David M. & John Sepkoski (1982): Mass Extinctions in the Marine Fossil Record Source: *Science* 215 (4539): 1501–1503.

Raworth, Kate (2018): *Die Donut-Ökonomie. Endlich ein Wirtschaftsmodell, das den Planeten nicht zerstört.* München: Hanser Verlag (orig.»Doughnut Economics. Seven Ways to Think Like a 21st-Century Economist«, White River Junction, Vt.: Chelsea Green Publishing, New York, Random House, 2018).

Ray, Gene (2024): Surviving the Globe: An Introduction to Planetary Politics. In: *Searcch #1.* Genève: Haute Ecole d´Art et de Design (HEAD).

Rupert & Samuel Alexander (2020): *Diese Zivilisation ist gescheitert. Gespräche über die klimakrise und die Chance eines Neuanfangs.* Hamburg: Felix Meiner Verlag (engl. Orig.»This civilisation is finished. Conversatons on the end of Empire –and what lies behind«, Melbourne: Simplicity Instutue, 2019).

Redman, Charles L., Steven James, Paul Fish & J. Daniel Rogers (eds.) (2004): *The Archaeology of Global Change. The Impact of Humans on their Environment.* Washington, D.C: Smithsonian Press.

Reichholf, Josef H. ([3]2011): *Der Tanz um das goldene Kalb. Der Ökokolonialismus Europas.* Berlin: Verlag Klaus Wagenbach.

Renfrew, Colin & Paul Bahn ([8]2020): *Archaeology. Theories, Methods, and Practice.* London: Thames & Hudson.

Renn, Jürgen (2020): *The Evolution of Knowledge. Rethinking Science for the Anthropocene.* Princeton University Press (dt, »Die Evolution des Wissens. Eine Neubestimmung der Wissenschaft für das Anthropozän«. Berlin: Suhrkamp, 2022).

Renn, Jürgen & Bernd Scherer (²2017): Einführung. In: Dies. (Hg.): *Das Anthropozän. Zum Stand der Dinge.* Berlin: Matthes & Seitz: 7–23.

Renn, Jürgen & Bernd Scherer (Hg.) (²2017): *Das Anthropozän. Zum Stand der Dinge.* Berlin: Matthes & Seitz.

Renn, Ortwin (³2023): *Gefühlte Wahrheiten. Orientierung in Zeiten postfaktischer Verunsicherung.* Opladen etc.: Verlag Barbara Budrich.

Renn, Ortwin (2021): Die Zukunft muss nicht schlechter werden (Interview). *ZiF.Mitteilungen* 172021: 25–28.

Resnick, Eleana (2021): The Limits of Resilience: Managing Waste in the Racialized Anthropocene. *American Anthropologist* 123(2): 222–236.

Reuter, Thomas A. (2010a): Anthropological Theory and the Alleviation of Anthropogenic Climate Change: Understanding the Cultural Causes of Systemic Change Resistance. *World Anthropology Network E-Journal* 5: 5–27 (http://www.ram-wan.net/documents/05_e_Journal/journal-5/2-reuter.pdf).

Reuter, Thomas A. (2010b): In Response to a Global Environmental Crisis: How Anthropologists Are Contributing Toward Sustainability and Conservation. In: Ders. (ed.): *Averting a Global Environmental Collapse: The Role of Anthropology and Local Knowledge.* Cambridge: Cambridge Scholars Publishing: 1–19.

Reuter, Thomas A. (ed.) (2015): *Averting a Global Environmental Collapse: The Role of Anthropology and Local Knowledge.* Cambridge: Cambridge Scholars Publishing.

Revkin, Andrew (1992): *Global Warming. Understanding the Forecast.* New York: American Museum of Natural History, Environmental Defense Fund & Abbeville Press.

Reszitnyk, Andrew (2020): The Descent into Disanthropy: Critical Theory and the Anthropocene. *Telos* 190: 9–27.

Rheinberger, Hans-Jörg (2021): The »Material Turn« and the »Anthropocenic Turn« from a History of Science Perspective. In: Gabriele Dürbeck & Philip Hüpkes (eds.): *The Anthropocenic Turn.* London: Routledge. Routledge (Routledge Interdisciplinary Perspectives on Literature): 27–36.

Ribeiro, Gustavo & Arturo Escobar (eds.): (2006): *World Anthropologies. Disciplinary Transitions Within Systems of Power.* Oxford etc.: Berg.

Ribot, Jesse (2018): Ontologies of Occlusion in the Anthropocene (Kommenater zu Bauer & Ellis 2018). *Current Anthropology* 59(2): 218–219.

Richards, John F. (2003): *The Unending Frontier. An Environmental History of the Early Modern World.* Berkeley, Cal. etc.: University of California Press (California World History Library, 1).

Richardson, Katherine, Will Steffen, Wolfgang Lucht, Jørgen Bendtsen, Sarah E. Cornell, Jonathan F. Donges, Markus Drüke, Ingo Fetzer, Govindasamy Bala, Werner von Bloh, Georg Feulner, Stephanie Fiedler, Dieter Gerten, Tom Gleeson, Matthias Hofmann, Willem Huiskamp, Matti

Kummu, Chinchu Mohan, David Nogués-Bravo, Stefan Petri , Miina Porkka, Stefan Rahmstorf, Sibyll Schaphoff, Kirsten Thonicke, Arne Tobian, Vili Virkki, Lan Wang-Erlandsson, Lisa Weber & Johan Rockström (2023): Earth beyond Six of Nine Planetary Bondaries. *Science Advances* (9(37): (doi.org/10.1126/sciadv.adh2458).

Richerson, Peter J. & Robert Boyd (2005): *Not by Genes Alone. How Culture Transformed Human Evolution.* Chicago, IL: The University of Chicago Press.

Richerson, Peter J., Robert T. Boyd & Charles Efferson (2023): Agentic Processes in Cultural Evolution: Relevance to Anthropocene Sustainabiity. *Philosophical Transactions of the Royal Society B:* 379: 2020252.

Richter Jr., Daniel deB. (2020): Game Changer in Soil Science: The Anthropocene in Soil Science and Pedology. *Journal of Plant Nutrition and Soil Science* 183: 5–11.

Richter Jr., Daniel deB. & Sharon A. Billings (2015): One Physical System: Tansley´s Ecosystem as Earth´s Critical Zone. *New Phytologist* 206: 900–912.

Rickards, L. (2015): Metaphor and the Anthropocene: presenting humans as a geological force. *Geographical Research* 53: 280–287.

Riede, Felix (2011): Adaptation and Niche Construction in Human Prehistory: A Case Study From the Southern Scandinavian Late Glacial. *Philosophical Transactions of the Royal Society B* 366: 793–808.

Riede, Felix (2019): Niche Construction Theory and Human Biocultural Evolution. In: A. M. Prentiss (eds.): *Handbook of Evolutionary Research in Archaeology.* Cham: Springer 2019, 337–358.

Riede, Felix, Christian Hoggard & Stephen Shennan (2019): Reconciling Material Cultures in Archaeology Withgenetic Data Requires Robust Cultural Evolutionarytaxonomies. *Palgrave Communications* 5/55. (https://doi.org/10.1057/s41599-019-0260-7).

Riede, Felix, Christina Vestergaard & Kristoffer H. Fredensborg (2014): A Field Archaeological Perspective on the Anthropocene. *Antiquity* 90: 1–5.

Riedel, Jens (2002): The Multiple Modernities Perspective: Enriching Business Strategy. In: Dominic Sachsenmaier und Jens Riedel, with Shmuel Noah Eisenstadt (eds.): *Reflections on Multiple Modernities. European, Chinese and Other Interpretations.* Leiden: ___ : 271–292.

Rigg, Jonathan (2007): *An Everyday Geography of the Global South.* London & New York: Routledge.

Riley, Erin P. (2020): *The Promise of Contemporary Primatology.* New York & London: Routledge (New Biological Anthropology).

Riris, Philip, Fabio Silva, Enrico Crema, Alessio Palmisano, Erick Robinson,Peter E. Siege, Jennifer C. Frenc, Erlend Kirkeng Jørgensen9, Shira Yoshi Maezumi, Steinar Solheim, Jennifer Bates, Benjamin Davies,Yongje Oh & Xiaolin Ren (2024): Developing Transdisciplinary Approaches to Sustainability Challenges: The Need to Model Socio-Environmental Systems in the Longue Durée. Nature 629: 837–844.

Rispoli, Giulia (2020): Genealogies of Earth System Thinking. *Nature Reviews Earth & Environment* 1(1): 4–5.

Ritzer, George ([10]2021): *The Mcdonaldization of Society. Into the Digital Age.* Los Angeles: Sage Publications.

Rival, Laura (2020): Arguing for a Systems Change in the Anthropocene. *St. Antony´s International Review* 15(2): 109–119.

Rival, Laura (2021): Anthropocene and the Dawn of Planetary Civilization. *Anthropology Today* 37(6): 9–12.

Robbins, Joel (2007): Continuity Thinking and the Problem of Christian Culture: Belief, Time, and the Anthropology of Christianity. *Current Anthropology* 48(1): 5–38.

Robbins, P. & S. A. Moore (2013/12): Ecological Anxiety Disorder: Diagnosing the Politics of the Anthropocene. *Cultural Geographies* 20(1): 3–19.

Robbins, Richard A. & Rachel A. Dowty ([7]2019): *Global Problems and the Culture of Capitalism*. New York, N.Y.: Pearson Education.

Robbins, Richard A. & Rachel A. Dowty Beech ([8]2021): *Cultural Anthropology. A Problem-Based Approach*. Thousand Oaks, Cal.: Sage Publishing.

Roberts, Neil ([3]2014): *The Holocene. An Environmental History*. Oxford & Malden, Mass.: Blackwell Publishers.

Robin, Libby (2013): Histories for Changing Times: Entering the Anthropocene? *Australian Historical Studies*, 44(3): 329–340.

Robin, Libby, Paul Warde & Sverker Sörlin (eds.) (2013): *The Future of Nature. Documents of Global Change*. New Haven: Yale University Press.

Robin, Libby & Will Steffen (2007): History for the Anthropocene. *History Compass* 5(5): 1694–1719.

Robinson, Kim Stanley ([2]2021): *Das Ministerium für die Zukunft*. Roman München: Wilhelm Heyne Verlag (orig. »The Ministry for the Future«, London etc.: Penguin, 2020).

Rojas, David (2013): Welcome to the Anthropocene. On Rio+20 and Environmental Imagination in Climate Change Diplomacy. *Anthropology News*. http://www.anthropology-news.org/index.php/2012/12/14/welcome-to-the-anthropocene-2/

Rockström, Johan (2019): *Eat Good. Das Kochbuch, das die Welt verändert*. Hilsdesheim: Gerstenberg.

Rockström, Johan (2021): «Dieses Jahrzehnt bietet die letzte Gelegenheit, das Ruder herumzureißen«. (Interview). Der Spiegel # 20 vom 15.5.2021: 102–106 (Serie »Republik«, 21,2).

Rockström, Johan & Mattias Klum (2016): *Big World, Small Planet*. Berlin: Ullstein (orig: »Big World, Small Planet. Abundance Within Planetary Boundaries«, Stockholm: Bokförlaget Max Ström, 2015, New Haven: Yale University Press, 2015).

Rockström, Johan & Mattias Klum (2016): *Big World. Small Planet*. Berlin: Ullstein (orig. Stockholm: Bokförlaget, 2016).

Rockström, Johan, Will Steffen, Kevin Noon, Åsa Persson, F. Steward Chapin, Eric F. Lambin, Timothy M. Lenton, Marten Scheffer, Carl Folke & Hans Joachim Schellnhuber (2009): A Safe Operating Space for Humanity. Nature 461: 472–475.

Röttger-Rössler, Birgitt (2020): Research across Cultures and Disciplines: Methodological Challenges in an Interdisciplinary and Comparative Research Project on Emotion Socialization. In: Michael Schnegg, & Edward D. Lowe (eds.): *Comparing Cultures. Innovations in Comparative Ethnography*. Cambridge: Cambridge University Press: 180–200.

Röttger-Rössler, Birgitt & Jan Slaby (eds.) (2018): Affect in Relation. Families, Places, Technologies . London & New York: Routledge (Routledge Studies in Affective Societies, 1).

Rohmer, Stascha & Georg Toepfer (Hg.) (2021): *Anthropozän – Klimawandel – Biodiversität. Transdisziplinäre Perspektiven auf das gewandelte Verhältnis von Mensch und Natur.* Freiburg & München: Verlag Karl Alber.

Rolston, Holmes III ([2]2020a): *A New Environmental Ethics. The Next Millenium for Life on Earth.* New York & Abingdon: Routledge.

Rolston, Holmes III (2020b): The Anthropocene!: Beyond the Natural? In: Stephen M. Gardiner & Allen Thompson (eds.): The Oxford Handbook of Environmental Ethics. New York: Oxford University Press: 62–73.

Rosa, Hartmut (2021): Best Account. Skizze einer systematischen Theorie der modernen Gesellschaft. In: Andreas Reckwitz & Hartmut Rosa: *Spätmoderne in der Krise. Was leistet die Gesellschaftstheorie?* Berlin: Suhrkamp: 151–251.

Roscoe, Paul (2016): Method, Measurement, and Management in IPCC Climate Modeling. *Human Ecology* 44: 655–664.

Rose, Deborah Bird (2013): Slowly: Writing into the Anthropocene. TEXT Special Issue 20: Writing Creates Ecology and Ecology Creates Writing: 1–14.

Rose, Deborah Bird (2015): The Ecological Humanities. In: Katherine Gibson, Deborah B. Rose & Ruth Fincher (eds.): *Manifesto for Living in the Anthropocene.* Brooklyn, N.Y.: Punctum Books: 1–5.

Rose, Neill L. (2015): Spheroidal Carbonaceous Fly Ash Particles Provide a Globally Synchronous Stratigraphic Marker for the Anthropocene. *Environmental Sience and Technology* 49: 4155–4162.

Rosling, Hans (mit Anna Rosling Rönnlund & Ove Rosling) (2018): *Factfulness. Wie wir lernen, die Welt so zu sehen, wie sie wirklich ist.* München: Ullstein (orig. »Factfulness. Ten Reasons We're Wrong About the World – And Why Things Are Better than You Think, London: Sceptre, 2018).

Rosol, Christoph & Giulia Rispoli (eds.) (2013–2022): Anthropocene Curriculum. Berlin: Max Planck Institute for the History of Science. (https://www.anthropocene-curriculum.org/).

Rosol, Christoph, Georg N. Schäfer, Simon D. Turner, Colin N. Waters, Martin J. Head, Jan Zalasiewicz, Carlina Rossée, Jürgen Renn, Katrin Klingan & Bernd M. Scherer (2023): Evidence and experiment: Curating contexts of Anthropocene geology. *The Anthropocene Review* 10(1): 330–339.

Rossi, Paolo (1984): *The Dark Abyss of Time. The History of the Earth and the History of Nations from Hooke to Vico.* Chicago & London: The University of Chicago Press.

Rothenberg, David (2018): *Tiefenökologie vs. das Anthropozän.* Bonn: Bundeszentrale für politische Bildung.

Rowan, Rory (2014): Notes on Politics after the Anthropocene. In: Elizabeth Johnson & Harlan Morehouse (eds.): After the Anthropocene. Politics and Geographic Inquiry for a New Epoch. *Progress in Human Geography* 38(3): 447–450.

Rubenstein, James M. ([13]2019): *The Cultural Landscape. An Introduction to Human Geography.* Harlow: Perasoon Education.

Rudiak-Gould, Peter (2012): Promiscuous Corroboration and Climate Change Translation: A Case Study From the Marshall Islands. *Global Environmental Change* 22: 46–54.

Rudiak-Gould, Peter (2015): The Social Life of Blame in the Anthropocene. *Environment & Society* 6: 48–65.

Rudwick, Martin John Spencer (2005): *Bursting the Limits of Time. The Reconstruction of Geohistory in the Age of Revolution.* Chicago, Ill. & London: The University of Chicago Press.

Rudwick, Martin John Spencer (2014): *Earth´s Deep History. How it was Discovered and Why it Matters.* Chicago, Ill. & London: The University of Chicago Press.

Ruddiman, William F. (2003): The Anthropogenic Greenhouse Era Began Thousands of Years Ago. *Climatic Change* 61, 261–293.

Ruddiman, William F. (2010): *Plows, Plagues, and Petroleum: How Humans Took Control of Climate.* New York: Princeton University Press (zuerst 2005).

Ruddiman, William F. (2013): The Anthropocene. *Annual Review of Earth and Planetary Sciences* 41: 45–68.

Ruddiman, William F. (2016a): The Early Anthropogenic Hypothesis. *Environmental Science* __:--_--(h ttps://doi.org/10.1093/acrefore/9780199389414.013.192).

Ruddiman, William F. (2016b): The Early Anthropocene Hypothesis: An Update. (http://www.realclim ate.org/index.php/archives/2016/03/the-early-anthropocene-hypothesis-an-update/).

Ruddiman William F. (2018): Three Flaws in Defining a Formal ›Anthropocene‹. *Progress in Physical Geography* 42(4): 451–461.

Ruddiman, William F., F. He, S. J., Vavrus & J. E. Kutzbach (2020): The Early Anthropogenic Hypothesis: A Review. *Quaternary Science Reviews*, 240, 106386: 1–14.

Rull, Valentí (2016): The Humanized Earth System (HES). *The Holocene* 26(9): 1513–1516.

Rull, Valentí (2017): The »Anthropocene«: Neglects, misconceptions, and possible futures. *EMBO Reports* 18(7): 1056–1060.

Rull, Valentí (2018): *El antropoceno.* Madrid: CSIC, Los Libros de la Catarata (¿Qué sabemos de?, 90).

Rudolph, Wolfgang (1973): Kultur, Psyche, Weltbild. In: Ders.: *Ethnologie. Zur Standortbestimmung einer Wissenschaft.* Tübingen: Verlag Elly Huth.

Rudolph, Wolfgang & Peter Tschohl (1977): *Systematische Anthropologie.* München: Wilhelm Fink Verlag (Uni-Taschenbücher, 639).

Rutherford, Danilyn (2019): Patchy Anthropocene: Frenzies and Afterlives of Violent Simplifications Wenner-Gren Symposium Supplement. *Current Anthropology* 60, Supplement 20: S183-185.

Sagan, Carl (1996): *Blauer Punkt im All. Unsere Heimat im Universum.* München: Droemer Knaur (orig. »Pale Blue Dot. A Vision of the Human Future in Space«, New York, N.Y.: Ballantine Books, 1994).

Sahlins, Marshall David & Elman Rogers Service (eds.) (1960): *Evolution and Culture.* Ann Arbor: University of Michigan Press.

Sakkas, Konstantin (2021): War Angst vor dem Anthropozän. Anthropologische, geschichtsphiloso-phische und ontologische Überlegungen zur Anthropozändebatte. Internationales Jahrbuch für philosophische Anthropologie 11(1): 153–169.

Salk, Jonas (1992): Are We Being Good Ancestors? *World Affairs* 1(2): 16–18.

Salvador, A. (ed.) ([2]1994): *International Stratigraphic Guide (A Guide to Stratigraphic Classification, Terminology and Procedures)*. Boulder, Col.: International Union of Geological Sciences, Geological Society of America.

Samways, Michael (1999): Translocating Fauna to Foreign Lands. Here Comes the Homogenocene. *Journal of Insect Conservation* 3(2): 65–66.

Sanderson, Eric (2013): *Mannahatta. A Natural History of New York City*. New York: Abrams.

Santana, Carlos (2019): Waiting for the Anthropocene. *British Journal of Philosophical Science* 70: 1073–1096.

Saito, Kohei (2023): *Marx in the Anthropocene. Towards the Idea of Degrowth Communism*. Cambridge etc.: Cambridge University Press.

Sauer, Carl O. (1950): Grassland Climax, Fire, and Man. *Journal of Range Management* 3(1):16–21.

Sayre, Nathan F. (2012): The Politics of the Anthropogenic. *Annual Review of Anthropology* 41:57–70.

Scarborough Vernon L. (2018): A framework for facing the past. In: Emily Holt (ed.): *Water and Power in Past Societies*. Albany, NY: State University of New York Press: 297–315.

Scarborough, Vernon L. & Christian Isendahl (2020): Distributed urban network systems in the tropical archaeological record: Toward a model for urban sustainability in the era of climate change. *The Anthropocene Review* 7(3) 208–230.

Schär, Bernhard (2016): *Tropenliebe. Schweizer Naturforscher und niederländischer Imperialismus in Südostasien um 1900*. Frankfurt am Main: Campus (Globalgeschichte, 20).

Schär, Kathrin (2021): *Erdgeschichte(n) und Entwicklungsromane. Geologisches Wissen und Subjektkonstitution in der Poetologie der frühen Moderne. Goethes Wanderjahre und Stifters Nachsommer*. Bielefeld: Transcript (Dissertation, Université de Neuchâtel, 2019).

Schareika, Nikolaus (2004): Lokales Wissen: ethnologische Perspektiven. In: Nikolaus Schareika & Thomas Bierschenk (Hg.): *Lokales Wissen – sozialwissenschaftliche Perspektiven*. Berlin & Münster: Lit Verlag: 9–39.

Schareika, Nikolaus (2006): Modelle der interdisziplinären Zusammenarbeit zwischen Ethnologie und Naturwissenschaften. *Sociologus* 56:15-36.

Schatzki, Theodore (2016). Practice Theory as Flat Ontology. In: G. Spaargaren, D. Weenick, & M. Lamers (eds.): *Practice Theory and Research. Exploring the dynamics of social life*. London: Routledge: 28–42.

Scheidler, Fabian (2021): *Der Stoff, aus dem wir sind. Warum wir Natur und Gesellschaft neu denken müssen*. München: Piper Verlag.

Schellnhuber, Hans-Joachim (1999): »Earth System« Analysis and the Second Copernican Revolution. *Nature* 402: C19-C23 (supplement).

Scherer, Bernd M. (2015): Der blinde Fleck der Aufklärung. Zum Verständnis von Natur und Kultur. In: Nina Möllers, Christian Schwägerl & Helmuth Trischler (Hg.): *Willkommen im Anthropozän. Unsere Verantwortung für die Zukunft der Erde.* München: Deutsches Museum Verlag, S. 103–107.

Scherer, Bernd M. (2017): Die Monster. In: Jürgen Renn & Bernd Scherer (Hg.): *Das Anthropozän. Zum Stand der Dinge.* Berlin: Matthes & Seitz: 241–226.

Scherer, Bernd (2022): *Der Angriff der Zeichen. Denkbilder und Handlungsmuster des Anthropozäns.* Berlin: Matthes & Seitz.

Schiefenhövel, Wulf, Volker Heeschen, Klaus Helfrich, Volker Jacobshagen & Gerd Koch (Hg.) (1983): *Mensch, Kultur und Umwelt im zentralen Bergland von West-Neuguinea.* Berlin: Dietrich reimer Verlag.

Schiemann, Gregor (22020): Jenseits der Naturverhältnisse: Natur ohne Menschen. In: Thomas Kirchhoff , Nicole C. Karafyllis, Dirk Evers, Brigitte Gerald Hartung, Jürgen Hübner, Kristian Köchy , Ulrich Krohs, Thomas Potthast, Otto Schäfer, Gregor Schiemann, Magnus Schlette, Reinhard & Frank F. Vogelsang (Hg.): *Naturphilosophie. Ein Lehr – und Studienbuch.* Tübingen: Mohr Siebeck: 248–253.

Schill, Caroline, John M. Anderies, Therese Lindahl, Carl Folke, Stephen Polasky, Juan Camilo Cárdenas, Anne-Sophie Crépin, Marco A. Janssen, Jon Norberg & Maja Schlüter (2021): A more Dynamic Understanding of Human Behaviour for the Anthropocene. *Nature Sustainability.* (https://doi.org /10.1038/s41893-019-0419-7).

Schlaudt, Oliver (2019): Homo Migrans: Schlaglichter aus der Dunkelheit der »Deep History«. *Merkur* 848: 71–79.

Schlehe, Judith (2021): Nachhaltigkeit als Mobilisierung und Konkretisierung. In: Dies. (Hg.): *Nachhaltigkeitsprojekte in Südost- und Ostasien: Landwirtschaft – Markt – Müll.* Freiburg: Institut für Ethnologie Albert-Ludwigs-Universität Freiburg (Freiburger Ethnologische Arbeitspapiere Nr. 43): 12–18.

Schlemm, Annette (2023): *Climate Engineering. Warum wir uns technisch zu Tode siege, statt die Gesellschaft zu revolutionieren.* Wien & Berlin: Mandelbaum Kritik & Utopie.

Schmelzer, Matthias & Andrea Vetter (²2019): *Degrowth/Postwachstum zur Einführung.* Hamburg Junius Verlag.

Schmitt, Stefan (2021): Der Pate unseres Erdzeitalters. *Die Zeit* Nr. 6 vom 4.2.2021: 32.

Schmidt, Isabell & Andreas Zimmermann (2019): Population Dynamics and Socio-spatial Organization of the Aurignacian: Scalable Quantitative Demographic Data for Western and Central Europe. PLOS ONE 14: e0211562.

Schmidt, Isabell & Andreas Zimmermann (2021): Population dynamics of the Palaeolithic. In: Thomas Litt, Jürgen Richter & Frank Schäbitz (eds.): *The journey of modern humans from Africa to Europe. Culture, environmental interaction and mobility.* Stuttgart: Schweizerbart Science Publishers: 161–174.

Schmidt, Isabell, Birgit Gehlen & Andreas Zimmermann (2021): Population estimates for the Final Palaeolithic (14,000 to 11,600 years cal. BP) of Europe – challenging evidence and methodological limitations. In: Ludovic Mevel, Mara-Julia Weber & Andreas Maier (eds.): *En Mouvement / On the Move*

/ *In Bewegung*. Paris: Société préhistorique française (Séances de la Société préhistorique française, 17): 221–237.

Schmidt, Peter R & Stephen A. Mrozowski (eds.) (2013): *The Death of Prehistory*. Oxford etc.: Oxford University Press.

Schmieder, Falko (2014): Urgeschichte der Nachmoderne. Zur Archäologie des Anthropozäns. *Forum Interdisziplinäre Begriffsgeschichte* [E-Journal], 3(2): 43–48.

Schneider, Birgit (2018): *Klimabilder. Eine Genealogie globaler Bildpolitiken von Klima und Klimawandel*. Berlin: Matthes & Seitz.

Schneiderman, Jill S. (2016): Naming the Anthropocene. *Philosophia* 5(2):179–201.

Schneiderman, Jill S. (2017): The Anthropocene Controversy. In: Richard Grusin (ed.): *Anthropocene Feminism*. Minneapolis & London: University of Minnesota Press: 169–195 (Center for 21st Cenrtury Studies).

Schneidewind, Uwe und viele Mitarbeiter (2019): *Die Große Transformation. Eine Einführung in die Kunst des gesellschaftlichen Wandels*. Frankfurt am Main: Fischer Taschenbuch Verlag (Forum für Verantwortung).

Schnyder, Peter (Hg.) (2020): *Erdgeschichten. Literatur und Geologie im langen 19. Jahrhundert*. Würzburg: Königshausen & Neumann.

Schroer, Markus (2017): Geosoziologie im Zeitalter des Anthropozäns. In: Anna Henkel, Henning Laux & Fabian (eds.): *Raum und Zeit. Soziologische Betrachtungen zur gesellschaftlichen Raumzeit*. Weinheim & Basel: Beltz Juventa: 126–151 (Sonderband der Zeitschrift für theoretische Soziologie, 4).

Schroer, Markus (2019): Geosoziologie: Raum als Territorium. In: Ders.: *Räume der Gesellschaft. Soziologische Studien*. Wiesbaden: Springer VS.

Schroer, Markus (2020): Bündnisse, die Gaia stiftet. Neue Kollektive im Anthropozän. *Zeitschrift für Kultur- und Kollektivwissenschaft* 6(1): 269–300.

Schroer, Markus (2022): *Geosoziologie. Die Erde als Raum des Lebens*. Berlin: Suhrkamp.

Schüttpelz, Erhard (2016): Domestizierung im Vergleich. *Zeitschrift für Medien- und Kulturforschung* 7(2), Schwerpunkt Medien der Natur: 93–109.

Schüttpelz, Erhard (2022): Vor und nach Corona. *Zeitschrift für Medizinethnologie. Journal of Medical Anthropology* 44 (1–4): 109–114.

Schüttpelz, Erhard, Sina Steglich & Moritz Ingwersen (2022): Allochronie im Anthropozän. *Sciendo*, Sonderheft 7: 107–122.

Schulz, Astrid (2015): Klimaschutz als Weltbürgerbewegung. In: Heike Landschuh, Gerd Michelsen, Udo Ernst Simonis, Jörg Sommer & Ernst U. von Weizsäcker (Hg.): *Globale Weltumweltpolotik. Herausforderungen im AnthropozänStuttgart: S. Hirzel Verlag (Jahrbuch Ökologie 2016):126-132.

Schulz, David (2020): *Die Natur der Geschichte. Die Entdeckung der geologischen Tiefenzeit und die Geschichtskonzeptionen zwischen Aufklärung und Moderne*. Berlin & Boston: de Gruyter & Oldenbourg (Ordnungssysteme, Studien zur Ideengeschichte der Neuzeit, 56).

Schwägerl, Christian (2012): *Menschenzeit. Zerstören oder gestalten? Wie wir heute die Welt von morgen erschaffen*. München: Goldmann (orig. München: Riemann Verlag, 2010).

Schwägerl, Christian (2014): *Anthropocene. The Human Era and How It Shapes Our Planet*. Santa Fe & London: Synergetic Press (überarb. Übers. von Schwägerl 2012).

Schwägerl, Christian & Reinhold Leinfelder (2014): Die menschgemachte Erde. *Zeitschrift für Medien- und Kulturforschung* 5(2): 233–240.

Schwägerl, Christian (2016): *Leben in einer globalen Polis. Das Anthropozän als politische Herausforderung*. Bonn: Bundeszentrale für Politische Bildung (Dossier Anthropozän). https://www.bpb.de/g esellschaft/umwelt/anthropozaen/216919/das-anthropozaen-als-politische-herausforderung

Schwägerl, Christian (2014): Keine Epoche für die Menschheit. Spektrumhttps://www.spektrum.de/ne ws/geologen-lehnen-neues-erdzeitalter-anthropozaen-ueberraschend-ab/2210153).

Schwägerl, Christian & Kai Urban (2024): *Ist das Anthropozän jetzt tot?* Riffreporter (https://podcasts. apple.com/de/podcast/ist-das-anthropoz%C3%A4n-jetzt-tot-christian-schw%C3%A4gerl/id1722 237973?i=1000650471004).

Schwinger, Elke (Hg.) (2019): *Das Anthropozän im Diskurs der Fachdisziplinen*. Marburg: Metropolis-Verlag.

Scoones, Ian (1999): New Ecology and the Social Sciences: What Prospects for a Fruitful Engagement? *Annual Reviews of Anthropology* 28:479–507.

Scott, James C. (1998): *Seeing Like a State. How Certain Schemes to Improve the Human Condition Have Failed*. New Haven, Conn: Yale University Press.

Scott, James C. (2020): *Die Mühlen der Zivilisation. Eine Tiefengeschichte der frühesten Staaten*. Berlin: Suhrkamp (zuerst 2019, orig. »Against the Grain. A Deep History of the Earliest States«, New Haven, Conn: Yale University Press, 2018, Yale Agrarian Studies Series).

Scranton, Roy (2015): *Learning to Die in the Anthropocene. Reflections on the End of Civilzation*. San Francisco: City Lights.

Seebens, Hanno, Tim M. Blackburn, Ellie E. Dyer, Piero Genovesi, Philip E. Hulme, Jonathan M. Jeschke, Shyama Pagad, Petr Pyšek, Mark van Kleunen, Marten Winter, Michael Ansong, Margarita Arianoutsou, Sven Bacher, Bernd Blasius, Eckehard G. Brockerhoff, Giuseppe Brundu, César Capinha, Charlotte E. Causton, Laura Celesti-Grapow, Wayne Dawson, Stefan Dullinger, Evan P. Economo, Nicol Fuentes, Benoit Guénard, Heinke Jäger, John Kartesz, Marc Kenis, Ingolf Kühn, Bernd Lenzner, Andrew M. Liebhold, Alexander Mosena, Dietmar Moser, Wolfgang Nentwig, Misako Nishino, David Pearman, Jan Pergl, Wolfgang Rabitsch, Julissa Rojas-Sandoval, Alain Roques, Stephanie Rorke, Silvia Rossinelli, Helen E. Roy, Riccardo Scalera, Stefan Schindler, Kateřina Štajerová, Barbara Tokarska-Guzik, Kevin Walker, Darren F. Ward, Takehiko Yamanaka, and Franz Essl (2018): Global Rise in Emerging Alien Species. Results From Increased Accessibility of New Source Pools. *Proceedings of the National Academy of Sciences of the United States of America* 115: E2264-E2273.

Seithel, Friderike (2000): *Von der Kolonialethnologie zur Advocacy Anthropology. Zur Entwicklung einer kooperativen Forschung und Praxis von Ethnologinnen und indigenen Völkern*. Münster etc.: Lit Verlag (Interethnische Beziehungen und Kulturwandel, 34).

Selcer, Perrin (2021): Anthropocene. In: *Encyclopedia of the History of Science*. doi: 10.34758/zr3n-jj68

Sen, Amartya Kumar (2010): *Die Idee der Gerechtigkeit*. München: Verlag C. H. Beck (orig.»The Idea of Justice«, London: Penguin and Harvard University Press, 2009).

Sepkoski, David (2021*): Catastrophic Thinking. Extinction and the Value of Diversity from Darwin to the Anthropocene.* Chicago & London: The University of Chicago Press (Science.Culture).

Serres, Michel (2015): *Der Naturvertrag*. Frankfurt am Main: Suhrkamp (fr. Orig. 1990).

Shanster, E. V. (1973): Anthropogenic system. In: A. M. Prokhorov (ed.): *Great soviet encyclopedia*. New York: Macmillan & London: Collier Macmillan: 139–144.

Sheldrake, Merlin (2020): *Verwobenes Leben. Wie Pilze unsere Welt formen und unsere Zukunft beeinflussen*. Berlin: Ullstein (orig.»Entangled Life: How Fungi Make Our Worlds, Change Our Minds, and Shape Our Futures«, New York: Random House, 2020).

Shellenberger, Michael (2020): *Apocalypse Never. Why Environmental Alarmism Hurts Us All*. New York, N.Y.: Harper Collins.

Shellenberger, Michael & Ted Nordhaus (2011): Evolve: The Case for Modernization as the Road to Salvation. In: Dies. (eds.): *Love Your Monsters. Postenvironmentalism and Anthropocene*. Oakland, Cal.: The Breakthrough Institute: 8–16.

Shoreman-Ouimet, Eleanor & Helen Kopnina (2016): *Culture and Conservation. Beyond Anthropocentrism*. London & New York: Routledge/Earthscan (Routledge Explorations in Environmental Studies): 14–15, 54.

Shryock, Daniel & Daniel Lord Smail, with nine co-authors (2011): *Deep History. The Architecture of Past and Present*. Berkeley etc.: University of California Press.

Sieferle, Rolf Peter (1982): *Der unterirdische Wald. Energiekrise und Industrielle Revolution*. Berlin: C. H. Beck.

Sieferle, Rolf Peter (2020): *Rückblick auf die Natur. Eine Geschichte des Menschen und seiner Umwelt*. Berlin: Landt Verlag (Werkausgabe, 5; zuerst Luchterhand, 1997).

Sieferle, Rolf Peter, Fridolin Krausmann, Heinz Schandl & Verena Winiwarter (2011): *Das Ende der Fläche. Zum gesellschaftlichen Stoffwechsel der Industrialisierung*. Köln etc.: Böhlau Verlag (Umwelthistorische Forschungen, 2).

Siegler, Martin (2024): Hohlozän (sic!). *Zeitschrift für Medienwissenschaft* 16(30): Was uns ausgeht: 57–59.

Silva, Fabio, Fiona Coward, Kimberley Davies Sarah Elliott, Emma Jenkins, Adrian C. Newton, Philip Riris , Marc Vander Linden, Jennifer Bates, Elena Cantarello, Daniel A. Contreras, Stefani A. Crabtree, Enrico R. Crema, Mary Edwards, Tatiana Filatova, Ben Fitzhugh, Hannah Fluck, Jacob Freeman, Kees Klein Goldewijk, Marta Krzyzanska, Daniel Lawrence, Helen Mackay, Marco Madella, Shira Yoshi Maezumi, Rob Marchant, Sophie Monsarrat, Kathleen D. Morrison, Ryan Rabett, Patrick Roberts, Mehdi Saqalli, Rick Stafford, Jens-Christian Svenning, Nicki J. Whithouse & Alice Williams (2022): Developing Transdisciplinary Approaches to Sustainability Challenges: The Need to Model Socio-Environmental Systems in the Longue Durée. *Sustainability* 14, 10234 (https://doi.org/10.3390/su141610234).

Simangan, Dahlia (2019): Situating the Asia Pacific in the Age of the Anthropocene. *Australian Journal of Interational Affairs* 73(6): 564–584.

Simangan, Dahlia (2020a): Where is the Anthropocene? IR in a New Geological Epoch. *International Affairs* 96(1): 211–224.

Simangan, Dahlia (2020b): Where is the Asia Pacific in Mainstream International Relations Scholarship on the Anthropocene? *The Pacific Review*, DOI: 10.1080/09512748.2020.1732452).

Simarmata, Hendricus Andy, Anna-Katharina Hornidge & Christoph Antweiler (2020): Assessing Flood-related Vulnerability of Urban Poor: An Empirical Case Study of Kampung Muara Baru, Jakarta. In: Greg Bracken, Paul Rabé, R. Parthasarathy, Neha Sami & Zhang Bing (eds.): *Future Challenges of Cities in Asia.* Amsterdam: Amsterdam University Press (Asian Cities, 11).

Simon, Zoltan Boldizsár (2017): Why the Anthropocene has no history: Facing the unprecedented. *The Anthropocene Review* 4(3): 239 –245.

Simpson, Michael (2020): The Anthropocene as Colonial Discourse. *Environment & Planning D: Society and Space* 38(1): 53–71.

Simmons, Ian Gordon (²1996): *Changing the Face of the Earth. Culture, Environment, History.* Oxford & Cambridge, Mass.: Blackwell Publishers.

Sippl, Carmen, Erwin Rauscher & Martin Scheuch (Hg.) (2022): *Das Anthropozän lernen und lehren.* Innsbruck & Wien: Studienverlag (Pädagogik für Niederösterreich, 9).

Skinner, Jonathan (2021): Most Humanistic, Most Scientific: Experiencing Anthropology in the Humanities and Life Sciences. In: Emma Heffernan, Fiona Murphy & Jonathan Skinner (eds.): *Collaborations. Anthropology in a Neoliberal Age.* London: Routledge: 65–84 (Criminal Practice Series).

Sklair, Leslie (2019): The Corporate Capture of Sustainable Development and its Transformation into a 'Good Anthropocene' Historical Bloc. *Civitas* 19 (2): 296–314.

Sklair, Leslie (2021): Geoethics: A Reality Check from Media Coverage of the Anthropocene. In: Geo-societal Narratives. In: Martin Bohle & Eduardo Marone (eds.): *Geo-Societal Narratives Contextualising Geosciences.* London etc.: Palgrave Macmillan: 127–134.

Sklair, Leslie (ed.) (2021): *The Anthropocene in Global Media. Neutralizing the Risk.* London & New York: Routledge (Routledge Studies in Environmental Communication and Media).

Sloterdijk, Peter (2017): Das Anthropozän – ein Prozess-Zustand am Rand der Erd-Geschichte? In: Renn, Jürgen & Bernd Scherer (Hg.): *Das Anthropozän. Zum Stand der Dinge.* Berlin: Matthes & Seitz: 25–44.

Sloterdijk, Peter (2023): *Die Reue des Prometheus. Von der Gabe des Feuers zur globalen Brandstiftung.* Berlin: Suhrkamp.

Smil, Vaclav (2013): *Harvesting the Biosphere. What We Have Taken from Nature.* Cambridge, Mass. & London: The MIT Press.

Smil, Vaclav (2019): *Growth. From Microorganisms to Megacities.* Cambridge, Mass. & London: The MIT Press.

Smil, Vaclav (2021): *Grand Transitions. How the Modern World was made.* Oxford: Oxford University Press.

Smil, Vaclav (2020): »*Numbers Don't Lie. 71 Things You Need to Know About the World*«. London: Viking, 2020 (dt. »*Zahlen lügen nicht. 71 Geschichten, um die Welt besser zu verstehen*«, München: C. H. Beck (2024).

Smil, Vaclav (2022): *How the World Really Works*. London: Viking (dt. »*Wie die Welt wirklich funktioniert*«, München: C. H. Beck, 2023).

Smith, Bruce D. & Melinda A. Zeder (2013): The Onset of the Anthropocene. *Anthropocene* 4: 8–13. http://dx.doi.org/10.1016/j.ancene.2013.05.001

Smith, Claire (ed.) (²2020): *Encyclopedia of Global Archaeology*. New York: Springer (Springer Reference).

Sodikoff, Genese Marie (ed.) (2012): *The Anthropology of Extinction. Essays on Culture and Species Death*. Bloomington, Ind.: Indiana University Press.

Soentgen, Jens (2018): *Ökologie der Angst*. Berlin: Matthes & Seitz.

Soentgen, Jens (2021a): *Der Pakt mit dem Feuer. Philosophie eines weltverändernden Bundes*. Berlin: Matthes & Seitz.

Soentgen, Jens (2021b): Umweltforschung im Anthropozän. Warum Interdisziplinarität unerlässlich ist. *Merkur* 75(860): 89–95.

Soentgen, Jens (2023): Abschied vom Feuer. *Merkur* 77(887): 81–89.

Sörlin, Sverker (2014): Environmental Turn in the Human Sciences. Will It Become Decisive Enough? *The Institute Letter* (1):12-13. https://www.ias.edu/ideas/2014/sorlin-environment

Sörlin, Sverker (2018): Reform and Responsibility – the Climate of History in Times of Transformaton. *Historisk Tijdskrift* 97(3): 7–23.

Sörlin, Sverker & Graeme Wynn (2016): Fire and Ice in the Academy. The Rise of Integrative Humanities. An Essay. *Literary Review of Canada* 24(6): 14–15. (https://reviewcanada.ca/magazine/2016/07/fire-and-ice-in-the-academy/).

Sommer, Volker (2016): Planet ohne Affen? Zur Zukunft unserer Mitprimaten. In: Wolfgang Haber, Martin Held & Markus Vogt (Hg.): *Die Welt im Anthropozän. Erkundungen im Spannungsfeld zwischen Ökologie und Humanität*. München: oekom: 67–78.

Sommer, Volker (2021): *Unter Mitprimaten. Ansichten eines Affenforschers*. Stuttgart: S. Hirzel Verlag.

SONA – Netzwerk Soziologie der Nachhaltigkeit (Hg.) (2021): *Soziologie der Nachhaltigkeit*. Bielefeld: Transcript (Soziologie der Nachhaltigkeit, 1).

SONA (Anna Henkel, Björn Wendt, Thomas Barth, Cristina Besio, Katharina Block, Stefan Böschen, Sascha Dickel, Benjamin Görgen, Matthias Groß, Jens Köhrsen, Thomas Pfister, Matthias Schloßberger). (2021) Zur Einleitung: Kernaspekte einer Soziologie der Nachhaltigkeit. In: SONA – Netzwerk Soziologie der Nachhaltigkeit (Hg.): *Soziologie der Nachhaltigkeit*. Bielefeld: Transcript (Soziologie der Nachhaltigkeit, 1): 9–31.

Sonnemann Ulrich (2011): *Negative Anthropologie. Vorstudien zur Sabotage des Schicksals*. Frankfurt am Main: Syndikat (orig. Reinbek bei Hamburg: Rowohlt, 1969).

Spangenberg, Joachim H. (2011): Sustainability Science: A Review, an Analysis and Some Empirical Lessons. *Environmental Conservation* 38 (3): 275–287.

Spangenberg, Joachim H. (2014): China in the Anthropocene: Culprit, Victim or Last Best Hope for a Global Ecological Civilization? *BioRisk* 9: 1–37.

Spier, Fred (2010): *Big History and the Future of Humanity.* Malden, Mass. & Chichster: Blackwell.

Spivak, Gayatri Chakravorty (1985): The Rani of Sirmur: An Essay in Reading the Archives. *History and Theory* 24(3): 247–272.

Spivak, Gayatri Chakravorty (2003): *Death of a Discipline.* New York: Columbia University Press.

Spivak, Gayatri Chakravorty (2008): *Other Asias.* Malden, Mass. Etc.: Basil Blackwell.

Sprenger, Florian (2019): *Epistemologien des Umgebens. Zur Geschichte, Okologie und Biopolitik künstlicher ,environments'.* Bielefeld: Transcript.

Sprenger, Guido & Kristina Großmann (2018): Introductory Essay. Plural Ecologies in Southeast Asia. *Sojourn: Journal of Social Issues in Southeast Asia* 33(2): ix–xxii.

Springer, Anna-Sophie (2019): *Der Anthropozän-Wortschatz.* Bonn: Bundeszetrale für politische Bildung. https://www.bpb.de/gesellschaft/umwelt/anthropozaen/216925/das-woerterbuch-zum-ant hropozaen).

Springer, Anna-Sophie & Etienne Turpin (eds.)(2015): *Land & Animal & Nonanimal* Berlin: K. Verlag und Haus der Kulturen der Welt.

SQS International Commission on Stratigraphy, Subcommission on Quaternary Stratigraphy (2009): Annual Report 2009. http://quaternary.stratigraphy.org/wp-content/uploads/2018/04/SQSAnnual-report09.doc

Stanley, Stephen ([2]1989): *Krisen der Evolution. Artensterben in der Erdgeschichte.* Heidelberg: Spektrum der Wissenschaft Verlagsgesellschaft (orig. »Extinction«, New York: Scientific American Books, 1987).

Star, Susan Leigh & James Griesemer (1989): Institutional Ecology, »Translations« and Boundary Objects: Amateurs and Professionals in Berkeley´s Museum of Vertebrate Zoology, 1907–31. *Social Studies of Science* 19(3): 387–420.

Steffen, Will (2019): Mid-20th-Century ›Great Acceleration‹. In: Jan Zalasiewicz, Colin Waters, Mark Williams & Colin P. Summerhayes (eds.): *The Anthropocene as a Geological Time Unit: A Guide to the Scientific Evidence and Current Debate.* Cambridge etc.: Cambridge University Press: 254–60.

Steffen, Will, Wendy Broadgate, Lisa Deutsch, Owen Gaffney &, Cornelia Ludwig (2015a): The Trajectory of the Anthropocene: The Great Acceleration. *The Anthropocene Review* 2(1): 81–98.

Steffen, Will, Paul J. Crutzen & John R. McNeill (2007): The Anthropocene: Are Humans Now Overwhelming the Great Forces of nature? Ambio. *A Journal of the Human Environment* 36(8): 614–621.

Steffen, Will, Åsa Persson, L. Deutsch, Jan Zalasiewicz, Mark Williams, Katherine Richardson, Carole Crumley, Paul Crutzen, Carl Folke, L. Gordon & M. Molina (2011): The Anthropocene: From Global Change to Planetary Stewardship. *Ambio A Journal of the Human Environment* 40(7): 739–761.

Steffen, Will, Jacques Grinevald, Paul J. Crutzen & John McNeill (2011): The Anthropocene: Conceptual and Historical Perspectives. *Philosophical Transactions of the Royal Science Academy* 369: 842–867.

Steffen, Will, Regina Angelina Sanderson, Peter D. Tyson, Jill Jäger, Pamela A. Matson, Berrien Moore III, Frank Oldfield, Katherine Richardson, Hans-Joachim Schellnhuber, Billie L. Turner, & Rober t J. Wasson (2004): *Global Change and the Earth System. A Planet under Pressure*. Berlin: Springer (Global Change – The IGBP Series).

Steffen, Will et al. (2015b): Planetary Boundaries: Guiding Human Development on a Changing Planet. Science 347(6223): 1259855.

Steffen, Will, Johan Rockström, Katherine Richardson, Timothy M. Lenton, Carl Folke, Diana Liverman, Colin P. Summerhayes, Anthony D. Barnosky, Sarah E.n, Michel Crucifix, Jonathan F. Donges, Ingo Fetzer, Steven J. Ladea, Marten Scheffer, Ricarda Winkelmann & Hans Joachim Schellnhuber (2018): Trajectories of the Earth System in the Anthropocene, Supportiug Information: Holocene Variability and Anthropocene Rates of Change. *Proceedings of the National Academy of Sciences* 115(33): 8252–8259.

Steffen, Will, Katherine Richardson, Johan Rockström, Hans-Joachim Schellnhuber, Opha Pauline Dube, Sébastien Dutreuil, Timothy M. Lenton & Jane Lubchenco (2020): The Emergence and Evolution of Earth System Science. Nature Reviews Earth & Environment 1: 54–63.

Steffen, Will, Regina Angelina Sanderson, Peter D. Tyson, Jill Jäger, Pamela A. Matson, Berrien Moore I II, Frank Oldfield, Katherine Richardson , Hans-Joachim Schellnhuber, Billie L. Turner & Robert J. Wasson (2004): *Global Change and the Earth System. A Planet Under Pressure*. Berlin etc.: Springer-Verlag (The IGBP book series).

Stegemann, Bernd (2021): *Die Öffentlichkeit und ihre Feinde*. Stuttgart: Klett-Cotta.

Steiner, Christian, Gerhard Rainer, Verena Schröder & Frank Zirkl (2022): *Mehr-als menschliche Geographien. Schlüsselkonzepte, Beziehungen und Methodiken*. Stuttgart: Franz Steiner Verlag. (https://library.oapen.org/handle/20.500.12657/57981).

Steiner, Sherrie M. (2018): *Moral Pressure for Responsible Globalization. Religious Diplomacy in the Age of the Anthropocene*. Boston etc.: Brill Academic (International Studies in Religion and Society, 30).

Steininger, Benjamin & Alexander Klose (2020): *Erdöl. Ein Atlas der Petromoderne*. Berlin: Matthes & Seitz.

Steinmetz, George (Photos) & Andrew Revkin (Text) (2020): *Human Planet. Wie der Mensch die Erde formt«*, München: Knesebeck (orig. »The Human Planet. Earth at the Dawn of the Anthropocene«, New York: Harry N. Abrams 2020).

Stengers, Isabelle (2008): *Spekulativer Konstruktivismus*. Berlin: Merve (Internationaler Merve Diskurs: Perspektiven der Technokultur).

Stengers, Isabelle (2009): *Aux temps des catastrophes. Résister à la barbarie qui vient*. Paris: La Découverte (Les Empêcheurs de Panser en Rond).

Stengers, Isabelle (2013): *Une autre science est possible! Manifeste pour une ralentissement des sciences*. Paris: La Découverte.

Stensrud, Astrid B. & Thomas Hylland Eriksen (2019): Anthropological Perspectives on Global Economic and Environmental Crises in an Overheated World. In: Dies. (eds.): *Climate, Capitalism, and Communities. An Anthropology of Environmental Overheating*. London: Pluto Press: 1–20.

Stephens, Lucas, Dorion Fuller, Nicole Boivin, Torben Rick, Nicolas Gauthier, Andrea Kay, A. et al. (2019): Archaeological Assessment Reveals Earth's Early Transformation Through Land Use. *Science* 365: 897–902.

Stephens Lucas & Erle C. Ellis (2020): The Deep Anthropocene. A Revolution in Archaeology Has Exposed the Extraordinary Extent of Human Influence over Our Planet's Past and Its Future. *Aeon*, h ttps://aeon.co/essays/revolutionary-archaeology-reveals-the-deepest-possible-anthropocene

Sterelny, Kim (2021): *The Pleistocene Social Contract. Culture and Cooperation in Human Evolution.* New York: Oxford University Press.

Steward, Julian Haynes (1955): *Theory of Culture Change. The Methodology of Multilinear Evolution.* Urbana, Ill.: University of Illinois Press.

Stichweh, Rudolf (2018): *Sociocultural Evolution and Social Differentiation. The Study of the History of Society and the two Sociologies of Change and Transformation.* Bonn: Ms.

Stiegler, Bernard (2018): *The Neganthropocene.* London: Open Humanities Press.

Stiner, Mary C., Timothy Earle, Daniel Lord Smail & Andrew Shryock (2011): Scale. In: Daniel Shryrock & Daniel Lord Smail, with nine co-authors: *Deep History. The Architecture of Past and Present.* Berkeley etc.: University of California Press: 242–272.

Stirling, Paul (1965): Turkish Village. New York: John Wiley and Sons.

Stoetzer, Bettina (2018): Ruderal Ecologies. Rethinking Nature, Migration, and the Urban Landscape *Cultural Anthropology* 33(2): 295–323.

Stoffle, Richard W., Rebekka Toupal & Nieves Zedeno (2003): Landscape, Nature and Culture: A Diachronic Model of Human-Nature Adaptations. In: Helaine Selin (ed.): *Nature Across Cultures. Views of Nature and the Environment in Non-Western Cultures.* Dordrecht etc.: Kluwer Academic Publishers: 97–114 (Science across Cultures: The history of Non-Western Science, 4).

Stoller, Paul (2014): Welcome to the Anthropocene: Anthropology and the Political Moment. *Huffington Post*, 29.11.2014 (www.huffingtonpost.com/paul-stoller/welcome-to-the-anthropocene_b_624078 6.html).

Stoner, Andony & Alexander Melathopoulos (2015): *Freedom in the Anthropocene. Twentieth-Century Helplessness in the Face of Climate Change.* Basingstoke & New York: Palgrave Macmillan (Palgrave Pivot).

Stoppani, Antonio (1873): *Corso di geologia. Vol. II (Geologia stratigrafica).* Milano: G. Bernardoni e G. Brigola Editori.

Strathern, Marilyn (2020): *Relations. An Anthropological Account.* Dubuque, Iowa: Duke Univesity Press.

Strauss, Sarah & Benjamin S. Orlove (eds.) (2003): *Weather, Climate, Culture.* Oxford & New York: Routledge.

Streminger Gerhard (2021): Die *Welt gerät ins Wanken. Das Erdbeben von Lissabon im Jahre 1755 und seine Nachwirkungen auf das europäische Geistesleben. Ein literarischer Essay.* Frankfurt am Main: Alibri Verlag.

Stumm, Alexander & Victor Lortie (Hg.) (2021): *Produktionsverhältnisse der Architektur im Anthropozän.* Berlin: Universitätsverlag der TU Berlin.

Subramanian, Meera (2019): Humans Versus Earth: The Quest to Define the Anthropocene. *Nature* 572: 168–170.

Suess, Eduard (1862): *Der Boden der Stadt Wien. Nach seiner Bildungsweise, Beschaffenheit und seinen Beziehungen zum bürgerlichen Leben. Eine geologische Studie.* Wien: W. Braumüller Universitäts-Verlagsbuchhandlung.

Sullivan, Alexis P., Douglas W. Bird & George H. Perry (2017): Human Behaviour as a Long-term Ecological Driver of Non-Human Evolution. *Nature Ecology & Evolution.* (https://doi.org/10.1038/s41 559-016-0065).

Summerhayes, Colin P. (2020): *Paleoclimatology. From Snowball Earth to the Anthropocene.* Chichester & New York, NY.: Wiley.

Suzman, James (2021): *Sie nannten es Arbeit. Eine andere Geschichte der Menschheit.* München: C.H. Beck (orig. »Work. A History of How We Spend Our Time«, London etc.: Bloomsbury Publishing, 2020, auch unter anderem Titel »Work. A Deep History, from the Stone Age to the Age of Robots«, London: Penguin Press, 2020).

Svampa, Maristella (2020): *Die Grenzen der Rohstoffausbeutung. Umweltkonflikte und ökoterritoriale Wende in Lateinamerika.* Bielefeld: Bielefeld University Press & Transcript.

Swanson, Heather Anne (2018): Domestication Gone Wild: Pacific Salmon and the Disruption of the Domus. In: Heather Anne Swanson, Marianne Lien & Gro Ween (eds.): *Domestication Gone Wild. Politics and Practices of Multispecies Relations.* Durham, NC: Duke University Press.: 141–158.

Swanson, Heather Anne, Nils Bubandt & Anna L. Tsing (2015): Less Than One But More Than Many. Anthropocene as Science Fiction and Scholarship-in-the-Making. *Environment and Society: Advances in Research* 6: 149–166.

Swyngedouw, Erik (2007): Technonatural Revolutions: The Scalar Politics of Franco's Hydro-Social Dream for Spain, 1939–1975. *Transactions of the Institute of British Geographers, New Series* 32 (1): 9–28.

Swyngedouw, Erik & Henrik Ernstson (2018): Interrupting the Anthropo-ObScene: Immuno-Biopolitics and Depoliticizing Ontologies in the Anthropocene. *Theory, Culture & Society* 35(6): 3–30.

Syvitski, Jaia, Colin N. Waters, John Day, John D. Milliman, Colin Summerhayes, Will Steffen, Jan Zalasiewicz, Alejandro Cearreta, Agnieszka Gałuszka, Irka Hajdas, Martin J. Head, Reinhold Leinfelder, John R. McNeill, Clément Poirier, Neil Rose, William Shotyk, Michael Wagreich & Mark Williams (2020): Extraordinary Human Energy Consumption and Resultant Geological Impacts Beginning Around 1950 CE Initiated the Proposed Anthropocene Epoch. *Communications Earth and Environment* 1: 1–13.

Syvitsky, James P. M. (2012): Anhropocene. An Epoch of Our Making. *Global Change Magazine* 78 http://www.igbp.net/news/features/features/anthropoceneanepochofourmaking.5.1081640c13 5c7c04eb480001082.html.

Szeman, Imre & Dominic Boyer (eds.) (2017): *Energy Humanities. An Anthology.* Baltimore, Mar: Johns Hopkins University Press.

Szeman, Imre, Jennifer Wenzel & Patricia Yaeger (eds.) (2017): *Fueling Culture. 101 Words for Energy and Environment.* New York: Fordham University Press.

Szerszynski, Bronislaw (2003): Technology, Performance, and Life Itself: Hannah Arendt and the Fate of Nature. *Sociological Review* 51: 203–218.

Szerszynski, Bronislaw (2017): Gods of the Anthropocene: Geo-Spiritual Formations in the Earth's New Epoch. *Theory, Culture and Society* 34(2–3):253-275.

Szerszynski, Bronislaw (2019): How the Earth Remembers and Forgets. In: Adam Bobbette & Rebekka Donovan (eds.): *Political Ecology. Active Stratigraphies and the Making of Life.* London: Palgrave Macmillan: 219–236.

Taddei, Renzo, Karen Shiratori & Rodrigo C. Bulamah (2022): Decolonizing the Anthropocene. In: Hilary Callan & Simon Coleman (eds.): *The International Encyclopedia of Anthropology.* London: John Wiley & Sons (DOI: 10.1002/9781118924396.wbiea2519).

Tainter, Joseph A. (1988): *Collapse of Complex Societies.* Cambridge: Cambridge University Press. (New Studies in Archaeology).

Tang, Shiping (2020): *On Social Evoliution. Phenomenon and Paradigm.* London & New York: Routledge.

Tansley, A. G. (Arthur George) (1923): *Practical Plant Ecology. A Guide for Beginners in Field Studies of Plant Communities.* London: George Allen & Unwin. New York: Dodd, Mead & Company.

Tansley A. G. (Arthur George) (1939): *The British Isles and Their Vegetation.* Cambridge: Cambridge University Press.

Tauger, Mark B. (^{2}2021): *Agriculture in World History.* London & New York: Routledge (Themes in World History).

Testot, Laurent (2021): *Die Globalgeschichte des Menschen. Von Faustkeil bis zur Digitalisierung.* Stuttgart: Reclam (orig.»La Nouvelle Histoire de Monde«, Paris: Éditions Sciences Humaines, 2019).

Testot, Laurent & Nathanaël Wallenhorst (2023): *Vortex. Faire face a l´Anthropocene.* Paris: Éditions Payot et Rivages.

The Age of Humans (2021): Living in the Anthropocene (https://www. mag.com/science-nature/age-humans-living-anthropocene-180952866/).

The Economist 2011: Welcome to the Anthropocene. The Geology of the Planet. *The Economist*, https://www.economist.com/leaders/2011/05/26/welcome-to-the-anthropocene (Aufruf: 24.9.2020).

Thelen, Tatjana (2021): Entfesselte Verwandtschaft. Rezension zu Strathern 2020: *Soziopolis. Gesellschaft beobachten.* https://soziopolis.de/lesen/buecher/artikel/entfesselte-verwandtschaft/.

The Plantationocene Series. Plantation Worlds, Past and Present (2021): (https://edgeeffects.net /plantationocene-series-plantation-worlds)/.

Thiemeyer, Thomas (2020): Wissenschaftskommunikation in »postfaktischen« Zeiten. *Merkur* 74(854): 71–79.

Thomas, Chris D. (2017): *Inheritors of the Earth. How Nature is Thriving in an Age of Extinction.* London: Allen Lane.

Thomas, Julia Adeney (2014): History and Biology in the Anthropocene: Problems of Scale, Problems of Value. *American Historical Review* 119: 1587–607.

Thomas, Julia Adeney (2017): Why Do Only some Places Have History? Japan, the West, and the Geography of the Past. *Journal of World History* 28(2): 187–218.

Thomas, Julia Adeney (2019): Why the ›Anthropocene‹ Is Not ›Climate Change‹ and Why It Matters. *Asia Global Online* (https://www.asiaglobalonline. hku.hk/anthropocene-climate-change/).

Thomas, Julia Adeney (2023): The Anthropocene's stratigraphic reality and the humanities: a response to Finney and Gibbard (2023) and to Chvosek (2023). *Journal of Quarternary Science*: 1–3.

Thomas, Julia Adeney (ed.) (2022): *Altered Earth. Getting the Anthropocene Right*. Cambridge etc. Cambridge University Press.

Thomas, Julia Adenay, Prasannan Parthasarathi, Rob Linrothe, Fa-Ti Fan, Kenneth Pomeranz, and Amitav Ghosh (2016): JAS Round Table on Amitav Ghosh, The Great Derangement: Climate Change and the Unthinkable. *The Journal of Asian Studies* 75 (4): 929–955.

Thomas, Julia Adeney & Jan Zalasiewicz (2020): *Strata and Three Stories*. Munich: Rachel Carson Center (RCC Perspectives: Transformations in Environment and Society, 3).

Thomas, Julia Adeney, Mark Williams & Jan Zalasiewicz (2020): *The Anthropocene. A Multidisciplinary Approach*. Cambridge & Medford, Mass.: Polity Press.

Thomas, William L., Jr. (ed.) (1956): *Man's Role in Changing the Face of the Earth*. 2 Vols. Chicago: University of Chicago Press.

Thompson, Jessica C, David K. Wright, Sarah J. Ivory, Jeong-Heon Choi, Sheila Nightingale Alex Mackay, Flora Schilt, Erik Otárola-Castillo, Julio Mercader, Steven L. Forman, Timothy Pietsch, Andrew S. Cohen, J. Ramón Arrowsmith, Menno Welling, Jacob Davis, Benjamin Schiery, Potiphar Kaliba, Oris Malijani, Margaret W. Blome, Corey A. O'Driscoll, Susan M. Mentzer, Christopher Miller Seoyoung Heo, Jungyu Choi, Joseph Tembo, Fredrick Mapemba, Davie Simengwa, Elizabeth Gomani-Chindebvu (2021): Early Human Impacts and Ecosystem Reorganization in Southern-Central Africa. *Science Advances* 7 (https://www.science.org/doi/10.1126/sciadv.abf9776).

Thornber, Karen L. (2012): *Ecoambiguity. Environmental Crises and East Asian Literatures*. Ann Arbor: University of Michigan Press.

Thornber, Karen L. (2014): Literature, Asia, and the Anthropocene: Possibilities for Asian Studies and the Environmental Humanities. *The Journal of Asian Studies* 73(4): 989–1000.

Thurner, Stefan, Rudolf Hanel & Peter Klimek (2018): *Introduction to the Theory of Complex Systems*. Oxford: Oxford University Press. 224–312 Evolutionary Processes.

Tickell, Crispin (2011): Societal Responses to the Anthropocene. *Philosophical Transactions of the Royal Society A: Mathematical, Physical and Engineering Sciences* 369: 926–932.

Thober, Bejamin (2019): »Natur unter Menschenhand«? Zur Historisierung des Anthropozoikum-Konzepts von Hubert Markl im Hinblick auf die aktuelle Anthropozän-Debatte. *Revue d'Allemagne et des pays de langue allemande* 51(2): 303–319.

Todd, Zoe (2015): Indigenizing the Anthropocene. In Heather Davis & Etienne Turpin (eds.): *Art in the Anthropocene. Encounters Among Aesthetics, Politics, Environments and Epistemologies*, London: Open Humanities Press (Critical Climate Change): 241–254.

Todd, Zoe (2018): The Decolonial Turn 2.0: The Reckoning. Anthro(dendum), 15.6. (https://anthro dendum.org/2018/06/15/the-decolonial-turn-2-0-the-reckoning/).

Toepfer, Georg (2013): *Evolution*. Stuttgart: Philipp Reclam Jun. (Grundwissen Philosophie).

Toepfer, Georg (2018): From Anthropocene to Mediocene? On the Use and Abuse of Stratifying the Earth's Crust by Mapping Time into Space. *Zeitschrift für Medien- und Kulturforschung* 9: 73–84.

Tomasello, Michael (2006): *Die kulturelle Entwicklung des menschlichen Denkens, Zur Evolution der Kognition*. Frankfurt am Main: Suhrkamp (orig.»The Cultural Origins of Human Cognition«, Cambridge, MA: Harvard University Press, 2001).

Tomasello, Michael (2020): *Mensch werden. Eine Theorie der Ontogenese*. Berlin: Suhrkamp (Orig.»Becoming Human. A Theory of Ontogeny«, Cambridge, Mass. & London: The Belknap Press of Harvard University Press 2019).

Toivanen T., K Lummaa, Majava P Järvensivu, V Lähde, T Vaden & J. T. Eronen (2017): The many Anthropocenes: A transdisciplinary challenge for the Anthropocene research. *The Anthropocene Review* 4(3): 183–198.

Trautmann, Thomas R., Gillian feeley-Harnik & John C. Mitani (2011): Deep Kinship. In: Daniel Shryock & Daniel Lord Smail, with nine co-authors: *Deep History. The Architecture of Past and Present*. Berkeley etc.: University of California Press: 160–188.

Traidl-Hoffmann Claudia, Christian Schulz, Martin Herrmann & Babette Simon (Hg.) (2021): *Planetary Health. Klima, Umwelt und Gesundheit im Anthropozän*. Berlin etc.: Medizinisch Wissenschaftliche Verlagsgesellschaft und Springer.

Trigger, Bruce G. (1998): *Sociocultural Evolution. Calculation and Contingency*. Oxford: Blackwell Publishers.

Trischler, Helmuth (2013): Introduction. In: Ders. (ed.): *Anthropocene. Envisioning the Future of the Age of Humans*. Munich: Rachel Carson Center for Environment and Society (RCC Perspectives, 3).

Trischler, Helmuth (2016a): Zwischen Geologie und Kultur: Die Debatte um das Anthropozän. In: Anja Bayer & Daniela Seel (Hg.): *»all dies hier, Majestät, ist deins«: Lyrik im Anthropozän. Anthologie*. Berlin: kookbooks: 269–286.

Trischler, Helmuth (2016b): The Anthropocene. A Challenge for the History of Science, Technology, and the Environment. In: *N.T.M. – Journal of the History of Science, Technology, and Medicine* 24(3): 309–335.

Trischler, Helmuth (ed.) (2013): *Anthropocene. Envisioning the Future of the Age of Humans*. Munich: Rachel Carson Center for Environment and Society (RCC Perspectives, 3).

Trischler, Helmuth & Fabienne Will (2017): What Can Historians of Technology Contribute to the Anthropocene Debate? Technosphere, Technocene and the History of Technology. *ICON: Journal of the International Committee for the History of Technology* 23: 1–17.

Trischler, Helmuth & Fabienne Will (2019): Die Provokation des Anthropozäns. In: Martina Heßler & Heike Weber (Hg.): *Provokationen der Technikgeschichte. Zum Reflexionszwang historischer Forschung*. Paderborn: Ferdinand Schöningh: 69–106.

Trischler, Helmuth & Fabienne Will (2020): Anthropozän. In: Martina Heßler & Kevin Liggieri (Hg.): *Technikanthropologie. Handbuch für Wissenschaft und Sudium*. Baden.-Baden: Nomos (Edition Sigma): 236–243.

Trouillot, Michel-Rolphe (1995): *Silencing the Past. Power and the Production of History*. Boston: Beacon.

Tsai, Yen-Ling (2019): Farming Odd Kin in Patchy Anthropocenes. *Current Anthropology*, Supplement 60: S342-S353.

Tsing, Anna Lowenhaupt (1993): *In the Realm of the Diamond Queen. Marginality in an Out-of-the-Way Place*. Princeton, N.J.: Princeton University Press.

Tsing, Anna Lowenhaupt (2000): The Global Situation. *Cultural Anthropology* 15(3): 327-360.

Tsing, Anna Lowenhaupt (2005): *Friction. An Ethnography of Global Connection*. Princeton, N.J.: Princeton University Press. (dt. *Friktionen. Eine Ethnografie globaler Verflechtungen*. Berlin: Matthes & Seitz, 2024).

Tsing, Anna Lowenhaupt (2010a): Arts of Inclusion, or How to Love a Mushroom. *Manoa* 22(2): 191-203.

Tsing, Anna Lowenhaupt (2010b): Worlding the Matsutake Diaspora. Or, Actor-Network Theory Experiment with Holism? In: Ton Otto & Nils Bubandt (eds.): *Experiments with Holism*. Oxford: Wiley-Blackwell: 47-66.

Tsing, Anna Lowenhaupt (2012a): On Non-Scalability. The Living World Is Not Amenable to Precision-Nested Scales. *Common Knowledge* 18(3): 505-524.

Tsing, Anna Lowenhaupt (2012b): Unruly Edges: Mushrooms as Companion Species. *Environmental Humanities* 1: 141-154.

Tsing, Anna Lowenhaupt (2015): *The Mushroom at the End of the World. On the Possibility of Life in Capitalist Ruins*. Princeton & Oxford: Princeton University Press.

Tsing, Anna Lowenhaupt (2019a): Jenseits ökonomischer und ökologischer Standardisierung. In: Friederike Gesing, Michi Knecht, Michael Flitner & Katrin Amelang (Hg.): *NaturenKulturen. Denkräume und Werkzeuge für neue politische Ökologien*. Bielefeld: transcript: 53-82.

Tsing, Anna Lowenhaupt (2019b): A Multispecies Ontological Turn? In: Keiichi Ōmura, , Grant Jun Otsuki, Shiho Satsuka & Atsuro Morita (eds.): *The World Multiple. The Quotidian Politics of Knowing and Generating Entangled Worlds*. London & New York: Routledge: 233-248 (Routledge Advances in Sociology).

Tsing, Anna Lowenhaupt (2019c): The political economy of the Great Acceleration, or, how I learned to stop worrying and love the bomb. In: Thomas Hylland Eriksen & Astrid Stensrud (eds.): *Climate, capitalism, and communities: an anthropology of environmental overheating*. London: Pluto Press: 22-40.

Tsing, Anna Lowenhaupt (2020): Die Erde, vom Menschen belagert. In: Marie-Luise Angerer & Naomie Gramlich (Hg.): *Feministisches Spekulieren. Genealogien, Narrationen, Zeitlichkeiten*. Berlin: Kulturverlag Kadmos: 111-133.

Tsing, Anna Lowenhaupt (2005): *Frictions. An Ethnography of Goobal Connection*. Princeton, NJ.: Princeton University.

Tsing, Anna Lowenhaupt (2025): *Friktionen. Eine Ethnografie globaler Verflechtungen*. Berlin: Matthes & Seitz (orig. 2005).

Tsing, Anna Lowenhaupt, Heather Swanson, Elaine Gan & Nils Bubandt (eds.) (2017): *Arts of Living on a Damaged Planet. Ghosts of the Anthropocene. Monsters of the Anthropocene.* Minneapolis: University of Minnesota Press.

Tsing, Anna Lowenhaupt, Andrew S. Mathews & Nils Bubandt (2019): Patchy Anthropocene: Landscape Structure, Multispecies History, and the Retooling of Anthropology. An Introduction to Supplement 20. *Current Anthropology* 60(Supplement 20): S186-S197.

Tsing, Anna Lowenhaupt, Jennifer Deger, Alder Saxena Keleman & Feifei Zhou (curs. & eds.) (2020): *Feral Atlas. The More-Than-Human Anthropocene.* Stanford, Cal.: Stanford University Press. (https://feralatlas.org/).

Tsing, Anna Lowenhaupt, Jennifer Deger, Alder Keleman Saxena & Feifei Zhou (2024): *Field Guide to the Patchy Anthropocene: The New Nature.* Stanford, Cal.: Stanford University Press.

Turpin, Etienne (ed.) (2013): *Architecture in the Anthropocene. Encounters Among Design, Deep Time, Science and Philosophy.* Ann Arbor: Open Humanities Press.

Turchin, P. , Th. E. Currie, H. Whitehouse, P. François, K. Feeney, D. Mullins, D. Hoyer, Ch. Collins, St. Grohmann, P. Savage, G. Mendel-Gleason, E. Turner, A. Dupeyron, E. Cioni, J. Reddish, J. Levine, G. Jordan, E. Brandl, A. Williams, R. Cesaretti, M. Krueger, A. Ceccarelli, J. Figliulo-Rosswurm, P.-J. Tuan, P. Peregrine, A. Marciniak, J. Preiser-Kapeller, N. Kradin, A. Korotayev, A. Palmisano, D. Baker, J. Bidmead, P. Bol, D. Christian, C. Cook, A. Covey, G. Feinman, Á. D. Júlíusson, A. Kristinsson, J. Miksic, R. Mostern, C. Petrie, P. Rudiak-Gould, B. ter Haar, V. Wallace, V. Mair, L. Xie, J. Baines, E. Bridges, J. Manning, B. Lockhart, A. Bogaard, Ch. Spencer (2018): Quantitative Historical Analysis Uncovers a Single Dimension of Complexity That Structures Global Variation in Human Social Organization. *Proceedings of the National Academy of Sciences* 115: 144–151.

Turner II, B.L. (2023): *The Anthropocene. 101 Questions and Answers for Understandung the Human Impact on the Global Environment.* Newcaste uponTyne: Agenda Publishing.

Turner, Derek D. (2011): *Paleontology. A Philosophical Introduction.* Cambridge etc.: Cambridge University Press (Cambridge Introductions to Philosophy and Biology).

Turner, Fred (2006): *From Counterculture to Cyberculture. Stewart Brand, the Whole Earth Network, and the Rise of Digital Utopianism.* Chicago: University of Chicago Press.

Turner, Jonathan H. (2021): *On Human Nature. The Biology and Sociology of What Made us Human.* London & New York: Routledge.

Tylor, Edward (2005): *Die Anfänge der Cultur. Untersuchungen über die Entwicklung der Mythologie, Philosophie, Religion, Kunst und Sitte.* Stuttgart: Georg Olms (Nachdr. d. Ausg. Leipzig 1873).

Uekötter, Frank (2020): *Im Strudel. Eine Umweltgeschichte der modernen Welt.* Frankfurt am Main: Campus Verlag.

Uekötter, Frank (2021): Wie das Anthropozän in die Welt kam. Zur Ökologie der Modewörter. *Politische Ökologie* 39(167): 18–23.

Uekötter, Frank (ed.) (2018): *Exploring Apocalyptica. Coming to Terms with Envoronmental Alarmism.* Pittsburgh, Pa.: Pittsburg University Press.

Uexküll, Jakob von (^{2}1921): *Umwelt und Innenwelt der Tiere.* Berlin: Springer.

Uhrqvist, Ola & Eva Lövbrand (2014): Rendering Global Change Problematic: The Constitutive Effects of Earth System Research in the IGBP and the IHDP. *Environmental Politics* 23(2): 339–356.

Uller, Tobias & Kevin Laland (2019): *Evolutionary Causation. Biological and Philosophical Reflections.* Cambridge, Mass. & The MIT Press (Vienna Series in Theoretical Biology, 23).

UNEP United Nations Environment Programme (2021): *Making Peace with Nature. A Scientific Blueprint to Tackle the Climate, Biodiversity and Pollution Emergencies.* Nairobi: UNEP. https://www.unep.or g/resources/making-peace-nature.

UNESCO (2018a): Welcome to the Anthropocene. *UNESCO Courier* 2, April-June 2018 (https://www.b ic.moe.go.th/images/stories/Courier_Apr-Jun_2018.pdf).

UNESCO (2018b): Lexikon. (https://en.unesco.org/courier/2018-2/lexicon-anthropocene).

Unmüßig, Barbara (2021): Mensch macht Epoche. Die Erzählung vom Anthropozän. *Politische Ökologie* 39(167): 24–29.

Urry, John (2010): Consuming the Planet to Excess. *Theory, Culture & Society* 27(2–3): 191–212.

Vale, Thomas R. (1998): The Myth of Humanized Landscape: An Example from Yosemite National Park: *Natural Areas Journal* 18(3): 231–236.

Van der Leeuw, Sander (2019): *Social Sustainability, Past and Future: Undoing Unintended Consequences for the Earth's Survival.* New York: Cambridge University Press (New Directions in Sustainability and Society).

Van Loyen, Ulrich (2019): Nachwort. In: Déborah Danowski, & Eduardo Viveiros de Castro (2019): *In welcher Welt leben? Ein Versuch über die Angst vor dem Ende.* Berlin: Matthes & Seitz: 158–161.

Van Schaik, Carel (2016): *The Primate Origins of Human Nature.* Hobken, N.J: Wiley-Blackwell (Foundations of Human Biology, 3).

Van Oyen, A. (2018): Material Agency. In: S. L. López Varela (ed.): *The Encyclopedia of Archaeological Sciences.* Oxford: Wiley, pp. 1–5 (https://doi.org/10.1002/9781119188230.saseas0363).

Van Valen, Leigh (1973): A New Evolutionary Law. *Evolutionary Theory* 1: 1–30.

Vann, Elizabeth F. (2013): Culture. In: James G. Carrier & Deborah B. Gewertz (eds.): *The Handbook of Sociocultural Anthropology.* London: Bloomsbury: 30–48.

Vayda, Andrew P. (1983): Progressive Contextualization: Methods for Research in Human Ecology. *Human Ecology* 11:265-281.

Vayda, Andrew P. (2008): Causal Explanation as a Research Goal: A Pragmatic View. In: Bradley B. Walters, Bonnie J. McCay, P. West & S. Lees (eds.): *Against the Grain. The Vayda Tradition in Human Ecology and Ecological Anthropology.* Lanham, Md: AltaMira Press: 317–367.

Vayda, Andrew P. (2013): Causal Explanation for Environmental Anthropologists. In: Helen Kopnina & Eleanor Ouimet (eds.): *Environmental Anthropology. Future Directions.* London, Routledge: 207–224.

Vayda, Andrew P. & Bonnie J. McCay (1975): New Directions in Ecology and Ecological Anthropology. *Annual Review of Anthropology* 4: 293–306.

Vergès, Françoise (2017): Racial Capitalocene. In: Gaye Theresa Johnson & Alex Lubin (eds.): *Futures of Black Radicalism*. Brooklyn, N.Y.: Verso: 72–82.

Vergès, Françoise (2020): *Dekolonialer Feminismus*. Wien: Passagen Verlag (Passagen Thema).

Vertovec, Steven & Robin Cohen (2002): Introduction: Conceiving Cosmopolitanism. In: Dies. (eds.): *Conceiving Cosmopolitanism. Theory. Context, and Practice*. Oxford etc.: Oxford University Press: 1–22.

Vetlesen, Arne Johan (2019): *Cosmologies of the Anthropocene. Panpsychism, Animism and the Limits of Posthumanism*. London: Routledge (Morality, Society and Culture).

Vernadskij, Vladimir L. (1997): *Der Mensch in der Biosphäre. Zur Naturgeschichte der Vernunft*. Frankfurt am Main: Peter Lang. Europäischer Verlag der Wissenschaften.

Vidas, Davor, Jan Zalasiewicz, Colin Summerhayes & Mark Williams (2020): Climate Change and the Anthropocene: Implications for the Development of the Law of the Sea. In: E. Johansen, S. Busch, & I. V. Jakobsen (eds.): The Law of the Sea and Climate Change. Solutions and Constraints. Cambridge: Cambridge University Press: 22–48.

Vince, Gaia (2016): *Am achten Tag. Eine Reise in das Zeitalter des Menschen*. Wiesbaden: Konrad Theiss Verlag (orig. »Adventures in the Anthropocene. A Journey to the Heart of the Planet we Made«, London, Chatto & Windus, 2014).

Visconti, Guido (2014): Anthropocene: Another Academic Invention? *Rendiconti Lincei* 25(3): 381–392.

Vitousek, Peter M., Harold A. Mooney, Jane Lubchenco & Jerry M. Melillo (1997): Human Domination of Earth's Ecosystems. *Science* 277(5325):494–499.

Viveiros de Castro, Eduardo Batalha (2004a): Perspectival Anthropology and the Method of Controlled Equivoca-tion. In: *Tipití: Journal of the Society for the Anthropology of Lowland South America* 2(1): 3–20.

Viveiros de Castro, Eduardo B.(2004b): Exchanging Perspectives: The Transformation of Objects into Subjects in Amerindian Ontologies. Common Knowledge 10(3): 463–484.

Viveiros de Castro, Eduardo B. (2019): On Models and Examples: Engineers and Bricoleurs in the Anthropocene. *Current Anthropology* 60(suppl. 20): S296–S308.

Völker, Oliver (2021): *Langsame Katastrophen. Eine Poetik der Erdgeschichte*. Wallstein Verlag.

Vogt, Markus (2016): Humanökologie – Neuinterpretation eines Paradigmas mit Seitenblick auif die Umweltenzyklika Laudato si´. In: Wolfgang Haber, Martin Held & Markus Vogt (Hg.) (2016): *Die Welt im Anthropozän. Erkundungen im Spannungsfeld zwischen Ökologie und Humanität*. München: oekom: 93–104.

Von Blanckenburg, Friedhelm (2021): Leben im nahen Untergrund. *Forschung* 2/21: 10–15.

Von Borries, Friedrich (2024): *Architektur im Anthropozän. Eine spekulative Archäologie*. Berlin: Suhrkamp Verlag.

Von Engelhardt, Wolf & Jörg Zimmermann (1982): *Theorie der Geowissenschaft*. Paderborn etc.: Schöningh.

Von Humboldt, Alexander (2014): Kosmos. Entwurf einer physischen Weltbeschreibung. Berlin: Eich born (Die Andere Bibliothek, Folio14) (orig. Stuttgart & Tübingen: J. G. Cotta´scher Verlag, 1845).

Von Redecker, Eva (2020): *Revolution für das Leben. Philosophie der neuen Protestformen.* Frankfurt am Main: S. Fischer Verlag.

Von Storch, Hans & Werner Krauß (2013): Die Klimafalle. Die gefährliche Nähe von Klimaforschung und Politik. München: Hanser Verlag.

Vries, Peer H. H. (2001): Are Coal and Colonies Really Crucial? Kenneth Pomeranz and the Great Divergence. *Journal of World History* 12(2, Fall): 407–446.

Wagner, Peter (2021): In den Klimawandel hineingeschlittert? Rezension zu »The Climate of History in a Planetary Age« von Dipesh Chakrabarty. *Soziopolis: Gesellschaft beobachten.* (https://nbn-resolv ing.org/urn:nbn:de:0168- ssoar-80632-8).

Wagreich, Michael & Erich Draganits (2018): Early Mining and Smelting Lead Anomalies in Geological Archives as Potential Stratigraphic Markers for the Base of an Early Anthropocene. *The Anthropocene Review*, 5(2): 177–201.

Wagreich, Michael & Erich Draganits (2019): Pre-industrial Revolution Start Dates for the Anthropocene. In: Jan Zalasiewicz, Colin Waters, Mark Williams & Colin P. Summerhayes (eds.): *The Anthropocene as a Geological Time Unit: A Guide to the Scientific Evidence and Current Debate.* Cambridge etc.: Cambridge University Press: 246–250.

Wainwright, John (2009): Earth-System Science. In: Noel Castree, David Demeritt, Diana Liverman & Bruce Rhoads (eds.): *A Companion to Environmental Geography.* Oxford: Wiley-Blackwell: 145–67 (Blackwell Companions to Geography).

Wakefield, Stephanie (2022): Critical urban theory in the Anthropocene. *Urban Studies* 59(5): 917–936.

Wakefield, Stephanie (2025): *Miami in the Anthropocene. Rising Seas and Urban Resilience.* University of Minnesota Press (erschienen 2024).

Walker, Mike J., C. M. Berkelhammer, S. Björck, L. C. Cwynar, D. A. Fisher, A. J. Long, J. J. Lowe, R. M. Newnham, S. O. Rasmussen & H. Weiss (2012): Formal Subdivision of the Holocene Series/Epoch: A Discussion Paper by a Working Group of INTIMATE (Integration of ice-core, marine and terrestrial records) and the Subcommission on Quaternary Stratigraphy (International Commission on Stratigraphy). *Journal of Quaternary Science* 27 (7): 649–659 (https://doi.org/10.1002/jqs.2565).

Walker, Mike J., C. M. Berkelhammer, S. Björck, L. C. Cwynar, D. A. Fisher, A. J. Long, J. J. Lowe, R. M. Newnham, S. O. Rasmussen & H. Weiss (2012): Formal Subdivision of the Holocene Series/Epoch: A Discussion Paper by a Working Group of INTIMATE (Integration of ice-core, marine and terrestrial records) and the Subcommission on Quaternary Stratigraphy (International Commission on Stratigraphy). *Journal of Quaternary Science* 27 (7): 649–659 (https://doi.org/10.1002/jqs.2565).

Walker, Michael J.C., Andrew M. Bauer, Matthew Edgeworth, Erle C. Ellis, Stanley C. Finney, Philip L. Gibbard & Mark Maslin (2024): The Anthropocene is best understood as an ongoing, intensifying, diachronous event. *Boreas* 53(1): 1–3 (https:// doi.org/10.1111/bor.12636).

Walker, Mike (= Michael), Phil (= Philip) Gibbard & John Lowe (2015): Comment on When did the Anthropocene begin? A mid-twentieth century boundary is stratigraphically optimal by Jan Zalasiewicz et al. Quaternary International, 383, 196–203. *Quarternary International* 383: 204–207.

Wallace, Alfred Russel (1910): *The World of Life. A Manifestation of Creative Power, Directive Mind and Ultimate Purpose.* London: Chapman & Hall).

Wallace, Alfred Russel (2019): *The Wonderful Century. The Age of New Ideas in Science and Innovation.* Abingdon & New York: Routledge (Routledge Library Editions: Science and Technology in the Nineteenth Century, 10, orig. London: Allen & Unwin, Swan Sonnenschein, 1898).

Wallenhorst, Nathanaël (2019): *L'Anthropocène décodé pour les humains.* Paris: Le Pommier (Essai Pommier!).

Wallenhorst, Nathanaël (2020): *La vérité sur l'anthropocène.* Paris: Éditions Le Pommier/ Humensis.

Wallenhorst, Nathanaël (2024a): Dating the Dawn of the Anthropocene. *Paragrana* 33(1): 177–190.

Wallenhorst, Nathanaël (2024b): *Eine kritische Theorie für das Anthropozän.* Berlin: Springer (orig.»A Critical Theory of the Anthropocene«, Berlin: Springer VS (Anthropocene – Humanities and Social Science).

Wallenhorst, Nathanaël & Christoph Wulf (eds.) (2023): *Handbook of the Anthropocene. Humans between Heritage and Future.* Berlin etc.: Springer Nature.

Wallerstein, Immanuel Maurice (1988): *Das moderne Weltsystem. Die Anfänge kapitalistischer Landwirtschaft und die europäische Weltökonomie im 16. Jahrhundert.* Berlin: Syndikat Verlag.

Wallerstein, Immanuel (2018): *Welt-System-Analyse. Eine Einführung.* Berlin etc.: Springer (Neue Bibliothek der Sozialwissenschaften) (orig.»World-System Analysis. An Introduction«, Durham & London: Duke University Press, 2004).

Wallsten, Björn (2015): *The Urk World. Hibernating Infrastuctures and the Quest for Urban Mining.* Linköping: Linköping University.

Walton, Samantha (2020): Feminism's Critique of the Anthropocene. In J.ennifer Cooke (ed.): *The New Feminist Literary Studies.* Cambridge: Cambridge University Press: 113–128 (Twenty-First-Century Critical Revisions).

Walters, Bradley B., Bonnie J. McCay, Paige West & Susan Lees (eds.) (2008): *Against the Grain: The Vayda Tradition in Human Ecology and Ecological Anthropology.* Lanham, Mar.: AltaMiraPress.

Walters, Bradley B. & Andrew P. Vayda (2018): Event Ecology. In: Hilary Callan (general ed.): The International Encyclopedia of Anthropology. London etc: Wiley-Blackwell: 1–10 (DOI: 9781118924396.wbiea1420).

Wanner, Heinz ([2]2016): *Klima und Mensch. Eine 12´000-jährige Geschichte.* Bern: Haupt Verlag.

Wapner, Paul (2012): After Nature: Environmental Politics in a Postmodern Age. In: Paul Dauvergne (ed.): *Handbook of Global Environmental Politics.* Cheltenham, UK: Edward Elgar Publishing: 431–442.

Wapner, Paul (2014): The Changing Nature of Nature: Environmental Politics in the Anthropocene. *Global Environmental Polititics* 14(4): 36–54.

Warde, Paul, Libby Robin & Sverker Sörlin (2017): Stratigraphy for the Renaissance: Questions of Expertise for »the Environment« and »the Anthropocene«. The *Anthropocene Review* 4(3): 246–258.

Warde, Paul, Libby Robin & Sverker Sörlin (2018): *The Environment. A History of the Idea.* Baltimore, Mar.: Johns Hopkins University Press.

Wark, McKenzie (2017): *Molekulares Rot. Theorie für das Anthropozän.* Berlin: Matthes & Seitz. (orig: »Molecular Red. Theory for the Anthropocene«, London & New York, Verso, 2015).

Waters, Colin N. & Jan A. Zalasiewicz (2018): Concrete: The Most Abundant Novel Rock Type of the Anthropocene. In: Dominick A. DellaSala & Michael I. Goldstein (chief. eds.): *Encyclopedia of the Anthropocene.* Dordrecht etc.: Elsevier: 75–85.

Waters, Colin N., Jan A. Zalasiewicz, Mark Williams. Erle Ellis, A. M. Snelling (2014): A *Stratigraphical Basis for the Anthropocene.* London: Geological Society (Special Publications, 395).

Waters, Colin N., Jan Zalasiewicz, Colin Summerhayes, Anthony D. Barnosky, Clément Poirier, Agnieszka Galuszka, Alejandro Cearreta et 17 al. (2016): Review Summary: The Anthropocene is Functionally and Stratigraphically Distinct from the Holocene. *Science* 351(6269): aaad2622.

Waters, Colin N., Jan Zalasiewicz, Colin Summerhayes, Ian J. Fairchild, Neil L. Rose, Neil J. Loader, William Shotyk, Alejandro Cearreta, Martin J. Head, James P.M. Syvitski, Mark Williams, Michael Wagreich, Anthony D. Barnosky, Reinhold Leinfelder, Catherine Jeandel, Agnieszka Gałuszka, Juliana A. Ivar do Sul, Felix Gradstein, Will Steffen, John R. McNeill, Scott Wing, Clément Poirier, Matt Edgeworth (2018): A Global Boundary Stratotype Sections and Points (GSSPs) for the Anthropocene Series: Where and How to Look for a Potential Candidate. *Earth-Science Reviews*, 178: 379–429.

Waters, Colin et al. (2023): Executive Summary The Anthropocene Epoch and Crawfordian Age: proposals by the Anthropocene Working Group (https://eartharxiv.org/repository/view/6853/).

Waters, Colin N., Mark Williams, jan Zalasiewicz, , Simon D. Turner, Anthony D, Barnosky, Martuin J. Head, Scott L. Wing, Michael Wagreich, Will Steffen, Colin P. Summerhayes, Andrew B. Cundy, Jens Zinke, Barbara Fiałkiewicz-Kozieł, Reinhold Leinfelder, peter K. Haff,, John R. McNeill, Neil L. Rose, Irka Hajdas, I., Fancine M. G. McCarthy, Andrew Cearreta, Agnieszka Gałuszka, Jan Syvitski, , Y. Han An, Z., Ian J. Fairchild, ,J.A. Ivar do Sul & Catherine Jeandel (2022): Epochs, events and episodes: Marking the geological impact of humans. *Earth Science Reviews*. 234, (104171 https://doi.org/10.1016/ j.earscirev.2022.104171).

Waters, Colin N., Martin J. Head, Jan Zalasiewicz Francine M.G. McCarthy, Scott L. Wing , Peter K. Haff, Mark Williams, Anthony D. Barnosky, Barbara Fiałkiewicz-Kozieł, Reinhold Leinfelder, J. R. McNeill, Neil L. Rose, Will Steffen,, Colin P. Summerhayes, Michael Wagreich, A. Zhisheng ,Alejandro Cearreta, Andrew B. Cundy, Ian J. Fairchild, Agnieszka Gałuszka, Irka Hajdas, Yongming Han, Juliana A. Ivar do Sul, Catherine Jeandel, Jaia Syvitsku, Simon D. Turner & Jens Zinke: A Response to Merritts et al. (2023): The Anthropocene is complex. Defining it is not. *Earth-Science Reviews* 238 (https://doi.org/10.1016/j.earscirev.2023.104335).

Waters, H. (2016): Where in the World Is the Anthropocene. *Smithsonian Magazine.* (https://www.smithsonianmag.com/science-nature/age-humans-living-anthropocene-180952866/).

Waterton, Emma ([2]2019): More-than-Representational Landscapes. In: Peter Howard, Ian Thompson, Emma Waterton & Mick Atha (eds.): *The Routledge Companion to Landscape Studies.* London: Routledge: 91–101.

Waterton, Emma & Saul Hayley Saul (2020): Ghosts of the Anthropocene: Spectral Accretions at the Port Arthur Historic Site. *Landscape Research__*: 1–15. DOI: 10.1080/01426397.2020.1808957

Watson-Verran, Helen & David Turnbull (1995): Science and Other Indigenous Knowledge Systems. In: Sheila Jasanoff, Gerald E. Markle, James C. Peterson & Trevor Pinch (eds.): *Handbook of Science and Technology Studies*. Oxford: Sage Publications: 115–139.

WBGU, Wissenschaftlicher Beirat der Bundesregierung Globale Umweltveränderungen (2011a): *Welt im Wandel – Gesellschaftsvertrag für eine Große Transformation*. Berlin: WBGU

WBGU, Wissenschaftlicher Beirat der Bundesregierung Globale Umweltveränderungen (2011b): *Welt im Wandel – Gesellschaftsvertrag für eine Große Transformation. Zusammenfassung für Entscheidungsträger*. Berlin: WBGU.

WBGU, Wissenschaftlicher Beirat der Bundesregierung Globale Umweltveränderungen (2019): *Towards our Common Digital Future. Flagship Report*. Berlin: WBGU.

WBGU, Wissenschaftlicher Beirat der Bundesregierung Globale Umweltveränderungen (2016): *Der Umzug der Menschheit. Die transformative Kraft der Städte*. Berlin: WBGU.

WBGU, Wissenschaftlicher Beirat der Bundesregierung Globale Umweltveränderungen (2020): *Landwende im Anthropozän. Von der Konkurrenz zur Integration*. Berlin: WBGU.

WBGU, Wissenschaftlicher Beirat der Bundesregierung Globale Umweltveränderungen (2023): *Gesund leben auf einer gesunden Erde*. Berlin: WBGU.

Weber, Andreas (2019): Enlivenment. Toward a Poetics for the Anthropocene. Cambridge, Mass. & London: The MIT Press (Untimely Meditations, 16) (orig.»Enlivenment. Eine Kultur des Lebens. Versuch einer Poetik für das Anthropozän«, Berlin: Matthes & Seitz, Fröhliche Wissenschaft, 79, 2016).

Weber, Elke U. (2017): Breaking cognitive barriers to a sustainable future. *Nature Human Behaviour* 1, 0013 (DOI: 10.1038/s41562 016-0013).

Weiss, Philipp, Raffaela Schöbitz (Ill.) (2018): *Am Weltenrand sitzen die Menschen und lachen*. Roman, 5 Bände. Berlin: Suhrkamp.

Weisman, Alan (2007): *Die Welt ohne uns. Reise über eine unbevölkerte Erde*. München: Piper (orig. »The World without us«, London: Picador, 2008).

Weller, Robert (2006): *Discovering Nature. Globalization and Environmental Culture in China and Taiwan*. Cambridge: Cambridge University Press.

Welk-Joerger, Nicole (2019): Restoring Eden in the Amish Anthropocene. Environmental Humanities 11 (1): 72–97.

Welsch, Wofgang (2019): Wohin treibt das Anthropozän? In: Ders.: *Wer sind wir?* Wien: New Academic Press: 144–163.

Welz, Gisela (2018): ›Environmental Orientations‹ and the Anthropology of the Anthropocene. *Anthropological Journal of European Cultures* 27(1): 40–44.

Welz, Gisela (2021): More-Than-Human-Futures: Towards a Relational Anthropology in/of the Anthropocene. *Hamburger Journal für Kulturanthropologie* 13: 36–46.

Wendt, Björn (2021): Utopien, Dystopien und Soziologien der Nachhaltigkeit. Grundrisse eines Forschungsprogramms und Mehrebenenmodells. In: SONA – Netzwerk Soziologie der Nachhaltigkeit (Hg.): *Soziologie der Nachhaltigkeit*. Bielefeld: Transcript (Soziologie der Nachhaltigkeit, 1): 155–183.

Wenninger, Andreas, Fabienne Will, Sascha Dickel, Sabine Maasen & Helmuth Trischler (2019): Ein- und Ausschließen: Evidenzpraktiken in der Anthropozändebatte und der Citizen Science. In: Karin Zachmann & Sarah Ehlers (Hg.): *Wissen und Begründen. Evidenz als umkämpfte Ressource in der Wissensgesellschaft*. Baden-Baden: Nomos: 31–58.

Werber, Niels (2014): Anthropozän: Eine Megamakroepoche und die Selbstbeschreibung der Gesellschaft. *Zeitschrift für Medien- und Kulturforschung* 5(2): 241–246.

Werbner, Pnina (2008): The Cosmopolitan Encounter: Social Anthropology and the Kindness of Strangers. In: Dies. (ed.): *Anthropology and the New Cosmopolitism. Rooted, Feminist and Vernacular Perspectives* Oxford etc.: Berg Publishers: 47–68 (Association of Social Anthropologists Monographs, 48).

Wergin, Carsten Holger (2018): Collaborations of Biocultural Hope: Community Science Against Industrialisation in Northwest Australia. *Ethnos. Journal of Anthropology* 83 (3): 455–472.

Werner Oswald (1972): Ethnoscience. *Annual Review of Anthropology*. 1:271-308.

Werner, Oswald & Mark Schoepfle (1987): *Systematic Fieldwork* (2 vols.). Newbury Park: Sage Publications.

West, Geoffrey Brian (2019): *Scale. Die universalen Gesetze des Lebens von Organismen, Städten und Unternehmen*. München: C.H. Beck (orig.: »Scale. The Universal Laws of Growth, Innovation, Sustainability, and the Pace of Life in Organisms, Cities, Economies, and Companies« New York, N.Y.: Penguin Press, 2017).

West, Page (2016): *Dispossession and the Environment. Rhetoric and Inequality in Papua New Guinea*. Durham & London: Duke University Press.

White, Frank (⁴2021): *The Overview Effect: Space Exploration and Human Evolution*. O.O.: Multiverse Publishing.

White, Leslie Alvin (1945): Energy and the Evolution of Culture. *American Anthropologist* 45: 335–356.

White, Leslie Alvin (1949): *The Science of Culture. A Study of Man and Civilization*. New York: Farrar & Strauss, Grove Press.

White Jr., Lynn T. (1967): The Historical Roots of Our Ecological Crisis. *Science* 155(3767): 1203–1207.

White, Peter S. & S. T. A. Pickett (1985): Natural Disturbance and Patch Dynamics: An Introduction. In: S. T. A. Pickett and Peter S. White (eds.): *The Ecology of Natural Disturbance and Patch Dynamics*. San Diego, CA: Academic Press: 3–13.

Whitehead, Mark (2014): *Environmenatal Transformations. A Geography of the Anthropocene*. London & New York: Routledge.

Whitington, Jerome (2013): Fingerprint, Bellwether, Model Event: Climate Change as Speculative Anthropology. *Anthropological Theory* 13(4):308-328.

Whorf, Benjamin Lee (1963): *Sprache, Denken, Wirklichkeit. Beiträge zur Metalinguistik und Sprachphilosophie*. Reinbek bei Hamburg: Rowohlt (Rowohlts deutsche Enzyklopädie) (orig. »Thought and Reality«, Cambridge, Mass.: MIT Press, 1956).

Whyte, Kyle P. (2017): Indigenous climate change studies: Indigenizing futures, decolonizing the Anthropocene. https://kylewhyte.marcom.cal.msu.edu/wp-content/uploads/sites/12/2018/07/Indige nousClimateChangeStudies.pdf

Whyte, Kyle P. (2018): Indigenous Science (Fiction) for the Anthropocene: Ancestral Dystopias and Fantasies of Climate Change Crises. *Environment & Planning E: Nature and Space* 1(1-2): 224–242.

Widdau, Christoph Sebastian (2021): *Einführung in die Umweltethik*. Ditzigen: Philipp Reclam Jun.

Wiertz, Thilo (2015a): *Politische Geographien heterogener Gefüge. Climate Engineering und die Vision globaler Klimakontrolle*. Heidelberg (Dissertation).

Wiertz, Thilo (2015b): Geoengineering. In: Sybille Bauriedl (Hg.): *Wörterbuch Klimadebatte*. Bielefeld: Transcript: 87–94.

Wignall, Paul B. (2019): *Extinction. A Very Short Introduction*. Oxford: Oxford University Press (Very Short Introductions).

Wilke, Sabine & Japhet Johnstone (eds.) (2017): *Readings in the Anthropocene. The Environmental Humanities*. New York: Bloomsbury Academic (New Directions in German Studies, 18).

Wilkinson, B. H. (2005): Humans as Geologic Agents: A deep-Time Perspective. *Geology* 33: 161–164.

Will, Fabienne (2021): *Evidenz für das Anthropozän. Wissensbildung und Aushandlungsprozesse an der Schnittstelle von Natur-, Geistes- und Sozialwissenschaften*. Göttingen: Vandenhoeck & Ruprecht (Umwelt und Gesellschaft, 24).

Williams, Mark, Jan Zalasiewicz, Peter K. Haff, Christian Schwägerl, Anthony D. Barnosky & Erle C. Ellis (2015): The Anthropocene Biosphere. *The Anthropocene Review* 1: 1–24.

Williams, Mark, Jan Zalasiewicz (eds.) (2011): The Anthropocene: A New Epoch of Geological Time? *Philosophical Transactions of the Royal Society A: Mathematical, Physical and Engineering Sciences* 369(1938): 85–843.

Williams, Mark, Jan Zalasiewicz, Alan Haywood & Mike Ellis (eds.) (2011): Theme Issue 'The Anthropocene: A New Epoch of Geological Time?' *Philosophical Transactions of the Royal Society A: Mathematical, Physical and Engineering Sciences* 369(1938): 1056–1084.

Williams, Mark, Jan Zalasiewicz, Colin N. Waters, Matt Edgeworth, Carys Bennett, Anthony D. Barnosky, Erle C. Ellis, Michael. A. Ellis, Alejandro Cearreta, Peter K. Haff, Juliana A. Ivar do Sul, Reinhold Leinfelder, John. R. McNeill, J. R., Eric Odada, Naomi Oreskes, Andrew Revkin, Daniel deB. Richter, Will Steffen, Colin Summerhayes, James P. Syvitski, Davor Vidas, Michael Wagreich, Scott L. Wing, Alexander P. Wolfe & An Zhisheng (2016): The Anthropocene: A Conspicuous Stratigraphical Signal of Anthropogenic Changes in Production and Consumption Across the Biosphere. *Earth's Future*, 4: 34–53. https://agupubs.onlinelibrary.wiley.com/doi/full/10.1002/2015EF000339

Williams, Mark, Mark Williams, Matt Edgeworth, Jan Zalasiewicz, Colin N. Waters, Will Steffen, Alexander P. Wolfe, Nic Minter, Alejandro Cearreta, Agnieszka Galuszka, Peter Haff, John McNeill, Andrew Revkin, Daniel Richter, Simon Price & Colin Summerhayes (2020): Underground Metro Systems: A Durable Geological Proxy of Rapid Urban Population Growth and Energy Consumption During the Anthropocene. In: Craig Benjamin, Esther Quaedackers and David Baker (eds.): *The Routledge Companion to Big History. Milton Park & New York: Routledge* (Routledge Companions): 434–455.

Williams, Mark, Francine M. G McCarthy, Alejandro Cearreta, Martin J. Head, Reinhold Leinfelder, Jens Zinke, Anthony D. Barnosky, Kristine L. DeLong (2022): Biological and Paleontological Signatures of the Anthropocene. In: Christoph Rosol & Giulia Rispoli (eds.): *Anthropogenic Markers. Stratigraphy and Context*, Anthropocene Curriculum. Berlin: Max Planck Institute for the History of Science. DOI: 10.58049/04×5-fw34).

Williams, Michael (2006): *Deforesting the Earth. From Prehistory to Global Crisis, An Abridgment.* Chicago: The University of Chicago Press.

Williams, Raymond (1980): Ideas of Nature. In: Ders.: *Problems in Materialism and Culture.* London: Verso: 67–85.

Wilson, Edward O. (1984): *Biophilia. The Human Bond with Other Species.* Cambridge, Mass.: Harvard University Press.

Wilson, Edward O. (1998): *Die Einheit des Wissens.* Berlin: Wolf Jobst Siedler Verlag (orig. »Consilience. The Unity of Knowledge«, New York: Alfred A. Knopf, 1998).

Wilson, Edward O. (2016): *Die Hälfte der Erde. Ein Planet kämpft um sein Leben.* München: C.H. Beck (orig. »Half Earth. Our Planet´s Fight for Life«, New York: W. W. Norton, 2016).

Wilson Edward O. (2019): *Genesis. The Deep Origin of Societies.* New York: Norton.

WinklerPrins, Antoinette M. G. (2014): Terra Preta: The Mysterious Soils of the Amazon. In: G. Jock Churchman & Edward R. Landa (eds.): *The Soil Underfoot. Infinite Possibilities for a Finite Resource.* Boca Raton Fla.: CRC Press: 235–246.

Wirth, Sven, Anett Laue, Markus Kurth, Katharina Dornenzweig, Leonie Bossert & Karsten Balgar (Hg.) (2016): *Das Handeln der Tiere. Tierliche Agency im Fokus der Human-Animal Studies.* Bielefeld: Transcript.

Wissen, Markus & Ulrich Brand (2022): Emanzipatorische Perspektiven im »Anthropozän«. Über die Grenzen des grünen Kapitalismus und die Notwendigkeit einer radikalen Alternative. *PROKLA #* 207, 52(2): 263–281.

Wittmann, Matthias (2021): *Die Gesellschaft des Tentakels.* Berlin: Matthes & Seitz (Fröhliche Wissenschaft).

Witze, Alexandra (2024): Geologists Reject the Anthropocene as Earth´s New Epoch – after 15 Years of Debate. *Nature* 627: 249–250.

Wobser, Florian (Hg.) (2024): *Anthropozän. Interdisziplinäre Perspektiven und philosophische Bildung.* Frankfurt am Main & New York: Campus Verlag.

Wolf, Eric R. (1982): *Europe and the People without History.* Berkeley: University of California Press.

Wolfstone, Irene Friesen (2019): Review of Donna Haraway, Staying With the Trouble: Making Kin in the Chthulucene. *Imaginations* 10(1): 389–391.

Wood, Barry (2020): Big History and the Study of Time. The Underlying Temporalities of Big History. In: Craig Benjamin, Esther Quaedackers and David Baker (eds.): *The Routledge Companion to Big History. Milton Park & New York: Routledge* (Routledge Companions): 37–56.

Worster, D. (2008): Environmentalism Goes Global. *Diplomatic History* 32: 639–641.

Wrigley, Edward Anthony (2016): *The Path to Sustained Growth: England's Transition from an Organic Economy to an Industrial Revolution.* Cambridge: Cambridge University Press.

Wu, Jianguo & Orie L. Loucks (1995): From Balance of Nature to Hierarchical Patch Dynamics: A Paradigm Shift in Ecology. *Quarterly Review of Biology* 70(4):439-466.

Wulf, Christoph (2020a): *Bildung als Wissen vom Menschen im Anthropozän.* Weinheim & Basel: Beltz Juventa.

Wulf, Christoph (2020b): Den Menschen neu denken im 'Anthropozän. Bestandsaufnahme und Perspektiven. *Paragrana. Internationale Zeitschrift für Historische Anthropologie* 29(1): 13–35.

Wuscher, Patrice, Christophe Jorda, Quentin Borderie, Nathalie Schneider & Laurent Bruxelles (2020): De la formation geologique a la tranchee: trouver et comprendre les sites archeologiques menaces par les travaux d´ amenagement du territoire. *Archimède. Archéologie et Histoire Ancienne* 7: 158–175.

Yan, Y., Bender, M. L., Brook, E. J., Clifford, H. M., Kemeny, P. C., Kurbatov, A. V., et al. (2019): Two-Million-Year-Old Snapshots of Atmospheric Gases from Antarctic Ice. *Nature*, 574: 663–666.

Yoneyama, Shoko (2019): *Animism in Contemporary Japan: Voices for the Anthropocene from post-Fukushima Japan.* London: Routledge (Routledge Contemporary Japan).

Yoneyama, Shoko (2021): Miyazaki Hayao's Animism and the Anthropocene Shoko Yoneyama. *Theory, Culture & Society* 38(7-8): 251–266.

Yusoff, Kathryn (2013): Geologic Life: Prehistory, Climate, Futures in the Anthropocene. *Environment and Planning D: Society and Space* 31(5): 779–795.

Yusoff, Kathryn (2015): Geologic Subjects: Nonhuman Origins, Geomorphic Aesthetics, and the Art o f Becoming Inhuman. Cultural Geographies 22(3): 383–407.

Yusoff, Kathryn (2016): Anthropogenesis: Origins, and Endings in the Anthropocene. *Environment and Planning D: Society and Space* 31(5): 779–795.

Yusoff, Kathryn (2018): *A Billion Black Anthropocenes or None.* Minneapolis, Mn.: University of Minnesota Press (Forerunners: Ideas First).

Zalasiewicz, Jan (2009): *Die Erde nach uns. Der Mensch als Fossil der fernen Zukunft.* Heidelberg: Spektrum Akademischer Verlag (orig. »The Earth After Us. What Legacy Will Humans Leave in the Rocks?«, New York: Oxford University Press, 2008).

Zalasiewicz, Jan (2015): Die Einstiegsfrage: Wann hat das Anthropozän begonnen? In: Jürgen Renn & Bernd Scherer (Hg.): *Das Anthropozän. Zum Stand der Dinge.* Berlin: Matthes & Seitz: 160–180.

Zalasiewicz, Jan (2017): Geologie: eine vielschichtige Angelegenheit. *Die Zukunft der Menschheit Spektrum Spezial.* 3.17: 52–60. https://www.spektrum.de/magazin/eine-vielschichtige-angelegenheit/1 420973.

Zalasiewicz, Jan (2023): Die verborgene Geschichte der Erde: Was Gesteine uns verraten. Bern: Haupt verlag (orig. »How to Read a Rock. Our Planet´s Hidden Stories«, Washington, D.C.: Smithsonian Books, 2022).

Zalasiewicz, Jan, Martin J. Head, Colin N. Waters, Simon D. Turner, Peter K. Haff , Colin Summerhayes, Mark Williams, Alejandro Cearreta, Michael Wagreich, Ian Fairchild, Neil L. Rose, Yoshiki Saito, Reinhold Leinfelder, Barbara Fiałkiewicz-Kozieł, Zhisheng An, Jaia Syvitski, Agnieszka Gałuszka, Francine M. G. McCarthy, Juliana Ivar do Sul, Anthony Barnosky, Andrew B. Cundy, J. R. McNeill, & Jens Zink (2024): The Anthropocene within the Geological Time Scale: A response to fundamental questions. *Episodes* 47(1): 65–83.

Zalasiewicz, Jan, Julia Adeney Thomas, Colin N. Waters, Simon Turner & Martin J. Head (2024): What should the Anthropocene mean? *Nature* 632, 29.8.2024: 980–984.

Zalasiewicz, Jan, Colin Waters & Will Steffen (2021): Remembering the Extraordinary Scientist Paul Crutzen (1933–2021). *Scientific American*. 5. (2.2021https://www.scientificamerican.com/article/r emembering-the-extraordinary-scientist-paul-crutzen-1933-2021/).

Zalasiewicz, Jan, Colin N. Waters, Colin Summerhayes & Mark Williams (2018): The Anthropocene. *Geology Today* 34(5): 177–181.

Zalasiewicz, Jan, Mark Williams, Colin N. Waters, Anthony D. Barnosky & Peter Haff (2014a): The Technofossil Record of Humans. *Anthropocene Review* 1(1): 34–43.

Zalasiewicz, Jan, Colin N. Waters & Mark Williams (2014b): Human Bioturbation, and the Subterranean Landscape of the Anthropocene. Anthropocene 6: 3–9.

Zalasiewicz, Jan, Colin N. Waters, Colin, Mark Williams, A.D., Barnosky, A. Cearreta, Paul Crutzen, Erle Ellis, M.A. Ellis, I.J. Fairchild, Jacques Grinevald & Peter K. Haff (2015): When Did the Anthropocene Begin? A Mid-Twentieth Century Boundary Level is Stratigraphically Optimal. *Quaternary International* 383: 196–203.

Zalasiewicz, Jan, Colin N. Waters, Colin P. Summerhayes, Alexander P. Wolfe, Anthony D. Barnosky, Alejandro Cearreta, Paul Crutzen, Erle Ellis, Ian J. Fairchild, Agnieszka Gałuszka, Peter Haff, Irka Hajdas, Martin J. Head, Juliana A. Ivar do Sul, Catherine Jeandel, Reinhold Leinfelder, John R. McNeill, Cath Neal, Eric Odada, Naomi Oreskes, Will Steffen, James Syvitski, Davor Vidas, Michael Wagreich & Mark Williams (2017a): The Working Group on the Anthropocene: Summary of Evidence and Interim Recommendations. *Anthropocene* 19: 55–60.

Zalasiewicz, Jan, Colin N. Waters, Alexander P. Wolfe, Anthony D. Barnosky, Alejandro Cearreta, Matt Edgeworth, Erle C. Ellis, Ian J. Fairchild, Felix M. Gradstein, Jacques Grinevald, Peter Haff, Martin J. Head, Juliana A. Ivar do Sul, Catherine Jeandel, Reinhold Leinfelder, John R. McNeill, Naomi Oreskes, Clément Poirier, Andrew Revkin, Daniel deB. Richter, Will Steffen, Colin Summerhayes, James P. M. Syvitski, Davor Vidas, Michael Wagreich, Scott Wing & Mark Williams (2017b). Making the Case for a Formal Anthropocene Epoch: An Analysis of Ongoing Critiques. Newsletters on Stratigraphy 50(2). 205–226.

Zalasiewicz, Jan, Colin Waters, Martin J. Head, Will Steffen, J. P. Syvitski, Davor Vidas, Colin Summerhayes & and Mark Williams (2018). The Geological and Earth System Reality and the Anthropocene (Comment on Bauer & Ellis 2018). *Current Anthropology* 59(2). 220–223.

Zalasiewicz, Jan, Colin Waters, Mark Williams & Colin P. Summerhayes (eds.) (2019). *The Anthropocene as a Geological Time Unit: A Guide to the Scientific Evidence and Current Debate*. Cambridge etc.: Cambridge University Press.

Zalasiewicz, Jan, Colin N. Waters, Martin J. Head, Clément Poirier, Colin P. Summerhayes, Reinhold Leinfelder, Jacques Grinevald, Will Steffen, Jaia Syvitski, Peter Haff, John R. McNeill, Michael Wa greich, Ian J. Fairchild, Daniel D. Richter, Davor Vidas, Mark Williams, Anthony D. Barnosky, A lejandro Cearreta (2019). A Formal Anthropocene is Compatible With But Distinct From Its Diachronous Anthropogenic Counterparts: A Response to W.F. Ruddiman's »Three-Flaws in Defining a Formal Anthropocene«. *Progress in Physical Geography* 43(3): 319–333.

Zalasiewicz, Jan, Colin N. Waters & Mark Williams (2014): Human Bioturbation, and the Subterranean Landscape of the Anthropocene. *Anthropocene* 6: 3–9.

Zalasiewicz, Jan, Colin Waters, Mark Williams (²2020): The Anthropocene. In: Felix M. Gradstein, James G. Ogg, Mark Schmitz & Gabi Ogg (eds.): A *Geologic Time Scale 2020. Vol. 1.* Dordrecht: Elsevier.

Zalasiewicz, Jan, Colin N. Waters, Erle C. Ellis, Martin J. Head, Davor Vidas, Will Steffen, Julia Adeney Thomas, Eva Horn, Colin P. Summerhayes, Reinhold Leinfelder, J. R. McNeill, Agnieszka Gałuszka, Mark Williams, Anthony D. Barnosky , Daniel de B. Richter, Philip L. Gibbard , Jaia Syvitski, Catherine Jeandel, Alejandro Cearreta, Andrew B. Cundy, Ian J. Fairchild, Neil L. Rose, Juliana A. Ivar do Sul, William Shotyk, Simon Turner, Michael Wagreich & Jens Zinke (2021). The Anthropocene: Comparing Its Meaning in Geology (Chronostratigraphy) with Conceptual Approaches Arising in Other Disciplines. *Earth's Future* 9:1-25.

Zalasiewicz, Jan, Colin Waters, Simon Turner, Mark Williams & Martin J. Head (2023). Anthropocene Working Group. In: Nathanaël Wallenhorst & Christoph Wulf (eds.). *Handbook of the Anthropocene. Humans between Heritage and Future.* Berlin etc.: Springer: 315–321.

Zalasiewicz, Jan, Mark Williams, et al. (2008). Are We Now Living in the Anthropocene? *GSA Today* 18 (2). 4–8.

Zalasiewicz, Jan Mark Williams, Alan Smith, Tiffany L. Barry, Angela L. Coe, Paul R. Bown, Patrick Brenchley, David Cantrill, Andrew Gale, Philip Gibbard, F. John Gregory, Mark W. Houndslow, Andrew C. Kerr, Paul Pearson, Robert Knox, John Powell, Colin Waters, John Marshall, Michael Oates, Peter Rawson & Philip Stone (2008): Are We Now Living in the Anthropocene? *GSA Today* 18 (2): 4–8.

Zalasiewicz, Jan, Mark Williams, Will Steffen & Paul Crutzen (2010): The New World of the Anthropocene. *Environmental Science & Technology* 44(7): 2228–2231.

Zalasiewicz, Jan, Colin Waters, Mark Williams (²2020): The Anthropocene. In: Felix M. Gradstein, James G. Ogg, Mark Schmitz & Gabi Ogg (eds.): A *Geologic Time Scale 2020. Vol. 1.* Dordrecht: Elsevier.

Zalasiewicz, Jan, Mark Williams, Colin N. Waters, Anthony D. Barnosky, John Palmesino, Ann-Sofi Rönnskog, Matt Edgeworth, Cath Neal, Alejandro Cearreta, Erle C. Ellis, Jacques Grinevald, Peter K. Haff, Juliana A. Ivar do Sul, Catherine Jeandel, Reinhold Leinfelder, John R. McNeill, Eric Odada, Naomi Oreskes, Simon J. Price, Andrew Revkin, Will Steffen, Colin Summerhayes, Davor Vidas, Scott Wing & Alexander P. Wolfe (2017c): Scale and Diversity of the Physical Technosphere: A Geological Perspective. *The Anthropocene Review* 4(1): 9–22.

Zalasiewicz, Jan, Scott L. Wing & the Anthropocene Working Group (2024): What Myths About the Anthropocene Get Wrong. *Smithsonian Magazine* (https://www.smithsonianmag.com/smithsonian-institution/what-myths-about-the-anthropocene-get-wrong-180984181).

Zeder, Melinda A. (2018): Why Evolutionary Biology Needs Anthropology: Evaluating Core Assumptions of the Extended Evolutionary Synthesis. *Evolutionary Anthropology: Issues, News and Reviews* 27:267-284.

Zeder, Melinda A. (2018): Why Evolutionary Biology Needs Anthropology: Evaluating Core Assumptions of the Extended Evolutionary Synthesis. *Evolutionary Anthropology: Issues, News and Reviews* 27:267-284.

Zeller, Christian (2020): Eine ökosozialistische Perspektive entwickeln und umsetzen. Vorwort zur deutschen Ausgabe. In: Ian Angus: *Im Angesicht des Anthropozäns. Klima und Gesellschaft in der Krise.* Münster: Unrast Verlag: 9–22.

Ziegler, Suzie Svatek (2019): The Anthropocene in Geography. *Geographical Review* 109(2): 271–280.

Zinkina, Julia, David Christian, Leonid Grinin, Ilya Ilyin, Alexey Andreev, Ivan Aleshkovski, Sergey Shulgin & Andrey Korotayev (2019): A *Big History of Globalization. The Emergence of a Global World System.* Cham: Springer Nature (World-Systems Evolution and Global Futures).

Zong, Raymond (2024): Are We in the ›Anthropocene‹ the Human Age? Nope, Scientists Say. *The New York Times.* (https://www.nytimes.com/2024/03/05/climate/anthropocene-epoch-vote-rejected.html).

Zottola, Angela & Claudio de Majo (2022): The Anthropocene: genesis of a term and popularization in the press. *Text & Talk* 42(4): 453–473.

Index

A

Aarhus University Research on the Anthropocene 230

Abfall 149, 153, 232, 627

Abfallstudien 65

Adelman 325, 568

Agarwirtschaften 158

Agency 200, 293, 379, 398, 522, 524, 525, 532, 533, 535, 599, 638

Agrarwirtschaft 50

Akteur-Netzwerk-Theorie 234, 240, 600

Akteursidealismus 279, 281, 481

Aktualismus 485, 523, 600, 613

Alexandre 96, 648

alter Wein in neuen Schläuchen 43, 137, 320

Alternativtermini 300

Amazonastiefland 58

Ameli 426, 478, 479

Androzän 297

Ängste 330

Angus 291, 299, 303, 305, 306, 315, 318, 321, 505, 646

Animismus 600

Anthrom 600

Anthrome 22, 57, 58, 600, 602

Anthropo-ObScene 298

Anthropocene Study Group 85

Anthropocene Working Group (AWG) 113, 114, 116, 131

Anthropocenes – Human, Inhuman, Posthuman 95, 648

anthropogen 45, 53, 116, 118, 141, 198, 206, 232, 242, 273, 293, 437, 459, 461, 462, 493, 511, 531, 535, 543, 571, 600, 601, 603, 604, 609

Anthropologie 336, 689, 735

Anthropologie Historische 689

anthropologische Konstanten 550

anthropologischen Archäologie 330

Anthroposphäre 193, 194, 219, 500, 578, 602, 625, 635

Anthropozän 1 132, 136, 137, 219, 249, 309, 602, 603, 637

Anthropozän 2 84, 132, 136, 219, 309, 602, 604, 637

Anthropozän 3 85, 132, 137, 219, 309, 602, 604, 637

Anthropozän 4 137, 219, 249, 603

Anthropozänikern 179, 275, 278, 575

Anthropozentrismus 603

Anthropozoikum 138, 299

Anthrosole 149, 161, 602, 603, 627

Anthroturbation 436, 506, 603

Apollo 8-Mission 182

Appiah 392, 552, 557–561

Ära 14, 33, 48, 67, 79, 84, 122, 130, 139,
    275, 308, 530, 623
Archaeoglobe Project 158, 162
Archäologie 42, 60, 66, 115, 144, 145,
    160–162, 165, 233, 234, 246, 259, 331,
    351, 407, 430, 455, 480, 534, 535, 544,
    547, 565, 581, 590
Archäosphäre 116, 137, 198, 200, 436,
    603, 604
Archiv 108, 148, 604
Archive 34, 386, 387
Area Studies 334, 571, 604
Arizpe Schlosser 100, 102, 113, 133, 134,
    156, 202, 223, 241, 346, 347, 367, 395,
    427–429, 496, 553, 574
Artenverlagerung 156
Assemblage 240, 309, 360–362, 375,
    446, 457, 535, 567, 604
Atomwaffentests 120
Atran, Scott 659
Aufklärung 34, 69, 124, 204, 205, 207,
    278
Augé 24, 47, 180, 181, 330, 334, 335,
    347–349, 371, 384–386, 430, 441,
    498, 499, 551–553, 649
Aussterben 22, 48, 118, 163, 212, 353,
    355, 511, 610, 626
AWG 601

B

Bajohr 34, 47, 119, 132, 202, 211, 276,
    282, 315, 375, 468–472, 550, 648
Bateson 358, 489
battlefields of knowledge 510, 515
Bätzing 234, 460, 510

Bauer 84, 97, 132, 134, 135, 159, 163,
    164, 244, 245, 248, 255–257, 259, 274,
    276, 289, 293, 331, 344, 345, 353, 360,
    361, 364, 371, 375–377, 381, 382, 463,
    465, 466, 479
Beck 68, 495, 557, 558
Beginn des Anthropozäns 19, 145, 147,
    152, 153, 637
Beobachtung 233–235, 346, 362, 363,
    377, 427, 573, 600, 608
Beton 12, 18, 35, 61, 149, 151, 505, 627
Bewässerung 510, 603, 618
Bewohnbakeit 293
Bhan 132, 134, 135, 164, 248, 255, 274,
    276, 289, 293, 331, 344, 360, 361, 364,
    371, 375–377, 381, 382, 463, 465, 466,
    479
Big History 71, 72, 74, 161, 212, 369,
    383, 509, 519, 604, 605, 618, 627
Big History Project 519
Bilder 44, 121, 174–176, 179, 182, 184,
    190, 193, 204, 207, 233, 445, 639, 642
binäre Trennung 256
Biodiversität 22, 25, 77, 102, 151, 197,
    354, 476, 491, 527, 530, 604–606, 629,
    648
Biogeochemie 140, 165
biokulturell 467, 478
Biomacht 277
Biome 57, 535, 613
Biophilie 476, 605
Biopolitik 277
Biosphäre 68, 71, 98, 110, 123, 140, 142,
    187, 188, 190, 192, 200, 237, 272, 321,

388, 475, 477, 486, 602, 605, 610, 625, 640

biotisch 605

Bjornerud 36, 63, 164, 485, 647, 649

Blickregime 292, 391

Böden 35, 52, 54, 55, 58, 92, 97, 98, 148, 153, 160, 193, 239, 322, 377, 383, 460–462, 500, 569, 599, 603, 604, 625–627

Bodenerosion 143

Bodenkunde 148, 253, 327

Bodley 354, 362, 366, 391–394, 476, 638

Boivin 530, 542, 547

Bonneuil 132–134, 138, 168, 203, 206, 223, 242, 283, 289, 294, 297, 303, 310, 574, 579, 648

boundary concept 134, 242

Boyd 235, 542, 543, 545, 547

Brathähnchen (*Gallus gallus domesticus*) 152

Bretherton-Diagram 577

Brooke 33, 99, 152, 159, 165, 168

Brückenkonzept 121, 134

Bubandt 189, 224, 232, 247, 274, 344, 363, 394, 405, 406, 414

C

Castree 284, 479, 579

Chakrabarty 32, 48, 50, 95, 131, 132, 148, 221, 237, 259, 272, 290, 304, 305, 349, 376, 381, 452, 479, 509, 518, 538, 548–550, 565, 571, 587

China 21, 49, 138, 158, 169, 263, 272, 304, 563, 566, 567, 570, 619

Christian 21, 71, 72, 74, 123, 151, 179, 185, 207, 212, 222, 354, 369, 519, 643

Chronostratigraphie 605

Club of Rome 111, 125, 142, 266, 268, 475, 640

CO_2 21, 27, 107, 156, 159, 270, 272, 416, 433, 482, 539, 587, 639

CO_2-Emissionen 270

Colebrook 471

Columbian Exchange 153, 155, 156, 605

Critical Zone 192

Cronon 162, 236

Crumley 230, 360, 408

Crutzen 27, 30, 52, 55, 68, 95, 100, 102–105, 122–124, 126, 131, 132, 145, 148, 153, 154, 164, 187, 189, 214, 227, 253, 286, 291, 293, 300, 458, 463, 465, 488, 496, 649

Cuernavaca 100, 101, 103

Cultures of Disaster 497

Cyanobakterien 72, 512

D

Dammbau 106, 151

Dampfmaschine 49, 74, 153, 154, 302

Dartnell 72, 164, 458

Darwinismus 238

Datierung 77, 80, 148, 149, 260, 315, 518, 589, 626

Davies 79, 138, 215, 226, 463, 517, 647

de Caires Taylor 651

Deep History 519, 604, 605, 618, 627

Degrowth 25, 77, 270, 293, 496

Demokratisierung 52

Depolitisierung 191, 260

Depotenzierung 276
Deutschen Stratigraphischen
  Kommission 86
Dezentrierung 237, 258, 371, 468, 469,
  550
diachron 36, 85, 115, 148, 153, 166, 168,
  254, 256, 309, 394, 586, 603
diachroner Vergleich 233
Dichotomie 338
Diktum vom Ende des Menschen 34
Diskurs 37, 126, 185, 204, 267, 279, 339,
  342, 352, 465
distanzierten Blicks 97
Disziplinen 40–42, 73, 79, 93, 95–97,
  101, 143, 220, 224, 225, 227, 231, 244,
  245, 256, 260, 277, 327, 332, 336, 337,
  344, 384, 411, 418, 518, 642, 646, 647
Diversität 21, 41, 197, 388, 435, 450,
  510, 606, 628
Domestikation 70, 160, 234, 540, 606
Double Bind 489
dreifaches Erbe 45, 541
Dryzek 108, 111, 131, 191, 222, 223,
  267, 283, 287, 291, 328, 484, 489, 491,
  526, 527, 581
Dürbeck 43, 121, 128, 130, 132–134,
  138, 203, 204, 206–209, 260, 296, 579
Dystopie 174, 606
dystopische Prognose 521

E

Earth′s Future 95, 228, 648
echtevolutionäre Ansätze 235
echtevolutionistische Modelle 640
Ecocriticism 43, 143, 607

Eingebettetheit 263
Eiskerne 80
Eliasson 652
Ellis 22, 57, 84, 97, 123, 159, 161–163,
  165, 166, 223, 244, 245, 252, 253, 255,
  256, 259, 276, 289, 291, 331, 345, 349,
  353, 452, 466, 469, 510, 547, 645
Ellsworth 436, 437, 504
Energie 27, 48, 49, 72, 125, 151, 194,
  208, 259, 260, 267, 288, 304, 306, 310,
  363, 454, 484, 490, 500, 504, 566
Engführung 284
Entanglement 607, 617
Entpolitisierung 261, 282, 286, 288
Entwässerung 510, 618
environmental criticism 43
Environmental Humanities 95, 96, 144,
  228, 479, 571, 577, 579, 648
epistemisch 338, 552
Epoche 12, 13, 24, 30, 33, 34, 37, 47, 61,
  67, 76, 77, 79, 80, 84, 87, 88, 100, 101,
  114, 116–118, 130–132, 135, 136,
  139, 145, 150, 165, 237, 249, 252, 256,
  273, 292, 296, 299, 321, 477, 484, 552,
  590, 594, 602, 605, 607, 611, 637, 651
Epochenbegriff 167, 516, 594
Erdbeben 12, 77, 110, 131, 169, 356,
  458, 497
Erde 11, 15, 17, 20, 25, 26, 30, 32, 36, 39,
  44, 50, 51, 53–55, 61, 67–69, 97–99,
  101, 103, 110, 111, 114, 123, 124, 127,
  128, 134, 136–138, 142, 144, 148, 149,
  165, 166, 169, 172, 179–191, 193, 200,
  205, 208, 210, 211, 222, 229, 232, 241,
  246, 256, 263, 273, 274, 284, 287, 288,

290, 309, 318, 330, 385, 411, 423, 436,
458, 459, 465, 466, 471, 486, 492, 497,
508, 510, 514, 523, 539, 541, 549, 575,
602, 605, 607, 612, 613, 639, 651
Erdöl 49
Erdsystem 25, 28, 72, 77, 97, 98, 108,
112, 130–132, 145, 163, 179, 190, 192,
209, 224, 249, 256, 264, 280, 369, 457,
466, 475, 489, 499, 574, 577, 581, 589,
607, 613, 625, 637
Erdsystemwissenschaft 28, 79, 97, 99,
101, 184, 192, 253, 293, 478, 602, 607,
612
Erdsystemwissenschaften 30, 84, 95, 97,
113, 114, 131, 190, 203, 241, 273, 281,
285, 381, 409–411, 417, 463,
478–480, 589, 594
Ergodik 608
Eriksen 28, 32, 153, 191, 210, 223, 230,
236, 261, 262, 264, 349, 358, 359, 369,
370, 372, 374–376, 448, 474, 490, 499,
509, 512, 514, 519, 541, 649
Ermöglichungsbedingungen 452, 556
Escobar 348, 388, 413
Ethnologen 336, 338
Ethnologie 336–339, 735
Ethnologie, postmoderne 336
Ethnoprimatologie 232, 426, 608, 618
Ethnozentrismus 609
eurozentrisch 44, 189, 257, 307, 316,
343, 562
Eurozentrismus 567, 607, 609, 620
Evans-Pritchard 69, 350, 501–503, 522
Evidenz 30, 46, 66, 79, 208, 224, 418,
471, 572, 592, 609, 647

Evidenzpraktiken 609
Evolutionsbiologie 41, 71, 235, 285, 425,
455, 477, 479, 515, 541, 542, 545, 613,
728
Evolutionsforschung 75, 372, 449, 485,
509, 522, 544, 616
Exteralität 264
Extraktion 32, 65, 454, 463, 483
Exzeptionalismus 89, 273, 363, 610

F

Fallanalysen 66
Familienähnlichkit 520
Faunenschnitt 50, 229, 486, 511, 610
Feldforschung 339
Feldgeologie 35, 80
Fernández-Armesto 253, 568
Feuergebrauch 224, 259, 454
Film 553, 651
Fischer 283, 386, 394, 474, 479, 480,
552, 553
Flache Ontologie 610
Folk Biology 659
Folkers 32, 34, 78, 157, 178, 187, 224,
308, 374, 585, 588, 643
formale geochronologische Einheit 166
Formalisierung 70, 79, 84, 85, 92, 115,
116, 119, 164
Fortexistenz der Menschheit 50, 110,
474
Fossile Energieträger 50
Fossilien 63, 80, 108, 197, 298, 299, 321,
507, 517, 541, 618
Foucault 34, 450, 470, 471
Fremaux 580

Fremde, das 338

Fremden kulturell 338

Fressoz 132–134, 138, 168, 203, 223,
242, 247, 283, 289, 297, 303, 574, 648

Frontier 237, 610

frühes Anthropozän 70, 74, 159, 161,
165, 320, 331, 366, 513, 563

Frühkapitalismus 156, 262, 301, 302

fundamentale Einwände 252

G

Gabun 64, 65

Gaia 97, 99, 179, 188, 189, 191, 192, 214,
224, 239, 244, 296, 314, 361, 481–483,
574, 575, 610, 614

Gamble 63, 71, 72, 503

Gattung 552, 581

Gedankenexperiment 33

Geertz, Clifford James 689

Gegenmaßnahmen 24, 37, 45, 286, 290,
297, 315, 587, 594

Gegenwartskunst 43

Gell 61, 73, 501, 503, 504

Gemenne 96, 649

Gender 288, 293, 524, 549

Generalisierung 336

Genese 476

Geo-Geschichte 32, 133

Geoanthropologie 43, 128, 349, 492,
610

Geochronologie 79, 84, 602, 605, 611,
612

Geoengineering 213, 274, 611, 613, 620

Geofaktor 12, 84, 136, 237, 602, 611

Geographie 35, 53, 60, 79, 95, 141–143,
145, 161, 193, 234, 245, 246, 361, 459,
475, 480, 602

Geohistorie 479, 518, 611

geological event 88, 608

geologische Zeitskala 118, 505, 518, 616

Geology of Mankind 103, 496

Geomacht 283

Geomorphologie 53, 478, 608, 612

Geosphäre 11, 12, 16, 23, 24, 27, 28, 34,
37, 38, 43, 50, 52, 55, 61, 68, 70, 72,
74, 77, 84, 85, 97–99, 101, 102, 108,
119, 125, 130, 137, 140, 142, 161, 164,
167, 169, 175, 185–188, 190, 191, 194,
200, 209, 214, 217, 219, 222, 224, 239,
241, 256, 264, 267, 292, 293, 302, 309,
319, 331, 359, 361, 375, 376, 388, 451,
462, 466, 476, 486, 489, 495, 506, 513,
516, 523, 539, 540, 552, 574, 581, 589,
593, 599, 602, 603, 605, 607, 608, 612,
625, 626

Geowissenschaften 33, 36, 79, 92, 99,
126, 142, 193, 214, 231, 235, 236, 253,
300, 480, 520, 589, 592, 611, 625

Geschichtswissenschaft 35, 60, 66, 115,
234, 246, 304, 455, 457, 604, 605, 611

Geschichtswissenschaften 26, 42, 68, 95,
120, 228, 235, 457, 565, 567, 571, 590,
594

Ghosh 309, 497, 570, 652

Gibson 43, 134, 135, 179, 217, 360, 377,
380, 386, 388, 390, 391, 406, 426, 427,
439, 458

Gleichheit 271, 272, 490, 612

Global Boundary Stratotype Sections and Point (GSSP) 80, 612
Global Change-Forschung 277, 284, 293
Globaler Norden 612
Globaler Süden 612
Globaler Wandel 142, 240, 241, 284
Globalgeschichte 26, 105, 138, 161, 233, 235, 334, 568, 592, 612
Globalhistorikern 33
Globalisierung 17, 32, 47, 64, 65, 134, 161, 176, 179–182, 205, 224, 237, 252, 281, 290, 304, 364, 376, 378, 385, 441, 448, 502, 504, 515, 553, 555, 562, 574, 591, 612
Golden Spike 86, 612, 618
Good Anthropocene 613
Google Earth Engine 650
Görg 35, 54, 120, 126, 134, 135, 146, 207, 222, 242, 282, 378, 394, 410, 430, 480, 484, 497
Goudie 53, 142, 436
Gradualismus 485, 523, 613, 616
Great Departure 24, 49, 500
Great Transformation 155, 280, 613
Große Beschleunigung 108, 150, 613
Große Divergenz 49
Große Transformation 49, 280, 613, 627
Großforschung 28
Großnarrativ 223
Grundbedürfnisse 233, 235, 487, 549, 626
Grundsatzkritik 262

guten Anthropozän 135, 211, 212, 274, 283, 396, 469, 588
Gynozän 297

H
Habermas, Jürgen 689
Habitabilität 188, 492, 574, 613, 619, 629
Habitatwandel 157
Hamilton 55, 97, 120, 135, 137, 138, 190, 235, 252, 261, 264, 271, 274, 331, 396, 469, 648
Handeln 11, 27, 122, 130, 131, 135, 141, 187, 192, 204, 206, 245, 247, 259, 289, 301, 325, 337, 348, 373, 379, 390, 398, 420, 430, 465, 477, 481, 484, 497, 502, 522, 534, 547, 560, 576, 618
Handlungsmacht 200, 304, 487, 508, 524, 525, 534, 535, 599, 613
Hannerz 357, 556
Hanusch 53, 55, 191, 349, 388, 421, 466, 468, 493, 508, 526, 540, 549, 575, 647
Haraway 55, 87, 131, 141, 177, 178, 189, 200, 201, 215–217, 224, 226, 232, 247, 248, 273, 274, 276, 278, 283, 295, 303, 306, 308, 313, 314, 344, 346, 363, 367, 390, 394, 397, 409, 411, 415, 417, 419, 428, 466, 478, 479, 481, 516, 549
Haustiere 149, 232, 234, 534
Headrick 33, 95, 234
Hecht 64, 66, 161, 195, 521, 571
Heise 55, 319, 554
Heraufskalieren 515
Hermeneutik 476

Herrmann 119, 133, 138, 146, 160, 220,
    233, 236, 244, 256, 301, 451, 543, 642
herunterskalieren 514
Historiker 339
Hockeyschlägerkurven 121, 239, 273,
    293
holistischen Kulturbegriff 238, 377
holobiont 314, 397
Holozän 21, 42, 48, 70, 84, 85, 87,
    99–101, 114, 116–119, 132, 139, 154,
    160, 162, 166–168, 191, 208, 222, 242,
    255, 256, 259, 298, 299, 511, 539, 593,
    614, 622
Hominisierung 274, 275, 294
Homo sapiens 28, 32, 71, 72, 85, 118,
    137, 160, 239, 309, 346, 521, 526, 603
Horn 78, 93, 97, 138, 142, 177, 201, 211,
    215, 228, 241, 272, 285, 378, 379, 493,
    524, 525, 569, 643, 645
Hornborg 39, 55, 135, 248, 276, 289,
    296, 301, 315, 316, 330, 376, 419, 420,
    483, 497, 548
Human-Animal Studies 426, 614, 618
Humangeographie 53, 142, 233, 242,
    245, 602
Humanökologie 233, 237, 275, 351, 425,
    474
Humanosphäre 200, 307
Humanwissenschaft 34, 38, 40, 193, 332
Humanwissenschaften 43, 77, 147, 282,
    346, 351, 435, 457, 470, 524, 540, 577
Humboldt 226, 517
Hutton 69, 70, 137, 485, 503, 517
Hybris 54, 283, 284
Hydrosphäre 98, 192, 194, 625

Hypermoralisierung 243
Hyperobjekt 134, 361, 375, 614

I

Identität 336, 338
Identitätspolitik 338
IHOPE 230, 253
indigener 58, 156, 159, 352, 354, 355,
    357, 446, 489, 507
Individualgeschichte 73
Industrialisierung 47, 49, 68, 73, 141,
    154, 161, 163, 165, 166, 255, 316, 319,
    383, 567, 573
industrielle Revolution 48, 50, 152, 169,
    447, 453, 463
Informationsweitergabe,
    nichtgenetisch 337
Infrastruktur 22, 48, 179, 362, 436, 438,
    513, 615
Ingold 190, 363, 366, 408, 423, 467, 479,
    481
Innensichten 248
Institutionen 25, 51, 92, 95, 143, 180,
    222, 229, 266, 267, 282, 360, 366, 372,
    402, 413, 433, 453, 553, 559, 565, 581,
    630
Interdisziplinarität 42, 224, 225, 227,
    344, 410, 615, 627
Internationale Chronostratigraphische
    Skala 80
Internationales Recht 60
Irvine 36, 63, 69–71, 92, 156, 215, 327,
    408, 436, 438, 442–445, 447, 462, 485,
    486, 500, 502–506, 508
Ishikawa 200, 565

J

Jakarta 320

Jargon 415, 417, 638, 645

Jobson 329, 330, 367, 377, 384, 386, 387,
391, 395, 413, 414, 451, 538, 581

K

Känozoikum 84, 623

Kapitalismus 25, 27, 32, 47, 55, 142, 154,
156, 177, 203–205, 213, 263, 267, 289,
293, 301–304, 306, 308–310, 329,
362, 367, 396, 397, 465, 483, 484, 567

Kapitalozän 38, 205, 296, 300–302, 304,
309, 310, 314, 315, 321, 548, 592

Katastrophen 77, 111, 143, 175, 205,
275, 356, 486, 616

Katastrophentheorien 600, 613, 616

Kawa 146, 291, 309, 326, 346, 348

Kellert, Stephen R. 476, 704

Kersten 96, 118, 133, 206, 273, 280–282,
288, 483, 554

Kinship 516

Kipppunkt 606, 616

Kipppunkte 177, 206, 269

klassische Geologie 35

Klimageschichte 152, 165, 233

Klimatologie 165, 253

Klimawandeldebatte 47, 209, 269, 288,
289, 433

Kochbücher 122

Koevolution 168, 188, 198, 235, 361,
542, 545, 610, 616

Kognition 337

Kohle 49, 154, 302, 463, 566

Kolbert 95, 121, 511

Kollektivgröße 549

Köln 533, 640

Kolonialismus 27, 32, 156, 157, 306,
453, 540

Konstruktivismus 336

Konsumismus 262, 465

Kooperationsfähigkeit 551

Kosmopolitik 495, 552

Kosmopolitismus 252, 281, 367, 392,
393, 551, 552, 554–560, 580, 612, 617

Krämer 54, 120, 134, 242, 366, 642

Krankheitsmetaphern 54

Krauß 35, 52, 134, 180, 206, 221, 227,
231, 285, 287, 380, 381, 383, 406, 407,
441, 486, 642

Krisen der Evolution 229

Krisen in der Geschichte des
Lebens 522

Kritische Zone 193, 617

Kultur 32, 33, 35–37, 39, 41, 42, 45, 46,
48, 51, 58, 67, 69, 70, 76, 92, 119, 135,
137, 140, 147, 175, 192, 193, 203, 205,
207, 209, 225, 229, 234, 237, 238, 246,
248, 249, 252, 261, 298, 315, 321, 325,
336–338, 342, 343, 345, 346,
349–352, 356, 367, 376, 377, 386, 392,
406, 407, 416, 418, 420, 422–424,
427–436, 443, 445, 451, 457, 459, 461,
462, 464, 472, 474, 477–480, 491, 505,
530–536, 540, 543–545, 548, 552,
555, 556, 562, 563, 573–575, 577, 579,
581, 586, 592, 594, 608–610, 617, 618,
621, 628, 634, 638, 642, 652

Kultur- Bedürftigkeit 336

Kultur, Fähigkeit zur 336

Kultur- und Sozialanthropologie 147
Kulturalisierung 45, 538
Kulturevolution 43, 448, 450, 452, 453, 623
Kulturfähigeit 617
Kulturgeschichte 33, 75, 84, 148, 226, 253, 462, 518, 538, 540, 541, 640
Kulturkern 362, 363, 617
Kulturlandschaft 386, 510, 618
Kulturökologie 69, 237, 351, 352, 362, 421, 449, 451, 474, 545, 580
Kulturprimatologie 426, 427, 609, 618
Kulturrelativismus 336, 338
Kulturwandelforschung 43, 455
Kulturwissenschaften 32, 34, 36, 37, 40, 42, 44, 95, 120, 121, 126, 198, 225, 231, 245, 246, 253, 268, 297, 300, 314, 342, 345, 346, 469, 470, 504, 573, 574, 576, 579, 589
Kunst 42, 93, 122, 126, 129, 243, 339, 377, 519, 534, 553, 639, 646, 648
Kunstdünger 151
Kunstethnologie 501
künstliche Minerale 119
Küstenmetropolen 511

L

Landnutzung 57, 110, 149, 159, 257, 270, 474, 491, 566
Landnutzungswandel 157
Landschaftsgeographie 234, 407
langsame Gewalt 447, 522
Lansing 239, 362, 412, 426, 452, 548
Latour 63, 133, 188, 191, 192, 206, 208, 221, 224, 234, 240, 260, 268, 288, 315,
327, 328, 330, 346, 364, 414, 425, 463, 467, 478–483, 516, 517, 549, 574, 602, 648
Laux 482, 648
Leerformel 249, 483
Leggewie 349, 388, 421, 466, 493, 508, 526, 540, 549
Leinfelder 27, 52–54, 85, 118, 124, 129, 131, 172, 179, 187, 200, 211, 220, 232, 244, 278, 321, 467, 575
Leitfossil 618
Leitmetapher 243
Lenton 98, 184, 192, 206, 224, 278, 529
Lévi-Strauss 73–75
Lewis 134, 151, 153, 155–157, 159, 163, 168, 276, 290, 308, 354, 451, 469, 541, 647
Literatur 337
Literaturwissenschaften 129, 643
Lithosphäre 98, 142, 192, 625
Longue durée 71, 618
Lövbrand 76, 132–134, 273, 279, 284, 285, 287, 289, 322
Lovelock 97, 99, 188, 189, 192, 214, 243, 296, 361
Lussem 403

M

Machbarkeitsideologie 272, 275, 278, 279
making kin 313, 516
Makroevolution 239, 640
Makrosicht 372, 510
Malinowski, Bronislaw Kaspar 714

Malm 135, 248, 261, 276, 289, 296, 301, 316, 330, 387, 497, 524, 548, 570

Marks 21, 22, 24, 49, 51, 106, 138, 158, 262, 304, 500, 565–568

Marsh 141

Marxismus 301, 362, 367, 471, 550, 576

Maslin 134, 151, 153, 155–157, 159, 163, 168, 276, 290, 308, 451, 469, 647

Massenmedien 51, 54, 93, 120, 122, 440

Maßstäbe 41, 45, 58, 63, 71, 174, 215, 223, 224, 332, 334, 369, 375, 391, 441, 447, 455, 509, 510, 512, 513, 515, 520, 521, 581

Masternarrativ 296

Material Studies 66

Mathews 120, 132, 135, 198, 231, 273, 274, 286, 364, 394, 406, 415–417, 522, 568

Matthes & Seitz 649

McHale 640

McNeill 33, 50, 95, 105, 153, 208, 253, 349, 540

Meadows 111, 142, 266, 475, 640

Mechanismen 63, 125, 128, 239, 418, 536, 542, 548, 610, 640

Medizinethnologie 277, 344, 520

Meere 18, 54, 239, 322

Meghalyan 167

Mehrheitswelt 156, 388, 618, 629

Meillassoux 78

Menschen-Erde 54, 124, 179

Menschenzeit 33, 37, 118, 123, 205, 209

Menschheit 12, 13, 16, 18, 21, 32, 37, 38, 40, 43, 47, 48, 54, 58, 62, 68, 77, 78, 97, 99, 100, 120, 130, 132, 134, 150, 157, 175, 176, 180, 181, 183, 185, 187, 188, 191, 196, 204, 205, 207, 208, 210–212, 214, 216, 219, 224, 227, 237, 238, 247, 254, 266, 271, 273, 274, 281, 289–293, 301, 303, 321, 322, 338, 346, 370, 377, 379, 381, 386, 458, 462, 466, 468–472, 487, 490, 491, 511, 514, 515, 518, 529, 548–551, 553, 556–559, 563, 573, 601, 604, 612, 649

Menschheit, die 338

Menschheitsgeschichte 22, 73–75, 125, 148, 209, 212, 252, 446, 454, 490, 498, 538

Merchant 49, 58, 108, 155, 249, 260, 288, 300, 302, 486, 487, 563, 646

Meso-Maßstab 70

Metabolismus 271, 280, 601

Metapher 131, 134, 183, 186, 187, 201, 214, 246, 271, 515, 580

Metaphern 43, 44, 56, 124, 171, 172, 176, 177, 179, 187, 191, 203–205, 207, 209, 211, 214, 243, 418, 432, 466, 515

Metaphorik 476

Metastudien 234

Methoden 30, 35, 80, 147, 225, 228, 232–235, 339, 340, 350, 351, 427, 433, 438, 493, 506, 583, 626

Methodik 339

Mikroevolution 239, 640

Mikroplastik 80, 151, 195, 377

Missverständnis 129, 166, 299, 586

Modell, kulturelles 618

Moderne 26, 34, 36, 50, 68, 131, 171, 238, 334, 379, 450, 455, 457, 480, 483, 498, 502, 516, 542

Möllers 126

monistische Sicht 349

monolithische Menschheit 287

Moore 18, 38, 132–135, 143, 156, 172,
185, 230, 241, 274, 277, 289, 296, 299,
301, 302, 308–310, 315, 334, 344, 354,
355, 360, 367, 368, 383, 384, 406, 476,
484, 492, 510, 649

more-than-human 45, 201, 314, 346,
363, 365, 397, 415, 416, 492, 580, 592,
618, 621, 622

Morton 50, 94, 134, 315, 361, 375, 382,
402, 465, 470, 471, 548, 649

Multidisziplinarität 224–226, 615

Multiplen Moderne 516

Multispeziesethnographie 618

Multiversum 481

N

nachhaltiges Wachstum 270

Nachhaltigkeit 24, 122, 128, 135, 144,
191, 206, 220, 243, 261, 287, 346, 354,
365, 391, 429, 484, 486, 487, 489–491,
493, 494, 513, 581, 613, 619, 629, 649

Nachmoderne 103, 516

Nährstoffe 48

Nahrungskette 512

Narrativ 100, 124, 132, 134, 202–206,
208, 273, 279, 321, 619

Narrative 38, 44, 106, 128, 171, 172,
174–176, 202, 203, 205–207, 226,
318, 347, 367, 390, 418, 421, 466, 637

Nassreisanbau 52

Nassreisbau 149, 167, 404

Natur 11, 23, 33, 39, 44–46, 49, 51, 58,
70, 73, 76, 78, 97, 102, 121, 129, 130,
135, 137, 138, 149, 157, 161, 171,
174–176, 180, 187, 194, 203–205,
207, 209, 211, 215, 216, 221, 226, 237,
238, 243, 246–249, 261, 264,
269–271, 274, 278, 283, 284, 292, 298,
299, 301, 307, 309, 310, 315, 316, 341,
344–346, 348–350, 354–357, 367,
374, 390, 403, 406, 407, 416, 418, 422,
424, 435, 441, 447, 457, 459–462,
464–466, 468, 472, 474, 476–478,
480, 481, 483, 484, 486, 489–494, 497,
504, 518, 526, 531, 532, 563, 570, 571,
576, 592, 600, 602, 606, 610, 619, 621,
622, 627, 638, 639, 642, 651, 652, 728

Naturalisierung 245, 289, 504

Naturalismus 476

Naturgeschichte 30, 35, 67, 68, 74, 75,
84, 144, 148, 233, 238, 327, 411, 494,
518, 522, 538, 540, 541, 639, 640

Naturhaushalt 256, 261

Naturkatastrophen 143, 357, 359, 373,
408, 497

Naturreaktoren 65

Naturressourcen 18, 32, 353, 483, 625

Naturverhältnis 49, 301, 484, 619, 625

Nebenwirkungen 249, 525, 614

Neckel 60, 128, 133, 135, 231, 249, 274,
280–282, 288, 290, 293, 297, 457, 483,
489, 491, 494, 510, 523, 554, 574–576,
648

Negative Anthropologie 472, 619

Neokatastrophismus 486

Neoklassiche Ansätze 265

Neoliberalismus 135, 262, 266, 619
Neolithikum 71, 159, 165
Neolithische Revolution 125, 619
Neologismozän 44, 295
neue Universalgeschichte 550
neurogeologisch 518
Nexus 64, 92, 355, 406, 416, 466, 476,
 531, 592, 621, 652
Nischen-Konstruktion 619
Nischenkonstruktion 45, 235, 362, 529,
 538, 541, 546, 547, 635
Nixon 23, 447, 522
Noosphäre 140, 141, 193
Nostrozentrismus 258, 280, 609, 620
Novozän 205, 214, 296

O
Öffentlichkeit 43, 95, 96, 106, 120, 122,
 123, 129, 180, 191, 225, 231, 243, 244,
 252, 332, 340, 428, 568, 637
Ökokosmopolitismus 554
Ökologie 28, 30, 58, 97, 111, 143, 161,
 223, 231–233, 237, 238, 246, 309, 327,
 351, 352, 355–357, 359, 361, 362, 367,
 390, 409, 426, 466, 474, 478, 530, 580,
 642, 647
Ökologische Neuigkeit 620
ökologische Ökonomik 269, 270
Ökologische Tragfähigkeit 111
ökologische Zeit 501–503
Ökologischer Imperialismus 620
Ökomodernismus 283, 469, 620, 627
Ökonische 160, 547, 620
Ökosystemdienstleistungen 269, 270,
 274, 527, 620

Ökosysteme 27, 141, 151, 208, 256, 275,
 308, 353, 358, 364, 400, 462, 481, 490,
 492, 493, 541, 604, 618
Ökosystemforschung 234
Ontological Turn 348, 364, 404, 610,
 621
Ontologie 76, 287, 315, 346, 349, 355,
 404, 425, 471, 602
Orbis Spike 153, 156
Osterhammel 233, 235, 236, 252, 567
Ostrom 229

P
Paläoanthropologie 165, 581
Paläoanthropozän 74, 164, 165
Paläoklimatologie 165
Paläolithikum 73, 159, 383
Paläontologie 12, 41, 76, 95, 114, 118,
 214, 260, 321, 485, 486, 496, 498, 499,
 509, 517, 522, 541, 607, 621, 640
Pálsson 52, 112, 141, 177, 181, 190, 216,
 217, 228, 269, 310, 351, 352, 381, 388,
 406, 420, 421, 467, 468, 475, 479, 481,
 487, 493, 495, 526, 575, 577, 578
pankulturelle Merkmale 628
pankulturelle Universalien 551
Pedosphäre 98, 625
Performance Studies 336
Periode 12, 32, 62, 67, 79, 84, 114, 119,
 132, 146, 154, 156, 162, 164, 165, 168,
 190, 229, 238, 298, 303, 314, 320, 382,
 512, 594, 607, 622, 623
Periodengrenzen 148
Periodenkonzept 522
Periodenkonzepte 168

Periodisierung 36, 43, 49, 60, 68, 73, 78, 79, 114, 147, 148, 152, 154–156, 169, 219, 245, 252–254, 259, 260, 308, 518, 573, 601

Periodisierungsvorschläge 153, 637

Periodisierungsvorschlägen 154

Pfadabhängigkeit 222, 266, 453, 621

Phallozän 298

Phasenwechsel 47

Philosophie 58, 60, 75, 234, 246, 258, 284, 346, 363, 449, 470, 472, 519, 558, 609, 627, 648

Phosphorquellen 500

Photosynthese 72

Physischen Geographie 53

Pickering 108, 111, 131, 191, 222, 223, 267, 283, 287, 291, 328, 364, 484, 489, 491, 526, 527, 581

Planet 27, 44, 54–56, 97, 142, 179, 180, 182, 185, 188, 205, 209, 210, 241, 255, 270, 281, 290, 319, 385, 414, 479, 521, 523, 554, 647, 649

Planetar denken 53, 191, 647

Planetare Grenzen 110, 622

Planetare Leitplanken 622

Platenkamp 477

Plattentektonik 99, 208, 458

Plausibilisierung 252

Pleiotropie 531, 622

Pleistozän 85, 98, 116, 162, 298, 530, 614, 622

Plurale Ökologien 622

Pluriverse 621, 622

Pluriversum 348, 622

Plutonium 150, 153

Podcasts 93, 122

Polanyi 49, 125, 154, 262, 263, 267, 613

Politikwissenschaft 42, 221, 246

Politikwissenschaften 190

politischen Geologie 505

Polygenese 622

Pomeranz 49, 303, 565, 566

Popkulturelles Phänomen 135

Popularisierung 43, 52, 120, 123, 124, 243, 244, 649

Popularität 103, 122, 124

post-politisch 76

post-sozial 76

Postanthropozän 14

Posthumanismus 346, 425, 468, 470, 472, 480, 622, 628

postkolonialistischen Ansätze 550

postmodern 260

Postwachstum 293, 623

Präkambrium 64

Präsentismus 70, 89, 408, 438, 442–444, 447, 506, 507, 604, 605, 623, 627

Praxistheorien 233, 235, 575

Primatologie 232, 427

Pro- und Contra-Stimmen 245

Problemrahmung 54, 134, 180, 277, 279, 285, 288, 463

Produktionssysteme 49, 394

Prometheus 205, 273, 275, 468

Protagonisten 68, 202, 253, 282, 619

Provinzialisierung 571, 623

Provokation 63, 231

Proxy 436, 623

Punktualismus 485, 613

Purdy 15, 51, 132, 133, 171, 172, 176, 220, 465, 551

Q

Quartär 12, 13, 21, 84, 99, 114, 140, 518, 623

quasi 26, 38, 55, 69, 114, 148, 177, 188, 189, 191, 205, 223, 275, 280, 281, 283, 285, 287, 289, 304, 316, 318, 322, 354, 359, 371, 373, 381, 395, 421, 427, 444, 466, 470, 471, 478, 486, 506, 507, 517, 518, 524, 567, 588, 639

quasinatürlichen 53

R

Radionuklide 12, 80, 106, 254

Rassismus 307

Ratchet effect 623

Raumfahrt 44, 99

Raumvorstellung 522

Red Queen dynamics 623

Reflexionsbegriff 133

Regionalanalyse 234

Relativismus 268, 558

Relevante Ethnologie 342

Religionsethnologie 332, 501

Renaissance 254

Renn 27, 128, 131, 133, 145, 172, 221, 235, 236, 297, 349, 374, 453, 454, 488, 489, 492, 498, 573, 576, 587, 642, 647, 649

Reproduktion 310, 374, 375, 392, 400, 495, 511, 531, 606

Resilienz 110, 131, 144, 190, 235, 409, 488, 489, 575, 624

Retrodiktion 117, 233, 234, 599, 624

Reverse engineering 609, 624

Richerson 235, 542, 543, 547

Riede 70, 542, 546, 635

Risikoforschung 521

Risikogesellschaft 240, 495

Rockström 15, 54, 95, 110, 122, 134, 283, 409, 474

Rohstoffe 111, 138, 264, 271, 310, 438, 463, 484, 506

Rohstoffextraktion 66, 367, 481, 498, 506, 507, 567, 610

Ruddiman 54, 82, 153, 159, 165, 167, 331, 451, 465

Rudiak-Gould 52, 367

S

Satellitenbildatlanten 143

Schneidewind 111, 125, 263, 280

Schwächen 44, 219

Schwägerl 27, 53, 54, 123, 124, 127, 129, 179, 187, 232, 321, 458, 467, 518

Schwellen- oder Grenzkonzept 134

Science 659, 758

science 659

Science and Technology Studies 234, 268, 355, 624

Scott 160, 279, 392, 393, 446, 447, 453

Sedimente 19, 22, 80, 115, 246, 319, 600

Selcer 646

Signal 52

silencing 247, 290

Simulation 30, 233, 235, 362

Sixth Great Extinction 511

Skalensprung 554

Skalierbarkeit 522, 625

Skalierung 254, 625

Small World Studies 514

Smith 148, 153, 159, 233, 234, 356

Smithsonian Institution 122, 650

Sörlin 254, 369, 577, 579

soziale Kohäsion 40, 394, 516

Sozialer Stoffwechsel 625

Sozialisation 339

Sozialkonstruktivismus 268, 269, 462, 547

Sozialwissenschaften 38, 40, 42, 46, 58, 60, 92, 95, 102, 137, 190, 221, 225, 231, 235, 238, 247, 254, 261, 279, 297, 320, 321, 329, 332, 341, 344, 350, 371, 388, 418, 421, 464, 466, 467, 475, 478, 491, 505, 540, 556, 575–577, 586, 592, 629

Soziologie 42, 68, 143, 154, 246, 249, 281, 304, 335, 341, 349, 350, 364, 388, 432, 480, 498, 550, 574, 575, 579, 608, 668

Spätmoderne 240, 498

Spätmoderne Gesellschaft 240

Speziesismus 273, 289, 603, 623, 625

speziesistisch 276

Sphären 30, 55, 76, 84, 98, 130, 190, 192–194, 200, 457, 483, 607, 612, 625

Spivak 497, 558

Stärken 44, 219, 236, 240, 342, 388

Steffen 24, 27, 30, 95, 100, 106, 108, 110, 138, 150, 151, 155, 190, 194, 241, 259, 270, 283, 291, 292, 465, 474, 488, 577

Stickstoffkreislauf 52

Stoermer 27, 52, 55, 68, 95, 100, 102, 103, 148, 154, 164, 214, 227

Stoffkreisläufe 27

Stoppani 95, 138

Stratigraphie 13, 30, 33, 36, 61, 79, 80, 84, 85, 114, 115, 117, 118, 130, 215, 253, 437, 517, 518, 605, 611, 618, 626

Südostasien 137, 237, 440, 563, 570, 573, 642

Sukzession 141, 460, 626

Summum Bonum 392, 638

Sustainable Development Goals (SDG) 487

sustainable livelihood 487, 619, 626

Swanson 134, 247, 248

Swyngedouw 76, 284, 289, 298, 301, 318

synchron 72, 115, 136, 168, 256, 289, 602

Syndrome globalen Wandels 622, 626

Synthesebegriff 137, 249, 603

Systemwechsel 50, 99

Systemwissenschaft 233, 235, 419

Szerszynski 30, 51, 55, 56, 99, 114, 135, 198, 216, 235, 293, 322, 348, 349, 359, 403, 446, 459, 463, 464, 498, 514, 523, 524, 579, 587

Szientismus 284

T

Tansley 141, 193, 459, 460

Technikgeschichte 66, 315, 522

Technikwissenschaften 231, 463

Technologie 24, 27, 57, 130, 154, 194, 198, 204, 205, 270, 316, 419, 488, 495

Technoscience 232

Technosphäre 19, 20, 22, 194, 195, 198, 602, 613, 626

Technozän 154, 185, 205, 315, 316, 318, 319, 592

Terassierung 510

Termini 338

Terraforming 620, 627

Textformen 46, 94

The Anthropocene Review 95, 648

Thomas 21–23, 25, 27, 28, 33, 35, 37, 41, 61, 62, 67, 68, 97, 108, 115, 116, 133, 138, 141, 151, 159, 177, 196, 201, 213, 221, 223, 225, 226, 228, 229, 236, 239, 241, 253, 256, 263, 265, 268, 269, 271, 274, 345, 349, 369, 373, 395, 415, 448, 492, 509, 518–521, 539, 540, 554, 571, 581, 642, 647, 649

threshold concept 134, 242

Tiefenökologie 284, 599, 627

Tiefenzeit 45, 51, 53, 61, 63, 65, 92, 191, 205, 213, 215, 318, 402, 457, 486, 494, 496, 498–500, 502–507, 513, 517, 522, 550, 589, 605, 611, 612, 618, 627

Tragfähigkeit 111, 402, 410, 627

transdisziplinär 226

Transdisziplinarität 627

Transfer 534–536, 638

Transformation 27, 30, 50, 51, 54, 57, 61, 68, 106, 125, 155, 191, 204–206, 256, 257, 262, 280, 282, 283, 378, 405, 449, 498, 540, 541, 565, 613, 627, 628

Transhumanismus 275, 396, 623, 628

Transmission 534, 535, 543, 638

Treiber 27, 306, 441, 538, 539

Trischler 122, 128, 129, 198, 202, 227, 231, 315, 457, 468, 522

Tsing 52, 55, 94, 134, 177, 201, 203, 223, 230, 237, 247, 261, 278, 283, 307, 308, 314, 334, 346, 357, 362–364, 367, 372, 380, 387, 390, 394–398, 401–408, 410–419, 425, 481, 519, 520, 549, 581, 649

U

Überflutung 474, 511

Übertreibung 56, 183

Uekötter 93, 133, 176

Umwelt-NGOs 246

Umweltaktivisten 230, 261, 355, 372

Umweltethnologie 328, 331, 344, 351–353, 359, 363, 365, 368, 412, 638

Umweltgeologie 35

Umweltgeschichte 34, 95, 143, 233, 236, 371, 565, 628

Umweltgeschichtswissenschaften 146

Umweltkonferenzen der UN 484

Umweltökonomie 95, 143, 269, 270

Umweltregimes 50

Ungleichheit 25, 44, 58, 135, 203, 212, 247, 263, 266, 267, 272, 288, 289, 367, 388, 391, 393, 397, 398, 480, 524, 606, 628, 629

Uniformitätsprinzip 485, 600

Universität zu Köln 128, 230

Unswelt 124, 278, 467

Unterbrechung 241

Uran 12, 64, 65

Urbanozän 38, 185, 319

V

Variabilität 55, 542

Verallgemeinerungen 336

Verantwortung 97, 122, 127, 130, 132,
135, 137, 146, 157, 164, 172, 176, 204,
205, 207, 209, 223, 244, 249, 281, 283,
287, 288, 293, 294, 301, 314, 316, 343,
367, 469, 472, 476, 494, 498, 538,
554–556, 603, 626

Verflechtung 65, 418, 419

Verflechtungen 247, 557

Verhalten 159, 176, 385, 394, 447, 481,
525, 534, 567, 617

Verhaltensökologie 235, 352

Verknüpfungen 256, 343, 397, 432, 481,
524

Vernadskij 140, 193

Vertikalität 200, 320, 436–438

Vertragsmodell 281, 554

Verunsicherung 35, 131, 235, 247, 418,
492, 593

Verwandtschaft 35, 313, 330, 392, 515,
516

Verwendung fachfremden Wissens 253

Viabilität 381, 534, 535, 619, 629

Vielfalt 18, 23, 25, 36, 37, 40, 43, 44, 61,
76, 105, 151, 168, 179, 197, 207, 223,
224, 226, 230, 235, 243, 276, 287, 291,
300, 322, 332, 336, 339, 342, 345, 348,
351, 355, 376, 384, 386, 388, 392, 402,
404, 409, 410, 435, 446, 450, 466, 482,
510, 514, 520, 523, 537, 541, 551, 553,
556, 557, 562, 582, 594, 604–606, 628,
629, 637

Vielfalt, interkulturelle 337

visuelle Medien 43

Viveiros de Castro 93, 174, 175, 189,
209, 213, 269, 304, 346, 349, 363, 374,
401, 402, 410–412, 459, 479, 480, 538,
568, 649

Vormoderne 68, 238

Vulnerabilität 264, 357, 362, 367, 373,
374, 441, 444, 629

W

Wachstum 25, 150, 155, 172, 203,
260–264, 266, 270, 271, 391, 397, 487,
490, 492, 522, 566, 587

Wachstumsgrenzen 271

Waldrodung 153, 158, 510, 618

Wallenhorst 648

Wallerstein 240, 310

Wasserstoffbombe 151

Waters 60, 115, 122, 152

WBGU 125, 191, 206, 211, 279–283,
287, 290, 293, 297, 539, 552–554, 613,
626, 629

WEIRD 343, 388, 435, 572, 618, 629

Weltbeobachtungsformel 240

Weltbild 735

Weltbürgerschaft 281, 290, 553

Weltbürgertums 45, 552, 553, 558, 559

Weltgesellschaft 240, 281, 385, 552, 629

Weltgesellschaftstheorie 629

Weltklimarat 615

Weltkultur 38, 334, 629

Weltökologie 45, 301, 309

Weltraumbilder 184, 639

Weltsozialprodukt 282

Weltsystemtheorie 233, 240, 362, 367, 451, 629

Werbner 555

Werte 154, 252, 261, 270, 282, 293, 294, 354, 502, 519, 555, 557, 560–562, 576, 609

West 48, 50, 159, 185, 266, 320, 332, 356, 514, 522

White 184, 334, 358, 363, 408, 452, 454

Will 30, 32, 61, 66, 76, 79, 92, 100, 113, 119, 122, 129, 134, 137, 154, 198, 202, 213, 225, 227, 228, 231, 246, 253, 292, 296, 297, 300, 315, 322, 369, 411, 418, 419, 457, 468, 485, 496, 522, 563, 565, 573, 647

Williams 22, 95, 123, 166, 436, 461, 647

Wilson, Edward Osborne 476, 698, 704, 760

Wirkmacht 68, 141, 292, 465, 525, 580, 592, 614

Wirtschaftsethnologie 262, 332, 501

Wirtschaftswissenschaft 143, 211, 265, 420

Wirtschaftswissenschaften 42, 231, 264

Wissen 337

Wissen, indigenes, lokales 337

Wissen, kulturelles 337

Wissenschaft 336, 338, 339, 735

Wissenschaftsgeschichte 126, 128, 300, 341, 428, 443

Wissenschaftskritik 268

Wissensgesellschaft 240

Witz zur Begegnung zweier Planeten 56

World Cultural Heritage 78

World Ecology 143, 310

Worlding 65, 630

Wort »Anthropozän« 16, 62, 93, 95, 129, 242, 245, 295, 299, 329, 589, 591

Wortschöpfungen 124, 481

Y

Yussof 296, 457

Z

Zalasiewicz 20, 22, 23, 28, 30, 54, 60, 68, 80, 82, 84, 92, 95, 100, 101, 116, 120, 124, 131, 132, 151, 154, 157, 163, 164, 166–168, 196, 201, 220, 245, 249, 291, 300, 506, 646, 647

Zeder 148, 153, 159, 452, 536

Zeitalter 12, 18, 33, 36, 40, 47, 51, 58, 79, 114, 116, 126, 130, 139, 144, 150, 182, 214, 237, 242, 243, 273, 290, 295, 297–299, 314, 321, 385, 607

Zeitalter des Menschen 18, 40, 58, 139, 144, 242, 273, 297, 299, 321

Zeitdimensionen 64, 73, 497, 517

Zeithorizonte 444, 493, 494, 502, 517

Zeitlichkeiten 92, 494, 506, 507

Zeitrahmung 513

Zeittiefe 502, 503, 506, 611, 627

Zivilgesellschaft 37, 230, 274

Zukunft 11, 12, 19, 23, 24, 27, 34, 36, 38, 39, 43, 50, 68, 76–78, 87, 89, 117, 127, 130, 133, 134, 147, 171, 174, 186, 200, 202, 207, 209, 212, 214, 216, 219, 221, 223, 254, 264, 287, 297, 304, 332, 372, 445, 447, 459, 485, 486, 488, 489, 491,

493, 494, 498, 500–502, 505, 513, 514,
563, 585, 600, 606, 611, 627, 649
zwei Kulturen 227